实用钢材手册

曾正明　主编

金盾出版社

内 容 提 要

本手册是一部标准新、品种全、内容丰富的实用型钢材工具书。全手册共分 12 章，即钢材的基本知识、常用钢种、型钢、钢板及钢带、钢管、钢丝、钢丝绳、建筑用钢、汽车及农机用钢、锅炉和压力容器用钢、电工用钢以及其他专业用钢。手册以表格形式并辅以简要说明，介绍了各种钢材的用途、规格、牌号和性能。对于常用的钢种，还分别举例说明了各种牌号的主要特性和用途。

本手册可供机械、冶金、石油、化工、建筑、车辆、船舶、轻工、军工、矿山等行业从事工程设计、制造、施工、维修的设计人员、工艺人员、购销人员使用，也可供相关大专院校师生参考。

图书在版编目（CIP）数据

实用钢材手册/曾正明主编. —北京：金盾出版社，2015.7
ISBN 978-7-5082-9789-7

Ⅰ. ①实…　Ⅱ. ①曾…　Ⅲ. ①钢—金属材料—技术手册　Ⅳ. ①TG142-62

中国版本图书馆 CIP 数据核字（2014）第 256338 号

金盾出版社出版、总发行
北京太平路 5 号（地铁万寿路站往南）
邮政编码：100036　电话：68214039　83219215
传真：68276683　网址：www.jdcbs.cn
封面印刷：北京印刷一厂
正文印刷：北京军迪印刷有限责任公司
装订：兴浩装订厂
各地新华书店经销
开本：787×1092 1/16　印张：46.75　字数：1347 千字
2015 年 7 月第 1 版第 1 次印刷
印数：1～3 000 册　定价：148.00 元

前　言

金属材料是工业生产的物质基础，也是衡量一个国家经济实力与技术水平的重要标志。所谓钢材，就是冶炼合格的钢经过一系列加工而制成的型材。钢材是工业中应用最广、用量最多的金属材料。钢材的品种、规格繁多，性能、用途各异，为了给广大工程技术人员在生产实践中能正确选材、合理用材提供科学依据，我们组织编写了这本手册。

本手册强调实用性，具有四大特点：

钢材标准最新——编写过程中，全面核实查阅了现行的国家标准和行业标准，采用最新标准资料，精心加工整理，其中有些是 2012 年刚发布的最新标准。

每项都有用途——本手册对每一种钢材都说明了用途。尤其是第 2 章，对每一常用钢种的每一个牌号都阐述其特性和用途，方便读者的正确选用和合理使用。

基础知识丰富——钢材的基本知识，如对钢材的分类、牌号表示方法、使用性能、常用术语、质量计算以及储运管理等都一一作了介绍，这无论是对新读者还是老读者，都十分有益。

特设专业用钢——对一些用钢量较大的行业，设立专业用钢，如对建筑用钢、汽车农机用钢、锅炉压力容器用钢等，集中地进行编写，这对读者的查阅较为方便。

编写本手册时，在内容上力求新、准、全，在文字上力求简明扼要，在形式上力求多用图表，使其尽可能做到实用、可靠、查找方便。

本手册可供机械、冶金、石油、化工、建筑、车辆、船舶、轻工、军工、矿山等行业从事工程设计、制造、施工、维修的设计人员、工艺人员、购销人员使用，也可供相关大专院校师生参考。

本手册由曾正明主编，虞莲莲审校。参加编写的人员有陈雷、王贵华、胡清寒、付蓉、付宏祥、李伟东、付贵君、李淑琴、曾晶、曾鹏、付杰、付爽杰等。

在编写本书的过程中，得到了中国第一汽车集团公司领导的热情支持，在此谨致以诚挚的谢意。由于作者水平有限，书中难免存在缺点和错误，希望读者批评指正。

编　者

目　　录

第1章 钢材的基本知识

所谓钢材，就是冶炼合格的钢经过一系列的加工而制成的型材。作为加工产品的钢材，可以分为型钢、钢板、钢管和金属制品（钢丝、钢丝绳）四大类。钢材不仅具有良好塑性，而且具有强度高、韧性好、耐高温、耐腐蚀、易加工、抗冲击等优良的力学和物理性能；因此，在工业生产中被广泛利用。钢材是工业中应用最广、用量最多的金属材料。

1.1 钢和钢材的分类

1.1.1 钢的分类（表1-1）

表1-1 钢的分类

分类方法	分类名称	说 明
按化学成分分	碳素钢	指钢中除铁、碳外，还含有少量锰、硅、硫、磷等元素的铁碳合金，按其碳含量的不同，可分为： ①低碳钢——碳含量 $w_C \leqslant 0.25\%$； ②中碳钢——碳含量 $w_C > 0.25\% \sim 0.60\%$； ③高碳钢——碳含量 $w_C > 0.60\%$
	合金钢	为了改善钢的性能，在冶炼碳素钢的基础上，加入一些合金元素而炼成的钢，如铬钢、锰钢、铬锰钢、铬镍钢等。按其合金元素的总含量，可分为： ①低合金钢——合金元素的总含量≤5%（质量分数）； ②中合金钢——合金元素的总含量5%～10%（质量分数）； ③高合金钢——合金元素的总含量>10%（质量分数）
按冶炼设备分	转炉钢	用转炉吹炼的钢，可分为底吹、侧吹、顶吹和空气吹炼、纯氧吹炼等转炉钢；根据炉衬的不同，又分酸性和碱性两种
	平炉钢	用平炉炼制的钢，按炉衬材料的不同分为酸性和碱性两种。一般平炉钢多为碱性
	电炉钢	用电炉炼制的钢，有电弧炉钢、感应炉钢及真空感应炉钢等。工业大量生产的，是碱性电弧炉钢
按浇注前脱氧程度分	沸腾钢	属脱氧不完全的钢，浇注时在钢锭模里产生沸腾现象。其优点是冶炼损耗少、成本低、表面质量及深冲性能好；缺点是成分和质量不均匀、抗腐蚀性和力学性能较差。一般用于轧制碳素结构钢的型材和钢板
	镇静钢	属脱氧完全的钢，浇济时在钢锭模里钢液镇静，没有沸腾现象。其优点是成分和质量均匀；缺点是金属的收得率低，成本较高。一般合金钢和优质碳素结构钢都为镇静钢
	半镇静钢	脱氧程度介于镇静钢和沸腾钢之间的钢。因生产较难控制，目前产量较少
按钢的品质分	普通钢	钢中含杂质元素较多，硫含量 w_S 一般≤0.05%，磷含量 $w_P \leqslant 0.045\%$，如碳素结构钢、低合金结构钢等
	优质钢	钢中含杂质元素较少，硫及磷含量 w_S，w_P 一般均≤0.04%，如优质碳素结构钢、合金结构钢、碳素工具钢、合金工具钢、弹簧钢、轴承钢等
	高级优质钢	钢中含杂质元素极少，硫含量 w_S 一般≤0.03%，磷含量 $w_P \leqslant 0.035\%$，如合金结构钢和工具钢等。高级优质钢在钢号后面，通常加符号"A"或汉字"高"，以便识别
按钢的用途分	结构钢	①建筑及工程用结构钢——简称建造用钢，它是指用于建筑、桥梁、船舶、锅炉或其他工程上制作金属结构件的钢。如碳素结构钢、低合金钢、钢筋钢等。 ②机械制造用结构钢——是指用于制造机械设备上结构零件的钢。这类钢基本上都是优质钢或高级优质钢，主要有优质碳素结构钢、合金结构钢、易切结构钢、弹簧钢、滚动轴承钢等

续表 1-1

分类方法	分类名称	说 明
按钢的用途分	工具钢	一般用于制造各种工具，如碳素工具钢、合金工具钢、高速工具钢等；如按用途又可分为刃具钢、模具钢、量具钢等
	特殊钢	具有特殊性能的钢，如不锈耐酸钢、耐热不起皮钢、高电阻合金、耐磨钢、磁钢等
	专业用钢	这是指各个工业部门专业用途的钢，如汽车用钢、农机用钢、航空用钢、化工机械用钢、锅炉用钢、电工用钢、焊条用钢等
按制造加工形式分	铸钢	指采用铸造方法生产出来的一种钢铸件。铸钢主要用于制造一些形状复杂、难于进行锻造或切削加工成形，而又要求较高的强度和塑性的零件
	锻钢	指采用锻造方法生产出来的各种锻材和锻件。锻钢件的质量，如塑性、韧性和其他方面的力学性能比铸钢件高，能承受大的冲击力作用，所以凡是一些重要的机械零件都应当采用锻钢件
	热轧钢	指用热轧方法生产出来的各种热轧钢材。大部分钢材都是采用热轧轧成的。热轧常用来生产型钢、钢管、钢板等大型钢材，也用于轧制线材
	冷轧钢	指用冷轧方法生产出来的各种冷轧钢材。与热轧钢相比，冷轧钢的特点是表面光洁、尺寸精确、力学性能好。冷轧常用来轧制薄板、钢带和钢管
	冷拔钢	指用冷拔方法生产出来的各种冷拔钢材。冷拔钢的特点是精度高、表面质量好。冷拔主要用于生产钢丝，也用于生产直径在 50mm 以下的圆钢和六角钢，以及直径在 76mm 以下的钢管

注：1. 表中成分含量皆指质量分数。

2. w_C，w_S，w_P 分别表示碳、硫、磷的质量分数。

1.1.2 钢材的分类（表 1-2）

表 1-2 钢材的分类

类 别	说 明
型钢	按断面形状分为圆钢、扁钢、方钢、六角钢、八角钢、角钢、工字钢、槽钢、丁字钢、乙字钢等
钢板	①按厚度分为厚钢板（厚度>4mm）和薄钢板（厚度≤4mm）； ②按轧制方法分为热轧钢板和冷轧钢板； ③按用途分为一般用钢板、锅炉用钢板、造船用钢板、汽车用厚钢板、一般用薄钢板、屋面薄钢板、酸洗薄钢板、镀锌薄钢板、镀锡薄钢板和其他专用钢板等
钢带	①按轧制方法分为热轧钢带和冷轧钢带； ②按用途分为一般用钢带、镀锌钢带、彩色涂层钢带、电工钢带等
钢管	①按制造方法分为无缝钢管（又分热轧和冷拔两种）和焊接钢管； ②按用途分为一般用钢管、水煤气用钢管、锅炉用钢管、石油用钢管和其他专用钢管等； ③按表面状况分为镀锌钢管和不镀锌钢管； ④按管端结构分为带螺纹钢管和不带螺纹钢管
钢丝	①按加工方法分为冷拔钢丝和冷轧钢丝； ②按用途分为一般用钢丝、包扎用钢丝、架空通信用钢丝、焊接用钢丝、弹簧钢丝、琴钢丝和其他专用钢丝等； ③按表面状况分为抛光钢丝、磨光钢丝、酸洗钢丝、光面钢丝、黑钢丝、镀锌钢丝和其他镀层钢丝等
钢丝绳	①按绳股数目分为单股钢丝绳、六股钢丝绳和十八股钢丝绳； ②按内芯材料分为有机物芯钢丝绳和金属芯钢丝绳； ③按表面状况分为镀锌钢丝绳和不镀锌钢丝绳； ④按用途分为一般用钢丝绳、输送带用钢丝绳、操纵用钢丝绳和其他专业钢丝绳等

1.1.3 钢材的一般用途（表1-3）

表1-3 钢材的一般用途

名 称	一 般 用 途
圆钢	热轧圆钢的规格为5.5～310mm。其中，5.5～25mm的小圆钢，大多以直条成捆供应，常用做钢筋、螺栓及各种机械零件；大于25mm的圆钢，主要用于制造机械零件或做无缝钢管的管坯
方钢	常用于制造各种结构和机械零件，也可用做轧制其他小型钢材的坯料
扁钢	主要用于农机、化工机械、铁道零件、五金工具、构件、扶梯、桥梁及栅栏等。扁钢也可以做焊接钢管的坯料和叠轧薄板的板坯
六角钢、八角钢	主要用于制造螺母、钢钎、撬棍等
角钢	①大型角钢广泛用于厂房、工业建筑、铁路、交通、桥梁、车辆、船舶等大型结构件； ②中型角钢用于建筑桁架、电力通信铁塔、井架及其他用途的构件； ③小型角钢用于民用建筑、家具、设备制造、支架和框架等
工字钢	主要承受高度方向的载荷，作为弯梁使用。广泛用于厂房、土木工程、桥梁、车辆、船舶、设备制造等结构件
槽钢	主要用于檩条、桥梁大型结构件、车辆的梁、船舶和一般设备的骨架等
H型钢	①H型钢适用于制造钢结构的住、梁、桩、桁架等构件，广泛用于工业和民用建筑、桥梁、土木工程、高层建筑、高速公路、地铁、船舶机械设备等 ②H型钢桩主要用于各种建筑工程的基础钢桩
冷弯型钢	①通用冷弯开口型钢主要用于建筑业的梁、柱、屋面檩条、墙骨架、门窗构件等，农机具构架，车辆、船舶、工程机构、集装箱制造，以及各种机械结构件； ②通用冷弯闭口（空心）型钢用于活动房屋架构件、农业机械、轻工各种机械结构、民用家具等
钢筋	①热轧光圆钢筋广泛用于工业和民用建筑，公路、水电、桥梁、港口、铁道等一般建筑钢筋混凝土构件； ②冷轧带肋钢筋主要用于混凝土公路、机场跑道、井巷隧道钢筋网混凝土管钢筋、混凝土梁、墙和楼板内的配筋、大型载重汽车的腹条等
厚钢板、钢带	生产量大，广泛用于焊接、铆接、拴接结构，如建筑、桥梁、船舶、管线、车辆和机械。其中质量等级C，D属于优质碳素结构钢，主要用于对韧性和焊接性能要求较高的钢结构
热轧薄钢板、宽钢带	除做冷轧钢板和钢带、冷弯型钢、焊接钢管的材料外，还用于轻工、建筑、民用、船舶、交通、能源、化工、机械及其他一般结构件
冷轧薄钢板、钢带	主要用于机械、交通、建筑、汽车、船舶、车辆、家用电器、仪器仪表、日常生活用具等一般冷成形件
花纹钢板	用于厂房地板、汽车底板、船舶甲板、走台阶梯、工作架踏板等防滑部位的铺板
单张热淬薄钢板	主要用于建筑、包装、车辆、农机、化工和日用生活用品等
冷弯波形钢板	用于屋顶板、墙板、汽车和火车车厢板、装饰板、集装箱、船舶、电气工程、公路护栏等
焊接钢管	①流体输送用焊接钢管（镀锌和黑皮）主要用于输送水、煤气、天然气、空气、采暖蒸汽、污水、矿山、井下送风、排水、农业喷灌、深井水泵、潜水泵等。 ②结构用焊接钢管主要用于建筑用管桩、脚手架、桥梁、矿山、船舶、电站、输电塔、球场、运动场、房屋的门、窗、栏杆、钢家具、运动器械、自行车等。 ③异形焊接钢管中的简单截面焊接钢管主要用于建筑、矿山的支柱、桁架、集装箱框架、钢木家具的支架等；复杂截面焊接钢管主要用于农业、纺织机械、汽车、航空的结构和零部件、建筑的门窗；变截面焊接钢管主要用于装饰性构件的花样管，如锥形管灯柱、葫芦形家具部件、桅杆管等
钢丝	①光面低碳钢丝一般用于捆绑、打包、牵拉、制钉、建筑等； ②镀锌低碳钢丝一般用于捆绑、打包、牵拉、编织以及电报、电话、有线广播及信号传送等传输线路、铠装电缆等

注：表内所列钢材全系碳素结构钢。

1.2 钢材的牌号和标记

1.2.1 常用化学元素符号（GB/T 221—2008）（表1-4）

表1-4 常用化学元素符号

元素名称	化学元素符号	元素名称	化学元素符号	元素名称	化学元素符号	元素名称	化学元素符号	元素名称	化学元素符号
铁	Fe	钒	V	铅	Pb	硅	Si	钽	Ta
锰	Mn	钛	Ti	铋	Bi	硒	Se	镧	La
铬	Cr	锂	Li	铯	Cs	碲	Te	铈	Ce
镍	Ni	铍	Be	钡	Ba	砷	As	钕	Nd
钴	Co	镁	Mg	钐	Sm	硫	S	氮	N
铜	Cu	钙	Ca	锕	Ac	磷	P	氧	O
钨	W	锆	Zr	硼	B	铝	Al	氢	H
钼	Mo	锡	Sn	碳	C	铌	Nb	—	—

注：混合稀土元素符号用"RE"表示。

1.2.2 钢铁产品牌号中经常采用的命名符号（GB/T 221—2008）（表1-5）

表1-5 钢铁产品牌号中经常采用的命名符号

名 称	采用的汉字及其汉语拼音（或英文单词）		采用符号
	汉 字	汉语拼音（或英文单词）	
碳素结构钢	屈	Qū	Q
低合金高强度结构钢	屈	Qū	Q
耐候钢	耐候	NAI HOU	NH
	高耐候	GAO NAI HOU	GNH
保证淬透性钢	淬透性	Hardenability（英文）	H
易切削钢	易	YI	Y
非调质机械结构钢	非	FEI	F
冷轧无取向电工钢	无	WU	W
冷轧普通级取向电工钢	取	Qū	Q
冷轧高磁导率级取向电工钢	取高	Qū GAO	QG
原料纯铁	原铁	YUAN TIE	YT
电磁纯铁	电铁	DIAN TIE	DT
碳素工具钢	碳	TAN	T
（滚珠）轴承钢	滚	GUN	G
焊接用钢	焊	HAN	H
钢轨钢	轨	GUEI	U
冷镦（铆螺）钢	铆螺	MAO LUO	ML
船用锚链钢	船锚	CHUAN MAO	CM
船用钢	采用国际符号		
汽车大梁用钢	梁	LIANG	L
矿用钢	矿	KUANG	K
锅炉和压力容器用钢	容	RONG	R
桥梁用钢	桥	QIAO	Q
锅炉用钢（管）	锅	GUO	G
低温压力容器用钢	低容	DI RONG	DR

续表 1-5

名　　称	采用的汉字及其汉语拼音（或英文单词）		采用符号
	汉　字	汉语拼音（或英文单词）	
焊接气瓶用钢	焊瓶	HAN PING	HP
车辆车轴用钢	辆轴	LIANG ZHOU	LZ
机车车辆用钢	机轴	JI ZHOU	JZ
管线用钢	管线	Line（英文）	L
煤机用钢	煤	MEI	M
高性能建筑结构用钢	高建	GAO JIAN	GJ
低焊接裂纹敏感性钢	低焊接裂纹敏感性	Crack Free（英文）	CF
热轧光圆钢筋	热轧光圆钢筋	Hot Rolled Plain Bars（英文）	HPB
热轧带肋钢筋	热轧带肋钢筋	Hot Rolled Ribbed Bars（英文）	HRB
细晶粒热轧带肋钢筋	热轧带肋钢筋＋细	Hot Rolled Ribbed Bars＋Fine（英文）	HRBF
冷轧带肋钢筋	冷轧带肋钢筋	Cold Rolled Ribbed Bars（英文）	CRB
预应力混凝土用螺纹钢筋	预应力、螺纹、钢筋	Prestressing，Screw，Bars（英文）	PSB
沸腾钢	沸	FEI	F
半镇静钢	半	BAN	b
镇静钢	镇	ZHAN	Z
特殊镇静钢	特镇	TE ZHAN	TZ

1.2.3　常用钢产品的牌号表示方法（表 1-6）

表 1-6　常用钢产品的牌号表示方法

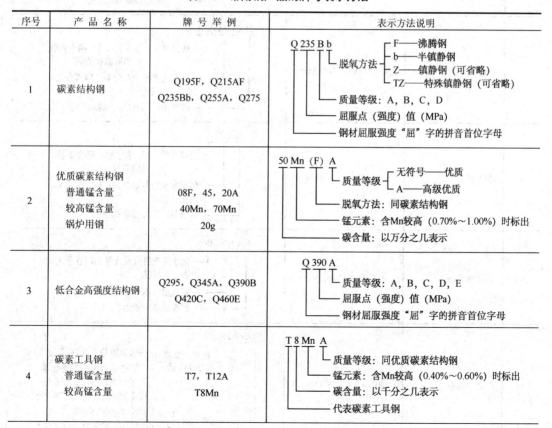

序号	产品名称	牌号举例	表示方法说明
1	碳素结构钢	Q195F，Q215AF Q235Bb，Q255A，Q275	
2	优质碳素结构钢 　普通锰含量 　较高锰含量 　锅炉用钢	08F，45，20A 40Mn，70Mn 20g	
3	低合金高强度结构钢	Q295，Q345A，Q390B Q420C，Q460E	
4	碳素工具钢 　普通锰含量 　较高锰含量	T7，T12A T8Mn	

续表 1-6

序号	产品名称	牌号举例	表示方法说明
5	易切削结构钢 普通锰含量 较高锰含量	Y12，Y30，Y45Ca Y40Mn	Y 40 Mn — 易切削元素符号：S，SP易切削钢不标元素符号；Ca，Pb，Si等易切削钢标元素符号；Mn易切削钢一般不标元素符号，含量较高（1.20%～1.55%）时标出 — 碳含量：以万分之几表示 — 代表易切削结构钢
6	电工用热轧硅钢薄钢板	DR510—50 DR1750G—35	DR 1750 G — 35 — 厚度值的100倍 — G——表示频率为400Hz时在强磁场下检验的钢板；无符号——表示频率为50Hz时在强磁场下检验的钢板 — 铁损值的100倍 — 代表电工用热轧硅钢薄钢板
7	电磁纯铁热轧厚板	DT3，DT4A	DT 4 E — 电磁性能：A——高级；E——特级；C——超级 — 不同牌号的顺序号 — 代表电磁纯铁热轧厚板
8	合金结构钢	25Cr2MoVA，30GrMnSi	25 Cr2MoV A — 质量等级：标A表示硫、磷含量较低的高级优质钢 — 化学元素符号及含量：以百分之几表示，见注 — 碳含量：以万分之几表示
9	弹簧钢	50CrVA，55Si2Mn	50 CrV A — 质量等级：标A表示硫、磷含量较低的高级优质钢 — 化学元素符号及含量：以百分之几表示，见注 — 碳含量：以万分之几表示
10	滚动轴承钢	GCr9，GCr15SiMn	G Cr15 SiMn — 化学元素符号及含量：以百分之几表示，见注 — 铬含量：以千分之几表示 — 代表滚动轴承钢
11	合金工具钢	4CrW2Si，CrWMn	4 CrW2Si — 化学元素符号及含量：一般以百分之几表示；个别低铬合金钢的铬含量以千分之几表示，但在铬含量前加一"0"，如Cr06 — 碳含量：≥1.00%时，不予标出；<1.00%时，数字为千分之几

续表 1-6

序号	产 品 名 称	牌 号 举 例	表 示 方 法 说 明
12	高速工具钢	W18Cr4V W12Cr4V5Co5	W18Cr4V └─ 化学元素符号及含量：以百分之几表示，见注 └─ 不标碳含量
13	不锈钢和耐热钢	1Cr13，00Cr18Ni10N 0Cr25Ni20	1 Cr13 └─ 化学元素符号及含量：以百分之几表示，见注 └─ 碳含量：以千分之几表示 　　├─ 一个"0"表示碳含量<0.09% 　　└─ 两个"0"表示碳含量<0.03%
14	专门用途钢 　铆螺钢 　焊接用碳素结构钢 　焊接用合金结构钢 　焊接用不锈耐热钢 　汽车大梁用钢 　锅炉用钢 　压力容器用钢 　低温压力容器用钢 　焊接气瓶用钢 　保证淬透性结构钢	ML10，ML40Mn H08，H08MnA H08Mn2Si H00Cr19Ni9 510L 20g，15CrMoG 20R，15MnVNR 16MnDR HP245，HP265 40CrH，20MnTiBH	ML 10　　　　　　　H 08Mn2Si └─ 牌号　　　　　　└─ 牌号 └─ 表示铆螺用钢　　└─ 表示焊接用合金结构钢 510 L　　　　　　　20 g └─ 表示汽车大梁用钢　└─ 表示锅炉用钢 └─ 抗拉强度（MPa）　└─ 牌号 15MnVN R　　　　　16Mn DR └─ 表示压力容器用钢　└─ 表示低温压力容器用钢 └─ 牌号　　　　　　└─ 牌号 HP 245　　　　　　40Cr H └─ 屈服点（MPa）　└─ 表示保证淬透性结构钢 └─ 表示焊接气瓶用钢　└─ 牌号

注：1. 平均合金含量<1.5%者，在牌号中只标出元素符号，不注其含量。

2. 平均合金含量为 1.5%～2.49%，2.50%～3.49%，…，22.5%～23.49%，…时，相应地注为 2，3，…，23，…

3. 成分含量皆指质量分数。

1.2.4　钢产品的标记代号（GB/T 15575—2008）（表 1-7）

表 1-7　钢产品的标记代号

代　号		中 文 名 称	英 文 名 称
W		加工状态（方法）	working condition
	WH	热加工	hot working
	WHR	热轧	hot rolling
	WHE	热扩	hot expansion
	WHEX	热挤	hot extrusion
	WHF	热锻	hot forging
	WC	冷加工	cold working
	WC	冷轧	cold rolling
	WCE	冷挤压	cold extrusion
	WCD	冷拉（拔）	cold draw
	WW	焊接	weld
P		尺寸精度	precision of dimensions

续表 1-7

代　号	中 文 名 称		英 文 名 称
E	边缘状态		edge condition
EC		切边	cut edge
EM		不切边	mill edge
ER		磨边	rub edge
F	表面质量		workmanship finish and appearance
FA		普通级	A class
FB		较高级	B class
FC		高级	C class
S	表面种类		surface kind
SPP		压力加工表面	pressure process
SA		酸洗	acid
SS		喷丸（砂）	shot blast
SF		剥皮	flake
SP		磨光	polish
SB		抛光	buff
SBL		发蓝	blue
S_		镀层	metallic coating
SC_		涂层	organic coating
ST	表面处理		treatment surface
STC		钝化（铬酸）	passivation
STP		磷化	phosphatization
STO		涂油	oiled
STS		耐指纹处理	sealed
S	软化程度		soft grade
S 1/4		1/4 软	soft quarter
S 1/2		半软	soft half
S		软	soft
S2		特软	soft special
H	硬化程度		hard grade
H 1/4		低冷硬	hard low
H 1/2		半冷硬	hard half
H		冷硬	hard
H2		特硬	hard special
	热处理类型		
A		退火	annealing
SA		软化退火	soft annealing
G		球化退火	globurizing
L		光亮退火	light annealing
N		正火	normalizing
T		回火	tempering
QT		淬火＋回火	quenching and tempering
NT		正火＋回火	normalizing and tempering
S		固溶	solution treatment
AG		时效	aging
	冲压性能		
CQ		普通级	commercial quality
DQ		冲压级	drawing quality

续表 1-7

代　号	中 文 名 称	英 文 名 称
DDQ	深冲级	deep drawing quality
EDDQ	特深冲级	extra deep drawing quality
SDDQ	超深冲级	super deep drawing quality
ESDDQ	特超深冲级	extra super deep drawing quality
U	使用加工方法	use
UP	压力加工用	use for pressure process
UHP	热加工用	use for hot process
UCP	冷加工用	use for cold process
UF	顶锻用	use for forge process
UHF	热顶锻用	use for hot forge process
UCF	冷顶锻用	use for cold forge process
UC	切削加工用	use for cutting process

1.2.5　钢材的涂色标记（表 1-8）

表 1-8　钢材的涂色标记

类　别	牌号或组别	涂 色 标 记	类　别	牌号或组别	涂 色 标 记
普通碳素钢	0 号	红色＋绿色	合金结构钢	铬钼铝钢	黄色＋紫色
	1 号（Q195）	白色＋黑色		铬钨钒铝钢	黄色＋红色
	2 号（Q215）	黄色		硼钢	紫色＋蓝色
	3 号（Q235）	红色		铬钼钨钒钢	紫色＋黑色
	4 号（Q255）	黑色	高速工具钢	W12Cr4V4Mo	棕色一条＋黄色一条
	5 号（Q275）	绿色		W18Cr4V	棕色一条＋蓝色一条
	6 号	蓝色		W9Cr4V2	棕色二条
	7 号	红色＋棕色		W9Cr4V	棕色一条
优质碳素结构钢	05～15	白色	铬轴承钢	GCr6	绿色一条＋白色一条
	20～25	棕色＋绿色		GCr9	白色一条＋黄色一条
	30～40	白色＋蓝色		GCr9SiMn	绿色二条
	45～85	白色＋棕色		GCr15	蓝色一条
	15Mn～40Mn	白色二条		GCr15SiMn	绿色一条＋蓝色一条
	45Mn～70Mn	绿色三条	不锈耐酸钢	铬钢	铝色＋黑色
合金结构钢	锰钢	黄色＋蓝色		铬钛钢	铝色＋黄色
	硅锰钢	红色＋黑色		铬锰钢	铝色＋绿色
	锰钒钢	蓝色＋绿色		铬钼钢	铝色＋白色
	铬钢	绿色＋黄色		铬镍钢	铝色＋红色
	铬硅钢	蓝色＋红色		铬锰镍钢	铝色＋棕色
	铬锰钢	蓝色＋黑色		铬镍钛钢	铝色＋蓝色
	铬锰硅钢	红色＋紫色		铬镍铌钢	铝色＋蓝色
	铬钒钢	绿色＋黑色		铬钼钛钢	铝色＋白色＋黄色
	铬锰钛钢	黄色＋黑色		铬钼钒钢	铝色＋红色＋黄色
	铬钨钒钢	棕色＋黑色		铬镍钼钛钢	铝色＋紫色
	钼钢	紫色		铬钼钒钴钢	铝色＋紫色
	铬钼钢	绿色＋紫色		铬镍铜钛钢	铝色＋蓝色＋白色
	铬锰钼钢	绿色＋白色		铬镍钼铜钛钢	铝色＋黄色＋绿色
	铬钼钒钢	紫色＋棕色		铬镍钼铜铌钢	铝色＋黄色＋绿色 （铝色为宽条，余为窄色条）
	铬硅钼钒钢	紫色＋棕色	耐热钢	铬硅钢	红色＋白色
	铬铝钢	铝白色		铬钼钢	红色＋绿色

续表 1-8

类　别	牌号或组别	涂色标记	类　别	牌号或组别	涂色标记
耐热钢	铬硅钼钢	红色＋蓝色	耐热钢	铬硅钼钛钢	红色＋紫色
	铬钢	铝色＋黑色		铬硅钼钒钢	红色＋紫色
	铬钼钒钢	铝色＋紫色		铬铝钢	红色＋铝色
	铬镍钛钢	铝色＋蓝色		铬镍钨钼钛钢	红色＋棕色
	铬铝硅钢	红色＋黑色		铬镍钨钼钢	红色＋棕色
	铬硅钛钢	红色＋黄色		铬镍钨钛钢	铝色＋白色＋红色（前为宽色条，后为窄色条）

1.2.6　钢材规格的表示方法（表 1-9）

表 1-9　钢材规格的表示方法

品　名	规格表示方法	示　例
圆钢、线材	直径	圆钢 10mm 或 ϕ10mm
方钢	边长×边长	方钢 15mm×15mm 或 15mm^2
六角钢	内切圆直径	六角钢 8mm
八角钢	内切圆直径	八角钢 70mm
扁钢	边宽×厚度	扁钢 40mm×20mm
等边角钢	边宽×边宽×边厚	等边角钢 40mm×40mm×3mm 或 40mm^2×3mm（或 4$^\#$）
不等边角钢	长边宽×短边宽×边厚	不等边角钢 80mm×50mm×6mm（或 8/5$^\#$）
槽钢	高度×腿宽×腰厚	槽钢 50mm×37mm×4.5mm（或 5$^\#$）
工字钢	高度×腿宽×腰厚	工字钢 160mm×88mm×6mm（或 16$^\#$）
钢轨	每米长的公称质量/kg	钢轨 50kg
钢板	厚度×宽度×长度	钢板 10mm×1000mm×2000mm（若长和宽无要求时只写厚度）
钢带	厚度×宽度	钢带 0.5mm×100mm
无缝钢管	外径×壁厚×长度	无缝管 32mm×2.5mm 或 32mm×2.5mm×3000mm
焊接钢管	公称口径（内径近似值）或用英制	焊管 8mm 或 1/4$^\#$
圆形钢丝	直径或线规号	钢丝 0.16mm 或 ϕ16mm 或 AWG 线规号 34$^\#$
钢丝绳（圆股）	股数×每股丝数—线直径	钢丝绳 6×7—3.8mm（捻向要求、强度要求等须分别注明）

1.2.7　钢材的品种和规格（表 1-10～表 1-14）

表 1-10　型钢的常用品种与部分规格

类别	常用品种	部分型钢规格[①]		类别	常用品种	部分型钢规格[①]	
		型钢名称	型号、规格			型钢名称	型号、规格
普通型钢	型钢、条钢、螺纹钢、冷镦钢、锻材坯	普通工字钢	10～63 号	钢轨	钢轨、钢轨配件	轻轨	9～30kg/m
		轻型工字钢	8～70 号				
		普通槽钢	5～40 号			重轨	38～60kg/m
		轻型槽钢	5～40 号				
		等边角钢	2～20 号				
		不等边角钢	2.5/1.6～20/12.5 号				
		方钢	5.5～200				
		圆钢	ϕ5.5～ϕ310			起重机轨	QU—70/QU—120
		扁钢	3×10～60×150				
		螺纹钢	10～40				
		锻材坯	90×90～500×500				

续表 1-10

类别	常用品种	部分型钢规格①		类别	常用品种	部分型钢规格①	
		型钢名称	型号、规格			型钢名称	型号、规格
优质型钢	碳素和合金结构钢、易切削结构钢、碳素和合金工具钢、高速工具钢、弹簧钢、轴承钢、中空钢、冷镦钢	碳素结构钢热轧材		异型钢	农用异型钢、矿用异型钢、汽车用异型钢、造船用球扁钢、热轧窗框与异型钢、冷弯型钢	犁铧钢、丁字钢、中凹扁钢、汽车轮辋、汽车挡圈、电梯钢、槽圆钢、菱角钢、半圆钢、刀边钢、钢板桩、钢球、冷弯卷边角钢、冷板卷边槽钢等	—
		圆钢	$\phi 8 \sim \phi 220$				
		方钢	$10 \sim 120$				
		六角钢	$8 \sim 70$				
		扁钢	$3 \times 25 \sim 36 \times 100$				
		碳素结构钢锻材					
		圆钢	$\phi 50 \sim \phi 250$				
		方钢	$50 \sim 250$				
		扁钢	$25 \times 60 \sim 120 \times 260$				
		碳素结构钢冷拉材					
		圆钢	$\phi 7 \sim \phi 80$				
		方钢	$7 \sim 70$				
		六角钢	$7 \sim 75$				
		扁钢	$5 \times 8 \sim 30 \times 50$				

注：①除已标出单位外，其余单位均为 mm。

表 1-11　钢板的常用品种与部分规格　　　　　　　　（mm）

类　别	常用品种	部分钢板规格		类　别	常用品种	部分钢板规格	
		钢板名称	厚度			钢板名称	厚度
普通钢板（包括普通碳素钢和低合金钢钢板）	热轧普通厚钢板、热轧普通薄钢板、冷轧普通薄钢板	桥梁用钢板	$4.5 \sim 50$	优质钢板	热轧优质钢厚钢板、热轧优质钢薄钢板、冷轧优质钢薄钢板	碳素结构钢钢板	$0.5 \sim 60$
		造船用钢板	$1.0 \sim 120$			合金结构钢钢板	$0.5 \sim 30$
		汽车大梁用钢板	$2.5 \sim 12$			碳素和合金工具钢钢板	$0.7 \sim 20$
		锅炉钢板	$6 \sim 120$				
		压力容器用钢板	$6 \sim 120$			高速工具钢钢板	$1.0 \sim 10$
		普通碳素钢钢板	$0.3 \sim 200$			弹簧钢钢板	$0.7 \sim 20$
		低合金钢钢板	$1.0 \sim 200$			滚动轴承钢钢板	$1.0 \sim 8$
		花纹钢板	$2.5 \sim 80$			不锈钢钢板	$0.4 \sim 25$
		镀锌薄钢板	$0.25 \sim 2.5$			耐热钢钢板	$4.5 \sim 35$
		镀锡薄钢板	$0.1 \sim 0.5$	复合钢板		不锈复合厚钢板	$4 \sim 60$
		镀铅薄钢板	$0.9 \sim 1.2$			塑料复合薄钢板	$0.35 \sim 2.0$
		彩色涂层钢板（带）	$0.3 \sim 2.0$			犁铧用三层钢板	$5 \sim 10$

表 1-12　钢带的常用品种与部分规格　　　　　　　　（mm）

类　别	常用品种	部分钢带规格		
		钢带名称	厚　度	宽　度
普通钢带	热轧普通钢钢带 冷轧普通钢钢带	普通碳素钢钢带	$2.6 \sim 2.0$（热轧）	$50 \sim 600$
			$0.1 \sim 3.0$（冷轧）	$10 \sim 250$
		镀锡钢带	$0.08 \sim 0.6$（冷轧）	—
		软管用钢带	$0.25 \sim 0.7$（冷轧）	$4 \sim 25$
优质钢带	热轧优质钢钢带 冷轧优质钢钢带	碳素结构钢钢带	$2.5 \sim 5.0$（热轧）	$100 \sim 250$
			$0.1 \sim 4.0$（冷轧）	$4 \sim 200$
		合金结构钢钢带	$0.25 \sim 3.0$（冷轧）	$10 \sim 120$
		碳素和合金工具钢钢带	$2.75 \sim 7.0$（热轧）	$15 \sim 300$
			$0.05 \sim 3.0$（冷轧）	$4 \sim 200$
		高速工具钢钢带	$1 \sim 1.5$（冷轧）	$50 \sim 100$
		弹簧钢钢带	$2.5 \sim 6.0$（热轧）	$60 \sim 180$
			$0.1 \sim 3.0$（冷轧）	$4 \sim 200$

续表 1-12

类 别	常用品种	部 分 钢 带 规 格		
		钢带名称	厚 度	宽 度
优质钢带	热轧优质钢钢带 冷轧优质钢钢带	热处理弹簧钢钢带	0.08~1.5（冷轧）	1.5~100
		不锈钢钢带	2.0~8.0（热轧）	15~1 600
			0.05~2.5（冷轧）	20~600

表 1-13　钢管的常用品种与部分规格　　　　　　（mm）

类 别	常用品种	部 分 钢 管 规 格	
		钢管名称	外 径
无缝钢管	热轧无缝钢管、冷拔（轧）无缝钢管、挤压无缝钢管、异形无缝钢管、渗铝钢管	结构用无缝钢管	2~630（热轧）
			6~200（冷拔）
		锅炉用无缝钢管	10~426（热轧）
			10~194（冷拔）
		锅炉用高压无缝钢管	22~530（热轧）
			10~108（冷拔）
		高压油管用无缝钢管	6~7（冷拔）
		不锈耐酸钢无缝钢管	54~480（热轧）
			6~200（冷拔）
		轴承钢无缝钢管	25~180（热轧）
			25~180（冷拔）
		汽车半轴套管用无缝钢管	76~122（热轧）
		碳素结构钢毛细管	1.5~5（冷拔）
		渗铝钢管	20~90
焊接钢管	直缝电焊钢管、螺旋缝电焊钢管、炉焊钢管、气焊钢管、异形电焊钢管	低压流体输送用焊接钢管	10~165（1/8~6in）[①]
		低压液体输送用镀锌钢管	10~165（1/8~6in）[①]
		直缝电焊钢管	5~508
		螺旋缝电焊钢管	168.3~2 220

注：①括号中为英制公称口径。

表 1-14　线材的常用品种与部分规格　　　　　　（mm）

常用品种	部 分 线 材 规 格	
	线材名称	直 径
热轧圆盘条、无扭控冷热轧盘条	低碳钢热轧圆盘条	5.0~30.0
	优质碳素钢热轧盘条	5.5~19.0
	焊接用碳素钢盘条	5.5~10.0
	焊接用不锈钢盘条	5.5~12.0
	制绳钢丝用优质碳素钢盘条	5.5~19.0
	琴钢丝用盘条	5.5~14.0
	不锈钢盘条	5.5~16.0
	低碳钢无扭控冷热轧盘条	5.5~22.0
	制绳钢丝用无扭控冷热轧盘条	5.5~22.0
	碳素焊接钢用无扭控冷热轧盘条	5.5~22.0

1.3 钢材的使用性能

1.3.1 钢材的物理性能

金属材料的本质不发生变化时所表现的性能称为物理性能，包括密度、熔点、导热性、导电性、磁性等。衡量金属材料物理性能的指标及其含义见表 1-15。

表 1-15　衡量金属材料物理性能的指标及其含义

序号	名　称		符号	单　位	含　义
1	密度		γ	g/cm³	密度就是某种物质单位体积的质量
2	热性能	熔点	—	℃	金属材料由固态转变为液态时的熔化温度
		比热容	c	J/（kg·K）	单位质量的某种物质，在温度升高 1℃ 时吸收的热量或温度降低 1℃ 时放出的热量
		热导率	λ	W/（m·K）	维持单位温度梯度 $\left(\dfrac{\Delta L}{\Delta T}\right)$ 时，在单位时间（t）内流经物体单位横截面积（A）的热量（Q）称为该材料的热导率：$$\lambda=\frac{1}{A}\frac{Q}{t}\frac{\Delta L}{\Delta T}$$
		线胀系数	α_1	10⁻⁶/K	金属温度每升高 1℃ 所增加的长度与原来长度的比值。随温度增高，线胀系数增大，钢的线胀系数一般为 $(10\sim20)\times10^{-6}/K$
3	电性能	电阻率	ρ	Ω·m	表示物体导电性能的一个参数。它等于 1m 长，横截面积为 1mm² 的导线两端间的电阻，也可用一个单位立方体的两平行端面间的电阻表示
		电阻温度系数	α_P	1/℃	温度每升降 1℃，材料电阻率的改变量与原电阻率之比，称为电阻温度系数
		电导率	κ	S/m 或%IACS	电阻率的倒数称为电导率，在数值上等于导体维持单位电位梯度时，流过单位面积的电流
4	磁性能	磁导率	μ	H/m	是衡量磁性材料磁化难易程度的性能指标，它是磁性材料中的磁感应强度（B）和磁场强度（H）的比值。磁性材料通常分为软磁材料（μ 值很高，可达数万）和硬磁材料（μ 值在 1 左右）
		磁场强度	H	A/m	导体中通过电流，其周围就产生了磁场；磁场对原磁矩或电流产生作用力的大小为磁场强度的表征
		磁感应强度	B	T	在磁介质中的磁化过程，可以看作是在原先的磁场强度（H）上再加上一个由磁化强度（J）所决定的数量等于 $4\pi J$ 的新磁场，因而在磁介质中的磁场 $B=H+4\pi J$，叫作磁感应强度
		饱和磁感应强度	B_s	T	用足够大的磁场来磁化样品，使样品达到饱和时，相应的磁感应强度称为饱和磁感应强度
		剩余磁感应强度	B_r	T	用足够大的磁场使样品达到饱和后，又将磁场减小到零时相应的磁感应强度称为剩余磁感应强度，简称为剩磁
		矫顽力	H_C	A/m	样品磁化达到饱和后，由于有磁滞现象，所以要使磁感应强度 B 减小到零，必须施加一定的负磁场 H_C，H_C 就称为矫顽力
		磁致伸缩系数	λ_S	—	磁性材料在磁化过程中，材料的形状在该方向的相对变化率 $\lambda_S=Dl/L$，称为该材料的磁致伸缩系数
		居里温度	T_C	℃	亦称居里点。铁磁性物质当温度升到一定高度时，磁畴被破坏，变为顺磁体，这个转变温度称为居里温度
		铁损	P	W/kg	铁磁性材料在动态磁化条件下，由于磁滞和涡流效应所消耗的能量称为铁损

续表 1-15

序号	名　称		符号	单　位	含　义
4	磁性能	频率温度系数	β_f	1/℃	金属材料和合金的固有振动频率随着温度的升降而改变，振动频率的增（减）量与原固有振动频率之比称为频率温度系数
		机械品质因数	Q	—	固体由于内部所发生的物理过程，把机械振动能变成热能的特性或过程称为内耗（或内摩擦），内耗的倒数即为机械品质因数

1.3.2　钢材的力学性能

金属材料在外力作用下表现出来的各种特性（如强度、弹性、塑性、韧性、硬度等）称为力学性能。衡量金属材料力学性能的指标及其含义见表 1-16。

表 1-16　衡量金属材料力学性能的指标及其含义

序号	名　称		符　号	单　位	含　义
1	强度				强度是指金属在外力作用下抵抗塑性变形和断裂的能力
		抗拉强度	σ_b	MPa	金属试样在拉伸时，于拉断前所承受的最大负荷与试样原横截面积之比称为抗拉强度：$$\sigma_b = \frac{F_b}{S_o}$$ 式中　F_b——试样拉断前的最大负荷（N）；S_o——试样原横截面积（mm²）
		抗弯强度	σ_{bb}	MPa	试样在位于两支承中间的集中负荷的作用下折断时，折断截面所承受的最大正应力称为抗弯强度。对圆形试样：$\sigma_{bb} = \frac{8FL}{\pi d^3}$；对矩形试样：$\sigma_{bb} = \frac{8FL}{2bh^2}$ 式中　F——试样所受最大集中载荷（N）；L——两支承点间的跨距（mm）；d——圆试样截面的外径（mm）；b——矩形截面试样的宽度（mm）；h——矩形截面试样的高度（mm）
		抗压强度	σ_{bc}	MPa	材料在压力作用下不发生碎、裂时所能承受的最大正应力称为抗压强度：$$\sigma_{bc} = \frac{F_{bc}}{S_o}$$ 式中　F_{bc}——试样所受最大集中载荷（N）；S_o——试样原横截面积（mm²）
		抗剪强度	τ_b	MPa	在试样剪断前所承受的最大负荷的作用下，受剪截面具有的平均剪应力称为抗剪强度。双剪：$\tau_b = \frac{F}{2S_o}$；单剪：$\tau_b = \frac{F}{S_o}$ 式中　F——剪切时的最大负荷（N）；S_o——受剪部位的原横截面积（mm²）
		抗扭强度	τ_m	MPa	指外力是扭转力的强度极限：$\tau_m \approx \frac{3M_m}{4W_p}$（适用于钢材）；$\tau_m \approx \frac{M_m}{W_p}$（适用于铸铁）式中　M_m——扭转力矩（N·mm）；W_p——扭转时试样截面的极断面系数（mm³）

续表 1-16

序号	名 称	符 号	单 位	含 义
1	强度			
	屈服点	σ_s	MPa	金属试样在拉伸过程中当负荷不再增加时，金属试样仍继续发生变形的现象称为屈服。发生屈服现象时的应力称为屈服点： $$\sigma_s = \frac{F_s}{S_o}$$ 式中 F_s——屈服载荷（N）； S_o——试样原横截面积（mm²）
	屈服强度	$\sigma_{0.2}$	MPa	对某些屈服现象不明显的金属材料，测定屈服点比较困难，常把产生 0.2%永久变形的应力定为屈服点，称为屈服强度： $$\sigma_{0.2} = \frac{F_{0.2}}{S_o}$$ 式中 $F_{0.2}$——试样产生永久变形量为 0.2%时的载荷（N）； S_o——试样原横截面积（mm²）
	持久强度	σ_b/h	MPa	金属材料在规定温度条件下，经过规定时间发生断裂时的应力称为持久强度。通常所指的持久强度，是在一定的温度条件下，试样经 10^5h 后的断裂强度
	蠕变强度	$\sigma \dfrac{温度}{应变量/时间}$	MPa	金属材料在高于一定温度条件下受到应力作用，即使应力小于屈服强度，试件也会随着时间的增长而缓慢地产生塑性变形，此种现象称为蠕变。在规定温度下和规定的时间内，使试样产生一定蠕变变形量的应力称为蠕变强度，例如 $\sigma\dfrac{500}{1/100\,000}$ $=100(\text{MPa})$，表示材料在 500℃温度下，10^5h 后应变量为 1%时的蠕变强度为 100MPa。蠕变强度是材料在高温和长期负荷下对塑性变形抗力的性能指标
2	弹性			弹性是指金属在外力作用下产生变形，当外力取消后又恢复到原来的形状和大小的一种特性
	弹性模量	E	GPa	金属材料在弹性范围内进行拉伸试验时，外力和变形成比例地增长，即当应力与应变成正比例关系时，其比例系数称为弹性模量，也叫正弹性模数
	切变模量	G	GPa	金属材料在弹性范围内进行扭转试验时，外力和变形成比例地增长，即当应力与应变成正比例关系时，其比例系数称为切变模量
	弹性极限	σ_e	MPa	金属材料能保持弹性变形的最大应力称为弹性极限
	比例极限	σ_p	MPa	在弹性变形阶段，金属材料所承受的和应变能保持正比的最大应力称为比例极限： $$\sigma_p = \frac{F_p}{S_o}$$ 式中 F_p——规定比例极限负荷（N）； S_o——试样原横截面积（mm²）
3	塑性			塑性是指金属材料在外力作用下，产生永久变形而不致破裂的能力
	断后伸长率	δ	%	金属材料在拉伸试验过程中被拉断后，其标距部分所增加的长度与原标距长度的百分比称为断后伸长率。δ_5是标距为5倍直径时的伸长率，δ_{10}是标距为10倍直径时的伸长率
	断面收缩率	ψ	%	金属试样在拉伸试验过程中被拉断后，其缩颈处横截面积的最大缩减量与原横截面积的百分比称为断面收缩率

续表 1-16

序号	名　称	符　号	单　位	含　义
3	塑性	泊松比	ν	无单位	对于各向同性的材料，泊松比表示试样在单向拉伸时，横向相对收缩量与轴向相对伸长量之比：$$\nu=\frac{E}{2G}-1$$ 式中　E——弹性模量（Gpa）；G——切变模量（GPa）
4	韧性				韧性是指金属材料在冲击力（动力载荷）的作用下不破坏的能力
		冲击韧度	a_{KU} 或 a_{KV}	J/cm²	冲击韧度是评定金属材料于动载荷下受冲击抗力的力学性能指标，通常都以大能量的一次冲击值（a_{KU} 或 a_{KV}）作为标准。它是采用一定尺寸和形状的标准试样，在摆锤式一次冲击试验机上进行试验，试验结果以冲断试样上所消耗的功（A_{KU} 或 A_{KV}）与断面处横截面积（S）之比来衡量
		冲击吸收功	A_{KU} 或 A_{KV}	J	由于 a_K 值的大小不仅取决于材料本身，而且随着试样尺寸、形状的改变及试验温度的不同而变化，因而 a_K 值只是一个相对指标。目前国际上许多国家直接采用冲击吸收功 A_K 作为冲击韧度的指标：$$a_{KU}=\frac{A_{KU}}{S}\ ;\ \ a_{KV}=\frac{A_{KV}}{S}$$ 式中　a_{KU}——夏比 U 形缺口试样冲击韧度（J/cm²）；a_{KV}——夏比 V 形缺口试样冲击韧度（J/cm²）；A_{KU}——夏比 U 形缺口试样冲断时的冲击吸收功（J）；A_{KV}——夏比 V 形缺口试样冲断时的冲击吸收功（J）；S——试样缺口处的横截面积（cm²）
		平面断裂韧性	K_{IC}	MN/m³ᐟ²	平面断裂韧性是材料韧性的一个新参量，通常定义为材料抗裂纹扩展的能力。例如，K_{IC} 表示材料平面应变断裂韧性值，其含意为当裂纹尖端处应力强度因子在静加载方式下等于 K_{IC} 时，即发生断裂。相应地，还有动态断裂韧性 K_{Id} 等
5	疲劳				金属材料在极限强度以下，长期承受交变负荷（即大小、方向反复变化的载荷）的作用，在不发生显著塑性变形的情况下而突然断裂的现象称为疲劳
		疲劳极限	σ_D	MPa	金属材料在重复或交变应力的作用下，经过周次 N 的应力循环仍不发生断裂时所能承受的最大应力称为疲劳极限
		疲劳强度	σ_N	MPa	金属材料在重复或交变应力的作用下，循环一定周次 N 后断裂时所能承受的最大应力称为疲劳强度。此时，N 称为材料的疲劳寿命。某些金属材料在重复或交变应力的作用下没有明显的疲劳极限，常用疲劳强度表示
6	硬度				硬度是指金属抵抗更硬物体压入其表面的能力。硬度不是一个单纯的物理量，而是反映弹性、强度、塑性等综合性能指标
		布氏硬度（GB/T 231.1—2009）	HBW	一般不标注	用硬质合金球压入金属表面，保持规定的时间后卸除压力，以其压痕面积除加在硬质合金球上的载荷，所得之商即为金属的布氏硬度数值。测定硬度的上限为650HBW。当试验压力单位为 N 时，布氏硬度值为：$$HBW=0.102\times\frac{2F}{\pi D(D-\sqrt{D^2-d^2})}$$ 式中　F——所加的规定负荷（N）；D——钢球直径（mm）；d——压痕直径（mm）

续表 1-16

序号	名称	符号	单位	含义
6	硬度	HRA HRB HRC HRD HRE HRF HRG HRH HRK HRN HRT	一般不标注	利用金刚石圆锥或淬硬钢球，在一定压力下压入试件表面，然后根据压痕深度计算材料的硬度。 洛氏硬度（GB/T 230.1—2009）
				维氏硬度（GB/T 4340.1—2009）
				肖氏硬度（GB/T 4341—2001）

洛氏硬度子表：

洛氏硬度标尺	硬度符号	适用范围
A	HRA	20～88HRA
B	HRB	20～100HRB
C	HRC	20～70HRC
D	HRD	40～77HRD
E	HRE	70～100HRE
F	HRF	60～100HRF
G	HRG	30～94HRG
H	HRH	80～100HRH
K	HRK	40～100HRK
15N	HR15N	70～94HR15N
30N	HR30N	42～86HR30N
45N	HR45N	20～77HR45N
15T	HR15T	67～93HR15T
30T	HR30T	29～82HR30T
45T	HR45T	10～72HR45T

维氏硬度（GB/T 4340.1—2009）　HV　一般不标注

用夹角 α 为136°的金刚石四棱锥压头压入试件，保持一定时间后卸除试验力，根据试样表面压痕对角线长度和试验力计算维氏硬度：

$$HV = 0.102 \times \frac{2F}{d^2}\sin\frac{\alpha}{2} = 0.1891\frac{2F}{d^2}$$

式中　F——载荷（N）；

　　　d——压痕对角线的长度（mm）

肖氏硬度（GB/T 4341—2001）　HS　无单位

将规定形状的金刚石冲头从固定高度 h_0 落在试样表面上，冲头弹起一定高度 h，用 h 与 h_0 的比值计算肖氏硬度：

$$HS = K\frac{h}{h_0}$$

序号	名称	符号	单位	含义
7	减摩、耐磨性	摩擦因数 μ	无单位	相互接触的物体相对移动就会引起摩擦，引起摩擦的阻力称为摩擦力。根据摩擦定律，通常把摩擦力（$F_{摩}$）与施加在摩擦部位上的垂直载荷（F_p）的比值称为摩擦因数（μ）： $$\mu = \frac{F_{摩}}{F_p}$$ 式中　$F_{摩}$——摩擦力（N）； 　　　F_p——施加在摩擦部件上的垂直载荷（N）
		磨耗量 W	g	试样在规定试验条件下经过一定时间或一定距离的摩擦之后，试样被磨去的质量（g）或体积（cm³）称为磨耗量（或磨损量）。以磨去质量表示时称为质量磨耗（W），用磨去体积表示时称为体积磨耗（V）
		磨耗量 V	cm³	
		相对耐磨系数 ε	无单位	在模拟耐磨试验机上，采用 65Mn(52~53HRC) 作为标准试样，在相同条件下，标准试样的绝对磨耗量与被测定材料的绝对磨耗量之比，称为被测材料的相对耐磨系数

注：金属材料力学性能新符号见 GB/T 24182—2009。其部分新旧符号对照为：抗拉强度 $R_m(\sigma_b)$、抗压强度 $R_{mc}(\sigma_{bc})$、抗弯强度 $\sigma_{bb}(\sigma_w)$，断后伸长率 $A(\delta)$、断面收缩率 $Z(\psi)$……。由于新旧标准符号许多不对应，全面贯彻新标准目前还不具备条件，故本书仍沿用各标准使用的符号，请读者注意。

1.3.3　钢材的化学性能

金属材料的化学性能是指金属材料在室温或高温条件下抵抗各种腐蚀性介质对其化学侵蚀的能力，一般包括耐蚀性、抗氧化性和化学稳定性。衡量金属材料化学性能的指标及其含义见表1-17。

表1-17　衡量金属材料化学性能的指标及其含义

序号	名　称	符号	单　位	含　义
1	耐蚀性	—	—	耐蚀性是指金属材料抵抗周围介质（大气、水蒸气、有害气体、酸、碱、盐等）腐蚀作用的能力。金属的耐蚀性与许多因素有关，如金属的化学成分、加工性质、热处理条件、组织状态以及介质和温度等
	化学腐蚀	—	—	化学腐蚀是金属材料与周围介质直接起化学作用的结果。它包括气体腐蚀和金属在非电解质中的腐蚀两种形式。其特点是：腐蚀过程不产生电流，且腐蚀产物沉积在金属表面
	电化学腐蚀	—	—	金属材料与酸、碱、盐等电解质溶液接触时发生作用而引起的腐蚀称为电化学腐蚀。它的特点是腐蚀过程中有电流产生，其腐蚀产物（铁锈）不覆盖在作为阳极的金属表面上，而是在与阳极金属有一定距离的地方
	一般腐蚀	—	—	这种腐蚀均匀地分布在整个金属材料内外表面上，使截面不断减小，最终使受力件破坏
	晶间腐蚀	—	—	这种腐蚀在金属材料内部沿晶粒边缘进行，通常不引起金属材料外形的任何变化，往往使设备或机件突然破坏
	点腐蚀	—	—	这种腐蚀集中在金属材料表面不大的区域内，并迅速向深处发展，最后穿透金属材料，是一种危害较大的腐蚀破坏
	应力腐蚀	—	—	应力腐蚀是指金属在静应力（金属材料内外应力）作用下，材料在腐蚀介质中所引起的破坏。这种腐蚀一般穿过晶粒，即所谓穿晶腐蚀
	腐蚀疲劳	—	—	腐蚀疲劳是指金属在交变应力作用下，于腐蚀介质中所引起的破坏。它也是一种穿晶腐蚀
	腐蚀速度	—	$mg/(dm^2 \cdot d)$ 或 $g/(m^2 \cdot d)$	单位面积的金属材料单位时间内经腐蚀之后的失重称为腐蚀速度
	腐蚀率	R	mm/a	金属材料在单位时间内腐蚀掉的深度称为腐蚀率
2	抗氧化性	—	$g/(cm^2 \cdot h)$ 或 mm/a	金属材料在室温或高温下抵抗氧化的能力称为抗氧化性。金属的氧化过程实际上是化学腐蚀的一种形式，它可直接用一定时间内，金属表面经腐蚀之后质量损失的大小，即用金属减重的速度表示
3	化学稳定性	—	—	化学稳定性是金属材料的耐蚀性和抗氧性的总称。金属材料在高温下的化学稳定性叫作热稳定性
4	耐候性	—	—	金属材料在自然环境中遭受阳光的照射，反复的雨淋以及大气等的作用，将发生腐蚀。耐（抵抗）这种腐蚀的能力称为耐候性

1.3.4　钢材的工艺性能和试验（表1-18、表1-19）

表1-18　钢材的工艺性能

序号	名　称	含　义
1	切削加工性	金属材料的切削加工性系指金属接受切削加工的能力，也是指金属经过切削加工而成为合乎要求的工件的难易程度。通常可以切削后工件表面的粗糙程度、切削速度和刀具磨损程度来评价金属的切削加工性

续表 1-18

序号	名　称	含　义
2	焊接性	焊接性是指金属在特定结构和工艺条件下通过常用焊接方法获得预期质量要求的焊接接头的性能。焊接性一般根据焊接时产生的裂纹敏感性和焊缝区力学性能的变化来判断
3	可锻性	可锻性是材料在承受锤锻、轧制、拉拔、挤压等加工工艺时会改变形状而不产生裂纹的性能。它实际上是金属塑性好坏的一种表现，金属材料塑性越高，变形抗力就越小，则可锻性就越好。可锻性好坏主要决定于金属的化学成分、显微组织、变形温度、变形速度及应力状态等因素
4	冲压性	冲压性是指金属经过冲压变形而不发生裂纹等缺陷的性能。许多金属产品的制造都要经过冲压工艺，如汽车壳体、搪瓷制品坯料及锅、盆、盂、壶等日用品。为保证制品的质量和工艺的顺利进行，用于冲压的金属板、带等必须具有合格的冲压性能
5	顶锻性	顶锻性是指金属材料承受打铆、镦头等的顶锻变形的性能。金属的顶锻性，是用顶锻试验测定的
6	冷弯性	金属材料在常温下能承受弯曲而不破裂的性能，称为冷弯性。出现裂纹前能承受的弯曲程度愈大，则材料的冷弯性能愈好
7	热处理工艺性	热处理是指金属或合金在固态范围内，通过一定的加热、保温和冷却方法，以改变金属或合金的内部组织，而得到所需性能的一种工艺操作。热处理工艺性就是指金属经过热处理后其组织和性能改变的能力，包括淬硬性、淬透性、回火脆性等

表 1-19　钢材的工艺性能试验

序号	名　称	说　明
1	顶锻试验	需经受打铆、镦头等顶锻作业的金属材料须作常温的冷顶锻试验或热顶锻试验，判定顶锻性能。试验时，将试样锻短至常规定长度，如原长度的 1/3 或 1/2 等，然后检查试样是否有裂纹等缺陷
2	冷弯试验	检验金属材料冷弯性能的一种方法，即将材料试样围绕具有一定直径的弯心弯到一定的角度或不带弯心弯到两面接触（即弯曲 180°，弯心直径 $d=0$）后检查弯曲处附近的塑性变形情况，看是否有裂纹等缺陷存在，以判定材料是否合格；弯心直径 d 可等于试样厚度 a 的一半、相等、2 倍、3 倍等，弯曲角度可达 90°，120°，180°
3	杯突试验	检验金属材料冲压性能的一种方法。即用规定的钢球或球形冲头顶压在压模内的试样，直至试样产生第一个裂纹为止；压入深度为杯突深度，其深度小于规定值者为合格
4	型材展平弯曲试验	检验金属型材在室温或热状态下承受展平弯曲变形性能，并显示其缺陷。其过程是用手锤或锻锤将型材的角部锤击展平成为平面，随后以试样棱角的一面为弯曲内面进行弯曲。弯曲角度和热状态试验温度，在有关标准中规定
5	锻平试验	检验金属条材、带材、板材及铆钉等在室温或热状态下承受规定程度的锻平变形性能，并显示其缺陷。锻平作业可在压力机、机械锤或锻锤上进行，亦可使用手锤或大锤。对带材和板材试样，应使其宽度增有关标准的规定值为止，长度应等于该值的两倍；对条材和铆钉，应将试样锻平到头部直径为腿径的 1.5～1.6 倍，高度为腿径的 0.4～0.5 倍时为止
6	缠绕试验	该试验用以检验线材或丝材承受缠绕变形性能，以显示其表面缺陷或镀层的结合牢固性。试验时，将试样沿螺纹方向以紧密螺旋圈缠绕在直径为 D 的芯杆上，D 的尺寸在有关技术条件中规定；缠绕圈数为 5～10 圈
7	扭转试验	该试验用于检验直径（或特征尺寸）小于等于 10mm 的金属线材扭转时承受塑性变形性能，并显示金属的不均匀性、表面缺陷及部分内部缺陷。其过程是以试样自身为轴线，沿单向或交变方向均匀扭转，直至试样裂断或达到规定的扭转次数
8	反复弯曲试验	该试验是检验金属（及覆盖层）的耐反复弯曲性能、并显示其缺陷的一种方法，它适用于截面小于等于 120mm^2 的线材、条材和厚度小于等于 5mm 的带材及板材。其方法是将试样垂直夹紧于仪器夹中，在与仪器夹口相互接触线成垂直的平面上沿左右方向作 90° 反复弯曲，其速度不超过 60 次/min。弯曲次数由有关标准规定
9	打结拉力试验	该试验用于检验直径较小的钢丝和钢丝绳拆股后的单根钢丝，以代替反复弯曲试验。试验时将试样打一死结，置于拉力试验机上连续均匀地施加载荷，直至拉断。以试验机上载荷指示器显示的最大载荷（单位为 N）除试样原横截面面积所得商为结果，单位为 MPa 或 N/mm^2

续表 1-19

序号	名　称	说　明
10	压扁试验	该试验用以检验金属管压扁到规定尺寸的变形性能，并显示其缺陷。试验时将试样放在两个平行板之间，用压力机或其他方法，均匀地压到有关技术条件规定的压扁距（管子外壁压扁距或内壁压扁距）以 mm 表示。试验焊接管时，焊接位置应在有关技术标准中规定；如无规定时，则焊缝应位于同施力方向成 90° 角的位置。试验均在常温下进行，但冬季不应低于−10℃。试验后检查试样弯曲变形处，如无裂缝、裂口或焊缝开裂，即认为试验合格
11	扩口试验	该试验用以检验金属管端扩口工艺的变形性能。将具有一定锥度（如 1∶10，1∶15 等）的顶芯压入管试样一端，使其均匀地扩张到有关技术条件规定的扩口率（%），然后检查扩口处是否有裂纹等缺陷，以判定合格与否
12	卷边试验	该试验用以检验金属管卷边工艺的变形性能。试验时，将管壁向外翻卷到规定角度（一般为 90°），以显示其缺陷，试验后检查变形处有无裂纹等缺陷，以判定是否合格
13	金属管液压试验	液压试验用以检验金属管的质量和耐液压强度，并显示其有无漏水（或其他流体）、浸湿或永久变形（膨胀）等缺陷。 钢管和铸铁管的液压试验，大都用水做压力介质，所以又称水压试验。该试验虽不是为了进一步加工工艺而进行的试验，但目前标准中习惯上还称它为工艺试验
14	气密性试验	气密性试验用以检验金属管材在规定气体压力和通气不变形的条件下的密实程度。当压力达到标准规定的数值时，管材应不变形、不漏气
15	超声波检测	利用超声波（频率通常为 0.5~25MHz）在介质中的传播来判断材料的缺陷和异常的一种无损检测方法。把超声波脉冲通过探头射入被检材料，如果其内部有缺陷，则一部分入射的超声波在缺陷处被反射；利用探头接收到的信号，可以不损坏被检材料而检出缺陷的部位及其大小，如裂纹、气孔、分层、杂物和未粘合处等
16	涡流检测	以电磁感应为基础，通过检测线圈阻抗变化来确定被检材料有无缺陷的一种无损检测方法，当载有交变电流的检测线圈靠近导电材料时，由于线圈磁场的作用，材料中会感生出涡流。涡流的大小、相位及流动形式受材料导电性能的影响，而涡流产生的反作用磁场又使线圈的阻抗发生变化，因此通过检测线圈阻抗的变化，可以得到被检材料有无缺陷的结论

1.3.5　各种硬度间的换算（表 1-20）

表 1-20　各种硬度间的换算

洛氏硬度 HRC	肖氏硬度 HS	维氏硬度 HV	布氏硬度 HBW	洛氏硬度 HRC	肖氏硬度 HS	维氏硬度 HV	布氏硬度 HBW
70	—	1 037	—	54	71.9	579	—
69	—	997	—	53	70.5	561	—
68	96.6	959	—	52	69.1	543	—
67	94.6	923	—	51	67.7	525	501
66	92.6	889	—	50	66.3	509	488
65	90.5	856	—	49	65	493	474
64	88.4	825	—	48	63.7	478	461
63	86.5	795	—	47	62.3	463	449
62	84.8	766	—	46	61	449	436
61	83.1	739	—	45	59.7	436	424
60	81.4	713	—	44	58.4	423	413
59	79.7	688	—	43	57.1	411	401
58	78.1	664	—	42	55.9	399	391
57	76.5	642	—	41	54.7	388	380
56	74.9	620	—	40	53.5	377	370
55	73.5	599	—	39	52.3	367	360

续表 1-20

洛氏硬度 HRC	肖氏硬度 HS	维氏硬度 HV	布氏硬度 HBW	洛氏硬度 HRC	肖氏硬度 HS	维氏硬度 HV	布氏硬度 HBW
38	51.1	357	350	27	39.7	268	263
37	50	347	341	26	38.8	261	257
36	48.8	338	332	25	37.9	255	251
35	47.8	329	323	24	37	249	245
34	46.6	320	314	23	36.3	243	240
33	45.6	312	306	22	35.5	237	234
32	44.5	304	298	21	34.7	231	229
31	43.5	296	291	20	34	226	225
30	42.5	289	283	19	33.2	221	220
29	41.6	281	276	18	32.6	216	216
28	40.6	274	269	17	31.9	211	211

1.3.6　钢铁材料的强度与硬度关系（GB/T 1172—1999）（表 1-21）

表 1-21　钢铁材料的强度与硬度关系

硬　度							抗拉强度 R_m/MPa								
洛　氏		表 面 洛 氏			维氏	布氏	碳钢	铬钢	铬钒钢	铬镍钢	铬钼钢	铬镍钼钢	铬锰硅钢	超高强度钢	不锈钢
HRC	HRA	HR15N	HR30N	HR45N	HV	HBW									
20.0	60.2	68.8	40.7	19.2	226	225	774	742	736	782	747	—	781	—	740
20.5	60.4	69.0	41.2	19.8	228	227	784	751	744	787	753	—	788	—	749
21.0	60.7	69.3	41.7	20.4	230	229	793	760	753	792	760	—	794	—	758
21.5	61.0	69.5	42.2	21.0	233	232	803	769	761	797	767	—	801	—	767
22.0	61.2	69.8	42.6	21.5	235	234	813	779	770	803	774	—	809	—	777
22.5	61.5	70.0	43.1	22.1	238	237	823	788	779	809	781	—	816	—	786
23.0	61.7	70.3	43.6	22.7	241	240	833	798	788	815	789	—	824	—	796
23.5	62.0	70.6	44.0	23.3	244	242	843	808	797	822	797	—	832	—	806
24.0	62.2	70.8	44.5	23.9	247	245	854	818	807	829	805	—	840	—	816
24.5	62.5	71.1	45.0	24.5	250	248	864	828	816	836	813	—	848	—	826
25.0	62.8	71.4	45.5	25.1	253	251	875	838	826	843	822	—	856	—	837
25.5	63.0	71.6	45.9	25.7	256	254	886	848	837	851	831	850	865	—	847
26.0	63.3	71.9	46.4	26.9	259	257	897	859	847	859	840	859	874	—	858
26.5	63.5	72.2	46.9	26.9	262	260	908	870	858	867	850	869	883	—	868
27.0	63.8	72.4	47.3	27.5	266	263	919	880	869	876	860	879	893	—	879
27.5	64.0	72.7	47.8	28.1	269	266	930	891	880	885	870	890	902	—	890
28.0	64.3	73.0	48.3	28.7	273	269	942	902	892	894	880	901	912	—	901
28.5	64.6	73.3	48.7	29.3	276	273	954	914	903	904	891	912	922	—	913
29.0	64.8	73.5	49.2	29.9	280	276	965	925	915	914	902	923	933	—	924
29.5	65.1	73.8	49.7	30.5	284	280	977	937	928	924	913	935	943	—	936
30.0	65.3	74.1	50.2	31.1	288	283	989	948	940	935	924	947	954	—	947
30.5	65.6	74.4	50.6	31.7	292	287	1 002	960	953	946	936	959	965	—	959
31.0	65.8	74.7	51.1	32.3	296	291	1 014	972	966	957	948	972	977	—	971
31.5	66.1	74.9	51.6	32.9	300	294	1 027	984	980	969	961	985	989	—	983
32.0	66.4	75.2	52.0	33.5	304	298	1 039	996	993	981	974	999	1 001	—	996
32.5	66.6	75.5	52.5	34.1	308	302	1 052	1 009	1 007	994	987	1 012	1 013	—	1 008
33.0	66.9	75.8	53.0	34.7	313	306	1 065	1 022	1 022	1 007	1 001	1 027	1 026	—	1 021

续表 1-21

硬 度							抗拉强度 R_m/MPa								
洛 氏		表 面 洛 氏			维氏	布氏	碳钢	铬钢	铬钒钢	铬镍钢	铬钼钢	铬镍钼钢	铬锰硅钢	超高强度钢	不锈钢
HRC	HRA	HR15N	HR30N	HR45N	HV	HBW									
33.5	67.1	76.1	53.4	35.3	317	310	1 078	1 034	1 036	1 020	1 015	1 041	1 039	—	1 034
34.0	67.4	76.4	53.9	35.9	321	314	1 092	1 048	1 051	1 034	1 029	1 056	1 052	—	1 047
34.5	67.7	76.7	54.4	36.5	326	318	1 105	1 061	1 067	1 048	1 043	1 071	1 066	—	1 060
35.0	67.9	77.0	54.8	37.0	331	323	1 119	1 074	1 082	1 063	1 058	1 087	1 079	—	1 074
35.5	68.2	77.2	55.3	37.6	335	327	1 133	1 088	1 098	1 078	1 074	1 103	1 094	—	1 087
36.0	68.4	77.5	55.8	38.2	340	332	1 147	1 102	1 114	1 093	1 090	1 119	1 108	—	1 101
36.5	68.7	77.8	56.2	38.8	345	336	1 162	1 116	1 131	1 109	1 106	1 136	1 123	—	1 116
37.0	69.0	78.1	56.7	39.4	350	341	1 177	1 131	1 148	1 125	1 122	1 153	1 139	—	1 130
37.5	69.2	78.4	57.2	40.0	355	345	1 192	1 146	1 165	1 142	1 139	1 171	1 155	—	1 145
38.0	69.5	78.7	57.6	40.6	360	350	1 207	1 161	1 183	1 159	1 157	1 189	1 171	—	1 161
38.5	69.7	79.0	58.1	41.2	365	355	1 222	1 176	1 201	1 177	1 174	1 207	1 187	1 170	1 176
39.0	70.0	79.3	58.6	41.8	371	360	1 238	1 192	1 219	1 195	1 192	1 226	1 204	1 195	1 193
39.5	70.3	79.6	59.0	42.4	376	365	1 254	1 208	1 238	1 214	1 211	1 245	1 222	1 219	1 209
40.0	70.5	79.9	59.5	43.0	381	370	1 271	1 225	1 257	1 233	1 230	1 265	1 240	1 243	1 226
40.5	70.8	80.2	60.0	43.6	387	375	1 288	1 242	1 276	1 252	1 249	1 285	1 258	1 267	1 244
41.0	71.1	80.5	60.4	44.2	393	380	1 305	1 260	1 296	1 273	1 269	1 306	1 277	1 290	1 262
41.5	71.3	80.8	60.9	44.8	398	385	1 322	1 278	1 317	1 293	1 289	1 327	1 296	1 313	1 280
42.0	71.6	81.1	61.3	45.4	404	391	1 340	1 296	1 337	1 314	1 310	1 348	1 316	1 336	1 299
42.5	71.8	81.4	61.8	45.9	410	397	1 359	1 315	1 358	1 336	1 331	1 370	1 336	1 359	1 319
43.0	72.1	81.7	62.3	46.5	416	403	1 378	1 335	1 380	1 358	1 353	1 392	1 357	1 381	1 339
43.5	72.4	82.0	62.7	47.1	422	409	1 397	1 355	1 401	1 380	1 375	1 415	1 378	1 404	1 361
44.0	72.6	82.3	63.2	47.7	482	415	1 417	1 376	1 424	1 404	1 397	1 439	1 400	1 427	1 383
44.5	72.9	82.6	63.6	48.3	435	422	1 438	1 398	1 446	1 427	1 420	1 462	1 422	1 450	1 405
45.0	73.2	82.9	64.1	48.9	441	428	1 459	1 420	1 469	1 451	1 444	1 487	1 445	1 473	1 429
45.5	73.4	83.2	64.6	49.5	448	435	1 481	1 444	1 493	1 476	1 468	1 512	1 469	1 496	1 453
46.0	73.7	83.5	65.0	50.1	454	441	1 503	1 468	1 517	1 502	1 492	1 537	1 493	1 520	1 479
46.5	73.9	83.7	65.5	50.7	461	448	1 526	1 493	1 541	1 527	1 517	1 563	1 517	1 544	1 505
47.0	74.2	84.0	65.9	51.2	468	455	1 550	1 519	1 566	1 554	1 542	1 589	1 543	1 569	1 533
47.5	74.5	84.3	66.4	51.8	475	463	1 575	1 546	1 591	1 581	1 568	1 616	1 569	1 594	1 562
48.0	74.7	84.6	66.8	52.4	482	470	1 600	1 574	1 617	1 608	1 595	1 643	1 595	1 620	1 592
48.5	75.0	84.9	67.3	53.0	489	478	1 626	1 603	1 643	1 636	1 622	1 671	1 623	1 646	1 623
49.0	75.3	85.2	67.7	53.6	497	486	1 653	1 633	1 670	1 665	1 649	1 699	1 651	1 674	1 655
49.5	75.5	85.5	68.2	54.2	504	494	1 681	1 665	1 697	1 695	1 677	1 728	1 679	1 702	1 689
50.0	75.8	85.7	68.6	54.7	512	502	1 710	1 698	1 724	1 724	1 706	1 758	1 709	1 731	1 725
50.5	76.1	86.0	69.1	55.3	520	510	—	1 732	1 752	1 755	1 735	1 788	1 739	1 761	—
51.0	76.3	86.3	69.5	55.9	527	518	—	1 768	1 780	1 786	1 764	1 819	1 770	1 792	—
51.5	76.6	86.6	70.0	56.5	535	527	—	1 806	1 809	1 818	1 794	1 850	1 801	1 824	—
52.0	76.9	86.8	70.4	57.1	544	535	—	1 845	1 839	1 850	1 825	1 881	1 834	1 857	—
52.5	77.1	87.1	70.9	57.6	552	544	—	—	1 869	1 883	1 856	1 914	1 867	1 892	—
53.0	77.4	87.4	71.3	58.2	561	552	—	—	1 899	1 917	1 888	1 947	1 901	1 929	—
53.5	77.7	87.6	71.8	58.8	569	561	—	—	1 930	1 951	—	—	1 936	1 966	—
54.0	77.9	87.9	72.2	59.4	578	569	—	—	1 961	1 986	—	—	1 971	2 006	—
54.5	78.2	88.1	72.6	59.9	587	577	—	—	1 993	2 022	—	—	2 008	2 047	—
55.0	78.5	88.4	73.1	60.5	596	585	—	—	2 026	2 058	—	—	2 045	2 090	—

续表 1-21

硬 度							抗拉强度 R_m/MPa								
洛 氏		表 面 洛 氏			维氏	布氏	碳钢	铬钢	铬钒钢	铬镍钢	铬钼钢	铬镍钼钢	铬锰硅钢	超高强度钢	不锈钢
HRC	HRA	HR15N	HR30N	HR45N	HV	HBW									
55.5	78.7	88.6	73.5	61.1	606	593	—	—	—	—	—	—	—	2 135	—
56.0	79.0	88.9	73.9	61.7	615	601	—	—	—	—	—	—	—	2 181	—
56.5	79.3	89.1	74.4	62.2	625	608	—	—	—	—	—	—	—	2 230	—
57.0	79.5	89.4	74.8	62.8	635	616	—	—	—	—	—	—	—	2 281	—
57.5	79.8	89.6	75.2	63.4	645	622	—	—	—	—	—	—	—	2 334	—
58.0	80.1	89.8	75.6	63.9	655	628	—	—	—	—	—	—	—	2 390	—
58.5	80.3	90.0	76.1	64.5	666	634	—	—	—	—	—	—	—	2 448	—
59.0	80.6	90.2	76.5	65.1	676	639	—	—	—	—	—	—	—	2 509	—
59.5	80.9	90.4	76.9	65.6	687	643	—	—	—	—	—	—	—	2 572	—
60.0	81.2	90.6	77.3	66.2	698	647	—	—	—	—	—	—	—	2 639	—
60.5	81.4	90.8	77.7	66.8	710	650	—	—	—	—	—	—	—	—	—
61.0	81.7	91.0	78.1	67.3	720	—	—	—	—	—	—	—	—	—	—
61.5	82.0	91.2	78.6	67.9	733	—	—	—	—	—	—	—	—	—	—
62.0	82.2	91.4	79.0	68.4	745	—	—	—	—	—	—	—	—	—	—
62.5	82.5	91.5	79.4	69.0	757	—	—	—	—	—	—	—	—	—	—
63.0	82.8	91.7	79.8	69.5	770	—	—	—	—	—	—	—	—	—	—
63.5	83.1	91.8	80.2	70.1	782	—	—	—	—	—	—	—	—	—	—
64.0	83.3	91.9	80.6	70.6	795	—	—	—	—	—	—	—	—	—	—
64.5	83.6	92.1	81.0	71.2	809	—	—	—	—	—	—	—	—	—	—
65.0	83.9	92.2	81.3	71.7	822	—	—	—	—	—	—	—	—	—	—
65.5	84.1	—	—	—	836	—	—	—	—	—	—	—	—	—	—
66.0	84.4	—	—	—	850	—	—	—	—	—	—	—	—	—	—
66.5	84.7	—	—	—	865	—	—	—	—	—	—	—	—	—	—
67.0	85.0	—	—	—	879	—	—	—	—	—	—	—	—	—	—
67.5	85.2	—	—	—	894	—	—	—	—	—	—	—	—	—	—
68.0	85.5	—	—	—	909	—	—	—	—	—	—	—	—	—	—

1.3.7 各种钢材的焊接难易程度（表 1-22）

表 1-22 各种钢材的焊接难易程度

种 类		焊条电弧焊	埋弧焊	CO_2气体保护焊	惰性气体保护焊	电渣焊	电子束焊	气焊	气压焊	点缝焊	闪光对焊	铝热焊	钎焊
碳素钢	低碳钢	A	A	A	B	A	A	A	A	A	A	A	A
	中碳钢	A	A	A	B	B	A	A	A	A	A	A	B
	高碳钢	A	B	B	B	B	A	A	A	D	A	A	B
	工具钢	B	B	B	B	—	A	A	A	D	B	B	B
	含铜钢	A	A	A	B	—	A	A	A	A	A	B	B
低合金钢	镍钢	A	A	A	B	B	A	B	A	A	A	B	B
	镍铜钢	A	A	A	—	B	A	B	A	A	A	B	B
	锰钼钢	A	A	A	B	B	A	B	B	A	A	B	B
	碳素钼钢	A	A	A	B	B	A	B	A	—	A	B	B
	镍铬钢	A	A	A	B	B	A	B	A	D	A	B	B
	铬钼钢	A	A	A	B	B	A	B	A	A	A	B	B
	镍铬钼钢	B	A	B	B	B	A	B	A	D	B	B	B

续表 1-22

种	类	焊条电弧焊	埋弧焊	CO₂气体保护焊	惰性气体保护焊	电渣焊	电子束焊	气焊	气压焊	点缝焊	闪光对焊	铝热焊	钎焊
低合金钢	镍钼钢	B	B	B	A	B	A	B	B	D	B	B	B
	铬钢	A	B	A	—	B	A	B	A	D	A	B	B
	铬钒钢	A	A	A	—	B	A	B	A	D	A	B	B
	锰钢	A	A	A	B	A	A	A	A	D	A	B	B
不锈钢	铬钢（马氏体）	A	A	B	A	C	A	A	B	C	B	D	C
	铬钢（铁素体）	A	A	A	A	C	A	A	B	A	A	D	C
	铬镍钢（奥氏体）	A	A	A	A	C	A	A	A	A	A	D	B

注：A 指通常采用，B 指有时采用，C 指很少采用，D 指不采用。

1.3.8　主要合金元素对钢性能的影响（表 1-23、表 1-24）

表 1-23　主要合金元素对钢性能的影响

元素名称	强度	弹性	冲击韧度	屈服点	硬度	伸长率	断面收缩率	低温韧性	高温强度	耐磨性	被切削性	锻压性	渗碳性能	渗氮性能	抗氧化性	耐蚀性	冷却速度
Mn①	+	+	0	+	+	0	0	+	0	--	·	+	0	0	0	·	-
Mn②	+	·	-	---	+++	0	·									++	
Cr	++	+	-	++	++	-	·	·	+	+	·	·	++	++	+++		
Ni①	+	·	0	+	·	0	0	++	·	·	·						
Ni②	+	·	+++	·	+++	++	++	·	·							++	
Si	+	+++	·	++	·	-	·	·	·		·					·	
Cu	+	·	0	++		·		·			·				0		·
Mo	+	·						·	++	++	·		+++	++	++		·
Co	+							++	+++	0							++
V	+	·		+		0	0		++	++	·		++++				·
W	+	·	0	+		·			+++	+++	·			++	++		
Al	+	·		+	·	·		·	·					+	+++		·
Ti	+							+	+	·				+	+	·	
S	·	·	·			-	·				+++						
P	+	·	---			·					++						

注：①表示在珠光体钢中。

②表示在奥氏体钢中。

"+" 表示提高，"-" 表示降低，"0" 表示没有影响，"·" 表示影响情况尚不清楚，多个 "+" 或 "-" 表示提高或降低的强烈程度。

表 1-24　主要合金元素对钢性能影响的有关说明

元素名称	对性能主要影响
Al	主要作用为细化晶粒和脱氧，在渗氮钢中能促成渗氮层；含量高时，能提高高温抗氧化性，耐 H₂S 气体的腐蚀作用，固溶强化作用大，提高耐热合金的热强性，有促使石墨化倾向
B	微量硼能提高钢的淬透性，但随钢中碳含量增加，淬透性的提高逐渐减弱以至完全消失
C	含量增加，钢的硬度和强度也提高，但塑性和韧性随之下降

续表 1-24

元素名称	对性能主要影响
Co	有固溶强化作用，使钢具有热硬性，提高高温性能、抗氧化和耐腐蚀性，为高温合金及超硬高速钢的重要合金元素，提高钢的 Ms 点，降低钢的淬透性
Cr	提高钢的淬透性，并有二次硬化作用，增加高碳钢的耐磨性；含量超过 12% 时，使钢具有良好的高温抗氧化性和耐氧化性介质腐蚀作用，提高钢的热强性，是不锈耐酸钢及耐热钢的主要合金元素，但含量高时易产生脆性
Cu	含量低时，作用和镍相似；含量较高时，对热变形加工不利，如超过 0.30% 时，在热变形加工时导致高温铜脆现象；含量高于 0.75% 时，经固溶处理和时效后可产生时效强化作用。在低碳合金钢中，特别是与磷同时存在，可提高钢的抗大气腐蚀性；2%～3% 的铜在不锈钢中可提高对硫酸、磷酸及盐酸等的抗腐蚀性及对应力腐蚀的稳定性
Mn	降低钢的下临界点，增加奥氏体冷却时的过冷度，细化珠光体组织以改善其力学性能，为低合金钢的重要合金元素，能明显提高钢的淬透性，但有增加晶粒粗化和回火脆性的不利倾向
Mo	提高钢的淬透性，含量 0.5% 时，能降低回火脆性，有二次硬化作用；提高热强性和蠕变强度；含量 2%～3% 时，提高抗有机酸及还原性介质腐蚀能力
N	有不明显的固溶强化及提高淬透性的作用，提高蠕变强度；与钢中其他元素化合，有沉淀硬化作用；表面渗氮，提高硬度及耐磨性，增加抗蚀性；在低碳钢中，残余氮会导致时效脆性
Nb	固溶强化作用很明显，提高钢的淬透性（溶于奥氏体时），增加回火稳定性，有二次硬化作用，提高钢的强度、冲击韧性；当含量高时（大于碳含量的 8 倍），使钢具有良好的抗氢性能，并提高热强钢的高温性能（蠕变强度等）
Ni	提高塑性及韧性（提高低温韧性更明显），改善耐蚀性能；与铬、钼联合使用，提高热强性，是热强钢及不锈耐酸钢的主要合金元素之一
P	固溶强化及冷作硬化作用很好，与铜联合使用，提高低合金高强度钢的耐大气腐蚀性能，但降低其冷冲压性能；与硫、锰联合使用，改善切削性，但增加回火脆性及冷脆敏感性
Pb	改善切削加工性
RE	包括镧系元素及钇和钪等 17 个元素，有脱气、脱硫和消除其他有害杂质的作用，改善钢的铸态组织，0.2% 的含量可提高抗氧化性、高温强度及蠕变强度，增加耐蚀性
S	改善切削性。产生热脆现象，恶化钢的质量；硫含量高，对焊接性产生不好影响
Si	常用的脱氧剂，有固溶强化作用，提高电阻率，降低磁滞损耗，改善磁导率，提高淬透性，抗回火性，对改善综合力学性能有利，提高弹性极限，增加自然条件下的耐蚀性。含量较高时，降低焊接性，且易导致冷脆。中碳钢和高碳钢易于在回火时产生石墨化
Ti	固溶强化作用强，但降低固溶体的韧性；固溶于奥氏体中提高钢的淬透性，但化合钛却降低钢的淬透性。改善回火稳定性，并有二次硬化作用，提高耐热钢的抗氧化性和热强性，如蠕变和持久强度，且改善钢的焊接性
V	固溶于奥氏体中可提高钢的淬透性，但化合状态存在的钒，会降低钢的淬透性；增加钢的回火稳定性，并有很强的二次硬化作用，固溶于铁素体中有极强的固溶强化作用。细化晶粒以提高低温冲击韧性，碳化钒是最硬、耐磨性最好的金属碳化物，明显提高工具钢的寿命，提高钢的蠕变和持久强度；钒、碳含量比超过 5.7 时，可大大提高钢的抗高温、高压、氢腐蚀的能力，但会稍微降低高温抗氧化性
W	有二次硬化作用，使钢具有热硬性，提高耐磨性，对钢的淬透性、回火稳定性、力学性能及热强性的影响均与钼相似；稍微降低钢的抗氧化性
Zr	锆在钢中的作用与铌、钛、钒相似，含量小时，有脱氧、净化和细化晶粒的作用，提高钢的低温韧性，消除时效现象，提高钢的冲压性能

注：各成分的含量皆指质量分数。

1.4 钢材的热处理

1.4.1 铁碳合金相图（图1-1）

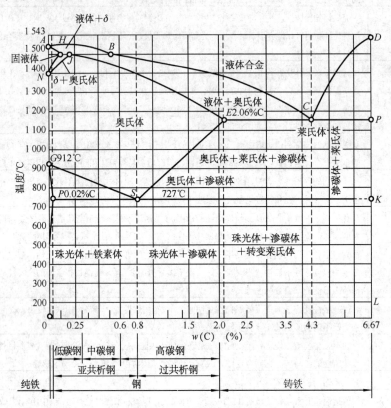

图1-1 铁碳合金相图

1.4.2 铁碳合金的基本组织（表1-25）

表1-25 铁碳合金的基本组织

序号	名　称	含　义
1	晶粒和晶界	金属结晶后形成的外形不一致、内部晶格排列方向一致的小晶体，称为晶粒。晶粒与晶粒之间的分界面，称为晶界
2	相和相界	在金属或合金中，凡成分相同、结构相同并有界面相互隔开的均匀组成部分，称为相。相与相之间的界面，称为相界
3	固溶体	在组成合金的一种金属元素的晶体中溶有另一种元素的原子形成的固态相，称为固溶体。固溶体一般有较高的强度，良好的塑性、耐蚀性以及较高的电阻和磁性
4	金属化合物	合金中不同元素的原子相互作用形成的、晶格类型和性能完全不同于其组成元素的、具有金属特性的固态相，称为金属化合物
5	奥氏体	奥氏体是碳和其他元素溶解于 γ—Fe 中的固溶体。奥氏体具有面心立方晶格，塑性好，一般在高温下存在
6	铁素体	铁素体是碳和其他元素溶解于 α—Fe 中的固溶体。铁素体具有体心立方晶格，碳含量极少，其性能与纯铁极为相似，也叫纯铁体
7	渗碳体	渗碳体是铁和碳的化合物，也称碳化三铁（Fe_3C），碳含量为 6.69%，具有复杂的晶格结构。其性能硬而脆，几乎没有塑性

续表 1-25

序号	名　称	含　义
8	珠光体	珠光体是铁素体和渗碳体相同的片层状组织。因其显微组织有指纹状的珍珠光泽而得名。其性能介于铁素体和渗碳体之间，强度、硬度适中，并具有良好的塑性和韧性
9	索氏体	亦称细珠光体，是奥氏体在低于珠光体形成温度分解而成的铁素体和渗碳体的混合物。其层片比珠光体细，仅在高倍显微镜下才能辨别。硬度、强度和冲击韧性均高于珠光体
10	托氏体	亦称极细珠光体，是奥氏体在低于珠光体形成温度分解而成的铁素体和渗碳体的混合体。其层片比索氏体更细，其硬度和强度均高于索氏体
11	贝氏体	贝氏体是过饱和铁素体和渗碳体的混合物。贝氏体又分为上贝氏体和下贝氏体。在较高温度形成的称"上贝氏体"，呈羽毛状；在较低温度形成的称"下贝氏体"，呈针状或竹叶状。下贝氏体与上贝氏体相比，其硬度和强度更高，并保持一定的韧性和塑性
12	马氏体	马氏体通常是指碳在 α—Fe 中的过饱和固溶体。钢中马氏体的硬度随碳含量的增加而提高。高碳马氏体硬度高而脆，低碳马氏体则有较高的韧性。马氏体在奥氏体转变产物中硬度最高
13	莱氏体	碳合金中的一种共晶组织。在高温时由奥氏体和渗碳体构成；在低温时（727℃以下），由珠光体和渗碳体构成。碳含量为 4.3%，组织中含有大量渗碳体，所以硬度高，塑性、韧性低
14	断口检验	断口组织是钢材质量标志之一。将试样刻槽或折断后用肉眼或 10 倍放大镜检查断口情况，称为断口检验。从断口可以看出金属的缺陷
15	塔形车削发纹检验	将钢材车成规定的塔形或阶梯形试样，然后用酸蚀或磁粉法检验发纹，简称塔形检验

注：碳含量皆指质量分数。

1.4.3　钢材的一般热处理（表 1-26）

表 1-26　钢材的一般热处理

序号	名　称		热　处　理　过　程	热　处　理　目　的
1	退火		将钢件加热到一定温度，保温一定时间，然后缓慢冷却到室温	①降低硬度、提高塑性，以利于切削加工及冷变形加工； ②细化晶粒，均匀钢的组织，改善钢的性能及为以后的热处理作准备； ③消除钢的内应力，防止零件加工后变形及开裂
		退火类别　完全退火	将钢件加热到临界温度（不同钢材临界温度也不同，一般是 710～750℃，个别合金钢的临界温度可达 800～900℃）以上 30～50℃，保温一定时间，然后随炉缓慢冷却（或埋在沙中冷却）	细化晶粒、均匀组织、降低硬度、充分消除内应力。完全退火适用于碳含量（质量分数）在 0.8%以下的锻件或铸钢件
		球化退火	将钢件加热到临界温度以上 20～30℃，经过保温以后，缓慢冷却至 500℃以下再出炉空冷	降低硬度，改善切削性能，并为以后淬火做好准备，以减少淬火后变形和开裂。球化退火适用于碳含量（质量分数）大于 0.8%的碳素钢和合金工具钢
		去应力退火	将钢件加热到 500～650℃，保温一定时间，然后缓慢冷却（一般采用随炉冷却）	消除钢件焊接和冷校直时产生的内应力，消除精密零件切削加工时产生的内应力，以防止以后加工和使用过程中发生变形。去应力退火适用于各种铸件、锻件、焊接件和冷挤压件等
2	正火		将钢件加热到临界温度以上 40～60℃，保温一定时间，然后在空气中冷却	①改善组织结构和切削加工性能； ②对力学性能要求不高的零件，常用正火作为最终热处理； ③消除内应力

续表 1-26

序号	名　称			热 处 理 过 程	热 处 理 目 的
3	淬火			将钢件加热到淬火温度，保温一段时间，然后在水、盐水或油（个别材料在空气中）中急速冷却	①使钢件获得较高的硬度和耐磨性；②使钢件在回火以后得到某种特殊性能，如较高的强度、弹性和韧性等
		淬火类别	单液淬火	将钢件加热到淬火温度，经过保温以后，在一种淬火剂中冷却。 单液淬火只适用于形状比较简单，技术要求不太高的碳素钢及合金钢件。淬火时，对于直径或厚度大于 5～8mm 的碳素钢件，选用盐水或水冷却；合金钢件选用油冷却	
			双液淬火	将钢件加热到淬火温度，经过保温以后，先在水里快速冷却至 300～400℃，然后移入油中冷却	
			火焰表面淬火	用乙炔和氧气混合燃烧的火焰喷射到零件表面，使零件迅速加热到淬火温度，然后立即用水向零件表面喷射。 火焰表面淬火适用于单件或小批生产，表面要求硬而耐磨，并能承受冲击载荷的大型中碳钢和中碳合金钢件，如曲轴、齿轮和导轨等	
			表面感应加热淬火	将钢件放在感应器中，感应器在一定频率的交流电的作用下产生磁场，钢件在磁场作用下产生感应电流，使钢件表面迅速加热（2～10min）到淬火温度，这时立即将水喷射到钢件表面。 经表面感应加热淬火的零件，表面硬而耐磨，而心部保持着较好的强度和韧性。 表面感应加热淬火适用于中碳钢和中等碳含量的合金钢件	
4	回火			将淬火后的钢件加热到临界温度以下，保温一段时间，然后在空气或油中冷却。 回火是紧接着淬火以后进行的，也是热处理的最后一道工序	①获得所需的力学性能。在通常情况下，零件淬火后的强度和硬度有很大提高，但塑性和韧性却有明显降低，而零件的实际工件条件要求有良好的强度和韧性。选择适当的回火温度进行回火后，可以获得所需的力学性能。 ②稳定组织，稳定尺寸。 ③消除内应力
		回火类别	低温回火	将淬硬的钢件加热到 150～250℃，并在这个温度保温一定时间，然后在空气中冷却。 低温回火多用于切削刀具、量具、模具、滚动轴承和渗碳零件等	消除钢件因淬火产生的内应力
			中温回火	将淬火的钢件加热到 350～450℃，经保温一段时间冷却下来。 一般用于各类弹簧及热冲模等零件	使钢件获得较高的弹性、一定的韧性和硬度
			高温回火	将淬火后的钢件加热到 500～650℃，经过保温以后冷却。 主要用于要求高强度、高韧性的重要结构零件，如主轴、曲轴、凸轮、齿轮和连杆等	使钢件获得较好的综合力学性能，即较高的强度和韧性及足够的硬度，消除钢件因淬火产生的内应力

续表 1-26

序号	名 称		热 处 理 过 程	热 处 理 目 的
5	调质		将淬火后的钢件进行高温（500~600℃）回火。 多用于重要的结构零件，如轴类、齿轮、连杆等。 调质一般在粗加工之后进行	细化晶粒，使钢件获得较高的韧性和足够的强度，即具有良好的综合力学性能
6	时效处理	人工时效	将经过淬火的钢件加热到 100~160℃，经过长时间的保温，随后冷却	消除内应力、减少零件变形、稳定尺寸，对精度要求较高的零件更为重要
		自然时效	将铸件放在露天，钢件（如长轴、丝杠等）放在海水中或长期悬吊或轻轻敲打。 要经过自然时效的零件，最好先进行粗加工	
7	化学热处理		将钢件放到含有某些活性原子（如碳、氮、铬等）的化学介质中，通过加热、保温、冷却等方法，使介质中的某些原子渗入到钢件的表层，从而达到改变钢件表层的化学成分，使钢件表层具有某种特殊的性能	
		钢的渗碳	将碳原子渗入钢件的表层。 常用于耐磨并受冲击的零件，如凸轮、齿轮、轴、活塞销等	使表面具有高的硬度（60~65HRC）和耐磨性，而中心仍保持高的韧性
		钢的渗氮	将氮原子渗入钢件的表层。 常用于重要的螺栓、螺母、销钉等零件	提高钢件表层的硬度、耐磨性、耐蚀性
		钢的碳氮共渗	将碳和氮原子同时渗入到钢件的表层。 适用于低碳钢、中碳钢或合金钢零件，也可用于高速钢刀具	提高钢件表层的硬度和耐磨性
8	发黑		将金属零件放在很浓的碱和氧化剂溶液中加热氧化，使金属零件的表面生成一层带有磁性的四氧化三铁薄膜。 由于材料和其他因素的影响，发黑层的薄膜颜色有蓝黑色、黑色、红棕色、棕褐色等，其厚度为 0.6~0.8μm。 常用于低碳钢、低碳合金工具钢	防锈，增加金属表面美观和光泽，消除淬火过程中的应力

1.4.4 钢的热处理缺陷及防止方法（表 1-27）

表 1-27 钢的热处理缺陷及防止方法

缺陷名称		原 因	危 害	防 止 方 法
加热缺陷	欠热	加热温度偏低	淬火后硬度不足	适当提高加热温度，可通过退火或正火矫正
	过热	加热温度偏高	淬火后得到粗大马氏体，脆性大	适当降低加热温度，可通过退火或正火矫正
	过烧	加热温度过高	晶界氧化或熔化，造成工件报废	
	氧化	钢表面形成氧化铁	使工件尺寸减小，表面粗糙	采用盐浴加热、保护气氛加热、真空加热等
	脱碳	钢表面碳氧化减少	淬火后表面硬度不足	
冷却缺陷	淬火变形	淬火时热应力与相变应力大	影响工件精度甚至报废	可选用淬透性好的钢以降低冷却速度； 采用双液淬火或分级淬火、等温淬火； 合理设计零件的结构
	淬火裂纹	淬火时热应力与相变应力太大	造成报废	

1.5　钢产品的有关术语

1.5.1　钢及合金术语（GB/T 20566—2006）（表 1-28）

表 1-28　钢及合金术语

序号	名　称	说　明
1	碳素结构钢	用于建筑、桥梁、船舶、车辆及其他结构，必须有一定的强度，必要时要求冲击性能和焊接性能的碳素钢
2	优质碳素结构钢	与普通碳素结构钢比较，是硫、磷及非金属夹杂物质量分数较低的钢，按碳含量和用途不同分为低碳钢、中碳钢和高碳钢三类，主要用于制造机械零部件和弹簧等
3	低合金高强度结构钢	用于建筑、桥梁、船舶、车辆、压力容器及其他结构。碳的质量分数（熔炼分析）一般不大于 0.20%，合金元素的质量分数总和一般不大于 2.5%，屈服强度不小于 295MPa，具有较好的冲击韧度和焊接性的低合金钢
4	合金结构钢	在碳素结构钢的基础上加入适当的合金元素，主要有用于制造截面尺寸较大的机械零件的钢，具有合适的淬透性，经相应热处理后有较高的强度、韧性和疲劳强度，较低的脆性转变温度。这类钢主要包括调质钢、表面硬化钢和冷塑性成型钢
5	保证淬透性钢	按相关标准规定的端淬法进行端部淬火，保证距离淬火端一定距离内硬度的上下限在一定范围内的钢。这类钢的牌号常用符号 "H" 表示
6	耐候钢（耐大气腐蚀钢）	加入铜、磷、铬、镍等元素提高耐大气腐蚀性能的钢。这类钢分为高耐候钢和焊接结构用耐候钢
7	易切削钢	加入硫、磷、铅、硒、锑、钙等元素（加入一种或一种以上），明显地改善可加工性，以利于机械加工自动化的钢
8	冷顶锻用钢（冷镦钢和铆螺钢）	用于在常温下进行墩粗，制造铆钉、螺栓和螺母用的钢，在钢牌号前面加字母 "ML" 表示。除了化学成分和力学性能外，还要求表面脱碳层和冷顶锻性能等，主要是优质碳素结构钢和合金结构钢
9	弹簧钢	制造各种弹簧和弹性元件的钢。要求具有优异的力学性能（特别是弹性极限、强度极限和屈强比）、疲劳性能、淬透性、物理化学性能（耐热、耐低温、耐腐蚀）、加工成型性能，按化学成分可分为碳素弹簧钢、合金弹簧钢和特殊弹簧钢
10	工具钢	用于制造各种切削工具、成型工具及测量工具的钢的总称。通常分为非合金工具钢、合金工具钢和高速工具钢，要求的性能主要是强度、韧性、硬度、耐磨性和回火稳定性
11	碳素工具钢	不添加合金元素，用于制造各种一般的小型工具的钢。其碳的质量分数为 0.65%~1.35%，属于共析钢或过共析钢
12	合金工具钢	含有较高的碳和铬、钨、钼、钒、镍等合金元素的工具钢。其按用途和性能可分为量具刃具钢、耐冲击工具钢、冷作模具钢、热作模具钢、塑料模具钢和无磁模具钢等
13	高速工具钢	主要用作机床高速切削工具的高碳高合金钢。其按合金基本组成系列分成钨系钢、钼系钢、钨钼系和钴钼系钢等，按用途分为通用型高速钢和超硬型高速钢
14	轴承钢	用于制造滚动轴承的滚珠、滚柱、内圈、外圈的合金钢。其要求具有高疲劳强度和耐磨性、纯洁度和组织均匀性。其按成分和用途可分为高碳铬轴承钢、渗碳轴承钢、不锈轴承钢和高温轴承钢四类
15	不锈钢	铬的质量分数不少于 10.5% 的不锈钢和耐酸钢的总称。不锈钢是指在大气、蒸汽和水等弱腐蚀介质中不生锈的钢，耐酸钢是指在酸、碱、盐等浸蚀性较强的介质中能抵抗腐蚀作用的钢
16	耐热钢	在高温下具有较高的强度和良好的化学稳定性的合金钢，包括抗氧化钢（或称为耐热不起皮钢）和热强钢两类。抗氧化钢一般要求较好的化学稳定性，但承受的负载较低；热强钢则要求较高的高温强度和相当的抗氧化性
17	建筑结构用钢	用于建造高层和重要建筑结构的钢，要求具有较高的冲击韧度、足够的强度、良好的焊接性能、一定的屈强比，必要时还要求厚度方向性能

续表 1-28

序号	名　称	说　明
18	桥梁用钢	用于建造铁路和公路桥梁的钢，要求具有较高的强度和足够的韧性、低的缺口敏感性、良好的低温韧性、抗时效敏感性、抗疲劳性能和焊接性能。这类钢主要为 Q345q, Q370q, Q420q 等低合金高强度钢
19	船体用钢	焊接性能和其他性能良好，适用于修造船舶和舰艇壳体主要结构的钢。舰艇用钢要求具有更高的强度、更好的韧性、抗爆性和抗深水压溃性
20	压力容器用钢	用于制造石油化工、气体分离和气体储运等设备的压力容器的钢，要求具有足够的强度和韧性，良好的焊接性能和冷热加工性能。常用的钢主要是低合金高强度钢和碳素钢
21	低温用钢	用于制造在 −20℃ 以下使用的压力设备和结构，要求具有良好的低温韧性和焊接性的钢。根据使用温度不同，主要用钢有低合金高强度钢、镍钢和奥氏体不锈钢
22	锅炉用钢	用于制造过热器、主蒸汽管、水冷壁管和锅炉锅筒的钢，要求具有良好的室温和高温力学性能、抗氧化和耐碱腐蚀性能、足够的持久强度和持久断裂塑性。这类钢主要为珠光体耐热钢（铬钼钢）、奥氏体耐热钢（铬镍钢）、优质碳素钢（20 钢）和低合金高强度钢
23	管线用钢	用于制造石油天然气长距离输送管线的钢，要求具有高强度、高韧性以及优良的加工性、焊接性和耐蚀性等综合性能的低合金高强度钢
24	锚链用钢	用于制造船舶锚链的圆钢，要求具有较高的强度和韧性，主要为含锰的低碳钢或中碳钢
25	混凝土钢筋用钢	用于混凝土构件钢筋的钢，要求具有一定的强度和焊接性能、冷弯性能，常采用低合金钢和碳素钢，有热轧钢筋和冷轧钢筋，外形有带肋和光圆两种
26	矿用钢	以煤炭强化开采为主的矿山用钢，包括巷道支护、液压支架管、槽帮钢、圆环链、刮板钢等，主要为耐磨低合金钢
27	汽车用钢	主要包括车身、车架和车轮用钢，要求具有良好的成型性能、焊接性能、耐蚀性及涂装性能等
28	钢轨钢	用于制造重轨、轻轨、起重机轨和其他专用轨的钢，要求具有足够的强度、硬度、耐磨性冲击韧度。这类钢主要为锰质量分数较高的高碳钢（轻轨为中碳钢）和含锰、硅、钒、铜的低合金钢
29	焊接用钢	用于对钢材进行焊接的钢（包括焊条、焊丝、焊带）。其对化学成分要求比较严格，要控制碳的质量分数，限制硫、磷等有害元素。按化学成分，焊接用钢可以分为非合金钢、低合金钢和合金钢三类
30	深冲用钢	具有优良冲压成型性能的钢，通常为铝镇静的低碳钢。一般通过降低碳、硅、锰、硫、磷的质量分数，控制铝的质量分数范围和加工工艺，以获得最佳深冲性能。按冲压级别，深冲用钢分为深冲钢和超深冲钢
31	压力加工用钢	通过压力加工（如轧、锻、拉拔等）进行塑性变形制成零件或其他产品用的钢。其按加工前钢是否经过加热，分为热压力加工用钢和冷压力加工用钢
32	切削加工用钢（冷机械加工用钢）	供切削机床（如车、铣、刨、磨等）在常温下切削加工成零件的钢
33	CF 钢	在焊接前不用预热，焊后又不进行热处理的条件下，不出现焊接裂纹的钢。这类钢的合金元素和碳的质量分数小，碳当量、焊接裂纹敏感性指数都很低，纯洁度很高
34	IF 钢	在碳的质量分数不大于 0.01% 的低碳钢中加入适量的钛、铌，使其吸收钢中的间隙原子碳、氮，形成碳化物、氮化物粒子，深冲性能极佳的钢
35	双相钢	一种低合金高强度可成型的钢。显微组织由软的铁素体晶粒基体和硬的弥散马氏体颗粒组成，具有较高的强度和塑性以及较好的成型性能
36	非调质钢	在中碳钢中添加钒、铌、钛等微量元素，通过控制轧制（或锻制）温度和冷却工艺，产生强化相，使塑性变形与固态相变相结合，获得与调质钢相当的良好综合性能的钢
37	调质钢	中碳或低碳结构钢经过淬火后再经过高温回火处理，获得较高的强度和冲击韧度等更好的综合力学性能的钢
38	超高强度钢	屈服强度和抗拉强度分别超过 1200MPa 和 1400MPa 的钢。其主要特点是具有很高的强度，足够的韧性，能承受很大的应力，同时具有很大的比强度，使结构尽可能地减轻自重
39	电工用硅钢	主要用于各种变压器、电动机铁心，碳的质量分数极小，硅的质量分数一般在 0.5%～4.5% 的硅铁软磁材料。它分为晶粒取向硅钢和晶粒无取向硅钢两类

续表 1-28

序号	名　称	说　明
40	高温合金（耐热合金）	一般在 600~1200℃高温下能承受一定应力并具有抗氧化或耐蚀性能的合金。其按基体组成元素可分为铁基（铁镍基）高温合金、镍基高温合金和钴基高温合金三类，按合金的主要强化特征可分为固溶强化型高温合金和时效硬化型高温合金，按合金的基本成形方式可分为变形高温合金、铸造高温合金、粉末高温合金等
41	精密合金	具有特殊物理性能和特殊功能的合金，一般包括软磁合金、永磁（硬磁）合金、弹性合金、膨胀合金、热双金属、电阻合金等。其按合金基体组成元素可分为铁基合金、镍基合金、钴基合金、铜基合金等
42	耐蚀合金	耐特殊酸、碱、盐及气体腐蚀的合金。其按合金基体组成元素分为铁镍基合金和镍基合金，按合金的主要强化特征分为固溶强化型合金和时效硬化型合金，按合金的基本成形方式分为变形耐蚀合金和铸造耐蚀合金

1.5.2　钢材标准常用术语（表 1-29）

表 1-29　钢材标准常用术语

序号	名　称	说　明
1	标准	标准是对重复性事物和概念所做的统一规定。它以科学、技术和实践经验的综合成果为基础，经有关方面协商一致，由主管机构批准，以特定形式发布，作为共同遵守的准则和依据。目前，我国钢铁产品执行的标准有国家标准（GB，GB/T）、行业标准（YB）、地方标准和企业标准
2	技术条件	标准中规定产品应该达到的各项性能指标和质量要求称为技术条件，如化学成分、外形尺寸、表面质量、物理性能、力学性能、工艺性能、内部组织、交货状态等
3	保证条件	按照金属材料技术条件的规定，生产厂应该进行检验并保证检验结果符合规定要求的性能、化学成分、内部组织等质量指标，称为保证条件。 ①基本保证条件又叫必保条件，是指标准中规定的，无论需方是否在订货合同中提出要求，生产厂必须进行检验并保证检验结果符合规定的项目； ②附加保证条件是标准中规定的，只要需方在合同中注明要求，生产厂就必须进行检验并保证检验结果符合规定的项目； ③协议保证条件是在标准中没有规定，经供需双方协议并在合同中注明加以保证的项目； ④参考条件是标准中没有规定，或虽有规定而不要求保证，由需方提出并经供需双方协商一致进行检验的项目，其结果仅供参考，不作考核
4	质量证明书	金属材料的生产和其他工业产品的生产一样，是按统一的标准规定进行的，执行产品出厂检验制度，不合格的金属材料不准交货。对于交货的金属材料，生产厂提供质量证明书以保证其质量。金属材料的质量证明书不仅说明材料的名称、规格、交货件数、质量等，而且还提供规定的保证项目的全部检验结果。 质量证明书是供方对该批产品检验结果的确认和保证，也是需方进行复检和使用的依据
5	质量等级	按钢材表面质量、外形及尺寸允许偏差等要求不同，将钢材质量划分为若干等级。例如，一级品、二级品。有时针对某一要求制定不同等级，例如针对表面质量分为一级、二级、三级，针对表面脱碳层深度分为一组、二组等，均表示质量上的差别
6	公差等级	某些金属材料，标准中规定有几种尺寸允许偏差，并且按尺寸允许偏差大小不同，分为若干等级，叫作公差等级。公差等级按允许偏差分为普通精度、较高精度、高级精度等。公差等级愈高，其允许的尺寸偏差就愈小。在订货时，应注意将公差等级要求写入合同中
7	牌号	金属材料的牌号，是给每一种具体的金属材料所取的名称。钢的牌号又叫钢号。我国金属材料的牌号，一般都能反映出金属材料的化学成分。牌号不仅表明金属材料的具体品种，而且根据它还可以大致判断其质量。这样，牌号就简便地提供了具体金属材料质量的共同概念，从而为生产、使用和管理等工作带来很大方便
8	品种	金属材料的品种，是指用途、外形、生产工艺、热处理状态、粒度等不同的产品
9	型号	金属材料的型号是指用汉语拼音（或拉丁文）字母和一个或几个数字来表示不同形状、类别的型材及硬质合金等产品的代号。数字表示主要部位的公称尺寸

续表 1-29

序号	名　称	说　明
10	规格	规格是指同一品种或同一型号金属材料的不同尺寸。一般尺寸不同，其允许偏差也不同。在产品标准中，品种的规格通常按从小到大，有顺序地排列
11	表面状态	主要分为光亮和不光亮两种。在钢丝和钢带标准中常见，主要区别在于采取光亮退火还是一般退火。也有把抛光、磨光、酸洗、镀层等作为表面状态看待
12	边缘状态	边缘状态是指带钢是否切边而言。切边者为切边带钢，不切边者为不切边带钢
13	交货状态	交货状态是指产品交货的最终塑性变形加工或最终热处理状态。不经过热处理交货的有热轧（锻）及冷轧状态。经正火、退火、高温回火、调质及固溶等处理的统称为热处理状态交货，或根据热处理类别分别称正火、退火、高温回火、调质等状态交货
14	材料软硬程度	指采用不同热处理或加工硬化程度，所得钢材的软硬程度不同。在有的带钢标准中，划分为特软钢带、软钢带、半软钢带、低硬钢带和硬钢带
15	纵向和横向	钢材标准中所称的纵向和横向，均指轧制（锻制）及拔制方向的相对关系而言。与加工方向平行者称纵向，与加工方向垂直者称横向。沿加工方向取的试样称纵向试样，与加工方向垂直取的试样称横向试样。在纵向试样上打的断口，是与轧制方向垂直的，故称横向断口；横向试样上打的断口，则与加工方向平行，故称纵向断口
16	理论质量和实际质量	这是两种不同的计算交货质量的方法。按理论质量交货者，是按材料的公称尺寸和密度计算得出的交货质量；按实际质量交货者，是按材料经称量（过磅）所得交货质量
17	公称尺寸和实际尺寸	公称尺寸是指标准中规定的名义尺寸，是生产过程中希望得到的理想尺寸。但在实际生产中，钢材实际尺寸往往大于或小于公称尺寸，实际所得到的尺寸，叫作实际尺寸
18	偏差和公差	由于实际生产中难达到公称尺寸，所以标准中规定实际尺寸和公称尺寸之间有一允许差值，叫作偏差。差值为负值叫负偏差，正值叫正偏差。标准中规定的允许正负偏差绝对值之和叫作公差。偏差有方向性，即以"正"或"负"表示；公差没有方向性
19	交货长度	钢材交货长度，在现行标准中有四种规定： ①通常长度——又称不定尺长度，凡钢材长度在标准规定范围内且无固定长度的，都称为通常长度。但为了包装运输和计量方便，各企业剪切钢材时，根据情况最好切成几种不同长度的尺寸，力求避免乱尺。 ②定尺长度——按订货要求切成的固定长度（钢板的定尺是指宽度和长度）叫定尺长度。如定尺为5m，则一批交货钢材长度均为5m。但实际不可能都是5m长，因此还规定了允许正偏差值。 ③倍尺长度——按订货要求的单倍尺长度切成等于订货单倍长度的整数倍数，称为倍尺长度。例如单倍尺长度为950mm，则切成双倍尺时为1 900mm，三倍尺为950×3＝2 850(mm)等。 ④短尺长度——凡长度小于标准中通常长度下限，但不小于最小允许长度者，称为短尺长度
20	冶炼方法	指采用何种炼钢炉冶炼而言，例如用平炉、电弧炉、电渣炉、真空感应炉及混合炼钢等冶炼。"冶炼方法"一词在标准中的含义，不包括脱氧方法（如全脱氧的镇静钢、半脱氧的半镇静钢和沸腾钢）及浇注方法（如上注、下注、连铸）等概念
21	化学成分(产品成分)	指钢铁产品的化学组成，包括主成分和杂质元素，其含量以质量百分数表示
22	熔炼成分	指钢在熔炼（如罐内脱氧）完毕，浇注中期的化学成分
23	成品成分	又叫验证分析成分，是指从成品钢材上按规定方法（详见 GB/T 222—2006）钻取或刨取试屑，并按规定的标准方法分析得来的化学成分。钢材的成品成分主要是供使用部门或检验部门验收钢材时使用的。生产厂一般不全做成品分析，但应保证成品成分符合标准规定。有些主要产品或者有时由于某种原因（如工艺改动、质量不稳、熔炼成分接近上下限、熔炼分析未取到等），生产厂也做成品成分分析
24	优质钢和高级优质钢（带 A 字）	又叫质量钢和高级质量钢，其区别在于高级优质钢在下列方面的部分或全部优于优质钢： ①缩小碳含量范围； ②减少有害杂质（主要是硫、磷）含量； ③保证较高的纯净度（指夹杂物含量少）； ④保证较高的力学性能和工艺性能

1.5.3　钢材交货状态（表 1-30）

表 1-30　钢材交货状态

序号	名　称	说　明
1	热轧状态	钢材在热轧或锻造后不再对其进行专门热处理，冷却后直接交货，称为热轧或热锻状态。 热轧（锻）的终止温度一般为 800～900℃，之后一般在空气中自然冷却，因而热轧（锻）状态相当于正火处理。所不同的是因为热轧（锻）终止温度有高有低，不像正火加热温度控制严格，因而钢材组织与性能的波动比正火大。目前不少钢铁企业采用控制轧制，由于终轧温度控制很严格，并在终轧后采取强制冷却措施，因而钢的晶粒细化，交货钢材有较高的综合力学性能。无扭控冷热轧盘条比普通热轧盘条性能优越就是这个道理。 热轧（锻）状态交货的钢材，由于表面覆盖有一层氧化铁皮，因而具有一定的耐蚀性，储运保管的要求不像冷拉（轧）状态交货的钢材那样严格，大中型型钢、中厚钢板可以在露天货场或经苫盖后存放
2	冷拉（轧）状态	经冷拉、冷轧等冷加工成形的钢材，不经任何热处理而直接交货的状态，称为冷拉或冷轧状态。与热轧（锻）状态相比，冷拉（轧）状态的钢材尺寸精度高、表面质量好、表面粗糙度低，并有较高的力学性能。 由于冷拉（轧）状态交货的钢材表面没有氧化皮覆盖，并且存在很大的内应力，极易遭受腐蚀或生锈，因而冷拉（轧）状态的钢材，其包装、储运均有较严格的要求，一般均需在库房内保管，并应注意库房内的温湿度控制
3	正火状态	钢材出厂前经正火热处理，这种交货状态称正火状态。由于正火加热温度（亚共析钢为 Ac_3 +30～50℃，过共析钢为 Ac_{cm}+30～50℃）比热轧终止温度控制严格，因而钢材的组织、性能均匀。与退火状态的钢材相比，由于正火冷却速度较快，钢的组织中珠光体数量增多，珠光体层片及钢的晶粒细化，因而有较高的综合力学性能，并有利于改善低碳钢的魏氏组织和过共析钢的渗碳体网状，可为成品的进一步热处理做好组织准备。碳结钢、合结钢钢材常采用正火状态交货。某些低合金高强度钢如 14MnMoVBRE，14CrMnMoVB 钢为了获得贝氏体组织，也要求正火状态交货
4	退火状态	钢材出厂前经退火热处理，这种交货状态称为退火状态。退火的目的主要是为了消除和改善前道工序遗留的组织缺陷和内应力，并为后道工序作好组织和性能上的准备。 合金结构钢、保证淬透性结构钢、冷镦钢、轴承钢、工具钢、汽轮机叶片用钢、铁素体型不锈耐热钢的钢材常用退火状态交货
5	高温回火状态	钢材出厂前经高温回火热处理，这种交货状态称为高温回火状态。高温回火的回火温度高，有利于彻底消除内应力，提高塑性和韧性，碳结构、合金钢、保证淬透性结构钢钢材均可采用高温回火状态交货。某些马氏体型高强度不锈钢、高速工具钢和高强度合金钢，由于有很高的淬透性以及合金元素的强化作用，常在淬火（或回火）后进行一次高温回火，使钢中碳化物适当聚集，得到碳化物颗粒较粗大的回火索氏体组织（与球化退火组织相似），因而，这种交货状态的钢材有很好的切削加工性能
6	固溶处理状态	钢材出厂前经固溶处理，这种交货状态称为固溶处理状态。这种状态主要适用于奥氏体型不锈钢材出厂前的处理。通过固溶处理，得到单相奥氏体组织，以提高钢的韧性和塑性，为进一步冷加工（冷轧或冷拉）创造条件，也可为进一步沉淀硬化做好组织准备

1.5.4　钢材产品缺陷术语（表 1-31）

表 1-31　钢材产品缺陷术语

序号	缺陷类型	缺陷名称	说　明
1	形状缺陷	尺寸超差	尺寸超差又叫尺寸超出标准规定的允许偏差，包括比规定的极限尺寸大或小。有的企业习惯叫"公差出格"，但这种叫法把偏差和公差等同起来，是不严密的
		厚薄不均	在钢板、钢带和钢管标准中常见这一名词，而钢管标准又叫作壁厚不均。 厚薄不均是指钢材在横截面及纵向厚度不等的现象。实际上一根轧件的厚度不可能到处相等。为了控制这种不均匀性，有的标准中规定了同条差、同板差等，钢管标准中规定壁厚不均等指标

续表 1-31

序号	缺陷类型	缺陷名称	说 明
1	形状缺陷	形状不正确	形状不正确是指轧材横截面几何形状的不正确,表现为歪斜、凹凸不平等。此类缺陷,按轧材品种不同,名目繁多,如方钢脱方、扁钢脱矩、六角钢六边不等、重轨不对称、工字钢腿斜、槽钢塌角、腿扩及腿并、角钢顶角大或小等。严格来讲,弯曲、扭转、波流、缺肉等亦属形状不正确范畴
		圆度	圆度是指圆形截面的轧材,如圆钢和圆形钢管的横截面上最大最小直径之差
		弯曲、直线度	弯曲是指轧件在长度或宽度方向不平直,呈曲线状的总称。如果把它的不平直程度用数字表示出来,就叫作直线度。不同材料的直线度有不同的名称,型材以直线度表示;板、带则以镰刀弯、波浪弯、瓢曲度表示
		脱方、脱矩	指方形、矩形截面的材料对边不等或截面的对角线不等,称为脱方或脱矩
		镰刀弯	镰刀弯又称侧面弯,矩形截面(如钢板、钢带及扁钢)或接近于矩形截面的型钢(包括异型钢),在窄面一侧呈凹入曲线,另一相对的窄面一侧形成相对应的凸出曲线,叫作镰刀弯。它以凹入高度(mm)表示
		波浪度、波浪弯	主要是钢板或钢带标准中有规定,在个别型钢标准(如工槽钢)中也有要求。波浪度是指沿长度或宽度上出现高低起伏弯曲,形如波浪状(波浪弯),通常在全长或全宽上有几个浪峰。测量时将钢板或钢带以自由状态轻放于检查平台上以 1m 直尺靠量,测量大波高;但有些标准中也规定单波峰高度及浪距的要求
		瓢曲度	在钢板或钢带长度及宽度方向同时出现高低起伏波浪的现象,使其成为"瓢形"或"船形",称为瓢曲。瓢曲度的测量是将钢板或钢带自由地(不施外力)放在检查平台上进行检查
		扭转	条形轧件沿纵轴扭成螺旋状,称为扭转。在标准中,一般以肉眼检查,所以规定为不得有显著扭转,"显著"是定性概念。但也有的标准中规定了扭转角度(以每米度数表示)或规定了以塞尺检查翘起高度等
		剪(锯)切正直	指轧件剪(据)切切面应与轧制表面(或轧制轴线)成直角。但实际上截切时均有误差,不可能达到 90°,所以"正直"在标准中是一个定性的概念,一般以肉眼检查。对于严格要求者,在标准中规定了切斜度
		切割缺陷	指轧件在切割(剪、锯、烧割)头部造成的缺陷,如毛刺、飞翘、锯伤、切伤、压伤、剪切宽展、切斜等
2	表面质量缺陷	裂纹	系指钢材表面呈直线形的裂纹现象,一般多与轧制方向一致
		结疤	系指钢材表面粘结的呈"舌状"或"鳞状"的金属薄片,形似疖疤
		麻点	系指钢材表面呈现有局部的或连续成片的粗糙面,其面积较少而数量较多
		刮伤	又称划痕或划道或拉痕(钢丝为划痕),系指钢材表面在外力作用下呈直线形或弧形的沟痕(可见到沟底)
		表面夹杂	系指钢材表面嵌有呈暗红、淡黄、灰白等颜色的点状、块状或条状不易剥落物
		分层	系指钢材从原料(坯)带来的内部缺陷,在断面上的表现呈未焊合的缝隙
		粘结	系指钢材在制造过程(叠轧、退火)中造成局部粘合,经掀动后留下的痕迹
		发裂	系指钢材出现宽度和长度都较小的开裂,其一般呈直线形
		龟裂	系指钢材表面出现的非直线形、畸形杂乱的开裂纹
		折叠	钢材表面局部重叠,有明显的折叠纹
		皱纹	系指钢材表面还未折叠,但已有折叠现象,比折叠轻微的纹,其粗看类似发纹
		断口	物体(晶体)受打击后所产生的无一定方向的破裂面
		皮下气泡	系指钢材表面呈现无规律分布、大小不等、形状各异、周围圆滑的小凸起,破裂的凸泡呈鸡爪形裂口或舌状结疤
		氧化色	系指钢材在加工过程中,表面生成的金属氧化物
		耳子	系指钢材表面沿轧制方向延伸的突起
		水渍	钢材受雨水或海水侵蚀,尚未起锈,仅在表面呈现灰黑色或暗红色的水纹印迹的现象
		浮锈(轻锈)	指钢材出现轻微的锈蚀,呈黄或淡红色细粉末状,去锈后仅轻微损伤氧化膜层(蓝皮)

续表 1-31

序号	缺陷类型	缺陷名称	说　明
2	表面质量缺陷	中锈（迹锈）	系指钢材去锈后，表面粗糙，留有锈痕的锈蚀
		重锈（层锈）	系指钢材去锈后，表面呈现麻坑的严重锈蚀
		粉末锈	系指钢材镀覆层表面被氧化，形成白色或灰色粉末状的锈层，去锈后，大多数表面留有锈痕或呈现粗糙面（去锈物系麻布或硬质刷，如棕、钢丝）
		破层锈（锡、锌等镀层）	系指基本金属上的镀层由于锈蚀而被破坏，使基体金属暴露的锈蚀
3	内部缺陷	残余缩孔	在横向低倍试片的中心部位呈现不规则的裂纹或空洞，附近往往出现严重的疏松、偏析及夹杂物的聚集。在纵向断口试片上呈现中心夹层。高倍组织能观察到严重的非金属夹杂物，呈带状分布。残余缩孔一般出现在钢锭头部，也有出现在钢锭中部和尾部的，即二次缩孔
		疏松	①一般疏松——在横向低倍试片上表现的特征是组织致密，呈分散的小孔隙和小黑点，孔隙多呈不规则的多边形或圆形，分布在除了边沿部分以外的整个断面上，一般疏松有时也表现为在粗大发亮的树枝状晶主轴及各轴间的疏松，疏松区发暗而轴部发亮，亮区与暗区腐蚀程度差别不大，所以不产生凹坑 ②中心疏松——在横向低倍试片上的中心部位呈集中的空隙和暗黑小点，纵向断口上呈轻微夹层。在显微镜下可以看到中心疏松处珠光体增多，这说明中心疏松处含碳量增多。中心疏松一般出现在钢锭头部和中部，和一般疏松的区别在于分布在钢材断面的中心部位而不是整个截面。通常含碳量愈高的钢种，中心疏松就愈严重
		偏析	①方形偏析——在横向低倍试片上呈腐蚀较深的，由密集的暗色小点组成的偏析带，多为方框形，亦有呈圆框形，因其形状与锭模形状有关，所以也叫锭型偏析 ②点状偏析——在横向低倍试片上呈分散的、不同形状和大小的、稍微凹陷的暗色斑点，斑点一般比较大，有时呈十字形、方框形或同心圆点状。在纵向断口试验上呈木纹状，即点状沿压延方向延伸的暗色条带。在显微镜下点状偏析处有硫化物和硅酸盐类非金属夹杂物。这类缺陷多出现在钢锭上中部 ③树枝状偏析——在纵向低倍试片上，晶干呈灰白色，晶间呈暗黑色，晶干常与纤维方向平行或有一定的角度。在横向低倍试片上呈树枝状组织，无一定规律。在与纵向低倍试片相同的部位做硫印试验表明，树枝状偏析处晶间硫含量较高。在显微镜下树枝状偏析处呈不均匀的组织，即非金属夹杂物和较多的分布不均匀的珠光体，这说明树枝状偏析不但有化学成分和杂质的偏析，而且碳含量也有较大的偏析。树枝状偏析是钢液结晶过程中不可避免的，只要钢液成分不均匀，就可能形成树枝状组织
		气泡	①皮下气泡——在横向低倍试片上看，皮下气泡仅在试片边沿存在，呈垂直于表面的或放射状的细裂纹，也有的呈圆形、椭圆形黑斑点。有的暴露在表面形成深度不大的裂纹，有的潜伏在皮下，在试片的表皮呈现成簇的、垂直于表皮的细长裂缝。纵向断口组织呈白色亮线条状组织。在显微镜下观察，可看到皮下气泡处脱碳现象严重。这种缺陷分布在钢材（坯）表皮下 ②内部气泡——在横向低倍试片上呈放射性的裂缝缺陷，裂缝的数量、长度和宽度都不固定，其形状有直的、弯的，无一定分布规律。在纵向断口上，沿纤维方向有非结晶构造的、颜色不同的细条纹夹层，在显微镜下观察，可见到内部气泡处有硫化物和硅酸盐类非金属夹杂物及裂纹。有些气泡在低倍试片上呈蜂窝状，称蜂窝气泡，有时分布在试片边缘处，但距钢材（坯）表面的距离均较大。内部气泡往往伴随点状出现在钢锭头部
		翻皮	在横向低倍试片上呈亮白色或暗黑色的弯曲细长带，形状不规则，一般出现在试片的边缘处，也有的出现在内部，在翻皮附近有些分散的点状夹杂和孔隙。在纵向断口有气孔和夹层，在显微镜下观察，翻皮与正常组织交接处的组织细、碳含量低，翻皮处的片状珠光增多，含有严重的非金属夹杂

续表 1-31

序号	缺陷类型	缺陷名称	说明
3	内部缺陷	夹杂	①金属夹杂——在横向低倍试片上可以看到带有金属光泽的，与基本金属组织不同的金属。纵向断口上呈条状组织。在显微镜下观察，金属夹杂与基体金属组织不同
			②非金属夹杂——在横向低倍试片上呈个别的、颗粒较大或细小成群的夹杂物。由于夹杂物性质不同，表现的特征也不同，有的呈白色或其他颜色的夹杂物，有的则被腐蚀掉，在试片上出现许多空隙或孔洞。非金属夹杂物在断口上呈一种非结晶构造的颗粒，有时为颜色不同的细条纹及块状，其分布无一定规律，有时出现在整个断口上，有时出现在局部或皮下。分布在钢材（坯）表皮下的夹杂称为皮下夹杂
		过烧	横向低倍试片的中心呈严重的夹杂偏析，并有不规则的裂纹，在钢坯的中间区沿着偏析带断裂，纵向断口呈石状断口。在显微镜下观察，有粗大晶粒，呈过热组织，在晶粒边界处有小裂纹。过烧一般产生在钢锭的中上部
		白点	在横向低倍试片上为不同长度的细小发纹，亦称发纹，呈放射状或不规则状，但距表面均有一定距离。在纵向低倍试片上的白点呈锯齿形发纹，并与轧制方向成一定角度。在纵向断口上，随白点的形成条件和折断面的不同，其形状也不同，有的是圆形，有的是椭圆形银色斑点或裂口
		裂纹	①内部裂纹——在横向低倍试片上呈弯曲状或直裂状，如"鸡爪形"或"人字形"。在横向断口上呈凹凸不平的"鸡爪形"或"人字形"裂纹，裂纹侧壁一般比较干净，有时也有氧化现象。在纵向断口上，由于热加工的影响，裂纹处呈光滑平面。在显微镜下观察，有的裂纹有脱碳现象。裂纹的形式很多，一般有锻裂和钢锭冷凝时由于热应力造成的裂纹，也有钢材（坯）加热、冷却不当造成的裂纹等。内部裂纹多出现在马氏体、莱氏体和具有双相组织的高速钢、高铬钢及高碳不锈耐热钢中。内裂的危害性极大，它破坏了金属的连续性，一旦发生内裂即应报废。这种缺陷通过再轧制一般不能焊合
			②轴心晶裂纹——横向低倍试片的轴心集位置有沿晶粒间裂开的一种形如蜘蛛网状的断续裂缝，亦称蛛网状裂缝。严重时由于轴心向外呈放射状裂开。纵向断口呈宽窄不一的非结晶构造的较光滑的条带，有时有夹渣或杂颗粒。在显微镜下观察，晶间裂纹处的夹杂物一般不严重，个别情况下夹杂物的级别较高
			③矫直裂纹——这种裂纹是钢材在矫直过程中产生的，当钢材在缓冷或热处理后进行矫直时，一般不会发生裂纹。但是，如果精整工艺流程不合理，钢材未经热处理就矫直，则容易产生矫直裂纹
		脱碳	加热使钢材表面失去全部或部分碳量，造成钢材表面比内部的碳含量降低，称为脱碳。钢材表面的脱碳部分就叫脱碳层。钢材表面脱碳将大大降低表面硬度和耐磨性，并使轴承寿命和弹簧钢的疲劳极限降低，因此，在工具钢、轴承钢和弹簧钢等标准中对脱碳层做了具体规定
		碳化物不均匀度	在高速钢及莱氏体型合金工具钢的钢锭冷凝过程中，由于实际冷却速度较快，温度继续下降时，剩余的钢液发生共晶反应，形成鱼骨状莱氏体，在钢中呈网状分布，这样形成的碳化物不均匀分布就是通常所说的碳化物不均匀度。碳化物不均匀分布严重时，会引起轧件热处理后产生裂纹，并因碳含量不均匀使刃具的热硬性、耐磨性下降，以及造成崩刃、断齿等
		带状碳化物	含铬轴承钢钢锭在冷却时形成的结晶偏析，在热轧时变形延伸而成的碳化物富集带，叫带状碳化物。钢锭中碳化物偏析愈严重，其未经扩散退火的热轧材中带状碳化物的颗粒和密集程度也就愈大。严重的带状碳化物会造成轴承零件等在淬火、回火后硬度和组织不均匀等缺陷。在热轧前钢锭经过长时间的高温扩散退火可以改善带状碳化物，但不能完全消除
		网状碳化物	过共析碳素钢、合金工具钢和含铬轴承等钢材在轧制后的冷却过程中，过剩的碳化物沿奥氏体晶粒边界析出形成的网络，叫网状碳化物。钢的成分、终轧温度和冷却速度愈慢，网状碳化物的析出就愈严重。网状碳化物可使钢的脆性增加，降低冲击性能并缩短轧制件的使用寿命。这种缺陷可以用正火的方法消除，球化退火也能使网状碳化物得到改善

续表 1-31

序号	缺陷类型	缺陷名称	说　明
3	内部缺陷	魏氏组织	亚共析钢因为过热而形成粗晶奥氏体，在一定的过冷条件下，除了在原来奥氏体晶粒边界上析出块状的铁素体外，还有从晶界向晶粒内部生长的铁素体，称之为魏氏组织铁素体。严重的魏氏组织使钢的冲击韧度、断面收缩率下降，使钢变脆。这种缺陷可采用完全退火的方法使之消除
		带状组织	在热轧低碳结构钢材的显微组织中，铁素体和珠光体沿轧制方向平行成层分布的条带组织，统称为带状组织。带状组织使钢的力学性能呈各向异性，并降低钢的冲击韧度和断面收缩率。如20CrMnTi等低碳结构钢，若带状组织严重，就会降低零件的塑性、韧性，热处理时易产生变形
		奥氏体钢中的α相	0Cr18Ni9，1Cr18Ni9，1Cr18Ni9Ti 等铬镍奥氏体型不锈钢，在生产中的实际冷却速度下呈奥氏体组织。但如果钢中铁素体形成元素（铬、钛、硅等）的含量在上限，结晶偏析比较严重，钢中就可能出现α相。在热加工时，铁素体相与奥氏体相的塑性是不同的，轧件内部产生较大的应力。当轧制钢板或穿管时，轧件就发生局部撕裂。所以必须对板坯和管坯中的α相含量加以控制

1.6　钢材的质量计算及储运管理

1.6.1　常用钢材的密度（表 1-32）

表 1-32　常用钢材的密度　　　　　　　　　（g/cm³）

名　称	密度	名　称	密度	名　称	密度
钢材	7.85	高速工具钢（含 W18%）	8.7	不锈钢（0Cr13）	7.75
低碳钢	7.85	高速工具钢（含 W9%）	8.3	不锈钢（1Cr18Ni9）	7.93
中碳钢（含 C0.4%）	7.82	铬钢	7.5～7.8	铬镍钢	7.9～7.95
高碳钢（含 C1%）	7.81	钼钢	8.1	—	—
工具钢	8.25	滚珠轴承钢	7.81	—	—

1.6.2　常用钢材理论质量的计算方法（表 1-33）

表 1-33　常用钢材理论质量的计算方法

序号	型材类别	图　形	型材断面面积计算公式	型材质量计算公式
1	方型材		$F=a^2$	$m=\rho FL$ 式中　m——型材理论质量； F——型材断面面积； ρ——型材密度，钢材通常取 7.85g/cm³； L——型材的长度
2	圆角方型材		$F=a^2-0.858\,4r^2$	
3	板材、带材		$F=a\delta$	

续表 1-33

序号	型材类别	图　　形	型材断面面积计算公式	型材质量计算公式
4	圆角板材、带材		$F = a\delta - 0.858\,4r^2$	
5	圆材		$F = \dfrac{\pi}{4}d^2 \approx 0.785\,4d^2$	
6	六角型材		$F = 0.866s^2 = 2.598a^2$	
7	八角型材		$F = 0.828\,4s^2 = 4.828\,4a^2$	
8	管材		$F = \pi\delta(D - \delta)$	
9	等边角钢		$F = d(2b - d) - 0.214\,6(r^2 - 2r_1^2)$	$m = \rho F L$ 式中　m——型材理论质量； 　　　F——型材断面面积； 　　　ρ——型材密度，钢材通常取 7.85g/cm³； 　　　L——型材的长度
10	不等边角钢		$F = d(B + b - d) + 0.214\,6(r^2 - 2r_1^2)$	
11	工字钢		$F = hd + 2t(b - d) + 0.858\,4(r^2 - r_1^2)$	
12	槽钢		$F = hd + 2t(b - d) + 0.429\,2(r^2 - r_1^2)$	

1.6.3 钢材理论质量计算简式（表1-34）

表1-34 钢材理论质量计算简式

序号	钢材类别	理论质量 W/（kg/m）	备 注
1	圆钢、线材、钢丝	$W=0.006\,17×直径^2$	①角钢、工字钢和槽钢的准确计算公式很繁，表列简式用于计算近似值；
2	方钢	$W=0.007\,85×边长^2$	
3	六角钢	$W=0.006\,8×对边距离^2$	
4	八角钢	$W=0.006\,5×对边距离^2$	②f值：一般型号及带 a 的为3.34，带 b 的为 2.65，带 c 的为2.26；
5	等边角钢	$W=0.007\,85×边厚（2边宽一边厚）$	
6	不等边角钢	$W=0.007\,85×边厚（长边宽+短边宽一边厚）$	
7	工字钢	$W=0.007\,85×腰厚［高+f（腿宽一腰厚）］$	③e值：一般型号及带 a 的为3.26，带 b 的为 2.44，带 c 的为2.24；
8	槽钢	$W=0.007\,85×腰厚［高+e（腿宽一腰厚）］$	
9	扁钢、钢板、钢带	$W=0.007\,85×宽×厚$	④各长度单位均为 mm
10	钢管	$W=0.024\,66×壁厚（外壁一壁厚）$	

注：腰高相同的工字钢，如有几种不同的腿宽和腰厚，需在型号右侧加 a，b，c 予以区别，如32a#，32b#，32c#等。腰高相同的槽钢，如有几种不同的腿宽和腰厚也需在型号右侧加 a，b，c 予以区别，如25a#，25b#，25c#等。

1.6.4 钢材的储运管理（表1-35）

表1-35 钢材的储运管理

名 称	说 明
选择适宜的场地和库房	①保管钢材的场地或仓库，应选择在清洁干净、排水通畅的地方，远离产生有害气体或粉尘的厂矿。在场地上要清除杂草及一切杂物，保持钢材干净。 ②在仓库里不得与酸、碱、盐、水泥等对钢材有侵蚀性的材料堆放在一起。不同品种的钢材应分别堆放，防止混淆，防止接触腐蚀。 ③大型型钢、钢轨、厚钢板、大口径钢管、锻件等可以露天堆放。 ④中小型型钢、盘条、钢筋、中口径钢管、钢丝及钢丝绳等，可在通风良好的料棚内存放，但必须上苫下垫。 ⑤一些小型钢材、薄钢板、钢带、硅钢片、小口径或薄壁钢管、各种冷轧、冷拔钢材以及价格高、易腐蚀的金属制品，可存放入库。 ⑥库房应根据地理条件选定，一般采用普通封闭式库房，即有房顶、有围墙、门窗严密，设有通风装置的库房。 ⑦库房要求晴天注意通风，雨天注意关闭防潮，经常保持适宜的储存环境
合理堆码、先进先发放	①堆码的原则要求是在码垛稳固、确保安全的条件下，做到按品种、规格码垛，不同品种的材料要分别码垛，防止混淆和相互腐蚀。 ②禁止在垛位附近存放对钢材有腐蚀作用的物品。 ③垛底应垫高、坚固、平整，防止材料受潮或变形。 ④同种材料按入库先后分别堆码，便于执行先进先发的原则。 ⑤露天堆放的型钢，下面必须有木垫或条石，垛面略有倾斜，以利排水，并注意材料安放平直，防止造成弯曲变形。 ⑥堆垛高度，人工作业的不超过 1.2m，机械作业的不超过 1.5m，垛宽不超过 2.5m。 ⑦垛与垛之间应留有一定的通道，检查道一般为 0.5m，出入通道视材料大小和运输机械而定，一般为 1.5～2.0m。 ⑧垛底垫高，若仓库为朝阳的水泥地面，垫高 0.1m 即可；若为泥地，须垫高 0.2～0.5m。若为露天场地，水泥地面垫高 0.3～0.5m，沙泥地面垫高 0.5～0.7m。 ⑨露天堆放角钢和槽钢应俯放，即口朝下，工字钢应立放，钢材的槽面不能朝上，以免积水生锈
保护材料的包装和保护层	钢材出厂前涂的防腐剂或其他镀复及包装，是防止材料锈蚀的重要措施，在运输装卸过程中须注意保护，不能损坏，可延长材料的保管期限

续表 1-35

名　　称	说　　明
保持仓库清洁、加强材料养护	①材料在入库前要注意防止雨淋或混入杂质，对已经淋雨或弄污的材料要按其性质采用不同的方法擦净，如硬度高的可用钢丝刷，硬度低的用布、棉等物； ②材料入库后要经常检查，如有锈蚀，应清除锈蚀层； ③一般钢材表面清除干净后，不必涂油，但对优质钢、合金薄钢板、薄壁管、合金钢管等，除锈后其内外表面均需涂防锈油后再存放； ④对锈蚀较严重的钢材，除锈后不宜长期保管，应尽快使用
钢材外观质量检查	钢材入库前进行外观质量检查时，必须注意下列事项： ①肉眼观察热轧钢材表面时，不得有裂缝、折叠、结疤、分层和夹杂。允许有压痕及局部凸出、凹下、麻面，但其高度或深度不得大于有关技术标准。局部缺陷允许清除，但不允许进行横向清除，清除深度从实际尺寸算起不得超过该尺寸钢材所允许的负偏值。 ②肉眼观察冷拉钢材表面时，表面应洁净、平滑、光亮或无光泽，没有裂缝、结疤、夹杂、发纹、折叠和氧化皮。允许有深度不大于从实际尺寸算起的该公称尺寸偏差的个别小刮伤、拉裂、黑斑、凹面、麻点等。 ③型钢外表应平滑整齐，其圆度、边宽、高度、厚度、长度、扭转、斜度、飘曲度、波浪弯和直线度，均不得超过有关标准规定的偏差。 ④型钢应校直、钢板应矫平、边端必须切成直角。钢轨除符合上述规定外，轨端及螺栓孔表面，不得有缩孔、分层和裂纹，两端应铣平。 ⑤钢管的壁厚、表面粗糙度、圆度和直线度，均应符合技术标准。带螺纹的钢管、镀锌钢管及地质管的接头螺纹要涂油，并应有保护环。 ⑥镀锌钢板及镀锌钢管的镀锌层不允许有裂纹、起层、漏镀等缺陷

第2章 常用钢种

2.1 结 构 钢

结构钢是用于制造各种工程结构及机器结构的钢，具有较好的强韧性和良好的加工性能，是工业上用途极广的钢种。工程结构钢一般不经热处理使用，对可焊性和耐蚀性的要求较高，主要采用碳素结构钢和低合金高强度结构钢；机器结构钢又分渗碳钢、调质钢、弹簧钢、轴承钢等，一般在热处理后使用，大多采用优质碳素结构钢和优质合金结构钢。

2.1.1 碳素结构钢（GB/T 700—2006）

碳素结构钢（原称为普通碳素结构钢）是钢铁生产中产量最大、品种最多、用途最广的钢类，是工程结构的主要原材料，广泛用于建筑、桥梁、铁道、车辆、船舶、化工设备等。碳素结构钢中只含有铁、碳、硅、锰及杂质元素磷和硫，由于其碳含量低，不含任何有意添加的合金元素，具有适当的强度，良好的塑性、韧性、工艺性能和加工成形性能。这类钢一般不要求进行热处理，通常在热轧状态下使用。据一些工业发达国家统计，碳素钢约占世界钢总产量的 70%，合金钢约占世界钢总产量的 10%，低合金钢约占世界钢总产量的 15%～20%。而碳素结构钢占碳素钢产量的绝大部分。

（1）牌号和化学成分（表 2-1）

表 2-1 碳素结构钢的牌号和化学成分　　　　　　　　　　　　　　　　（%）

牌　　号	统一数字代号	等　　级	厚度（或直径）/mm	脱氧方法	化学成分（质量分数）≤				
					C	Si	Mn	P	S
Q195	U11952	—	—	F, Z	0.12	0.30	0.50	0.035	0.040
Q215	U12152	A	—	F, Z	0.15	0.35	1.20	0.045	0.050
	U12155	B							0.045
Q235	U12352	A	—	F, Z	0.22	0.35	1.40	0.045	0.050
	U12355	B			0.20				0.045
	U12358	C		Z	0.17			0.040	0.040
	U12359	D		TZ				0.035	0.035
Q275	U12752	A	—	F, Z	0.24	0.35	1.50	0.045	0.050
	U12755	B	≤40	Z	0.21			0.045	0.045
			>40		0.22				
	U12758	C	—	Z	0.20			0.040	0.040
	U12759	D		TZ				0.035	0.035

（2）力学和工艺性能（表2-2、表2-3）

表2-2 碳素结构钢的力学性能

牌号	等级	屈服强度 R_{eH}/MPa≥						抗拉强度 R_m/MPa≥
		厚度（或直径）/mm						
		≤16	>16～40	>40～60	>60～100	>100～150	>150～200	
Q195	—	195	185	—	—	—	—	315～430
Q215	A	215	205	195	185	175	165	335～450
	B							
Q235	A	235	225	215	215	195	185	370～500
	B							
	C							
	D							
Q275	A	275	265	255	245	225	215	410～540
	B							
	C							
	D							

牌号	等级	断后伸长率 A/%≥				冲击试验（V形缺口）	
		厚度（或直径）/mm				温度℃	冲击吸收功（纵向）/J ≥
		≤40		>100～150	>150～200		
Q195	—	33	—	—	—	—	—
Q215	A	31	30	29	27	26	—	—
	B					+20	27
Q235	A	26	25	24	22	31	—	—
	B					+20	27
	C					0	
	D					−20	
Q275	A	22	21	20	18	17	—	—
	B					−20	27
	C					0	
	D					−20	

表2-3 碳素结构钢的工艺性能

牌号	试样方向	冷弯试验180° B=2a		牌号	试样方向	冷弯试验180° B=2a	
		钢材厚度（或直径）/mm				钢材厚度（或直径）/mm	
		≤60	>60～100			≤60	>60～100
		弯心直径 d				弯心直径 d	
Q195	纵	0	—	Q235	纵	a	2a
	横	0.5a			横	1.5a	2.5a
Q215	纵	0.5a	1.5a	Q275	纵	1.5a	2.5a
	横	a	2a		横	2a	3a

（3）特性和用途（表2-4）

表2-4   碳素结构钢的特性和用途

牌　号	主要特性	用途举例
Q195	碳、锰含量低，强度不高，塑性好、韧性高，具有良好的工艺性能和焊接性能	广泛用于轻工、机械、运输车辆、建筑等一般结构件，自行车、农机配件、五金制品、焊管坯及输送水、煤气等用管、烟筒、屋面板、拉杆、支架及机械用一般结构零件
Q215	碳、锰含量较低，强度比Q195稍高，塑性好，具有良好的韧性、焊接性能和工艺性能	用于厂房、桥梁等大型结构件，建筑桁架、铁塔、井架及车船制造结构件，轻工、农业等机械零件，五金工具、金属制品等
Q235	碳含量适中，具有良好的塑性、韧性、焊接性能、冷加工性能，以及一定的强度	大量生产钢板、型钢、钢筋，用以建造厂房房架、高压输电铁塔、桥梁、车辆等。其C，D级硫、磷含量低，相当于优质碳素结构钢，质量好，适于制造对可焊性及韧性要求较高的工程结构机械零件，如机座、支架、受力不大的拉杆、连杆、销轴、螺钉（母）、轴、套圈等
Q275	碳及硅、锰含量高一些，具有较高的强度、硬度和耐磨性，较好的塑性，一定的焊接性能和较好的切削加工性能；完全淬火后，硬度可达270～400HBW	用于制度芯轴、齿轮、销轴、链轮、螺栓（母）、垫圈、刹车杆、鱼尾板、垫板、农机用型材、机架、耙齿、播种机开沟架、输送链条等

2.1.2 优质碳素结构钢（GB/T 699—1999）

优质碳素结构钢是硫、磷的含量较低且钢中杂质少的钢类。由于优质碳素结构钢中碳质量分数的范围大，为 0.05%～0.9%，因而分为低碳钢、中碳钢、高碳钢。优质碳素结构钢中只含铁、碳、硅、锰、硫、磷等元素，其性能主要同碳的质量分数和钢的组织决定。优质碳素结构钢是机械工业常用的主要钢材，其品种多，用量大。

（1）分类 根据化学成分及性能不同，优质碳素结构钢分为：

①低碳钢（碳的质量分数小于0.25%）：特点是塑性、韧性、焊接性能好，主要用于轧制薄板、钢带、型钢、钢丝等。其中08F用于冲压件，15钢、20钢、20Mn用作渗碳钢，可制造表层硬度高、心部强度要求不高的渗碳零件。

②中碳钢（碳的质量分数为 0.25%～0.60%）：强度比低碳钢高，但塑性、韧性比低碳钢稍低，经调质后用于制造轴类零件或用于轧制型钢。45钢是应用最广的中碳钢。

③高碳钢（碳的质量分数大于0.60%）：有较高的强度、硬度、弹性和耐磨性，多用于生产型钢，制造易磨损零件和弹簧等。

（2）牌号和化学成分（表2-5、表2-6）

表2-5   优质碳素结构钢的牌号和化学成分   （%）

序　号	统一代数代号	牌　号	化学成分（质量分数）					
			C	Si	Mn	Cr	Ni	Cu
						≤		
1	U20080	08F	0.05～0.11	≤0.03	0.25～0.50	0.10	0.30	0.25
2	U20100	10F	0.07～0.13	≤0.07	0.25～0.50	0.15	0.30	0.25
3	U20150	15F	0.12～0.18	≤0.07	0.25～0.50	0.25	0.30	0.25
4	U20082	08	0.05～0.11	0.17～0.37	0.35～0.65	0.10	0.30	0.25
5	U20102	10	0.07～0.13	0.17～0.37	0.35～0.65	0.15	0.30	0.25
6	U20152	15	0.12～0.18	0.17～0.37	0.35～0.65	0.25	0.30	0.25
7	U20202	20	0.17～0.23	0.17～0.37	0.35～0.65	0.25	0.30	0.25

续表2-5

序 号	统一数字代号	牌 号	化学成分（质量分数）					
			C	Si	Mn	Cr	Ni	Cu
						≤		
8	U20252	25	0.22～0.29	0.17～0.37	0.50～0.80	0.25	0.30	0.25
9	U20302	30	0.27～0.34	0.17～0.37	0.50～0.80	0.25	0.30	0.25
10	U20352	35	0.32～0.39	0.17～0.37	0.50～0.80	0.25	0.30	0.25
11	U20402	40	0.37～0.44	0.17～0.37	0.50～0.80	0.25	0.30	0.25
12	U20452	45	0.42～0.50	0.17～0.37	0.50～0.80	0.25	0.30	0.25
13	U20502	50	0.47～0.55	0.17～0.37	0.50～0.80	0.25	0.30	0.25
14	U20552	55	0.52～0.60	0.17～0.37	0.50～0.80	0.25	0.30	0.25
15	U20602	60	0.57～0.65	0.17～0.37	0.50～0.80	0.25	0.30	0.25
16	U20652	65	0.62～0.70	0.17～0.37	0.50～0.80	0.25	0.30	0.25
17	U20702	70	0.67～0.75	0.17～0.37	0.50～0.80	0.25	0.30	0.25
18	U20752	75	0.72～0.80	0.17～0.37	0.50～0.80	0.25	0.30	0.25
19	U20802	80	0.77～0.85	0.17～0.37	0.50～0.80	0.25	0.30	0.25
20	U20852	85	0.82～0.90	0.17～0.37	0.50～0.80	0.25	0.30	0.25
21	U21152	15Mn	0.12～0.18	0.17～0.37	0.70～1.00	0.25	0.30	0.25
22	U21202	20Mn	0.17～0.23	0.17～0.37	0.70～1.00	0.25	0.30	0.25
23	U21252	25Mn	0.22～0.29	0.17～0.37	0.70～1.00	0.25	0.30	0.25
24	U21302	30Mn	0.27～0.34	0.17～0.37	0.70～1.00	0.25	0.30	0.25
25	U21352	35Mn	0.32～0.39	0.17～0.37	0.70～1.00	0.25	0.30	0.25
26	U 21402	40Mn	0.37～0.44	0.17～0.37	0.70～1.00	0.25	0.30	0.25
27	U 21452	45Mn	0.42～0.50	0.17～0.37	0.70～1.00	0.25	0.30	0.25
28	U 21502	50Mn	0.48～0.56	0.17～0.37	0.70～1.00	0.25	0.30	0.25
29	U 21602	60Mn	0.57～0.65	0.17～0.37	0.70～1.00	0.25	0.30	0.25
30	U 21652	65Mn	0.62～0.70	0.17～0.37	0.90～1.20	0.25	0.30	0.25
31	U 21702	70Mn	0.67～0.75	0.17～0.37	0.90～1.20	0.25	0.30	0.25

表2-6 优质碳素结构钢的硫、磷含量 （%）

组 别	P	S
	质量分数≤	
优质钢	0.035	0.035
高级优质钢	0.030	0.030
特级优质钢	0.025	0.020

（3）力学性能（表2-7）

表2-7 优质碳素结构钢的力学性能

序 号	牌 号	试样毛坯尺寸/mm	推荐热处理/℃			力 学 性 能					钢材交货状态硬度HBW10/3000≤	
			正火	淬火	回火	抗拉强度 σ_b/MPa	屈服点 σ_s/MPa	伸长率 δ_5/%	断面收缩率 ψ/%	冲击吸收功 A_{KU2}/J	未热处理钢	退火钢
						≥						
1	08F	25	930	—	—	295	175	35	60	—	131	—

续表 2-7

序号	牌　　号	试样毛坯尺寸/mm	推荐热处理/℃			力　学　性　能					钢材交货状态硬度 HBW10/3000≤	
			正火	淬火	回火	抗拉强度 σ_b/MPa	屈服点 σ_s/MPa	伸长率 δ_5/%	断面收缩率 ψ/%	冲击吸收功 A_{KU2}/J	未热处理钢	退火钢
								≥				
2	10F	25	930	—	—	315	185	33	55	—	137	—
3	15F	25	920	—	—	355	205	29	55	—	143	—
4	08	25	930	—	—	325	195	33	60	—	131	—
5	10	25	930	—	—	335	205	31	55	—	137	—
6	15	25	920	—	—	375	225	27	55	—	143	—
7	20	25	910	—	—	410	245	25	55	—	156	—
8	25	25	900	870	600	450	275	23	50	71	170	—
9	30	25	880	860	600	490	295	21	50	63	179	—
10	35	25	870	850	600	530	315	20	45	55	197	—
11	40	25	860	840	600	570	335	19	45	47	217	187
12	45	25	850	840	600	600	355	16	40	39	229	197
13	50	25	830	830	600	630	375	14	40	31	241	207
14	55	25	820	820	600	645	380	13	35		255	217
15	60	25	810	—	—	675	400	12	35	—	255	229
16	65	25	810	—	—	695	410	10	30	—	255	229
17	70	25	790	—	—	715	420	9	30	—	269	229
18	75	试样	—	820	480	1080	880	7	30	—	285	241
19	80	试样	—	820	480	1080	930	6	30	—	285	241
20	85	试样	—	820	480	1130	980	6	30	—	302	255
21	15Mn	25	920	—	—	410	245	26	55	—	163	—
22	20Mn	25	910	—	—	450	275	24	50	—	197	—
23	25Mn	25	900	870	600	490	295	22	50	71	207	—
24	30Mn	25	880	860	600	540	315	20	45	63	217	187
25	35Mn	25	870	850	600	560	335	18	45	55	229	197
26	40Mn	25	860	840	600	590	335	17	45	47	229	207
27	45Mn	25	850	840	600	620	375	15	40	39	241	217
28	50Mn	25	830	830	600	645	390	13	40	31	255	217
29	60Mn	25	810	—	—	695	410	11	35	—	269	229
30	65Mn	25	830	—	—	735	430	9	30	—	285	229
31	70Mn	25	790	—	—	785	450	8	30	—	285	229

（4）物理性能（表2-8）

表2-8 优质碳素结构钢的物理性能（参考数值）

表2-5中的序号	牌号	密度γ/(g/cm³)	弹性模量E/GPa				切变弹性模量G/GPa				比热容c/[J/(g·k)]			
			20℃	100℃	300℃	500℃	20℃	100℃	300℃	500℃	20℃	200℃	400℃	600℃
4	08	7.83	207	210	156	136 (450℃)	81	—	—	—	—	0.657 (900℃)	0.670 (1 000℃)	—
5	10	7.85	210	193 (200℃)	185	175 (400℃)	81	73 (200℃)	70	65 (400℃)	0.461	0.523	0.607	—
6	15	7.85	210	193 (200℃)	—	—	81	73 (200℃)	—	—	0.461	0.523	—	—
7	20	7.85	210	205	185	—	81	76	71	—	0.469	0.523	0.565 (300℃)	—
8	25	7.85	202	200	189	167 (400℃)	—	—	—	—	0.469	0.481	0.536	0.569
9	30	7.85	204	200	189	140 (550℃)	—	—	—	—	0.469	0.481	0.536	0.569
10	35	7.85	210	205	185	179.5	81	76	71	—	0.481	0.523	0.607	—
11	40	7.85	213.5	210	198	—	—	—	—	—	—	—	—	0.620 (900℃)
12	45	7.85	210	205	185	—	81	76	71	—	0.461	0.544	0.586 (300℃)	—
13	50	7.85	220	215	200	180	81	—	—	—	—	0.481	0.536	0.569
14	55	7.85	210	194 (200℃)	185	165	81	73 (200℃)	70	65 (400℃)	—	0.481	0.536	0.569
15	60	7.85	210	205	185	—	81	76	71	—	0.490 (100℃)	0.532	—	—
16	65	7.85	210	—	—	—	80	—	—	—	0.481 (100℃)	0.486	0.523	0.574
17	70	7.85	210	194 (200℃)	185	165	81	73 (200℃)	70	65	0.481 (100℃)	0.486	0.528	0.574

续表 2-8

表2-5中的序号	牌号	密度γ/(g/cm³)	弹性模量E/GPa				切变弹性模量G/GPa				比热容c/[J/(g·k)]			
			20℃	100℃	300℃	500℃	20℃	100℃	300℃	500℃	20℃	200℃	400℃	600℃
21	15Mn	7.82	210	200	185	165	—	—	—	—	0.469	—	—	—
22	20Mn	7.8	210	—	185	175(400℃)	—	—	—	—	0.469	—	—	—
24	30Mn	7.81	210	195(200℃)	185	175(400℃)	81	75(200℃)	71	67(400℃)	0.461	0.544(300℃)	0.599	—
26	40Mn	7.82	210	195(200℃)	185	175(400℃)	81	75(200℃)	71	67(400℃)	0.641	0.481	0.490	0.574
28	50Mn	7.82	204	200	180	153	84.5	83	81	75	—	0.561(300℃)	0.641(500℃)	0.703
29	60Mn	7.82	211	—	—	208.9	—	—	81.56(400℃)	82.97	0.481(100℃)	0.486	0.528	0.574
30	65Mn	7.81	211	—	—	208.9	83.67	—	81.56(400℃)	82.97	0.481(100℃)	0.486	0.528	0.578

表2-5中的序号	牌号	热导率λ/[W/(m·K)]					线胀系数α/(10⁻⁶/K)					20℃时的电阻率/(10⁻⁶Ω·m)
		20℃	100℃	300℃	500℃	700℃	20℃	20~200℃	20~400℃	20~600℃	20~800℃	
4	08	65.31	60.29	54.85	410.3	36.43(600℃)	—	12.6	13.0	14.6	—	0.110
5	10	58.62	54.43	50.24(200℃)	43.96(400℃)	—	9.5	11.8	13.2	—	—	0.110
6	15	58.62	54.43	50.24(200℃)	—	—	9.5	11.8	—	—	—	0.115
7	20	51.08	50.24	48.15(200℃)	—	—	9.1	12.1	12.9(20~300℃)	13.9(20~500℃)	—	0.120
8	25	51.08	48.99(200℃)	42.71(400℃)	35.59(600℃)	25.96(800℃)	—	12.66	13.47	14.41	12.64	0.122
9	30	—	41.87	37.68(200℃)	29.31(600℃)	29.31(900℃)	—	11.89	13.42	14.43	11.33	0.126
10	35	50.24	48.57	46.06(200℃)	—	—	9.1(20~100℃)	11.1(20~200℃)	12.9(20~300℃)	13.5(20~400℃)	13.9(20~500℃)	0.128

续表 2-8

表2-5中的序号	脚号	热导率λ [W/(m·K)]					线胀系数α_l / (10^6/K)					20℃时的电阻率 / (10^{-6} Ω·m)
		20℃	100℃	300℃	500℃	700℃	20℃	20~200℃	20~400℃	20~600℃	20~800℃	
11	40	51.92	50.66	45.64	38.10	30.15	—	12.14	13.58	14.58	11.84	0.130
12	45	52.34	50.24	46.06 (200℃)	41.87 (400℃)	31.82	9.1	12.32	13.71	14.67	12.50	0.122
13	50	—	—	—	—	—	10.98 (20~100℃)	11.85	12.65 (20~300℃)	14.02 (20~500℃)	—	0.135
14	55	—	6.99	36.43 (400℃)	31.40	—	—	11.80	13.5	14.6	—	0.125
15	60	—	50.24	41.87	33.49 (600℃)	29.31	11.1 (20~100℃)	11.90	13.5	14.6	—	0.127
16	65	—	67.41	52.34 (200℃)	30.56	—	10.74 (50℃)	11.57	13.16	14.20	14.68	—
17	70	—	68.66	43.54	30.15	—	11.1 (20~100℃)	12.1	13.5	14.10	—	0.132
21	15Mn	53.59	51.08	44.38	39.78 (400℃)	34.75	12.3 (20~100℃)	13.2 (20~300℃)	—	14.90	—	—
22	20Mn	53.59	51.08	43.96	34.75	—	12.3 (20~100℃)	13.2 (20~300℃)	—	14.90	—	—
24	30Mn	—	75.36	52.34	37.97	—	11.0 (20~100℃)	12.5	13.5	—	—	0.23
26	40Mn	—	59.45	46.89 (400℃)	23.87	—	11.0 (20~100℃)	12.5	13.5	14.6	—	0.23
28	50Mn	—	—	37.68	35.59 (400℃)	34.83 (600℃)	—	11.1 (20~100℃)	12.9 (20~300℃)	14.6	—	—
29	60Mn	—	—	—	—	—	—	11.1 (20~100℃)	12.9 (20~300℃)	14.6	—	—
30	65Mn	—	—	—	—	—	—	11.1 (20~100℃)	12.9 (20~300℃)	14.6	—	—

（5）特性和用途（表 2-9）

表 2-9　优质碳素结构钢的特性和用途

序号	牌号	主要特性	用途举例
1	08F	冷变形塑性很好，深冲压等冷加工性和焊接性很好，但成分偏析倾向较大，钢经时效处理后韧性下降较多（时效敏感性较明显），所以冷作件常经水韧处理及消除应力处理来消除时效敏感，强度和硬度均很低	常用于生产成钢带、薄板及冷拉钢丝，适用于制作深冲压、深拉深的制品，如洗车车身、驾驶室、发动机罩、翼子板等不受负载的各种盖罩件、各种储器、搪瓷设备、仪表板、管子、垫片，还可制作心部强度要求不高的渗碳、碳氮共渗零件，如套筒、靠模和挡块等
2	10F	冷变形塑性、深冲压等冷加工性和焊接性很好，钢经时效处理后韧性下降较多（时效敏感性较明显），所以冷作件常经水韧处理及消除应力处理来消除时效敏感性，强度和硬度均很低	适用于制作深冲压、深拉深的制品，如汽车车身、驾驶室、发动机罩、翼子板等不受负载的各种盖罩件、各种储器、搪瓷设备、仪表板、管子、垫片，还可以制作心部强度要求不高的渗碳、碳氮共渗零件，如套筒、靠模等
3	15F	特性和 15 钢相近，但成分偏析较大	适用制作各种冲压件、钣金件、心部强度不高的渗碳或碳氮共渗零件，如套筒、挡块、短轴、齿轮、靠模、离合器盘，也可制作塑性良好的零件，如管子、垫片、垫圈，还可用于制作摇杆、吊钩、横担、衬套、螺栓、车钩以及农机中的低负载零件
4	08	钢的强度不大，而塑性和韧性甚高，有着良好的冲压、拉深、焊接和弯曲性能。用于只要求容易加工成形而不要求强度的制件。除表面需强化处理的零部件外，一般使用时都不需经受热处理。冷加工可以增加钢的强度，但退火则可恢复其原有韧性。常在热轧供应状态下或正火后使用，经冷拉或正火处理之后，能提高其可加工性，是一种塑性很好的冷冲压钢	广泛用于制造无强度要求，而易加工成形的深冲压、深拉深的盖罩件及焊接件，可制作心部强度要求不高而表面需要硬化的渗碳和碳氮共渗零件，如离合器盘、齿轮等，经退火处理后，这种钢还可制作具有良好导磁性能、剩磁较少的磁性零件，如电磁吸盘、软性电磁铁等
5	10	钢的塑性和韧性均高，无回火脆性倾向，焊接性能好，在冷拉状态下或经正火处理之后的可加工性明显提高，在冷状态下，易于挤压成形，但强度低，淬透性及淬硬性很差	采用镦锻、弯曲、冷冲、热压、拉深及焊接等多种加工方法，制作各种韧性高、负荷小的零件，如卡头、钢管、垫片、垫圈、摩擦片、汽车车身、防尘器、容器、深冲器皿、搪瓷制品、轴承砂架，冷镦螺栓螺母及各种受载较小的焊接件，也可制作渗碳件，如链轮、齿轮、链的滚子和套筒、犁壁等
6	15	钢的塑性、韧性、焊接性能和冷冲压性能均极为良好，强度较低，无回火脆性，可加工性低，水淬可改善可加工性，淬硬性和淬透性较低	用于制造受力不大、韧性要求较高的零件。制造强度要求不高用易受磨损的零件时，可进行渗碳或碳氮共渗处理。一般制作紧固件、冲模锻件、渗碳零件及不热处理的低负荷零件，如螺栓（钉）、拉条、法兰盘、化工容器、蒸汽锅炉、小轴、套筒、汽车及农机用零件等
7	20	强度比 15 钢稍高，焊接性能好，无回火脆性，可通过水淬改善可加工性	用于制造不经受很大应力又要求高韧性的各种机械零件。如杠杆、轴套、螺钉、拉杆、起重钩等，还用于制造压力低于 600MPa、温度低于 450℃的无腐蚀介质中使用的管子、导管等零件。在一般机械及汽车、农业机械中用于制造表面硬度要求高而心部要求不高的渗碳与碳氮共渗零件，如轴套、杠杆轴、制动片、链轮、被动齿轮、活塞等
8	25	与 20 钢的性能相近，其强度略高于 20 钢，塑性和韧性较好，冷冲压性和焊接性较好，有较好的可加工性，无回火脆性，但淬透性及淬硬性不高，一般在热轧及正火后使用	用于制作焊接钩件，以及经锻造、热冲压和切削加工，且负载较小零件，如辊子、轴、垫圈、螺栓、螺母、螺钉、连接器；还用于制造压力小于 600MPa、温度低于 450℃的锅炉零件，如螺栓、螺母等；在汽车拖拉机中，常用作冲压钢板，如厚度为 4～11mm 的钢板，可制作横梁、车架、大梁、脚踏板等具有相当载荷的零件。经淬火处理（获得马氏体），可制造强度和韧性良好的零件，如汽车轮胎螺栓等，还可以制作心部强度不高、表面要求良好耐磨性的渗碳和碳氮共渗零件

续表 2-9

序号	牌号	主 要 特 性	用 途 举 例
9	30	具有一定的强度和硬度，塑性和焊接性较好，通常在正火状态下使用，也可调质。截面尺寸不大的钢材调质处理后，能得到较好的综合力学性能，而且具有良好的加工性	用于制造受载不太大、工作温度低于 150℃ 的截面尺寸小的零件，如化工机械中的螺钉、拉杆、套筒、丝杠、轴、吊环、键等，在自动机床上加工的螺栓、螺母，亦可制作心部强度较高、表面耐磨的渗碳及碳氮共渗零件、焊接构件及冷镦锻零件
10	35	中碳钢，性能与 30 钢相似，具有一定的强度，良好的塑性，冷变形塑性高，可进行冷拉和冷镦及冷冲压，并具有良好的可加工性。其碳含量为规定碳含量的下限时，焊接性能良好；其碳含量为规定碳含量的上限时，焊接性能不好。钢的淬透性差，通常在正火或调质状态下使用；综合力学性能要求不高时，亦可在热轧供货状态下使用	广泛地用于制造负荷较大，但截面尺寸较小的各种机械零件、热压件，如轴销、轴、曲轴、横梁、连杆、杠杆、星轮、轮圈、垫圈、圆盘、钩环、螺栓、螺钉、螺母等，还可不经热处理制作负载不大的锅炉用（温度低于 450℃）螺栓、螺母等紧固件，这种钢通常不用于制作焊接件
11	40	强度较高，可加工性能良好，是一种高强度的中碳钢；焊接性差，但可焊接，在焊前采用预热处理至 150℃。冷变形塑性中等，适于水淬和油淬，但淬透性低，形状复杂的零件，水淬时易发生裂纹。多在正火调质或高频表面淬火热处理后使用	用于制造机器中的运动件，心部强度要求不太高、耐磨性好的表面淬火零件及截面尺寸较小、负载较大的调质零件，应力不大的大型正火件，如传动轴、芯轴、曲轴、曲柄销、辊子、拉杆、连杆、活塞杆、齿轮、圆盘、链轮等，一般不适用于制作焊接件
12	45	高强度中碳调质钢，具有一定的塑性和韧性，较高的强度，可加工性良好，采用调质处理可获得很好的综合力学性能。淬透性较差，水淬易产生裂纹，中小型零件调质后可得到较好的韧性及较高的强度，大型零件（截面尺寸超过 80mm）以采用正火处理为宜。焊接性能较低，仍可焊接，但焊前应将焊件进行预热，且焊后应进行退火处理，以消除焊接应力	适用于制造较高强度的运动零件，如空压机、泵的活塞、蒸汽轮机的叶轮，重型及通用机械中的轧制轴、连杆、蜗杆、齿条、齿轮、销子等。通常在调质或正火状态下使用，可代替渗碳钢，用于制造表面耐磨的零件，此时，须经高频或火焰表面淬火，如曲轴、齿轮、机床主轴、活塞销、传动轴等，还用于制造农机中等负荷的轴、脱粒滚筒、凹板钉齿、链轮、齿轮以及钳工工具等
13	50	高强度中碳钢，弹性性能较高，可加工性尚好，退火后可加工性为 50%，焊接性差，冷应变塑性低，淬透性较低，水中淬火易产生裂纹，但无回火脆性，一般在正火或淬火、回火以及高频表面淬火之后使用	主要用于制造负载、冲击载荷不大以及要求耐磨性好的机械零件，如锻造齿轮、轴摩擦盘、机床主轴、发动机曲轴、轧辊、拉杆、弹簧垫圈、不重要的弹簧，农机中的犁铧、翻土板、铲子、重载芯轴及轴类零件
14	55	高强度中碳钢，弹性性能较高，塑性及韧性低，可加工性中等；热处理后可获得高强度、高硬度，淬透性低，水中淬火有产生裂纹的倾向；焊接性以及冷变形塑性能均低。一般在正火或淬火＋回火后使用	主要用于制造耐磨、强度较高的机械零件以及弹性零件，也可用于制作铸钢件，如连杆、齿轮、机车轮箍、轮缘、轮圈、轧辊、扁弹簧
15	60	高强度中碳钢，具有相当高的强度、硬度及弹性，可加工性不高，冷变形塑性低；淬透性低，水中淬火有产生裂纹的倾向，因此大型零件不适宜淬火。多在正火状态下使用，只有小型零件才适于淬火，焊接性差，回火脆性不敏感	主要用于制造耐磨、强度较高、受力较大、摩擦条件下工作以及要求相当弹性的弹性零件，如轴、偏心轴、轧辊、轮箍、离合器、钢丝绳、弹簧垫圈、弹簧圈、减振弹簧、凸轮及各种垫圈
16	65	高强度中碳钢，是一种广泛应用的碳素弹簧钢，经适当的热处理，其疲劳强度与合金弹簧钢相近，并能得到良好的弹性和较高的强度。可加工性差，淬透性低，截面尺寸大于 7～18mm 时，在油中不能淬透，水淬易产生裂纹；小型零件多采用淬火，大尺寸零件多采用正火或水淬油冷；回火脆性不敏感，通常在淬火并中温回火状态下使用，也可在正火状态下使用	主要用于制造弹簧垫圈、弹簧环、U 形卡、气门弹簧、受力不大的扁形弹簧、螺旋弹簧等，在正火状态下，可制造轧辊、凸轮、轴、钢丝绳等耐磨零件

续表 2-9

序号	牌号	主 要 特 性	用 途 举 例
17	70	性能和65钢相近，但其强度和弹性均比65钢稍高。淬透性低，直径大于12～15mm不能淬透	仅适用于制造强度不高、截面尺寸较小的扁形、圆形、方形弹簧、钢带、钢丝、车轮圈、有轨电车车轮及犁铧等
18	75	性能和65钢相近，其弹性比65钢销差，而强度较高，淬透性也高，一般在淬火回火状态下使用	用于制造强度不高，截面尺寸较小的螺旋弹簧、板弹簧，也用于制造承受摩擦工作的机械零件
19	80	性能和75钢相近，但弹性稍差，淬透性和强度较高，一般在淬火回火状态下使用	用于制造截面不大，强度不太高的扁形弹簧、螺旋弹簧、硬线，承受摩擦的机械零件等
20	85	高耐磨性的高碳钢，其性能与65钢相近，但强度和硬度均比65钢、70钢要高，但弹性稍差，淬透性较高，但总的来说不好	主要用于制造截面尺寸不大、强度不太高的振动弹簧，如普通机械中的扁形弹簧、圆形螺旋弹簧，铁道车辆和汽车拖拉机中的板簧及螺旋弹簧，农机中的清棉机锯片和摩擦盘以及其他用途的钢丝和钢带等
21	15Mn	含锰低碳渗碳钢，其性能和15钢相近，但其淬透性、强度和塑性均比15钢有所提高，可加工性也有所改善，低温冲压韧度及焊接性能良好，通常在渗碳或正火或在热轧供货状态下使用	主要用于制造心部力学性能较高的渗碳或碳氮共渗零件，如凸轮轴、曲柄轴、活塞销、齿轮、滚动轴承（H级，轻载）的套圈以及圆柱、圆锥轴承中的滚动体等，在正火或热轧状态下用于制造韧性高而应力较小的零件，如螺钉、螺母、支架、铰链及铆焊结构件，还可轧制成板材（4～10mm），制作低温条件下工作的油罐等容器
22	20Mn	性能和15Mn相近，但碳含量略高于15Mn，因而其强度和淬透性比15Mn略高	主要用于制造心部力学性能较高的渗碳或碳氮共渗零件，如凸轮轴、曲柄轴、活塞销、齿轮、滚动轴承（H级、轻载）的套圈以及圆柱、圆锥轴承中的滚动体等，在正火或热轧状态下用于制造韧性高而应力较小的零件，如螺钉、螺母、支架、铰链及铆焊结构件，还可轧制成4～10mm的板材，制作低温条件下工作的油罐等容器
23	25Mn	强度比25钢和20Mn都较高，其他性能和25钢、20Mn相近	一般用于制造渗碳件和焊接件，如连杆、销、凸轮轴、齿轮、联轴器、铰链等
24	30Mn	强度和淬透性比30钢均高，冷变形时塑性尚好，可加工性良好，焊接性中等，但有回火脆性倾向，因而回火后要较快冷却，通常在正火或调质状态下使用	一般用于制造低负荷的各种零件，如杠杆、拉杆、小轴、制造踏板、螺栓、螺钉及螺母，还可用于制造高应力负载的细小零件（采用冷拉钢制作），如农机中的钩环链的链环、刀片、横向制动机构的齿轮等
25	35Mn	强度和淬透性均比30Mn要高，可加工性好，冷变形时塑性中等，焊接性较差，常用作调质钢	一般用于制造载荷中等的零件，如啮合杆、传动轴、螺栓、螺钉、螺母等，还可以用于制造受磨损的零件（采用淬火回火），如齿轮、芯轴、叉等
26	40Mn	淬透性比40钢稍高，经热处理之后的强度、硬度及韧性都较40钢高，可加工性好，冷变形时塑性中等，存在回火脆性及过热敏感性，水淬时易形成裂纹，并且焊接性差。既可在正火状态下应用，亦可在淬火与回火状态下使用	经调质处理后，可代替40Cr使用，用于制造在疲劳负载下工作的零件，如曲轴、连杆、辊子、轴以及高应力的螺栓、螺钉、螺母等
27	45Mn	中碳调质钢，强度、韧性及淬透性均比45钢高，调质处理可获得较好的综合力学性能，可加工性好，但焊接性差，冷变形时塑性低，并且有回火脆性倾向。一般在调质状态下应用，也可在表面淬火、回火或在正火状态下应用	一般用于较大负载及承受磨损工作条件下的零件，如曲轴、花键轴、轴、连杆、万向节轴、汽车半轴、啮合杆、齿轮、离合器盘、螺栓、螺母等
28	50Mn	性能与50钢相近，但淬透性较高，因而热处理之后的强度、硬度及弹性均比50钢要好，但有过热敏感性及回火脆性倾向；焊接性能差。一般在淬火、回火后应用，在某些个别情况也允许正火后应用	一般用于制造高耐磨性、高应力的零件，如直径小于80mm的芯轴、齿轮轴、齿轮、摩擦盘、板弹簧等，高频淬火后还可制造火车轴、蜗杆、连杆及汽车曲轴等

续表 2-9

序号	牌 号	主 要 特 性	用 途 举 例
29	60Mn	强度较高，淬透性较好，脱碳倾向小，但有热敏感性及回火脆性倾向，水淬易产生淬火裂纹，通常在淬火回火后应用，退火后的可加工性良好	用于制造尺寸较大的螺旋弹簧，各种扁、圆弹簧，板簧，弹簧片，弹簧环，发条和冷拉钢丝（直径小于7mm）
30	65Mn	强度高，淬透性较大，脱碳倾向小，有过热敏感性，易产生淬火裂纹，有回火脆性	用于制作较大尺寸的各种扁、圆弹簧，如座垫板簧、弹簧发条、弹簧环、气门弹簧、钢丝冷卷形弹簧，轻型载货汽车及小汽车的离合器弹簧等
31	70Mn	性能与70钢相近，但淬透性稍高，热处理后强度、硬度、弹性均比70钢好，具有过热敏感性和回火脆性倾向，易脱碳及在水淬时有裂纹倾向，冷塑性变形能力差，焊接性差	用于制作承受大应力、磨损条件下的工作零件，如各种弹簧圈、弹簧垫圈、止推环、锁紧圈、离合器盘等

2.1.3 低合金高强度结构钢（GB/T 1591—2008）

低合金高强度结构钢的合金总的质量分数较小（一般低于3%），强度较高，具有良好的耐磨、耐蚀、耐低温性能，加工和焊接性能较好，生产成本和碳素结构钢相近，广泛用于一般结构和工程用钢板、钢带、型钢和棒材。低合金高强度结构钢中碳的质量分数不大，一般为0.10%～0.25%。加入某些合金元素，可明显提高该钢种的综合性能，如加入硅能对铁素体起固溶强化作用，以提高强度；加入钒、钛、铌能细化晶粒，提高钢的韧性；加入适量的铜和磷可以提高耐蚀能力；加入适量稀土有利于脱氧、脱硫，净化钢中的其他杂质，改善钢的性能。低合金高强度结构钢的强度、耐蚀性和耐磨性均高于碳素结构钢，一般不经热处理在热轧退火或正火状态下交货使用。它是根据我国富产资源特点而研制生产的普通低合金钢。低合金高强度结构的强度比碳素结构钢高30%～150%，并在保持低碳（碳的质量分数小于或等于0.20%）的条件下，可获得不同的强度等级。用低合金高强度结构钢代替碳素结构钢使用，可以减轻结构自重，节约金属材料，提高结构承载能力并延长其使用寿命。

（1）牌号和化学成分（表2-10、表2-11）

表2-10 低合金高强度结构钢的牌号和化学成分（1） （%）

牌 号	质量等级	化学成分（质量分数）						
		C	Si	Mn	P	S	Nb	Als
					≤			
Q345	A	≤0.20	≤0.50	≤1.70	0.035	0.035	0.07	—
	B				0.035	0.035		
	C				0.030	0.030		
	D	≤0.18			0.030	0.025		0.015
	E				0.025	0.020		
Q390	A	≤0.20	≤0.50	≤0.170	0.035	0.035	0.07	—
	B				0.035	0.035		
	C				0.030	0.030		
	D				0.030	0.025		0.015
	E				0.025	0.020		
Q420	A	≤0.20	≤0.50	≤1.70	0.035	0.035	0.07	—
	B				0.035	0.035		
	C				0.030	0.030		
	D				0.030	0.025		0.015
	E				0.025	0.020		

续表 2-10

牌　号	质量等级	化学成分（质量分数）						
		C	Si	Mn	P	S	Nb	Als
					≤			
Q460	C	≤0.20	≤0.60	≤1.80	0.030	0.030	0.11	0.015
	D				0.030	0.025		
	E				0.025	0.020		
Q500	C	≤0.18	≤0.60	≤1.80	0.030	0.030	0.11	0.015
	D				0.030	0.025		
	E				0.025	0.020		
Q550	C	≤0.18	≤0.60	≤2.00	0.030	0.030	0.11	0.015
	D				0.030	0.025		
	E				0.025	0.020		
Q620	C	≤0.18	≤0.60	≤2.00	0.030	0.030	0.11	0.015
	D				0.030	0.025		
	E				0.025	0.020		
Q690	C	≤0.18	≤0.60	≤2.00	0.030	0.030	0.11	0.015
	D				0.030	0.025		
	E				0.025	0.020		

表 2-11　低合金高强度结构钢的牌号和化学成分（2）　　　　（%）

牌　号	化学成分（质量分数）							
	V	Ti	Cr	Ni	Cu	N	Mo	B
	≤							
Q345	0.15	0.20	0.30	0.50	0.30	0.012	0.10	—
Q390	0.20	0.20	0.30	0.50	0.30	0.015	0.10	—
Q420	0.20	0.20	0.30	0.80	0.30	0.015	0.20	—
Q460	0.20	0.20	0.30	0.80	0.55	0.015	0.20	0.004
Q500	0.12	0.20	0.60	0.80	0.55	0.015	0.20	0.004
Q550	0.12	0.20	0.80	0.80	0.80	0.015	0.30	0.004
Q620	0.12	0.20	1.00	0.80	0.80	0.015	0.30	0.004
Q690	0.12	0.20	1.00	0.80	0.80	0.015	0.30	0.004

（2）力学和工艺性能（表 2-12～表 2-16）

表 2-12　低合金高强度结构钢的屈服强度　　　　（MPa）

牌号	质量等级	以下公称厚度（直径，边长/mm）的下屈服强度 $R_{eL} \geq$									
		≤16	>16~40	>40~63	>63~80	>80~100	>100~150	>150~200	>200~250	>250~400
Q345	A	345	335	325	315	305	285	275	265	—
	B									
	C									
	D									265
	E									
Q390	A	390	370	350	330	330	310	—	—	—
	B									
	C									
	D									
	E									

续表 2-12

牌号	质量等级	以下公称厚度（直径，边长/mm）的下屈服强度 $R_{eL} \geq$								
		≤16	>16~40	>40~63	>63~80	>80~100	>100~150	>150~200	>200~250	>250~400
Q420	A B C D E	420	400	380	360	360	340	—	—	—
Q460	C D E	460	440	420	400	400	380	—	—	—
Q500	C D E	500	480	470	450	440	—	—	—	—
Q550	C D E	550	530	520	500	490	—	—	—	—
Q620	C D E	620	600	590	570	—	—	—	—	—
Q690	C D E	690	370	660	640	—	—	—	—	—

表 2-13　低合金高强度结构钢的抗拉强度　　　　（MPa）

牌号	以下公称厚度（直径，边长/mm）的抗拉强度 R_m						
	≤40	>40~63	>63~80	>80~100	>100~150	>150~250	>250~400
Q345	470~630	470~630	470~630	470~630	450~600	450~600	—（A，B，C级钢） 450~600（D，E级钢）
Q390	490~650	490~650	490~650	490~650	470~620	—	—
Q420	520~680	520~680	520~680	520~680	500~650	—	—
Q460	550~720	550~720	550~720	530~720	530~700	—	—
Q500	610~770	600~760	590~750	540~730	—	—	—
Q550	670~830	620~810	600~790	590~780	—	—	—
Q620	710~880	690~880	670~860	—	—	—	—
Q690	770~940	750~920	730~900	—	—	—	—

表 2-14　低合金高强度结构钢的断后伸长率　　　　（%）

牌　号	质量等级	以下公称厚度（直径，边长/mm）的断后伸长率 $A \geq$					
		≤40	>40~63	>63~100	>100~150	>150~250	>250~400
Q345	A B	20	19	19	18	17	—
	C D E	21	20	20	19	18	17

续表 2-14

牌 号	质 量 等 级	以下公称厚度（直径，边长/mm）的断后伸长率 A≥					
		≤40	>40~63	>63~100	>100~150	>150~250	>250~400
Q390	A	20	19	19	18	—	—
	B						
	C						
	D						
	E						
Q420	A	19	18	18	18		
	B						
	C						
	D						
	E						
Q460	C	17	16	16	16	—	—
	D						
	E						
Q500	C	17	17	17			
	D						
	E						
Q550	C	16	16	16	—		
	D						
	E						
Q620	C	15	15	15	—		—
	D						
	E						
Q690	C	14	14	14			—
	D						
	E						

表 2-15 夏比（V形）冲击试验的试验温度和冲击吸收能量

牌 号	质 量 等 级	试验温度/℃	冲击吸收功 A_{kv2}/J		
			公称厚度（直径，边长）/mm		
			12~150	>150~250	>250~400
Q345	B	20	34	27	—
	C	0			
	D	−20			27
	E	−40			
Q390	B	20	34	—	—
	C	0			
	D	−20			
	E	−40			
Q420	B	20	34	—	—
	C	0			
	D	−20			
	E	−40			

续表 2-15

牌 号	质量等级	试验温度/℃	冲击吸收功 A_{kv2}/J		
			公称厚度（直径，边长）/mm		
			12～150	>150～250	>250～400
Q460	C	0	34	—	—
	D	−20			
	E	−40			
Q500，Q550 Q620，Q690	C	0	55	—	—
	D	−20	47		
	E	−40	31		

表 2-16 弯曲试验

牌 号	试 样 方 向	180° 弯曲试验	
		钢材厚度（直径，边长）/mm	
		≤16	>16～100
Q345，Q390 Q420，Q460	宽度≥600mm 扁平材，弯曲试验取横向试样，宽度小于 600m 扁平材、型材及棒材取纵向试样	2a	3a

注：d 为弯心直径，a 为试样厚度（直径）。

（3）特性和用途（表 2-17）

表 2-17 低合金高强度结构钢的特性和用途

牌 号	主 要 特 性	用 途 举 例
Q295	具有良好的塑性、韧性、冷弯性能、冷热压力加工性能和焊接性能，且有一定的耐蚀性能。若钢中加入少量 V，Nb，Ti 元素，能使晶粒细化，更好地提高钢的抗拉强度和韧性，并降低脆性转变温度，改善钢的性能	大量用于制造各种容器、螺旋焊管、拖拉机轮圈、农机结构件、建筑结构、车体用冲压件和船体结构
Q345	具有良好的综合力学性能，低温冲击韧性、冷冲压和切削加工性、焊接性能均好。A，B 级钢视钢材用途和使用需求，可加入或不加入微合金化元素 V，Nb，Ti；但 C，D，E 级钢应加入 V，Nb，Ti，Al 的一种或几种，以细化钢的晶粒，防止钢的过热，提高钢的韧性和改善强度。钢中也可加入稀土元素，改善韧性、冷弯性能和钢材的各向异性	广泛用于各种焊接结构，如桥梁、车辆、船舶、管道、锅炉、大型容器、储罐、重型机械设备、矿山机械、电站、厂房结构、低温压力容器、轻纺机械零件等
Q390	强度比 Q345 钢高，塑性稍差，韧性相当，焊接性能、冷冲压和切削加工性良好。A，B 级钢视钢材用途和使用需求可加入 V，Nb，Ti 微合金化元素，但 C，D，E 级钢应加入 V，Nb，Ti，Al 元素之一种或几种，以细化晶粒，防止钢的过热，提高钢的韧性和改善强度。还可加入微量 Cr,Ni 或 Mo 元素改善钢的性能	用于桥梁、车辆、船舶、厂房等大型结构件，高中压石油化工容器、锅炉汽包、管道、过热器、压力容器、重型机械等
Q420	具有良好的力学性能和焊接性能，冷热加工性好，由于加入微合金化元素，提高和改善钢的强韧性	用于制造矿山机械、重型车辆、船舶、桥梁、中高压锅炉、容器及其他大型焊接结构件
Q460	强度高，塑性及韧性好，焊接性能良好，冷热加工性较好	主要用于制造工程机械构件，如矿山机械、铲车、运输车，桥梁、中、高压锅炉及其他大型焊接结构件
Q500	强度高，塑性及韧性好，焊接性能良好，冷热加工性较好	主要用于工程结构构件和工程机械制造。由于强度高，可较好满足工程机械大型化、轻量化的需求

续表 2-17

牌　号	主 要 特 性	用 途 举 例
Q550	强度高，塑性和韧性好，焊接性能良好，冷热加工性较好	主要用于制造各种大型工程结构构件和工程机械。由于强度高，可较好满足工程机械大型化、轻量化的要求
Q620	强度高，塑性和韧性好，焊接性能良好，冷热加工性较好	主要用于制造各种大型工程结构构件和工程机械。由于强度高、韧性好，可在保证强度、刚度和可靠性的条件下，减轻构件质量，满足工程构件和设备大型化、轻量化的要求
Q690	强度高，塑性和韧性好，焊接性能良好，冷热加工性能较好	主要用于制造各种大型工程结构构件和工程机械。由于强度高、韧性好，可在保证强度、刚度和可靠性的条件下，减轻构件质量，满足工程构件和设备大型化、轻量化的要求

2.1.4　合金结构钢（GB/T 3077—1999）

合金结构钢是在优质碳素结构钢的基础上，适当加入一种或数种合金元素（总的质量分数不超过 15%）而制成的钢种。合金元素主要用来提高钢的淬透性，通过适当的热处理可以使钢获得较高的强度和韧性。合金结构钢在一定程度上能使零件在整个截面上获得比较均匀的较高综合性能。因此，合金结构钢常用于制造尺寸较大、形状较复杂且用碳素结构钢难以满足性能要求的各种零件。

合金结构钢主要有渗碳钢、调质钢和渗氮钢三类。

渗碳钢也称为表面硬化钢，主要是低碳合金结构钢（碳的质量分数小于或等于 0.25%），用这类钢制成的零部件，大都经过表面化学热处理（渗碳或碳氮共渗）、淬火并低温回火，可以获得很硬的表面层（60HRC 以上），而心部仍具有良好的韧性，使零部件既耐磨，又能承受较高的交变载荷或冲击载荷，常用来制造齿轮、轴等。

调质钢的碳质量分数一般在 0.25%以上，属于中碳合金结构钢，所制成的零部件经淬火及高温回火的调质处理后，可以获得配合很好的高强度和良好的韧性，即具有良好的综合力学性能，常用于制造承受较大载荷的轴、连杆、紧固件等。

渗氮钢是含铝的中碳合金结构钢，所制成的零部件需先经过调质或火焰淬火、高频感应淬火处理，获得所需要的力学性能，再经过最终切削精加工，然后进行渗氮处理，以进一步增加其表面硬度和耐磨性。最常用的渗氮钢是 38CrMoAl，可制造高耐磨性、高疲劳强度，高尺寸精密度的渗氮零件，如高压阀、镗床镗杆、磨床主轴等。

（1）牌号和化学成分（表 2-18、表 2-19）

表 2-18　合金结构钢的牌号和化学成分　　　　　　　　　　　　　　　　（%）

钢　组	序号	统一数字代号	牌　　号	化学成分（质量分数）			
				C	Si	Mn	其他元素
Mn	1	A00202	20Mn2	0.17～0.24	0.17～0.37	1.40～1.80	—
	2	A00302	30Mn2	0.27～0.34	0.17～0.37	1.40～1.80	—
	3	A00352	35Mn2	0.32～0.39	0.17～0.37	1.40～1.80	—
	4	A00402	40Mn2	0.37～0.44	0.17～0.37	1.40～1.80	—
	5	A00452	45Mn2	0.42～0.49	0.17～0.37	1.40～1.80	—
	6	A00502	50Mn2	0.47～0.55	0.17～0.37	1.40～1.80	—
MnV	7	A01202	20MnV	0.17～0.24	0.17～0.37	1.30～1.60	V0.07～0.12

续表 2-18

钢 组	序号	统一数字代号	牌 号	化学成分（质量分数）			
				C	Si	Mn	其他元素
SiMn	8	A10272	27SiMn	0.24～0.32	1.10～1.40	1.10～1.40	—
	9	A10352	35SiMn	0.32～0.40	1.10～1.40	1.10～1.40	—
	10	A10422	42SiMn	0.39～0.45	1.10～1.40	1.10～1.40	—
SiMnMoV	11	A14202	20SiMn2MoV	0.17～0.23	0.90～1.20	2.20～2.60	Mo0.30～0.40 V0.50～0.12
	12	A14262	25SiMn2MoV	0.22～0.28	0.90～1.20	2.20～2.60	Mo0.30～0.40 V0.50～0.12
	13	A14372	37SiMn2MoV	0.33～0.39	0.60～0.90	1.60～1.90	Mo0.40～0.50 V0.05～0.12
B	14	A70402	40B	0.37～0.44	0.17～0.37	0.60～0.90	—
	15	A70452	45B	0.42～0.49	0.17～0.37	0.60～0.90	B0.000 5～0.003 5
	16	A70502	50B	0.47～0.55	0.17～0.37	0.60～0.90	B0.000 5～0.003 5
MnB	17	A71402	40MnB	0.37～0.44	0.17～0.37	1.10～1.40	B0.000 5～0.003 5
	18	A71452	45MnB	0.42～0.49	0.17～0.37	1.10～1.40	B0.000 5～0.003 5
MnMoB	19	A72202	20MnMoB	0.16～0.22	0.17～0.37	0.90～1.20	Mo0.20～0.30 B0.000 5～0.003 5
MnVB	20	A73152	15MnVB	0.12～0.18	0.17～0.37	1.20～1.60	B0.000 5～0.003 5 V0.07～0.12
	21	A73202	20MnVB	0.17～0.23	0.17～0.37	1.20～1.60	B0.000 5～0.003 5 V0.07～0.12
	22	A73402	40MnVB	0.37～0.44	0.17～0.37	1.10～1.40	B0.000 5～0.003 5 V0.07～0.10
MnTiB	23	A74202	20MnTiB	0.17～0.24	0.17～0.37	1.30～1.60	B0.000 5～0.003 5 Ti0.04～0.10
	24	A74252	25MnTiBRE	0.22～0.28	0.20～0.45	1.30～1.60	B0.000 5～0.003 5 Ti0.04～0.10
Cr	25	A20152	15Cr	0.12～0.18	0.17～0.37	0.40～0.70	Cr0.70～1.00
	26	A20153	15CrA	0.12～0.17	0.17～0.37	0.40～0.70	Cr0.70～1.00
	27	A20202	20Cr	0.18～0.24	0.17～0.37	0.50～0.80	Cr0.70～1.00
	28	A20302	30Cr	0.27～0.34	0.17～0.37	0.50～0.80	Cr0.80～1.10
	29	A20352	35Cr	0.32～0.39	0.17～0.37	0.50～0.80	Cr0.80～1.10
	30	A20402	40Cr	0.37～0.44	0.17～0.37	0.50～0.80	Cr0.80～1.10
	31	A20452	45Cr	0.42～0.49	0.17～0.37	0.50～0.80	Cr0.80～1.10
	32	A20502	50Cr	0.47～0.54	0.17～0.37	0.50～0.80	Cr0.80～1.10
CrSi	33	A21382	38CrSi	0.35～0.43	1.00～1.30	0.30～0.60	Cr1.30～1.60
CrMo	34	A30122	12CrMo	0.08～0.15	0.17～0.37	0.40～0.70	Cr0.40～0.70 Mo0.40～0.55
	35	A30152	15CrMo	0.12～0.18	0.17～0.37	0.40～0.70	Cr0.80～1.10 Mo0.40～0.55
	36	A30202	20CrMo	0.17～0.24	0.17～0.37	0.40～0.70	Cr0.80～1.10 Mo0.15～0.25
	37	A30302	30CrMo	0.26～0.34	0.17～0.37	0.40～0.70	Cr0.80～1.10 Mo0.15～0.25
	38	A30303	30CrMoA	0.26～0.33	0.17～0.37	0.40～0.70	Cr0.80～1.10 Mo0.15～0.25

续表 2-18

钢 组	序号	统一数字代号	牌 号	化学成分（质量分数）			
				C	Si	Mn	其他元素
CrMo	39	A30352	35CrMo	0.32~0.40	0.17~0.37	0.40~0.70	Cr0.80~1.10 Mo0.15~0.25
	40	A30422	42CrMo	0.38~0.45	0.17~0.37	0.50~0.80	Cr0.90~1.20 Mo0.15~0.25
CrMoV	41	A31122	12CrMoV	0.08~0.15	0.17~0.37	0.40~0.70	Cr0.30~0.60 Mo0.25~0.35 V0.15~0.30
	42	A31352	35CrMoV	0.30~0.38	0.17~0.37	0.40~0.70	Cr1.00~1.30 Mo0.20~0.30 V0.10~0.20
	43	A31132	12Cr1MoV	0.08~0.15	0.17~0.37	0.40~0.70	Cr0.90~1.20 Mo0.25~0.35 V0.15~0.30
	44	A31253	25Cr2MoVA	0.22~0.29	0.17~0.37	0.40~0.70	Cr1.50~1.80 Mo0.25~0.35 V0.15~0.30
	45	A31263	25Cr2Mo1VA	0.22~0.29	0.17~0.37	0.50~0.80	Cr2.10~2.50 Mo0.90~1.10 V0.30~0.50
CrMoAl	46	A33382	38CrMoAl	0.35~0.42	0.20~0.45	0.30~0.60	Cr1.35~1.65 Mo0.15~0.25 Al 0.70~1.10
CrV	47	A23402	40CrV	0.37~0.44	0.17~0.37	0.50~0.80	Cr0.80~1.10 V0.10~0.20
	48	A23503	50CrVA	0.47~0.54	0.17~0.37	0.50~0.80	Cr0.80~1.10 V0.10~0.20
CrMn	49	A22152	15CrMn	0.12~0.18	0.17~0.37	1.10~1.40	Cr0.40~0.70
	50	A22202	20CrMn	0.17~0.23	0.17~0.37	0.90~1.20	Cr0.90~1.20
	51	A22402	40CrMn	0.37~0.45	0.17~0.37	0.90~1.20	Cr0.90~1.20
CvMnSi	52	A24202	20CrMnSi	0.17~0.23	0.90~1.20	0.80~1.10	Cr0.80~1.10
	53	A24252	25CrMnSi	0.22~0.28	0.90~1.20	0.80~1.10	Cr0.80~1.10
	54	A24302	30CrMnSi	0.27~0.34	0.90~1.20	0.80~1.10	Cr0.80~1.10
	55	A24303	30CrMnSiA	0.28~0.34	0.90~1.20	0.80~1.10	Cr0.80~1.10
	56	A24353	35CrMnSiA	0.32~0.39	1.10~1.40	0.80~1.10	Cr1.10~1.40
CrMnMo	57	A34202	20CrMnMo	0.17~0.23	0.17~0.37	0.90~1.20	Cr1.10~1.40 Mo0.20~0.30
	58	A34402	40CrMnMo	0.37~0.45	0.17~0.37	0.90~1.20	Cr0.90~1.20 Mo0.20~0.30
CrMnTi	59	A26202	20CrMnTi	0.17~0.23	0.17~0.37	0.80~1.10	Cr1.00~1.30 Ti0.04~0.10
	60	A26302	30CrMnTi	0.24~0.32	0.17~0.37	0.80~1.10	Cr1.00~1.30 Ti0.04~0.10
CrNi	61	A40202	20CrNi	0.17~0.23	0.17~0.37	0.40~0.70	Cr0.45~0.75 Ni1.00~1.40
	62	A40402	40CrNi	0.37~0.44	0.17~0.37	0.50~0.80	Cr0.45~0.75 Ni1.00~1.40

续表 2-18

钢 组	序号	统一数字代号	牌 号	化学成分（质量分数）			
				C	Si	Mn	其他元素
CrNi	63	A404502	45CrNi	0.42～0.49	0.17～0.37	0.50～0.80	Cr0.45～0.75 Ni1.00～1.40
	64	A40502	50CrNi	0.47～0.54	0.17～0.37	0.50～0.80	Cr0.45～0.75 Ni1.00～1.40
	65	A41122	12CrNi2	0.10～0.17	0.17～0.37	0.30～0.60	Cr0.60～0.90 Ni1.50～1.90
	66	A42122	12CrNi3	0.10～0.17	0.17～0.37	0.30～0.60	Cr0.60～0.90 Ni2.75～3.15
	67	A42202	20CrNi3	0.17～0.24	0.17～0.37	0.30～0.60	Cr0.60～0.90 Ni2.75～3.15
	68	A42302	30CrNi3	0.27～0.33	0.17～0.37	0.30～0.60	Cr0.60～0.90 Ni2.75～3.15
	69	A42372	37CrNi3	0.34～0.41	0.17～0.37	0.30～0.60	Cr1.20～1.60 Ni3.00～3.50
	70	A43122	12Cr2Ni4	0.10～0.16	0.17～0.37	0.30～0.60	Cr1.25～1.65 Ni3.25～3.65
	71	A43202	20Cr2Ni4	0.17～0.23	0.17～0.37	0.30～0.60	Cr1.25～1.65 Ni3.25～3.65
CrNiMo	72	A50202	20CrNiMo	0.17～0.23	0.17～0.37	0.60～0.95	Cr0.40～0.70 Mo0.20～0.30 Ni0.35～0.75
	73	A50403	40CrNiMoA	0.37～0.44	0.17～0.37	0.50～0.80	Cr0.60～0.90 Mo0.15～0.25 Ni1.25～1.65
CrNiMnMo	74	A50183	18CrNiMnMoA	0.15～0.21	0.17～0.37	1.10～1.40	Cr1.00～1.30 Mo0.20～0.30 Ni1.00～1.30
CrNiMoV	75	A51453	45CrNiMoVA	0.42～0.49	0.17～0.37	0.50～0.80	Cr0.80～1.10 Mo0.20～0.30 Ni1.30～1.80 V0.10～0.20
CrNiW	76	A52183	18Cr2Ni4WA	0.13～0.19	0.17～0.37	0.30～0.60	Cr1.35～1.65 Ni4.00～4.50 W0.80～1.20
	77	A52253	25Cr2Ni4WA	0.21～0.28	0.17～0.37	0.30～0.60	Cr1.35～1.65 Ni4.00～4.50 W0.80～1.20

表 2-19　钢中磷、硫及残余铜、铬、镍、钼含量　　　　　　　（%）

钢 类	P	S	Cu	Cr	Ni	Mo
	质量分数≤					
优质钢	0.035	0.035	0.30	0.30	0.30	0.15
高级优质钢	0.025	0.025	0.25	0.30	0.30	0.10
特级优质钢	0.025	0.015	0.25	0.30	0.30	0.10

（2）力学性能（表2-20）

表2-20 合金结构钢的力学性能

序号	牌号	试样毛坯尺寸/mm	淬火 加热温度/℃ 第一次淬火	第二次淬火	淬火 冷却剂	回火 加热温度/℃	回火 冷却剂	抗拉强度 σ_b/MPa	屈服点 σ_s/MPa	断后伸长率 δ_5/% ≥	断面收缩率 ψ/% ≥	冲击吸收功 A_{KU2}/J ≥	钢材退火或高温回火供应状态布氏硬度 HBW100/3000 ≤
1	20Mn2	15	850	—	水、油	200	水、空	785	590	10	40	47	187
			850	—	水、油	440	水、油						
2	30Mn2	25	840	—	水	500	水	785	635	12	45	63	207
3	35Mn2	25	840	—	水	500	水	835	685	12	45	55	207
4	40Mn2	25	840	—	水、油	540	油	885	735	12	45	55	217
5	45Mn2	25	840	—	油	550	水、油	885	735	10	45	47	217
6	50Mn2	25	820	—	油	550	水、油	930	785	9	40	39	229
7	20MnV	15	880	—	水、油	200	水、空	785	590	10	40	55	187
8	27SiMn	25	920	—	水	450	水	980	835	12	40	39	217
9	35SiMn	25	900	—	水	570	水、油	885	735	15	45	47	229
10	42SiMn	25	880	—	水	590	水	885	735	15	40	47	229
11	20SiMnMoV	试样	900	—	油	200	水、空	1 380	—	10	45	55	269
12	25SiMn2MoV	试样	900	—	油	200	水、空	1 470	—	10	40	47	269
13	37SiMn2MoV	25	870	—	水、油	650	水、空	980	835	12	50	63	269
14	40B	25	840	—	水	550	水	785	635	12	45	55	207
15	45B	25	840	—	水	550	水	835	685	12	45	47	217
16	50B	20	840	—	油	600	空	785	540	10	45	39	207
17	40MnB	25	850	—	油	500	水、油	980	785	10	45	47	207
18	45MnB	25	840	—	油	500	水、油	1 030	835	9	40	39	217
19	20MnMoB	15	880	—	油	200	空	1 080	885	10	50	55	207
20	15MnVB	15	860	—	油	200	水、空	885	635	10	45	55	207
21	20MnVB	15	860	—	油	200	水、空	1 080	885	10	45	55	207

续表 2-20

序号	牌号	试样毛坯尺寸/mm	热处理					力学性能					钢材退火或高温回火供应状态布氏硬度 HBW100/3000≤
			淬火			回火							
			加热温度/℃		冷却剂	加热温度/℃	冷却剂	抗拉强度 σb/MPa	屈服点 σs/MPa	断后伸长率 δs/%	断面收缩率 ψ/%	冲击吸收功 AKU2/J	
			第一次淬火	第二次淬火						≥			
22	40MnVB	25	850	—	油	520	水、油	980	785	10	45	47	207
23	20MnTiB	15	860	—	油	200	水、空	1130	930	10	45	55	187
24	25MnTiBRE	试样	860	—	油	200	水、空	1380	—	10	40	47	229
25	15Cr	15	880	780~820	水、油	200	水、空	735	490	11	45	55	179
26	15CrA	15	880	770~220	水、油	180	油、空	685	490	12	45	55	179
27	20Cr	15	880	780~820	水、油	200	水、空	835	540	10	40	47	179
28	30Cr	25	860	—	油	500	水、油	885	685	11	45	47	187
29	35Cr	25	860	—	油	500	水、油	930	735	11	45	47	207
30	40Cr	25	850	—	油	520	水、油	980	785	9	45	47	207
31	45Cr	25	840	—	油	520	水、油	1030	835	9	40	39	217
32	50Cr	25	830	—	油	520	水、油	1080	930	9	40	39	229
33	38CrSi	25	900	—	油	600	水、油	980	835	12	50	55	255
34	12CrMo	30	900	—	空	650	空	410	265	24	60	110	179
35	15CrMo	30	900	—	空	650	空	440	295	22	60	94	179
36	20CrMo	15	880	—	水、油	500	水、油	885	685	12	50	78	197
37	30CrMo	25	880	—	油	540	水、油	930	785	12	50	63	229
38	30CrMoA	15	880	—	油	540	水、油	930	735	12	50	71	229
39	35CrMo	25	850	—	油	550	水、油	980	835	12	45	63	229
40	42CrMo	25	850	—	油	560	水、油	1080	930	12	45	63	217

续表 2-20

序号	牌号	试样毛坯尺寸/mm	淬火 加热温度/℃ 第一次淬火	淬火 加热温度/℃ 第二次淬火	淬火 冷却剂	回火 加热温度/℃	回火 冷却剂	力学性能 抗拉强度 σ_b/MPa	屈服点 σ_s/MPa	断后伸长率 δ_5/% ≥	断面收缩率 Ψ/%	冲击吸收功 A_{KU2}/J	钢材退火或高温回火供应状态布氏硬度 HBW100/3000 ≤
41	12CrMoV	30	970	—	空	750	空	440	225	22	50	78	241
42	35CrMoV	25	900	—	油	630	水、油	1 800	930	10	50	71	241
43	12Cr1MoV	30	970	—	空	750	空	490	245	22	50	71	179
44	25Cr2MoVA	25	900	—	油	640	空	930	785	14	55	63	241
45	25Cr2Mo1VA	25	1 040	—	空	700	空	735	590	16	50	47	241
46	38CrMoAl	30	940	—	水、油	640	水、油	980	835	14	50	71	229
47	40CrV	25	880	—	油	650	水、油	885	735	10	50	71	241
48	50CrVA	25	860	—	油	500	水、油	1 280	1 130	10	40	—	255
49	15CrMn	15	880	—	油	200	水、空	785	590	12	50	47	179
50	20CrMn	15	850	—	油	200	水、空	930	735	10	45	47	187
51	40CrMn	25	840	—	油	550	水、油	980	835	9	45	47	229
52	20CrMnSi	25	880	—	油	480	水、油	785	635	12	45	55	207
53	25CrMnSi	25	880	—	油	480	水、油	1 080	885	10	40	39	217
54	30CrMnSi	25	880	—	油	520	水、油	1 080	885	10	45	39	229
55	30CrMnSiA	25	880	—	油	540	水、油	1 080	835	10	45	39	229
56	35CrMnSiA	试样	加热到880℃，于280~310℃等温淬火			230	空、油	1 620	1 280	9	40	31	241
57	20CrMnMo	15	950	890	油	200	水、空	1 180	885	10	45	55	217
58	40CrMnMo	25	850	—	油	600	水、油	980	785	10	45	63	217
59	20CrMnTi	15	880	—	油	200	水、空	1 080	850	10	45	55	217
60	30CrMnTi	试样	880	870	油	200	水、空	1 470	—	9	40	47	229

续表 2-20

序号	牌号	试样毛坯尺寸/mm	热处理					力学性能					钢材退火或高温回火供应状态布氏硬度 HBW100/3000 ≤
			淬火			回火		抗拉强度 σ_b/MPa	屈服点 σ_s/MPa	断后伸长率 δ_5/% ≥	断面收缩率 ψ/% ≥	冲击吸收功 A_{KU2}/J ≥	
			加热温度/℃		冷却剂	加热温度/℃	冷却剂						
			第一次淬火	第二次淬火									
61	20CrNi	25	850	850	水、油	460	水、油	785	590	10	50	63	197
62	40CrNi	25	820	—	油	500	油	980	785	10	45	55	241
63	45CrNi	25	820	—	油	530	油	980	785	10	45	55	255
64	50CrNi	25	820	—	油	500	油	1 080	835	8	40	39	255
65	12CrNi2	15	860	780	水、油	200	水、空	785	590	12	50	63	207
66	12CrNi3	15	860	780	油	200	空	930	685	11	50	71	217
67	20CrNi3	25	830	—	水、油	480	水、油	930	735	11	55	78	241
68	30CrNi3	25	820	—	油	500	油	980	785	9	45	63	241
69	37CrNi3	25	820	—	油	500	油	1 130	980	10	50	47	269
70	12Cr2Ni4	15	860	780	油	200	油	1 080	835	10	50	71	269
71	20Cr2Ni4	15	880	780	油	200	空	1 180	1 080	10	45	63	269
72	20CrNiMo	15	850	—	油	200	空	980	785	9	40	47	197
73	40CrNiMoA	25	850	—	油	600	水、油	980	835	12	55	78	269
74	18CrMnNiMoA	15	830	—	油	200	空	1 180	885	10	45	71	269
75	45CrNiMoVA	试样	860	—	油	460	油	1 470	1 330	7	35	31	269
76	18Cr2Ni4WA	15	950	850	空	200	水、空	1 180	835	10	45	78	269
77	25Cr2Ni4WA	25	850	—	油	550	油	1 080	930	11	45	71	269

（3）物理性能（表2-21）

表2-21　合金结构钢的物理性能（参考数据）

表2-18中的序号	牌号	密度γ/(g/cm³)	弹性模量 E/GPa 20℃	100℃	300℃	500℃	切变模量 G/GPa 20℃	100℃	300℃	500℃	比热容 c/[J/(g·K)] 20℃	200℃	400℃	600℃
1	20Mn2	7.85	210	—	185	175 (400℃)	—	—	—	—	0.586 (900℃)	0.620 (1 100℃)	—	—
2	30Mn2	7.80	211	—	—	—	—	—	—	—	—	—	—	—
3	35Mn2	7.85	208	—	—	—	—	—	—	—	—	—	—	—
4	40Mn2	7.80	—	—	—	—	—	—	—	—	—	—	—	—
5	45Mn2	7.80	208	—	—	—	84.4	—	—	—	—	—	—	—
6	50Mn2	7.85	210	195 (200℃)	185	171	80	—	81.5	83.1	0.461	—	—	—
7	20MnV	7.85	210	185 (200℃)	175 (400℃)	165	81	—	—	—	—	—	—	—
9	35SiMn	7.85	214	211.5	205	189	84	83	81	73.5	0.461	—	—	—
25	15Cr	7.83	210	195 (200℃)	—	—	81	75 (200℃)	—	—	0.641	0.523	—	—
27	20Cr	7.83	207	—	—	—	—	—	—	—	—	—	—	—
28	30Cr	7.83	218.5	215	201 (200℃)	179.5	85	83	76	66	—	—	—	—
29	35Cr	7.85	210	195 (200℃)	185	175 (400℃)	81	75 (200℃)	71	67 (400℃)	0.461	—	—	—
30	40Cr	7.85	210	205	185	175 (400℃)	81	79	71	67 (400℃)	0.461	—	—	—
31	45Cr	7.82	210	—	210.2 (350℃)	210.9	81	—	79.45 (350℃)	80.15	0.461	—	—	—
32	50Cr	7.82	—	—	210.2 (350℃)	210.9	—	—	—	—	—	—	—	—

续表 2-21

表2-18中的序号	牌号	密度γ/(g/cm³)	弹性模量 E/GPa				切变模量 G/GPa				比热容 c/[J/(g·K)]			
			20℃	100℃	300℃	500℃	20℃	100℃	300℃	500℃	20℃	200℃	400℃	600℃
33	38CrSi	7.85	223	220	211	192.5	87	84	80	75	0.461	—	—	—
34	12CrMo	7.85	210.5	—	—	173.7(450℃)	—	—	—	—	—	—	—	—
35	15CrMo	7.85	210	200	185	165	—	—	—	—	0.486	—	—	—
36	20CrMo	7.85	205	200	188(200℃)	—	79	74	72(200℃)	—	0.461	—	—	—
37	30CrMo	7.82	219.5	216	205	186	84	83	75.5	66	0.461	—	—	—
39	35CrMo	7.82	210	205	185	—	81	79	71	—	0.461	—	—	—
40	42CrMo	7.85	210	205	185	165	81	79	71	—	0.461	—	—	—
41	12CrMoV	7.80	210	—	—	—	—	—	—	—	—	—	—	—
42	35CrMoV	7.84	217	213	203.5	183.5	85.5	83.5	76	68	—	—	—	—
43	12Cr1MoV	7.80	—	—	—	—	—	—	—	—	—	—	—	—
44	25Cr2MoVA	7.84	210	—	—	—	—	—	—	—	—	—	—	—
45	25Cr2Mo1VA	7.85	221	215	204	190	—	—	—	—	—	—	—	—
46	38CrMoAl	7.72	203	—	—	—	—	—	—	—	—	—	—	—
47	40CrV	7.85	210	195(200℃)	185	175(400℃)	81	75(200℃)	71	67(400℃)	—	—	—	—
48	50CrVA	7.85	210	195(200℃)	185	175(400℃)	83	—	—	—	0.461	—	—	—
49	15CrMn	7.85	210	188(200℃)	—	—	81	72(200℃)	—	—	0.461	—	—	—
50	20CrMn	7.85	210	188(200℃)	—	—	81	72(200℃)	—	—	0.461	—	—	—
54	30CrMnSi	7.75	215.8	212	203	—	—	—	—	—	0.473	0.582	0.699	0.841
59	20CrMnTi	7.8	—	—	—	—	—	—	—	—	—	—	—	—

续表 2-21

表2-18中的序号	牌号	密度 γ/(g/cm³)	弹性模量 E/GPa 20℃	100℃	300℃	500℃	切变模量 G/GPa 20℃	100℃	300℃	500℃	比热容 c [J/(g·K)] 20℃	200℃	400℃	600℃
62	40CrNi	7.82	—	—	—	—	—	—	—	—	—	—	—	—
63	45CrNi	7.82	—	—	—	—	—	—	—	—	—	—	—	—
64	50CrNi	7.82	—	—	—	—	—	—	—	—	—	—	—	—
65	12CrNi2	7.88	—	—	—	—	—	—	—	—	0.452 (58℃)	—	0.691 (490℃)	0.720 (920℃)
66	12CrNi3	7.88	204	—	—	—	—	—	—	—	—	—	0.657 (380℃)	0.645 (425℃)
67	20CrNi3	7.88	204	—	—	—	81.5	—	—	—	0.465 (34℃)	—	0.657 (380℃)	0.645 (425℃)
68	30CrNi3	7.83	212	210	202	184	83	—	—	—	—	0.544 (204℃)	0.641 (512℃)	—
69	37CrNi3	7.8	199	—	—	—	—	—	—	—	—	—	—	—
70	12Cr2Ni4	7.84	204	—	—	—	—	—	—	—	0.149	—	0.657 (380℃)	0.645 (425℃)
73	40CrNiMoA	7.85	204	—	—	—	—	—	—	—	—	—	—	—
76	18Cr2Ni4WA	7.94	204	—	168	142	86.36	—	—	—	0.486 (70℃)	0.515 (230℃)	0.775 (530℃)	0.721 (900℃)
77	25Cr2Ni4WA	7.9	200	—	—	—	—	—	—	—	0.465 (70℃)	—	0.754 (535℃)	0.825 (900℃)

表2-18中的序号	牌号	热导率 λ [W/(m·K)] 20℃	100℃	300℃	500℃	700℃	线胀系数 αl /(10⁶/K) 20~100℃	20~200℃	20~400℃	20~600℃	20~800℃	20℃时的电阻率 ρ /10⁻⁶Ω·m
1	20Mn2	—	40.06	42.29	37.26	30.98	—	12.1	13.5	14.1	—	—
2	30Mn2	—	39.78	36.01	—	—	—	—	—	—	—	—
3	35Mn2	—	39.78	36.01	—	—	—	12.1	13.5	14.1	—	—

续表 2-21

表2-18中的序号	牌号	热导率λ [W/(m·K)]					线胀系数α/(10⁶/K)					20℃时的电阻率ρ/10⁻⁶Ω·m
		20℃	100℃	300℃	500℃	700℃	20~100℃	20~200℃	20~400℃	20~600℃	20~800℃	
4	40Mn2	—	37.68 (200℃)	37.26	36.01 (400℃)	—	—	11.5 (~100℃)	—	—	—	—
5	45Mn2	—	44.38	41.03	35.17	—	11.3	12.7 (~300℃)	14.7	—	—	—
6	50Mn2	—	40.61	37.68	35.17	—	11.3	12.2	14.2 (~300℃)	15.4	—	—
7	20MnV	41.87	—	—	—	—	11.1	12.1	13.5 (~450℃)	14.1	—	—
9	35SiMn	—	45.22 (200℃)	42.71	41.03 (400℃)	36.43 (600℃)	11.5	12.6	14.1	14.6	—	—
25	15Cr	43.96	41.87	39.78 (200℃)	—	—	11.3	11.6	13.2	14.2	—	0.16
27	20Cr	—	—	—	—	—	11.3	11.6	13.2	14.2	—	—
28	30Cr	—	46.06	38.94	35.59 (400℃)	—	—	11.8~12.1	13.7	14.1	—	—
29	35Cr	43.12	—	—	—	—	11.0	12.5	13.5	—	—	0.19
30	40Cr	41.87	40.19	33.49	31.82 (400℃)	—	11.0	12.5	13.5	—	—	0.19
31	45Cr	—	—	—	—	—	12.8	13.0	13.8 (~300℃)	—	—	—
32	50Cr	—	—	—	—	—	12.8	—	13.8 (~300℃)	—	—	—
33	38CrSi	—	36.84 (200℃)	35.59	34.75 (400℃)	33.49 (600℃)	11.7	12.7	14.0	14.8	—	—
34	12CrMo	—	50.24	48.57 (400℃)	46.89	43.96	11.2	12.5	12.9	13.5	13.8 (~700℃)	—

续表 2-21

表2-18中的序号	牌号	热导率λ/[W/(m·K)]					线胀系数α/(10⁶/K)					20℃时的电阻率ρ/10⁻⁶Ω·m
		20℃	100℃	300℃	500℃	700℃	20~100℃	20~200℃	20~400℃	20~600℃	20~800℃	
35	15CrMo	53.59	51.08	44.38	34.75	—	11.1	12.1	13.5	14.1	—	—
36	20CrMo	43.96	41.87	39.78 (200℃)	—	—	11.0	12.0	—	—	—	0.16
37	30CrMo	—	35.59	32.66	30.98	—	12.3	12.5	13.9	14.6	—	0.18
39	35CrMo	—	40.61	38.52	37.26 (400℃)	—	12.3	12.6	13.9	14.6	—	0.19
40	42CrMo	41.87	—	—	—	—	11.1	12.1	13.5	14.1	—	—
41	12CrMoV	45.64	—	—	40.61 (400℃)	—	10.8	11.8	12.8	13.6	13.8 (~700℃)	—
42	35CrMoV	—	41.87	41.03	—	—	11.8	12.5	13.0	13.7	14.0 (~700℃)	—
43	12Cr1MoV	35.59	35.59	35.17	32.24	30.56 (600℃)	10.8	11.4~12.7	12.8	13.6	13.8 (~700℃)	—
44	25Cr2MoVA	—	41.87	41.03	41.03	—	11.3	12.9	13.9	14~14.6	—	—
45	25Cr2Mo1VA	—	27.21	21.77	19.26	17.17 (600℃)	12.5	13.1	13.7	14.7	—	—
46	38CrMoAl	—	—	—	—	—	12.3	13.1	13.5	13.8	—	—
47	40CrV	—	52.34	45.22	•41.87 (400℃)	—	11	—	12.9 (300℃)	14.5	—	—
48	50CrVA	46.06	—	—	—	—	11.3	12.4	12.9	17.35	—	0.19
49	15CrMn	41.87	39.78	37.68 (200℃)	—	—	11	12	—	—	—	0.16
50	20CrMn	41.87	39.78	37.68 (200℃)	—	—	11	12	—	—	—	0.16

续表 2-21

表2-18中的序号	牌号	热导率λ/[W/(m·K)]					线胀系数α/(10⁶/K)					20℃时的电阻率ρ/10⁻⁶Ω·m
		20℃	100℃	300℃	500℃	700℃	20~100℃	20~200℃	20~400℃	20~600℃	20~800℃	
54	30CrMnSi	27.63	29.31	30.56	29.52	27.21	11	11.72	13.62	14.22	13.43	0.21
59	20CrMnTi	—	—	—	—	—	—	11.7	13.7	14.4	14.5 (~700℃)	—
62	40CrNi	46.06	44.80	41.03	39.36 (400℃)	—	11.9	13.4	14.1	14.9	15.1 (~700℃)	—
63	45CrNi	—	44.80	41.03	39.36 (400℃)	—	11.8	12.3	13.4	14.0	—	—
64	50CrNi	30.98 (60℃)	—	—	—	—	11.8	12.3	13.4	14.0	—	—
65	12CrNi2	21.77 (35℃)	23.87 (125℃)	30.15 (230℃)	30.98 (480℃)	25.54 (760℃)	12.6	13.8	14.8	14.3	—	—
66	12CrNi3	30.98 (60℃)	—	—	25.54 (500℃)	21.35 (750℃)	11.8	13.0	14.7	15.6	—	—
67	20CrNi3	—	—	—	25.54	21.35 (750℃)	11.8	13.0	14.7	15.6	—	—
68	30CrNi3	—	37.68 (200℃)	36.01 (300℃)	34.75 (400℃)	32.66 (600℃)	11.6	13.2	13.4	13.5	—	—
69	37CrNi3	34.33	—	—	—	—	11.8	—	12.8 (~300℃)	—	—	—
70	12Cr2Ni4	30.98 (60℃)	—	—	25.54	20.93 (750℃)	11.8	13.0	14.7	15.6	—	—
73	40CrNiMoA	—	46.06	41.87	37.68	—	11.4	11.4	14.0	14.7	15.0 (~700℃)	—
76	18Cr2Ni4WA	23.86 (70℃)	25.12 (230℃)	—	28.05 (530℃)	24.28 (900℃)	14.5	14.5	14.3	14.2	—	—
77	25Cr2Ni4WA	27.21 (40℃)	—	25.96 (200℃)	25.54	23.03 (950℃)	10.7	13.1	14.6	13.2	—	—

（4）特性和用途（表 2-22）

表 2-22　合金结构钢的特性和用途

序号	牌　号	主 要 特 性	用 途 举 例
1	20Mn2	具有中等强度，较小截面尺寸的 20Mn2 和 20Cr 性能相似，低温冲击韧度、焊接性能较 20Cr 好；冷变形时塑性高，可加工性良好，淬透性比相应的碳钢要高；热处理时有过热、脱碳敏感性及回火脆性倾向	用于制造截面尺寸小于 50mm 的渗碳零件，如渗碳的小齿轮、小轴、力学性能要求不高的十字头销、活塞销、柴油机套筒、气门顶杆、变速齿轮操纵杆、钢套，热轧及正火状态下用于制造螺栓、螺钉、螺母及铆焊件等
2	30Mn2	通常经调质处理之后使用，强度高，韧性好，并具有优良的耐磨性能；当制造截面尺寸小的零件时，具有良好的静强度和疲劳强度；拉丝、冷镦、热处理工艺性都良好，可加工性中等；焊接性能尚可，一般不作为焊接件，需焊接时，应将工件预热到 200℃ 以上；具有较高的淬透性，淬火变形小，但有过热、脱碳敏感性及回火脆性	用于制造汽车、拖拉机中的车架、纵横梁、变速箱齿轮和轴、冷镦螺栓、较大截面的调质件，也可制造心部强度较高的渗碳件，如起重机的后车轴等
3	35Mn2	比 30Mn2 的碳含量高，因而具有更高的强度和更好的耐磨性，淬透性也提高，但塑性略有下降，冷变形时塑性中等，可加工性中等；焊接性低，且有白点敏感性、过热倾向及回火脆性倾向，水冷易产生裂纹。一般在调质或正火状态下使用	制造直径小于 20mm 的较小零件时，可代替 40Cr；用于制造直径小于 15mm 的各种冷镦螺栓，力学性能要求较高的小轴、轴套、小连杆、操纵杆、曲轴、风机配件，农机中的锄铲柄、锄铲等
4	40Mn2	中碳调质锰钢，其强度、塑性及耐磨性均优于 40 钢，并具有良好的热处理工艺性及可加工性；焊接性能差，当碳含量在下限时，需要预热到 100~425℃ 才能焊接；存在回火脆性，过热敏感性，水冷易产生裂纹。通常在调质状态下使用	用于制造重载工作的各种机械零件，如曲轴、车轴、轴、半轴、杠杆、连杆、操纵杆、蜗杆、活塞杆，承载的螺栓、螺钉、加固环、弹簧；当制造直径小于 40mm 的零件时，其静强度及疲劳性能与 40Cr 相近，因而可代替 40Cr 制作小直径的重要零件
5	45Mn2	中碳调质钢，具有较高的强度、耐磨性及淬透性，调质后能获得良好的综合力学性能，适宜于油冷再高温回火，常在调质状态下使用，需要时也可在正火状态下使用；可加工性尚可，但焊接性能差，冷变形时塑性低；热处理时有过热敏感性和回火脆性倾向，水冷易产生裂纹	用于制造承受高应力和耐磨损的零件，如果制作直径小于 60mm 的零件，可代替 40Cr 使用；在汽车、拖拉机及通用机械中，常用于制造轴、车轴、万向接头轴、蜗杆、齿轮轴、齿轮、连杆盖、摩擦盘、车厢轴、电车和蒸汽机车轴、重负载机架、冷拉状态中的螺栓和螺母等
6	50Mn2	中碳调质高强度锰钢，具有高强度、高弹性及优良的耐磨性，并且淬透性亦较高，可加工性尚好，冷变形塑性低，焊接性能差；具有过热敏感、白点敏感及回火脆性，水冷易产生裂纹，采用适当的调质处理，可获得良好的综合力学性能。一般在调质后使用，也可在正火及回火后使用	用于制造在高应力、高磨损状况下工作的大型零件，如通用机械中的齿轮轴、曲轴、各种轴、连杆、蜗杆、万向接头轴、齿轮等，汽车的传动轴、花键轴，承受强烈冲击负荷的芯轴，重型机械中的滚动轴承支撑的主轴、轴及大型齿轮以及用于制造手卷簧、板弹簧等；如果用于制作直径小于 80mm 的零件，可代替 45Cr 使用
7	20MnV	性能好，可以代替 20Cr，20CrNi 使用，其强度、韧性及塑性均优于 15Cr 和 20Mn2，淬透性亦好，可加工性尚可，焊接性良好；渗碳后，可以直接淬火，不需要二次淬火来改善心部组织，但热处理时，在 300~360℃ 时有回火脆性	用于制造高压容器、锅炉、大型高压管道等的焊接构件（工作温度不超过 475℃）；还用于制造冷轧、冷拉、冷冲压加工的零件，如齿轮、自行车链条、活塞销等；还广泛用于制造直径小于 20mm 的矿用链环
8	27SiMn	性能高于 30Mn2，具有较高的强度和耐磨性，淬透性较高，冷变形时塑性中等，可加工性良好，焊接性能尚可；热处理时，钢的韧性降低较少，水冷时仍能保持较高的韧性，但有过热敏感性、白点敏感性及回火脆性倾向。大多在调质后使用，也可在正火或热轧供货状态下使用	用于制造高韧性、高耐磨的热冲压件，不需热处理或正火状态下使用的零件，如拖拉机履带销

续表 2-22

序号	牌 号	主 要 特 性	用 途 举 例
9	35SiMn	合金调质钢,性能良好,可以代替 40Cr 使用,还可部分代替 40CrNi 使用,调质处理后具有高的静强度、疲劳强度和耐磨性以及良好的韧性;淬透性良好,冷变形时塑性中等,可加工性良好,但焊接性能差,焊前应预热;有过热敏感性、白点敏感性及回火脆性,并且容易脱碳	在调质状态下用于制造中速、中负载的零件,在淬火回火状态下用于制造高负载、小冲击振动的零件以及制作截面较大、表面淬火的零件,如汽轮机的主轴和轮毂(直径小于 250mm,工作温度小于 400℃)、叶轮(厚度小于 170mm)以及各种重要紧固件,通用机械中的传动轴、主轴、芯轴、连杆、齿轮、蜗杆、电车轴、发电机轴、曲轴、飞轮及各种锻件,农机中的锄铲柄、犁辕等耐磨件,另外还可制作薄壁无缝钢管
10	42SiMn	性能与 35SiMn 相近,其强度、耐磨性及淬透性均略高于 35SiMn。在一定条件下,此钢的强度、耐磨及热加工性能优于 40Cr,还可代替 40CrNi 使用	在高频淬火及中温回火状态下,用于制造中速、中载的齿轮传动件;在调质后高频淬火、低温回火状态下,用于制造较大截面的表面高硬度、较高耐磨性的零件,如齿轮、主轴、轴等;在淬火后低、中温回火状态下,用于制造中速、重载的零件,如主轴、齿轮、液压泵转子、滑块等
11	20SiMn2MoV	高强度、高韧性低碳淬火新型结构钢,有较高的淬透性,油冷变形及裂纹倾向小,脱碳倾向低,锻造工艺性能良好;焊接性能较好,复杂形状零件焊接前应预热至 300℃,焊后缓冷;但可加工性差。一般在淬火及低温回火状态下使用	在低温回火状态下可代替调质状态下使用的 35CrMo、35CrN3MoA、40CrNiMoA 等中碳合金结构钢使用。用于制造较高载荷、应力状态复杂或低温下长期工作的零件,如石油机械中的吊卡、吊环、射孔器以及其他较大截面的连接件
12	25SiMn2MoV	性能与 20SiMn2MoV 基本相同,但强度和淬硬性稍高于 20SiMn2MoV,而塑性及韧性又略有降低	用途和 20SiMn2MoV 基本相同,用该钢制成石油钻机吊环等零件,使用性能良好,较之 35CrNi3Mo、40CrMiMo 制作的同类零件更安全可靠,且质量轻,节省材料
13	37SiMn2MoV	高级调质钢,具有优良的综合力学性能,热处理工艺性良好,淬透性好,淬裂敏感性小,回火稳定性高,回火脆性倾向很小,高温强度较高,低温韧性亦好;调质处理后能得到高强度和高韧性。一般在调质状态下使用	调质处理后,用于制造重载、大截面的重要零件,如重型机器中的齿轮、轴、连杆、转子、高压无缝钢管等,石油化工用的高压容器及大螺栓,制作高温条件下的大螺栓紧固件(工作温度低于 450℃),淬火低温回火后可作为超高强度钢使用,可代替 35CrMo、40CrNiMo 使用
14	40B	硬度、韧性、淬透性都比 40 钢高,调质后的综合力学性能良好,可代替 40Cr。一般在调质状态下使用	用于制造比 40 钢截面大、性能要求高的零件,如轴、拉杆、齿轮、凸轮、拖拉机曲轴等,制作小截面尺寸零件,可代替 40Cr 使用
15	45B	强度、耐磨性、淬透性都比 45 钢好,多在调质状态下使用,可代替 40Cr 使用	用于制造截面较大、强度要求较高的零件,如拖拉机的连杆、曲轴及其他零件,制造小尺寸、且性能要求不高的零件,可代替 40Cr 使用
16	50B	调质后,比 50 钢的综合力学性能要高,淬透性好,正火时硬度偏低,可加工性尚可,一般在调质状态下使用。因抗回火性能较差,调质时应降低回火温度 50℃左右	用于代替 50 钢,50Mn,50Mn2 制造强度较高、淬透性较高、截面尺寸不大的各种零件,如凸轮、轴、齿轮、转向拉杆等
17	40MnB	具有高强度、高硬度、良好的塑性及韧性,高温回火后,低温冲击韧度良好,调质或淬火+低温回火后,承受动载荷能力有所提高。淬透性和 40Cr 相近,回火稳定性比 40Cr 低,有回火脆性倾向,冷热加工性良好,工作温范围为 -20～+425℃。一般在调质状态下使用	用于制造拖拉机、汽车及其他通用机器设备中的中、小重要调质零件,如汽车半轴、转向轴、花键轴、蜗杆和机床主轴、齿轮轴等;可代替 40Cr 制造较大截面的零件,如卷扬机中的轴;制造小尺寸零件时,可代替 40CrNi 使用

续表 2-22

序号	牌　　号	主 要 特 性	用 途 举 例
18	45MnB	强度、淬透性均高于 40Cr，塑性和韧性略低，热加工和可加工性良好，加热时晶粒长大、氧化脱碳、热处理变形都小。在调质状态下使用	用于代替 40Cr，45Cr 和 45Mn2，制造中、小截面的耐磨的调质件及高频淬火件，如钻床主轴、拖拉机拐轴、机床齿轮、凸轮、花键轴、曲轴、惰轮、左右分离叉、轴套等
19	20MnMoB	淬火及低温回火后有良好的综合力学性能，低温冲击韧度好，淬透性与 12CrNi2A 相近；渗碳前和渗碳后的疲劳强度和静弯曲强度都较高，正火后硬度为 170～217HBW，其可加工性与 20CrMnTi 相同；正火加高温回火后为 HBW170，可加工性比 20CrMnTi 稍好，切削后表面粗糙度值一般为 Ra1.6～3.2μm；渗碳速度中等，表面不易过高富集碳，渗碳后浓度变化平缓。焊接性能良好	可代替 20CrMnTi 和 12CrNi3 制造心部强度要求较高的中等载荷的汽车、拖拉机上使用的齿轮及载荷大的机床齿轮等，也常用于制造活塞销等零件
20	15MnVB	低碳马氏体淬火钢可完全代替 40Cr，经淬火低温回火后，具有较高的强度，良好的塑性及低温冲击韧度，较低的缺口敏感性，淬透性较好，焊接性能亦佳	采用淬火＋低温回火，用以制造高强度的重要螺栓零件，如汽车上的气缸盖螺栓、半轴螺栓、连杆螺栓，亦可用于制造中负载的渗碳零件
21	20MnVB	渗碳钢，其性能与 20CrMnTi 及 20CrNi 相近，具有高强度、高耐磨性及良好的淬透性；可加工性、渗碳及热处理工艺性能均较好，渗碳后可直接降温淬火，但淬火变形、脱碳较 20CrMnTi 稍大，可代替 20CrMnTi，20Cr，20CrNi 使用	常用于制造较大载荷的中小渗碳零件，如重型机床上的轴、大模数齿轮，汽车后桥的主、从动齿轮等
22	40MnVB	综合力学性能优于 40Cr，具有高强度、高韧性和塑性，淬透性良好，热处理的过热敏感性较小，冷拔、可加工性均良好。调质状态下使用	常用于代替 40Cr，45Cr 及 38CrSi，制造低温回火、中温回火及高温回火状态的零件；还可代替 42CrMo，40CnNi 制造重要调质件，如机床和汽车上的齿轮、轴等
23	20MnTiB	具有良好的力学性能和工艺性能，正火后可加工性良好，热处理后的疲劳强度较高	较多地用于制造汽车、拖拉机中尺寸较小、中载荷的各种齿轮及渗碳零件，可代替 20CrMnTi 使用
24	25MnTiBRE	综合力学性能比 20CrMnTi 好，且具有很好的工艺性能及较好的淬透性，冷热加工性良好，锻造温度范围大，正火后可加工性较好；RE 加入后，低温冲击韧度提高，缺口敏感性降低，热处理变形比铬钢稍大，但可以控制工艺条件予以调整	常用以代替 20CrMnTi，20CrMo 使用，用于制造中载的拖拉机齿轮（渗碳）、推土机和中、小汽车变速箱齿轮和轴等渗碳、碳氮共渗零件
25	15Cr	低碳合金渗碳钢，比 15 钢的强度和淬透性均高，冷变形塑性高，焊接性能良好，退火后可加工性较好，对性能要求不高且形状简单的零件，渗碳后可直接淬火，但热处理变形较大，有回火脆性。一般均作为渗碳使用	用于制造表面耐磨、心部强度和韧性较高，工作速度较高但断面尺寸在 30mm 以下的各种渗碳零件，如曲柄销、活塞销、活塞环、联轴器、小凸轮轴、小齿轮、滑阀、活塞、衬套、轴承圈、螺钉、铆钉等；还可以用作淬火钢，制造要求一定强度和韧性，但变形要求较宽的小型零件
26	15CrA	特性同 15Cr	用于制造工作速度较高、截面不大、强度高、耐磨损的渗碳零件，如套管、曲柄销、活塞销、联轴节和工作速度较高的齿轮、凸轮、轴和轴承圈等

续表 2-22

序号	牌 号	主 要 特 性	用 途 举 例
27	20Cr	比 15Cr 和 20 钢的强度和淬透性高，经淬火＋低温回火后，能得到良好的综合力学性能和低温冲击韧度；无回火脆性，渗碳时，钢的晶粒仍有长大的倾向，因而应进行二次淬火以提高心部韧性。不宜降温淬火；冷变形时塑性较高，可进行冷拉丝；高温正火或调质后，可加工性良好；焊接性能较好（焊前一般应预热至 100～150℃）。一般作为渗碳钢使用	用于制造小截面（小于 30mm），形状简单、较高转速、载荷较小、表面耐磨、心部强度较高的各种渗碳或碳氮共渗零件，如小齿轮、小轴、阀、活塞销、衬套棘轮、托盘、凸轮、蜗杆、牙形离合器等。对热处理变形小、耐磨性要求高的零件，渗碳后应进行一般淬火或高频淬火，如小模数（小于 3mm）齿轮、花键轴、轴等，也可做调质钢用于制造低速、中载（冲击）的零件
28	30Cr	强度和淬透性均高于 30 钢，冷弯塑性尚好，退火或高温回火后的可加工性良好，焊接性能中等。一般在调质后使用，也可在正火后使用	用于制造耐磨或受冲击的各种零件，如齿轮、滚子、轴、杠杆、摇杆、连杆、螺栓、螺母等，还可用作高频表面淬火用钢，制造耐磨、表面高硬度的零件
29	35Cr	中碳合金调质钢，强度和韧性较高，其强度比 35 钢高，淬透性比 30Cr 略高，性能基本上与 30Cr 相近	用于制造齿轮、轴、滚子、螺栓以及其他重要调质件，用途和 30Cr 基本相同
30	40Cr	经调质处理后，具有良好的综合力学性能、低温冲击韧度及低的缺口敏感性，淬透性良好；油冷时可得到较高的疲劳强度，水冷时复杂形状的零件易产生裂纹；冷弯塑性中等，正火或调质后可加工性好；但焊接性能不好，易产生裂纹，焊前应预热到 100～150℃。一般在调质状态下使用，还可以进行碳氮共渗和高频表面淬火处理	使用最广泛的钢种之一，调质处理后用于制造中速、中载的零件，如机床齿轮、轴、蜗杆、花键轴、顶尖套等，调质并高频表面淬火后用于制造表面高硬度、耐磨的零件，如齿轮、轴、主轴、曲轴、芯轴、套筒、销子、连杆、螺钉、螺母、进气阀等；经淬火及中温回火后用于制造重载、中速冲击的零件，如油泵转子、滑块、齿轮、主轴、套环等；经淬火及低温回火后用于制造重载、低冲击、耐磨的零件，如蜗杆、主轴、轴、套环等。碳氮共渗处理后制造尺寸较大、低温冲击韧度较高的传动零件，如轴、齿轮等。40Cr 的代用钢有 40MnB，45MnB，35SiMn，42SiMn，40MnVB，42MnV，40MnMoB，40MnWB 等
31	45Cr	强度、耐磨性及淬透性均优于 40Cr，但韧性稍低，性能与 40Cr 相近	与 40Cr 的用途相似，主要用于制造高频表面淬火的轴、齿轮、套筒、销子等
32	50Cr	淬透性好，在油冷淬火及回火后，具有高强度、高硬度，水冷易产生裂纹，可加工性良好；但冷变形时塑性低，且焊接性能不好，有裂纹倾向，焊前预热到 200℃，焊后热处理消除应力。一般在淬火及回火或调质状态下使用	用于制造重载、耐磨的零件，如 600mm 以下的热轧辊、传动轴、齿轮、止推环，支撑辊的芯轴、柴油机连杆、挺杆、拖拉机离合器、螺栓，重型矿山机械中耐磨、高强度的油膜轴承套、齿轮，也可用于制造高频表面淬火零件、中等弹性的弹簧等
33	38CrSi	具有高强度，耐磨性及韧性较高，淬透性好，低温冲击韧度较高，回火稳定性好，可加工性尚可，焊接性能差。一般在淬火＋回火后使用	一般用于制造直径 30～40mm，强度和耐磨性要求高的各种零件，如拖拉机、汽车等机器设备中的小模数齿轮、拨叉轴、履带轴、小轴、起重钩、螺栓、进气阀、铆钉机压头等
34	12CrMo	耐热钢，具有高的热强度，且无热脆性，冷变形塑性及可加工性良好，焊接性能尚可。一般在正火及高温回火后使用	正火回火后用于制造蒸汽温度 510℃的锅炉及汽轮机的主汽管，管壁温度不超过 540℃的各种导管、过热器管；淬火回火后还可制造各种高温弹性零件

续表 2-22

序号	牌　号	主 要 特 性	用 途 举 例
35	15CrMo	珠光体耐热钢,强度优于 12CrMo,韧性稍低。在 500～550℃温度以下,持久强度较高,可加工性及冷应变塑性良好,焊接性能尚可(焊前预热至 300℃,焊后热处理)。一般在正火及高温回火状态下使用	正火及高温回火后用于制造蒸汽温度至 510℃的锅炉过热器、中高压蒸汽导管及联箱,蒸汽温度至 510℃的主汽管;淬火+回火后,可用于制造常温工作的各种重要零件
36	20CrMo	热强性较高,在 500～520℃时,热强度仍高,淬透性较好,无回火脆性,冷应变塑性、可加工性及焊接性能均良好。一般在调质或渗碳淬火状态下使用	用于制造化工设备中非腐蚀介质及工作温度 250℃以下、氮氢介质的高压管和各种紧固件,汽轮机、锅炉中的叶片、隔板、锻件、轧制型材,一般机器中的齿轮、轴等重要渗碳零件;还可以替代 1Cr13 使用,制造中压、低压汽轮机处在过热蒸汽区压力级工作叶片
37	30CrMo	具有高强度、高韧性,在低于 500℃温度时,具有良好的高温强度;可加工性良好,冷弯塑性中等,淬透性较高,焊接性能良好。一般在调质状态下使用	用于制造工作温度 400℃以下的导管,锅炉、汽轮机中工作温度低于 450℃的紧固件,工作温度低于 500℃、高压用的螺母及法兰,通用机械中受载荷大的主轴、轴、齿轮、螺栓、螺柱、操纵轮,化工设备中低于 250℃、氮氢介质中工作的高压导管以及焊接件
38	30CrMnA	特性同 30CrMo	用于制造截面较大的轴和主轴,高负荷的操纵轮、螺栓、齿轮,化工用高压导管,锅炉的工作温度在 480℃以下时的紧固件和 500℃以下受高压的法兰和螺母等
39	35CrMo	高温下具有高的持久强度和蠕变强度,低温冲击韧度较好,工作温度高温可达 500℃,低温可至-110℃,并具有高的静强度、冲击韧度及较高的疲劳强度;淬透性良好,无过热倾向,淬火变形小,但有第一类回火脆性;冷变形时塑性尚可,可加工性中等;焊接性能不好,焊前需预热至 150～400℃,焊后热处理以消除应力。一般在调质处理后使用,也可在高中频表面淬火或淬火及低、中温回火后使用	用于制造承受冲击、弯扭、高载荷的各种机器中的重要零件,如轧钢机人字齿轮、曲轴、锤杆、连杆、紧固件,汽轮发动机主轴、车轴,发动机传动零件,大型电动机轴,石油机械中的穿孔器,工作温度低于 400℃的锅炉用螺栓、低于 510℃的螺母,化工机械中高压无缝厚壁的导管(温度 450～500℃,无腐蚀性介质)等;还可代替 40CrNi 用于制造高载荷传动轴、汽轮发电机转子、大截面齿轮、支承轴(直径小于 500mm)等
40	42CrMo	与 35CrMo 的性能相近,由于碳和铬含量增高,因而其强度和淬透性均优于 35CrMo,调质后有较高的疲劳强度和抗多次冲击能力,低温冲击韧度良好,且无明显的回火脆性。一般在调质后使用	一般用于制造比 35CrMo 强度要求更高、断面尺寸较大的重要零件,如轴、齿轮、连杆、变速箱齿轮、增压器齿轮、发动机气缸、弹簧、弹簧夹、1 200～2 000mm 石油钻杆接头、打捞工具以及代替镍较高的调质钢使用
41	12CrMoV	珠光体耐热钢,具有较高的高温力学性能,冷变形时塑性高,无回火脆性倾向,可加工性较好,焊接性能尚可(壁厚零件焊前应预热,焊后需热处理消除应力),使用温度范围较大,高温达 570℃,低温可至-40℃。一般在高温正火及高温回火状态下使用	用于制造汽轮机温度 540℃的主汽管道、转向导叶环、隔板以及温度小于或等于 570℃的各种过热器管、导管等
42	35CrMoV	强度较高,淬透性良好,焊接性能差,冷变形时塑性低。经调质后使用	用于制造高应力下的重要零件,如在 520℃以下工作的汽轮机叶轮、高级涡轮鼓风机和压缩机的转子、盖盘、轴盘、发电机轴、强力发动机的零件等

续表 2-22

序号	牌 号	主 要 特 性	用 途 举 例
43	12Cr1MoV	具有蠕变极限与持久强度数值相近的特点，在持久拉伸时，具有高的塑性，其抗氧化性及热强性均比 12CrMoV 更高，且工艺性与焊接性能良好（焊前应预热，焊后热处理消除应力）。一般在正火及高温回火后使用	用于制造工作温度不超过 585℃的高压设备中的过热钢管、导管、散热器管及有关的锻件
44	25Cr2MoVA	中碳耐热钢，强度和韧性均高，低于 500℃时，高温性能良好，无热脆倾向，淬透性较好，可加工性尚可，冷变形塑性中等，焊接性能差。一般在调质状态下使用，也可在正火及高温回火后使用	用于制造高温条件下的螺母（小于或等于550℃）、螺栓、螺柱（小于 530℃），长期工作温度至 510℃左右的紧固件，汽轮机整体转子、套筒、主汽阀、调节阀，还可作为渗氮钢，用以制作阀杆、齿轮等
45	25Cr2Mo1VA	与 25Cr2MoVA 相比，具有更高的高温强度和耐热性能，淬透性较好；钢的冷热加工性能良好，但有回火脆性倾向，经长期运行后容易脆化，缺口敏感性也较大，应慎重考虑热处理工艺；在蒸汽介质中耐蚀性较差，表面必须加以保护。一般在调质或正火及高温回火后使用	用于制造汽轮机中蒸汽参数达 560℃的前汽缸、发电机转子、阀杆、螺栓以及其他紧固件
46	38CrMoAl	高级渗氮钢，具有很高的渗氮性能和力学性能，良好的耐热性和耐蚀性；经渗氮处理后，能得到高的表面硬度、高的疲劳强度及良好的抗过热性，无回火脆性；可加工性尚可，高温工作温度可达 500℃，但冷变形时塑性低，焊接性能差，淬透性低。一般在调质及渗氮后使用	用于制造高疲劳强度、高耐磨性、热处理尺寸精确、强度较高的各种尺寸不大的渗氮零件，如气缸套、座套、底盖、活塞螺栓、检验规、精密磨床主轴、车床主轴、镗杆、精密丝杠和齿轮、蜗杆、高压阀门、阀杆、仿模、滚子、样板、汽轮机的调速器、转动套、固定套、塑料挤压机上的一些耐磨零件
47	40CrV	调质钢，具有高强度和高屈服点，综合力学性能比 40Cr 要好，冷变形塑性和可加工性均属中等，过热敏感性小，但有回火脆性倾向及白点敏感性。一般在调质状态下使用	用于制造变载、高负荷的各种重要零件，如机车连杆、曲轴、推杆、螺旋桨、横梁、轴套支架、双头螺柱、螺钉、不渗碳齿轮、经渗碳处理的各种齿轮和销子、高压锅炉水泵轴（直径小于 30mm）、高压气缸、钢管以及螺栓（工作温度小于 420℃，30MPa）等
48	50CrV	合金弹簧钢，具有良好的综合力学性能和工艺性，淬透性较好，回火稳定性良好，疲劳强度高，工作温度最高可达 500℃，低温冲击韧度良好，焊接性能差。通常在淬火并中温回火后使用	用于制造工作温度低于 210℃的各种弹簧以及其他机械零件，如内燃机气门弹簧、喷油嘴弹簧、锅炉安全阀弹簧、轿车缓冲弹簧
49	15CrMn	属淬透性好的渗碳钢，表面硬度高，耐磨性好，可用于代替 15CrMo	制造齿轮、蜗轮、塑料模具、汽轮机油封和汽轴套等
50	20CrMn	渗碳钢，强度、韧性均高，淬透性良好，热处理后所得到的性能优于 20Cr，淬火变形小，低温韧性良好，可加工性较好，但焊接性能低。一般在渗碳淬火或调质后使用	用于制造重载大截面的调质零件及小截面的渗碳零件，还可用于制造中等负载、冲击较小的中小零件，可代替 20CrNi 使用，如齿轮、轴、摩擦轮、蜗杆调速器的套筒等
51	40CrMn	淬透性好，强度高，可代替 42CrMo 和 40CrNi	制造在高速和高弯曲负荷工作条件下泵的轴和连杆、无强力冲击负荷的齿轮轴、水泵转子、离合器、高压容器盖板的螺栓等
52	20CrMnSi	具有较高的强度和韧性，冷变形加工塑性高，冲击性能较好，适于冷拔、冷扎等冷作工艺，焊接性能较好，淬透性较低；回火脆性较大，一般不用于渗碳或其他热处理，需要时，也可在淬火＋回火后使用	用于制造强度较高的焊接件、韧性较好的受拉力的零件以及厚度小于 16mm 的薄板冲压件、冷拉零件、冷冲零件，如矿山设备中的较大截面的链条、链环、螺栓等

续表 2-22

序号	牌　　号	主 要 特 性	用 途 举 例
53	25CrMnSi	强度较 20CrMnSi 高，韧性较差，经热处理后，强度、塑性、韧性都好	制造拉杆、重要的焊接和冲压零件、高强度的焊接构件
54	30CrMnSi	高强度调质结构钢，具有很高的强度和韧性，淬透性较高，冷变形塑性中等，可加工性良好，有回火脆性倾向，横向的冲击韧性差；焊接性能较好，但厚度大于 3mm 时，应先预热到 150℃，焊接需热处理。一般调质后使用	多用于制造高负载、高速的各种重要零件，如齿轮、轴、离合器、链轮、砂轮轴、轴套、螺栓、螺母等，也用于制造耐磨、工作温度不高的零件、变载荷的焊接构件，如高压鼓风机的叶片、阀板以及非腐蚀性管道管子
55	30CrMnSiA	特性同 30CrMnSi	用于制造高压、高速零部件，如高压鼓风机的叶片、压汽机盘、阀板、高速轴；还可制作焊接结构件和铆接结构件等
56	35CrMnSi	低合金超高强度钢，热处理后具有良好的综合力学性能，高强度，足够的韧性，淬透性、焊接性（焊前预热）、加工成形性均较好，但耐蚀性和抗氧化性能低，使用温度通常不高于 200℃。一般低温回火或等温淬火后使用	用于制造中速、重载、高强度的零件及高强度构件，如飞机起落架、高压鼓风机叶片；在制造中小截面零件时，可以部分替代相应的铬镍合金钢使用
57	20CrMnMo	高强度的高级渗碳钢，强度高于 15CrMnMo，塑性及韧性稍低，淬透性及力学性能比 20CrMnTi 高，淬火低温回火后具有良好的综合力学性能和低温冲击韧度，渗碳淬火后具有较高的抗弯强度和耐磨性能，但磨削时易产生裂纹，可加工性和热加工性良好；焊接性能不好，适于电阻焊接，焊前需预热，焊后需回火处理	常用于制造高硬度、高强度、高韧性的较大的重要渗碳件（其要求均高于 15CrMnMo），如曲轴、凸轮轴、连杆、齿轮轴、齿轮、销轴，还可代替 12Cr2Ni4 使用
58	40CrMnMo	调质处理后具有良好的综合力学性能，淬透性较好，回火稳定性较高。大多在调质状态下使用	用于制造重载、截面较大的齿轮轴、齿轮、载货汽车的后桥半轴、轴、偏心轴、连杆、汽轮机的类似零件，还可代替 40CrNiMo 使用
59	20CrMnTi	渗碳钢，也可作为调质钢使用，淬火＋低温回火后，综合力学性能和低温冲击韧度良好，渗碳后具有良好的耐磨性和抗弯强度，热处理工艺简单，热加工和冷加工性好，但高温回火时有回火脆性倾向	是应用广泛、用量很大的一种合金结构钢，用于制造汽车拖拉机中的截面尺寸小于 30mm 的中载和重载、冲击耐磨且高速的各种重要零件，如齿轮轴、齿圈、齿轮、十字轴、滑动轴承支撑的主轴、蜗杆、牙形离合器，有时还可以代替 20SiMoVB，20MnTiB 使用
60	30CrMnTi	主要用作钛渗碳钢，有时也可作为调质钢使用，渗碳及淬火后具有耐磨性好、静强度高的特点，热处理工艺性好，渗碳后可直接降温淬火，且淬火变形很小，高温回火时有回火脆性	用于制造心部强度特高的渗碳零件，如齿轮轴、齿轮、蜗杆等，也可制造调质零件，如汽车、拖拉机上较大截面的主动齿轮等
61	20CrNi	具有高强度、高韧性、良好的淬透性，经渗碳及淬火后，心部具有韧性好，表面硬度高，可加工性尚好，冷变形时塑性中等；焊接性能差，焊前应预热到 100～150℃。一般经渗碳及淬火回火后使用	用于制造重载大型重要的渗碳零件，如花键轴、轴、键、齿轮、活塞销，也可用于制造高冲击韧度的调质零件
62	40CrNi	中碳合金调质钢，具有高强度，高韧性以及高的淬透性，调质状态下，综合力学性能良好，低温冲击韧度有回火脆性倾向，水冷易产生裂纹，可加工性良好，但焊接性能差。在调质状态下使用	用于制造锻造和冷冲压且截面尺寸较大的重要调质件，如连接、圆盘、曲轴、齿轮、轴、螺钉等

续表 2-22

序号	牌 号	主 要 特 性	用 途 举 例
63	45CrNi	性能和 40CrNi 相近，由于碳含量高，因而其强度和淬透性均稍有提高	用于制造各种重要的调质件，与 40CrNi 用途相近，如制造内燃机曲轴，汽车、拖拉机主轴、连杆、气门及螺栓等
64	50CrNi	属高级合金调质结构钢，具有较高的淬透性，临界淬透直径：油中约为 110mm，水中约为 93mm；具有高的强度时，又有高的塑性和韧性，热处理后可得到均匀一致的力学性能	适用于制造截面尺寸较大的和重要的调质件，如内燃机曲轴、拖拉机、汽车和重型机床中的主轴、齿轮、螺杆等，此钢对回火脆性很敏感，锻件易产生白点，应在工艺中予以注意防止
65	12CrNi2	低碳合金渗碳结构钢，具有高强度、高韧性及高淬透性，冷变形时塑性中等，低温韧性较好，可加工性和焊接性能较好，大型锻件时有形成白点的倾向，回火脆性倾向小	适于制造心部韧性较高、强度要求不太高的受力复杂的中、小渗碳或碳氮共渗零件，如活塞销、轴套、推杆、小轴、小齿轮、齿套等
66	12CrNi3	高级渗碳钢，淬火加低温回火或高温回火后，均具有良好的综合力学性能，低温冲击韧度好，缺口敏感性小，可加工性及焊接性能尚好，但有回火脆性，白点敏感性较大，渗碳后均需进行二次淬火，特殊情况还需要冷处理	用于制造表面硬度高、心部力学性能良好、重负荷、冲击、磨损等要求的各种渗碳或碳氮共渗零件，如传动轴、主轴、凸轮轴、芯轴、连杆、齿轮、轴套、滑轮、气阀托盘、油泵转子、活塞涨圈、活塞销、万向联轴器十字头、重要螺杆、调节螺钉等
67	20CrNi3	钢调质或淬火低温回火后都有良好的综合力学性能，低温冲击韧度也较好，此钢有白点敏感倾向，高温回火有回火脆性倾向。淬火到半马氏体硬度，油淬时可淬透 ϕ50～ϕ70mm，可加工性良好，焊接性能中等	多用于制造高载荷条件下工作的齿轮、轴、蜗杆及螺钉、双头螺栓、销钉等
68	30CrNi3	具有极佳的淬透性，强度和韧性较高，经淬火加低温回火或高温回火后均具有良好综合力学性能，可加工性良好，但冷变形时塑性低，焊接性能差，有白点敏感性及回火脆性倾向。一般均在调质状态下使用	用于制造大型、承受重载荷的重要零件或热锻、热冲压负荷高的零件，如轴、蜗杆、连杆、曲轴、传动轴、方向轴、前轴、齿轮、键、螺栓、螺母等
69	37CrNi3	具有高韧性，淬透性很高，油冷可把 ϕ150mm 的零件完全淬透；在 450℃时抗蠕变性稳定，低温冲击韧度良好，在 450～550℃回火时有第二类回火脆性，形成白点倾向较大；由于淬透性很好，必须采用正火及高温回火来降低硬度，改善可加工性。一般在调质状态下使用	用于制造重载、冲击、截面较大的零件或低温、受冲击的零件或热锻、热冲压的零件，如转子轴、叶轮、重要的紧固件等
70	12Cr2Ni4	合金渗碳钢，具有高强度、高韧性、淬透性良好，渗碳淬火后表面硬度和耐磨性很高，可加工性尚好，冷变形时塑性中等，但有白点敏感性及回火脆性；焊接性能差，焊前需预热。一般在渗碳及二次淬火、低温回火后使用	采用渗碳及二次淬火、低温回火后，用于制造高载荷的大型渗碳件，如各种齿轮、蜗轮、蜗杆、轴等，也可经淬火及低温回火后使用，制造高强度、高韧性的机械零件
71	20Cr2Ni4	强度、韧性及淬透性均高于 12Cr2Ni4，渗碳后不能直接淬火，而在淬火前需进行一次高温回火，以减少表层大量残留奥氏体，白点敏感性大，有回火脆性倾向；冷变形塑性中等，可加工性尚可；焊接性能差，焊前应预热到 150℃	用于制造要求高于 12Cr2Ni4 性能的大型渗碳件，如大型齿轮、轴等，也可用于制造强度、韧性均高的调质件
72	20CrNiMo	此钢原系美国 AISI，SAE 标准中的钢号 8720。淬透性与 20CrNi 相近，虽然钢中 Ni 含量为 20CrNi 的一半，但由于加入少量 Mo 元素，使奥氏体等温转变图的上部往右移；又因适当提高 Mn 含量，致使此钢的淬透性仍然很好，强度也比 20CrNi 高	常用于制造中小型汽车、拖拉机的发动机和传动系统中的齿轮；亦可代替 12CrNi3 制造要求心部性能较高的渗碳件、碳氮共渗件，如石油钻探和冶金露天矿用的牙轮钻头的牙爪和牙轮体

续表 2-22

序号	牌号	主要特性	用途举例
73	40CrNiMoA	具有高的强度、高的韧性和良好的淬透性,当淬硬到半马氏体硬度(45HRC)时,水淬临界淬透直径$\phi \geqslant 100mm$,油淬临界淬透直径$\phi \geqslant 75mm$;当淬硬到90%马氏体时,水淬临界直径为$\phi 80 \sim 90mm$,油淬临界直径为$\phi 55 \sim \phi 66mm$。具有抗过热的稳定性,但白点敏感性高,有回火脆性;焊接性能较差,焊前需经高温预热,焊后要进行消除应力处理	经调质后使用,用于制作要求塑性好,强度高及大尺寸的重要零件,如重型机械中高载荷的轴类、直径大于250mm的汽轮机轴、叶片、高载荷的传动件、紧固件、曲轴、齿轮等;也可用于操作温度超过400℃的转子轴和叶片等;此外,还可以进行渗氮处理后用来制作特殊性能要求的重要零件
74	18CrNiMnMoA	经表面硬化处理后具有高的耐磨性,高疲劳强度,力学性能优良	用于制造要求耐磨、承受冲击负荷的零件
75	45CrNiMoVA	这是一种低合金超高强度钢,钢的淬透性高,油中临界淬透性直径为60mm(96%马氏体),钢在淬火+回火后可获得很高的强度,并具有一定的韧性,且可加工成形,但冷变形塑性与焊接性能较低。抗腐蚀性能较差,受回火温度的影响,使用温度不宜过高,通常均在淬火、低温(或中温)回火后使用	主要用于制作飞机发动机曲轴、大梁、起落架、压力容器和中小型火箭壳体等高强度结构零部件;在重型机器制造中,用于制作重载荷的扭力轴、变速箱轴、摩擦离合器轴等
76	18Cr2Ni4WA	属高强度、高韧性、高淬透性的高级中合金渗碳结构钢,在油淬时,截面尺寸<200mm可完全淬透,空冷淬火时全部淬透直径为110～130mm;钢经渗碳、淬火及低温回火后表面硬度及耐磨性均高,心部强度和韧性也都很高,是渗碳钢中力学性能最好的钢种;但渗碳后需进行二次淬火,且淬前需进行一次高温回火或冷处理,以减少残留奥氏体量;钢的工艺性能差,热加工易产生白点,锻造时变形阻力较大,氧化皮不易清理;可加工性也差,不能用一般退火来降低硬度,应采用正火及长时间回火,钢在冷变形时塑性和焊接性能也较差。主要用作渗碳钢使用	适用于制造截面尺寸较大、载荷较重、又要求良好韧性和低缺口敏感性的重要零件,如大截面齿轮、传动轴、曲轴、花键轴、活塞销及精密机床上控制刀的蜗轮等;进行调质处理后,可用于制造承受重载荷和振动下工作的零件,如重型和中型机械制造业中的连杆、齿轮、曲轴、减速器轴及内燃机车、柴油机上受重载荷的螺栓等;调质后再经渗氮处理,还可制作高速大功率发动机曲轴等
77	25Cr2Ni4WA	属合金调质结构钢,与其他同类钢相比,有优良的低温冲击韧度和淬透性,在油淬时,对截面尺寸<200mm的零件可完全淬透;在油中或空气中淬火,再经高温回火后能获得很好的强度和韧性,良好的力学性能;此钢的其他工艺性能与18Cr2Ni4W相似	适用于制造大截面尺寸、高载荷的重要调质件,如汽轮机主轴、叶轮等

2.1.5　保证淬透性结构钢(GB/T 5216—2004)

　　保证淬透性结构钢是从优质碳素结构钢和合金结构钢中精选出部分牌号,根据用户的不同需求,仅对其淬透性予以相应保证的钢种。保证淬透性结构钢用末端淬火的方法测定钢的淬透性,为用户提供不同钢种的淬透性及有关数据,以供用户进行选用和代用。

　　(1)牌号和化学成分(表2-23、表2-24)

表 2-23　保证淬透性结构钢的牌号和化学成分　　　　　　　　(%)

序号	统一数字代号	牌号	化学成分(质量分数)							
			C	Si	Mn	Cr	Ni	Mo	B	Ti	V
1	U59455	45H	0.42～0.50	0.17～0.37	0.50～0.85	—	—	—	—	—	—

续表 2-23

序号	统一数字代号	牌　号	化学成分（质量分数）								
			C	Si	Mn	Cr	Ni	Mo	B	Ti	V
2	A20155	15CrH	0.12~0.18	0.17~0.37	0.55~0.90	0.85~1.25	—	—	—	—	—
3	A20205	20CrH	0.17~0.23	0.17~0.37	0.50~0.85	0.70~1.10	—	—	—	—	—
4	A20215	20Cr1H	0.17~0.23	0.17~0.37	0.55~0.90	0.85~1.25	—	—	—	—	—
5	A20405	40CrH	0.37~0.44	0.17~0.37	0.50~0.85	0.70~1.10	—	—	—	—	—
6	A20455	45CrH	0.42~0.49	0.17~0.37	0.50~0.85	0.70~1.10	—	—	—	—	—
7	A22165	16CrMnH	0.14~0.19	≤0.37	1.00~1.30	0.80~1.10	—	—	—	—	—
8	A22205	20CrMnH	0.17~0.22	≤0.37	1.10~1.40	1.00~1.30	—	—	—	—	—
9	A25155	15CrMnBH	0.13~0.18	0.17~0.37	1.00~1.30	0.80~1.00	—	—	0.000 5~0.003 0	—	—
10	A25175	17CrMnBH	0.15~0.20	0.17~0.37	1.00~1.30	1.00~1.30	—	—	0.000 5~0.003 0	—	—
11	A71405	40MnBH	0.37~0.44	0.17~0.37	1.00~1.40	—	—	—	0.000 5~0.003 5	—	—
12	A71455	45MnBH	0.42~0.49	0.17~0.37	1.00~1.40	—	—	—	0.000 5~0.003 5	—	—
13	A73205	20MnVBH	0.17~0.23	0.17~0.37	1.05~1.45	—	—	—	0.000 5~0.003 5	—	0.07~0.12
14	A74205	20MnTiBH	0.17~0.23	0.17~0.37	1.20~1.55	—	—	—	0.000 5~0.003 5	0.04~0.10	—
15	A30155	15CrMoH	0.17~0.23	0.17~0.37	0.55~0.90	0.85~1.25	—	0.15~0.25	—	—	—
16	A30205	20CrMoH	0.17~0.23	0.17~0.37	0.55~0.90	0.85~1.25	—	0.15~0.25	—	—	—
17	A30225	22CrMoH	0.19~0.25	0.17~0.37	0.55~0.90	0.85~1.25	—	0.35~0.45	—	—	—
18	A30425	42CrMoH	0.37~0.44	0.17~0.37	0.55~0.90	0.85~1.25	—	0.15~0.25	—	—	—
19	A34205	20CrMnMoH	0.17~0.23	0.17~0.37	0.85~1.20	1.05~1.40	—	0.20~0.30	—	—	—
20	A26205	20CrMnTiH	0.17~0.23	0.17~0.37	0.80~1.15	1.00~1.35	—	—	—	0.04~0.10	—
21	A42205	20CrNi3H	0.17~0.23	0.17~0.37	0.30~0.65	0.60~0.95	2.70~3.25	—	—	—	—
22	A43125	12Cr2Ni4H	0.10~0.17	0.17~0.37	0.30~0.65	1.20~1.75	3.20~3.75	—	—	—	—
23	A50205	20CrNiMoH	0.17~0.23	0.17~0.37	0.60~0.95	0.35~0.65	0.35~0.75	0.15~0.25	—	—	—
24	A50215	20CrNi2MoH	0.17~0.23	0.17~0.37	0.40~0.70	0.35~0.65	1.55~5.00	0.20~0.30	—	—	—

表2-24　残余元素含量　　　　　　　　　　　　　　　　　　　　（%）

钢　类	残余元素的含量（质量分数）≤				
	P	S	Cu	Cr	Ni
优质碳素结构钢	0.035	0.035	0.25	0.25	0.30
高级优质碳素结构钢	0.030	0.030	0.25	0.25	0.30
优质合金结构钢	0.035	0.035	0.30	0.30	0.30
高级优质合金结构钢	0.025	0.025	0.25	0.30	0.30

（2）硬度（表2-25）

表2-25　退火或高温回火状态钢材的硬度

牌　号	退火或高温回火后的硬度 HBW≤	牌　号	退火或高温回火后的硬度 HBW≤
45H	197	20MnTiBH	187
20CrH	179	20CrMnMoH	217
40CrH	207	20CrMnTiH	217
45CrH	217	20CrNi3H	241
40MnBH	207	12Cr2Ni4H	269
45MnBH	217	20CrNiMoH	197
20MnVBH	207	其他牌号	供需双方协商确定

（3）淬透性指标（表2-26）

表2-26　保证淬透性结构钢的淬透性指标

序号	牌　号	正火温度/℃	端淬温度/℃	淬透性带	离开淬火端下列距离（mm）处的 HRC 值										
					1.5	3	5	7	9	11	13	15	20	25	30
1	45H	850～870	840±5	H	61～54	60～37	50～27	36～24	33～22	31～21	30～20	29	27	26	24
				HH	61～54	60～44	50～33	36～28	33～25	31～23	30～22	29～21	27	26	24
				HL	59～54	56～37	42～27	32～24	30～22	29～21	28～20	25	23	21	—
2	15CrH	915～935	925±5	H	46～39	45～34	41～26	35～22	31～20	29	27	26	23	20	
				HH	46～41	45～38	41～31	35～26	31～23	29～21	27	26	23	20	
				HL	44～39	41～34	36～26	31～22	28～20	26	24	22	—	—	
3	20CrH	880～900	870±5	H	48～40	47～36	44～26	37～21	32	29	26	25	22	—	
				HH	48～43	47～40	44～32	37～26	32～23	29～21	26	25	22	—	
				HL	46～40	44～36	38～26	32～21	28	25	22	21	—	—	
4	20Cr1H	915～935	925±5	H	48～40	48～37	46～32	40～28	36～25	34～22	32～20	31	29	27	26
				HH	48～43	48～41	46～37	40～32	36～28	34～26	32～24	31～22	29	27	26
				HL	46～40	45～37	40～32	36～28	33～25	30～22	28～20	26	23	20	—
5	40CrH	860～880	880±5	H	59～51	59～51	58～49	56～47	54～42	50～36	46～32	43～30	40～26	38～25	37～23
				HH	59～54	59～54	58～51	56～49	54～46	50～41	46～37	43～34	40～31	38～29	37～28
				HL	56～51	56～51	56～49	54～47	50～42	45～36	41～32	39～30	35～26	34～25	32～23
6	45CrH	860～880	850±5	H	62～54	62～54	61～52	59～49	56～44	52～38	48～33	45～31	41～28	40～27	38～25
				HH	62～57	62～57	61～54	59～51	56～48	52～43	48～38	45～36	41～32	40～31	38～29
				HL	59～54	59～54	59～52	57～49	52～44	47～38	43～33	40～31	37～28	36～27	34～25

续表 2-26

序号	牌号	正火温度/℃	端淬温度/℃	淬透性带	离开淬火端下列距离（mm）处的 HRC 值										
					1.5	3	5	7	9	11	13	15	20	25	30
7	16CrMnH	910~930	920±5	H	47~39	46~36	44~31	41~28	39~24	37~21	35	33	31	30	29
				HH	47~42	46~39	44~35	41~32	39~29	37~26	35~24	33~22	31~20	30	29
				HL	44~39	43~36	40~31	37~28	34~24	32~21	30	28	26	25	24
8	20CrMnH	910~930	920±5	H	49~41	49~39	48~36	46~33	43~30	42~28	41~26	39~25	37~23	35~21	34
				HH	49~44	49~42	48~40	46~37	43~34	42~33	41~31	39~30	37~28	35~26	34~25
				HL	46~41	46~39	44~36	42~33	39~30	37~28	36~26	34~25	32~23	30~21	29
9	15CrMnBH	920~940	870±5	H	42~35	42~35	41~34	39~32	36~29	34~27	32~25	31~24	28~21	25	24
				HH	42~37	42~37	41~36	39~34	36~31	34~29	32~27	31~26	28~23	25~20	24
				HL	40~35	40~35	39~34	37~32	34~29	32~27	30~25	29~24	26~21	23	21
10	17CrMnBH	920~940	870±5	H	44~37	44~37	43~36	42~34	40~33	38~31	36~29	34~27	31~24	30~23	29~22
				HH	44~39	44~39	43~38	42~36	40~35	38~33	36~31	34~29	31~26	30~25	29~24
				HL	42~37	42~37	41~36	40~34	38~33	36~31	34~29	32~27	29~24	28~23	27~22
11	40MnBH	880~900	850±5	H	60~51	60~50	59~49	57~47	55~42	52~33	49~27	45~24	37~20	33	31
				HH	60~53	60~53	59~51	57~49	55~47	52~40	49~36	45~31	37~25	33~22	31
				HL	58~51	58~50	57~49	55~47	51~42	46~33	44~27	39~24	31~20	27	26
12	45MnBH	880~900	850±5	H	62~53	62~53	62~52	60~49	58~45	55~35	51~28	47~26	40~23	36~22	34~21
				HH	62~56	62~56	62~54	60~52	84~48	55~43	51~38	47~33	40~29	36~27	34~26
				HL	60~53	60~53	60~52	57~49	54~45	51~35	46~28	41~26	34~23	31~22	30~21
13	20MnVBH	930~950	860±5	H	48~40	48~40	47~38	46~36	44~32	42~28	40~25	38~23	33~20	30	28
				HH	48~43	48~43	47~40	46~38	44~36	42~33	40~30	38~28	33~25	30~22	28~20
				HL	45~40	45~40	45~38	44~36	40~32	37~28	35~25	33~23	29~20	26	24
14	20MnTiBH	930~950	880±5	H	48~40	48~40	48~39	46~36	44~32	42~27	40~23	37~20	31	26	24
				HH	48~43	48~43	48~41	46~38	44~36	42~32	40~29	37~26	31~20	26	24
				HL	46~40	46~40	46~39	44~36	40~32	37~27	34~23	31~20	25	20	—
15	15CrMoH	915~935	925±5	H	46~39	45~36	42~29	38~24	34~21	31~20	29	28	26	25	24
				HH	46~41	45~39	42~34	38~29	34~26	31~23	29~21	28~20	24		
				HL	44~39	42~36	38~29	34~24	30~21	28~20	25	23	21	20	—
16	20CrMoH	915~935	925±5	H	48~40	48~39	47~35	44~31	42~28	39~25	37~24	35~23	33~20	31	30
				HH	48~43	48~42	47~39	44~36	42~33	39~30	37~28	35~27	33~25	31~22	30
				HL	46~40	49~39	43~35	40~31	37~28	35~25	33~24	34~23	29~20	26	24
17	22CrMoH	915~935	925±5	H	50~43	50~42	50~41	49~39	48~36	46~32	43~29	41~27	39~24	38~24	37~23
				HH	50~45	50~45	50~43	49~41	48~40	46~37	43~34	41~32	39~29	38~29	37~28
				HL	48~43	48~42	48~41	47~39	44~36	42~32	39~29	37~27	34~24	34~24	33~23
18	42CrMoH	860~880	860±5	H	60~53	60~53	60~52	59~51	58~50	57~48	57~46	56~43	55~38	53~35	51~33
				HH	60~55	60~55	60~54	59~53	58~52	57~50	57~49	56~48	55~44	53~41	51~39
				HL	58~53	58~53	58~53	57~51	56~50	55~48	54~46	52~43	50~38	47~35	45~33
19	20CrMnMoH	860~880	860±5	H	50~42	50~42	50~41	49~39	48~37	47~35	45~33	43~31	40~28	38~27	38~26
				HH	50~44	50~44	50~43	49~41	48~40	47~39	45~37	43~35	40~32	39~31	38~30
				HL	48~42	48~39	48~41	47~39	45~37	43~35	41~33	39~31	36~28	35~27	34~26

续表 2-26

序号	牌　号	正火温度/℃	端淬温度/℃	淬透性带	离开淬火端下列距离（mm）处的 HRC 值										
					1.5	3	5	7	9	11	13	15	20	25	30
20	20CrMnTiH	900~920	880±5	H	48~40	48~39	47~36	45~33	42~30	39~27	37~24	35~22	30~20	29	28
				HH	48~43	48~42	47~39	45~37	42~34	39~31	37~29	35~27	32~24	29~21	28
				HL	45~40	45~39	44~36	41~33	38~30	35~27	33~24	31~22	28~20	26	24
21	20CrNi3H	850~870	830±5	H	49~41	49~40	48~38	47~36	45~34	43~32	41~30	39~28	36~24	34~22	32~21
				HH	49~44	49~43	48~41	47~37	45~37	43~35	41~33	39~31	36~28	34~26	32~24
				HL	46~41	46~40	45~38	44~36	42~35	40~33	38~30	36~26	32~24	30~24	29~21
22	12Cr2Ni4H	880~900	860±5	H	46~37	46~37	46~37	45~36	44~35	43~34	42~33	41~32	39~29	38~28	37~27
				HH	46~39	49~39	46~39	46~37	45~37	43~36	42~35	41~34	39~31	38~30	37~29
				HL	44~37	44~37	44~37	43~36	42~35	41~34	40~33	39~31	37~29	36~28	35~27
23	20CrNiMoH	920~940	925±5	H	48~41	47~37	44~30	40~25	35~22	32~20	30	28	25	24	23
				HH	48~43	47~40	44~34	40~26	35~26	32~24	30~22	28~20	24	23	
				HL	46~41	44~37	39~29	35~25	31~22	28~20	26	25	22	20	—
24	20CrNi2MoH	930~950	925±5	H	48~41	47~39	46~35	42~30	39~27	36~25	34~23	32~22	28	26	25
				HH	48~43	47~40	45~38	42~34	39~31	36~28	34~26	32~24	28~21	26	25
				HL	46~41	45~39	42~35	38~30	35~27	33~25	31~23	29~22	23	22	

（4）特性和用途（表 2-27）

表 2-27　保证淬透性结构钢的特性和用途

序号	牌　号	主　要　特　性	用　途　举　例
1	45H	—	—
2	15CrH	特性与 15Cr 相同，但具有符合标准规定的淬透性，可以使机器零件通过热处理获得稳定尺寸	主要用于制造汽车、拖拉机等用的齿轮、轴类等零件
3	20CrH	特性与 20Cr 相同，但具有符合标准规定的稳定的淬透性，可以使机器零件在热处理后具有稳定的尺寸	主要用于制造汽车、拖拉机等用的齿轮和轴类，由于尺寸稳定、精度高、零部件啮合性好、噪声小、耐磨性强、延长了使用寿命
4	20Cr1H	特性基本与 20CrH 相同，但由于 Cr 含量稍高，所以其淬透性比 20CrH 要高	用途与 20CrH 相当
5	40CrH	特性与 40Cr 相同，但具有符合标准规定的稳定的淬透性，可以使机器零件在热处理后具有稳定的尺寸	主要用于制造汽车、拖拉机等用的齿轮和轴类，由于尺寸稳定、精度高、零部件啮合性好、噪声小、耐磨性强、延长了使用寿命
6	45CrH	特性与 45Cr 相同，但具有符合标准规定的稳定的淬透性，可以使机器零件在热处理后具有稳定的尺寸	主要用于制造汽车、拖拉机等用的齿轮和轴类，由于尺寸稳定、精度高、零部件啮合性好、噪声小、耐磨性强、延长了使用寿命
7	16CrMnH	淬透性好的渗碳钢，渗碳后经淬火处理，可得到高的表面硬度，耐磨性好	用于制造汽车、拖拉机等机械用的齿轮、蜗轮、轴套等
8	20CrMnH	淬透性好的渗碳钢，渗碳后经淬火处理，变形小，强度和韧性高，切削加工性较好。一般在渗碳淬火或调质后使用	用于制造汽车、拖拉机等机械用的齿轮、轴、摩擦轮等
9	15CrMnBH	特性与 15CrMn 相近，由于含有硼，淬透性更好	用途与 15CrMn 相当

续表 2-27

序号	牌　号	主 要 特 性	用 途 举 例
10	17CrMnBH	特性与 15CrMn 相近,但碳含量稍高,且含有硼,淬透性、耐磨性更好,强度更高。一般在渗碳淬火后使用	用途与 15CrMn 相当
11	40MnBH	特性与 40MnB 相同,但具有符合标准规定的稳定的淬透性,可以使机器零件在热处理后具有稳定的尺寸	主要用于制造汽车、拖拉机等用的齿轮和轴类,由于尺寸稳定、精度高、零部件啮合性好、噪声小、耐磨性强,延长了使用寿命
12	45MnBH	特性与 45MnB 相同,但具有符合标准规定的稳定的淬透性,可以使机器零件在热处理后具有稳定的尺寸	主要用于制造汽车、拖拉机等用的齿轮和轴类,由于尺寸稳定、精度高、零部件啮合性好、噪声小、耐磨性强,延长了使用寿命
13	20MnVBH	特性与 20MnVB 相同,但具有符合标准规定的稳定的淬透性,可以使机器零件在热处理后具有稳定的尺寸	主要用于制造汽车、拖拉机等用的齿轮和轴,由于尺寸稳定、精度高、零部件啮合性好、噪声小、耐磨性强,延长了使用寿命
14	20MnTiBH	特性与 20MnTiB 相同,但具有符合标准规定的稳定的淬透性,可以使机器零件在热处理后具有稳定的尺寸	主要用于制造汽车、拖拉机等用的齿轮和轴,由于尺寸稳定、精度高、零部件啮合性好、噪声小、耐磨性强,延长了使用寿命
15	15CrMoH	特性与 15CrMo 相同	主要用于制造汽车、拖拉机等机械用的齿轮、轴等零件
16	20CrMoH	特性和用途与 20CrMo 相当	主要用于制造汽车、拖拉机等机械用齿轮、轴等重要渗碳零件
17	22CrMoH	特性与 20CrMoH 相近,但碳含量和钼含量稍高,因此淬透性、耐磨性更好,强度更高	用途与 20CrMo 相当
18	42CrMoH	特性与 42CrMo 相当	用途与 42CrMo 相当
19	20CrMnMoH	特性与 20CrMnMo 相同,但具有符合标准规定的稳定的淬透性,可以使机器零件在热处理后具有稳定的尺寸	主要用于制造汽车、拖拉机等用的齿轮和轴类,由于尺寸稳定、精度高、零部件啮合性好、噪声小、耐磨性强,延长了使用寿命
20	20CrMnTiH	特性与 20CrMnTi 相同,但具有符合标准规定的稳定的淬透性,可以使机器零件在热处理后具有稳定的尺寸	主要用于制造汽车、拖拉机等用的齿轮和轴类,由于尺寸稳定、精度高、零部件啮合性好、噪声小、耐磨性强,延长了使用寿命
21	20CrNi3H	特性与 20CrNi3 相同,但具有符合标准规定的稳定的淬透性,可以使机器零件在热处理后具有稳定的尺寸	主要用于制造汽车、拖拉机等用的齿轮和轴类,由于尺寸稳定、精度高、零部件啮合性好、噪声小、耐磨性强,延长了使用寿命
22	12Cr2Ni4H	特性与 12Cr2Ni4 相同,但具有符合标准规定的稳定的淬透性,可以使机器零件在热处理后具有稳定的尺寸	主要用于制造汽车、拖拉机等用的齿轮和轴类,由于尺寸稳定、精度高、零部件啮合性好、噪声小、耐磨性强,延长了使用寿命
23	20CrNiMoH	特性与 20CrNiMo 相同,但具有符合标准规定的稳定的淬透性,可以使机器零件在热处理后具有稳定的尺寸	主要用于制造汽车、拖拉机等用的齿轮和轴类,由于尺寸稳定、精度高、零部件啮合性好、噪声小、耐磨性强,延长了使用寿命
24	20CrNi2MoH	特性与 20CrNiMo 相近,但 Ni 和 Mo 含量较之要高,淬透性更好,强度高,耐磨性好	主要用于制造汽车、拖拉机的发动机和传动系统的齿轮等零件

2.1.6 耐候结构钢（GB/T 4171—2008）

耐候结构钢即耐大气腐蚀钢，属于低合金高强度结构钢类，按其主要特性分为高耐候性结构钢和焊接结构用耐候钢。

高耐候性结构钢是在钢中加入少量的铜、磷、铬、镍元素，使其在金属基体表面上形成保护层，以提高钢耐大气腐蚀的性能；还可加入少量的钼、铌、钒、钛、锆等元素，以细化晶粒，提高钢材的力学性能，改善钢的强韧性，降低脆性转变温度，使其具有良好的抗脆断性能。

焊接结构用耐候钢加入钢中的元素，除磷外，基本与高耐候性结构钢相同，其作用也与之相同，并改善焊接性能。

高耐候性结构钢的耐大气腐蚀性能比焊接结构用耐候钢要好，主要用于车辆、集装箱、建筑、塔架和其他结构用的螺栓联接、铆接和焊接的结构件。做焊接结构件用时，钢材的厚度应不大于16mm。焊接结构用耐候钢的焊接性能与比高耐候性结构钢要好，主要用于桥梁、建筑和其他结构用的焊接结构件。

（1）牌号和化学成分（表 2-28）

表 2-28   耐候结构钢的牌号和化学成分   （%）

牌　　号	化学成分（质量分数）								
	C	Si	Mn	P	S	Cu	Cr	Ni	其他元素
Q265GNH	≤0.12	0.10~0.40	0.20~0.50	0.07~0.12	≤0.020	0.20~0.45	0.30~0.65	0.25~0.50	①、②
Q295GNH	≤0.12	0.10~0.40	0.20~0.50	0.07~0.12	≤0.020	0.20~0.45	0.30~0.65	0.25~0.50	①、②
Q310GNH	≤0.12	0.25~0.75	0.20~0.50	0.70~0.12	≤0.020	0.25~0.50	0.30~1.25	≤0.65	①、②
Q355GNH	≤0.12	0.20~0.75	≤1.00	0.70~0.15	≤0.020	0.25~0.55	0.30~1.25	≤0.65	①、②
Q235NH	≤0.13	0.10~0.40	0.20~0.60	≤0.030	≤0.030	0.25~0.55	0.40~0.80	≤0.65	①、②
Q295NH	≤0.15	0.10~0.50	0.30~1.00	≤0.030	≤0.030	0.25~0.55	0.40~0.80	≤0.65	①、②
Q355NH	≤0.16	≤0.50	0.50~1.50	≤0.030	≤0.030	0.25~0.55	0.40~0.80	≤0.65	①、②
Q415NH	≤0.12	≤0.65	≤1.10	≤0.025	≤0.030	0.25~0.55	0.30~1.25	0.12~0.65	①、②、③
Q460NH	≤0.12	≤0.65	≤1.50	≤0.025	≤0.030	0.25~0.55	0.30~1.25	0.12~0.65	①、②、③
Q500NH	≤0.12	≤0.65	≤2.0	≤0.025	≤0.030	0.25~0.55	0.30~1.25	0.12~0.65	①、②、③
Q550NH	≤0.16	≤0.65	≤2.0	≤0.025	≤0.030	0.20~0.55	0.30~1.25	0.12~0.65	①、②、③

注：①为了改善钢的性能，可以添加一种或一种以上的微量合金元素，如添加质量分数为0.015%~0.060%的Nb、质量分数为0.02%~0.12%的V、质量分数为0.20%~0.10%的Ti、质量分数大于或等于0.020%的Al。若这些元素组合使用，则应至少保证其中一种元素的质量分数达到表中元素化学成分的下限推定。

②可以添加下列合金元素：Mo的质量分数小于或等于0.30%，Zr的质量分数小于或等于0.15%。

③添加Nb，V，Ti三种合金元素总的质量分数不应超过0.22%。

（2）力学和工艺性能（表 2-29、表 2-30）

表 2-29   耐候结构钢的力学和工艺性能

牌　　号	各种厚度（mm）钢材的拉伸试验[①]									180°弯曲试验弯心直径/mm		
	下屈服强度 R_{eL}/MPa				抗拉强度 R_m/MPa	断后伸长率 A/%						
	≤16	>16~40	>40~60	>60		≤16	>16~40	>40~60	>60	≤16	>6~16	>16
Q235NH	235	225	215	215	360~510	25	25	24	23	a	a	2a
Q295NH	295	285	275	255	430~560	24	24	23	22	a	2a	3a
Q295GNH	295	285	—	—	430~560	24	24	—	—	a	2a	3a

续表 2-29

牌 号	各种厚度（mm）钢材的拉伸试验[①]									180° 弯曲试验弯心直径/mm		
	下屈服强度 R_{eL}/MPa				抗拉强度 R_m/MPa	断后伸长率 A/%				≤ 16	$>6\sim16$	>16
	≤ 16	$>16\sim40$	$>40\sim60$	>60		≤ 16	$>16\sim40$	$>40\sim60$	>60			
Q355NH	355	345	335	325	490~630	22	22	21	20	a	$2a$	$3a$
Q355GNH	355	345	—	—	490~630	22	22	—	—	a	$2a$	$3a$
Q415NH	415	405	395	—	520~680	22	22	20	—	a	$2a$	$3a$
Q460NH	460	450	440	—	570~730	20	20	19	—	a	$2a$	$3a$
Q500NH	500	490	480	—	600~760	18	16	15	—	a	$2a$	$3a$
Q550NH	550	540	530	—	620~780	16	16	15	—	a	$2a$	$3a$
Q265GNH	265	—	—	—	≥410	27	—	—	—	a		
Q310GNH	310	—	—	—	≥450	26	—	—	—	a		

注：①当屈服现象不明显时，可以采用 $R_{p0.2}$。

　　a 为钢材厚度。

表 2-30　耐候结构钢的冲击性能

质 量 等 级	V 形缺口冲击试验		
	试 样 方 向	温度/℃	冲击吸收功 A_{KV2}/J
A	纵向	—	—
B		+20	≥47
C		0	≥34
D		−20	≥34
E		−40	≥27

（3）特性和用途（表 2-31）

表 2-31　耐候结构钢的特性和用途

牌 号	主 要 特 性	用 途 举 例
Q295GNH，Q355GNH Q265GNH，Q310GNH	高耐候性结构钢是在钢中加入少量的铜、磷、铬、镍元素，使其在金属基本表面上形成保护层，以提高钢耐大气腐蚀的性能；还可加入少量的钼、铌、钒、钛、锆等元素，以细化晶粒，提高钢材的力学性能，改善钢的强韧性，降低脆性转变温度，使其具有良好的抗脆断性能	主要用于车辆、集装箱、建筑、塔架和其他结构用的螺栓联接、铆接和焊接的结构件
Q235NH，Q295NH Q355NH，Q415NH Q460NH，Q500NH Q550NH	焊接结构用耐候钢加入钢中的元素，除磷外，基本与高耐候性结构钢相同，其作用也与之相同，并改善焊接性能	主要用于桥梁、建筑和其他结构用的焊接结构件

2.1.7　易切削结构钢（GB/T 8731—2008）

　　易切削结构钢（简称易切削钢）又叫自动机床加工用钢。这类钢中加入了易切削元素，这些元素本身的特性及其形成的化合物有润滑刀具刃部的作用，因而使切削抗力小，易断屑，可以用较高的切削速度和较深的吃刀量进行切削加工，且加工后的工件尺寸精度高，表面粗糙度低，使工件具有优良的切削加工性，有利于提高刀具寿命和生产效率。

　　这类钢按含易切削元素的不同，分为硫系、铅系、锡系、钙系易切削结构钢；按钢类分为碳素易切削结构钢、合金易切削结构钢、不锈易切削结构钢。

（1）牌号和化学成分（表2-32）

表2-32   易切削结构钢的牌号和化学成分   （%）

序　号	牌　号	化学成分（质量分数）					
		C	Si	Mn	P	S	其他元素
	1. 硫系易切削钢						
1-1	Y08	≤0.09	≤0.15	0.75～1.05	0.04～0.09	0.26～0.35	—
1-2	Y12	0.08～0.16	0.15～0.35	0.70～1.00	0.80～0.15	0.10～0.20	—
1-3	Y15	0.10～0.18	≤0.15	0.80～1.20	0.06～0.10	0.23～0.33	—
1-4	Y20	0.17～0.25	0.15～0.35	0.70～1.00	≤0.06	0.08～0.15	—
1-5	Y30	0.27～0.35	0.15～0.35	0.70～1.00	≤0.06	0.08～0.15	—
1-6	Y35	0.32～0.40	0.15～0.35	0.70～1.00	≤0.06	0.08～0.15	—
1-7	Y45	0.42～0.50	≤0.40	0.70～1.10	≤0.06	0.15～0.25	—
1-8	Y08MnS	≤0.09	≤0.07	1.00～1.50	0.04～0.09	0.32～0.48	—
1-9	Y15Mn	0.14～0.20	≤0.15	1.00～1.50	0.04～0.09	0.08～0.13	—
1-10	Y35Mn	0.32～0.40	≤0.10	0.90～1.35	≤0.04	0.18～0.30	—
1-11	Y40Mn	0.37～0.45	0.15～0.35	1.20～1.55	≤0.05	0.20～0.30	—
1-12	Y45Mn	0.40～0.48	≤0.40	1.35～1.65	≤0.04	0.16～0.24	—
1-13	Y45MnS	0.40～0.48	≤0.40	1.35～1.65	≤0.04	0.24～0.33	—
	2. 铅系易切削钢						
2-1	Y08Pb	≤0.09	≤0.15	0.72～1.05	0.04～0.09	0.26～0.35	Pb0.15～0.35
2-2	Y12Pb	≤0.15	≤0.15	0.85～1.15	0.04～0.09	0.26～0.35	Pb0.15～0.35
2-3	Y15Pb	0.10～0.18	≤0.15	0.80～1.20	0.05～0.10	0.23～0.33	Pb0.15～0.35
2-4	Y45MnSPb	0.40～0.48	≤0.40	1.35～1.65	≤0.04	0.24～0.33	Pb0.15～0.35
	3. 锡系易切削钢						
3-1	Y08Sn	≤0.09	≤0.15	0.75～1.20	0.04～0.09	0.26～0.40	Sn0.09～0.25
3-2	Y15Sn	0.13～0.18	≤0.15	0.40～0.70	0.03～0.07	≤0.05	Sn0.09～0.25
3-3	Y45Sn	0.40～0.48	≤0.40	0.60～1.00	0.03～0.07	≤0.05	Sn0.09～0.25
3-4	Y45MnSn	0.40～0.48	≤0.40	1.20～1.70	≤0.06	0.20～0.35	Sn0.09～0.25
	4. 钙系易切削钢						
4-1	Y45Ca	0.42～0.50	0.20～0.40	0.60～0.90	≤0.40	0.04～0.08	Ca0.002～0.006

（2）力学性能（表2-33～表2-35）

表2-33   热轧状态条钢和盘条的力学性能

序　号	牌　号	力 学 性 能			布氏硬度 HBW≤
		抗拉强度 R_m/MPa	断后伸长率 A/%≥	断面收缩率 Z/%≥	
	1. 硫系易切削钢				
1-1	Y08	360～570	25	40	163
1-2	Y12	390～540	22	36	170
1-3	Y15	390～540	22	36	170
1-4	Y20	450～600	20	30	175
1-5	Y30	510～655	15	25	187
1-6	Y35	510～655	14	22	187

续表 2-33

序 号	牌 号	力 学 性 能			布氏硬度 HBW≤
		抗拉强度 R_m/MPa	断后伸长率 A/%≥	断面收缩率 Z/%≥	
1. 硫系易切削钢					
1-7	Y45	560～800	12	20	229
1-8	Y80MnS	350～500	25	40	165
1-9	Y15Mn	390～540	22	36	170
1-10	Y35Mn	530～790	16	22	229
1-11	Y40Mn	590～850	14	20	229
1-12	Y45Mn	610～900	12	20	241
1-13	Y45MnS	610～900	12	20	241
2. 铅系易切削钢					
2-1	Y08Pb	360～570	25	40	165
2-2	Y12Pb	360～570	22	36	170
2-3	Y15Pb	390～540	22	36	170
2-4	Y45MnSPb	610～900	12	20	241
3. 锡系易切削钢					
3-1	Y08Sn	350～500	25	40	165
3-2	Y15Sn	390～540	22	36	165
3-3	Y45Sn	600～745	12	26	241
3-4	Y45MnSn	610～850	12	26	241
4. 钙系易切削钢					
4-1	Y45Ca	600～745	12	26	241

表 2-34　经热处理毛坯制成的 Y45Ca 试样的力学性能

序 号	牌 号	力 学 性 能				
		下屈服强度 R_{eL}/MPa	抗拉强度 R_m/MPa	断后伸长率 A/%≥	断面收缩率 Z/%≥	冲击吸收功 A_k/J
4-1	Y45Ca	355	600	16	40	39

表 2-35　冷拉状态条钢和盘条纵向力学性能

序 号	牌 号	力 学 性 能			断后伸长率 A/%≥	布氏硬度 HBW
		抗拉强度 R_m/MPa 钢材公称尺寸/mm				
		8～20	>20～30	>30		
1. 硫系易切削钢						
1-1	Y08	480～810	460～710	360～710	7.0	140～217
1-2	Y12	530～755	510～735	490～685	7.0	152～217
1-3	Y15	530～755	510～735	490～685	7.0	152～217
1-4	Y20	570～785	530～745	510～705	7.0	167～217
1-5	Y30	600～825	560～765	540～735	6.0	174～223
1-6	Y35	625～845	590～785	570～765	6.0	176～229
1-7	Y45	695～980	655～880	580～880	6.0	196～255

续表 2-35

序 号	牌 号	力 学 性 能				布氏硬度 HBW
		抗拉强度 R_m/MPa			断后伸长率 A/%≥	
		钢材公称尺寸/mm				
		8~20	>20~30	>30		
1. 硫系易切削钢						
1-8	Y80MnS	480~810	460~710	360~710	7.0	140~217
1-9	Y15Mn	530~755	510~735	490~685	7.0	152~217
1-12	Y45Mn	695~980	655~880	580~880	6.0	196~255
1-13	Y45MnS	695~980	655~880	580~880	6.0	196~255
2. 铅系易切削钢						
2-1	Y08Pb	480~810	460~710	360~710	7.0	140~217
2-2	Y12Pb	480~810	460~710	360~710	7.0	140~217
2-3	Y15Pb	530~755	510~735	490~685	7.0	152~217
2-4	Y45MnSPb	695~980	655~880	580~880	6.0	196~255
3. 锡系易切削钢						
3-1	Y08Sn	480~705	460~685	440~635	7.0	140~200
3-2	Y15Sn	530~755	510~735	490~685	7.0	152~217
3-3	Y45Sn	695~920	655~855	635~835	7.0	196~255
3-4	Y45MnSn	695~920	655~855	635~835	6.0	196~255
4. 钙系易切削钢						
4-1	Y45Ca	695~920	955~855	635~835	6.0	196~255

（3）特性和作用（表2-36）

表2-36 易切削结构钢的特性和用途

序号	牌号	用 途 举 例
1. 硫系易切削钢		
1-1 1-2 1-8	Y08 Y12 Y08MnS	硫磷复合低碳易切削钢，是易切削钢中磷含量最多的一个钢种。常用于制造对力学性能要求不高的各种机器和仪器仪表零件，如螺栓、螺母、销钉、轴、管接头等
1-3 1-9	Y15 Y15Mn	Y15复合高硫低硅易切削钢，是我国自行研制成功的钢种，被切削性高于Y12，常用于制造不重要的标准件，如螺栓、螺母、管接头、弹簧座等
1-4	Y20	低硫磷复合易切削钢，被切削加工性优于20钢而低于12钢，可进行渗碳处理，常用于制造要求表面硬、心部韧性高的仪器、仪表、轴类耐磨零件
1-5	Y30	低硫磷复合易切削钢，力学性能较高，被切削加工性也有适当改善，可制造强度要求较高的标准件
1-6 1-10	Y35 Y35Mn	同Y30，可调质处理
1-7 1-12 1-13	Y45 Y45Mn Y45MnS	高硫中碳易切削钢，有较高的强度、硬度和良好的被切削加工性，适于加工要求刚性高的机床零部件，如机床丝杠、光杠、花键轴、齿条等
2. 铅系易切削钢		
2-1 2-2	Y08Pb Y12Pb	含铅易切削钢，被切削加工性好，不存在性能上的方向性，并有较高的力学性能，常用于制造较重要的机械零件、精度仪表零件等
2-3	Y15Pb	同Y12Pb，被切削加工性更好
2-4	Y45MnSPb	调质钢，被切削加工性好，热处理后有较高的综合力学性能，用于制造对产品尺寸精度和表面质量有很高要求的调质零件

续表 2-36

序号	牌号	用 途 举 例
		3. 锡系易切削钢
3-1 3-2	Y08Sn Y15Sn	被切削加工性好，性能均匀一致，用于制造较重要的仪器、仪表零件
3-3 3-4	Y45Sn Y45MnSn	制造较重要的调质零件
		4. 钙系易切削钢
4-1	Y45Ca	Y45Ca 为钙硫复合切削钢，不仅被切削性好，而且热处理后具有良好的力学性能，适于制造较重要的机器结构件，如机床齿轮轴、花键轴、拖拉机传动轴等

2.1.8 冷镦和冷挤压用钢（GB/T 6478—2001）

在现代化的机械制造业（特别是汽车、拖拉机等制造业）中，除广泛地采用冷镦工艺来生产互换性较高的各种标准件（如螺栓、螺母、螺钉、销钉等）外，还采用冷挤压工艺生产各种零件。

冷镦和冷挤压生产工艺的特点是材料利用率高、产量大、成本低；但由于零件一次成形，要求钢材具有很高的塑性和高的表面质量，以保证零件易于成形，并得到高的尺寸和形状准确度。

（1）牌号和化学成分（表 2-37）

表 2-37　冷镦和冷挤压用钢的牌号和化学成分　　　　　　　　　　（%）

序号	牌　号	化学成分（质量分数）							
		C	Si	Mn	P≤	S≤	Cr	Alt≥	其他
		1. 非热处理型冷镦和冷挤压用钢							
1-1	ML04Al	≤0.06	≤0.10	0.20～0.40	0.035	0.035	—	0.020	—
1-2	ML08Al	0.05～0.10	≤0.10	0.30～0.60	0.035	0.035	—	0.020	—
1-3	ML10Al	0.08～0.13	≤0.10	0.30～0.60	0.035	0.035	—	0.020	—
1-4	ML15Al	0.13～0.18	≤0.10	0.30～0.60	0.035	0.035	—	0.020	—
1-5	ML15	0.13～0.18	0.15～0.35	0.30～0.60	0.035	0.035	—	—	—
1-6	ML20Al	0.18～0.23	≤0.10	0.30～0.60	0.035	0.035	—	0.020	—
1-7	ML20	0.18～0.23	0.15～0.35	0.30～0.60	0.035	0.035	—	—	—
		2. 表面硬化型冷镦和冷挤压用钢							
2-1	ML18Mn	0.15～0.20	≤0.10	0.60～0.90	0.030	0.035	—	0.020	—
2-2	ML22Mn	0.18～0.23	≤0.10	0.70～1.00	0.030	0.035	—	0.020	—
2-3	ML20Cr	0.17～0.23	≤0.30	0.60～0.90	0.035	0.035	0.90～1.20	0.020	—
		3. 调质型冷镦和冷挤压用钢							
3-1	ML25	0.22～0.29	≤0.20	0.30～0.60	0.035	0.035	—	—	—
3-2	ML30	0.27～0.34	≤0.20	0.30～0.60	0.035	0.035	—	—	—
3-3	ML35	0.32～0.39	≤0.20	0.30～0.60	0.035	0.035	—	—	—
3-4	ML40	0.37～0.44	≤0.20	0.30～0.60	0.035	0.035	—	—	—
3-5	ML45	0.42～0.50	≤0.20	0.30～0.60	0.035	0.035	—	—	—
3-6	ML15Mn	0.14～0.20	0.20～0.40	1.20～1.60	0.035	0.035	—	—	—
3-7	ML25Mn	0.22～0.29	≤0.25	0.60～0.90	0.035	0.035	—	—	—
3-8	ML30Mn	0.27～0.34	≤0.25	0.60～0.90	0.035	0.035	—	—	—
3-9	ML35Mn	0.32～0.39	≤0.25	0.60～0.90	0.035	0.035	—	—	—

续表 2-37

序号	牌号	化学成分（质量分数）							
		C	Si	Mn	P≤	S≤	Cr	Alt≥	其他
3. 调质型冷镦和冷挤压用钢									
3-10	ML37Cr	0.34～0.41	≤0.30	0.60～0.90	0.035	0.035	0.90～1.20	—	—
3-11	ML40Cr	0.38～0.45	≤0.30	0.60～0.90	0.035	0.035	0.90～1.20	—	—
3-12	ML30CrMo	0.26～0.34	≤0.30	0.60～0.90	0.035	0.035	0.80～1.10	—	Mo0.15～0.25
3-13	ML35CrMo	0.32～0.40	≤0.30	0.60～0.90	0.035	0.035	0.80～1.10	—	Mo0.15～0.25
3-14	ML42CrMo	0.38～0.45	≤0.30	0.60～0.90	0.035	0.035	0.90～1.20	—	Mo0.15～0.25
4. 含硼冷镦和冷挤压用钢									
4-1	ML20B	0.17～024	≤0.40	0.50～0.80	0.035	0.035	—	0.020	B0.000 5～0.003 5
4-2	ML28B	0.25～0.32	≤0.40	0.60～0.90	0.035	0.035	—	0.020	B0.000 5～0.003 5
4-3	ML35B	0.32～0.39	≤0.40	0.50～0.80	0.035	0.035	—	0.020	B0.000 5～0.003 5
4-4	ML15MnB	0.14～0.20	≤0.40	1.20～1.60	0.035	0.035	—	0.020	B0.000 5～0.003 5
4-5	ML20MnB	0.17～0.24	≤0.40	0.80～1.20	0.035	0.035	—	0.020	B0.000 5～0.003 5
4-6	ML35MnB	0.32～0.39	≤0.40	1.10～1.40	0.035	0.035	—	0.020	B0.000 5～0.003 5
4-7	ML37CrB	0.34～0.41	≤0.40	0.50～0.80	0.035	0.035	0.20～0.40	0.020	B0.000 5～0.003 5
4-8	ML20MnTiB	0.19～0.24	≤0.30	1.30～1.60	0.035	0.035	—	0.020	B0.000 5～0.003 5 Ti0.04～0.10
4-9	ML15MnVB	0.13～0.18	≤0.30	1.20～1.60	0.035	0.035	—	0.020	B0.000 5～0.003 5 V0.07～0.12
4-10	ML20MnVB	0.19～0.24	≤0.30	1.20～1.60	0.035	0.035	—	0.020	B0.000 5～0.003 5 V0.07～0.12

（2）力学性能（表 2-38～表 2-41）

表 2-38 非热处理型冷镦和冷挤压用钢热轧状态的力学性能

序 号	牌 号	抗拉强度 σ_b/MPa	断面收缩率 ψ/%≥	序 号	牌 号	抗拉强度 σ_b/MPa	断面收缩率 ψ/%≥
1-1	ML04Al	440	60	1-5	ML15	530	50
1-2	ML08Al	470	60	1-6	ML20Al	580	45
1-3	ML10Al	490	55	1-7	ML20	580	45
1-4	ML15Al	530	50	—	—	—	—

表 2-39 表面硬化型冷镦和冷挤压用钢热轧状态的力学性能

序 号	牌 号	规定非比例伸长应力 $\sigma_{p0.2}$/MPa≥	抗拉强度 σ_b/MPa	伸长率 δ_5/%≥	热轧布氏硬度 HBW≤
1-3	ML10Al	250	400～700	15	137
1-4	ML15Al	260	450～750	14	143
1-5	ML15	260	450～750	14	—
1-6	ML20Al	320	520～820	11	156
1-7	ML20	320	520～820	11	—
2-3	ML20Cr	490	750～1 100	9	—

表 2-40　调质型钢的力学性能

序　号	牌　号	规定非比例伸长应力 $\sigma_{p0.2}$/MPa ≥	抗拉强度 σ_b/MPa	伸长率 δ_5/% ≥	断面收缩率 ψ/% ≥	热轧布氏硬度 HBW ≤
3-1	ML25	275	450	23	50	170
3-2	ML30	295	490	21	50	179
3-3	ML35	315	530	20	45	187
3-4	ML40	335	570	19	45	217
3-5	ML45	355	600	16	40	229
3-6	ML15Mn	705	880	9	40	—
3-7	ML25Mn	275	450	23	50	170
3-8	ML30Mn	295	490	21	50	179
3-9	ML35Mn	430	630	17	—	187
3-10	ML37Cr	630	850	14	—	—
3-11	ML40Cr	660	900	11	—	—
3-12	ML30CrMo	785	930	12	50	—
3-13	ML35CrMo	835	980	12	45	—
3-14	ML42CrMo	930	1 080	12	45	—
4-1	ML20B	400	550	16	—	—
4-2	ML28B	480	630	14	—	—
4-3	ML35B	500	650	14	—	—
4-4	ML15MnB	930	1 130	9	45	—
4-5	ML20MnB	500	650	14	—	—
4-6	ML35MnB	650	800	12	—	—
4-7	ML37CrB	600	750	12	—	—
4-8	ML20MnTiB	930	1 130	10	45	—
4-9	ML15MnVB	720	900	10	45	207
4-10	ML20MnVB	940	1 040	9	45	—

表 2-41　退火状态交货钢材的力学性能

序　号	牌　号	抗拉强度 σ_b/MPa	断面收缩率 ψ/% ≥	序　号	牌　号	抗拉强度 σ_b/MPa	断面收缩率 ψ/% ≥
1-3	ML10Al	450	65	3-10	ML37Cr	600	60
1-4	ML15Al	470	64	3-11	ML40Cr	620	58
1-5	ML15	470	64	4-1	ML20B	500	64
1-6	ML20Al	490	63	4-2	ML28B	530	62
1-7	ML20	490	63	4-3	ML35B	570	62
2-3	ML20Cr	560	60	4-5	ML20MnB	520	62
3-7	ML25Mn	540	60	4-6	ML35MnB	600	60
3-8	ML30Mn	550	59	4-7	ML37CrB	600	60
3-9	ML35Mn	560	58	—	—	—	—

（3）特性和用途（表2-42）

表2-42　冷镦和冷挤压用钢的特性和用途

序号	牌　号	主　要　特　性	用　途　举　例
1. 非热处理型冷镦和冷挤压用钢			
1-1	ML04Al	碳含量很低，具有很高的塑性，冷镦和冷挤压成形性极好	制作铆钉、强度要求不高的螺钉、螺母及自行车用零件等
1-2	ML08Al	具有很高的塑性，冷镦和冷挤压性能好	制作铆钉、螺母、螺栓及汽车、自行车用零件
1-3	ML10Al	塑性和韧性高，冷镦和冷挤压成形性好，需通过热处理改善可加工性	制作铆钉、螺母、半圆头螺钉、开口销等
1-4	ML15Al	具有很好的塑性和韧性，冷镦和冷挤压性能良好	制作铆钉、开口销、弹簧插销、螺钉、法兰盘、摩擦片、农机用链条等
1-5	ML15	与 ML15Al 基本相同	与 ML15Al 基本相同
1-6	ML20Al	塑性、韧性好，强度较 ML15 稍高，可加工性低，无回火脆性	制作六角螺钉、铆钉、螺栓、弹簧座、固定销等
1-7	ML20	与 ML20Al 基本相同	与 ML20Al 基本相同
2. 表面硬化型冷镦和冷挤压用钢			
2-1	ML18Mn	特性与 ML15 相似，但淬透性、强度、塑性均较之有所提高	制作螺钉、螺母、铰链、销、套圈等
2-2	ML22Mn	与 ML18Mn 基本相近	与 ML18Mn 基本相近
2-3	ML20Cr	冷变形塑性好，无回火脆性，可加工性尚好	制作螺栓、活塞销等
3. 调质型冷镦和冷挤压用钢			
3-1	ML25	冷变形塑性高，无回火脆性倾向	制作螺栓、螺母、螺钉、垫圈等
3-2	ML30	具有一定的强度和硬度，塑性较好，调质处理后可得到较好的综合力学性能	制作螺钉、丝杠、拉杆、键等
3-3	ML35	具有一定的强度，良好的塑性，冷变形塑性高，冷镦和冷挤压性较好，淬透性差。在调质状态下使用	制作螺钉、螺母、轴销、垫圈、钩环等
3-4	ML40	强度较高，冷变形塑性中等，加工性好，淬透性低。多在正火或调质，或高频表面淬火热处理状态下使用	制作螺栓、轴销、链轮等
3-5	ML45	具有较高的强度，一定的塑性和韧性，进行球化退火热处理后具有较好的冷变形塑性，调质处理可获得很好的综合力学性能	制作螺栓、活塞销等
3-6	ML15Mn	高锰低碳调质型冷镦和冷挤压用钢，强度较高，冷变形塑性尚好	制作螺栓、螺母、螺钉等
3-7	ML25Mn	与 ML25 相近	与 ML25 相近
3-8	ML30Mn	冷变形塑性尚好，有回火脆性倾向。一般在调质状态下使用	制作螺栓、螺钉、螺母、钩环等
3-9	ML35Mn	强度和淬透性比 ML30Mn 高，冷变形塑性中等。在调质状态下使用	制作螺栓、螺钉、螺母等
3-10	ML37Cr	具有较高的强度和韧性，淬透性良好，冷变形塑性中等	制作螺栓、螺母、螺钉等
3-11	ML40Cr	调质处理后具有良好的综合力学性能，缺口敏感性低，淬透性良好，冷变形塑性中等，经球化热处理具有好的冷镦性能	制作螺栓、螺母、连杆螺钉等
3-12	ML30CrMo	具有高的强度和韧性，在温度低于 500℃时具有良好的温度强度，淬透性较高，冷变形塑性中等。在调质状态下使用	用于制造锅炉和汽轮机中工作温度低于450℃紧固件，工作温度低于 500℃高压用的螺母及法兰，通用机械中受载荷大的螺栓、螺柱等

续表 2-42

序号	牌 号	主 要 特 性	用 途 举 例
		3. 调质型冷镦和冷挤压用钢	
3-13	ML35CrMo	具有高的强度和韧性，在高温下有高的蠕变强度和持久强度，冷变形塑性中等	用于制造锅炉中 480℃ 以下的螺栓，510℃ 以下的螺母，轧钢机的连杆、紧固件等
3-14	ML42CrMo	具有高的强度和韧性，淬透性较高，有较高的疲劳极限和较强的抗多次冲击能力	用于制造比 ML35CrMo 的强度要求更高、断面尺寸较大的螺栓、螺母等零件
		4. 含硼冷镦和冷挤压用钢	
4-1	ML20B	调质型低碳硼钢，塑性、韧性好，冷变形塑性高	制作螺钉、铆钉、销子等
4-2	ML28B	淬透性好，具有良好的塑性、韧性和冷变形成形性能。调质状态下使用	制作螺钉、螺母、垫片等
4-3	ML35B	比 ML35 具有更好的淬透性和力学性能，冷变形塑性好。在调质状态下使用	制作螺钉、螺母、轴销等
4-4	ML15MnB	调质处理后强度高、塑性好	制作较为重要的螺栓、螺母等零件
4-5	ML20MnB	具有一定的强度和良好的塑性，冷变形塑性好	制作螺钉、螺母等
4-6	ML35MnB	调质处理后强度较 ML35Mn 高，塑性稍低；淬透性好，冷变形塑性尚好	制作螺钉、螺母、螺栓等
4-7	ML37CrB	具有良好的淬透性，调质处理后综合性能好，冷塑性变形中等	制作螺钉、螺母、螺栓等
4-8	ML20MnTiB	调质后具有高的强度，良好的韧性和低温冲击韧度，晶粒长大倾向小	用于制造汽车、拖拉机的重要螺栓零件
4-9	ML15MnVB	经淬火低温回火后，具有较高的强度、良好的塑性及低温冲击韧度，较低的缺口敏感性，淬透性较好	用于制造高强度的重要螺栓零件，如汽车用气缸盖螺栓、半轴螺栓、连杆螺栓等
4-10	ML20MnVB	具有高强度、高耐磨性及较高的淬透性	用于制造汽车、拖拉机上的螺栓、螺母等

2.1.9 弹簧钢（GB/T 1222—2007）

弹簧钢是专门用于制作各类弹簧（如螺旋弹簧、碟簧、板簧等）及各种弹性件（如片弹簧、弹簧垫、弹性挡圈、扭力簧杆等）的钢种。

（1）分类 弹簧钢按材质分为碳素弹簧钢、低合金弹簧钢和高合金弹簧钢（不锈钢）。

①碳素弹簧钢：属于高碳含量（一般碳的质量分数大于 0.6%）的碳素钢。其特点是强度、硬度、弹性、抗疲劳性能良好，生产工艺简单，价格低，可用于制成钢丝、薄板、钢带等。

②低合金弹簧钢：钢中的合金元素的质量分数不超过 5%，碳的质量分数比碳素弹簧钢低，为0.50%～0.70%，各项力学性能高于碳素弹簧钢。低合金弹簧钢的用量大、用途广。

③高合金弹簧钢：应用于特殊用途的弹簧，钢中合金元素的质量分数多超过 10%。此类弹簧钢具有抗氧化、耐腐蚀、耐热、耐寒、无磁等特殊性能，属于不锈钢。

（2）牌号和化学成分（表 2-43、表 2-44）

表 2-43 弹簧钢的牌号和化学成分　　　　　　　　　　　　　　　　　　　　（%）

序号	统一数字代号	牌 号	化学成分（质量分数）					
			C	Si	Mn	Cr	V	其他
1	U20652	65	0.62～0.71	0.17～0.37	0.50～0.80	≤0.25	—	—
2	U20702	70	0.62～0.75	0.17～0.37	0.50～0.80	≤0.25	—	—

续表2-43

序号	统一数字代号	牌号	化学成分（质量分数）					
			C	Si	Mn	Cr	V	其他
3	U20852	85	0.82～0.90	0.17～0.37	0.50～0.80	≤0.25	—	—
4	U21653	65Mn	0.62～0.70	0.17～0.37	0.90～1.20	≤0.25	—	—
5	A77552	55SiMnVB	0.52～0.60	0.70～1.00	1.00～1.30	≤0.35	0.80～0.16	B0.000 5～0.003 5
6	A11602	60Si2Mn	0.56～0.64	1.50～2.00	0.70～1.00	≤0.35	—	—
7	A11603	60Si2MnA	0.56～0.64	1.60～2.00	0.70～1.00	≤0.35	—	—
8	A21603	60Si2CrA	0.56～0.64	1.40～1.80	0.40～0.70	0.70～1.00	—	—
9	A28603	60Si2CrVA	0.56～0.64	1.40～1.80	0.40～0.70	0.90～1.20	0.10～0.20	—
10	A21553	55SiCrA	0.51～0.59	1.20～1.60	0.50～0.80	0.50～0.80	—	—
11	A22553	55CrMnA	0.52～0.60	0.17～0.37	0.65～0.95	0.65～0.95	—	—
12	A22603	60CrMnA	0.56～0.64	0.17～0.37	0.70～1.00	0.70～1.00	—	—
13	A23503	50CrVA	0.46～0.54	0.17～0.37	0.50～0.80	0.80～1.10	0.10～0.20	—
14	A22613	60CrMnBA	0.56～0.64	0.17～0.37	0.70～1.00	0.70～1.00	—	B0.000 5～0.004 0
15	A27303	30W4Cr2VVA	0.26～0.34	0.17～0.37	≤0.40	2.00～2.50	0.50～0.80	W4.00～4.50

表2-44　残余元素含量　　　　　　　　　　（%）

序号	牌号	化学成分（质量分数）≤			
		Ni	Cu	P	S
1	65	0.25	0.25	0.035	0.035
2	70	0.25	0.25	0.035	0.035
3	85	0.25	0.25	0.035	0.035
4	65Mn	0.25	0.25	0.035	0.035
5	55SiMnVB	0.35	0.25	0.035	0.035
6	60Si2Mn	0.35	0.25	0.035	0.035
7	60Si2MnA	0.35	0.25	0.025	0.025
8	60Si2CrVA	0.35	0.25	0.025	0.025
9	60SiCrA	0.35	0.25	0.025	0.025
10	55SiCrA	0.35	0.25	0.025	0.025
11	55CrMnA	0.35	0.25	0.025	0.025
12	60CrMnA	0.35	0.25	0.025	0.025
13	50CrVA	0.35	0.25	0.025	0.025
14	60CrMnBA	0.35	0.25	0.025	0.025
15	30W4Cr2VA	0.35	0.25	0.025	0.025

（3）力学性能（表2-45、表2-46）

表2-45　弹簧钢的力学性能

序号	牌号	热处理制度			力学性能≥				
		淬火温度/℃	淬火介质	回火温度/℃	抗拉强度 R_m/MPa	屈服强度 R_{eL}/MPa	断后伸长率		断面收缩率 Z/%
							A/%	$A_{11.3}$/%	
1	65	840	油	500	980	785	—	9	35

续表 2-45

序号	牌 号	热处理制度			力学性能≥				
		淬火温度/℃	淬火介质	回火温度/℃	抗拉强度 R_m/MPa	屈服强度 R_{eL}/MPa	断后伸长率		断面收缩率 Z/%
							A/%	$A_{11.3}$/%	
2	70	830	油	480	1 030	835	—	8	30
3	85	820	油	480	1 130	980	—	6	30
4	65Mn	830	油	540	980	785	—	8	30
5	55SiMnVB	860	油	460	1 375	1 225	—	5	30
6	60Si2Mn	870	油	480	1 275	1 180	—	5	25
7	60Si2MnA	870	油	440	1 570	1 375	—	5	20
8	60Si2CrA	870	油	420	1 765	1 570	6		20
9	60Si2CrVA	850	油	410	1 860	1 665	6		20
10	55SiCrA	860	油	450	1 450~1 750	1 300（$R_{p0.2}$）	6		25
11	55CrMnA	830~860	油	460~510	1 225	1 080（$R_{p0.2}$）	9		20
12	60CrMnA	830~860	油	460~520	1 225	1 080（$R_{p0.2}$）	9		20
13	50CrVA	850	油	500	1 275	1 130	10		40
14	60CrMnBA	830~860	油	460~520	1 225	1 080（$R_{p0.2}$）	9		20
15	30W4Cr2VA	1 050~1 100	油	600	1 470	1 325	7		40

表 2-46 弹簧钢的交货硬度

组号	牌 号	交货状态	布氏硬度 HBW≥
1	65，70	热轧	285
2	85，65Mn		302
3	60Si2Mn，60Si2MnA，50CrVA，55SiMnVB，55CrMnA，60CrMnA		321
4	60Si2CrA，60Si2CrVA，60CrMnBA，55SiCrA，30W4Cr2VA	热轧	供需双方协商
		热轧＋热处理	321
5	所有牌号	冷拉＋热处理	321
6		冷拉	供需双方协商

（4）特性和用途（表 2-47）

表 2-47 弹簧钢的特性和用途

序号	牌 号	主 要 特 性	用 途 举 例
1	65	经适当热处理后强度与弹性相当高，回火脆性不敏感，切削加工性差；大尺寸制件淬火易裂，宜采用正火，小尺寸可淬火	主要用于制造气门弹簧、弹簧圈、弹簧垫片、琴钢丝等
2	70	强度和弹性均较 65 钢稍高，其他性能相近；淬透性较低，弹簧线径超过 12mm 不能淬透	用于制造截面不大的弹簧、扁弹簧、圆弹簧、阀门弹簧、琴钢丝等
3	85	强度较 70 钢稍高，弹性略低；淬透性较差	制造截面不大与承受强度不太高的振动弹簧，如铁道车辆、汽车、拖拉机及一般机械上的扁形板簧、圆形螺旋弹簧等
4	65Mn	强度高，淬透性较大，脱碳倾向小，有过热敏感性，易生淬火裂纹，有回火脆性	适宜制作较大尺寸的各种扁、圆弹簧，如座垫板簧、弹簧发条、弹簧环、气门弹簧、钢丝冷卷形弹簧、轻型载货汽车及小汽车的离合器弹簧与制作弹簧；热处理后可制作板簧片及螺旋弹簧与变截面弹簧等
5	55SiMnVB	有较好的淬透性，较好的综合力学性能和较长的疲劳寿命，过热敏感小，回火稳定性高	适用于制造中小型汽车及其他中等截面尺寸的板簧和螺旋弹簧

续表 2-47

序号	牌号	主要特性	用途举例
6	60Si2Mn	强度和弹性极限比 55Si2Mn 稍高，其他性能相近；工艺性能稳定	用于制造铁道车辆、汽车和拖拉机上的板簧和螺旋弹簧、安全阀簧，各种重型机械上的减振器，仪表中的弹簧、摩擦片等
7	60Si2MnA	钢质较 60Si2Mn 更纯净	均与 60Si2Mn 同，但用途更广泛
8	60Si2CrA	淬透性和回火稳定性高，过热敏感性较硅锰钢低，热处理工艺性和强度、屈强比均优于硅锰钢	可用作承受负载大、冲击振动负载较大、截面尺寸大的重要弹簧，如工作温度 200～300℃的汽轮机汽封阀簧、冷凝器支撑弹簧、高压水泵蝶形弹簧等
9	60Si2CrVA	铬、钒提高钢的淬透性和回火稳定性，降低钢的过热敏感性和脱碳倾向，细化晶粒。因此该钢的热处理工艺性、强度、屈服比均优于硅锰钢	可用作承受负载大、冲击振动负载较大、截面尺寸大的重要弹簧，如使用工作温度小于或等于 450℃的重要弹簧
10	55SiCrA	抗弹性减退性能优良，强度高，耐回火性好	主要用于制造在较高工作温度下耐高应力的内燃机门
11	55CrMnA	具有较高的强度、塑性和韧性。淬透性优于硅锰钢，过热敏感性比硅锰钢高，比锰钢低，对回火脆性敏感，焊接性能低	制造负载较重、应力较大的板簧和直径较大的螺旋弹簧
12	60CrMnA	与 55CrMnA 基本相同	用于制造叠板簧、螺旋簧、扭转簧等
13	50CrVA	经适当热处理后具有较好的韧性，高的比例极限，高的疲劳强度及较低的弹性模数，σ_s/σ_b 的比值高，并有高的淬透性和较低的过热敏感性，冷变形塑性低，焊接性能低	用于制造特别重要的承受大应力的各种尺寸的螺旋弹簧、发动机气门弹簧，大截面及在 400℃ 以下工作的重要弹性零件
14	60CrMnBA	与 55CrMnA 基本相同，但淬透性更好	用于制作大型叠板簧、扭转簧、螺旋簧等
15	30W4Cr2VA	具有良好的室温及高温性能，强度高，淬透性好，高温抗松弛性能及热加工性能均良好	用于制造在 500℃ 以下工作的耐热弹簧，如汽轮机的主蒸汽阀弹簧、汽封弹簧片、锅炉的安全阀弹簧等

2.1.10 非调质机械结构钢（GB/T 15712—2008）

非调质机械结构钢为非调质钢的一种。非调质钢是非调质中碳微合金结构钢的简称，它是在中碳钢中添加微量合金元素（V，Ti，Nb，N 等），通过控温轧制（锻制）、控温冷却，以在铁素体和珠光体中弥散析出的碳（氮）化合物为强化相，使之在轧制（锻制）后不经调质处理，即可获得优质碳素结构钢或合金结构钢经调质处理后才能达到的力学性能的钢种。非钢质机械结构钢按使用加工方法的不同分为切削加工用非调质机械结构钢和热压力加工用非调质机械结构钢，广泛应用于汽车、机床及农业机械中。

（1）牌号和化学成分（表 2-48）

表 2-48 非调质机械结构钢的化学成分 （%）

序号	统一数字代号	牌号	化学成分（质量分数）									
			C	Si	Mn	S	P	V	Cr	Ni	Cu	其他
1	L22358	F35VS	0.32～0.39	0.20～0.40	0.60～1.00	0.035～0.075	≤0.035	0.06～0.13	≤0.30	≤0.30	≤0.30	—
2	L22408	F40VS	0.37～0.44	0.20～0.40	0.60～1.00	0.035～0.075	≤0.035	0.06～0.13	≤0.30	≤0.30	≤0.30	—
3	L22468	F45VS[①]	0.42～0.49	0.20～0.40	0.60～1.00	0.035～0.075	≤0.035	0.06～0.13	≤0.30	≤0.30	≤0.30	—
4	L22308	F30MnVS	0.26～0.33	≤0.80	1.20～1.60	0.035～0.075	≤0.035	0.08～0.15	≤0.30	≤0.30	≤0.30	—
5	L22378	F35MnVS[①]	0.32～0.39	0.30～0.60	1.00～1.50	0.035～0.075	≤0.035	0.06～0.13	≤0.30	≤0.30	≤0.30	—

续表 2-48

序号	统一数字代号	牌号	化学成分（质量分数）									
			C	Si	Mn	S	P	V	Cr	Ni	Cu	其他
6	L22388	F38MnVS	0.34～0.41	≤0.80	1.20～1.60	0.035～0.075	≤0.035	0.08～0.15	≤0.30	≤0.30	≤0.30	—
7	L22428	F40MnVS①	0.37～0.44	0.30～0.60	1.00～1.50	0.035～0.075	≤0.035	0.06～0.13	≤0.30	≤0.30	≤0.30	—
8	L22478	F45MnVS	0.42～0.49	0.30～0.60	1.00～1.50	0.035～0.075	≤0.035	0.06～0.13	≤0.30	≤0.30	≤0.30	—
9	L22498	F49MnVS	0.44～0.52	0.15～0.60	0.70～1.00	0.035～0.075	≤0.035	0.08～0.15	≤0.30	≤0.30	≤0.30	—
10	L27128	F12Mn2VBS	0.09～0.16	0.30～0.60	2.20～2.65	0.035～0.075	≤0.035	0.06～0.12	≤0.30	≤0.30	≤0.30	B0.001～0.004

注：①当硫的质量分数只有上限要求时，牌号尾部不加"S"。

（2）力学性能（表2-49）

表 2-49　直接切削加工用非调质机械结构钢的力学性能

序　号	牌　号	钢材直径或边长/mm	抗拉强度 R_m/MPa	下屈服强度 R_{eL}/MPa	断后伸长率 A/%	断面收缩率 Z/%	冲击吸收功 A_{KU2}/J
1	F35VS	≤40	≥590	≥390	≥18	≥40	≥47
2	F40VS	≤40	≥640	≥420	≥16	≥35	≥37
3	F45VS	≤40	≥685	≥440	≥15	≥30	≥35
4	F30MnVS	≤60	≥700	≥450	≥14	≥30	实测
5	F35MnVS	≤40	≥735	≥460	≥17	≥35	≥37
		>40～60	≥710	≥440	≥15	≥33	≥35
6	F35MnVS	≤60	≥800	≥520	≥12	≥25	实测
7	F40MnVS	≤40	≥785	≥490	≥15	≥33	≥32
		>40～60	≥760	≥470	≥13	≥30	≥28
8	F45MnVS	≤40	≥835	≥510	≥13	≥28	≥28
		>40～60	≥810	≥490	≥12	≥28	≥25
9	F49MnVS	≤60	≥780	≥450	≥8	≥20	实测

（3）特性和用途（表2-50）

表 2-50　非调质机械结构钢的特性和用途

序　号	牌　号	主　要　特　性	用　途　举　例
1	F35VS	热轧空冷后具有良好的综合力学性能，可加工性优于调质态的40钢	用于制造 CA15 改动机和空气压缩机的连杆及其他零件，可代替40钢
2	F40VS		
3	F45VS	属于685MPa级易切削非调质钢，比 F35VS 有更高的强度	用于制造汽车发动机曲轴、凸轮轴、连杆以及机械行业的轴类、蜗杆等零件，可代替45钢
5	F35MnVS	与 F35VS 相比，有更好的综合力学性能	用于制造 CA6102 发动机的连杆及其他零件，可代替55钢
7	F40MnVS	比 F35MnVS 有更高的强度，其塑性和疲劳性能均优于调质态的45钢，加工性能优于45钢、40Cr和40MnB	可代替45钢、40Cr 和40MnB 制造汽车、拖拉机和机床的零部件
8	F45MnVS	属于785MPa级易切削非调质钢，与 F40MnVS 相比，耐磨性较高，韧性稍低，可加工性能优于调质态的45钢，疲劳性能和耐磨性亦佳	主要取代调质的45钢，用来制造拖拉机、机床等的轴类零件

注：本表仅列出部分牌号的用途。

2.2 工 具 钢

工具钢是用来制造各种切削刀具（刃具）、量具、模具及其他工具的钢种。按其用途的不同，分为刃具钢、量具钢、模具钢三类；按其化学成分的不同，则分为碳素工具钢、合金工具钢、高速工具钢。

2.2.1　碳素工具钢（GB/T 1298—2008）

碳素工具钢是工具钢的基础，其碳的质量分数范围为 0.65%～1.35%。这类工具钢大多是共析钢或过共析钢，淬火后可获得高的硬度、强度和耐磨性，但韧性较低，并随着碳质量分数的增大而下降；另一方面，钢的淬透性低，必须采用合适的淬火冷却介质或淬火工艺。碳素工具钢的抗高温软化能力差，当温度超过 250℃时，淬火硬度明显下降。所以碳素工具钢宜于制造尺寸小，形状简单，要求不高的工模具和要求耐磨的机械零件，另外还适于制造日用刃具（如菜刀、剪刀等）。碳素工具钢的可磨性好，刃磨后比合金工具钢有更好的锋利性，成本也低。

（1）牌号和化学成分（表2-51、表2-52）

表 2-51　碳素工具钢的牌号和化学成分　　　　　　　（%）

序　号	牌　号	化学成分（质量分数）		
		C	Mn	Si
1	T7	0.65～0.74	≤0.40	≤0.35
2	T8	0.75～0.84		
3	T8Mn	0.80～0.90	0.40～0.60	
4	T9	0.85～0.94		
5	T10	0.95～1.04		
6	T11	1.05～1.14	≤0.40	
7	T12	1.15～1.24		
8	T13	1.25～1.35		

注：高级优质钢在牌号后加"A"。

表 2-52　残余元素含量　　　　　　　（%）

钢　类	P	S	Cu	Cr	Ni	W	Mo	V
	质量分数≤							
优质钢	0.035	0.030	0.25	0.25	0.20	0.30	0.20	0.02
高级优质钢	0.030	0.020	0.25	0.25	0.20	0.30	0.20	0.02

（2）硬度值（表2-53）

表 2-53　碳素工具钢的硬度值

牌　号	交 货 状 态		试 样 淬 火	
	退　火	退火后冷拉	淬火温度和冷却剂	洛氏硬度 HRC≥
	布氏硬度 HBW≤			
T7			800～820℃，水	
T8	187	241	780～800℃，水	62
T8Mn				
T9	192		760～780℃，水	

续表 2-53

牌　号	交货状态		试样淬火	
	退　火	退火后冷拉	淬火温度和冷却剂	洛氏硬度 HRC≥
	布氏硬度 HBW≤			
T10	197			
T11	207	241	760～780℃，水	62
T12				
T13	217			

（3）特性和用途（表 2-54）

表 2-54　碳素工具钢的特性和用途

序号	牌　号	主 要 特 性	用 途 举 例
1	T7	亚共析钢，具有较好的韧性和硬度，制造的刀具切削能力稍差	用于制造能承受冲击负荷的工具，如錾子、冲头等，木工用的锯、凿、锻模、压模、铆钉模、机床顶尖、钳工工具、锤和冲模、钻头、手用大锤的锤头、钢印、较钝的外科医疗用具等
2	T8	共析钢，淬火加热时容易过热，变形也大，塑性及强度比较低，因此，不宜制造承受较大冲击用的工具；但热处理后具有较高的硬度及耐磨性	用于制造切削刃口在工作时不变热的工具，如木工用的铣刀、埋头钻、斧、凿、錾、纵向手用锯、圆锯片、滚子、铝锡合金压铸板和型芯，以及钳工装配工具、铆钉冲模、中心孔铣和冲模、切削钢材用的工具、轴承、刀具、虎钳牙、煤矿用凿等
3	T8Mn	共析钢，硬度高，塑性和强度都较差，但淬透性比 T8 稍好	用于制造断面较大的木工工具、手锯锯条、横纹锉刀、刻印工具、铆钉冲模、发条、带锯锯条、圆盘锯片、笔尖、复写钢板、石工和煤矿用凿
4	T9	过共析钢，具有高的硬度，但塑性和强度均比较差	用于制造具有一定韧性，且要求有较高硬度的各种工具，如刻印工具、铆钉冲模、压床模、发条、带锯条、圆盘锯片、笔尖、复写钢板、锉和手锯，还可用于制作铸模的分流钉等
5	T10	过共析钢，晶粒细，在淬火加热时（温度达 800℃）不致过热，仍能保持细晶粒组织；淬火后钢中有未溶的过剩碳化物，所以，比 T8 耐磨性高，但韧性差	可用于制造切削刃口在工作时不变热，不受冲击负荷，且具有锋利刃口和有少许韧性的工具，如加工木材用工具、手用横锯、手用细木工具、麻花钻、机用细木工具、拉丝模、冲模、冷镦模、扩孔刀具、刨刀、铣刀、货币用模、小尺寸断面均匀的冷切边模及冲孔模、低精度的形状简单的卡板、钳工刮刀、硬岩石用钻头、制铆钉和钉子用的工具、螺钉旋具、锉刀、刻纹用的凿子等
6	T11	过共析钢，碳含量在 T10 和 T12 之间，具有较好的综合力学性能，如硬度、耐磨性和韧性；该钢的晶粒更细，而且在加热时，对晶粒长大和形成碳化物网状的敏感性较小	用于制造在工作时切削刃口不变热的工具，如锯、錾子、丝锥、锉刀、刮刀、发条、量规、尺寸不大和截面无急剧变化的冷冲模以及木工用刀具
7	T12	过共析钢，由于碳含量高，淬火后仍有较大的过剩碳化物，因此，硬度和耐磨性均高，但韧性低，淬透性差，而且淬火变形大。所以，不适于制造切削速度高和受冲击负荷的工具	用来制造不受冲击负荷、切削速度不高、切削刃口不受热的工具，如车刀、铣刀、钻头、铰刀、扩孔钻、丝锥、板牙、刮刀、量规、刀片、小型冲头、钢锉、锯、发条、切烟刀片，以及断面尺寸小的冷切边模和冲模
8	T13	过共析钢，由于碳含量高，淬火后有更多的碳化物，因此，硬度更高，韧性也更差，所以不适于制造受冲击负荷和较高速度的切削工具	用于制造不受冲击负荷，但需要极高硬度的金属切削工具，如剃刀、刮刀、拉丝工具、锉刀、刻纹用工具、钻头，以及坚硬岩石的加工用工具和雕刻用工具等

2.2.2　合金工具钢（GB/T 1299—2000）

合金工具钢是在碳素工具钢的基础上加入适量的合金元素，以获得较高性能的一类钢。和碳素工具相比，其硬度、韧性及耐磨性都有提高，淬透性、淬硬性和热硬性提高得更多，钢号品种较多，性能特点各异，便于满足各种工具的要求。因此，合金工具钢可用于制造尺寸较大、形状复杂、性能要求较高的各种刃具、量具和模具。

合金工具钢的碳含量较高，多属高碳钢，但热作模具钢应具有高韧性和导热性，一般为中碳钢。加入的合金元素有 W，Mo，Cr，V 及 Mn，Si 等。合金元素总的质量分数小于 5% 的称为低合金工具钢，合金元素总的质量分数在 5%～10% 的称为中合金工具钢，合金元素总的质量分数大于 10% 的称为高合金工具钢。目前，合金工具钢大部分为低合金工具钢。按用途可将合金工具钢分为刃具钢、量具钢及模具钢（冷作模具钢、热作模具钢），但一种钢常常可兼做多种用途（热作模具钢例外）。

合金工具钢热处理多采用淬火＋低温回火；但热作模具钢应具有良好的韧性，因而常采用调质处理。

工业发达国家的合金工具钢产量约占总产量的 0.1%，其中模具钢产量较大，大约占合金工具钢产量的 70%～80%。

（1）牌号和化学成分（表 2-55）

表 2-55　合金工具钢的牌号和化学成分　（%）

统一数字代号	序号	钢组	牌　　号	化学成分（质量分数）				
				C	Si	Mn	P	S
							≤	
T30100	1-1	量具刃具用钢	9SiCr	0.85～0.95	1.20～1.60	0.30～0.60	0.030	0.030
T30000	1-2		8MnSi	0.75～0.85	0.30～0.60	0.80～1.10	0.030	0.030
T30060	1-3		Cr06	1.30～1.45	≤0.40	≤0.40	0.030	0.030
T30201	1-4		Cr2	0.95～1.10	≤0.40	≤0.40	0.030	0.030
T30200	1-5		9Cr2	0.80～0.95	≤0.40	≤0.40	0.030	0.030
T30001	1-6		W	1.05～1.25	≤0.40	≤0.40	0.030	0.030
T40124	2-1	耐冲击工具用钢	4CrW2Si	0.35～0.45	0.80～1.10	≤0.40	0.030	0.030
T40125	2-2		5CrW2Si	0.45～0.55	0.50～0.80	≤0.40	0.030	0.030
T40126	2-3		6CrW2Si	0.55～0.65	0.50～0.80	≤0.40	0.030	0.030
T40100	2-4		6CrMnSi2Mo1V	0.50～0.65	1.75～2.25	0.60～1.00	0.030	0.030
T40300	2-5		5Cr3Mn1SiMo1V	0.45～0.55	0.20～1.00	0.20～0.90	0.030	0.030
T21200	3-1	冷作模具钢	Cr12	2.00～2.30	≤0.40	≤0.40	0.030	0.030
T21202	3-2		Cr12Mo1V1	1.40～1.60	≤0.60	≤0.60	0.030	0.030
T21201	3-3		Cr12MoV	1.45～1.70	≤0.40	≤0.40	0.030	0.030
T20503	3-4		Cr5Mo1V	0.95～1.05	≤0.50	≤1.00	0.030	0.030
T20000	3-5		9Mn2V	0.85～0.95	≤0.40	1.70～2.00	0.030	0.030
T20111	3-6		CrWMn	0.90～1.05	≤0.40	0.80～1.10	0.030	0.030
T20110	3-7		9CrWMn	0.85～0.95	≤0.40	0.90～1.20	0.030	0.030
T20421	3-8		Cr4W2MoV	1.12～1.25	0.40～0.70	≤0.40	0.030	0.030
T20432	3-9		6Cr4W3Mo2VNb	0.60～0.70	≤0.40	≤0.40	0.030	0.030
T20465	3-10		6W6Mo5Cr4V	0.55～0.65	≤0.40	≤0.60	0.030	0.030
T20104	3-11		7CrSiMnMoV	0.65～0.75	0.85～1.15	0.65～1.05	0.030	0.030

续表 2-55

统一数字代号	序号	钢组	牌 号	化学成分（质量分数）				
				C	Si	Mn	P	S
							≤	
T20102	4-1	热作模具钢	5CrMnMo	0.50～0.60	0.25～0.60	1.20～1.60	0.030	0.030
T20103	4-2		5CrNiMo	0.50～0.60	≤0.40	0.50～0.80	0.030	0.030
T20280	4-3		3Cr2W8V	0.30～0.40	≤0.40	≤0.40	0.030	0.030
T20403	4-4		5Cr4Mo3SiMnVAl	0.47～0.57	0.80～1.10	0.80～1.10	0.030	0.030
T20323	4-5		3Cr3Mo3W2V	0.32～0.42	0.60～0.90	≤0.65	0.030	0.030
T20452	4-6		5Cr4W5Mo2V	0.40～0.50	≤0.40	≤0.40	0.030	0.030
T20300	4-7		8Cr3	0.75～0.85	≤0.40	≤0.40	0.030	0.030
T20104	4-8		4CrMnSiMoV	0.35～0.45	0.80～1.10	0.80～1.10	0.030	0.030
T20303	4-9		4Cr3Mo3SiV	0.35～0.45	0.80～1.20	0.25～0.70	0.030	0.030
T20501	4-10		4Cr5MoSiV	0.33～0.43	0.80～1.20	0.20～0.50	0.030	0.030
T20502	4-11		4Cr5MoSiV1	0.32～0.45	0.80～1.20	0.20～0.50	0.030	0.030
T20520	4-12		4Cr5W2VSi	0.32～0.42	0.80～1.20	≤0.40	0.030	0.030
T23152	5-1	无磁模具钢	7Mn15Cr2Al3V2WMo	0.65～0.75	≤0.08	14.50～16.50	0.030	0.030
T22020	6-1	塑料模具钢	3Cr2Mo	0.28～0.40	0.20～0.80	0.60～1.00	0.030	0.030
T22024	6-2		3Cr2MnNiMo	0.32～0.40	0.20～0.40	1.10～1.50	0.030	0.030

统一数字代号	序号	钢组	牌 号	化学成分（质量分数）					
				Cr	W	Mo	V	Al	其他
T30100	1-1	量具刃具用钢	9SiCr	0.95～1.25	—	—	—	—	—
T30000	1-2		8MnSi	—	—	—	—	—	—
T30060	1-3		Cr06	0.50～0.70	—	—	—	—	—
T30201	1-4		Cr2	1.30～1.65	—	—	—	—	—
T30200	1-5		9Cr2	1.30～1.70	—	—	—	—	—
T30001	1-6		W	0.10～0.30	0.08～1.20	—	—	—	—
T40124	2-1	耐冲击工具用钢	4CrW2Si	1.00～1.30	2.00～2.50	—	—	—	—
T40125	2-2		5CrW2Si	1.00～1.30	2.00～2.50	—	—	—	—
T40126	2-3		6CrW2Si	1.10～1.30	2.20～2.70	—	—	—	—
T40100	2-4		6CrMnSi2Mo1V	0.10～0.50	—	0.20～1.35	0.15～0.35	—	—
T40300	2-5		5Cr3Mn1SiMo1V	3.00～3.50	—	1.30～1.80	≤0.35	—	—
T21200	3-1	冷作模具钢	Cr12	11.50～13.00	—	—	—	—	—
T21202	3-2		Cr12Mo1V1	11.00～13.00	—	0.70～1.20	0.50～1.10	—	Co≤1.00
T21201	3-3		Cr12MoV	11.00～12.50	—	0.40～0.60	0.15～0.30	—	—
T20503	3-4		Cr5Mo1V	4.75～5.50	—	0.90～1.40	0.15～0.50	—	—
T20000	3-5		9Mn2V	—	—	—	0.10～0.25	—	—
T20111	3-6		CrWMn	0.90～1.20	1.20～1.60	—	—	—	—
T20110	3-7		9CrWMn	0.50～0.80	0.50～0.80	—	—	—	—
T20421	3-8		Cr4W2MoV	3.50～4.00	1.90～2.60	0.80～1.20	0.80～1.10	—	—
T20432	3-9		6Cr4W3Mo2VNb	3.80～4.40	2.50～3.50	1.80～2.50	0.80～1.20	—	Nb0.20～0.35
T20465	3-10		6W6Mo5Cr4V	3.70～4.30	6.00～7.00	4.50～5.50	0.70～1.10	—	—
T20104	3-11		7CrSiMnMoV	0.90～1.20	—	0.20～0.50	0.15～0.30	—	—

续表2-55

统一数字代号	序号	钢组	牌　号	化学成分（质量分数）					
				Cr	W	Mo	V	Al	其他
T20102	4-1	热作模具钢	5CrMnMo	0.60～0.90	—	0.15～0.30			
T20103	4-2		5CrNiMo	0.50～0.80	—	0.15～0.30			Ni1.40～1.80
T20280	4-3		3Cr2W8V	2.50～2.70	7.50～9.00		0.20～0.50		
T20403	4-4		5Cr4Mo3SiMnVAl	3.80～4.30	—	2.80～3.40	0.80～1.20	0.30～0.70	—
T20323	4-5		3Cr3Mo3W2V	2.80～3.30	1.20～1.80	2.50～3.00	0.80～1.20		
T20452	4-6		5Cr4W5Mo2V	3.40～4.40	4.50～5.30	1.50～2.10	0.70～1.10		
T20300	4-7		8Cr3	3.20～3.80	—	—			
T20104	4-8		4CrMnSiMoV	1.30～1.50		0.40～0.60	0.20～0.40		
T20303	4-9		4Cr3Mo3SiV	3.00～3.75		2.00～3.00	0.25～0.75		
T20501	4-10		4Cr5MoSiV	4.75～5.50		1.10～1.60	0.30～0.60		
T20502	4-11		4Cr5MoSiV1	4.75～5.50		1.10～1.75	0.80～1.20		
T20520	4-12		4Cr5W2VSi	4.50～5.50	1.60～2.40	—	0.60～1.00		
T23152	5-1	无磁模具钢	7Mn15Cr2A13V2WMo	2.00～2.50	0.50～0.80	0.50～0.80	1.50～2.00	2.30～3.30	—
T22020	6-1	塑料模具钢	3Cr2Mo	1.40～2.00		0.30～0.55			
T22024	6-2		3Cr2MnNiMo	1.70～2.00		0.25～0.40			Ni0.85～1.15

（2）硬度值（表2-56）

表2-56　合金工具钢的硬度值

序号	钢　组	牌　号	交货状态	试样淬火		
			硬度 HBW10/3 000	淬火温度/℃	冷　却　剂	硬度 HRC≥
1-1	量具刃具用钢	9SiCr	241～197	820～860	油	62
1-2		8MnSi	≤229	800～820	油	60
1-3		Cr06	241～187	780～810	水	64
1-4		Cr2	229～179	830～860	油	62
1-5		9Cr2	217～179	820～850	油	62
1-6		W	229～187	800～830	水	62
2-1	耐冲击工具用钢	4CrW2Si	217～179	860～900	油	53
2-2		5CrW2Si	255～207	860～900	油	55
2-3		6CrW2Si	285～229	860～900	油	57
2-4		6CrMnSi2Mo1V	≤229	（677±15）℃预热，885℃（盐浴）或[900（炉控气氛）±6]℃加热，保温5～15min，油冷，56～204℃回火		58
2-5		5Cr3Mn1SiMo1V	—	（677±15）℃预热，941℃（盐浴）或[955（炉控气氛）±6]℃加热，保温5～15min，空冷，56～204℃回火		56

续表 2-56

序号	钢组	牌号	交货状态	试样淬火		硬度 HRC≥
			硬度 HBW10/3 000	淬火温度/℃	冷却剂	
3-1	冷作模具钢	Cr12	269~217	950~1 000	油	60
3-2		Cr12Mo1V1	≤255	（820±15）℃预热，1 000℃（盐浴）或[1 010（炉控气氛）±6]℃加热，保温10~20min，空冷，（200±6）℃回火		59
3-3		Cr12MoV	255~207	950~1 000	油	58
3-4		Cr5Mo1V	≤255	（790±15）℃预热，940℃（盐浴）或[950（炉控气氛）±6]℃加热，保温5~15min，空冷，（200±6）℃回火		60
3-5		9Mn2V	≤229	780~810	油	62
3-6		CrWMn	255~207	800~830	油	62
3-7		9CrWMn	241~197	800~830	油	62
3-8		Cr4W2MnV	≤269	960~980，1 020~1 040	油	60
3-9		6Cr4W3Mo2VNb	≤255	1 100~1 160	油	60
3-10		6W6Mo5Cr4V	≤269	1 180~1 200	油	60
3-11		7CrSiMnMoV	≤235	淬火：870~900，回火：150±10	油冷或空冷，空冷	60
4-1	热作模具钢	5CrMnMo	241~197	820~850	油	
4-2		5CrNiMo	241~197	830~860	油	
4-3		3Cr2W8V	≤255	1 075~1 125	油	
4-4		5Cr4Mo3SiMnVAl	≤255	1 090~1 120	油	
4-5		3Cr3Mo3W2V	≤255	1 060~1 130	油	
4-6		5Cr4W5Mo2V	≤269	1 100~1 150	油	
4-7		8Cr3	255~207	850~880	油	
4-8		4CrMnSiMoV	241~197	870~930	油	
4-9		4Cr3Mo3SiV	≤229	（790±15）℃预热，1 010℃（盐浴）或[1 020（炉控气氛）±6]℃加热，保温5~15min，空冷，（550±6）℃回火		—
4-10		4Cr5MoSiV	≤235	（790±15）℃预热，1 000℃（盐浴）或[1 010（炉控气氛）±6]℃加热，保温5~15min，空冷，（550±6）℃回火		
4-11		4Cr5MoSiV1	≤235	（790±15）℃预热，1 000℃（盐浴）或[1 010（炉控气氛）±6]℃加热，保温5~15min，空冷，（550±6）℃回火		
4-12		4Cr5W2VSi	≤229	1 030~1 050	油或空	
5-1	无磁模具钢	7Mn15Cr2Al3V2WMo	—	1 170~1 190 固溶，650~700 时效	水，空	45
6-1	塑料模具钢	3Cr2Mo	—			—
6-2		3Cr2MnNiMo	—			

（3）特性和用途（表2-57）

表2-57 合金工具钢的特性和用途

序号	钢组	牌号	主要特性	用途举例
1-1	量具刃具用钢	9SiCr	常用低合金量具刃具钢，具有较高的淬透性、淬硬性和回火稳定性，适合于分级淬火或等温淬火，热处理变形较小	用于制造形状复杂、变形小、耐磨性高、低速切削刀具，如钻头、螺纹工具、铰刀、板牙、搓丝板和滚丝轮等，还用于制造机用冲模、打印模具、冷轧辊、校正辊和细长零件
1-2		8MnSi	在碳素工具钢T8的基础上，将硅、锰含量提高而形成的一种量具刃具钢；由于提高了硅、锰含量，从而提高了钢的淬透性	用于制造木工工具，如凿子、锯条和其他刀具，还用于制造盘锯锯片、镶片刀体等
1-3		Cr06	含少量铬的低合金量具刃具钢，热处理后能获得较高的硬度和耐磨性；但由于碳含量较高，容易形成网状碳化物，从而影响钢材性能，特别是对于截面大的工具，尤其是薄片大断面工具的脆性更为显著。因此，必须严格控制网状碳化物	用于制造低负荷操作，又要求刃部锋利的刀具，如外科手术刀具、刮脸刀片、雕刻刀、锉刀、刮刀和羊毛剪刀片等手动或电动工具
1-4		Cr2	含铬量刃具钢，在碳素工具钢T10的基础上加入一定量的铬制成。由于含有铬，使钢的淬透性、硬度和耐磨性都比碳素工具钢T10好。在热处理淬火、回火时尺寸变化也不大	用于制造量具如样板、卡板、样套、量规、块规、环规、螺纹塞规和样柱等，还可用它制造拉丝模和冷镦模
1-5		9Cr2	由于含有一定数量的铬，提高了钢的淬透性，即使在油中淬火也可以获得较高的硬度；经过适当的热处理后，具有良好的耐磨性，碳化物分布也比较均匀	用于制造冷作模具、冲压模冲头和凹模、压印模、木工工具等，还有的用来制造冷轧辊和压延辊
1-6		W	淬火后的硬度和耐磨性比碳素工具钢好，过热敏感性也比碳素工具钢低，而且热处理变形较小；水淬时，不易产生裂纹，回火稳定性也较好。但该钢淬透性较低，一般厚度在10～15mm以下的零件才能淬透，其硬度可达64～66HRC	用于制造断面不大的工具，如小型麻花钻头以及切削速度不大、工作温度不高的丝锥、板牙和手动铰刀等工具
2-1	耐冲击工具用钢	4CrW2Si	是在铬硅钢的基础上加入2.00%～2.50%的钨而冶炼成的。由于加入钨而有助于在进行淬火时保存比较细的晶粒，这就有可能在回火状态下获得较高的韧性，并增加回火稳定性。这种钢还具有一定的淬透性和高温强度	用于制造承受高冲击载荷使用的工具，如风动工具、錾、冲裁切边复合模、冲模、冷切削的剪刀等冲剪工具，以及部分小型热作模具
2-2		5CrW2Si	是在铬硅钢的基础上加入2.00%～2.50%的钨而冶炼成的。由于钨有助于在淬火时保存比较细的晶粒，从而在回火状态下有可能获得较高的韧性，并增加钢的回火稳定性，同时还具有一定的淬透性和高温力学性能	用于制造冷剪金属的刀片、铲搓丝板的铲刀、冷冲裁和切边的凹模，以及长期工作的木工工具等
2-3		6CrW2Si	是在铬硅钢的基础上加入2.20%～2.70%的钨而形成的钢种，由于钨有助于钢在淬火时保存比较细的晶粒，从而使回火状态下的钢具有较高的韧性。6CrW2Si比4CrW2Si和5CrW2Si具有更高的淬火硬度和一定的高温强度	用于制造承受冲击载荷而又要求耐磨性高的工具，如风动工具、錾子、冲击模具、冷剪机刀片、冲裁切边用凹模和空气锤用工具等
2-4		6CrMnSi2MoIV	—	—
2-5		5Cr3Mn1SiMoIV	—	—

续表 2-57

序号	钢组	牌　号	主 要 特 性	用 途 举 例
3-1	冷作模具钢	Cr12	高碳、高铬类型莱氏体冷作模具钢,具有较好的淬透性和良好的耐磨性;但由于钢中碳含量最高可达 2.30%(质量分数),从而使钢变得硬而脆,几乎承受不了较大的冲压载荷,冲击韧度较差,容易脆裂,且容易形成不均匀的共晶碳化物	用于制造受冲击负荷较小,要求具有高耐磨性的冷冲模及冲头,用于切剪硬而薄的金属的冷切剪刀、钻套、量规、拉丝模、压印模、搓丝板、拉深模和螺纹滚模等类模具
3-2		Cr12Mo1V1	高碳、高铬类型莱氏体冷作模具钢,不特殊要求时钴不作为必加成分。由于钼和钒比 Cr12MoV 高一些,进一步细化钢的组织和晶粒,提高钢的淬透性、强度和韧性,使该钢的综合性能均比 Cr12MoV 好	用于制造要求高耐磨性的大型复杂的冷作模具,如冷切剪刀、切边模、滚边模、量规、拉丝模、搓丝板、螺纹滚模和要求高耐磨的冷冲模及冲头等
3-3		Cr12MoV	高碳、高铬类型莱氏体冷作模具钢,具有良好的淬透性,截面在 300～400mm 以下仍可完全淬透,且具有很高的耐磨性,淬火时体积变化小。其碳含量比 Cr12 低得多,并加入少量的钼、钒,因此,钢的热加工性、冲击韧度和碳化物分布都得到了明显改善	用于制造要求高耐磨性的大型复杂的冷作模具,如冷切剪刀、切边模、滚边模、量规、拉丝模、搓丝板、螺纹滚模和要求高耐磨的冷冲模及冲头等
3-4		Cr5Mo1V	该钢的合金含量中等,由于含有钼和钒,钢的淬透性良好,碳化物分布较均匀,所以具有一定的冲击韧度和较好的耐磨性	用于制造量具、冷作模具、成型模、下料模、冲头、冷冲裁模和搓丝板等
3-5		9Mn2V	其综合力学性能比碳素工具钢好,具有较高的硬度和耐磨性;淬透性很好,淬火时变形较小;由于钢中含有一定量的钒,细化了晶粒,减少钢的过热敏感性;碳化物不均匀性较 CrMn,CrWMn 低	用于制造各种精密量具、样板,还用于制造一般要求的尺寸比较小的冲模、冷挤压模、雕刻模和落料模等
3-6		CrWMn	使用较广泛的冷作模具钢,具有较高的淬透性;由于加入 1.20%～1.60%的钨,形成碳化物,所以在淬火和低温回火后具有一定的硬度和耐磨性。但 CrWMn 对于形成网状碳化物比较敏感,而且这种碳化物网使工具刃部有剥落的危险,因此,生产中必须考虑如何防止和消除严重的碳化物网	用于制造量具,如板牙、块规、样柱和样套,以及形状复杂的高精度冲模等
3-7		9CrWMn	低合金冷作模具钢,具有一定的淬透性和耐磨性;淬火变形较小,碳化物分布均匀,而且颗粒细小	用于制造截面不大而形状较复杂的冷冲模,以及各种量具
3-8		Cr4W2MoV	性能比较稳定,与 Cr12 和 Cr12MoV 相比,用它制成的模具使用寿命明显延长。该钢共晶碳化物颗粒细小,分布均匀,具有较高的淬透性和淬硬性及较好的耐磨性和尺寸稳定性;但该钢热加工温度范围较窄,变形抗力较大	用于制造各种冲模、冷镦模、落料模、冷挤压凹模和搓丝板等工、模具
3-9		6Cr4W3Mo2V Nb	高韧性冷作模具钢,其成分接近高速工具钢的基本成分,属于一种基体钢,因而它具有高速钢的高硬度和高强度。这种钢没有过剩的碳化物,因此具有较好的韧性和疲劳强度;由于钢中加入 0.20%～0.35%的铌,使晶粒细化,并提高晶粒粗化的温度,从而提高了钢的韧性,并改善了工艺性能。用这种钢制造的模具,其使用寿命明显提高	用于制造承受冲击载荷及形状复杂的冷作模具、冷挤压模具、冷镦模具和螺钉冲头

续表 2-57

序号	钢组	牌号	主 要 特 性	用 途 举 例
3-10	冷作模具钢	6W6Mo5Cr4V	低碳高速钢类型的冷作模具钢，其淬透性好，并具有类似高速钢的高硬度、高耐磨性、高强度等综合性能，还具有比高速钢好的韧性；用这种钢制造的冷挤压模的寿命较长。但因钢中含钼量较高，热加工温度范围稍窄，变形抗力较大，容易产生脱碳	用于制造冷挤压凹模、上下冲头等
3-11		7CrSiMnMoV	新型冷作模具钢，淬透性良好，具有较高的硬度和耐磨性	用于制造对冲击性能要求较高的冷作模具钢
4-1	热作模具钢	5CrMnMo	除淬透性、耐热疲劳性稍差外，其他性能都与 5CrNiMo 的性能相似	用于制造要求具有较高强度和高耐磨性的各种类型的锻模
4-2		5CrNiMo	合金元素含量较低的热作模具钢，具有良好的韧性、强度和耐磨性；在室温和 500～600℃ 时力学性能几乎相同，在加热到 500℃ 时，仍能保持 300HBW 以上的硬度；由于钢中含钼，对回火脆性不敏感，从 600℃ 缓慢冷却下来以后，冲击韧度稍有降低；钢的淬透性好，300mm×400mm×300mm 的大块钢件，自 820℃ 油淬和 560℃ 回火后，断面各部分的硬度几乎一致；但该钢容易出现白点	适于制造形状复杂、冲击负荷重的边长 400～600mm 的大、中型锤锻模，一般材料用剪切刀
4-3		3Cr2W8V	含有较多的易形成碳化物的元素铬、钨，在高温下具有较高的强度和硬度，在 650℃ 时硬度仍可达到 300HBW，但韧性和塑性较差；有一定的淬透性，钢材断面在 80mm 以下时可以淬透；该钢的相变温度较高，耐冷热疲劳性良好	适于制造高温、高应力，但不受冲击负荷的压铸铜、铝、镁合金用的附模、型芯、浇口套、分流钉、高应力压膜、热剪切刀、热顶锻模、平锻机凸凹模、镶块等
4-4		5Cr4Mo3SiMnVAl	我国研制的冷、热兼用的模具钢，有较高的强韧性、抗回火稳定性、耐冷热疲劳性，淬透性和淬硬性，工艺性能也较好，耐磨性略显不足	可代替 3Cr2W8V，Cr12MoV 的高速工具钢制作热挤压冲头、热顶锻模、冷镦模、冲孔凹模、压铸模、锻压工具、冲孔钻头（电钻上专用工具）
4-5		3Cr3Mo3W2V	与 Cr2W8V 相比，合金含量不多，但冷热加工性能良好，淬、回火温度范围较宽；有较高的热强性、抗热疲劳性能；还具有良好的耐磨性和抗回火稳定性等特点。用这种钢制造的模具使用寿命比 3Cr2W8V 的长	适于制作镦锻、辊锻、精锻、压力机等热作模具，以及压铸模、高应力压模、热压模等
4-6		5Cr4W5Mo2V	有较高的热硬性、高温强度和较高的耐磨性，这种钢可以进行一般热处理或化学热处理，它可代替 3Cr2W8V 制造某些热挤压模具。用它制造的模具使用寿命较长	适于制作中、小型精锻模、平锻模、热切边模、铆钉模、重振动切割器，也可代替 3Cr2W8V 制作某些热挤压模具
4-7		8Cr3	是在碳素工具钢 T8 的基础上添加 3.20%～3.80% 的铬而冶炼成的。由于铬的作用，使钢的淬透性得到提高，并具有一定的室温、高温强度，而且能形成细小均匀分布的碳化物	用于制造弯曲模、镦锻模、顶锻模以及切边模等热作模具
4-8		4CrMnSiMoV	含有一定量的钼、钒，因而具有良好的高温性能、抗回火稳定性和高的耐热疲劳性能；虽然冲击韧度稍低于 5CrNiMo，但由于强度高、耐热性好，模具的使用寿命比 5CrNiMo 长，又不含镍，所以可用来代替 5CrNiMo	用于制造各种类型的锤锻模和压力机锻模
4-9		4Cr3MoSiV	具有较高的淬透性和高温硬度以及优良的韧性	用于制造中、高温度下工作的热作模具

续表 2-57

序号	钢组	牌号	主要特性	用途举例
4-10	热作模具钢	4Cr5MoSiV	空冷硬化型的热作模具钢,在中温下具有较好的热强度,高的韧性和耐磨性,在工作温度下具有较好的耐冷热疲劳性能,在热处理时的变形较小	用于制造铝铸件用压铸模、热挤压和穿孔用的工具及芯棒、压力机锻模、塑料模等;还用于制造飞机、火箭等工作温度 400~500℃ 的结构零件
4-11		4Cr5MoSiV1	空冷硬化型的热作模具钢,由于钒含量比 4Cr5MoSiV 增加一倍,从而提高了钢的热强度和硬度,尤其是在中温(600℃)时,具有较好的热强度和硬度,高的耐磨性和韧性,而且还具有较好的耐冷热疲劳性能	用于制造模锻锤的锤模、热挤压模具与芯棒、锻造压力机模具、精锻机用模具镶块以及铝、铜及其合金的压铸模等
4-12		4Cr5W2VSi	空冷硬化型的热作模具钢,在中温下具有较高的热强度、硬度、耐磨性和韧性,在工作温度下还具有较好的耐冷热疲劳性能	用于制造热挤压用的模具和芯棒,铝、锌等轻金属的压铸模,热顶锻结构钢和耐热钢用的工具,高能高速锤用的模具
5-1	无磁模具钢	7Mn15Cr2Al3 V2WMo	高锰-钒系无磁模具钢,最大特点是在各种状态下都能保持稳定的奥氏体,具有非常低的磁导率,高的硬度、强度、较好的耐磨性;由于高锰钢的冷作硬化现象,切削加工比较困难。采用高温退火可以改变碳化物的颗粒大小与分布状态,从而明显地改善钢的切削性能;采用气体软氮化工艺,能进一步提高钢的表面硬度,增加耐磨性,显著提高零件的使用寿命	用于制造要求无磁的模具、无磁轴承及其他要求在强磁场中不产生磁感应的结构零件;还可以用于制造在 700~800℃ 使用的热作模具
6-1	塑料模具钢	3Cr2Mo	系引进美国的 P20 塑料模具钢,一般在预硬状态 30HBW 左右供应,具有良好的可切削加工性能和镜面研磨性能。经机加工成形后,无须高温热处理直接使用,可避免型腔变形及尺寸变化;此外,为了提高型腔表面硬度,延长模具使用寿命,在机加工成形后,也可进行渗碳、淬火+低温回火处理或氮化处理	用于型腔复杂、要求镜面抛光的塑料模和压铸低熔点金属的模具
6-2		3Cr2NiMo	在 3Cr2Mo 的基础上添加锰、镍合金元素,提高了钢的淬透性和韧性、硬度,抗热性更好	用于制造截面尺寸大和承受冲击较大的塑料模具

2.2.3 优质合金模具钢(GB/T 24594—2009)

(1)牌号和化学成分(表2-58、表2-59)

表 2-58 优质合金模具钢的牌号和化学成分 (%)

钢组	序号	统一数字代号	新牌号	旧牌号	化学成分(质量分数)				
					C	Si	Mn	Cr	Mo
热作模具钢	1-1	T20280	3Cr2W8V	—	0.30~0.40	≤0.40	≤0.40	2.20~2.70	—
	1-2	T20502	4Cr5MoSiV1	—	0.32~0.45	0.80~1.20	0.20~0.50	4.75~5.50	1.10~1.75
	1-3	T20503	4Cr5MoSiV1A	—	0.37~0.42	0.80~1.20	0.20~0.50	5.00~5.50	1.20~1.75
	1-4	T20103	5Cr06NiMo	5CrNiMo	0.50~0.60	≤0.40	0.50~0.80	0.50~0.80	0.15~0.30
	1-5	T20102	5Cr08MnMo	5CrMnMo	0.50~0.60	0.25~0.60	1.20~1.60	0.60~0.90	0.15~0.30
冷作模具钢	2-1	T20110	9Cr06WMn	9CrWMn	0.85~0.95	≤0.40	0.90~1.20	0.50~0.80	—
	2-2	T20111	CrWMn	—	0.90~1.05	≤0.40	0.80~1.10	0.90~1.20	—
	2-3	T21202	Cr12Mo1V1	—	1.40~1.60	≤0.60	≤0.60	11.00~13.00	0.70~1.20
	2-4	T20201	Cr12MoV	—	1.45~1.70	≤0.40	≤0.40	11.0~12.50	0.40~0.60
	2-5	T21200	Cr12	—	2.00~2.30	≤0.40	≤0.40	11.50~13.00	—

续表 2-58

钢组	序号	统一数字代号	新牌号	旧牌号	化学成分（质量分数）				
					C	Si	Mn	Cr	Mo
塑料模具钢	3-1	T22032	1Ni3Mn2CuAl	—	0.10～0.15	≤0.35	1.40～2.00	—	0.25～0.50
	3-2	S42020	20Cr13	2Cr13	0.16～0.25	≤1.00	≤1.00	12.00～14.00	—
	3-3	S45930	30Cr17Mo	3Cr17Mo	0.28～0.35	≤0.80	≤1.00	16.00～18.00	0.75～1.25
	3-4	S42040	40Cr13	4Cr13	0.35～0.45	≤0.60	≤0.80	12.00～14.00	—
	3-5	T22020	3Cr2MnMo	3Cr2Mo	0.28～0.40	0.20～0.80	0.60～1.00	1.40～2.00	0.30～0.55
	3-6	T22024	3Cr2MnNiMo	—	0.32～0.40	0.20～0.40	1.10～1.50	1.70～2.00	0.25～0.40

钢组	序号	统一数字代号	新牌号	旧牌号	化学成分（质量分数）				
					Ni	Cu	W	V	Al
热作模具钢	1-1	T20280	3Cr2W8V	—	≤0.25	≤0.25	7.50～9.00	0.20～0.50	—
	1-2	T20502	4Cr5MoSiV1	—	≤0.25	≤0.25	—	0.80～1.20	—
	1-3	T20503	4Cr5MoSiV1A	—	≤0.25	≤0.25	—	0.80～1.20	—
	1-4	T20103	5Cr06NiMo	5CrNiMo	1.40～1.80	≤0.25	—	—	—
	1-5	T20102	5Cr08MnMo	5CrMnMo	≤0.25	≤0.25	—	—	—
冷作模具钢	2-1	T20110	9Cr06WMn	9CrWMn	≤0.25	≤0.25	0.50～0.80	—	—
	2-2	T20111	CrWMn	—	≤0.25	≤0.25	1.20～1.60	—	—
	2-3	T21202	Cr12Mo1V1	—	≤0.25	≤0.25	—	0.50～1.10	—
	2-4	T20201	Cr12MoV	—	≤0.25	≤0.25	—	0.15～0.30	—
	2-5	T21200	Cr12	—	≤0.25	≤0.25	—	—	—
塑料模具钢	3-1	T22032	1Ni3Mn2CuAl	—	2.90～3.40	0.80～1.20	—	—	0.70～1.10
	3-2	S42020	20Cr13	2Cr13	≤0.60	—	—	—	—
	3-3	S45930	30Cr17Mo	3Cr17Mo	≤0.60	—	—	—	—
	3-4	S42040	40Cr13	4Cr13	≤0.60	—	—	—	—
	3-5	T22020	3Cr2MnMo	3Cr2Mo	≤0.25	≤0.25	—	—	—
	3-6	T22024	3Cr2MnNiMo	—	0.85～1.15	≤0.25	—	—	—

表 2-59　优质合金模具钢的 P，S 含量　　　　　（%）

组　别	冶炼方法	P（质量分数）	S（质量分数）	
1	真空脱气	≤0.025	热作模具钢	≤0.020
			冷作模具钢、塑料模具钢	≤0.025
2	电渣重熔	≤0.025	≤0.010	

（2）交货硬度（表2-60）

表 2-60　优质合金模具钢的交货硬度

钢组	序号	新 牌 号	旧 牌 号	交货状态的钢材硬度		试样淬火硬度		
				退火硬度 HBW	预硬化硬度 HRC	淬火温度/℃	冷 却 介 质	硬度 HRC
热作模具钢	1-1	3Cr2W8V	—	≤255	—	—	—	—
	1-2	4Cr5MoSiV1	—	≤235	—	—	—	—
	1-3	4Cr5MoSiV1A	—	≤235	—	—	—	—
	1-4	5Cr06NiMo	5CrNiMo	197～241	—	—	—	—
	1-5	5Cr08MnMo	5CrMnMo	197～241	—	—	—	—

续表 2-60

钢组	序号	新 牌 号	旧 牌 号	交货状态的钢材硬度		试样淬火硬度		
				退火硬度 HBW	预硬化硬度 HRC	淬火温度/℃	冷 却 介 质	硬度 HRC
冷作模具钢	2-1	9Cr06WMn	9CrWMn	197～241	—	800～830	油	≥62
	2-2	CrWMn	—	207～255	—	800～830	油	≥62
	2-3	Cr12Mo1V1	—	≤255		（820±15）℃预热，1 000℃（盐浴）或[1 010（炉控气氛）±6]℃加热，保温 10～20min 空冷，（200±6）℃回火		≥59
	2-4	Cr12MoV	—	207～255	—	950～1 000	油	≥58
	2-5	Cr12	—	217～269	—	950～1 000	油	≥60
塑料模具钢	3-1	1Ni3Mn2CuA1	—	≤235	36～43	—	—	—
	3-2	20Cr13	2Cr13	≤235	30～36	—	—	—
	3-3	30Cr17Mo	3Cr17Mo	≤235	30～36	—	—	—
	3-4	40Cr13	4Cr13	≤235	30～36	—	—	—
	3-5	3Cr2MnMo	3Cr2Mo	≤235	28～36	—	—	—
	3-6	3Cr2MnNiMo	3Cr2MnNiMo	≤235	30～36	—	—	—

（3）特性和用途（表 2-61）

表 2-61　优质合金模具钢的特性和用途

钢组	序号	新 牌 号	旧 牌 号	特 性 和 用 途
热作模具钢	1-1	3Cr2W8V	—	该钢种在高温下具有较高的强度和硬度，可用来制作高温下高应力但不受冲击载荷的凸凹模、压铸用具等
	1-2	4Cr5MoSiV1	—	该钢种是一种空冷硬化的热作模具钢，也是所有热作模具钢中使用最广泛的牌号之一，该钢广泛用于制造热挤压模具与芯棒、模锻锤的锻模、锻造压力机模具等
	1-3	4Cr5MoSiV1A	—	该钢种相当于北美压铸协会标准 NADCA207《压力铸造模具钢用高级 H13 钢的验收标准》中的 H13，适用于制造大批量生产和特殊要求的压铸模具钢
	1-4	5Cr06NiMo	5CrNiMo	该钢种具有良好的韧性、强度和高耐磨性，并具有良好的淬透性
	1-5	5Cr08MnMo	5CrMnMo	该钢种具有与 5CrNiMo 相似的性能，淬透性较 5CrNiMo 略差，在高温下工作，耐热疲劳性逊于 5CrNiMo，适用于制造要求具有较高强度和高耐磨性的各种类型的锻模
冷作模具钢	2-1	9Cr06WMn	9CrWMn	该钢种具有一定的淬透性和耐磨性，淬火变形较小，碳化物分布均匀且颗粒小，通常用于制造截面不大而变形复杂的冷冲模
	2-2	CrWMn	—	该钢种具有高淬透性，可用来制造在工作时切削刃口不剧烈变热的工具和淬火时要求不变形的量具、刃具
	2-3	Cr12Mo1V1	—	该钢种相当于 ASTM A681 的 D2 钢，是国际上较广泛采用的高碳高铬冷作模具钢，属于莱氏体钢，具有高的淬透性、淬硬性和高的耐磨性，高温抗氧化性能好，淬火和抛光后抗锈蚀能力好，热处理变形小
	2-4	Cr12MoV	—	该钢种具有高淬透性，可用于制造截面较大、形状复杂、经受较大冲击载荷的各种模具
	2-5	Cr12	—	该钢种相当于 ASTM A681 的 D3 钢，该钢具有良好的耐磨性，多用于制造受冲击载荷较小的要求较高耐磨的冷冲模及冲头、冷剪切刀、钻套、量规、拉丝模等

续表 2-61

钢组	序号	新牌号	旧牌号	特　性　和　用　途
塑料模具钢	3-1	1Ni3Mn2CuAl	—	该钢种是一种镍铜铝系时效硬化型塑料模具钢,其淬透性好,热处理变形小,镜面加工性能好,适用于制造高镜面的塑料模具、高外观质量的家用电器塑料模具
	3-2	20Cr13	2Cr13	该钢种属于马氏体类型不锈钢,其机械加工性能较好,经热处理后具有优良的耐蚀性,较好的强韧性,适宜制造承受高载荷并在腐蚀介质作用下的塑料模具钢和透明塑料制品模具等
	3-3	30Cr17Mo	3Cr17Mo	该钢种属于马氏体类型不锈钢,用于腐蚀性能较强的塑料成型模具
	3-4	40Cr13	4Cr13	该钢种属于马氏体类型不锈钢,其力学性能较好,经热处理(淬火及回火)后,具有优良的耐蚀性、抛光性能、较高的强度和耐磨性,适宜制造承受载荷并在腐蚀介质作用下的塑料模具钢和透明塑料制品模具等
	3-5	3Cr2MnMo	3Cr2Mo	该钢种相当于 ASTM A681 的 P20 钢,是国际上较广泛应用的塑料模具钢,其综合性能好,淬透性高,可以使较大截面的钢材获得均匀的硬度,并且具有很好的抛光性能,模具表面粗糙度低
	3-6	3Cr2MnNiMo	3Cr2MnNiMo	该钢种相当于瑞典 ASSAB 公司的 718 钢,是国际上广泛应用的塑料模具钢,综合力学性能好,淬透性高,可以使大截面钢材在调质处理后具有均匀的硬度分布,有很好的抛光性能

2.2.4　高速工具钢（GB/T 9943—2008）

高速工具钢简称高工钢或高速钢,俗称"锋钢"或"风钢",是一种适于高速切削的高碳高合金工具钢。其突出特点是具有很高的硬度、耐磨性及热硬性(也称红硬性),当刃具温度高达 500～600℃时,硬度仍无明显下降,能以比低合金刃具钢更高的速度进行切削。主要用于制造切削速度高、负荷重、工作温度高的各种切削刀具,如车刀、铣刀、滚刀、刨刀、拉刀、钻头、丝锥等;也可用于制造要求耐磨性高的冷热变形模具、高温弹簧、高温轴承等。

（1）牌号和化学成分（表 2-62）

表 2-62　高速工具钢的牌号和化学成分　　　　　　　　　　（%）

序号	统一数字代号	牌　号	化学成分（质量分数）				
			C	Mn	Si	S	P
1	T63342	W3Mo3Cr4V2	0.95～1.03	≤0.40	≤0.45	≤0.030	≤0.030
2	T64340	W4Mo3Cr4VSi	0.83～0.93	0.20～0.40	0.70～1.00	≤0.030	≤0.030
3	T51841	W18Cr4V	0.73～0.83	0.10～0.40	0.20～0.40	≤0.030	≤0.030
4	T62841	W2Mo8Cr4V	0.77～0.87	≤0.40	≤0.70	≤0.030	≤0.030
5	T62942	W2Mo9Cr4V2	0.95～1.05	0.15～0.40	≤0.70	≤0.030	≤0.030
6	T66541	W6Mo5Cr4V2	0.80～0.90	0.15～0.40	0.20～0.45	≤0.030	≤0.030
7	T66542	CW6Mo5Cr4V2	0.86～0.94	0.15～0.40	0.20～0.45	≤0.030	≤0.030
8	T66642	W6Mo6Cr4V2	1.00～1.10	≤0.40	≤0.45	≤0.030	≤0.030
9	T69341	W9Mo3Cr4V	0.77～0.87	0.20～0.40	0.20～0.40	≤0.030	≤0.030
10	T66543	W6Mo5Cr4V3	1.15～1.25	0.15～0.40	0.20～0.45	≤0.030	≤0.030
11	T66545	CW6Mo5Cr4V3	1.25～1.32	0.15～0.40	≤0.70	≤0.030	≤0.030
12	T66544	W6Mo5Cr4V4	1.25～1.40	≤0.40	≤0.45	≤0.030	≤0.030
13	T66546	W6Mo5Cr4V2Al	1.05～1.15	0.15～0.40	0.20～0.60	≤0.030	≤0.030
14	T71245	W12Cr4V5Co5	1.50～1.60	0.15～0.40	0.15～0.40	≤0.030	≤0.030
15	T76545	W6Mo5Cr4V2Co5	0.87～0.95	0.15～0.40	0.20～0.45	≤0.030	≤0.030
16	T76438	W6Mo5Cr4V3Co8	1.23～1.33	≤0.40	≤0.70	≤0.030	≤0.030

续表 2-62

序号	统一数字代号	牌 号	化学成分（质量分数）				
			C	Mn	Si	S	P
17	T77445	W7Mo4Cr4V2Co5	1.05～1.15	0.20～0.60	0.15～0.50	≤0.030	≤0.030
18	T72948	W2Mo9Cr4VCo8	1.05～1.15	0.15～0.40	0.15～0.65	≤0.030	≤0.030
19	T71010	W10Mo4Cr4V3Co10	1.20～1.35	≤0.40	≤0.45	≤0.030	≤0.030

序号	统一数字代号	牌 号	化学成分（质量分数）				
			Cr	V	W	Mo	Co
1	T63342	W3Mo3Cr4V2	3.80～4.50	2.20～2.50	2.70～3.00	2.50～2.90	—
2	T64340	W4Mo3Cr4VSi	3.80～4.40	1.20～1.80	3.50～4.50	2.50～3.50	—
3	T51841	W18Cr4V	3.80～4.50	1.00～1.20	17.20～18.70	—	—
4	T62841	W2Mo8Cr4V	3.50～4.50	1.00～1.40	1.40～2.00	8.00～9.00	—
5	T62942	W2Mo9Cr4V2	3.50～4.50	1.75～2.20	1.50～2.10	8.20～9.20	—
6	T66541	W6Mo5Cr4V2	3.80～4.40	1.75～2.20	5.50～6.75	4.50～5.50	—
7	T66542	CW6Mo5Cr4V2	3.80～4.50	1.75～2.10	5.90～6.75	4.70～5.20	—
8	T66642	W6Mo6Cr4V2	3.80～4.50	2.30～2.60	5.90～6.70	5.50～6.50	—
9	T69341	W9Mo3Cr4V	3.80～4.40	1.30～1.70	8.50～9.50	2.70～3.30	—
10	T66543	W6Mo5Cr4V3	3.80～4.50	2.70～3.20	5.90～6.70	4.70～5.20	—
11	T66545	CW6Mo5Cr4V3	3.75～4.50	2.70～3.20	5.90～6.70	4.70～5.20	—
12	T66544	W6Mo5Cr4V4	3.80～4.50	3.70～4.20	5.20～6.00	4.20～5.00	—
13	T66546	W6Mo5Cr4V2Al	3.80～4.40	1.75～2.20	5.50～6.75	4.50～5.50	Al 0.80～1.20
14	T71245	W12Cr4V5Co5	3.75～5.00	4.50～5.25	11.75～13.00	—	4.75～5.25
15	T76545	W6Mo5Cr4V2Co5	3.80～4.50	1.70～2.10	5.90～6.70	4.70～5.20	4.50～5.00
16	T76438	W6Mo5Cr4V3o8	3.80～4.50	2.70～3.20	5.90～6.70	4.70～5.30	8.00～8.80
17	T77445	W7Mo4Cr4V2Co5	3.75～4.50	1.75～2.25	6.25～7.00	3.25～4.25	4.75～5.75
18	T72948	W2Mo9Cr4VCo8	3.5～4.25	0.95～1.35	1.15～1.85	9.00～10.00	7.75～8.75
19	T71010	W10Mo4Cr4V3Co10	3.80～4.50	3.00～3.50	9.00～10.00	3.20～3.90	9.50～10.50

（2）硬度值（表 2-63）

表 2-63 高速工具钢的硬度值

序号	牌 号	交货硬度（退火态）HBW≤	试 样 热 处 理 制 度 及 淬 回 火 硬 度					
			预热温度/℃	淬火温度/℃		淬火介质	回火温度/℃	硬度 HRC ≥
				盐浴炉	箱式炉			
1	W3Mo3Cr4V2	255	800～900	1 120～1 180	1 120～1 180	油或盐浴	540～560	63
2	W4Mo3Cr4VSi	255		1 170～1 190	1 170～1 190		540～560	63
3	W18Cr4V	255		1 250～1 270	1 260～1 280		550～570	63
4	W2Mo8Cr4V	255		1 120～1 180	1 180～1 120		550～570	63
5	W2Mo9Cr4V2	255		1 190～1 210	1 200～1 220		540～560	64
6	W6Mo5Cr4V2	255		1 200～1 220	1 210～1 230		540～560	64
7	CW6Mo5Cr4V2	255		1 190～1 210	1 200～1 220		540～560	64
8	W6Mo6Cr4V2	262		1 190～1 210	1 190～1 210		550～570	64

续表 2-63

序号	牌　号	交货硬度（退火态）HBW≤	试 样 热 处 理 制 度 及 淬 回 火 硬 度					
			预热温度/℃	淬火温度/℃		淬火介质	回火温度/℃	硬度 HRC ≥
				盐浴炉	箱式炉			
9	W9Mo3Cr4V	255	800～900	1 200～1 220	1 220～1 240	油或盐浴	540～560	64
10	W6Mo5Cr4V3	262		1 190～1 210	1 200～1 220		540～560	64
11	CW6Mo5Cr4V3	262		1 180～1 200	1 190～1 210		540～560	64
12	W6Mo5Cr4V4	269		1 200～1 220	1 200～1 220		550～570	64
13	W6Mo5Cr4V2Al	269		1 200～1 220	1 230～1 240		550～570	65
14	W12Cr4V5Co5	277		1 220～1 240	1 230～1 250		540～560	65
15	W6Mo5Cr4V2Co5	269		1 190～1 210	1 200～1 220		540～560	64
16	W6Mo5Cr4V3Co8	285		1 170～1 190	1 170～1 190		550～570	65
17	W7Mo4Cr4V2Co5	269		1 180～1 200	1 190～1 210		540～560	66
18	W2Mo9Cr4VCo8	269		1 170～1 190	1 180～1 200		540～560	66
19	W10Mo4Cr4V3Co10	285		1 220～1 240	1 220～1 240		550～570	66

（3）特性和用途（表 2-64）

表 2-64　高速工具钢的特性和用途

序号	牌　号	主 要 特 性	用 途 举 例
1	W3Mo3Cr4V2	—	制造一般高速切削用刃具，如车刀、铣刀、刨刀、钻头、板牙、丝锥、锯片、冷镦模
2	W4Mo3Cr4VSi	低合金高性能高速钢，韧性和热塑性良好；虽然 W，Mo 含量较 W6Mo5Cr4V2 低，但交货状态和试样热处理后的硬度则与其相当。加热时应注意保护以免氧化脱碳	一般用于制造热塑成型钻头或韧性好的量具、刃具
3	W18Cr4V	钨系高速工具钢，具有较高的硬度、热硬性和高温强度，在 500℃ 及 600℃ 时硬度值仍能分别保持在 57～58HRC，52～53HRC；其热处理范围较宽，淬火不易过热，易于磨削加工，热加工及热处理过程中是不易氧化脱碳。碳化物不均匀度、高温塑性都比钼系高速钢的差，但其耐磨性好	用于制造各种切削刀具，如车刀、刨刀、铣刀、拉刀、铰刀、钻头、锯条、插齿刀、丝锥和板牙等；由于高温强度和耐磨性好，所以也可用于制造高温下耐磨损的零件，如高温轴承、高温弹簧等；还可以用于制造冷作模具，但不宜制造大型刀具和热塑成形的刀具
4	W2Mo8Cr4V	—	制造一般高速切削用刃具，如车刀、铣刀、刨刀、钻头、板牙、丝锥、锯片、冷镦模
5	W2Mo9Cr4V2	一种钼系通用的高速工具钢，容易热处理，较耐磨，热硬性及韧性较高，密度小，可磨削性优良；用该钢制造的切削工具在切削一般硬度的材料时，可获得良好的效果，基本可代替 W18Cr4V。由于钼含量高，易于氧化脱碳，所以在进行热加工和热处理时应注意保护	用于制造钻头、铣刀、刀片，成型刀具、车削及刨削刀具、丝锥，特别适于制造机用丝锥、板牙、锯条以及各种冷冲模具等
6	W6Mo5Cr4V2	钨钼系常用的高速工具钢，碳化物细小均匀、韧性高、热塑性好，是代替 W18Cr4V 的较理想的牌号，通常称作 6542，其韧性、耐磨性、热塑性均比 W18Cr4V 好，而硬度、热硬性、高温硬度与 W18Cr4V 相当；该钢由于热塑性好，所以可热塑成型，但由于容易氧化脱碳，加热时必须注意保护	除用于制造各种类型一般工具外，还可用于制造大型刀具；由于热塑性好，所以制造工具时可以热塑成型，如热塑成型钻头和要求韧性好的刀具；因为其强度高、耐磨性好，所以还可用于制造高负荷条件下使用的耐磨损的零件，如冷挤压模具等，但必须注意适当降低淬火温度，以满足强度和韧性的配合

续表 2-64

序号	牌　号	主 要 特 性	用 途 举 例
7	CW6Mo5Cr4V2	其特性与 W6Mo5Cr4V2 相似，但因碳含量高，其硬度和耐磨性比 W6Mo5Cr14V2 好。此钢较难磨削，而且更容易脱碳，在热加工时，应注意保护	基本与 W6Mo5Cr4V2 相同，但由于它的硬度和耐磨性好，多用于制造切削较难切削材料的刀具
8	W6Mo6Cr4V2	—	通用性钢种，制造要求耐磨性与韧性很好配合的刀具，并适于采用轧制、热扭等新工艺制造钻头等，也可制造冷冲模、冷挤压模
9	W9Mo3Cr4V	具有较高的硬度和力学性能，热处理稳定性好，经 1 220～1 240℃淬火，540～560℃回火，硬度、晶粒度、热硬性均能满足一般刀具的使用要求。与 W6Mo5Cr4V2 相比，其热塑性好，可加工性、可磨削性好，特别是摩擦焊可适应的工艺参数范围比较宽，焊接成品率高；切削性能相当或略高，热处理工艺制度相同，便于大生产管理。脱碳敏感性小，不用盐浴炉处理	用于制造各种类型的一般刀具，如车刀、刨刀、钻头、铣刀等。可以代替 W6Mo5Cr4V2，且成本比它低
10	W6Mo5Cr4V3	高碳、高钒型高速工具钢。该钢的碳化物细小、均匀、韧性高、热塑性好，其耐磨性比 W6Mo5Cr4V2 好，但可磨削性差。热加工和热处理时，应注意氧化脱碳	用于制造各种类型一般工具，如拉刀、成形铣刀、滚刀、钻头、螺纹梳刀、丝锥、车刀、刨刀等。用这种钢制造的刀具，可切削难切削的材料，但由于其可磨削性差，不宜用于制造复杂工具
11	CW6Mo5Cr4V3	其特性基本与 W6Mo5Cr4V3 相似，但因碳含量高，硬度和耐磨性均比它好，可磨削性能较差，热加工时更容易脱碳，所以应注意氧化脱碳	用途与 W6Mo5Cr4V3 基本相同，但由于它的碳含量高、硬度高、耐磨性好，多用于制造切削难切削材料的刀具。由于可磨削性差，所以不宜用于制造复杂的刀具
12	W6Mo5Cr4V4	—	制造要求耐磨性、热硬性较高的，耐磨性与韧性较好配合的，形状较为复杂的刀具，如拉刀、铣刀等
13	W6Mo5Cr4V2Al	超硬型高速工具钢，硬度高，可达 68～69HRC，耐磨性、热硬性好，高温强度高，热塑性好；但可磨削性差，且极易氧化脱碳，因此在热加工和热处理时，应注意采取保护措施	用于制造刨刀、滚刀、拉刀等切削工具，用于加工高温合金、超高强度钢等难切削材料的刀具
14	W12Cr4V5Co5	钨系高碳高钒含钴的高速工具钢，含有很高的碳和钒，从而形成大量的硬度极高的碳化钒，使钢具有很高的耐磨性、硬度和抗回火稳定性。5%的钴提高了钢的高温硬度和热硬性，因此，可在较高的温度下使用。由于碳含量和钒含量都很高，所以其可磨削性能差	用于制造钻削工具、螺纹梳刀、车刀、铣削工具、成形刀具、滚刀、刮刀刀片、丝锥等切削工具，还可用于制造冷作模具等，但不宜制造高精度复杂刀具。制造的工具，可以加工中高强度钢、冷轧钢、铸造合金钢、低合金超高强度钢等较难加工的材料
15	W6Mo5Cr4V2Co5	含钴高速工具钢，在 W6Mo5Cr4V2 的基础上增 5%的钴，并将钒的含量提高 0.05%而形成，从而提高了钢的热硬性和高温硬度，改善了耐磨性；容易氧化脱碳，在进行热加工和热处理时，应注意采取保护措施	用于制造齿轮刀具、铣削工具以及冲头、刀头等。用该钢制造的切削工具，多数用于加工硬质材料，特别适用于切削耐热合金和制造高速切削工具
16	W6Mo5Cr4V3Co8	—	制造切削难加工的超高强度钢、耐热合金的刀具

续表 2-64

序号	牌　号	主 要 特 性	用 途 举 例
17	W7Mo4Cr4V2Co5	钨钼系含钴高速工具钢，由于含 4.75%～5.75%的钴，提高了钢的高温硬度和热硬性，在较高温度下切削时刀具不变形，而且耐磨性能好。该钢的磨削性能较差	用于制造切削最难切削材料用的刀具、刃具，如用于制造切削高温合金、钛合金和超高强度钢等难切削材料的车刀、刨刀、铣刀等
18	W2Mo9Cr4VCo8	钼系高碳含钴超硬型高速工具钢，硬度高，可达 70HRC，热硬性好，高温硬度高，容易磨削。用该钢制造的切削工具，可以切削铁基高温合金、铸造高温合金、钛合金和超高强度钢等，但韧性稍差，淬火时温度应采用下限	由于可磨削性能好，所以可用于制造各种高精度复杂刀具，如成形铣刀、精密拉刀等，还可用于制造专用钻头、车刀和各种高硬度刀头、刀片等
19	W10Mo4Cr4V3Co10	—	制造切削难加工的超高强度钢、耐热合金的刀具

2.3　特 殊 钢

特殊钢是具有特殊使用性能的钢种，如不锈钢、耐热钢、耐磨钢、磁钢等。本节只介绍不锈钢和耐热钢。

2.3.1　不锈钢（GB/T 1220—2007）

不锈钢是指在大气、水、酸、碱和盐等溶液或其他腐蚀介质中具有一定化学稳定性的钢的总称。其中，耐酸、碱和盐等侵蚀性强的介质腐蚀的钢称为耐蚀钢，或耐酸钢。不锈钢具有不锈性，但不一定耐蚀，而耐蚀钢则一般都具有较好的不锈性。

在不锈钢中，不锈性和耐蚀性起关键作用的是合金元素铬。随着铬含量的增加，其不锈性和耐蚀性也随之增加。当铬含量增至某一定值时，其耐蚀性即趋于稳定。

不锈钢按组织结构不同，分为奥氏体型、奥氏体＋铁素体型、铁素体型、马氏体型和沉淀硬化型不锈钢五类。虽然不锈钢的组织结构是由钢中的镍当量和铬当量的比例控制的，但不同的合金元素对不锈钢的组织结构及力学性能各有不同的影响。

各类不锈钢的特点见表 2-65。

表 2-65　各类不锈钢的特点

类　型	特　点
奥氏体型不锈钢	组织结构是面心立方晶体，无磁性，不能通过热处理进行强化，只能采用冷加工手段来提高其强度；具有耐蚀性，常温及低温下的塑性、韧性良好，易成形，焊接性良好。在工业中应用最为广泛，其产量约占不锈钢产量的 70%，产品有板材、棒材、钢管、钢带、钢丝及锻件等。 根据奥氏体的基体类型，可分为铬镍奥氏体不锈钢和铬锰奥氏体不锈钢两大系列。 牌号很多，但大量生产和使用得最多的是 06Cr19Ni10，022Cr19Ni10，06Cr17Ni12Mo2，022Cr17Ni12Mo2 及相应的改进型牌号，产量约占整个不锈钢产量的 50%
奥氏体＋铁素体型（双相）不锈钢	指基体上共同存在奥氏体、铁素体的一类不锈钢。在奥氏体基体上含有体积分数大于或等于 15%的铁素体或在铁素体基体上含有体积分数大于或等于 15%的奥氏体，均可称为奥氏体＋铁素体型（双相）不锈钢。目前广泛应用的双相不锈钢中，奥氏体和铁素体的体积分数各占 50%。 根据双相不锈钢中主体元素的类型，双相不锈钢可分为 Cr-Ni 和 Cr-Mn-N 两个系列，目前广泛应用的是 Cr-Ni 系双相不锈钢。

续表 2-65

类 型	特 点
奥氏体+铁素体型（双相）不锈钢	双相不锈钢兼有奥氏体型不锈钢和铁素体型不锈钢的特性。与铁素体型不锈钢相比，双相不锈钢的韧性高、脆性转变温度低、耐晶间腐蚀，且焊接性能显著提高，但仍保留着475℃的塑-脆转变温度；与奥氏体型不锈钢相比，双相不锈钢的强度水平高，其屈服强度是奥氏体型不锈钢的2倍，其耐蚀性能也显著提高
铁素体型不锈钢	质量分数为10.5%～30%，碳的质量分数≤0.20%，组织以铁素体为主的铁铬合金，钢的组织结构为体心立方晶体，有磁性。这类钢既不能通过热处理进行强化，也不能通过冷加工进行强化。 在各类不锈钢中，铁素体型不锈钢的热导率最高，线胀系数较小，导热性和膨胀特性与普通碳素钢类似，耐蚀性随着钢中铬含量的增加而提高。 具有良好的强度及冷成形性能，但在室温及低温下的韧性差，塑-脆性转变温度高，并有缺口敏感性。与奥氏体型不锈钢相比，其高温强度不良；在低温和大截面尺寸条件下，其韧性低。 根据钢中铬含量的高低，分为低铬、中铬和高铬三类
马氏体型不锈钢	可通过热处理（淬火、回火）进行性能调整，具有高的硬度、良好的力学性能和不锈性；在淬火状态下，组织结构为体心四方晶体，有磁性，在较弱的腐蚀环境中具有耐蚀性。 可分为马氏体铬不锈钢和马氏体铬镍不锈钢，而马氏体铬不锈钢又可分为低碳、中碳和高碳三种类型。马氏体铬不锈钢中铬的质量分数可达18%，碳的质量分数可超过1.2%。 马氏体铬镍不锈钢比马氏体铬不锈钢的耐蚀性和韧性更好。随着碳含量的增加，其硬度值也相应提高，碳的质量分数为0.5%的马氏体型不锈钢的硬度值可超过60HRC
沉淀硬化型不锈钢	含沉淀硬化元素（如铜、铝、钛、铌）的铁铬镍合金，可通过热处理进行强化；具有高强度、足够的韧性和适宜的耐蚀性。可分为马氏体不锈钢、半奥氏体不锈钢和奥氏体沉淀硬化不锈钢三种类型。 沉淀硬化型不锈钢只有通过适当的热处理才能得到良好的综合力学性能；其热处理工艺复杂，只有按规定控制热处理的温度、时间、冷却速度，才能达到理想的性能

不锈钢的主要使用特性对比见表2-66。

表 2-66 不锈钢的主要使用特性对比

特	性	奥氏体型不锈钢	双相不锈钢	铁素体型不锈钢	马氏体型不锈钢	备 注
耐蚀性能	耐大气腐蚀性能	良好	良好	良好	一般	与合金元素有关
	耐酸腐蚀性能	良好	良好	良好	一般	与合金元素有关
	耐孔蚀、间隙腐蚀	良好	良好	良好	一般	与合金元素有关
	耐应力腐蚀裂纹	一般	良好	良好	一般	与合金元素有关
耐热性能	高温强度	良好	稍差	稍差	良好	高温脆性
	高温氧化、硫化	良好	—	良好	一般	—
	热疲劳	一般	—	良好	一般	—
加工性能	焊接性能	良好	良好	一般	一般	—
	冷加工（深冲）	良好	稍差	良好	稍差	—
	冷加工（胀形）	良好	稍差	一般	稍差	—
	切削性能	一般	一般	一般	一般	—
强度	室温强度	一般	良好	一般	良好	—
	低温强度、韧性	良好	差	差	稍差	—
	疲劳、切口敏感性	良好	一般	一般	一般	—
其他	非磁性能	良好	差	差	差	—
	电热性能	一般	—	良好	—	—

（1）牌号和化学成分（表2-67～表2-71）

表2-67　奥氏体型不锈钢的牌号和化学成分

（%）

GB/T 20878中序号	统一数字代号	新牌号	旧牌号	化学成分（质量分数）										
				C	Si	Mn	P	S	Ni	Cr	Mo	Cu	N	其他元素
1	S35350	12Cr17Mn6Ni5N	1Cr17Mn6Ni5N	0.15	1.00	5.50~7.50	0.050	0.030	3.50~5.50	16.00~18.00	—	—	0.05~0.25	—
3	S35450	12Cr18Mn9Ni5N	1Cr18Mn8Ni5N	0.15	1.00	7.50~10.00	0.050	0.030	4.00~6.00	17.00~19.00	—	—	0.05~0.25	—
9	S30110	12Cr17Ni7	1Cr17Ni7	0.15	1.00	2.00	0.045	0.030	6.00~8.00	16.00~18.00	—	—	0.10	—
13	S30210	12Cr18Ni9	1Cr18Ni9	0.15	1.00	2.00	0.045	0.030	8.00~10.00	17.00~19.00	—	—	0.10	—
15	S30317	Y12Cr18Ni9	Y1Cr18Ni9	0.15	1.00	2.00	0.20	≥0.15	8.00~10.00	17.00~19.00	(0.60)	—	—	—
16	S30327	Y12Cr18Ni9Se	Y1Cr18Ni9Se	0.15	1.00	2.00	0.20	0.060	8.00~10.00	17.00~19.00	—	—	—	Se≥0.15
17	S30408	06Cr19Ni10	0Cr18Ni9	0.08	1.00	2.00	0.045	0.030	8.00~11.00	18.00~20.00	—	—	—	—
18	S30403	022Cr19Ni10	00Cr19Ni10	0.030	1.00	2.00	0.045	0.030	8.00~12.00	18.00~20.00	—	—	—	—
22	S30488	06Cr18Ni9Cu3	0Cr18Ni9Cu3	0.08	1.00	2.00	0.045	0.030	8.50~10.50	17.00~19.00	—	3.00~4.00	—	—
23	S30458	06Cr19Ni10N	0Cr19Ni9N	0.08	1.00	2.00	0.045	0.030	8.00~11.00	18.00~20.00	—	—	0.10~0.16	—
24	S30478	06Cr19Ni9NbN	0Cr19Ni10NbN	0.08	1.00	2.00	0.045	0.030	7.50~10.50	18.00~20.00	—	—	0.15~0.30	Nb0.15
25	S30453	022Cr19Ni10N	00Cr18Ni10N	0.030	1.00	2.00	0.045	0.030	8.00~11.00	18.00~20.00	—	—	0.10~0.16	—
26	S30510	10Cr18Ni12	1Cr18Ni12	0.12	1.00	2.00	0.045	0.030	10.50~13.00	17.00~19.00	—	—	—	—
32	S30908	06Cr23Ni13	0Cr23Ni13	0.08	1.00	2.00	0.045	0.030	12.00~15.00	22.00~24.00	—	—	—	—
35	S31008	06Cr25Ni20	0Cr25Ni20	0.08	1.50	2.00	0.045	0.030	19.00~22.00	24.00~26.00	—	—	—	—
38	S31608	06Cr17Ni12Mo2	0Cr17Ni12Mo2	0.08	1.00	2.00	0.045	0.030	10.00~14.00	16.00~18.00	2.00~3.00	—	—	—
39	S31603	022Cr17Ni12Mo2	00Cr17Ni14Mo2	0.030	1.00	2.00	0.045	0.030	10.00~14.00	16.00~18.00	2.00~3.00	—	—	—
41	S31668	06Cr17Ni12Mo2Ti	0Cr18Ni12Mo3Ti	0.08	1.00	2.00	0.045	0.030	10.00~14.00	16.00~18.00	2.00~3.00	—	—	Ti≥5C
43	S31658	06Cr17Ni12Mo2N	0Cr17Ni12Mo2N	0.08	1.00	2.00	0.045	0.030	10.00~13.00	16.00~18.00	2.00~3.00	—	0.10~0.16	—
44	S31653	022Cr17Ni12Mo2N	00Cr17Ni13Mo2N	0.030	1.00	2.00	0.045	0.030	10.00~13.00	16.00~18.00	2.00~3.00	—	0.10~0.16	—
45	S31688	06Cr18Ni12Mo2Cu2	0Cr18Ni12Mo2Cu2	0.08	1.00	2.00	0.045	0.030	10.00~14.00	17.00~19.00	1.20~2.75	1.00~2.50	—	—

续表 2-67

GB/T 20878中序号	统一数字代号	新牌号	旧牌号	化学成分（质量分数）										
				C	Si	Mn	P	S	Ni	Cr	Mo	Cu	N	其他元素
46	S31683	022Cr18Ni14Mo2Cu2	00Cr18Ni14Mo2Cu2	0.030	1.00	2.00	0.045	0.030	12.00~16.00	17.00~19.00	1.20~2.75	1.00~2.50	—	—
49	S31708	06Cr19Ni13Mo3	0Cr19Ni13Mo3	0.08	1.00	2.00	0.045	0.030	11.00~15.00	18.00~20.00	3.00~4.00	—	—	—
50	S31703	022Cr19Ni13Mo3	00Cr19Ni13Mo3	0.030	1.00	2.00	0.045	0.030	11.00~15.00	18.00~20.00	3.00~4.00	—	—	—
52	S31794	03Cr18Ni16Mo5	0Cr18Ni16Mo5	0.04	1.00	2.50	0.045	0.030	15.00~17.00	16.00~19.00	4.00~6.00	—	—	—
55	S32168	06Cr18Ni11Ti	0Cr18Ni10Ti	0.08	1.00	2.00	0.045	0.030	9.00~12.00	17.00~19.00	—	—	—	Ti5C ~0.70
62	S34778	06Cr18Ni11Nb	0Cr18Ni11Nb	0.08	1.00	2.00	0.045	0.030	9.00~12.00	17.00~19.00	—	—	—	Nb10C ~1.10
64	S38148	06Cr18Ni13Si4	0Cr18Ni13Si4	0.08	3.00~5.00	2.00	0.045	0.030	11.50~15.00	15.00~20.00	—	—	—	—

表 2-68　奥氏体＋铁素体型（双相）不锈钢牌号和化学成分

GB/T 20878中序号	统一数字代号	新牌号	旧牌号	化学成分（质量分数）（%）										
				C	Si	Mn	P	S	Ni	Cr	Mo	Cu	N	其他元素
67	S21860	14Cr18Ni11Si4AlTi	1Cr18Ni11Si4AlTi	0.10~0.18	3.40~4.00	0.80	0.035	0.030	10.00~12.00	17.50~19.50	—	—	—	Ti0.40~0.70 Al0.10~0.30
68	S211953	022Cr19Ni5Mo3Si2N	00Cr18Ni5Mo3Si2	0.030	1.30~2.00	1.00~2.00	0.035	0.030	4.50~5.50	18.00~19.50	2.50~3.00	—	0.05~0.12	—
70	S22253	022Cr22Ni5Mo3N	—	0.030	1.00	2.00	0.030	0.020	4.50~6.50	21.00~23.00	2.50~3.50	—	0.08~0.20	—
71	S22053	022Cr23Ni5Mo3N	—	0.030	1.00	2.00	0.030	0.020	4.50~6.50	22.00~23.00	3.00~3.50	—	0.14~0.20	—
73	S22553	022Cr25Ni6Mo2N	—	0.030	1.00	2.00	0.035	0.030	5.50~6.50	24.00~26.00	1.20~2.50	—	0.10~0.20	—
75	S25554	03Cr25Ni6Mo3Cu2N	—	0.04	1.00	1.50	0.035	0.030	4.50~6.50	24.00~27.00	2.90~3.90	1.50~2.50	0.10~0.25	—

表 2-69　铁素体型不锈钢的牌号和化学成分　　　　　　　（%）

GB/T 20878 中序号	统一数字代号	新牌号	旧牌号	化学成分（质量分数）					
				C	Si	Mn	P	S	Ni
78	S11348	06Cr13Al	0Cr13Al	0.08	1.00	1.00	0.040	0.030	(0.60)
83	S11203	022Cr12	00Cr12	0.030	1.00	1.00	0.040	0.030	(0.60)
85	S11710	10Cr17	1Cr17	0.12	1.00	1.00	0.040	0.030	(0.60)
86	S11717	Y10Cr17	Y1Cr17	0.12	1.00	1.25	0.030	≥0.15	(0.60)
88	S11790	10Cr17Mo	1Cr17Mo	0.12	1.00	1.00	0.040	0.030	(0.60)
94	S12791	008Cr27Mo	00Cr27Mo	0.010	0.40	0.40	0.030	0.020	—
95	S13091	008Cr30Mo2	00Cr30Mo	0.010	0.40	0.40	0.030	0.020	—

GB/T 20878 中序号	统一数字代号	新牌号	旧牌号	化学成分（质量分数）				
				Cr	Mo	Cu	N	其他元素
78	S11348	06Cr13Al	0Cr13Al	11.50～14.50	—	—	—	Al0.10～0.30
83	S11203	022Cr12	00Cr12	11.00～13.50	—	—	—	—
85	S11710	10Cr17	1Cr17	16.00～18.00	—	—	—	—
86	S11717	Y10Cr17	Y1Cr17	16.00～18.00	(0.60)	—	—	—
88	S11790	10Cr17Mo	1Cr17Mo	16.00～18.00	0.75～1.25	—	—	—
94	S12791	008Cr27Mo	00Cr27Mo	25.00～27.50	0.75～1.50	—	0.015	—
95	S13091	008Cr30Mo2	00Cr30Mo	28.50～32.00	1.50～2.50	—	0.015	—

表 2-70　马氏体型不锈钢的牌号和化学成分　　　　　　　（%）

GB/T 20878 中序号	统一数字代号	新牌号	旧牌号	化学成分（质量分数）					
				C	Si	Mn	P	S	Ni
96	S40310	12Cr12	1Cr12	0.15	0.50	1.00	0.040	0.030	(0.60)
97	S41008	06Cr13	0Cr13	0.08	1.00	1.00	0.040	0.030	(0.60)
98	S41010	12Cr13	1Cr13	0.08～0.15	1.00	1.00	0.040	0.030	(0.60)
100	S41617	Y12Cr13	Y1Cr13	0.15	1.00	1.25	0.060	≥0.15	(0.60)
101	S42020	20Cr13	2Cr13	0.16～0.25	1.00	1.00	0.040	0.030	(0.60)
102	S42030	30Cr13	3Cr13	0.26～0.35	1.00	1.00	0.040	0.030	(0.60)
103	S42037	Y30Cr13	Y3Cr13	0.26～0.35	1.00	1.25	0.060	≥0.15	(0.60)
104	S42040	40Cr13	4Cr13	0.36～0.45	0.60	0.80	0.040	0.030	(0.60)
106	S43110	14Cr17Ni2	1Cr17Ni2	0.11～0.17	0.80	0.80	0.040	0.030	1.50～2.50
107	S43120	17Cr16Ni2	—	0.12～0.22	1.00	1.50	0.040	0.030	1.50～2.50
108	S44070	68Cr17	7Cr17	0.60～0.75	1.00	1.00	0.040	0.030	(0.60)
109	S11080	85Cr17	8Cr17	0.75～0.95	1.00	1.00	0.040	0.030	(0.60)
110	S44096	108Cr17	11Cr17	0.95～1.20	1.00	1.00	0.040	0.030	(0.60)
111	S44097	Y108Cr17	Y11Cr17	0.95～1.20	1.00	1.25	0.060	≥0.15	(0.60)
112	S44090	95Cr18	9Cr18	0.90～1.00	0.80	0.80	0.040	0.030	(0.60)
115	S45710	13Cr13Mo	1Cr13Mo	0.08～0.18	0.60	1.00	0.040	0.030	(0.60)
116	S45830	32Cr13Mo	3Cr13Mo	0.28～0.35	0.80	1.00	0.040	0.030	(0.60)
117	S45990	102Cr17Mo	9Cr18Mo	0.95～1.10	0.80	0.80	0.040	0.030	(0.60)
118	S46990	90Cr18MoV	9Cr18MoV	0.85～0.95	0.80	0.80	0.040	0.030	(0.60)

续表 2-70

GB/T 20878 中序号	统一数字代号	新牌号	旧牌号	化学成分（质量分数）				
				Cr	Mo	Cu	N	其他元素
96	S40310	12Cr12	1Cr12	11.50～13.00	—	—	—	—
97	S41008	06Cr13	0Cr13	11.50～13.50	—	—	—	—
98	S41010	12Cr13	1Cr13	11.50～13.50	—	—	—	—
100	S41617	Y12Cr13	Y1Cr13	12.00～14.00	(0.60)	—	—	—
101	S42020	20Cr13	2Cr13	12.00～14.00	—	—	—	—
102	S42030	30Cr13	3Cr13	12.00～14.00	—	—	—	—
103	S42037	Y30Cr13	Y3Cr13	12.00～14.00	—	—	—	—
104	S42040	40Cr13	4Cr13	12.00～14.00	(0.60)	—	—	—
106	S43110	14Cr17Ni2	1Cr17Ni2	16.00～18.00	—	—	—	—
107	S43120	17Cr16Ni2	—	15.00～17.00	—	—	—	—
108	S44070	68Cr17	7Cr17	16.00～18.00	(0.75)	—	—	—
109	S11080	85Cr17	8Cr17	16.00～18.00	(0.75)	—	—	—
110	S44096	108Cr17	11Cr17	16.00～18.00	(0.75)	—	—	—
111	S44097	Y108Cr17	Y11Cr17	16.00～18.00	(0.75)	—	—	—
112	S44090	95Cr18	9Cr18	17.00～19.00	—	—	—	—
115	S45710	13Cr13Mo	1Cr13Mo	11.50～14.00	0.30～0.60	—	—	—
116	S45830	32Cr13Mo	3Cr13Mo	12.00～14.00	0.50～1.00	—	—	—
117	S45990	102Cr17Mo	9Cr18Mo	16.00～18.00	0.40～0.70	—	—	—
118	S46990	90Cr18MoV	9Cr18MoV	17.00～19.00	1.00～1.30	—	—	V0.07～0.12

表 2-71　沉淀硬化型不锈钢的牌号和化学成分　　　　　（%）

GB/T 20878 中序号	统一数字代号	新牌号	旧牌号	化学成分（质量分数）					
				C	Si	Mn	P	S	Ni
136	S51550	05Cr15Ni5Cu4Nb	—	0.07	1.00	1.00	0.040	0.030	3.50～5.50
137	S51740	05Cr17Ni4Cu4Nb	0Cr17Ni4Cu4Nb	0.07	1.00	1.00	0.040	0.030	3.00～5.00
138	S51770	07Cr17Ni7Al	0Cr17Ni7Al	0.09	1.00	1.00	0.040	0.030	6.50～7.75
139	S51570	07Cr15Ni7Mo2Al	0Cr15Ni7Mo2Al	0.09	1.00	1.00	0.040	0.030	6.50～7.75

GB/T 20878 中序号	统一数字代号	新牌号	旧牌号	化学成分（质量分数）				
				Cr	Mo	Cu	N	其他元素
136	S51550	05Cr15Ni5Cu4Nb	—	14.00～15.50	—	2.50～4.50	—	Nb0.15～0.45
137	S51740	05Cr17Ni4Cu4Nb	0Cr17Ni4Cu4Nb	15.00～17.50	—	3.00～5.00	—	Nb0.15～0.45
138	S51770	07Cr17Ni7Al	0Cr17Ni7Al	16.00～18.00	—	—	—	Al0.75～1.50
139	S51570	07Cr15Ni7Mo2Al	0Cr15Ni7Mo2Al	14.00～16.00	2.00～3.00	—	—	Al0.75～1.50

（2）力学性能（表 2-72～表 2-76）

表 2-72　经固溶处理的奥氏体型钢棒或试样的力学性能

GB/T 20878 中序号	新牌号	旧牌号	规定非比例延伸强度 $R_{p0.2}$/MPa	抗拉强度 R_m/MPa	断后伸长率 A/%	断面收缩率 Z/%	硬度		
							HBW	HRB	HV
			≥				≤		
1	12Cr17Mn6Ni5N	1Cr17Mn6Ni5N	275	520	40	45	241	100	253
3	12Cr18Mn9Ni5N	1Cr18Mn8Ni5N	275	520	40	45	207	95	218
9	12Cr17Ni7	1Cr17Ni7	205	520	40	60	187	90	200
13	12Cr18Ni9	1Cr18Ni9	205	520	40	60	187	90	200
15	Y12Cr18Ni9	Y1Cr18Ni9	205	520	40	50	187	90	200
16	Y12Cr18Ni9Se	Y1Cr18Ni9Se	205	520	40	50	187	90	200
17	06Cr19Ni10	0Cr18Ni9	205	520	40	60	187	90	200
18	022Cr19Ni10	00Cr19Ni10	175	480	40	60	187	90	200
22	06Cr18Ni9Cu3	0Cr18Ni9Cu3	175	480	40	60	187	90	200
23	06Cr19Ni10N	0Cr19Ni9N	257	550	35	50	217	95	220
24	06Cr19Ni9NbN	0Cr19Ni10NbN	345	685	35	50	250	100	260
25	022Cr19Ni10N	00Cr18Ni10N	245	550	40	50	217	95	220
26	10Cr18Ni12	1Cr18Ni12	175	480	40	60	187	90	200
32	06Cr23Ni13	0Cr23Ni13	205	520	40	60	187	90	200
35	06Cr25Ni20	0Cr25Ni20	205	520	40	50	187	90	200
38	06Cr17Ni12Mo2	0Cr17Ni12Mo2	205	520	40	60	187	90	200
39	022Cr17Ni12Mo2	00Cr17Ni14Mo2	175	480	40	60	187	90	200
41	06Cr17Ni12Mo2Ti	0Cr18Ni12Mo3Ti	205	530	40	55	187	90	200
43	06Cr17Ni12Mo2N	0Cr17Ni12Mo2N	275	550	35	50	217	95	220
44	022Cr17Ni12Mo2N	00Cr17Ni13Mo2N	245	550	40	50	217	95	220
45	06Cr18Ni12Mo2Cu2	0Cr18Ni12Mo2Cu2	205	520	40	60	187	90	200
46	022Cr18Ni14Mo2Cu2	00Cr18Ni14Mo2Cu2	175	480	40	60	187	90	200
49	06Cr19Ni13Mo3	0Cr19Ni13Mo3	205	520	40	60	187	90	200
50	022Cr19Ni13Mo3	00Cr19Ni13Mo3	175	480	40	60	187	90	200
52	03Cr18Ni6Mo5	0Cr18Ni16Mo5	175	480	40	45	187	90	200
55	06Cr18Ni11Ti	0Cr18Ni10Ti	205	520	40	50	187	90	200
62	06Cr18Ni11Nb	0Cr18Ni11Nb	205	520	40	50	187	90	200
64	06Cr18Ni13Si4	0Cr18Ni13Si4	205	520	40	60	207	95	218

表 2-73　经固溶处理的奥氏体＋铁素体型（双相）钢棒或试样的力学性能

GB/T 20878 中序号	新牌号	旧牌号	规定非比例延伸强度 $R_{p0.2}$/MPa	抗拉强度 R_m/MPa	断后伸长率 A/%	断面收缩率 Z/%	冲击吸收功 A_{KU2}/J	硬度		
								HBW	HRB	HV
			≥					≤		
67	14Cr18Ni11Si4AlTi	1Cr18Ni11Si4AlTi	440	715	25	40	63	—	—	—
68	022Cr19Ni5Mo3Si2N	00Cr18Ni5Mo3Si2	390	590	20	40	—	290	30	300
70	022Cr22Ni5Mo3N	—	450	620	25	—	—	290	—	—

续表 2-73

GB/T 20878中序号	新 牌 号	旧 牌 号	规定非比例延伸强度 $R_{p0.2}$/MPa	抗拉强度 R_m/MPa	断后伸长率 A/%	断面收缩率 Z/%	冲击吸收功 A_{KU2}/J	硬 度		
								HBW	HRB	HV
			≥					≤		
71	022Cr23Ni5Mo3N	—	450	655	25	—	—	290	—	—
73	022Cr25Ni6Mo2N	—	450	620	20	—	—	260	—	—
75	03Cr25Ni6Mo3Cu2N	—	550	750	25	—	—	290	—	—

表 2-74 经退火处理的铁素体型钢棒或试样的力学性能

GB/T 20878中序号	新 牌 号	旧 牌 号	规定非比例延伸强度 $R_{p0.2}$/MPa	抗拉强度 R_m/MPa	断后伸长率 A/%	断面收缩率 Z/%	冲击吸收功 A_{KU2}/J	硬度 HBW
			≥					≤
78	06Cr13Al	0Cr13Al	175	410	20	60	78	183
83	022Cr12	00Cr12	195	360	22	60	—	183
85	10Cr17	1Cr17	205	450	22	50	—	183
86	Y10Cr17	Y1Cr17	205	450	22	50	—	183
88	10Cr17Mo	1Cr17Mo	205	450	22	60	—	183
94	008Cr27Mo	00Cr27Mo	245	410	20	45	—	219
95	008Cr30Mo2	00Cr30Mo2	295	450	20	45	—	228

表 2-75 经热处理的马氏体型钢棒或试样的力学性能

GB/T 20878中序号	新 牌 号	旧 牌 号	组别	经淬火回火后试样的力学性能和硬度							退火后钢棒的硬度
				规定非比例延伸强度 $R_{p0.2}$/MPa	抗拉强度 R_m/MPa	断面伸长率 A/%	断面收缩率 Z/%	冲击吸收功 A_{KU2}/J	HBW	HRC	HBW
96	12Cr12	1Cr12	—	390	590	25	55	118	170	—	200
97	06Cr13	0Cr13	—	345	490	24	60	—	—	—	183
98	12Cr13	1Cr13	—	345	540	22	55	78	159	—	200
100	Y12Cr13	Y1Cr13	—	345	540	17	45	55	159	—	200
101	20Cr13	2Cr13	—	440	640	20	50	63	192	—	223
102	30Cr13	3Cr13	—	540	735	12	40	24	217	—	235
103	Y30Cr13	Y3Cr13	—	540	735	8	35	24	217	—	235
104	40Cr13	4Cr13	—	—	—	—	—	—	—	50	235
106	14Cr17Ni2	1Cr17Ni2	—	—	1 080	10	—	39	—	—	285
107	17Cr16Ni2	—	1	700	900～1 050	12	45	25 (A_{KV})	—	—	295
			2	600	800～950	14			—	—	
108	68Cr17	7Cr17	—	—	—	—	—	—	—	54	255
109	85Cr17	8Cr17	—	—	—	—	—	—	—	56	255
110	108Cr17	11Cr17	—	—	—	—	—	—	—	58	269

续表 2-75

GB/T 20878 中序号	新 牌 号	旧 牌 号	组别	经淬火回火后试样的力学性能和硬度							退火后钢棒的硬度
				规定非比例延伸强度 $R_{p0.2}$/MPa	抗拉强度 R_m/Mpa	断面伸长率 A/%	断面收缩率 Z/%	冲击吸收功 A_{ku2}/J	HBW	HRC	HBW
111	Y108Cr17	Y11Cr17	—	—	—	—	—	—	—	58	269
112	95Cr18	9Cr18	—	—	—	—	—	—	—	55	255
115	13Cr13Mo	1Cr13Mo	—	490	690	20	60	78	192	—	200
116	32Cr13Mo	3Cr13Mo	—	—	—	—	—	—	—	50	207
117	102Cr17Mo	9Cr18Mo	—	—	—	—	—	—	—	55	269
118	90Cr18MoV	9Cr18MoV	—	—	—	—	—	—	—	55	269

表 2-76　沉淀硬化型钢棒或试样的力学性能

GB/T 20878 中序号	新 牌 号	旧 牌 号	热 处 理		规定非比例延伸强度 $R_{p0.2}$/MPa	抗拉强度 R_m/MPa	断后伸长率 A/%	断面收缩率 Z/%	硬 度	
			类型	组别	≥				HBW	HRC
136	05Cr15Ni5Cu4Nb	—	固溶处理	0	—	—	—	—	≤363	≤38
			沉淀硬化 480℃时效	1	1 180	1 310	10	35	≥375	≥40
			550℃时效	2	1 000	1 070	12	45	≥331	≥35
			580℃时效	3	865	1 000	13	45	≥302	≥31
			620℃时效	4	725	930	16	50	≥277	≥28
137	05Cr17Ni4Cu4Nb	0Cr17Ni4CuNb	固溶处理	0	—	—	—	—	≤363	≤38
			沉淀硬化 480℃时效	1	1 180	1 310	10	40	≥375	≥40
			550℃时效	2	1 000	1 070	12	45	≥331	≥35
			580℃时效	3	865	1 000	13	45	≥302	≥31
			620℃时效	4	725	930	16	50	≥277	≥28
138	07Cr17Ni7Al	0Cr17Ni7Al	固溶处理	0	≤380	≤1 030	20	—	≤229	—
			沉淀硬化 510℃时效	1	1 030	1 230	4	10	≥388	—
			565℃时效	2	960	1 140	5	25	≥363	—
139	07Cr15Ni7Mo2Al	0Cr15Ni7Mo2Al	固溶处理	0	—	—	—	—	≤269	—
			沉淀硬化 510℃时效	1	1 210	1 320	6	20	≥388	—
			565℃时效	2	1 100	1 210	7	25	≥375	—

（3）物理性能（表 2-77）

表 2-77　不锈钢和耐热钢的物理性能（GB/T 20878—2007）

序号	新 牌 号	旧 牌 号	密度（20℃）/（kg/dm³）	熔点/℃	比热容（0～100℃）/[kJ/（kg·K）]	热导率/[W/（m·K）]	
						100℃	500℃
	奥氏体型						
1	12Cr17Mn6Ni5N[②]	1Cr17Mn6Ni5N	7.93	1 398～1 453	0.50	16.3	—
3	12Cr18Mn9Ni5N[②]	1Cr18Mn8Ni5N	7.93	—	0.50	16.3	19.0

续表 2-77

序号	新 牌 号	旧 牌 号	密度（20℃）/（kg/dm³）	熔点/℃	比热容（0～100℃）/［kJ/（kg·K）］	热导率/［W/（m·K）］	
						100℃	500℃
奥氏体型							
9	12Crl7Ni7[②]	1Cr17Ni7	7.93	1 398～1 420	0.50	16.3	21.5
13	12Cr18Ni9[②]	1Cr18Ni9	7.93	1 398～1 420	0.50	16.3	21.5
15	Y12Cr18Ni9[②]	Y1Cr18Ni9	7.98	1 398～1 420	0.50	16.3	21.5
16	Y12Cr18Ni9Se[②]	Y1Cr18Ni9Se	7.93	1 398～1 420	0.50	16.3	21.5
17	06Cr19Ni10[②]	0Cr18Ni9	7.93	1 398～1 454	0.50	16.3	21.5
18	022Cr19Ni10[②]	00Cr19Ni10	7.90	—	0.50	16.3	21.5
22	06Cr18Ni9Cu2[②]	0Cr18Ni9Cu2	8.00	—	0.50	16.3	21.5
23	06Cr19Ni10N[②]	0Cr19Ni9N	7.93	1 398～1 454	0.50	16.3	21.5
25	022Cr19Ni10N[②]	00Cr18Ni10N	7.93	—	0.50	16.3	21.5
26	10Cr18Ni12[②]	1Cr18Ni12	7.93	1 398～1 453	0.50	16.3	21.5
31	16Cr23Ni13[③]	2Cr23Ni13	7.98	1 398～1 453	0.50	13.8	18.7
32	06Cr23Ni13[②③]	0Cr23Ni13	7.98	1 397～1 453	0.50	15.5	18.6
34	20Cr25Ni20[③]	2Cr25Ni20	7.98	1 398～1 453	0.50	14.2	18.6
35	06Cr25Ni20[②③]	0Cr25Ni20	7.98	1 397～1 453	0.50	16.3	21.5
38	06Cr17Ni12Mo2[②③]	0Cr17Ni12Mo2	8.00	1 370～1 397	0.50	16.3	21.5
39	022Cr17Ni12Mo2[②]	00Cr17Nil4Mo2	8.00	—	0.50	16.3	21.5
41	06Cr17Ni12Mo2Ti[②]	0Cr18Ni12Mo3Ti	7.90	—	0.50	16.0	24.0
43	06Cr17Ni12Mo2N[②]	0Cr17Ni12Mo2N	8.00	—	0.50	16.3	21.5
44	022Cr17Ni12Mo2N[②]	00Cr17Ni13Mo2N	8.04	—	0.47	16.5	—
45	06Cr18Ni12Mo2Cu2[②]	0Cr18Ni12Mo2Cu2	7.96	—	0.50	16.1	21.7
46	022Cr18Ni14Mo2Cu2[②]	00Cr18Ni14Mo2Cu2	7.96	—	0.50	16.1	21.7
49	06Cr19Ni13Mo3[②③]	0Cr19Nil3Mo3	8.00	1 370～1 397	0.50	16.3	21.5
50	022Cr19Ni13Mo[②]	00Cr19Ni13Mo3	7.98	1 375～1 400	0.50	14.4	21.5
55	06Cr18Ni11Ti[②③]	0Cr18Ni10Ti	8.03	1 398～1 427	0.50	16.3	22.2
57	45Cr14Ni14W2Mo	4Cr14Ni14W2Mo	8.00	—	0.5l	15.9	22.2
60	12Cr16Ni35[③]	1Cr16Ni35	8.00	1 318～1 427	0.46	12.6	19.7
62	06Cr18Ni11Nb[③]	0Cr18Ni11Nb	8.03	1 398～1 427	0.50	16.3	22.2
64	06Cr18Ni13Si[③]	0Cr18Ni13Si4	7.75	1 400～1 430	0.50	16.3	—
65	16Cr20Ni14Si2[③]	1Cr20Ni14Si2	7.90	—	0.50	15.0	—
奥氏体＋铁素体型							
67	14Cr18Ni11Si4AlTi[②]	1Cr18Nil1Si4AlTi	7.51	—	0.48	13.0	19.0
68	022Cr19Ni5Mo3Si2N[②]	00Cr18Ni5Mo3Si2	7.70	—	0.46	20.0	24.0（300℃）
70	022Cr22Ni5Mo3N[②]	—	7.80	1 420～1 462	0.46	19.0	23.0（300℃）
73	022Cr25Ni6Mo2N[②]	—	7.80	—	0.50	21.0	25.0
75	03Cr25Ni6Mo3Cu2N[②]	—	7.80	—	0.46	13.5	—
铁素体型							
78	06Cr13Al[②③]	0Cr13Al	7.75	1 480～1 530	0.46	24.2	—
83	022Cr12[②③]	00Cr12	7.75	—	0.46	24.9	28.5

续表 2-77

序号	新牌号	旧牌号	密度（20℃）/（kg/dm³）	熔点/℃	比热容（0～100℃）/［kJ/（kg·K）］	热导率/［W/（m·K）］	
						100℃	500℃
铁素体型							
85	10Cr17[②③]	1Cr17	7.70	1 480～1 508	0.46	26.0	—
86	Y10Cr17[②]	Y1Cr17	7.78	1 427～1 510	0.46	26.0	—
88	10Cr17Mo[②]	1Cr17Mo	7.70	—	0.46	26.0	—
94	008Cr27Mo[②]	00Cr27Mo	7.67	—	0.46	26.0	—
95	008Cr30Mo2[②]	00Cr30Mo2	7.64	—	0.50	26.0	—
马氏体型							
96	12Cr12[②③]	1Cr12	7.80	1 480～1 530	0.46	21.2	—
97	06Cr13[②]	0Cr13	7.75	—	0.46	25.0	—
98	2Cr13[②]	1Cr13	7.70	1 480～1 530	0.46	24.2	28.9
100	Y12Cr13[②]	Y1Cr13	7.78	1 482～1 532	0.46	25.0	—
101	20Cr13[②]	2Cr13	7.75	1 470～1 510	0.46	22.2	26.4
102	30Crl3[②]	3Cr13	7.76	1 365	0.17	25.1	25.5
103	Y30Cr13[②]	Y3Cr13	7.78	1 454～1 510	0.46	25.1	—
104	40Cr13[②]	4Cr13	7.75	—	0.46	28.1	28.9
106	14Cr17Ni2[②③]	1Cr17Ni2	7.75	—	0.46	20.2	25.1
107	17Cr16Ni2[②③]	—	7.71	—	0.16	27.8	31.8
108	68Cr17[②]	7Cr17	7.78	1 371～1 508	0.16	21.2	—
109	85Cr17[②]	8Cr17	7.78	1 371～1 508	0.46	24.2	—
110	108Cr17[②]	11Cr17	7.78	1 371～1 482	0.46	24.0	—
111	Y108Cr17[②]	Y11Cr17	7.78	1 371～1 482	0.46	24.2	—
112	95Cr18[②]	9Cr18	7.70	1 377～1 510	0.48	29.3	—
117	102Cr17Mo[②]	9Cr18Mo	7.70	—	0.43	16.0	—
118	90Cr18MoV[②]	9Cr18MoV	7.70	—	0.46	29.3	—
122	18Cr12MoVNbN[③]	2Cr12MoVNbN	7.75	—	—	27.2	—
124	22Cr12NiWMoV[③]	2Cr12NiWMoV	7.78	—	0.46	25.1	—
125	13Cr11Ni2W2MoV[③]	1Cr11Ni2W2MoV	7.80	—	0.48	22.2	28.1
130	42Cr9Si2[③]	4Cr9Si2	—	—	—	16.7（20℃）	—
132	40Cr10Si2Mo[③]	4Cr10Si2Mo	7.62	—	—	15.9	25.1
133	80Cr20Si2Ni[③]	8Cr20Si2Ni	7.60	—	—	—	—
沉淀硬化型							
136	05Cr15Ni5Cu4Nb[②]	—	7.78	1 397～1 435	0.46	17.9	23.0
137	05Cr17Ni4Cu4Nb[②③]	0Cr17Ni4Cu4Nb	7.78	1 397～1 435	0.46	17.2	23.0
138	07Cr17Ni7Al[②③]	0Cr17Ni7Al	7.93	1 390～1 430	0.50	16.3	20.9
139	07Cr15Ni7Mo2Al[②]	0Cr15Ni7Mo2Al	7.80	1 415～1 450	0.46	18.0	22.2
143	06Cr15Ni25Ti2MoAlVB[③]	0Cr15Ni25Ti2MoAlVB	7.94	1 371～1 427	0.46	15.1	23.8（600℃）

续表 2-77

序号	新 牌 号	旧 牌 号	线胀系数（×10⁻⁶/K）		电阻率（20℃）/（Ω·mm²/m）	纵向弹性模量（20℃）/（kN/mm²）	磁性
			0～100℃	0～500℃			
奥氏体型							
1	12Crl7Mn6Ni5N②	1Cr17Mn6Ni5N	15.7	—	0.69	197	
3	12Crl8Mn9Ni5N②	lCr18Mn8Ni5N	14.8	18.7	0.69	197	
9	12Crl7Ni7②	1Cr17Ni7	16.9	18.7	0.73	193	
13	12Cr18Ni9②	1Cr18Ni9	17.3	18.7	0.73	193	
15	Y12Cr18Ni9②	Y1Cr18Ni9	17.3	18.4	0.73	193	
16	Y12Cr18Ni9Se②	Y1Cr18Ni9Se	17.3	18.7	0.73	193	
17	06Cr19Ni10②	0Cr18Ni9	17.2	18.4	0.73	193	
18	022Cr19Ni10②	00Cr19Ni10	16.8	18.3	—	—	
22	06Cr18Ni9Cu2②	0Cr18Ni9Cu2	17.3	18.7	0.72	200	
23	06Cr19Ni10N②	0Cr19Ni9N	16.5	18.5	0.72	196	
25	022Cr19Ni10N②	00Cr18Ni10N	16.5	18.5	0.73	200	
26	10Cr18Ni12②	1Cr18Ni12	17.3	18.7	0.72	193	
31	16Cr23Ni13③	2Cr23Ni13	14.9	18.0	0.78	200	
32	06Cr23Ni13②③	0Cr23Ni13	14.9	18.0	0.78	193	
34	20Cr25Ni20③	2Cr25Ni20	15.8	17.5	0.78	200	
35	06Cr25Ni20②③	0Cr25Ni20	14.4	17.5	0.78	200	无①
38	06Cr17Ni12Mo2②③	0Cr17Ni12Mo2	16.0	18.5	0.74	193	
39	022Cr17Ni12Mo2②	00Cr17Nil4Mo2	16.0	18.5	0.74	193	
41	06Cr17Ni12Mo2Ti②	0Cr18Ni12Mo3Ti	15.7	17.6	0.75	199	
43	06Cr17Ni12Mo2N②	0Cr17Ni12Mo2N	16.5	18.0	0.73	200	
44	022Cr17Ni12Mo2N②	00Cr17Ni13Mo2N	15.0	—	—	200	
45	06Cr18Ni12Mo2Cu2②	0Cr18Ni12Mo2Cu2	16.6	—	0.74	186	
46	022Cr18Ni14Mo2Cu2②	00Cr18Ni14Mo2Cu2	16.0	18.6	0.74	191	
49	06Cr19Ni13Mo3②③	0Cr19Nil3Mo3	16.0	18.5	0.74	193	
50	022Cr19Ni13Mo②	00Cr19Ni13Mo3	16.5	—	0.79	200	
55	06Cr18Ni11Ti②③	0Cr18Ni10Ti	16.6	18.6	0.72	193	
57	45Cr14Ni14W2Mo③	4Cr14Ni14W2Mo	16.6	18.0	0.81	177	
60	12Cr16Ni35③	1Cr16Ni35	16.6	—	1.02	196	
62	06Cr18Ni11Nb③	0Cr18Ni11Nb	16.6	18.6	0.73	193	
64	06Cr18Ni13Si③	0Cr18Ni13Si4	13.8	—	—	—	
65	16Cr20Ni14Si2③	1Cr20Ni14Si2	16.5	—	0.85	—	
奥氏体＋铁素体型							
67	14Cr18Ni11Si4AlTi②	1Cr18Ni11Si4AlTi	16.3	19.7	1.04	180	
68	022Cr19Ni5Mo3Si2N②	00Cr18Ni5Mo3Si2	12.2	13.5（300℃）	—	196	
70	022Cr22Ni5Mo3N②	—	13.7	14.7（300℃）	0.88	186	有
73	022Cr25Ni6Mo2N②	—	13.4（200℃）	24.0（300℃）		196	
75	03Cr25Ni6Mo3Cu2N②	—	12.3	—		210	

续表 2-77

序号	新 牌 号	旧 牌 号	线胀系数（×10^{-6}/K）		电阻率（20℃）/（Ω·mm^2/m）	纵向弹性模量（20℃）/（kN/mm^2）	磁性
			0～100℃	0～500℃			
铁素体型							
78	06Cr13Al[②③]	0Cr13Al	10.8	—	0.60	200	
83	022Cr12[②③]	00Cr12	10.6	12.0	0.57	201	
85	10Cr17[②③]	1Cr17	10.5	11.9	0.60	200	
86	Y10Cr17[②]	Y1Cr17	10.4	11.4	0.60	200	有
88	10Cr17Mo[②]	1Cr17Mo	11.9	—	0.60	200	
94	008Cr27Mo[②]	00Cr27Mo	11.0	—	0.64	206	
95	008Cr30Mo2[②]	00Cr30Mo2	11.0	—	0.64	210	
马氏体型							
96	12Cr12[②③]	1Cr12	9.9	11.7	0.57	200	
97	06Cr13[②]	0Cr13	10.6	12.0	0.60	220	
98	2Cr13[②]	1Cr13	11.0	11.7	0.57	200	
100	Y12Cr13[②]	Y1Cr13	9.9	11.5	0.57	200	
101	20Cr13[②]	2Cr13	10.3	12.2	0.55	200	
102	30Cr13[②]	3Cr13	10.5	12.0	0.52	219	
103	Y30Cr13[②]	Y3Cr13	10.3	11.7	0.57	219	
104	40Cr13[②]	4Cr13	10.5	12.0	0.59	215	
106	14Cr17Ni2[②③]	1Cr17Ni2	10.3	12.4	0.72	193	
107	17Cr16Ni2[②③]	—	10.0	11.0	0.70	212	
108	68Cr17[②]	7Cr17	10.2	11.7	0.60	200	
109	85Cr17[②]	8Cr17	10.2	11.9	0.60	200	有
110	108Cr17[②]	11Cr17	10.2	11.7	0.60	200	
111	Y108Cr17[②]	Y11Cr17	10.1	—	0.60	200	
112	95Cr18[②]	9Cr18	10.5	12.0	0.60	200	
117	102Cr17Mo[②]	9Cr18Mo	10.4	11.6	0.80	215	
118	90Cr18MoV[②]	9Cr18MoV	10.5	12.0	0.65	211	
122	18Cr12MoVNbN[③]	2Cr12MoVNbN	9.3	—	—	218	
124	22Cr12NiWMoV[③]	2Cr12NiWMoV	10.6(260℃)	11.5	—	206	
125	13Cr11Ni2W2MoV[③]	1Cr11Ni2W2MoV	9.3	11.7	—	196	
130	42Cr9Si2[③]	4Cr9Si2	—	12.0	0.79	—	
132	40Cr10Si2Mo[③]	4Cr10Si2Mo	10.4	12.1	0.84	206	
133	80Cr20Si2Ni[③]	8Cr20Si2Ni		12.3(600℃)	0.95	—	
沉淀硬化型							
136	05Cr15Ni5Cu4Nb[②]	—	10.8	12.0	0.98	195	
137	05Cr17Ni4Cu4Nb[②③]	0Cr17Ni4Cu4Nb	10.8	12.0	0.98	196	
138	07Cr17Ni7Al[②③]	0Cr17Ni7Al	15.3	17.1	0.80	200	有
139	07Cr15Ni7Mo2Al[②]	0Cr15Ni7Mo2Al	10.5	11.8	0.80	185	
143	06Cr15Ni25Ti2MoAlVB[③]	0Cr15Ni25Ti2MoAlVB	16.9	17.6	0.91	198	无[①]

注：①冷变形后稍有磁性。

　　②表示不锈钢牌号。

　　③表示耐热钢牌号。

（4）特性和用途（表2-78）

表2-78 不锈钢的特性和用途

GB/T 20878 中序号	新 牌 号	旧 牌 号	特 性 和 用 途
奥 氏 体 型			
1	12Cr17Mn6Ni5N	1Cr17Mo6Ni5N	节镍钢，性能与12Cr17Ni7（1Cr17Ni7）相近，可代替12Cr17Ni7（1Cr17Ni7）使用。在固溶态无磁，冷加工后具有轻微磁性。主要用于制造旅馆装备、厨房用具、水池、交通工具等
3	12Cr18Mn9Ni5N	1Cr18Mn8Ni5N	节镍钢，是Cr-Mn-Ni-N型最典型、发展比较完善的钢。在800℃以下具有很好的抗氧化性，且保持较高的强度，可代替12Cr18Ni9（1Cr18Ni9）使用。主要用于制作800℃以下经受弱介质腐蚀和承受负载的零件，如炊具、餐具等
9	12Cr17Ni7	1Cr17Ni7	亚稳定奥氏体不锈钢，是最易冷变形强化的钢。经冷加工有高的强度和硬度，并仍保留足够的塑韧性，在大气条件下具有较好的耐蚀性。主要用于以冷加工状态承受较高负载，又希望减轻装备质量和不生锈的设备和部件，如铁道车辆、装饰板、传送带、紧固件等
13	12Cr18Ni9	1Cr18Ni9	历史最悠久的奥氏体不锈钢，在固溶态具有良好的塑性、韧性和冷加工性，在氧化性酸和大气、水、蒸汽等介质中耐蚀性还好。经冷加工有高的强度，但伸长率比12Cr17Ni7（1Cr17Ni7）稍差。主要用于对耐蚀性和强度要求不高的结构件和焊接件，如建筑物外表装饰材料；也可用于无磁部件和低温装置的部件。但在敏化态或焊后，具有晶间腐蚀倾向，不宜用做焊接结构材料
15	Y12Cr18Ni9	Y1Cr18Ni9	12Cr18Ni9（1Cr18Ni9）改进切削性能钢。最适用于快速切削（如自动车床）制作辊、轴、螺栓、螺母等
16	Y12Cr18Ni9Se	Y1Cr18Ni9Se	除调整12Cr18Ni9（1Cr18Ni9）的磷、硫含量外，还加入硒，提高12Cr18Ni9（1Cr18Ni9）的切削性能，用于小切削量；也适用于热加工或冷顶锻，如螺钉、铆钉等
17	06Cr19Ni10	0Cr18Ni9	在12Cr18Ni9（1Cr18Ni9）基础上发展演变的钢，性能类似于12Cr18Ni9（1Cr18Ni9），但耐蚀性优于12Cr18Ni9（1Cr18Ni9）。可用作薄截面尺寸的焊接件，是应用量最大、使用范围最广的不锈钢。适用于制造深冲成形部件和输酸管道、容器、结构件等，也可以制造无磁、低温设备和部件
18	022Cr19Ni10	00Cr19Ni10	为解决因$Cr_{23}C_6$析出而使06Cr19Ni10（0Cr18Ni9）在一些条件下存在严重的晶间腐蚀倾向而发展的超低碳奥氏体不锈钢，其敏化态耐晶间腐蚀能力显著优于06Cr18Ni10（0Cr18Ni9）；除强度稍低外，其他性能同06Cr18Ni9Ti（0Cr18Ni9Ti）。主要用于需焊接且焊接后又不能进行固溶处理的耐蚀设备和部件
22	06Cr18Ni9Cu3	0Cr18Ni9Cu3	在06Cr19Ni10（0Cr18Ni9）基础上为改进其冷成形性能而发展的不锈钢。铜的加入，使钢的冷作硬化倾向小，冷作硬化率降低，可以在较小的成形力下获得最大的冷变形。主要用于制作冷镦紧固件、拉深等冷成形的部件
23	06Cr19Ni10N	0Cr19Ni9N	在06Cr19Ni10（0Cr18Ni9）基础上添加氮，不仅防止塑性降低，而且提高钢的强度和加工硬化倾向，改善钢的耐点蚀和晶间腐蚀性能，使材料的厚度减少。用于有一定耐腐性要求，并要求较高强度和减轻质量的设备或结构部件
24	06Cr19Ni9NbN	0Cr19Ni10NbN	在06Cr19Ni10（0Cr18Ni9）基础上添加氮和铌，提高钢的耐点蚀和晶间腐蚀性能，具有与06Cr19Ni10N（0Cr19Ni9N）相同的特性和用途

续表 2-78

GB/T 20878 中序号	新牌号	旧牌号	特 性 和 用 途
			奥 氏 体 型
25	022Cr19Ni10N	00Cr18Ni10N	06Cr19Ni10N（0Cr19Ni9N）的超低碳钢。因 06Cr19Ni10N（0Cr19Ni9N）在 450～900℃加热后耐晶间腐蚀性能明显下降，因此对于焊接设备构件，推荐用 022Cr19Ni10N（00Cr18Ni10N）
26	10Cr18Ni12	1Cr18Ni12	在 12Cr18Ni9（1Cr18Ni9）基础上，通过提高钢中镍含量而发展起来的不锈钢，加工硬化性比 12Cr18Ni9（1Cr18Ni9）低。适宜用于旋压加工、特殊拉拔，如做冷墩钢用等
32	06Cr23Ni13	0Cr23Ni13	高铬镍奥氏体不锈钢，耐腐蚀性比 06Cr19Ni10（0Cr18Ni9）好，但实际上多作为耐热钢使用
35	06Cr25Ni20	0Cr25Ni20	高铬镍奥氏体不锈钢，在氧化性介质中具有优良的耐蚀性，同时具有良好的高温力学性能，抗氧化性比 06Cr23Ni13（0Cr23Ni13）好，耐点蚀和耐应力腐蚀能力优于 18-8 型不锈钢。即可用于耐蚀部件又可作为耐热钢使用
38	06Cr17Ni12Mo2	0Cr17Ni12Mo2	在 10Cr18Ni12（1Cr18Ni12）基础上加入钼，使钢具有良好的耐还原性介质和耐点腐蚀能力；在海水和其他各种介质中，耐腐蚀性优于 06Cr19Ni10（0Cr18Ni9）。主要用于耐点蚀材料
39	022Cr17Ni12Mo2	00Cr17Ni14Mo2	06Cr17Ni12Mo2（0Cr17Ni12Mo2）的超低碳钢，具有良好的耐敏化态晶间腐蚀的性能。适用于制造厚截面尺寸的焊接部件和设备，如石油化工、化肥、造纸、印染及原子能工业用设备的耐蚀材料
41	06Cr17Ni12Mo2Ti	0Cr18Ni12Mo3Ti	为解决 06Cr17Ni12Mo2（0Cr17Ni12Mo2）的晶间腐蚀而发展起来的钢种，有良好的耐晶间腐蚀性能，其他性能与 06Cr17Ni12Mo2（0Cr17Ni12Mo2）相近。适合于制造焊接部件
43	06Cr17Ni12Mo2N	0Cr17Ni12Mo2N	在 06Cr17Ni12Mo2（0Cr17Ni12Mo2）中加入氮，提高强度，同时又不降低塑性，使材料的使用厚度减薄。用于耐蚀性好的高强度部件
44	022Cr17Ni12Mo2N	00Cr17Ni13Mo2N	在 022Cr17Ni12Mo2（00Cr17Ni14Mo2）中加入氮，具有与 022Cr17Ni12Mo2（00Cr17Ni14Mo2）同样的特性，用途与 06Cr17Ni12Mo2N（0Cr17Ni12Mo2N）相同，但耐晶间腐蚀性能更好。主要用于化肥、造纸、制药、高压设备等领域
45	06Cr18Ni12Mo2Cu2	0Cr18Ni12Mo2Cu2	在 06Cr17Ni12Mo2（0Cr17Ni12Mo2）基础上加入约 2%Cu，耐蚀性、耐点蚀性好。主要用于制作耐硫酸材料，也可用作焊接结构件和管道、容器等
46	022Cr18Ni14Mo2Cu2	00Cr18Ni14Mo2Cu2	06Cr18Ni12Mo2Cu2（0Cr18Ni12Mo2Cu2）的超低碳钢，比 06Cr18Ni12Mo2Cu2（0Cr18Ni12MoCu2）的耐晶间腐蚀性能好。用途同 06Cr18Ni12Mo2Cu2（0Cr18Ni12Mo2Cu2）
49	06Cr19Ni12Mo3	0Cr19Ni13Mo3	耐点蚀和抗蠕变能力优于 06Cr17Ni12Mo2（0Cr17Ni12Mo2）。用于制作造纸、印染设备，石油化工及耐有机酸腐蚀的装备等
50	022Cr19Ni13Mo3	00Cr19Ni13Mo3	06Cr19Ni13Mo3（0Cr19Ni13Mo3）的超低碳钢，比 06Cr19Ni13Mo3（0Cr19Ni13Mo3）耐晶间腐蚀性能好，在焊接整体件时抑制析出碳。用途与 06Cr19Ni13Mo3（0Cr19Ni13Mo3）相同
52	03Cr18Ni16Mo5	0Cr18Ni16Mo5	耐点蚀性能优于 022Cr17Ni12Mo2（00Cr17Ni14Mo2）和 06Cr17Ni12Mo2Ti（0Cr18Ni12Mo3Ti）的一种高钼不锈钢，在硫酸、甲酸、醋酸等介质中的耐蚀性要比一般含（2%～4%）Mo 的常用 Cr-Ni 钢更好。主要用于处理含氯离子溶液的热交换器、醋酸设备、磷酸设备、漂白装置等，以及 022Cr17Ni12Mo2（00Cr17Ni14Mo2）和 06Cr17Ni12Mo2Ti（0Cr18Ni12Mo3Ti）不适用环境中

续表 2-78

GB/T 20878 中序号	新 牌 号	旧 牌 号	特 性 和 用 途
奥 氏 体 型			
55	06Cr18Ni11Ti	0Cr18Ni10Ti	钛稳定化的奥氏体不锈钢，添加钛提高耐晶间腐蚀性能，并具有良好的高温力学性能。可用超低碳奥氏体不锈钢代替。除专用（高温或抗氢腐蚀）外，一般情况不推荐使用
62	06Cr18Ni11Nb	0Cr18Ni11Nb	铌稳定化的奥氏体不锈钢，添加铌提高耐晶间腐蚀性能，在酸、碱、盐等腐蚀介质中的耐蚀性同 06Cr18Ni11Ti（0Cr18Ni10Ti），焊接性能良好；既可作为耐蚀材料又可作为耐热钢使用。主要用于火电厂、石油化工等领域，如制作容器、管道、热交换器、轴类等；也可作为焊接材料使用
64	06Cr18Ni13Si4	0Cr18Ni13Si4	在 06Cr19Ni10（0Cr18Ni9）中增加镍，添加硅，提高耐应力腐蚀断裂性能。用于含氯离子环境，如汽车排气净化装置等
奥氏体＋铁素体型			
67	14Cr18Ni11Si4AlTi	1Cr18Ni11Si4AlTi	含硅会使钢的强度和耐浓硝酸腐蚀性能提高。可用于制作抗高温、浓硝酸介质的零件和设备，如排酸阀门等
68	022Cr19Ni5Mo3Si2N	00Cr18Ni5Mo3Si2	在瑞典 3RE60 钢的基础上，加入（0.05%～0.10%）N 形成一种耐氯化物应力腐蚀的专用不锈钢。耐点蚀性能与 022Cr17Ni12Mo2（00Cr17Ni14Mo2）相当。适用于含氯离子的环境，用于炼油、化肥、造纸、石油、化工等工业制造热交换器、冷凝器等；也可代替 022Cr19Ni10（00Cr19Ni10）和 022Cr17Ni12Mo2（00Cr17Ni14Mo2）在易发生应力腐蚀破坏的环境下使用
70	022Cr22Ni5Mo3N	—	在瑞典 SAF2205 钢基础上研制，是目前世界上双相不锈钢中应用最普遍的钢。对含硫化氢、二氧化碳、氯化物的环境具有阻抗性，可进行冷、热加工及成型，焊接性能良好。适用于做结构材料，用来代替 022Cr19Ni10（00Cr19Ni10）和 022Cr17Ni12Mo2（00Cr17Ni14Mo2）奥氏体不锈钢使用；用于制作油井管、化工储罐、热交换器、冷凝冷却器等易产生点蚀和应力腐蚀的受压设备
71	022Cr23Ni5Mo3N	—	从 022Cr22Ni5Mo3N 基础上派生出来的，具有更窄的区间。特性和用途同 022Cr22Ni5Mo3N
73	022Cr25Ni6Mo2N	—	在 0Cr26Ni5Mo2 基础上调高钼含量、调低碳含量、添加氮，具有高强度、耐氯化物应力腐蚀、可焊接等特点，是耐点蚀最好的钢，可代替 0Cr26Ni5Mo2 使用。主要应用于化工、化肥、石油化工等工业领域，主要制作热交换器、蒸发器等
75	03Cr25Ni6Mo3Cu2N	—	在英国 Ferralium alloy 255 合金基础上研制的，具有良好的力学性能和耐局部腐蚀性能，尤其是耐磨损性能优于一般的奥氏体不锈钢，是海水环境中的理想材料。适用作舰船用的螺旋推进器、轴、潜艇密封件等，也适用于化工、石油化工、天然气、纸浆、造纸等领域
铁 素 体 型			
78	06Cr13SAl	0Cr13Al	低铬纯铁素体不锈钢，非淬硬性钢。具有相当于低铬钢的不锈性和抗氧化性，塑性、韧性和冷成形性优于铬含量更高的其他铁素体不锈钢。主要用于 12Cr13（1Cr13）或 10Cr17（1Cr17）由于空气可淬硬而不适用的地方，如石油精制装置，压力容器衬里，蒸汽透平叶片和复合钢板等
83	022Cr12	00Cr12	比 022Cr13（0Cr13）碳含量低，焊接部位弯曲性能、加工性能、耐高温氧化性能好。用作汽车排气处理装置、锅炉燃烧室、喷嘴等

续表 2-78

GB/T 20878 中序号	新 牌 号	旧 牌 号	特 性 和 用 途
铁 素 体 型			
85	10Cr17	1Cr17	具有耐蚀性、力学性能和热导率高的特点，在大气、水蒸气等介质中具有不锈性，但当介质中含有较高氯离子时，不锈性则不足。主要用于生产硝酸、硝铵的化工设备，如吸收塔、热交换器、贮槽等；薄板主要用于建筑内装饰、日用办公设备、厨房器具、汽车装饰、气体燃烧器等。由于它的脆性转变温度在室温以上，且对缺口敏感，不适用制作室温以下的承受负载的设备和部件，且通常使用的钢材其截面尺寸一般不允许超过 4mm
86	Y10Cr17	Y1Cr17	10Cr17（1Cr17）改进的切削钢。主要用于大切削量自动车床加工零件，如螺栓、螺母等
88	10Cr17Mo	1Cr17Mo	在 10Cr17（1Cr17）中加入钼，提高钢的耐点蚀、耐缝隙腐蚀性及强度等，比 10Cr17（1Cr17）抗盐溶液性强。主要用作汽车轮毂、紧固件以及汽车外装饰材料使用
94	008Cr27Mo	00Cr27Mo	高纯铁素体不锈钢中发展最早的钢，性能类似于 008Cr30Mo2（00Cr30Mo2）。适用于既要求耐蚀性又要求软磁性的用途
95	008Cr30Mo2	00Cr30Mo2	高纯铁素体不锈钢。脆性转变温度低，耐卤离子应力腐蚀破坏性好，耐蚀性与纯镍相当，并具有良好的韧性、加工成型性和可焊接性。主要用于化学加工工业（醋酸、乳酸等有机酸，苛性钠浓缩工程）成套设备、食品工业、石油精炼工业、电力工业、水处理和污染控制等用热交换器、压力容器、罐和其他设备等
马 氏 体 型			
96	12Cr12	1Cr12	作为汽轮叶片及高应力部件之良好的不锈耐热钢
97	06Cr13	0Cr13	作为较高韧性及受冲击负载的零件，如汽轮机叶片、结构架、衬里、螺栓、螺母等
98	12Cr13	1Cr13	半马氏体型不锈钢，经淬火、回火处理后具有较高的强度、韧性、良好的耐蚀性和机加工性能。主要用于韧性要求较高且具有不锈性的受冲击载荷的部件，如刃具、叶片、紧固件、水压机阀、热裂解耐硫腐蚀设备等；也可制作在常温条件耐弱腐蚀介质的设备和部件
100	Y12Cr13	Y1Cr13	不锈钢中切削性能最好的钢，自动车床用
101	20Cr13	2Cr13	马氏体型不锈钢，其主要性能类似于 12Cr13（1Cr13）。由于碳含量较高，其强度、硬度高于 12Cr13（1Cr13），而韧性和耐蚀性略低。主要用于制造承受高应力负载的零件，如汽轮机叶片、热液压泵、轴和轴套、叶轮、水压机阀片等，也可用于造纸工业和医疗器械以及日用消费领域的刀具、餐具等
102	30Cr13	3Cr13	马氏体型不锈钢，较 12Cr13（1Cr13）和 20Cr13（2Cr13）具有更高的强度、硬度和更好的淬透性，在室温的稀硝酸和弱的有机酸中具有一定的耐蚀性，但不及 12Cr13（1Cr13）和 20Cr13（2Cr13）。主要用于高强度部件，以及在承受高应力负载并在一定腐蚀介质条件下的磨损件，如 300℃ 以下工作的刀具、弹簧，400℃ 以下工作的轴、螺栓、阀门、轴承等
103	Y30Cr13	Y3Cr13	改善 30Cr13（3Cr13）切削性能的钢。用途与 30Cr13（3Cr13）相似，需要更好的切削性能
104	40Cr13	4Cr13	特性与用途类似于 30Cr13（3Cr13），其强度、硬度高于 30Cr13（3Cr13），而韧性和耐蚀性略低。主要用于制造外科医疗用具、轴承、阀门、弹簧等。40Cr13（4Cr13）可焊性差，通常不制造焊接部件

续表 2-78

GB/T 20878 中序号	新牌号	旧牌号	特性和用途
		马氏体型	
106	14Cr17Ni2	1Cr17Ni2	热处理后具有较高的力学性能,耐蚀性优于 12Cr13（1Cr13）和 10Cr17（1Cr17）。一般用于既要求高力学性能的可淬硬性,又要求耐硝酸、有机腐蚀的轴类、活塞杆、泵、阀等零部件以及弹簧和紧固件
107	17Cr16Ni2	—	加工性能比 14Cr17Ni2（1Cr17Ni2）明显改善,适用于制作要求较高强度、韧性、塑性和良好的耐蚀性的零部件及在潮湿介质中工作的承力件
108	68Cr17	7Cr17	高铬马氏体型不锈钢,比 20Cr13（2Cr13）有较高的淬火硬度,在淬火回火状态下,具有高强度和硬度,并兼有不锈、耐蚀性能。一般用于制造要求具有不锈性或耐稀氧化性酸、有机酸和盐类腐蚀的刀具、量具、轴类、杆件、阀门、钩件等耐磨蚀的部件
109	85Cr17	8Cr17	可淬硬性不锈钢。性能与用途类似于 68Cr17（7Cr17）,但硬化状态下,比 68Cr17（7Cr17）硬,而比 108Cr17（11Cr17）韧性高,如刃具、阀座等
110	108Cr17	11Cr17	可淬硬性不锈钢,在不锈钢中硬度最高。性能与用途类似于 68Cr17（7Cr17）。主要用于制作喷嘴、轴承等
111	Y108Cr17	Y11Cr17	108Cr17（11Cr17）改进的切削性钢种。自动车床用
112	95Cr18	9Cr18	高碳马氏体不锈钢。较 Cr17 型马氏体型不锈钢耐蚀性有所改善,其他性能与 Cr17 型马氏体型不锈钢相似。主要用于制造耐腐蚀高强度耐磨损部件,如轴、泵、阀件、杆类、弹簧、紧固件等。由于钢中极易形成不均匀的碳化物而影响钢的质量和性能,需在生产时予以注意
115	13Cr13Mo	1Cr13Mo	比 12Cr13（1Cr13）耐蚀性高的高强度钢。用于制作汽轮机叶片、高温部件等
116	32Cr13Mo	3Cr13Mo	在 30Cr13（3Cr13）基础上加入钼,改善了钢的强度和硬度,并增强了二次硬化效应,且耐蚀性优于 30Cr13（3Cr13）。主要用途同 30Cr13（3Cr13）
117	102Cr17Mo	9Cr18Mo	性能与用途类似于 95Cr18（9Cr18）。由于钢中加入了钼和钒,热强性和抗回火能力均优于 95Cr18（9Cr18）。主要用于制造承受摩擦并在腐蚀介质中工作的零件,如量具、刃具等
118	90Cr18MoV	9Cr18MoV	
		沉淀硬化型	
136	05Cr15Ni5Cu4Nb	—	在 05Cr17Ni4Cu4Nb（0Cr17Ni4Cu4Nb）基础上发展的马氏体沉淀硬化不锈钢,除高强度外,还具有高的横向韧性和良好的可锻性,耐蚀性与 05Cr17Ni4Cu4Nb（0Cr17Ni4Cu4Nb）相当。主要应用于具有高强度、良好韧性,又要求有优良耐蚀性的服役环境,如高强度锻件、高压系统阀门部件、飞机部件等
137	05Cr17Ni4Cu4Nb	0Cr17Ni4Cu4Nb	添加铜和铌的马氏体沉淀硬化不锈钢,强度可通过改变热处理工艺予以调整,耐蚀性优于 Cr13 型及 95Cr18（9Cr18）和 14Cr17Ni2（1Cr17Ni2）,抗腐蚀疲劳及抗水滴冲蚀能力优于 12%Cr 马氏体型不锈钢;焊接工艺简便,易于加工制造,但较难进行深度冷成形。主要用于既要求具有不锈性又要求耐弱酸、碱、盐腐蚀的高强度部件,如汽轮机末级动叶片以及在腐蚀环境下,工作温度低于 300℃ 的结构件

续表 2-78

GB/T 20878 中序号	新 牌 号	旧 牌 号	特 性 和 用 途
		沉淀硬化型	
138	07Cr17Ni7Al	0Cr17Ni7Al	添加铝的半奥氏体沉淀硬化不锈钢，成分接近 18-8 型奥氏体不锈钢，具有良好的冶金和制造加工工艺性能。可用于 350℃ 以下长期工作的结构件、容器、管道、弹簧、垫圈、计量器部件。该钢热处理工艺复杂，在全世界范围内有被马氏体时效钢取代的趋势，但目前仍具有广泛应用的领域
139	07Cr15Ni7Mo2Al	0Cr15Ni7Mo2Al	以 2%Mo 取代 07Cr17Ni7Al（0Cr17Ni7Al）中 2%Cr 的半奥氏体沉淀硬化不锈钢，使之耐还原性介质腐蚀能力有所改善，综合性能优于 07Cr17Ni7Al（0Cr17Ni7Al）。用于宇航、石油化工和能源等领域有一定耐蚀性要求的高强度容器、零件及结构件

2.3.2 含铜抗菌不锈钢（YB/T 4171—2008）

（1）牌号和化学成分（表 2-79）

表 2-79 含铜抗菌不锈钢的牌号和化学成分 （%）

类型	序号	统一数字代号	牌 号	化学成分（质量分数）							
				C	Si	Mn	P	S	Ni	Cr	Cu
奥氏体	1	S30480	06Cr18Ni9Cu2	≤0.07	≤1.00	≤2.00	≤0.035	≤0.030	8.00~11.00	17.00~19.00	1.50~2.50
	2	S30488	06Cr18Ni9Cu3	≤0.07	≤1.00	≤2.00	≤0.035	≤0.030	8.00~11.00	17.0~19.00	2.50~4.00
铁素体	3	S11788	06Cr17Cu2	≤0.08	≤0.75	≤1.00	≤0.035	≤0.030	≤0.60	16.00~18.00	1.00~2.50
	4	S11283	022Cr12Cu2	≤0.030	≤0.75	≤1.00	≤0.035	≤0.030	≤0.60	11.00~13.50	1.00~2.50
马氏体	5	S42080	20Cr13Cu3	0.16~0.25	≤1.00	≤1.00	≤0.035	≤0.030	≤0.60	12.00~14.00	2.50~4.00
	6	S42088	30Cr13Cu3	0.26~0.035	≤1.00	≤1.00	≤0.035	≤0.030	≤0.60	12.00~14.00	2.50~4.00

（2）力学性能（表 2-80）

表 2-80 含铜抗菌不锈钢的力学性能

类型	牌 号	推荐的热处理规范	力 学 性 能			硬 度		
			规定非比例延伸强度/MPa	抗拉强度/MPa	断后伸长率/%	HBW	HRB	HV
			≥			≤		
奥氏体	06Cr18Ni9Cu2	固溶 1 010~1 150℃，快冷	205	520	35	187	90	200
	06Cr18Ni9Cu3							
铁素体	06Cr17Cu2	780~850℃，空冷或缓冷	205	450	22	183	88	200
	022Cr12Cu2		170	360	22	183	88	200
马氏体	20Cr13Cu3	800~900℃，缓冷	225	530	18	223	97	234
	30Cr13Cu3		255	540	18	235	99	247

（3）特性和用途（表2-81）

表2-81 含铜抗菌不锈钢的特性和用途

类 型	序号	牌 号	特 性 和 用 途
奥氏体	1	06Cr18Ni9Cu2	耐蚀性好，可用于食品设备、卫生间用品、公式设施、手术室器具等方面
	2	06Cr18Ni9Cu3	
铁素体	3	06Cr17Cu2	色彩光亮，抛光性能好，焊接性能好，可用于室内装饰、家电内外壳、餐具、食品容器等方面
	4	022Cr12Cu2	
马氏体	5	20Cr13Cu3	耐蚀不锈，硬度高，可用于制作手术刀具、菜刀等
	6	30Cu13Cu3	

2.3.3 耐热钢（GB/T 1221—2007）

（1）分类　耐热钢是在高温下具有较高强度和良好耐蚀性能的钢种，按特性可分为热强钢和抗氧化钢。

①热强钢。在高温下（一般在450～900℃的温度中使用）有较好的抗氧化和耐蚀能力，并有较高的抗蠕变、抗断裂的性能，在周期性变化载荷的作用下能较好地经受疲劳应力。这类钢用于汽轮机和燃气轮机的转子、叶片，高温工作的气缸、螺栓，锅炉的过热器，内燃机的进、排气阀等。

②抗氧化钢。在500～1 200℃（有的高达1 300℃）的使用温度中，要求有较好的抗氧化性、耐蚀性和适当的强度（抗蠕变和抗断裂性能要求不高）的钢种，多数用于制造炉用零件和换热器，如燃气轮机的燃烧室、锅炉吊挂、加热炉底板和辊道等。

耐热钢按组织分为奥氏体型钢、铁素体型钢、马氏体型和沉淀硬化型钢。各类耐热钢的特性见表2-82。

表2-82 各类耐热钢的特性

名 称	特 性 说 明
奥氏体型耐热钢	指在常温下具有单相奥氏体组织的耐热钢，含有较高的镍、锰、氮等奥氏体形成元素。其特点是热强性高、工作温度高，在600℃以上时，有较好的高温强度和组织稳定性，焊接性能良好，通常用在600℃以上工作的热强材料。其缺点是室温强度低，切削加工性较差
铁素体型耐热钢	指常温组织为单相铁素体的耐热钢。这类钢以含铬为主，另外含有一定量的铁素体形成元素（如铝、硅）等。铝、硅的加入，还能在高温下形成致密氧化膜，大大提高钢的抗氧化性。这类钢的特点是抗氧化性强，尤其是抗含硫气氛优于铬镍奥氏体钢。其缺点是高温强度较低，室温脆性较大，焊接性能较差，一般均作为不起皮钢用于受力不大的加热炉构件。另外，由于其具有高的电阻，并且在使用温度下不起皮，这类钢可用于制作电阻丝
马氏体型耐热钢	指通过淬火获得马体体组织的耐热钢。应用最早的12Cr13就是马氏体不锈钢。它们除有较高的耐蚀性外，还具有一定的耐热性，经热处理后，可获得较高的力学性能和耐磨性。其热处理与不锈钢不同之处，是淬火后用较高的回火温度（650～750℃）进行回火，以保证在使用温度下组织和性能的稳定。这类钢广泛用于550℃以下工作的汽轮机叶片、涡轮叶片、阀门等。 另一类马氏体钢是铬硅钢，加入硅后，由于高温下硅能形成致密的氧化膜，可大大提高钢的抗氧化性。另外，硅还能降低钢在蠕变开始阶段的变形速度。其最大缺点是具有回火脆性，当硅的质量分数超过3%时，室温塑性急剧变坏，并损害钢在高温下的塑性变形能力。为了减少回火脆性并提高热强性，往往加入少量钼。常用牌号有42Cr9Si2、40Cr10Si2Mo等。一般经调质处理，广泛用于700℃以下的各种发动机的排气阀，也可作为不起皮钢用于制造900℃以下的加热炉构件
沉淀硬化型耐热钢	沉淀硬化型耐热钢有05Cr17Ni4Cu4Nb，07Cr17Ni7Al和06Cr15Ni25Ti2MoAlVB三个牌号

（2）牌号和化学成分（表 2-83~表 2-86）

表 2-83　奥氏体型耐热钢的牌号和化学成分

GB/T 20878 中序号	统一数字代号	新牌号	旧牌号	化学成分（质量分数）											(%)
				C	Si	Mn	P	S	Ni	Cr	Mo	Cu	N	其他元素
6	S35650	53Cr21Mn9Ni4N	5Cr21Mn9Ni4N	0.48~0.58	0.35	8.00~10.00	0.040	0.030	3.25~4.50	20.00~22.00	—	—	0.35~0.50	—
7	S35750	26Cr18Mn12Si2N	3Cr18Mn12Si2N	0.22~0.30	1.40~2.20	10.50~12.50	0.050	0.030	—	17.00~19.00	—	—	0.22~0.33	—
8	S35850	22Cr20Mn10Ni2Si2N	2Cr20Mn9Ni2Si2N	0.17~0.26	1.80~2.70	8.50~11.00	0.050	0.030	2.00~3.00	18.00~21.00	—	—	0.20~0.30	—
17	S30408	06Cr19Ni10	0Cr18Ni9	0.08	1.00	2.00	0.045	0.030	8.00~11.00	18.00~20.00	—	—	—	—
30	S30850	22Cr21Ni12N	2Cr21Ni12N	0.15~0.28	0.75~1.25	1.00~1.60	0.040	0.030	10.50~12.50	20.00~22.00	—	—	0.15~0.30	—
31	S30920	16Cr23Ni13	2Cr23Ni13	0.20	1.00	2.00	0.040	0.030	12.00~15.00	22.00~24.00	—	—	—	—
32	S30908	06Cr23Ni13	0Cr23Ni13	0.08	1.00	2.00	0.045	0.030	12.00~15.00	22.00~24.00	—	—	—	—
34	S31020	20Cr25Ni20	2Cr25Ni20	0.25	1.50	2.00	0.040	0.030	19.00~22.00	24.00~26.00	—	—	—	—
35	S31008	06Cr25Ni20	0Cr25Ni20	0.08	1.50	2.00	0.040	0.030	19.00~22.00	24.00~26.00	—	—	—	—
38	S31608	06Cr17Ni12Mo2	0Cr17Ni12Mo2	0.08	1.00	2.00	0.045	0.030	10.00~14.00	16.00~18.00	2.00~3.00	—	—	—
49	S31708	06Cr19Ni13Mo3	0Cr19Ni13Mo3	0.08	1.00	2.00	0.045	0.030	11.00~15.00	18.00~20.00	3.00~4.00	—	—	—
55	S32168	06Cr18Ni11Ti	0Cr18Ni10Ti	0.08	1.00	2.00	0.045	0.030	9.00~12.00	17.00~19.00	—	—	—	Ti5C~0.70
57	S32590	45Cr14Ni14W2Mo	4Cr14Ni14W2Mo	0.40~0.50	0.80	0.70	0.040	0.030	13.00~15.00	13.00~15.00	0.25~0.40	—	W2.00~2.75	—
60	S33010	12Cr16Ni35	1Cr16Ni35	0.15	1.50	2.00	0.040	0.030	33.00~37.00	14.00~17.00	—	—	—	—
62	S34778	06Cr18Ni11Nb	0Cr18Ni11Nb	0.08	1.00	2.00	0.045	0.030	9.00~12.00	17.00~19.00	—	—	Nb10C~1.10	—
64	S38148	06Cr18Ni13Si4	0Cr18Ni13Si4	0.08	3.00~5.00	2.00	0.045	0.030	11.50~15.00	15.00~20.00	—	—	—	—
65	S35240	16Cr20Ni14Si2	1Cr20Ni14Si2	0.20	1.50~2.50	1.50	0.040	0.030	12.00~15.00	19.00~22.00	—	—	—	—
66	S38340	16Cr25Ni20Si2	1Cr25Ni20Si2	0.20	1.50~2.50	1.50	0.040	0.030	18.00~21.00	24.00~27.00	—	—	—	—

表 2-84 铁素体型耐热钢的牌号和化学成分　　　　　　　　　　（%）

GB/T 20878 中序号	统一数字代号	新牌号	旧牌号	化学成分（质量分数）					
				C	Si	Mn	P	S	Ni
78	S11348	06Cr13Al	0Cr13Al	0.08	1.00	1.00	0.040	0.030	—
83	S11203	022Cr12	00Cr12	0.030	1.00	1.00	0.040	0.030	—
85	S11710	10Cr17	1Cr17	0.12	1.00	1.00	0.040	0.030	—
93	S12550	16Cr25N	2Cr25N	0.20	1.00	1.50	0.040	0.030	—

GB/T 20878 中序号	统一数字代号	新牌号	旧牌号	化学成分（质量分数）				
				Cr	Mo	Cu	N	其他元素
78	S11348	06Cr13Al	0Cr13Al	11.50～14.50	—	—		Al0.10～0.30
83	S11203	022Cr12	00Cr12	11.00～13.50	—	—		
85	S11710	10Cr17	1Cr17	16.00～18.00	—	—		
93	S12550	16Cr25N	2Cr25N	23.00～27.00	—	(0.30)	0.25	

表 2-85 马氏体型耐热钢的牌号和化学成分　　　　　　　　　　（%）

GB/T 20878 中序号	统一数字代号	新牌号	旧牌号	化学成分（质量分数）					
				C	Si	Mn	P	S	Ni
98	S41010	12Cr13[①]	1Cr13[①]	0.08～0.15	1.00	1.00	0.040	0.030	(0.60)
101	S42020	20Cr13	2Cr13	0.16～0.25	1.00	1.00	0.040	0.030	(0.60)
106	S43110	14Cr17Ni2	1Cr17Ni2	0.11～0.17	0.80	0.80	0.040	0.030	1.50～2.50
107	S43120	17Cr16Ni2	—	0.12～0.22	1.00	1.50	0.040	0.030	1.50～2.50
113	S45110	12Cr5Mo	1Cr5Mo	0.15	0.50	0.60	0.040	0.030	0.60
114	S45610	12Cr12Mo	1Cr12Mo	0.10～0.15	0.50	0.30～0.50	0.035	0.030	0.30～0.60
115	S45710	13Cr13Mo	1Cr13Mo	0.08～0.18	0.60	1.00	0.040	0.030	(0.60)
119	S46010	14Cr11MoV	1Cr11MoV	0.11～0.18	0.50	0.60	0.035	0.030	0.60
122	S46250	18Cr12MoVNbN	2Cr12MoVNbN	0.15～0.20	0.50	0.50～1.00	0.035	0.030	(0.60)
123	S47010	15Cr12WMoV	1Cr12WMoV	0.12～0.18	0.50	0.50～0.90	0.035	0.030	0.40～0.80
124	S47220	22Cr12NiWMoV	2Cr12NiMoWV	0.20～0.25	0.50	0.50～1.00	0.040	0.030	0.50～1.00
125	S47310	13Cr11Ni2W2MoV	1Cr11Ni2W2MoV	0.10～0.16	0.60	0.60	0.035	0.030	1.40～1.80
128	S47450	18Cr11NiMoNbVN	(2Cr11NiMoNbVN)	0.15～0.20	0.50	0.50～0.80	0.030	0.025	0.30～0.60
130	S48040	42Cr9Si2	4Cr9Si2	0.35～0.50	2.00～3.00	0.70	0.035	0.030	0.60
131	S48045	45Cr9Si3	—	0.40～0.50	3.00～3.50	0.60	0.030	0.030	0.60
132	S48140	40Cr10Si2Mo	4Cr10Si2Mo	0.35～0.45	1.90～2.60	0.70	0.035	0.030	0.60
133	S48380	80Cr20Si2Ni	8Cr20Si2Ni	0.75～0.85	1.75～2.25	0.20～0.60	0.030	0.030	1.15～1.65

GB/T 20878 中序号	统一数字代号	新牌号	旧牌号	化学成分（质量分数）				
				Cr	Mo	Cu	N	其他元素
98	S41010	12Cr13[①]	1Cr13[①]	11.50～13.50	—			
101	S42020	20Cr13	2Cr13	12.00～14.00	—			
106	S43110	14Cr17Ni2	1Cr17Ni2	16.00～18.00	—			
107	S43120	17Cr16Ni2		15.00～17.00	—			
113	S45110	12Cr5Mo	1Cr5Mo	4.00～6.00	0.40～0.60			

续表 2-85

GB/T 20878 中序号	统一数字代号	新牌号	旧牌号	化学成分（质量分数）				
				Cr	Mo	Cu	N	其他元素
114	S45610	12Cr12Mo	1Cr12Mo	11.50～13.00	0.30～0.60	0.30	—	—
115	S45710	13Cr13Mo	1Cr13Mo	11.50～14.00	0.30～0.60	—	—	—
119	S46010	14Cr11MoV	1Cr11MoV	10.00～11.50	0.50～0.70	—	—	V0.25～0.40
122	S46250	18Cr12MoVNbN	2Cr12MoVNbN	10.00～13.00	0.30～0.90	—	0.05～0.10	V0.10～0.40 Nb0.20～0.60
123	S47010	15Cr12WMoV	1Cr12WMoV	11.00～13.00	0.50～0.70	—	—	W0.70～1.10 V0.15～0.30
124	S47220	22Cr12NiWMoV	2Cr12NiMoWV	11.00～13.00	0.75～1.25	—	—	W0.75～1.25 V0.20～0.40
125	S47310	13Cr11Ni2W2MoV	1Cr11Ni2W2MoV	10.50～12.00	0.35～0.50	—	—	W1.50～2.00 V0.18～0.30
128	S47450	18Cr11NiMoNbVN	（2Cr11NiMoNbVN）	10.00～12.00	0.60～0.90	—	0.04～0.09	V0.20～0.30 Al0.30 Nb0.20～0.60
130	S48040	42Cr9Si2	4Cr9Si2	8.00～10.00	—	—	—	—
131	S48045	45Cr9Si3		7.50～9.50	—	—	—	—
132	S48140	40Cr10Si2Mo	4Cr10Si2Mo	9.00～10.50	0.70～0.90	—	—	—
133	S48380	80Cr20Si2Ni	8Cr20Si2Ni	19.00～20.50	—	—	—	—

表 2-86 沉淀硬化型耐热钢的牌号和化学成分 （%）

GB/T 20878 中序号	统一数字代号	新牌号	旧牌号	化学成分（质量分数）					
				C	Si	Mn	P	S	Ni
137	S51740	05Cr17Ni4Cu4Nb	0Cr17Ni4Cu4Nb	0.07	1.00	1.00	0.040	0.030	3.00～5.00
138	S51770	07Cr17Ni7Al	0Cr17Ni7Al	0.09	1.00	1.00	0.040	0.030	6.50～7.75
143	S51525	06Cr15Ni25Ti2MoAlVB	0Cr15Ni25Ti2MoAlVB	0.08	1.00	2.00	0.040	0.030	24.00～27.00

GB/T 20878 中序号	统一数字代号	新牌号	旧牌号	化学成分（质量分数）				
				Cr	Mo	Cu	N	其他元素
137	S51740	05Cr17Ni4Cu4Nb	0Cr17Ni4Cu4Nb	15.00～17.50	—	3.00～5.00	—	Nb0.15～0.45
138	S51770	07Cr17Ni7Al	0Cr17Ni7Al	16.00～18.00	—	—	—	Al0.75～1.50
143	S51525	06Cr15Ni25Ti2MoAlVB	0Cr15Ni25Ti2MoAlVB	13.50～16.00	1.00～1.50	—	—	Al0.35 Ti1.90～2.35 B0.001～0.010 V0.10～0.50

（3）力学性能（表2-87～表2-90）

表2-87　经热处理的奥氏体型钢棒或试样的力学性能

GB/T 20878 中序号	新 牌 号	旧 牌 号	热处理状态	规定非比例延伸强度 $R_{p0.2}$/MPa	抗拉强度 R_m/MPa	断后伸长率 A/%	断面收缩率 Z/%	布氏硬度 HBW
				≥				≤
6	53Cr21Mn9Ni4N	5Cr21Mn9Ni4N	固溶＋时效	560	885	8	—	≥302
7	26Cr18Mn12Si2N	3Cr18Mn12Si2N	固溶处理	390	685	35	45	248
8	22Cr20Mn10Ni2Si2N	2Cr10Mn9Ni2Si2N		390	635	35	45	248
17	06Cr19Ni10	0Cr18Ni9		205	520	40	60	187
30	22Cr21Ni12N	2Cr21Ni12N	固溶＋时效	430	820	26	20	269
31	16Cr23Ni13	2Cr23Ni13	固溶处理	205	560	45	50	201
32	06Cr23Ni13	0Cr23Ni13		205	520	40	60	187
34	20Cr25Ni20	2Cr25Ni20		205	590	40	50	201
35	06Cr25Ni20	0Cr25Ni20		205	520	40	50	187
38	06Cr17Ni12Mo2	0Cr17Ni12Mo2		205	520	40	60	187
49	06Cr19Ni13Mo	0Cr19Ni13Mo3		205	520	40	60	187
55	06Cr18Ni11Ti	0Cr18Ni10Ti		205	520	40	50	187
57	45Cr14Ni14W2Mo	4Cr14Ni14W2Mo	退火	315	705	20	35	248
60	12Cr16Ni35	1Cr16Ni35	固溶处理	205	560	40	50	201
62	06Cr18Ni11Nb	0Cr18Ni13Si4		205	520	40	50	187
64	06Cr18Ni13Si4	0Cr18Ni13Si4		205	520	40	60	207
65	16Cr20Ni14Si2	1Cr20Ni14Si2		295	590	35	50	187
66	16Cr25Ni20Si2	1Cr25Ni20Si2		295	590	35	50	187

表2-88　经退火的铁素体型钢棒或试样的力学性能

GB/T 20878 中序号	新牌号	旧牌号	热处理状态	规定非比例延伸强度 $R_{p0.2}$/MPa	抗拉强度 R_m/MPa	断后伸长率 A/%	断面收缩率 Z/%	布氏硬度 HBW
				≥				≤
78	06Cr13Al	0Cr13Al	退火	175	410	20	60	183
83	022Cr12	00Cr12		195	360	22	60	183
85	10Cr17	1Cr17		205	450	22	50	183
93	16Cr25N	2Cr25N		275	510	20	40	201

表2-89　经淬火回火的马氏体型钢棒或试样的力学性能

GB/T 20878 中序号	新 牌 号	旧 牌 号	热处理状态	规定非比例延伸强度 $R_{p0.2}$/MPa	抗拉强度 R_m/MPa	断后伸长率 A/%
				≥		
98	12Cr13	1Cr13	淬火＋回火	345	540	22
101	20Cr13	2Cr13		440	640	20
106	14Cr17Ni2	1Cr17Ni2		—	1 080	10

续表 2-89

GB/T 20878 中序号	新牌号	旧牌号		热处理状态	规定非比例延伸强度 $R_{p0.2}$/MPa	抗拉强度 R_m/MPa	断后伸长率 A/%
						≥	
107	17Cr16Ni2	—	1		700	900～1 050	12
			2		600	800～950	14
113	12Cr5Mo	1Cr5Mo			390	590	18
114	12Cr12Mo	1Cr12Mo			550	685	18
115	13Cr13Mo	1Cr13Mo			490	690	20
119	14Cr11MoV	1Cr11MoV			490	685	16
122	18Cr12MoVNbN	2Cr12MoVNbN			685	835	15
123	15Cr12WMoV	1Cr12WMoV		淬火＋回火	585	735	15
124	22Cr12NiWMoV	2Cr12NiMoWV			735	885	10
125	13Cr11Ni2W2MoV	1Cr11Ni2W2MoV	1		735	885	15
			2		885	1 080	12
128	18Cr11NiMoNbVN	(2Cr11NiMoNbVN)			760	930	12
130	42Cr9Si2	4Cr9Si2			590	885	19
131	45Cr9Si3	—			685	930	15
132	40Cr10Si2Mo	4Cr10Si2Mo			685	885	10
133	80Cr20Si2Ni	8Cr20Si2Ni			685	885	10

GB/T 20878 中序号	新牌号	旧牌号		断面收缩率 Z/%	冲击吸收功 A_{ku2}/J	经淬火回火后的硬度 HBW	退火后的硬度 HBW
				≥			≤
98	12Cr13	1Cr13		55	78	159	200
101	20Cr13	2Cr13		50	63	192	223
106	14Cr17Ni2	1Cr17Ni2		—	39	—	—
107	17Cr16Ni2	—	1	45	25（A_{KV}）	—	295
			2				
113	12Cr5Mo	1Cr5Mo		—	—	—	200
114	12Cr12Mo	1Cr12Mo		60	78	217～248	255
115	13Cr13Mo	1Cr13Mo		60	78	192	200
119	14Cr11MoV	1Cr11MoV		55	47	—	200
122	18Cr12MoVNbN	2Cr12MoVNbN		30	—	≤321	269
123	15Cr12WMoV	1Cr12WMoV		45	47	—	—
124	22Cr12NiWMoV	2Cr12NiMoWV		25	—	≤341	269
125	13Cr11Ni2W2MoV	1Cr11Ni2W2MoV	1	55	71	269～321	269
			2	50	55	311～388	
128	18Cr11NiMoNbVN	(2Cr11NiMoNbVN)		32	20（A_{KV}）	277～331	255
130	42Cr9Si2	4Cr9Si2		50	—	—	269
131	45Cr9Si3	—		35	—	≥269	—
132	40Cr10Si2Mo	4Cr10Si2Mo		35	—	—	269
133	80Cr20Si2Ni	8Cr20Si2Ni		15	8	≥262	321

表 2-90 沉淀硬化型钢棒或试样的力学性能

GB/T 20878 中序号	新 牌 号	旧 牌 号	热处理			规定非比例延伸强度 $R_{p0.2}$/MPa	抗拉强度 R_m/MPa
				类型	组别	≥	≥
137	05Cr17Ni4Cu4Nb	0Cr17Ni4Cu4Nb		固溶处理	0	—	—
			沉淀硬化	480℃时效	1	1 180	1 310
				550℃时效	2	1 000	1 070
				580℃时效	3	865	1 000
				620℃时效	4	725	930
138	07Cr17Ni7Al	0Cr17Ni7Al		固溶处理	0	≤380	≤1 030
			沉淀硬化	510℃时效	1	1 030	1 230
				565℃时效	2	960	1 140
143	06Cr15Ni25Ti2MoAlVB	0Cr15Ni25Ti2MoAlVB	固溶+时效			590	900

GB/T 20878 中序号	新 牌 号	旧 牌 号	断后伸长率 A/%	断面收缩率 Z/%	硬度	
			≥	≥	HBW	HRC
137	05Cr17Ni4Cu4Nb	0Cr17Ni4Cu4Nb	—	—	≤363	≤38
			10	40	≥375	≥40
			12	45	≥331	≥35
			13	45	≥302	≥31
			16	50	≥277	≥28
138	07Cr17Ni7Al	0Cr17Ni7Al	20		≤229	
			4	10	≥388	—
			5	25	≥363	—
143	06Cr15Ni25Ti2MoAlVB	0Cr15Ni25Ti2MoAlVB	15	18	≥248	

（4）物理性能（表 2-77）

（5）特性和用途（表 2-91）

表 2-91 耐热钢的特性和用途

GB/T 20878 中序号	新 牌 号	旧 牌 号	特 性 和 用 途
奥 氏 体 型			
6	53Cr21Mn9Ni4N	5Cr21Mn9Ni4N	Cr-Mn-Ni-N 型奥氏体阀门钢。用于制作以经受高温强度为主的汽油及柴油机用排气阀
7	26Cr18Mn12Si2N	3Cr18Mn12Si2N	有较高的高温强度和一定的抗氧化性，并且有较好的抗硫及抗增碳性。用于吊挂支架、渗碳炉构件、加热炉传送带、料盘、炉爪
8	22Cr20Mn10Ni2Si2N	2Cr20Mn9Ni2Si2N	同 26Cr18Mn12Si2N（3Cr18Mn12Si2N），还可用作盐浴坩埚和加热炉管道等
17	06Cr19Ni10	0Cr18Ni9	通用耐氧化钢，可承受 870℃以下反复加热
30	22Cr21Ni12N	2Cr21Ni12N	Cr-Ni-N 型耐热钢。用以制造以抗氧化为主的汽油及柴油机用排气阀
31	16Cr23Ni13	2Cr23Ni13	承受 980℃以下反复加热的抗氧化钢。加热炉部件，重油燃烧器
32	06Cr23Ni13	0Cr23Ni13	耐蚀性比 06Cr19Ni10（0Cr18Ni9）好，可承受 980℃以下反复加热。炉用材料

续表 2-91

GB/T 20878 中序号	新 牌 号	旧 牌 号	特 性 和 用 途
奥 氏 体 型			
34	20Cr25Ni20	2Cr25Ni20	承受 1 035℃以下反复加热的抗氧化钢,主要用于制作炉用部件、喷嘴、燃烧室
35	06Cr25Ni20	0Cr25Ni20	抗氧化性比 06Cr23Ni13(0Cr23Ni13)好,可承受 1 035℃以下反复加热。用于制作炉用材料、汽车排气净化装置等
38	06Cr17Ni12Mo2	0Cr17Ni12Mo2	高温具有优良的蠕变强度,做热交换用部件,高温耐蚀螺栓
49	06Cr19Ni13Mo3	0Cr19Ni13Mo3	耐点蚀和抗蠕变能力优于 06Cr17Ni12Mo2(0Cr17Ni12Mo2)。用于制作造纸、印染设备,石油化工及耐有机酸腐蚀的装备,热交换用部件等
55	06Cr18Ni11Ti	0Cr18Ni10Ti	做在 400~900℃腐蚀条件下使用的部件,高温用焊接结构部件
57	45Cr14Ni14W2Mo	4Cr14Ni14W2Mo	中碳奥氏体型阀门钢。在 700℃以下有较高的热强性,在 800℃以下有良好的抗氧化性能。用于制造 700℃以下工作的内燃机、柴油机重负载进、排气阀和紧固件,500℃以下工作的航空发动机及其他产品零件。也可作为渗氮钢使用
60	12Cr16Ni35	1Cr16Ni35	抗渗碳、易渗氮,1 035℃以下可反复加热。用于炉用钢料、石油裂解装置
62	06Cr18Ni11Nb	0Cr18Ni11Nb	做在 400~900℃腐蚀条件下使用的部件,高温用焊接结构部件
64	06Cr18Ni13Si4	0Cr18Ni13Si4	具有与 06Cr25Ni10(0Cr25Ni20)相当的抗氧化性。用于含氯离子环境,如汽车排气净化装置等
65	16Cr20Ni14Si2	1Cr20Ni14Si2	具有较高的高温强度及抗氧化性,对含硫气氛较敏感,在 600~800℃有析出相的脆化倾向。适用于制作承受应力的各种炉用构件
66	16Cr25Ni20Si2	1Cr25Ni20Si2	
铁 素 体 型			
78	06Cr13Al	0Cr13Al	冷加工硬化少。主要用于制作燃气透平压缩机叶片、退火箱、淬火台架等
83	022Cr12	00Cr12	比 022Cr13(0Cr13)碳含量低,焊接部件弯曲性能、加工性能、耐高温氧化性能好。做汽车排气处理装置、锅炉燃烧室、喷嘴等
85	10Cr17	1Cr17	做 900℃以下耐氧化用部件、散热器、炉用部件、油喷嘴等
93	16Cr25N	2Cr25N	耐高温腐蚀性强,1 082℃以下不产生易剥落的氧化皮。常用于抗硫气氛,如燃烧室、退火箱、玻璃模具、阀、搅拌杆等
马 氏 体 型			
98	12Cr13	1Cr13	做 800℃以下耐氧化用部件
101	20Cr13	2Cr13	淬火状态下硬度高,耐蚀性良好。用于制作汽轮机叶片
106	14Cr17Ni2	1Cr17Ni2	做具有较高程度的耐硝酸、有机酸腐蚀的轴类、活塞杆、泵、阀等零部件以及弹簧、紧固件、容器和设备
107	17Cr16Ni2	—	改善 14Cr17Ni2(1Cr17Ni2)的加工性能,可代替 14Cr17Ni2(1Cr17Ni2)使用
113	12Cr5Mo	1Cr5Mo	在中高温下有好的力学性能,能抗石油裂化过程中产生的腐蚀。做再热蒸汽管、石油裂解管、锅炉吊架、蒸汽轮机气缸衬套、泵的零件、阀、活塞杆、高压加氢设备部件、紧固件
114	12Cr12Mo	1Cr12Mo	铬钼马氏体耐热钢,做汽轮机叶片
115	13Cr13Mo	1Cr13Mo	比 12Cr13(1Cr13)耐蚀性高的高强度钢。用于制作汽轮机叶片、高温、高压蒸汽用机械部件等
119	14Cr11MoV	1Cr11MoV	铬钼钒马氏体耐热钢。有较高的热强性,良好的减振性及组织稳定性。用于透平叶片及导向叶片

续表 2-91

GB/T 20878 中序号	新 牌 号	旧 牌 号	特 性 和 用 途
马 氏 体 型			
122	18Cr12MoVNbN	2Cr12MoVNbN	铬钼钒铌氮马氏体耐热钢。用于制作高温结构部件,如汽轮机叶片、盘、叶轮轴、螺栓等
123	15Cr12WMoV	1Cr12WMoV	铬钼钨钒马氏体耐热钢。有较高的热强性,良好的减振性及组织稳定性。用于透平叶片、紧固件、转子及轮盘
124	22Cr12NiWMoV	2Cr12NiMoWV	性能与用途类似于 13Cr11Ni2W2MoV(1Cr11Ni2W2MoV)。用于制作汽轮机叶片
125	13Cr11Ni2W2MoV	1Cr11Ni2W2MoV	铬镍钨钼钒马氏体耐热钢。具有良好的韧性和抗氧化性能,在淡水和湿空气中有较好的耐蚀性
128	18Cr11NiMoNbVN	(2Cr11NiMoNbVN)	具有良好的强韧性、抗蠕变性能和抗松弛性能。主要用于制作汽轮机高温紧固件和动叶片
130	42Cr9Si2	4Cr9Si2	铬硅马氏体阀门钢,750℃以下耐氧化。用于制作内燃机进气阀,轻负载发动机的排气阀
131	45Cr9Si3	—	
132	40Cr10Si2Mo	4Cr10Si2Mo	铬硅钼马氏体阀门钢,经淬火回火后使用。因含有钼和硅,高温强度抗蠕变性能及抗氧化性能比 40Cr13(3Cr13)高。用于制作进、排气阀门,鱼雷,火箭部件,预燃烧室等
133	80Cr20Si2Ni	8Cr20Si2Ni	铬硅镍马氏体阀门钢。用于制作以耐磨性为主的进气阀、排气阀、阀座等
沉 淀 硬 化 型			
137	05Cr17Ni4Cu4Nb	0Cr17Ni4Cu4Nb	添加铜和铌的马氏体沉淀硬化型钢。做燃气透平压缩机叶片、燃气透平发动机周围材料
138	07Cr17Ni7Al	0Cr17Ni7Al	添加铝的半奥氏体沉淀硬化型钢。做高温弹簧、膜片、固定器、波纹管
143	06Cr15Ni25Ti2MoAlVB	0Cr15Ni25Ti2MoAlVB	奥氏体沉淀硬化型钢。具有高的缺口强度,在温度低于 980℃ 时抗氧化性能与 06Cr25Ni20(0Cr25Ni20)相当。主要用于 700℃ 以下的工作环境,要求具有高强度和优良耐蚀性的部件或设备,如汽轮机转子、叶片、骨架、燃烧室部件和螺栓等

第3章 型 钢

　　普通型钢是由碳素结构钢和低合金高强度结构钢制成的型钢，主要用于建筑结构和工程结构。按生产方法的不同，型钢分为热轧（锻）型钢、冷弯型钢、冷拉型钢、挤压型钢和焊接型钢。按截面形状的不同，型钢分为圆钢、方钢、扁钢、六角钢、等边角钢、不等边角钢、工字钢、槽钢和异型型钢等。异型型钢通常是指专门用途的截面形状比较复杂的型钢，如窗框钢、汽车车轮轮辋钢、履带板型钢以及周期截面型钢等。周期截面型钢是指其截面形状沿长度方向呈周期性变化的型钢，如周期犁铧钢、纹杆钢等。

3.1 棒 钢

3.1.1 热轧圆钢和方钢（GB/T 702—2008）

　　（1）用途　热轧圆钢是指经热轧制成的截面为圆形的实心长条钢材，其规格为 5.5～310mm。其中，6.5～25mm 的小圆钢，大多以直条成捆供应，常用作钢筋、螺栓及各种机械零件；大于 25mm 的圆钢，主要用于制造机械零件或做无缝钢管的管坯。

　　热轧方钢是指经热轧制成的截面为正方形的长条钢材。方钢常用于制造各种结构件和机械零件，也可用作轧制其他小型钢材的坯料。

　　（2）尺寸规格（表 3-1）

表 3-1　热轧圆钢和方钢的尺寸规格

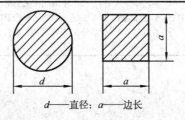

d—直径；a—边长

圆钢公称直径 d 或方钢公称边长 a/mm	理论质量/（kg/m）		圆钢公称直径 d 或方钢公称边长 a/mm	理论质量/（kg/m）		圆钢公称直径 d 或方钢公称边长 a/mm	理论质量/（kg/m）	
	圆钢	方钢		圆钢	方钢		圆钢	方钢
5.5	0.186	0.237	14	1.21	1.54	24	3.55	4.52
6	0.222	0.283	15	1.39	1.77	25	3.85	4.91
6.5	0.260	0.332	16	1.58	2.01	26	4.17	5.31
7	0.302	0.385	17	1.78	2.27	27	4.49	5.72
8	0.395	0.502	18	2.00	2.54	28	4.83	6.15
9	0.499	0.636	19	2.23	2.83	29	5.18	6.60
10	0.617	0.785	20	2.47	3.14	30	5.55	7.06
11	0.746	0.950	21	2.72	3.46	31	5.92	7.54
12	0.888	1.13	22	2.98	3.80	32	6.31	8.04
13	1.04	1.33	23	3.26	4.15	33	6.71	8.55

续表 3-1

圆钢公称直径 d 或方钢公称边长 a/mm	理论质量/（kg/m）		圆钢公称直径 d 或方钢公称边长 a/mm	理论质量/（kg/m）		圆钢公称直径 d 或方钢公称边长 a/mm	理论质量/（kg/m）	
	圆钢	方钢		圆钢	方钢		圆钢	方钢
34	7.13	9.07	75	34.7	44.2	165	168	214
35	7.55	9.62	80	39.5	50.2	170	178	227
36	7.99	10.2	85	44.5	56.7	180	200	254
38	8.90	11.3	90	49.9	63.6	190	223	283
40	9.86	12.6	95	55.6	70.8	200	247	314
42	10.9	13.8	100	61.7	78.5	210	272	—
45	12.5	15.9	105	68.0	86.5	220	298	—
48	14.2	18.1	110	74.6	95.0	230	326	—
50	15.4	19.6	115	81.5	104	240	355	—
53	17.3	22.0	120	88.8	113	250	385	—
55	18.6	23.7	125	96.3	123	260	417	—
56	19.3	24.6	130	104	133	270	449	—
58	20.7	26.4	135	112	143	280	483	—
60	22.2	28.3	140	121	154	290	518	—
63	24.5	31.2	145	130	165	300	555	—
65	26.0	33.2	150	139	177	310	592	—
68	28.5	36.3	155	148	189	—	—	—
70	30.2	38.5	160	158	201	—	—	—

3.1.2 热轧六角钢和八角钢（GB/T 702—2008）

（1）用途 热轧六角钢和八角钢是指截面为正六边形和正八边形的热轧实心长条钢材。常用于制造螺栓、螺母、工具、撬棍等。

（2）尺寸规格（表3-2）

表3-2 热轧六角钢和八角钢的尺寸规格

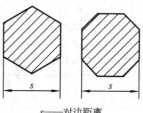

s——对边距离

对边距离 s/mm	截面面积 A/cm²		理论质量/（kg/m）		对边距离 s/mm	截面面积 A/cm²		理论质量/（kg/m）	
	六角钢	八角钢	六角钢	八角钢		六角钢	八角钢	六角钢	八角钢
8	0.554 3	—	0.435	—	12	1.247	—	0.979	—
9	0.701 5	—	0.551	—	13	1.464	—	1.05	—
10	0.866	—	0.680	—	14	1.697	—	1.33	—
11	1.048	—	0.823	—	15	1.949	—	1.53	—

续表 3-2

对边距离 s/mm	截面面积 A/cm²		理论质量/（kg/m）		对边距离 s/mm	截面面积 A/cm²		理论质量/（kg/m）	
	六角钢	八角钢	六角钢	八角钢		六角钢	八角钢	六角钢	八角钢
16	2.217	2.120	1.74	1.66	36	11.233	10.731	8.81	8.42
17	2.503	—	1.96	—	38	12.505	11.956	9.82	9.39
18	2.806	2.683	2.20	2.16	40	13.86	13.250	10.88	10.40
19	3.126	—	2.45	—	42	15.28		11.99	—
20	3.464	3.312	2.72	2.60	45	17.54	—	13.77	—
21	3.819		3.00	—	48	19.95		15.66	—
22	4.192	4.008	3.29	3.15	50	21.65		17.00	
23	4.581	—	3.60	—	53	24.33		19.10	
24	4.988	—	3.92	—	56	27.16		21.32	
25	5.413	5.175	4.25	4.06	58	29.13		22.87	
26	5.854	—	4.60	—	60	31.18		24.50	
27	6.314	—	4.96	—	63	34.37		26.98	
28	6.790	6.492	5.33	5.10	65	36.59		28.72	
30	7.794	7.452	6.12	5.85	68	40.04		31.43	
32	8.868	8.479	6.96	6.66	70	42.43		33.30	
34	10.011	9.572	7.86	7.51	—	—		—	

3.1.3   冷拉圆钢、方钢、六角钢（GB/T 905—1994）

（1）概述   冷拉圆钢、方钢、六角钢是通过冷拉将热轧坯料制成尺寸为 3～80mm 的圆形、方形、六角形截面的棒材。

（2）尺寸规格（表 3-3）

表 3-3   冷拉圆钢、方钢、六角钢的尺寸规格

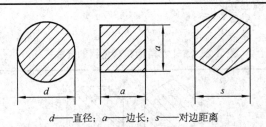

d——直径；a——边长；s——对边距离

尺寸/mm	圆 钢		方 钢		六 角 钢	
	截面面积/mm²	理论质量/（kg/m）	截面面积/mm²	理论质量/（kg/m）	截面面积/mm²	理论质量/（kg/m）
3.0	7.069	0.055 5	9.000	0.070 6	7.794	0.061 2
3.2	8.042	0.063 1	10.24	0.080 4	8.868	0.069 6
3.5	9.621	0.075 5	12.25	0.096 2	10.61	0.083 3
4.0	12.57	0.098 6	16.00	0.126	13.86	0.109
4.5	15.90	0.125	20.25	0.159	17.54	0.138
5.0	19.83	0.154	25.00	0.196	21.65	0.170
5.5	23.76	0.187	30.25	0.237	26.20	0.206
6.0	28.27	0.222	36.00	0.283	31.18	0.245

续表 3-3

尺寸/mm	圆 钢		方 钢		六 角 钢	
	截面面积/mm²	理论质量/（kg/m）	截面面积/mm²	理论质量/（kg/m）	截面面积/mm²	理论质量/（kg/m）
6.3	31.17	0.245	39.69	0.312	34.37	0.270
7.0	38.48	0.302	49.00	0.385	42.44	0.333
7.5	44.18	0.347	56.25	0.442	—	—
8.0	50.27	0.395	64.00	0.502	55.43	0.435
8.5	56.75	0.445	72.25	0.567	—	—
9.0	63.62	0.499	81.00	0.636	70.15	0.551
9.5	70.88	0.556	90.25	0.708	—	—
10.0	78.54	0.617	100.0	0.785	86.60	0.680
10.5	86.59	0.680	110.2	0.865	—	—
11.0	95.03	0.746	121.0	0.950	104.8	0.823
11.5	103.9	0.815	132.2	1.04	—	—
12.0	113.1	0.888	144.0	1.13	124.7	0.979
13.0	132.7	1.04	169.0	1.33	146.4	1.15
14.0	153.9	1.21	196.0	1.54	169.7	1.33
15.0	176.7	1.39	225.0	1.77	194.9	1.53
16.0	201.1	1.58	256.0	2.01	221.7	1.74
17.0	227.0	1.78	289.0	2.27	250.3	1.96
18.0	254.5	2.00	324.0	2.54	280.6	2.20
19.0	283.5	2.23	361.0	2.83	312.6	2.45
20.0	314.2	2.47	400.0	3.14	346.4	2.72
21.0	346.4	2.72	441.0	3.46	381.9	3.00
22.0	380.1	2.98	484.0	3.80	419.2	3.29
24.0	452.4	3.55	576.0	4.52	498.8	3.92
25.0	490.9	3.85	625.0	4.91	541.3	4.25
26.0	530.9	4.17	676.0	5.31	585.4	4.60
28.0	615.8	4.83	784.0	6.15	679.0	5.33
30.0	706.9	5.55	900.0	7.06	779.4	6.12
32.0	804.2	6.31	1 024	8.04	886.8	6.96
34.0	907.9	7.13	1 156	9.07	1 001	7.86
35.0	962.1	7.55	1 225	9.62	—	—
36.0	—	—	—	—	1 122	8.81
38.0	1 134	8.90	1 444	11.3	1 251	9.82
40.0	1 257	9.86	1 600	12.6	1 386	10.9
42.0	1 385	10.9	1 764	13.8	1 528	12.0
45.0	1 590	12.5	2 025	15.9	1 754	13.8
48.0	1 810	14.2	2 304	18.1	1 995	15.7
50.0	1 968	15.4	2 500	19.6	2 165	17.0
52.0	2 206	17.3	2 809	22.0	2 433	19.1
55.0	—	—	—	—	2 620	20.5
56.0	2 463	19.3	3 136	24.6	—	—
60.0	2 827	22.2	3 600	28.3	3 118	24.5
63.0	3 117	24.5	3 969	31.2	—	—
65.0	—	—	—	—	3 654	28.7
67.0	3 526	27.7	4 489	35.2	—	—
70.0	3 848	30.2	4 900	38.5	4 244	33.3
75.0	4 418	34.7	5 625	44.2	4 871	38.2
80.0	5 027	39.5	6 400	50.2	5 543	43.5

3.1.4　锻制圆钢和方钢（GB/T 908—2008）

（1）用途　锻制圆钢和方钢是由钢锭直接锻造而成的圆钢和方钢。锻造不仅能得到一定形状和尺寸的锻件，同时能显著改善钢的铸态组织，提高钢的致密度；能改变纤维组织的分布，消除各向异性，提高金属的力学性能，使钢的强度和韧性都得到提高，并且可以加工塑性较低的高碳钢和高合金钢。因此，锻制圆钢和方钢是优质合金钢，主要用于大型轴类零件及其他重要的机械零件、工模具等，也可用作生产无缝钢管及轧制型钢的坯料。

（2）尺寸规格（表3-4）

表3-4　锻制圆钢和方钢的尺寸规格

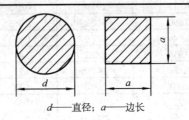

d——直径；a——边长

圆钢公称直径 d 或方钢公称边长 a/mm	理论质量/（kg/m）		圆钢公称直径 d 或方钢公称边长 a/mm	理论质量/（kg/m）		圆钢公称直径 d 或方钢公称边长 a/mm	理论质量/（kg/m）	
	圆钢	方钢		圆钢	方钢		圆钢	方钢
50	15.4	19.6	130	104	133	270	449	572
55	18.6	23.7	135	112	143	280	483	615
60	22.2	28.3	140	121	154	290	518	660
65	26.0	33.2	145	130	165	300	555	707
70	30.2	38.5	150	139	177	310	592	754
75	34.7	44.2	160	158	201	320	631	804
80	39.5	50.2	170	178	227	330	671	855
85	44.5	56.7	180	200	254	340	712	908
90	49.9	63.6	190	223	283	350	755	962
95	55.6	70.8	200	247	314	360	799	1 017
100	61.7	78.5	210	272	346	370	844	1 075
105	68.0	86.5	220	298	380	380	890	1 134
110	74.6	95.0	230	326	415	390	937	1 194
115	81.5	104	240	355	452	400	986	1 256
120	88.8	113	250	385	491	—	—	—
125	96.3	123	260	417	531	—	—	—

3.1.5　银亮钢（GB/T 3207—2008）

（1）用途　银亮钢是一种表面经过抛光、磨光、磨拉或切削等精致加工并呈银亮色的圆钢。银亮钢由于经过精细加工，有很高的尺寸精度和良好的表面质量，表面光滑、光亮、洁净、没有轧制缺陷和脱碳层，用户稍经加工，即可直接使用，对于节约钢材、确保产品质量、提高劳动生产效率都有十分重要的意义。银亮钢主要用于制造对表面质量有较高要求的各种机械零件。

（2）尺寸规格（表3-5、表3-6）

表3-5　银亮钢（≤12mm）的尺寸规格

d——直径

公称直径 d/mm	截面面积 /mm²	参考质量/ (kg/1 000m)	公称直径 d/mm	截面面积 /mm²	参考质量/ (kg/1 000m)	公称直径 d/mm	截面面积 /mm²	参考质量/ (kg/1 000m)
1.00	0.785 4	6.17	3.00	7.069	55.5	8.0	50.27	395
1.10	0.950 3	7.46	3.20	8.042	63.1	8.5	56.75	445
1.20	1.131	8.88	3.50	9.621	75.5	9.0	63.62	499
1.40	1.539	12.1	4.00	12.57	98.6	9.5	70.88	556
1.50	1.767	13.9	4.50	15.90	125	10.0	78.54	617
1.60	2.001	15.8	5.00	19.63	154	10.5	86.59	680
1.80	2.545	19.9	5.50	23.76	187	11.0	95.03	746
2.00	3.142	24.7	6.00	28.27	222	11.5	103.9	815
2.20	3.801	29.8	6.30	31.17	244	12.0	113.1	888
2.50	4.909	38.5	7.0	38.48	302	—	—	—.
2.80	6.158	48.4	7.5	44.18	347	—	—	—

表3-6　银亮钢（＞12mm）的尺寸规格

公称直径 d/mm	截面面积 /mm²	参考质量/ (kg/m)	公称直径 d/mm	截面面积 /mm²	参考质量/ (kg/m)	公称直径 d/mm	截面面积 /mm²	参考质量/ (kg/m)
13.0	132.7	1.04	36.0	1 018	7.99	90.0	6 362	49.9
14.0	153.9	1.21	38.0	1 134	8.90	95.0	7 088	55.6
15.0	176.7	1.39	40.0	1 257	9.90	100.0	7 854	61.7
16.0	201.1	1.58	42.0	1 385	10.9	105.0	8 659	68.0
17.0	227.0	1.78	45.0	1 590	12.5	110.0	9 503	74.6
18.0	254.5	2.00	48.0	1 810	14.2	115.0	10 390	81.5
19.0	283.5	2.23	50.0	1 963	15.4	120.0	11 310	88.8
20.0	314.2	2.47	53.0	2 206	17.3	125.0	12 270	96.3
21.0	346.4	2.72	55.0	2 376	18.6	130.0	13 270	104
22.0	380.1	2.98	56.0	2 463	19.3	135.0	14 310	112
24.0	452.4	3.55	58.0	2 642	20.7	140.0	15 390	121
25.0	490.9	3.85	60.0	2 827	22.2	145.0	16 510	130
26.0	530.9	4.17	63.0	3 117	24.5	150.0	17 670	139
28.0	615.8	4.83	65.0	3 318	26.0	155.0	18 870	148
30.0	706.9	5.55	68.0	3 632	28.5	160.0	20 110	158
32.0.	804.2	6.31	70.0	3 848	30.2	165.0	21 380	168
33.0	855.3	6.71	75.0	4 418	34.7	170.0	22 700	178
34.0	907.9	7.13	80.0	5 027	39.5	175.0	24 050	189
35.0	962.1	7.55	85.0	5 675	44.5	180.0	25 450	200

3.2　扁　钢

3.2.1　热轧扁钢（GB/T 702—2008）

（1）用途　热轧扁钢是一般用途的截面为矩形的热轧长条钢材。扁钢可以是成品钢材，用于构件、扶梯、桥梁及栅栏等；也可以作为焊接钢管的坯料和叠轧薄板的板坯。

（2）尺寸规格（表3-7）

表3-7　热轧扁钢的尺寸规格

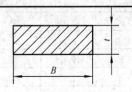

B——宽度；t——厚度

公称宽度 B/mm	公称厚度 t/mm											
	3	4	5	6	7	8	9	10	11	12	14	16	18
	理论质量/（kg/m）											
10	0.24	0.31	0.39	0.47	0.55	0.63							
12	0.28	0.38	0.47	0.57	0.66	0.75							
14	0.33	0.44	0.55	0.66	0.77	0.88							
16	0.38	0.50	0.63	0.75	0.88	1.00	1.15	1.26					
18	0.42	0.57	0.71	0.85	0.99	1.13	1.27	1.41					
20	0.47	0.63	0.78	0.94	1.10	1.26	1.41	1.57	1.73	1.88			
22	0.52	0.69	0.86	1.04	1.21	1.38	1.55	1.73	1.90	2.07			
25	0.59	0.78	0.98	1.18	1.37	1.57	1.77	1.96	2.16	2.36	2.75	3.14	
28	0.66	0.88	1.10	1.32	1.54	1.76	1.98	2.20	2.42	2.64	3.08	3.53	
30	0.71	0.94	1.18	1.41	1.65	1.88	2.12	2.36	2.59	2.83	3.30	3.77	4.24
32	0.75	1.00	1.26	1.51	1.76	2.01	2.26	2.55	2.76	3.01	3.52	4.02	4.52
35	0.82	1.10	1.37	1.65	1.92	2.20	2.47	2.75	3.02	3.30	3.85	4.40	4.95
40	0.94	1.26	1.57	1.88	2.20	2.51	2.83	3.14	3.45	3.77	4.40	5.02	5.65
45	1.06	1.41	1.77	2.12	2.47	2.83	3.18	3.53	3.89	4.24	4.95	5.65	6.36
50	1.18	1.57	1.96	2.36	2.75	3.14	3.53	3.93	4.32	4.71	5.50	6.28	7.06
55		1.73	2.16	2.59	3.02	3.45	3.89	4.32	4.75	5.18	6.04	6.91	7.77
60		1.88	2.36	2.83	3.30	3.77	4.24	4.71	5.18	5.65	6.59	7.54	8.48
65		2.04	2.55	3.06	3.57	4.08	4.59	5.10	5.61	6.12	7.14	8.16	9.18
70		2.20	2.75	3.30	3.85	4.40	4.95	5.50	6.04	6.59	7.69	8.79	9.89
75		2.36	2.94	3.53	4.12	4.71	5.30	5.89	6.48	7.07	8.24	9.42	10.60
80		2.51	3.14	3.77	4.40	5.02	5.65	6.28	6.91	7.54	8.79	10.05	11.30
85			3.34	4.00	4.67	5.34	6.01	6.67	7.34	8.01	9.34	10.68	12.01
90			3.53	4.24	4.95	5.65	6.36	7.07	7.77	8.48	9.89	11.30	12.72
95			3.73	4.47	5.22	5.97	6.71	7.46	8.20	8.95	10.44	11.93	13.42
100			3.92	4.71	5.50	6.28	7.06	7.85	8.64	9.42	10.99	12.56	14.13
105			4.12	4.95	5.77	6.59	7.42	8.24	9.07	9.89	11.54	13.19	14.84
110			4.32	5.18	6.04	6.91	7.77	8.64	9.50	10.36	12.09	13.82	15.54
120			4.71	5.65	6.59	7.54	8.48	9.42	10.36	11.30	13.19	15.07	16.96

续表 3-7

公称宽度 B/mm	公称厚度 t/mm											
	3	4	5	6	7	8	9	10	11	12	14	16	18
	理论质量/（kg/m）											
125				5.89	6.87	7.85	8.83	9.81	10.79	11.78	13.74	15.70	17.66
130				6.12	7.14	8.16	9.18	10.20	11.23	12.25	14.29	16.33	18.37
140					7.69	8.79	9.89	10.99	12.09	13.19	15.39	17.58	19.78
150					8.24	9.42	10.60	11.78	12.95	14.13	16.48	18.84	21.20
160					8.79	10.05	11.30	12.56	13.82	15.07	17.58	20.10	22.61
180					9.89	11.30	12.72	14.13	15.54	16.96	19.78	22.61	25.43
200					10.99	12.56	14.13	15.70	17.27	18.84	21.98	25.12	28.26

公称宽度 B/mm	公称厚度 t/mm											
	20	22	25	28	30	32	36	40	45	50	56	60
	理论质量/（kg/m）											
30	4.71											
32	5.02											
35	5.50	6.04	6.87	7.69								
40	6.28	6.91	7.85	8.79								
45	7.07	7.77	8.83	9.89	10.60	11.30	12.72					
50	7.85	8.64	9.81	10.99	11.78	12.56	14.13					
55	8.64	9.50	10.79	12.09	12.95	13.82	15.54					
60	9.42	10.36	11.78	13.19	14.13	15.07	16.96	18.84	21.20			
65	10.20	11.23	12.76	14.29	15.31	16.33	18.37	20.41	22.96			
70	10.99	12.09	13.74	15.39	16.49	17.58	19.78	21.98	24.73			
75	11.78	12.95	14.72	16.48	17.66	18.84	21.20	23.55	26.49			
80	12.56	13.82	15.70	17.58	18.84	20.10	22.61	25.12	28.26	31.40	35.17	
85	13.34	14.68	16.68	18.68	20.02	21.35	24.02	26.69	30.03	33.36	37.37	40.04
90	14.13	15.54	17.66	19.78	21.20	22.61	25.43	28.26	31.79	35.32	39.56	42.39
95	14.92	16.41	18.64	20.88	22.37	23.86	26.85	29.83	33.56	37.29	41.76	44.74
100	15.70	17.27	19.62	21.98	23.55	25.12	28.26	31.40	35.32	39.25	43.96	47.10
105	16.48	18.13	20.61	23.08	24.73	26.38	29.67	32.97	37.09	41.21	46.16	49.46
110	17.27	19.00	21.59	24.18	25.90	27.63	31.09	34.54	38.86	43.18	48.36	51.81
120	18.84	20.72	23.55	26.38	28.26	30.14	33.91	37.68	42.39	47.10	52.75	56.52
125	19.62	21.58	24.53	27.48	29.44	31.40	35.32	39.25	44.16	49.06	54.95	58.88
130	20.41	22.45	25.51	28.57	30.62	32.66	36.74	40.82	45.92	51.02	57.15	61.23
140	21.98	24.18	27.48	30.77	32.97	35.17	39.56	43.96	49.46	54.95	61.54	65.94
150	23.55	25.90	29.44	32.97	35.32	37.68	42.39	47.10	52.99	58.88	65.94	70.65
160	25.12	27.63	31.40	35.17	37.68	40.19	45.22	50.24	56.52	62.80	70.34	75.36
180	28.26	31.09	35.32	39.56	42.39	45.22	50.87	56.52	63.58	70.65	79.13	84.78
200	31.40	34.54	39.25	43.96	47.10	50.24	56.52	62.80	70.65	78.50	87.92	94.20

注：表中的粗线用以划分扁钢的组别。1 组——理论质量≤19kg/m；2 组——理论质量＞19kg/m。

3.2.2 优质结构钢冷拉扁钢（YB/T 037—2005）

（1）概述 优质结构钢冷拉扁钢是矩形截面、厚度为 5～30mm、宽度为 8～50mm 的优质碳素结构钢和合金结构钢的冷拉扁钢。

（2）尺寸规格（表 3-8）

表 3-8 优质结构钢冷拉扁钢的尺寸规格

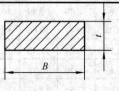

B——宽度；t——厚度

扁钢宽度	在厚度（t/mm）时扁钢的理论质量/（kg/m）														
B/mm	5	6	7	8	9	10	11	12	14	15	16	18	20	25	30
8	0.31	0.38	0.44												
10	0.39	0.47	0.55	0.63	0.71										
12	0.47	0.55	0.66	0.75	0.85	0.94	1.04								
13	0.51	0.61	0.71	0.82	0.92	1.02	1.12								
14	0.55	0.66	0.77	0.88	0.99	1.10	1.21	1.32							
15	0.59	0.71	0.82	0.94	1.06	1.18	1.29	1.41							
16	0.63	0.75	0.88	1.00	1.13	1.26	1.38	1.51	1.76						
18	0.71	0.85	0.99	1.13	1.27	1.41	1.55	1.70	1.96	2.12	2.26				
20	0.78	0.94	1.10	1.26	1.41	1.57	1.73	1.88	2.28	2.36	2.51	2.63			
22	0.86	1.04	1.21	1.38	1.55	1.73	1.90	2.07	2.42	2.69	2.76	3.11	3.45		
24	0.94	1.13	1.32	1.51	1.69	1.88	2.07	2.26	2.64	2.83	3.01	3.39	3.77		
25	0.98	1.18	1.37	1.57	1.77	1.96	2.16	2.36	2.75	2.94	3.14	3.53	3.92		
28	1.10	1.32	1.54	1.76	1.98	2.20	2.42	2.64	3.08	3.28	3.52	3.96	4.40	5.49	
30	1.18	1.41	1.65	1.88	2.12	2.36	2.59	2.83	3.30	3.53	3.77	4.24	4.71	5.59	
32		1.51	1.76	2.01	2.26	2.51	2.76	3.01	3.52	3.77	4.02	4.52	5.02	6.28	7.54
35		1.65	1.92	2.19	2.47	2.75	3.02	3.29	3.85	4.12	4.39	4.95	5.49	6.87	8.24
36		1.70	1.98	2.26	2.54	2.83	3.11	3.39	3.96	4.24	4.52	5.09	5.65	7.06	8.48
38			2.09	2.39	2.68	2.98	3.28	3.58	4.18	4.47	4.77	5.37	5.97	7.46	8.95
40			2.20	2.51	2.83	3.14	3.45	3.77	4.40	4.71	5.02	5.65	6.20	7.85	9.42
45				2.83	3.18	3.53	3.89	4.24	4.95	5.29	5.56	6.36	7.06	8.83	10.60
50					3.53	3.92	4.32	4.71	5.50	5.89	6.28	7.06	7.85	9.81	11.78

3.2.3 锻制扁钢（GB/T 908—2008）

（1）用途 锻制扁钢是经锻造而成的截面为矩形的长条钢材，主要是优质合金钢。其主要用作弹簧、工具及重要的机械零件。

（2）尺寸规格（表 3-9）

3.2.4 热轧工具钢扁钢（GB/T 702—2008）

（1）概述 热轧工具钢扁钢是由碳素工具钢、合金工具钢、高速工具钢热轧制成的扁钢。

表 3-9 锻制扁钢的尺寸规格

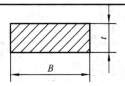

B——宽度；t——厚度

公称宽度 B/mm	公称厚度 t/mm										
	20	25	30	35	40	45	50	55	60	65	70
	理论质量/（kg/m）										
40	6.28	7.85	9.42								
45	7.06	8.83	10.6								
50	7.85	9.81	11.8	13.7	15.7						
55	8.64	10.8	13.0	15.1	17.3						
60	9.42	11.8	14.1	16.5	18.8	21.1	23.6				
65	10.2	12.8	15.3	17.8	20.4	23.0	25.5				
70	11.0	13.7	16.5	19.2	22.0	24.7	27.5	30.2	33.0		
75	11.8	14.7	17.7	20.6	23.6	26.5	29.4	32.4	35.3		
80	12.6	15.7	18.8	22.0	25.1	28.3	31.4	34.5	37.7	40.8	44.0
90	14.1	17.7	21.2	24.7	28.3	31.8	35.3	38.8	42.4	45.9	49.4
100	15.7	19.6	23.6	27.5	31.4	35.3	39.2	43.2	47.1	51.0	55.0
110	17.3	21.6	25.9	30.2	34.5	38.8	43.2	47.5	51.8	56.1	60.4
120	18.8	23.6	28.3	33.0	37.7	42.4	47.1	51.8	56.5	61.2	65.9
130	20.4	25.5	30.6	35.7	40.8	45.9	51.0	56.1	61.2	66.3	71.4
140	22.0	27.5	33.0	38.5	44.0	49.4	55.0	60.4	65.9	71.4	76.9
150	23.6	29.4	35.3	41.2	47.1	53.0	58.9	64.8	70.7	76.5	82.4
160	25.1	31.4	37.7	44.6	50.2	56.5	62.8	69.1	75.4	81.6	87.9
170	26.7	33.4	40.0	46.7	53.4	60.0	66.7	73.4	80.1	86.7	93.4
180	28.3	35.3	42.4	49.4	56.5	63.6	70.6	77.7	84.8	91.8	98.9
190						67.1	74.6	82.0	89.5	96.9	104
200						70.6	78.5	86.4	94.2	102	110
210						74.2	82.4	90.7	98.9	107	115
220						77.7	86.4	95.0	103.6	112	121

公称宽度 B/mm	公称厚度 t/mm										
	75	80	85	90	100	110	120	130	140	150	160
	理论质量/（kg/m）										
100	58.9	62.8	66.7								
110	64.8	69.1	73.4								
120	70.6	75.4	80.1								
130	76.5	81.6	86.7								
140	82.4	87.9	93.4	98.9	110						
150	88.3	94.2	100	106	118						
160	94.2	100	107	113	126	138	151				
170	100	107	113	120	133	147	160				

续表 3-9

公称宽度 B/mm	公称厚度 t/mm										
	75	80	85	90	100	110	120	130	140	150	160
	理论质量/（kg/m）										
180	106	113	120	127	141	155	170	184	198		
190	112	119	127	134	149	164	179	194	209		
200	118	127	133	141	157	173	188	204	220		
210	124	132	140	148	165	181	198	214	231	247	264
220	130	138	147	155	173	190	207	224	242	259	276
230	135	144	153	162	180	199	217	235	253	271	289
240	141	151	160	170	188	207	226	245	264	283	301
250	147	157	167	177	196	216	235	255	275	294	314
260	153	163	173	184	204	224	245	265	286	306	326
280	165	176	187	198	220	242	264	286	308	330	352
300	177	188	200	212	236	259	283	306	330	353	377

（2）尺寸规格（表3-10）

表3-10 热轧工具钢扁钢的尺寸规格

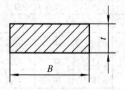

B——宽度； t——厚度

公称宽度 B/mm	公称厚度 t/mm										
	4	6	8	10	13	16	18	20	23	25	28
	理论质量/（kg/m）										
10	0.31	0.47	0.63								
13	0.40	0.57	0.75	0.94							
16	0.50	0.75	1.00	1.26	1.51						
20	0.63	0.94	1.26	1.57	1.88	2.51	2.83				
25	0.78	1.18	1.57	1.96	2.36	3.14	3.53	3.93	4.32		
32	1.00	1.51	2.01	2.55	3.01	4.02	4.52	5.02	5.53	6.28	7.03
40	1.26	1.88	2.51	3.14	3.77	5.02	5.65	6.28	6.91	7.85	8.79
50	1.57	2.36	3.14	3.93	4.71	6.28	7.06	7.85	8.64	9.81	10.99
63	1.98	2.91	3.96	4.95	5.93	7.91	8.90	9.89	10.88	12.36	13.85
71	2.23	3.34	4.46	5.57	6.69	8.92	10.03	11.15	12.26	13.93	15.61
80	2.51	3.77	5.02	6.28	7.54	10.05	11.30	12.56	13.82	15.70	17.58
90	2.83	4.24	5.65	7.07	8.48	11.30	12.72	14.13	15.54	17.66	19.78
100	3.14	4.71	6.28	7.85	9.42	12.56	14.13	15.70	17.27	19.62	21.98
112	3.52	5.28	7.03	8.79	10.55	14.07	15.83	17.58	19.34	21.98	24.62
125	3.93	5.89	7.85	9.81	11.78	15.70	17.66	19.62	21.58	24.53	27.48

续表 3-10

公称宽度 B/mm	公称厚度 t/mm										
	4	6	8	10	13	16	18	20	23	25	28
	理论质量/（kg/m）										
140	4.40	6.59	8.79	12.69	13.19	17.58	19.78	21.98	24.18	27.48	30.77
160	5.02	7.54	10.05	12.56	15.07	20.10	22.61	25.12	27.63	31.40	35.17
180	5.65	8.48	11.30	14.13	16.96	22.61	25.43	28.26	31.09	35.33	39.56
200	6.28	9.42	12.56	15.70	18.84	25.12	28.26	31.40	34.54	39.25	43.96
224	7.03	10.55	14.07	17.58	21.10	28.13	31.65	35.17	38.68	43.96	49.24
250	7.85	11.78	15.70	19.63	23.55	31.40	35.33	39.25	43.18	49.06	54.95
280	8.79	13.19	17.58	21.98	26.38	35.17	39.56	43.96	48.36	54.95	61.54
310	9.73	14.60	19.47	24.34	29.20	38.94	43.80	48.67	53.54	60.84	68.14

公称宽度 B/mm	公称厚度 t/mm										
	32	36	40	45	50	56	63	71	80	90	100
	理论质量/（kg/m）										
40	10.05	11.30									
50	12.56	14.13	15.70	17.66							
63	15.83	17.80	19.78	22.25	24.73	27.69					
71	17.84	20.06	22.29	25.08	27.87	31.21	35.11				
80	20.10	22.61	25.12	28.26	31.40	35.17	39.56	44.59			
90	22.61	25.43	28.26	31.79	35.32	39.56	44.51	50.16	56.52		
100	25.12	28.26	31.40	35.32	39.25	43.96	49.46	55.74	62.80	70.65	
112	28.13	31.65	35.17	39.56	43.96	49.24	55.39	62.42	70.34	79.13	87.92
125	31.40	35.32	39.25	44.16	49.06	54.95	61.82	69.67	78.50	88.31	98.13
140	35.17	39.56	43.96	49.46	54.95	61.54	69.24	78.03	87.92	98.81	109.90
160	40.19	45.22	50.24	56.52	62.80	70.34	79.13	89.18	100.48	113.04	125.60
180	45.22	50.87	56.52	63.59	70.65	79.13	89.02	100.32	113.04	127.17	141.30
200	50.24	56.52	62.80	70.65	78.50	87.92	98.91	111.47	125.60	141.30	157.00
224	56.27	63.30	70.34	79.12	87.92	98.47	110.78	124.85	140.67	158.26	175.84
250	62.80	70.65	78.50	88.31	98.13	109.90	123.64	139.34	157.00	176.63	196.25
280	70.34	79.13	87.92	98.91	109.90	123.09	138.47	156.06	175.84	197.82	219.80
310	77.87	87.61	97.34	109.51	121.68	136.28	153.31	172.78	194.68	219.02	243.35

注：表中的理论质量按密度 7.85g/cm³ 计算；对于高合金钢计算理论质量时，应采用相应牌号的密度进行计算。

3.2.5　结构用热轧宽扁钢（GB/T 4212—2010）

（1）概述　宽扁钢系指宽度大于等于 150mm，厚度通常大于 4mm，一般直条交货，而不成卷交货，其边部带有棱角的钢材。

（2）尺寸规格（表 3-11）

表 3-11　结构用热轧宽扁钢的尺寸规格

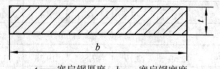

t——宽扁钢厚度；b——宽扁钢宽度

公称宽度 B/mm	公称厚度 t/mm															
	4	6	8	10	12	14	16	18	20	22	25	28	30	32	36	40
	理论质量/（kg/m）															
150	4.71	7.07	9.42	11.78	14.13	16.49	18.84	21.20	23.55	25.91	29.44	32.97	35.33	37.68	42.39	47.10
160	5.02	7.54	10.05	12.56	15.07	17.58	20.10	22.61	25.12	27.63	31.40	35.17	37.68	40.19	45.22	50.24
170	5.34	8.01	10.68	13.35	16.01	18.68	21.35	24.02	26.69	29.36	33.36	37.37	40.04	42.70	48.04	53.38
180	5.65	8.48	11.30	14.13	16.96	19.78	22.61	25.43	28.26	31.09	35.33	39.56	42.39	45.22	50.87	56.52
190	5.97	8.95	11.93	14.92	17.90	20.88	23.86	26.85	29.83	32.81	37.29	41.76	44.75	47.73	53.69	59.66
200	6.28	9.42	12.56	15.70	18.84	21.98	25.12	28.26	31.40	34.54	39.25	43.96	47.10	50.24	56.52	62.80
210	6.59	9.89	13.19	16.49	19.78	23.08	26.38	29.67	32.97	36.27	41.21	46.16	49.46	52.75	59.35	65.94
220	6.91	10.36	13.82	17.27	20.72	24.18	27.63	31.09	34.54	37.99	43.18	48.36	51.81	55.26	62.17	69.08
230	7.22	10.83	14.44	18.06	21.67	25.28	28.89	32.50	36.11	39.72	45.14	50.55	54.17	57.78	65.00	72.22
240	7.54	11.30	15.07	18.84	22.61	26.38	30.14	33.91	37.68	41.45	47.10	52.75	56.52	60.29	67.82	75.36
250	7.85	11.78	15.70	19.63	23.55	27.48	31.40	35.33	39.25	43.18	49.06	54.95	58.88	62.80	70.65	78.50
260	8.16	12.25	16.33	20.41	24.49	28.57	32.66	36.74	40.82	44.90	51.03	57.15	61.23	65.31	73.48	81.64
270	8.48	12.72	16.96	21.20	25.43	29.67	33.91	38.15	42.39	46.63	52.99	59.35	63.59	67.82	76.30	84.78
280	8.79	13.19	17.58	21.98	26.38	30.77	35.17	39.56	43.96	48.36	54.95	61.54	65.94	70.34	79.13	87.92
290	9.11	13.66	18.21	22.77	27.32	31.87	36.42	40.98	45.53	50.08	56.91	63.74	68.30	72.85	81.95	91.06
300	9.42	14.13	18.84	23.55	28.26	32.97	37.68	42.39	47.10	51.81	58.88	65.94	70.65	75.36	84.78	94.20
310	9.73	14.60	19.47	24.34	29.20	34.07	38.94	43.80	48.67	53.54	60.84	68.14	73.01	77.87	87.61	97.34
320	10.05	15.07	20.10	25.12	30.14	35.17	40.19	45.22	50.24	55.26	62.80	70.34	75.36	80.38	90.43	100.48
330	10.36	15.54	20.72	25.91	31.09	36.27	41.45	46.63	51.81	56.99	64.76	72.53	77.72	82.90	93.26	103.62
340	10.68	16.01	21.35	26.69	32.03	37.37	42.70	48.04	53.38	58.72	66.73	74.73	80.07	85.41	96.08	106.76
350	10.99	16.49	21.98	27.48	32.97	38.47	43.96	49.46	54.95	60.45	68.69	76.93	82.43	87.92	98.91	109.90
360	11.30	16.96	22.61	28.26	33.91	39.56	45.22	50.87	56.52	62.17	70.65	79.13	84.78	90.43	101.74	113.04
370	11.62	17.43	23.24	29.05	34.85	40.66	46.47	52.28	58.09	63.90	72.61	81.33	87.14	92.94	104.56	116.18
380	11.93	17.90	23.86	29.83	35.80	41.76	47.73	53.69	59.66	65.63	74.58	83.52	89.49	95.46	107.39	119.32
390	12.25	18.37	24.49	30.62	36.74	42.86	48.98	55.11	61.23	67.35	76.54	85.72	91.85	97.97	110.21	122.46
400	12.56	18.84	25.12	31.40	37.68	43.96	50.24	56.52	62.80	69.08	78.50	87.92	94.20	100.48	113.04	125.60
410	12.87	19.31	25.75	32.19	38.62	45.06	51.50	57.93	64.37	70.81	80.46	90.12	96.56	102.99	115.87	128.74
420	13.19	19.78	26.38	32.97	39.56	46.16	52.75	59.35	65.94	72.53	82.43	92.32	98.91	105.50	118.69	131.88
430	13.50	20.25	27.00	33.76	40.51	47.26	54.01	60.76	67.51	74.26	84.39	94.51	101.27	108.02	121.52	135.02
440	13.82	20.72	27.63	34.54	41.45	48.36	55.26	62.17	69.08	75.99	86.35	96.71	103.62	110.53	124.34	138.16
450	14.13	21.20	28.26	35.33	42.39	49.46	56.52	63.59	70.65	77.72	88.31	98.91	105.98	113.04	127.17	141.30
460	14.44	21.67	28.89	36.11	43.33	50.55	57.78	65.00	72.22	79.44	90.28	101.11	108.33	115.55	130.00	144.44
470	14.76	22.14	29.52	36.90	44.27	51.65	59.03	66.41	73.79	81.17	92.24	103.31	110.69	118.06	132.82	147.58
480	15.07	22.61	30.14	37.68	45.22	52.75	60.29	67.82	75.36	82.90	94.20	105.50	113.04	120.58	135.65	150.72

续表 3-11

公称宽度 B/mm	公称厚度 t/mm														
	4	6	8	10	12	14	16	18	20	22	25	28	30	32	36	40
	理论质量/（kg/m）														
490	15.39	23.08	30.77	38.47	46.16	53.85	61.54	69.24	76.93	84.62	96.16	107.70	115.40	123.09	138.47	153.86
500	15.70	23.55	31.40	39.25	47.10	54.95	62.80	70.65	78.50	86.35	98.13	109.90	117.75	125.60	141.30	157.00
510	16.01	24.02	32.03	40.04	48.04	56.05	64.06	72.06	80.07	88.08	100.09	112.10	120.11	128.11	144.13	160.14
520	16.33	24.49	32.66	40.82	48.98	57.15	65.31	73.48	81.64	89.80	102.05	114.30	122.46	130.62	146.95	163.28
530	16.64	24.96	33.28	41.61	49.93	58.25	66.57	74.89	83.21	91.53	104.01	116.49	124.82	133.14	149.78	166.42
540	16.96	25.43	33.91	42.39	50.87	59.35	67.82	76.30	84.78	93.26	105.98	118.69	127.17	135.65	152.60	169.56
550	17.27	25.91	34.54	43.18	51.81	60.45	69.08	77.72	86.35	94.99	107.94	120.89	129.53	138.16	155.43	172.70
560	17.58	26.38	35.17	43.96	52.75	61.54	70.34	79.13	87.92	96.71	109.90	123.09	131.88	140.67	158.26	175.84
570	17.90	26.85	35.80	44.75	53.69	62.64	71.59	80.54	89.49	98.44	111.86	125.29	134.24	143.18	161.08	178.98
580	18.21	27.32	36.42	45.53	54.64	63.74	72.85	81.95	91.06	100.17	113.83	127.48	136.59	145.70	163.91	182.12
590	18.53	27.79	37.05	46.32	55.58	64.84	74.10	83.37	92.63	101.89	115.79	129.68	138.95	148.21	166.73	185.26
600	18.84	28.26	37.68	47.10	55.52	65.94	75.36	84.78	94.20	103.62	117.75	131.88	141.30	150.72	169.56	188.40

3.3 角钢和工、槽钢

3.3.1 热轧等边角钢（GB/T 706—2008）

（1）用途 角钢俗称角铁，热轧等边角钢是两边互相垂直成角形且边宽相等的热轧长条钢材。角钢可按结构的不同需要组成各种不同的受力构件，也可作为构件之间的连接件。其广泛用于各种建筑结构和工程结构，如房架、桥梁、输电塔、起重运输机械、船舶、工业炉、反应塔、容器架以及仓库货架等。

（2）尺寸规格（表3-12）

表 3-12 热轧等边角钢的尺寸规格

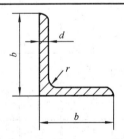

b——边宽度；d——边厚度；r——内圆弧半径

型号	截面尺寸/mm			截面面积/cm²	理论质量/（kg/m）	外表面积/（m²/m）	型号	截面尺寸/mm			截面面积/cm²	理论质量/（kg/m）	外表面积/（m²/m）
	b	d	r					b	d	r			
2	20	3	3.5	1.132	0.889	0.078	3.6	36	3	4.5	2.109	1.656	0.141
		4		1.459	1.145	0.077			4		2.756	2.163	0.141
2.5	25	3		1.432	1.124	0.098			5		3.382	2.654	0.141
		4		1.859	1.459	0.097			3		2.359	1.852	0.157
3.0	3.0	3	4.5	1.749	1.373	0.117	4	40	4	5	3.086	2.422	0.157
		4		2.276	1.786	0.117			5		3.791	2.976	0.156

续表 3-12

型号	b	d	r	截面面积/cm²	理论质量/(kg/m)	外表面积/(m²/m)
4.5	45	3	5	2.659	2.088	0.177
		4		3.486	2.736	0.177
		5		4.292	3.369	0.176
		6		5.076	3.985	0.176
5	50	3	5.5	2.971	2.332	0.197
		4		3.897	3.059	0.197
		5		4.803	3.770	0.196
		6		5.688	4.465	0.196
5.6	56	3	6	3.343	2.624	0.221
		4		4.390	3.446	0.220
		5		5.415	4.251	0.220
		6		6.420	5.040	0.220
		7		7.404	5.812	0.219
		8		8.367	6.568	0.219
6	60	5	6.5	5.829	4.576	0.236
		6		6.914	5.427	0.235
		7		7.977	6.262	0.235
		8		9.020	7.081	0.235
6.3	63	4	7	4.978	3.907	0.248
		5		6.143	4.822	0.248
		6		7.288	5.721	0.247
		7		8.412	6.603	0.247
		8		9.515	7.469	0.247
		10		11.657	9.151	0.246
7	70	4	8	5.570	4.372	0.275
		5		6.875	5.397	0.275
		6		8.160	6.406	0.275
		7		9.424	7.398	0.275
		8		10.667	8.373	0.274
7.5	75	5	9	7.412	5.818	0.295
		6		8.797	6.905	0.294
		7		10.160	7.976	0.294
		8		11.503	9.030	0.294
		9		12.825	10.068	0.294
		10		14.126	11.089	0.293
8	80	5	9	7.912	6.211	0.315
		6		9.397	7.376	0.314
		7		10.860	8.525	0.314
		8		12.303	9.658	0.314
		9		13.725	10.774	0.314
		10		15.126	11.874	0.313
9	90	6	10	10.637	8.350	0.354
		7		12.301	9.656	0.354
		8		13.944	10.946	0.353
		9		15.566	12.219	0.353

型号	b	d	r	截面面积/cm²	理论质量/(kg/m)	外表面积/(m²/m)
9	90	10	10	17.167	13.476	0.353
		12		20.306	15.940	0.352
10	100	6	12	11.932	9.366	0.393
		7		13.796	10.830	0.393
		8		15.638	12.276	0.393
		9		17.462	13.708	0.392
		10		19.261	15.120	0.392
		12		22.800	17.898	0.391
		14		26.256	20.611	0.391
		16		29.627	23.257	0.390
11	110	7		15.196	11.928	0.433
		8		17.238	13.535	0.433
		10		21.261	16.690	0.432
		12		25.200	19.782	0.431
		14		29.056	22.809	0.431
12.5	125	8	14	19.750	15.504	0.492
		10		24.373	19.133	0.491
		12		28.912	22.696	0.491
		14		33.367	26.193	0.490
		16		37.739	29.625	0.489
14	140	10		27.373	21.488	0.551
		12		32.512	25.522	0.551
		14		37.567	29.490	0.550
		16		42.539	33.393	0.549
15	150	8		23.750	18.644	0.592
		10		29.373	23.058	0.591
		12		34.912	27.406	0.591
		14		40.367	31.688	0.590
		15		43.063	33.804	0.590
		16		45.739	35.905	0.589
16	160	10	16	31.502	24.729	0.630
		12		37.441	29.391	0.630
		14		43.296	33.987	0.629
		16		49.067	38.518	0.629
18	180	12		42.241	33.159	0.710
		14		48.896	38.383	0.709
		16		55.467	43.542	0.709
		18		61.055	48.634	0.708
20	200	14	18	54.642	42.894	0.788
		16		62.013	48.680	0.788
		18		69.301	54.401	0.787
		20		76.505	60.056	0.787
		24		90.661	71.168	0.785
22	220	16	21	68.664	53.901	0.866
		18		76.752	60.250	0.866

续表 3-12

型号	截面尺寸/mm			截面面积/cm²	理论质量/（kg/m）	外表面积/（m²/m）	型号	截面尺寸/mm			截面面积/cm²	理论质量/（kg/m）	外表面积/（m²/m）
	b	d	r					b	d	r			
22	220	20	21	84.756	66.533	0.865	25	250	24	24	115.201	90.433	0.983
		22		92.676	72.751	0.865			26		124.154	97.461	0.982
		24		100.512	78.902	0.864			28		133.022	104.422	0.982
		26		108.264	84.987	0.864			30		141.807	111.318	0.981
25	250	18	24	87.842	68.956	0.985			32		150.508	118.149	0.981
		20		97.045	76.180	0.984			35		163.402	128.271	0.980

3.3.2 热轧不等边角钢（GB/T 706—2008）

（1）用途　热轧不等边角钢是横截面如字母 L，两边互相垂直成角形且宽度不等的热轧长条钢材。角钢可按结构的不同需要组成各种不同的受力构件，也可作为构件之间的连接件。其广泛用于各种建筑和工程结构，如房架、桥梁、输电塔、起重运输机械、船舶、工业炉、反应塔、容器架以及仓库货架等。

（2）尺寸规格（表 3-13）

表 3-13　热轧不等边角钢的尺寸规格

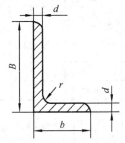

B——长边宽度；b——短边宽度；d——边厚度；r——内圆弧半径

型号	截面尺寸/mm				截面面积/cm²	理论质量/（kg/m）	外表面积/（m²/m）	型号	截面尺寸/mm				截面面积/cm²	理论质量/（kg/m）	外表面积/（m²/m）
	B	b	d	r					B	b	d	r			
2.5/1.6	25	16	3	3.5	1.162	0.912	0.080	6.3/4	63	40	5	7	4.993	3.920	0.202
			4		1.499	1.176	0.079				6		5.908	4.638	0.201
3.2/2	32	20	3	3.5	1.492	1.171	0.102				7		6.802	5.339	0.201
			4		1.939	1.522	0.101	7/4.5	70	45	4	7.5	4.547	3.570	0.226
4/2.5	40	25	3	4	1.890	1.484	0.127				5		5.609	4.403	0.225
			4		2.467	1.936	0.127				6		6.647	5.218	0.225
4.5/2.8	45	28	3	5	2.149	1.687	0.143				7		7.657	6.011	0.225
			4		2.806	2.203	0.143	7.5/5	75	50	5	8	6.125	4.808	0.245
5/3.2	50	32	3	5.5	2.431	1.908	0.161				6		7.260	5.699	0.245
			4		3.177	2.494	0.160				8		9.467	7.431	0.244
5.6/3.6	56	36	3	6	2.743	2.153	0.181				10		11.590	9.098	0.244
			4		3.590	2.818	0.180	8/5	80	50	5	8	6.375	5.005	0.255
			5		4.415	3.466	0.180				6		7.560	5.935	0.255
6.3/4	63	40	4	7	4.058	3.185	0.202				7		8.724	6.848	0.255

续表 3-13

型号	截面尺寸/mm				截面面积/cm²	理论质量/(kg/m)	外表面积/(m²/m)	型号	截面尺寸/mm				截面面积/cm²	理论质量/(kg/m)	外表面积/(m²/m)
	B	b	d	r					B	b	d	r			
8/5	80	50	8	8	9.867	7.745	0.254				10		22.261	17.475	0.452
9/5.6	90	56	5	9	7.212	5.661	0.287	14/9	140	90	12		26.400	20.724	0.451
			6		8.557	6.717	0.286				14		30.456	23.908	0.451
			7		9.880	7.756	0.286				8	12	18.839	14.788	0.473
			8		11.183	8.779	0.286	15/9	150	90	10		23.261	18.260	0.472
10/6.3	100	63	6		9.617	7.550	0.320				12		27.600	21.666	0.471
			7		11.111	8.722	0.320				14		31.856	25.007	0.471
			8		12.534	9.878	0.319				15		33.952	26.652	0.471
			10		15.467	12.142	0.319				16		36.027	28.281	0.470
10/8	100	80	6		10.637	8.350	0.354	16/10	160	100	10	13	25.315	19.872	0.512
			7	10	12.301	9.656	0.354				12		30.054	23.592	0.511
			8		13.944	10.946	0.353				14		34.709	27.247	0.510
			10		17.167	13.476	0.353				16		29.281	30.835	0.510
11/7	110	70	6		10.637	8.350	0.354	18/11	180	110	10		28.373	22.273	0.571
			7		12.301	9.656	0.354				12		33.712	26.440	0.571
			8		13.944	10.946	0.353				14		38.967	30.589	0.570
			10		17.167	13.476	0.353				16	14	44.139	34.649	0.569
12.5/8	125	80	7		14.096	11.066	0.403	20/12.5	200	125	12		37.912	29.761	0.641
			8	11	15.989	12.551	0.403				14		43.687	34.436	0.640
			10		19.712	15.474	0.402				16		49.739	39.045	0.639
			12		23.351	18.330	0.402				18		55.526	43.588	0.639
14/9	140	90	8	12	18.038	14.160	0.453	—					—	—	—

3.3.3　不锈钢热轧等边角钢（GB/T 5309—2006）

（1）用途　不锈钢热轧等边角钢是由奥氏体型不锈钢和铁素体型不锈钢热轧制成的等边角钢，按组织特征分为奥氏体型和铁素体型两类。该钢主要供不锈结构件使用。

（2）尺寸规格（表3-14）

表3-14　不锈钢热轧等边角钢的尺寸规格

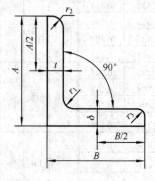

A，B——边宽度；δ——边厚度；r_1——内圆弧半径

续表 3-14

截面尺寸/mm					理论质量/（kg/m）		
$A \times B$	δ	r_1	r_2	截面面积 /cm²	1Cr18Ni9 0Cr19Ni9 00Cr19Ni11 0Cr18Ni11Ti	0Cr17Ni12Mo2 00Cr17Ni14Mo2 0Cr18Ni11Nb	1Cr17
20×20	3	4	2	1.127	0.894	0.899	0.868
25×25	3	4	2	1.427	1.13	1.14	1.10
25×25	4	4	3	1.836	1.46	1.47	1.41
30×30	3	4	2	1.727	1.37	1.38	1.33
30×30	4	4	3	2.236	1.77	1.78	1.72
30×30	5	4	3	2.746	2.18	2.19	2.11
30×30	6	4	4	3.206	2.54	2.56	2.47
40×40	3	4.5	2	2.336	1.85	1.86	1.80
40×40	4	4.5	3	3.045	2.45	2.46	2.38
40×40	5	4.5	3	3.755	2.98	3.00	2.89
40×40	6	4.5	4	4.415	3.61	3.63	3.51
50×50	4	6.5	3	3.892	3.09	3.11	3.00
50×50	5	6.5	3	4.802	3.81	3.83	3.70
50×50	6	6.5	4.5	5.644	4.48	4.50	4.35
60×60	5	6.5	3	5.802	4.60	4.63	4.47
60×60	6	6.5	4	6.862	5.44	5.48	5.28
65×65	5	8.5	3	6.367	5.05	5.08	4.90
65×65	6	8.5	4	7.527	5.97	6.01	5.80
65×65	7	8.5	5	8.658	6.87	6.91	6.67
65×65	8	8.5	6	9.761	7.74	7.79	7.52
70×70	6	8.5	4	8.127	6.44	6.49	6.26
70×70	7	8.5	5	9.358	7.42	7.47	7.21
70×70	8	8.5	6	10.56	8.37	8.43	8.13
75×75	6	8.5	4	8.727	6.92	6.96	6.72
75×75	7	8.5	5	10.06	7.98	8.03	7.75
75×75	8	8.5	6	11.36	9.01	9.07	8.75
75×75	9	8.5	6	12.69	10.1	10.1	9.77
80×80	6	8.5	4	9.327	7.40	7.44	7.18
80×80	7	8.5	5	10.76	8.53	8.59	8.29
80×80	8	8.5	6	12.16	9.64	9.70	9.36
80×80	9	8.5	6	13.59	10.8	10.8	10.5
90×90	8	10	6	13.82	11.0	11.0	10.9
90×90	9	10	6	15.45	12.3	12.3	11.6
90×90	10	10	7	17.00	13.5	13.6	13.1
100×100	8	10	6	15.42	12.2	12.3	11.9
100×100	9	10	6	17.25	13.7	13.8	13.3
100×100	10	10	7	19.00	15.1	15.2	14.6

3.3.4 热轧工字钢（GB/T 706—2008）

（1）用途　工字钢也称钢梁，是截面为工字形的长条钢材。热轧工字钢是经热轧制成的腿部内侧有斜度的窄边工字钢。工字钢广泛用于各种建筑结构、桥梁、车辆、支架、机械等。

（2）尺寸规格（表3-15）

表3-15 热轧工字钢的尺寸规格

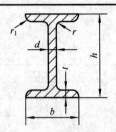

h——高度；b——腿宽度；d——腰厚度；t——平均腿厚度；r——内圆弧半径；r_1——腿端圆弧半径

型 号	截面尺寸/mm						截面面积/cm²	理论质量/（kg/m）
	h	b	d	t	r	r_1		
10	100	68	4.5	7.6	6.5	3.3	14.345	11.261
12	120	74	5.0	8.4	7.0	3.5	17.818	13.987
12.6	126	74	5.0	8.4	7.0	3.5	18.118	14.223
14	140	80	5.5	9.1	7.5	3.8	21.516	16.890
16	160	88	6.0	9.9	8.0	4.0	26.131	20.513
18	180	94	6.5	10.7	8.5	4.3	30.756	24.143
20a	200	100	7.0	11.4	9.0	4.5	35.578	27.929
20b		102	9.0				39.578	31.069
22a	220	110	7.5	12.3	9.5	4.8	42.128	33.070
22b		112	9.5				46.528	36.524
24a	240	116	8.0	13.0	10.0	5.0	47.741	37.477
24b		118	10.0				52.541	41.245
25a	250	116	8.0				48.541	38.105
25b	250	118	10.0				53.541	42.030
27a	270	122	8.5	13.7	10.5	5.3	54.554	42.825
27b		124	10.5				59.954	47.064
28a	280	122	8.5				55.404	43.492
28b		124	10.5				61.004	47.888
30a	300	126	9.0	14.4	11.0	5.5	61.254	48.084
30b		128	11.0				67.254	52.794
30c		130	13.0				73.254	57.504
32a	320	130	9.5	15.0	11.5	5.8	67.156	52.717
32b		132	11.5				73.556	57.741
32c		134	13.5				79.956	62.765
36a	360	136	10.0	15.8	12.0	6.0	76.480	60.037
36b		138	12.0				83.680	65.689
36c		140	14.0				90.880	71.341
40a	400	142	10.5	16.5	12.5	6.3	86.112	67.598
40b		144	12.5				94.112	73.878
40c		146	14.5				102.112	80.158
45a	450	150	11.5	18.0	13.5	6.8	102.446	80.420
45b		152	13.5				111.446	87.485
45c		154	15.5				120.446	94.550
50a	500	158	12.0	20.0	14.0	7.0	119.304	93.654
50b		160	14.0				129.304	101.504
50c		162	16.0				139.304	109.354

续表 3-15

型 号	截面尺寸/mm						截面面积/cm²	理论质量/（kg/m）
	h	b	d	t	r	r_1		
55a	550	166	12.5	21.0	14.5	7.3	134.185	105.335
55b		168	14.5				145.185	113.970
55c		170	16.5				156.185	122.605
56a	560	166	12.5				135.435	106.316
56b		168	14.5				146.635	115.108
56c		170	16.5				157.835	123.900
63a	630	176	13.0	22.0	15.0	7.5	154.658	121.407
63b		178	15.0				167.258	131.298
63c		180	17.0				179.858	141.189

3.3.5　热轧槽钢（GB/T 706—2008）

（1）用途　槽钢是截面为凹槽形的腿内侧有斜度的热轧长条钢材。槽钢分为普通槽钢和轻型槽钢。热轧普通槽钢的规格为 5～40#。槽钢主要用于建筑结构、车辆制造的其他工业结构。14#以下多用于建筑工程做檩条；16#以上多用作车辆底盘、机械结构的框架；30#以上可用于桥梁结构做受拉力的杆件，也可用作工业厂房的梁、柱等构件。槽钢还常常和工字钢配合使用。

（2）尺寸规格（表 3-16）

表 3-16　热轧槽钢的尺寸规格

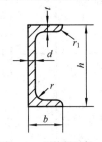

h——高度；b——腿宽度；d——腰厚度；t——平均腿厚度；r——内圆弧半径；r_1——腿端圆弧半径

型号	截面尺寸/mm						截面面积/cm²	理论质量/（kg/m）
	h	b	d	t	r	r_1		
5	50	37	4.5	7.0	7.0	3.5	6.928	5.438
6.3	63	40	4.8	7.5	7.5	3.8	8.451	6.634
6.5	65	40	4.3	7.5	7.5	3.8	8.547	6.709
8	80	43	5.0	8.0	8.0	4.0	10.248	8.045
10	100	48	5.3	8.5	8.5	4.2	12.748	10.007
12	120	53	5.5	9.0	9.0	4.5	15.362	12.059
12.6	126	53	5.5	9.0	9.0	4.5	15.692	12.318
14a	140	58	6.0	9.5	9.5	4.8	18.516	14.535
14b		60	8.0				21.316	16.733
16a	160	63	6.5	10.0	10.0	5.0	21.962	17.24
16b		65	8.5				25.162	19.752
18a	180	68	7.0	10.5	10.5	5.2	25.699	20.174
18b		70	9.0				29.299	23.000

续表 3-16

型号	截面尺寸/mm						截面面积/cm²	理论质量/（kg/m）
	h	b	d	t	r	r_1		
20a	200	73	7.0	11.0	11.0	5.5	28.837	22.637
20b		75	9.0				32.837	25.777
22a	220	77	7.0	11.5	11.5	5.8	31.846	24.999
22b		79	9.0				36.246	28.453
24a	240	78	7.0	12.0	12.0	6.0	34.217	26.860
24b		80	9.0				39.017	30.628
24c		82	11.0				43.817	34.396
25a	250	78	7.0				34.917	27.410
25b		80	9.0				39.917	31.335
25c		82	11.0				44.917	35.260
27a	270	82	7.5	12.5	12.5	6.2	39.284	30.838
27b		84	9.5				44.684	35.077
27c		86	11.5				50.084	39.316
28a	280	82	7.5	12.5	12.5	6.2	40.034	31.427
28b		84	9.5				45.634	35.823
28c		86	11.5				51.234	40.219
30a	300	85	7.5	13.5	13.5	6.8	43.902	34.463
30b		87	9.5				49.902	39.173
30c		89	11.5				55.902	43.883
32a	320	88	8.0	14.0	14.0	7.0	48.513	38.083
32b		90	10.0				54.913	43.107
32c		92	12.0				61.313	48.131
36a	360	96	9.0	16.0	16.0	8.0	60.910	47.814
36b		98	11.0				68.110	53.466
36c		100	13.0				75.310	59.118
40a	400	100	10.5	18.0	18.0	9.0	75.068	58.928
40b		102	12.5				83.068	65.208
40c		104	14.5				91.068	71.488

3.4 其他型钢

3.4.1 热轧环件 ［YB/T 4068—1991（2005）］

（1）用途　热轧环件用于制造齿圈、轴承圈、磨环及压力容器平焊法兰、高颈法兰、浮头钩圈法兰和高颈搪瓷法兰等。

（2）尺寸规格（表3-17）

表 3-17　热轧环件的尺寸规格　　　　　　　　　　　　　　　　（mm）

外　径	高　度	内　径	壁　厚
600～2 000	70～220	≥500	50～160

（3）牌号和化学成分（表3-18）

表3-18 热轧环件的牌号和化学成分 （%）

牌 号	化学成分（质量分数）						
	C	Si	Mn	Cr	Mo	P	S
10	0.07~0.14	0.17~0.37	0.35~0.65	—	—	≤0.035	≤0.035
15	0.12~0.19	0.17~0.37	0.35~0.65	—	—	≤0.035	≤0.035
20	0.17~0.24	0.17~0.37	0.35~0.65	—	—	≤0.035	≤0.035
25	0.22~0.30	0.17~0.37	0.50~0.80	—	—	≤0.035	≤0.035
30	0.27~0.35	0.17~0.37	0.50~0.80	—	—	≤0.035	≤0.035
35	0.32~0.40	0.17~0.37	0.50~0.80	—	—	≤0.035	≤0.035
40	0.37~0.45	0.17~0.37	0.50~0.80	—	—	≤0.035	≤0.035
45	0.42~0.50	0.17~0.37	0.50~0.80	—	—	≤0.035	≤0.035
50	0.47~0.55	0.17~0.37	0.50~0.80	—	—	≤0.035	≤0.035
16Mn	0.12~0.20	0.20~0.55	1.20~1.60	—	—	≤0.035	≤0.035
50Mn	0.48~0.56	0.17~0.37	0.70~1.00	—	—	≤0.035	≤0.035
40Cr	0.37~0.44	0.17~0.37	0.50~0.80	0.80~1.10	—	≤0.030	≤0.030
42CrMo	0.38~0.45	0.17~0.37	0.50~0.80	0.90~1.20	0.15~0.25	≤0.030	≤0.030
42CrMoA	0.38~0.45	0.17~0.37	0.50~0.80	0.90~1.20	0.15~0.25	≤0.025	≤0.025
50SiMn	0.45~0.56	0.80~1.10	0.80~1.10	—	—	≤0.030	≤0.030
35SiMn	0.32~0.40	1.10~1.40	1.10~1.40	—	—	≤0.030	≤0.030
35CrMo	0.32~0.40	0.17~0.37	0.40~0.70	0.80~1.10	0.15~0.25	≤0.030	≤0.030
50CrMoA	0.45~0.54	0.17~0.37	0.50~0.80	0.90~1.20	0.15~0.25	≤0.025	≤0.025

（4）力学性能（表3-19～表3-21）

表3-19 优质碳素结构钢环件的力学性能

牌号	交货状态	壁厚/mm	抗拉强度 σ_b/MPa	伸长率 δ_5/%	断面收缩率 ψ/%	冲击吸收功 A_{ku}/J	布氏硬度 HBW10/3000
			≥				
15	正火	≤100	345	27	53	—	—
15		>100	335	25	50	—	
20		≤100	390	24	53	—	—
20		>100	370	23	50	—	
25		≤100	420	22	48	39	—
25		>100	390	20	46	31	
30		≤100	470	19	45	31	—
30		>100	460	18	40	24	
35		≤100	510	18	43	31	—
35		>100	490	18	40	24	
40		≤100	550	17	40	24	—
40		>100	530	17	36	24	
45		≤100	590	15	32	31	≤241
45		>100	570	15	30	27	
50	调质	≤100	610	13	30	31	
50		>100	590	12	28	27	
50Mn		≤100	635	13	35	31	207~262
50Mn		>100	610	12	33	27	

表 3-20　合金结构钢环件的力学性能

牌　号	交货状态	壁厚/mm	抗拉强度 σ_b/MPa	伸长率 δ_5/%	断面收缩率 ψ/%	冲击吸收功 A_{ku}/J	布氏硬度 HBW10/3000
				≥			
40Cr	调质	≤60	785	9	35	31	207～260
		61～80	735	9	30	27	
		81～140	685	9	30	24	
35CrMo		≤70	735	15	40	47	207～262
		71～140	685	15	40	39	
42CrMo（42CrMoA）		≤70	785	12	40	47	207～262
		71～140	735	10	35	39	
35SiMn		≤60	785	12	40	39	207～262
		61～80	735	12	35	35	
		81～140	685	12	35	31	
50SiMn		≤60	835	10	35	31	207～262
		61～80	785	10	35	27	
		81～140	735	10	35	24	
50CrMoA		≤140	835	8	—	39	255～311

表 3-21　法兰环件的力学性能

牌　号	交货状态	壁厚/mm	抗拉强度 σ_b/MPa	伸长率 δ_5/%	断面收缩率 ψ/%	冲击吸收功 A_{ku}/J	布氏硬度 HBW10/3000
				≥			
10	正火	≤100	335	205	31	—	
		>100	315	185	30	—	
15		≤100	355	205	27	—	
		>100	335	185	26	—	
20		≤100	370	215	24	43	109～156
		>100	370	195	23	39	
25		≤100	420	235	22	39	111～170
		>100	390	215	20	39	
16Mn	正火或调质	≤100	490～640	295	20	47	120～180
		>100	470～620	275	19	47	

3.4.2　冷拉异型钢（YB/T 5346—2006）

（1）用途　冷拉异型钢，是由优质碳素结构钢和合金结构钢冷拉制成的截面面积大于 $30mm^2$ 的非圆形、方形截面的型钢。一般按截面形状和用途规定其名称，如单头圆扁钢、菱形钢、送布牙型钢等。异型钢形状各异，与零件成品形状尺寸十分接近，有很高的尺寸精度和良好的表面质量，可实现少切削或无切削加工，直接用于生产各种机械零件和工具，可节约金属消耗，缩减生产工序，降低产品成本，属于经济截面钢材。经热处理可获得良好的综合力学性能，用于成批大量生产各种形状比较复杂的机械零件和工具。

（2）分类及代号（表 3-22）

表 3-22　冷拉异型钢的分类及代号

序　号	分类名称	代　号
1	轴对称截面冷拉异型钢	ZD
2	中心对称截面冷拉异型钢	XD
3	非对称截面冷拉异型钢	FD

（3）尺寸规格（表3-23～表3-37）

表3-23　冷拉异型钢（ZD-1 单头圆扁）的尺寸规格

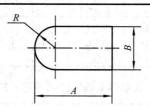

型　号	公称尺寸/mm			截面面积/mm²	理论质量/（kg/m）
	A	B	R		
ZD-1-1	15	22	10	468.10	3.674
ZD-1-2	21	20	10	534.10	4.193
ZD-1-3	48	10	5	508.50	3.992

表3-24　冷拉异型钢（ZD-2 等双头圆扁）的尺寸规格

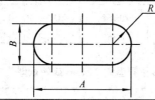

型　号	公称尺寸/mm			截面面积/mm²	理论质量/（kg/m）	型　号	公称尺寸/mm			截面面积/mm²	理论质量/（kg/m）
	A	B	R				A	B	R		
ZD-2-1	11	4.8	3	49.30	0.387	ZD-2-5	19	5	10	93.90	0.737
ZD-2-2	15	3	1.5	43.10	0.338	ZD-2-6	19	8	4	138.30	1.086
ZD-2-3	16	14.2	8	192.20	1.508	ZD-2-7	22	16	11	317.90	2.495
ZD-2-4	19	5	2.5	89.60	0.703	ZD-2-8	28	14	7	349.90	2.747

表3-25　冷拉异型钢（ZD-3 不等双头圆扁）的尺寸规格

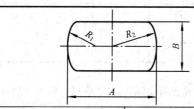

型　号	公称尺寸/mm				截面面积/mm²	理论质量/（kg/m）
	A	B	R_1	R_2		
ZD-3	29.7	16.3	9	14.8	447.50	3.513

表3-26　冷拉异型钢（ZD-4 倒角扁）的尺寸规格

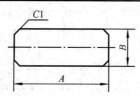

续表 3-26

型　　号	公称尺寸/mm			截面面积 /mm²	理论质量/ (kg/m)	型　　号	公称尺寸/mm			截面面积 /mm²	理论质量/ (kg/m)
	A	B	C				A	B	C		
ZD-4-1	15	5	1	73.00	0.573	ZD-4-4	28	20	1	558.00	4.380
ZD-4-2	19	5	1	93.00	0.730	ZD-4-5	30	8	1	238.00	1.868
ZD-4-3	25	6	1	148.00	1.162	ZD-4-6	34	9	1.5	301.50	2.367

表 3-27　冷拉异型钢（ZD-5 菱形）的尺寸规格

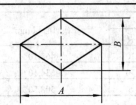

型　　号	公称尺寸/mm		截面面积 /mm²	理论质量/ (kg/m)	型　　号	公称尺寸/mm		截面面积 /mm²	理论质量/ (kg/m)
	A	B				A	B		
ZD-5-1	9.2	7	32.40	0.254	ZD-5-3	12.6	9.6	60.90	0.478
ZD-5-2	11	8.4	46.60	0.365	ZD-5-4	14	10.7	74.90	0.587

表 3-28　冷拉异型钢（ZD-6 棘轮爪型）的尺寸规格

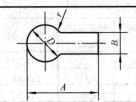

型　　号	公称尺寸/mm				截面面积/mm²	理论质量/ (kg/m)
	A	B	D	r		
ZD-6-1	20.5	11	15	—	245.30	1.926
ZD-6-2	22	4.8	9.5	1	131.90	1.035
ZD-6-3	22	11.5	16	—	278.80	2.188
ZD-6-4	25.4	4.8	9.5	1	148.20	1.163

表 3-29　冷拉异型钢（ZD-7 梯形）的尺寸规格

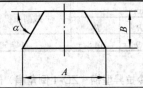

型　　号	公称尺寸/mm			截面面积/mm²	理论质量/ (kg/m)
	A	B	α		
ZD-7-1	25	9	65°	187.20	1.469
ZD-7-2	25.5	7.5	71°30′	172.50	1.354
ZD-7-3	29	8	73°	244.50	1.920

表 3-30　冷拉异型钢（ZD-8 窄条型）的尺寸规格

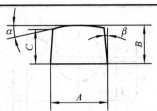

型　号	公称尺寸/mm					截面面积/mm²	理论质量/（kg/m）
	A	B	C	α	β		
ZD-8	18.7	11.2	10.8	7°31′	3°	203.10	1.594

表 3-31　冷拉异型钢（ZD-9D 型）的尺寸规格

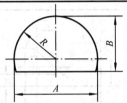

型号	公称尺寸/mm			截面面积/mm²	理论质量/（kg/m）	型号	公称尺寸/mm			截面面积/mm²	理论质量/（kg/m）
	A	B	R				A	B	R		
ZD-9-1	10	9	5	74.50	0.584	ZD-9-4	21.6	9	11	145.40	1.141
ZD-9-2	14	10.6	7	125.10	0.982	ZD-9-5	25	24	12.5	484.30	3.802
ZD-9-3	19	15.6	9.5	249.10	1.956	ZD-9-6	30	26	15	650.80	5.109

表 3-32　冷拉异型钢（XD-1 卡瓦型）的尺寸规格

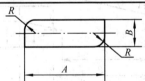

型　号	公称尺寸/mm			截面面积/mm²	理论质量/（kg/m）
	A	B	R		
XD-1-1	28	12	6	320.50	2.516
XD-1-2	33	12	6	380.50	2.987
XD-1-3	40	12	6	464.50	3.646

表 3-33　冷拉异型钢（FD-1 角尺型）的尺寸规格

型　号	公称尺寸/mm				截面面积/mm²	理论质量/（kg/m）
	A	B	C	D		
FD-1	19	13.5	7	12.8	173.30	1.360

表 3-34 冷拉异型钢（FD-2 磁座型）的尺寸规格

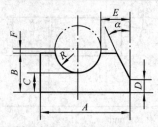

型号	公称尺寸/mm								截面面积 /mm²	理论质量 / （kg/m）
	A	B	C	D	E	F	R	α		
FD-2	56	23.5	10.2	7	17.3	1.5	14.7	22° 30′	962.60	7.556

表 3-35 冷拉异型钢（FD-3 送布牙型）的尺寸规格

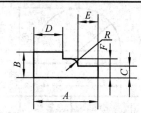

型 号	公称尺寸/mm							截面面积 /mm²	理论质量 / （kg/m）
	A	B	C	D	E	F	R		
FD-3	21.4	8.5	3.2	8.6	7	5.5	2	181.48	1.425

表 3-36 冷拉异型钢（FD-4 刮刀型）的尺寸规格

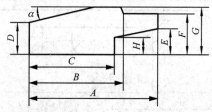

型号	公称尺寸/mm									截面面积 /mm²	理论质量 / （kg/m）
	A	B	C	D	E	F	G	H	α		
FD-4	68.2	49.2	44.5	16	12	20	23	8	10°	1 136.07	8.918

表 3-37 冷拉型钢（FD-5 下肖型）的尺寸规格

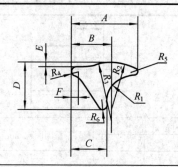

续表 3-37

型 号	公称尺寸/mm							
	A	B	C	D	E	F	R_1	R_2
FD-5	25	15	13	17.5	1.5	3	10	20

型 号	公称尺寸/mm				截面面积/mm²	理论质量/（kg/m）
	R_3	R_4	R_5	R_6		
FD-5	25	1.8	0.8	1.5	185.82	1.458

（4）牌号和力学性能（表3-38）

表 3-38　冷拉异型钢的牌号及力学性能

序号	牌 号	冷拉状态		序号	牌 号	冷拉状态	
		压痕直径/mm	布氏硬度 HBW			压痕直径/mm	布氏硬度 HBW
		≥	≤			≥	≤
1	10	4.3	197	11	50Mn	3.7	269
2	15	4.2	207	12	40MnB	3.7	269
3	20	4.1	217	13	50B	3.7	269
4	25	4.0	229	14	20Cr	4.0	229
5	30	3.9	241	15	40Cr	3.7	269
6	35	3.9	241	16	20CrMo（A）	3.9	241
7	40	3.9	241	17	35CrMo（A）	3.7	269
8	45	3.8	255	18	30CrMnSi（A）	3.7	269
9	50	3.7	269	19	12CrNi3A	3.7	269
10	60	3.6	285	—	—	—	—

3.4.3　工业链条用冷拉钢（YB/T 5348—2006）

（1）用途　工业链条用冷拉钢是由优质碳素结构钢和合金结构钢经冷拉制成的圆钢和钢丝。其主要用于制造工业链条及其销轴、滚子等零部件。

（2）尺寸规格　工业链条采用冷拉钢的直径范围为2～40mm。

（3）牌号和化学成分（表3-39、表3-40）

表 3-39　销轴用钢材的牌号和化学成分　　　　　　　　　（%）

牌　号	化学成分（质量分数）						Ni	Cu	S	P
	C	Si	Mn	Cr	Mo	Ti	≤			
20CrMo	0.17～0.24	0.17～0.37	0.40～0.70	0.80～1.10	0.15～0.25	—	0.30	0.30	0.035	0.035
20CrMnMo	0.17～0.23	0.17～0.37	0.90～1.20	1.10～1.40	0.20～0.30	—	0.30	0.30	0.035	0.035
20CrMnTi	0.17～0.23	0.17～0.37	0.80～1.10	1.0～1.30	—	0.04～0.10				

表 3-40　滚子用钢材的牌号和化学成分　　　　　　　　　（%）

牌　号	化学成分（质量分数）							
	C	Si	Mn	Cr	Ni	Cu	S	P
				≤				
08	0.05～0.12	0.17～0.37	0.35～0.65	0.10				
10	0.07～0.14	0.17～0.37	0.35～0.65	0.15	0.25	0.25	0.035	0.035
15	0.12～0.19	0.17～0.37	0.35～0.65	0.25				

（4）力学性能（表3-41、表3-42）

表3-41　销轴用钢材的抗拉强度　　　　　　　　　（MPa）

牌　号	抗　拉　强　度			
	钢　丝		圆　钢	
	冷　拉	退　火	冷　拉	退　火
20CrMo	550～800	450～700	620～870	490～740
20CrMnMo	550～800	500～750	720～970	575～825
20CrMnTi	650～900	500～750	720～970	575～825

表3-42　滚子用钢材的抗拉强度　　　　　　　　　（MPa）

牌　号	抗　拉　强　度			
	钢　丝		圆　钢	
	≤			
	冷　拉	退　火	冷　拉	退　火
08	540	440	440	295
10	540	440	440	295
15	590	490	470	340

3.4.4　通用冷弯开口型钢（GB/T 6723—2008）

（1）用途　通用冷弯开口型钢主要用于建筑业的梁、柱、屋面檩条、墙骨架、门窗构件等，农机具构架，车辆、船舶、工程机构、集装箱制造，以及各种机械结构件。

（2）分类与代号（表3-43）

表3-43　通用冷弯开口型钢的类别与代号

名　称	冷弯等边角钢	冷弯不等边角钢	冷弯等边槽钢	冷弯不等边槽钢	冷弯内卷边槽钢	冷弯外卷边槽钢	冷弯Z形钢	冷弯卷边Z形钢
图　示	└	└	⊏	⊏	⊏	⊏	⌐	⌐
代　号	JD	JB	CD	CB	CN	CW	Z	ZJ

（3）尺寸规格（表3-44～表3-51）

表3-44　冷弯等边角钢的尺寸规格

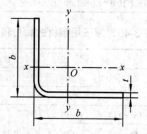

续表 3-44

规　格	尺寸/mm		理论质量/	截面面积	规　格	公称尺寸/mm		理论质量/	截面面积
$b \times b \times t$	b	t	(kg/m)	/cm²	$b \times b \times t$	b	t	(kg/m)	/cm²
20×20×1.2	20	1.2	0.354	0.451	80×80×5.0	80	5.0	5.895	7.510
20×20×2.0		2.0	0.566	0.721	100×100×4.0	100	4.0	6.034	7.686
30×30×1.6		1.6	0.714	0.909	100×100×5.0		5.0	7.465	9.510
30×30×2.0	30	2.0	0.880	1.121	150×150×6.0		6.0	13.458	17.254
30×30×3.0		3.0	1.274	1.623	150×150×8.0	150	8.0	17.685	22.673
40×40×1.6		1.6	0.965	1.229	150×150×10		10	21.783	27.927
40×40×2.0	40	2.0	1.194	1.521	200×200×6.0		6.0	18.138	23.254
40×40×3.0		3.0	1.745	2.223	200×200×8.0	200	8.0	23.925	30.673
50×50×2.0		2.0	1.508	1.921	200×200×10		10	29.583	37.927
50×50×3.0	50	3.0	2.216	2.823	250×250×8.0		8.0	30.164	38.672
50×50×4.0		4.0	2.894	3.686	250×250×10	250	10	37.383	47.927
60×60×2.0		2.0	1.822	2.321	250×250×12		12	44.472	57.015
60×60×3.0	60	3.0	2.687	3.423	300×300×10		10	45.183	57.927
60×60×4.0		4.0	3.522	4.486	300×300×12		12	53.832	69.015
70×70×3.0	70	3.0	3.158	4.023	300×300×14	300	14	62.022	79.516
70×70×4.0		4.0	4.150	5.286	300×300×16		16	70.312	90.144
80×80×4.0	80	4.0	4.778	6.086	—	—	—	—	—

表 3-45　冷弯不等边角钢的尺寸规格

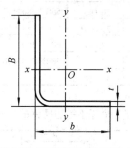

规格	尺寸/mm			理论质量/	截面面积	规格	尺寸/mm			理论质量/	截面面积
$B \times b \times t$	B	b	t	(kg/m)	/cm²	$B \times b \times t$	B	b	t	(kg/m)	/cm²
30×20×2.0	30	20	2.0	0.723	0.921	150×120×6.0			6.0	12.054	15.454
30×20×3.0			3.0	1.039	1.323	150×120×8.0	150	120	8.0	15.813	20.273
50×30×2.5	50	30	2.5	1.473	1.877	150×120×10			10	19.443	24.927
50×30×4.0			4.0	2.266	2.886	200×160×8.0			8.0	21.429	27.473
60×40×2.5	60	40	2.5	1.866	2.377	200×160×10	200	100	10	24.463	33.927
60×40×4.0			4.0	2.894	3.686	200×160×12			12	31.368	40.215
70×40×3.0	70	40	3.0	2.452	3.123	250×220×10			10	35.043	44.927
70×40×4.0			4.0	3.208	4.086	250×220×12	250	220	12	41.664	53.415
80×50×3.0	80	50	3.0	2.923	3.723	250×220×14			14	47.826	61.316
80×50×4.0			4.0	3.836	4.886	300×260×12			12	50.088	64.215
100×60×3.0			3.0	3.629	4.623	300×260×14	300	260	14	57.654	73.916
100×60×4.0	100	60	4.0	4.778	6.086	300×260×16			16	65.320	83.744
100×60×5.0			5.0	5.895	7.510	—	—	—	—	—	—

表 3-46　冷弯等边槽钢的尺寸规格

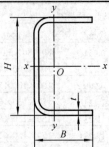

规格	尺寸/mm			理论质量/	截面面积	规格	尺寸/mm			理论质量/	截面面积
$H \times B \times t$	H	B	t	（kg/m）	/cm²	$H \times B \times t$	H	B	t	（kg/m）	/cm²
20×10×1.5	20	10	1.5	0.401	0.511	300×150×10	300	150	10	43.566	55.854
20×10×2.0			2.0	0.505	0.643	350×180×8.0			8.0	42.235	54.147
50×30×2.0	50	30	2.0	1.604	2.043	350×180×10	350	180	10	52.146	66.854
50×30×3.0			3.0	2.314	2.947	350×180×12			12	61.799	79.230
50×50×3.0		50	3.0	3.256	4.147	400×200×10			10	59.166	75.854
100×50×3.0	100	50	3.0	4.433	5.647	400×200×12	400	200	12	70.223	90.030
100×50×4.0			4.0	5.788	7.373	400×200×14			14	80.366	103.033
140×60×3.0			3.0	5.846	7.447	450×220×10			10	66.186	84.854
140×60×4.0	140	60	4.0	7.672	9.773	450×220×12	450	220	12	78.647	100.830
140×60×5.0			5.0	9.436	12.021	450×220×14			14	90.194	115.633
200×80×4.0			4.0	10.812	13.773	500×250×12			12	88.943	114.030
200×80×5.0	200	80	5.0	13.361	17.021	500×250×14	500	250	14	102.206	131.033
200×80×6.0			6.0	15.849	20.190	550×280×12			12	99.239	127.230
250×130×6.0	250	130	6.0	22.703	29.107	550×280×14	550	280	14	114.218	146.433
250×130×8.0			8.0	29.755	38.147	600×300×14			14	124.046	159.033
300×150×6.0	300	150	6.0	26.915	34.507	600×300×16	600	300	16	140.624	180.287
300×150×8.0	300	150	8.0	35.371	45.347	—	—	—	—	—	—

表 3-47　冷弯不等边槽钢的尺寸规格

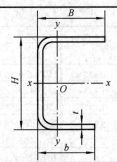

规　格	尺寸/mm				理论质量/	截面面积
$H \times B \times b \times t$	H	B	b	t	（kg/m）	/cm²
50×32×20×2.5	50	32	20	2.5	1.840	2.344
50×32×20×3.0				3.0	2.169	2.764
80×40×20×2.5	80	40	20	2.5	2.586	3.294
80×40×20×3.0				3.0	3.064	3.904

续表 3-47

规　格	尺寸/mm				理论质量/	截面面积
$H \times B \times b \times t$	H	B	b	t	（kg/m）	/cm²
100×60×30×3.0	100	60	30	3.0	4.242	5.404
150×60×50×3.0	150		50		5.890	7.504
200×70×60×4.0	200	70	60	4.0	9.832	12.605
200×70×60×5.0				5.0	12.061	15.463
250×80×70×5.0	250	80	70	5.0	14.791	18.963
250×80×70×6.0				6.0	17.555	22.507
300×90×80×6.0	300	90	80	6.0	20.831	26.707
300×90×80×8.0				8.0	27.259	34.947
350×100×90×6.0	350	100	90	6.0	24.107	30.907
350×100×90×8.0				8.0	31.627	40.547
400×150×100×8.0	400	150	100	8.0	38.491	49.347
400×150×100×10				10	47.466	60.854
450×200×150×10	450	200	150	10	59.166	75.854
450×200×150×12				12	70.223	90.030
500×250×200×12	500	250	200	12	84.263	108.030
500×250×200×14				14	96.746	124.033
550×300×250×14	550	300	250	14	113.126	145.033
550×300×250×16				16	128.144	164.287

表 3-48　冷弯内卷边槽钢的尺寸规格

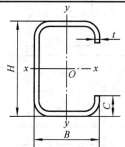

规　格	尺寸/mm				理论质量	截面面积/cm²
$H \times B \times C \times t$	H	B	C	t	/（kg/m）	
60×30×10×2.5	60	30	10	2.5	2.363	3.010
60×30×10×3.0				3.0	2.743	3.495
100×50×20×2.5	100	50	20	2.5	4.325	5.510
100×50×20×3.0				3.0	5.098	6.495
140×60×20×2.5	140	60	20	2.5	5.503	7.010
140×60×20×3.0				3.0	6.511	8.295
180×60×20×3.0	180	60	20	3.0	7.453	9.495
180×70×20×3.0		70			7.924	10.095
200×60×20×3.0	200	60	20	3.0	7.924	10.095
200×70×20×3.0		70			8.395	10.695

续表 3-48

规　格	尺寸/mm				理论质量 / (kg/m)	截面面积/cm²
$H \times B \times C \times t$	H	B	C	t		
250×40×15×3.0	250	40			7.924	10.095
300×40×15×3.0	300	40	15	3.0	9.102	11.595
400×50×15×3.0	400	50			11.928	15.195
450×70×30×6.0	450	70	30	6.0	28.092	36.015
450×70×30×8.0				8.0	36.421	46.693
500×100×40×6.0	500	100	40	6.0	34.176	43.815
500×100×40×8.0				8.0	44.533	57.093
500×100×40×10				10	54.372	69.708
550×120×50×8.0	550	120	50	8.0	51.397	65.893
550×120×50×10				10	62.952	80.708
550×120×50×12				12	73.990	94.859
600×150×60×12	600	150	60	12	86.158	110.459
600×150×60×14				14	97.395	124.865
600×150×60×16				16	109.025	139.775

表 3-49　冷弯外卷边槽钢的尺寸规格

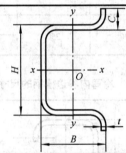

规　格	尺寸/mm				理论质量 / (kg/m)	截面面积/cm²
$H \times B \times C \times t$	H	B	C	t		
30×30×16×2.5	30	30	16	2.5	2.009	2.560
50×20×15×3.0	50	20	15	3.0	2.272	2.895
60×25×32×2.5	60	25	32	2.5	3.030	3.860
60×25×32×3.0	60	25	32	3.0	3.544	4.515
80×40×20×4.0	80	40	20	4.0	5.296	6.746
100×30×15×3.0	100	30	15	3.0	3.921	4.995
150×40×20×4.0	150	40	20	4.0	7.497	9.611
150×40×20×5.0				5.0	8.913	11.427
200×50×30×4.0	200	50	30	4.0	10.305	13.211
200×50×30×5.0				5.0	12.423	15.927
250×60×40×5.0	250	60	40	5.0	15.933	20.427
250×60×40×6.0				6.0	18.732	24.015
300×70×50×6.0	300	70	50	6.0	22.944	29.415
300×70×50×8.0				8.0	29.557	37.893
350×80×60×6.0	350	80	60	6.0	27.156	34.815
350×80×60×8.0				8.0	35.173	45.093

续表 3-49

规　格	尺寸/mm				理论质量/（kg/m）	截面面积/cm²
H×B×C×t	H	B	C	t		
400×90×70×8.0	400	90	70	8.0	40.789	52.293
400×90×70×10				10	49.692	63.708
450×100×80×8.0	450	100	80	8.0	46.405	59.493
450×100×80×10				10	56.712	72.708
500×150×90×10	500	150	90	10	69.972	89.708
500×150×90×12				12	82.414	105.659
550×200×100×12	550	200	100	12	98.326	126.059
550×200×100×14				14	111.591	143.065
600×250×150×14	600	250	150	14	138.891	178.065
600×250×150×16				16	156.449	200.575

表 3-50　冷弯 Z 形钢的尺寸规格

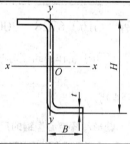

规格	尺寸/mm			理论质量/（kg/m）	截面面积/cm²	规格	尺寸/mm			理论质量/（kg/m）	截面面积/cm²
H×B×t	H	B	t			H×B×t	H	B	t		
80×40×2.5	80	40	2.5	2.947	3.755	200×100×3.0	200	100	3.0	9.099	11.665
80×40×3.0			3.0	3.491	4.447	200×100×4.0			4.0	12.016	15.405
100×50×2.5	100	50	2.5	3.732	4.755	300×120×4.0	300	120	4.0	16.384	21.005
100×50×3.0			3.0	4.433	5.647	300×120×5.0			5.0	20.251	25.963
140×70×3.0	140	70	3.0	6.291	8.065	400×150×6.0	400	150	6.0	31.595	40.507
140×70×4.0			4.0	8.272	10.605	400×150×8.0			8.0	41.611	53.347

表 3-51　冷弯卷边 Z 形钢的尺寸的规格

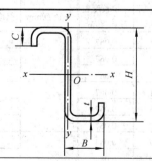

规　格	尺寸/mm				理论质量/（kg/m）	截面面积/cm²
H×B×C×t	H	B	C	t		
100×40×20×2.0	100	40	20	2.0	3.208	4.086
100×40×20×2.5				2.5	3.933	5.010

续表 3-51

规　格	尺寸/mm				理论质量/	截面面积/cm²
$H×B×C×t$	H	B	C	t	（kg/m）	
140×50×20×2.5	140	50	20	2.5	5.110	6.510
140×50×20×3.0				3.0	6.040	7.695
180×70×20×2.5	180	70	20	2.5	6.680	8.510
180×70×20×3.0				3.0	7.924	10.095
230×75×25×3.0	230	75	25	3.0	9.573	12.195
230×75×25×4.0				4.0	12.518	15.946
250×75×25×3.0	250	75	25	3.0	10.044	12.795
250×75×25×4.0				4.0	13.146	16.746
300×100×30×4.0	300	100	30	4.0	16.545	21.211
300×100×30×6.0				6.0	23.880	30.615
400×120×40×8.0	400	120	40	8.0	40.789	52.293
400×120×40×10				10	49.692	63.708

3.4.5　结构用冷弯空心型钢（GB/T 6728—2002）

（1）用途　结构用冷弯空心型钢广泛用于制作建筑工程屋架构件、农业机械、轻工机械、民用家具和办公用具等。

（2）尺寸规格（表 3-52～表 3-54）

表 3-52　圆形冷弯空心型钢的尺寸规格

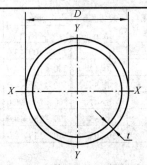

D——外径；t——壁厚

外径 D/mm	壁厚 t/mm	理论质量/（kg/m）	截面面积 A/cm²	单位长度表面积 A_s/m²	外径 D/mm	壁厚 t/mm	理论质量/（kg/m）	截面面积 A/cm²	单位长度表面积 A_s/m²
21.3（21.3）	1.2	0.59	0.76	0.067	33.5（33.7）	1.5	1.18	1.51	0.105
	1.5	0.73	0.93	0.067		2.0	1.55	1.98	0.105
	1.75	0.84	1.07	0.067		2.5	1.91	2.43	0.105
	2.0	0.95	1.21	0.067		3.0	2.26	2.87	0.105
	2.5	1.16	1.48	0.067		3.5	2.59	3.29	0.105
	3.0	1.35	1.72	0.067		4.0	2.91	3.71	0.105
26.8（26.9）	1.2	0.76	0.97	0.084	42.3（42.4）	1.5	1.51	1.92	0.133
	1.5	0.94	1.19	0.084		2.0	1.99	2.53	0.133
	1.75	1.08	1.38	0.084		2.5	2.45	3.13	0.133
	2.0	1.22	1.56	0.084		3.0	2.91	3.70	0.133
	2.5	1.50	1.91	0.084		4.0	3.78	4.81	0.133
	3.0	1.76	2.24	0.084	48（48.3）	1.5	1.72	2.19	0.151

续表 3-52

外径 D/mm	壁厚 t/mm	理论质量/ （kg/m）	截面面积 A/cm²	单位长度表 面积 A_s/m²	外径 D/mm	壁厚 t/mm	理论质量/ （kg/m）	截面面积 A/cm²	单位长度表 面积 A_s/m²
	2.0	2.27	2.89	0.151		6	31.53	40.17	0.688
	2.5	2.81	3.57	0.151	219.1（219.1）	8	41.6	53.10	0.688
48（48.3）	3.0	3.33	4.24	0.151		10	51.6	65.70	0.688
	4.0	4.34	5.53	0.151		5	33.0	42.1	0.858
	5.0	5.30	6.75	0.151	273（273）	6	39.5	50.3	0.858
	2.0	2.86	3.64	0.188		8	52.3	66.6	0.858
	2.5	3.55	4.52	0.188		10	64.9	82.6	0.858
60（60.3）	3.0	4.22	5.37	0.188		5	39.5	50.3	1.20
	4.0	5.52	7.04	0.188		6	47.2	60.1	1.20
	5.0	6.78	8.64	0.188	325（323.9）	8	62.5	79.7	1.20
	2.5	4.50	5.73	0.237		10	77.7	99.0	1.20
75.5（76.1）	3.0	5.36	6.83	0.237		12	92.6	118.0	1.20
	4.0	7.05	8.98	0.237		6	51.7	65.9	1.12
	5.0	8.69	11.07	0.237	355.6（355.6）	8	68.6	87.4	1.12
	3.0	6.33	8.06	0.278		10	85.2	109.0	1.12
88.5（88.9）	4.0	8.34	10.62	0.278		12	101.7	130.0	1.12
	5.0	10.30	13.12	0.278		8	78.6	100	1.28
	6.0	12.21	15.55	0.278	406.4（406.4）	10	97.8	125	1.28
	4.0	10.85	13.82	0.358		12	116.7	149	1.28
114（114.3）	5.0	13.44	17.12	0.358		8	88.6	113	1.44
	6.0	15.98	20.36	0.358	457（457）	10	110.0	140	1.44
	4.0	13.42	17.09	0.440		12	131.7	168	1.44
140（139.7）	5.0	16.65	21.21	0.440		8	98.6	126	1.60
	6.0	19.83	25.26	0.440	508（508）	10	123.0	156	1.60
	4	15.88	20.23	0.518		12	146.8	187	1.60
165（168.3）	5	19.73	25.13	0.518		8	118.8	151	1.92
	6	23.53	29.97	0.518	610	10	148.0	189	1.92
	8	30.97	39.46	0.518		12.5	184.2	235	1.92
219.1（219.1）	5	26.4	33.60	0.688		16	234.4	299	1.92

注：括号内为 ISO 4019 所列规格。

表 3-53　方形冷弯空心型钢的尺寸规格

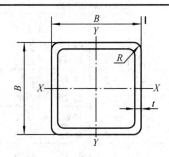

B——边长；　t——壁厚；　R——外圆弧半径

续表 3-53

边长 B/mm	壁厚 t/mm	理论质量/ (kg/m)	截面面积 A/cm²	边长 B/mm	壁厚 t/mm	理论质量/ (kg/m)	截面面积 A/cm²	边长 B/mm	壁厚 t/mm	理论质量/ (kg/m)	截面面积 A/cm²
20	1.2	0.679	0.865	90	6.0	15.097	19.232		6.0	35.80	45.60
	1.5	0.826	1.052		4.0	11.734	11.947	200	8.0	46.50	59.20
	1.75	0.941	1.199	100	5.0	14.409	18.356		10	57.00	72.60
	2.0	1.050	1.340		6.0	16.981	21.632		5.0	33.2	42.4
20	1.2	0.867	1.105		4.0	12.99	16.548		6.0	39.6	50.4
	1.5	1.061	1.352	110	5.0	15.98	20.356	220	8.0	51.5	65.6
	1.75	1.215	1.548		6.0	18.866	24.033		10	63.2	80.6
	2.0	1.363	1.736		4.0	14.246	18.147		12	73.5	93.7
30	1.5	1.296	1.652	120	5.0	17.549	22.356		5.0	38.0	48.4
	1.75	1.490	1.898		6.0	20.749	26.432		6.0	45.2	57.6
	2.0	1.677	2.136		8.0	26.840	34.191	250	8.0	59.1	75.2
	2.5	2.032	2.589		4.0	15.502	19.748		10	72.7	92.6
	3.0	2.361	3.008	130	5.0	19.120	24.356		12	84.8	108
40	1.5	1.767	2.525		6.0	22.634	28.833		5.0	42.7	54.4
	1.75	2.039	2.598		8.0	28.921	36.842		6.0	50.9	64.8
	2.0	2.305	2.936		4.0	16.758	21.347	280	8.0	66.6	84.8
	2.5	2.817	3.589	140	5.0	20.689	26.356		10	82.1	104.6
	3.0	3.303	4.208		6.0	24.517	31.232		12	96.1	122.5
	4.0	4.198	5.347		8.0	31.864	40.591		6.0	54.7	69.6
50	1.5	2.238	2.852		4.0	18.014	22.948	300	8.0	71.6	91.2
	1.75	2.589	3.298	150	5.0	22.26	28.356		10	88.4	113
	2.0	2.933	3.736		6.0	26.402	33.633		12	104	132
	2.5	3.602	4.589		8.0	33.945	43.242		6.0	64.1	81.6
	3.0	4.245	5.408		4.0	19.270	24.547	350	8.0	84.2	107
	4.0	5.454	6.947	160	5.0	23.829	30.356		10	104	133
60	2.0	3.560	4.540		6.0	28.285	36.032		12	123	156
	2.5	4.387	5.589		8.0	36.888	46.991		8.0	96.7	123
	3.0	5.187	6.608		4.0	20.526	26.148	400	10	120	153
	4.0	6.710	8.547	170	5.0	25.400	32.356		12	141	180
	5.0	8.129	10.356		6.0	30.170	38.433		14	163	208
70	2.5	5.170	6.590		8.0	38.969	49.642		8.0	109	139
	3.0	6.129	7.808		4.0	21.800	27.70	450	10	135	173
	4.0	7.966	10.147	180	5.0	27.000	34.40		12	160	204
	5.0	9.699	12.356		6.0	32.100	40.80		14	185	236
80	2.5	5.957	7.589		8.0	41.500	52.80		8.0	122	155
	3.0	7.071	9.008		4.0	23.00	29.30		10	151	193
	4.0	9.222	11.747	190	5.0	28.50	36.40	500	12	179	228
	5.0	11.269	14.356		6.0	33.90	43.20		14	207	264
90	3.0	8.013	10.208		8.0	44.00	56.00		16	235	299
	4.0	10.478	13.347	200	4.0	24.30	30.90	—	—	—	—
	5.0	12.839	16.356		5.0	30.10	38.40	—	—	—	—

表 3-54　矩形冷弯空心型钢的规格尺寸

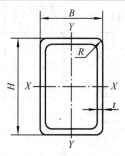

H——长边；B——短长；t——壁厚；R——外圆弧半径

边长 B/mm		壁厚 t/mm	理论质量 / (kg/m)	截面面积 A/cm²	边长 B/mm		壁厚 t/mm	理论质量 / (kg/m)	截面面积 A/cm²
H	B				H	B			
30	20	1.5	1.06	1.35	50	40	3.0	3.775	4.808
		1.75	1.22	1.55			4.0	4.826	6.148
		2.0	1.36	1.74	55	25	1.5	1.767	2.252
		2.5	1.64	2.09			1.75	2.039	2.598
40	20	1.5	1.30	1.65			2.0	2.305	2.936
		1.75	1.49	1.90	55	40	1.5	2.121	2.702
		2.0	1.68	2.14			1.75	2.452	3.123
		2.5	2.03	2.59			2.0	2.776	3.536
		3.0	2.36	3.01	55	50	1.75	2.726	3.473
40	25	1.5	1.41	1.80			2.0	3.090	3.936
		1.75	1.63	2.07	60	30	2.0	2.620	3.337
		2.0	1.83	2.34			2.5	3.209	4.089
		2.5	2.23	2.84			3.0	3.774	4.808
		3.0	2.60	3.31			4.0	4.826	6.147
40	30	1.5	1.53	1.95	60	40	2.0	2.934	3.737
		1.75	1.77	2.25			2.5	3.602	4.589
		2.0	1.99	2.54			3.0	4.245	5.408
		2.5	2.42	3.09			4.0	5.451	6.947
		3.0	2.83	3.61	70	50	2.0	3.562	4.537
50	25	1.5	1.65	2.10			3.0	5.187	6.608
		1.75	1.90	2.42			4.0	6.710	8.547
		2.0	2.15	2.74			5.0	8.129	10.356
		2.5	2.62	2.34	80	40	2.0	3.561	4.536
		3.0	3.07	3.91			2.5	4.387	5.589
50	30	1.5	1.767	2.252			3.0	5.187	6.608
		1.75	2.039	2.598			4.0	6.710	8.547
		2.0	2.305	2.936			5.0	8.129	10.356
		2.5	2.817	3.589	80	60	3.0	6.129	7.808
		3.0	3.303	4.206			4.0	7.966	10.147
		4.0	4.198	5.347			5.0	9.699	12.356
50	40	1.5	2.003	2.552	90	40	3.0	5.658	7.208
		1.75	2.314	2.948			4.0	7.338	9.347
		2.0	2.619	3.336			5.0	8.914	11.356
		2.5	3.210	4.089	90	50	2.0	4.190	5.337

续表 3-54

边长 B/mm		壁厚 t/mm	理论质量 / (kg/m)	截面面积 A/cm²	边长 B/mm		壁厚 t/mm	理论质量 / (kg/m)	截面面积 A/cm²
H	B				H	B			
90	50	2.5	5.172	6.589	200	120	4.0	19.3	24.5
		3.0	6.129	7.808			5.0	23.8	30.4
		4.0	7.966	10.147			6.0	28.3	36.0
		5.0	9.699	12.356			8.0	36.5	46.4
90	55	2.0	4.346	5.536	200	150	4.0	21.2	26.9
		2.5	5.368	6.839			5.0	26.2	33.4
90	60	3.0	6.600	8.408			6.0	31.1	39.6
		4.0	8.594	10.947			8.0	40.2	51.2
		5.0	10.484	13.356	220	140	4.0	21.8	27.7
95	50	2.0	4.347	5.537			5.0	27.0	34.4
		2.5	5.369	6.839			6.0	32.1	40.8
100	50	3.0	6.690	8.408			8.0	41.5	52.8
		4.0	8.594	10.947	250	150	4.0	24.3	30.9
		5.0	10.484	13.356			5.0	30.1	38.4
120	50	2.5	6.350	8.089			6.0	35.8	45.6
		3.0	7.543	9.608			8.0	46.5	59.2
120	60	3.0	8.013	10.208	260	180	5.0	33.2	42.4
		4.0	10.478	13.347			6.0	39.6	50.4
		5.0	12.839	16.356			8.0	51.5	65.6
		6.0	15.097	19.232			10	63.2	80.6
120	80	3.0	8.955	11.408	300	200	5.0	38.0	48.4
		4.0	11.734	11.947			6.0	45.2	57.6
		5.0	14.409	18.356			8.0	59.1	75.2
		6.0	16.981	21.632			10	72.7	92.6
140	80	4.0	12.990	16.547	350	250	5.0	45.8	58.4
		5.0	15.979	20.356			6.0	54.7	69.6
		6.0	18.865	24.032			8.0	71.6	91.2
150	100	4.0	14.874	18.947			10	88.4	113
		5.0	18.334	23.356	400	200	5.0	45.8	58.4
		6.0	21.691	27.632			6.0	54.7	69.6
		8.0	28.096	35.791			8.0	71.6	91.2
160	60	3.0	9.898	12.608			10	88.4	113
		4.5	14.498	18.469			12	104	132
160	80	4.0	14.216	18.117	400	250	5.0	49.7	63.4
		5.0	17.519	22.356			6.0	59.4	75.6
		6.0	20.749	26.433			8.0	77.9	99.2
		8.0	26.810	33.644			10	96.2	122
180	65	3.0	11.075	14.108			12	113	144
		4.5	16.264	20.719	450	250	6.0	64.1	81.6
180	100	4.0	16.758	21.317			8.0	84.2	107
		5.0	20.689	26.356			10	104	133
		6.0	24.517	31.232			12	123	156
		8.0	31.861	40.391	500	300	6.0	73.5	93.6
200	100	4.0	18.014	23.941			8.0	96.7	123
		5.0	22.259	28.356			10	120	153
		6.0	26.101	33.632			12	141	180
		8.0	34.376	43.791	550	350	8.0	109	139

续表 3-54

边长 B/mm		壁厚	理论质量/	截面面积 A/cm²	边长 B/mm		壁厚	理论质量/	截面面积 A/cm²
H	B	t/mm	(kg/m)		H	B	t/mm	(kg/m)	
550	350	10	135	173	600	400	10	151	193
		12	160	204			12	179	228
		14	185	236			14	207	264
600	400	8.0	122	155			16	235	299

3.5 线材（盘条）

线材是热轧型钢中截面尺寸最小、长度最长的一种，大多通过卷线机卷成盘卷供应，又称盘条或盘圆，其截面形状主要为圆形，也有方形、扁形及异形。线材是一种用量很大，用途很广的钢材，有的轧制以后可直接使用，主要用作钢筋混凝土的配筋和焊接结构件；有的线材则作为再加工原料，经过再加工使用，例如，经过拉拔成为各种钢丝，或再经捻制成为钢丝绳，经编织成钢丝网，经缠绕成型及热处理制成弹簧，或经加工处理制成螺钉、铆钉、螺栓及机械零件和工具等。

3.5.1 热轧圆盘条（GB/T 14981—2009）

（1）概述　热轧圆盘条是公称直径为 5.5～60mm 经热轧制成的并适用于各类钢的盘条。

（2）尺寸规格（表 3-55）

表 3-55　热轧圆盘条的尺寸规格

公称直径/mm	横截面积/mm²	理论质量/(kg/m)	公称直径/mm	横截面积/mm²	理论质量/(kg/m)	公称直径/mm	横截面积/mm²	理论质量/(kg/m)
5	19.63	0.154	17	227.0	1.78	40	1 257	9.87
5.5	23.76	0.187	18	254.5	2.00	41	1 320	10.36
6	28.27	0.222	19	283.5	2.23	42	1 385	10.88
6.5	33.18	0.260	20	314.2	2.47	43	1 452	11.40
7	38.48	0.302	21	346.3	2.72	44	1 521	11.94
7.5	44.18	0.347	22	380.1	2.98	45	1 590	12.48
8	50.26	0.395	23	415.5	3.26	46	1 662	13.05
8.5	56.74	0.445	24	452.4	3.55	47	1 735	13.62
9	63.62	0.499	25	490.9	3.85	48	1 810	14.21
9.5	70.88	0.556	26	530.9	4.17	49	1 886	14.80
10	78.54	0.617	27	572.6	4.49	50	1 964	15.41
10.5	86.59	0.680	28	615.7	4.83	51	2 042	16.03
11	95.03	0.746	29	660.5	5.19	52	2 123	16.66
11.5	103.9	0.815	30	706.9	5.55	53	2 205	17.31
12	113.1	0.888	31	754.8	5.92	54	2 289	17.97
12.5	122.7	0.963	32	804.2	6.31	55	2 375	18.64
13	132.7	1.04	33	855.3	6.71	56	2 462	19.32
13.5	143.1	1.12	34	907.9	7.13	57	2 550	20.02
14	153.9	1.21	35	962.1	7.55	58	2 641	20.73
14.5	165.1	1.30	36	1 018	7.99	59	2 733	21.45
15	176.7	1.39	37	1 075	8.44	60	2 826	22.18
15.5	188.7	1.48	38	1 134	8.90	—	—	—
16	201.1	1.58	39	1 195	9.38	—	—	—

3.5.2　低碳钢热轧盘条（GB/T 701—2008）

（1）用途　低碳钢热轧盘条是由屈服强度较低的普通质量碳素结构钢热轧制成的盘条，是目前用量最大、使用最广的线材，也称普通线材。该盘条除大量用作钢筋混凝土的配筋外，还广泛用于拉制一般用途低碳钢丝和一般用途镀锌低碳钢丝，但不适于标准件用碳素钢热轧圆钢、焊接用钢盘条、冷镦钢、易切削结构钢、锚链用圆钢等产品。

（2）尺寸规格　低碳钢热轧盘条的尺寸规格按 GB/T 14981 的规定。

（3）牌号和化学成分（表 3-56）

表 3-56　低碳钢热轧盘条的牌号和化学成分　　　　　　　　　　（%）

牌　号	化学成分（质量分数）				
	C	Mn	Si	S	P
				≤	
Q195	≤0.12	0.25~0.50		0.040	0.035
Q215	0.09~0.15	0.25~0.60	0.30	0.045	0.045
Q235	0.12~0.20	0.30~0.70		0.045	0.045
Q275	0.14~0.22	0.40~1.00		0.045	0.045

（4）力学和工艺性能（表 3-57）

表 3-57　低碳钢热轧盘条的力学和工艺性能

牌　号	力　学　性　能		180° 冷弯试验
	抗拉强度 R_m/MPa	断后伸长率 $A_{11.3}$/%	
	≤	≥	
Q195	410	30	$d=0$
Q215	435	28	$d=0$
Q235	500	23	$d=0.5a$
Q275	540	21	$d=1.5a$

注：d 为弯芯直径，a 为试样直径。

3.5.3　优质碳素结构钢热轧盘条（GB/T 4354—2008）

（1）用途　优质碳素钢热轧盘条是由优质碳素结构钢热轧制成的盘条，主要供拉制钢丝。

（2）尺寸规格　盘条的尺寸规格按 GB/T 14981 的规定。

（3）牌号和化学成分　盘条的牌号和化学成分应符合 GB/T 699 的规定。

（4）脱碳（表 3-58）

表 3-58　优质碳素结构钢热轧盘条的脱碳

组　别	检测对象	盘条一边总脱碳层（铁素体＋过渡层）深度		
		盘条公称直径 D/mm		
		$D<10$	$10≤D<25$	$D≥25$
Ⅰ组	60（60Mn）钢或 60	≤2.0%D	≤1.5%D	≤1.0%D
Ⅱ组	（60Mn）钢以上盘条	≤2.5%D	≤2.0%D	≤1.0%D

3.5.4　标准件用碳素钢热轧圆钢及盘条（YB/T 4155—2006）

（1）用途　标准件用碳素钢热轧圆钢是以标准件用碳素钢专用钢坯为原料热轧制成的圆钢。该钢塑性变形能力极好，易于顶锻成型，主要用于制造冷顶锻或热顶锻螺钉、螺母、螺栓和铆钉等标准件。

（2）尺寸规格（表3-59）

表3-59　标准件用碳素钢热轧圆钢的尺寸规格

直径 d/mm	截面面积 /mm^2	理论质量/ (kg/m)	直径 d/mm	截面面积 /mm^2	理论质量/ (kg/m)	直径 d/mm	截面面积 /mm^2	理论质量/ (kg/m)
5.5	23.76	0.187	16	201.1	1.580	28	615.8	4.830
6	28.27	0.222	17	227.0	1.780	29	660.5	5.180
6.5	33.18	0.260	18	254.5	2.000	30	706.9	5.550
7.0	38.48	0.302	19	283.5	2.230	31	754.8	5.920
8.0	50.27	0.395	20	314.2	2.470	32	804.2	6.310
9.0	63.62	0.499	21	346.4	2.720	33	855.3	6.710
10	78.54	0.617	22	380.1	2.980	34	907.9	7.130
11	95.03	0.746	23	415.5	3.260	35	962.1	7.550
12	113.1	0.888	24	452.4	3.550	36	1 018.0	7.990
13	132.7	1.040	25	490.9	3.850	38	1 134.0	8.900
14	153.9	1.210	26	530.9	4.170	40	1 257.0	9.860
15	176.7	1.390	27	572.6	4.490	—	—	—

（3）牌号和化学成分（表3-60）

表3-60　标准件用碳素钢热轧圆钢的牌号和化学成分　　　　（%）

牌　号	化学成分（质量分数）				
	C	Si	Mn	P	S
BL1	0.09～0.15	≤0.07	0.25～0.55	≤0.040	≤0.040
BL2	0.14～0.22	≤0.07	0.30～0.60	≤0.040	≤0.040

（4）力学性能（表3-61）

表3-61　标准件用碳素钢热轧圆钢的力学性能

牌号	下屈服强度 R_{eL}/MPa	抗拉强度 R_m/MPa	断后伸长率 A_5/%	冷顶锻试验 x $\left(x = \dfrac{h_1}{h}\right)$	热顶锻试验	热状态或冷状态下铆钉头锻平试验
BL1	≥215	335~410	≥33	0.4	达1/3高度	顶头直径为圆钢直径的2.5倍

3.5.5　焊接用钢盘条（GB/T 3429—2002）

（1）用途　焊接用钢盘条是用于手工电弧焊、埋弧焊、电渣焊、气焊和气体保护焊等制作电焊条芯或光焊丝的盘条。盘条钢质纯净，成分均匀，碳含量低，硫、磷及其他杂质少，导电性好。

（2）尺寸规格　盘条的尺寸规格按GB/T 14981的规定。

（3）牌号和化学成分（表 3-62）

表 3-62 焊接用钢盘条的牌号和化学成分   （%）

序号	牌号	化学成分（质量分数）									
		C	Mn	Si	Cr	Ni	Cu	Mo	V, Ti, Zr, Al	S	P
										≤	
非合金钢											
1	H04E	≤0.04	0.30~0.60	≤0.10	—	—	—	—		0.010	0.015
2	H08A	≤0.10	0.35~0.60	≤0.03	≤0.20	≤0.30	≤0.20	—		0.030	0.030
3	H08E	≤0.10	0.35~0.60	≤0.03	≤0.20	≤0.30	≤0.20	—		0.020	0.020
4	H08C	≤0.10	0.35~0.60	≤0.03	≤0.10	≤0.10	≤0.10	—		0.015	0.015
5	H08MnA	≤0.10	0.80~1.10	≤0.07	≤0.20	≤0.30	≤0.20	—		0.030	0.030
6[a]	H10MnSiA	0.06~0.15	0.90~1.40	0.45~0.75	—	—	—	—		0.030	0.025
7	H15A	0.11~0.18	0.35~0.65	≤0.03	≤0.20	≤0.30	≤0.20	—		0.030	0.030
8	H15Mn	0.11~0.18	0.80~1.10	≤0.03	≤0.20	≤0.30	≤0.20	—		0.035	0.035
低合金钢											
9[a]	H05MnSiTiZrAlA	≤0.07	0.90~1.40	0.40~0.70	—	—	≤0.20		Ti0.05~0.15 Zr0.02~0.12 Al0.05~0.15	0.025	0.035
10	H08MnSi	≤0.11	1.20~1.50	0.40~0.70	≤0.20	≤0.30	≤0.20	—		0.035	0.035
11	H10MnSi	≤0.14	0.80~1.10	0.60~0.90	≤0.20	≤0.30	≤0.20	—		0.035	0.035
12[a]	H11MnSi	0.07~0.15	1.00~1.50	0.65~0.85	—	—	≤0.20	—		0.035	0.025
13	H11MnSiA	0.07~0.15	1.00~1.50	0.65~0.95	≤0.20	≤0.30	≤0.20	—		0.025	0.035
14[a]	H05SiCrMoA	≤0.05	0.40~0.70	0.40~0.70	1.20~1.50	≤0.02	≤0.20	0.40~0.65	—	0.025	0.025
15[a]	H05SiCr2MoA	≤0.05	0.40~0.70	0.40~0.70	2.30~2.70	≤0.02	≤0.20	0.90~1.20	—	0.025	0.025
16[a]	H05Mn2Ni2MoA	≤0.08	1.25~1.80	0.20~0.50	≤0.30	1.40~2.10	≤0.02	0.25~0.55	V≤0.05 Ti≤0.10 Zr≤0.10 Al≤0.10	0.010	0.010
17[a]	H08Mn2Ni2MoA	≤0.09	1.40~1.80	0.20~0.55	≤0.50	1.90~2.60	≤0.20	0.25~0.55	V≤0.04 Ti≤0.10 Zr≤0.10 Al≤0.10	0.010	0.010
18	H08CrMoA	≤0.10	0.40~0.70	0.15~0.35	0.80~1.10	≤0.30	≤0.20	0.40~0.60	—	0.030	0.030
19	H08MnMoA	≤0.10	1.20~1.60	≤0.25	≤0.20	≤0.30	≤0.20	0.30~0.50	Ti0.15（加入量）	0.030	0.030
20	H08CrMoVA	≤0.10	0.40~0.70	0.15~0.35	1.00~1.30	≤0.30	≤0.20	0.50~0.70	V0.15~0.35	0.030	0.030
21	H08Mn2Ni3MoA	≤0.10	1.40~1.80	0.25~0.60	≤0.60	2.00~2.80	≤0.20	0.30~0.65	V≤0.03 Ti≤0.10 Zr≤0.10 Al≤0.10	0.010	0.010

续表 3-62

序号	牌 号	化学成分（质量分数）									
		C	Mn	Si	Cr	Ni	Cu	Mo	V, Ti, Zr, Al	S	P
										≤	
	低 合 金 钢										
22	H08CrNi2MoA	0.05～0.10	0.50～0.85	0.10～0.30	0.70～1.00	1.40～1.80	≤0.20	0.20～0.40	—	0.025	0.030
23[a]	H08MnSiCrMoVA	0.06～0.10	1.20～1.60	0.60～0.90	1.00～1.30	≤0.25	≤0.20	0.50～0.70	V0.20～0.40	0.025	0.030
24[a]	H08MnSiCrMoA	0.06～0.10	1.20～1.70	0.60～0.90	0.90～1.20	≤0.25	≤0.20	0.45～0.65	—	0.025	0.030
25	H08Mn2Si	≤0.11	1.70～2.10	0.65～0.95	≤0.20	≤0.30	≤0.20	—	—	0.035	0.035
26	H08Mn2SiA	≤0.11	1.80～2.10	0.65～0.95	≤0.20	≤0.30	≤0.20	—	—	0.030	0.030
27	H08Mn2MoA	0.06～0.11	1.60～1.90	≤0.25	≤0.20	≤0.30	≤0.20	0.50～0.70	Ti0.15（加入量）	0.030	0.030
28	H08Mn2MoVA	0.06～0.11	1.60～1.90	≤0.25	≤0.20	≤0.30	≤0.20	0.50～0.70	V0.06～0.12 Ti0.15（加入量）	0.030	0.030
29	H10MoCrA	≤0.12	0.40～0.70	0.15～0.35	0.45～0.65	≤0.30	≤0.20	0.40～0.60	—	0.030	0.030
30	H10Mn2	≤0.12	1.50～1.90	≤0.07	≤0.20	≤0.30	≤0.20	—	—	0.035	0.035
31[a]	H10MnSiNiA	≤0.12	≤1.25	0.40～0.80	≤0.15	0.80～1.10	≤0.20	≤0.35	V≤0.05	0.025	0.025
32[a]	H10MnSiNi2A	≤0.12	≤1.25	0.40～0.80	—	2.00～2.75	≤0.20	—	—	0.025	0.025
33[a]	H10MnSiNi3A	≤0.12	≤1.25	0.40～0.80	—	3.00～3.75	≤0.20	—	—	0.025	0.025
34[a]	H10Mn2SiNiMoA	≤0.12	1.25～1.80	0.40～0.80	—	0.50～1.00	≤0.20	0.20～0.55	Ti≤0.20 Al≤0.10	0.020	0.020
35[a]	H10Mn2NiMoCuA	≤0.12	1.25～1.80	0.20～0.60	≤0.30	0.80～1.25	0.35～0.65	0.20～0.55	V≤0.05 Ti≤0.10 Zr≤0.10 Al≤0.10	0.010	0.010
36[a]	H10Mn2SiMoTiA	≤0.12	1.20～1.90	0.40～0.80	—	—	≤0.20	0.20～0.50	Ti≤0.20	0.025	0.025
37[a]	H10SiCrMoA	0.07～0.12	0.40～0.70	0.40～0.70	1.20～1.50	≤0.02	≤0.20	0.40～0.65	—	0.025	0.025
38[a]	H10SiCr2MoA	0.07～0.12	0.40～0.70	0.40～0.70	2.30～2.70	≤0.20	≤0.20	0.90～1.20	—	0.025	0.025
39[a]	H10Mn2SiMoA	0.07～0.12	1.60～2.10	0.50～0.80	—	≤0.15	≤0.20	0.40～0.60	—	0.025	0.025
40	H10MnSiMoTiA	0.08～0.12	1.00～1.30	0.40～0.70	≤0.20	≤0.30	≤0.20	0.20～0.40	Ti0.05～0.15	0.025	0.030
41	H10Mn2MoA	0.08～0.13	1.70～2.00	≤0.40	≤0.20	≤0.30	≤0.20	0.60～0.80	Ti0.15（加入量）	0.030	0.030
42	H10Mn2MoVA	0.08～0.13	1.70～2.00	≤0.40	≤0.20	≤0.30	≤0.20	0.60～0.80	V0.06～0.12 Ti0.15（加入量）	0.030	0.030

续表 3-62

序号	牌　号	化学成分（质量分数）									
		C	Mn	Si	Cr	Ni	Cu	Mo	V, Ti, Zr, Al	S	P
										≤	
低 合 金 钢											
43	H10MnSiMo	≤0.14	0.90~1.20	0.70~1.10	≤0.20	≤0.30	≤0.20	0.15~0.25		0.035	0.035
44	H10Mn2A	≤0.17	1.80~2.20	≤0.05	≤0.20	≤0.30	—			0.030	0.030
45	H11Mn2SiA	0.06~0.15	1.40~1.85	0.80~1.15	≤0.20	≤0.30	≤0.20			0.025	0.025
46	H13CrMoA	0.11~0.16	0.40~0.70	0.15~0.35	0.80~1.10	≤0.30	≤0.20	0.40~0.60		0.030	0.030
47[a]	H15MnSiAl	0.07~0.19	0.90~1.40	0.30~0.60			≤0.20		Al0.50~0.90	0.035	0.025
48	H18CrMoA	0.15~0.22	0.40~0.70	0.15~0.35	0.80~1.10	≤0.30	≤0.20	0.15~0.25	—	0.025	0.030
49	H30CrMnSiA	0.25~0.35	0.80~1.10	0.90~1.20	0.80~1.10	≤0.30	≤0.20			0.025	0.025

注：有"[a]"的牌号作为残余元素的 Ni, Cr, Mo, V 总量应不大于 0.50%（质量分数）。

3.5.6　不锈钢盘条（GB/T 4356—2002）

（1）用途　不锈钢盘条用于制造不锈钢丝、不锈顶锻钢丝、不锈弹簧钢丝、不锈钢丝绳等。

（2）牌号和化学成分（表3-63）

表 3-63　不锈钢盘条的牌号和化学成分 　　　　　　　　　　　　　（%）

类型	序号	统一数字代号	牌　号	化学成分（质量分数）							
				C	Si	Mn	P	S	Ni	Cr	Mo
铁素体型	1	S11710	1Cr17	≤0.12	≤0.75	≤1.00	≤0.035	≤0.030	①	16.00~18.00	—
	2	S11714	Y1Cr17	≤0.12	≤1.00	≤1.25	≤0.060	≥0.15	①	16.00~18.00	②
	3	S11790	1Cr17Mo	≤0.12	≤1.00	≤1.00	≤0.035	≤0.030	①	16.00~18.00	0.75~1.25
马氏体型	4	S41008	0Cr13	≤0.08	≤1.00	≤1.00	≤0.035	≤0.030	①	11.50~13.50	—
	5	S41010	1Cr13	≤0.15	≤1.00	≤1.00	≤0.035	≤0.030	①	11.50~13.50	—
	6	S41614	Y1Cr13	≤0.15	≤1.00	≤1.25	≤0.060	≥0.15	①	12.00~14.00	②
	7	S45710	1Cr13Mo	0.08~0.18	≤0.60	≤1.00	≤0.035	≤0.030	①	11.50~14.00	0.30~0.60
	8	S42020	2Cr13	0.16~0.25	≤1.00	≤1.00	≤0.035	≤0.030	①	12.00~14.00	—
	9	S42030	3Cr13	0.26~0.35	≤1.00	≤1.00	≤0.035	≤0.030	①	12.00~14.00	—
	10	S42034	Y3Cr13	0.26~0.35	≤1.00	≤1.25	≤0.060	≥0.15	①	12.00~14.00	②

续表 3-63

类型	序号	统一数字代号	牌号	化学成分（质量分数）							
				C	Si	Mn	P	S	Ni	Cr	Mo
马氏体型	11	S45830	3Cr13Mo	0.28~0.35	≤0.80	≤1.00	≤0.035	≤0.030	①	12.00~14.00	0.50~1.00
	12	S42040	4Cr13	0.36~0.45	≤0.60	≤0.80	≤0.035	≤0.030	①	12.00~14.00	—
	13	S43110	1Cr17Ni2	0.11~0.17	≤0.80	≤0.80	≤0.035	≤0.030	1.50~2.50	16.00~18.00	—
	14	S47310	1Cr11Ni2W2MoV	0.10~0.16	≤0.60	≤0.60	≤0.035	≤0.030	1.40~1.80	10.50~12.00	Mo0.35~0.50 V0.18~0.30 W1.50~2.00
	15	S41420	2Cr13Ni2	0.20~0.30	≤0.50	0.80~1.20	0.08~0.15	0.15~0.25	1.50~2.00	12.00~14.00	—
	16	S44070	7Cr17	0.60~0.75	≤1.00	≤1.00	≤0.035	≤0.030	①	16.00~18.00	③
	17	S44080	8Cr17	0.75~0.95	≤1.00	≤1.00	≤0.035	≤0.030	①	16.00~18.00	③
	18	S44090	9Cr18	0.90~1.00	≤0.80	≤0.80	≤0.035	≤0.030	①	17.00~19.00	③
	19	S44091	11Cr17	0.95~1.20	≤1.00	≤1.00	≤0.035	≤0.030	①	16.00~18.00	③
	20	S44094	Y11Cr17	0.95~1.20	≤1.00	≤1.25	≤0.060	≥0.15	①	16.00~18.00	③
	21	S45990	9Cr18Mo	0.95~1.10	≤0.80	≤0.80	≤0.035	≤0.030	①	16.00~18.00	0.40~0.70
	22	S46990	9Cr18MoV	0.85~0.95	≤0.80	≤0.80	≤0.035	≤0.030	①	17.00~19.00	1.00~1.30
奥氏体型	23	S35350	1Cr17Mn6Ni5N	≤0.15	≤1.00	5.50~7.50	≤0.060	≤0.030	3.50~5.50	16.00~18.00	N≤0.25
	24	S35450	1Cr18Mn8Ni5N	≤0.15	≤1.00	7.50~10.00	≤0.060	≤0.030	4.00~6.00	17.00~19.00	N≤0.25
	25	S35555	2Cr15Mn15Ni2N	0.15~0.25	≤1.00	14.00~16.00	≤0.060	≤0.030	1.50~3.00	14.00~16.00	N0.15~0.30
	26	S30210	1Cr18Ni9	≤0.15	≤1.00	≤2.00	≤0.035	≤0.030	8.00~10.00	17.00~19.00	—
	27	S30314	Y1Cr18Ni9	≤0.15	≤1.00	≤2.00	≤0.20	≥0.15	8.00~10.00	17.00~19.00	②
	28	S30408	0Cr18Ni9	≤0.07	≤1.00	≤2.00	≤0.035	≤0.030	8.00~11.00	17.00~19.00	—
	29	S30408	0Cr19Ni9	≤0.08	≤1.00	≤2.00	≤0.035	≤0.030	8.00~10.00	18.00~20.00	—
	30	S30403	00Cr19Ni10	≤0.03	≤1.00	≤2.00	≤0.035	≤0.030	8.00~12.00	18.00~20.00	—
	31	S34878	0Cr18Ni9Cu2	≤0.08	≤1.00	≤2.00	≤0.035	≤0.030	8.00~10.50	17.00~19.00	Cu1.00~3.00

续表 3-63

类型	序号	统一数字代号	牌　号	化学成分（质量分数）							
				C	Si	Mn	P	S	Ni	Cr	Mo
奥氏体型	32	S34888	0Cr18Ni9Cu3	≤0.08	≤1.00	≤2.00	≤0.035	≤0.030	8.50~10.50	17.00~19.00	Cu3.00~4.00
	33	S31608	0Cr17Ni12Mo2	≤0.08	≤1.00	≤2.00	≤0.035	≤0.030	10.00~14.00	16.00~18.50	2.00~3.00
	34	S31603	00Cr17Ni14Mo2	≤0.03	≤1.00	≤2.00	≤0.035	≤0.030	12.00~15.00	16.00~18.00	2.00~3.00
	35	S31708	0Cr19Ni13Mo3	≤0.08	≤1.00	≤2.00	≤0.035	≤0.030	11.00~15.00	18.00~20.00	3.00~4.00
	36	S31703	00Cr19Ni13Mo3	≤0.03	≤1.00	≤2.00	≤0.035	≤0.030	11.00~15.00	18.00~20.00	3.00~4.00
	37	S32160	1Cr18Ni9Ti	≤0.12	≤1.00	≤2.00	≤0.035	≤0.030	8.00~11.00	17.00~19.00	Ti5（C%−0.02）~0.80
	38	S32168	0Cr18Ni10Ti	≤0.08	≤1.00	≤2.00	≤0.035	≤0.030	9.00~12.00	17.00~19.00	Ti≥5C%
	39	S30508	0Cr18Ni12	≤0.08	≤1.00	≤2.00	≤0.035	≤0.030	11.00~13.50	16.50~19.00	—
	40	S30510	1Cr18Ni12	≤0.12	≤1.00	≤2.00	≤0.035	≤0.030	10.50~13.00	17.00~19.00	—
	41	S30908	0Cr23Ni13	≤0.08	≤1.00	≤2.00	≤0.035	≤0.030	12.00~15.00	22.00~24.00	—
	42	S31008	0Cr25Ni20	≤0.08	≤1.00	≤2.00	≤0.035	≤0.030	19.00~22.00	24.00~26.00	—
沉淀硬化型	43	S51778	0Cr17Ni7Al	≤0.09	≤1.00	≤1.00	≤0.035	≤0.030	6.50~7.75	16.00~18.00	Cu≤0.50 Al0.75~1.50

注：①镍含量（质量分数）不大于0.60%。

　　②钼含量（质量分数）不大于0.60%。

　　③钼含量（质量分数）不大于0.75%。

（3）退火工艺及硬度（表3-64）

表3-64　不锈钢盘条的退火工艺及硬度

类　型	牌　号	退火温度/℃	HBW≤
铁素体型	1Cr17	780~850 空冷或缓冷	183
	Y1Cr17	680~820 空冷或缓冷	183
	1Cr17Mo	780~850 空冷或缓冷	183
马氏体型	0Cr13	800~900 缓冷或约 750 快冷	183
	1Cr13	800~900 缓冷或约 750 快冷	200
	Y1Cr13	800~900 缓冷或约 750 快冷	200
	1Cr13Mo	800~900 缓冷或约 750 快冷	200
	2Cr13	800~900 缓冷或约 750 快冷	223
	3Cr13	800~900 缓冷或约 750 快冷	235
	Y3Cr13	800~900 缓冷或约 750 快冷	235
	4Cr13	800~900 缓冷或约 750 快冷	230

续表 3-64

类 型	牌 号	退火温度/℃	HBW≤
马氏体型	3Cr13Mo	800～900 缓冷或约 750 快冷	207
	1Cr17Ni2	650～700 空冷	285
	1Cr11Ni2W2MoV	780～850 缓冷	269
	2Cr13Ni2	640～720 缓冷	285
	7Cr17	800～920 缓冷	255
	8Cr17	800～920 缓冷	255
	9Cr18	800～920 缓冷	255
	11Cr17	800～920 缓冷	269
	Y11Cr17	800～920 缓冷	269
	9Cr18Mo	800～920 缓冷	269
	9Cr18MoV	800～920 缓冷	269

（4）特性和用途（表3-65）

表 3-65 不锈钢盘条的特性和用途

分 类	牌 号	特 性 和 用 途
铁素体型	1Cr17	优良的耐腐蚀性通用钢种。建筑内部装饰用；重油燃烧器零件，家庭用具，家电零件
	Y1Cr17	具有比 1Cr17 更好的切削性，可用于自动车床、螺栓、螺母
	1Cr17Mo	1Cr17 改良钢种，比 1Cr17 抗盐性强。作为汽车外装饰材料使用
马氏体型	0Cr13	制作具有较高韧性及受冲击负荷的零件
	1Cr13	具有良好的耐蚀性，机械加工性。一般用于刀具类
	Y1Cr13	不锈钢中切削性最佳的钢种。自动车床用
	1Cr13Mo	比 1Cr13 耐蚀性高的高强度钢
	2Cr13	淬火状态硬度高的钢种，耐蚀性优良
	3Cr13	比 2Cr13 淬火后硬度高的钢种。刃具、喷嘴、阀座、阀门等
	Y3Cr13	改善 3Cr13 的可切削性的钢种
	3Cr13Mo	做较高硬度及高耐磨性的热油泵轴、医疗器械弹簧等零件
	4Cr13	做较高硬度及高耐磨性的热油泵轴、医疗器械弹簧等零件
	1Cr17Ni2	具有较高强度的耐硝酸及有机酸腐蚀的零件、容器和设备
	1Cr11Ni2W2MoV	具有良好的抗韧性和抗氧化性，在淡水和潮湿空气中有较好的耐蚀性
	2Cr13Ni2	易切削，具有较高强度，在大气、水、硝酸类氧化性酸、碱水溶液中都有较好的耐腐蚀性，通常用作仪表轴、销、齿轮、阀、衬套及螺栓等
	7Cr17	硬化状态下坚硬，但比 8Cr17，11Cr17 韧性高。做刃具、量具、轴承
	8Cr17	硬化状态下坚硬，比 7Cr17 硬，而比 11Cr17 韧性高。做刃具、阀门
	9Cr18	不锈切片机械刃具及剪切刀具、手术刀片、高耐磨设备零件
	11Cr17	在全部不锈钢、耐热钢中具有最高硬度。做喷嘴、轴承
	Y11Cr17	比 11Cr17 提高了切削性的钢种，自动车床用
	9Cr18Mo	轴承套圈及滚动体用的高碳铬不锈钢
	9Cr18MoV	不锈切片机械刃具及剪切工具、手术刀片、高耐磨设备零件等
奥氏体型	1Cr17Mn6Ni5N	节 Ni 钢种，冷加工有磁性。铁道车辆用
	1Cr18Mn8Ni5N	节 Ni 钢种，代替 1Cr18Ni9
	2Cr15Mn15Ni2N	录像机精密轴、传感器等无磁元件

续表 3-65

分　类	牌　号	特 性 和 用 途
奥氏体型	1Cr18Ni9	冷加工可获得高强度。用作建筑物外表装饰材料
	Y1Cr18Ni9	提高可切削性，耐烧蚀性。最适用自动车床，螺栓、螺母
	0Cr18Ni9	作为不锈钢、耐热钢使用最广。食品用设备、一般化学设备、原子能工业用材
	0Cr19Ni9	作为不锈钢、耐热钢使用最广。食品用设备、一般化学设备、原子能工业用材
	00Cr19Ni10	0Cr19Ni9 的超低碳钢，耐晶间腐蚀性优良
	0Cr18Ni9Cu2	0Cr19Ni9 添加 Cu，冷加工和无磁性改善；0Cr19Ni9 和 0Cr18Ni9Cu3 的中间成分。冷加工用螺栓、螺母等
	0Cr18Ni9Cu3	在 0Cr19Ni9 中加 Cu，提高冷加工性。冷镦用
	0Cr17Ni12Mo2	耐海水和其他各种介质，比 0Cr19Ni9 耐蚀性优越。耐点腐蚀材料
	00Cr17Ni14Mo2	0Cr17Ni12Mo2 的超低碳钢，耐晶间腐蚀性较之更好
	0Cr19Ni13Mo3	比 0Cr17Ni12Mo2 耐点腐蚀性能好。做染色设备等
	00Cr19Ni13Mo3	0Cr19Ni13Mo3 的超低碳钢，耐晶间腐蚀性较之更好
	1Cr18Ni9Ti	用作抗磁仪表、医疗器械、耐酸容器及设备等零件
	0Cr18Ni10Ti	添加 Ti 提高耐晶间腐蚀。不推荐做装饰材料
	0Cr18Ni12	1Cr18Ni12 的低碳钢，加工硬化性低。与 1Cr18Ni12 用途相同
	1Cr18Ni12	与 0Cr19Ni9 相比，加工硬化性低。旋压成形加工，特殊拉拔，冷镦锻用
	0Cr23Ni13	耐蚀性比 0Cr19Ni9 优越。作为耐热钢使用场所多
	0Cr25Ni20	耐氧化性比 0Cr23Ni13 优越。实际应用中，作为耐热钢使用的情况比较多
沉淀硬化型	0Cr17Ni7Al	添加 Al 具有沉淀硬化性的钢种。用作弹簧、垫圈、仪表零件

第4章 钢板及钢带

钢板是一种宽厚比和表面积都很大的扁平钢材。钢板有很大的覆盖和包容能力，可用作屋面板、苫盖材料，用于制造容器、储油罐、包装箱、火车车厢、汽车外壳、工业炉窑壳体等；可按使用要求进行剪裁与组合，制成各种结构件和机械零件，还可制成焊接型钢，进一步扩大钢板的使用范围；可以进行弯曲和冲压成型，制成锅炉、容器、冲制汽车外壳、民用器皿、器具，还可用作焊接钢管、冷弯型钢的坯料。由于以上特点，使钢板成为国民经济各部门应用最广泛的钢材。

4.1 热轧钢板

热轧钢板具有强度高、韧性好、易于加工成形及良好的可焊接性等优良性能，广泛用于船舶、汽车、桥梁、建筑、机械、压力容器等制造行业。

4.1.1 钢板和钢带的理论质量（表4-1）

表4-1 钢板和钢带的理论质量

厚度/mm	理论质量/(kg/m^2)	厚度/mm	理论质量/(kg/m^2)	厚度/mm	理论质量/(kg/m^2)	厚度/mm	理论质量/(kg/m^2)
0.20	1.57	2.0	15.70	14	109.90	60	471.00
0.25	1.96	2.2	17.27	15	117.75	65	510.25
0.30	2.36	2.5	19.63	16	125.60	70	549.50
0.35	2.75	2.8	21.98	17	133.45	75	588.75
0.40	3.14	3.0	23.55	18	141.30	80	628.00
0.45	3.53	3.2	25.12	19	149.15	85	667.25
0.50	3.93	3.5	27.48	20	157.00	90	706.50
0.55	4.32	3.8	29.83	21	164.85	95	745.75
0.60	4.71	3.9	30.62	22	172.70	100	785.00
0.65	5.10	4.0	31.40	25	196.25	105	824.25
0.70	5.50	4.2	32.97	26	204.10	110	863.50
0.75	5.89	4.5	35.33	28	219.80	120	942.00
0.80	6.28	4.8	37.68	30	235.50	125	981.25
0.90	7.07	5.0	39.25	32	251.20	130	1 020.50
1.00	7.85	5.5	43.18	34	266.90	140	1 099.00
1.10	8.64	6	47.10	36	282.60	150	1 177.50
1.2	9.42	6.5	51.03	38	298.30	160	1 256.00
1.25	9.81	7	54.95	40	314.00	165	1 295.25
1.3	10.21	8	62.80	42	329.70	170	1 334.50
1.4	10.99	9	70.65	45	353.25	180	1 413.00
1.5	11.78	10	78.50	48	376.80	185	1 452.25
1.6	12.56	11	86.35	50	392.50	190	1 491.50
1.7	13.35	12	94.20	52	408.20	195	1 530.75
1.8	14.13	13	102.05	55	431.75	200	1 570.00

4.1.2 热轧钢板和钢带的尺寸规格（GB/T 709—2006）

热轧钢板和钢带是以热轧方法制成的、宽厚比很大的矩形截面钢材，成张交货的为钢板，成卷交货的为钢带（表 4-2～表 4-5）。

表 4-2 宽度为 600～1 100mm 钢板的尺寸规格 （mm）

钢板公称厚度	按下列钢板宽度的最小和最大长度										
	600	650	700	710	750	800	850	900	950	1 000	1 100
0.50，0.55，0.60	1 200	1 400	1 420	1 420	1 500	1 500	1 700	1 800	1 900	2 000	—
0.65，0.70，0.75	2 000	2 000	1 420	1 420	1 500	1 500	1 700	1 800	1 900	2 000	—
0.80，0.90	2 000	2 000	1 420	1 420	1 500	1 500	1 700	1 800	1 900	2 000	—
1.0	2 000	2 000	1 420	1 420	1 500	1 500	1 700	1 800	1 900	2 000	—
1.2，1.3，1.4	2 000	2 000	2 000	2 000	2 000	2 000	2 000	2 000	2 000	2 000	2000
1.5，1.6，1.8	2 000	2 000	2 000	2 000 6 000	2 000 6 000	2 000 6 000	2 000 6 000	2 000 6 000	2 000 6 000	2 000 6 000	2 000 6 000
2.0，2.2	2 000	2 000	2 000 6 000	2 000 6 000	2 000 6 000	2 000 6 000	2 000 6 000	2 000 6 000	2 000 6 000	2 000 6 000	2 000 6 000
2.5，2.8	2 000	2 000	2 000 6 000	2 000 6 000	2 000 6 000	2 000 6 000	2 000 6 000	2 000 6 000	2 000 6 000	2 000 6 000	2 000 6 000
3.0，3.2，3.5，3.8，3.9	2 000	2 000	2 000 6 000	2 000 6 000	2 000 6 000	2 000 6 000	2 000 6 000	2 000 6 000	2 000 6 000	2 000 6 000	2 000 6 000
4.0，4.5，5	—	—	2 000 6 000	2 000 6 000	2 000 6 000	2 000 6 000	2 000 6 000	2 000 6 000	2 000 6 000	2 000 6 000	2 000 6 000
6，7	—	—	2 000 6 000	2 000 6 000	2 000 6 000	2 000 6 000	2 000 6 000	2 000 6 000	2 000 6 000	2 000 6 000	2 000 6 000
8，9，10	—	—	2 000 6 000	2 000 6 000	2 000 6 000	2 000 6 000	2 000 6 000	2 000 6 000	2 000 6 000	2 000 6 000	2 000 6 000
11，12	—	—	—	—	—	—	—	—	—	2 000 6 000	2 000 6 000
13，14，15，16，17，18 19，20，21，22，25	—	—	—	—	—	—	—	—	—	2 500 6 500	2 500 6 500

表 4-3 宽度为 1 250～2 300mm 钢板的尺寸规格 （mm）

钢板公称厚度	按下列钢板宽度的最小和最大长度											
	1 250	1 400	1 420	1 500	1 600	1 700	1 800	1 900	2 000	2 100	2 200	2 300
1.2，1.3，1.4	2 500 3 000	—	—	—	—	—	—	—	—	—	—	—
1.5，1.6，1.8	2 000 6 000	2 000 6 000	2 000 6 000	2 000 6 000	—	—	—	—	—	—	—	—
2.0，2.2	2 000 6 000	2 000 6 000	2 000 6 000	2 000 6 000	2 000 6 000	2 000 6 000	—	—	—	—	—	—
2.5，2.8	2 000 6 000	2 000 6 000	2 000 6 000	2 000 6 000	2 000 6 000	2 000 6 000	2 000 6 000	—	—	—	—	—
3.0，3.2，3.5，3.8，3.9	2 000 6 000	2 000 6 000	2 000 6 000	2 000 6 000	2 000 6 000	2 000 6 000	2 000 6 000	—	—	—	—	—
4.0，4.5，5	2 000 6 000	2 000 6 000	2 000 6 000	2 000 6 000	2 000 6 000	2 000 6 000	2 000 6 000	—	—	—	—	—
6，7	2 000 6 000	2 000 6 000	2 000 6 000	2 000 6 000	2 000 6 000	2 000 6 000	2 000 6 000	2 000 6 000	2 000 6 000	—	—	—

续表 4-3

钢板公称厚度	按下列钢板宽度的最小和最大长度											
	1 250	1 400	1 420	1 500	1 600	1 700	1 800	1 900	2 000	2 100	2 200	2 300
8, 9, 10	2 000 6 000	2 000 6 000	2 000 6 000	2 000 12 000	3 000 12 000	3 000 12 000	3 000 12 000	3 000 12 000	3 000 12 000	3 000 12 000	3 000 12 000	3 000 12 000
11, 12	2 000 6 000	2 000 6 000	2 000 6 000	2 000 12 000	3 000 12 000	3 000 12 000	3 000 12 000	3 000 12 000	3 000 10 000	3 000 10 000	3 000 10 000	3 000 9 000
13, 14, 15, 16, 17, 18, 19, 20, 21, 22, 25	2 500 12 000	2 500 12 000	2 500 12 000	3 000 12 000	3 500 11 000	4 000 10 000	4 000 10 000	4 000 10 000	4 500 10 000	4 500 9 000	4 500 9 000	4 000 9 000
26, 28, 30, 32, 34, 36, 38, 40	2 500 12 000	2 500 12 000	2 500 12 000	3 000 12 000	3 000 12 000	3 500 12 000	3 500 12 000	4 000 12 000	4 000 12 000	4 000 12 000	4 500 12 000	4 500 12 000
42, 45, 48, 50, 52, 55, 60, 65, 70, 75, 80, 85, 90, 95, 100, 105, 110, 120, 125, 130, 140, 150, 160, 165, 170, 180, 185, 190, 195, 200	2 500 9 000	2 500 9 000	3 000 9 000	3 000 9 000	3 000 9 000	3 500 9 000	3 500 9 000	3 500 9 000	3 500 9 000	3 500 9 000	3 500 9 000	3 500 9 000

表 4-4　宽度为 2 400～3 800mm 钢板的尺寸规格　　　　（mm）

钢板公称厚度	按下列钢板宽度的最小和最大长度										
	2400	2500	2600	2700	2800	2900	3000	3200	3400	3600	3800
8, 9, 10	4 000 12 000	4 000 12 000	—	—	—	—	—	—	—	—	—
11, 12	4 000 9 000	4 000 9 000	—	—	—	—	—	—	—	—	—
13, 14, 15, 16, 17, 18, 19, 20, 21, 22, 25	4 000 9 000	4 000 9 000	3 500 9 000	3 500 8 200	3 500 8 200	—	—	—	—	—	—
26, 28, 30, 32, 34, 36, 38, 40	4 000 11 000	4 000 11 000	3 500 10 000	3 500 10 000	3 500 10 000	3 500 10 000	3 000 9 500	3 200 9 500	3 400 9 500	3 600 9 500	—
42, 45, 48, 50, 52, 55, 60, 65, 70, 75, 80, 85, 90, 95, 100, 105, 110, 120, 125, 130, 140, 150, 160, 165, 170, 180, 185, 190, 195, 200	3 500 9 000	3 500 9 000	3 000 9 000	3 000 9 000	3 000 9 000	3 000 9 000	3 000 9 000	3 200 9 000	3 400 8 500	3 600 8 000	3 600 7 000

表 4-5　钢带的尺寸规格　　　　（mm）

钢带公称厚度	1.2, 1.4, 1.5, 1.8, 2.0, 2.5, 2.8, 3.0, 3.2, 3.5, 3.8, 4.0, 4.5, 5.0, 5.5, 6.0, 6.5, 7.0, 8.0, 10.0, 11.0, 13.0, 14.0, 15.0, 16.0, 18.0, 19.0, 20.0, 22.0, 25.0
钢带公称宽度	600, 650, 700, 800, 850, 900, 950, 1 000, 1 050, 1 100, 1 150, 1 200, 1 250, 1 300, 1 350, 1 400, 1 450, 1 500, 1 550, 1 600, 1 700, 1 800, 1 900
钢板长度	100mm 或 50mm 倍数的任何尺寸；但厚度小于等于 4mm 钢板的最小长度不小于 1.2m，厚度大于 4mm 钢板的最小长度不小于 2m

4.1.3　碳素结构钢和低合金结构钢热轧厚钢板和钢带（GB/T 3274—2007）

（1）用途　碳素结构钢厚钢板按钢的脱氧程度分为沸腾钢板和镇静钢板两大类。沸腾钢板大量用于制造各种冲压件，建筑、工程结构及一些不太重要的机器结构零部件。镇静钢板主要用于低温下承受冲击的构件、焊接结构件及其他对性能要求较高的构件。

低合金钢板是由低合金高强度结构钢热轧制成的钢板，都是镇静钢和半镇静钢钢板。由于其强度较高，性能优越，能节约大量钢材，减轻结构质量，应用已越来越广泛。

（2）尺寸规格　厚度为 3～400mm 碳素结构钢和低合金结构钢热轧厚钢板，以及厚度为 3～25.4mm 热轧钢带。

（3）牌号和化学成分　其应符合 GB/T 700，GB/T 1591 的规定。

（4）力学和工艺性能　应符合 GB/T 700，GB/T 1591 的规定。

4.1.4　碳素结构钢和低合金结构钢热轧薄钢板和钢带（GB/T 912—2008）

（1）用途　碳素结构钢热轧薄钢板也称普通热轧薄钢板，即一般所说的薄板或黑铁皮。钢板表面呈云彩蓝色，主要用于制造不需经深冲压的制品，如通风管道、机器外罩、开关箱、文件柜等；也常用作焊接钢管和冷弯型钢的坯料。低合金结构钢热轧薄钢板及钢带强度高，有较好的塑性、韧性和焊接性能，可用于较重要的结构件。

（2）尺寸规格　为厚度小于 3mm 的热轧薄钢板和钢带。

（3）牌号和化学成分　该钢板和钢带应符合 GB/T 700，GB/T 1591 的规定，钢中砷含量不大于 0.080%。

（4）力学和工艺性能　应符合 GB/T 700，GB/T 1591 的规定。

4.1.5　优质碳素结构钢热轧厚钢板和钢带（GB/T 3274—2007）

（1）用途　其钢质纯净，性能随钢中碳含量的不同而有较大的变化。低碳钢板（带）强度、硬度较低，塑性、韧性、焊接性能好，冷加工变形能力高，主要用于制造船舶、车辆、重型机械的焊接部件，冷弯及冷冲压、热冲压零件；中碳钢板（带）性能适中，主要用于制造有一定强度和承受冲击的机械结构零部件，如汽车大梁、横梁、车架等；高碳钢板（带）强度、硬度高，耐磨性好，热处理后具有良好的弹性但不适于焊接和冷变形加工，主要用于制造高强度、高硬度或受磨损机械零部件、平面弹簧或弹性元件等。

（2）尺寸规格　厚度为 3～60mm，宽度不小于 600mm 的钢板和钢带。

（3）牌号和化学成分（表 4-6）

表 4-6　优质碳素结构钢热轧厚钢板和钢带的牌号和化学成分　　　　　　　　　（%）

牌　　号	化学成分（质量分数）							
	C	Si	Mn	P	S	Cr	Ni	Cu
				≤				
08F	0.05～0.11	≤0.03	0.25～0.50	0.035	0.035	0.20	0.30	0.25
08	0.05～0.11	0.17～0.37	0.35～0.65	0.035	0.035	0.20	0.30	0.25
10F	0.07～0.13	≤0.07	0.25～0.50	0.035	0.035	0.20	0.30	0.25
10	0.07～0.13	0.17～0.37	0.35～0.65	0.035	0.035	0.20	0.30	0.25
15F	0.12～0.18	≤0.07	0.25～0.50	0.035	0.035	0.20	0.30	0.25
15	0.12～0.18	0.17～0.37	0.35～0.65	0.035	0.035	0.20	0.30	0.25
20	0.17～0.23	0.17～0.37	0.35～0.65	0.035	0.035	0.20	0.30	0.25
25	0.22～0.29	0.17～0.37	0.50～0.80	0.035	0.035	0.20	0.30	0.25

续表 4-6

牌 号	化学成分（质量分数）							
	C	Si	Mn	P	S	Cr	Ni	Cu
				≤				
30	0.27～0.34	0.17～0.37	0.50～0.80	0.035	0.035	0.20	0.30	0.25
35	0.32～0.39	0.17～0.37	0.50～0.80	0.035	0.035	0.20	0.30	0.25
40	0.37～0.44	0.17～0.37	0.50～0.80	0.035	0.035	0.20	0.30	0.25
45	0.42～0.50	0.17～0.37	0.50～0.80	0.035	0.035	0.20	0.30	0.25
50	0.47～0.55	0.17～0.37	0.50～0.80	0.035	0.035	0.20	0.30	0.25
55	0.52～0.60	0.17～0.37	0.50～0.80	0.035	0.035	0.20	0.30	0.25
60	0.57～0.65	0.17～0.37	0.50～0.80	0.035	0.035	0.20	0.30	0.25
65	0.62～0.70	0.17～0.37	0.50～0.80	0.035	0.035	0.20	0.30	0.25
70	0.67～0.75	0.17～0.37	0.50～0.80	0.035	0.035	0.20	0.30	0.25
20Mn	0.17～0.23	0.17～0.37	0.70～1.00	0.035	0.035	0.20	0.30	0.25
25Mn	0.22～0.29	0.17～0.37	0.70～1.00	0.035	0.035	0.20	0.30	0.25
30Mn	0.27～0.34	0.17～0.37	0.70～1.00	0.035	0.035	0.20	0.30	0.25
40Mn	0.37～0.44	0.17～0.37	0.70～1.00	0.035	0.035	0.20	0.30	0.25
50Mn	0.47～0.55	0.17～0.37	0.70～1.00	0.035	0.035	0.20	0.30	0.25
60Mn	0.57～0.65	0.17～0.37	0.70～1.00	0.035	0.035	0.20	0.30	0.25
65Mn	0.62～0.70	0.17～0.37	0.90～1.20	0.035	0.035	0.20	0.30	0.25

（4）力学和工艺性能（表 4-7～表 4-9）

表 4-7 优质碳素结构钢热轧厚钢板和钢带的力学性能

牌 号	交货状态	抗拉强度 R_m/MPa	断后伸长率 A/%	牌 号	交货状态	抗拉强度 R_m/MPa	断后伸长率 A/%
		≥				≥	
08F	热轧或热处理	315	34	50	热处理	625	16
08		325	33	55		645	13
10F		325	32	60		675	12
10		335	32	65		695	10
15F		355	30	70		715	9
15		370	30	20Mn	热轧或热处理	450	24
20		410	28	25Mn		490	22
25		450	24	30Mn		540	20
30		490	22	40Mn	热处理	590	17
35	热处理	530	20	50Mn		650	13
40		570	19	60Mn		695	11
45		600	17	65Mn		735	9

表 4-8 08～35 钢冷弯试验

牌 号	180° 冷弯试验（弯心直径）	
	钢板公称厚度 a/mm	
	≤20	>20
08，10	0	a
15	0.5a	1.5a

续表 4-8

牌　　号	180°冷弯试验（弯心直径）	
	钢板公称厚度 a/mm	
	≤20	>20
20	a	$2a$
25，30，35	$2a$	$3a$

表 4-9　10～20 钢的冲击试验　　　　　　　　　　　　　　　（J）

牌　　号	纵向 V 型冲击吸收功 A_{KVz}	
	20℃	−20℃
10	≥34	≥27
15	≥34	≥27
20	≥34	≥27

4.1.6　优质碳素结构钢热轧薄钢板和钢带（GB/T 710—2008）

（1）用途　钢板和钢带钢质纯净、性能均匀，有较好的塑性、韧性和加工性能。主要用于制造汽车、农业机械、航空机械、轻工机械等。

（2）尺寸规格　适用于厚度不大于 3mm、宽度不小于 600mm 的钢板和钢带。

（3）牌号和化学成分　钢的牌号有 08，08A1，10，15，20，25，30，35，40，45，50。化学成分（熔炼分析）应符合 GB/T 699 的规定。08A1 酸溶铝含量为 0.015%～0.060%。

（4）力学和工艺性能（表 4-10～表 4-12）

表 4-10　优质碳素结构钢热轧薄钢板和钢带的力学和工艺性能

牌　号	抗拉强度 R_m/MPa		断后伸长率 A/%≥			180°冷弯试验	
	拉 延 级 别					弯心直径 d/mm	
	Z	S 或 P	Z	S	P	板厚≤2	板厚>2
08，08Al	275～410	≥300	36	35	34	0	$0.5a$
10	280～410	≥335	36	34	32	$0.5a$	a
15	300～430	≥370	34	32	30	a	$1.5a$
20	340～480	≥410	30	28	26	$2a$	$2.5a$
25	—	≥450	—	26	24	$2.5a$	$3a$
30	—	≥490	—	24	22	$2.5a$	$3a$
35	—	≥530	—	22	20	$2.5a$	$3a$
40	—	≥570	—	—	19	—	—
45	—	≥600	—	—	17	—	—
50	—	≥610	—	—	16	—	—

表 4-11　退火呈球状珠光体时的抗拉强度　　　　　　　　　　（MPa）

牌　　号	抗拉强度	牌　　号	抗拉强度	牌　　号	抗拉强度
25	375～490	35	410～530	45	450～570
30	390～510	40	430～550	50	470～590

表 4-12 杯突试验冲压深度 （mm）

厚度	冲 压 深 度≥					厚度	冲 压 深 度≥				
	牌 号 和 拉 延 级 别						牌 号 和 拉 延 级 别				
	Z	S	P	Z	S		Z	S	P	Z	S
	08F，08，08Al，10F						08F，08，08Al，10F				
0.5	9.0	8.4	8.0	8.0	7.6	1.3	11.2	10.8	10.6		
0.6	9.4	8.9	8.5	8.4	7.8	1.4	11.3	11.0	10.8		
0.7	9.7	9.2	8.9	8.6	8.0	1.5	11.5	11.2	11.0		
0.8	10.0	9.5	9.3	8.8	8.2	1.6	11.6	11.4	11.2	以下均不做试验	
0.9	10.3	9.9	9.6	9.0	8.4	1.7	11.8	11.6	11.4		
1.0	10.5	10.1	9.9	9.2	8.6	1.8	11.9	11.7	11.5		
1.1	10.8	10.4	10.2	以下均不做试验		1.9	12.0	11.8	11.7		
1.2	11.0	10.6	10.4			2.0	12.1	11.9	11.8		

4.1.7 合金结构钢热轧厚钢板（GB/T 11251—2009）

（1）用途 合金结构钢热轧厚钢板有优良的热处理性能，适于制造在热处理状态工作的机械结构零部件，如汽轮机、飞机、矿山机械等。

（2）尺寸规格 厚度为 4～30mm 的钢板。

（3）牌号和化学成分 应符合 GB/T 3077 的规定。

（4）力学性能（表 4-13、表 4-14）

表 4-13 合金结构钢热轧厚钢板的力学性能

牌 号	抗拉强度 σ_b/MPa	断后伸长率 δ/%≤	硬度 HBW	牌 号	抗拉强度 σ_b/MPa	断后伸长率 δ/%≤	硬度 HBW
45Mn2	600～850	13	—	30Cr	500～700	19	—
27SiMn	550～800	18	—	35Cr	550～750	18	—
40B	500～700	20	—	40Cr	550～800	16	—
45B	550～750	18	—	20CrMnSiA	450～700	21	—
50B	550～750	16	—	25CrMnSiA	500～700	20	152～221
15Cr	400～600	21	—	30CrMnSiA	550～750	19	152～221
20Cr	400～650	20	—	35CrMnSiA	600～800	16	—

表 4-14 25CrMnSiA，30CrMnSiA 钢板的力学性能

牌 号	试样热处理制度				力 学 性 能		
	淬 火		回 火		抗拉强度 R_m/MPa	断后伸长率 A/%	冲击吸收功 A_{KU2}/J
	温度/℃	冷却剂	温度/℃	冷却剂	≥		
25CrMnSiA	850～890	油	450～550	水、油	980	10	39
30CrMnSiA	860～900	油	470～570	油	1 080	10	39

4.1.8 合金结构钢薄钢板（YB/T 5132—2007）

（1）用途 合金结构钢薄钢板有优良的热处理性能。适于制造在热处理状态工作的机械结构零部件。

（2）尺寸规格 厚度为不大于 4mm 的钢板。

（3）牌号和化学成分

①钢板由下列牌号的钢制造。

优质钢：40B，45B，50B，15Cr，20Cr，30Cr，35Cr，40Cr，50Cr，12CrMo，15CrMo，20CrMo，30CrMo，35CrMo，12CrMoV，20CrNi，40CrNi，20CrMnTi 和 30CrMnSi。

高级优质钢：12Mn2A，16Mn2A，45Mn2A，50BA，15CrA，38CrA，20CrMnSiA，25CrMnSiA，30CrMnSiA 和 35CrMnSiA。

②钢的化学成分及对残余元素的规定应符合 GB/T 3077 的规定。12Mn2A，16Mn2A 和 38CrA 的化学成分应符合表 4-15 的规定。

表 4-15　部分合金结构钢薄钢板的牌号和化学成分　　（%）

统一数字代号	牌　号	化学成分（质量分数）						
		C	Si	Mn	S	P	Cr	Cu≤
					≤			
A00123	12Mn2A	0.08~0.17	0.17~0.37	1.20~1.60	0.030	0.030	—	0.25
A00163	16Mn2A	0.12~0.20	0.17~0.37	2.00~2.40	0.030	0.030	—	0.25
A20383	38CrA	0.34~0.42	0.17~0.37	0.50~0.80	0.030	0.030	0.80~1.10	0.25

（4）力学性能（表4-16、表4-17）

表 4-16　合金结构钢薄钢板的力学性能

牌　号	抗拉强度 R_m/MPa	断后伸长率 $A_{11.3}$/%≥	牌　号	抗拉强度 R_m/MPa	断后伸长率 $A_{11.3}$/%≥
12Mn2A	390~570	22	30Cr	490~685	17
16Mn2A	490~635	18	35Cr	540~735	16
45Mn2A	590~835	12	38CrA	540~735	16
35B	490~635	19	40Cr	540~785	14
40B	510~655	18	20CrMnSiA	440~685	18
45B	540~685	16	25CrMnSiA	490~685	18
50B，50BA	540~715	14	30CrMnSi、30CrMnSiA	490~735	16
15Cr，15CrA	390~590	19	35CrMnSiA	590~785	14
20Cr	390~590	18	—	—	—

表 4-17　杯突试验冲压深度　　（mm）

钢板厚度	冲压深度≥			钢板厚度	冲压深度≥		
	牌　号				牌　号		
	12Mn2A	16Mn2A，25CrMnSiA	30CrMnSiA		12Mn2A	16Mn2A，25CrMnSiA	30CrMnSiA
0.5	7.3	6.6	6.5	0.8	8.5	7.5	7.2
0.6	7.7	7.0	6.7	0.9	8.8	7.7	7.5
0.7	8.0	7.2	7.0	1.0	9.0	8.0	7.7

4.1.9　高强度结构用调质钢板（GB/T 16270—2009）

（1）用途　高强度结构用调质钢板是以调质（淬火加回火）状态交货的结构用钢板，屈服强度为 460~960MPa。广泛用于船舶、车辆、桥梁及钢结构件等。

（2）尺寸规格　钢板厚度不大于 150mm。

（3）牌号和化学成分（表4-18）

表4-18 高强度结构用调质钢板的牌号和化学成分 （%）

牌　号	化学成分（质量分数）≤													CEV[①]		
	C	Si	Mn	P	S	Cu	Cr	Ni	Mo	B	V	Nb	Ti	产品厚度/mm		
														≤50	>50～100	>100～150
Q460C Q460D	0.20	0.80	1.70	0.025	0.015	0.50	1.50	2.00	0.70	0.005 0	0.12	0.06	0.05	0.47	0.48	0.50
Q460E Q460F				0.020	0.010											
Q500C Q500D	0.20	0.80	1.70	0.025	0.015	0.50	1.50	2.00	0.70	0.005 0	0.12	0.06	0.05	0.47	0.70	0.70
Q500E Q500F				0.020	0.010											
Q550C Q550D	0.20	0.80	1.70	0.025	0.015	0.50	1.50	2.00	0.70	0.005 0	0.12	0.06	0.05	0.65	0.77	0.83
Q550E Q550F				0.020	0.010											
Q620C Q620D	0.20	0.80	1.70	0.025	0.015	0.50	1.50	2.00	0.70	0.005 0	0.12	0.06	0.05	0.65	0.77	0.83
Q620E Q620F				0.020	0.010											
Q690C Q690D	0.20	0.80	1.80	0.025	0.015	0.50	1.50	2.00	0.70	0.005 0	0.12	0.06	0.05	0.65	0.77	0.83
Q690E Q690F				0.020	0.010											
Q800C Q800D	0.20	0.80	2.00	0.025	0.015	0.50	1.50	2.00	0.70	0.005 0	0.12	0.06	0.05	0.72	0.82	—
Q800E Q800F				0.020	0.010											
Q890C Q890D	0.20	0.80	2.00	0.025	0.015	0.50	1.50	2.00	0.70	0.005 0	0.12	0.06	0.05	0.72	0.82	—
Q890E Q890F				0.020	0.010											
Q960C Q960D	0.20	0.80	2.00	0.025	0.015	0.50	1.50	2.00	0.70	0.005 0	0.12	0.06	0.05	0.82	—	—
Q960E Q960F				0.020	0.010											

注：①CEV＝C＋Mn/6＋（Cr＋Mo＋V）/5＋（Ni＋Cu）/15。

（4）力学和工艺性能（表4-19）

表4-19 高强度结构用调质钢板的力学和工艺性能

牌 号	拉 伸 试 验							冲 击 试 验			
	屈服强度 R_{eH}/MPa≥			抗拉强度 R_m/MPa			断后伸长率 A/%	冲击吸收功（纵向） A_{KV2}/J			
	厚度/mm			厚度/mm				试验温度/℃			
	≤50	>50~100	>100~150	≤50	>50~100	>100~150		0	−20	−40	−60
Q460C	460	440	400	550~720	500~670		17	47			
Q460D									47		
Q460E										34	
Q460F											34
Q500C	500	480	440	590~770	510~720		17	47			
Q500D									47		
Q500E										34	
Q500F											34
Q550C	550	530	490	640~820	590~770		16	47			
Q550D									47		
Q550E										34	
Q550F											34
Q620C	620	580	560	700~890	680~830		15	47			
Q620D									47		
Q620E										34	
Q620F											34
Q690C	690	650	630	770~940	760~930	710~900	14	47			
Q690D									47		
Q690E										34	
Q690F											34
Q800C	800	740	—	840~1 000	800~1 000	—	13	34			
Q800D									34		
Q800E										27	
Q800F											27
Q890C	890	830	—	940~1 100	880~1 100	—	11	34			
Q890D									34		
Q890E										27	
Q890F											27
Q960C	960			980~1 150			10	34			
Q960D									34		
Q960E										27	
Q960F											27

4.1.10 弹簧钢热轧钢板（GB/T 3279—2009）

（1）用途 弹簧钢热轧钢板是用于制造片簧及盘簧等制品的钢板。

（2）尺寸规格 钢板厚度不大于15mm。

（3）牌号和化学成分 应符合 GB/T 1222 的规定。

（4）力学性能（表4-20）

表4-20　弹簧钢热轧钢板的力学性能

牌　号	力　学　性　能			
	厚度＜3mm		厚度 3～15mm	
	抗拉强度 R_m/MPa≤	断后伸长率 $A_{11.3}$/%≥	抗拉强度 R_m/MPa≤	断后伸长率 A/%≥
85	800	10	785	10
65Mn	850	12	850	12
60Si2Mn	950	12	930	12
60Si2MnA	950	13	930	13
60Si2CrVA	1 100	12	1 080	12
50CrVA	950	12	930	12

注：厚度不大于 0.90mm 的钢板，断后伸长率仅供参考。

（5）脱碳　硅合金弹簧钢板每面全脱碳层（铁素体）深度应不超过钢板公称厚度的 3%，两面之和不得超过 5%。其他弹簧钢板每面全脱碳层（铁素体）深度应不超过钢板公称厚度的 2.5%，两面之和不得超过 4.0%。

4.1.11　碳素工具钢热轧钢板（GB/T 3278—2001）

（1）用途　钢板冷、热加工性能好，经热处理后具有较高的硬度和耐磨性。主要用于制造切削速度较低的，形状简单的，精度要求较低的刃具、量具、模具等工具。

（2）尺寸规格　钢板厚度为 0.7～15mm。

（3）牌号和化学成分　应符合 GB/T 1298 的规定。

（4）硬度值（表4-21）

表4-21　碳素工具钢热轧钢板的硬度值

牌　号	布氏硬度 HBW≤
T7，T7A，T8，T8A，T8Mn	207
T9，T9A，T10，T10A	223
T11，T11A，T12，T12A，T13，T13A	229

4.1.12　高速工具钢钢板（GB/T 9941—2009）

（1）用途　高速工具钢钢板经热处理后具有高硬度、耐磨性和红硬性，尺寸稳定性好。主要用于制造难加工材料和切削速度要求很高的刀具，也可以制造模具、轧辊，耐磨性要求很高的零件。

（2）尺寸规格　冷轧和热轧钢板的厚度分别为不大于 4mm 和 10mm。

（3）牌号和化学成分　钢板由 W6Mo5Cr4V2，W9Mo3Cr4V，W6Mo5Cr4V2Al，W6Mo5Cr4V2Co5，W18Cr4V 牌号的钢制成，化学成分符合 GB/T 9943 的规定。

（4）硬度值（表4-22）

表4-22　高速工具钢钢板的硬度值

牌　号	交货状态硬度 HBW≤
W6Mo5Cr4V2，W9Mo3Cr4V，W18Cr4V	255
W6Mo5Cr4V2Al，W6Mo5Cr4V2Co5	285

4.1.13　不锈钢热轧钢板和钢带（GB/T 4237—2007）

（1）用途　钢的耐腐蚀性好，还分别兼有耐热性、耐低温性、无磁性、耐磨性、高强度或超高强度等性能。主要用于航空、航天、核能、石油、化工、海洋开发、房屋建筑、纺织、医疗、食品加工及炊事用具、餐具等方面。

（2）尺寸规格（表4-23）

表4-23 不锈钢热轧钢板和钢带的公称尺寸范围 （mm）

形 态	公 称 厚 度	公 称 宽 度
厚钢板	>3.0～≤200	≥600～≤2 500
宽钢带、卷切钢板、纵剪宽钢带	≥2.0～≤13.0	≥600～≤2 500
窄钢带、卷切钢带	≥2.0～≤13.0	<600

（3）牌号和化学成分（表4-24～表4-28）

表4-24 奥氏体型钢的牌号和化学成分 （%）

GB/T 20878 中序号	新 牌 号	旧 牌 号	化学成分（质量分数）					
			C	Si	Mn	P	S	Ni
9	12Cr17Ni7	1Cr17Ni7	0.15	1.00	2.00	0.045	0.030	6.00～8.00
10	022Cr17Ni7	—	0.030	1.00	2.00	0.045	0.030	6.00～8.00
11	022Cr17Ni7N	—	0.030	1.00	2.00	0.045	0.030	6.00～8.00
13	12Cr18Ni9	1Cr18Ni9	0.15	0.75	2.00	0.045	0.030	8.00～10.00
14	12Cr18Ni9Si3	1Cr18Ni9Si3	0.15	2.00～3.00	2.00	0.045	0.030	8.00～10.00
17	06Cr19Ni10	0Cr18Nt9	0.08	0.75	2.00	0.045	0.030	8.00～10.50
18	022Cr19Ni10	00Cr19Ni10	0.030	0.75	2.00	0.045	0.030	8.00～12.00
19	07Cr19Ni10	—	0.04～0.10	0.75	2.00	0.045	0.030	8.00～10.50
20	05Cr19Ni10Si2N	—	0.04～0.06	1.00～2.00	0.80	0.045	0.030	9.00～10.00
23	06Cr19Ni10N	0Cr19Ni9N	0.08	0.75	2.00	0.045	0.030	8.00～10.50
24	06Cr19Ni9NbN	0Cr19Ni10NbN	0.08	1.00	2.50	0.045	0.030	7.50～10.50
25	022Cr19Ni10N	00Cr18Ni10N	0.030	0.75	2.00	0.045	0.030	8.00～12.00
26	10Cr18Ni12	1Cr18Ni12	0.12	0.75	2.00	0.045	0.030	10.50～13.00
32	06Cr23Ni13	0Cr23Ni13	0.08	0.75	2.00	0.045	0.030	12.00～15.00
35	06Cr25Ni20	0Cr25Ni20	0.08	1.50	2.00	0.045	0.030	19.00～22.00
36	022Cr25Ni22Mo2N	—	0.020	0.50	2.00	0.030	0.010	20.50～23.50
38	06Cr17Ni12Mo2	0Cr17Ni12Mo2	0.08	0.75	2.00	0.045	0.030	10.00～14.00
39	022Cr17Ni12Mo2	00Cr17Ni14Mo2	0.030	0.75	2.00	0.045	0.030	10.00～14.00
41	06Cr17Ni12Mo2Ti	0Cr18Ni12Mo3Ti	0.08	0.75	2.00	0.045	0.030	10.00～14.00
42	06Cr17Ni12Mo2Nb	—	0.08	0.75	2.00	0.045	0.030	10.00～14.00
43	06Cr17Ni12Mo2N	0Cr17Ni12Mo2N	0.08	0.75	2.00	0.045	0.030	10.00～14.00
44	022Cr17Ni12Mo2N	00Cr17Ni13Mo2N	0.030	0.75	2.00	0.045	0.030	10.00～14.00
45	06Cr18Ni12Mo2Cu2	0Cr18Ni12Mo2Cu2	0.08	1.00	2.00	0.045	0.030	10.00～14.00
48	015Cr21Ni26Mo5Cu2	—	0.020	1.00	2.00	0.045	0.035	23.00～28.00
49	06Cr19Ni13Mo3	0Cr19Ni13Mo3	0.08	0.75	2.00	0.045	0.030	11.00～15.00
50	022Cr19Ni13Mo3	00Cr19Ni13Mo3	0.030	0.75	2.00	0.045	0.030	11.00～15.00
53	022Cr19Ni16Mo5N	—	0.030	0.75	2.00	0.045	0.030	13.50～17.50
54	022Cr19Ni13Mo4N	—	0.030	0.75	2.00	0.045	0.030	11.00～15.00
55	06Cr18Ni11Ti	0Cr18Ni10Ti	0.08	0.75	2.00	0.045	0.030	9.00～12.00
58	015Cr24Ni22Mo8Mn3CuN	—	0.020	0.50	2.00～4.00	0.030	0.005	21.00～23.00
61	022Cr24Ni17Mo5Mn6NbN	—	0.030	1.00	5.00～7.00	0.030	0.010	16.00～18.00
62	06Cr18Ni11Nb	0Cr18Ni11Nb	0.08	0.75	2.00	0.045	0.030	9.00～13.00

续表 4-24

GB/T 20878 中序号	新 牌 号	旧 牌 号	化学成分（质量分数）				
			Cr	Mo	Cu	N	其他元素
9	12Cr17Ni7	1Cr17Ni7	16.00～18.00	—	—	0.10	—
10	022Cr17Ni7	—	16.00～18.00	—	—	0.20	—
11	022Cr17Ni7N	—	16.00～18.00	—	—	0.07～0.20	—
13	12Cr18Ni9	1Cr18Ni9	17.00～19.00	—	—	0.10	—
14	12Cr18Ni9Si3	1Cr18Ni9Si3	17.00～19.00	—	—	0.10	—
17	06Cr19Ni10	0Cr18Nt9	18.00～20.00	—	—	0.10	—
18	022Cr19Ni10	00Cr19Ni10	18.00～20.00	—	—	0.10	—
19	07Cr19Ni10[①]	—	18.00～20.00	—	—	—	—
20	05Cr19Ni10Si2N	—	18.00～19.00	—	—	0.12～0.18	Ce0.03～0.08
23	06Cr19Ni10N	0Cr19Ni9N	18.00～20.00	—	—	0.10～0.16	—
24	06Cr19Ni9NbN	0Cr19Ni10NbN	18.00～20.00	—	—	0.15～0.30	Nb0.15
25	022Cr19Ni10N	00Cr18Ni10N	18.00～20.00	—	—	0.10～0.16	—
26	10Cr18Ni12	1Cr18Ni12	17.00～19.00	—	—	—	—
32	06Cr23Ni13	0Cr23Ni13	22.00～24.00	—	—	—	—
35	06Cr25Ni20	0Cr25Ni20	24.00～26.00	—	—	—	—
36	022Cr25Ni22Mo2N	—	24.00～26.00	1.60～2.60	—	0.09～0.15	—
38	06Cr17Ni12Mo2	0Cr17Ni12Mo2	16.00～18.00	2.00～3.00	—	0.10	—
39	022Cr17Ni12Mo2	00Cr17Ni14Mo2	16.00～18.00	2.00～3.00	—	0.10	—
41	06Cr17Ni12Mo2Ti、	0Cr18Ni12Mo3Ti	16.00～18.00	2.00～3.00	—	—	Ti≥5C
42	06Cr17Ni12Mo2Nb	—	16.00～18.00	2.00～3.00	—	0.10	Nb10C～1.10
43	06Cr17Ni12M02N	0Cr17Ni12Mo2N	16.00～18.00	2.00～3.00	—	0.10～0.16	—
44	022Cr17Ni12Mo2N	00Cr17Ni13Mo2N	16.00～18.00	2.00～3.00	—	0.10～0.16	—
45	06Cr18Ni12Mo2Cu2	0Cr18Ni12Mo2Cu2	17.00～19.00	1.20～2.75	1.00～2.50	—	—
48	015Cr21Ni26Mo5Cu12	—	19.00～23.00	4.00～5.00	1.00～2.00	0.10	—
49	06Cr19Ni13Mo3	0Cr19Ni13Mo3	18.00～20.00	3.00～4.00	—	0.10	—
50	022Cr19Ni13Mo3	00Cr19Ni13Mo3	18.00～20.00	3.00～4.00	—	0.10	—
53	022Cr19Ni16Mo5N	—	17.00～20.00	4.00～5.00	—	0.10～0.20	—
54	022Cr19Ni13Mo4N	—	18.00～20.00	3.00～4.00	—	0.10～0.22	—
55	06Cr18Ni11Ti	0Cr18Ni10Ti	17.00～19.00	—	—	0.10	Ti≥5C
58	015Cr24Ni22Mo8Mn3CuN	—	24.00～25.00	7.00～8.00	0.30～0.60	0.45～0.55	—
61	022Cr24Ni17Mo5Mn6NbN	—	23.00～25.00	4.00～5.00	—	0.40～0.60	Nb0.10
62	06Cr18Ni11Nb	0Cr18Ni11Nb	17.00～19.00	—	—	—	Nb10C～1.00

表 4-25 奥氏体＋铁素体型钢的牌号和化学成分

GB/T 20878中序号	新 牌 号	旧 牌 号	化学成分（质量分数）					
			C	Si	Mn	P	S	Ni
67	14Cr18Ni11Si4AlTi	1Cr18Ni11Si4AlTi	0.10～0.18	3.40～4.00	0.80	0.035	0.030	10.00～12.00
68	022Cr19Ni5Mo3Si2N	00Cr18Ni5Mo3Si2	0.030	1.30～2.00	1.00～2.00	0.030	0.030	4.50～5.50
69	12Cr21Ni5Ti	1Cr21Ni5Ti	0.09～0.14	0.80	0.80	0.035	0.030	4.80～5.80
70	022Cr22Ni5Mo3N	—	0.030	1.00	2.00	0.030	0.020	4.50～6.50
71	022Cr23Ni5Mo3N	—	0.030	1.00	2.00	0.030	0.020	4.50～6.50

续表 4-25

GB/T 20878中序号	新 牌 号	旧 牌 号	化学成分（质量分数）					
			C	Si	Mn	P	S	Ni
72	022Cr23Ni4MoCuN	—	0.030	1.00	2.50	0.040	0.030	3.00～5.50
73	022Cr25Ni6Mo2N	—	0.030	1.00	2.00	0.030	0.030	5.50～6.50
74	022Cr25Ni7Mo4WCuN	—	0.030	1.00	1.00	0.030	0.010	6.00～8.00
75	03Cr3Ni6Mo3Cu2N	—	0.04	1.00	1.50	0.040	0.030	4.50～6.50
76	022Cr25Ni7Mo4N	—	0.030	0.80	1.20	0.035	0.020	6.00～8.00

GB/T 20878中序号	新 牌 号	旧 牌 号	化学成分（质量分数）				
			Cr	Mo	Cu	N	其他元素
67	14Cr18Ni11Si4AlTi	1Cr18Ni11Si4AlTi	17.50～19.50	—	—	—	Ti0.40～0.70 Al0.10～0.30
68	022Cr19Ni5Mo3Si2N	00Cr18Ni5Mo3Si2	18.00～19.50	2.50～3.00	—	0.05～0.10	—
69	12Cr21Ni5Ti	1Cr21Ni5Ti	20.00～22.00	—	—	—	Ti5（C-0.02）～0.80
70	022Cr22Ni5Mo3N	—	21.00～23.00	2.50～3.50	—	0.08～0.20	—
71	022Cr23Ni5Mo3N	—	22.00～23.00	3.00～3.50	—	0.14～0.20	—
72	022Cr23Ni4MoCuN	—	21.50～24.50	0.05～0.60	0.05～0.60	0.05～0.20	—
73	022Cr25Ni6Mo2N	—	24.00～26.00	1.50～2.50	—	0.10～0.20	—
74	022Cr25Ni7Mo4WCuN	—	24.00～26.00	3.00～4.00	0.50～1.00	0.20～0.30	W0.50～1.00
75	03Cr3Ni6Mo3Cu2N	—	24.00～27.00	2.90～3.90	1.50～2.50	0.10～0.25	—
76	022Cr25Ni7Mo4N	—	24.00～26.00	3.00～5.00	0.50	0.24～0.32	—

表 4-26　铁素体型钢的牌号和化学成分　　　　　　　　（%）

GB/T 20878中序号	新牌号	旧牌号	化学成分（质量分数）										
			C	Si	Mn	P	S	Ni	Cr	Mo	Cu	N	其他元素
78	06Cr13Al	0Cr13Al	0.08	1.00	1.00	0.040	0.030	(0.60)	11.50～14.50	—	—	—	Al0.10～0.30
80	022Cr11Ti	—	0.030	1.00	1.00	0.040	0.020	(0.60)	10.50～11.70	—	—	0.030	Ti≥8（C+N）Ti0.15～0.50 Cb0.10
81	022Cr11NbTi	—	0.030	1.00	1.00	0.040	0.20	(0.60)	10.50～11.70	—	—	0.030	（Ti+Nb）8（C+N）+0.08～0.75
82	022Cr12Ni	—	0.030	1.00	1.50	0.040	0.015	0.30～1.00	10.50～12.50	—	—	0.030	—
83	022Cr12	00Cr12	0.030	1.00	1.00	0.040	0.030	(0.60)	11.00～13.50	—	—	—	—
84	10Cr15	1Cr15	0.12	1.00	1.00	0.040	0.030	(0.60)	14.00～16.00	—	—	—	—
85	10Cr17	1Cr17	0.12	1.00	1.00	0.040	0.030	0.75	16.00～18.00	—	—	—	—
87	022Cr17Ti	00Cr17	0.030	0.75	1.00	0.035	0.030	—	16.00～19.00	—	—	—	Ti 或 Nb 0.10～1.00
88	10Cr17Mo	1Cr17Mo	0.12	1.00	1.00	0.040	0.030	—	16.00～18.00	0.75～1.25	—	—	—
90	019Cr18MoTi	—	0.025	1.00	1.00	0.040	0.020	—	16.00～19.00	0.75～1.50	—	0.025	Ti, Nb, Zr 或其组合 8×（C+N）～0.80

续表 4-26

GB/T 20878 中序号	新牌号	旧牌号	化学成分（质量分数）										
			C	Si	Mn	P	S	Ni	Cr	Mo	Cu	N	其他元素
91	022Cr18NbTi	—	0.030	1.00	1.00	0.040	0.015	—	17.50～18.50	—	—	—	Ti0.10～0.60 Nb≥0.30+3C
92	019Cr19Mo2NbTi	00Cr18Mo2	0.025	1.00	1.00	0.040	0.030	1.00	17.50～19.50	1.75～2.50	—	0.035	（Ti+Nb） 0.20+4（C+N）～0.80
94	008Cr27Mo	00Cr27Mo	0.010	0.40	0.40	0.030	0.020	—	25.00～27.50	0.75～1.50	—	0.015	（Ni+Cu）≤0.50
95	008Cr30Mo2	00Cr30Mo2	0.010	0.40	0.40	0.030	0.020	—	28.50～32.00	1.50～2.50	—	0.015	（Ni+Cu）≤0.50

表 4-27　马氏体型钢的牌号和化学成分　　　　　　（%）

GB/T 20878 中序号	新牌号	旧牌号	化学成分（质量分数）										
			C	Si	Mn	P	S	Ni	Cr	Mo	Cu	N	其他元素
96	12Cr12	1Cr12	0.15	0.50	1.00	0.040	0.030	（0.60）	11.50～13.00	—	—	—	—
97	06Cr13	0Cr13	0.08	1.00	1.00	0.040	0.030	（0.60）	11.50～13.50	—	—	—	—
98	12Cr13	1Cr13	0.15	1.00	1.00	0.040	0.030	（0.60）	11.50～13.50	—	—	—	—
99	04Cr13Ni5Mo	—	0.05	0.60	0.50～1.00	0.030	0.030	3.50～5.50	11.50～14.00	0.50～1.00	—	—	—
101	20Cr13	2Cr13	0.16～0.25	1.00	1.00	0.040	0.030	（0.60）	12.00～14.00	—	—	—	—
102	30Cr13	3Cr13	0.26～0.35	1.00	1.00	0.040	0.030	（0.60）	12.00～14.00	—	—	—	—
104	40Cr13	4Cr13	0.36～0.45	0.80	0.80	0.040	0.030	（0.60）	12.00～14.00	—	—	—	—
107	17Cr16Ni2	—	0.12～0.20	1.00	1.00	0.025	0.015	2.00～3.00	15.00～18.00	—	—	—	—
108	68Cr17	7Cr17	0.60～0.75	1.00	1.00	0.040	0.030	（0.60）	16.00～18.00	（0.75）	—	—	—

表 4-28　沉淀硬化型钢的牌号和化学成分　　　　　　（%）

GB/T 20878 中序号	新牌号	旧牌号	化学成分（质量分数）										
			C	Si	Mn	P	S	Ni	Cr	Mo	Cu	N	其他元素
134	04Cr13Ni8Mo2Al	—	0.05	0.10	0.20	0.010	0.008	7.50～8.50	12.30～13.25	2.00～2.50	—	0.01	Al0.90～1.35
135	022Cr12Ni9Cu2NbTi	—	0.05	0.50	0.50	0.040	0.030	7.50～9.50	11.00～12.50	0.50	1.50～12.50	—	Ti0.80～1.40 （Nb+Ta）0.10～0.50
138	07Cr17Ni7Al	0Cr17Ni7Al	0.09	1.00	1.00	0.040	0.030	6.50～7.75	16.00～18.00	—	—	—	Al0.75～1.50
139	07Cr15Ni7Mo2Al	0Cr15Ni7Mo2Al	0.090	1.00	1.00	0.040	0.030	6.50～7.75	14.00～16.00	2.00～3.00	—	—	Al0.75～1.50

续表 4-28

GB/T 20878 中序号	新牌号	旧牌号	化学成分（质量分数）										
			C	Si	Mn	P	S	Ni	Cr	Mo	Cu	N	其他元素
141	09Cr17Ni5Mo3N	—	0.07～0.11	0.50	0.50～1.25	0.040	0.030	4.00～5.00	16.00～17.00	2.50～3.20	—	0.07～0.13	—
142	06Cr17Ni7AlTi	—	0.08	1.00	1.00	0.040	0.030	6.00～7.50	16.00～17.50				Al0.40 Ti0.40～1.20

（4）力学和工艺性能（表 4-29～表 4-34）

表 4-29　经固溶处理的奥氏体型钢的力学性能

GB/T 20878 中序号	新 牌 号	旧 牌 号	规定非比例延伸强度 $R_{p0.2}$/MPa	抗拉强度 R_m/MPa	断后伸长率 A/%	硬 度 值		
						HBW	HRB	HV
			≥			≤		
9	12Cr17Ni7	1Cr17Ni7	205	515	40	217	95	218
10	022Cr17Ni7	—	220	550	45	241	100	—
11	022Cr17Ni7N	—	240	550	45	241	100	—
13	12Cr18Ni9	1Cr18Ni9	205	515	40	201	92	210
14	12Cr18Ni9Si3	1Cr18Ni9Si3	205	515	40	217	95	220
17	06Cr19Ni10	0Cr18Ni9	205	515	40	201	92	210
18	02Cr19Ni10	00Cr19Ni10	170	485	40	201	92	210
19	07Cr19Ni10	—	205	515	40	201	92	210
20	05Cr19Ni10Si2N		290	600	40	217	95	
23	06Cr19Ni10N	0Cr19Ni9N	240	550	30	201	92	220
24	06Cr19Ni9NbN	0Cr19Ni10NbN	345	685	35	250	100	260
25	022Cr19Ni10N	00Cr18Ni10N	205	515	40	201	92	220
26	10Cr18Ni12	1Cr18Ni12	170	485	40	183	88	200
32	06Cr23Ni13	0Cr23Ni13	205	515	40	217	95	220
35	06Cr25Ni20	0Cr25Ni20	205	515	40	217	95	220
36	022Cr25Ni22Mo2N		270	580	25	217	95	
38	06Cr17Ni12Mo2	0Cr17Ni12Mo2	205	515	40	217	95	220
39	022Cr17Ni12Mo2	00Cr17Ni14Mo2	170	485	40	217	95	220
41	06Cr18Ni12Mo2Ti	0Cr18Ni12Mo3Ti	205	515	40	217	95	220
42	06Cr17Ni12Mo2Nb		205	515	30	217	95	—
43	06Cr17Ni12Mo2N	0Cr17Ni12Mo2N	240	550	35	217	95	220
44	022Cr17Ni12Mo2N	00Cr17Ni13Mo2N	205	515	40	217	95	220
45	06Cr18Ni12Mo2Cu2	0Cr18Ni12Mo2Cu2	205	520	40	187	90	200
48	015Cr21Ni26Mo5Cu2	—	220	490	35		90	
49	06Cr19Ni13Mo3	0Cr19Ni13Mo3	205	515	35	217	95	220
50	022Cr19Ni13Mo3	00Cr19Ni13Mo3	205	515	40	217	95	220
53	022Cr19Ni16Mo5N	—	240	550	40	223	96	
54	022Cr19Ni13Mo4N	—	240	550	40	217	95	
55	06Cr18Ni11Ti	0Cr18Ni10Ti	205	515	40	217	95	220
58	015Cr24Ni22Mo8Mn3CuN		430	750	40	250	—	—
61	022Cr24Ni17Mo5Mn6NbN	—	415	795	35	241	100	—
62	06Cr18Ni11Nb	0Cr18Ni11Nb	205	515	40	201	92	210

表 4-30 经固溶处理的奥氏体＋铁素体型钢力学性能

GB/T 20878 中序号	新 牌 号	旧 牌 号	规定非比例延伸强度 $R_{p0.2}$/MPa	抗拉强度 R_m/MPa	断后伸长率 A/%	硬 度 值	
						HBW	HRC
			≥			≤	
67	14Cr18Ni11Si4AlTi	1Cr18Ni11Si4AlTi	—	715	25	—	—
68	022Cr19Ni5Mo3Si2N	00Cr18Ni5Mo3Si2	440	630	25	290	31
69	12Cr21Ni5Ti	1Cr21Ni5Ti	350	635	20	—	—
70	022Cr22Ni5Mo3N	—	450	620	25	293	31
71	022Cr23Ni5Mo3N	—	450	620	25	293	31
72	022Cr23Ni4MoCuN	—	400	600	25	290	31
73	022Cr25Ni6Mo2N	—	450	640	25	295	30
74	022Cr25Ni7Mo4WCuN	—	550	750	25	270	—
75	03Cr25Ni6Mo3CuN	—	550	760	15	302	32
76	022Cr25Ni7Mo4N	—	550	795	15	310	32

表 4-31 经退火处理的铁素体型钢的力学和工艺性能

GB/T 20878 中序号	新 牌 号	旧 牌 号	规定非比例延伸强度 $R_{p0.2}$/MPa	抗拉强度 R_m/MPa	断后伸长率 A/%	冷弯 180°	硬 度 值		
							HBW	HRB	HV
			≥				≤		
78	06Cr13Al	0Cr13Al	170	415	20	$d=2a$	179	88	200
80	022Cr12	—	195	360	22	$d=2a$	183	88	200
81	022Cr12Ni	—	280	450	18	—	180	88	—
82	022Cr11NbTi	—	275	415	20	$d=2a$	197	92	200
83	022Cr11Ti	00Cr12	275	415	20	$d=2a$	197	92	200
84	10Cr15	1Cr15	205	450	22	$d=2a$	183	89	200
85	10Cr17	1Cr17	205	450	22	$d=2a$	183	89	200
87	022Cr18Ti	00Cr17	175	360	22	$d=2a$	183	88	200
88	10Cr17Mo	1Cr17Mo	240	450	22	$d=2a$	183	89	200
90	019Cr18MoTi	—	245	410	20	$d=2a$	217	96	230
91	022Cr18NbTi	—	250	430	18	—	180	88	—
92	019Cr19Mo2NbTi	00Cr18Mo2	275	415	20	$d=2a$	217	96	230
94	008Cr27Mo	00Cr27Mo	245	410	22	$d=2a$	190	90	200
95	008Cr30Mo2	00Cr30Mo2	295	450	22	$d=2a$	209	95	220

注：d 为弯芯直径，a 为钢板厚度。

表 4-32 经退火处理的马氏体型钢的力学和工艺性能

GB/T 20878 中序号	新 牌 号	旧 牌 号	规定非比例延伸强度 $R_{p0.2}$/MPa	抗拉强度 R_m/MPa	断后伸长率 A/%	冷弯 180°	硬 度 值		
							HBW	HRB	HV
			≥				≤		
96	12Cr12	1Cr12	205	485	20	$d=2a$	217	96	210
97	06Cr13	0Cr13	205	415	20	$d=2a$	183	89	200

续表 4-32

GB/T 20878 中序号	新牌号	旧牌号	规定非比例延伸强度 $R_{p0.2}$/MPa	抗拉强度 R_m/MPa	断后伸长率 A/%	冷弯 180°	硬 度 值		
							HBW	HRB	HV
			≥				≤		
98	12Cr13	1Cr13	205	450	20	$d=2a$	217	96	210
99	04Cr13Ni5Mo	—	620	795	15	—	302	32	—
101	20Cr13	2Cr13	225	520	18		223	97	234
102	30Cr13	3Cr13	225	540	18		235	99	247
104	40Cr13	4Cr13	225	590	15		—	—	—
107	17Cr16Ni2		690	880~1 080	12		262~326	—	—
			1 050	1 350	10		388	—	—
108	68Cr17	1Cr12	245	590	15		255	25	269

注：d 为弯芯直径，a 为钢板厚度。

表 4-33   经固溶处理的沉淀硬化型钢试样的力学性能

GB/T 20878 中序号	新 牌 号	旧 牌 号	钢材厚度 /mm	规定非比例延伸强度 $R_{p0.2}$/MPa	抗拉强度 R_m/MPa	断后伸长率 A/%	硬 度 值	
							HRC	HBW
				≤	≥	≥	≤	
134	04Cr13Ni8Mo2Al	—	≥2≤102	—	—	—	38	363
135	022Cr12Ni9Cu2NbTi	—	≥2≤102	1 105	1 205	3	36	331
138	07Cr17Ni7Al	0Cr17Ni7Al	≥2≤102	380	1 035	20	92[①]	—
139	07Cr15Ni7Mo2Al	0Cr15Ni7Mo2Al	≥2≤102	450	1 035	25	100[①]	—
141	09Cr17Ni5Mo3N		≥2≤102	585	1 380	12	30	—
142	06Cr17Ni7AlTi		≥2≤102	515	825	5	32	—

注：①为 HRB 硬度值。

表 4-34   沉淀硬化处理后沉淀硬化型钢试样的力学性能

GB/T 20878 中序号	新牌号	旧牌号	钢材厚度 /mm	处理温度/℃	规定非比例延伸强度 $R_{p0.2}$/MPa	抗拉强度 R_m/MPa	断后伸长率 A/%	硬 度 值	
								HRC	HBW
					≥			≥	
134	04Cr13Ni8Mo2Al	—	≥2<5	—	1 410	1 515	8	45	—
			≥5<16	510±5	1 410	1 515	10	45	—
			≥16≤100	—	1 410	1 515	10	45	429
			≥2<5	—	1 310	1 380	8	43	—
			≥5<16	540±5	1 310	1 380	10	43	—
			≥16<100	—	1 310	1 380	10	43	401
135	022Cr12Ni9Cu2NbTi	—	≥2	480±6 或 510±5	1 410	1 525	4	44	—
138	07Cr17Ni7Al	0Cr17Ni7Al	≥2<5	760±15 15±3	1 035	1 240	6	38	—
			≥5≤16	566±6	965	1 170	7	38	352
			≥2<5	954±8 −73±6	1 310	1 450	4	44	—
			≥5≤16	510±6	1 240	1 380	6	43	401

续表 4-34

GB/T 20878中序号	新牌号	旧牌号	钢材厚度/mm	处理温度/℃	规定非比例延伸强度 $R_{p0.2}$/MPa	抗拉强度 R_m/MPa	断后伸长率 A/%	硬 度 值	
					≥		≥	HRC	HBW
139	07Cr15Ni7Mo2Al	0Cr15Ni7Mo2Al	≥2<5	760±15 15±3	1 170	1 310	5	40	—
			≥5≤16	566±6	1 170	1 310	4	40	375
			≥2<5	954±8 −73±6	1 380	1 550	4	46	—
			≥5≤16	510±6	1 380	1 550	4	45	429
141	09Cr17Ni5Mo3N	—	≥2≤5	455±10	1 035	1 275	8	42	—
			≥2≤5	540±10	1 000	1 140	8	36	—
142	06Cr17Ni7AlTi	—	≥2<3	510±10	1 170	1 310	5	39	—
			≥3		1 170	1 310	8	39	363
			≥2<3	540±10	1 105	1 240	5	37	—
			≥3		1 105	1 240	8	38	352
			≥2<3	565±10	1 035	1 170	5	35	—
			≥3		1 035	1 170	8	35	331

（5）特性和用途（表 4-35）

表 4-35 不锈钢热轧钢板和钢带的特性和用途

类型	GB/T 20878中序号	新 牌 号	旧 牌 号	特 性 和 用 途
奥氏体型	9	12Cr17Ni7	1Cr17Ni7	经冷加工有高的强度。用于铁道车辆，传送带螺栓、螺母等
	10	022Cr17Ni7	—	
	11	022Cr17Ni7N	—	
	13	12Cr18Ni9	1Cr18Ni9	经冷加工有高的强度，但伸长率比 022Cr17Ni7 稍差。用于建筑装饰部件
	14	12Cr18Ni9Si3	1Cr18Ni9Si3	耐氧化性比 12Cr18Ni9 好，900℃ 以下与 06Cr25Ni20 具有相同的耐氧化性和强度。用于汽车排气净化装置、工业炉等高温装置部件
	17	06Cr19Ni10	0Cr18Ni9	作为不锈耐热钢使用最广泛，用于食品设备，一般化工设备，原子能工业等
	18	022Cr19Ni10	00Cr19Ni10	比 06Cr19Ni9 碳含量更低，耐晶间腐蚀性优越，焊接后不进行热处理
	19	07Cr19Ni10	—	在固溶态钢中的塑性、韧性、冷加工性良好，在氧化性酸和大气、水等介质中耐蚀性好，但在敏化态或焊接后有晶腐倾向；耐蚀性优于 12Cr18Ni9。适于制造深冲成型部件和输酸管道、容器等
	20	05Cr19Ni10Si2N	—	添加 N，提高钢的强度和加工硬化倾向，塑性不降低；改善钢的耐点蚀、晶腐性，可承受更重的负荷，使材料的厚度减少。用于结构用强度部件
	23	06Cr19Ni10N	0Cr19Ni9N	在牌号 06Cr19Ni9 上加 N，提高钢的强度和加工硬化倾向，塑性不降低；改善钢的耐点蚀、晶腐性，使材料的厚度减少。用于有一定耐腐要求，并要求较高强度和减速轻质量的设备、结构部件

续表 4-35

类型	GB/T 20878 中序号	新 牌 号	旧 牌 号	特 性 和 用 途
奥氏体型	24	06Cr19Ni9NbN	0Cr19Ni10NbN	在牌号 06Cr19Ni9 上加 N 和 Nb，提高钢的耐点蚀、晶腐性能，具有与 06Cr19Ni9N 相同的特性和用途
	25	022Cr19Ni10N	00Cr18Ni10N	06Cr19Ni9N 的超低碳钢，因 06Cr19Ni9N 在 450～900℃加热后耐晶腐性将明显下降，因此对于焊接设备构件，推荐 022Cr19Ni10N
	26	10Cr18Ni12	1Cr18Ni12	与 06Cr19Ni9 相比，加工硬化性低。用于施压加工、特殊拉拔、冷镦等
	32	06Cr23Ni13	0Cr23Ni13	耐腐蚀性比 06Cr19Ni9 好，但实际多作为耐热钢使用
	35	06Cr25Ni20	0Cr25Ni20	抗氧化性比 06Cr23Ni13 好，但实际多作为耐热钢使用
	36	022Cr25Ni22Mo2N	—	加 N 提高钢的耐孔蚀性，且使钢具有更高的强度和稳定的奥氏体组织。适用于尿素生产中汽提塔的结构材料，性能远优于 022Cr17Ni12Mo2
	38	06Cr17Ni12Mo2	0Cr17Ni12Mo2	在海水和其他各种介质中，耐蚀性比 08Cr19Ni9 好。主要用于耐点蚀材料
	39	022Cr17Ni12Mo2	00Cr17Ni14Mo2	为 06Cr17Ni12Mo2 的超低碳钢，节 Ni 钢种
	41	06Cr18Ni12Mo2Ti	0Cr18Ni12Mo3Ti	有良好的耐晶间腐蚀性，用于抵抗硫酸、磷酸、甲酸、乙酸的设备
	42	06Cr17Ni12Mo2Nb	—	—
	43	06Cr17Ni12Mo2N	0Cr17Ni12Mo2N	在牌号 06Cr17Ni12Mo2 中加入 N，提高强度，不降低塑性，使材料的使用厚度减薄。用于耐蚀性较好的强度较高的部件
	44	022Cr17Ni12Mo2N	00Cr17Ni13Mo2N	在牌号 022Cr17Ni12Mo2 中加入 N 后，则具有与 022Cr17Ni12Mo2 同样的特性，且用途与 06Cr17Ni12Mo2N 相同，但耐晶间腐蚀性更好
	45	06Cr18Ni12Mo2Cu2	0Cr18Ni12Mo2Cu2	耐蚀性、耐点蚀性比 06Cr17Ni12Mo2 好，用于耐硫酸材料
	48	015Cr21Ni26Mo5Cu2	—	高 Mo 不锈钢，全面耐硫酸、磷酸、醋酸等腐蚀，又可解决氯化物孔蚀、缝隙腐蚀和应力腐蚀问题。主要用于石化、化工、化肥、海洋开发等的塔、槽、管、换热器等
	49	06Cr19Ni13Mo3	0Cr19Ni13Mo3	耐点蚀性比 06Cr17Ni12Mo2 好。用于染色设备材料等
	50	022Cr19Ni13Mo3	00Cr19Ni13Mo3	为 06Cr19Ni13Mo3 的超低碳钢，比 06Cr19Ni13Mo3 耐晶间腐蚀性好
	53	022Cr19Ni16Mo5N	—	高 Mo 不锈钢，钢中含 0.10%～0.20%，使其耐蚀性能进一步提高；此钢种在硫酸、甲酸、醋酸等介质中的耐蚀性要比一般含 2%～4%Mo 的常用 Cr-Ni 钢更好
	54	022Cr19Ni13Mo4N	—	—
	55	06Cr18Ni11Ti	0Cr18Ni10Ti	添加 Ti 提高耐晶间腐蚀性。不推荐做装饰部件
	58	015Cr24Ni22Mo8Mn3CuN	—	—
	61	022Cr24Ni17Mo5Mn6NbN	—	—
	62	06Cr18Ni11Nb	0Cr18Ni11Nb	含 Nb 提高耐晶间腐蚀性
奥氏体+铁素体型	67	14Cr18Ni11Si4AlTi	1Cr18Ni11Si4AlTi	用于制作抗高温浓硝酸介质的零件和设备
	68	022Cr19Ni5Mo3Si2N	00Cr18Ni5Mo3Si2	耐应力腐蚀破裂性能良好，耐点蚀性能与 03Cr17Ni13Mo4 相当，具有较高强度。适用于含氯离子的环境，用于炼油、化肥、造纸、石油、化工等工业制造热交换器、冷凝器等
	69	12Cr21Ni5Ti	1Cr21Ni5Ti	特别适用于制造航空发动机壳体和火箭发动机燃烧室外壳
	70	022Cr22Ni5Mo3N	—	对含硫化氢、二氧化碳、氯化物的环境具有阻抗性。用作油井管、化工储罐、各种化学装置等用材
	71	022Cr23Ni5Mo3N	—	

续表 4-35

类型	GB/T 20878 中序号	新牌号	旧牌号	特性和用途
奥氏体+铁素体型	72	022Cr23Ni4MoCuN	—	具有双相组织，优异的耐应力腐蚀断裂和其他形式耐蚀的性能以及良好的焊接性能。用作储罐和容器用材
	73	022Cr25Ni6Mo2N	—	调高钼含量、调低碳含量。用于耐海水腐蚀部件等
	74	022Cr25Ni7Mo4WCuN	—	在 022Cr25Ni7Mo4N 中加入 W，Cu 提高 Cr25 型双相钢的性能，特别是耐氯化物点蚀和缝隙腐蚀性能更佳。主要用于以水（含海水、卤水）为介质的热交换设备
	75	03Cr25Ni6Mo3Cu2N	—	该钢具有良好的力学性能和耐局部腐蚀性能，尤其是耐磨损腐蚀性能优于一般的不锈钢，海水环境中的理想材料。适于用作舰船用的螺旋推进器、轴、潜艇密封件等，而且在化工、石化、天然气、纸浆、造纸等方面也有应用
	76	022Cr25Ni7Mo4N	—	双相不锈钢中耐局部腐蚀最好的钢，特别是耐点蚀最好，并具有高强度、耐氯化物应力腐蚀、可焊接的特点。非常适用于化工、石油、石化和动力工业中以河水、地下水和海水等为冷却介质的换热设备
铁素体型	78	06Cr13Al	0Cr13Al	从高温下冷却不产生显著硬化，用于汽轮机材料、淬火用部件、复合钢材等
	80	022Cr11Ti	—	超低碳钢，焊接性能好。用于汽车排气处理装置
	81	022Cr11NbTi	—	在钢中加入 Nb+Ti 细化晶粒，提高铁素体钢的耐晶间腐蚀性、改善焊接后塑性，性能比 022Cr11Ti 更好。用于汽车排气处理装置
	82	022Cr12Ni	—	用于压力容器
	83	022Cr12	00Cr12	碳含量低，焊接部位弯曲性能、加工性能、耐高温氧化性能好。用于汽车排气处理装置、锅炉燃烧室、喷嘴
	84	10Cr15	1Cr15	为 10Cr17 改善焊接性能的钢种
	85	10Cr17	1Cr17	耐蚀性良好的通用钢种。用于建筑内装饰、重油燃烧器部件、家庭用具、家用电器部件。脆性转变温度均在室温以上，而且对缺口敏感，不适于制作室温以下的承载备件
	87	022Cr18Ti	00Cr17	碳含量较 10Cr17 低，而且含有稳定化元素 Ti，耐蚀性优于 10Cr17；脆性转变温度均在室温以上，而且对缺口敏感。不适于制作室温以下的承载备件
	88	10Cr17Mo	1Cr17Mo	在钢中加入 Mo，提高钢的耐点蚀、耐缝隙腐蚀性及强度等
	90	019Cr18MoTi	—	降低 10Cr17Mo 中的 C 和 N，单独或复合加入 Ti，Nb 或 Zr，使加工性和焊接性能改善。用于建筑内外装饰、车辆部件、厨房用具、餐具
	91	022Cr18NbTi	—	在牌号 10Cr17 中加入 Ti 或 Nb，降低碳含量，改善加工性、焊接性能。用于温水槽、热水供应器、卫生器具、家庭耐用机器、自行车轮缘
	92	019Cr19Mo2NbTi	00Cr18Mo2	含 Mo 比 019Cr18MoTi 多，耐蚀性提高，耐应力腐蚀破裂性好。用于储水槽、太阳能温水器、热交换器、食品机器、染色机械等
	94	008Cr27Mo	00Cr27Mo	性能、用途、耐蚀性和软磁性与 008Cr30Mo2 类似
	95	008Cr30Mo2	00Cr30Mo2	高 Cr-Mo 系，C，N 降至极低。耐蚀性很好，耐卤离子应力腐蚀破裂、耐点蚀性好。用于制作与醋酸、乳酸等有机酸有关的设备，制造苛性碱设备

续表 4-35

类型	GB/T 20878 中序号	新 牌 号	旧 牌 号	特 性 和 用 途
马氏体型	96	12Cr12	1Cr12	用于汽轮机叶片及高应力部件的不锈耐热钢
	97	06Cr13	0Cr13	比 12Cr13 的耐蚀性、加工成形性更优良的钢种
	98	12Cr13	1Cr13	具有良好的耐蚀性、机械加工性。一般用于刃具类
	99	04Cr13Ni5Mo	—	适用于厚截面尺寸的要求焊接性能良好的使用条件,如大型的水电站转轮和转轮下环等
	101	20Cr13	2Cr13	淬火状态下硬度高、耐蚀性良好。用于汽轮机叶片
	102	30Cr13	3Cr13	比 20Cr13 淬火后的硬度高。做刀具、喷嘴、阀座、阀门等
	104	40Cr13	4Cr13	比 30Cr13 淬火后的硬度高。做刃具、餐具、喷嘴、阀座、阀门等
	107	17Cr16Ni2	—	用于具有较高程度的耐硝酸、有机酸腐蚀性的零件、容器和设备
	108	68Cr17	—	硬化状态下坚硬,但比 12Cr17 韧性高。用于刃具、量具、轴承
沉淀硬化型	134	04Cr13Ni8Mo2Al	—	—
	135	022Cr12Ni9Cu2NbTi	—	—
	138	07Cr17Ni7Al	0Cr17Ni7Al	添加 Al 的沉淀硬化钢种。用于弹簧、垫圈、计器部件
	139	07Cr15Ni7Mo2Al	0Cr15Ni7Mo2Al	用于有一定耐蚀要求的高强度容器、零件及结构件
	141	09Cr17Ni5Mo3N	—	—
	142	06Cr17Ni7AlTi	—	—

4.1.14　耐热钢钢板和钢带（GB/T 4238—2007）

（1）用途　耐热钢是指在高温下有良好的化学稳定性和较高强度,能较好适应高温条件工作的合金钢。它包括抗氧化钢、热强钢两类。抗氧化钢又称不起皮钢,是指在高温下能够抵抗气体腐蚀而不剥落氧化皮的钢;热强钢是指在高温下能够抵抗气体腐蚀并有足够的高温强度的钢;二者统称耐热不起皮钢,简称耐热钢。耐热钢和不锈耐酸钢的使用范围互有交叉,一些不锈钢兼有耐热钢特性,既可作为不锈耐酸钢使用,也可用作耐热钢使用。因此,统称不锈耐热钢。耐热钢常用于制造锅炉、汽轮机、动力机械、工业炉和航空、石油化工等工业部门中在高温下工作的零部件。

（2）牌号和化学成分（表 4-36～表 4-39）

表 4-36　奥氏体型耐热钢的牌号和化学成分　　　　　　　　　　　　　　（%）

GB/T 20878 中序号	新牌号	旧牌号	化学成分（质量分数）										
			C	Si	Mn	P	S	Ni	Cr	Mo	N	V	其他
13	12Cr18Ni9	1Cr18Ni9	0.15	0.75	2.00	0.045	0.030	8.00～11.00	17.00～19.00	—	0.10	—	—
14	12Cr18Ni9Si3	1Cr18Ni9Si3	0.15	2.00～3.00	2.00	0.045	0.030	8.00～10.00	17.00～19.00	—	0.10	—	—
17	06Cr19Ni9	0Cr18Ni9	0.08	075	2.00	0.045	0.030	8.00～10.50	18.00～20.00	—	0.10	—	—
19	07Cr19Ni10	—	0.04～0.10	0.75	2.00	0.045	0.030	8.00～10.50	18.00～20.00	—	—	—	—
29	06Cr20Ni11	—	0.08	0.75	2.00	0.045	0.030	10.00～12.00	19.00～21.00	—	—	—	—

续表 4-36

GB/T 20878中序号	新牌号	旧牌号	化学成分（质量分数）										
			C	Si	Mn	P	S	Ni	Cr	Mo	N	V	其他
31	16Cr23Ni13	2Cr23Ni13	0.20	0.75	2.00	0.045	0.030	12.00~15.00	22.00~24.00	—	—	—	—
32	06Cr23Ni13	0Cr23Ni13	0.08	0.75	2.00	0.045	0.030	12.00~15.00	22.00~24.00	—	—	—	—
34	20Cr25Ni20	2Cr25Ni20	0.25	1.50	2.00	0.045	0.030	19.00~22.00	24.00~26.00	—	—	—	—
35	06Cr25Ni20	0Cr25Ni20	0.08	1.50	2.00	0.045	0.030	19.00~22.00	24.00~26.00	—	—	—	—
38	06Cr17Ni12Mo2	0Cr17Ni12Mo2	0.08	0.75	2.00	0.045	0.030	10.00~14.00	16.00~18.00	2.00~3.00	0.10	—	—
49	06Cr19Ni13Mo3	0Cr19Ni13Mo3	0.08	0.75	2.00	0.045	0.030	11.00~15.00	18.00~20.00	3.00~4.00	0.10	—	—
55	06Cr18Ni11Ti	0Cr18Ni10Ti	0.08	0.75	2.00	0.045	0.030	9.00~12.00	17.0~19.00	—	—	—	Ti≥5C
60	12Cr16Ni35	1Cr16Ni35	0.15	1.50	2.00	0.045	0.030	33.00~37.00	14.00~17.00	—	—	—	—
62	06Cr18Ni11Nb	0Cr18Ni11Nb	0.08	0.75	2.00	0.045	0.030	9.00~13.00	17.00~19.00	—	—	—	Nb10×C~0.10
66	16Cr25Ni20Si2	1Cr25Ni20Si2	0.20	1.50~2.50	1.50	0.045	0.030	18.00~21.00	24.00~27.00	—	—	—	—

表 4-37 铁素体型耐热钢的牌号和化学成分 （%）

GB/T 20878中序号	新牌号	旧牌号	化学成分（质量分数）								
			C	Si	Mn	P	S	Cr	Ni	N	其他
78	06Cr13Al	0Cr13Al	0.08	1.00	1.00	0.040	0.030	11.50~14.50	0.60	—	A10.10~0.30
80	022Cr11Ti	—	0.030	1.00	1.00	0.040	0.030	10.50~11.70	0.60	0.030	Ti6C~0.75
81	022Cr11NbTi	—	0.030	1.00	1.00	0.040	0.020	10.50~11.70	0.60	0.030	(Ti+Nb)8（C+N）+0.08~0.75
85	10Cr17	1Cr17	0.12	1.00	1.00	0.040	0.030	16.00~18.00	0.75	—	—
93	16Cr25N	2Cr25N	0.20	1.00	1.50	0.040	0.030	23.00~27.00	0.75	0.25	—

表 4-38 马氏体型耐热钢的牌号和化学成分 （%）

GB/T 20878中序号	新牌号	旧牌号	化学成分（质量分数）									
			C	Si	Mn	P	S	Cr	Ni	Mo	N	其他
96	12Cr12	1Cr12	0.15	0.50	1.00	0.040	0.030	11.50~13.00	0.60	—	—	—
98	12Cr13	1Cr13	0.15	1.00	1.00	0.040	0.030	11.50~13.50	0.75	0.50	—	—
124	22Cr12NiMoWV	2Cr12NiMoWV	0.20~0.25	0.50	0.50~1.00	0.025	0.025	11.00~12.50	0.50~1.00	0.90~1.25	—	V0.20~0.30 W0.90~1.25

表 4-39　沉淀硬化型耐热钢的牌号和化学成分　　　　　　（%）

GB/T 20878 中序号	新 牌 号	旧 牌 号	化学成分（质量分数）										
			C	Si	Mn	P	S	Cr	Ni	Cu	Al	Mo	其他
135	022Cr12Ni9 Cu2NbTi	—	0.05	0.50	0.50	0.040	0.030	11.00~ 12.50	7.50~ 9.50	1.50~ 2.50	—	0.50	Ti0.80~1.40 （Nb+Ta） 0.10~0.50
137	05Cr17Ni4 Cu4Nb	0Cr17Ni4 Cu4Nb	0.07	1.00	1.00	0.040	0.030	15.00~ 17.50	3.00~ 5.00	3.00~ 5.00			Nb0.15~0.45
138	07Cr17Ni7Al	0Cr17Ni7Al	0.09	1.00	1.00	0.040	0.030	16.00~ 18.00	6.50~ 7.75	—	0.75~ 1.50	—	—
139	07Cr15Ni7 Mo2Al	—	0.09	1.00	1.00	0.040	0.030	14.00~ 16.00	6.50~ 7.75		0.75~ 1.50	2.00~ 3.00	—
142	06Cr17Ni7Al Ti		0.08	1.00	1.00	0.040	0.030	16.00~ 17.50	6.00~ 7.50		0.40		Ti0.40~1.20
143	06Cr15Ni25 Ti2MoAlVB	0Cr15Ni25 Ti2MoAlVB	0.08	1.00	2.00	0.040	0.030	13.50~ 16.00	24.00~ 27.00	—	0.35	1.00~ 1.50	Ti1.90~2.35 V0.10~0.50 B0.001~0.010

（3）力学和工艺性能（表 4-40~表 4-44）

表 4-40　经固溶处理的奥氏体型耐热钢的力学性能

GB/T 20878 中序号	新 牌 号	旧 牌 号	拉 伸 试 验			硬 度 试 验		
			规定非比例延伸强度 $R_{p0.2}$/MPa	抗拉强度 R_m/MPa	断后伸长率 A/%	HBW	HRB	HV
			≥			≤		
13	12Cr18Ni9	1Cr18Ni9	205	515	40	201	92	210
14	12Cr18Ni9Si3	1Cr18Ni9Si3	205	515	40	217	95	220
17	06Cr19Ni9	0Cr18Ni9	205	515	40	201	92	210
19	07Cr19Ni10	—	205	515	40	201	92	210
29	06Cr20Ni11		205	515	40	183	88	
31	16Cr23Ni13	2Cr23Ni13	205	515	40	217	95	220
32	06Cr23Ni13	0Cr23Ni13	205	515	40	217	95	220
34	20Cr25Ni20	2Cr25Ni20	205	515	40	217	95	220
35	06Cr25Ni20	0Cr25Ni20	205	515	40	217	95	220
38	06Cr17Ni12Mo2	0Cr17Ni12Mo2	205	515	40	217	95	220
49	06Cr19Ni13Mo3	0Cr19Ni13Mo3	205	515	35	217	95	220
55	06Cr18Ni11Ti	0Cr18Ni10Ti	205	515	40	217	95	220
60	12Cr16Ni35	1Cr16Ni35	205	560	—	201	95	210
62	06Cr18NiNb	0Cr18Ni11Nb	205	515	40	201	92	210
66	16Cr25Ni20Si2	1Cr25Ni20Si2	—	540	35	—	—	—

表 4-41 经退火处理的铁素体型耐热钢的力学和工艺性能

GB/T 20878 中序号	新 牌 号	旧牌号	拉 伸 试 验			硬 度 试 验			弯 曲 试 验	
			规定非比例延伸强度 $R_{p0.2}$/MPa	抗拉强度 R_m/MPa	断后伸长率 A/%	HBW	HRB	HV	弯曲角度	d——弯芯直径 a——钢板厚度
			≥			≤				
78	06Cr13Al	0Cr13Al	170	415	20	179	88	200	180°	$d=2a$
80	022Cr11Ti	—	275	415	20	197	92	200	180°	$d=2a$
81	022Cr11NbTi	—	275	415	20	197	92	200	180°	$d=2a$
85	10Cr17	1Cr17	205	450	22	183	89	200	180°	$d=2a$
93	16Cr25N	2Cr25N	275	510	20	201	95	210	135°	—

表 4-42 经退火处理的马氏体型耐热钢的力学和工艺性能

GB/T 20878 中序号	新 牌 号	旧 牌 号	拉 伸 试 验			硬 度 试 验			弯 曲 试 验	
			规定非比例延伸强度 $R_{p0.2}$/MPa	抗拉强度 R_m/MPa	断后伸长率 A/%	HBW	HRB	HV	弯曲角度	d——弯芯直径 a——钢板厚度
			≥			≤				
96	12Cr12	1Cr12	205	485	25	217	88	210	180°	$d=2a$
98	12Cr13	1Cr13	—	690	15	217	96	210	—	—
124	22Cr12NiMoWV	2Cr12NiMoWV	275	510	20	200	95	210	—	$a≥3mm$, $d=a$

表 4-43 经固溶处理的沉淀硬化型耐热钢试样的力学性能

GB/T 20878 中序号	新 牌 号	旧 牌 号	钢材厚度/mm	规定非比例延伸强度 $R_{p0.2}$/MPa	抗拉强度 R_m/MPa	断后伸长率 A/%	硬 度 值	
							HRC	HBW
135	022Cr12Ni9Cu2NbTi	—	≥0.30~≤100	≤1 105	≤1 205	≥3	≤36	≤331
137	05Cr17Ni4Cu4Nb	0Cr17Ni4Cu4Nb	≥0.4~<100	≤1 105	≤1 255	≥3	≤38	≤363
138	07Cr17Ni7Al	0Cr17Ni7Al	≥0.1~<0.3	≤450	≤1 035	—	—	—
			≥0.3~≤100	≤380	≤1 035	≥20	≤92[①]	
139	07Cr15Ni7Mo2Al	—	≥0.10~≤100	≤450	≤1 035	≥25	≤100[①]	
142	06Cr17Ni7AlTi		≥0.10~<0.80	≤515	≤825	≥3	≤32	
			≥0.80~<1.50	≤515	≤825	≥4	≤32	
			≥1.50~≤100	≤515	≤825	≥5	≤32	
143	06Cr15Ni25Ti2MoAl VB	0Cr15Ni25Ti2MoAl VB	≥2	—	≥725	≥25	≤91[②]	≤192
			≥2	≥590	≥900	≥15	≤101[②]	≤248

注：①HRB 硬度值。
②HRB 硬度值，适用于沿宽度方向的试验，垂直于轧制方向平衡于钢板表面。

表 4-44 经沉淀硬化处理的耐热钢试样的力学性能

GB/T 20878 中序号	牌 号	钢材厚度/mm	处理温度/℃	规定非比例延伸强度 $R_{p0.2}$/MPa	抗拉强度 R_m/MPa	断后伸长率 A/%	硬 度 值	
				≥			HRC	HBW
135	022Cr12Ni9Cu2NbTi	≥0.10~<0.75	510±10 或 480±6	1 410	1 525	—	≥44	—
		≥0.75~<1.50		1 410	1 525	3	≥44	—
		≥1.50~≤16		1 410	1 525	4	≥44	—

续表 4-44

GB/T 20878 中序号	牌 号	钢材厚度/mm	处理温度/℃	规定非比例延伸强度 $R_{p0.2}$/MPa ≥	抗拉强度 R_m/MPa ≥	断后伸长率 A/% ≥	硬度值 HRC	硬度值 HBW
137	05Cr17Ni4Cu4Nb	≥0.1~<5.0	482±10	1 170	1 310	5	40~48	—
		≥5.0~<16	482±10	1 170	1 310	8	40~48	388~477
		≥16~≤100		1 170	1 310	10	40~48	388~477
		≥0.1~<5.0	496±10	1 070	1 170	5	38~46	—
		≥5.0~<16	496±10	1 070	1 170	8	38~47	375~477
		≥16~≤100		1 070	1 170	10	38~47	375~477
		≥0.1~<5.0	552±10	1 000	1 070	5	35~43	—
		≥5.0~<16	552±10	1 000	1 070	8	33~42	321~415
		≥16~<100		1 000	1 070	12	33~42	321~415
		≥0.1~<5.0	579±10	860	1 000	5	31~40	—
		≥5.0~<16	579±10	860	1 000	9	29~38	293~375
		≥16~<100		860	1 000	13	29~38	293~375
		≥0.1~<5.0	593±10	790	965	5	31~40	—
		≥5.0~<16	593±10	790	965	10	29~38	293~375
		≥16~≤100		790	965	14	29~38	293~375
		≥0.1~<5.0	621±10	725	930	8	28~38	—
		≥5.0~<16	621±10	725	930	10	26~36	269~352
		≥16~≤100		725	930	16	26~36	269~352
		≥0.1~<5.0	760±10 621±10	515	790	9	26~36	255~331
		≥5.0~<16		515	790	11	24~34	248~321
		≥16~≤100		515	790	18	24~34	248~321
138	07Cr17Ni7Al	≥0.05~<0.30	760±15 15±3 566±6	1 035	1 240	3	≥38	—
		≥0.30~<5.0		1 035	1 240	5	≥38	—
		≥5.0~≤16		965	1 170	7	≥38	≥352
		≥0.05~<0.30	954±8 −73±6 510±6	1 310	1 450	1	≥44	—
		≥0.30~<5.0		1 310	1 450	3	≥44	—
		≥5.0~≤16		1 240	1 380	6	≥46	≥401
139	07Cr15Ni7Mo2Al	≥0.05~<0.30	760±15 15±3 566±10	1 170	1 310	3	≥40	—
		≥0.30~<5.0		1 170	1 310	5	≥40	—
		≥5.0~≤16		1 170	1 310	4	≥40	≥375
		≥0.05~<0.30	954±8 −73±6 510±6	1 380	1 550	2	≥46	—
		≥0.30~<5.0		1 380	1 550	4	≥46	—
		≥5.0~≤16		1 380	1 550	4	≥45	≥429
142	06Cr17Ni7AlTi	≥0.10~<0.80	510±8	1 170	1 310	3	≥39	—
		≥0.80~<1.50	510±8	1 170	1 310	4	≥39	—
		≥1.50~≤16		11 70	1 310	5	≥39	—
		≥0.10~<0.75	538±8	1 105	1 240	3	≥37	—
		≥0.75~<1.50	538±8	1 105	1 240	4	≥37	—
		≥1.50~≤16		1 105	1 240	5	≥37	—
		≥0.10~<0.75	566±8	1 035	1 170	3	≥35	—
		≥0.75~<1.50	566±8	1 035	1 170	4	≥35	—
		≥1.50~≤16		1 035	1 170	5	≥35	—
143	06Cr15Ni25Ti2MoAlVB	≥2.0~<8.0	700~760	590	900	15	≥101	≥248

（4）特性和用途（表4-45）

表4-45 耐热钢钢板和钢带的特性和用途

类型	GB/T 20878 中序号	新牌号	旧牌号	特性和用途
奥氏体型	13	12Cr18Ni9	1Cr18Ni9	—
	14	12Cr18Ni9Si3	1Cr18Ni9Si3	耐氧化性优于12Cr18Ni9，在900℃以下具有与SUS301S相同的耐氧化性及强度。做汽车排气净化装置，工业炉等高温装置部件
	17	06Cr19Ni9	0Cr18Ni9	作为不锈钢、耐热钢被广泛使用，食品设备，一般化工设备，原子能工业
	19	07Cr19Ni10	—	—
	29	06Cr20Ni11	—	—
	31	16Cr23Ni13	2Cr23Ni13	承受980℃以下反复加热的抗氧化钢。做加热炉部件，重油燃烧器
	32	06Cr23Ni13	0Cr23Ni13	比06Cr19Ni9耐氧化性好，可承受980℃以下反复加热。做炉用材料
	34	20Cr25Ni20	2Cr25Ni20	承受1 035℃以下反复加热的抗氧化钢。做炉用部件、喷嘴、燃烧室
	35	06Cr25Ni20	0Cr25Ni20	比16Cr23Ni13抗氧化性好，可承受1 035℃加热。做炉用材料，汽车净化装置用料
	38	06Cr17Ni12Mo2	0Cr17Ni12Mo2	高温具有优良的蠕变强度。做热交换用部件，高温耐蚀螺栓
	49	06Cr19Ni13Mo3	0Cr19Ni13Mo3	高温具有良好的蠕变强度。做热交换用部件
	55	06Cr18Ni11Ti	0Cr18Ni10Ti	做在400～900℃腐蚀条件下使用的部件，高温用焊接结构部件
	60	12Cr16Ni35	1Cr16Ni35	抗渗碳，氮化性大的钢种，1 035℃以下反复加热。做炉用钢料、石油裂解装置
	62	06Cr18Ni11Nb	0Cr18Ni11Nb	做在400～900℃腐蚀条件下使用的部件，高温用焊接结构部件
	66	16Cr25Ni20Si2	1Cr25Ni20Si2	在600～800℃有析出相的脆化倾向。适于承受应力的各种炉用构件
铁素体型	78	06Cr13Al	0Cr13Al	由于冷却硬化小，做燃气透平压缩机叶片、退火箱、淬火台架
	80	022Cr11Ti	—	—
	81	022Cr11NbTi	—	比022Cr11Ti具有更好的焊接性能。汽车排气阀净化装置用材料
	85	10Cr17	1Cr17	做900℃以下耐氧化部件、散热器、炉用部件
	93	16Cr25N	2Cr25N	耐高温腐蚀性强，1 082℃以下不产生易剥落的氧化皮。用于燃烧室
马氏体型	96	12Cr12	1Cr12	作为汽轮机叶片以及高应力部件的良好不锈耐热钢
	98	12Cr13	1Cr13	做800℃以下耐氧化用部件
	124	22Cr12NiMoVW	2Cr12NiMoWV	—

续表 4-45

类型	GB/T 20878 中序号	新 牌 号	旧 牌 号	特 性 和 用 途
沉淀硬化型	135	022Cr12Ni9Cu2NbTi	—	—
	137	05Cr17Ni14Cu4Nb	0Cr17Ni4Cu4Nb	添加 Cu 的沉淀硬化性的钢种。轴类、汽轮机部件，胶合压板，钢带输送机用
	138	07Cr17Ni7Al	0Cr17Ni7Al	添加 Al 的沉淀硬化型钢种。做高温弹簧、膜片、固定器、波纹管
	139	07Cr15Ni7Mo2Al	—	用于有一定耐蚀要求的高强度容器、零件及结构件
	142	06Cr17Ni7AlTi	—	
	143	06Cr15Ni25Ti2MoAlVB	0Cr15Ni25Ti2MoAlVB	用于耐 700℃高温的汽轮机转子、螺栓、叶片、轴

4.1.15　厚度方向性能钢板（GB/T 5313—2010）

（1）用途　厚度方向性能钢板是镇静钢钢板，要求做厚度方向性能试验。这种钢板不仅要求沿宽度方向和长度方向有一定的力学性能（屈服点不大于 500MPa），而且要求厚度方向具有良好的抗层状撕裂性能。钢板抗层状撕裂性能采用厚度方向拉力试验的断面收缩率进行评定。厚度方向性能钢板主要用于造船、海上采油平台、锅炉、压力容器以及建筑结构等某些重要焊接构件。

（2）尺寸规格　钢板厚度为 15～400mm。

（3）硫含量（表 4-46）

表 4-46　厚度方向性能钢板的硫含量　　　　　　　　　　　　　（%）

厚度方向性能级别	硫含量（质量分数）
Z15	≤0.010
Z25	≤0.007
Z35	≤0.005

（4）力学性能（表 4-47）

表 4-47　厚度方向性能钢板的力学性能　　　　　　　　　　　　（%）

厚度方向性能级别	断面收缩率 Z	
	三个试样的最小平均值	单个试样最小值
Z15	15	10
Z25	25	15
Z35	35	25

4.1.16　热轧花纹钢板和钢带（YB/T 4159—2007）

（1）用途　花纹钢板也称网纹钢板，是其表面具有菱形、扁豆形、圆豆形或组合形突棱的钢板。花纹钢板按材质分碳素结构钢、船体用结构钢、耐候结构钢等，由于其表面的突棱具有防滑作用，常用作船舶甲板、汽车底板、工业厂房地板、扶梯、工作架踏板及其他需要防滑的场合。

（2）尺寸规格（表 4-48、表 4-49）

表 4-48 热轧花纹钢板的尺寸规格 （mm）

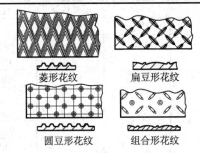

菱形花纹　　　　扁豆形花纹

圆豆形花纹　　　　组合形花纹

基本厚度	宽度	长度	
2.0～10.0	600～1 500	钢板	2 000～12 000
		钢带	—

表 4-49 热轧花纹钢板的理论计重方法

基本厚度 /mm	钢板理论质量/（kg/m²）				基本厚度 /mm	钢板理论质量/（kg/m²）			
	菱形	圆豆形	扁豆形	组合形		菱形	圆豆形	扁豆形	组合形
2.0	17.7	16.1	16.8	16.5	5.0	42.2	39.8	40.1	40.3
2.5	21.6	20.4	20.7	20.4	5.5	46.6	43.8	44.9	44.4
3.0	25.9	24.0	24.8	24.5	6.0	50.5	47.7	48.8	48.4
3.5	29.9	27.9	28.8	28.4	7.0	58.4	55.6	56.7	56.2
4.0	34.4	31.9	32.8	32.4	8.0	67.1	63.6	64.9	64.4
4.5	38.3	35.9	36.7	36.4	10.0	83.2	79.2	80.8	80.27

（3）牌号和化学成分　应符合 GB/T 700，GB 712，GB/T 4171 的规定。

（4）力学性能　应符合 GB/T 700，GB 712，GB/T 4171 的规定或按双方协议。

（5）表面质量（表 4-50）

表 4-50 热轧花纹钢板的表面质量

序　号	指　标
1	钢板和钢带表面不得有气泡、结疤、拉裂、折叠和夹杂。钢板和钢带不得有分层
2	钢板和钢带表面允许有薄层氧化铁皮、铁锈、由氧化铁皮脱落所形成的表面粗糙和高度或深度不超过允许偏差的其他局部缺陷。花纹应完整，花纹上允许有高度不超过厚度公差之半的局部的轻微毛刺
3	在连续生产钢带的过程中，因局部的表面缺陷不易被发现和去除，因此钢带允许带缺陷交货，但有缺陷部分不得超过每卷钢带总长度的 8%

4.1.17　低焊接裂纹敏感性高强度钢板（YB/T 4137—2005）

（1）用途　低焊接裂纹敏感性高强度钢板在不预热或低预热的情况下焊接不出现裂纹，国际上称为 CF 钢。这类钢的主要特点是具有低的焊接裂纹敏感性（P_{cm}）值、低碳当量（C_{eq}）、优异的焊接性，同时具有低碳含量、高纯净度、高强度、高韧性等特点。适于制作水电站压力钢管、工程机械、铁路车辆、桥梁、高层及大跨度建筑等对焊接性要求高的高强度钢板。

（2）尺寸规格　钢板厚度为 6～100mm。

（3）牌号和化学成分（表 4-51）

表 4-51　低焊接裂纹敏感性高强度钢板的牌号和化学成分　　　　（%）

牌　号	质量等级	化学成分（质量分数）≤					
		C	Si	Mn	P	S	P_{cm}
Q460CF Q500CF	C				0.025	0.015	0.20
	D				0.020	0.010	
	E				0.020	0.010	
Q550CF Q620CF Q690CF	C	0.09	0.50	1.80	0.025	0.015	0.25
	D				0.020	0.010	
	E				0.020	0.010	
Q800CF	C				0.025	0.015	0.28
	D				0.020	0.010	
	E				0.020	0.010	

注：P_{cm} 为焊接裂纹敏感性指数，$P_{cm}=C+Si/30+Mn/20+Cu/20+Cr/20+Ni/60+Mo/15+V/10+5B$。

（4）力学和工艺性能（表 4-52）

表 4-52　低焊接裂纹敏感性高强度钢板的力学和工艺性能

牌　号	质量等级	屈服强度 R_{eH}/MPa		抗拉强度 R_m/MPa	断后伸长率 A/%	180°冷弯试验	纵向冲击功 A_{kV}/J	
		厚度/mm						
		≤50	>50～100					
Q460CF	C	≥460	≥440	550～710	≥17	d=3a	0℃	≥47
	D						−20℃	≥47
	E						−40℃	≥47
Q500CF	C	≥500	≥480	610～770	≥17	d=3a	0℃	≥47
	D						−20℃	≥47
	E						−40℃	≥47
Q550CF	C	≥550	≥530	670～830	≥16	d=3a	0℃	≥47
	D						−20℃	≥47
	E						−40℃	≥47
Q620CF	C	≥620	≥600	710～880	≥15	d=3a	0℃	≥47
	D						−20℃	≥47
	E						−40℃	≥47
Q690CF	C	≥690	≥670	770～940	≥14	d=3a	0℃	≥47
	D						−20℃	≥47
	E						−40℃	≥47
Q800CF	C	≥800	协议	880～1 050	≥12	d=3a	0℃	≥47
	D						−20℃	≥47
	E						−40℃	≥47

注：d 为弯心直径，a 为试样厚度。

4.2　冷轧钢板

　　冷轧钢板和钢带是以热轧钢板或板卷为原料，经冷轧、精整、热处理、酸洗制成的板材，成张交货的为钢板，成卷交货的为钢带。由于冷轧钢板和钢带原料经酸洗，去除了氧化铁皮及污物，且在室温下加工，不会有新的氧化铁皮产生以及氧化铁皮压入钢板表面的弊端，钢板表面质量好，外表光滑、美观，有很高的尺寸精度，同时有良好的加工成型性能和焊接性能。冷轧钢板和钢带广泛用于汽车工业、家用电器工业、建筑材料工业以及小商品生产等方面。

4.2.1 冷轧钢板和钢带的尺寸规格（GB/T 708—2006）

（1）用途 冷轧钢板较热轧钢板具有更高的强度和尺寸精度，更好的表面质量和外观，广泛用于汽车、冰箱、洗衣机等制造业。

（2）尺寸规格（表4-53、表4-54）

表4-53 宽度为600～1 000mm 钢板和钢带的厚度及长度 （mm）

公 称 厚 度	按下列钢板宽度的最小和最大长度									
	600	650	700	710	750	800	850	900	950	1 000
0.20，0.25，0.30，0.35，0.40 0.45	1 200 2 500	1 300 2 500	1 400 2 500	1 400 2 500	1 500 2 500	1 500 2 500	1 500 2 500	1 500 3 000	1 500 3 000	1 500 3 000
0.56，0.60，0.65	1 200 2 500	1 300 2 500	1 400 2 500	1 400 2 500	1 500 2 500	1 500 2 500	1 500 2 500	1 500 3 000	1 500 3 000	1 500 3 000
0.70，0.75	1 200 2 500	1 300 2 500	1 400 2 500	1 400 2 500	1 500 2 500	1 500 2 500	1 500 2 500	1 500 3 000	1 500 3 000	1 500 3 000
0.80，0.90，1.00	1 200 3 000	1 300 3 000	1 400 3 000	1 400 3 000	1 500 3 000	1 500 3 000	1 500 3 000	1 500 3 500	1 500 3 500	1 500 3 500
1.1，1.2，1.3	1 200 3 000	1 300 3 000	1 400 3 000	1 400 3 000	1 500 3 000	1 500 3 000	1 500 3 000	1 500 3 500	1 500 3 500	1 500 3 500
1.4，1.5，1.6，1.7，1.8，2.0	1 200 3 000	1 300 3 000	1 400 3 000	1 400 3 000	1 500 3 000	1 500 3 000	1 500 3 000	1 500 3 000	1 500 3 000	1 500 4 000
2.2，2.5	1 200 3 000	1 300 3 000	1 400 3 000	1 400 3 000	1 500 3 000	1 500 3 000	1 500 3 000	1 500 3 000	1 500 3 000	1 500 4 000
2.8，3.0，3.2	1 200 3 000	1 300 3 000	1 400 3 000	1 400 3 000	1 500 3 000	1 500 3 000	1 500 3 000	1 500 3 000	1 500 3 000	1 500 4 000

表4-54 宽度1 100～2 000mm 钢板和钢带的厚度及长度 （mm）

公 称 厚 度	按下列钢板宽度的最小和最大长度									
	1 100	1 250	1 400	1 420	1 500	1 600	1 700	1 800	1 900	2 000
0.20，0.25，0.30，0.35，0.40 0.45	1 500 3 000	—	—	—	—	—	—	—	—	—
0.56，0.60，0.65	1 500 3 000	1 500 3 500	—	—	—	—	—	—	—	—
0.70，0.75	1 500 3 000	1 500 3 500	2 000 4 000	2 000 4 000	—	—	—	—	—	—
0.80，0.90，1.00	1 500 3 500	1 500 4 000	2 000 4 000	2 000 4 000	2 000 4 000	—	—	—	—	—
1.1，1.2，1.3	1 500 3 500	1 500 3 500	2 000 4 000	2 000 4 000	2 000 4 000	2 000 4 000	2 000 4 200	2 000 4 200	—	—
1.4，1.5，1.6，1.7，1.8，2.0	1 500 4 000	1 500 6 000	2 000 6 000	2 000 6 000	2 000 6 000	2 000 6 000	2 000 6 000	2 500 6 000	—	—
2.2，2.5	1 500 4 000	2 000 6 000	2 000 6 000	2 000 6 000	2 000 6 000	2 000 6 000	2 500 6 000	2 500 6 000	2 500 6 000	2 500 6 000
2.8，3.0，3.2	1 500 4 000	2 000 6 000	2 000 6 000	2 000 6 000	2 000 6 000	2 000 2 750	2 500 2 750	2 500 2 700	2 500 2 700	2 500 2 700

续表4-54

公 称 厚 度	按下列钢板宽度的最小和最大长度									
	1 100	1 250	1 400	1 420	1 500	1 600	1 700	1 800	1 900	2 000
3.5，3.8，3.9	—	2 000 4 500	2 000 4 500	2 000 4 500	2 000 4 750	1 500 2 750	1 500 2 750	1 500 2 700	1 500 2 700	1 500 2 700
4.0，4.2，4.5		2 000 4 500	2 000 4 500	2 000 4 500	2 000 4 500	1 500 2 500	1 500 2 500	1 500 2 500	1 500 2 500	1 500 2 500
4.8，5.0	—	2 000 4 500	2 000 4 500	2 000 4 500	2 000 4 500	1 500 2 300	1 500 2 300	1 500 2 300	1 500 2 300	1 500 2 300

4.2.2 冷轧低碳钢板及钢带（GB/T 5213—2008）

（1）用途 该钢碳含量很低，硫、磷、硅及残余元素含量少，微量铝或钛使钢的质地纯净，晶粒细化。冷轧低碳钢板及钢带有很高的尺寸精度和良好的表面质量，有极为优良的深冲成型性能，主要用于汽车、家电等行业制造深冲压变形复杂零件。

（2）分类和代号（表4-55）

表4-55　冷轧低碳钢板及钢带的分类和代号

分 类 方 法	牌　　号	用　　途
按用途分	DC01	一般用
	DC03	冲压用
	DC04	深冲用
	DC05	特深冲用
	DC06	超深冲用
	DC07	特超深冲用
按表面质量分	级　　别	代　　号
	较高级表面	FB
	高级表面	FC
	超高级表面	FD
按表面结构分	表 面 结 构	代　　号
	光亮表面	B
	麻面	D

（3）尺寸规格　厚度为0.30～3.5mm。

（4）牌号和化学成分（表4-56）

表4-56　冷轧低碳钢板及钢带的牌号和化学成分 （%）

牌　　号	化学成分（质量分数）≤					
	C	Mn	P	S	Alt	Ti
DC01	0.12	0.60	0.045	0.045	0.020	—
DC03	0.10	0.45	0.035	0.035	0.020	—
DC04	0.08	0.40	0.030	0.030	0.020	—
DC05	0.06	0.35	0.025	0.025	0.015	—
DC06	0.02	0.30	0.020	0.020	0.015	0.30
DC07	0.01	0.25	0.020	0.020	0.015	0.20

注：牌号中"D"表示冷成形用钢板及钢带，"C"表示轧制条件为冷轧，数字为序列号。

（5）力学性能（表4-57）

表4-57　冷轧低碳钢板及钢带的力学性能

牌号	屈服强度 R_{eL} 或 $R_{p0.2}$/MPa≤	抗拉强度 R_m/MPa	断后伸长率 A_{80}（$L_0=$ 80mm，$b_0=$20mm）/%≥	塑性应变比 r_{90} 值≥	应变硬化指数 n_{90} 值≥
DC01	280	270～410	28	—	—
DC03	240	270～370	34	1.3	—
DC04	210	270～350	38	1.6	0.18
DC05	180	270～330	40	1.9	0.20
DC06	170	270～330	41	2.1	0.22
DC07	150	270～310	44	2.5	0.23

注：无明显屈服时采用 $R_{p0.2}$，否则采用 R_{eL}。

（6）拉伸应变痕（表4-58）

表4-58　冷轧低碳钢板及钢带的拉伸应变痕

牌号	拉 伸 应 变 痕
DC01	室温储存条件下，表面质量为 FD 的钢板及钢带自生产完成之日起 3 个月内使用时不应出现拉伸应变痕
DC03	室温储存条件下，钢板及钢带自生产完成之日起 6 个月内使用时不应出现拉伸应变痕
DC04	室温储存条件下，钢板及钢带自生产完成之日起 6 个月内使用时不应出现拉伸应变痕
DC05	室温储存条件下，钢板及钢带自生产完成之日起 6 个月内使用时不应出现拉伸应变痕
DC06	室温储存条件下，钢板及钢带使用时不应出现拉伸应变痕
DC07	室温储存条件下，钢板及钢带使用时不应出现拉伸应变痕

（7）表面质量和表面结构（表4-59）

表4-59　冷轧低碳钢板及钢带的表面质量和表面结构

序号	指　标		
1	钢板及钢带表面不应有结疤、裂纹、夹杂等对使用有害的缺陷，钢板及钢带不得有分层		
2	钢板及钢带各表面质量级别的特征如表 A 所述		
	表 A　表面质量级别		
	级　别	代　号	特　征
	特高级表面	FB	表面允许有少量不影响成形性及涂、镀附着力的缺陷，如轻微的划伤、压痕、麻点、辊印及氧化色等
	高级表面	FC	产品两面中较好的一面无肉眼可见的明显缺陷，另一面至少应达到 FB 的要求
	超高级表面	FD	产品两面中较好的一面不应有影响涂漆后的外观质量或电镀后的外观质量的缺陷，另一面至少应达到 FB 的要求
3	对于钢带，由于没有机会切除带缺陷部分，因此允许带缺陷交货，但有缺陷部分应不超过每卷总长度的 6%		
4	表面结构为麻面（D）时，平均表面粗糙度 Ra 目标值为大于 0.6μm 且不小于 1.9μm；表面结构为光亮表面（B）时，平均表面粗糙度 Ra 目标值为不大于 0.9μm。如需方对表面粗糙度有特殊要求，应在订货时协商		

4.2.3　碳素结构钢冷轧薄钢板及钢带（GB/T 11253—2007）

（1）用途　钢板及钢带的表面光滑平整，表面质量好，尺寸精度高，其力学性能和工艺性能都优于热轧薄钢板及钢带。广泛用于轻工、机械、电工、电子、民用等方面。

（2）尺寸规格　厚度为不大于 3mm，宽度不小于 600mm 的薄钢板及钢带。

（3）牌号和化学成分（表4-60）

表 4-60 碳素结构钢冷轧薄钢板及钢带的牌号和化学成分 （%）

牌　　号	化学成分（质量分数）≤				
	C	Si	Mn	P	S
Q195	0.12	0.30	0.50	0.035	0.035
Q215	0.15	0.35	1.20	0.035	0.035
Q235	0.22	0.35	1.40	0.035	0.035
Q275	0.24	0.35	1.50	0.035	0.035

（4）力学性能（表4-61）

表 4-61 碳素结构钢冷轧薄钢板及钢带的横向拉伸试验

牌　　号	下屈服强度 R_{eL}[①]/MPa	抗拉强度 R_m/MPa	断后伸长率/%	
			A_{50mm}	A_{80mm}
Q195	≥195	315～430	≥26	≥24
Q215	≥215	335～450	≥24	≥22
Q235	≥235	370～500	≥22	≥20
Q275	≥275	410～540	≥20	≥18

注：①无明显屈服时采用 $R_{p0.2}$。

4.2.4 优质碳素结构钢冷轧薄钢板和钢带（GB/T 13237—1991）

（1）用途　钢板和钢带的钢质纯净、组织均匀致密，尺寸精度高、表面质量好。主要用于制造汽车、农业机械、轻工机械、建筑结构件等。

（2）尺寸规格　其厚度不大于 4mm。

（3）牌号和化学成分（表4-62）

表 4-62 优质碳素结构钢冷轧薄钢板和钢带的牌号和化学成分 （%）

牌　　号	化学成分（质量分数）						
	C	Si	Mn	P	S	Cr	Ni
				≤			
08F	0.05～0.11	≤0.03	0.25～0.50	0.035	0.035	0.15	0.25
10F	0.07～0.14	≤0.07	0.25～0.50	0.035	0.035	0.15	0.25
15F	0.12～0.19	≤0.07	0.25～0.50	0.035	0.035	0.15	0.25
08	0.05～0.12	0.17～0.37	0.35～0.65	0.035	0.035	0.10	0.25
08Al	≤0.12	≤0.03	≤0.65	0.035	0.035	0.10	0.25
10	0.07～0.14	0.17～0.37	0.35～0.65	0.035	0.035	0.15	0.25
15	0.12～0.19	0.17～0.37	0.35～0.65	0.035	0.035	0.25	0.25
20	0.17～0.24	0.17～0.37	0.35～0.65	0.035	0.035	0.25	0.25
25	0.22～0.30	0.17～0.37	0.50～0.80	0.035	0.035	0.25	0.25
30	0.27～0.35	0.17～0.37	0.50～0.80	0.035	0.035	0.25	0.25
35	0.32～0.40	0.17～0.37	0.50～0.80	0.035	0.035	0.25	0.25
40	0.37～0.45	0.17～0.37	0.50～0.80	0.035	0.035	0.25	0.25
45	0.42～0.50	0.17～0.37	0.50～0.80	0.035	0.035	0.25	0.25
50	0.47～0.55	0.17～0.37	0.50～0.80	0.035	0.035	0.25	0.25

注：08Al 中的 Al 含量（质量分数）为 0.015%～0.065%。

（4）力学和工艺性能（表4-63～表4-65）

表4-63　优质碳素结构钢冷轧薄钢板和钢带的力学和工艺性能

牌　号	抗拉强度/MPa		断后伸长率 A/%≥			180°冷弯试验	
			拉　延　级　别				
	Z	S 或 P	Z	S	P	Z	S
08F	275～365	275～380	34	32	30		厚度不大于 2mm 的弯至两面接触，大于 2mm 的垫上厚度相同的垫板。弯曲处不得有裂纹、裂口和分层
08，08Al，10F	275～390	275～410	32	30	28		
10	295～410	295～430	30	29	28	厚度不大于 2mm 的弯至两面接触，大于 2mm 的垫上厚度相同的垫板。弯曲处不得有裂纹、裂口和分层	
15F	315～430	315～450	29	28	27		
15	335～450	335～470	27	26	25		
20	355～490	355～500	26	25	24		
25	—	390～540	—	24	23		
30	—	440～590	—	22	21		—
35	—	490～635	—	20	19		
40	—	510～650	—	—	18		
45	—	530～685	—	—	16		
50	—	540～715	—	—	14		

注：拉延级别分为三级，最深拉延级——Z，深拉延级——S，普通拉延级——P。

表4-64　退火呈球状珠光体时的抗拉强度　　　　（MPa）

牌　号	抗 拉 强 度	牌　号	抗 拉 强 度
25	375～490	40	430～550
30	390～510	45	450～570
35	410～530	50	470～590

表4-65　杯突试验冲压深度　　　　（mm）

厚度	冲压深度≥					厚度	冲压深度≥				
	牌号和拉延级别						牌号和拉延级别				
	Z	S	P	Z	S		Z	S	P	Z	S
	08F，08，08Al，10F			10，15F，15，20			08F，08，08Al，10F			10，15F，15，20	
0.5	9.0	8.4	8.0	8.0	7.6	1.3	11.2	10.8	10.6		
0.6	9.4	8.9	8.5	8.4	7.8	1.4	11.3	11.0	10.8		
0.7	9.7	9.2	8.9	8.6	8.0	1.5	11.5	11.2	11.0		
0.8	10.0	9.5	9.3	8.8	8.2	1.6	11.6	11.4	11.2		
0.9	10.3	9.9	9.6	9.0	8.4	1.7	11.8	11.6	11.4	以下均不做试验	
1.0	10.5	10.1	9.9	9.2	8.6	1.8	11.9	11.7	11.5		
1.1	10.8	10.4	10.2	以下均不做试验		1.9	12.0	11.8	11.7		
1.2	11.0	10.6	10.4			2.0	12.1	11.9	11.8		

4.2.5　不锈钢冷轧钢板和钢带（GB/T 3280—2007）

（1）用途　与不锈钢热轧钢板和钢带相比，其尺寸精度高、表面质量好，性能更优越。

（2）尺寸规格（表4-66）

表4-66 不锈钢冷轧钢板和钢带的公称尺寸范围 （mm）

形　态	公称厚度	公称宽度
宽钢带、卷切钢板	≥0.10～≤8.00	≥600～<2 100
纵剪宽钢带、卷切钢带Ⅰ	≥0.10～≤8.00	<600
窄钢带、卷切钢带Ⅱ	≥0.01～≤3.00	<600

（3）牌号和化学成分　参见 4.1.13　不锈钢热轧钢板和钢带（GB/T 4237—2007）中（2）牌号和化学成分。

（4）力学和工艺性能（表4-67～表4-76）

表4-67　经固溶处理的奥氏体型钢的力学性能

GB/T 20878中序号	新　牌　号	旧　牌　号	规定非比例延伸强度 $R_{p0.2}$/MPa	抗拉强度 R_m/MPa	断后伸长率 A/%	硬　度　值		
			≥			HBW	HRB	HV
						≤		
9	12Cr17Ni7	1Cr17Ni7	205	515	40	217	95	218
10	022Cr17Ni7	—	220	550	45	241	100	—
11	022Cr17Ni7N	—	240	550	45	241	100	—
13	12Cr18Ni9	1Cr18Ni9	205	515	40	201	92	210
14	12Cr18Ni9Si3	1Cr18Ni9Si3	205	515	40	217	95	220
17	06Cr19Ni10	0Cr18Ni9	205	515	40	201	92	210
18	022Cr19Ni10	00Cr19Ni10	170	485	40	201	92	210
19	07Cr19Ni10	—	205	515	40	201	92	210
20	05Cr19Ni10Si2NbN	—	290	600	40	217	95	—
23	06Cr19Ni10N	0Cr19Ni9N	240	550	30	201	92	220
24	06Cr19Ni9NbN	0Cr19Ni10NbN	345	685	35	250	100	260
25	022Cr19Ni10N	00Cr18Ni10N	205	515	40	201	92	220
26	10Cr18Ni12	1Cr18Ni12	170	485	40	183	88	200
32	06Cr23Ni13	0Cr23Ni13	205	515	40	217	95	220
35	06Cr25Ni20	0Cr25Ni20	205	515	40	217	95	220
36	022Cr25Ni22Mo2N	—	270	580	25	217	95	—
38	06Cr17Ni12Mo2	0Cr17Ni12Mo2	205	515	40	217	95	220
39	022Cr17Ni12Mo2	00Cr17Ni14Mo2	170	485	40	217	95	220
41	06Cr18Ni12Mo2Ti	0Cr18Ni12Mo3Ti	205	515	40	217	95	220
42	06Cr17Ni12Mo2Nb	—	205	515	30	217	95	—
43	06Cr17Ni12Mo2N	0Cr17Ni12Mo2N	240	550	35	217	95	220
44	022Cr17Ni12Mo2N	00Cr17Ni13Mo2N	205	515	40	217	95	220
45	06Cr18Ni12Mo2Cu2	0Cr18Ni12Mo2Cu2	205	520	40	187	90	200
48	015Cr21Ni26Mo5Cu2	—	220	490	35	—	90	—
49	06Cr19Ni13Mo3	0Cr19Ni13Mo3	205	515	35	217	95	220
50	022Cr19Ni13Mo3	00Cr19Ni13Mo3	205	515	40	217	95	220
53	022Cr19Ni16Mo5N	—	240	550	40	223	96	—
54	022Cr19Ni13Mo4N	—	240	550	40	217	95	—
55	06Cr18Ni11Ti	0Cr18Ni10Ti	205	515	40	217	95	220
58	015Cr24Ni22Mo8Mn3CuN	—	430	750	40	250	—	—
61	022Cr24Ni17M05Mn6NbN	—	415	795	35	241	100	—
62	06Cr18Ni11Nb	0Cr18Ni11Nb	205	515	40	201	92	210

表 4-68 H1/4 状态的钢材力学性能

GB/T 20878 中序号	新 牌 号	旧 牌 号	规定非比例延伸强度 $R_{p0.2}$/MPa	抗拉强度 R_m/MPa	断后伸长率 A/%		
					厚度< 0.4mm	厚度≥0.4～< 0.8mm	厚度≥ 0.8mm
			≥		≥		
9	12Cr17Ni7	1Cr17Ni7	515	860	25	25	25
10	022Cr17Ni7	—	515	825	25	25	25
11	022Cr17Ni7N	—	515	825	25	25	25
13	12Cr18Ni9	1Cr18Ni9	515	860	10	10	12
17	06Cr19Ni10	0Cr18Ni9	515	860	10	10	12
18	022Cr19Ni10	00Cr19Ni10	515	860	8	8	10
23	06Cr19Ni10N	0Cr19Ni9N	515	860	12	12	12
25	022Cr19Ni10N	00Cr18Ni10N	515	860	10	10	12
38	06Cr17Ni12Mo2	0Cr17Ni12Mo2	515	860	10	10	10
39	022Cr17Ni12Mo2	00Cr17Ni14Mo2	515	860	8	8	8
41	06Cr17Ni12Mo2Ti	0Cr18Ni12Mo3Ti	515	860	12	12	12

表 4-69 H1/2 状态的钢材力学性能

GB/T 20878 中序号	新 牌 号	旧 牌 号	规定非比例延伸强度 $R_{p0.2}$/MPa	抗拉强度 R_m/MPa	断后伸长率 A/%		
					厚度< 0.4mm	厚度≥0.4～ <0.8mm	厚度≥ 0.8mm
			≥		≥		
9	12Cr17Ni7	1Cr17Ni7	760	1 035	15	18	18
10	022Cr17Ni7	—	690	930	20	20	20
11	022Cr17Ni7N	—	690	930	20	20	20
13	12Cr18Ni9	1Cr18Ni9	760	1 035	9	10	10
17	06Cr19Ni10	0Cr18Ni9	760	1 035	6	7	7
18	022Cr19Ni10	00Cr19Ni10	760	1 035	5	6	6
23	06Cr19Ni10N	0Cr19Ni9N	760	1 035	6	8	8
25	022Cr19Ni10N	00Cr18Ni10N	760	1 035	6	7	7
38	06Cr17Ni12Mo2	0Cr17Ni12Mo2	760	1 035	6	7	7
39	022Cr17Ni12Mo2	00Cr17Ni14Mo2	760	1 035	5	6	6
43	06Cr17Ni12Mo2N	0Cr17Ni12Mo2N	760	1 035	6	8	8

表 4-70 H 状态的钢材力学性能

GB/T 20878 中序号	新牌号	旧牌号	规定非比例延伸强度 $R_{p0.2}$/MPa	抗拉强度 R_m/MPa	断后伸长率 A/%		
					厚度< 0.4mm	厚度≥0.4～ <0.8mm	厚度≥ 0.8mm
			≥		≥		
9	12Cr17Ni7	1Cr17Ni7	930	1 205	10	12	12
13	12Cr18Ni9	1Cr18Ni9	930	1 205	5	6	6

表 4-71 H2 状态的钢材力学性能

GB/T 20878 中序号	新牌号	旧牌号	规定非比例延伸强度 $R_{p0.2}$/MPa	抗拉强度 R_m/MPa	断后伸长率 A/%		
					厚度<0.4mm	厚度≥0.4~<0.8mm	厚度≥0.8mm
			≥		≥		
9	12Cr17Ni7	1Cr17Ni7	965	1 275	8	9	9
13	12Cr18Ni9	1Cr18Ni9	965	1 275	3	4	4

表 4-72 经固溶处理的奥氏体＋铁素体型钢的力学性能

GB/T 20878 中序号	新 牌 号	旧 牌 号	规定非比例延伸强度 $R_{p0.2}$/MPa	抗拉强度 R_m/MPa	断后伸长率 A/%	硬 度 值	
						HBW	HRC
			≥			≤	
67	14Cr18Ni11Si4AlTi	1Cr18Ni11Si4AlTi	—	715	25	—	—
68	022Cr19Ni5Mo3Si2N	00Cr18Ni5Mo3Si2	440	630	25	290	31
69	12Cr21Ni5Ti	1Cr21Ni5Ti	—	635	20	—	—
70	022Cr22Ni5Mo3N	—	450	620	25	293	31
71	022Cr23Ni5Mo3N	—	450	620	25	293	31
72	022Cr23Ni4MoCuN	—	400	600	25	290	31
73	022Cr25Ni6Mo2N	—	450	640	25	295	31
74	022Cr25Ni7Mo4WCuN	—	550	750	25	270	—
75	03Cr25Ni6Mo3Cu2N	—	550	760	15	302	32
76	022Cr25Ni7Mo4N	—	550	795	15	310	32

表 4-73 经退火处理的铁素体型钢的力学和工艺性能

GB/T 20878 中序号	新 牌 号	旧牌号	规定非比例延伸强度 $R_{p0.2}$/MPa	抗拉强度 R_m/MPa	断后伸长率 A/%	冷弯 180°	硬 度 值		
							HBW	HRB	HV
			≥				≤		
78	06Cr13Al	0Cr13Al	170	415	20	$d=2a$	179	88	200
80	022Cr11Ti	—	275	415	20	$d=2a$	197	92	200
81	022Cr11NbTi	—	275	415	20	$d=2a$	197	92	200
82	022Cr12Ni	—	280	450	18	—	180	88	—
83	022Cr12	00Cr12	195	360	22	$d=2a$	183	88	200
84	10Cr15	1Cr15	205	450	22	$d=2a$	183	89	200
85	10Cr17	1Cr17	205	450	22	$d=2a$	183	89	200
87	022Cr18Ti	00Cr17	175	360	22	$d=2a$	183	88	200
88	10Cr17Mo	1Cr17Mo	240	450	22	$d=2a$	183	89	200
90	019Cr18MoTi	—	245	410	20	$d=2a$	217	96	230
91	022Cr18NbTi	—	250	430	18	—	180	88	—
92	019Cr19Mo2NbTi	00Cr18Mo2	275	415	20	$d=2a$	217	96	230
94	008Cr27Mo	00Cr27Mo	245	410	22	$d=2a$	190	90	200
95	008Cr30Mo2	00Cr30Mo2	295	450	22	$d=2a$	209	95	220

注：性能中"—"表示目前尚无数据提供，需在生产使用过程中积累数据。d 为弯芯直径，a 为钢板厚度。

表 4-74　经退火处理的马氏体型钢的力学和工艺性能

GB/T 20878 中序号	新 牌 号	旧牌号	规定非比例延伸强度 $R_{p0.2}$/MPa	抗拉强度 R_m/MPa	断后伸长率 A/%	冷弯 180°	硬 度 值		
							HBW	HRB	HV
			≥				≤		
96	12Cr12	1Cr12	205	485	20	d=2a	217	96	210
97	06Cr13	0Cr13	205	415	20	d=2a	183	89	200
98	12Cr13	1Cr13	205	450	20	d=2a	217	96	210
99	04Cr13Ni5Mo		620	795	15	—	302	32[①]	—
101	20Cr13	2Cr13	225	520	18	—	223	97	234
102	30Cr13	3Cr13	225	540	18	—	235	99	247
104	40Cr13	4Cr13	225	590	15	—	—	—	—
107	17Cr16Ni2[②]		690	880~1 080	12	—	262~326	—	—
			1 050	1 350	10	—	388	—	—
108	68Cr17	1Cr12	245	590	15	—	255	25[①]	269

注：①HRC 硬度值。

②表列为淬火、回火后的力学性能。

d 为弯芯直径；a 为钢板厚度。

表 4-75　经固溶处理的沉淀硬化型钢试样的力学性能

GB/T 20878 中序号	新 牌 号	旧 牌 号	钢材厚度/mm	规定非比例延伸强度 $R_{p0.2}$/MPa	抗拉强度 R_m/MPa	断后伸长率 A/%	硬 度 值	
							HRC	HBW
				≤		≥	≤	
134	04Cr13Ni8Mo2Al	—	≥0.10~<8.0	—	—	—	38	363
135	022Cr12Ni9Cu2NbTi	—	≥0.30~≤8.0	1 105	1 205	3	36	331
138	07Cr17Ni7Al	0Cr17N17Al	≥0.10~<0.30	450	1 035	—	—	—
			≥0.30~≤8.0	380	1 035	20	92[①]	—
139	07Cr15Ni7Mo2Al	0Cr15Ni7Mo2Al	≥0.10~<8.0	450	1 035	25	100[①]	—
141	09Cr17Ni5Mo3N	—	≥0.10~<0.30	585	1 380	8	30	—
			≥0.30~≤8.0	585	1 380	12	30	—
142	06Cr17Ni7AlTi		≥0.10~<1.50	515	825	4	32	—
			≥1.50~≤8.0	515	825	5	32	—

注：①HRB 硬度值。

表 4-76　沉淀硬化处理后的沉淀硬化型钢试样的力学性能

GB/T 20878 中序号	新 牌 号	旧牌号	钢材厚度/mm	处理温度/℃	非比例延伸强度 $R_{p0.2}$/MPa	抗拉强度 R_m/MPa	断后伸长率 A/%	硬 度 值	
								HRC	HBW
					≥			≥	
134	04Cr13Ni8 Mo2Al	—	≥0.10~<0.50	510±6	1 410	1 515	6	45	—
			≥0.50~<5.0		1 410	1 515	8	45	—
			≥5.0~≤8.0		1 410	1 515	10	45	—
			≥0.10~<0.50	538±6	1 310	1 380	6	43	—
			≥0.50~<5.0		1 310	1 380	8	43	—
			≥5.0~≤8.0		1 310	1 380	10	43	—

续表 4-76

GB/T 20878 中序号	新牌号	旧牌号	钢材厚度/mm	处理温度/℃	非比例延伸强度 $R_{p0.2}$/MPa	抗拉强度 R_m/MPa	断后伸长率 A/%	硬　度　值	
					≥			HRC ≥	HBW ≥
135	022Cr12Ni9Cu2NbTi	—	≥0.10～<0.50	510±6 或 482±6	1 410	1 525	—	44	—
			≥0.50～<1.50		1 410	1 525	3	44	—
			≥1.50～≤8.0		1 410	1 525	4	44	—
138	07Cr17Ni7Al	0Cr17Ni7Al	≥0.10～<0.30	760±15 15±3 566±6	1 035	1 240	3	38	—
			≥0.30～<5.0		1 035	1 240	5	38	—
			≥5.0～≤8.0		965	1 170	7	43	352
			≥0.10～<0.30	954±8 −73±6 510±6	1 310	1 450	1	44	—
			≥0.30～<5.0		1 310	1 450	3	44	—
			≥5.0～≤8.0		1 240	1 380	6	43	401
139	07Cr15Ni7Mo2Al	0Cr15Ni7Mo2Al	≥0.10～<0.30	760±15 15±3 566±6	1 170	1 310	3	40	—
			≥0.30～<5.0		1 170	1 310	5	40	—
			≥5.0～≤8.0		1 170	1 310	4	40	375
			≥0.10～<0.30	954±8 −73±6 510±6	1 380	1 550	2	46	—
			≥0.30～<5.0		1 380	1 550	4	46	—
			≥5.0～≤8.0		1 380	1 550	4	45	429
			≥0.10～≤1.2	冷轧	1 205	1 880	1	41	—
			≥0.10～≤1.2	冷轧＋482	1 580	1 655	1	46	—
141	09Cr17Ni5Mo3N	—	≥0.10～<0.30	455±8	1 035	1 275	6	42	—
			≥0.30～≤5.0		1 035	1 275	8	42	—
			≥0.10～<0.30	540±8	1 000	1 140	6	36	—
			≥0.30～≤5.0		1 000	1 140	8	36	—
142	06Cr17Ni7AlTi	—	≥0.10～<0.80	510±8	1 170	1 310	3	39	—
			≥0.80～<1.50		1 170	1 310	4	39	—
			≥1.50～≤8.0		1 170	1 310	5	39	—
			≥0.10～<0.80	538±8	1 105	1 240	3	37	—
			≥0.80～<1.50		1 105	1 240	4	37	—
			≥1.50～≤8.0		1 105	1240	5	37	—
			≥0.10～<0.80	566±8	1 035	1 170	3	35	—
			≥0.80～<1.50		1 035	1 170	4	35	—
			≥1.50～≤8.0		1 035	1 170	5	35	—

（5）表面加工类型及表面质量（表4-77、表4-78）

表4-77　钢板的表面加工类型

简　　称	加 工 类 型	表 面 状 态	备　　注
2D 表面	冷轧、热处理、酸洗或除鳞	表面均匀、呈亚光状	冷轧后热处理、酸洗。亚光表面经酸洗或除鳞产生。可用毛面辊进行平整。毛面加工便于在深冲时将润滑剂保留在钢板表面。这种表面适用于加工深冲部件，但这些部件成型后还需进行抛光处理
2B 表面	冷轧、热处理、酸洗或除鳞、光亮加工	较 2D 表面光滑平直	在 2D 表面的基础上，对经热处理、除鳞后的钢板用抛光辊进行小压下量的平整。属最常用的表面加工。除极为复杂的深冲外，可用于任何用途

续表 4-77

简 称	加工类型	表面状态	备 注
BA 表面	冷轧、光亮退火	平滑、光亮、反光	冷轧后在可控气氛炉内进行光亮退火。通常采用干氢或干氢与干氮混合气氛，以防止退火过程中的氧化现象。也是后工序再加工常用的表面加工
3 号表面	对单面或双面进行刷磨或亚光抛光	无方向纹理、不反光	需方可指定抛光带的等级或表面粗糙度。由于抛光带的等级或表面粗糙度的不同，表面所呈现的状态不同。这种表面适用于延伸产品还需进一步加工的场合。若钢板或钢带做成的产品不进行另外的加工或抛光处理时，建议用 4 号表面
4 号表面	对单面或双面进行通用抛光	无方向纹理、反光	经粗磨料粗磨后，再用粒度为 120～150 号或更细的研磨料进行精磨。这种材料被广泛用于餐馆设备、厨房设备、店铺门面、乳制品设备等
6 号表面	单面或双面亚光缎面抛光，坦皮科研磨	呈亚光状、无方向纹理	表面反光率较 4 号表面差。是用 4 号表面加工的钢板在中粒度研磨料和油的介质中经坦皮科刷磨而成。适用于不要求光泽度的建筑物和装饰。研磨粒度可由需方指定
7 号表面	高光泽度表面加工	光滑、高反光度	由优良的基础表面进行擦磨而成，但表面磨痕无法消除。该表面主要适用于要求高光泽度的建筑物外墙装饰
8 号表面	镜面加工	无方向纹理、高反光度、影像清晰	该表面是用逐步细化的磨料抛光和用极细的铁丹大量擦磨而成。表面不留任何擦磨痕迹。该表面被广泛用于模压板、镜面
TR 表面	冷作硬化处理	应材质及冷作量的大小而变化	对退火除鳞或光亮退火的钢板进行足够的冷作硬化处理，大大提高了强度水平
HL 表面	冷轧、酸洗、平整、研磨	呈连续性磨纹状	用适当粒度的研磨材料进行抛光，使表面呈连续性磨纹

表 4-78 钢板及钢带的表面质量

序号	指 标
1	钢板不得有影响使用的缺陷。允许有个别深度小于厚度公差之半的轻微麻点、擦划伤、压痕、凹坑、辊印和色差等不影响使用的缺陷。允许局部修磨，但应保证钢板最小厚度
2	钢带不得有影响使用的缺陷。但成卷交货的钢带由于一般没有除去缺陷的机会，允许有少量不正常的部分。对不经抛光的钢带，表面允许有个别深度小于厚度公差之半的轻微麻点、擦划伤、压痕、凹坑、辊印和色差
3	钢带边缘应平整。切割钢带边缘不允许有深度大于宽度公差之半的切割不齐和大于钢带厚度公差的毛刺；不切边钢带不允许有大于宽度公差的裂边

（6）用途（表 4-79）

表 4-79 不锈钢冷轧钢板和钢带的特性和用途

类型	GB/T 20878 中序号	新牌号	旧牌号	特 性 和 用 途
奥氏体型	9	12Cr17Ni7	1Cr17Ni7	经冷加工有高的强度。用于铁道车辆，传送带螺栓、螺母等
	10	022Cr17Ni7	—	
	11	022Cr17Ni7N		
	13	12Cr18Ni9	1Cr18Ni9	经冷加工有高的强度，但伸长率比 12Cr17Ni7 稍差。用于建筑装饰部件

续表 4-79

类型	GB/T 20878 中序号	新 牌 号	旧 牌 号	特 性 和 用 途
奥氏体型	14	12Cr18Ni9Si3	1Cr18Ni9Si3	耐氧化性比 12Cr18Ni9 好，900℃以下与 06Cr25Ni20 具有相同的耐氧化性和强度。用于汽车排气净化装置、工业炉等高温装置部件
	17	06Cr19Ni10	0Cr18Ni9	在固溶态钢的塑性、韧性、冷加工性良好，在氧化性酸和大气、水等介质中耐蚀性好，但在敏态或焊接后有晶腐倾向。耐蚀性优于 12Cr18Ni9。适于制造深冲成型部件和输酸管道、容器等
	18	022Cr19Ni10	00Cr19Ni10	比 06Cr19Ni10 碳含量更低的钢，耐晶间腐蚀性优越，焊接后不进行热处理
	19	07Cr19Ni10	—	具有耐晶间腐蚀性
	20	05Cr19Ni10Si2N	—	添加 N，提高钢的强度和加工硬化倾向，塑性不降低。改善钢的耐点蚀、晶腐性，可承受更重的负荷，使材料的厚度减少。用于结构用强度部件
	23	06Cr19Ni10N	0Cr19Ni9N	在牌号 06Cr19Ni10 上加 N，提高钢的强度和加工硬化倾向，塑性不降低。改善钢的耐点蚀、晶腐性，使材料的厚度减少。用于有一定耐腐要求，并要求较高强度和减轻质量的设备、结构部件
	24	06Cr19Ni9NbN	0Cr19Ni10NbN	在牌号 06Cr19Ni10 上加 N 和 Nb，提高钢的耐点蚀、晶腐性能，具有与 06Cr19Ni10N 相同的特性和用途
	25	022Cr19Ni10N	00Cr18Ni10N	06Cr19Ni10N 的超低碳钢，因 06Cr19Ni10N 在 450～900℃加热后耐晶腐性将明显下降。因此对于焊接设备构件，推荐 022Cr19Ni10N
	26	10Cr18Ni12	1Cr18Ni12	与 06Cr19Ni10 相比，加工硬化性低。用于施压加工，特殊拉拔，冷镦等
	32	06Cr23Ni13	0Cr23Ni13	耐蚀性比 06Cr19Ni10 好，但实际上多作为耐热钢使用
	35	06Cr25Ni20	0Cr25Ni20	抗氧化性比 06Cr23Ni13 好，但实际上多作为耐热钢使用
	36	022Cr25Ni22Mo2N		钢中加 N 提高钢的耐腐蚀性，且使钢具有更高的强度和稳定的奥氏体组织。适用于尿素生产中汽提塔的结构材料，性能远优于 022Cr19Ni12Mo2
	38	06Cr17Ni12Mo2	0Cr17Ni12Mo2	在海水和其他各种介质中，耐蚀性比 06Cr19Ni10 好。主要用于耐点蚀材料
	39	022Cr17Ni12Mo2	00Cr17Ni14Mo2	为 06Cr17Ni12Mo2 的超低碳钢，节 Ni 钢种
	41	06Cr17Ni12Mo2Ti	0Cr18Ni12Mo3Ti	有良好的耐晶间腐蚀性，用于抵抗硫酸、磷酸、甲酸、乙酸的设备
	42	06Cr17Ni12Mo2Nb	—	比 06Cr17Ni12Mo2 具有更好的耐晶间腐蚀性
	43	06Cr17Ni12Mo2N	0Cr17Ni12Mo2N	在牌号 06Cr17Ni12Mo2 中加入 N，提高强度，不降低塑性，使材料的使用厚度减薄。用于耐蚀性较好的强度较高的部件
	44	022Cr17Ni12Mo2N	00Cr17Ni13Mo2N	用途与 06Cr17Ni12Mo2N 相同，但耐晶间腐蚀性更好
	45	06Cr18Ni12Mo2Cu2	0Cr18Ni12Mo2Cu2	耐蚀性、耐点蚀性比 06Cr17Ni12Mo2 好。用于耐硫酸材料
	48	015Cr21Ni26Mo5Cu2	—	高 Mo 不锈钢，全面耐硫酸、磷酸、醋酸等腐蚀，又可解决氧化物孔蚀、缝隙腐蚀和应力腐蚀问题。主要用于石化、化工、化肥、海洋开发等的塔、槽、管、换热器等

续表 4-79

类型	GB/T 20878 中序号	新 牌 号	旧 牌 号	特 性 和 用 途
奥氏体型	49	06Cr19Ni13Mo3	0Cr19Ni13Mo3	耐点蚀性比 06Cr17Ni12Mo2 好，用于染色设备材料等
	50	022Cr19Ni13Mo3	00Cr19Ni13Mo3	为 06Cr19Ni13Mo3 的超低碳钢，比 06Cr19Ni13Mo3 耐晶间腐蚀性
	53	022Cr19Ni16Mo5N	—	高 Mo 不锈钢，钢中含 0.10%～0.20%，使其耐孔蚀性能进一步提高，此钢种在硫酸、甲酸、醋酸等介质中的耐蚀性要比一般含 2%～4%Mo 的常用 Cr-Ni 钢更好
	54	022Cr19Ni13Mo4N	—	—
	55	06Cr18Ni11Ti	0Cr18Ni10Ti	添加 Ti 提高耐晶间腐蚀性。不推荐做装饰部件
	58	015Cr24Ni22Mo8Mn3CuN	—	
	61	022Cr24Ni17Mo5Mn6NbN	—	
	62	06Cr18Ni11Nb	0Cr18Ni11Nb	含 Nb 提高耐晶间腐蚀性
奥氏体＋铁素体型	67	14Cr18Ni11Si4A1Ti	1Cr18Ni11Si4A1Ti	用于制作抗高温浓硝酸介质的零件和设备
	68	022Cr19Ni5Mo3Si2N	00Cr18Ni5Mo3Si2	耐应力腐蚀破裂性能良好，耐点蚀性能与 022Cr17Ni14Mo2 相当，具有较高强度。适用于含氯离子的环境，用于：炼油、化肥、造纸、石油、化工等工业制造热交换器、冷凝器等
	69	12Cr21Ni5Ti	1Cr21Ni5Ti	用于化学工业、食品工业耐酸腐蚀的容器及设备
	70	022Cr22Ni5Mo3N	—	对含硫化氢、二氧化碳、氯化物的环境具有阻抗性。用于油井管、化工储罐用材、各种化学装置等
	71	022Cr23Ni5Mo3N	—	
	72	022Cr23Ni4MoCuN	—	具有双相组织，优异的耐应力腐蚀断裂和其他形式耐蚀的性能以及良好的焊接性能。用作储罐和容器用材
	73	022Cr25Ni6Mo2N	—	用于耐海水腐蚀部件等
	74	022Cr25Ni7Mo4WCuN	—	在 022Cr25Ni7Mo3N 中加入 W，Cu 提高 Cr25 型双相钢的性能，特别是耐氯化物点蚀和缝隙腐蚀性能更佳。主要用于以水（含海水、卤水）为介质的热交换设备
	75	03Cr25Ni6Mo3Cu2N	—	该钢具有良好的力学性能和耐局部腐蚀性能，尤其是耐磨损腐蚀性能优于一般的不锈钢，海水环境中的理想材料。适用做舰船用的螺旋推进器、轴、潜艇密封件等，而且在化工、石油化工、天然气、纸浆、造纸等应用
	76	022Cr25Ni7Mo4N	—	是双相不锈钢中耐局部腐蚀最好的钢，特别是耐点蚀最好，并具有高强度、耐氯化物应力腐蚀、可焊接的特点。非常适用于化工、石油、石化和动力工业中以河水、地下水和海水等为冷却介质的换热设备
铁素体型	78	06Cr13Al	0Cr13Al	从高温下冷却不产生显著硬化。用于汽轮机材料、淬火用部件、复合钢材等
	80	022Cr11Ti	—	超低碳钢，焊接性能好。用于汽车排气处理装置
	81	022Cr11NbTi	—	在钢中加入 Nb＋Ti 细化晶粒，提高铁素体钢的耐晶间腐蚀性，改善焊后塑性，性能比 022Cr11Ti 更好。用于汽车排气处理装置
	82	022Cr12Ni	—	用于压力容器装置
	83	022Cr12	00Cr12	焊接部位弯曲性能、加工性能、耐高温氧化性能好。用于汽车排气处理装置、钢炉燃烧室、喷嘴
	84	10Cr15	1Cr15	为 10Cr17 改善焊接性的钢种

续表 4-79

类型	GB/T 20878中序号	新牌号	旧牌号	特性和用途
铁素体型	85	10Cr17	1Cr17	耐蚀性良好的通用钢种。用于建筑内装饰、重油燃烧器部件、家庭用具、家用电器部件。脆性转变温度均在室温以上,而且对缺口敏感,不适于制作室温以下的承载备件
	87	022Cr18Ti	00Cr17	降低10Cr17Mo中的C和N,单独或复合加入Ti,Nb或Zr,使加工性和焊接性改善。用于建筑内外装饰、车辆部件、厨房用具、餐具
	88	10Cr17Mo	1Cr17Mo	在钢中加入Mo,提高钢的耐点蚀、耐缝隙腐蚀性及强度等
	90	019Cr18MoTi	——	在钢中加入Mo,提高钢的耐点蚀、耐缝隙腐蚀性及强度等
	91	022Cr18NbTi	——	在牌号10Cr17中加入Ti或Nb,降低碳含量,改善加工性、焊接性能。用于温水槽、热水供应器、卫生器具、家庭耐用机器、自行车轮缘
	92	019Cr19Mo2NbTi	00Cr18Mo2	含Mo比022Cr18MoTi多,耐蚀性提高,耐应力腐蚀破裂性好。用于储水槽太阳能温水器、热交换器、食品机器、染色机械等
	94	008Cr27Mo	00Cr27Mo	用于性能、用途、耐蚀性和软磁性与008Cr30Mo2类似的用途
	95	008Cr30Mo2	00Cr30Mo2	高Cr-Mo系,C,N降至极低。耐蚀性很好,耐卤离子应力腐蚀破裂,耐点蚀性好。用于制作与醋酸、乳酸等有机酸有关的设备,制造苛性碱设备
马氏体型	96	12Cr12	1Cr12	用于汽轮机叶片及高应力部件的不锈耐热钢
	97	06Cr13	0Cr13	比12Cr13的耐蚀性、加工成形性更优良的钢种
	98	12Cr13	1Cr13	具有良好的耐蚀性、机械加工性。一般用途,刃具类
	99	04Cr13Ni5Mo	——	适用于厚截面尺寸的要求焊接性能良好的使用条件,如大型的水电站转轮和转轮下环等
	101	20Cr13	2Cr13	淬火状态下硬度高,耐蚀性良好。用于汽轮机叶片
	102	30Cr13	3Cr13	比20Cr13淬火后的硬度高,做刃具、喷嘴、阀座、阀门等
	104	40Cr13	4Cr13	比30Cr13淬火后的硬度高,做刃具、餐具、喷嘴、阀座、阀门等
	107	17Cr16Ni2	——	用于具有较高程度的耐硝酸、有机酸腐蚀性的零件、容器和设备
	108	68Cr17	7Cr17	硬化状态下,坚硬,韧性高。用于刃具、量具、轴承
沉淀硬化型	134	04Cr13Ni8Mo2Al	——	——
	135	022Cr12Ni9Cu2NbTi	——	——
	138	07Cr17Ni7Al	0Cr17Ni7Al	添加Al的沉淀硬化钢种。用于弹簧、垫圈、计器部件
	139	07Cr15Ni7Mo2Al	0Cr15Ni7Mo2Al	用于有一定耐蚀要求的高强度容器、零件及结构件
	141	09Cr17Ni5Mo3N	——	——
	142	06Cr17Ni7AlTi	——	——

4.2.6 冷成型用加磷高强度冷轧钢板和钢带(YB/T 166—2012)

(1)用途   冷成型用加磷高强度冷轧钢板和钢带是加入 0.08%～0.14%磷的低碳钢冷轧制成的

钢板和钢带。在低碳条件下，磷对钢的冷脆影响不明显，但有很强的固溶强化作用和加工硬化能力。在交货状态，钢的屈服强度不高，有很好的冲压成型能力，由于加工硬化，成型后却具有很高的强度，较好地解决了钢的强度高、加工性能差或加工性能好、强度又偏低的矛盾。主要用于制造汽车冷成型部件。

（2）尺寸规格　厚度为 0.5～3.0mm。

（3）牌号和化学成分（表 4-80）

表 4-80　冷成型用加磷高强度冷轧钢板和钢带的牌号和化学成分　　　　（%）

牌　号	化学成分（质量分数）					
	C	Si	Mn	P	S	Alt≥
	≤					
P175	0.06	0.05	0.40	0.09	0.025	0.020
P205	0.07		0.45	0.10		
P235	0.08		0.50	0.12		
P200	0.08	0.10	0.80	0.12		
P240	0.10		1.00	0.12		
P210	0.06	0.06	0.35	0.08		
P250	0.08		0.70	0.12		
P290	0.14		1.00	0.14		

（4）力学和工艺性能（表 4-81、表 4-82）

表 4-81　冷成型用加磷高强度冷轧钢板和钢带的力学和工艺性能

牌　号	下屈服强度 σ_{eL}/MPa≥	抗拉强度 R_m/MPa	断后伸长率/%		180° 冷弯试验
			A_5	A_{80mm}　L_0＝80mm	
			≥		
P175	175	340～410	34	—	
P205	205	370～440	32	—	
P235	235	390～460	30	—	d＝0，完好
P200	200	340～420	—	30	
P240	240	380～470	—	28	
P210	210	340～420	35		d＝0，完好
P250	250	380～470	32		
P290	290	440～560	24		d＝0，完好

注：d 为弯芯直径，a 为试样厚度。

表 4-82　杯突试验平均冲压深度　　　　（mm）

公称厚度	冲压深度≥	公称厚度	冲压深度≥	公称厚度	冲压深度≥	公称厚度	冲压深度≥
0.50	9.0	0.90	10.3	1.30	11.2	1.70	11.8
0.60	9.4	1.00	10.5	1.40	11.3	1.80	11.9
0.70	9.7	1.10	10.8	1.50	11.5	1.90	12.0
0.80	10.0	1.20	11.0	1.60	11.6	2.00	12.1

4.3　复合钢板

　　复合钢板是由两种不同材质的钢板，采用不同方法复合而成，如不锈钢复合钢板采用爆炸、轧制或爆炸轧制等方法，将不锈钢板与普通钢板（碳素结构钢、低合金高强度结构钢、优质碳素结构钢等）复合而成的钢板。它同时具有两种不同钢种的特性，既有不锈钢的耐蚀性，又有普通钢价格低廉、刚度好等优点。

4.3.1　不锈钢复合钢板和钢带（GB/T 8165—2008）

　　（1）用途　本标准适用于以不锈钢做复层、碳素钢和低合金钢做基层的复合钢板（带）。包括用于制造石油、化工、轻工、海水淡化、核工业的各类压力容器、储罐等结构件的不锈钢复层厚度≥1mm的复合中厚板，以及用于轻工机械、食品、炊具、建筑、装饰、焊管、铁路客车、医药卫生、环境保护等行业的设备或用具制造需要的复层厚度≤0.8mm 的单面、双面对称和非对称复合钢带及其剪切钢板。

　　（2）分类和代号（表4-83）

表4-83　不锈钢复合钢板和钢带的分类和代号

级别	代号			用　途
	爆炸法	轧制法	爆炸轧制法	
I 级	B I	R I	BR I	适用于不允许有未结合区存在的、加工时要求严格的结构件上
II 级	B II	R II	BR II	适用于可允许有少量未结合区存在的结构件上
III 级	BIII	RIII	BRIII	适用于复层材料只作为抗腐蚀层来使用的一般结构件上

　　（3）尺寸规格（表4-84）

表4-84　轧制复合带及其剪切钢板的尺寸规格　　　　　　　　（mm）

轧制复合板（带）总公称厚度	复层厚度≥			表　示　法	
	对称型 AB 面	非对称型		对　称　型	非　对　称　型
		A面	B面		
0.8	0.09	0.09	0.06	总厚度（复×2＋基）如 3.0（0.25×2＋2.50）	总厚度（A面复层＋B面复层＋基层）如 1.5（0.20＋0.13＋1.17）
1.0	0.12	0.12	0.06		
1.2	0.14	0.14	0.06		
1.5	0.16	0.16	0.08		
2.0	0.18	0.18	0.10		
2.5	0.22	0.22	0.12		
3.0	0.25	0.25	0.15		
3.5～6.0	0.30	0.30	0.15		

（4）复层和基层材料（表 4-85）

表 4-85 复合板（带）的复层和基层材料

复 层 材 料		基 层 材 料	
标准号	GB/T 3280，GB/T 4237	标准号	GB/T 3274，GB 713，GB 3531，GB/T 710
典型牌号	06Cr13 06Cr13Al 022Cr17Ti 06Cr19Ni10 06Cr18Ni11Ti 06Cr17Ni12Mo2 022Cr17Ni12Mo2 022Cr25Ni7Mo4N 022Cr22Ni5Mo3N 022Cr19Ni5Mo3Si2N 06Cr25Ni20 06Cr23Ni13	典型牌号	Q235A，Q235B，Q235C Q345A，Q345B，Q345C Q245R，Q345R，15CrMoR 09MnNiDR 08Al

（5）力学性能（表 4-86～表 4-88）

表 4-86 复合中厚板的常规力学性能

级 别	界面抗剪强度 τ/MPa	上屈服强度 R_{eH}/MPa	抗拉强度 R_m/MPa	断后伸长率 A/%	冲击吸收功 A_{KV2}/J
I 级 II 级	≥210	不小于基层对应厚度钢板标准值	不小于基层对应厚度钢板标准下限值，且不大于上限值 35MPa	不小于基层对应厚度钢板标准值	应符合基层对应厚度钢板的规定
III 级	≥200				

表 4-87 轧制复合带及其剪切钢板，当基层选用深冲钢时的力学性能

基 层 钢 号	上屈服强度 R_{eH}/MPa	抗拉强度 R_m/MPa	断后伸长率 A/%	
			复层为奥氏体不锈钢	复层为铁素体不锈钢
08Al	≤350	345～490	≥28	≥18

注：屈服现象不明显时，按 $R_{p0.2}$。

表 4-88 轧制复合带及其剪切钢板的杯突试验 （mm）

公 称 厚 度	拉 延 级 别 冲压深度≥	公 称 厚 度	拉 延 级 别 冲压深度≥	公 称 厚 度	拉 延 级 别 冲压深度≥
0.8	9.3	1.2	10.0	2.0	11.0
1.0	9.6	1.5	10.3	—	—

（6）表面质量（表 4-89）

表 4-89 不锈钢复合钢板和钢带的表面质量

序 号	指 标
1	复合中厚板复层表面不应有气泡、结疤、裂纹、夹杂、折叠等缺陷。允许研磨清除上述缺陷，但清除后，应保证复层最小厚度，否则应进行补焊。基层表面质量应符合相应标准的规定
2	轧制复合卷板表面不应有气泡、裂纹、结疤、拉裂和夹杂。不允许有分层。成卷交货时，钢带表面质量的不正常部位应不超过钢带总长度的 10%

续表 4-89

序　号	指　标
3	轧制复合板（带）表面加工等级应符合表 A 的规定，表面质量等级应符合表 B 规定，表面质量分组应符合 GB/T 4237，GB/T 3280 的有关规定

表 A　表面加工等级

表面加工等级	表 面 加 工 要 求
No.1	热轧后进行热处理、酸洗或类似的处理
No.2B	冷轧后进行热处理、酸洗或类似的处理，最后经冷轧获得适当的粗糙度

表 B　表面质量等级

表面质量等级	表 面 质 量 特 征
Ⅰ级表面	钢板表面允许有深度不大于钢板厚度公差之半，且不使钢板小于允许最小厚度的轻微麻点、轻微划伤、凹坑和辊印。 钢板反面超出上述范围的缺陷允许用砂轮清除，清除深度不得大于钢板厚度公差
Ⅱ级表面	钢板表面允许有深度不大于钢板厚度公差之半，且不使钢板小于允许最小厚度的下列缺陷。正面：一般的轻微麻点、轻微划伤、凹坑和辊印。反面：一般的轻微麻点、局部的深麻点、轻微划伤、凹坑和辊印。 钢板两面超出上述范围的缺陷允许用砂轮清除，清除深度正面不得大于钢板复层厚度之半，反面不得大于钢板厚度公差

4.3.2　铜钢复合钢板（GB/T 13238—1991）

（1）**用途**　用于化工、石油、制药、制盐等行业，制造耐腐蚀的压力容器和真空设备。

（2）**尺寸规格**（表 4-90）

表 4-90　铜钢复合钢板的尺寸规格　　　　　　　　　　　（mm）

总　厚　度		覆　层　厚　度		长　度		宽　度	
尺寸	允许偏差	尺寸	允许偏差	尺寸	允许偏差	尺寸	允许偏差
8~30	+12% −8%	2~6	±10%	≥1 000	+25 −10	≥1 000	+20 −10

（3）**牌号和化学成分**（表 4-91）

表 4-91　铜钢复合钢板的牌号和化学成分

复层材料		基层材料	
牌　号	化学成分规定	牌　号	化学成分规定
Tu1 T2	GB/T 5231（加工铜）	Q235	GB/T 700—2006
		20g，16Mng	GB/T 713—2008
		20R，16MnR	GB/T 713—2008
B30	GB/T 5231（加工铜）	16Mn	GB/T 1591—2008
		20	GB/T 699—1999

（4）**力学性能**

①复合板最小抗拉强度 σ_b 应按下式计算：

$$\sigma_b = \frac{t_1\sigma_1 + t_2\sigma_2}{t_1 + t_2}$$

式中　σ_1 ——基材抗拉强度下限（MPa）；

　　　t_1 ——基材厚度（mm）；

　　　σ_2 ——覆材抗拉强度下限（MPa）；

　　　t_2 ——复材厚度（mm）。

②复合板伸长率δ_5（%）应不小于基材规定值。

③复合板抗剪强度τ_b应不小于100MPa。复层厚度不大于3mm者不作抗剪强度试验，用冷弯试验检查复合强度。

4.3.3 镍-钢复合板［YB/T 108—1997（2006）］

（1）用途 适用于石油、化工、制药、制盐等行业制造耐腐蚀的压力容器、原子反应堆、储藏槽及其他用途。

（2）尺寸规格（表4-92）

表4-92 镍-钢复合板的尺寸规格

总 厚 度		复 层 厚 度	
公称尺寸/mm	允许偏差/%	公称尺寸/mm	允许偏差/%
6~10	±9	≤2	双方协议
>10~15	±8	>2~3	±12
>15~20	±7	>3	±10

（3）牌号和化学成分（表4-93）

表4-93 复层材料及基层材料的牌号

复 层 材 料		基 层 材 料	
典型牌号	标 准 号	典型牌号	标 准 号
N6 N8	GB/T 5235	Q235A，Q235B	GB/T 700—2006
		20g，16Mng	GB/T 713—2008
		20R，16MnR	GB 713—2008
		Q345	GB/T 1591—2008
		20	GB/T 699—1999

（4）力学和工艺性能（表4-94）

表4-94 镍-钢复合板的力学和工艺性能

拉 伸 试 验		剪 切 试 验	弯曲试验（$\alpha=180°$）		结合度试验（$\alpha=180°$）
抗拉强度σ_b/MPa	伸长率δ_5/%	抗剪强度J_b/MPa	外弯曲	内弯曲	分离率C/%
≥σ_b	大于基材和复材标准值中较低的值	≥196	弯曲部位的外侧不得有裂纹		三个结合度试样中的两个试样C值不大于50

注：复合板的抗拉强度指标σ_b按下式计算：

$$\sigma_b = \frac{t_1\sigma_{b1}+t_2\sigma_{b2}}{t_1+t_2}$$

式中 σ_{b1}——基材的抗拉强度（标准下限值）（MPa）；

σ_{b2}——复材的抗拉强度（标准下限值）（MPa）；

t_1——试样的基材厚度（mm）；

t_2——试样的复材厚度（mm）。

4.3.4 钛-钢复合板（GB/T 8547—2006）

（1）用途 本标准适用于耐蚀压力容器、储槽及其他用途的钛-钢轧制复合板、钛-钢爆炸复合板或爆炸-轧制复合板。

（2）分类和代号（表 4-95）

表 4-95　钛-钢复合板的分类和代号

生产种类		代　号		用途分类
轧制复合板	轧制复合板	1 类	R1	0 类：用于过渡接头、法兰等高结合强度，且不允许不结合区存在的复合板。
		2 类	R2	
	爆炸-轧制复合板	1 类	BR1	1 类：将钛材作为强度设计材料或特殊用途的复合板，如管板等。
		2 类	BR2	
爆炸复合板		0 类	B0	2 类：将钛作为耐蚀设计，而不考虑其强度的复合板，或代替衬里使用
		1 类	B1	
		2 类	B2	

（3）复材和基材（表 4-96）

表 4-96　复合板的复材和基材

复　材	基　材
GB/T 3621 钛及钛合金板材中的 TA0，TA1，TA2，TA6，TA10	GB/T 700《碳素结构钢》 GB/T 711《优质碳素结构钢热轧厚钢板和钢带》 GB 712《船舶及海洋工程用结构钢》 GB 713《锅炉压力容器用钢板》 GB/T 3274《碳素结构钢和低合金结构钢热轧厚钢板和钢带》 GB 3531《低温压力容器用低合金钢板》 JB 4726《压力容器用碳素钢和低合金钢锻件》 JB 4727《低温压力容器用碳素钢和低合金钢锻件》

（4）力学和工艺性能（表 4-97）

表 4-97　复合板的力学和工艺性能

拉 伸 试 验		剪 切 试 验		弯 曲 试 验	
抗拉强度 R_m/MPa	伸长率 A/%	抗剪强度 τ/MPa		弯曲角 α（°）	弯曲直径 D/mm
		0 类复合板	其他类复合板		
$>R_{mj}$	≥基材或覆材标准中较低一方的规定值	≥196	≥140	内弯 180°，外弯由覆材标准决定	内弯时按基材标准规定，不够 2 倍时取 2 倍；外弯时为复合板厚度的 3 倍

注：复合板的抗拉强度理论下限标准值按下列公式计算：

$$R_{mj} = \frac{t_1 R_{m1} + t_2 R_{m2}}{t_1 + t_2}$$

式中　R_{m1}——基材抗拉强度下限标准值（MPa）；
　　　R_{m2}——覆材抗拉强度下限标准值（MPa）；
　　　t_1——基材厚度（mm）；
　　　t_2——覆材厚度（mm）。

4.3.5　钛-不锈钢复合板（GB/T 8546—2007）

（1）用途　钛-不锈钢复合板适用于在腐蚀环境中，承受一定压力、温度的压力容器、过渡接头及其他设备零部件等。

（2）分类和代号（表4-98）

表4-98 钛-不锈钢复合板的分类和代号

类　别	代　号		推荐用途
	爆　炸	爆炸-轧制	
0类	B0	BR0	过渡接头、法兰等
1类	B1	BR1	管板等
2类	B2	BR2	简体板等

（3）复材和基材（表4-99）

表4-99 复合板的复材和基材

复　材	基　材
GB/T 3621 钛及钛合金板材中的 TA1，TA2，TA9，TA10	GB/T 3280《不锈钢冷轧钢板》，JB 4728《压力容器用不锈钢锻件》 GB/T 4237《不锈钢热轧钢板》，GB/T 4238《耐热钢板》

（4）力学和工艺性能（表4-100、表4-101）

表4-100 复合板的力学性能

拉 伸 性 能		剪 切 性 能		分 离 试 验	
抗拉强度 R_{mj}/MPa	伸长率 A/%	抗剪强度 τ/MPa		分离强度 σ_τ/MPa	
		0类复合板	其他类复合板	0类复合板	其他类复合板
$> R_{mj}$	≥基材或覆材标准 中较低一方的规定值	≥196	≥140	≥274	—

注：25mm 以下复合板的抗拉强度理论下限标准值 R_{mj} 按下式计算：

$$R_{mj} = \frac{t_1 R_{m1} + t_2 R_{m2}}{t_1 + t_2}$$

式中　R_{m1}——基材抗拉强度下限标准值（MPa）；

R_{m2}——覆材抗拉强度下限标准值（MPa）；

t_1——基材厚度（mm）；

t_2——覆材厚度（mm）。

表4-101 复合板的弯曲性能

弯曲类别	弯曲直径 D/mm	弯曲角度 α/（°）	试验结果
内弯曲性能	按基材标准规定，不够复合板 厚度2倍时取2倍	180	在试样弯曲部分的外表面不得 有裂纹
外弯曲性能	复合板厚度的3倍	按覆材标准规定	在试样弯曲部分的外表面不得 有裂纹，复合界面不得有分层

4.4 镀涂钢板

镀涂薄钢板和钢带是为了提高钢板表面的耐蚀性或其他性能，而在钢板表面镀覆或涂覆锌、锡、铅、铅-锡合金、铝、铬、有机涂料或塑料等覆盖层的钢板和钢带。由于涂层的不同特性，镀涂薄钢板和钢带在建筑、车辆制造、轻工、民用等方面都得到广泛的应用。

4.4.1 连续热镀锌钢板及钢带（GB/T 2518—2008）

（1）用途　镀锌钢板和钢带也称镀锌板或白铁皮。连续热镀板及钢带是在连续产生线上，将冷轧钢带或热轧酸洗钢带浸入锌含量不低于98%的镀液中，经热浸镀获得的镀锌钢板及钢带。钢板表面美观，有块状或树叶状锌结晶花纹，镀锌层牢固，有优良的耐大气腐蚀性能。同时，钢板还有良好的焊接性能和冷加工成型性能。与电镀锌薄钢板相比，热镀锌薄钢板镀锌层较厚，主要用于要求耐蚀性较强的部件。镀锌板广泛用于建筑、包装、铁路车辆、农业机械及日常生活用品等方面。

（2）术语和定义（表4-102）

表4-102　连续热镀锌钢板及钢带的术语和定义

术　语	定　义
无间隙原子钢	无间隙原子钢是在超低碳钢中加入适量的钛或铌，使钢中的碳、氮间隙原子完全被固定成碳、氮化物，钢中没有间隙原子存在的一类钢
烘烤硬化钢	在低碳钢或超低碳钢中保留一定量的固溶碳、氮原子，同时可通过添加磷、锰等固溶强化元素来提高强度。加工成型后，在一定温度下烘烤，由于时效硬化，使钢的屈服强度进一步升高
低合金钢	在低碳钢或超低碳钢中，通过单一或复合添加铌、钛、钒等微合金元素，形成碳氮化合物粒子析出进行强化；同时，通过微合金元素的细化晶粒作用，以获得较高的强度
双相钢	钢的显微组织为铁素体和马氏体，马氏体组织以岛状弥散分布在铁素体基体上。具有低的屈强比和较高的加工硬化性能。与同等屈服强度的高强度低合金钢相比，具有更高的抗拉强度
相变诱导塑性钢	钢的显微组织为铁素体、贝氏体和残余奥氏体，其中，残余奥氏体的含量最少不低于5%。在成型过程中，残余奥氏体可相变为马氏体组织，具有较高的加工硬化率、均匀伸长率和抗拉强度。与同等抗拉强度的双相钢水平相比，具有更高的伸长率
复相钢	钢的显微组织主要为铁素体和（或）贝氏体组织。在铁素体和（或）贝氏体基体上，通常分布少量的马氏体、残余奥氏体和珠光体组织。通过添加微合金元素Ti或Nb，形成细化晶粒或析出强化的效应。这种钢具有非常高的抗拉强度。与同等抗拉强度的双相钢相比，其屈服强度明显要高很多。这种钢具有较高的能量吸收能力和较高的残余应变能力
拉伸应变痕	冷加工成形时，由于时效的原因导致钢板或钢带表面出现的滑移线、"橘子皮"等有损表面外观的缺陷

（3）牌号命名（表4-103、表4-104）

表4-103　牌号命名方法

用途代号	DX：第一位字母D表示冷成形用扁平钢材。第二位字母如果为X，代表基板的轧制状态不规定；如果为C，代表基板规定为冷轧基板；如果为D，代表基板规定为热轧基板
	S：表示结构用钢
	HX：第一位字母H代表冷成形用高强度扁平钢材。第二位字母如果为X，代表基板的轧制状态不规定；如果为C，代表基板规定为冷轧基板；如果为D，代表基板规定为热轧基板
钢级代号（或序列号）	51～57：2位数字，用以代表钢级序列号
	180～980：3位数字，用以代表钢级代号。根据牌号命名方法的不同，一般为规定的最小屈服强度或最小屈服强度和最小抗拉强度，单位为MPa
钢种特性	钢种特性一般用1到2位字母表示，其中：Y表示钢种类型为无间隙原子钢，LA表示钢种类型为低合金钢，B表示钢种类型为烘烤硬化钢，DP表示钢种类型为双相钢，TR表示钢种类型为相变诱导塑性钢，CP表示钢种类型为复相钢，G表示钢种特性不规定
热镀代号	热镀代号表示为D
镀层代号	Z表示纯锌镀层，ZF表示锌铁合金镀层

注：钢板及钢带的牌号由产品用途代号、钢级代号（或序列号）、钢种特性（如有）、热镀代号（D）和镀层种类代号五部构成，其中热镀代号（D）和镀层种类代号之间用"＋"连接。

表4-104　牌号命名示例

牌号示例	表　示　含　义
DC57D＋ZF	表示产品用途为冷成形用，扁平钢材，规定基板为冷轧基板，钢级序列号为57，锌铁合金镀层热镀产品

续表 4-104

牌 号 示 例	表 示 含 义
S350GD+Z	表示产品用途为结构用，规定的最小屈服强度为 350MPa，钢种特性不规定，纯锌镀层热镀产品
HX340LAD+ZF	表示产品用途为冷成形用，高强度扁平钢材，不规定基板状态，规定的最小屈服强度为 340MPa，钢种类型为高强度低合金钢，锌铁合金镀层热镀产品
HC340/600DPD+Z	表示产品用途为冷成形用，高强度扁平钢材，规定基板为冷轧基板，规定的最小屈服强度为 340MPa，最小抗拉强度为 600MPa，钢种类型为双相钢，纯锌镀层热镀产品

（4）牌号及钢种特性（表 4-105）

表 4-105　钢板及钢带的牌号及钢种特性

牌　　号	钢 种 特 性
DX51D+Z，DX51D+ZF	低碳钢
DX52D+Z，DX52D+ZF	低碳钢
DX53D+Z，DX53D+ZF	无间隙原子钢
DX54D+Z，DX54D+ZF	无间隙原子钢
DX56D+Z，DX56D+ZF	无间隙原子钢
DX57D+Z，DX57D+ZF	无间隙原子钢
S220GD+Z，S220GD+ZF	结构钢
S250GD+Z，S250GD+ZF	结构钢
S280GD+Z，S280GD+ZF	结构钢
S320GD+Z，S320GD+ZF	结构钢
350GD+Z，S350GD+ZF	结构钢
S550GD+Z，S550GD+ZF	结构钢
HX260LAD+Z，HX260LAD+ZF	低合金钢
HX300LAD+Z，HX300LAD+ZF	低合金钢
HX340LAD+Z，HX340LAD+ZF	低合金钢
HX380LAD+Z，HX380LAD+ZF	低合金钢
HX420LAD+Z，HX420LAD+ZF	低合金钢
HX180YD+Z，HX180YD+ZF	无间隙原子钢
HX220YD+Z，HX220YD+ZF	无间隙原子钢
HX260YD+Z，HX260YD+ZF	无间隙原子钢
HX180BD+Z，HX180BD+ZF	烘烤硬化钢
HX220BD+Z，HX220BD+ZF	烘烤硬化钢
HX260BD+Z，HX260BD+ZF	烘烤硬化钢
HX300BD+Z，HX300BD+ZF	烘烤硬化钢
HC260/450DPD+Z，HC260/450DPD+ZF	双相钢
HC300/500DPD+Z，HC300/500DPD+ZF	双相钢
HC340/600DPD+Z，HC340/600DPD+ZF	双相钢
HC450/780DPD+Z，HC450/780DPD+ZF	双相钢
HC600/980DPD+Z，HC600/980DPD+ZF	双相钢
HC430/690TRD+Z，HC410/690TRD+ZF	相变诱导塑性钢
HC470/780TRD+Z，HC440/780TRD+ZF	相变诱导塑性钢
HC350/600CPD+Z，HC350/600CPD+ZF	复相钢
HC500/780CPD+Z，HC500/780CPD+ZF	复相钢
HC700/980CPD+Z，HC700/980CPD+ZF	复相钢

（5）分类和代号（表4-106、表4-107）

表4-106 钢板及钢带按表面质量分类和代号

级 别	代 号
普通级表面	FA
较高级表面	FB
高级表面	FC

表4-107 钢板及钢带的镀层种类、镀层表面结构、表面处理的分类和代号

分类项目	类 别		代 号
镀层种类	纯锌镀层		Z
	锌铁合金镀层		ZF
镀层表面结构	纯锌镀层（Z）	普通锌花	N
		小锌花	M
		无锌花	F
	锌铁合金镀层（ZF）	普通锌花	R
表面处理	铬酸钝化		C
	涂油		O
	铬酸钝化＋涂油		CO
	无铬钝化		C5
	无铬钝化＋涂油		CO5
	磷化		P
	磷化＋涂油		PO
	耐指纹膜		AF
	无铬耐指纹膜		AF5
	自润滑膜		SL
	无铬自润滑膜		SL5
	不处理		U

（6）尺寸规格（表4-108）

表4-108 连续热镀锌钢板及钢带的公称尺寸范围　　　　　　　　　　（mm）

项 目		公称尺寸
公称厚度		0.30～5.0
公称宽度	钢板及钢带	600～2 050
	纵切钢带	＜600
公称长度	钢板	1 000～8 000
公称内径	钢带及纵切钢带	610 或 508

（7）牌号和化学成分（表4-109～表4-112）

表4-109　低碳钢及无间隙原子钢的牌号和化学成分（1）　　　　（%）

牌　号	化学成分（质量分数）≤					
	C	Si	Mn	P	S	Ti
DX51D＋Z，DX51D＋ZF						
DX52D＋Z，DX52D＋ZF						
DX53D＋Z，DX53D＋ZF	0.12	0.50	0.60	0.10	0.045	0.30
DX54D＋Z，DX54D＋ZF						
DX56D＋Z，DX56D＋ZF						
DX57D＋Z，DX57D＋ZF						

表4-110　结构钢的牌号和化学成分（2）　　　　（%）

牌　号	化学成分（质量分数）≤				
	C	Si	Mn	P	S
S220GD＋Z，S220GD＋ZF					
S250GD＋Z，S250GD＋ZF					
S280GD＋Z，S280GD＋ZF	0.20	0.60	1.70	0.10	0.045
S320GD＋Z，S320GD＋ZF					
S350GD＋Z，S350GD＋ZF					
S550GD＋Z，S550GD＋ZF					

表4-111　无间隙原子钢、烘烤硬化钢及低合金钢的牌号和化学成分（3）　　　　（%）

牌　号	化学成分（质量分数）							
	C≤	Si≤	Mn≤	P≤	S≤	Alt≥	Ti≤	Nb[①]≤
HX180YD＋Z，HX180YD＋ZF	0.10	0.10	0.70	0.06	0.025	0.02	0.12	—
HX220YD＋Z，HX220YD＋ZF	0.01	0.10	0.90	0.08	0.025	0.02	0.12	—
HX260YD＋Z，HX260YD＋ZF	0.01	0.10	1.60	0.10	0.025	0.02	0.12	—
HX180BD＋Z，HX180BD＋ZF	0.04	0.50	0.70	0.06	0.025	0.02	—	—
HX220BD＋Z，HX220BD＋ZF	0.06	0.50	0.70	0.08	0.025	0.02	—	—
HX260BD＋Z，HX260BD＋ZF	0.11	0.50	0.70	0.10	0.025	0.02	—	—
HX300BD＋Z，HX300BD＋ZF	0.11	0.50	0.70	0.12	0.025	0.02	—	—
HX260LAD＋Z，HX260LAD＋ZF	0.11	0.50	0.60	0.025	0.025	0.015	0.15	0.09
HX300LAD＋Z，HX300LAD＋ZF	0.11	0.50	1.00	0.025	0.015	0.015	0.15	0.09
HX340LAD＋Z，HX340LAD＋ZF	0.11	0.50	1.00	0.025	0.025	0.015	0.15	0.09
HX380LAD＋Z，HX380LAD＋ZF	0.11	0.50	1.40	0.025	0.025	0.015	0.15	0.09
HX420LAD＋Z，HX420LAD＋ZF	0.11	0.50	1.40	0.025	0.025	0.015	0.15	0.09

注：①可以单独或复合添加 Ti 和 Nb。也可添加 V 和 B，但是这些合金元素的总含量不大于 0.22%。

表4-112　双相钢、相变诱导塑性钢及复相钢的牌号和化学成分（4）　　　　（%）

牌　号	化学成分（质量分数）≤									
	C	Si	Mn	P	S	Alt	Cr＋Mo	N＋Ti	V	B
HC260/450DPD＋Z，HC260/450DPD＋ZF	0.14		2.00							
HC300/500DPD＋Z，HC300/500DPD＋ZF	0.14		2.00							
HC340/600DPD＋Z，HC340/600DPD＋ZF	0.17	0.80	2.20	0.080	0.015	2.00	1.00	0.15	0.20	0.005
HC450/780DPD＋Z，HC450/780DPD＋ZF	0.18		2.50							
HC600/980DPD＋Z，HC600/980DPD＋ZF	0.23		2.50							

续表 4-112

牌　号	化学成分（质量分数）≤									
	C	Si	Mn	P	S	Al	Cr+Mo	N+Ti	V	B
HC430/690TRD+Z，HC430/690TRD+ZF	0.32	2.20	2.50	0.120	0.015	2.00	0.60	0.20	0.20	0.005
HC470/780TRD+Z，HC470/780TRD+ZF										
HC350/600CPD+Z，HC350/600CPD+ZF	0.18	0.80	2.20	0.080	0.015	2.00	1.00	0.15	0.20	0.005
HC500/780CPD+Z，HC500/780CPD+ZF									0.20	
HC700/980CPD+Z，HC700/980CPD+ZF	0.23						1.20		0.22	

（8）力学性能（表 4-113～表 4-120）

表 4-113　低碳钢及无间隙原子钢钢板及钢带的力学性能（1）

牌　号	屈服强度[①]R_{eL} 或 $R_{p0.2}$/MPa	抗拉强度 R_m/MPa	断后伸长率 A_{80}/% ≥	塑性应变比 r_{90} ≥	应变硬化指数 n_{90} ≥
DX51D+Z，DX51D+ZF	—	270～500	22	—	—
DX52D+Z，DX52D+ZF	140～300	270～420	26	—	—
DX53D+Z，DX53D+ZF	140～260	270～380	30	—	—
DX54D+Z	120～220	260～350	36	1.6	0.18
DX54D+ZF			34	1.4	0.18
DX56D+Z	120～180	260～350	39	1.9	0.21
DX56D+ZF			37	1.7	0.20
DX57D+Z	120～170	260～350	41	2.1	0.22
DX57D+ZF			39	1.9	0.21

注：①无明显屈服时采用 $R_{p0.2}$，否则采用 R_{eL}。
　　随着存储时间的延长，受时效的影响，所有牌号的钢均可能产生拉伸应变痕，建议用户尽快使用。

表 4-114　结构钢钢板及钢带的力学性能（2）

牌　号	屈服强度[①]R_{eH} 或 $R_{p0.2}$/MPa ≥	抗拉强度 R_m/MPa ≥	断后伸长率 A_{80}/% ≥
S220GD+Z，S220GD+ZF	220	300	20
S250GD+Z，S250GD+ZF	250	330	19
S280GD+Z，S280GD+ZF	280	360	18
S320GD+Z，S320GD+ZF	320	390	17
S350GD+Z，S350GD+ZF	350	420	16
S550GD+Z，S550GD+ZF	550	560	—

注：①无明显屈服时采用 $R_{p0.2}$，否则采用 R_{eH}。

表 4-115　无间隙原子钢钢板及钢带的力学性能（3）

牌　号	屈服强度[①]R_{eL} 或 $R_{p0.2}$/MPa	抗拉强度 R_m/MPa	断后伸长率 A_{80}/% ≥	r_{90} ≥	n_{90} ≥
HX180YD+Z	180～240	340～400	34	1.7	0.18
HX180YD+ZF			32	1.5	0.18
HX220YD+Z	220～280	340～410	32	1.5	0.17
HX220YD+ZF			30	1.3	0.17
HX260YD+Z	260～320	380～440	30	1.4	0.16
HX260YD+ZF			28	1.2	0.16

注：①无明显屈服时采用 $R_{p0.2}$，否则采用 R_{eL}。

表 4-116　烘烤硬化钢钢板及钢带的力学性能（4）

牌　号	屈服强度[①]R_{eL} 或 $R_{p0.2}$/MPa	抗拉强度 R_m/MPa	断后伸长率 A_{80}/%≥	塑性应变比 r_{90}	应变硬化指数 n_{90}≥	烘烤硬化值 BH_2/MPa≥
HX180BD+Z	180～240	300～360	34	1.5	0.16	30
HX180BD+ZF			32	1.3	0.16	30
HX220BD+Z	220～280	340～400	32	1.2	0.15	30
HX220BD+ZF			30	1.0	0.15	30
HX260BD+Z	260～320	360～440	28	—	—	30
HX260BD+ZF			26	—	—	30
HX300BD+Z	300～360	400～480	26	—	—	30
HX300BD+ZF			24	—	—	30

注：①无明显屈服时采用 $R_{p0.2}$，否则采用 R_{eL}。

表 4-117　低合金钢钢板及钢带的力学性能（5）

牌　号	屈服强度[①]R_{eL} 或 $R_{p0.2}$/MPa	抗拉强度 R_m/MPa	断后伸长率 A_{80}/%≥
HX260LAD+Z	260～330	350～430	26
HX260LAD+ZF			24
HX300LAD+Z	300～380	380～480	23
HX300LAD+ZF			21
HX340LAD+Z	340～420	410～510	21
HX340LAD+ZF			19
HX380LAD+Z	380～480	440～560	19
HX380LAD+ZF			17
HX420LAD+Z	420～520	470～590	17
HX420LAD+ZF			15

注：①无明显屈服时采用 $R_{p0.2}$，否则采用 R_{eL}。

表 4-118　双相钢钢板及钢带的力学性能（6）

牌　号	屈服强度[①]R_{eL} 或 $R_{p0.2}$/MPa	抗拉强度 R_m/MPa	断后伸长率 A_{80}/% ≥	应变硬化指数 n_0≥	烘烤硬化值 BH_2/MPa≥
HC260/450DPD+Z	260～340	450	27	0.16	30
HC260/450DPD+ZF			25		30
HC300/500DPD+Z	300～380	500	23	0.15	30
HC300/500DPD+ZF			21		30
HC340/600DPD+Z	340～420	600	20	0.14	30
HC340/600DPD+ZF			18		30
HC450/780DPD+Z	450～560	780	14	—	30
HC450/780DPD+ZF			12		30
HC600/980DPD+Z	600～750	450	10	—	30
HC600/980DPD+ZF			8		30

注：①无明显屈服时采用 $R_{p0.2}$，否则采用 R_{eL}。

表 4-119　相变诱导塑性钢钢板及钢带的力学性能（7）

牌　号	屈服强度[1]R_{eL} 或 $R_{p0.2}$/MPa	抗拉强度 R_m/MPa	断后伸长率 A_{80}/% ≥	应变硬化指数 n_0≥	烘烤硬化值 BH_2/MPa≥
HC430/690TRD+Z	430～550	690	23	0.18	40
HC430/690TRD+ZF			21		40
HC470/780TRD+Z	470～600	780	21	0.16	40
HC470/780TRD+ZF			18		40

注：①无明显屈服时采用 $R_{p0.2}$，否则采用 R_{eL}。

表 4-120　复相钢钢板及钢带的力学性能（8）

牌　号	屈服强度[1]R_{eL} 或 $R_{p0.2}$/MPa	抗拉强度 R_m/MPa	断后伸长率 A_{80}/%≥	烘烤硬化值 BH_2/MPa≥
HC350/600CPD+Z	350～500	600	16	30
HC350/600CPD+ZF			14	
HC500/780CPD+Z	500～700	780	10	30
HC500/780CPD+ZF			8	
HC700/980CPD+Z	700～900	980	7	30
HC700/980CPD+ZF			5	

注：①无明显屈服时采用 $R_{p0.2}$，否则采用 R_{eL}。

（9）镀层质量和表面结构（表 4-121～表 4-123）

表 4-121　可供的公称镀层质量范围

镀层形式	适用的镀层表面结构	下列镀层种类的公称镀层质量范围/（g/m²）	
		纯锌镀层（Z）	锌铁合金镀层（ZF）
等厚镀层	N，M，F，R	50～600	60～180
差厚镀层	N，M，F	25～150（每面）	—

表 4-122　推荐的公称镀层质量及相应的镀层代号

镀层种类	镀层形式	推荐的公称镀层质量/（g/m²）	镀层代号	镀层种类	镀层形式	推荐的公称镀层质量/（g/m²）	镀层代号
Z	等厚镀层	60	60	Z	等厚镀层	350	350
		80	80			450	450
		100	100			600	600
		120	120	ZF	等厚镀层	60	60
		150	150			90	90
		180	180			120	120
		200	200			140	140
		220	220	ZF	差厚镀层	30/40	30/40
		250	250			40/60	40/60
		275	275			40/100	40/100

表 4-123 连续热镀锌钢板及钢带的镀层表面结构

镀层种类	镀层表面结构	代号	特 征
Z	普通锌花	N	锌层在自然条件下凝固得到的肉眼可见的锌花结构
	小锌花	M	通过特殊控制方法得到的肉眼可见的细小锌花结构
	无锌花	F	通过特殊控制方法得到的肉眼不可见的细小锌花结构
ZF	普通锌花	R	通过对纯锌镀层的热处理后获得的镀层表面结构，该表面结构通常灰色无光

（10）表面处理（表 4-124、表 4-125）

表 4-124 连续热镀锌钢板及钢带的表面处理

名 称	优 缺 点
铬酸钝化（C）和无铬钝化（C5）	该表面处理可减少产品在运输和储存期间表面产生白锈。采用铬酸钝化处理方式，存在表面产生摩擦黑点的风险。无铬钝化处理时，应限制钝化膜中对人体健康有害的六价铬成分
铬酸钝化＋涂油（CO）和无铬钝化＋涂油（CO5）	该表面处理可进一步减少产品在运输和储存期间表面产生白锈。无铬钝化处理时，应限制钝化膜中对人体健康有害的六价铬成分
磷化（P）和磷化＋涂油（PO）	该表面处理可减少产品在运输和储存期间表面产生白锈，并可改善钢板的成形性能
耐指纹膜（AF）和无铬耐指纹膜（AF5）	该表面处理可减少产品在运输和储存期间表面产生白锈。无铬耐指纹膜处理时，应限制耐指纹膜中对人体健康有害的六价铬成分
自润滑膜（SL）和无铬自润滑膜（SL5）	该表面处理可减少产品在运输和储存期间表面产生白锈，并可较好改善钢板的成形性能。无铬自润滑膜处理时，应限制自润滑膜中对人体健康有害的六价铬成分
涂油处理（O）	该表面处理可减少产品在运输和储存期间表面产生白锈，所涂的防锈油一般不作为后续加工用的轧制油和冲压润滑油
不处理（U）	该表面处理仅适用于需方在订货期间明确提出不进行表面处理的情况，并需在合同中注明。这种情况下，钢板及钢带在运输和储存期间表面较易产生白锈和黑点，用户在选用该处理方式时应慎重

表 4-125 连续热镀锌钢板及钢带的表面质量

序号	指 标		
1	钢板及钢带表面不应有漏镀、镀层脱落、肉眼可见裂纹等影响用户使用的缺陷。不切边钢带边部允许存在微小锌层裂纹和白边		
2	钢板及钢带各级别表面质量特征应符合本表 A 的规定		
	表 A 表面质量特征		
	级别	特 征	
	FA	表面允许有缺欠，如小锌粒、压印、划伤、凹坑、色泽不均、黑点、条纹、轻微钝化斑、锌起伏等。该表面通常不进行平整（光整）处理	
	FB	较好的一面允许在小缺欠，如光整压印、轻微划伤、细小锌花、锌起伏和轻微钝化斑。另一面至少为表面质量 FA。该表面通常进行平整（光整）处理	
	FC	较好的一面必须对缺欠进一步限制，即较好的一面不应有影响高级涂漆表面外观质量的缺欠。另一面至少为表面质量 FB。该表面通常进行平整（光整）处理	
3	由于在连续生产过程中，钢带表面的局部缺陷不易发现和去除，因此，钢带允许带缺陷交货，但有缺陷的部分应不超过每卷总长度的 6%		

4.4.2 连续电镀锌、锌镍合金镀层钢板及钢带（GB/T 15675—2008）

（1）用途 连续电镀锌、锌镍合金镀层钢板及钢带是适用于汽车、电子、家电等行业用的钢板及钢带。与连续热镀锌钢板及钢带相比，其镀锌层更加均匀，表面更加平整光滑。还可进行铬酸钝化、无铬钝化、磷化、涂油、耐指纹（对钢板及钢带进行电解钝化处理并涂耐指纹膜，以提高电子或电气产品耐玷污性的表面处理方法）等表面处理。

（2）分类和代号（表4-126）

表4-126 连续热镀锌、锌镍合金镀层钢板及钢带的分类和代号

分类方法	分类名称		
	级别		代号
按表面质量分	普通级表面		FA
	较高级表面		FB
	高级表面		FC
按镀层种类分	纯锌镀层（ZE）和锌镍合金镀层（ZN）		
按镀层形式分	等厚镀层、差厚镀层及单面镀层		

注：牌号表示方法，钢板及钢带的牌号由基板牌号和镀层种类两部分组成，中间用"＋"连接。示例1：DC01＋ZE，DC01＋ZN。其中，DC01 表示基板牌号；ZE，ZN 表示镀层种类，包括纯锌镀层、锌镍合金镀层。示例2：CR180BH＋ZE，CR180BH＋ZN。其中，CR180BH 表示基板牌号；ZE，ZN 表示镀层种类，包括纯锌镀层、锌镍合金镀层。

（3）尺寸规格 钢板和钢带的公称厚度为基板厚度和镀层厚度之和。尺寸、外形应符合 GB/T 708 的规定。钢板通常按理论质量交货，钢带通常按实际质量交货。

（4）基板 采用 GB/T 5213，GB/T 20564.1，GB/T 20564.2，GB/T 20564.3 等国家标准中产品作为基板。钢板和钢带的化学成分、力学性能、工艺性能应符合相应基板的规定。

（5）镀层质量（表4-127、表4-128）

表4-127 纯锌镀层、锌镍合金镀层可供镀层质量 （g/m²）

镀层形式	镀 层 种 类	
	纯锌镀层（单面）	锌镍合金镀层（单面）
	可 供 镀 层 质 量 范 围	
等厚	3～90	10～40
差厚	3～90，两面差值最大值为40	10～40，两面差值最大值为20
单面	10～110	10～40

表4-128 等厚镀层和单面镀层推荐的公称镀层质量 （g/m²）

镀层形式	镀 层 种 类	
	纯 锌 镀 层	锌 镍 合 金 镀 层
	公 称 镀 层 质 量	
等厚	3/3，10/10，15/15，20/20，30/30，40/40，50/50，60/60，70/70，80/80，90/90	10/10，15/15，20/20，25/25，30/30，35/35，40/40
单面	10，20，30，40，50，60，70，80，90，100，110	10，15，20，25，30，35，40

（6）表面处理（表4-129、表4-130）

表4-129　连续电镀锌、锌镍合金镀层钢板及钢带的表面处理

名　称	优　缺　点
铬酸钝化（C）和无铬钝化（C5）	该表面处理可减少产品在运输和储存期间表面产生白锈。采用铬酸钝化处理方式，存在表面产生摩擦黑点的风险。无铬钝化处理时，应限制钝化膜中对人体健康有害的六价铬成分
铬酸钝化＋涂油（CO）和无铬钝化＋涂油（CO5）	该表面处理可进一步减少产品表面产生白锈。无铬钝化处理时，应限制钝化膜中对人体健康有害的六价铬成分
磷化（含封闭处理）（PC）和磷化（含无铬封闭）（PC5）	该表面处理为钢板进一步涂漆做表面准备，起一定的润滑作用，同时可减少产品表面产生白锈。无铬封闭处理时，应限制含对人体健康有害的六价铬成分
磷化（含封闭处理）＋涂油（PCO）和磷化（含无铬封闭）＋涂油（PCO5）	该表面处理可减少产品表面产生白锈，并可改善钢板的成型性能。无铬封闭处理时，应限制含对人体健康有害的六价铬成分
磷化（不含封闭处理）（P）	该表面处理可减少产品表面产生白锈
磷化（不含封闭处理）＋涂油（PO）	该表面处理可减少产品表面产生白锈，并改善钢板的成型性能
涂油（O）	该表面处理可减少产品表面产生白锈。一般不作为后加工用轧制油和冲压润滑油
无铬耐指纹（AF5）	无铬耐指纹膜中应限制含对人体健康有害的六价铬成分，适用于生产电气、电子器件、机箱、机芯等零件用途的电镀锌、锌镍镀层产品。耐指纹处理是对产品表面进行特殊处理，防止在触摸产品时留下指纹及其他痕迹
不处理（U）	不处理方式仅适用于需方在订货时明确提出不进行表面处理的情况，并需在合同中注明。这种情况下，钢板及钢带在运输和储存期间表面较易产生白锈和黑点，用户在选用该处理方式时应慎重

表4-130　连续电镀锌、锌镍合金镀层钢板及钢带的表面质量

代号	级　别	特　征
FA	普通级表面	不得有漏镀、镀层脱落、裂纹等缺陷，但不影响成形性及涂漆附着力的轻微缺陷，如小划痕、小辊印、轻微的刮伤及轻微氧化色等缺陷则允许存在
FB	较高级表面	产品两面中较好的一面必须对轻微划痕、辊印等缺陷进一步限制，另一面至少应达到FA的要求
FC	高级表面	产品两面中较好的一面必须对缺陷进一步限制，即不能影响涂漆后的外观质量，另一面至少应达到FA的要求

4.4.3　连续热浸镀锌铝稀土合金镀层钢带和钢板［YB/T 052—1993（2005）］

（1）概述　这种钢带和钢板具有比单一金属镀层钢带和钢板更高的耐蚀性，同时有较高的耐热性和耐酸性，因而获得更加广泛的应用。

（2）分类和代号（表4-131）

表4-131　连续热浸镀锌铝稀土合金镀层钢带和钢板的分类和代号

分类方法	类　别	代　号
按加工性能分	普通用途	PT
	机械咬合	JY
	深冲	SC
	结构	JG
按镀层质量分	90	GF90
	135	GF135
	180	GF180

续表 4-131

分 类 方 法	类　　别	代　　号
按镀层质量分	225	GF225
	275	GF275
	350	GF350
按表面结构分	正常晶花	Z
按尺寸精度分	普通精度	B
	高级精度	A
按表面处理分	铬酸钝化	L
	涂油	Y
	铬酸钝化加涂油	LY

（3）尺寸规格（表 4-132）

表 4-132　连续热浸镀锌铝稀土合金镀层钢带和钢板的尺寸规格　　　　（mm）

名　　称	基 本 尺 寸	名　　称		基 本 尺 寸
厚度	0.25～2.50	长度	钢带	卷内径≥500
宽度	150～750		钢板	按订单要求但不大于 6 000

（4）钢基性能（表 4-133、表 4-134）

表 4-133　连续热浸镀锌铝稀土合金镀层钢带和钢板的力学及工艺性能

类别代号	180°冷弯试验	抗拉强度 R_m/MPa	下屈服强度 R_{eL}/MPa	断后伸长率 A/%
PT	$d=a$	—	—	—
JY	$d=0$	270～500	—	—
SC	—	270～380	—	≥30
JG	—	≥370	≥240	≥18

注：d 为弯心直径，a 为试样厚度。

表 4-134　深冲用（SC）钢板杯突试验冲压深度　　　　（mm）

公称厚度	杯突试验冲压深度≥	公称厚度	杯突试验冲压深度≥	公称厚度	杯突试验冲压深度≥
0.5	7.4	1.1	9.2	1.7	10.1
0.6	7.8	1.2	9.4	1.8	10.3
0.7	8.1	1.3	9.6	1.9	10.4
0.8	8.4	1.4	9.7	2.0	10.5
0.9	8.7	1.5	9.9	—	—
1.0	9.0	1.6	10.0	—	—

（5）镀层质量（表 4-135）

表 4-135　连续热浸镀锌铝稀土合金镀层钢带和钢板的镀层质量　　　　（g/m²）

镀层代号	三点试验平均值（双面）≥	三点试验最低值		镀层代号	三点试验平均值（双面）≥	三点试验最低值	
		双　面	单　面			双　面	单　面
GF90	90	75	30	GF225	225	195	78
GF135	135	113	45	GF275	275	235	94
GF180	180	150	60	GF350	350	300	120

4.4.4　连续热镀铝锌合金镀层钢板及钢带（GB/T 14978—2008）

（1）用途　镀层中铝的质量分数约为 55%，硅的质量分数约为 1.6%，其余成分为锌。因连续热镀铝锌合金镀层钢板及钢带具有比单一金属镀层钢板及钢带更高的耐蚀性，同时有较高的耐热性和耐酸性，因而在建筑、家电、电子电气和汽车等行业获得更加广泛的应用。

（2）尺寸规格（表 4-136）

表 4-136　连续热镀铝锌合金镀层钢板及钢带的尺寸规格　　　　（mm）

名　称		公 称 尺 寸	名　称		公 称 尺 寸
公称厚度		0.30~3.0	公称长度	钢板	1 000~8 000
公称宽度	钢板及钢带	600~2 050	公称内径	钢带及纵切钢带	610 或 508
	纵切钢带	<600	—	—	—

（3）牌号和化学成分（表 4-137）

表 4-137　连续热镀铝锌合金镀层钢板及钢带的牌号和化学成分　　　（%）

钢种特性	牌　号	化学成分（质量分数）≤					
		C	Si	Mn	P	S	Ti
低碳钢或无间隙原子钢	DX51D＋AZ	0.12	0.50	0.60	0.10	0.045	0.30
	DX52D＋AZ						
	DX53D＋AZ						
	DX54D＋AZ						
结构钢	S250GD＋AZ	0.20	0.60	1.70	0.10	0.045	—
	S280GD＋AZ						
	S300GD＋AZ						
	S320GD＋AZ						
	S350GD＋AZ						
	S550GD＋AZ						

（4）力学性能（表 4-138、表 4-139）

表 4-138　低碳钢无间隙原子钢的力学性能

牌　号	拉 伸 试 验		
	屈服强度 R_{eL} 或 $R_{p0.2}$/MPa≤	抗拉强度 R_m/MPa≤	断后伸长率 A_{80}/%≥
DX51D＋AZ	—	500	22
DX52D＋AZ	300	420	26
DX53D＋AZ	260	380	30
DX54D＋AZ	220	350	36

注：当屈服现象不明显时，采用 $R_{p0.2}$，否则采用 R_{eL}。

表 4-139　结构钢的力学性能

牌　号	拉 伸 试 验		
	屈服强度 R_{eH} 或 $R_{p0.2}$/MPa	抗拉强度 R_m/MPa≥	断后伸长率 A_{80}/%≥
S250GD＋AZ	250	330	19
S280GD＋AZ	280	360	18
S300GD＋AZ	300	380	17
S320GD＋AZ	320	390	17
S350GD＋AZ	350	420	16
S550GD＋AZ	550	560	—

注：当屈服现象不明显时，采用 $R_{p0.2}$，否则采用 R_{eH}。

（5）镀层质量（表4-140）

表4-140 公称镀层质量及相应的镀层代号 （g/m²）

镀层种类	镀层形式	可供的公称镀层质量	推荐的公称镀层质量	镀层代号
热镀铝锌合金镀层（AZ）	等厚镀层	60～200	60	60
			80	80
			100	100
			120	120
			150	150
			180	180
			200	200

（6）表面处理（表4-141、表4-142）

表4-141 连续热镀铝锌合金镀层钢板及钢带的表面处理

名 称	优 缺 点
铬酸钝化（C）和无铬钝化（C5）	该表面处理可减少产品在运输和储存期间表面产生黑锈。采用铬酸钝化处理方式，存在表面产生摩擦黑点的风险。无铬钝化处理时，限制钝化膜中对人体健康有害的六价铬成分
铬酸钝化＋涂油（CO）和无铬钝化＋涂油（CO5）	该表面处理可进一步减少产品在运输和储存期间表面产生黑锈。无铬钝化处理时，限制钝化膜中对人体健康有害的六价铬成分
涂油（O）	该表面处理可减少产品在运输和储存期间表面产生黑锈，所涂的防锈油一般不作为后续加工用的轧制油和冲压润滑油
耐指纹膜（AF）和无铬耐指纹膜（AF5）	该表面处理可减少产品在运输和储存期间表面产生黑锈。无铬耐指纹膜处理时，限制耐指纹膜对人体健康有害的六价铬成分
不处理（U）	该表面处理仅适用于需方在订货期间明确提出不进行表面处理的情况，并需在合同中注明。这种情况下，钢板及钢带在运输和储存期间，其表面较易产生黑锈和黑点，用户在选用该处理方式时应慎重

表4-142 连续热镀铝锌合金镀层钢板及钢带的表面质量

序号	指 标		
1	钢板及钢带表面不应有漏镀、镀层脱落、肉眼可见裂纹等影响用户使用的缺陷。不切边钢带边部允许存在微小锌层裂纹和白边		
2	钢板及钢带表面质量特征应符合本表 A 的规定		
	表 A 表面质量特征		
	表面质量级别	代号	特 征
	普通级表面	FA	表面允许有缺欠，如小锌粒、压印、划伤、凹坑、色泽不均、黑点、条纹、轻微钝化斑、锌起伏等。该表面通常不进行平整（光整）处理
	较高级表面	FB	较好的一面允许有小缺欠，如光整压印、轻微划伤、细小锌花、锌起伏和轻微钝化斑。另一面至少为表面质量 FA。该表面通常进行平整（光整）处理
3	由于在连续生产过程中，钢带表面的局部缺陷不易发现和去除，因此，钢带允许带缺陷交货，但有缺陷的部分应不超过每卷总长度的 6%		

4.4.5 限制有害物质连续热镀锌（铝锌）钢板和钢带（YB/T 4213—2010）

（1）用途 限制有害物质是指均匀材质中用机械方法不可分离的整体材料中的不超过一定限值

的有害物质，包括铅、汞、镉、六价铬四种物质。

（2）分类及代号（表4-143、表4-144）

表 4-143　限制有害物质连续热镀锌（铝锌）钢板和钢带的牌号和用途

牌　号		用　途
纯锌镀钢板及钢带	镀铝锌合金钢板及钢带	
DX51D+Z	DX51D+AZ	冷成形用
DX52D+Z	DX52D+AZ	
DX53D+Z	DX53D+AZ	
DX54D+Z	DX54D+AZ	
DX56D+Z	—	
DX57D+Z	—	
S220GD+Z	—	结构用
S250GD+Z	S250GD+AZ	
S280GD+Z	S280GD+AZ	
S320GD+Z	S320GD+AZ	
S350GD+Z	S350GD+AZ	
S550GD+Z	S550GD+AZ	

表 4-144　钢板和钢带按镀层种类、镀层形式、镀层表面结构、镀层表面处理的分类

分 类 项 目	类　别		代　号
镀层种类	纯锌镀层		Z
	铝锌合金镀层		AZ
镀层形式表示方法	等厚镀层（g/m^2）		A
	差厚镀层（g/m^2）		B/C
表面结构	纯锌镀层	小锌花	M
		无锌花	F
	铝锌合金镀层	普通锌花	N
表面处理	无铬钝化		C5
	无铬自润滑		SL5
	涂油		O
	无铬钝化＋涂油		CO5
	无铬耐指纹膜处理		AF5
	不处理		U

注：A 为钢带内外表面镀层质量的总和，B 为钢带的上表面镀层质量，C 为钢带的下表面镀层质量，单位为 g/m^2。

（3）尺寸规格（表4-145）

表 4-145　限制有害物质连续热镀锌（铝锌）钢板及钢带的公称尺寸范围　　　　　（mm）

项　目	公称尺寸	项　目		公称尺寸
厚度	0.35～3.00	长度	钢板	1 000～8 000
宽度	600～1 850		钢带	卷内径 610/508

（4）牌号和化学成分（表 4-146）

表 4-146　钢的牌号和化学成分　　　　　　　　（%）

牌　号	化学成分（质量分数）					
	C	Si	Mn	P	S	Ti
DX51D+Z，DX51D+AZ	≤0.12	≤0.50	≤0.60	≤0.10	≤0.045	≤0.30
DX52D+Z，DX52D+AZ						
DX53D+Z，DX53D+AZ						
DX54D+Z，DX54D+AZ						
DX56D+Z						
DX57D+Z						
S220GD+Z	≤0.20	≤0.60	≤1.70	≤0.10	≤0.045	—
S250GD+Z，S250GD+AZ						
S280GD+Z，S280GD+AZ						
S320GD+Z，S320GD+AZ						
S350GD+Z，S350GD+AZ						
S550GD+Z，S550GD+AZ						

（5）力学性能（表 4-147、表 4-148）

表 4-147　冷成形用钢的力学性能

牌　号	力　学　性　能				
	下屈服强度 R_{eL}[①] /MPa	抗拉强度 R_m/MPa	断后伸长率 A_{80}/%≥	塑性应变比 r_{90}≥	应变硬化指数 n_{90}≥
DX51D+Z，DX51D+AZ	—	270～500	22	—	—
DX52D+Z^e，DX52D+AZ^e	140～300	270～420	26	—	—
DX53D+Z，DX53D+AZ	140～260	270～380	30	1.4	0.17
DX54D+Z，DX54D+AZ	120～220	260～350	36	1.6	0.18
DX56D+Z	120～180	260～350	39	1.9^d	0.21
DX57D+Z	120～170	260～350	41	2.1^d	0.22

注：①无明显屈服时采用 $R_{p0.2}$。

表 4-148　结构用钢的力学性能

牌　号	力　学　性　能		
	上屈服强度 R_{eH}[①]/MPa≥	抗拉强度 R_m/MPa	断后伸长率 A_{80}/%≥
S220GD+Z	220	300～440	20
S250GD+Z，S250GD+AZ	250	330～470	19
S280GD+Z，S280GD+AZ	280	360～500	18
S320GD+Z，S320GD+AZ	320	390～530	17
S350GD+Z，S350GD+AZ	350	420～560	16
S550GD+Z，S550GD+AZ	550	≥560	—

注：①无明显屈服时采用 $R_{p0.2}$。

（6）有害物质（表 4-149）

表 4-149 涂镀层有害物质要求

有害物质	镉（Cd）	铅（Pb）	汞（Hg）	六价铬（Cr^{6+}）/（μg/cm^2）
含量	≤100×10^{-6}	≤1 000×10^{-6}	≤1 000×10^{-6}	≤0.1

（7）表面处理（表 4-150、表 4-151）

表 4-150 限制有害物质连续热镀锌（铝锌）钢板和钢带的表面处理

名　称	优　缺　点
无铬钝化（C5）	该表面处理可减少产品在运输和储存期间表面产生白锈。无铬钝化处理时，应限制钝化膜中对人体健康有害的六价铬成分
无铬钝化＋涂油（CO5）	该表面处理可进一步减少产品在运输和储存期间表面产生白锈。无铬钝化处理时，应限制钝化膜中对人体健康有害的六价铬成分
无铬耐指纹膜（AF5）	该表面处理减少产品在运输和储存期间表面产生白锈。无铬耐指纹膜处理时，应限制耐指纹膜中对人体健康有害的六价铬成分
无铬自润滑（SL5）	该表面处理可减少产品在运输和储存期间表面产生白锈，并可较好改善钢板的成型性能。无铬自润滑膜处理时，应限制自润滑膜中对人体健康有害的六价铬成分
涂油处理（O）	该表面处理可减少产品在运输和储存期间表面产生白锈，所涂的防锈油一般不作为后续加工的轧制油和冲压润滑油，所涂的防锈油应限制对人体健康有害的六价铬成分
不处理（U）	该表面处理仅适用于需方在订货期间明确提出不进行表面处理的情况，并需在合同中注明。这种情况下，钢板及钢带在运输和储存期间表面较易产生白锈和黑点，用户在选用该处理方式时应慎重

表 4-151 限制有害物质连续热镀锌（铝锌）钢板和钢带的表面质量

镀层种类	表面质量级别	代号	特　征
A	较高级	FB	表面允许有缺欠，如小锌粒、压印、划伤、凹坑、色泽不均、黑点、条纹、轻微钝化斑、锌起伏等。该表面通常不进行平整（光整）处理
	高级	FC	较好的一面允许有小缺欠，如光整压印、轻微划伤、细小锌花、锌起伏和轻微钝化斑。另一面至少为表面质量 FB。该表面通常进行平整（光整）处理
	超高级	FD	较好的一面必须对缺欠进一步限制，即较好的一面不应有影响高级涂漆表面外观质量的缺欠。另一面至少为表面质量 FC。该表面通常进行平整（光整）处理
AZ	普通级表面	FA	表面允许有缺欠，如小锌粒、压印、划伤、凹坑、色泽不均、黑点、条纹、轻微钝化斑、锌起伏等。该表面通常不进行平整（光整）处理
	较高级表面	FB	较好的一面允许有小缺欠，如光整压印、轻微划伤、细小锌花、锌起伏和轻微钝化斑。另一面至少为表面质量 FA。该表面通常进行平整（光整）处理

4.4.6　连续热镀铝硅合金钢板和钢带（YB/T 167—2006）

（1）用途　这种钢板和钢带具有比单一金属镀层钢板和钢带更高的耐蚀性，同时有较高的耐热性和耐酸性，因而获得更加广泛的应用。

（2）尺寸规格（表 4-152）

表 4-152 连续热镀铝硅合金钢板和钢带的尺寸规格　　　　（mm）

名　称	公称尺寸	名　称	公称尺寸
厚度	0.4～3.0	钢板长度	1 000～6 000
宽度	600～1 500	钢带卷内径	508，610

（3）化学成分（表 4-153）

表 4-153　基板的化学成分　　　　　　　　　　（%）

品　级		化学成分（质量分数）≤			
代　号	名　称	C	Mn	P	S
01	普通级	0.15	0.60	0.050	0.050
02	冲压级	0.12	0.50	0.035	0.035
03	深冲级	0.08	0.40	0.020	0.030
04	超深冲级	0.005	0.40	0.015	0.015

（4）力学和工艺性能（表 4-154）

表 4-154　连续热镀铝硅合金钢板和钢带的力学及工艺性能

基体金属品级		抗拉强度 R_m/MPa	断后伸长率 $A^{①}$/%	180° 冷弯试验
代　号	名　称			
01	普通级	—	—	$d=a$
02	冲压级	≤430	≥30	
03	深冲级	≤410	≥34	—
04	超深冲级	≤410	≥40	

注：①试样长 $L_0=50$mm。

d 为弯心直径，a 为试样厚度。

（5）镀层质量（表 4-155）

表 4-155　连续热镀铝硅合金钢板和钢带的镀层质量　　　（g/m²）

镀层代号	最小镀层质量极限		镀层代号	最小镀层质量极限	
	三点试验	单点试验		三点试验	单点试验
200	200	150	080	080	60
150	150	115	060	060	45
120	120	60	040	040	30
100	100	75	—	—	—

4.4.7　热镀铅锡合金碳素钢冷轧薄钢板及钢带（GB/T 5065—2004）

（1）用途　热镀铅锡合金碳素钢冷轧薄钢板及钢带是在钢板表面热镀铅、锡、锑合金镀层的制品。铅的耐蚀性很好，但铅不能和铁形成合金，使镀层不能牢固地与基体金属结合，热镀铅、锡、锑合金，可大大提高镀层与基体金属的结合能力（也称密着性）。这种钢板在很多介质中，特别是在含有 H_2S，SO_2 等的石油产品中，具有很高的耐蚀性，并有优良的深冲性能和焊接性能，广泛用于制造汽车油箱、储油容器及其他防腐蚀零件。

（2）尺寸规格（表 4-156）

表 4-156　热镀铅锡合金碳素钢冷轧薄钢板及钢带的尺寸规格

序　号	指　标
1	钢板（带）厚度为 0.5～2.0mm，牌号 LT05 的厚度范围为 0.7～1.5mm
2	钢板（带）宽度为 600～1 200mm
3	钢板长度为 1 500～3 000mm

（3）牌号和化学成分（表4-157）

表4-157　热镀铅锡合金碳素钢冷轧薄钢板及钢带的牌号和化学成分　　　（%）

牌　　号	化学成分（质量分数）									
	C	Si	Mn	P	S	Als	Ti	Cr	Ni	Cu
LT01，LT02 LT03	0.05～0.11	≤0.03	0.25～0.65	≤0.035	≤0.035	0.02～0.07	—	≤0.10	≤0.30	≤0.25
LT04	≤0.05	≤0.03	≤0.40	≤0.020	≤0.025	0.02～0.07	—	≤0.08	≤0.10	≤0.15
LT05	≤0.01	≤0.03	≤0.30	≤0.020	≤0.020	—	≤0.20	≤0.08	≤0.10	≤0.15

注：1. 牌号表示方法，钢板（带）的牌号由代表"铅""锡"的英文首字母"LT"和代表"拉延级顺序号"的"01，02，03，04，05"表示，牌号为LT01，LT02，LT03，LT04，LT05。
　　2. 按拉延级别分为普通拉延级（01）、深拉延级（02）、极深拉延级（03）、最深拉延级（04）、超深冲无时效级（05）。

（4）力学和工艺性能（表4-158、表4-159）

表4-158　热镀铅锡合金碳素钢冷轧薄钢板及钢带的力学性能

牌　号	屈服点 R_{eL}/MPa	抗拉强度 R_m/MPa	断后伸长率 A （b_0=20mm，L_0=80mm）/%	拉伸应变硬化指数 n b_0=20mm，L_0=80mm	塑性应变比 r
LT01	—	275～390	≥28	—	—
LT02	—	275～410	≥30	—	—
LT03	—	275～410	≥32	—	—
LT04	≤230	275～350	≥36	—	—
LT05	≤180	270～330	≥40	n_{90} ≥0.20	r_{90} ≥1.9

注：b_0 为试样宽度，L_0 为试样标距。

表4-159　热镀铅锡合金碳素钢冷轧薄钢板及钢带的杯突值　　　（mm）

厚　度	冲　压　深　度≥				厚　度	冲　压　深　度≥			
	LT04	LT03	LT02	LT01		LT04	LT03	LT02	LT01
0.5	9.3	9.0	8.4	8.0	1.3	11.3	11.2	10.8	10.6
0.6	9.6	9.4	8.9	8.5	1.4	11.4	11.3	11.0	10.8
0.7	10.1	9.7	9.2	8.9	1.5	11.6	11.5	11.2	11.0
0.8	10.5	10.0	9.5	9.3	1.6	11.8	11.6	11.4	11.2
0.9	10.7	10.3	9.9	9.6	1.7	12.0	11.8	11.6	11.4
1.0	10.8	10.5	10.1	9.9	1.8	12.1	11.9	11.7	11.5
1.1	11.0	10.8	10.4	10.2	1.9	12.2	12.0	11.8	11.7
1.2	11.2	11.0	10.6	10.4	2.0	12.3	12.1	11.9	11.8

（5）镀层质量（表4-160）

表4-160　热镀铅锡合金碳素钢冷轧薄钢板及钢带的镀层质量　　　（g/m²）

镀层代号	两面三点试验平均镀层质量≥	两面单点试验镀层质量≥
075	75	60
100	100	75

续表 4-160

镀 层 代 号	两面三点试验平均镀层质量≥	两面单点试验镀层质量≥
120	120	90
150	150	110
170	170	125
200	200	165
260	260	215

4.4.8　冷轧电镀锡钢板及钢带（GB/T 2520—2008）

（1）用途　镀锡钢板俗称马口铁，是在厚度 0.12～0.60mm 的冷轧低碳钢薄钢板或卷板上用连续电镀锡作业在两面镀覆锡层的制品。以平板状供货的称为钢板，以卷状供货的称为钢带。镀锡钢板对空气、水、水蒸气，特别是各种食品、果酸有较高的耐腐蚀能力。锡和锡化物均无毒，即使一些锡溶入食品或形成锡化物，对人也无害。它还有良好的变形能力，有深冲成型的润滑性，锡焊性良好，表面光亮、美观，能进行精美的印刷和涂饰，广泛用于制作各种罐头食品、糖果点心、医药等包装盒、罐、桶等。

（2）分类和代号（表 4-161）

表 4-161　冷轧电镀锡钢板及钢带的分类和代号

分 类 方 式	类　别	代　号
原板钢种	—	MR，L，D
调质度	一次冷轧钢板及钢带	T-1，T-1.5，T-2，T-2.5，T-3，T-3.5，T-4，T-5
	二次冷轧钢板及钢带	DR-7M，DR-8，DR-8M，DR-9，DR-9M，DR-10
退火方式	连续退火	CA
	罩式退火	BA
差厚镀锡标识	薄面标识方法	D
	厚面标识方法	A
表面状态	光亮表面	B
	粗糙表面	R
	银色表面	S
	无光表面	M
钝化方式	化学钝化	CP
	电化学钝化	CE
	低铬钝化	LCr
边部形状	直边	SL
	花边	WL

（3）尺寸规格　一次冷轧电镀锡钢板及钢带公称厚度为 0.15～0.60mm，二次冷轧电镀锡钢板及钢带公称厚度为 0.12～0.36mm。钢板及钢带的公称厚度小于 0.50mm 时，按 0.1mm 的倍数进级；钢板及钢带的公称厚度大于等于 0.50mm 时，按 0.05mm 的倍数进级。

钢卷内径可为 406mm，420mm，450mm 或 508mm。

（4）镀锡量（表4-162）

表4-162 冷轧电镀锡钢板及钢带的镀锡量 （g/m²）

镀锡方式	镀锡量代号	公称镀锡量	最小平均镀锡量	镀锡方式	镀锡量代号	公称镀锡量	最小平均镀锡量
等厚镀锡	1.1/1.1	1.1/1.1	0.90/0.90	差厚镀锡	2.8/5.6	2.8/5.6	2.45/5.05
	2.2/2.2	2.2/2.2	1.80/1.80		2.8/8.4	2.8/8.4	2.45/7.55
	2.8/2.8	2.8/2.8	2.45/2.45		5.6/8.4	5.6/8.4	5.05/7.55
	5.6/5.6	5.6/5.6	5.05/5.05		2.8/11.2	2.8/11.2	2.45/10.1
	8.4/8.4	8.4/8.4	7.55/7.55		5.6/11.2	5.6/11.2	5.05/10.1
	11.2/11.2	11.2/11.2	10.1/10.1		8.4/11.2	8.4/11.2	7.55/10.1
差厚镀锡	1.1/2.8	1.1/2.8	0.90/2.45		2.8/15.1	2.8/15.1	2.45/13.6
	1.1/5.6	1.1/5.6	0.90/5.05		5.6/15.1	5.6/15.1	5.05/13.6

（5）调质度（表4-163）

表4-163 冷轧电镀锡钢板及钢带的调质度

类 别	调质度代号	表面硬度 HR30Tm	屈服强度目标值（参考值）/MPa
一次冷轧钢板及钢带（调质度用洛氏硬度 HR30Tm 值表示）	T-1	49±4	—
	T-1.5	51±4	—
	T-2	53±4	—
	T-2.5	55±4	—
	T-3	57±4	—
	T-3.5	59±4	—
	T-4	61±4	—
	T-5	65±4	—
二次冷轧钢板及钢带（调质度用洛氏硬度 HR30Tm 值表示）	DR-7M	71±5	520
	DR-8	73±5	550
	DR-8M	73±5	580
	DR-9	76±5	620
	DR-9M	77±5	660
	DR-10	80±5	690

（6）表面状态（表4-164）

表4-164 冷轧电镀锡钢板及钢带的表面状态

成 品	代 号	区 分	表 面 状 态 特 征
一次冷轧钢板及钢带	B	光亮表面	在具有极细磨石花纹的光滑表面的原板上镀锡后进行锡的软熔处理得到的有光泽的表面
	R	粗糙表面	在具有一定方向性的磨石花纹为特征的原板上镀锡后进行锡的软熔处理得到的有光泽的表面
	S	银色表面	在具有粗糙无光泽表面的原板上镀锡后进行锡的软熔处理得到的有光泽的表面
	M	无光表面	在具有一般无光泽的原板上镀锡后不进行锡的软熔处理的无光泽表面
二次冷轧钢板及钢带	R	粗糙表面	在具有方向性的磨石花纹为特征的原板上镀锡后进行锡的软熔处理得到有光泽的表面
	M	无光表面	在具有一般无光泽的原板上镀锡后不进行锡的软熔处理的无光泽表面

4.4.9　彩色涂层钢板及钢带（GB/T 12754—2006）

（1）用途　彩色涂层钢板和钢带（简称彩涂板）是以金属带材为基底，在其表面涂以各类有机涂料的产品，是伴随塑料工业的迅速发展而产生的一种表面复合材料。有机涂料种类很多，有聚酯、硅改性聚酯、丙烯酸、塑料溶胶、有机溶胶等。涂层厚度一般为 20～160μm，与基底结合牢固，有良好的耐水性和耐蚀性，可耐浓酸、浓碱及醇类的侵蚀（对有机溶剂的耐蚀性较差），外观上可制成类似皮革、织物、木纹及其他花纹，可有大红、湖蓝、湖绿、淡绿、灰白、雪白、瓷白、乳白等色彩。基层金属带材一般用低碳钢冷轧钢带、电镀锌薄钢板和钢带，有一定的强度以及良好的塑性和加工成型性能。彩色涂层钢板和钢带可广泛用于建筑、轻工、汽车及其他交通工具、家用电器、工业电器等工业部门。也广泛用于制造农机具、钢制家具及日常生活用品等方面。

（2）分类及代号（表4-165）

表4-165　彩涂板的分类及代号

分　类	项　目	代　号	分　类	项　目	代　号
用途	建筑外用	JW	涂层表面状态	压花板	YA
	建筑内用	JN		印花板	YI
	家电	JD	面漆种类	聚酯	PE
	其他	QT		硅改性聚酯	SMP
基板类型	热镀锌基板	Z		高耐久性聚酯	HDP
	热镀锌铁合金基板	ZF		聚偏氟乙烯	PVDF
	热镀铝锌合金基板	AZ	图层结构	正面二层，反面一层	2/1
	热镀锌铝合金基板	ZA		正面二层，反面二层	2/2
	电镀锌基板	ZE	热镀锌基板表面结构	光整小锌花	MS
涂层表面状态	涂层板	TC		光整无锌花	FS

（3）尺寸规格（表4-166）

表4-166　彩涂板的尺寸规格　　　　　　　　　　　　　（mm）

名　称	厚　度	宽　度	钢板长度	钢卷内径
尺寸	0.3～2.0	700～1 550	500～4 000	ϕ450，ϕ610

（4）牌号和用途（表4-167）

表4-167　彩涂板的牌号和用途

彩涂板的牌号					用　途
热镀锌基板	热镀锌铁合金基板	热镀铝锌合金基板	热镀锌铝合金基板	电镀锌基板	
TDC51D+Z	TDC51D+ZF	TDC51D+AZ	TDC51D+ZA	TDC01+ZE	一般用
TDC52D+Z	TDC52D+ZF	TDC52D+AZ	TDC52D+ZA	TDC03+ZE	冲压用
TDC53D+Z	TDC53D+ZF	TDC53D+AZ	TDC53D+ZA	TDC04+ZE	深冲压用
TDC54D+Z	TDC54D+ZF	TDC54D+AZ	TDC54D+ZA	—	特深冲压用
TS250GD+Z	TS250GD+ZF	TS250GD+AZ	TS250GD+ZA	—	结构用
TS280GD+Z	TS280GD+ZF	TS280GD+AZ	TS280GD+ZA	—	
—	—	TS300GD+AZ	—	—	
TS320GD+Z	TS320GD+ZF	TS320GD+AZ	TS320GD+ZA	—	

续表 4-167

彩 涂 板 的 牌 号					用　　途
热镀锌基板	热镀锌铁合金基板	热镀铝锌合金基板	热镀锌铝合金基板	电镀锌基板	
TS350GD＋Z	TS350GD＋ZF	TS350GD＋AZ	TS350GD＋ZA	—	结构用
TS550GD＋Z	TS550GD＋ZF	TS550GD＋AZ	TS550GD＋ZA	—	

注：1. 彩涂板。在经过表面预处理的基板上连续涂覆有机涂料（正面至少为二层），然后进行烘烤固化而成的产品。

2. 牌号命名方法。彩涂板的牌号由于彩涂代号、基板特性代号和基板类型代号三个部分组成，其中基板特性代号和基板类型代号之间用"＋"连接。

3. 彩涂代号。彩涂代号用"涂"字汉语拼音的首字母"T"表示。

4. 基本特性代号：

①冷成形用钢。电镀基板时由三个部分组成，其中第一部分为字母"D"，代表冷成形用钢板；第二部分为字母"C"，代表轧制条件为冷轧；第三部分为两位数字序号，即01，03和04。

热镀基板时由四个部分组成，其中第一和第二部分与电镀基板相同，第三部分为两位数字序号，即51，52，53和54；第四部分为字母"D"代表热镀。

②结构钢。由四个部分组成，其中第一部分为字母"S"，代表结构钢；第二部分为3位数字，代表规定的最小屈服强度（单位为MPa），即250，280，300，350，550；第三部分为字母"G"，代表热处理；第四部分为字母"D"，代表热镀。

5. 基板类型代号。"Z"代表热镀锌基板、"ZF"代表热镀锌铁合金基板、"AZ"代表热镀铝锌合金基板、"ZA"代表热镀锌铝合金基板，"ZE"代表电镀锌基板。

（5）力学性能（表4-168、表4-169）

表 4-168　热镀基板彩涂板的力学性能

牌　　号	屈服强度[①] /MPa	抗拉强度 /MPa	断后伸长率 ($L_0=80mm$, $b=20mm$) /%	
			公称厚度/mm	
			≤0.70	＞0.70
TDC51D＋Z，TDC51D＋ZF，TDC51D＋AZ，TDC51D＋ZA	—	270～500	20	22
TDC52D＋Z，TDC52D＋ZF，TDC52D＋AZ，TDC52D＋ZA	140～300	270～420	24	26
TDC53D＋Z，TDC53D＋ZF，TDC53D＋AZ，TDC53D＋ZA	140～260	270～380	28	30
TDC54D＋Z，TDC54D＋AZ，TDC54D＋ZA	140～220	270～350	34	36
TDC54D＋ZF	140～220	270～350	32	34
TS250GD＋Z，TS250GD＋ZF，TS250GD＋AZ，TS250GD＋ZA	250	330	17	19
TS280GD＋Z，TS280GD＋ZF，TS280GD＋AZ，TS280GD＋ZA	280	360	16	18
TS300GD＋AZ	300	380	16	18
TS320GD＋Z，TS320GD＋ZF，TS320GD＋AZ，TS320GD＋ZA	320	390	15	17
TS350GD＋Z，TS350GD＋ZF，TS350GD＋AZ，TS350GD＋ZA	350	420	14	16
TS550GD＋Z，TS550GD＋ZF，TS550GD＋AZ，TS550GD＋ZA	550	560	—	—

注：①当屈服现象不明显时采用 $\sigma_{p0.2}$，否则采用 σ_s。

表 4-169　电镀锌基板彩涂板的力学性能

牌　　号	屈服强度[①]/MPa	抗拉强度/MPa≥	断后伸长率（$L_0=80mm$, $b=20mm$）/%≥		
			公称厚度/mm		
			≤0.50	0.50～≤0.7	＞0.7
TDC01＋ZE	140～280	270	24	26	28
TDC03＋ZE	140～240	270	30	32	34
TDC04＋ZE	140～220	270	33	35	37

注：①当屈服现象不明显时采用 $\sigma_{p0.2}$，否则采用 σ_s。

（6）涂层质量和光泽（表 4-170、表 4-171）

表 4-170　各类型基板在不同腐蚀性环境中推荐使用的公称镀层质量　　　　（g/m²）

基板类型	公 称 镀 层 质 量		
	使 用 环 境 的 腐 蚀 性		
	低	中	高
热镀锌基板	90/90	125/125	140/140
热镀锌铁合金基板	60/60	75/75	90/90
热镀铝锌合金基板	50/50	60/60	75/75
热镀锌铝合金基板	65/65	90/90	110/110
电镀锌基板	40/40	60/60	—

表 4-171　彩涂板的涂层光泽

级别（代号）	光 泽 度
低（A）	≤40
中（B）	>40～≤70
高（C）	>70

（7）使用寿命和耐久性（表 4-172、表 4-173）

表 4-172　彩涂板的使用寿命　　　　（年）

使用寿命	使用寿命等级	使用时间	使用寿命	使用寿命等级	使用时间	使用寿命	使用寿命等级	使用时间
短	L1	≤5	较长	L3	>10～15	很长	L5	>20
中	L2	>5～10	长	L4	>15～20	—	—	—

表 4-173　彩涂板的耐久性　　　　（年）

耐久性	耐久性等级	使用时间	耐久性	耐久性等级	使用时间	耐久性	耐久性等级	使用时间
低	D1	≤5	较高	D3	>10～15	很高	D5	>20
中	D2	>5～10	高	D4	>15～20	—	—	—

4.5　钢　　带

钢带又称带钢，实际上是窄而长的钢板，其宽度一般不超过 300mm。目前，钢带的宽度已没有什么限制，凡成卷供应的钢板都可称为钢带。在 GB/T 15574 中，将宽度小于 600mm 的称为窄钢带，宽度不小于 600mm 的称为宽钢带。钢带与钢板相比，具有尺寸精度高、表面质量好、便于加工使用、材料利用率高等优点。广泛用于制作各种冲压件、开关箱、仪表板、自行车车架、轮圈、挡泥板、汽车壳体、机械零件、五金制品、弹簧片、锯条、刀片等。也大量用作生产焊接钢管、冷弯型钢的坯料。

4.5.1　碳素结构钢和低合金结构钢热轧钢带（GB/T 3524—2005）

（1）用途　钢带性能可满足一般结构的需要，使用方便，价格低廉，可用于建筑、桥梁、车辆等一般结构。主要用作冷轧钢带、冷弯型钢、焊接钢管的坯料。

（2）尺寸规格 钢带厚度不大于12.00mm，宽度为50~60mm。

（3）牌号和化学成分 钢带采用碳素结构钢轧制，其化学成分应符合GB/T 700的规定。钢带采用低合金结构钢轧制，其化学成分应符合GB/T 1591或相应标准的规定。

（4）力学和工艺性能（表4-174）

表4-174 碳素结构钢和低合金结构钢热轧钢带的力学和工艺性能

牌 号	下屈服强度 σ_s /MPa≥	抗拉强度 σ_b /MPa	断后伸长率 δ /%≥	180° 冷弯试验
Q195	(195)①	315~430	33	$d=0$
Q215	215	335~450	31	$d=0.5a$
Q235	235	375~500	26	$d=a$
Q255	255	410~550	24	—
Q275	275	490~630	20	—
Q295	295	390~570	23	$d=2a$
Q345	345	470~630	21	$d=2a$

注：①牌号Q195的屈服点仅供参考，不作交货条件。

a 为试样厚度，d 为弯心直径。

4.5.2 碳素结构钢冷轧钢带（GB/T 716—1991）

（1）用途 钢带用于建筑、桥梁、车辆等一般结构。

（2）尺寸规格 钢带厚度为0.10~3.00mm，宽度为10~250mm。

（3）牌号和化学成分 应符合GB/T 700的规定。

（4）力学性能（表4-175）

表4-175 碳素结构钢冷轧钢带的力学性能

类 别	抗拉强度 σ_b /MPa	伸长率 δ /%≥	维氏硬度 HV
软钢带	274~441	23	≤130
半软钢带	372~490	10	105~145
硬钢带	490~784	—	140~230

4.5.3 低碳钢冷轧钢带（YB/T 5059—2005）

（1）用途 钢带碳含量低，有良好的塑性、可焊性、冷弯和冲压成型性能。主要用于制造各种冲压零件和其他金属制品。

（2）尺寸规格 钢带厚度为0.05~3.60mm，宽度为4~300mm。

（3）牌号和化学成分 钢带采用08，10，08Al钢轧制，其化学成分应符合GB/T 699的规定。根据供需双方协议，也可供应05F、08F、10F钢轧制的钢带。

（4）力学和工艺性能（表4-176、表4-177）

表4-176 低碳钢冷轧钢带的力学性能

牌 号	钢带软硬级别	抗拉强度 R_m/MPa	断后伸长率 A_{xmm}①/%≥
08，10，08Al 05F，08F，10F	特软（S2）	275~390	30
	软（S）	325~440	20
	半软（S1/2）	370~490	10

续表 4-176

牌　号	钢带软硬级别	抗拉强度 R_m/MPa	断后伸长率 A_{xmm}①/%≥
08，10，08Al	低硬（H1/4）	410～540	4
05F，08F，10F	冷硬（H）	490～785	不测定

注：①x 为试样标距长度。

表 4-177　低碳钢冷轧钢带的杯突试验　　　　　　　　（mm）

钢带厚度	最　小　杯　突　深　度					钢带厚度	最　小　杯　突　深　度				
	钢带宽度						钢带宽度				
	<30	30～<70		≥70			<30	30～<70		≥70	
		特软（S2）	软（S）	特软（S2）	软（S）			特软（S2）	软（S）	特软（S2）	软（S）
<0.20	不做杯突试验	—	—	—	—	0.80	不做杯突试验	6.9	5.9	9.6	8.7
0.20		5.2	4.2	7.5	6.8	0.90		7.1	6.1	9.8	9.0
0.25		5.3	4.3	7.7	7.0	1.00		7.3	6.2	10.0	9.2
0.30		5.5	4.5	8.0	7.2	1.20		7.7	6.7	10.5	9.6
0.35		5.7	4.7	8.2	7.4	1.40		8.1	7.1	10.9	10.0
0.40		5.9	4.8	8.5	7.7	1.60		8.5	7.4	11.1	10.4
0.45		6.1	5.0	8.6	7.8	1.80		8.9	7.8	11.5	10.7
0.50		6.2	5.1	8.8	7.9	2.00		9.2	8.1	11.7	10.9
0.60		6.4	5.4	9.1	8.2	>2.00		—	—	—	—
0.70		6.6	5.6	9.4	8.5						

4.5.4　优质碳素结构钢热轧钢带（GB/T 8749—2008）

（1）用途　热轧钢带用于制造机器零件、结构件等制品。钢带成卷供应，主要用作冷轧钢带的坯料。

（2）尺寸规格（表 4-178）

表 4-178　优质碳素结构钢热轧钢带的尺寸规格　　　　　　　（mm）

钢带厚度	钢　带　宽　度
2.50，2.75，3.00，3.25	100，105，110，115，120，125，130，135
3.50，3.75，4.00，4.25	140，150，160，170，175，180，190，200
4.50，4.75，5.00	210，215，220，230，235，240，250

（3）牌号和化学成分　钢带采用优质碳素结构钢轧制，其牌号及化学成分应符合 GB/T 699 规定。

（4）力学性能（表 4-179）

表 4-179　优质碳素结构钢热轧钢带的力学性能

牌号	抗拉强度 R_m/MPa	断后伸长率 A/% ≥	牌号	抗拉强度 R_m/MPa	断后伸长率 A/% ≥
08Al	290	35	25	450	24
08	325	33	30	490	22
10	335	32	35	530	20
15	370	30	40	570	19
20	410	25	45	600	17

4.5.5 热处理弹簧钢带（YB/T 5063—2007）

（1）用途 钢带表面光洁、硬度高、弹性好、耐磨损，主要用于制造弹簧片、钟表元件、工具等。

（2）尺寸规格 钢带厚度不大于1.50mm、宽度不大于100mm。

（3）牌号和化学成分（表4-180）

表4-180 热处理弹簧钢带的牌号和化学成分

牌　号	化学成分
T7A，T8A，T9A，T10A	应符合GB/T 1298的规定
65Mn，60Si2MnA	应符合GB/T 1222的规定
70Si2CrA	应符合YB/T 5058的规定

（4）力学性能（表4-181）

表4-181 热处理弹簧钢带的拉伸性能 （MPa）

强度级别	抗拉强度 R_m
I	1 270～1 560
II	>1 560～1 860
III	>1 860

4.5.6 弹簧钢、工具钢冷轧钢带（YB/T 5058—2005）

（1）用途 该钢带适用于制造弹簧、刀具、带尺等制品。

（2）尺寸规格 钢带轧制宽度小于600mm。

（3）牌号和化学成分（表4-182）

表4-182 弹簧钢、工具钢冷轧钢带的牌号和化学成分 （%）

牌　号	化学成分（质量分数）						
	C	Mn	Si	Cr	S	P	Ni
					≤		
70Si2CrA	0.65～0.75	0.40～0.60	1.40～1.70	0.20～0.40	0.030	0.030	0.030
T7，T7A，T8，T8A，T8Mn，T8MnA T9，T9A，T10，T10A，T11，T11A T12，T12A，T13，T13A	应符合GB/T 1298的规定						
Cr06	应符合GB/T 1299的规定						
85，65Mn，50CrVA，60Si2Mn 60Si2MnA	应符合GB/T 1222的规定						

（4）力学性能（表4-183）

表4-183 弹簧钢、工具钢冷轧钢带的力学性能

牌　号	钢带厚度/mm	退火钢带		冷硬钢带
		抗拉强度 R_m/MPa≤	断后伸长率 A_{Xmm}/%≥	抗拉强度 R_m/MPa
65Mn	≤1.5	635	20	735～1 175
T7，T7A，T8，T8A	>1.5	735	15	

续表 4-183

牌　号	钢带厚度/mm	退火钢带		冷硬钢带
		抗拉强度 R_m/MPa≤	断后伸长率 A_{Xmm}/%≥	抗拉强度 R_m/MPa
T8Mn，T8MnA，T9，T9A，T10，T10A，T11，T11A T12，T12A，85		735	10	735～1 175
T13，T13A	0.10～3.00	880	—	
Cr06		930		
60Si2Mn，60Si2MnA，50CrVA		880	10	785～1 175
70Si2CrA		830	8	

4.5.7　弹簧用不锈钢冷轧钢带（YB/T 5310—2010）

（1）用途　该钢带用于制作片簧、盘簧，以及弹性元件。

（2）尺寸规格　钢带厚度不大于1.60mm、宽度小于1 250mm。

（3）牌号和化学成分（表4-184）

表 4-184　弹簧用不锈钢冷轧钢带的牌号和化学成分　　　　　　　　（%）

统一数字代号	牌号	化学成分（质量分数）									
		C	Si	Mn	P	S	Ni	Cr	Mo	N	其他元素
奥氏体型											
S35350	12Cr17Mn6Ni5N	0.15	1.00	5.50～7.50	0.050	0.030	3.50～5.50	16.00～18.00	—	0.05～0.25	—
S30110	12Cr17Ni7	0.15	1.00	2.00	0.045	0.030	6.00～8.00	16.00～18.00	—	0.10	—
S30408	06Cr19Ni10	0.08	0.75	2.00	0.045	0.030	8.00～10.50	18.00～20.00	—	0.10	—
S31608	06Cr17Ni12Mo2	0.08	0.75	2.00	0.045	0.030	10.00～14.00	16.00～18.00	2.00～3.00	0.10	—
铁素体型											
S11710	10Cr17	0.12	1.00	1.00	0.040	0.030	0.75	16.00～18.00	—	—	—
马氏体型											
S42020	20Cr13	0.16～0.25	1.00	1.00	0.040	0.030	(0.60)	12.00～14.00	—	—	—
S42030	30Cr13	0.26～0.35	1.00	1.00	0.040	0.030	(0.60)	12.00～14.00	—	—	—
S42040	40Cr13	0.36～0.45	0.80	0.80	0.040	0.030	(0.60)	12.00～14.00	—	—	—
沉淀硬化型											
S51770	07Cr17Ni7Al	0.09	1.00	1.00	0.040	0.030	6.50～7.75	16.00～18.00	—	—	Al0.75～1.50

（4）力学和工艺性能（表4-185、表4-186）

表 4-185　弹簧用不锈钢冷轧钢带的硬度和冷弯性能

牌　号	交货状态	冷轧、固溶处理或退火状态		沉淀硬化处理状态	
		硬度 HV	冷弯90°	热　处　理	硬度 HV
12Cr17Mn6Ni5N	1/4H	≥250	—	—	—
	1/2H	≥310	—	—	—
	3/4H	≥370	—	—	—
	H	≥430	—	—	—

续表 4-185

牌 号	交货状态	冷轧、固溶处理或退火状态		沉淀硬化处理状态	
		硬度 HV	冷弯 90°	热 处 理	硬度 HV
12Cr17Ni7	1/2H	≥310	$d=4a$	—	—
	3/4H	≥370	$d=5a$	—	—
	H	≥430	—	—	—
	EH	≥490	—	—	—
	SEH	≥530	—	—	—
06Cr19Ni10	1/4H	≥210	$d=3a$	—	—
	1/2H	≥250	$d=4a$	—	—
	3/4H	≥310	$d=5a$	—	—
	H	≥370	—	—	—
06Cr17Ni12Mo2	1/4H	≥200	—	—	—
	1/2H	≥250	—	—	—
	3/4H	≥300	—	—	—
	H	≥350	—	—	—
10Cr17	退火	≤210	—	—	—
	冷轧	≤300	—	—	—
20Cr13	退火	≤240	—	—	—
	冷轧	≤290	—	—	—
30Cr13	退火	≤240	—	—	—
	冷轧	≤320	—	—	—
40Cr13	退火	≤250	—	—	—
	冷轧	≤320	—	—	—
07Cr17Ni7Al	固溶	≤200	$d=a$	固溶+565℃时效 固溶+510℃时效	≥450 ≥450
	1/2H	≥350	$d=3a$	1/2H+475℃时效	≥380
	3/4H	≥400	—	3/4H+475℃时效	≥450
	H	≥450	—	H+475℃时效	≥530

注：d 为弯芯直径，a 为钢带厚度。

表 4-186 弹簧用不锈钢冷轧钢带的抗拉强度

牌 号	交货状态	冷轧、固溶状态			沉淀硬化处理状态		
		规定非比例延伸强度 $R_{p0.2}$/MPa	抗拉强度 R_m/MPa	断后伸长率 A/%	热 处 理	规定非比例延伸强度 $R_{p0.2}$/MPa	抗拉强度 R_m/MPa
12Cr17Ni7	1/2H	≥510	≥930	≥10	—	—	—
	3/4H	≥745	≥1 130	≥5	—	—	—
	H	≥1 030	≥1 320	—	—	—	—
	EH	≥1 275	≥1 570	—	—	—	—
	SEH	≥1 450	≥1 740	—	—	—	—
06Cr19Ni10	1/4H	≥335	≥650	≥10	—	—	—
	1/2H	≥470	≥780	≥6	—	—	—
	3/4H	≥664	≥930	≥3	—	—	—
	H	≥880	≥1 130		—	—	—

续表 4-186

牌　号	交货状态	冷轧、固溶状态			沉淀硬化处理状态		
		规定非比例延伸强度 $R_{p0.2}$/MPa	抗拉强度 R_m/MPa	断后伸长率 A/%	热　处　理	规定非比例延伸强度 $R_{p0.2}$/MPa	抗拉强度 R_m/MPa
07Cr17Ni7Al	固溶	—	≤1 030	≥20	固溶+565℃时效 固溶+510℃时效	≥960 ≥1 030	≥1 140 ≥1 230
	1/2H	—	≥1 080	≥5	1/2H+475℃时效	≥880	≥1 230
	3/4H	—	≥1 180		3/4H+475℃时效	≥1 080	≥1 420
	H	—	≥1 420		H+475℃时效	≥1 320	≥1 720

4.5.8 磁头用不锈钢冷轧钢带（YB/T 085—2007）

（1）用途　该钢带适于制作磁头安装板、导带叉、弹簧片用。

（2）尺寸规格　钢带厚度不大于 1.00mm、宽度不大于 300mm。

（3）牌号和化学成分（表 4-187）

表 4-187　磁头用不锈钢冷轧钢带的牌号和化学成分　　　　　　（%）

牌　号	化学成分（质量分数）						
	C	Si	Mn	P	S	Ni	Cr
	≤						
04Cr16Ni14	0.06	0.08	2.00	0.030	0.030	13.50~15.50	15.00~17.00
06Cr19Ni10	0.08	1.00	2.00	0.045	0.030	8.00~11.00	18.00~20.00

（4）力学性能（表 4-188）

表 4-188　磁头用不锈钢冷轧钢带的力学性能

交 货 状 态	硬　度　HV	抗拉强度 R_m/MPa	断后伸长率 A_{50mm}/%
冷硬	340~400	—	—
半冷硬	250~310	730~950	≥15
软	130~180	—	—

4.5.9 彩色显像管弹簧用不锈钢冷轧钢带（YB/T 110—2011）

（1）用途　该钢带适用于制作彩色显像管阴罩与框架定位弹簧片等零件。

（2）尺寸规格　钢带厚度为 0.10~1.25mm，宽度为 6~80mm。

（3）牌号和化学成分（表 4-189）

表 4-189　彩色显像管弹簧用不锈钢冷轧钢带的牌号和化学成分　　　（%）

统一数字代号	牌　　号	化学成分（质量分数）								
		C	P	S	Si	Mn	Ni	Cr	N	Fe
		≤								
S30408	06Cr19Ni10	0.08	0.035	0.030	1.00	2.00	8.00~10.50	18.00~20.00	—	余
S30210	12Cr18Ni9	0.15	0.035	0.030	1.00	2.00	8.00~10.00	17.00~19.00	0.10	余
S30110	12Cr17Ni7	0.15	0.035	0.030	1.00	2.00	6.00~8.00	16.00~18.00	0.10	余

（4）力学性能（表4-190）

表4-190 钢带的力学性能

牌 号	硬度 HV	抗拉强度 R_m/MPa	断后伸长率 A/%	刚性/(°)	弹回/(°) 厚度/mm	
					>0.65	≤0.65
06Cr19Ni10	≥370	1 130～1 370	≥3	<45	>14	>17
12Cr18Ni9	≥380	1 270～1 470	≥4.5	—	—	—
12Cr17Ni7	375～430	1 130～1 420	≥10	—	—	—

4.5.10 工业链条用冷轧钢带（YB/T 5347—2006）

（1）用途 该钢带适用于制造节距为 6.35～31.75mm 的滚子链，套筒链的链条、链板和套筒，但不适于石油机械使用的滚子链。

（2）尺寸规格 钢带厚度为 0.60～4.00mm，宽度为 20～120mm。

（3）牌号和化学成分 钢带用 10，15，20，45，40Mn，40MnB 和 45Mn 轧制，其化学成分应符合 GB/T 699 和 GB/T 3077 相应牌号的规定。

（4）力学性能（表4-191）

表4-191 工业链条用冷轧钢带的力学性能

交 货 状 态	普 通 强 度		较 高 强 度	
	抗拉强度 σ_b/MPa	伸长率 δ/%	抗拉强度 σ_b/MPa	伸长率 δ/%
退火	400～700	≥15	455～695	≥15
冷硬	≥700	—	≥700	—

4.5.11 锯条用冷轧钢带（YB/T 5062—2007）

（1）用途 该钢带适用于制造木工带锯及其他锯条。

（2）尺寸规格 钢带厚度 0.4～2.0mm、宽度 13～180mm。

（3）牌号和化学成分 钢带采用 20，65Mn，T8，T8A，T9，T9A，T10，T10A，T11，T11A，T12，T12A 和 T8MnA 轧制，其化学成分应分别符合 GB/T 699 和 GB/T 1298 的规定。

（4）力学性能（表4-192）

表4-192 锯条用冷轧钢带的拉伸性能 （MPa）

牌 号	抗拉强度 R_m
65Mn，T8，T8A，T9，T9A，T10，T10A，T11，T11A，T12，T12A，T8MnA	735～1 070
20	735～930

（5）高倍组织（表4-193）

表4-193 锯条用冷轧钢带的高倍组织

序号	指 标
1	木工带锯用钢带的非金属夹杂物各不大于 2 级
2	碳素工具钢带的断口，不允许有石墨碳存在

续表 4-193

序号	指　标
3	木工带锯用钢带根据供需双方协议可进行钢带的球状珠光体组织检验
4	木工带锯的碳素工具钢带中的碳化物网状不得大于 1.0 级
5	钢带一面总脱碳层（全脱碳层加部分脱碳层）的深度不得大于公称厚度的 3%。经供需双方协议，可供脱碳层深度不大于公称厚度 2%的钢带。20 钢钢带不测定脱碳层

4.5.12　机器锯条用高速钢热轧钢带（YB/T 084—2006）

（1）用途　钢带在交货状态下具有良好的加工性能，制成机器锯条经热处理有很高的硬度、耐磨性和红硬性，可进行高速切削，并有很高的使用寿命，专用于制造机器锯条。

（2）尺寸规格　钢带厚度为 1.25～2.50mm、宽度为 28～54mm，长度为定尺或倍尺的不切边钢带。

（3）牌号和化学成分及力学性能（表 4-194）

表 4-194　机器锯条用高速钢热轧钢带的牌号和化学成分及力学性能

牌　号	化 学 成 分	布氏硬度 HBW	
W9Mo3Cr4V，W6Mo5Cr4V2，W18Cr4V	应符合 GB/T 9943 的规定	207～255	
W6Mo5Cr4V2Al		1 组：217～269	2 组：227～285

4.5.13　包装用钢带（GB/T 25820—2010）

（1）用途　该钢带适用于金属材料、纸箱、木箱、轻纺和化工产品等包装捆扎。

（2）分类及牌号（表 4-195）

表 4-195　捆带的分类及牌号

分 类 方 法	分 类 名 称
按强度分	①低强捆带，牌号有 650KD，730KD，780KD； ②中强捆带，牌号有 830KD，880KD； ③高强捆带，牌号有 930KD，980KD； ④超高强捆带，牌号有 1150KD，1250KD
按表面状态分	①发蓝 SBL； ②涂漆 SPA； ③镀锌 SZE
按用途分	①普通用； ②机用

注：捆带的牌号由规定的最低抗拉强度值（单位为 MPa）＋"捆带"汉语拼音的首字母"KD"组成。例如：830KD。

（3）尺寸规格（表 4-196）

表 4-196　捆带的宽度和厚度　　　　　（mm）

公 称 厚 度	公 称 宽 度					
	16	19	25.4	31.75	32	40
0.4	√					
0.5	√	√				

续表 4-196

公 称 厚 度	公 称 宽 度					
	16	19	25.4	31.75	32	40
0.6	√	√				
0.7		√				
0.8		√	√	√	√	
0.9		√	√	√	√	√
1.0		√	√	√	√	√
1.2			√	√	√	√

注："√"表示生产供应的捆带。

（4）力学和工艺性能（表 4-197）

表 4-197 捆带的力学和工艺性能

牌 号	拉 伸 性 能		反复弯曲性能	
	抗拉强度 R_m/MPa≥	断后伸长率 A_{30mm}/%≥	公称厚度/mm	反复弯曲次数（$r=3$mm）
650KD	650	6	0.4	12
730KD	730	8	0.5	8
780KD	780	8	0.6	6
830KD	830	10	0.7	5
880KD	880	10	0.8	5
930KD	930	10	0.9	5
980KD	980	12	1.0	4
1150KD	1 150	8	1.2	3
1250KD	1 250	6	—	—

注：r 为弯曲半径。

4.5.14 焊管用镀铜钢带（YB/T 069—2007）

（1）用途 焊管用镀铜钢带是表面有铜层的钢带。铜镀层可通过机械隔离作用防止钢铁产品的腐蚀，提高钢的耐蚀性。而且铜镀层不论和基体金属还是和其他邻近的镀层都能牢固地结合，特别是与镍有极好的镀着性，用作中间镀层，可为钢带焊接成钢管后进一步镀镍或镀覆其他金属创造条件，提高镀层的质量。

（2）化学成分（表 4-198、表 4-199）

表 4-198 焊管用镀铜钢带的化学成分　　　　　　　　　　　　　（%）

化学成分（质量分数）	C	Si	Mn	S	P
	0.02～0.08	≤0.03	0.15～0.45	≤0.030	≤0.030

表 4-199 单层焊管用超低碳钢带的化学成分　　　　　　　　　　（%）

化学成分（质量分数）	C	Si	Mn	S	P
	≤0.08	≤0.03	≤0.30	≤0.020	≤0.020

（3）力学性能（表 4-200、表 4-201）

表 4-200　焊管用镀铜钢带的力学性能

厚度/mm	抗拉强度 R_m/MPa	屈服强度 R_{eL}/MPa	断后伸长率 A/%
<0.25			≥30
0.25～<0.35	≥270	≥180	≥32
0.35～<0.50			≥34
≥0.50			≥36

表 4-201　单层焊管用超低碳钢带的力学性能

厚度/mm	抗拉强度 R_m/MPa	屈服强度 R_{eL}/MPa	断后伸长率 A/%
≤0.50	≥280	130～250	≥36
>0.50			≥38

4.5.15　防静电地板用冷轧钢带（YB/T 4244—2011）

（1）用途　该钢带适于制作防静电地板。

（2）尺寸规格　钢带厚度为 0.35～2.50mm，宽度为 500～750mm。

（3）牌号和化学成分　制作上面板钢带牌号采用 Q195，制作冲压板钢带牌号由"防静电地板""FJB"表示。Q195 冷轧钢带成分符合 GB/T 700 有关规定，其余钢带牌号及其化学成分符合表 4-202 规定。

表 4-202　防静电地板用冷轧钢带的牌号和化学成分　　　　（%）

牌　号	化学成分（质量分数）					
	C	SI	Mn	P	S	Al_s
FJB1	≤0.080	≤0.03	≤0.40	≤0.020	≤0.030	≥0.015
FJB2	≤0.050	≤0.03	≤0.40	≤0.018	≤0.015	≥0.015

（4）力学性能（表 4-203）

表 4-203　防静电地板用冷轧钢带力学性能

牌　号	公称厚度/mm	规定塑性延伸强度 $R_{p0.2}$/MPa	抗拉强度 R_m/MPa	断后伸长率 A_{80mm}（L_0＝80mm，b＝20mm）/% ≥
FJB1	≤0.5			35
	>0.5～0.7	≤230	270～360	36
	>0.7			37
FJB2	≤0.5			38
	>0.5～0.7	≤220	260～350	39
	>0.7			40

第5章 钢 管

钢管是一种具有中空截面的长条形管状钢材。钢管与圆钢等实心钢材相比，在抗弯抗扭强度相同时，质量较轻，是一种经济截面钢材，故钢管广泛用于制造结构件和各种机械零件，如石油钻杆、汽车传动轴、自行车架以及建筑施工中使用的钢脚手架等。用钢管制造环形零件，可以提高材料的利用率，简化制造工序，节约材料和加工工时，如生产滚动轴承套圈、千斤顶套等。另外，钢管还可用于生产常规武器，如枪管、炮筒等。

5.1 无缝钢管

无缝钢管是将实心管坯经穿孔后制成的周边没有接缝的钢管，按照横截面形状的不同，分为圆管和异形管。由于在周长相等的条件下，圆的面积最大，因而用圆形管可以输送更多的流体；同时，圆环截面在承受内部或外部径向压力时受力较均匀，因此，绝大多数钢管是圆管。但是，圆管也有一定的局限性，如在受到平面弯曲的条件下，圆管不如方管和矩形管的抗弯强度高，因此一些农机具骨架、钢木家具就要根据不同的用途或功用，采用异形钢管。

与焊接钢管相比，无缝钢管生产工序多、难度大、成本高，还常易出现壁厚不均及表面质量缺陷。但一些管壁特厚、特薄、管径特细的钢管，以及对性能有特殊要求的钢管，目前还只能用无缝的方法来生产。

5.1.1 无缝钢管的尺寸规格和理论质量（GB/T 17395—2008）（表 5-1～表 5-4）

表 5-1 普通无缝钢管的外径和壁厚及单位长度理论质量

外径/mm			壁厚/mm														
系列 1	系列 2	系列 3	0.25	0.30	0.40	0.50	0.60	0.80	1.0	1.2	1.4	1.5	1.6	1.8	2.0	2.2 2.3	2.5 2.6
			单位长度理论质量/（kg/m）														
	6		0.035	0.042	0.055	0.068	0.080	0.103	0.123	0.142	0.159	0.166	0.174	0.186	0.197		
	7		0.042	0.050	0.065	0.080	0.095	0.122	0.148	0.172	0.193	0.203	0.213	0.231	0.247	0.260	0.277
	8		0.048	0.057	0.075	0.092	0.109	0.142	0.173	0.201	0.228	0.240	0.253	0.275	0.296	0.315	0.339
	9		0.054	0.064	0.085	0.105	0.124	0.162	0.197	0.231	0.262	0.277	0.292	0.320	0.345	0.369	0.401
10 10.2			0.060	0.072	0.095	0.117	0.139	0.182	0.222	0.260	0.297	0.314	0.331	0.364	0.395	0.423	0.462
	11		0.066	0.079	0.105	0.129	0.154	0.201	0.247	0.290	0.331	0.351	0.371	0.408	0.444	0.477	0.524
	12		0.072	0.087	0.114	0.142	0.169	0.221	0.271	0.320	0.366	0.388	0.410	0.453	0.493	0.532	0.586
	13 12.7		0.079	0.094	0.124	0.154	0.183	0.241	0.296	0.349	0.401	0.425	0.450	0.497	0.543	0.586	0.647
13.5			0.082	0.098	0.129	0.160	0.191	0.251	0.308	0.364	0.418	0.444	0.470	0.519	0.567	0.613	0.678
		14	0.085	0.101	0.134	0.166	0.198	0.260	0.321	0.379	0.435	0.462	0.489	0.542	0.592	0.640	0.709
	16		0.097	0.116	0.154	0.191	0.228	0.300	0.370	0.438	0.504	0.536	0.568	0.630	0.691	0.749	0.832

续表 5-1

外径/mm			壁厚/mm														
系列1	系列2	系列3	0.25	0.30	0.40	0.50	0.60	0.80	1.0	1.2	1.4	1.5	1.6	1.8	2.0	2.2 2.3	2.5 2.6
			单位长度理论质量/（kg/m）														
17 17.2			0.103	0.124	0.164	0.203	0.243	0.320	0.395	0.468	0.539	0.573	0.608	0.675	0.740	0.803	0.894
		18	0.109	0.131	0.174	0.216	0.257	0.339	0.419	0.497	0.573	0.610	0.647	0.719	0.789	0.857	0.956
	19		0.116	0.138	0.183	0.228	0.272	0.359	0.444	0.527	0.608	0.647	0.687	0.764	0.838	0.911	1.02
	20		0.122	0.146	0.193	0.240	0.287	0.379	0.469	0.556	0.642	0.684	0.726	0.808	0.888	0.966	1.08
21 21.3					0.203	0.253	0.302	0.399	0.493	0.586	0.677	0.721	0.765	0.852	0.937	1.02	1.14
		22			0.213	0.265	0.317	0.418	0.518	0.616	0.711	0.758	0.805	0.897	0.986	1.07	1.20
	25				0.243	0.302	0.361	0.477	0.592	0.704	0.815	0.869	0.923	1.03	1.13	1.24	1.39
		25.4			0.247	0.307	0.367	0.485	0.602	0.716	0.829	0.884	0.939	1.05	1.15	1.26	1.41
27 26.9					0.262	0.327	0.391	0.517	0.641	0.764	0.884	0.943	1.00	1.12	1.23	1.35	1.51
	28				0.272	0.339	0.405	0.537	0.666	0.793	0.918	0.980	1.04	1.16	1.28	1.40	1.57
		30			0.292	0.364	0.435	0.576	0.715	0.852	0.987	1.05	1.12	1.25	1.38	1.51	1.70
	32 31.8				0.312	0.388	0.465	0.616	0.765	0.911	1.06	1.13	1.20	1.34	1.48	1.62	1.82
34 33.7					0.331	0.413	0.494	0.655	0.814	0.971	1.13	1.20	1.28	1.43	1.58	1.73	1.94
		35			0.341	0.425	0.509	0.675	0.838	1.00	1.16	1.24	1.32	1.47	1.63	1.78	2.00
	38				0.371	0.462	0.553	0.734	0.912	1.09	1.26	1.35	1.44	1.61	1.78	1.94	2.19
	40				0.391	0.487	0.583	0.773	0.962	1.15	1.33	1.42	1.52	1.70	1.87	2.05	2.31
42 42.4									1.01	1.21	1.40	1.50	1.59	1.78	1.97	2.16	2.44
		45 44.5							1.09	1.30	1.51	1.61	1.71	1.92	2.12	2.32	2.62
48 48.3									1.16	1.38	1.61	1.72	1.83	2.05	2.27	2.48	2.81
	51								1.23	1.47	1.71	1.83	1.95	2.18	2.42	2.65	2.99
		54							1.31	1.56	1.82	1.94	2.07	2.32	2.56	2.81	3.18
	57								1.38	1.65	1.92	2.05	2.19	2.45	2.71	2.97	3.36
60 60.3									1.46	1.74	2.02	2.16	2.30	2.58	2.86	3.14	3.55
	63 63.5								1.53	1.83	2.13	2.28	2.42	2.72	3.01	3.30	3.73
	65								1.58	1.89	2.20	2.35	2.50	2.81	3.11	3.41	3.85
	68								1.65	1.98	2.30	2.46	2.62	2.94	3.26	3.57	4.04
	70								1.70	2.04	2.37	2.53	2.70	3.03	3.35	3.68	4.16
		73							1.78	2.12	2.47	2.64	2.82	3.16	3.50	3.84	4.35
76 76.1									1.85	2.21	2.58	2.76	2.94	3.29	3.65	4.00	4.53

续表 5-1

外径/mm			壁厚/mm														
系列1	系列2	系列3	0.25	0.30	0.40	0.50	0.60	0.80	1.0	1.2	1.4	1.5	1.6	1.8	2.0	2.2 2.3	2.5 2.6
			单位长度理论质量/（kg/m）														
	77										2.61	2.79	2.98	3.34	3.70	4.06	4.59
	80										2.71	2.90	3.09	3.47	3.85	4.22	4.78
		83 82.5									2.82	3.01	3.21	3.60	4.00	4.38	4.96
	85										2.89	3.09	3.29	3.69	4.09	4.49	5.09
89 88.9											3.02	3.24	3.45	3.87	4.29	4.71	5.33
	95										3.23	3.46	3.69	4.14	4.59	5.03	5.70
	102 101.6										3.47	3.72	3.96	4.45	4.93	5.41	6.13
		108									3.68	3.94	4.20	4.71	5.23	5.74	6.50
114 114.3												4.16	4.44	4.98	5.52	6.07	6.87
	121											4.42	4.71	5.29	5.87	6.45	7.31
	127													5.56	6.17	6.77	7.68
	133																8.05

外径/mm			壁厚/mm														
系列1	系列2	系列3	2.8 2.9	3.0	3.2	3.5 3.6	4.0	4.5	5.0	5.5 5.4	6.0	6.5 6.3	7.0 7.1	7.5	8.0	8.5	9.0 8.8
			单位长度理论质量/（kg/m）														
	9		0.428														
10 10.2			0.497	0.518	0.537	0.561											
	11		0.566	0.592	0.616	0.647											
	12		0.635	0.666	0.694	0.734	0.789										
	13 12.7		0.704	0.740	0.773	0.820	0.888										
13.5			0.739	0.777	0.813	0.863	0.937										
		14	0.773	0.814	0.852	0.906	0.986										
	16		0.911	0.962	1.01	1.08	1.18	1.28	1.36								
17 17.2			0.981	1.04	1.09	1.17	1.28	1.39	1.48								
		18	1.05	1.11	1.17	1.25	1.38	1.50	1.60								
	19		1.12	1.18	1.25	1.34	1.48	1.61	1.73	1.83	1.92						
	20		1.19	1.26	1.33	1.42	1.58	1.72	1.85	1.97	2.07						
21 21.3			1.26	1.33	1.40	1.51	1.68	1.83	1.97	2.10	2.22						
		22	1.33	1.41	1.48	1.60	1.78	1.94	2.10	2.24	2.37						

续表 5-1

外径/mm			壁厚/mm														
系列1	系列2	系列3	2.8	3.0 2.9	3.2	3.5 3.6	4.0	4.5	5.0	5.5 5.4	6.0	6.5 6.3	7.0 7.1	7.5	8.0	8.5	9.0 8.8
			单位长度理论质量/（kg/m）														
	25		1.53	1.63	1.72	1.86	2.07	2.28	2.47	2.64	2.81	2.97	3.11				
		25.4	1.56	1.66	1.75	1.89	2.11	2.32	2.52	2.70	2.87	3.03	3.18				
27 26.9			1.67	1.78	1.88	2.03	2.27	2.50	2.71	2.92	3.11	3.29	3.45				
	28		1.74	1.85	1.96	2.11	2.37	2.61	2.84	3.05	3.26	3.45	3.63				
		30	1.88	2.00	2.11	2.29	2.56	2.83	3.08	3.32	3.55	3.77	3.97	4.16	4.34		
	32 31.8		2.02	2.15	2.27	2.46	2.76	3.05	3.33	3.59	3.85	4.09	4.32	4.53	4.74		
34 33.7			2.15	2.29	2.43	2.63	2.96	3.27	3.58	3.87	4.14	4.41	4.66	4.90	5.13		
		35	2.22	2.37	2.51	2.72	3.06	3.38	3.70	4.00	4.29	4.57	4.83	5.09	5.33	5.56	5.77
	38		2.43	2.59	2.75	2.98	3.35	3.72	4.07	4.41	4.74	5.05	5.35	5.64	5.92	6.18	6.44
	40		2.57	2.74	2.90	3.15	3.55	3.94	4.32	4.68	5.03	5.37	5.70	6.01	6.31	6.60	6.88
42 42.4			2.71	2.89	3.06	3.32	3.75	4.16	4.56	4.95	5.33	5.69	6.04	6.38	6.71	7.02	7.32
		45 44.5	2.91	3.11	3.30	3.58	4.04	4.49	4.93	5.36	5.77	6.17	6.56	6.94	7.30	7.65	7.99
48 48.3			3.12	3.33	3.54	3.84	4.34	4.83	5.30	5.76	6.21	6.65	7.08	7.49	7.89	8.28	8.66
	51		3.33	3.55	3.77	4.10	4.64	5.16	5.67	6.17	6.66	7.13	7.60	8.05	8.48	8.91	9.32
		54	3.54	3.77	4.01	4.36	4.93	5.49	6.04	6.58	7.10	7.61	8.11	8.60	9.08	9.54	9.99
	57		3.74	4.00	4.25	4.62	5.23	5.83	6.41	6.99	7.55	8.10	8.63	9.16	9.67	10.17	10.65
60 60.3			3.95	4.22	4.48	4.88	5.52	6.16	6.78	7.39	7.99	8.58	9.15	9.71	10.26	10.80	11.32
	63 63.5		4.16	4.44	4.72	5.14	5.82	6.49	7.15	7.80	8.43	9.06	9.67	10.27	10.85	11.42	11.99
		65	4.30	4.59	4.88	5.31	6.02	6.71	7.40	8.07	8.73	9.38	10.01	10.64	11.25	11.84	12.43
	68		4.50	4.81	5.11	5.57	6.31	7.05	7.77	8.48	9.17	9.86	10.53	11.19	11.84	12.47	13.10
	70		4.64	4.96	5.27	5.74	6.51	7.27	8.02	8.75	9.47	10.18	10.88	11.56	12.23	12.89	13.54
		73	4.85	5.18	5.51	6.00	6.81	7.60	8.38	9.16	9.91	10.66	11.39	12.11	12.82	13.52	14.21
76 76.1			5.05	5.40	5.75	6.26	7.10	7.93	8.75	9.56	10.36	11.14	11.91	12.67	13.42	14.15	14.87
	77		5.12	5.47	5.82	6.34	7.20	8.05	8.88	9.70	10.51	11.30	12.08	12.85	13.61	14.36	15.09
	80		5.33	5.70	6.06	6.60	7.50	8.38	9.25	10.11	10.95	11.78	12.60	13.41	14.21	14.99	15.76
		83 82.5	5.54	5.92	6.30	6.86	7.79	8.71	9.62	10.51	11.39	12.26	13.12	13.96	14.80	15.62	16.42
	85		5.68	6.07	6.46	7.03	7.99	8.93	9.86	10.78	11.69	12.58	13.47	14.33	15.19	16.04	16.87
89 88.9			5.95	6.36	6.77	7.38	8.38	9.38	10.36	11.33	12.28	13.22	14.16	15.07	15.98	16.87	17.76
	95		6.37	6.81	7.24	7.90	8.98	10.04	11.10	12.14	13.17	14.19	15.19	16.18	17.16	18.13	19.09

续表 5-1

外径/mm　　壁厚/mm　　单位长度理论质量/(kg/m)

系列1	系列2	系列3	2.8	3.0 2.9	3.2	3.5 3.6	4.0	4.5	5.0	5.5 5.4	6.0	6.5 6.3	7.0 7.1	7.5	8.0	8.5	9.0 8.8
		102 101.6	6.85	7.32	7.80	8.50	9.67	10.82	11.96	13.09	14.21	15.31	16.40	17.48	18.55	19.60	20.64
		108	7.26	7.77	8.27	9.02	10.26	11.49	12.70	13.90	15.09	16.27	17.44	18.59	19.73	20.86	21.97
114 114.3			7.68	8.21	8.74	9.54	10.85	12.15	13.44	14.72	15.98	17.23	18.47	19.70	20.91	22.12	23.31
	121		8.16	8.73	9.30	10.14	11.54	12.93	14.30	15.67	17.02	18.35	19.68	20.99	22.29	23.58	24.86
		127	8.58	9.17	9.77	10.66	12.13	13.59	15.04	16.48	17.90	19.32	20.72	22.10	23.48	24.84	26.19
		133	8.99	9.62	10.24	11.18	12.73	14.26	15.78	17.29	18.79	20.28	21.75	23.21	24.66	26.10	27.52
140 139.7				10.14	10.80	11.78	13.42	15.04	16.65	18.24	19.83	21.40	22.96	24.51	26.04	27.57	29.08
		142 141.3		10.28	10.95	11.95	13.61	15.26	16.89	18.51	20.12	21.72	23.31	24.88	26.44	27.98	29.52
	146			10.58	11.27	12.30	14.01	15.70	17.39	19.06	20.72	22.36	24.00	25.62	27.23	28.82	30.41
		152 152.4		11.02	11.74	12.82	14.60	16.37	18.13	19.87	21.60	23.32	25.03	26.73	28.41	30.08	31.74
		159				13.42	15.29	17.15	18.99	20.82	22.64	24.45	26.24	28.02	29.79	31.55	33.29
168 168.3						14.20	16.18	18.14	20.10	22.04	23.97	25.89	27.79	29.69	31.57	33.43	35.29
		180 177.8				15.23	17.36	19.48	21.58	23.67	25.75	27.81	29.87	31.91	33.93	35.95	37.95
		194 193.7				16.44	18.74	21.03	23.31	25.57	27.82	30.06	32.28	34.50	36.70	38.89	41.06
	203					17.22	19.63	22.03	24.41	26.79	29.15	31.50	33.84	36.16	38.47	40.77	43.06
219 219.1									31.52	34.06	36.60	39.12	41.63	44.13	46.61
		232								33.44	36.15	38.84	41.52	44.19	46.85	49.50
		245 244.5								35.36	38.23	41.09	43.93	46.76	49.58	52.38
		267 267.4								38.62	41.76	44.88	48.00	51.10	54.19	57.26
273										42.72	45.92	49.11	52.28	55.45	58.60
	299 298.5											53.92	57.41	60.90	64.37
		302											54.47	58.00	61.52	65.03
		318.5											57.52	61.26	64.98	68.69
325 323.9												58.73	62.54	66.35	70.14
		340 339.7												65.50	69.49	73.47
	351													67.67	71.80	75.91

续表 5-1

外径/mm			壁厚/mm													
系列1	系列2	系列3	2.8	3.0 2.9	3.2	3.5 3.6	4.0	4.5	5.0	5.5 5.4	6.0	6.5 6.3	7.0 7.1	7.5	8.0	8.5	9.0 8.8
			单位长度理论质量/（kg/m）													
356 355.6																77.02
		368														79.68
	377															81.68
	402															87.23
406 406.4																88.12
		419														91.00
	426															92.55
	450															97.88
457																99.44
	473															102.99
	480															104.54
	500															108.98
508																110.76
	530															115.64
		560 559														122.30
610																133.39

外径/mm			壁厚/mm												
系列1	系列2	系列3	9	9.5	10	11	12 12.5	13	14 14.2	15	16	17 17.5	18	19	20	22 22.2
			单位长度理论质量/（kg/m）												
	38			6.68	6.91											
	40			7.15	7.40											
42 42.4				7.61	7.89											
		45 44.5		8.32	8.63	9.22	9.77									
48 48.3				9.02	9.37	10.04	10.65									
	51			9.72	10.11	10.85	11.54									
		54		10.43	10.85	11.66	12.43	13.14	13.81							
	57			11.13	11.59	12.48	13.32	14.11	14.85							
60 60.3				11.83	12.33	13.29	14.21	15.07	15.88	16.65	17.36					
	63 63.5			12.53	13.07	14.11	15.09	16.03	16.92	17.76	18.55					
	65			13.00	13.56	14.65	15.68	16.67	17.61	18.50	19.33					
	68			13.70	14.30	15.46	16.57	17.63	18.64	19.61	20.52					
	70			14.17	14.80	16.01	17.16	18.27	19.33	20.35	21.31	22.22				
		73	14.88	15.54	16.82	18.05	19.24	20.37	21.46	22.49	23.48	24.41	25.30			

续表 5-1

外径/mm			壁厚/mm													
系列1	系列2	系列3	9	9.5	10	11	12 12.5	13	14 14.2	15	16	17 17.5	18	19	20	22 22.2
			单位长度理论质量/（kg/m）													
76 76.1			15.58	16.28	17.63	18.94	20.20	21.41	22.57	23.68	24.74	25.75	26.71	27.62		
	77		15.81	16.52	17.90	19.24	20.52	21.75	22.94	24.07	25.15	26.19	27.18	28.11		
	80		16.52	17.26	18.72	20.12	21.48	22.79	24.05	25.25	26.41	27.52	28.58	29.59		
		83 82.5	17.22	18.00	19.53	21.01	22.44	23.82	25.15	26.44	27.67	28.85	29.99	31.07	33.10	
	85		17.69	18.50	20.07	21.60	23.08	24.51	25.89	27.23	28.51	29.74	30.93	32.06	34.18	
89 88.9			18.63	19.48	21.16	22.79	24.37	25.89	27.37	28.80	30.19	31.52	32.80	34.03	36.35	
	95		20.03	20.96	22.79	24.56	26.29	27.97	29.59	31.17	32.70	34.18	35.61	36.99	39.61	
	102 101.6		21.67	22.69	24.69	26.63	28.53	30.38	32.18	33.93	35.64	37.29	38.89	40.44	43.40	
		108	23.08	24.17	26.31	28.41	30.46	32.45	34.40	36.30	38.15	39.95	41.70	43.40	46.66	
114 114.3			24.48	25.65	27.94	30.19	32.38	34.53	36.62	38.67	40.67	42.62	44.51	46.36	49.91	
	121		26.12	27.37	29.84	32.26	34.62	36.94	39.21	41.43	43.60	45.72	47.79	49.82	53.17	
	127		27.53	28.85	31.47	34.03	36.55	39.01	41.43	43.80	46.12	48.39	50.61	52.78	56.97	
	133		28.93	30.33	33.10	35.81	38.47	41.09	43.65	46.17	48.63	51.05	53.42	55.74	60.22	
140 139.7			30.57	32.06	34.99	37.88	40.72	43.50	46.24	48.93	51.57	54.16	56.70	59.19	64.02	
		142 141.3	31.04	32.55	34.54	38.47	41.36	44.19	46.98	49.72	52.41	55.04	57.63	60.17	65.11	
	146		31.98	33.54	36.62	39.66	42.64	45.57	48.46	51.30	54.08	56.82	59.51	62.15	67.28	
		152 152.4	33.39	35.02	38.25	41.43	44.56	47.65	50.68	53.66	56.60	59.48	62.32	65.11	70.53	
		159	35.03	36.75	40.15	43.50	46.81	50.06	53.27	56.43	59.53	62.59	65.60	68.56	74.33	
168 168.3			37.13	38.97	42.59	46.17	46.69	53.17	56.60	59.98	63.31	66.59	69.82	73.00	79.21	
		180 177.8	39.95	41.92	45.85	49.72	53.54	57.31	61.04	64.71	68.34	71.91	75.44	78.92	85.72	
		194 193.7	43.23	45.38	49.64	53.86	58.03	62.15	66.22	70.24	74.21	78.13	82.00	85.82	93.32	
	203		45.33	47.60	52.09	56.52	60.91	65.25	69.55	73.79	77.98	82.13	86.22	90.26	98.20	
219 219.1			49.08	51.54	56.43	61.26	66.04	70.78	75.46	80.10	84.69	89.23	93.71	98.15	106.88	
		232	52.13	54.75	59.95	65.11	70.21	75.27	80.27	85.23	90.14	95.00	99.81	104.57	113.94	
		245 244.5	55.17	57.95	63.48	68.95	74.38	79.76	85.08	90.36	95.59	100.77	105.90	110.98	120.99	
		267 267.4	60.33	63.38	69.45	75.46	81.43	87.35	93.22	99.04	104.81	110.53	116.21	121.83	132.93	
273			61.73	64.86	71.07	77.24	83.36	89.42	95.44	101.41	107.33	113.20	119.02	124.79	136.18	
	299 298.5		67.83	71.27	78.13	84.93	91.69	98.40	105.06	111.67	118.23	124.74	131.20	137.61	150.29	

续表 5-1

外径/mm			壁厚/mm													
系列1	系列2	系列3	9	9.5	10	11	12 12.5	13	14 14.2	15	16	17 17.5	18	19	20	22 22.2
			单位长度理论质量/（kg/m）													
		302		68.53	72.01	78.94	85.82	92.65	99.44	106.17	112.85	119.49	126.07	132.61	139.09	151.92
		318.5		72.39	76.08	83.42	90.71	97.94	105.13	112.27	119.36	126.40	133.39	140.34	147.23	160.87
325 323.9				73.92	77.68	85.18	92.63	100.03	107.38	114.68	121.93	129.13	136.28	143.38	150.44	164.39
	340 339.7			77.43	81.38	89.25	97.07	104.84	112.56	120.23	127.85	135.42	142.94	150.41	157.83	172.53
	351			80.01	84.10	92.23	100.32	108.36	116.35	124.29	132.19	140.03	147.82	155.57	163.26	178.50
356 355.6				81.18	85.33	93.59	101.80	109.97	118.08	126.14	134.16	142.12	150.04	157.91	165.73	181.21
		368		83.99	88.29	96.85	105.35	113.81	122.22	130.58	138.89	147.16	155.37	163.53	171.64	187.72
	377			86.10	90.51	99.29	108.02	116.70	125.33	133.91	142.45	150.93	159.36	167.75	176.08	192.61
	402			91.96	96.67	106.07	115.42	124.71	133.96	143.16	152.31	161.41	170.46	179.46	188.41	206.17
406 406.4				92.89	97.66	107.15	116.60	126.00	135.34	144.64	153.89	163.09	172.24	181.34	190.39	208.34
		419		95.94	100.87	110.68	120.45	130.16	139.83	149.45	159.02	168.54	178.01	187.43	196.80	215.39
	426			97.58	102.59	112.58	122.52	132.41	142.25	152.04	161.78	171.47	181.11	190.71	200.25	219.19
	450			103.20	108.51	119.09	129.62	140.10	150.53	160.92	171.25	181.53	191.77	201.95	212.09	232.21
457				104.84	110.24	120.99	131.69	142.35	152.95	163.51	174.01	184.47	194.88	205.23	215.54	236.01
	473			108.59	114.18	125.33	136.43	147.48	158.48	169.42	180.33	191.18	201.98	212.73	223.43	244.69
	480			110.23	115.91	127.23	138.50	149.72	160.89	172.01	183.09	194.11	205.09	216.01	226.89	248.49
	500			114.92	120.84	132.65	144.42	156.13	167.80	179.41	190.98	202.50	213.96	225.38	236.75	259.34
508				116.79	122.81	134.82	146.79	158.70	170.56	182.37	194.14	205.85	217.51	229.13	240.70	263.68
	530			121.95	128.24	140.79	153.30	165.75	178.16	190.51	202.82	215.07	227.28	239.44	251.55	275.62
		560 559		128.97	135.64	148.93	162.17	175.37	188.51	201.61	214.65	227.65	240.60	253.50	266.34	291.89
610				140.69	147.97	162.50	176.97	191.40	205.78	220.10	234.38	248.61	262.79	276.92	291.01	319.02
	630		137.83	145.37	152.90	167.92	182.89	197.81	212.68	227.50	242.28	257.00	271.67	286.30	300.87	329.87
		660	144.49	152.40	160.30	176.06	191.77	207.43	223.04	238.60	254.11	269.58	284.99	300.35	315.67	346.15
		699					203.31	219.93	236.50	253.03	269.50	285.93	302.30	318.63	334.90	367.31
711							206.86	223.78	240.65	257.47	274.24	290.96	307.63	324.25	340.82	373.82
	720						209.52	226.66	243.75	260.80	277.79	294.73	311.62	328.47	345.26	378.70
	762														365.98	401.49
		788.5													379.05	415.87
813															391.13	429.16
		864														416.29	456.83

外径/mm			壁厚/mm											
系列1	系列2	系列3	24	25	26	28	30	32	34	36	38	40	42	45	48
			单位长度理论质量/（kg/m）											
89 88.9			38.47												

续表 5-1

外径/mm			壁厚/mm												
			24	25	26	28	30	32	34	36	38	40	42	45	48
系列1	系列2	系列3	单位长度理论质量/（kg/m）												
	95		42.02												
	102 101.6		46.17	47.47	48.73	51.10									
		108	49.71	51.17	52.58	55.24	57.71								
114 114.3			53.27	54.87	56.43	59.39	62.15								
	121		57.41	59.19	60.91	64.22	67.33	70.24							
	127		60.96	62.89	64.76	68.36	71.77	74.97							
	133		64.51	66.59	68.61	72.50	76.20	79.71	83.01	86.12					
140 139.7			68.66	70.90	73.10	77.34	81.38	85.23	88.88	92.33					
		142 141.3	69.84	72.14	74.38	78.72	82.86	86.81	90.56	94.11					
	146		72.21	74.60	76.94	81.48	85.82	89.97	93.91	97.66	101.21	104.57			
		152 152.4	75.76	78.30	80.79	85.62	90.26	94.70	98.94	102.99	106.83	110.48			
		159	79.90	82.62	85.28	90.46	95.44	100.22	104.81	109.20	113.39	117.39	121.19	126.51	
168 168.3			85.23	88.17	91.05	96.67	102.10	107.33	112.36	117.19	121.83	126.27	130.51	136.50	
		180 177.8	92.33	95.56	98.74	104.96	110.98	116.80	122.42	127.85	133.07	138.10	142.94	149.82	156.26
		194 193.7	100.62	104.20	107.72	114.63	121.33	127.85	134.16	140.85	146.19	151.92	157.44	165.36	172.83
	203		105.95	109.74	113.49	120.84	127.99	134.95	141.71	148.27	154.63	160.79	166.76	175.34	183.48
219 219.1			115.42	119.61	123.75	131.89	139.83	147.57	155.12	162.47	169.62	176.58	183.33	193.10	202.42
		232	123.11	127.62	132.09	140.87	149.45	157.83	166.02	174.01	181.81	189.40	196.80	207.53	217.81
		245 244.5	130.80	135.64	140.42	149.84	159.07	168.09	176.92	185.55	193.99	202.22	210.26	221.95	233.20
		267 267.4	143.83	149.20	154.53	165.04	175.34	185.45	195.37	205.09	214.60	223.93	233.05	246.37	259.24
273			147.38	152.90	158.38	169.18	179.78	190.19	200.40	210.41	220.23	229.85	239.27	253.03	266.34
	299 298.5		162.77	168.93	175.05	187.13	199.02	210.71	222.20	233.50	244.59	255.49	266.20	281.88	297.12
		302	164.54	170.78	176.97	189.20	201.24	213.08	224.72	236.16	247.40	258.45	269.30	285.21	300.67
		318.5	174.31	180.95	187.55	200.60	213.45	226.10	238.55	250.81	262.87	274.73	286.39	303.52	320.21
325 323.9			178.16	184.96	191.72	205.09	218.25	231.23	244.00	256.58	268.96	281.14	293.13	310.74	327.90
	340 339.7		187.03	194.21	201.34	215.44	229.35	243.06	256.58	269.90	283.02	295.94	308.66	327.38	345.66
		351	193.54	200.99	208.39	223.04	237.49	251.75	265.80	279.66	293.32	306.79	320.06	339.59	358.68

续表 5-1

外径/mm			壁厚/mm												
系列1	系列2	系列3	24	25	26	28	30	32	34	36	38	40	42	45	48
			单位长度理论质量/（kg/m）												
356 355.6			196.50	204.07	211.60	226.49	241.19	255.69	269.99	284.10	298.01	311.72	325.24	345.14	364.60
		368	203.61	211.47	219.29	234.78	250.07	265.16	280.06	294.75	309.26	323.56	337.67	358.46	378.80
	377		208.93	217.02	225.06	240.99	256.73	272.26	287.60	302.75	317.69	332.44	346.99	368.44	389.46
	402		223.73	234.44	241.09	258.26	275.22	291.99	308.57	324.94	341.12	357.10	372.88	396.19	419.05
406 406.4			226.10	234.90	243.66	261.02	278.18	295.15	311.92	328.49	344.87	361.05	377.03	400.63	423.78
		419	233.79	242.92	251.99	269.99	287.80	305.41	322.82	340.03	357.05	373.87	390.49	415.05	439.17
	426		237.93	247.23	256.48	274.83	292.98	310.93	328.69	346.25	363.61	380.77	397.74	422.82	447.46
	450		252.14	262.03	271.87	291.40	310.74	329.87	348.81	367.56	386.10	404.45	422.60	449.46	475.87
457			256.28	266.34	276.36	296.23	315.91	335.40	354.68	373.77	392.66	411.35	429.85	457.23	484.16
	473		265.75	276.21	286.62	307.28	327.75	348.02	368.10	387.98	407.66	427.14	446.42	474.98	503.10
	480		269.90	280.53	291.11	312.12	332.93	353.55	373.97	394.19	414.22	434.04	453.67	482.75	511.38
	500		281.73	292.86	303.93	325.93	347.93	369.33	390.74	411.95	432.96	453.77	474.39	504.95	535.06
508			286.47	297.79	309.06	331.45	353.65	375.64	397.45	419.05	440.46	461.66	482.68	513.82	544.53
	530		299.49	311.35	323.17	346.64	369.92	393.01	415.89	438.58	461.07	483.37	505.46	538.24	570.57
		560 559	317.25	329.85	342.40	367.36	392.12	416.68	441.06	465.22	489.19	512.96	536.54	571.53	606.08
610			246.84	360.68	374.46	401.88	429.11	456.14	482.97	509.61	536.04	562.28	588.33	627.02	665.27
	630		358.68	373.01	387.29	415.70	443.91	471.92	499.74	527.36	554.79	582.01	609.04	649.22	688.95
		660	376.43	391.50	406.52	436.41	466.10	495.60	524.90	554.00	582.90	611.61	640.12	682.51	724.46
		699	399.52	415.55	431.53	463.34	494.96	526.38	557.60	588.62	619.45	650.08	680.51	725.79	770.62
711			406.62	422.95	439.22	471.63	503.84	535.85	567.66	599.28	630.69	661.92	692.94	739.11	784.83
	720		411.95	428.49	444.99	477.84	510.49	542.95	575.21	607.27	639.13	670.79	702.26	749.09	795.48
	762		436.81	454.39	471.92	506.84	541.57	576.09	610.42	644.55	678.49	712.23	745.77	795.71	845.20
		788.5	452.49	470.73	488.92	525.14	561.17	597.01	632.64	668.08	703.32	738.37	773.21	825.11	876.57
813			466.99	485.83	504.62	542.06	579.30	616.34	653.18	689.83	726.28	762.54	798.59	852.30	905.57
		864	497.18	517.28	537.33	577.28	617.03	656.59	695.95	735.11	774.08	812.85	815.42	908.90	965.94
914				548.10	569.39	611.80	654.02	696.05	737.87	779.50	820.93	862.17	903.20	964.39	1 025.13
		965		579.55	602.09	647.02	691.76	736.30	780.64	824.78	868.73	912.48	956.03	1 020.99	1 085.50
1 016				610.99	634.79	682.24	729.49	776.54	823.40	870.06	916.52	962.79	1 008.86	1 077.59	1 145.87

外径/mm			壁厚/mm												
系列1	系列2	系列3	50	55	60	65	70	75	80	85	90	95	100	110	120
			单位长度理论质量/（kg/m）												
		180 177.8	160.30												
		194 193.7	177.56												
	203		188.66	200.75											
219 219.1			208.39	222.45											

续表 5-1

外径/mm			壁厚/mm												
系列1	系列2	系列3	50	55	60	65	70	75	80	85	90	95	100	110	120
			单位长度理论质量/（kg/m）												
		232	224.42	240.08	254.51	267.70									
		245 244.5	240.45	257.71	273.74	288.54									
		267 267.4	267.58	287.55	306.30	323.81									
273			274.98	295.69	315.17	333.42	350.44	366.22	380.77	394.09					
	299 298.5		307.04	330.96	353.65	375.10	395.32	414.31	432.07	448.59	463.88	477.94	490.77		
		302	310.74	335.03	358.09	379.91	400.50	419.86	437.99	454.88	470.54	484.97	498.16		
		318.5	331.08	357.41	382.50	406.36	428.99	450.38	470.54	489.47	507.16	523.63	538.86		
325 323.9			339.10	366.22	392.12	416.78	440.21	462.40	483.37	503.10	521.59	538.86	554.89		
	340 339.7		357.59	386.57	414.31	440.83	466.10	490.15	512.96	534.54	554.89	574.00	591.88		
		351	371.16	401.49	430.59	458.46	485.09	510.49	534.66	557.60	579.30	599.77	619.01		
356 355.6			377.32	408.27	437.99	466.47	493.72	519.74	544.53	568.08	590.40	611.48	631.34		
		368	392.12	424.55	455.75	485.71	514.44	541.94	568.20	593.23	617.03	639.60	660.93		
	377		403.22	436.76	469.06	500.14	529.98	558.58	585.96	612.10	637.01	660.68	683.13		
	402		434.04	470.67	506.06	540.21	573.13	604.82	635.28	664.51	692.50	719.25	744.78		
406 406.4			438.98	476.09	511.97	546.62	580.04	612.22	643.17	672.89	701.37	728.63	754.64		
		419	455.01	493.72	531.21	567.46	602.48	636.27	668.82	700.14	730.23	759.08	786.70		
	426		463.64	503.22	541.57	578.68	614.57	649.22	682.63	714.82	745.77	775.48	803.97		
	450		493.23	535.77	577.08	617.16	656.00	693.61	729.98	765.12	799.03	831.71	863.15		
457			501.86	545.27	587.44	628.38	668.08	706.55	743.79	779.80	814.57	848.11	880.42		
	473		521.59	566.97	611.11	654.02	695.70	736.15	775.36	813.34	850.08	885.60	919.88		
	480		530.22	576.46	621.47	665.25	707.79	749.09	789.17	828.01	865.62	902.00	937.14		
	500		554.89	603.59	651.07	697.31	742.31	786.09	828.63	869.94	910.01	948.85	986.46	1 057.98	
508			564.75	614.44	662.90	710.13	756.12	800.88	844.41	886.71	927.77	967.60	1 006.19	1 079.68	
	530		591.88	644.28	695.46	745.40	794.10	841.58	887.82	932.82	976.60	1 019.14	1 060.45	1 139.36	1 213.35
		560 559	628.87	684.97	739.85	793.49	845.89	897.06	947.00	995.71	1 043.18	1 089.42	1 134.43	1 220.75	1 302.13
610			690.52	752.79	813.83	873.64	932.21	989.55	1 045.65	1 100.52	1 154.16	1 206.57	1 257.74	1 356.39	1 450.10
	630		715.19	779.92	843.43	905.70	966.73	1 026.54	1 085.11	1 142.45	1 198.55	1 253.42	1 307.06	1 410.64	1 509.29
		660	752.18	820.61	887.82	953.79	1 018.52	1 082.03	1 144.30	1 205.33	1 265.14	1 323.71	1 381.05	1 492.03	1 598.07
		699	800.27	873.51	945.52	1 016.30	1 085.85	1 154.16	1 221.24	1 287.09	1 351.70	1 415.08	1 477.23	1 597.82	1 713.49
711			815.06	889.79	963.28	1 035.54	1 106.56	1 176.36	1 244.92	1 312.24	1 378.33	1 443.19	1 506.82	1 630.38	1 749.00
	720		826.16	902.00	976.60	1 049.97	1 122.10	1 193.00	1 262.67	1 331.11	1 398.31	1 464.28	1 529.02	1 654.79	1 775.63
	762		877.95	958.96	1 038.74	1 117.29	1 194.61	1 270.69	1 345.53	1 419.15	1 491.53	1 562.68	1 632.60	1 768.73	1 899.93
		788.5	910.63	994.91	1 077.96	1 159.77	1 240.35	1 319.70	1 397.82	1 474.70	1 550.35	1 624.77	1 697.95	1 840.62	1 978.35

续表 5-1

外径/mm			壁厚/mm												
			50	55	60	65	70	75	80	85	90	95	100	110	120
系列1	系列2	系列3	单位长度理论质量/(kg/m)												
813			940.84	1 028.14	1 114.21	1 199.05	1 282.65	1 365.02	1 446.15	1 526.06	1 604.73	1 682.17	1 758.37	1 907.08	2 050.86
		864	1 003.73	1 097.32	1 189.67	1 280.80	1 370.69	1 459.35	1 546.77	1 632.97	1 717.92	1 801.65	1 884.14	2 045.43	2 201.78
914			1 065.38	1 165.14	1 263.66	1 360.95	1 457.00	1 551.83	1 645.42	1 737.78	1 828.90	1 918.79	2 007.45	2 181.07	2 349.75
		965	1 128.27	1 234.31	1 339.12	1 442.70	1 545.05	1 646.16	1 746.04	1 884.68	1 942.10	2 038.28	2 133.22	2 319.42	2 500.68
1 016			1 191.15	1 303.49	1 414.59	1 524.45	1 633.09	1 740.49	1 846.66	1 951.59	2 055.29	2 157.76	2 259.00	2 457.77	2 651.61

注：每格两行数字中，第二行为相应的 ISO 4200 的规格。通常应采用公称尺寸，不推荐采用英制尺寸。

表 5-2 精密无缝钢管的外径和壁厚及单位长度理论质量

外径/mm		壁厚/mm																	
系列2	系列3	0.5	(0.8)	1.0	(1.2)	1.5	(1.8)	2.0	(2.2)	2.5	(2.8)	3.0	(3.5)	4	(4.5)	5	(5.5)	6	(7)
		单位长度理论质量/(kg/m)																	
4		0.043	0.063	0.074	0.083														
5		0.055	0.083	0.099	0.112														
6		0.068	0.103	0.123	0.142	0.166	0.186	0.197											
8		0.092	0.142	0.173	0.201	0.240	0.275	0.296	0.315	0.339									
10		0.117	0.182	0.222	0.260	0.314	0.364	0.395	0.423	0.462									
12		0.142	0.221	0.271	0.320	0.388	0.453	0.493	0.532	0.586	0.635	0.666							
12.7		0.150	0.235	0.289	0.340	0.414	0.484	0.528	0.570	0.629	0.684	0.718							
	14	0.166	0.260	0.321	0.379	0.462	0.542	0.592	0.640	0.709	0.773	0.814	0.906						
16		0.191	0.300	0.370	0.438	0.536	0.630	0.691	0.749	0.832	0.911	0.962	1.08	1.18					
	18	0.216	0.339	0.419	0.497	0.610	0.719	0.789	0.857	0.956	1.05	1.11	1.25	1.38	1.50				
20		0.240	0.379	0.469	0.556	0.684	0.808	0.888	0.966	1.08	1.19	1.26	1.42	1.58	1.72	1.85			
	22	0.265	0.418	0.518	0.616	0.758	0.897	0.986	1.07	1.20	1.33	1.41	1.60	1.78	1.94	2.10			
25		0.302	0.477	0.592	0.704	0.869	1.03	1.13	1.24	1.39	1.53	1.63	1.86	2.07	2.28	2.47	2.64	2.81	
	28	0.339	0.537	0.666	0.793	0.980	1.16	1.28	1.40	1.57	1.74	1.85	2.11	2.37	2.61	2.84	3.05	3.26	3.63
	30	0.364	0.576	0.715	0.852	1.05	1.25	1.38	1.51	1.70	1.88	2.00	2.29	2.56	2.83	3.08	3.32	3.55	3.97
32		0.388	0.616	0.765	0.911	1.13	1.34	1.48	1.62	1.82	2.02	2.15	2.46	2.76	3.05	3.33	3.59	3.85	4.32
	35	0.425	0.675	0.838	1.00	1.24	1.47	1.63	1.78	2.00	2.22	2.37	2.72	3.06	3.38	3.70	4.00	4.29	4.83
38		0.462	0.734	0.912	1.09	1.35	1.61	1.78	1.94	2.19	2.43	2.59	2.98	3.35	3.72	4.07	4.41	4.74	5.35
40		0.487	0.773	0.962	1.15	1.42	1.70	1.87	2.05	2.31	2.57	2.74	3.15	3.55	3.94	4.32	4.68	5.03	5.70
42			0.813	1.01	1.21	1.50	1.78	1.97	2.16	2.44	2.71	2.89	3.32	3.75	4.16	4.56	4.95	5.33	6.04
	45		0.872	1.09	1.30	1.61	1.92	2.12	2.32	2.62	2.91	3.11	3.58	4.04	4.49	4.93	5.36	5.77	6.56
48			0.931	1.16	1.38	1.72	2.05	2.27	2.48	2.81	3.12	3.33	3.84	4.34	4.83	5.30	5.76	6.21	7.08
50			0.971	1.21	1.44	1.79	2.14	2.37	2.59	2.93	3.26	3.48	4.01	4.54	5.05	5.55	6.04	6.51	7.42
	55		1.07	1.33	1.59	1.98	2.36	2.61	2.86	3.24	3.60	3.85	4.45	5.03	5.60	6.17	6.71	7.25	8.29
60			1.17	1.46	1.74	2.16	2.58	2.86	3.14	3.55	3.95	4.22	4.88	5.52	6.16	6.78	7.39	7.99	9.15
63			1.23	1.53	1.83	2.28	2.72	3.01	3.30	3.73	4.16	4.44	5.14	5.82	6.49	7.15	7.80	8.43	9.67
70			1.37	1.70	2.04	2.53	3.03	3.35	3.68	4.16	4.64	4.96	5.74	6.51	7.27	8.02	8.75	9.47	10.88
76			1.48	1.85	2.21	2.76	3.29	3.65	4.00	4.53	5.05	5.40	6.26	7.10	7.93	8.75	9.56	10.36	11.91
80			1.56	1.95	2.33	2.90	3.47	3.85	4.22	4.78	5.33	5.70	6.60	7.50	8.38	9.25	10.11	10.95	12.60

续表 5-2

外径/mm 系列2	系列3	0.5	(0.8)	1.0	(1.2)	1.5	(1.8)	2.0	(2.2)	2.5	(2.8)	3.0	(3.5)	4	(4.5)	5	(5.5)	6	(7)
								单位长度理论质量/（kg/m）											
	90				2.63	3.27	3.92	4.34	4.76	5.39	6.02	6.44	7.47	8.48	9.49	10.48	11.46	12.43	14.33
100					2.92	3.64	4.36	4.83	5.31	6.01	6.71	7.18	8.33	9.47	10.60	11.71	12.82	13.91	16.05
	110				3.22	4.01	4.80	5.33	5.85	6.63	7.40	7.92	9.19	10.46	11.71	12.95	14.17	15.39	17.78
120							5.25	5.82	6.39	7.24	8.09	8.66	10.06	11.44	12.82	14.18	15.53	16.87	19.51
130							5.69	6.31	6.93	7.86	8.78	9.40	10.92	12.43	13.93	15.41	16.89	18.35	21.23
	140						6.13	6.81	7.48	8.48	9.47	10.14	11.78	13.42	15.04	16.65	18.24	19.83	22.96
150							6.58	7.30	8.02	9.09	10.16	10.88	12.65	14.40	16.15	17.88	19.60	21.31	24.69
160							7.02	7.79	8.56	9.71	10.86	11.62	13.51	15.39	17.26	19.11	20.96	22.79	26.41
170													14.37	16.38	18.37	20.35	22.31	24.27	28.14
	180														21.58	23.67	25.75		29.87
190																25.03	27.23		31.59
200																		28.71	33.32
	220																			36.77
	240																			40.22
	260																			43.68

外径/mm 系列2	系列3	8	(9)	10	(11)	12.5	(14)	16	(18)	20	(22)	25
		单位长度理论质量/（kg/m）										
	28	3.95										
	30	4.34										
32		4.74										
	35	5.33										
38		5.92	6.44	6.91								
40		6.31	6.88	7.40								
42		6.71	7.32	7.89								
	45	7.30	7.99	8.63	9.22	10.02						
48		7.89	8.66	9.37	10.04	10.94						
50		8.29	9.10	9.86	10.58	11.56						
	55	9.27	10.21	11.10	11.94	13.10	14.16					
60		10.26	11.32	12.33	13.29	14.64	15.88	17.36				
63		10.85	11.99	13.07	14.11	15.57	16.92	18.55				
70		12.23	13.54	14.80	16.01	17.73	19.33	21.31				
76		13.42	14.87	16.28	17.63	19.58	21.41	23.68				
80		14.21	15.76	17.26	18.72	20.81	22.79	25.25	27.52			
	90	16.18	17.98	19.73	21.43	23.89	26.24	29.20	31.96	34.53	36.89	
100		18.15	20.20	22.20	24.14	26.97	29.69	33.15	36.40	39.46	42.32	46.24
	110	20.12	22.42	24.66	26.86	30.06	33.15	37.09	40.84	44.39	47.74	52.41
120		22.10	24.64	27.13	29.57	33.14	36.60	41.04	45.28	49.32	53.17	58.57
130		24.07	26.86	29.59	32.28	36.22	40.05	44.98	49.72	54.26	58.60	64.74
	140	26.04	29.08	32.06	34.99	39.30	43.50	48.93	54.16	59.19	64.02	70.90
150		28.02	31.30	34.53	37.71	42.39	46.96	52.87	58.60	64.12	69.45	77.07
160		29.99	33.52	36.99	40.42	45.47	50.41	56.82	63.03	69.05	74.87	83.23

续表 5-2

外径/mm		壁厚/mm										
系列2	系列3	8	(9)	10	(11)	12.5	(14)	16	(18)	20	(22)	25
		单位长度理论质量/（kg/m）										
170		31.96	35.73	39.46	43.13	48.55	53.86	60.77	67.47	73.98	80.30	89.40
	180	33.93	37.95	41.92	45.85	51.64	57.31	64.71	71.91	78.92	85.72	95.56
190		35.91	40.17	44.39	48.56	54.72	60.77	68.66	76.35	83.85	91.15	101.73
200		37.88	42.39	46.86	51.27	57.80	64.22	72.60	80.79	88.78	96.57	107.89
	220	41.83	46.83	51.79	56.70	63.97	71.12	80.50	89.67	98.65	107.43	120.23
	240	45.77	51.27	56.72	62.12	70.13	78.03	88.39	98.55	108.51	118.28	132.56
	260	49.72	55.71	61.65	67.55	76.30	84.93	96.28	107.43	118.38	129.13	144.89

注：括号内尺寸不推荐使用。

表 5-3　不锈钢无缝钢管的外径和壁厚　　　　　　　　　　（mm）

外径			壁厚												
系列1	系列2	系列3	0.5	0.6	0.7	0.8	0.9	1.0	1.2	1.4	1.5	1.6	2.0	2.2(2.3)	2.5(2.6)
	6		●	●	●	●	●	●	●						
	7		●	●	●	●	●	●	●						
	8		●	●	●	●	●	●	●						
	9		●	●	●	●	●	●	●						
10(10.2)				●	●	●	●	●	●	●	●	●	●		
		12		●	●	●	●	●	●	●	●	●	●		
		12.7		●	●	●	●	●	●	●	●	●	●	●	●
13(13.5)				●	●	●	●	●	●	●	●	●	●	●	●
		14	●	●	●	●	●	●	●	●	●	●	●	●	●
	16		●	●	●	●	●	●	●	●	●	●	●	●	●
17(17.2)			●	●	●	●	●	●	●	●	●	●	●	●	●
		18	●	●	●	●	●	●	●	●	●	●	●	●	●
	19		●	●	●	●	●	●	●	●	●	●	●	●	●
	20		●	●	●	●	●	●	●	●	●	●	●	●	●
21(21.3)			●	●	●	●	●	●	●	●	●	●	●	●	●
		22	●	●	●	●	●	●	●	●	●	●	●	●	●
	24		●	●	●	●	●	●	●	●	●	●	●	●	●
	25		●	●	●	●	●	●	●	●	●	●	●	●	●
		25.4		●	●	●	●	●	●	●	●	●	●	●	●
27(26.9)					●	●	●	●	●	●	●	●	●	●	●
		30					●	●	●	●	●	●	●	●	●
32(31.8)								●	●	●	●	●	●	●	●
34(33.7)				—	—	—	—	●	●	●	●	●	●	●	●
		35		—	—	—	—	●	●	●	●	●	●	●	●
	38			—	—	—	—	●	●	●	●	●	●	●	●
	40			—	—	—	—	●	●	●	●	●	●	●	●
42(42.4)				—	—	—	—	●	●	●	●	●	●	●	●
		45(44.5)		—				●	●	●	●	●	●	●	●

续表 5-3

外径			壁厚												
系列1	系列2	系列3	0.5	0.6	0.7	0.8	0.9	1.0	1.2	1.4	1.5	1.6	2.0	2.2 (2.3)	2.5 (2.6)
48(48.3)			—	—	—	—	—	●	●	●	●	●	●	●	●
	51		—	—	—	—	—	●	●	●	●	●	●	●	●
		54	—	—	—	—	—					●	●	●	●
	57		—	—	—	—	—					●	●	●	●
60(60.3)			—	—	—	—	—					●	●	●	●
	64(63.5)		—	—	—	—	—					●	●	●	●
	68		—	—	—	—	—					●	●	●	●
	70		—	—	—	—	—					●	●	●	●
	73		—	—	—	—	—					●	●	●	●
76(76.1)			—	—	—	—	—					●	●	●	●
		83(82.5)	—	—	—	—	—					●	●	●	●
89(88.9)			—	—	—	—	—					●	●	●	●
	95		—	—	—	—	—					●	●	●	●
	102 (101.6)		—	—	—	—	—					●	●	●	●
	108		—	—	—	—	—					●	●	●	●
114 (114.3)			—	—	—	—	—					●	●	●	●
	127		—	—	—	—	—	—	—	—	—	●	●	●	●
	133		—	—	—	—	—	—	—	—	—	●	●	●	●
140 (139.7)			—	—	—	—	—	—	—	—	—	●	●	●	●
	146		—	—	—	—	—	—	—	—	—	●	●	●	●
	152		—	—	—	—	—	—	—	—	—	●	●	●	●
	159		—	—	—	—	—	—	—	—	—	●	●	●	●
168 (168.3)			—	—	—	—	—	—	—	—	—	●	●	●	●
	180		—	—	—	—	—	—	—	—	—		●	●	●
	194		—	—	—	—	—	—	—	—	—		●	●	●
219 (219.1)			—	—	—	—	—	—	—	—	—		●	●	●
	245		—	—	—	—	—	—	—	—	—		●	●	●
273			—	—	—	—	—	—	—	—	—		●	●	●
325 (323.9)			—				—			—					●
	351		—	—	—	—	—	—	—	—					●
356 (355.6)			—				—			—					●
	377														●
406 (406.4)															●
	426		—	—	—	—	—	—	—	—	—				

续表 5-3

外径			壁厚										
系列1	系列2	系列3	2.8 (2.9)	3.0	3.2	3.5 (3.6)	4.0	4.5	5.0	5.5 (5.6)	6.0	(6.3) 6.5	7.0 (7.1)
	6												
	7												
	8												
	9												
10 (10.2)													
	12												
	12.7		●	●	●								
13 (13.5)			●	●	●								
		14	●	●	●	●							
	16		●	●	●	●	●						
17 (17.2)			●	●	●	●	●						
		18	●	●	●	●	●	●					
	19		●	●	●	●	●	●					
	20		●	●	●	●	●	●					
21 (21.3)			●	●	●	●	●	●	●				
		22	●	●	●	●	●	●	●				
	24		●	●	●	●	●	●	●				
	25		●	●	●	●	●	●	●	●	●		
		25.4	●	●	●	●	●	●	●	●	●		
27 (26.9)			●	●	●	●	●	●	●	●	●		
		30	●	●	●	●	●	●	●	●	●	●	
	32 (31.8)		●	●	●	●	●	●	●	●	●	●	
34 (33.7)			●	●	●	●	●	●	●	●	●	●	
		35	●	●	●	●	●	●	●	●	●	●	
	38		●	●	●	●	●	●	●	●	●	●	
	40		●	●	●	●	●	●	●	●	●	●	
42 (42.4)			●	●	●	●	●	●	●	●	●	●	●
		45 (44.5)	●	●	●	●	●	●	●	●	●	●	●
48 (48.3)			●	●	●	●	●	●	●	●	●	●	●
	51		●	●	●	●	●	●	●	●	●	●	●
		54	●	●	●	●	●	●	●	●	●	●	●
	57		●	●	●	●	●	●	●	●	●	●	●
60 (60.3)			●	●	●	●	●	●	●	●	●	●	●
		64 (63.5)	●	●	●	●	●	●	●	●	●	●	●
	68		●	●	●	●	●	●	●	●	●	●	●
	70					●	●	●	●	●	●	●	●
	73		●	●	●	●	●	●	●	●	●	●	●
76 (76.1)			●	●	●	●	●	●	●	●	●	●	●
		83 (82.5)	●	●	●	●	●	●	●	●	●	●	●
89 (88.9)			●	●	●	●	●	●	●	●	●	●	●

续表 5-3

外径			壁厚										
系列1	系列2	系列3	2.8 (2.9)	3.0	3.2	3.5 (3.6)	4.0	4.5	5.0	5.5 (5.6)	6.0	(6.3) 6.5	7.0 (7.1)
	95		●	●	●	●	●	●	●	●	●	●	●
	102 (101.6)		●	●	●	●	●	●	●	●	●	●	●
	108		●	●	●	●	●	●	●	●	●	●	●
114 (114.3)			●	●	●	●	●	●	●	●	●	●	●
	127		●	●	●	●	●	●	●	●	●	●	●
	133		●	●	●	●	●	●	●	●	●	●	●
140 (139.7)			●	●	●	●	●	●	●	●	●	●	●
	146		●	●	●	●	●	●	●	●	●	●	●
	152		●	●	●	●	●	●	●	●	●	●	●
	159		●	●	●	●	●	●	●	●	●	●	●
168 (168.3)			●	●	●	●	●	●	●	●	●	●	●
	180		●	●	●	●	●	●	●	●	●	●	●
	194		●	●	●	●	●	●	●	●	●	●	●
219 (219.1)			●	●	●	●	●	●	●	●	●	●	●
	245		●	●	●	●	●	●	●	●	●	●	●
273			●	●	●	●	●	●	●	●		●	●
325 (323.9)			●	●	●	●	●	●	●			●	●
	351		●	●	●	●	●	●	●			●	●
356 (355.6)			●	●	●	●	●	●	●			●	●
	377		●	●	●	●	●	●				●	●
406 (406.4)			●	●	●	●	●	●				●	●
	426			●	●	●	●	●	●	●		●	●

外径			壁厚									
系列1	系列2	系列3	7.5	8.0	8.5	(8.8)9.0	9.5	10	11	12 (12.5)	14 (14.2)	15
	6			—	—	—	—	—	—	—	—	—
	7			—	—	—	—	—	—	—	—	—
	8			—	—	—	—	—	—	—	—	—
	9			—	—	—	—	—	—	—	—	—
10 (10.2)				—	—	—	—	—	—	—	—	—
	12			—	—	—	—	—	—	—	—	—
	12.7			—	—	—	—	—	—	—	—	—

续表 5-3

外径			壁厚									
系列1	系列2	系列3	7.5	8.0	8.5	(8.8)9.0	9.5	10	11	12(12.5)	14(14.2)	15
13（13.5）						—	—	—	—	—	—	—
		14			—	—	—	—	—	—	—	—
	16											
17（17.2）					—	—	—	—	—	—	—	—
		18										
	19											
	20											
21（21.3）						—	—	—	—	—	—	—
		22										
	24											
	25				—	—	—	—	—	—	—	—
		25.4				—	—	—	—	—	—	—
27（26.9）					—	—	—	—	—	—	—	—
		30				—	—	—	—	—	—	—
	32（31.8）			—	—	—	—	—	—	—		
34（33.7）												—
		35										
	38											
	40											—
42（42.4）			●									
		45（44.5）	●	●	●							
48（48.3）			●	●	●							—
	51		●	●	●	●						
		54	●	●	●	●	●	●				
	57		●	●	●	●	●					
60（60.3）			●	●	●	●	●					—
	64（63.5）		●	●	●	●	●					—
	68		●	●	●	●	●		●	●		
	70		●	●	●	●	●	●	●	●		—
	73		●	●	●	●	●	●	●	●		—
76（76.1）			●	●	●	●	●	●	●	●		—
		83（82.5）	●	●	●	●	●	●	●	●	●	
89（88.9）			●	●	●	●	●	●	●	●	●	—
	95		●	●	●	●	●	●	●	●	●	
	102(101.6)		●	●	●	●	●	●	●	●	●	
	108		●	●	●	●	●	●	●	●	●	—
114(114.3)			●	●	●	●	●	●	●	●	●	—
	127		●	●	●	●	●	●	●	●	●	
	133		●	●	●	●	●	●	●	●	●	
140 (139.7)			●	●	●	●	●	●	●	●	●	●

续表 5-3

外径			壁厚									
系列1	系列2	系列3	7.5	8.0	8.5	(8.8)9.0	9.5	10	11	12(12.5)	14(14.2)	15
	146		●	●	●	●	●	●	●	●	●	●
	152		●	●	●	●	●	●	●	●	●	●
	159		●	●	●	●	●	●	●	●	●	●
168(168.3)			●	●	●	●	●	●	●	●	●	●
	180		●	●	●	●	●	●	●	●	●	●
	194		●	●	●	●	●	●	●	●	●	●
219(219.1)			●	●	●	●	●	●	●	●	●	●
	245		●	●	●	●	●	●	●	●	●	●
273			●	●	●	●	●	●	●	●	●	●
325(323.9)			●	●	●	●	●	●	●	●	●	●
	351		●	●	●	●	●	●	●	●	●	●
356(355.6)			●	●	●	●	●	●	●	●	●	●
	377		●	●	●	●	●	●	●	●	●	●
406(406.4)			●	●	●	●	●	●	●	●	●	●
	426		●	●	●	●	●	●	●	●	●	●

外径			壁厚								
系列1	系列2	系列3	16	17(17.5)	18	20	22(22.2)	24	25	26	28
	127										
	133										
140(139.7)			●								
	146		●								
	152		●								
	159		●								
168(168.3)			●	●	●						
	180		●	●	●						
	194		●	●							
219(219.1)			●	●	●	●	●	●	●	●	●
	245		●	●	●	●	●	●	●	●	●
273			●	●	●	●	●	●	●	●	●
325(323.9)			●	●	●	●	●	●	●	●	●
	351		●	●	●	●	●	●	●	●	●
356(355.6)			●	●	●	●	●	●	●	●	●
	377		●	●	●	●	●	●	●	●	●
406(406.4)			●	●	●	●	●	●	●	●	●
	426		●	●	●	●					

注: 1. 括号内尺寸为相应的英制尺寸。

2. "●"表示常用规格。

表5-4　不锈钢密度及钢管理论质量计算公式

牌　　号	密度（20℃） /（kg/dm³）	理论质量 计算公式
12Cr17Mn6Ni5N，12Cr18Mn8Ni5N，12Cr17Ni7，022Cr17Ni7，022Cr17Ni7N，12Cr18Ni9，12Cr18Ni9Si3，Y12Cr18Ni9Se，06Cr19Ni10，06Cr19Ni10N，022Cr19Ni10N，10Cr18Ni12，07Cr17Ni7Al	7.93	$0.024\,912\,8S\,(D-S)$
20Cr13Mn9Ni4，17Cr18Ni9	7.85	$0.024\,661\,5S\,(D-S)$
Y12Cr18Ni9，16Cr23Ni13，06Cr23Ni13，20Cr25Ni20，06Cr25Ni20，022Cr19Ni13Mo3，24Cr18Ni8W2	7.98	$0.025\,069\,9S\,(D-S)$
022Cr19Ni10，07Cr19Ni10，14Cr23Ni18，06Cr17Ni12Mo2Ti，16Cr20Ni14Si2	7.90	$0.024\,818\,6S\,(D-S)$
06Cr18Ni9Cu2，06Cr20Ni11，015Cr20Ni18Mo6CuN，06Cr17Ni12Mo2，022Cr17Ni12Mo2，06Cr17Ni12Mo2N，015Cr21Ni26Mo5Cu2，06Cr19Ni13Mo3，022Cr19Ni16Mo5N，45Cr14Ni14W2Mo，12Cr16Ni35	8.00	$0.025\,132\,8S\,(D-S)$
06Cr16Ni18，06Cr18Ni11Ti，06Cr18Ni11Nb	8.03	$0.025\,227\,0S\,(D-S)$
22Cr21Ni12N	7.73	$0.024\,284\,5S\,(D-S)$
022Cr25Ni22Mo2N	8.02	$0.025\,195\,6S\,(D-S)$
022Cr17Ni12Mo2N	8.04	$0.025\,258\,4S\,(D-S)$
06Cr18Ni12Mo2Cu2，022Cr18Ni14Mo2Cu2	7.96	$0.025\,007\,1S\,(D-S)$
14Cr18Ni11Si4AlTi	7.51	$0.023\,593\,4S\,(D-S)$
12Cr21Ni5Ti，022Cr22Ni5Mo3N，022Cr23Ni4MoCuN，022Cr25Ni6Mo2N，022Cr25Ni7Mo3WCuN，03Cr25Ni6Mo3Cu2N，022Cr25Ni7Mo4N，12Cr12，13Cr11Ni2W2MoV，14Cr12Ni2WMoVNb，07Cr15Ni7Mo2Al，07Cr12Ni4Mn5Mo3Al	7.80	$0.024\,504\,4S\,(D-S)$
06Cr18Ni13Si4，06Cr13Al，06Cr11Ti，022Cr11Ti，022Cr12，019Cr19Mo2NbTi，06Cr13，20Cr13，40Cr13，14Cr17Ni2，18Cr12MoVNbN	7.75	$0.024\,347\,4S\,(D-S)$
022Cr19Ni5Mo3Si2N，10Cr15，10Cr17，022Cr18Ti，10Cr17Mo，10Cr17MoNb，019Cr18MoTi，12Cr13，95Cr18，102Cr17Mo，90Cr18MoV，158Cr12MoV，022Cr12Ni9Cu2NbTi	7.70	$0.024\,190\,3S\,(D-S)$
Y10Cr17，Y30Cr13，Y12Cr13，68Cr17，85Cr17，Y108Cr17，108Cr17，22Cr12NiWMoV，05Cr15Ni5Cu4Nb，05Cr17Ni4Cu4Nb	7.78	$0.024\,441\,6S\,(D-S)$
008Cr27Mo	7.67	$0.024\,096\,0S\,(D-S)$
008Cr30Mo2	7.64	$0.024\,001\,8S\,(D-S)$
04Cr13Ni5Mo	7.79	$0.024\,473\,0S\,(D-S)$
30Cr13，04Cr13Ni8Mo2Al	7.76	$0.024\,378\,8S\,(D-S)$
17Cr16Ni2	7.71	$0.024\,221\,7S\,(D-S)$
40Cr10Si2Mo	7.62	$0.023\,938\,9S\,(D-S)$
80Cr20Si2Ni	7.60	$0.023\,876\,1S\,(D-S)$
06Cr15Ni25Ti2MoAlVB	7.94	$0.024\,944\,3S\,(D-S)$

注：D 为钢管外径，S 为壁厚。

5.1.2　输送流体用无缝钢管（GB/T 8163—2008）

（1）用途　钢管能较好地承受流体压力，并有良好的耐腐蚀性能，用于制造输送具有一定腐蚀性流体的管道。

（2）尺寸规格　钢管外径 D 和壁厚 S 应采用 GB/T 17395 的规定，通常长度为 3 000～12 500mm。

（3）牌号和化学成分　10，20 钢的化学成分应符合 GB/T 699 的规定。Q295，Q345，Q390，Q420，Q460 的化学成分应符合 GB/T 1591 的规定，其中质量等级 A，B，C 的磷、硫含量均不大于 0.030%。

（4）力学性能（表 5-5）

表 5-5　无缝钢管的力学性能

牌　号	质量等级	拉　伸　性　能				断后伸长率 A/%	冲 击 试 验	
		抗拉强度 R_m/MPa	下屈服强度 R_{eL}/MPa ≥				温度/℃	冲击吸收功 A_K/J ≥
			壁厚/mm					
			≤16	16～30	>30			
10	—	335～475	205	195	185	24	—	—
20	—	410～530	245	235	225	20	—	—
Q295	A	390～570	295	275	255	22	—	—
	B						+20	34
Q345	A	470～630	345	325	295	20	—	—
	B						+20	34
	C						0	
	D					21	−20	
	E						−40	27
Q390	A	490～650	390	370	350	18	—	—
	B						+20	34
	C						0	
	D					19	−20	
	E						−40	27
Q420	A	520～680	420	400	380	18	—	—
	B						+20	34
	C						0	
	D					19	−20	
	E						−40	27
Q460	C	550～720	460	440	420	17	0	34
	D						−20	
	E						−40	27

5.1.3　输送流体用不锈钢无缝钢管（GB/T 14976—2012）

（1）用途　钢管能较好地承受流体压力，并有良好的耐腐蚀性能，用于制造输送具有一定腐蚀性流体的管道。

（2）尺寸规格　钢管外径 D 和壁厚 S 应符合 GB/T 17395 的规定。

（3）牌号和化学成分（表 5-6）

表 5-6　输送流体用不锈钢无缝钢管的牌号和化学成分　　　　　　　　　（%）

组织类型	序号	GB/T 20878		牌　号	化学成分（质量分数）										
		序号	统一数字代号		C	Si	Mn	P	S	Ni	Cr	Mo	Cu	N	其他
奥氏体型	1	13	S30210	12Cr18Ni9	0.15	1.00	2.00	0.035	0.030	8.00～10.00	17.00～19.00	—	—	0.10	—
	2	17	S30408	06Cr19Ni10	0.08	1.00	2.00	0.035	0.030	8.00～11.00	18.00～20.00	—	—	—	—

续表 5-6

组织类型	序号	序号	统一数字代号	牌　号	C	Si	Mn	P	S	Ni	Cr	Mo	Cu	N	其他
奥氏体型	3	18	S30403	022Cr19Ni10	0.030	1.00	2.00	0.035	0.030	8.00~12.00	18.00~20.00	—	—	—	—
	4	23	S30458	06Cr19Ni10N	0.08	1.00	2.00	0.035	0.030	8.00~11.00	18.00~20.00			0.10~0.16	—
	5	24	S30478	06Cr19Ni9NbN	0.08	1.00	2.00	0.035	0.030	7.50~10.50	18.00~20.00	—		0.15~0.30	Nb0.15
	6	25	S30453	022Cr19Ni10N	0.030	1.00	2.00	0.035	0.030	8.00~11.00	18.00~20.00			0.10~0.16	—
	7	32	S30908	06Cr23Ni13	0.08	1.00	2.00	0.035	0.030	12.00~15.00	22.00~24.00	—	—	—	—
	8	35	S31008	06Cr25Ni20	0.08	1.50	2.00	0.035	0.030	19.00~22.00	24.00~26.00	—	—	—	—
	9	38	S31608	06Cr17Ni12Mo2	0.08	1.00	2.00	0.035	0.030	10.00~14.00	16.00~18.00	2.00~3.00	—	—	—
	10	39	S31603	022Cr17Ni12Mo2	0.030	1.00	2.00	0.035	0.030	10.00~14.00	16.00~18.00	2.00~3.00	—	—	—
	11	40	S31609	07Cr17Ni12Mo2	0.04~0.10	1.00	2.00	0.035	0.030	10.00~14.00	16.00~18.00	2.00~3.00	—	—	—
	12	41	S31668	06Cr17Ni12Mo2Ti	0.08	1.00	2.00	0.035	0.030	10.00~14.00	16.00~18.00	2.00~3.00	—	—	Ti5C~0.70
	13	43	S31658	06Cr17Ni12Mo2N	0.08	1.00	2.00	0.035	0.030	10.00~13.00	16.00~18.00	2.00~3.00	—	0.10~0.16	—
	14	44	S31653	022Cr17Ni12Mo2N	0.030	1.00	2.00	0.035	0.030	10.00~13.00	16.00~18.00	2.00~3.00	—	0.10~0.16	—
	15	45	S31688	06Cr18Ni12Mo2Cu2	0.08	1.00	2.00	0.035	0.030	10.00~14.00	17.00~19.00	1.20~2.75	1.00~2.50	—	—
	16	46	S31683	022Cr18Ni12Mo2Cu2	0.030	1.00	2.00	0.035	0.030	12.00~16.00	17.00~19.00	1.20~2.75	1.00~2.50	—	—
	17	49	S31708	06Cr19Ni13Mo3	0.08	1.00	2.00	0.035	0.030	11.00~15.00	18.00~20.00	3.00~4.00	—	—	—
	18	50	S31703	022Cr19Ni13Mo3	0.030	1.00	2.00	0.035	0.030	11.00~15.00	18.00~20.00	3.00~4.00	—	—	—
	19	55	S32168	06Cr18Ni11Ti	0.08	1.00	2.00	0.035	0.030	9.00~12.00	17.00~19.00	—	—	—	Ti5C~0.70
	20	56	S32169	07Cr19Ni11Ti	0.04~0.10	0.75	2.00	0.030	0.030	9.00~13.00	17.00~20.00	—	—	—	Ti4C~0.60
	21	62	S34778	06Cr18Ni11Nb	0.08	1.00	2.00	0.035	0.030	9.00~12.00	17.00~19.00	—	—	—	Nb10C~1.10
	22	63	S34779	07Cr18Ni11Nb	0.04~0.10	1.00	2.00	0.035	0.030	9.00~12.00	17.00~19.00	—	—	—	Nb8C~1.10

续表 5-6

组织类型	序号	GB/T 20878 序号	GB/T 20878 统一数字代号	牌号	化学成分（质量分数） C	Si	Mn	P	S	Ni	Cr	Mo	Cu	N	其他
铁素体型	23	78	S11348	06Cr13Al	0.08	1.00	1.00	0.035	0.030	(0.60)	11.50~14.50	—	—	—	A10.10~0.30
铁素体型	24	84	S11510	10Cr15	0.12	1.00	1.00	0.035	0.030	(0.60)	14.00~16.00	—	—	—	—
铁素体型	25	85	S11710	10Cr17	0.12	1.00	1.00	0.035	0.030	(0.60)	16.00~18.00	—	—	—	—
铁素体型	26	87	S11863	022Cr18Ti	0.030	0.75	1.00	0.035	0.030	(0.60)	16.00~19.00	—	—	—	Ti 或 Nb0.10~1.00
铁素体型	27	92	S11972	019Cr19Mo2NbTi	0.025	1.00	1.00	0.035	0.030	1.00	17.50~19.50	1.75~2.50	—	0.035	(Ti+Nb)0.20+4(C+N)~0.80
马氏体型	28	97	S41008	06Cr13	0.08	1.00	1.00	0.035	0.030	(0.60)	11.50~13.50	—	—	—	—
马氏体型	29	98	S41010	12Cr13	0.15	1.00	1.00	0.035	0.030	(0.60)	11.50~13.50	—	—	—	—

（4）力学性能（表5-7）

表 5-7　推荐热处理制度、钢管力学性能及密度

组织类型	序号	GB/T 20878 序号	GB/T 20878 统一数字代号	牌号	推荐热处理制度	力学性能 抗拉强度 R_m/MPa	规定塑性延伸强度 $R_p0.2$/MPa	断后伸长率 A/%	密度 ρ/(kg/dm³)
奥氏体型	1	13	S30210	12Cr18Ni9	1 010~1 150℃，水冷或其他方式快冷	520	205	35	7.93
奥氏体型	2	17	S30438	06Cr19Ni10	1 010~1 150℃，水冷或其他方式快冷	520	205	35	7.93
奥氏体型	3	18	S30403	022Cr19Ni10	1 010~1 150℃，水冷或其他方式快冷	480	175	35	7.90
奥氏体型	4	23	S30458	06Cr19Ni10N	1 010~1 150℃，水冷或其他方式快冷	550	275	35	7.93
奥氏体型	5	24	S30478	06Cr19Ni9NbN	1 010~1 150℃，水冷或其他方式快冷	685	345	35	7.98
奥氏体型	6	25	S30453	022Cr19Ni10N	1 010~1 150℃，水冷或其他方式快冷	550	245	40	7.93
奥氏体型	7	32	S30908	06Cr23Ni13	1 030~1 150℃，水冷或其他方式快冷	520	205	40	7.98
奥氏体型	8	35	S31008	06Cr25Ni20	1 030~1 150℃，水冷或其他方式快冷	520	205	40	7.98

续表 5-7

组织类型	序号	GB/T 20878		牌 号	推荐热处理制度	力 学 性 能			密度 $\rho/$ (kg/dm³)
		序号	统一数字代号			抗拉强度 R_m/MPa	规定塑性延伸强度 $R_p0.2$/MPa	断后伸长率 A/%	
						≥			
奥氏体型	9	38	S31608	06Cr17Ni12Mo2	1 010～1 150℃，水冷或其他方式快冷	520	205	35	8.00
	10	39	S31603	022Cr17Ni12Mo2	1 010～1 150℃，水冷或其他方式快冷	480	175	35	8.00
	11	40	S31609	07Cr17Ni12Mo2	≥1 040℃，水冷或其他方式快冷	515	205	35	7.98
	12	41	S31668	06Cr17Ni12Mo2Ti	1 000～1 150℃，水冷或其他方式快冷	530	205	35	7.90
	13	43	S31658	06Cr17Ni12Mo2N	1 010～1 150℃，水冷或其他方式快冷	550	275	35	8.00
	14	44	S31653	022Cr17Ni12Mo2N	1 010～1 150℃，水冷或其他方式快冷	550	245	40	8.04
	15	45	S31688	06Cr18Ni12Mo2Cu2	1 010～1 150℃，水冷或其他方式快冷	520	205	35	7.96
	16	46	S31683	022Cr18Ni14Mo2Cu2	1 010～1 150℃，水冷或其他方式快冷	480	180	35	7.96
	17	49	S31708	06Cr19Ni13Mo3	1 010～1 150℃，水冷或其他方式快冷	520	205	35	8.00
	18	50	S31703	022Cr19Ni13Mo3	1 010～1 150℃，水冷或其他方式快冷	480	175	35	7.98
	19	55	S32168	06Cr18Ni11Ti	920～1 150℃，水冷或其他方式快冷	520	205	35	8.03
	20	56	S32169	07Cr19Ni11Ti	冷拔（轧）≥1 100℃，热轧（挤、扩）≥1 050℃，水冷或其他方式快冷	520	205	35	7.93
	21	62	S34778	06Cr18Ni11Nb	980～1 150℃，水冷或其他方式快冷	520	205	35	8.03
	22	63	S34779	07Cr18Ni11Nb	冷拔（轧）≥1 100℃，热轧（挤、扩）≥1 050℃，水冷或其他方式快冷	520	205	35	8.00
铁素体型	23	78	S11348	06Cr13Al	780～830℃，空冷或缓冷	415	205	20	7.75
	24	84	S11510	10Cr15	780～850℃，空冷或缓冷	415	240	20	7.70
	25	85	S11710	10Cr17	780～850℃，空冷或缓冷	415	240	20	7.70
	26	87	S11863	022Cr18Ti	780～950℃，空冷或缓冷	415	205	20	7.70
	27	92	S11972	019Cr19Mo2NbTi	800～1 050℃，空冷	415	275	20	7.75
马氏体型	28	97	S41008	06Cr13	800～900℃，缓冷或750℃空冷	370	180	22	7.75
	29	98	S41010	12Cr13	800～900℃，缓冷或750℃空冷	415	205	20	7.70

5.1.4 结构用无缝钢管（GB/T 8162—2008）

（1）用途　该钢管适用于机械结构、一般工程结构。

（2）尺寸规格　钢管的外径 D 和壁厚 S 应符合 GB/T 17395 的规定，通常长度为 3 000～12 500mm。

（3）牌号和化学成分

①优质碳素结构钢的牌号和化学成分应符合 GB/T 699 中 10，15，20，25，35，45，20Mn，25Mn 的规定。

②低合金高强度结构钢的牌号和化学成分应符合 GB/T 1591 的规定，其中质量等级 A，B，C 的磷、硫含量均应不大于 0.030%。

③合金结构钢的牌号和化学成分应符合 GB/T 3077 的规定。

④牌号为 Q235，Q275 的化学成分应符合表 5-8 的规定。

表 5-8　Q235，Q275 的化学成分　　　　　　　　　　　　　　（%）

牌　　号	质量等级	化学成分（质量分数）					
		C	Si	Mn	P	S	Alt（全铝）[①]
					≤		
Q235	A	≤0.22	≤0.35	≤1.40	0.030	0.030	—
	B	≤0.20					—
	C	≤0.17			0.030	0.030	—
	D				0.025	0.025	≥0.020
Q275	A	≤0.24	≤0.35	≤1.50	0.030	0.030	—
	B	≤0.21					—
	C	≤0.20			0.030	0.030	—
	D				0.025	0.025	≥0.020

注：①当分析 Als（酸溶铝）时，Als≥0.015%。

（4）力学性能（表 5-9、表 5-10）

表 5-9　优质碳素结构钢、低合金高强度结构钢和牌号为 Q235，Q275 的钢管的力学性能

牌　　号	质量等级	抗拉强度 R_m/MPa	下屈服强度 R_{eL}[①]/MPa			断后伸长率 A/%	冲击试验	
			壁厚/mm				温度/℃	吸收功 A_{KV2}/J
			≤16	>16～30	>30			
		≥						≥
10	—	≥335	205	195	185	24	—	—
15	—	≥375	225	215	205	22	—	—
20	—	≥410	245	235	225	20	—	—
25	—	≥450	275	265	255	18	—	—
35	—	≥510	305	295	285	17	—	—
45	—	≥590	335	325	315	14	—	—
20Mn	—	≥450	275	265	255	20	—	—
25Mn	—	≥490	295	285	275	18	—	—

续表 5-9

牌 号	质量等级	抗拉强度 R_m/MPa	下屈服强度 R_{eL}[①]/MPa			断后伸长率 A/%	冲击试验	
			壁厚/mm				温度/℃	吸收功 A_{KV2}/J
			≤16	>16~30	>30	≥		≥
Q235	A	375~500	235	225	215	25	—	—
	B						+20	27
	C						0	
	D						−20	
Q275	A	415~540	275	265	255	22	—	—
	B						+20	27
	C						0	
	D						−20	
Q295	A	390~570	295	275	255	22	—	—
	B						+20	34
Q345	A	470~630	345	325	295	20	—	—
	B							+20	34
	C							0	34
	D					21	−20	
	E						−40	27
Q390	A	490~650	390	370	350	18	—	—
	B						+20	34
	C						0	34
	D					19	−20	
	E						−40	27
Q420	A	520~680	420	400	380	18	—	—
	B						+20	34
	C						0	34
	D					19	−20	
	E						−40	27
Q460	C	550~720	460	440	420	17	0	34
	D						−20	
	E						−40	27

注：①拉伸试验时，如不能测定屈服强度，可测定规定非比例延伸强度 $R_{p0.2}$ 代替 R_{eL}。

表 5-10 合金钢管的力学性能

序号	牌 号	推荐的热处理制度					拉 伸 性 能			钢管退火或高温回火交货状态布氏硬度 HBW
		淬火（正火）			回 火		抗拉强度 R_m/MPa	下屈服强度[①] R_{eL}/MPa	断后伸长率 A/%	
		温度/℃		冷却剂	温度/℃	冷却剂				
		第一次	第二次				≥			≤
1	40Mn2	840	—	水、油	540	水、油	885	735	12	217
2	45Mn2	840 ·	—	水、油	550	水、油	885	735	10	217

续表 5-10

序号	牌号	推荐的热处理制度					拉伸性能			钢管退火或高温回火交货状态布氏硬度 HBW
		淬火（正火）			回火		抗拉强度 R_m/MPa	下屈服强度[①] R_{eL}/MPa	断后伸长度 A/%	
		温度/℃		冷却剂	温度/℃	冷却剂				
		第一次	第二次				≥			≤
3	27SiMn	920	—	水	450	水、油	980	835	12	217
4	40MnB	850	—	油	500	水、油	980	785	10	207
5	45MnB	840	—	油	500	水、油	1 030	835	9	217
6	20Mn2B	880	—	油	200	水、空	980	785	10	187
7	20Cr	880	800	水、油	200	水、空	835	540	10	179
							785	490	10	179
8	30Cr	860	—	油	500	水、油	885	685	11	187
9	35Cr	860	—	油	500	水、油	930	735	11	207
10	40Cr	850	—	油	520	水、油	980	785	9	207
11	45Cr	840	—	油	520	水、油	1 030	835	9	217
12	50Cr	830	—	油	520	水、油	1 080	930	9	229
13	38CrSi	900	—	油	600	水、油	980	835	12	255
14	12CrMo	900	—	空	650	空	410	265	24	179
15	15CrMo	900	—	空	650	空	440	295	22	179
16	20CrMo	880	—	水、油	500	水、油	885	685	11	197
							845	635	12	197
17	35CrMo	850	—	油	550	水、油	980	835	12	229
18	42CrMo	850	—	油	560	水、油	1 080	930	12	217
19	12CrMoV	970	—	空	750	空	440	225	22	241
20	12Cr1MoV	970	—	空	750	空	490	245	22	179
21	38CrMoAl	940	—	水、油	640	水、油	980	835	12	229
							930	785	14	229
22	50CrVA	860	—	油	500	水、油	1 275	1 130	10	255
23	20CrMn	850	—	油	200	水、空	930	735	10	187
24	20CrMnSi	880	—	油	480	水、油	785	635	12	207
25	30CrMnSi	880	—	油	520	水、油	1 080	885	8	229
							980	835	10	229
26	35CrMnSiA	880	—	油	230	水、空	1 620	—	9	229
27	20CrMnTi	880	870	油	200	水、空	1 080	835	10	217
28	30CrMnTi	880	850	油	200	水、空	1 470	—	9	229
29	12CrNi2	860	780	水、油	200	水、空	785	590	12	207
30	12CrNi3	860	780	油	200	水、空	930	685	11	217
31	12Cr2Ni4	860	780	油	200	水、空	1 080	835	10	269
32	40CrNiMoA	850	—	油	600	水、油	980	835	12	269
33	45CrNiMoVA	860	—	油	460	油	1 470	1 325	7	269

注：①拉伸试验时，如不能测定屈服强度，可测定规定非比例延伸强度 $R_{p0.2}$ 代替 R_{eL}。

5.1.5　结构用不锈钢无缝钢管（GB/T 14975—2012）

（1）用途　该钢管具有良好的耐蚀性及其他使用性能，用于一般结构及机械结构。

（2）尺寸规格

①钢管的外径和壁厚应符合 GB/T 17395 的规定。

②钢管一般以通常长度交货，通常长度应符合以下规定：热轧（挤、扩）钢管为 2 000～12 000mm，冷拔（轧）钢管为 1 000～10 500mm。

（3）牌号和化学成分（表 5-11）

表 5-11　结构用不锈钢无缝钢管的牌号和化学成分　　　　　　（%）

组织类型	序号	牌　号	化学成分（质量分数）								
			C	Si	Mn	P	S	Ni	Cr	Mo	Ti	其他
奥氏体型	1	0Cr18Ni9	≤0.07	≤1.00	≤2.00	≤0.035	≤0.030	8.00～11.00	17.00～19.00	—	—	—
	2	1Cr18Ni9	≤0.15	≤1.00	≤2.00	≤0.035	≤0.030	8.00～10.00	17.00～19.00	—	—	—
	3	00Cr19Ni10	≤0.030	≤1.00	≤2.00	≤0.035	≤0.030	8.00～12.00	18.00～20.00	—	—	—
	4	0Cr18Ni10Ti	≤0.08	≤1.00	≤2.00	≤0.035	≤0.030	9.00～12.00	17.00～19.00	—	≥5C%	—
	5	0Cr18Ni11Nb	≤0.08	≤1.00	≤2.00	≤0.035	≤0.030	9.00～13.00	17.00～19.00	—		Nb≥10C%
	6	0Cr17Ni12Mo2	≤0.08	≤1.00	≤2.00	≤0.035	≤0.030	10.00～14.00	16.00～18.50	2.00～3.00	—	—
	7	00Cr17Ni14Mo2	≤0.030	≤1.00	≤2.00	≤0.035	≤0.030	12.00～15.00	16.00～18.00	2.00～3.00	—	—
	8	0Cr18Ni12Mo2Ti	≤0.08	≤1.00	≤2.00	≤0.035	≤0.030	11.00～14.00	16.00～19.00	1.80～2.50	5C%～0.70	—
	9	1Cr18Ni12Mo2Ti	≤0.12	≤1.00	≤2.00	≤0.035	≤0.030	11.00～14.00	16.00～19.00	1.80～2.50	5（C%-0.02）～0.80	—
	10	0Cr18Ni12Mo3Ti	≤0.08	≤1.00	≤2.00	≤0.035	≤0.030	11.00～14.00	16.00～19.00	2.50～3.50	5C%～0.70	—
	11	1Cr18Ni12Mo3Ti	≤0.12	≤1.00	≤2.00	≤0.035	≤0.030	11.00～14.00	16.00～19.00	2.50～3.50	5（C%-0.02）～0.80	—
	12	1Cr18Ni9Ti	≤0.12	≤1.00	≤2.00	≤0.035	≤0.030	8.00～11.00	17.00～19.00	—	5（C%-0.02）～0.80	—
	13	0Cr19Ni13Mo3	≤0.08	≤1.00	≤2.00	≤0.035	≤0.030	11.00～15.00	18.00～20.00	3.00～4.00	—	—
	14	00Cr19Ni13Mo3	≤0.300	≤1.00	≤2.00	≤0.035	≤0.030	11.00～15.00	18.00～20.00	3.00～4.00	—	—

续表 5-11

组织类型	序号	牌 号	化学成分（质量分数）									
			C	Si	Mn	P	S	Ni	Cr	Mo	Ti	其他
奥氏体型	15	00Cr18Ni10N	≤0.030	≤1.00	≤2.00	≤0.035	≤0.030	8.50~11.50	17.00~19.00	—	—	N0.12~0.22
	16	0Cr19Ni9N	≤0.08	≤1.00	≤2.00	≤0.035	≤0.030	7.00~10.50	18.00~20.00	—	—	N0.10~0.25
	17	00Cr17Ni13Mo2N	≤0.030	≤1.00	≤2.00	≤0.035	≤0.030	10.50~14.50	16.00~18.50	2.0~3.0	—	N0.12~0.22
	18	0Cr17Ni12Mo2N	≤0.08	≤1.00	≤2.00	≤0.035	≤0.030	10.00~14.00	16.00~18.00	2.0~3.0	—	N0.10~0.22
铁素体型	19	1Cr17	≤0.12	≤0.75	≤1.00	≤0.035	≤0.030	*	16.00~18.00	—	—	—
马氏体型	20	0Cr13	≤0.08	≤1.00	≤1.00	≤0.035	≤0.030	*	11.50~13.50	—	—	—
	21	1Cr13	≤0.15	≤1.00	≤1.00	≤0.035	≤0.030	*	11.50~13.50	—	—	—
	22	2Cr13	0.16~0.25	≤1.00	≤1.00	≤0.035	≤0.030	*	12.00~14.00	—	—	—
奥-铁双相型	23	00Cr18Ni5Mo3Si2	≤0.030	1.30~2.00	1.00~2.00	≤0.035	≤0.030	4.50~5.50	18.00~19.50	2.50~3.00	—	—

注：*残余元素 Ni≤0.60。

不锈钢新旧牌号对照见附录 D。

（4）力学性能（表 5-12）

表 5-12 结构用不锈钢无缝钢管的推荐热处理制度及力学性能

组织类型	序号	牌 号	推荐热处理制度	力学性能			密度/（kg/dm³）
				σ_b/MPa	$\sigma_{p0.2}$/MPa	δ_5/%	
				≥			
奥氏体型	1	0Cr18Ni9	1 010~1 150℃，急冷	520	205	35	7.93
	2	1Cr18Ni9	1 010~1 150℃，急冷	520	205	35	7.90
	3	00Cr19Ni10	1 010~1 150℃，急冷	480	175	35	7.93
	4	0Cr18Ni10Ti	920~1 150℃，急冷	520	205	35	7.95
	5	0Cr18Ni11Nb	980~1 150℃，急冷	520	205	35	7.98
	6	0Cr17Ni12Mo2	1 010~1 150℃，急冷	520	205	35	7.98
	7	00Cr17Ni14Mo2	1 010~1 150℃，急冷	480	175	35	7.98
	8	0Cr18Ni12Mo2Ti	1 000~1 100℃，急冷	530	205	35	8.00
	9	1Cr18Ni12Mo2Ti	1 000~1 100℃，急冷	530	205	35	8.00
	10	0Cr18Ni12Mo3Ti	1 000~1 100℃，急冷	530	205	35	8.10
	11	1Cr18Ni12Mo3Ti	1 000~1 100℃，急冷	530	205	35	8.10
	12	1Cr18Ni9Ti	1 000~1 100℃，急冷	520	205	35	7.90

续表 5-12

组织类型	序号	牌 号	推荐热处理制度	力学性能			密度 /（kg/dm³）
				σ_b/MPa	$\sigma_{p0.2}$/MPa	δ_5/%	
				≥			
奥氏体型	13	0Cr19Ni13Mo3	1 010～1 150℃，急冷	520	205	35	7.98
	14	00Cr19Ni13Mo3	1 010～1 150℃，急冷	480	175	35	7.98
	15	00Cr18Ni10N	1 010～1 150℃，急冷	550	245	40	7.90
	16	0Cr19Ni9N	1 010～1 150℃，急冷	550	275	35	7.90
	17	00Cr17Ni13Mo2N	1 010～1 150℃，急冷	550	245	40	8.00
	18	0Cr17Ni12Mo2N	1 010～1 150℃，急冷	550	275	35	7.80
铁素体型	19	1Cr17	780～850℃，空冷或缓冷	410	245	20	7.70
马氏体型	20	0Cr13	800～900℃，缓冷或750℃快冷	370	180	22	7.70
	21	1Cr13	800～900℃，缓冷	410	205	20	7.70
	22	2Cr13	800～900℃，缓冷	470	215	19	7.70
奥-铁双相型	23	00Cr18Ni5Mo3Si2	920～1 150℃，急冷	590	390	20	7.98

5.1.6　不锈钢小直径无缝钢管（GB/T 3090—2000）

（1）用途　不锈钢小直径无缝钢管是以奥氏体不锈钢管为原料，经进一步冷加工制成的外径不大于 6mm 的无缝钢管。钢管有良好的耐腐蚀性能和力学性能，用于制作航空航天、机电的仪器仪表元件以及医用针管等。

（2）尺寸规格（表 5-13）

表 5-13　不锈钢小直径无缝钢管的尺寸规格　　　　　　　　　　（mm）

外径	壁 厚														
	0.10	0.15	0.20	0.25	0.30	0.35	0.40	0.45	0.50	0.55	0.60	0.70	0.80	0.90	1.00
0.30	×														
0.35	×														
0.40	×	×													
0.45	×	×													
0.50	×	×													
0.55	×	×													
0.60	×	×	×												
0.70	×	×	×	×											
0.80	×	×	×	×											
0.90	×	×	×	×	×										
1.00	×	×	×	×	×	×									
1.20	×	×	×	×	×	×	×	×							
1.60	×	×	×	×	×	×	×	×	×	×					
2.00	×	×	×	×	×	×	×	×	×		×	×			
2.20	×	×	×	×	×	×	×	×	×	×	×	×			

续表 5-13

外径	壁 厚														
	0.10	0.15	0.20	0.25	0.30	0.35	0.40	0.45	0.50	0.55	0.60	0.70	0.80	0.90	1.00
2.50	×	×	×	×	×	×	×	×	×	×	×	×	×	×	×
2.80	×	×	×	×	×	×	×	×	×	×	×	×	×	×	×
3.00	×	×	×	×	×	×	×	×	×	×	×	×	×	×	×
3.20	×	×	×	×	×	×	×	×	×	×	×	×	×	×	×
3.40	×	×	×	×	×	×	×	×	×	×	×	×	×	×	×
3.60	×	×	×	×	×	×	×	×	×	×	×	×	×	×	×
3.80	×	×	×	×	×	×	×	×	×	×	×	×	×	×	×
4.00	×	×	×	×	×	×	×	×	×	×	×	×	×	×	×
4.20	×	×	×	×	×	×	×	×	×	×	×	×	×	×	×
4.50	×	×	×	×	×	×	×	×	×	×	×	×	×	×	×
4.80	×	×	×	×	×	×	×	×	×	×	×	×	×	×	×
5.00		×	×	×	×	×	×	×	×	×	×	×	×	×	×
5.50		×	×	×	×	×	×	×	×	×	×	×	×	×	×
6.00		×	×	×	×	×	×	×	×	×	×	×	×	×	×

注：1. 钢管的通常长度为 500～4 000mm。

2. "×"表示有此规格。

（3）牌号和化学成分（表 5-14）

表 5-14   不锈钢小直径无缝钢管的牌号和化学成分 （%）

牌 号	化学成分（质量分数）								
	C	Si	Mn	P	S	Ni	Cr	Mo	Ti
0Cr18Ni9	≤0.07	≤1.00	≤2.00	≤0.035	≤0.030	8.00～11.00	17.00～19.00	—	—
00Cr19Ni10	≤0.03	≤1.00	≤2.00	≤0.035	≤0.030	8.00～12.00	18.00～20.00	—	—
0Cr18Ni10Ti	≤0.08	≤1.00	≤2.00	≤0.035	≤0.030	9.00～12.00	17.00～19.00	—	>5C%
0Cr17Ni12Mo2	≤0.08	≤1.00	≤2.00	≤0.035	≤0.030	10.00～14.00	16.00～18.50	2.00～3.00	—
00Cr17Ni14Mo2	≤0.03	≤1.00	≤2.00	≤0.035	≤0.030	12.00～15.00	16.00～18.00	2.00～3.00	—
1Cr18Ni9Ti	≤0.12	≤1.00	≤2.00	≤0.035	≤0.030	8.00～11.00	17.00～19.00	—	5（C%－0.02）～0.80

（4）力学性能（表 5-15）

表 5-15   不锈钢小直径无缝钢管的力学性能

牌 号	推荐热处理制度	抗拉强度 σ_b/MPa	断后伸长率 σ_5/%	密度/（g/cm³）
		≥		
0Cr18Ni9	1 010～1 150℃，急冷	520	35	7.93
00Cr19Ni10	1 010～1 150℃，急冷	480	35	7.93
0Cr18Ni10Ti	920～1 150℃，急冷	520	35	7.95
0Cr17Ni12Mo2	1 010～1 150℃，急冷	520	35	7.90

续表 5-15

牌　　号	推荐热处理制度	抗拉强度 σ_b/MPa	断后伸长率 σ_5/%	密度/（g/cm³）
		≥		
00Cr17Ni14Mo2	1 010～1 150℃，急冷	480	35	7.98
1Cr18Ni9Ti	1 000～1 100℃，急冷	520	35	7.90

5.1.7　不锈钢极薄壁无缝钢管（GB/T 3080—2008）

（1）用途　不锈钢极薄无缝钢管主要用于化工、石油、轻工、食品、机械、仪表等工业制造耐酸容器、输送管道和机械仪表的结构件与制品。

（2）尺寸规格（表5-16）

表 5-16　不锈钢极薄壁无缝钢管的尺寸规格　　　　　　（mm×mm）

公称外径×公称壁厚				
10.3×0.15	12.4×0.20	15.4×0.20	18.4×0.20	20.4×0.20
24.4×0.20	26.4×0.20	32.4×0.20	35.0×0.50	40.4×0.20
40.6×0.30	41.0×0.50	41.2×0.60	48.0×0.25	50.5×0.25
53.2×0.60	55.0×0.50	59.6×0.30	60.0×0.25	60.0×0.50
61.0×0.35	61.0×0.50	61.2×0.60	67.6×0.30	67.8×0.40
70.2×0.60	74.0×0.50	75.5×0.25	75.6×0.30	82.8×0.40
83.0×0.50	89.6×0.30	89.8×0.40	90.2×0.40	90.5×0.25
90.6×0.30	90.8×0.40	95.6×0.30	101.0×0.50	102.6×0.30
110.9×0.45	125.7×0.35	150.8×0.40	250.8×0.40	

注：钢管的通常长度为800～6 000mm。

（3）牌号和化学成分（表5-17）

表 5-17　不锈钢极薄壁无缝钢管的牌号和化学成分　　　　　　（%）

GB/T 20878中序号	统一数字代号	新牌号	旧牌号	化学成分（质量分数）								
				C	Si	Mn	S	P	Cr	Ni	Ti	Mo
17	S30408	06Cr19Ni10	0Cr18Ni9	≤0.08	≤1.00	≤2.00	≤0.030	≤0.035	18.00～20.00	8.00～11.00	—	—
18	S30403	022Cr19Ni10	00Cr19Ni10	≤0.030	≤1.00	≤2.00	≤0.030	≤0.035	18.00～20.00	8.00～12.00	—	—
39	S31603	022Cr17Ni12Mo2	00Cr17Ni14Mo2	≤0.030	≤1.00	≤2.00	≤0.030	≤0.035	16.00～18.00	10.00～14.00	—	2.00～3.00
41	S31668	06Cr17Ni12Mo2Ti	0Cr18Ni12Mo3Ti	≤0.08	≤1.00	≤2.00	≤0.030	≤0.035	16.00～18.00	10.00～14.00	≥5C	2.00～3.00
55	S32168	06Cr18Ni11Ti	0Cr18Ni10Ti	≤0.08	≤1.00	≤2.00	≤0.030	≤0.035	17.00～19.00	9.00～12.00	5C～0.70	—

（4）力学性能（表5-18）

表5-18　不锈钢极薄壁无缝钢管的力学性能

序号	统一数字代号	新 牌 号	旧 牌 号	抗拉强度 R_m/MPa	断后伸长率 A/%
				≥	
1	S30408	06Cr19Ni10	0Cr18Ni9	520	35
2	S30403	022Cr19Ni10	00Cr19Ni10	440	40
3	S31603	022Cr17Ni12Mo2	00Cr17Ni14Mo2	480	40
4	S31668	06Cr17Ni12Mo2Ti	0Cr18Ni12Mo3Ti	540	35
5	S32168	06Cr18Ni11Ti	0Cr18Ni10Ti	520	40

5.1.8　奥氏体-铁素体型双相不锈钢无缝钢管（GB/T 21833—2008）

（1）概述　本标准适用于耐腐蚀的奥氏体-铁素体型双相不锈钢无缝钢管。

（2）尺寸规格　钢管公称外径 D 和公称壁厚 S 应符合 GB/T 17395 的规定，通常长度为 3 000～12 000mm。

（3）化学成分（表5-19）

表5-19　奥氏体-铁素体型双相不锈钢无缝钢管的牌号和化学成分　　　　　（%）

序号	统一数字代号	牌 号	化学成分（质量分数）										
			C	Si	Mn	P	S	Ni	Cr	Mo	N	Cu	W
1	S21953	022Cr19Ni5Mo3Si2N	≤0.030	1.40～2.00	1.20～2.00	≤0.030	≤0.030	4.30～5.20	18.00～19.00	2.50～3.00	0.05～0.10	—	—
2	S22253	022Cr22Ni5Mo3N	≤0.030	≤1.00	≤2.00	≤0.030	≤0.020	4.50～6.50	21.00～23.00	2.50～3.50	0.08～0.20	—	—
3	S23043	022Cr23Ni4MoCuN	≤0.030	≤1.00	≤2.50	≤0.035	≤0.030	3.00～5.50	21.50～24.50	0.05～0.60	0.05～0.20	0.50～6.00	—
4	S22053	022Cr23Ni5Mo3N	≤0.030	≤1.00	≤2.00	≤0.030	≤0.020	4.50～6.50	22.00～23.00	3.00～3.50	0.14～0.20	—	—
5	S25203	022Cr24Ni7Mo4CuN	≤0.030	≤0.80	≤1.50	≤0.035	≤0.020	5.50～8.00	23.00～25.00	3.00～5.00	0.20～0.35	0.50～3.00	—
6	S22553	022Cr25Ni6Mo2N	≤0.030	≤1.00	≤2.00	≤0.030	≤0.030	5.50～6.50	24.00～26.00	1.20～2.00	0.14～0.20	—	—
7	S22583	022Cr25Ni7Mo3WCuN	≤0.030	≤0.75	≤1.00	≤0.030	≤0.030	5.50～7.50	24.00～26.00	2.50～3.50	0.10～0.30	0.20～0.80	0.10～0.50
8	S25073	022Cr25Ni7Mo4N	≤0.030	≤0.80	≤1.20	≤0.035	≤0.020	6.00～8.00	24.00～26.00	3.00～5.00	0.24～0.32	≤0.50	—
9	S25554	03Cr25Ni6Mo3Cu2N	≤0.04	≤1.00	≤1.50	≤0.035	≤0.030	4.50～6.50	24.00～27.00	2.90～3.90	0.10～0.25	1.50～2.50	—
10	S27603	022Cr25Ni7Mo4WCuN	≤0.030	≤1.00	≤1.00	≤0.030	≤0.010	6.00～8.00	24.00～26.00	3.00～4.00	0.20～0.30	0.50～1.00	0.50～1.00
11	S22693	06Cr26Ni4Mo2	≤0.08	≤0.75	≤1.00	≤0.035	≤0.030	2.50～5.00	23.00～28.00	1.00～2.00	—	—	—

续表 5-19

序号	统一数字代号	牌　号	化学成分（质量分数）										
			C	Si	Mn	P	S	Ni	Cr	Mo	N	Cu	W
12	S22160	12Cr21Ni5Ti	0.09～0.14	≤0.80	≤0.80	≤0.035	≤0.030	4.80～5.80	20.00～22.00	—	—	Ti5×（C%—0.02）～0.80	

（4）力学性能（表5-20）

表 5-20 奥氏体-铁素体型双相不锈钢无缝钢管的热处理制度和力学性能

序号	牌　号	推荐热处理制度		拉 伸 性 能			硬　度	
				抗拉强度 R_m/MPa	规定非比例延伸强度 $R_{p0.2}$/MPa	断后伸长率 A/%	HBW	HRC
				≥			≤	
1	022Cr19Ni5Mo3Si2N	980～1 040℃	急冷	630	440	30	290	30
2	022Cr22Ni5Mo3N	1 020～1 100℃	急冷	620	450	25	290	30
3	022Cr23Ni4MoCuN	925～1 050℃	急冷 D≤25mm	690	450	25		
			急冷 D>25mm	600	400	25	290	30
4	022Cr23Ni5Mo3N	1 020～1 100℃	急冷	655	485	25	290	30
5	022Cr24Ni7Mo4CuN	1 080～1 120℃	急冷	770	550	25	310	—
6	022Cr25Ni6Mo2N	1 050～1 100℃	急冷	690	450	25	280	—
7	022Cr25Ni7Mo3WCuN	1 020～1 100℃	急冷	690	450	25	290	30
8	022Cr25Ni7Mo4N	1 025～1 125℃	急冷	800	550	15	300	32
9	03Cr25Ni6Mo3Cu2N	≥1 040℃	急冷	760	550	15	297	31
10	022Cr25Ni7Mo4WCuN	1 100～1 140℃	急冷	750	550	25	300	—
11	06Cr26Ni4Mo2	925～955℃	急冷	620	485	20	271	28
12	12Cr21Ni5Ti	950～1 100℃	急冷	590	345	20	—	—

5.1.9 冷拔或冷轧精密无缝钢管（GB/T 3639—2009）

（1）用途 适用于制造机械结构、液压设备、汽车等具有特殊尺寸精度和高表面质量要求的无缝钢管。

（2）牌号和化学成分（表5-21）

表 5-21 冷拔或冷轧精密无缝钢管的牌号和化学成分

牌　号	化 学 成 分
10，20，35，45	应符号 GB/T 699 的规定
Q345B	应符合 GB/T 1591 的规定，其中 P，S 含量均不大于 0.030%

（3）尺寸规格（表 5-22）

表 5-22　冷拔或冷轧精密无缝钢管的尺寸规格　　　　　　　　（mm）

外径和允许偏差	壁厚													
	0.5	0.8	1	1.2	1.5	1.8	2	2.2	2.5	2.8	3	3.5	4	4.5
	内径和允许偏差													
4	3±0.15	2.4±0.15	2±0.15	1.6±0.15										
5	4±0.15	3.4±0.15	3±0.15	2.6±0.15										
6	5±0.15	4.4±0.15	4±0.15	3.6±0.15	3±0.15	2.4±0.15	2±0.15							
7	6±0.15	5.4±0.15	5±0.15	4.6±0.15	4±0.15	3.4±0.15	3±0.15							
8	7±0.15	6.4±0.15	6±0.15	5.6±0.15	5±0.15	4.4±0.15	4±0.15	3.6±0.15	3±0.25					
9	8±0.15	7.4±0.15	7±0.15	6.6±0.15	6±0.15	5.4±0.15	5±0.15	4.6±0.15	4±0.25	3.4±0.25				
10	9±0.15	8.4±0.15	8±0.15	7.6±0.15	7±0.15	6.4±0.15	6±0.15	5.6±0.15	5±0.15	4.4±0.25	4±0.25			
12	11±0.15	10.4±0.15	10±0.15	9.6±0.15	9±0.15	8.4±0.15	8±0.15	7.6±0.15	7±0.15	6.4±0.15	6±0.25	5±0.25	4±0.25	
14（±0.08）	13±0.08	12.4±0.08	12±0.08	11.6±0.15	11±0.15	10.4±0.15	10±0.15	9.6±0.15	9±0.15	8.4±0.15	8±0.15	7±0.15	6±0.25	5±0.25
15	14±0.08	13.4±0.08	13±0.08	12.6±0.08	12±0.15	11.4±0.15	11±0.15	10.6±0.15	10±0.15	9.4±0.15	9±0.15	8±0.15	7±0.15	6±0.25
16	15±0.08	14.4±0.08	14±0.08	13.6±0.15	13±0.08	12.4±0.15	12±0.15	11.6±0.15	11±0.15	10.4±0.15	10±0.15	9±0.15	8±0.15	7±0.15
18	17±0.08	16.4±0.08	16±0.08	15.6±0.08	15±0.08	14.4±0.08	14±0.08	13.6±0.15	13±0.15	12.4±0.15	12±0.15	11±0.15	10±0.15	9±0.15
20	19±0.08	18.4±0.08	18±0.08	17.6±0.08	17±0.08	16.4±0.08	16±0.08	15.6±0.15	15±0.15	14.4±0.15	14±0.15	13±0.15	12±0.15	11±0.15
22	21±0.08	20.4±0.08	20±0.08	19.6±0.08	19±0.08	18.4±0.08	18±0.08	17.6±0.15	17±0.15	16.4±0.15	16±0.15	15±0.15	14±0.15	13±0.15
25	24±0.08	23.4±0.08	23±0.08	22.6±0.08	22±0.08	21.4±0.08	21±0.08	20.6±0.08	20±0.15	19.4±0.15	19±0.15	18±0.15	17±0.15	16±0.15
26	25±0.08	24.4±0.08	24±0.08	23.6±0.08	23±0.08	22.4±0.08	22±0.08	21.6±0.08	21±0.15	20.4±0.15	20±0.15	19±0.15	18±0.15	17±0.15
28	27±0.08	26.4±0.08	26±0.08	25.6±0.08	25±0.08	24.4±0.08	24±0.08	23.6±0.08	23±0.15	22.4±0.08	22±0.15	21±0.15	20±0.15	19±0.15
30	29±0.08	28.4±0.08	28±0.08	27.6±0.08	27±0.08	26.4±0.08	26±0.08	25.6±0.08	25±0.15	24.4±0.08	24±0.15	23±0.15	22±0.15	21±0.15
32	31±0.15	30.4±0.15	30±0.15	29.6±0.15	29±0.15	28.4±0.15	28±0.15	27.6±0.15	27±0.15	26.4±0.15	26±0.15	25±0.15	24±0.15	23±0.15
35（±0.15）	34±0.15	33.4±0.15	33±0.15	32.6±0.15	32±0.15	31.4±0.15	31±0.15	30.6±0.15	30±0.15	29.4±0.15	29±0.15	28±0.15	27±0.15	26±0.15
38	37±0.15	36.4±0.15	36±0.15	35.6±0.15	35±0.15	34.4±0.15	34±0.15	33.6±0.15	33±0.15	32.4±0.15	32±0.15	31±0.15	30±0.15	29±0.15

续表 5-22

外径和允许偏差		壁 厚													
		0.5	0.8	1	1.2	1.5	1.8	2	2.2	2.5	2.8	3	3.5	4	4.5
		内 径 和 允 许 偏 差													
40	±0.15	39±0.15	38.4±0.15	38±0.15	37.6±0.15	37±0.15	36.4±0.15	36±0.15	35.6±0.15	35±0.15	34.4±0.15	34±0.15	33±0.15	32±0.15	31±0.15
42	±0.20			40±0.20	39.6±0.20	39±0.20	38.4±0.20	38±0.20	37.6±0.20	37±0.20	36.4±0.20	36±0.20	35±0.20	34±0.20	33±0.20
45				43±0.20	42.6±0.20	42±0.20	41.4±0.20	41±0.20	40.6±0.20	40±0.20	39.4±0.20	39±0.20	38±0.20	37±0.20	36±0.20
48				46±0.20	45.6±0.20	45±0.20	44.4±0.20	44±0.20	43.6±0.20	43±0.20	42.4±0.20	42±0.20	41±0.20	40±0.20	39±0.20
50				48±0.20	47.6±0.20	47±0.20	46.4±0.20	46±0.20	45.6±0.20	45±0.20	44.4±0.20	44±0.20	43±0.20	42±0.20	41±0.20
55	±0.25			53±0.25	52.6±0.25	52±0.25	51.4±0.25	51±0.25	50.6±0.25	50±0.25	49.4±0.25	49±0.25	48±0.25	47±0.25	46±0.25
60				58±0.25	57.6±0.25	57±0.25	56.4±0.25	56±0.25	55.6±0.25	55±0.25	54.4±0.25	54±0.25	53±0.25	52±0.25	51±0.25
65	±0.30			63±0.30	62.6±0.30	62±0.30	61.4±0.30	61±0.30	60.6±0.30	60±0.30	59.4±0.30	59±0.30	58±0.30	57±0.30	56±0.30
70				68±0.30	67.6±0.30	67±0.30	66.4±0.30	66±0.30	65.6±0.30	65±0.30	64.4±0.30	64±0.30	63±0.30	62±0.30	61±0.30
75	±0.35			73±0.35	72.6±0.35	72±0.35	71.4±0.35	71±0.35	70.6±0.35	70±0.35	69.4±0.35	69±0.35	68±0.35	67±0.35	66±0.35
80				78±0.35	77.6±0.35	77±0.35	76.4±0.35	76±0.35	75.6±0.35	75±0.35	74.4±0.35	74±0.35	73±0.35	72±0.35	71±0.35
85	±0.40					82±0.40	81.4±0.40	81±0.40	80.6±0.40	80±0.40	79.4±0.40	79±0.40	78±0.40	77±0.40	76±0.40
90						87±0.40	86.4±0.40	86±0.40	85.6±0.40	85±0.40	84.4±0.40	84±0.40	83±0.40	82±0.40	81±0.40
95	±0.45							91±0.45	90.6±0.45	90±0.45	89.4±0.45	89±0.45	88±0.45	87±0.45	86±0.45
100								96±0.45	95.6±0.45	95±0.45	94.4±0.45	94±0.45	93±0.45	92±0.45	91±0.45
110	±0.50							106±0.50	105.6±0.50	105±0.50	104.4±0.50	104±0.50	103±0.50	102±0.50	101±0.50
120								116±0.50	115.6±0.50	115±0.50	114.4±0.50	114±0.50	113±0.50	112±0.50	111±0.50
130	±0.70									125±0.70	124.4±0.70	124±0.70	123±0.70	122±0.70	121±0.70
140										135±0.70	134.4±0.70	134±0.70	133±0.70	132±0.70	131±0.70
150	±0.80											144±0.80	143±0.80	142±0.80	141±0.80
160												154±0.80	153±0.80	152±0.80	151±0.80

续表 5-22

外径和允许偏差	壁厚													
	0.5	0.8	1	1.2	1.5	1.8	2	2.2	2.5	2.8	3	3.5	4	4.5
	内径和允许偏差													
170 ±0.90											164± 0.90	163± 0.90	162± 0.90	161± 0.90
180 ±0.90												173± 0.90	172± 0.90	171± 0.90
190 ±1.00												183± 1.00	182± 1.00	181± 1.00
200 ±1.00												193± 1.00	192± 1.00	191± 1.00

外径和允许偏差	壁厚												
	5	5.5	6	7	8	9	10	12	14	16	18	20	22
	内径和允许偏差												
15 ±0.08	5±0.25												
16	6±0.25	5±0.25	4±0.25										
18	8±0.15	7±0.25	6±0.25										
20	10±0.15	9±0.15	8±0.25	6±0.25									
22	12±0.15	11±0.15	10±0.15	8±0.25									
25	15±0.15	14±0.15	13±0.15	11± 0.15	9±0.25								
26	16±0.15	15±0.15	14±0.15	12± 0.15	10± 0.25								
28	18±0.15	17±0.15	16±0.15	14± 0.15	12± 0.15								
30	20±0.15	19±0.15	18±0.15	16± 0.15	14± 0.15	12±0.15	10±0.25						
32	22±0.15	21±0.15	20±0.15	18± 0.15	16± 0.15	14±0.15	12±0.25						
35	25±0.15	24±0.15	23±0.15	21± 0.15	19± 0.15	17±0.15	15±0.15						
38 ±0.15	28±0.15	27±0.15	26±0.15	24± 0.15	22± 0.15	20±0.15	18±0.15						
40	30±0.15	29±0.15	28±0.15	26± 0.15	24± 0.15	22±0.15	20±0.15						
42	32±0.20	31±0.20	30±0.20	28± 0.20	26± 0.20	24±0.20	22±0.20						
45	35±0.20	34±0.20	33±0.20	31± 0.20	29± 0.20	27±0.20	25±0.20						
48 ±0.20	38±0.20	37±0.20	36±0.20	34± 0.20	32± 0.20	30±0.20	28±0.20						
50	40±0.20	39±0.20	38±0.20	36± 0.20	34± 0.20	32±0.20	30±0.20						
55 ±0.25	45±0.25	44±0.25	43±0.25	41± 0.25	39± 0.25	37±0.25	35±0.25	31± 0.25					

续表 5-22

外径和允许偏差		壁　厚												
外径	允许偏差	5	5.5	6	7	8	9	10	12	14	16	18	20	22
		内　径　和　允　许　偏　差												
60	±0.25	50±0.25	49±0.25	48±0.25	46±0.25	44±0.25	42±0.25	40±0.25	36±0.25					
65	±0.30	55±0.30	54±0.30	53±0.30	51±0.30	49±0.30	47±0.30	45±0.30	41±0.30	37±0.30				
70	±0.30	60±0.30	59±0.30	58±0.30	56±0.30	54±0.30	52±0.30	50±0.30	46±0.30	42±0.30				
75	±0.35	65±0.35	64±0.35	63±0.35	61±0.35	59±0.35	57±0.35	55±0.35	51±0.35	47±0.35	43±0.35			
80	±0.35	70±0.35	69±0.35	68±0.35	66±0.35	64±0.35	62±0.35	60±0.35	56±0.35	52±0.35	48±0.35			
85	±0.40	75±0.40	74±0.40	73±0.40	71±0.40	69±0.40	67±0.40	65±0.40	61±0.40	57±0.40	53±0.40			
90	±0.40	80±0.40	79±0.40	78±0.40	76±0.40	74±0.40	72±0.40	70±0.40	66±0.40	62±0.40	58±0.40			
95	±0.45	85±0.45	84±0.45	83±0.45	81±0.45	79±0.45	77±0.45	75±0.45	71±0.45	67±0.45	63±0.45	59±0.45		
100	±0.45	90±0.45	89±0.45	88±0.45	86±0.45	84±0.45	82±0.45	80±0.45	76±0.45	72±0.45	68±0.45	64±0.45		
110	±0.50	100±0.50	99±0.50	98±0.50	96±0.50	94±0.50	92±0.50	90±0.50	86±0.50	82±0.50	78±0.50	74±0.50		
120	±0.50	110±0.50	109±0.50	108±0.50	106±0.50	104±0.50	102±0.50	100±0.50	96±0.50	92±0.50	88±0.50	84±0.50		
130	±0.70	120±0.70	119±0.70	118±0.70	116±0.70	114±0.70	112±0.70	110±0.70	106±0.70	102±0.70	98±0.70	94±0.70		
140	±0.70	130±0.70	129±0.70	128±0.70	126±0.70	124±0.70	122±0.70	120±0.70	116±0.70	112±0.70	106±0.70	104±0.70		
150	±0.80	140±0.80	139±0.80	138±0.80	136±0.80	134±0.80	132±0.80	130±0.80	126±0.80	122±0.80	116±0.80	114±0.80	110±0.80	
160	±0.80	150±0.80	149±0.80	148±0.80	146±0.80	144±0.80	142±0.80	140±0.80	136±0.80	132±0.80	128±0.80	124±0.80	120±0.80	
170	±0.90	160±0.90	159±0.90	158±0.90	156±0.90	154±0.90	152±0.90	150±0.90	145±0.90	142±0.90	138±0.90	134±0.90	130±0.90	
180	±0.90	170±0.90	169±0.90	168±0.90	166±0.90	164±0.90	162±0.90	160±0.90	156±0.90	152±0.90	148±0.90	144±0.90	140±0.90	
190	±1.00	180±1.00	179±1.00	178±1.00	176±1.00	174±1.00	172±1.00	170±1.00	166±1.00	162±1.00	158±1.00	154±1.00	150±1.00	146±1.00
200	±1.00	190±1.00	189±1.00	188±1.00	186±1.00	184±1.00	182±1.00	180±1.00	175±1.00	172±1.00	168±1.00	164±1.00	160±1.00	156±1.00

（4）力学性能（表5-23）

表5-23　冷拔或冷轧精密无缝钢管的力学性能

牌号	交货状态											
	冷加工/硬+C		冷加工/软+LC		冷加工后消除应力退火+SR			退火+A		正火+N		
	抗拉强度 R_m/MPa	断后伸长率 A/%	抗拉强度 R_m/MPa	断后伸长率 A/%	抗拉强度 R_m/MPa	上屈服强度 R_{eH}/MPa	断后伸长率 A/%	抗拉强度 R_m/MPa	断后伸长率 A/%	抗拉强度 R_m/MPa	上屈服强度 R_{eH}/MPa	断后伸长率 A/%
	$\geqslant$											
10	430	8	380	10	400	300	16	335	24	320～450	215	27
20	550	5	520	8	520	375	12	390	21	440～570	255	21
35	590	5	550	7	—	—	—	510	17	≥460	280	21
45	645	4	630	6				590	14	≥540	340	18
Q345B	640	4	580	7	580	450	10	450	22	490～630	355	22

5.1.10　冷拔异型钢管（GB/T 3094—2012）

（1）用途　冷拔异型钢管是以碳素结构钢、优质碳素结构钢和低合金高强度结构钢毛坯管为原料，经冷拔制成的截面非圆形的无缝钢管。其名称系参照钢管的外形规定，如方形钢管、矩形钢管等。冷拔异型钢管广泛用于各种结构件、工具和机械零部件的生产制造。和圆管相比，异型管一般都有较大的惯性矩和截面模数，有较大的抗弯抗扭能力，故可大大减轻结构质量，节约材料。

（2）尺寸规格（表5-24～表5-29）

表5-24　冷拔无缝方形钢管的尺寸规格

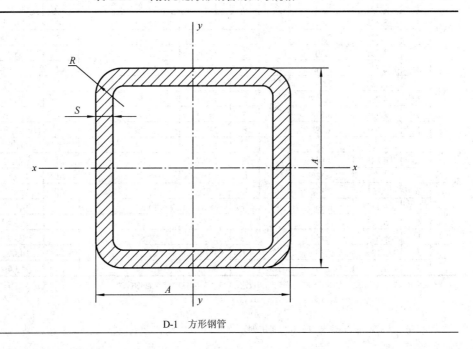

D-1　方形钢管

续表 5-24

基本尺寸/mm		截面面积/cm²	理论质量/(kg/m)	基本尺寸/mm		截面面积/cm²	理论质量/(kg/m)	基本尺寸/mm		截面面积/cm²	理论质量/(kg/m)
A	S	F	G	A	S	F	G	A	S	F	G
12	0.8	0.347	0.273	42	4	5.805	4.557	108	6	23.86	18.73
	1	0.423	0.332		5	6.971	5.472		8	30.35	23.83
14	1	0.503	0.395	45	2	3.371	2.646		10	36.62	28.75
	1.5	0.711	0.558		3	4.885	3.835	120	6	26.74	20.99
16	1	0.583	0.458		4	6.285	4.934		8	34.19	26.84
	1.5	0.831	0.653		5	7.571	5.943		10	41.42	32.52
18	1	0.663	0.520	50	2	3.771	2.960		12	48.13	37.78
	1.5	0.951	0.747		3	5.485	4.306	125	6	27.94	21.93
	2	1.211	0.951		4	7.085	5.562		8	35.79	28.10
20	1	0.743	0.583		5	8.571	6.728		10	43.42	34.09
	1.5	1.071	0.841	55	2	4.171	3.274		12	50.53	39.67
	2	1.371	1.076		3	6.085	4.777	130	6	29.14	22.88
	2.5	1.643	1.290		4	7.885	6.190		8	37.39	29.35
22	1	0.823	0.646		5	9.571	7.513		10	45.42	35.66
	1.5	1.191	0.935	60	3	6.685	5.248		12	52.93	41.55
	2	1.531	1.202		4	8.685	6.818	140	6	31.54	24.76
	2.5	1.843	1.447		5	10.57	8.298		8	40.59	31.86
25	1.5	1.371	1.077		6	12.34	9.688		10	49.42	38.80
	2	1.771	1.390	65	3	7.285	5.719		12	57.73	45.32
	2.5	2.143	1.682		4	9.485	7.446	150	8	43.79	34.38
	3	2.485	1.951		5	11.57	9.083		10	53.42	41.94
30	2	2.171	1.704		6	13.54	10.63		12	62.53	49.09
	3	3.085	2.422	70	3	7.885	6.190		14	71.11	55.82
	3.5	3.500	2.747		4	10.29	8.074	160	8	46.99	36.89
	4	3.885	3.050		5	12.57	9.868		10	57.42	45.08
32	2	2.331	1.830		6	14.74	11.57		12	67.33	52.86
	3	3.325	2.611	75	4	11.09	8.702		14	76.71	60.22
	3.5	3.780	2.967		5	13.57	10.65	180	8	53.39	41.91
	4	4.205	3.301		6	15.94	12.51		10	65.42	51.36
35	2	2.571	2.018		8	19.79	15.54		12	76.93	60.39
	3	3.685	2.893	80	4	11.89	9.330		14	87.91	69.01
	3.5	4.200	3.297		5	14.57	11.44	200	10	73.42	57.64
	4	4.685	3.678		6	17.14	13.46		12	86.53	67.93
36	2	2.651	2.081		8	21.39	16.79		14	99.11	77.80
	3	3.805	2.987	90	3	13.49	10.59		16	111.2	87.27
	4	4.845	3.804		5	16.57	13.01	250	10	93.42	73.34
	5	5.771	4.530		6	19.54	15.34		12	110.5	86.77
40	2	2.971	2.332		8	24.59	19.30		14	127.1	99.78
	3	4.285	3.364	100	5	18.57	14.58		16	143.2	112.4
	4	5.485	4.306		6	21.94	17.22	280	10	105.4	82.76
	5	6.571	5.158		8	27.79	21.82		12	124.9	98.07
42	2	3.131	2.458		10	33.42	26.24		14	143.9	113.0
	3	4.525	3.553	108	5	20.17	15.83		16	162.4	127.5

注：当 $S \leqslant 6mm$ 时，$R=1.5S$，方形钢管理论质量推荐计算公式见式 5-24-1；当 $S>6mm$ 时，$R=2S$，方形钢管理论质量推荐计算公式见式 5-24-2。

$$G=0.015\ 7S\ (2A-2.858\ 4S) \qquad\qquad (\text{式 } 5\text{-}24\text{-}1)$$

$$G=0.015\ 7S\ (2A-3.287\ 6S) \qquad\qquad (\text{式 } 5\text{-}24\text{-}2)$$

式中 G——方形钢管的理论质量（kg/m，钢的密度按 7.85kg/dm³）；

A——方形钢管的边长（mm）；

S——方形钢管的公称壁厚（mm）。

表 5-25　冷拔无缝矩形钢管的尺寸规格

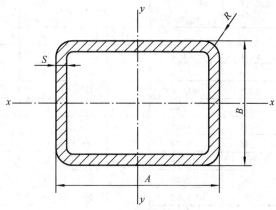

D-2　矩形钢管

基本尺寸/mm			截面面积/cm²	理论质量/（kg/m）	基本尺寸/mm			截面面积/cm²	理论质量/（kg/m）
A	B	S	F	G	A	B	S	F	G
10	5	0.8	0.203	0.160	25	10	1	0.643	0.505
		1	0.243	0.191			1.5	0.921	0.723
12	6	0.8	0.251	0.197			2	1.171	0.919
		1	0.303	0.238		18	1	0.803	0.630
14	7	1	0.362	0.285			1.5	1.161	0.912
		1.5	0.501	0.394			2	1.491	1.171
		2	0.611	0.480	30	15	1.5	1.221	0.959
	10	1	0.423	0.332			2	1.571	1.233
		1.5	0.591	0.464			2.5	1.893	1.486
		2	0.731	0.574		20	1.5	1.371	1.007
16	8	1	0.423	0.332			2	1.771	1.390
		1.5	0.591	0.464			2.5	2.143	1.682
		2	0.731	0.574	35	15	1.5	1.371	1.077
	12	1	0.502	0.395			2	1.771	1.390
		1.5	0.711	0.558			2.5	2.143	1.682
		2	0.891	0.700		25	1.5	1.671	1.312
18	9	1	0.483	0.379			2	2.171	1.704
		1.5	0.681	0.535			2.5	2.642	2.075
		2	0.851	0.668	40	11	1.5	1.401	1.100
	14	1	0.583	0.458			2	2.171	1.704
		1.5	0.831	0.653		20	2.5	2.642	2.075
		2	1.051	0.825			3	3.085	2.422
20	10	1	0.543	0.426		30	2	2.571	2.018
		1.5	0.771	0.606			2.5	3.143	2.467
		2	0.971	0.762			3	3.685	2.893
	12	1	0.583	0.458	50	25	2	2.771	2.175
		1.5	0.831	0.653			3	3.985	3.129
		2	1.051	0.825			4	5.085	3.992

续表 5-25

基本尺寸/mm			截面面积/cm²	理论质量/（kg/m）	基本尺寸/mm			截面面积/cm²	理论质量/（kg/m）
A	B	S	F	G	A	B	S	F	G
50	40	2	3.371	2.646	140	70	10	35.43	27.81
		3	4.885	3.835		120	6	29.14	22.88
		4	6.285	4.934			8	37.39	29.35
60	30	2	3.371	2.646			10	45.43	35.66
		3	4.885	3.835	150	75	6	24.94	19.58
		4	6.285	4.934			8	31.79	24.96
	40	2	3.771	2.960			10	38.43	30.16
		3	5.485	4.306		100	6	27.94	21.93
		4	7.085	5.562			8	35.79	28.10
70	35	2	3.971	3.117			10	43.43	34.09
		3	5.785	4.542	160	60	6	24.34	19.11
		4	7.485	5.876			8	30.99	24.33
	50	3	6.685	5.248			10	37.43	29.38
		4	8.685	6.818		80	6	26.74	20.99
		5	10.57	8.298			8	34.19	26.84
80	40	3	6.685	5.248			10	41.43	32.52
		4	8.685	6.818	180	80	6	29.14	22.88
		5	10.57	8.298			8	37.39	29.35
	60	4	10.29	8.074			10	45.43	35.66
		5	12.57	9.868		100	8	40.59	31.87
		6	14.74	11.57			10	49.43	38.80
90	50	3	7.885	6.190			12	57.73	45.32
		4	10.29	8.074	200	80	8	40.59	31.87
		5	12.57	9.868			12	57.73	45.32
	70	4	11.89	9.330			14	65.51	51.43
		5	14.57	11.44		120	8	46.99	36.89
		6	15.94	12.51			12	67.33	52.86
100	50	3	8.485	6.661			14	76.71	60.22
		4	11.09	8.702	220	110	8	48.59	38.15
		5	13.57	10.65			12	69.73	54.74
	80	4	13.49	10.59			14	79.51	62.42
		5	16.57	13.01		200	10	77.43	60.78
		6	19.54	15.34			12	91.33	71.70
120	60	4	13.49	10.59			14	104.7	82.20
		5	16.57	13.01	240	180	12	91.33	71.70
		6	19.54	15.34	250	150	10	73.43	57.64
	80	4	15.09	11.84			12	86.53	67.93
		6	21.94	17.22			14	99.11	77.80
		8	27.79	21.82		200	10	83.43	65.49
140	70	6	23.14	18.17			12	98.53	77.35
		8	29.39	23.07			14	113.1	88.79

续表 5-25

基本尺寸/mm			截面面积 /cm²	理论质量/ (kg/m)	基本尺寸/mm			截面面积 /cm²	理论质量/ (kg/m)
A	B	S	F	G	A	B	S	F	G
300	150	10	83.43	65.49	300	200	16	143.2	112.39
		14	113.1	88.79	400	200	10	113.4	89.04
		16	127.2	99.83			14	155.1	121.76
	200	10	93.43	73.34			16	175.2	137.51
		14	127.1	99.78	—	—	—	—	—

注：当 $S \leqslant 6mm$ 时，$R=1.5S$，矩形钢管理论质量计算公式见式 5-25-1；当 $S>6mm$ 时，$R=2S$，矩形钢管理论质量推荐计算公式见式 5-25-2。

$$G=0.015\ 7S\ (A+B-2.858\ 4S) \tag{式 5-25-1}$$

$$G=0.015\ 7S\ (A+B-3.287\ 6S) \tag{式 5-25-2}$$

式中　G——矩形钢管的理论质量（kg/m，钢的密度按 7.85kg/dm³）；

A，B——矩形钢管的长、宽（mm）；

S——矩形钢管的公称壁厚（mm）。

表 5-26　冷拔无缝椭圆形钢管的尺寸规格

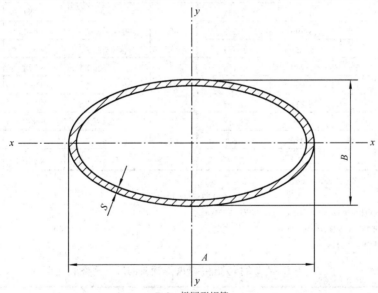

D-3　椭圆形钢管

基本尺寸/mm			截面面积 /cm²	理论质量 / (kg/m)	基本尺寸/mm			截面面积 /cm²	理论质量 / (kg/m)
A	B	S	F	G	A	B	S	F	G
10	5	0.5	0.110	0.086	12	6	1.2	0.294	0.231
		0.8	0.168	0.132		8	0.5	0.149	0.117
		1	0.204	0.160			0.8	0.231	0.182
	7	0.5	0.126	0.099			1.2	0.332	0.260
		0.8	0.195	0.152	18	9	0.8	0.319	0.251
		1	0.236	0.185			1.2	0.464	0.364
12	6	0.5	0.134	0.105			1.5	0.565	0.444
		0.8	0.206	0.162		12	0.8	0.357	0.280

续表 5-26

基本尺寸/mm			截面面积 /cm²	理论质量 / (kg/m)	基本尺寸/mm			截面面积 /cm²	理论质量 / (kg/m)
A	B	S	F	G	A	B	S	F	G
18	12	1.2	0.520	0.408	55	35	2.5	3.338	2.620
		1.5	0.636	0.499			1.5	2.050	1.609
24	8	0.8	0.382	0.300	60	30	2	2.702	2.121
		1.2	0.558	0.438			2.5	3.338	2.620
		1.5	0.683	0.536	65	35	1.5	2.286	1.794
	12	0.8	0.432	0.339			2	3.016	2.368
		1.2	0.633	0.497			2.5	3.731	2.929
		1.5	0.778	0.610	70	35	1.5	2.403	1.887
30	18	1	0.723	0.567			2	3.173	2.491
		1.5	1.060	0.832			2.5	3.927	3.083
		2	1.382	1.085	76	38	1.5	2.615	2.053
34	17	1.5	1.131	0.888			2	3.456	2.713
		2	1.477	1.159			2.5	4.280	3.360
		2.5	1.806	1.418	80	40	1.5	2.757	2.164
43	32	1.5	1.696	1.332			2	3.644	2.861
		2	2.231	1.751			2.5	4.516	3.545
		2.5	2.749	2.158	84	56	1.5	3.228	2.534
50	25	1.5	1.696	1.332			2	4.273	3.354
		2	2.231	1.751			2.5	5.301	4.162
		2.5	2.749	2.158	90	40	1.5	2.992	2.349
55	35	1.5	2.050	1.609			2	3.958	3.107
		2	2.702	2.121			2.5	4.909	3.853

注：椭圆形钢管理论质量推荐计算公式见下式：

$$G = 0.012\,3S\,(A+B-2S)$$

式中　G——椭圆形钢管的理论质量（kg/m，钢的密度按 7.85kg/dm³）；

　　A，B——椭圆形钢管的长轴、短轴（mm）；

　　S——椭圆形钢管的公称壁厚（mm）。

表 5-27　冷拔无缝平椭圆形钢管的尺寸规格

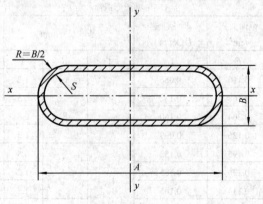

D-4　平椭圆形钢管

续表 5-27

基本尺寸/mm			截面面积/cm²	理论质量/（kg/m）	基本尺寸/mm			截面面积/cm²	理论质量/（kg/m）
A	B	S	F	G	A	B	S	F	G
10	5	0.8	0.186	0.146	55	25	1	1.354	1.063
		1	0.226	0.177			1.5	2.007	1.576
14	7	0.8	0.268	0.210			2	2.645	2.076
		1	0.328	0.258	60	30	1	1.511	1.186
18	12	1	0.466	0.365			1.5	2.243	1.761
		1.5	0.675	0.530			2	2.959	2.323
		2	0.868	0.682	63	10	1	1.343	1.054
24	12	1	0.586	0.460			1.5	1.991	1.563
		1.5	0.855	0.671			2	2.623	2.059
		2	1.108	0.870	70	35	1.5	2.629	2.063
30	15	1	0.740	0.581			2	3.473	2.727
		1.5	1.086	0.853			2.5	4.303	3.378
		2	1.417	1.112	75	35	1.5	2.779	2.181
35	25	1	0.954	0.749			2	3.673	2.884
		1.5	1.407	1.105			2.5	4.553	3.574
		2	1.845	1.448	80	30	1.5	2.843	2.232
40	25	1	1.054	0.827			2	3.759	2.951
		1.5	1.557	1.223			2.5	4.660	3.658
		2	2.045	1.605	85	25	1.5	2.907	2.282
45	15	1	1.040	0.816			2	3.845	3.018
		1.5	1.536	1.206			2.5	4.767	3.742
		2	2.017	1.583	90	30	1.5	3.143	2.467
50	25	1	1.254	0.984			2	4.159	3.265
		1.5	1.857	1.458			2.5	5.160	4.050
		2	2.445	1.919	—	—	—	—	—

注：平椭圆形钢管理论质量推荐计算公式见下式：

$$G = 0.015\,7S\,(A + 0.570\,8B - 1.570\,8S)$$

式中　G——椭圆形钢管的理论质量（kg/m，钢的密度按 7.85kg/dm³）；

　　　A，B——平椭圆形钢管的长、宽（mm）；

　　　S——平椭圆形钢管的公称壁厚（mm）。

表 5-28　冷拔无缝内外六角形钢管的尺寸规格

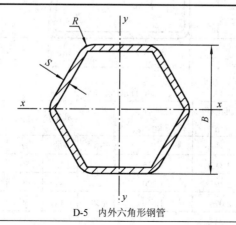

D-5　内外六角形钢管

续表 5-28

基本尺寸/mm		截面面积/cm²	理论质量/(kg/m)	基本尺寸/mm		截面面积/cm²	理论质量/(kg/m)	基本尺寸/mm		截面面积/cm²	理论质量/(kg/m)
B	S	F	G	B	S	F	G	B	S	F	G
10	1	0.305	0.240	27	2	1.706	1.339	57	5	8.845	6.944
	1.5	0.427	0.335		3	2.436	1.912	65	3	6.385	5.012
	2	0.528	0.415	32	2	2.053	1.611		4	8.349	6.554
12	1	0.375	0.294		3	2.956	2.320		5	10.23	8.031
	1.5	0.531	0.417		4	3.777	2.965	70	3	6.904	5.420
	2	0.667	0.524	36	2	2.330	1.829		4	9.042	7.098
14	1	0.444	0.348		3	3.371	2.647		5	11.10	8.711
	1.5	0.635	0.498		4	4.331	3.400	85	4	11.12	8.730
	2	0.806	0.632	41	3	3.891	3.054		5	13.70	10.75
19	1	0.617	0.484		4	5.024	3.944		6	16.19	12.71
	1.5	0.895	0.702		5	6.074	4.768	95	4	12.51	9.817
	2	1.152	0.904	46	3	4.411	3.462		5	15.43	12.11
21	1	0.686	0.539		4	5.716	4.487		6	18.27	14.34
	2	1.291	1.013		5	6.940	5.448	105	4	13.89	10.91
	3	1.813	1.423	57	3	5.554	4.360		5	17.16	13.47
27	1	0.894	0.702		4	7.241	5.684		6	20.35	15.97

注：内外六角形钢管理论质量推荐计算公式见下式：

$$G=0.027\ 19S\ (B-1.186\ 2S)$$

式中　G——内外六角形钢管的理论质量（kg/m，按 $R=1.5s$，钢的密度按 7.85kg/dm³）；

　　　B——内外六角形钢管的对边距离（mm）；

　　　S——内外六角形钢管的公称壁厚（mm）。

表 5-29　冷拔无缝直角梯形钢管的尺寸规格

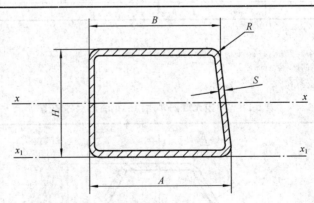

D-6 直角梯形钢管

基本尺寸/mm				截面面积/cm²	理论质量/(kg/m)	基本尺寸/mm				截面面积/cm²	理论质量/(kg/m)
A	B	H	S	F	G	A	B	H	S	F	G
35	20	35	2	2.312	1.815	45	32	50	2	3.337	2.619
	25	30	2	2.191	1.720		40	30	1.5	2.051	1.610
	30	25	2	2.076	1.630	50	35	60	2.2	4.265	3.348

续表 5-29

基本尺寸/mm				截面面积 /cm²	理论质量 / (kg/m)	基本尺寸/mm				截面面积 /cm²	理论质量 / (kg/m)
A	B	H	S	F	G	A	B	H	S	F	G
50	40	30	1.5	2.138	1.679	50	45	40	2	3.276	2.572
		35	1.5	2.287	1.795	55	50	40	2	3.476	2.729
	45	30	1.5	2.201	1.728	60	55	50	1.5	3.099	2.433
			2	2.876	2.258	—	—	—	—	—	—

注：直角梯形钢管理论质量推荐计算公式见下式：

$$G=\{S[A+B+H+0.283185S+\frac{H}{\sin\alpha}-\frac{2S}{\sin\alpha}-2S(\tan\frac{180°-\alpha}{2}+\tan\frac{\alpha}{2})]\}0.00785$$

$$\alpha=\arctan\frac{H}{A-B}$$

式中　G——直角梯形钢管的理论质量（kg/m，按 $R=1.5S$，钢的密度按 7.85kg/dm³）；
　　　A——直角梯形钢管的下底（mm）；
　　　B——直角梯形钢管的上底（mm）；
　　　C——直角梯形钢管的高（mm）；
　　　S——直角梯形钢管的公称壁厚（mm）。

（3）牌号和化学成分

①优质碳素结构钢的牌号为 10，20，35 和 45，其化学成分应符合 GB/T 699 的规定；
②碳素结构钢的牌号为 Q195，Q215 和 Q235，其化学成分应符合 GB/T 700 的规定；
③低合金高强度结构钢的牌号为 Q345 和 Q390，其化学成分应符合 GB/T 1591 的规定。

（4）力学性能（表 5-30）

表 5-30　冷拔异型钢管的力学性能

序号	牌号	质量 等级	抗拉强度 R_m/MPa	下屈服强度 R_{eL}/MPa	断后伸长率 A/%	冲击试验	
			≥			温度/℃	吸收功 A_{KV2}/J ≥
1	10	—	335	205	24	—	—
2	20	—	410	245	20	—	—
3	35	—	510	305	17	—	—
4	45	—	590	335	14	—	—
5	Q195	—	315～430	195	33	—	—
6	Q215	A	335～450	215	30	—	—
		B				+20	27
7	Q235	A	370～500	235	25	—	—
		B				+20	27
		C				0	
		D				−20	
8	Q345	A	470～630	345	20	—	34
		B				+20	
		C				0	
		D			21	−20	
		E				−40	27
9	Q390	A	490～650	390	18	—	34
		B				+20	
		C				0	
		D			19	−20	
		E				−40	27

5.1.11　高压化肥设备用无缝钢管（GB 6479—2000）

（1）用途　高压化肥设备用无缝钢管适用于工作温度为−40～+400℃、工作压力为 10～32MPa 的化工设备和管道，主要用于输送合成氨、尿素、甲醇等化工介质。

（2）尺寸规格　钢管外径为 14～426mm，壁厚不大于 45mm。

（3）牌号和化学成分（表 5-31、表 5-32）

表 5-31　高压化肥设备用无缝钢管的牌号和化学成分　　　　　　（%）

牌　号	化学成分（质量分数）									P	S
	C	Si	Mn	Cr	Mo	V	W	Nb	Ni	≤	
10	0.07～0.14	0.17～0.37	0.35～0.65	—	—	—	—	—	—	0.030	0.030
20	0.17～0.24	0.17～0.37	0.35～0.65	—	—	—	—	—	—	0.030	0.030
Q345	0.12～0.20	0.20～0.60	1.20～1.60	—	—	—	—	—	—	0.030	0.030
Q390	0.12～0.18	0.20～0.60	1.20～1.60	—	—	0.04～0.12	—	—	—	0.030	0.030
10MoWVNb	0.07～0.13	0.50～0.80	0.50～0.80	—	0.60～0.90	0.30～0.50	0.50～0.90	0.06～0.12	—	0.030	0.030
12CrMo	0.08～0.15	0.17～0.37	0.40～0.70	0.40～0.70	0.40～0.55	—	—	—	—	0.030	0.030
15CrMo	0.12～0.18	0.17～0.37	0.40～0.70	0.80～1.10	0.40～0.55	—	—	—	—	0.030	0.030
1Cr5Mo	≤0.15	≤0.50	≤0.60	4.00～6.00	0.45～0.60	—	—	—	≤0.60	0.030	0.030
12Cr2Mo	0.80～0.15	≤0.50	0.40～0.70	2.0～2.50	0.90～1.20	—	—	—	—	0.030	0.030
12SiMoVNb	0.08～0.14	0.50～0.80	0.60～0.90	—	0.90～1.10	0.30～0.50	—	0.04～0.08	—	0.030	0.030

表 5-32　各牌号的残余元素含量

牌　　号	残余元素（质量分数）≤				
	Ni	Cr	Cu	Mo	V
10	0.25	0.15	0.20	—	—
20	0.25	0.25	0.20	0.15	0.08
其他	0.30	0.30	0.20	—	—

（4）力学性能（表 5-33、表 5-34）

表 5-33　高压化肥设备用无缝钢管的力学性能

序号	牌　　号	力　学　性　能				
		抗拉强度 σ_b/MPa	屈服点 σ_s/MPa	断后伸长率 δ_5/%	断面收缩率 ψ/%	冲击吸收功 A_{KU2}/J
			≥			
1	10	335～490	205	24	—	—
2	20	410～550	245	24	—	39
3	Q345	490～670	320	21	—	47
4	Q390	510～690	350	19	—	47
5	12CrMo	410～560	205	21	—	55
6	15CrMo	440～640	235	21	—	47
7	12Cr2Mo	450～600	280	20	—	38
8	10MoWVNb	470～670	295	19	—	62
9	1Cr5Mo	390～590	195	22	—	94
10	12SiMoVNb	≥470	315	19	50	47

表 5-34　高压化肥设备用无缝钢管的低温冲击性能

牌　号	试验温度/℃	试 样 方 向	冲击吸收功 A_{KV}/J	
			试样尺寸/mm	
			10×10×55	5×10×55
10	−20	纵向	≥18	≥12
20				
Q345	−40		≥21	≥14

5.1.12　薄壁不锈钢水管（CJ/T 151—2001）

（1）用途　薄壁不锈钢水管适用于工作压力不大于 1.6MPa，输送饮用净水、生活饮用水、热水和温度不大于 135℃的高温水等，其他如海水、空气、医用气体等管道亦可参照使用。

（2）尺寸规格（表 5-35）

表 5-35　薄壁不锈钢水管的尺寸规格

公称通径 DN/mm	管子外径 D_W/mm	外径允许偏差/mm	壁厚 S/mm	质量 W/（kg/m）	
				0Cr18Ni9	0Cr17Ni12Mo2，00Cr17Ni14Mo2
10	10	±0.10	0.8		
	12				
15	14		0.6		
	16				
20	20		1.0		
	22				
25	25.4		0.8		
	28				
32	35	±0.12			
	38		1.2		
40	40		1.0	$W=0.02491$ $(D_W-S)\times S$	$W=0.02507$ $(D_W-S)\times S$
	42	±0.15			
50	50.8				
	54	±0.18			
65	67	±0.20	1.2	1.5	
	70				
80	76.1	±0.23			
	88.9	±0.25	1.5	2.0	
100	102				
	108	±0.4%D_W			
125	133		2.0		
150	159			3.0	

（3）牌号和化学成分（表 5-36、表 5-37）

表 5-36　薄壁不锈钢水管的牌号和化学成分　　　　　　　　　　　　（%）

牌　号	化学成分（质量分数）							
	C	Si	Mn	P	S	Ni	Cr	Mo
0Cr18Ni9	≤0.07					8.00～11.00	17.00～19.00	—
0Cr17Ni12Mo2	≤0.08	≤1.00	≤2.00	≤0.035	≤0.030	10.00～14.00	16.00～18.00	2.00～3.00
00Cr17Ni14Mo2	≤0.03					12.00～15.00		

注：不锈钢新旧牌号对照见附录 D。

表 5-37　薄壁不锈钢水管的牌号和用途

牌　号	用　途
0Cr18Ni9（304）	饮用净水、生活饮用水、空气、医用气体、热水等管道用
0Cr17Ni12Mo2（316）	耐腐蚀性应用在比 0Cr18Ni9 更高的场合
00Cr17Ni14Mo2（316L）	海水

注：不锈钢新旧牌号对照见附录 D。

（4）力学性能（表 5-38）

表 5-38　薄壁不锈钢水管的力学性能

牌　号	抗拉强度 σ_b/MPa	伸长率 δ/%
0Cr18Ni9	≥520	
0Cr17Ni12Mo2		≥35
00Cr17Ni14Mo2	≥480	

注：不锈钢新旧牌号对照见附录 D。

5.2　焊 接 钢 管

　　焊接钢管简称焊管，是以钢带和钢板为原料，经卷曲成管、筒后焊接而成的周边有接缝的钢管。焊接钢管按焊缝形式分为直缝焊管和螺旋焊管两类。直缝焊管生产工艺简单，生产效率高，成本低，但焊缝强度相对较低；螺旋焊管能用较窄的钢带生产，还可以用相同宽度的坯料生产管径不同的焊管，焊缝强度相对较高，但是与相同长度的直缝焊管相比，其焊缝的长度增加 30%～100%，故生产效率低，成本偏高。一般情况下，小口径的焊管大都采用直缝焊，大口径的焊管则采用螺旋缝焊。与无缝钢管相比，焊接钢管壁厚均匀，钢管内外表面质量好，生产效率高，成本低，且随着焊接技术水平的提高，焊缝的质量可以与金属基体质量相同，甚至高于金属基体的质量，因而在许多方面已取代无缝钢管，获得越来越广泛的应用。焊接钢管按断面形状分为圆形管和异形管。

5.2.1　焊接钢管的尺寸规格和理论质量（GB/T 21835—2008）（表 5-39～表 5-41）

表 5-39　普通焊接钢管的尺寸及单位长度理论质量

系　列			壁厚/mm										
系　列　1			0.5	0.6	0.8	1.0	1.2	1.4		1.6		1.8	
系　列　2									1.5		1.7		1.9
外径/mm			单位长度理论质量/（kg/m）										
系列1	系列2	系列3											
10.2			0.120	0.142	0.185	0.227	0.266	0.304	0.322	0.339	0.356	0.373	0.389

续表 5-39

系 列			壁厚/mm									
系 列 1			0.5	0.6	0.8	1.0	1.2	1.4		1.6		1.8	
系 列 2									1.5		1.7		1.9
外径/mm			单位长度理论质量/（kg/m）										
系列1	系列2	系列3											
	12		0.142	0.169	0.221	0.271	0.320	0.366	0.388	0.410	0.432	0.453	0.473
	12.7		0.150	0.179	0.235	0.289	0.340	0.390	0.414	0.438	0.461	0.484	0.506
13.5			0.160	0.191	0.251	0.308	0.364	0.418	0.444	0.470	0.495	0.519	0.544
		14	0.166	0.198	0.260	0.321	0.379	0.435	0.462	0.489	0.516	0.542	0.567
	16		0.191	0.228	0.300	0.370	0.438	0.504	0.536	0.568	0.600	0.630	0.661
17.2			0.206	0.246	0.324	0.400	0.474	0.546	0.581	0.616	0.650	0.684	0.717
		18	0.216	0.257	0.339	0.419	0.497	0.573	0.610	0.647	0.683	0.719	0.754
	19		0.228	0.272	0.359	0.444	0.527	0.608	0.647	0.687	0.725	0.764	0.801
	20		0.240	0.287	0.379	0.469	0.556	0.642	0.684	0.726	0.767	0.808	0.848
21.3			0.256	0.306	0.404	0.501	0.595	0.687	0.732	0.777	0.822	0.866	0.909
		22	0.265	0.317	0.418	0.518	0.616	0.711	0.758	0.805	0.851	0.897	0.942
	25		0.302	0.361	0.477	0.592	0.704	0.815	0.869	0.923	0.977	1.03	1.082
		25.4	0.307	0.367	0.485	0.602	0.716	0.829	0.884	0.939	0.994	1.05	1.10
26.9			0.326	0.389	0.515	0.639	0.761	0.880	0.940	0.998	1.06	1.11	1.17
		30	0.364	0.435	0.576	0.715	0.852	0.987	1.05	1.12	1.19	1.25	1.32
	31.8		0.386	0.462	0.612	0.760	0.906	1.05	1.12	1.19	1.26	1.33	1.40
	32		0.388	0.465	0.616	0.765	0.911	1.06	1.13	1.20	1.27	1.34	1.41
33.7			0.409	0.490	0.649	0.806	0.962	1.12	1.19	1.27	1.34	1.42	1.49
		35	0.425	0.509	0.675	0.838	1.00	1.16	1.24	1.32	1.40	1.47	1.55
	38		0.462	0.553	0.734	0.912	1.09	1.26	1.35	1.44	1.52	1.61	1.69
	40		0.487	0.583	0.773	0.962	1.15	1.33	1.42	1.52	1.61	1.70	1.79
42.4			0.517	0.619	0.821	1.02	1.22	1.42	1.51	1.61	1.71	1.80	1.90
		44.5	0.543	0.650	0.862	1.07	1.28	1.49	1.59	1.69	1.79	1.90	2.00
48.3				0.706	0.937	1.17	1.39	1.62	1.73	1.84	1.95	2.06	2.17
	51			0.746	0.990	1.23	1.47	1.71	1.83	1.95	2.07	2.18	2.30
		54		0.79	1.05	1.31	1.56	1.82	1.94	2.07	2.19	2.32	2.44
	57			0.835	1.11	1.38	1.65	1.92	2.05	2.19	2.32	2.45	2.58
60.3				0.883	1.17	1.46	1.75	2.03	2.18	2.32	2.46	2.60	2.74
	63.5			0.931	1.24	1.54	1.84	2.14	2.29	2.44	2.59	2.74	2.89
	70				1.37	1.70	2.04	2.37	2.53	2.70	2.86	3.03	3.19
		73			1.42	1.78	2.12	2.47	2.64	2.82	2.99	3.16	3.33
76.1					1.49	1.85	2.22	2.58	2.76	2.94	3.12	3.30	3.48
		82.5			1.61	2.01	2.41	2.80	3.00	3.19	3.39	3.58	3.78
88.9					1.74	2.17	2.60	3.02	3.23	3.44	3.66	3.87	4.08
	101.6						2.97	3.46	3.70	3.95	4.19	4.43	4.67
		108					3.16	3.68	3.94	4.20	4.46	4.71	4.97
114.3							3.35	3.90	4.17	4.45	4.72	4.99	5.27
	127									4.95	5.25	5.56	5.86

续表 5-39

系 列			壁厚/mm									
系 列 1			0.5	0.6	0.8	1.0	1.2	1.4		1.6		1.8	
系 列 2									1.5		1.7		1.9
外径/mm			单位长度理论质量/（kg/m）										
系列1	系列2	系列3											
	133									5.18	5.50	5.82	6.14
139.7										5.45	5.79	6.12	6.46
		141.3								5.51	5.85	6.19	6.53
		152.4								5.95	6.32	6.69	7.05
		159								6.21	6.59	6.98	7.36
		165								6.45	6.85	7.24	7.64
168.3										6.58	6.98	7.39	7.80
		177.8										7.81	8.24
		190.7										8.39	8.85
		193.7										8.52	8.99
219.1												9.65	10.18

系 列			壁厚/mm									
系 列 1			2.0		2.3		2.6		2.9		3.2		3.6
系 列 2				2.2		2.4		2.8		3.1		3.4	
外径/mm			单位长度理论质量/（kg/m）										
系列1	系列2	系列3											
10.2			0.404	0.434	0.448	0.462	0.487	0.511	0.522				
	12		0.493	0.532	0.550	0.568	0.603	0.635	0.651	0.680			
	12.7		0.528	0.570	0.590	0.610	0.648	0.684	0.701	0.734			
13.5			0.567	0.613	0.635	0.657	0.699	0.739	0.758	0.795			
		14	0.592	0.640	0.664	0.687	0.731	0.773	0.794	0.833			
	16		0.691	0.749	0.777	0.805	0.859	0.911	0.937	0.986	1.01	1.06	1.10
17.2			0.750	0.814	0.845	0.876	0.936	0.994	1.02	1.08	1.10	1.16	1.21
		18	0.789	0.857	0.891	0.923	0.987	1.05	1.08	1.14	1.17	1.22	1.28
	19		0.838	0.911	0.947	0.983	1.05	1.12	1.15	1.22	1.25	1.31	1.37
	20		0.888	0.966	1.00	1.04	1.12	1.19	1.22	1.29	1.33	1.39	1.46
21.3			0.952	1.04	1.08	1.12	1.20	1.28	1.32	1.39	1.43	1.50	1.57
	22		0.986	1.07	1.12	1.16	1.24	1.33	1.37	1.44	1.48	1.56	1.63
	25		1.13	1.24	1.29	1.34	1.44	1.53	1.58	1.67	1.72	1.81	1.90
		25.4	1.15	1.26	1.31	1.36	1.46	1.56	1.61	1.70	1.75	1.84	1.94
26.9			1.23	1.34	1.40	1.45	1.56	1.66	1.72	1.82	1.87	1.97	2.07
		30	1.38	1.51	1.57	1.63	1.76	1.88	1.94	2.06	2.11	2.23	2.34
	31.8		1.47	1.61	1.67	1.74	1.87	2.00	2.07	2.19	2.26	2.38	2.50
	32		1.48	1.62	1.68	1.75	1.89	2.02	2.08	2.21	2.27	2.40	2.52
33.7			1.56	1.71	1.78	1.85	1.99	2.13	2.20	2.34	2.41	2.54	2.67
		35	1.63	1.78	1.85	1.93	2.08	2.22	2.30	2.44	2.51	2.65	2.79
	38		1.78	1.94	2.02	2.11	2.27	2.43	2.51	2.67	2.75	2.90	3.05

续表 5-39

系 列 1			2.0		2.3		2.6		2.9		3.2		3.6
系 列 2				2.2		2.4		2.8		3.1		3.4	
外径/mm			单位长度理论质量/（kg/m）										
系列1	系列2	系列3											
	40		1.87	2.05	2.14	2.23	2.40	2.57	2.65	2.82	2.90	3.07	3.23
42.4			1.99	2.18	2.27	2.37	2.55	2.73	2.82	3.00	3.09	3.27	3.44
		44.5	2.10	2.29	2.39	2.49	2.69	2.88	2.98	3.17	3.26	3.45	3.63
48.3			2.28	2.50	2.61	2.72	2.93	3.14	3.25	3.46	3.56	3.76	3.97
	51		2.42	2.65	2.76	2.88	3.10	3.33	3.44	3.66	3.77	3.99	4.21
		54	2.56	2.81	2.93	3.05	3.30	3.54	3.65	3.89	4.01	4.24	4.47
	57		2.71	2.97	3.10	3.23	3.49	3.74	3.87	4.12	4.25	4.49	4.74
60.3			2.88	3.15	3.29	3.43	3.70	3.97	4.11	4.37	4.51	4.77	5.03
	63.5		3.03	3.33	3.47	3.62	3.90	4.19	4.33	4.62	4.76	5.04	5.32
	70		3.35	3.68	3.84	4.00	4.32	4.64	4.80	5.11	5.27	5.58	5.90
		73	3.50	3.84	4.01	4.18	4.51	4.85	5.01	5.34	5.51	5.84	6.16
76.1			3.65	4.01	4.19	4.36	4.71	5.06	5.24	5.58	5.75	6.10	6.44
		82.5	3.97	4.36	4.55	4.74	5.17	5.50	5.69	6.07	6.26	6.63	7.00
88.9			4.29	4.70	4.91	5.12	5.53	5.95	6.15	6.56	6.76	7.17	7.57
	101.6		4.91	5.39	5.63	5.87	6.35	6.82	7.06	7.53	7.77	8.23	8.70
		108	5.23	5.74	6.00	6.25	6.76	7.26	7.52	8.02	8.27	8.77	9.27
114.3			5.54	6.08	6.35	6.62	7.16	7.70	7.97	8.50	8.77	9.30	9.83
	127		6.17	6.77	7.07	7.37	7.98	8.58	8.88	9.47	9.77	10.36	10.96
	133		6.46	7.10	7.41	7.73	8.36	8.99	9.30	9.93	10.24	10.87	11.49
139.7			6.79	7.46	7.79	8.13	8.79	9.45	9.78	10.44	10.77	11.43	12.08
		141.3	6.87	7.55	7.88	8.22	8.89	9.56	9.90	10.57	10.90	11.56	12.23
		152.4	7.42	8.15	8.51	8.88	9.61	10.33	10.69	11.41	11.77	12.49	13.21
		159	7.74	8.51	8.89	9.27	10.03	10.79	11.16	11.92	12.30	13.05	13.80
		165	8.04	8.83	9.23	9.62	10.41	11.20	11.59	12.38	12.77	13.55	14.33
168.3			8.20	9.01	9.42	9.82	10.62	11.43	11.83	12.63	13.03	13.83	14.62
		177.8	8.67	9.53	9.95	10.38	11.23	12.08	12.51	13.36	13.78	14.62	15.47
		190.7	9.31	10.23	10.69	11.15	12.06	12.97	13.43	14.34	14.80	15.70	16.61
		193.7	9.46	10.39	10.86	11.32	12.25	13.18	13.65	14.57	15.03	15.96	16.88
219.1			10.71	11.77	12.30	12.83	13.88	14.94	15.46	16.51	17.04	18.09	19.13
		244.5	11.96	13.15	13.73	14.33	15.51	16.69	17.28	18.46	19.04	20.22	21.39
273.1			13.37	14.70	15.36	16.02	17.34	18.66	19.32	20.64	21.30	22.61	23.93
323.9							20.60	22.17	22.96	24.53	25.31	26.87	28.44
355.6							22.63	24.36	25.22	26.95	27.81	29.53	31.25
406.4							25.89	27.87	28.86	30.83	31.82	33.79	35.76
457											35.81	38.03	40.25
508											39.84	42.31	44.78
	559										43.86	46.59	49.31
610											47.89	50.86	53.84

续表 5-39

系 列			壁厚/mm										
系 列 1				4.0		4.5		5.0		5.4		5.6	
系 列 2			3.8		4.37		4.78		5.16		5.56		6.02
外径/mm			单位长度理论质量/（kg/m)										
系列1	系列2	系列3											
	16		1.14										
17.2			1.26										
		18	1.33										
	19		1.42										
	20		1.52	1.58	1.68								
21.3			1.64	1.71	1.82	1.86	1.95						
		22	1.71	1.78	1.90	1.94	2.03						
	25		1.99	2.07	2.22	2.28	2.38	2.47					
		25.4	2.02	2.11	2.27	2.32	2.43	2.52					
26.9			2.16	2.26	2.43	2.49	2.61	2.70	2.77				
		30	2.46	2.56	2.76	2.83	2.97	3.08	3.16				
	31.8		2.62	2.74	2.96	3.03	3.19	3.30	3.39				
	32		2.64	2.76	2.98	3.05	3.21	3.33	3.42				
33.7			2.80	2.93	3.16	3.24	3.41	3.54	3.63				
		35	2.92	3.06	3.30	3.38	3.56	3.70	3.80				
	38		3.21	3.35	3.62	3.72	3.92	4.07	4.18				
	40		3.39	3.55	3.84	3.94	4.15	4.32	4.43				
42.4			3.62	3.79	4.10	4.21	4.43	4.61	4.74	4.93	5.05	5.08	5.40
		44.5	3.81	4.00	4.32	4.44	4.68	4.87	5.01	5.21	5.34	5.37	5.71
48.3			4.17	4.37	4.73	4.86	5.13	5.34	5.49	5.71	5.86	5.90	6.28
	51		4.42	4.64	5.03	5.16	5.45	5.67	5.83	6.07	6.23	6.27	6.68
		54	4.70	4.93	5.35	5.49	5.80	6.04	6.22	6.47	6.64	6.68	7.12
	57		4.99	5.23	5.67	5.83	6.16	6.41	6.60	6.87	7.05	7.10	7.57
60.3			5.29	5.55	6.03	6.19	6.54	6.82	7.02	7.31	7.51	7.55	8.06
	63.5		5.59	5.87	6.37	6.55	6.92	7.21	7.42	7.74	7.94	8.00	8.53
	70		6.20	6.51	7.07	7.27	7.69	8.01	8.25	8.60	8.84	8.89	9.50
		73	6.48	6.81	7.40	7.60	8.04	8.38	8.63	9.00	9.25	9.31	9.94
76.1			6.78	7.11	7.73	7.95	8.41	8.77	9.03	9.42	9.67	9.74	10.40
	82.5		7.38	7.74	8.42	8.66	9.16	9.56	9.84	10.27	10.55	10.62	11.35
88.9			7.98	8.38	9.11	9.37	9.92	10.35	10.66	11.12	11.43	11.50	12.30
	101.6		9.17	9.63	10.48	10.78	11.41	11.91	12.27	12.81	13.17	13.26	14.19
		108	9.76	10.26	11.17	11.49	12.17	12.70	13.09	13.66	14.05	14.14	15.14
114.3			10.36	10.88	11.85	12.19	12.91	13.48	13.89	14.50	14.91	15.01	16.08
	127		11.55	12.13	13.22	13.59	14.41	15.04	15.50	16.19	16.65	16.77	17.96
	133		12.11	12.73	13.86	14.26	15.11	15.78	16.27	16.99	17.74	17.59	18.85
139.7			12.74	13.39	14.58	15.00	15.90	16.61	17.12	17.89	18.39	18.52	19.85
		141.3	12.89	13.54	14.76	15.18	16.09	16.81	17.32	18.10	18.61	18.74	20.08
		152.4	13.93	14.64	15.95	16.41	17.40	18.18	18.74	19.58	20.13	20.27	21.73

续表 5-39

系列			壁厚/mm										
系列 1				4.0		4.5		5.0		5.4		5.6	
系列 2			3.8		4.37		4.78		5.16		5.56		6.02
外径/mm			单位长度理论质量/（kg/m）										
系列1	系列2	系列3											
		159	14.54	15.29	16.66	17.15	18.18	18.99	19.58	20.46	21.04	21.19	22.71
		165	15.11	15.88	17.31	17.81	18.89	19.73	20.34	21.25	21.86	22.01	23.60
168.3			15.42	16.21	17.67	18.18	19.28	20.14	20.76	21.69	22.31	22.47	24.09
		177.8	16.31	17.14	18.69	19.23	20.40	21.31	21.97	22.96	23.62	23.78	25.50
		190.7	17.52	18.42	20.08	20.66	21.92	22.90	23.61	24.68	25.39	25.56	27.42
		193.7	17.80	18.71	20.40	21.00	22.27	23.27	23.99	25.08	25.80	25.98	27.86
219.1			20.18	21.22	23.14	23.82	25.26	26.40	27.22	28.46	29.28	29.49	31.63
		244.5	22.56	23.72	25.88	26.63	28.26	29.53	30.46	31.84	32.76	32.99	35.41
273.1			25.24	26.56	28.96	29.81	31.63	33.06	34.10	35.65	36.68	36.94	39.65
323.9			30.00	31.56	34.44	35.45	37.62	39.32	40.56	42.42	43.65	43.96	47.19
355.6			32.97	34.68	37.85	38.96	41.36	43.23	44.59	46.64	48.00	48.34	51.90
406.4			37.73	39.70	43.33	44.60	47.34	49.50	51.06	53.40	54.96	55.35	59.44
457			42.47	44.69	48.78	50.23	53.31	55.73	57.50	60.14	61.90	62.34	66.95
508			47.25	49.72	54.28	55.88	59.32	62.02	63.99	66.93	68.89	69.38	74.53
		559	52.03	54.75	59.77	61.54	65.33	68.31	70.48	73.72	75.89	76.43	82.10
610			56.81	59.78	65.27	67.20	71.34	74.60	76.97	80.52	82.88	83.47	89.67
		660		64.71	70.66	72.75	77.24	80.77	83.33	87.17	89.74	90.38	97.09
711				69.74	76.15	78.41	83.25	87.06	89.82	93.97	96.38	97.42	104.66
	762			74.77	81.65	84.06	89.26	93.34	96.31	100.76	103.72	104.46	112.23
813				79.80	87.15	89.72	95.27	99.63	102.80	107.55	110.71	111.51	119.81
		864		84.84	92.64	95.38	101.29	105.92	109.29	114.34	117.71	118.55	127.38
914				89.76	98.03	100.93	107.18	112.09	115.65	121.00	124.56	125.45	134.80
		965		94.80	103.53	106.59	113.19	118.38	122.14	127.79	131.56	132.50	142.37
1 016				99.83	109.02	112.25	119.20	124.66	128.63	134.58	138.55	139.54	149.94
1 067								130.95	135.12	141.38	145.54	146.58	157.52
1 118								137.24	141.61	148.17	152.54	153.63	165.09
	1 168							143.41	147.98	154.83	159.39	160.53	172.51
1 219								149.70	154.47	161.62	166.38	167.58	180.08
	1 321											181.66	195.22
1 422												195.61	210.22

系列			壁厚/mm										
系列 1			6.3		7.1		8.0		8.8		10		11	
系列 2				6.35		7.92		8.74		9.53		10.31	
外径/mm			单位长度理论质量/（kg/m）										
系列1	系列2	系列3											
	70		9.90	9.97									
		73	10.36	10.44									
76.1			10.84	10.92									

续表 5-39

系 列			壁厚/mm										
系 列 1			6.3		7.1		8.0		8.8		10		11
系 列 2				6.35		7.92		8.74		9.53		10.31	
外径/mm			单位长度理论质量/（kg/m）										
系列1	系列2	系列3	6.3	6.35	7.1	7.92	8.0	8.74	8.8	9.53	10	10.31	11
		82.5	11.84	11.93									
88.9			12.83	12.93									
	101.6		14.81	14.92									
		108	15.80	15.92									
114.3			16.78	16.91	18.77	20.78	20.97						
	127		18.75	18.89	20.99	23.26	23.48						
	133		19.69	19.83	22.04	24.43	24.66						
139.7			20.73	20.88	23.22	25.74	25.98						
		141.3	20.97	21.13	23.50	26.05	26.30						
		152.4	22.70	22.87	25.44	28.22	28.49						
		159	23.72	23.91	26.60	29.51	29.79	32.39					
		165	24.66	24.84	27.65	30.68	30.97	33.68					
168.3			25.17	25.36	28.23	31.33	31.63	34.39	34.61	37.31	39.04	40.17	42.67
		177.8	26.65	26.85	29.88	33.18	33.50	36.44	36.68	39.55	41.38	42.59	45.25
		190.7	28.65	28.87	32.15	35.70	36.05	39.22	39.48	42.58	44.56	45.87	48.75
		193.7	29.12	29.34	32.67	36.29	36.64	39.87	40.13	43.28	45.30	46.63	49.56
219.1			33.06	33.32	37.12	41.25	41.65	45.34	45.64	49.25	51.57	53.09	56.45
	244.5		37.01	37.29	41.57	46.21	46.66	50.82	51.15	55.22	57.83	59.55	63.34
273.1			41.45	41.77	46.58	51.79	52.30	56.98	57.36	61.95	64.88	66.82	71.10
323.9			49.34	49.73	55.47	61.72	62.34	67.93	68.38	73.88	77.41	79.73	84.88
355.6			54.27	54.69	61.02	67.91	68.58	74.76	75.26	81.33	85.23	87.79	93.48
406.4			62.16	62.65	69.92	77.83	78.60	85.17	86.29	93.27	97.76	100.71	107.26
457			70.02	70.57	78.78	87.71	88.58	96.62	97.27	105.17	110.24	113.58	120.99
508			77.95	78.56	87.71	97.68	98.65	107.61	108.34	117.15	122.81	126.54	134.82
		559	85.87	86.55	96.64	107.64	108.71	118.60	119.41	129.14	135.39	139.51	148.66
610			93.80	94.53	105.57	117.60	118.77	129.60	130.47	141.12	147.97	152.48	162.49
		660	101.56	102.36	114.32	127.36	128.63	140.37	141.32	152.88	160.30	165.19	176.06
711			109.49	110.35	123.25	137.32	138.70	151.37	152.39	164.86	172.88	178.16	189.89
	762		117.41	118.34	132.18	147.29	148.76	162.36	163.46	176.85	185.45	191.12	203.73
813			125.33	126.32	141.11	157.25	158.82	173.35	174.53	188.83	198.03	204.09	217.56
		864	133.26	134.31	150.04	167.21	168.88	184.34	185.60	200.82	210.61	217.06	231.40
914			141.03	142.14	158.80	176.97	178.75	195.12	196.45	212.57	222.94	229.77	244.96
		965	148.95	150.13	167.73	186.94	188.81	206.11	207.52	224.56	235.52	242.74	258.80
1 016			156.87	158.11	176.66	196.90	198.87	217.11	218.58	236.54	248.09	255.71	272.63
1 067			164.80	166.10	185.58	206.86	208.93	228.10	229.65	248.53	260.67	268.67	286.47
1 118			172.72	174.08	194.51	216.82	218.99	239.09	240.72	260.52	273.25	281.64	300.30
	1 168		180.49	181.91	203.27	226.59	228.86	249.87	251.57	272.27	285.58	294.35	313.87
1 219			188.41	189.90	212.20	236.55	238.92	260.86	262.64	284.25	298.16	307.32	327.70

续表 5-39

系　列			壁厚/mm										
系　列　1			6.3		7.1		8.0		8.8		10		11
系　列　2				6.35		7.92		8.74		9.53		10.31	
外径/mm			单位长度理论质量/（kg/m）										
系列1	系列2	系列3											
		1 321	204.26	205.87	230.06	256.47	259.04	282.85	284.78	308.23	323.31	333.26	355.37
1 422			219.95	221.69	247.74	276.20	278.97	304.62	306.69	331.96	348.22	358.94	382.77
		1 524	235.80	237.66	265.60	296.12	299.09	326.60	328.83	355.94	373.38	384.87	410.44
1 626			251.65	253.64	283.46	316.04	319.22	348.59	350.97	379.91	398.53	410.81	438.11
		1 727			301.15	335.77	339.14	370.36	372.89	403.65	423.44	436.49	465.51
1 829					319.01	355.69	359.27	392.34	395.02	427.62	448.59	462.42	493.18
	1 930					379.20	414.11	416.94	451.36	473.50	488.10	520.58
2 032						399.32	436.10	439.08	475.33	498.66	514.04	548.25
		2 134							461.21	499.30	523.81	539.97	575.92
2 235									483.13	523.04	548.72	565.65	603.32
	2 337										573.87	591.58	630.99
	2 438										598.78	617.26	658.39
2 540											623.94	643.20	686.06

系　列			壁厚/mm										
系　列　1				12.5		14.2		16		17.5		20	
系　列　2			11.91		12.70		15.09		16.66		19.05		20.62
外径/mm			单位长度理论质量/（kg/m）										
系列1	系列2	系列3											
168.3			45.93	48.03	48.73								
		177.8	48.72	50.96	51.71								
		190.7	52.51	54.93	55.75								
		193.7	53.40	55.86	56.69								
219.1			60.86	63.69	64.64	71.75							
		244.5	68.32	71.52	72.60	80.65							
273.1			76.72	80.33	81.56	90.67							
323.9			91.64	95.99	97.47	108.45	114.92	121.49	126.23	132.23			
355.6			100.95	105.77	107.40	119.56	126.72	134.00	139.26	145.92			
406.4			115.87	121.43	123.31	137.35	145.62	154.05	160.13	167.84	181.98	190.58	196.18
457			130.73	137.03	139.16	155.07	164.45	174.01	180.92	189.68	205.75	215.54	221.91
508			145.71	152.75	155.13	172.93	183.43	194.14	201.87	211.69	229.71	240.70	247.84
		559	160.69	168.47	171.10	190.79	202.41	214.26	222.83	233.70	253.67	265.85	273.78
610			175.67	184.19	187.07	208.65	221.39	234.38	243.78	255.71	277.63	291.01	299.71
		660	190.36	199.60	202.74	226.15	240.00	254.11	264.32	277.29	301.12	315.67	325.14
711			205.34	215.33	218.71	244.01	258.98	274.24	285.28	299.30	325.08	340.82	351.07
	762		220.32	231.05	234.68	261.87	277.96	294.36	306.23	321.31	349.04	365.98	377.01
813			235.29	246.77	250.65	279.73	296.94	314.48	327.18	343.32	373.00	391.13	402.94
		864	250.27	262.49	266.63	297.59	315.92	334.61	348.14	365.33	396.96	416.29	428.88
914			264.96	277.90	282.29	315.10	334.52	354.34	368.68	386.91	420.45	440.95	454.30

续表 5-39

系　列	壁厚/mm										
系　列 1		12.5		14.2		16		17.5		20	
系　列 2	11.91		12.70		15.09		16.66		19.05		20.62

外径/mm			单位长度理论质量/（kg/m）										
系列1	系列2	系列3	11.91	12.5	12.70	15.09	16	16.66	17.5	19.05	20	20.62	
		965	279.94	293.63	298.26	332.96	353.50	374.46	389.64	408.92	444.41	466.10	480.24
1 016			294.92	309.35	314.23	350.82	372.48	394.58	410.59	430.93	468.37	491.26	506.17
1 067			309.90	325.07	330.21	368.68	391.46	414.71	431.54	452.94	492.33	516.41	532.11
1 118			324.88	340.79	346.18	386.54	410.44	434.83	452.50	474.95	516.29	541.57	558.04
	1 168		339.56	356.20	361.84	404.05	429.05	454.56	473.04	496.53	539.78	566.23	583.47
1 219			354.54	371.93	377.81	421.91	448.03	474.68	493.99	518.54	563.74	591.38	609.40
	1 321		384.50	403.37	409.76	457.63	485.98	514.93	535.90	562.56	611.66	641.69	661.27
1 422			414.17	434.50	441.39	493.00	523.57	554.79	577.40	606.15	659.11	691.51	712.63
	1 524		444.13	465.95	473.34	528.72	561.53	595.03	619.31	650.17	707.03	741.82	764.50
1 626			474.09	497.39	505.29	564.44	599.49	635.28	661.21	694.19	754.95		
	1 727		503.75	528.53	536.92	599.81	637.07	675.13	702.71	737.78	802.40		
1 829			533.71	559.97	568.87	635.53	675.03	715.38	744.62	781.80	850.32		
	1 930		563.38	591.11	600.50	670.90	712.62	755.23	786.12	825.39	897.77		
2 032			593.34	622.55	632.45	706.62	750.58	795.48	828.02	869.41	945.69	992.38	1 022.83
	2 134		623.30	653.99	664.39	742.34	788.54	835.73	869.93	913.43	993.61	1 042.69	1 074.70
2 235			652.96	685.13	696.03	777.71	826.12	875.58	911.43	957.02	1 041.06	1 092.50	1 126.06
	2 337		682.92	716.57	727.97	813.43	864.08	915.93	953.34	1 001.04	1 088.98	1 142.81	1 177.93
	2 438		712.59	747.71	759.61	848.80	901.67	955.68	994.83	1 044.63	1 136.43	1 192.63	1 229.29
2 540			742.55	779.15	791.55	884.52	939.63	995.93	1 036.74	1 088.65	1 184.35	1 242.94	1 821.16

系　列	壁厚/mm										
系　列 1	22.2		25		28		30		32		36
系　列 2		23.83		26.19		28.58		30.96		34.93	

外径/mm			单位长度理论质量/（kg/m）									
系列1	系列2	系列3	22.2	23.83	25	26.19	28	28.58	30	30.96	32	34.93	36
406.4			210.34	224.83	235.15	245.57	261.29	266.30	278.48			
457			238.05	254.57	266.34	278.25	296.23	301.96	315.91			
508			265.97	283.54	297.79	311.19	331.45	337.91	353.65	364.23	375.64	407.51	419.05
		559	293.89	314.51	329.23	344.13	366.67	373.85	391.37	403.17	415.89	451.45	464.33
610			321.81	344.48	360.67	377.07	401.88	409.80	429.11	442.11	456.14	495.38	509.61
		660	349.19	373.87	391.50	409.37	436.41	445.04	466.10	480.28	495.60	538.45	554.00
711			377.11	403.84	422.94	442.31	471.63	480.99	503.83	519.22	535.85	582.38	599.27
	762		405.03	433.81	454.39	475.25	506.84	516.93	541.57	558.16	576.09	626.32	644.55
813			432.95	463.78	485.83	508.19	542.06	552.88	579.30	597.10	616.34	670.25	689.83
		864	460.87	493.75	517.27	541.13	577.28	588.83	617.03	636.04	656.59	714.18	735.11
914			488.25	523.14	548.10	573.42	611.80	624.07	654.02	674.22	696.05	757.25	779.50
		965	516.17	553.11	579.55	606.36	647.02	660.01	691.76	713.16	736.29	801.19	824.78
1 016			544.09	538.08	610.99	639.30	682.24	695.96	729.49	752.10	776.54	845.12	870.06
1 067			572.01	613.05	642.43	672.24	717.45	731.91	767.22	791.04	816.79	889.05	915.34

续表 5-39

系列			壁厚/mm										
系列 1			22.2		25		28		30		32		36
系列 2				23.83		26.19		28.58		30.96		34.93	
外径/mm			单位长度理论质量/（kg/m)										
系列 1	系列 2	系列 3	22.2	23.83	25	26.19	28	28.58	30	30.96	32	34.93	36
1 118			599.93	643.03	673.88	705.18	752.67	767.85	804.95	829.98	857.04	932.98	960.61
	1 168		627.31	672.41	704.70	737.48	787.20	803.09	841.94	868.15	896.49	976.06	1 005.01
1 219			655.23	702.38	736.15	770.42	822.41	839.04	879.68	907.09	936.74	1 019.99	1 050.28
	1 321		711.07	762.33	799.03	836.30	892.84	910.93	955.14	984.97	1 017.24	1 107.85	1 140.84
1 422			766.37	821.68	861.30	901.53	962.59	982.12	1 029.86	1 062.09	1 096.94	1 194.86	1 230.51
	1 524		822.21	881.63	924.19	967.41	1 033.02	1 054.01	1 105.33	1 139.97	1 177.44	1 282.72	1 321.07
1 626			878.06	941.57	987.08	1 033.29	1 103.45	1 125.90	1 180.79	1 217.85	1 257.93	1 370.59	1 411.62
	1 727		933.35	1 000.92	1 049.35	1 098.53	1 173.20	1 197.09	1 255.52	1 294.96	1 337.64	1 457.59	1 501.29
1 829			989.20	1 060.87	1 112.23	1 164.41	1 243.63	1 268.98	1 330.98	1 372.84	1 418.13	1 545.46	1 591.85
	1 930		1 044.49	1 120.22	1 174.50	1 229.64	1 313.37	1 340.17	1 405.71	1 449.96	1 497.84	1 632.46	1 681.52
2 032			1 100.34	1 180.17	1 237.39	1 295.52	1 383.81	1 412.06	1 481.17	1 527.83	1 578.34	1 720.33	1 772.08
	2 134		1 156.18	1 240.11	1 300.28	1 361.40	1 454.24	1 483.95	1 556.63	1 605.71	1 658.83	1 808.19	1 862.63
2 235			1 211.48	1 299.47	1 362.55	1 426.64	1 523.98	1 555.14	1 631.36	1 682.83	1 738.54	1 895.20	1 952.30
	2 337		1 267.32	1 359.41	1 425.43	1 492.52	1 594.42	1 627.03	1 706.82	1 760.71	1 819.03	1 983.06	2 042.86
	2 438		1 322.61	1 418.77	1 487.70	1 557.75	1 664.16	1 698.22	1 781.55	1 837.82	1 898.74	2 070.07	2 132.53
2 540			1 378.46	1 478.71	1 550.59	1 623.63	1 734.59	1 770.11	1 857.01	1 915.70	1 979.23	2 157.93	2 223.09

系列			壁厚/mm						
系列 1				40	45	50	55	60	65
系列 2			38.1						
外径/mm			单位长度理论质量/（kg/m)						
系列 1	系列 2	系列 3	38.1	40	45	50	55	60	65
508			441.52	461.66	513.82	564.75	614.44	662.90	710.12
		559	489.44	511.97	570.42	627.64	683.62	738.37	791.88
610			537.36	562.28	627.02	690.52	752.79	813.83	873.63
		660	584.34	611.61	682.51	752.18	820.61	887.81	953.78
711			632.26	661.91	739.11	815.06	889.79	963.28	1 035.54
	762		680.18	712.22	795.70	877.95	958.96	1 038.74	1 117.29
813			728.10	762.53	852.30	940.84	1 028.14	1 114.21	1 199.04
		864	776.02	812.84	908.90	1 003.72	1 097.31	1 189.67	1 280.22
914			823.00	862.17	964.39	1 065.38	1 165.13	1 263.66	1 360.94
		965	870.92	912.48	1 020.99	1 128.26	1 234.31	1 339.12	1 442.70
1 016			918.84	962.78	1 077.58	1 191.15	1 303.48	1 414.58	1 524.45
		1 067	966.76	1 013.09	1 134.18	1 254.04	1 372.66	1 490.05	1 606.20
1 118			1 014.68	1 063.40	1 190.78	1 316.92	1 441.83	1 565.51	1 687.96
	1 168		1 061.66	1 112.73	1 246.27	1 378.58	1 509.65	1 639.05	1 768.11
1 219			1 109.58	1 163.04	1 302.87	1 441.46	1 578.83	1 714.96	1 849.86
	1 321		1 205.42	1 263.66	1 416.06	1 567.24	1 717.18	1 865.89	2 013.36
1 422			1 300.32	1 363.29	1 528.15	1 691.78	1 854.17	2 015.34	2 175.27

续表 5-39

系列			壁厚/mm						
系列 1				40	45	50	55	60	65
系列 2			38.1						
外径/mm			单位长度理论质量/（kg/m)						
系列 1	系列 2	系列 3	38.1	40	45	50	55	60	65
	1 524		1 396.16	1 463.91	1 641.35	1 817.55	1 992.53	2 166.27	2 338.77
1 626			1 492.00	1 564.53	1 754.54	1 943.33	2 130.88	2 317.19	2 502.28
	1 727		1 586.90	1 664.16	1 866.63	2 067.87	2 267.87	2 466.64	2 664.18
1 829			1 682.74	1 764.78	1 979.82	2 193.64	2 406.22	2 617.57	2 827.69
	1 930		1 777.64	1 864.41	2 091.91	2 318.18	2 543.22	2 767.02	2 989.59
2 032			1 873.47	1 965.03	2 205.11	2 443.95	2 681.57	2 917.95	3 153.10
	2 134		1 969.31	2 065.65	2 318.30	2 569.72	2 819.92	3 068.88	3 316.60
2 235			2 064.21	2 165.28	2 430.39	2 694.27	2 956.91	3 218.33	3 478.50
	2 337		2 160.05	2 265.90	2 543.59	2 820.04	3 095.26	3 369.25	3 642.04
	2 438		2 254.95	2 365.53	2 656.17	2 944.58	3 232.26	3 518.70	3 803.91
2 540			2 350.79	2 466.15	2 768.87	3 070.36	3 370.61	3 669.63	3 967.42

表 5-40 精密焊接钢管尺寸及单位长度理论质量

外径/mm		壁厚/mm											
		0.5	(0.8)	1.0	(1.2)	1.5	(1.8)	2.0	(2.2)	2.5	(2.8)	3.0	(3.5)
系列 2	系列 3	单位长度理论质量/（kg/m)											
8		0.092	0.142	0.173	0.201	0.240	0.275	0.296	0.315				
10		0.117	0.182	0.222	0.260	0.314	0.364	0.395	0.423	0.462			
12		0.142	0.221	0.271	0.320	0.388	0.453	0.493	0.532	0.586	0.635	0.666	
	14	0.166	0.260	0.321	0.379	0.462	0.542	0.592	0.640	0.709	0.773	0.814	0.906
16		0.191	0.300	0.370	0.438	0.536	0.630	0.691	0.749	0.832	0.911	0.962	1.08
	18	0.216	0.309	0.419	0.497	0.610	0.719	0.789	0.857	0.956	1.05	1.11	1.25
20		0.240	0.379	0.469	0.556	0.684	0.808	0.888	0.966	1.08	1.19	1.26	1.42
	22	0.265	0.418	0.518	0.616	0.758	0.897	0.988	1.07	1.20	1.33	1.41	1.60
25		0.302	0.477	0.592	0.704	0.869	1.03	1.13	1.24	1.39	1.53	1.63	1.86
	28	0.339	0.517	0.666	0.793	0.980	1.16	1.28	1.40	1.57	1.74	1.85	2.11
	30	0.364	0.576	0.715	0.852	1.05	1.25	1.38	1.51	1.70	1.88	2.00	2.29
32		0.388	0.616	0.765	0.911	1.13	1.34	1.48	1.62	1.82	2.02	2.15	2.46
	35	0.425	0.675	0.838	1.00	1.24	1.47	1.63	1.78	2.00	2.22	2.37	2.72
38		0.462	0.704	0.912	1.09	1.35	1.61	1.78	1.94	2.19	2.43	2.59	2.98
40		0.487	0.773	0.962	1.15	1.42	1.70	1.87	2.05	2.31	2.57	2.74	3.15
	45		0.872	1.09	1.30	1.61	1.92	2.12	2.32	2.62	2.91	3.11	3.58
50			0.971	1.21	1.44	1.79	2.14	2.37	2.59	2.93	3.26	3.48	4.01
	55		1.07	1.33	1.59	1.98	2.36	2.61	2.86	3.24	3.60	3.85	4.45
60			1.17	1.46	1.74	2.16	2.58	2.86	3.14	3.55	3.95	4.22	4.88
70			1.35	1.70	2.04	2.53	3.03	3.35	3.68	4.16	4.64	4.96	5.74

续表 5-40

外径/mm		壁厚/mm											
		0.5	(0.8)	1.0	(1.2)	1.5	(1.8)	2.0	(2.2)	2.5	(2.8)	3.0	(3.5)
系列2	系列3	单位长度理论质量/（kg/m）											
80			1.56	1.95	2.33	2.90	3.47	3.85	4.22	4.78	5.33	5.70	6.60
	90				2.63	3.27	3.92	4.34	4.76	5.39	6.02	6.44	7.47
100					2.92	3.64	4.36	4.83	5.31	6.01	6.71	7.18	8.33
	110				3.22	4.01	4.80	5.33	5.85	6.63	7.40	7.92	9.19
120						5.25	5.82	6.39	7.24	8.09	8.66	10.06
	140						6.13	6.81	7.48	8.48	9.47	10.14	11.78
160							7.02	7.79	8.56	9.71	10.86	11.62	13.51

外径/mm		壁厚/mm											
		4.0	(4.5)	5.0	(5.5)	6.0	(7.0)	8.0	(9.0)	10.0	(11.0)	12.5	(14)
系列2	系列3	单位长度理论质量/（kg/m）											
16		1.18											
	18	1.38	1.50										
20		1.58	1.72										
	22	1.78	1.94	2.10									
25		2.07	2.28	2.47	2.64								
	28	2.37	2.61	2.84	3.05								
	30	2.56	2.83	3.08	3.32	3.55	3.97						
32		2.76	3.05	3.33	3.59	3.85	4.32	4.74					
	35	3.06	3.38	3.70	4.00	4.29	4.83	5.33					
38		3.35	3.72	4.07	4.41	4.74	5.35	5.92	6.44	6.91			
40		3.55	3.94	4.32	4.68	5.03	5.70	6.31	6.88	7.40			
	45	4.04	4.49	4.93	5.36	5.77	6.56	7.30	7.99	8.63			
50		4.54	5.05	5.55	6.04	6.51	7.42	8.29	9.10	9.86			
	55	5.03	5.60	6.17	6.71	7.25	8.29	9.27	10.21	11.10	11.94		
60		5.52	6.16	6.78	7.39	7.99	9.15	10.26	11.32	12.33	13.29		
70		6.51	7.27	8.01	8.75	9.47	10.88	12.23	13.54	14.80	16.01		
80		7.50	8.38	9.25	10.11	10.95	12.60	14.21	15.76	17.26	18.72		
	90	8.48	9.49	10.48	11.46	12.43	14.33	16.18	17.98	19.73	21.43		
100		9.47	10.60	11.71	12.82	13.91	16.05	18.15	20.20	22.20	24.14		
	110	10.46	11.71	12.95	14.17	15.39	17.78	20.12	22.42	24.66	26.86	30.06	
120		11.44	12.82	14.18	15.53	16.87	19.51	22.10	24.64	27.13	29.57	33.14	
	140	13.42	15.04	16.65	18.24	19.83	22.96	26.04	29.08	32.06	34.99	39.30	
160		15.39	17.26	19.11	20.96	22.79	26.41	29.99	33.51	36.99	40.42	45.47	
	180			21.58	23.67	25.75	29.87	33.93	37.95	41.92	45.85	51.64	
200						28.71	33.32	37.88	42.39	46.86	51.27	57.80	
	220						36.77	41.83	46.83	51.79	56.70	63.97	71.12
	240						40.22	45.77	51.27	56.72	62.12	70.13	78.03
	260						43.68	49.72	55.71	61.65	67.55	76.30	84.93

注：括号中的壁厚不推荐使用。

表 5-41　不锈钢焊接钢管尺寸　　　　　　　　　　　　　　　　（mm）

外径			壁厚												
系列1	系列2	系列3	0.3	0.4	0.5	0.6	0.7	0.8	0.9	1.0	1.2	1.4	1.5	1.6	1.8
	8		●	●	●	●	●	●	●	●	●				
		9.5	●	●	●	●	●	●	●	●	●				
	10		●	●	●	●	●	●	●	●	●	●			
10.2				●	●	●	●	●	●	●	●	●	●	●	●
	12		●	●	●	●	●	●	●	●	●	●	●	●	●
	12.7		●	●	●	●	●	●	●	●	●	●	●	●	●
13.5					●	●	●	●	●	●	●	●	●	●	●
		14			●	●	●	●	●	●	●	●	●	●	●
		15			●	●	●	●	●	●	●	●	●	●	●
	16				●	●	●	●	●	●	●	●	●	●	●
17.2					●	●	●	●	●	●	●	●	●	●	●
		18			●	●	●	●	●	●	●	●	●	●	●
	19				●	●	●	●	●	●	●	●	●	●	●
		19.5			●	●	●	●	●	●	●	●	●	●	●
	20				●	●	●	●	●	●	●	●	●	●	●
21.3					●	●	●	●	●	●	●	●	●	●	●
		22			●	●	●	●	●	●	●	●	●	●	●
	25				●	●	●	●	●	●	●	●	●	●	●
		25.4			●	●	●	●	●	●	●	●	●	●	●
26.9					●	●	●	●	●	●	●	●	●	●	●
		28			●	●	●	●	●	●	●	●	●	●	●
		30			●	●	●	●	●	●	●	●	●	●	●
	31.8				●	●	●	●	●	●	●	●	●	●	●
	32				●	●	●	●	●	●	●	●	●	●	●
33.7								●	●	●	●	●	●	●	●
		35						●	●	●	●	●	●	●	●
		36						●	●	●	●	●	●	●	●
	38							●	●	●	●	●	●	●	●
	40							●	●	●	●	●	●	●	●
42.4								●	●	●	●	●	●	●	●
		44.5						●	●	●	●	●	●	●	●
48.3								●	●	●	●	●	●	●	●
	50.8							●	●	●	●	●	●	●	●
		54						●	●	●	●	●	●	●	●
	57								●	●	●	●	●	●	●
60.3								●	●	●	●	●	●	●	●
		63							●	●	●	●	●	●	●
	63.5								●	●	●	●	●	●	●
	70							●	●	●	●	●	●	●	●
76.1								●	●	●	●	●	●	●	●
		80									●	●	●	●	●
		82.5									●	●	●	●	●
88.9											●	●	●	●	●
	101.6										●	●	●	●	●
		102									●	●	●	●	●
		108												●	●
114.3														●	●
		125												●	●

续表 5-41

外 径			壁 厚												
系列1	系列2	系列3	0.3	0.4	0.5	0.6	0.7	0.8	0.9	1.0	1.2	1.4	1.5	1.6	1.8
		133												●	●
139.7														●	●
		141.3												●	●
		154												●	●
		159												●	●
168.3														●	●
		193.7												●	●
219.1														●	●
		250												●	●
273.1															
323.9															
355.6															
		377													
		400													
406.4															
		426													
		450													
457															
		500													
508															
		530													
		550													
		558.8													
		600													
610															
		630													
		660													
711															
	762														
813															
		864													
914															
		965													
1 016															
1 067															
1 118															
	1 168														
1 219															
	1 321														
1 422															
	1 524														
1 626															
	1 727														
1 829															

续表 5-41

外径			壁厚													
系列1	系列2	系列3	2.0	2.2 (2.3)	2.5 (2.6)	2.8 (2.9)	3.0	3.2	3.5 (3.6)	4.0	4.2	4.5 (4.6)	4.8	5.0	5.5 (5.6)	6.0
	8															
		9.5														
	10															
10.2			●													
	12		●													
		12.7	●													
13.5			●	●	●	●	●									
		14	●	●	●	●	●	●	●							
		15	●	●	●	●	●	●	●							
	16		●	●	●	●	●	●	●							
17.2			●	●	●	●	●	●	●							
		18	●	●	●	●	●	●	●							
	19		●	●	●	●	●	●	●							
		19.5	●	●	●	●	●	●	●							
	20		●	●	●	●	●	●	●							
21.3			●	●	●	●	●	●	●	●	●					
		22	●	●	●	●	●	●	●	●	●					
	25		●	●	●	●	●	●	●	●	●					
		25.4	●	●	●	●	●	●	●	●	●					
26.9			●	●	●	●	●	●	●	●	●	●				
		28	●	●	●	●	●	●	●	●	●	●				
		30	●	●	●	●	●	●	●	●	●	●				
	31.8		●	●	●	●	●	●	●	●	●	●				
	32		●	●	●	●	●	●	●	●	●	●				
33.7			●	●	●	●	●	●	●	●	●	●	●	●		
		35	●	●	●	●	●	●	●	●	●	●	●	●		
		36	●	●	●	●	●	●	●	●	●	●	●	●		
	38		●	●	●	●	●	●	●	●	●	●	●	●		
		40	●	●	●	●	●	●	●	●	●	●	●	●	●	
42.4			●	●	●	●	●	●	●	●	●	●	●	●	●	
		44.5	●	●	●	●	●	●	●	●	●	●	●	●	●	
48.3			●	●	●	●	●	●	●	●	●	●	●	●	●	
		50.8	●	●	●	●	●	●	●	●	●	●	●	●	●	●
		54	●	●	●	●	●	●	●	●	●	●	●	●	●	●
	57		●	●	●	●	●	●	●	●	●	●	●	●	●	●
60.3			●	●	●	●	●	●	●	●	●	●	●	●	●	●
		63	●	●	●	●	●	●	●	●	●	●	●	●	●	●
	63.5		●	●	●	●	●	●	●	●	●	●	●	●	●	●
	70		●	●	●	●	●	●	●	●	●	●	●	●	●	●
76.1			●	●	●	●	●	●	●	●	●	●	●	●	●	●
		80	●	●	●	●	●	●	●	●	●	●	●	●	●	●
		82.5	●	●	●	●	●	●	●	●	●	●	●	●	●	●
88.9			●	●	●	●	●	●	●	●	●	●	●	●	●	●
	101.6		●	●	●	●	●	●	●	●	●	●	●	●	●	●
		102	●	●	●	●	●	●	●	●	●	●	●	●	●	●
		108	●	●	●	●	●	●	●	●	●	●	●	●	●	●

续表 5-41

外径			壁厚													
系列1	系列2	系列3	2.0	2.2(2.3)	2.5(2.6)	2.8(2.9)	3.0	3.2	3.5(3.6)	4.0	4.2	4.5(4.6)	4.8	5.0	5.5(5.6)	6.0
114.3			●	●	●	●	●	●	●	●	●	●	●	●	●	●
		125	●	●	●	●	●	●	●	●	●	●	●	●	●	●
		133	●	●	●	●	●	●	●	●	●	●	●	●	●	●
139.7			●	●	●	●	●	●	●	●	●	●	●	●	●	●
		141.3	●	●	●	●	●	●	●	●	●	●	●	●	●	●
		154	●	●	●	●	●	●	●	●	●	●	●	●	●	●
		159	●	●	●	●	●	●	●	●	●	●	●	●	●	●
168.3			●	●	●	●	●	●	●	●	●	●	●	●	●	●
		193.7	●	●	●	●	●	●	●	●	●	●	●	●	●	●
219.1			●	●	●	●	●	●	●	●	●	●	●	●	●	●
		250	●	●	●	●	●	●	●	●	●	●	●	●	●	●
273.1			●	●	●	●	●	●	●	●	●	●	●	●	●	●
323.9							●	●	●	●	●	●	●	●	●	●
355.6							●	●	●	●	●	●	●	●	●	●
		377				●	●	●	●	●	●	●	●	●	●	●
		400				●	●	●	●	●	●	●	●	●	●	●
406.4						●	●	●	●	●	●	●	●	●	●	●
		426					●	●	●	●	●	●	●	●	●	●
		450					●	●	●	●	●	●	●	●	●	●
457							●	●	●	●	●	●	●	●	●	●
		500					●	●	●	●	●	●	●	●	●	●
508							●	●	●	●	●	●	●	●	●	●
		530					●	●	●	●	●	●	●	●	●	●
		550					●	●	●	●	●	●	●	●	●	●
		558.8				●	●	●	●	●	●	●	●	●	●	●
		600						●	●	●	●	●	●	●	●	●
610								●	●	●	●	●	●	●	●	●
		630						●	●	●	●	●	●	●	●	●
		660						●	●	●	●	●	●	●	●	●
711								●	●	●	●	●	●	●	●	●
	762							●	●	●	●	●	●	●	●	●
813								●	●	●	●	●	●	●	●	●
		864						●	●	●	●	●	●	●	●	●
914								●	●	●	●	●	●	●	●	●
		965						●	●	●	●	●	●	●	●	●
1 016								●	●	●	●	●	●	●	●	●
1 067								●	●	●	●	●	●	●	●	●
1 118								●	●	●	●	●	●	●	●	●
	1 168							●	●	●	●	●	●	●	●	●
1 219								●	●	●	●	●	●	●	●	●
	1 321							●	●	●	●	●	●	●	●	●
1 422								●	●	●	●	●	●	●	●	●
	1 524							●	●	●	●	●	●	●	●	●
1 626								●	●	●	●	●	●	●	●	●
	1 727							●	●	●	●	●	●	●	●	●
1 829								●	●	●	●	●	●	●	●	●

续表 5-41

外 径			壁 厚									
系列 1	系列 2	系列 3	6.5（6.3）	7.0（7.1）	7.5	8.0	8.5	9.0（8.8）	9.5	10	11	12（12.5）
	8											
		9.5										
	10											
10.2												
	12											
	12.7											
13.5												
		14										
		15										
	16											
17.2												
		18										
	19											
		19.5										
	20											
21.3												
		22										
	25											
		25.4										
26.9												
		28										
		30										
	31.8											
	32											
33.7												
		35										
		36										
	38											
	40											
42.4												
		44.5										
48.3												
	50.8											
		54										
	57											
60.3												
		63										
	63.5											
	70											
76.1												
		80	●	●	●	●						
		82.5	●	●	●	●						
88.9			●	●	●	●						
	101.6		●	●	●	●						
		102	●	●	●	●						
		108	●	●	●	●						
114.3			●	●	●	●						

续表 5-41

外　径			壁　厚									
系列 1	系列 2	系列 3	6.5（6.3）	7.0（7.1）	7.5	8.0	8.5	9.0（8.8）	9.5	10	11	12（12.5）
		125	●	●	●	●	●	●	●	●		
		133	●	●	●	●	●	●	●	●		
139.7			●	●	●	●	●	●	●	●		
		141.3	●	●	●	●	●	●	●	●	●	●
		154	●	●	●	●	●	●	●	●	●	●
		159	●	●	●	●	●	●	●	●	●	●
168.3			●	●	●	●	●	●	●	●	●	●
		193.7	●	●	●	●	●	●	●	●	●	●
219.1			●	●	●	●	●	●	●	●	●	●
		250	●	●	●	●	●	●	●	●	●	●
273.1			●	●	●	●	●	●	●	●	●	●
323.9			●	●	●	●	●	●	●	●	●	●
355.6			●	●	●	●	●	●	●	●	●	●
		377	●	●	●	●	●	●	●	●	●	●
		400	●	●	●	●	●	●	●	●	●	●
406.4			●	●	●	●	●	●	●	●	●	●
		426	●	●	●	●	●	●	●	●	●	●
457			●	●	●	●	●	●	●	●	●	●
		450	●	●	●	●	●	●	●	●	●	●
		500	●	●	●	●	●	●	●	●	●	●
508			●	●	●	●	●	●	●	●	●	●
		530	●	●	●	●	●	●	●	●	●	●
		550	●	●	●	●	●	●	●	●	●	●
		558.8	●	●	●	●	●	●	●	●	●	●
		600	●	●	●	●	●	●	●	●	●	●
610			●	●	●	●	●	●	●	●	●	●
		630	●	●	●	●	●	●	●	●	●	●
		660	●	●	●	●	●	●	●	●	●	●
711			●	●	●	●	●	●	●	●	●	●
	762		●	●	●	●	●	●	●	●	●	●
813			●	●	●	●	●	●	●	●	●	●
		864	●	●	●	●	●	●	●	●	●	●
914			●	●	●	●	●	●	●	●	●	●
		965	●	●	●	●	●	●	●	●	●	●
1 016			●	●	●	●	●	●	●	●	●	●
1 067			●	●	●	●	●	●	●	●	●	●
1 118			●	●	●	●	●	●	●	●	●	●
	1 168		●	●	●	●	●	●	●	●	●	●
1 219			●	●	●	●	●	●	●	●	●	●
	1 321		●	●	●	●	●	●	●	●	●	●
1 422			●	●	●	●	●	●	●	●	●	●
	1 524		●	●	●	●	●	●	●	●	●	●
1 626			●	●	●	●	●	●	●	●	●	●
	1 727		●	●	●	●	●	●	●	●	●	●
1 829			●	●	●	●	●	●	●	●		●

续表 5-41

外　　径			壁　　厚										
系列 1	系列 2	系列 3	14（14.2）	15	16	17（17.5）	18	20	22（22.2）	24	25	26	28
	8												
		9.5											
	10												
10.2													
	12												
	12.7												
13.5													
		14											
		15											
	16												
17.2													
		18											
	19												
		19.5											
	20												
21.3													
		22											
	25												
		25.4											
26.9													
		28											
		30											
	31.8												
	32												
33.7													
		35											
		36											
	38												
	40												
42.4													
		44.5											
48.3													
	50.8												
		54											
	57												
60.3													
		63											
	63.5												
	70												
76.1													
		80											
		82.5											
88.9													
	101.6												
		102											
		108											
114.3													
		125											

续表 5-41

外　径			壁　厚										
系列1	系列2	系列3	14 (14.2)	15	16	17 (17.5)	18	20	22 (22.2)	24	25	26	28
		133											
139.7													
		141.3											
		154											
		159											
168.3													
		193.7											
219.1			●										
		250	●										
273.1			●										
323.9			●	●	●								
355.6			●	●	●								
		377	●	●	●								
		400	●	●	●	●	●	●					
406.4			●	●	●	●	●	●					
		426	●	●	●	●	●	●	●	●	●		
457			●	●	●	●	●	●	●	●	●		
		450	●	●	●	●	●	●	●	●	●	●	●
		500	●	●	●	●	●	●	●	●	●	●	●
508			●	●	●	●	●	●	●	●	●	●	●
		530	●	●	●	●	●	●	●	●	●	●	●
		550	●	●	●	●	●	●	●	●	●	●	●
		558.8	●	●	●	●	●	●	●	●	●	●	●
		600	●	●	●	●	●	●	●	●	●	●	●
610			●	●	●	●	●	●	●	●	●	●	●
		630	●	●	●	●	●	●	●	●	●	●	●
		660	●	●	●	●	●	●	●	●	●	●	●
711			●	●	●	●	●	●	●	●	●	●	●
	762		●	●	●	●	●	●	●	●	●	●	●
813			●	●	●	●	●	●	●	●	●	●	●
		864	●	●	●	●	●	●	●	●	●	●	●
914			●	●	●	●	●	●	●	●	●	●	●
		965	●	●	●	●	●	●	●	●	●	●	●
1 016			●	●	●	●	●	●	●	●	●	●	●
1 067			●	●	●	●	●	●	●	●	●	●	●
1 118			●	●	●	●	●	●	●	●	●	●	●
	1 168		●	●	●	●	●	●	●	●	●	●	●
1 219			●	●	●	●	●	●	●	●	●	●	●
		1 321	●	●	●	●	●	●	●	●	●	●	●
1 422			●	●	●	●	●	●	●	●	●	●	●
	1 524		●	●	●	●	●	●	●	●	●	●	●
1 626			●	●	●	●	●	●	●	●	●	●	●
	1 727		●	●	●	●	●	●	●	●	●	●	●
1 829			●	●	●	●	●	●	●	●	●	●	●

注：1. 括号中的尺寸表示由相应英制规格换算成的公制规格。

2. "●" 表示常用规格。

3. 不锈钢焊接钢管理论质量计算方法参见不锈钢无缝钢管。

5.2.2　直缝电焊钢管（GB/T 13793—2008）

（1）用途　直缝电焊钢管是焊缝与钢管纵向平行的钢管，其强度不高，塑性、韧性、弯曲性能和焊接性能良好，应用十分广泛。主要用于土木建筑结构件、汽车及机械零件、输送流体管道以及其他用途。

（2）尺寸规格和质量系数

①尺寸规格。钢管外径 D 和壁厚 t 应符合 GB/T 21835 的规定。通常长度：当外径 $D \leqslant 30$mm 时，为 4 000～6 000mm；$D > 30$～70mm 时，为 4 000～8 000mm；$D > 70$mm 时，为 4 000～12 000mm。

一般用途直缝电焊钢管的外径不大于 630mm。

②质量系数（表 5-42）

表 5-42　镀锌钢管的质量系数

壁厚 t/mm		1.2	1.4	1.5	1.6	1.8	2.0	2.2	2.5	2.8	3.0	3.2	3.5	3.8	4.0	4.2
系数 C	A	1.111	1.096	1.089	1.084	1.074	1.067	1.061	1.054	1.048	1.044	1.042	1.038	1.035	1.033	1.032
	B	1.082	1.070	1.065	1.061	1.054	1.049	1.044	1.039	1.035	1.033	1.031	1.028	1.026	1.024	1.023
	C	1.067	1.057	1.054	1.050	1.044	1.040	1.036	1.032	1.029	1.027	1.025	1.023	1.021	1.020	1.019
壁厚 t/mm		4.5	4.8	5.0	5.4	5.6	6.0	6.5	7.0	8.0	9.0	10.0	11.0	12.0	12.7	13.0
系数 C	A	1.030	1.028	1.027	1.025	1.024	1.022	1.020	1.019	1.017	1.015	1.013	1.012	1.011	1.008	1.010
	B	1.022	1.020	1.020	1.018	1.018	1.016	1.015	1.014	1.012	1.011	1.010	1.009	1.008	1.006	1.008
	C	1.018	1.017	1.016	1.015	1.014	1.013	1.012	1.011	1.010	1.009	1.008	1.007	1.007	1.004	1.006

（3）牌号和化学成分　其应符合 GB/T 699 中 08，10，15，20，GB/T 700 中 Q195，Q215A，Q215B，Q235A，Q235B，Q235C 及 GB/T 1591 中 Q295A，Q295B，Q345A，Q345B，Q345C 的规定。

（4）力学性能（表 5-43、表 5-44）

表 5-43　直缝电焊钢管的力学性能

牌　　号	下屈服强度 R_{eL}/MPa	抗拉强度 R_m/MPa	断后伸长率 A/%	焊缝抗拉强度 R_m/MPa
		≥		
08，10	195	315	22	315
15	215	355	20	355
20	235	390	19	390
Q195	195	315	22	315
Q215A，Q215B	215	335	22	335
Q235A，Q235B，Q235C	235	375	20	375
Q295A，Q295B	295	390	18	390
Q345A，Q345B，Q345C	345	470	18	470

表 5-44　特殊要求的钢管力学性能

牌　　号	下屈服强度 R_{eL}/MPa	抗拉强度 R_m/MPa	断后伸长率 A/%
		≥	
08，10	205	375	13
15	225	400	11
20	245	440	9
Q195	205	335	14

续表 5-44

牌 号	下屈服强度 R_{eL}/MPa	抗拉强度 R_m/MPa	断后伸长率 A/%
		≥	
Q215A，Q215B	245	335	13
Q235A，Q235B，Q235C	245	390	9
Q295A，Q295B	—	—	—
Q345A，Q345B，Q345C	—	—	—

5.2.3 低压流体输送用焊接钢管（GB/T 3091—2008）

（1）用途 低压流体输送用焊接钢管适用于水、空气、采暖蒸汽、燃气等低压流体输送。本标准包括直缝高频电阻焊（ERW）钢管、直缝埋弧焊（SAWL）钢管和螺旋缝埋弧焊（SAWH）钢管。

（2）尺寸规格和质量系数

①尺寸规格。钢管外径 D 和壁厚 S 应符合 GB/T 21835 的规定，通常长度为 3 000～12 000mm。管端用螺纹和沟槽连接的钢管尺寸见表 5-45。

表 5-45 管端用螺纹和沟槽连接的钢管尺寸 （mm）

公称口径	外径	壁 厚		公称口径	外径	壁 厚		公称口径	外径	壁 厚	
		普通钢管	加厚钢管			普通钢管	加厚钢管			普通钢管	加厚钢管
6	10.2	2.0	2.5	25	33.7	3.2	4.0	80	88.9	4.0	5.0
8	13.5	2.5	2.8	32	42.4	3.5	4.0	100	114.3	4.0	5.0
10	17.2	2.5	2.8	40	48.3	3.5	4.5	125	139.7	4.0	5.5
15	21.3	2.8	3.5	50	60.3	3.8	4.5	150	168.3	4.5	6.0
20	26.9	2.8	3.5	65	76.1	4.0	4.5	—	—	—	—

注：表中的公称口径系近似内径的名义尺寸，不表示外径减去两个壁厚所得的内径。

②质量系数（表 5-46）。

表 5-46 镀锌层的质量系数

壁厚/mm	0.5	0.6	0.8	1.0	1.2	1.4
系数 c	1.255	1.112	1.159	1.127	1.106	1.091
壁厚/mm	1.6	1.8	2.0	2.3	2.6	2.9
系数 c	1.080	1.071	1.064	1.055	1.049	1.044
壁厚/mm	3.2	3.6	4.0	4.5	5.0	5.4
系数 c	1.040	1.035	1.032	1.028	1.025	0.024
壁厚/mm	5.6	6.3	7.1	8.0	8.8	10
系数 c	1.023	1.020	1.018	1.016	1.014	1.013
壁厚/mm	11	12.5	14.2	16	17.5	20
系数 c	1.012	1.010	1.009	1.008	1.009	1.006

（3）牌号和化学成分 其应符合 GB/T 700 中牌号 Q195，Q215A，Q215B，Q235A，Q235B 和 GB/T 1591 中牌号 Q295A，Q295B，Q345A，Q345B 的规定。

（4）力学性能（表 5-47）

表 5-47　低压流体输送用焊接钢管的力学性能

牌　号	下屈服强度 R_{eL}/MPa≥		抗拉强度 R_m/MPa≥	断后伸长率 A/%≥	
	$t≤16mm$	$t>16mm$		$D≤168.3mm$	$D>168.3mm$
Q195	195	185	315	15	20
Q215A，Q215B	215	205	335		
Q235A，Q235B	235	225	370		
Q295A，Q295B	295	275	390	13	18
Q345A，Q345B	345	325	470		

5.2.4　流体输送用不锈钢焊接钢管（GB/T 12771—2008）

（1）用途　流体输送用不锈钢焊接钢管是由不锈耐酸钢成卷钢带通过气体保护电弧焊接方法制成的钢管，其耐蚀性好、焊接质量好，用于腐蚀性流体的输送和腐蚀性气氛下工作的中、低压流体管道。

（2）尺寸规格　钢管的外径 D 和壁厚 S 应符合 GB/T 21835 的规定，通常长度为 3 000～9 000mm。钢的密度和理论质量计算公式见表 5-48。

表 5-48　钢的密度和理论质量计算公式

序　号	新　牌　号	旧　牌　号	密度/（kg/dm³）	换算后的公式
1	12Cr18Ni9	1Cr18Ni9	7.93	$W=0.024\,91S(D-S)$
2	06Cr19Ni10	0Cr18Ni9		
3	022Cr19Ni10	00Cr19Ni10	7.90	$W=0.024\,82S(D-S)$
4	06Cr18Ni11Ti	0Cr18Ni10Ti	8.03	$W=0.025\,23S(D-S)$
5	06Cr25Ni20	0Cr25Ni20	7.98	$W=0.025\,07S(D-S)$
6	06Cr17Ni12Mo2	0Cr17Ni12Mo2	8.00	$W=0.025\,13S(D-S)$
7	022Cr17Ni12Mo2	00Cr17Ni14Mo2		
8	06Cr18Ni11Nb	0Cr18Ni11Nb	8.03	$W=0.025\,23S(D-S)$
9	022Cr18Ti	00Cr17	7.70	$W=0.024\,19S(D-S)$
10	022Cr11Ti	—		
11	06Cr13Al	0Cr13Al		
12	019Cr19Mo2NbTi	00Cr18Mo2	7.75	$W=0.024\,35S(D-S)$
13	022Cr12Ti			
14	06Cr13	0Cr13		

（3）牌号和化学成分（表 5-49）

表 5-49　流体输送用不锈钢焊接钢管的牌号和化学成分　　　　　　　　　（%）

序号	类型	统一数字代号	新　牌　号	旧　牌　号	化学成分（质量分数）					
					C	Si	Mn	P	S	Ni
1	奥氏体型	S30210	12Cr18Ni9	1Cr18Ni9	≤0.15	≤0.75	≤2.00	≤0.040	≤0.030	8.00～10.00
2		S30408	06Cr19Ni10	0Cr18Ni9	≤0.08	≤0.75	≤2.00	≤0.040	≤0.030	8.00～11.00
3		S30403	022Cr19Ni10	00Cr19Ni10	≤0.030	≤0.75	≤2.00	≤0.040	≤0.030	8.00～12.00
4		S31008	06Cr25Ni20	0Cr25Ni20	≤0.08	≤1.50	≤2.00	≤0.040	≤0.030	19.00～22.00
5		S31608	06Cr17Ni12Mo2	0Cr17Ni12Mo2	≤0.08	≤0.75	≤2.00	≤0.040	≤0.030	10.00～14.00
6		S31603	022Cr17Ni12Mo2	00Cr17Ni14Mo2	≤0.030	≤0.75	≤2.00	≤0.040	≤0.030	10.00～14.00
7		S32168	06Cr18Ni11Ti	0Cr18Ni10Ti	≤0.08	≤0.75	≤2.00	≤0.040	≤0.030	9.00～12.00
8		S34778	06Cr18Ni11Nb	0Cr18Ni11Nb	≤0.08	≤0.75	≤2.00	≤0.040	≤0.030	9.00～12.00

续表 5-49

序号	类型	统一数字代号	新牌号	旧牌号	化学成分（质量分数）					
					C	Si	Mn	P	S	Ni
9		S11863	022Cr18Ti	00Cr17	≤0.030	≤0.75	≤1.00	≤0.040	≤0.030	(0.60)
10	铁素体型	S11972	019Cr19Mo2NbTi	00Cr18Mo2	≤0.025	≤0.75	≤1.00	≤0.040	≤0.030	1.00
11		S11348	06Cr13Al	0Cr13Al	≤0.08	≤0.75	≤1.00	≤0.040	≤0.030	(0.60)
12		S11163	022Cr11Ti	—	≤0.030	≤0.75	≤1.00	≤0.040	≤0.020	(0.60)
13		S11213	022Cr12Ni	—	≤0.030	≤0.75	≤1.50	≤0.040	≤0.015	0.30～1.00
14	马氏体型	S41008	06Cr13	0Cr13	≤0.08	≤0.75	≤1.00	≤0.040	≤0.030	(0.60)

序号	类型	统一数字代号	新牌号	旧牌号	化学成分（质量分数）			
					Cr	Mo	N	其他元素
1		S30210	12Cr18Ni9	1Cr18Ni9	17.00～19.00	—	≤0.10	—
2		S30408	06Cr19Ni10	0Cr18Ni9	18.00～20.00	—	—	—
3		S30403	022Cr19Ni10	00Cr19Ni10	18.00～20.00	—	—	—
4	奥氏体型	S31008	06Cr25Ni20	0Cr25Ni20	24.00～26.00	—	—	—
5		S31608	06Cr17Ni12Mo2	0Cr17Ni12Mo2	16.00～18.00	2.00～3.00	—	—
6		S31603	022Cr17Ni12Mo2	00Cr17Ni14Mo2	16.00～18.00	2.00～3.00	—	—
7		S32168	06Cr18Ni11Ti	0Cr18Ni10Ti	17.00～19.00	—	—	Ti5×C～0.70
8		S34778	06Cr18Ni11Nb	0Cr18Ni11Nb	17.00～19.00	—	—	Nb10×C～1.10
9		S11863	022Cr18Ti	00Cr17	16.00～19.00	—	—	Ti 或 Nb0.10～1.00
10		S11972	019Cr19Mo2NbTi	00Cr18Mo2	17.50～19.50	1.75～2.50	≤0.035	(Ti+Nb) 0.20+4 (C+N) ～0.80
11	铁素体型	S11348	06Cr13Al	0Cr13Al	11.50～14.50	—	—	A10.10～0.30
12		S11163	022Cr11Ti	—	10.50～11.70	—	≤0.030	Ti≥8 (C+N), Ti0.15～0.50, Nb0.10
13		S11213	022Cr12Ni	—	10.50～12.50	—	≤0.030	
14	马氏体型	S41008	06Cr13	0Cr13	11.50～13.50	—	—	

（4）力学性能（表 5-50）

表 5-50 流体输送用不锈钢焊接钢管的力学性能

序号	新牌号	旧牌号	规定非比例延伸强度 $R_{p0.2}$/MPa	抗拉强度 R_m/MPa	断后伸长率 A/%	
					热处理状态	非热处理状态
			≥			
1	12Cr18Ni9	1Cr18Ni9	210	520	35	25
2	06Cr19Ni10	0Cr18Ni9	210	520		
3	022Cr19Ni10	00Cr19Ni10	180	480		
4	06Cr25Ni20	0Cr25Ni20	210	520		
5	06Cr17Ni12Mo2	0Cr17Ni12Mo2	210	520		
6	022Cr17Ni12Mo2	00Cr17Ni14Mo2	180	480		
7	06Cr18Ni11Ti	0Cr18Ni10Ti	210	520		
8	06Cr18Ni11Nb	0Cr18Ni11Nb	210	520		
9	022Cr18Ti	00Cr17	180	360	20	
10	019Cr19Mo2NbTi	00Cr18Mo2	240	410		
11	06Cr13Al	0Cr13Al	177	410		

续表 5-50

序号	新 牌 号	旧 牌 号	规定非比例延伸强度 $R_{p0.2}$/MPa	抗拉强度 R_m/MPa	断后伸长率 A/% 热处理状态	非热处理状态
				≥		
12	022Cr11Ti	—	275	400	18	—
13	022Cr12Ni	—	275	400	18	—
14	06Cr13	0Cr13	210	410	20	—

5.2.5 机械结构用不锈钢焊接钢管（GB/T 12770—2012）

（1）用途 机械结构用不锈钢焊接钢管用于制造机械、汽车、自行车、装饰及其他机械部件与结构件。

（2）尺寸规格 符合 BG/T 12771 的尺寸规格的规定，但壁厚 0.3mm，0.4mm 的钢管不适用本标准。

（3）牌号和化学成分（表 5-51）

表 5-51 机械结构用不锈钢焊接钢管的牌号和化学成分　　　　　　（%）

牌 号	化学成分（质量分数）							
	C	Si	Mn	P	S	Ni	Cr	其 他
00Cr19Ni11	≤0.030	≤1.00	≤2.00	≤0.035	≤0.030	9.00～13.00	18.00～20.00	
00Cr17Ni14Mo2	≤0.030	≤1.00	≤2.00	≤0.035	≤0.030	12.00～15.00	16.00～18.00	Mo2.00～3.00
0Cr19Ni9	≤0.08	≤1.00	≤2.00	≤0.035	≤0.030	8.00～10.00	18.00～20.00	—
1Cr18Ni9	≤0.15	≤1.00	≤2.00	≤0.035	≤0.030	8.00～10.00	17.00～19.00	—
（1Cr18Ni9Ti）	≤0.12	≤1.00	≤2.00	≤0.035	≤0.030	8.00～11.00	17.00～19.00	Ti5（C%−0.02）～0.80
0Cr17Ni12Mo2	≤0.08	≤1.00	≤2.00	≤0.035	≤0.030	10.00～14.00	16.00～18.00	Mo2.00～3.00
0Cr18Ni11Nb	≤0.08	≤1.00	≤2.00	≤0.035	≤0.030	9.00～13.00	17.00～19.00	Nb≥10×C%
0Cr25Ni20	≤0.08	≤1.50	≤2.00	≤0.035	≤0.030	19.00～22.00	24.00～26.00	—
1Cr17	≤0.12	≤0.75	≤1.00	≤0.035	≤0.030	—	16.00～19.00	Ti 或 Nb0.10～1.00
1Cr15	≤0.12	≤1.00	≤1.00	≤0.035	≤0.030	—	16.00～18.00	—
0Cr13	≤0.08	≤1.00	≤1.00	≤0.035	≤0.030	—	11.50～13.50	—
1Cr13	≤0.15	≤1.00	≤1.00	≤0.035	≤0.030	—	11.50～13.50	—

（4）力学性能（表 5-52）

表 5-52 机械结构用不锈钢焊接钢管的力学性能

牌 号	力 学 性 能					
	焊后经热处理			焊 接 态		
	抗拉强度 σ_b/MPa≥	屈服强度 $\sigma_{0.2}$/MPa≥	伸长率 δ_5/%≥	抗拉强度 σ_b/MPa≥	屈服强度 $\sigma_{0.2}$/MPa≥	伸长率 δ_5/%≥
00Cr19Ni11	480	180	35	480	180	25
00Cr17Ni14Mo2						

续表 5-52

牌　号	力　学　性　能					
	焊后经热处理			焊　接　态		
	抗拉强度 σ_b/MPa≥	屈服强度 $\sigma_{0.2}$/MPa≥	伸长率 δ_5/%≥	抗拉强度 σ_b/MPa≥	屈服强度 $\sigma_{0.2}$/MPa≥	伸长率 δ_5/%≥
0Cr19Ni9	520	210	35	520	210	
1Cr18Ni9						
（1Cr18Ni9Ti）						
0Cr17Ni12Mo2						
0Cr18Ni11Nb						
0Cr25Ni20						
1Cr17	410	210	20	按双方协议		
1Cr15						
0Cr13	410	210	20			
1Cr13						

5.2.6 奥氏体-铁素体型双相不锈钢焊接钢管（GB/T 21832—2008）

（1）用途　本标准适用于承压设备、流体输送及热交换器用耐腐蚀的奥氏体-铁素体型双相不锈钢焊接钢管。

（2）尺寸规格　钢管的公称外径 D 和公称壁厚 S 应符合 GB/T 21835 的规定，通常长度为 3 000～12 000mm。

（3）牌号和化学成分（表5-53）

表 5-53　奥氏体＋铁素体型双相不锈钢焊接钢管的牌号和化学成分

序号	GB/T 20878 中序号	统一数字代号	牌号	化学成分（质量分数，%）					
				C	Si	Mn	P	S	Ni
1	68	S21953	022Cr19Ni5Mo3Si2N	≤0.030	1.30～2.00	1.00～2.00	≤0.035	≤0.030	4.50～5.50
2	70	S22253	022Cr23Ni5Mo3N	≤0.030	≤1.00	≤2.00	≤0.030	≤0.020	4.50～6.50
3	71	S22053	022Cr23Ni5Mo3N	≤0.030	≤1.00	≤2.00	≤0.030	≤0.020	4.50～6.50
4	72	S23043	022Cr23Ni4MoCuN	≤0.030	≤1.00	≤2.50	≤0.035	≤0.030	3.00～5.50
5	73	S22553	022Cr25Ni6Mo2N	≤0.030	≤1.00	≤2.00	≤0.030	≤0.030	5.50～6.50
6	74	S22583	022Cr25Ni7Mo3WCuN	≤0.030	≤0.75	≤1.00	≤0.030	≤0.030	5.50～7.50
7	75	S25554	03Cr25Ni6Mo3Cu2N	≤0.04	≤1.00	≤1.50	≤0.035	≤0.030	4.50～6.50
8	76	S25073	022Cr25Ni7Mo4N	≤0.030	≤0.80	≤1.20	≤0.035	≤0.020	6.00～8.00
9	77	S27603	022Cr25Ni7Mo4WCuN	≤0.030	≤1.00	≤1.00	≤0.030	≤0.010	6.00～8.00
序号	GB/T 20878 中序号	统一数字代号	牌号	化学成分（质量分数）					
				Cr	Mo	N	Cu	其　他	
1	68	S21953	022Cr19Ni5Mo3Si2N	18.00～19.50	2.50～3.00	0.05～0.10	—	—	
2	70	S22253	022Cr23Ni5Mo3N	21.00～23.00	2.50～3.50	0.08～0.20	—	—	
3	71	S22053	022Cr23Ni5Mo3N	22.00～23.00	3.00～3.50	0.14～0.20	—	—	
4	72	S23043	022Cr23Ni4MoCuN	21.50～24.50	0.05～0.60	0.05～0.20	0.05～0.60	—	

续表 5-53

序号	GB/T 20878 中序号	统一数字代号	牌号	化学成分（质量分数）				
				Cr	Mo	N	Cu	其　他
5	73	S22553	022Cr25Ni6Mo2N	24.00～26.00	1.20～2.50	0.10～0.20	—	—
6	74	S22583	022Cr25Ni7Mo3WCuN	24.00～26.00	2.50～3.50	0.10～0.30	0.20～0.80	W0.10～0.50
7	75	S25554	03Cr25Ni6Mo3Cu2N	24.00～27.00	2.90～3.90	0.10～0.25	1.50～2.50	—
8	76	S25073	022Cr25Ni7Mo4N	24.00～26.00	3.00～5.00	0.24～0.32	≤0.50	—
9	77	S27603	022Cr25Ni7Mo4WCuN	24.00～26.00	3.00～4.00	0.20～0.30	0.50～1.00	W0.50～1.00 Cr+3.3Mo+16N≥40

（4）力学性能（表 5-54）

表 5-54　推荐热处理制度及钢管力学性能

序号	GB/T 20878 中序号	牌　　号	推荐热处理制度		拉伸性能			硬　　度	
					抗拉强度 R_m/MPa	规定非比例延伸强度 $R_{p0.2}$/MPa	断后伸长率 A/%	HBW	HRC
					≥			≤	
1	68	022Cr19Ni5Mo3Si2N	980～1 040℃	急冷	630	440	30	290	30
2	70	022Cr22Ni5Mo3N	1 020～1 100℃	急冷	620	450	25	290	30
3	71	022Cr23Ni5Mo3N	1 020℃～1 100℃	急冷	655	485	25	290	30
4	72	022Cr23Ni4MoCuN	925～1 050℃	急冷 D≤25mm	690	450	25	—	—
				急冷 D＞25mm	600	400	25	290	30
5	73	022Cr25Ni6Mo2N	1 050～1 100℃	急冷	690	450	25	280	—
6	74	022Cr25Ni7Mo3WCuN	1 020～1 100℃	急冷	690	450	25	290	30
7	75	03Cr25Ni6Mo3Cu2N	≥1 040℃	急冷	760	550	15	297	31
8	76	022Cr25Ni7Mo4N	1 025～1 125℃	急冷	800	550	15	300	32
9	77	022Cr25Ni7Mo4WCuN	1 100～1 140℃	急冷	750	550	25	300	—

5.2.7　双层铜焊钢管（YB/T 4164—2007）

（1）用途　适用于汽车、制冷、电热、电器等工业中制作刹车管、燃料管、润滑油管、加热或冷却器等工程管道用的以铜为钎焊材料的双层铜焊钢管。

（2）尺寸规格（表 5-55）

表 5-55　双层铜焊钢管的尺寸规格

续表 5-55

公称外径 /mm	壁厚/mm				公称外径 /mm	壁厚/mm			
	0.50	0.70	1.00	1.30		0.50	0.70	1.00	1.30
	理论质量（未增添其他镀层）/（kg/m）					理论质量（未增添其他镀层）/（kg/m）			
3.17	0.033	0.042	—	—	10.00	—	0.160	0.221	—
4.00	0.043	0.057	—	—	12.00	—	0.194	0.270	0.342
4.76	0.052	0.070	—	—	14.00	—	0.229	0.319	0.405
5.00	0.055	0.074	—	—	15.00	—	0.246	0.344	0.437
6.00	0.068	0.091	—	—	16.00	—	0.263	0.368	0.469
6.35	0.072	0.097	—	—	17.00	—	—	0.393	0.501
8.00	—	0.125	0.172	—	18.00	—	—	0.417	0.533
9.52	—	0.152	0.209	—	—	—	—	—	—

注：钢管的通常长度为 1.5～1 000m，长度不大于 6m 的钢管以条状交货，大于 6m 的钢管以盘状交货。

（3）力学性能（表 5-56）

表 5-56　双层铜焊钢管的力学性能

抗拉强度 R_m/MPa	屈服强度 R_{eL}/MPa	断后伸长率 A/%
≥290	≥180	≥25

5.2.8　深井水泵用电焊钢管（YB/T 4028—2005）

（1）用途　该钢管适用于深井水泵、潜水电泵。

（2）尺寸规格（表 5-57）

表 5-57　深井水泵用电焊钢管的尺寸规格

公称外径 /mm	公称壁厚 S/mm														
	2.5	3.0	3.5	4.0	4.5	5.0	5.5	6.0	6.5	7.0	8.0	9.0	10.0	11.0	12.5	14.0
	理论质量/（kg/m）														
48.3	2.82	3.35	3.87	4.37											
51	2.99	3.55	4.1	4.64	5.16										
54	3.18	3.77	4.36	4.93	5.49										
57	3.36	4.00	4.62	5.23	5.83										
60.3	3.56	4.24	4.9	5.55	6.19										
63.5	3.76	4.48	5.18	5.87	6.55										
70	4.16	4.96	5.74	6.51	7.27										
73	4.35	5.18	6.00	6.81	7.60										
76.1	4.54	5.41	6.27	7.11	7.95										
82.5		5.88	6.82	7.74	8.66	9.56									
88.9		6.36	7.37	8.38	9.37	10.35									
101.6		7.29	8.47	9.63	10.78	11.91	13.03	14.15	15.24						
108		7.77	9.02	10.26	11.49	12.70	13.90	15.09	16.27						
114.3			9.56	10.88	12.19	13.48	14.76	16.03	17.28						
127			10.66	12.13	13.59	15.04	16.48	17.9	19.32						
133			11.18	12.73	14.26	15.78	17.29	18.79	20.28						

续表 5-57

公称外径/mm	公称壁厚 S/mm														
	2.5	3.0	3.5	4.0	4.5	5.0	5.5	6.0	6.5	7.0	8.0	9.0	10.0	11.0	12.5	14.0
	理论质量/（kg/m）														
139.7				13.39	15.00	16.61	18.20	19.78	21.35	22.91						
141.3				13.54	15.18	16.81	18.42	20.02	21.61	23.18						
152.4				14.64	16.41	18.18	19.93	21.66	23.39	25.1						
159				15.29	17.15	18.99	20.82	22.64	24.45	26.24	29.79	33.29				
168.3					18.18	20.14	22.08	24.02	25.94	27.85	31.63	35.36				
177.8					19.23	21.31	23.37	25.42	27.46	29.49	33.5	37.47				
193.7						23.27	25.53	27.77	30.01	32.23	36.64	40.99				
219.1						26.40	28.97	31.53	34.08	36.61	41.65	46.63				
244.5						29.53	32.42	35.29	38.15	41.00	46.66	52.27	57.83			
273						33.05	36.28	39.51	42.72	45.92	52.28	58.60	64.86			
323.9								47.04	50.88	54.71	62.32	69.89	77.41	84.88		
339.7								49.38	53.41	57.43	65.44	73.40	81.31	89.17		
355.6								51.73	55.96	60.18	68.58	76.93	85.23	93.48		
377								54.9	59.39	63.87	72.80	81.68	90.51	99.29	112.36	
406.4								59.25	64.10	68.95	78.60	88.20	97.76	107.26	121.43	
426								62.15	67.25	72.33	82.47	92.55	102.59	112.58	127.47	
457								66.73	72.22	77.68	88.58	99.44	110.24	120.99	137.03	
508								74.28	80.39	86.49	98.65	110.75	122.81	134.82	152.75	
559								81.83	88.57	95.29	108.71	122.07	135.39	148.66	168.47	188.17
610								89.37	96.74	104.1	118.77	133.39	147.97	162.49	184.19	205.78
660								96.77	104.76	112.73	128.63	144.49	160.30	176.06	199.60	223.04

（3）牌号和化学成分　应符合 GB/T 700 中牌号 Q195，Q215A，Q215B，Q235A，Q235B 的规定。

（4）力学性能（表 5-58）

表 5-58　深井水泵用电焊钢管的力学性能

牌　　号	抗拉强度 R_m/MPa≥	下屈服强度 R_{eL}/MPa≥	断后伸长率 A/%≥
Q195	315	195	20
Q215A，Q215B	335	215	20
Q235A，Q235B	375	235	20

5.2.9　给水加热器用奥氏体不锈钢焊接钢管（YB/T 4223—2010）

（1）用途　适用于给水加热器用直管或 U 形奥氏体不锈钢焊接钢管。

（2）尺寸规格（表 5-59）

表 5-59　U 形管弯管部分的圆度

弯曲半径 r	圆度/%
1.5D≤r≤2D	≤20
2D＜r≤10D	≤15
r＞10D	≤10

（3）牌号和化学成分（表 5-60）

表 5-60　给水加热器用奥氏体不锈钢焊接钢管的牌号和化学成分　　　　　　（%）

序号	统一数字代号	牌　号	化学成分（质量分数）									
			C	Si	Mn	P	S	Ni	Cr	Mo	N	Ti
1	S30408	06Cr19Ni10	≤0.08	≤1.00	≤2.00	≤0.035	≤0.020	8.00～11.00	18.00～20.00	—	—	—
2	S30403	022Cr19Ni10	≤0.030	≤1.00	≤2.00	≤0.035	≤0.020	8.00～12.00	18.00～20.00	—	—	—
3	S30458	06Cr19Ni10N	≤0.08	≤1.00	≤2.00	≤0.035	≤0.020	8.00～11.00	18.00～20.00	—	0.10～0.16	—
4	S30453	022Cr19Ni10N	≤0.030	≤1.00	≤2.00	≤0.035	≤0.020	8.00～11.00	18.00～20.00	—	0.10～0.16	—
5	S32168	06Cr18Ni11Ti	≤0.08	≤1.00	≤2.00	≤0.035	≤0.020	9.00～12.00	17.00～19.00	—	—	5C～0.70
6	S31608	06Cr17Ni12Mo2	≤0.08	≤1.00	≤2.00	≤0.035	≤0.020	10.00～14.00	16.00～18.00	2.00～3.00	—	—
7	S31603	022Cr17Ni12Mo2	≤0.030	≤1.00	≤2.00	≤0.035	≤0.020	10.00～14.00	16.00～18.00	2.00～3.00	—	—
8	S31658	06Cr17Ni12Mo2N	≤0.08	≤1.00	≤2.00	≤0.035	≤0.020	10.00～14.00	16.00～18.00	2.00～3.00	0.10～0.16	—
9	S31653	022Cr17Ni12Mo2N	≤0.030	≤1.00	≤2.00	≤0.035	≤0.020	10.00～14.00	16.00～18.00	2.00～3.00	0.10～0.16	—

（4）力学性能（表 5-61）

表 5-61　给水加热器用奥氏体不锈钢焊接钢管的力学性能

序号	牌　号	纵 向 力 学 性 能			硬　度	
		规定塑性延伸强度 $R_{p0.2}$/MPa	抗拉强度 R_m/MPa	断后伸长率 A/%	HRB	HV
		≥			≥	
1	06Cr19Ni10	≥205	≥515	≥35	90	200
2	022Cr19Ni10	≥175	≥485	≥35		
3	06Cr19Ni10N	≥240	≥550	≥35		
4	022Cr19Ni10N	≥205	≥515	≥35		
5	06Cr18Ni11Ti	≥205	≥515	≥35		
6	06Cr17Ni12Mo2	≥205	≥515	≥35	90	200
7	022Cr17Ni12Mo2	≥175	≥485	≥35		
8	06Cr17Ni12Mo2N	≥240	≥550	≥35		
9	022Cr17Ni12Mo2N	≥205	≥515	≥35		

5.2.10 冷拔精密单层焊接钢管（GB/T 24187—2009）

（1）用途 适用于制冷、汽车、电热电器等工业中用于制作冷凝器、蒸发器、燃料管、润滑油管、电热管、冷却器管以及一般配管用的冷拔精密单层焊接钢管。

（2）尺寸规格（表5-62）

表5-62 冷拔精密单层焊接钢管的尺寸规格

外径 /mm	壁厚/mm									
	0.30	0.40	0.50	0.60	0.65	0.70	0.80	0.90	1.00	1.30
	理论质量/（kg/m）									
3.18	0.021 3	0.027 4	0.033 0							
4.00	0.027 4	0.035 5	0.043 2	0.050 3						
4.76	0.033 0	0.043 0	0.052 5	0.061 6	0.065 9	0.070 1				
5.00	0.034 8	0.045 4	0.055 5	0.065 1	0.069 7	0.074 2				
6.00	0.042 2	0.055 2	0.067 8	0.079 9	0.085 8	0.091 5	0.102 6	0.113 2	0.123 3	
6.35	0.044 8	0.058 7	0.072 1	0.085 1	0.091 4	0.097 5	0.109 5	0.121 0	0.131 9	
7.94	0.056 5	0.074 4	0.091 7	0.108 6	0.116 9	0.125 0	0.140 9	0.156 3	0.171 2	0.212 9
8.00	0.057 0	0.075 0	0.092 5	0.109 5	0.117 8	0.126 0	0.142 1	0.157 6	0.172 6	0.214 8
9.53	0.068 3	0.090 1	0.111 3	0.132 1	0.142 3	0.152 4	0.172 2	0.191 5	0.210 4	0.263 9
10.00	0.071 8	0.094 7	0.117 1	0.139 1	0.149 9	0.160 5	0.181 5	0.202 0	0.222 0	0.278 9
12.00	0.086 6	0.114 4	0.141 8	0.168 7	0.181 9	0.195 1	0.221 0	0.246 4	0.271 3	0.343 0
12.70	0.091 7	0.121 1	0.150 4	0.179 0	0.193 2	0.207 2	0.234 8	0.261 9	0.288 5	0.365 5
14.00	0.101 4	0.134 2	0.166 5	0.198 3	0.214 0	0.229 6	0.260 4	0.290 8	0.320 6	0.407 2
15.88	0.115 3	0.152 7	0.189 6	0.226 1	0.244 1	0.262 1	0.297 5	0.332 5	0.367 0	0.467 4
16.00	0.116 2	0.153 9	0.191 1	0.227 9	0.246 1	0.264 1	0.300 0	0.335 2	0.369 9	0.471 3
18.00	0.131 0	0.173 6	0.215 8	0.257 5	0.278 1	0.298 7	0.339 3	0.379 5	0.419 2	0.535 4

（3）化学成分 钢管用冷轧钢带可采用冷轧低碳钢带或冷轧超低碳钢带，钢带的化学成分见表5-63。

表5-63 冷轧低碳钢带的化学成分   （%）

类　别	化学成分（质量分数）				
	C	Si	Mn	P	S
冷轧低碳钢带	≤0.08	≤0.03	≤0.30	≤0.030	≤0.030
冷轧超低碳钢带	≤0.008	≤0.03	≤0.25	≤0.020	≤0.030

（4）力学性能（表5-64～表5-66）

表5-64 冷轧低碳钢带的力学性能

厚度/mm	抗拉强度 R_m/MPa	屈服强度[①]R_{eL}/MPa	断后伸长率 A/%
0.25～<0.35			≥32
0.35～<0.50	≥270	≥180	≥34
≥0.50			≥36

注：①当屈服现象不明显时采用 $R_{p0.2}$ 代替。

表5-65 冷轧超低碳钢带的力学性能

厚度/mm	抗拉强度 R_m/MPa	屈服强度[①]R_{eL}/MPa	断后伸长率 A/%
≤0.50			≥38
>0.50	≥280	130～250	≥40

注：①当屈服现象不明显时采用 $R_{p0.2}$ 代替。

表 5-66　冷轧精密单层焊接钢管的力学性能

类　别	抗拉强度 R_m/MPa	屈服强度[①] R_{eL}/MPa	断后伸长率 A/%
普通钢管（MA）	≥270	≥180	≥14
软态钢管（MB）	≥230	150～220	≥35

注：①当屈服现象不明显时采用 $R_{p0.2}$ 代替。

5.3　复　合　钢　管

5.3.1　钢塑复合压力管（CJ/T 183—2008）

（1）用途　钢塑复合压力管适用于城镇和建筑内外冷热水、饮用水、供暖、燃气、特种流体（包括工业废水、腐蚀性流体、煤矿井下供水、排水、压风等）、排水（包括重力污、废水排放和虹吸式屋面雨水排放系统）输送用复合管，以及电力电缆、通信电缆、光缆保护套管用复合管。

（2）分类（表 5-67）

表 5-67　钢塑复合压力管的分类

用　途	用途代号	塑料代号	长期工作温度 T_0/℃	最大允许工作压力 P_0/MPa			
				公称压力 PN/MPa			
				1.25	1.60	2.00	2.50
冷水、饮用水	L	PE	≤40	1.25	1.60	2.00	2.50
热水、供暖	R	PE-RT，PE-X，PPR	≤80	1.00	1.25	1.60	2.00
燃气	Q	PE	≤40	0.50	0.60	0.80	1.00
特种流体[①]	T	PE	≤40	1.25	1.60	2.00	2.50
		PE-RT，PE-X，PPR	≤80	1.00	1.25	1.60	2.00
排水	P	PE	≤65[②]	1.25	1.60	2.00	2.50
保护套管	B	PE，PE-RT，PE-X	—	—	—	—	—

注：①系指和复合管所采用塑料所接触传输介质抗化学药品性能相一致的特种流体。
　　②瞬时排水温度不超过95℃。

（3）尺寸规格（表 5-68）

表 5-68　钢塑复合压力管的尺寸规格　　　　　　　　　（mm）

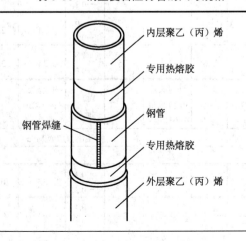

- 内层聚乙（丙）烯
- 专用热熔胶
- 钢管
- 钢管焊缝
- 专用热熔胶
- 外层聚乙（丙）烯

续表 5-68

公称外径 d_n	最小平均外径 $d_{em \cdot min}$	最大平均外径 $d_{em \cdot max}$	内层聚乙(丙)烯最小厚度	钢带最小厚度	外层聚乙(丙)烯最小厚度	管壁厚	管壁厚偏差	内层聚乙(丙)烯最小厚度	钢带最小厚度	外层聚乙(丙)烯最小厚度	管壁厚	管壁厚偏差
			公称压力 PN/MPa									
			1.25					1.6				
16	16.0	16.3	—	—	—	—	—	—	—	—	—	—
20	20.0	20.3	—	—	—	—	—	—	—	—	—	—
25	25.0	25.3	—	—	—	—	—	1.0	0.2	0.6	2.5	+0.4 −0.2
32	32.0	32.3	—	—	—	—	—	1.2	0.3	0.7	3.0	+0.4 −0.2
40	40.0	40.4	—	—	—	—	—	1.3	0.3	0.8	3.5	+0.5 −0.2
50	50.0	50.5	1.4	0.3	1.0	3.5	+0.5 −0.2	1.4	0.4	1.1	4.0	+0.8 −0.2
63	63.0	63.6	1.6	0.4	1.1	4.0	+0.7 −0.2	1.6	0.5	1.2	4.5	+0.9 −0.2
75	75.0	75.7	1.6	0.5	1.1	4.0	+0.7 −0.2	1.7	0.6	1.4	5.0	+1.0 −0.2
90	90.0	90.8	1.7	0.6	1.2	4.5	+0.8 −0.2	1.8	0.7	1.5	5.5	+1.2 −0.2
100	100.0	100.8	1.7	0.6	1.2	5.0	+0.8 −0.2	—	—	—	—	—
110	110.0	110.9	1.8	0.7	1.3	5.0	+0.9 −0.2	1.9	0.8	1.7	6.0	+1.4 −0.2
160	160.0	161.6	1.8	1.0	1.5	5.5	+1.0 −0.2	1.9	1.3	1.7	6.5	+1.6 −0.2
200	200.0	202.0	1.8	1.3	1.7	6.0	+1.2 −0.2	2.0	1.7	1.7	7.0	+1.8 −0.2
250	250.0	252.4	1.8	1.6	1.9	6.5	+1.4 −0.2	2.0	2.1	1.9	8.0	+2.2 −0.2
315	315.0	317.6	1.8	2.0	1.9	7.0	+1.6 −0.2	2.0	2.7	1.9	8.5	+2.4 −0.2
400	400.0	403.0	1.8	2.6	2.0	7.5	+1.8 −0.2	2.0	3.4	2.0	9.5	+2.8 −0.2
公称外径 d_n	最小平均外径 $d_{em \cdot min}$	最大平均外径 $d_{em \cdot max}$	内层聚乙(丙)烯最小厚度	钢带最小厚度	外层聚乙(丙)烯最小厚度	管壁厚	管壁厚偏差	内层聚乙(丙)烯最小厚度	钢带最小厚度	外层聚乙(丙)烯最小厚度	管壁厚	管壁厚偏差
			公称压力 PN/MPa									
			2.0					2.5				
16	16.0	16.3	0.8	0.2	0.4	2.0	+0.4 −0.2	0.8	0.3	0.4	2.0	+0.4 −0.2
20	20.0	20.3	0.8	0.2	0.4	2.0	+0.4 −0.2	0.8	0.3	0.4	2.0	+0.4 −0.2

续表 5-68

公称外径 d_n	最小平均外径 $d_{em \cdot min}$	最大平均外径 $d_{em \cdot max}$	内层聚乙（丙）烯最小厚度	钢带最小厚度	外层聚乙（丙）烯最小厚度	管壁厚	管壁厚偏差	内层聚乙（丙）烯最小厚度	钢带最小厚度	外层聚乙（丙）烯最小厚度	管壁厚	管壁厚偏差
						公称压力 PN/MPa						
					2.0					2.5		
25	25.0	25.3	1.0	0.3	0.6	2.5	+0.4 −0.2	1.0	0.4	0.6	2.5	+0.4 −0.2
32	32.0	32.3	1.2	0.3	0.7	3.0	+0.4 −0.2	1.2	0.4	0.7	3.0	+0.4 −0.2
40	40.0	40.4	1.3	0.4	0.8	3.5	+0.5 −0.2	1.3	0.5	0.8	3.5	+0.5 −0.2
50	50.0	50.5	1.4	0.5	1.5	4.5	+0.8 −0.2	1.4	0.6	1.5	4.5	+0.8 −0.2
63	63.0	63.6	1.7	0.6	1.7	5.0	+0.9 −0.2	—	—	—	—	—
75	75.0	75.7	1.9	0.6	1.9	5.5	+1.0 −0.2	—	—	—	—	—
90	90.0	90.8	2.0	0.8	2.0	6.0	+1.2 −0.2	—	—	—	—	—
100	100.0	100.8	—	—	—	—	—	—	—	—	—	—
110	110.0	110.9	2.0	1.0	2.2	6.5	+1.4 −0.2	—	—	—	—	—
160	160.0	161.6	2.0	1.6	2.2	7.0	+1.6 −0.2	—	—	—	—	—
200	200.0	202.0	2.0	2.0	2.2	7.5	+1.8 −0.2	—	—	—	—	—
250	250.0	252.4	2.0	2.6	2.3	8.5	+2.2 −0.2	—	—	—	—	—
315	315.0	317.6	2.0	3.3	2.3	9.0	+2.4 −0.2	—	—	—	—	—
400	400.0	403.0	2.0	4.3	2.3	10.0	+2.8 −0.2	—	—	—	—	—

注：复合管按直管交货，标准长度为 4m，5m，6m，9m，12m。

5.3.2 给水涂塑复合钢管（CJ/T 120—2008）

（1）用途　涂塑复合钢管是以钢管为基管，以塑料粉末为涂层材料，在其内表面熔融涂敷上一层塑料层，在其外表面熔融涂敷上一层塑料层或其他材料防腐层的钢塑复合产品。本标准适用于公称尺寸不大于 DN1 200 输送饮用水的涂塑钢管。

（2）分类（表5-69）

表 5-69　给水涂塑复合钢管的分类

分 类 方 法	分 类 名 称
根据内涂层材料的不同分	①聚乙烯涂层钢管 ②环氧树脂涂层钢管

（3）尺寸规格（表 5-70）

表 5-70　给水涂层复合钢管的涂层厚度　　　　　　　　　　　　（mm）

公称通径 DN	内 面 塑 料 涂 层		外 面 塑 料 涂 层			
	聚 乙 烯	环氧树脂	聚 乙 烯		环 氧 树 脂	
			普 通 级	加 强 级	普 通 级	加 强 级
15	>0.4	>0.3	>0.5	>0.6	>0.3	>0.35
20						
25						
32						
40						
50						
65						
80	>0.5		>0.6	>1.0		
100						
125						
150						
200		>0.35		>1.2	>0.35	>0.4
250						
300						
350	>0.6		>0.8			
400				>1.3		
450						
500						
550						
600						
650	>0.8	>0.4	>1.0	>1.5	>0.4	>0.45
700						
750						
800						
850						
900	>1.0	>0.45	>1.2	>1.8	>0.45	>0.5
1 100						
1 200						

5.3.3　给水衬塑复合钢管（CJ/T 136—2007）

（1）用途　该钢管适用于公称通径不大于 500mm 的给水衬塑钢管，以输送生活用冷热水为主。

（2）尺寸规格（表 5-71）

表 5-71　给水衬塑复合钢管的塑层厚度和允许偏差　　　　　　　　　（mm）

公称通径 DN	内衬塑料层		法兰面衬塑层		外覆塑层最小厚度
	厚　　度	允 许 偏 差	厚　　度	允 许 偏 差	
15	1.5	+0.2 −0.2	1.0	0 −0.5	0.5
20					0.6
25					0.7
32					0.8
40					1.0

续表 5-71

公称通径 DN	内衬塑料层		法兰面衬塑层		外覆塑层 最小厚度
	厚　度	允许偏差	厚　度	允许偏差	
50	1.5		1.0		1.1
65					
80		+0.2 −0.2			1.2
100	2.0		1.5		1.3
125					1.4
150	2.5		2.0		1.5
200				0 −0.5	2.0
250	3.0		2.5		
300					
350		0 −0.5			2.2
400	3.5		3.0		
450					
500					2.5

注：产品标记为：

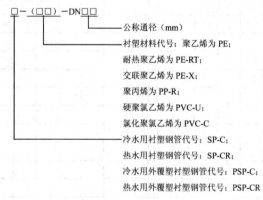

　　公称通径（mm）
　　衬塑材料代号：聚乙烯为 PE；
　　耐热聚乙烯为 PE-RT；
　　交联聚乙烯为 PE-X；
　　聚丙烯为 PP-R；
　　硬聚氯乙烯为 PVC-U；
　　氯化聚氯乙烯为 PVC-C
　　冷水用衬塑钢管代号：SP-C；
　　热水用衬塑钢管代号：SP-CR；
　　冷水用外覆塑衬塑钢管代号：PSP-C；
　　热水用外覆塑衬塑钢管代号：PSP-CR

5.3.4　结构用不锈钢复合管（GB/T 18704—2008）

（1）用途　结构用不锈钢复合管的基材（内层）采用碳素钢钢带，覆材（外层）采用不锈钢钢带，紧密包覆连续焊接成形的钢管。适用于市政设施、车船制造、道桥护栏、交通护栏、铁路护栏、站台护栏、铁路接触网、建筑装饰、钢结构网架、医疗器械、家具、一般机械结构部件用不锈钢复合管。

（2）分类及代号（表 5-72）

表 5-72　结构用不锈钢复合管的分类及代号

分 类 方 法	分类名称及代号	分 类 方 法	分类名称及代号
按表面交货状态分	①表面未抛光状态 SNB	按截面形状分	①圆管 R
	②表面抛光状态 SB		②方管 S
	③表面磨光状态 SP		③矩形管 Q
	④表面喷砂状态 SS		—

（3）尺寸规格（表 5-73、表 5-74）

表 5-73　复合圆管的尺寸规格　　　　　　　　　　　　　　　　（mm）

外径	总壁厚																					
	0.8	1.0	1.2	1.4	1.5	1.6	1.8	2.0	2.2	2.5	3.0	3.5	4.0	4.5	5.0	6.0	7.0	8.0	9.0	10	11	12
12.7	○	○	○	○	○	○	○	○														
15.9	○	○	○	○	○	○	○	○														
19.1	○	○	○	○	○	○	○	○														
22.2	○	○	○	○	○	○	○	○														
25.4	○	○	○	○	○	○	○	○	○	○												
31.8	○	○	○	○	○	○	○	○	○	○												
38.1			○	○	○	○	○	○	○	○												
42.4			○	○	○	○	○	○	○	○												
48.3			○	○	○	○	○	○	○	○												
50.8			○	○	○	○	○	○	○	○												
57.0		○	○	○	○	○	○	○	○	○												
63.5			○	○	○	○	○	○	○	○	○											
76.3			○	○	○	○	○	○	○	○												
80.0				○	○	○	○	○	○	○	○	○										
87.0									○	○	○	○										
89.0										○	○	○	○									
102											○	○	○									
108											○	○	○	○								
112											○	○	○									
114											○	○	○	○								
127												○	○	○								
133												○	○	○								
140												○	○	○	○							
159												○	○	○								
165													○	○	○							
180														○	○	○						
217														○	○	○	○	○	○			
219															○	○	○	○	○	○		
273																○	○	○	○	○	○	○
299																○	○	○	○	○	○	○
325																	○	○	○	○	○	○

注：表中"○"表示有产品。

表 5-74　复合方管、复合矩形管的尺寸规格　　　　　　　　　　（mm）

形状	边长	总壁厚																	
		0.8	1.0	1.2	1.4	1.5	1.6	1.8	2.0	2.2	2.5	3.0	3.5	4.0	4.5	5.0	6.0	7.0	8.0
方管	15×15	○	○	○	○	○	○	○	○										
	20×20	○	○	○	○	○	○	○	○										
	25×25	○	○	○	○	○	○	○	○	○	○								
	30×30		○	○	○	○	○	○	○	○	○								
	40×40		○	○	○	○	○	○	○	○	○								

续表 5-74

形状	边长	0.8	1.0	1.2	1.4	1.5	1.6	1.8	2.0	2.2	2.5	3.0	3.5	4.0	4.5	5.0	6.0	7.0	8.0
												总壁厚							
方管	50×50			○	○	○	○	○	○	○	○	○							
	60×60				○	○	○	○	○	○	○	○	○						
	70×70											○	○	○					
	80×80											○	○	○					
	85×85											○	○	○					
	90×90											○	○	○					
	100×100											○	○	○					
	110×110											○	○	○					
	125×125												○	○	○	○			
	130×130												○	○	○	○			
	140×140													○	○	○	○		
	170×170															○	○	○	○
矩形管	20×10	○	○	○	○	○	○	○	○										
	25×15	○	○	○	○	○	○	○	○										
	40×20		○	○	○	○	○	○	○	○	○								
	50×30		○	○	○	○	○	○	○	○	○								
	70×30			○	○	○	○	○	○	○	○								
	80×40			○	○	○	○	○	○	○	○	○							
	90×30			○	○	○	○	○	○	○	○	○							
	100×40											○	○	○					
	110×50											○	○	○					
	120×40											○	○	○					
	120×60											○	○	○					
	130×50											○	○	○					
	130×70											○	○	○					
	140×60											○	○	○					
	140×80											○	○	○					
	150×50											○	○	○					
	150×70											○	○	○	○				
	160×40											○	○	○					
	160×60											○	○	○	○				
	160×90												○	○	○				
	170×50											○	○	○	○				
	170×80												○	○	○				
	180×70												○	○	○				
	180×80												○	○	○				
	180×100												○	○	○	○			
	190×60												○	○	○				
	190×70												○	○	○				
	190×90												○	○	○	○			
	200×60												○	○	○				
	200×80												○	○	○	○			
	200×140													○	○	○	○	○	○

注：表中"○"表示有产品。

（4）牌号和化学成分

①复合管的覆材材料采用牌号为 06Cr19Ni10，12Cr18Ni9，12Cr18Mn9Ni5N，12Cr17MnNi5N 的不锈钢，化学成分应符合表 5-75 的规定，力学性能应符合表 5-76 的规定。

②复合管的基材采用牌号为 Q195，Q215，Q235 的碳素结构钢，化学成分应符合 GB/T 700 的规定。外径不小于 25.4mm 的圆形复合管，其碳素结构钢基材的力学性能应符合 GB/T 13793 中相应牌号钢管低硬状态的规定；外径小于 25.4mm 的圆形复合管，其碳素结构钢基材的力学性能应符合 GB 912 或 GB/T 11253 中相应牌号钢板或钢带的规定。

表 5-75　覆材材料的牌号和化学成分　　　　　　　　　　（%）

序号	统一数字代号	新牌号	旧牌号	化学成分（质量分数）							
				C	Si	Mn	P	S	Ni	Cr	N
1	S35350	12Cr17Mn6Ni5N	1Cr17Mn6Ni5N	≤0.15	≤1.00	5.50~7.50	≤0.050	≤0.030	3.50~5.50	16.00~18.00	0.05~0.25
2	S35450	12Cr18Mn9Ni5N	1Cr18Mn8Ni5N	≤0.15	≤1.00	7.50~10.0	≤0.050	≤0.030	4.00~6.00	17.00~19.00	0.05~0.25
3	S30210	12Cr18Ni9	1Cr18Ni9	≤0.15	≤1.00	≤2.00	≤0.045	≤0.030	8.00~10.00	17.00~19.00	≤0.10
4	S30408	06Cr19Ni10	0Cr18Ni9	≤0.08	≤1.00	≤2.00	≤0.045	≤0.030	8.00~11.00	18.00~20.00	—

表 5-76　覆材材料的力学性能

序　号	新　牌　号	旧　牌　号	屈服强度 $R_{p0.2}$/MPa	抗拉强度 R_m/MPa	断后伸长率 A/%
			≥		
1	12Cr17MnNi5N	1Cr17Mn6Ni5N	245	520	25
2	12Cr18Mn9Ni5N	1Cr18Mn8Ni5N	245	520	
3	12Cr18Ni9	1Cr18Ni9	210	520	30
4	06Cr19Ni10	0Cr18Ni9	210	520	

5.3.5　不锈钢塑料复合管（CJ/T 184—2003）

（1）用途　不锈钢塑料复合管适用于以挤出成型的塑料管为内层，对接焊薄壁不锈钢管为外层，采用热熔胶或其他胶黏剂粘接复合而成的不锈钢塑料复合管，用于建筑冷热水供应、燃气、压缩空气及工业液体等的输送，公称压力为 1.6MPa。

（2）分类及代号（表 5-77）

表 5-77　不锈钢塑料复合管的分类及代号

分类方法	分类名称	代　号	内层颜色
按用途分	冷水输送用复合管	L	白色
	热水输送用复合管	R	橙红色
	燃气输送用复合管	Q	黄色
	其他流体输送用复合管	T	红色

注：标记方法为：

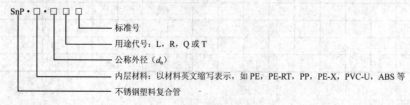

（3）尺寸规格（表5-78）

表5-78　不锈钢塑料复合管的尺寸规格　　　　　　（mm）

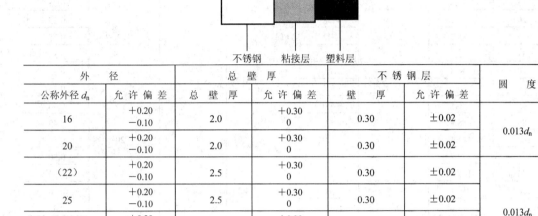

外　径		总　壁　厚		不锈钢层		圆　度
公称外径 d_n	允许偏差	总 壁 厚	允许偏差	壁　厚	允许偏差	
16	+0.20 -0.10	2.0	+0.30 0	0.30	±0.02	0.013d_n
20	+0.20 -0.10	2.0	+0.30 0	0.30	±0.02	
(22)	+0.20 -0.10	2.5	+0.30 0	0.30	±0.02	0.013d_n
25	+0.20 -0.10	2.5	+0.30 0	0.30	±0.02	
(28)	+0.20 -0.10	3.0	+0.30 0	0.40	±0.02	
32	+0.20 -0.10	3.0	+0.30 0	0.40	±0.02	
40	+0.22 -0.10	3.5	+0.40 0	0.40	±0.02	0.015d_n
50	+0.25 -0.10	4.0	+0.40 0	0.40	±0.02	
63	+0.25 -0.10	5.0	+0.50 0	0.50	±0.02	
75	+0.30 -0.15	6.0	+0.50 0	0.50	±0.02	0.017d_n
90	+0.40 -0.20	7.0	+0.60 0	0.60	±0.02	
110	+0.50 -0.20	8.0	+0.60 0	0.60	±0.02	
125	+0.60 -0.20	9.0	+0.70 0	0.80	±0.02	0.018d_n
160	+0.70 -0.30	10.0	+0.80 0	0.80	±0.02	

注：复合管长度一般为3.0m，4.0m，5.0m，6.0m。

5.3.6　内衬不锈钢复合钢管（CJ/T 192—2004）

（1）用途　内衬不锈钢复合管适用于工作压力不大于2.0MPa、公称通径不大于500mm，输送冷热水、饮用净水、消防给水、燃气、空气、油和蒸汽等低压流体或其他用途的复合钢管。

（2）尺寸规格（表5-79）

表5-79　内衬不锈钢复合管的尺寸规格　　　　　　（mm）

公称通径 DN	复　合　钢　管						内衬不锈钢管最小厚度
	外　径		壁　厚		长　度		
	尺　寸	允许偏差	尺　寸	允许偏差	尺　寸	允许偏差	
6	10.2	±0.5	2.0	±12.5%	6 000	+20 0	0.20
8	13.5		2.5				0.20
10	17.2		2.5				0.20

续表 5-79

公称通径 DN	复 合 钢 管						内衬不锈钢管最小厚度
	外　径		壁　厚		长　　度		
	尺　寸	允许偏差	尺　寸	允许偏差	尺　寸	允许偏差	
15	21.3		2.8				0.25
20	26.9		2.8				0.25
25	33.7	±0.5	3.2				0.25
32	42.4		3.5				0.30
40	48.3		3.5				0.35
50	60.3		3.8				0.35
65	76.1		4.0		6 000		0.40
80	88.9		4.0				0.45
100	114.3	±1%	4.0	±12.5%		+20 0	0.50
125	139.7		4.0				0.50
150	168.3		4.5				0.60
200	219.1		5.0				0.70
250	273.0	±0.75%	6.0				0.80
300	323.9		7.0				0.90
350	377.0		8.0				1.00
400	426.0	±1%	8.0		4 000~ 9 000		1.20
450	480.0		8.0				1.20
500	530.0		8.0				1.20

5.3.7　陶瓷内衬复合钢管（YB/T 176—2000）

（1）用途　本标准适用于铝热-离心法制造的陶瓷钢管。

（2）尺寸规格（表5-80）

表 5-80　陶瓷内衬复合钢管的尺寸规格　　　　　（mm）

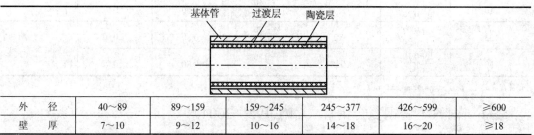

外　径	40~89	89~159	159~245	245~377	426~599	≥600
壁　厚	7~10	9~12	10~16	14~18	16~20	≥18

注：表中壁厚是指内衬陶瓷和钢管的总厚度。

（3）技术指标（表5-81、表5-82）

表 5-81　陶瓷钢管的力学及物理性能

硬度 HV	压溃强度/MPa	陶瓷层密度/（g/cm³）	加热淬水三次陶瓷层出现崩裂温度/℃
≥1 000	≥280	≥3.4	≥800

表 5-82　陶瓷钢管耐蚀性能　　　　　[g/（m²·h）]

10%HCL	10%H₂SO₄	30%CH₃COOH	30%NaOH
≤0.1	≤0.15	≤0.03	≤0.1

第6章 钢 丝

钢丝又称钢线，是以热轧线材（盘条）为原料，经冷拔等加工制成的再制品，通常分为铁丝、钢丝、预应力钢丝三类。钢丝经多次冷拔，通过加工硬化作用，强度有很大提高，超高强度钢丝的抗拉强度可大于 3 140MPa，在钢材各品种中是强度最高的。经不同程度的退火，强度可以在一定范围内调整，以适应不同用途的需要。钢丝还具有尺寸精度高、表面质量好、生产工艺简单、投资少、上马快等特点。

6.1 钢 丝 综 合

6.1.1 钢丝的分类（GB/T 341—2008）（表6-1）

表6-1 钢丝的分类

序 号	分 类 方 法	分 类 名 称
1	按截面形状分	圆形钢丝，异形钢丝（方形、矩形、扁形、梯形、六角形、椭圆形等），周期性变截面钢丝（螺旋肋、刻痕）
2	按截面尺寸（mm）分	微细（<0.1）、细（0.1～0.5）、较细（0.5～1.5）、中等尺寸（1.5～3.0）、较粗（3.0～6.0）、粗（6.0～16.0）、特粗（>16.0）
3	按化学成分分	碳素钢丝、合金钢丝、特殊性能合金丝
4	按最终热处理方法分	退火钢丝、正火钢丝、油淬火-回火钢丝、索氏体化钢丝、固溶处理钢丝、稳定化处理钢丝
5	按加工方法分	冷拉钢丝、冷轧钢丝、温拉钢丝、直条钢丝、银亮钢丝、磨光钢丝、抛光钢丝
6	按抗拉强度（δ_b/MPa）分	低强度（<500）、较低强度（500～800）、中等强度（800～1 000）、较高强度（1 000～2 000）、高强度（2 000～3 000）、超高强度（>3 000）
7	按用途分	一般用途钢丝、结构钢丝、弹簧钢丝、工具钢丝、冷顶锻钢丝、不锈钢丝、轴承钢丝、高速工具钢丝、易切钢丝、焊接钢丝、捆扎包装钢丝、制钉钢丝、铆钉钢丝、钢筋混凝土用钢丝、光缆用钢丝等

6.1.2 冷拉圆钢丝、方钢丝、六角钢丝的尺寸规格和理论质量（GB/T 342—1997）（表6-2）

表6-2 冷拉圆钢丝、方钢丝、六角钢丝的尺寸规格和理论质量

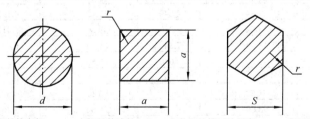

d——圆钢丝的直径；a——方钢丝的边长；S——六角钢丝的对边距离；r——角部圆弧半径

公称尺寸 /mm	圆 形		方 形		六 角 形	
	截面面积 /mm²	理论质量 /（kg/1 000m）	截面面积 /mm²	理论质量 /（kg/1 000m）	截面面积 /mm²	理论质量 /（kg/1 000m）
0.050	0.002 0	0.016				

续表 6-2

公称尺寸 /mm	圆　形		方　形		六　角　形	
	截面面积 /mm²	理论质量 / (kg/1 000m)	截面面积 /mm²	理论质量 / (kg/1 000m)	截面面积 /mm²	理论质量 / (kg/1 000m)
0.055	0.002 4	0.019				
0.063	0.003 1	0.024				
0.070	0.003 8	0.030				
0.080	0.005 0	0.039				
0.090	0.006 4	0.050				
0.10	0.007 9	0.062				
0.11	0.009 5	0.075				
0.12	0.011 3	0.089				
0.14	0.015 4	0.121				
0.16	0.020 1	0.158				
0.18	0.025 4	0.199				
0.20	0.031 4	0.246				
0.22	0.038 0	0.298				
0.25	0.049 1	0.385				
0.28	0.061 6	0.484				
0.30	0.070 7	0.555				
0.32	0.080 4	0.631				
0.35	0.096	0.754				
0.40	0.126	0.989				
0.45	0.159	1.248				
0.50	0.196	1.539	0.250	1.962		
0.55	0.238	1.868	0.302	2.371		
0.60	0.283	2.22	0.360	2.826		
0.63	0.312	2.447	0.397	3.116		
0.70	0.385	3.021	0.490	3.846		
0.80	0.503	3.948	0.640	5.024		
0.90	0.636	4.993	0.810	6.358		
1.00	0.785	6.162	1.000	7.850		
1.10	0.950	7.458	1.210	9.498		
1.20	1.131	8.878	1.440	11.30		
1.40	1.539	12.08	1.960	15.39		
1.60	2.011	15.79	2.560	20.10	2.217	17.40
1.80	2.545	19.98	3.240	25.43	2.806	22.03
2.00	3.142	24.66	4.000	31.40	3.464	27.20
2.20	3.801	29.84	4.840	37.99	4.192	32.91
2.50	4.909	38.54	6.250	49.06	5.413	42.49
2.80	6.158	48.34	7.840	61.54	6.790	53.30
3.00	7.069	55.49	9.000	70.65	7.795	61.19
3.20	8.042	63.13	10.24	80.38	8.869	69.62
3.50	9.621	75.52	12.25	96.16	10.61	83.29
4.00	12.57	98.67	16.00	125.6	13.86	108.8
4.50	15.90	124.8	20.25	159.0	17.54	137.7
5.00	19.64	154.2	25.00	196.2	21.65	170.0
5.50	23.76	186.5	30.25	237.5	26.20	205.7
6.00	28.27	221.9	36.00	282.6	31.18	244.8
6.30	31.17	244.7	39.69	311.6	34.38	269.9
7.00	38.48	302.1	49.00	384.6	42.44	333.2

续表 6-2

公称尺寸 /mm	圆 形		方 形		六 角 形	
	截面面积 /mm²	理论质量 /（kg/1 000m）	截面面积 /mm²	理论质量 /（kg/1 000m）	截面面积 /mm²	理论质量 /（kg/1 000m）
8.00	50.27	394.6	64.00	502.4	55.43	435.1
9.00	63.62	499.4	81.00	635.8	70.15	550.7
10.0	78.54	616.5	100.00	785.0	86.61	679.9
11.0	95.03	746.0				
12.0	113.1	887.8				
14.0	153.9	1 208.1				
16.0	201.1	1 578.6				

6.2 常 用 钢 丝

6.2.1 一般用途低碳钢丝（YB/T 5294—2009）

（1）用途 一般用途低碳钢丝又称铁丝，按交货状态分冷拉钢丝和退火钢丝两个品种，不经热处理的冷拉钢丝又称光面钢丝，强度稍高，主要用于轻工业和建筑行业，如制钉、小五金、水泥船织网及做建筑钢筋等；经退火处理表面有氧化膜的钢丝又称黑铁丝，强度不高，塑性、韧性好，主要用于一般的捆扎、牵拉、编织以及经镀锌制成镀锌低碳钢丝等。

（2）捆重（表 6-3）

表 6-3 钢丝的捆重及最低质量

钢丝公称直径/mm	标 准 捆			非标准捆最低质量/kg
	捆重/kg	每捆焊接头数量≤	单根最低质量/kg	
≤0.30	5	6	0.5	0.5
>0.30～0.50	10	5	1	1
>0.50～1.00	25	4	2	2
>1.00～1.20	25	3	3	3
>1.20～3.00	50	3	4	4
>3.00～4.50	50	2	6	10
>4.50～6.00	50	2	6	12

（3）力学性能（表 6-4）

表 6-4 一般用途低碳钢丝的力学性能

公称直径/mm	抗拉强度 R_m/MPa					弯曲试验（180°/次）		伸长率/%（标距 100mm）	
	冷 拉 钢 丝			退火钢丝	镀锌钢丝	冷 拉 钢 丝		冷拉建筑用钢丝	镀锌钢丝
	普通用	制钉用	建筑用			普通用	建筑用		
≤0.30	≤980	—	—	295～540	295～540	—	—	—	≥10
>0.30～0.80	≤980	—	—			—	—	—	
>0.80～1.20	≤980	880～1 320	—			—	—	—	
>1.20～1.80	≤1 060	785～1 220	—			≥6			≥12
>1.80～2.50	≤1 010	735～1 170	—						

续表 6-4

公称直径/mm	抗拉强度 R_m/MPa					弯曲试验（180°/次）				伸长率/%（标距 100mm）
	冷拉钢丝			退火钢丝	镀锌钢丝	冷拉钢丝		冷拉建筑用钢丝	镀锌钢丝	
	普通用	制钉用	建筑用			普通用	建筑用			
>2.50～3.50	≤960	685～1 120	≥550	295～540	295～540	≥4	≥4	≥2	≥12	
>3.50～5.00	≤890	590～1 030	≥550							
>5.00～6.00	≤790	540～930	≥550							
>6.00	≤690	—	—			—	—	—		

6.2.2　重要用途低碳钢丝（YB/T 5032—2006）

（1）用途　该钢丝适用于机器制造中的重要部件及零件。

（2）盘重（表 6-5）

表 6-5　重要用途低碳钢丝的盘重

公称直径/mm	盘重/kg≥	公称直径/mm	盘重/kg≥	公称直径/mm	盘重/kg≥
0.30～0.40	0.3	>0.60～1.00	1	>1.60～3.50	10
>0.40～0.60	0.5	>1.00～1.60	5	>3.50～6.00	20

（3）牌号和化学成分　制造钢丝用盘条选用 GB/T 699 牌号，牌号由制造厂根据技术条件确定。

（4）力学性能（表 6-6）

表 6-6　重要用途低碳钢丝的力学性能

公称直径/mm	抗拉强度/MPa≥		扭转次数/（次/360°）≥	弯曲次数/（次/180°）≥	公称直径/mm	抗拉强度/MPa≥		扭转次数/（次/360°）≥	弯曲次数/（次/180°）≥
	光面	镀锌				光面	镀锌		
0.30	395	365	30	打结拉伸试验抗拉强度：光面：不小于 225MPa 镀锌：不小于 185MPa	2.00	395	365	18	10
0.40			30		2.30			15	10
0.50			30		2.60			15	8
0.60			30		3.00			12	10
0.80			30		3.50			12	10
1.00			25	22	4.00			10	8
1.20			25	18	4.50			10	8
1.40			20	14	5.00			8	6
1.60			20	12	6.00			6	3
1.80			18	12					

（5）锌层质量（表 6-7）

表 6-7　镀锌钢丝的锌层质量

公称直径/mm	锌层质量/（g/m²）≥	缠绕试验芯轴直径为钢丝直径的倍数（缠绕 20 圈）
0.30，0.40	10	5
0.50，0.60	12	
0.80	15	

续表 6-7

公称直径/mm	锌层质量/（g/m²）≥	缠绕试验芯轴直径为钢丝直径的倍数（缠绕 20 圈）
1.00，1.20，1.40	25	
1.60，1.80，2.00	45	
2.30，2.60	65	
3.00，3.50	80	5
4.00，4.50	95	
5.00，6.00	110	

6.2.3　优质碳素结构钢丝（YB/T 5303—2010）

（1）用途　优质碳素结构钢丝钢质纯净、组织均匀、尺寸精度高、表面质量好、强度范围大、品种规格多，便于根据不同用途选择，用于制造各种机器结构零件、标准件、自行车辐条、伞骨、链条、钟表零件、小五金件等。

（2）盘重（表 6-8）

表 6-8　优质碳素结构钢丝的盘重

钢丝直径/mm	每盘质量/kg≥		钢丝直径/mm	每盘质量/kg≥	
	正常的	较轻的		正常的	较轻的
0.2～0.3	2	0.5	>1.0～3.0	20	10
>0.3～0.5	5	2	>3.0～6.0	25	12
>0.5～1.0	10	6	>6.0～10.0	30	15

（3）力学性能（表 6-9、表 6-10）

表 6-9　硬状态钢丝的力学性能

钢丝直径/mm	抗拉强度 σ_b/MPa≥					弯曲/次≥				
	08F, 10, 10F	15, 15F, 20	25, 30, 35	40, 45, 50	55, 60	08F, 10, 10F	15, 15F, 20	25, 30, 35	40, 45, 50	55, 60
0.20～0.75	735	785	980	1 080	1 175	—	—	—	—	—
>0.75～1.0	685	735	885	980	1 080	6	6	6	5	5
>1.0～3.0	635	685	785	885	980	6	6	5	4	4
>3.0～6.0	590	635	685	785	885	5	5	5	4	4
>6.0～10.0	540	590	635	735	785	5	4	3	2	2

注：钢丝用 GB/T 699 中的 08F、10、10F、15、15F、20、25、30、40、45、50、55 和 60 钢制造。

表 6-10　软状态钢丝的力学性能

牌号	力学性能			牌号	力学性能		
	抗拉强度 σ_b/MPa	伸长率 δ_5/%	收缩率 ψ/%		抗拉强度 σ_b/MPa	伸长率 δ_5/%	收缩率 ψ/%
10	440～685	8	50	35	590～835	6.5	35
15	490～735	8	45	40	590～835	6	35
20	490～735	7.5	40	45	635～880	6	30
25	540～785	7	40	50	635～880	6	30
30	540～785	7	35	—			

6.2.4　合金结构钢丝（YB/T 5301—2010）

（1）用途　合金结构钢丝钢质纯净，组织均匀致密，尺寸精度高，有良好的加工性能和热处理性能，主要用于需经热处理改善性能的机器结构零部件。

（2）尺寸规格　直径不大于 10mm 的冷拉圆钢丝以及 2～8mm 的冷拉方、六角钢丝。

（3）盘重（表6-11）

表 6-11　合金结构钢丝的盘重

钢丝公称尺寸/mm	每盘质量/kg
≤3.00	≥10
>3.00	≥15
马氏体及半马氏体钢	≥10

（4）牌号和化学成分（表6-12）

表 6-12　合金结构钢丝的牌号和化学成分　　　　　　　　　　　（%）

牌　号	化学成分（质量分数）										
	C	Si	Mn	P	S	Cr	Ni	Mo	V	Ti	Cu
				≤							
38CrA	0.34～0.42	0.17～0.37	0.50～0.80	0.025	0.025	0.80～1.10	≤0.40	—	—	—	≤0.25
30CrMnMoTiA	0.28～0.34	0.17～0.37	0.80～1.10	0.025	0.025	1.00～1.30	≤0.25	0.20～0.30	—	0.04～0.10	≤0.25
30CrNi2MoVA	0.26～0.33	0.17～0.37	0.30～0.60	0.025	0.025	0.60～0.90	2.00～2.50	0.20～0.30	0.15～0.30	—	≤0.25
30SiMn2MoVA	0.27～0.33	0.40～0.60	1.60～1.85	0.025	0.025	≤0.25	≤0.25	0.40～0.60	0.15～0.25	—	≤0.25
30CrMnSiNi2A	0.27～0.34	0.90～1.20	1.00～1.30	0.025	0.025	0.90～1.20	1.40～1.80	—	—	—	≤0.25

（5）力学性能（表6-13～表6-15）

表 6-13　Ⅰ类钢丝交货状态的力学性能

牌　号	抗拉强度 R_m/MPa	布氏硬度 HBW	抗拉强度 R_m/MPa	布氏硬度 HBW
	冷拉状态		退火状态	
	$d<5mm$	$d≥5mm$	$d<5mm$	$d≥5mm$
15CrA，38CrA，40CrA，12CrNi3A，20CrNi3A，30CrMnSiA	≤1 080	≤302	≤785	≤229
30CrNi3A，30CrMnMoTiA	≤1 080	≤302	≤835	≤241
12Cr2Ni4A，18Cr2Ni4WA，25Cr2Ni4WA，30SiMn2MoVA，30CrMnSiNi2A，30CrNi2MoVA，35CrMnSiA，38CrMoAlA，40CrNiMoA，50CrVA	—	—	≤930	≤269

表 6-14　Ⅰ类钢丝试样淬火回火后的力学性能

牌　号	推荐热处理条件					力学性能			
	淬　火			回　火		抗拉强度 R_m/MPa	下屈服强度 R_{eL}/MPa	断后伸长率 A_5/%	断面收缩率 Z/%
	温度/℃		冷却剂	温度/℃	冷却剂				
	第一次淬火	第二次淬火				≥			
12CrNi3A	860	780～810	油	150～170	空	980	685	11	55
						885	635	12	55
12Cr2Ni4A	780～810		油	150～170	空	1 030	785	12	55

续表 6-14

牌 号	推 荐 热 处 理 条 件					力 学 性 能			
	淬 火			回 火		抗拉强度 R_m/MPa	下屈服强度 R_{eL}/MPa	断后伸长率 A_5/%	断面收缩率 Z/%
	温度/℃		冷却剂	温度/℃	冷却剂				
	第一次淬火	第二次淬火				≥			
15CrA	860	780~810	油	150~170	空	590	390	15	45
18Cr2Ni4WA	950	860~870	空、油	525~575	空	1 030	785	12	50
	950	850~860	空	150~170	空	1 130	835	11	45
20CrNi3A	820~840	—	油或水	400~500	油或水	980	835	10	55
30CrMnSiA	870~890	—	油	510~570	油	1 080	835	10	45
30CrMnSiNi2A	890~900	—	油	200~300	空	1 570	—	9	45
38CrMoAlA	930~950	—	油或温水	600~670	油或水	930	785	15	50
						980	835	15	50
38CrA	860	—	油	500~590	油或水	885	785	12	50
						930	785	12	50
40CrNiMoA	850	—	油	550~650	水或空	1 080	930	12	50
	840~860	—	油	550~650		980	835	12	55
50CrVA	860	—	油	460~520	油	1 275	1 080	10	45
				400~500		1 275	1 080	10	45
40CrA	850±20	—	油	500±50	水或油	980	—	9	—
35CrMnSiA	在温度为 280~310℃的硝酸盐混合液中自 880℃开始等温淬火					1 620	—	9	—
30CrNi3A	820±20	—	油	530±50	水或油	980	—	9	—
25Cr2Ni4WA	850±20	—	油	560±50	油	1 080	—	9	—
30CrMnMoTiA	870±20	—	油	200±20		1 520	—	9	—
30SiMn2MoVA	870±20	—	油	650±50	空或油	885	—	10（系 A_{10}）	—
30CrNi2MoVA	860±20	7	油	680±50	水或油	885	—	10（系 A_{10}）	—

表 6-15　Ⅱ类钢丝交货状态的力学性能　　　　　　　　　　　（MPa）

交 货 状 态	抗拉强度 R_m
冷拉状态	≤1 080
退火状态	≤930

6.2.5　热处理型冷镦钢丝（GB/T 5953.1—2009）

（1）用途　用于制造铆钉、螺栓、螺钉和螺柱等紧固件及冷成型件，经冷镦或冷挤压成型后，需要进行热处理。按热处理状态分为表面硬化型和调质型两类：表面硬化型钢丝在成型后需经表面渗碳（渗氮），然后再进行淬火＋低温回火处理；调质型（包括含硼钢）钢丝成型后先正火然后再经淬火＋高温回火（调质）处理，或直接进行淬火＋高温回火处理。

（2）尺寸规格　钢丝公称直径为 1.00~45.00mm。

（3）牌号和化学成分　钢丝用钢的牌号和化学成分应符合合同注明的相关标准。

（4）交货状态（表6-16）

表6-16 交货状态

类 别	含 义
HD	冷拉（hard drawing）
SALD	冷拉＋球化退火＋轻拉（hard drawing＋spheroidizing annealing＋light drawing）
ASALD	退火＋冷拉＋球化退火＋轻拉（annealing＋hard drawing＋spheroidizing annealing＋light drawing）
SA	冷拉＋球化退火（hard drawing＋spheroidizing annealing）

（5）力学性能（表6-17～表6-20）

表6-17 表面硬化型钢丝的力学性能

牌 号	钢丝公称直径 /mm	抗拉强度 R_m/MPa	断面收缩率 Z/%≥	洛氏硬度 HRB≤	抗拉强度 R_m/MPa	断面收缩率 Z/%≥	洛氏硬度 HRB≤
		SALD			SA		
ML10	≤6.00	420～620	55	—	300～450	60	75
	>6.00～12.00	380～560	55	—			
	>12.00～25.00	350～500	50	81			
ML15 ML15Mn ML18 ML18Mn ML20	≤6.00	440～640	55	—	350～500	60	80
	>6.00～12.00	400～580	55	—			
	>12.00～25.00	380～530	50	83			
ML20Mn ML16CrMn ML20MnA ML22Mn ML15Cr ML20Cr ML18CrMo	≤6.00	440～680	55	—	370～520	60	82
	>6.00～12.00	420～600	55	—			
	>12.00～25.00	400～550	50	85			
ML20CrMoA ML20CrNiMo	≤25.00	480～680	45	93	420～620	58	91

表6-18 调质型碳素钢丝的力学性能

牌 号	钢丝公称直径 /mm	抗拉强度 R_m/MPa	断面收缩率 Z/%≥	洛氏硬度 HRB≤	抗拉强度 R_m/MPa	断面收缩率 Z/%≥	洛氏硬度 HRB≤
		SALD			SA		
ML25 ML25Mn ML30 ML30Mn ML35	≤6.00	490～690	55	—	380～560	60	86
	>6.00～12.00	470～650	55	—			
	>12.00～25.00	450～600	50	89			
ML40 ML35Mn	≤6.00	550～730	55	—	430～580	60	87
	>6.00～12.00	500～670	55	—			
	>12.00～25.00	450～600	50	89			
ML45 ML42Mn	≤6.00	590～760	55	—	450～600	60	89
	>6.00～12.00	570～720	55	—			
	>12.00～25.00	470～620	50	96			

表 6-19　调质型合金钢丝的力学性能

牌　号	钢丝公称直径 /mm	抗拉强度 R_m/MPa	断面收缩率 Z/%≥	洛氏硬度 HRB≤	抗拉强度 R_m/MPa	断面收缩率 Z/%≥	洛氏硬度 HRB≤
		SALD			SA		
ML30CrMnSi	≤6.00	600～750		—	460～660	55	93
	>6.00～12.00	580～730	50	—			
	>12.00～25.00	550～700		95			
ML38CrA ML40Cr	≤6.00	530～730		—	430～600	55	89
	>6.00～12.00	500～650	50	—			
	>12.00～25.00	480～630		91			
ML30CrMo ML35CrMo	≤6.00	580～780	40	—	450～620	55	91
	>6.00～12.00	540～700	35	—			
	>12.00～25.00	500～650	35	92			
ML42CrMo ML40CrNiMo	≤6.00	590～790		—	480～730	55	97
	>6.00～12.00	560～760	50	—			
	>12.00～25.00	540～690		95			

表 6-20　含硼钢丝的力学性能

牌　号	抗拉强度 R_m/MPa≤	断面收缩率 Z/%≥	洛氏硬度 HRB≤	抗拉强度 R_m/MPa≤	断面收缩率 Z/%≥	洛氏硬度 HRB≤
	SALD			SA		
ML20B	600	55	89	550	65	85
ML28B	620	55	90	570	65	87
ML35B	630	55	91	580	65	88
ML20MnB	630	55	91	580	65	88
ML30MnB	660	55	93	610	65	90
ML35MnB	680	55	94	630	65	91
ML40MnB	680	55	94	630	65	91
ML15MnVB	660	55	93	610	65	90
ML20MnVB	630	55	91	580	65	88
ML20MnTiB	630	55	91	580	65	88

注：牌号的化学成分可参考 GB/T 6478。

6.2.6　非热处理型冷镦钢丝（GB/T 5953.2—2009）

（1）用途　用于制造普通铆钉、螺栓、螺钉和螺柱等紧固件及冷成型件的圆形截面钢丝。紧固件及其他冷成型件经冷镦或冷挤压成型后，一般不需要进行热处理。

（2）尺寸规格　钢丝公称直径为 1.00～45.00mm。

（3）牌号和化学成分　钢丝用钢的牌号和化学成分应符合合同注明的相关标准。

（4）交货状态（表 6-21）

表 6-21　交货状态

类　别	含　义
HD	冷拉（hard drawing）
SALD	冷拉＋球化退火＋轻拉（hard drawing＋spheroidized annealing＋light drawing）

（5）力学性能（表6-22、表6-23）

表6-22　HD工艺钢丝的力学性能

牌　　号	钢丝公称直径/mm	抗拉强度 R_m/MPa≥	断面收缩率 Z/%≥	洛氏硬度 HRB≤
ML04Al ML08Al ML08Al	≤3.00	400	50	—
	>3.00～4.00	360	50	—
	>4.00～5.00	330	50	—
	>5.00～25.00	280	50	85
ML15Al ML15	≤3.00	590	50	—
	>3.00～4.00	490	50	—
ML15Al ML15	>4.00～5.00	420	50	—
	>5.00～25.00	400	50	89
ML18MnAl ML20Al ML20 ML22MnAl	≤3.00	850	35	—
	>3.00～4.00	690	40	—
	>4.00～5.00	570	45	—
	>5.00～25.00	480	45	97

表6-23　SALD工艺钢丝的力学性能

牌　　号	抗拉强度 R_m/MPa	断面收缩率 Z/%≥	洛氏硬度 HRB≤
ML04Al，ML08Al，ML10Al	300～450	70	76
ML15Al，ML15	340～500	65	81
ML18MnAl，ML20Al，ML20，ML22MnAl	450～570	65	90

注：牌号的化学成分可参考GB/T 6478。

6.2.7　不锈钢丝（GB/T 4240—2009）

（1）用途　不锈钢丝耐腐蚀，兼有耐热性、耐低温性、耐磨性及高强度，按交货状态分为软态、轻拉和冷拉三种。不锈钢丝适于制作除弹簧、冷顶锻零件、焊丝以外的各种要求耐腐蚀的机械、仪器、建筑构件等结构零件。

（2）分类（表6-24）

表6-24　不锈钢丝的分类

类　别	牌　　号	交货状态及代号
奥氏体型	12Cr17Mn6Ni5N，12Cr18Mn9Ni5N，12Cr18Ni9，06Cr19Ni9，10Cr18Ni12，06Cr17Ni12Mo2，Y06Cr17Mn6Ni6Cu2，Y12Cr18Mn9，Y12Cr18Ni9Cu3，02Cr19Ni10，06Cr20Ni11，16Cr23Ni13，06Cr23Ni13，06Cr25Ni20，20Cr25Ni20Si2，022Cr17Ni12Mo2，06Cr19Ni13Mo3，06Cr17Ni2Mo2Ti	软态（S） 轻拉（LD） 冷拉（WCD）
铁素体型	06Cr13Al，06Cr11Ti，02Cr11Nb，10Cr17，Y10Cr17，10Cr17Mo，10Cr17MoNb	
马氏体型	12Cr13，Y12Cr13，20Cr13，30Cr13，32Cr13Mo，Y30Cr13，Y16Cr17Ni2Mo	软态（S） 轻拉（LD）
	40Cr13，12Cr12Ni2，20Cr17Ni2	软态（S）

（3）尺寸规格　软态钢丝的公称尺寸范围为0.05～16.0mm，轻拉钢丝的公称尺寸范围为0.30～16.0mm，冷拉钢丝的公称尺寸范围为0.10～12.0mm。

（4）牌号和化学成分（表6-25）

表6-25 不锈钢丝的牌号和化学成分 （%）

统一数字代号	牌 号	化学成分（质量分数）										
		C	Si	Mn	P	S	Cr	Ni	Mo	Cu	N	其他
奥氏体钢												
S35350	12Cr17Mn6Ni5N	0.15	1.00	5.50~7.50	0.050	0.030	16.00~18.00	3.50~5.50	—	—	0.05~0.25	
S35450	12Cr18Mn9Ni5N	0.15	1.00	7.50~10.0	0.050	0.030	17.00~19.00	4.00~6.00	—	—	0.05~0.25	
S35987	Y06Cr17Mn6Ni6Cu2	0.08	1.00	5.00~6.50	0.045	0.18~0.35	16.00~18.00	5.00~6.50	—	1.75~2.25	—	
S30210	12Cr18Ni9	0.15	1.00	2.00	0.045	0.030	17.00~19.00	8.00~10.00	—	—	0.10	
S30317	Y12Cr18Ni9	0.15	1.00	2.00	0.20	≥0.15	17.00~19.00	8.00~10.00	(0.60)	—	—	
S30387	Y12Cr18Ni9Cu3	0.15	1.00	3.00	0.20	≥0.15	17.00~19.00	8.00~10.00	—	1.50~3.50	—	
S30408	06Cr19Ni10	0.08	1.00	2.00	0.045	0.030	18.00~20.00	8.00~11.00	—	—	—	
S30403	022Cr19Ni10	0.030	1.00	2.00	0.045	0.030	18.00~20.00	8.00~12.00	—	—	—	
S30510	10Cr18Ni12	0.12	1.00	2.00	0.045	0.030	17.00~19.00	10.50~13.00	—	—	—	
S30808	06Cr20Ni11	0.08	1.00	2.00	0.045	0.030	19.00~21.00	10.00~12.00	—	—	—	
S30920	16Cr23Ni13	0.20	1.00	2.00	0.040	0.030	22.00~24.00	12.00~15.00	—	—	—	
S30908	06Cr23Ni13	0.08	1.00	2.00	0.045	0.030	22.00~24.00	12.00~15.00	—	—	—	
S31008	06Cr25Ni20	0.08	1.50	2.00	0.045	0.030	24.00~26.00	19.00~22.00	—	—	—	
—	20Cr25Ni20Si2	0.25	1.50~3.00	2.00	0.045	0.030	23.00~26.00	19.00~22.00	—	—	—	
S31608	06Cr17Ni12Mo2	0.08	1.00	2.00	0.045	0.030	16.00~18.00	10.00~14.00	2.00~3.00	—	—	
S31603	022Cr17Ni12Mo2	0.030	1.00	2.00	0.045	0.030	16.00~18.00	10.00~14.00	2.00~3.00	—	—	
S31708	06Cr19Ni13Mo3	0.08	1.00	2.00	0.045	0.030	18.00~20.00	11.00~15.00	3.00~4.00	—	—	
S31668	06Cr17Ni12Mo2Ti	0.08	1.00	2.00	0.045	0.030	16.00~18.00	10.00~14.00	2.00~3.00	—	—	Ti≥5×C
铁素体钢												
S11348	06Cr13Al	0.08	1.00	1.00	0.040	0.030	11.50~14.50	0.60	—	—	—	Al0.10~0.30
S11168	06Cr11Ti	0.08	1.00	1.00	0.045	0.030	10.50~11.70	0.60	—	—	—	Ti6×C~0.75
S11178	04Cr11Nb	0.06	1.00	1.00	0.040	0.030	10.50~11.70	0.50	0.50	—	—	Nb10×C~0.75

续表 6-25

统一数字代号	牌　号	化学成分（质量分数）										
		C	Si	Mn	P	S	Cr	Ni	Mo	Cu	N	其他
铁　素　体　钢												
S11710	10Cr17	0.12	1.00	1.00	0.040	0.030	16.00～18.00	0.60	—	—	—	—
S11717	Y10Cr17	0.12	1.00	1.25	0.060	≥0.15	16.00～18.00	0.60	—	—	—	—
S11790	10Cr17Mo	0.12	1.00	1.00	0.040	0.030	16.00～18.00	0.60	0.75～1.25	—	—	—
S11770	10Cr17MoNb	0.12	1.00	1.00	0.040	0.030	16.00～18.00	—	0.75～1.25	—	—	Nb5×C～0.80
马　氏　体　钢												
S41010	12Cr13	0.08～0.15	1.00	1.00	0.040	0.030	11.50～13.50	0.60	—	—	—	—
S41617	Y12Cr13	0.15	1.00	1.25	0.060	≥0.15	12.00～14.00	0.60	0.60	—	—	—
S42020	20Cr13	0.16～0.25	1.00	1.00	0.040	0.030	12.00～14.00	0.60	—	—	—	—
S42030	30Cr13	0.26～0.35	1.00	1.25	0.040	0.030	12.00～14.00	0.60	—	—	—	—
S45830	32Cr13Mo	0.28～0.35	0.80	1.00	0.040	0.030	12.00～14.00	0.60	0.50～1.00	—	—	—
S42037	Y30Cr13	0.26～0.35	1.00	1.25	0.060	≥0.15	12.00～14.00	0.60	0.60	—	—	—
S42040	40Cr13	0.36～0.45	0.60	0.80	0.040	0.030	12.00～14.00	0.60	—	—	—	—
S41410	12Cr12Ni2	0.15	1.00	1.00	0.040	0.030	11.50～13.50	1.25～2.50	—	—	—	—
S41717	Y16Cr17Ni2Mo	0.12～0.20	1.00	1.50	0.040	0.15～0.30	15.00～18.00	2.00～3.00	0.60	—	—	—
S43126	21Cr17Ni2	0.17～0.25	0.80	0.80	0.035	0.025	16.0～18.0	1.50～2.50	—	—	—	—

（5）力学性能（表 6-26～表 6-28）

表 6-26　软态不锈钢丝（S）的力学性能

牌　号	公称直径范围/mm	抗拉强度 R_m/MPa	断后伸长率 A/% ≥
	0.05～0.10	700～1 000	15
	>0.10～0.30	660～950	20
	>0.30～0.60	640～920	20
12Cr17Mn6Ni5N，12Cr18Mn9Ni5N，12Cr18Ni9	>0.60～1.0	620～900	25
Y12Cr18Ni9，16Cr23Ni13，20Cr25Ni20Si2	>1.0～3.0	620～880	30
	>3.0～6.0	600～850	30
	>6.0～10.0	580～830	30
	>10.0～16.0	550～800	30

续表 6-26

牌　　　号	公称直径范围/mm	抗拉强度 R_m/MPa	断后伸长率 A/%≥
Y06Cr17Mn6Ni6Cu2，Y12Cr18Ni9Cu3，06Cr19Ni9 022Cr19Ni10，10Cr18Ni12，06Cr17Ni12Mo2，06Cr20Ni11 06Cr23Ni13，06Cr25Ni20，06Cr17Ni12Mo2 022Cr17Ni14Mo2，06Cr19Ni13Mo3，06Cr17Ni12Mo2Ti	0.05～0.10	650～930	15
	>0.10～0.30	620～900	20
	>0.30～0.60	600～870	20
	>0.60～1.0	580～850	25
	>1.0～3.0	570～830	30
	>3.0～6.0	550～800	30
	>6.0～10.0	520～770	30
	>10.0～16.0	500～750	30
30Cr13，32Cr13Mo，Y30Cr13，40Cr13，12Cr12Ni2 Y16Cr17Ni2Mo，20Cr17Ni2	1.0～2.0	600～850	10
	>2.0～16.0	600～850	15

表 6-27　轻拉不锈钢丝（LD）的力学性能

牌　　　号	公称尺寸范围/mm	抗拉强度 R_m/MPa
12Cr17Mn6Ni5N，12Cr18Mn9Ni5N，Y06Cr17Mn6Ni6Cu2，12Cr18Ni9 Y12Cr18Ni9，Y12Cr18Ni9Cu3，06Cr19Ni9，022Cr19Ni10，10Cr18Ni12 06Cr20Ni11	0.50～1.0	850～1 200
	>1.0～3.0	830～1 150
	>3.0～6.0	800～1 100
	>6.0～10.0	770～1 050
	>10.0～16.0	750～1 030
16Cr23Ni13，06Cr23Ni13，06Cr25Ni20，20Cr25Ni20Si2 06Cr17Ni12Mo2，022Cr17Ni14Mo2，06Cr19Ni13Mo3 06Cr17Ni12Mo2Ti	0.50～1.0	850～1 200
	>1.0～3.0	830～1 150
	>3.0～6.0	800～1 100
	>6.0～10.0	770～1 050
	>10.0～16.0	750～1 030
06Cr13Al，06Cr11Ti，022Cr11Nb，10Cr17，Y10Cr17，10Cr17Mo 10Cr17MoNb	0.30～3.0	530～780
	>3.0～6.0	500～750
	>6.0～16.0	480～730
12Cr13，Y12Cr13，20Cr13	1.0～3.0	600～850
	>3.0～6.0	580～820
	>6.0～16.0	550～800
30Cr13，32Cr13Mo，Y30Cr13，Y16Cr17Ni2Mo	1.0～3.0	650～950
	>3.0～6.0	600～900
	>6.0～16.0	600～850

表 6-28　冷拉不锈钢丝（WCD）的力学性能

牌　　　号	公称尺寸范围/mm	抗拉强度 R_m/MPa
12Cr17Mn6Ni5N，12Cr18Mn9Ni5N，12Cr18Ni9，06Cr19Ni9，10Cr18Ni12 06Cr17Ni12Mo2	0.10～1.0	1 200～1 500
	>1.0～3.0	1 150～1 450
	>3.0～6.0	1 100～1 400
	>6.0～12.0	950～1 250

6.2.8　冷顶锻用不锈钢丝（GB/T 4232—2009）

（1）用途　钢丝具有良好的耐腐蚀性、高的塑性、低的表面粗糙度，在冷镦过程中易于成型而不致产生裂纹，主要用于制造螺栓、螺钉、自攻螺钉、铆钉等采用冷顶锻包括温顶锻工艺生产互换性较高的标准件和其他零件。

（2）分类（表6-29）

表6-29　冷顶锻用不锈钢丝的分类

类　别	新　牌　号	交 货 状 态
奥氏体型	ML04Cr17Mn7Ni5CuN, ML04Cr16Mn8Ni2Cu3N, ML06Cr19Ni9, ML06Cr18Ni9Cu2, ML022Cr18Ni9Cu3, ML03Cr18Ni12, ML06Cr17Ni12Mo2, ML022Cr17Ni13Mo3, ML03Cr16Ni18	软态（S）轻拉（LD）
铁素体型	ML06Cr12Ti, ML06Cr12Nb, ML10Cr15, ML04Cr17, ML06Cr17Mo	
马氏体型	ML12Cr13, ML22Cr14NiMo, ML16Cr17Ni2	

（3）尺寸规格　软态钢丝，其公称直径范围为 0.80～11.0mm；轻拉钢丝，其公称直径范围为 0.80～20.0mm。

（4）牌号和化学成分（表6-30）

表6-30　冷顶锻用不锈钢丝的牌号及化学成分　　　　　　　　（%）

牌　号	化学成分（质量分数）										
	C	Si	Mn	P	S	Cr	Ni	Mo	Cu	N	其他
ML04Cr17Mn7Ni5CuN	0.05	0.80	6.40～7.50	0.045	0.015	16.00～17.50	4.00～5.00	—	0.70～1.30	0.10～0.25	—
ML04Cr16Mn8Ni2Cu3N	0.05	0.80	7.50～9.00	0.045	0.030	15.50～17.50	1.50～3.00	0.60	2.30～3.00	0.10～0.25	—
ML06Cr19Ni9	0.08	1.00	2.00	0.045	0.030	18.00～20.00	8.00～10.50	—	1.00	0.10	—
ML06Cr18Ni9Cu2	0.08	1.00	2.00	0.045	0.030	17.00～19.00	8.00～10.50	—	1.00～3.00	0.10	—
ML022Cr18Ni9Cu3	0.030	1.00	2.00	0.045	0.030	17.00～19.00	8.00～10.00	—	3.00～4.00	—	—
ML03Cr18Ni12	0.04	1.00	2.00	0.045	0.030	17.00～19.00	10.50～13.00	—	1.00	—	—
ML06Cr17Ni12Mo2	0.08	1.00	2.00	0.045	0.030	16.00～18.00	10.00～14.00	2.00～3.00	—	0.10	—
ML022Cr17Ni13Mo3	0.030	1.00	2.00	0.045	0.030	16.50～18.50	11.50～14.50	2.50～3.00	—	—	—
ML03Cr16Ni18	0.04	1.00	2.00	0.045	0.030	15.00～17.00	17.00～19.00	—	—	—	—
ML06Cr12Ti	0.08	1.00	1.00	0.040	0.030	10.50～12.50	0.50	—	—	—	Ti6×C～1.00
ML06Cr12Nb	0.08	1.00	1.00	0.040	0.030	10.50～12.50	0.50	—	—	—	Nb6×C～1.00
ML10Cr15	0.12	1.00	1.00	0.040	0.030	14.00～16.00	—	—	—	—	—

续表 6-30

牌　号	化学成分（质量分数）										
	C	Si	Mn	P	S	Cr	Ni	Mo	Cu	N	其他
ML04Cr17	0.05	1.00	1.00	0.040	0.030	16.00~18.00	—	—	—	—	—
ML06Cr17Mo	0.08	1.00	1.00	0.040	0.030	16.00~18.00	1.00	0.90~1.30	—	—	—
ML12Cr13	0.08~0.15	1.00	1.00	0.040	0.030	11.50~13.50	0.60	—	—	—	—
Ml22Cr14NiMo	0.15~0.30	1.00	1.00	0.040	0.030	13.50~15.00	0.35~0.85	0.40~0.85	—	—	—
ML16Cr17Ni2	0.12~0.20	1.00	1.00	0.040	0.030	15.00~18.00	2.00~3.00	0.60	—	—	—

（5）力学性能（表6-31、表6-32）

表 6-31　软态钢丝的力学性能

牌　号	公称直径/mm	抗拉强度 R_m/MPa	断面收缩率 Z/%≥	断后伸长率 A/%≥
ML04Cr17Mn7Ni5CuN	0.80~3.00	700~900	65	20
	>3.00~11.0	650~850	65	30
ML04Cr16Mn8Ni2Cu3N	0.80~3.00	650~850	65	20
	>3.00~11.0	620~820	65	30
ML06Cr19Ni9	0.80~3.00	580~740	65	30
	>3.00~11.0	550~710	65	40
ML06Cr18Ni9Cu2	0.80~3.00	560~720	65	30
	>3.00~11.0	520~680	65	40
ML022Cr18Ni9Cu3	0.80~3.00	480~640	65	30
	>3.0~11.0	450~610	65	40
ML03Cr18Ni12	0.80~3.00	480~640	65	30
	>3.00~11.0	450~610	65	40
ML06Cr17Ni12Mo2	0.80~3.00	560~720	65	30
	>3.00~11.0	500~660	65	40
ML022Cr17Ni13Mo3	0.80~3.00	540~700	65	30
	>3.00~11.0	500~660	65	40
ML03Cr16Ni18	0.80~3.00	480~640	65	30
	>3.00~11.0	440~600	65	40
ML12Cr13	0.80~3.00	440~640	55	—
	>3.00~11.00	400~600	55	15
ML22Cr14NiMo	0.80~3.00	540~780	55	—
	>3.00~11.0	500~740	55	15
ML16Cr17Ni2	0.80~3.00	560~800	55	—
	>3.00~11.0	540~780	55	15

表 6-32　轻拉钢丝的力学性能

牌　号	公称直径/mm	抗拉强度 R_m/MPa	断面收缩率 Z/%≥	断后伸长率 A/%≥
ML04Cr17Mn7Ni5CuN	0.80~3.00	800~1 000	55	15
	>3.00~20.00	750~950	55	20

续表 6-32

牌　　号	公称直径/mm	抗拉强度 R_m/MPa	断面收缩率 Z/%≥	断后伸长率 A/%≥
ML04Cr16Mn8Ni2Cu3N	0.80～3.00	760～960	55	15
	>3.00～20.0	720～920	55	20
ML06Cr19Ni9	0.80～3.00	640～800	55	20
	>3.00～20.0	590～750	55	25
ML06Cr18Ni9Cu2	0.80～3.00	590～760	55	20
	>3.00～20.0	550～710	55	25
ML022Cr18Ni9Cu3	0.80～3.00	520～680	55	20
	>3.00～20.0	480～640	55	25
ML03Cr18Ni12	0.80～3.00	520～680	55	20
	>3.00～20.0	480～640	55	25
ML06Cr17Ni12Mo2	0.80～3.00	600～760	55	20
	>3.00～20.0	550～710	55	25
ML022Cr17Ni13Mo3	0.80～3.00	580～740	55	20
	>3.00～20.0	550～710	55	25
ML03Cr16Ni18	0.80～3.00	520～680	55	20
	>3.0～20.0	480～640	55	25
ML06Cr12Ti	0.80～3.00	≤650	55	—
	>3.00～20.0		55	10
ML06Cr12Nb	080～3.00	≤650	55	—
	>3.00～20.0		55	10
ML10Cr15	0.80～3.00	≤700	55	—
	>3.00～20.0		55	10
ML04Cr17	0.80～3.00	≤700	55	—
	>3.00～20.0		55	10
ML06Cr17Mo	0.80～3.00	≤720	55	—
	>3.00～20.0		55	10
ML12Cr13	0.80～3.00	≤740	50	—
	>3.00～20.0		50	10
ML22Cr14NiMo	0.80～3.00	≤780	50	—
	>3.00～20.0		50	10
ML16Cr17Ni2	0.80～3.00	≤850	50	—
	>3.00～20.0		50	10

6.2.9 六角钢丝（YB/T 5186—2006）

（1）用途 六角钢丝适用于制造结构件及螺栓、螺母等。

（2）尺寸规格 六角钢丝的对边距离为 1.6～>10mm。

（3）牌号和化学成分 六角钢丝应采用优质碳素结构钢、弹簧钢、合金结构钢、易切削结构钢有关牌号钢制造，钢的化学成分应分别符合 GB/T 699，GB/T 1222，GB/T 3077 和 GB/T 8731 的规定。55CrSi 钢的化学成分见表 6-33。

表6-33　55CrSi 钢的化学成分　　　　　　　　　　（%）

牌　号	化学成分（质量分数）						
	C	Si	Mn	Cr	P	S	Cu
					≤		
55CrSi	0.50～0.60	1.20～1.60	0.50～0.80	0.50～0.80	0.030	0.030	0.02

（4）力学性能（表6-34、表6-35）

表6-34　冷拉和退火状态的六角钢丝的力学性能

牌　　　号	抗拉强度 R_m/Mpa	断后伸长率 A/%	抗拉强度 R_m/MPa
	≥		≤
	冷　拉　状　态		退　火　状　态
10～20	440	7.5	540
25～35	540	7.0	635
40～50	610	6.0	735
Y12	660	7.0	—
20Cr～40Cr	440	—	715
30CrMnSiA	540	—	795

表6-35　油淬火–回火状态的六角钢丝的力学性能

六角钢丝对边距离 h/mm	抗拉强度 R_m/MPa			断面收缩率 Z/%
	65Mn	60Si2Mn	55CrSi	≥
1.6～3.0	1 620～1 890	1 750～2 000	1 950～2 250	40
>3.0～6.0	1 460～1 750	1 650～1 890	1 780～2 080	40
>6.0～10.0	1 360～1 590	1 600～1 790	1 660～1 910	30
>10.0	1 250～1 470	1 540～1 730	1 580～1 810	30

6.2.10　轴承保持器用碳素结构钢丝（YB/T 5144—2006）

（1）用途　该钢丝适用于制造滚动轴承保持器支柱与铆钉。

（2）尺寸规格　钢丝的公称直径范围为 0.75～12mm。

（3）盘重（表6-36）

表6-36　轴承保持器用碳素结构钢丝盘盘重

钢丝公称直径/mm	每盘质量/kg≥	钢丝公称直径/mm	每盘质量/kg≥
≤1	3	>2～3	10
>1～2	5	>3	15

（4）牌号和化学成分（表6-37）

表6-37　轴承保持器用碳素结构钢丝的牌号和化学成分　　　　（%）

牌　　号	化学成分（质量分数）						
	C	Mn	Si	P	S	Cr	Cu
ML15	0.12～0.19	≤0.60	≤0.20	0.035	≤0.035	≤0.20	≤0.20
ML20	0.17～0.24	≤0.60	≤0.20	≤0.035	≤0.035	≤0.20	≤0.20

（5）力学性能（表6-38）

表6-38 轴承保持器用碳素结构钢丝的力学性能

牌　号	抗拉强度/MPa	断后伸长率（标距100mm）/%≥
ML15	390～540	3
ML20	590～735	2

6.2.11 工业网用金属丝（JB/T 7860—2000）

（1）用途 工业网用金属丝适用于制造工业用金属丝筛网。

（2）尺寸规格（表6-39）

表6-39 工业网用金属丝的尺寸规格　　　　　　　　　　　　　　　（mm）

金属丝直径 d	金属丝直径偏差Δd			金属丝直径 d	金属丝直径偏差Δd		
	钢	不锈钢或有色金属			钢	不锈钢或有色金属	
		I	II			I	II
25.0* 22.4 20.0* 18.0	±0.12	±0.08	0 −0.13	0.630* 0.560 0.500* 0.450	±0.02	±0.010	+0.025 −0.010
16.0* 14.0 12.5* 11.2	±0.10	±0.07	0 −0.11	0.400* 0.355 0.315* 0.280	±0.015	±0.008	+0.025 −0.008
10.0* 9.00 8.00* 7.10	±0.08	±0.06	0 −0.09	0.250* 0.224 0.200* 0.180	±0.010	±0.006	+0.020 −0.006
6.30* 5.60 5.00* 4.50	±0.07	±0.05	0 −0.075	0.160* 0.140 0.125* 0.112	±0.008	±0.004	+0.015 −0.004
4.00* 3.55 3.15* 2.80	±0.06	±0.04	+0.05 −0.04	0.100* 0.090 0.080* 0.071	±0.006	±0.003	+0.007 −0.003
2.50* 2.24 2.00* 1.80	±0.05	±0.03	+0.04 −0.03	0.063* 0.056 0.050* 0.045	—	±0.002	+0.005 −0.002
1.60* 1.40 1.25* 1.12	±0.04	±0.02	+0.04 −0.02	0.040* 0.036 0.032* 0.030 0.028	—	±0.001 5	+0.004 0 −0.001 5
1.000* 0.900 0.800* 0.710	±0.03	±0.015	+0.03 −0.015	0.025* 0.022 0.020* 0.018	—	±0.001 5	+0.003 0 −0.001 5

注：标"*"者为优先采用的金属直径。

（3）材料牌号（表6-40）

表6-40　金属丝的材料牌号

种　　类	材料牌号	密度/（kg/m³）
碳钢	Q195	7 850
不锈钢	1Cr18Ni9	7 800
铝合金	5A05（LF5）	2 650
黄铜	H80，H65	8 500
锡青铜	QSn6.5-0.1，QSn6.5-0.4	8 830
镍铜	NCu-2.5-1.5	800

6.2.12　机编钢丝用镀层钢丝（YB/T 4221—2010）

（1）用途　适用于机编钢丝网用镀层钢丝。

（2）分类（表6-41）

表6-41　钢丝的分类

分类方法	分　类　名　称
按镀层类别分	镀锌钢丝、镀锌-5%铝-稀土合金钢丝和镀锌-10%铝-稀土合金钢丝
按镀层质量分	Ⅰ组和Ⅱ组

（3）捆重（表6-42）

表6-42　钢丝捆的内径与捆重

钢丝公称直径/mm	钢丝捆的内径/mm	最低捆重/kg	一般捆重/kg
＞1.80～3.00	400～700	50	≥400
＞3.00		100	

（4）牌号和化学成分（表6-43、表6-44）

表6-43　钢丝镀锌-5%铝-稀土合金用合金锭的化学成分（质量分数）　（%）

Al	Ce+La	Fe≤	Si≤	Pb≤	Cd≤	Sn≤	其他元素每种≤	其他元素总量≤	Zn
4.2～6.2	0.03～0.10	0.075	0.015	0.005	0.005	0.002	0.02	0.04	余量

注：如需方要求，铝的最大含量可为12.0%。

表6-44　钢丝镀锌-10%铝-稀土合金用合金锭的化学成分（质量分数）　（%）

Al	Ce+La	Fe≤	Si≤	Pb≤	Cd≤	Sn≤	其他元素每种≤	其他元素总量≤	Zn
9.0～12.5	0.03～0.30	0.090	0.023	0.005	0.005	0.003	0.02	0.04	余量

注：如需方要求，铝的最大含量可为17.0%。

（5）力学性能（表6-45）

表6-45　机编钢丝用镀层钢丝的力学性能

钢丝公称直径/mm	抗拉强度 R_m/MPa	断后伸长率 A（L=200mm）/%	缠绕试验芯棒直径为钢丝直径的倍数
＞1.80～4.00	400～500	≥12	1.5
＞4.00			2.0

（6）镀层质量（表6-46）

表6-46 机编钢丝用镀层钢丝的镀层质量

钢丝直径/mm	镀层质量/（g/m²）≥		钢丝直径/mm	镀层质量/（g/m²）≥	
	Ⅰ组	Ⅱ组		Ⅰ组	Ⅱ组
>1.80～2.20	230	460	>3.00～3.20	260	520
>2.20～2.50	240	480	>3.20～4.00	270	540
>2.50～2.80	250	500	>4.00～4.40	290	580
>2.80～3.00	250	500	>4.40	290	580

6.3 弹簧用钢丝

6.3.1 冷拉碳素弹簧钢丝（GB/T 4357—2009）

（1）用途 该钢丝适用于制造静载荷和动载荷应用机械弹簧，不适用于制造高疲劳强度弹簧（如阀门簧）。

（2）尺寸规格（表6-47）

表6-47 强度等级、载荷类型与直径范围　　　　　　　　（mm）

强 度 等 级	静 载 荷	公称直径范围	动 载 荷	公称直径范围
低抗拉强度	SL 型	1.00～10.00	—	
中等抗拉强度	SM 型	0.30～13.00	DM 型	0.08～13.00
高抗拉强度	SH 型	0.30～13.00	DH 型	0.05～13.00

注：按照弹簧载荷特点分为静载荷和动载荷，分别用 S 和 D 代表；按照钢丝抗拉强度分为低抗拉强度、中等抗拉强度和高抗拉强度，分别用 L、M 和 H 表示；二者结合起来组成类别代码，如 SL、DH 等。

（3）牌号和化学成分（表6-48）

表6-48 类别代码及化学成分　　　　　　　　（%）

类 别 代 码	化学成分（质量分数）					
	C	Si	Mn	P≤	S≤	Cu≤
SL，SM，SH	0.35～1.00	0.10～0.30	0.30～1.20	0.030	0.030	0.20
DM，DH	0.45～1.00	0.10～0.30	0.50～1.20	0.020	0.025	0.12

（4）力学性能（表6-49）

表6-49 冷拉碳素弹簧钢丝的力学性能

公称直径/mm	抗拉强度/MPa				
	SL 型	SM 型	DM 型	SH 型	DH 型
0.05	—	—	—	—	2 800～3 520
0.06	—	—	—	—	2 800～3 520
0.07	—	—	—	—	2 800～3 520
0.08	—	—	2 780～3 100	—	2 800～3 480
0.09	—	—	2 740～3 060	—	2 800～3 430
0.10	—	—	2 710～3 020	—	2 800～3 380
0.11	—	—	2 690～3 000	—	2 800～3 350

续表 6-49

公称直径/mm	抗拉强度/MPa				
	SL 型	SM 型	DM 型	SH 型	DH 型
0.12	—	—	2 660~2 960	—	2 800~3 320
0.14	—	—	2 620~2 910	—	2 800~3 250
0.16	—	—	2 570~2 860	—	2 800~3 200
0.18	—	—	2 530~2 820	—	2 800~3 160
0.20	—	—	2 500~2 790	—	2 800~3 110
0.22	—	—	2 470~2 760	—	2 770~3 080
0.25	—	—	2 420~2 710	—	2 720~3 010
0.28	—	—	2 390~2 670	—	2 680~2 970
0.30	—	2 370~2 650	2 370~2 650	2 660~2 940	2 660~2 940
0.32	—	2 350~2 630	2 350~2 630	2 640~2 920	2 640~2 920
0.34	—	2 330~2 600	2 330~2 600	2 610~2 890	2 610~2 890
0.36	—	2 310~2 580	2 310~2 580	2 590~2 890	2 590~2 890
0.38	—	2 290~2 560	2 290~2 560	2 570~2 850	2 570~2 850
0.40	—	2 270~2 550	2 270~2 550	2 560~2 830	2 570~2 830
0.43	—	2 250~2 520	2 250~2 520	2 530~2 800	2 570~2 800
0.45	—	2 240~2 500	2 240~2 500	2 510~2 780	2 570~2 780
0.48	—	2 220~2 480	2 240~2 500	2 490~2 760	2 570~2 760
0.50	—	2 200~2 470	2 200~2 470	2 480~2 740	2 480~2 740
0.53	—	2 180~2 450	2 180~2 450	2 460~2 720	2 460~2 720
0.56	—	2 170~2 430	2 170~2 430	2 440~2 700	2 440~2 700
0.60	—	2 140~2 400	2 140~2 400	2 410~2 670	2 410~2 670
0.63	—	2 130~2 380	2 130~2 380	2 390~2 650	2 390~2 650
0.65	—	2 120~2 370	2 120~2 370	2 380~2 640	2 680~2 640
0.70	—	2 090~2 350	2 090~2 350	2 360~2 610	2 360~2 610
0.80	—	2 050~2 300	2 050~2 300	2 310~2 560	2 310~2 560
0.85	—	2 030~2 280	2 030~2 280	2 290~2 530	2 290~2 530
0.90	—	2 010~2 260	2 010~2 260	2 270~2 510	2 270~2 510
0.95	—	2 000~2 240	2 000~2 240	2 250~2 690	2 250~2 490
1.00	1 720~1 970	1 980~2 220	1 980~2 220	2 230~2 470	2 230~2 470
1.05	1 710~1 950	1 960~2 220	1 960~2 220	2 210~2 450	2 210~2 450
1.10	1 690~1 940	1 950~2 190	1 950~2 190	2 200~2 430	2 200~2 430
1.20	1 670~1 910	1 920~2 160	1 920~2 160	2 170~2 400	2 170~2 400
1.25	1 660~1 900	1 910~2 130	1 910~2 130	2 140~2 380	2 140~2 380
1.30	1 640~1 890	1 900~2 130	1 900~2 130	2 140~2 370	2 140~2 370
1.40	1 620~1 860	1 870~2 100	1 870~2 100	2 110~2 340	2 110~2 340
1.50	1 600~1 840	1 850~2 080	1 850~2 080	2 090~2 310	2 090~2 310
1.60	1 590~1 820	1 830~2 050	1 830~2 050	2 060~2 290	2 060~2 290
1.70	1 570~1 800	1 810~2 030	1 810~2 030	2 040~2 260	2 040~2 260
1.80	1 550~1 780	1 790~2 010	1 790~2 010	2 020~2 240	2 020~2 240
1.90	1 540~1 760	1 770~1 990	1 770~1 990	2 000~2 220	2 000~2 220

续表 6-49

公称直径/mm	抗拉强度/MPa				
	SL 型	SM 型	DM 型	SH 型	DH 型
2.00	1 520～1 750	1 760～1 970	1 760～1 970	1 980～2 200	1 980～2 200
2.10	1 510～1 730	1 740～1 960	1 740～1 960	1 970～2 180	1 970～2 180
2.25	1 490～1 710	1 720～1 930	1 720～1 930	1 940～2 150	1 940～2 150
2.40	1 470～1 690	1 700～1 910	1 700～1 910	1 920～2 130	1 920～2 130
2.50	1 460～1 680	1 690～1 890	1 690～1 890	1 900～2 110	1 900～2 110
2.60	1 450～1 660	1 670～1 880	1 670～1 880	1 890～2 100	1 890～2 100
2.80	1 420～1 640	1 650～1 850	1 650～1 850	1 860～2 070	1 860～2 070
3.00	1 410～1 620	1 630～1 830	1 630～1 830	1 840～2 040	1 840～2 040
3.20	1 390～1 600	1 610～1 810	1 610～1 810	1 820～2 020	1 820～2 020
3.40	1 370～1 580	1 590～1 780	1 590～1 780	1 790～1 990	1 790～1 990
3.60	1 350～1 560	1 570～1 760	1 570～1 760	1 770～1 970	1 770～1 970
3.80	1 340～1 540	1 550～1 740	1 550～1 740	1 750～1 950	1 750～1 950
4.00	1 320～1 520	1 530～1 730	1 530～1 730	1 740～1 930	1 740～1 930
4.25	1 310～1 500	1 510～1 700	1 510～1 700	1 710～1 900	1 710～1 900
4.50	1 290～1 490	1 500～1 680	1 500～1 680	1 690～1 880	1 690～1 880
4.75	1 270～1 470	1 480～1 670	1 480～1 670	1 680～1 840	1 680～1 840
5.00	1 260～1 450	1 460～1 650	1 460～1 650	1 660～1 830	1 660～1 830
5.30	1 240～1 430	1 440～1 630	1 440～1 630	1 640～1 820	1 640～1 820
5.60	1 230～1 420	1 430～1 610	1 430～1 610	1 620～1 800	1 620～1 800
6.00	1 210～1 390	1 400～1 580	1 400～1 580	1 590～1 770	1 590～1 770
6.30	1 190～1 380	1 390～1 560	1 390～1 560	1 570～1 750	1 570～1 750
6.50	1 180～1 370	1 380～1 550	1 380～1 550	1 560～1 740	1 560～1 740
7.00	1 160～1 340	1 350～1 530	1 350～1 530	1 540～1 710	1 540～1 710
7.50	1 140～1 320	1 330～1 500	1 330～1 500	1 510～1 680	1 510～1 680
8.00	1 120～1 300	1 310～1 480	1 310～1 480	1 490～1 660	1 490～1 660
8.50	1 110～1 280	1 290～1 460	1 290～1 460	1 470～1 630	1 470～1 630
9.00	1 090～1 260	1 270～1 440	1 270～1 440	1 450～1 610	1 450～1 610
9.50	1 070～1 250	1 260～1 420	1 260～1 420	1 430～1 590	1 430～1 590
10.00	1 060～1 230	1 240～1 400	1 240～1 400	1 410～1 570	1 410～1 570
10.50	—	1 220～1 380	1 220～1 380	1 390～1 550	1 390～1 550
11.00	—	1 210～1 370	1 210～1 370	1 380～1 530	1 380～1 530
12.00	—	1 180～1 340	1 180～1 340	1 350～1 500	1 350～1 500
12.50	—	1 170～1 320	1 170～1 320	1 330～1 480	1 330～1 480
13.00	—	1 160～1 310	1 160～1 310	1 320～1 470	1 320～1 470

6.3.2　重要用途碳素弹簧钢丝（YB/T 5311—2010）

（1）用途　该钢丝强度、耐疲劳性能极高，成型性好，适用于制造承受动载荷、阀门等重要用途弹簧的碳素弹簧钢丝。弹簧成型后不需进行淬火-回火处理，仅需进行低温去除应力处理。

（2）分类和尺寸规格（表6-50）

表6-50　重要用途碳素弹簧钢丝的分类和尺寸规格

组　制	直径范围/mm	用　途
E 组	0.10～7.00	主要用于制造承受中等应力的动载荷的弹簧
F 组	0.10～7.00	主要用于制造承受较高应力的动载荷的弹簧
G 组	1.00～7.00	主要用于制造承受振动载荷的阀门弹簧

（3）盘重（表6-51）

表6-51　重要用途碳素弹簧钢丝每盘钢丝的最小质量

钢丝直径/mm	最小盘重/kg	钢丝直径/mm	最小盘重/kg
0.10	0.1	>0.8～1.80	2.0
>0.10～0.20	0.2	>1.80～3.00	5.0
>0.20～0.30	0.5	>3.00～7.00	8.0
>0.30～0.80	1.0	—	—

（4）化学成分（表6-52）

表6-52　重要用途碳素弹簧钢丝用钢的化学成分　　　　　　　　（%）

组　别	化学成分（质量分数）							
	C	Mn	Si	P	S	Cr	Ni	Cu
E、F、G	0.60～0.95	0.30～1.00	≤0.37	≤0.025	≤0.020	≤0.15	≤0.15	≤0.20

（5）力学性能（表6-53）

表6-53　重要用途碳素弹簧钢丝的力学性能

直径/mm	抗拉强度 R_m/MPa			直径/mm	抗拉强度 R_m/Mpa		
	E 组	F 组	G 组		E 组	F 组	G 组
0.10	2 440～2 890	2 900～3 380	—	0.90	2 070～2 400	2 410～2 740	—
0.12	2 440～2 860	2 870～3 320	—	1.00	2 020～2 350	2 360～2 660	1 850～2 110
0.14	2 440～2 840	2 850～3 250	—	1.20	1 940～2 270	2 280～2 580	1 820～2 080
0.16	2 440～2 840	2 850～3 200	—	1.40	1 880～2 200	2 210～2 510	1 780～2 040
0.18	2 390～2 770	2 780～3 160	—	1.60	1 820～2 140	2 150～2 450	1 750～2 010
0.20	2 390～2 750	2 760～3 110	—	1.80	1 800～2 120	2 060～2 360	1 700～1 960
0.22	2 370～2 720	2 730～3 080	—	2.00	1 790～2 090	1 970～2 250	1 670～1 910
0.25	2 340～2 690	2 700～3 050	—	2.20	1 700～2 000	1 870～2 150	1 620～1 860
0.28	2 310～2 660	2 670～3 020	—	2.50	1 680～1 960	1 830～2 110	1 620～1 860
0.30	2 290～2 640	2 650～3 000	—	2.80	1 630～1 910	1 810～2 070	1 570～1 810
0.32	2 270～2 620	2 630～2 980	—	3.00	1 610～1 890	1 780～2 040	1 570～1 810
0.35	2 250～2 600	2 610～2 960	—	3.20	1 560～1 840	1 760～2 020	1 570～1 810
0.40	2 250～2 580	2 590～2 940	—	3.50	1 500～1 760	1 710～1 970	1 470～1 710
0.45	2 210～2 560	2 570～2 920	—	4.00	1 470～1 730	1 680～1 930	1 470～1 710
0.50	2 190～2 540	2 550～2 900	—	4.50	1 420～1 680	1 630～1 880	1 470～1 710
0.55	2 170～2 520	2 530～2 880	—	5.00	1 400～1 650	1 580～1 830	1 420～1 660
0.60	2 150～2 500	2 510～2 850	—	5.50	1 370～1 610	1 550～1 800	1 400～1 640
0.63	2 130～2 480	2 490～2 830	—	6.00	1 350～1 580	1 520～1 770	1 350～1 590
0.70	2 100～2 460	2 470～2 800	—	6.50	1 310～1 550	1 490～1 740	1 350～1 590
0.80	2 080～2 430	2 440～2 770	—	7.00	1 300～1 530	1 460～1 710	1 300～1 540

6.3.3　非机械弹簧用碳素弹簧钢丝（YB/T 5220—1993）

（1）用途　该钢丝有较高的强度和耐疲劳性能，成型性好，用于制作家具、汽车座靠垫、室内装饰等非机械弹簧。

（2）牌号和化学成分　钢丝采用 GB/T 699 和 GB/T 1298 的牌号制造。

（3）力学性能（表6-54）

表6-54　非机械弹簧用碳素弹簧钢丝的分类和力学性能

组　别	抗拉强度 σ_b/MPa	直径范围/mm	应　用
A1	1 180～1 380	6.00～7.00	
A2	1 380～1 580	3.20～7.00	用于较低应力弹簧
A3	1 580～1 780	1.60～6.00	
A4	1 780～1 980	0.60～4.00	
A5	1 980～2 180	0.30～2.60	用于一般应力弹簧
A6	2 180～2 380	0.30～1.60	
A7	2 380～2 580	0.30～1.00	
A8	2 580～2 780	0.30～0.60	用于较高应力弹簧
A9	2 780～2 980	0.20～0.40	

6.3.4　合金弹簧钢丝（YB/T 5318—2010）

（1）用途　适用于制造承受中、高应力的机械合金弹簧钢丝。

（2）尺寸规格　钢丝直径 0.50～14.0mm。

（3）盘重（表6-55）

表6-55　合金弹簧钢丝每盘钢丝的最小质量

钢丝公称直径/mm	最小盘重/kg	钢丝公称直径/mm	最小盘重/kg
0.50～1.00	1.0	>6.00～9.00	15.0
>1.00～3.00	5.0	>9.00～14.00	30.0
>3.00～6.00	10.0	—	—

（4）牌号和化学成分（表6-56）

表6-56　合金弹簧钢丝的牌号和化学成分　　　　　　　　　　　　　　　（%）

牌　号	化学成分（质量分数）								
	C	Si	Mn	Cr	V	P	S	Ni	Cu
50CrVA	0.46～0.54	0.17～0.37	0.50～0.80	0.80～1.10	0.10～0.20	≤0.030	≤0.030	≤0.35	≤0.25
55CrSiA	0.50～0.60	1.20～1.60	0.50～0.80	0.50～0.80	—	≤0.030	≤0.030	≤0.25	≤0.20
60Si2MnA	0.56～0.64	1.60～2.00	0.60～0.90	≤0.35	—	≤0.030	≤0.030	≤0.35	≤0.25

（5）力学和工艺性能（表6-57）

表6-57　合金弹簧钢丝的力学和工艺性能

直径>5mm		直径≤5mm	
抗拉强度/MPa	布氏硬度 HBW	抗拉强度/MPa	缠绕试验
≤1 030	≤302	合格值由供需双方协商	钢丝在棒芯上缠绕 6 圈后不得破裂、折断

6.3.5　弹簧垫圈用梯形钢丝（YB/T 5319—2010）

（1）用途　适用于制造标准弹簧垫圈和轻型弹簧垫圈用的梯形钢丝。

（2）尺寸规格（表6-58）

表6-58　标准弹簧垫圈的梯形钢丝尺寸规格　　　（mm）

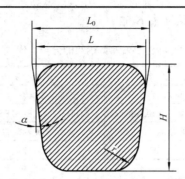

H——公称高度；L_0——梯形大底长；L——可测量底长；r——圆角半径；α——梯形夹角

规格型号	钢　丝　尺　寸								
	H		L_0		L		α/（°）		r
	尺寸	允许偏差	尺寸	允许偏差	尺寸	允许偏差	角度	允许偏差	
TD0.8	0.80	−0.08	0.90	−0.08	0.85	−0.08	5.0	−0.5	$0.25H$
TD1.1	1.11	−0.08	1.20	−0.08	1.15	−0.08	5.0	−0.5	$0.25H$
TD1.3	1.31	−0.08	1.45	−0.08	1.40	−0.08	5.0	−0.5	$0.25H$

（3）盘重（表6-59）

表6-59　弹簧垫圈用梯形钢丝的盘重

钢丝公称尺寸 H/mm	正常盘重/kg	较轻盘重/kg
	≥	
<3.0	10	5
3.0～6.0	20	10
>6.0	25	12

（4）牌号和化学成分（表6-60）

表6-60　弹簧垫圈用梯形钢丝用钢的牌号和化学成分　　　（%）

牌　号	化学成分（质量分数）							
	C	Si	Mn	P	S	Cr	Ni	Cu
65Mn	0.62～0.70	0.17～0.37	0.90～1.20	≤0.035	≤0.035	≤0.25	≤0.25	≤0.25
65	0.62～0.70	0.17～0.37	0.50～0.80	≤0.035	≤0.035	≤0.25	≤0.25	≤0.25
70	0.67～0.75	0.17～0.37	0.50～0.80	≤0.035	≤0.035	≤0.25	≤0.25	≤0.25

（5）力学性能（表6-61）

表6-61　弹簧垫圈用梯形钢丝的力学性能

交货状态	力　学　性　能	
	抗拉强度 R_m/MPa	布氏硬度 HBW
退火	590～785	157～217
轻拉	700～900	205～269

6.3.6 油淬火-回火弹簧钢丝（GB/T 18983—2003）

（1）用途 油淬火-回火弹簧钢丝是由热轧盘条经冷拉后进行油淬火-回火制成，钢丝按工作状态分为静态钢丝、中疲劳钢丝、高疲劳钢丝三类，静态钢丝适用于一般用途弹簧，以 FD 表示；中疲劳钢丝用于离合器弹簧、悬挂弹簧等，以 TD 表示；高疲劳钢丝用于剧烈运动的场合，如阀门弹簧等，以 VD 表示。按供货抗拉强度分为低强度、中强度、高强度三级。

（2）分类、代号及尺寸规格（表6-62）

表6-62 油淬火-回火弹簧钢丝的分类、代号及直径范围 （mm）

分　类		静态钢丝	中疲劳	高疲劳
抗拉强度	低强度	FDC	TDC	VDC
	中强度	FDCrV（A，B）FDSiMn	TDCrV（A，B）TDSiMn	VDCrV（A，B）
	高强度	FDCrSi	TDCrSi	VDCrSi
直径范围		0.50～17.00	0.50～17.00	0.50～10.00

（3）牌号和化学成分（表6-63）

表6-63 油淬火-回火弹簧钢的牌号和化学成分 （%）

钢丝代号	钢的常用代表性牌号	化学成分（质量分数）							
		C	Si	Mn	P 最大	S 最大	Cr	V	Cu 最大
FDC TDC VDC	65，70，65Mn	0.60～0.75	0.10～0.35	0.50～1.20	0.030 / 0.020	0.030 / 0.020	—	—	0.20 / 0.12
FDCrV-A FDCrV-A VDCrV-A	50CrVA	0.47～0.55	0.10～0.40	0.60～1.20	0.030 / 0.025	0.030 / 0.025	0.80～1.10	0.15～0.25	0.20 / 0.12
FDCrV-B TDCrV-B VDCrV-B	67CrV	0.62～0.72	0.15～0.30	0.50～0.90	0.030 / 0.025	0.030 / 0.025	0.40～0.60	0.15～0.25	0.20 / 0.12
FDSiMn TDSiMn	60Si2Mn 60Si2MnA	0.56～0.64	1.50～2.00	0.60～0.90	0.035	0.035	—	—	0.25
FDCrSi TDCrSi VDCrSi	55CrSi	0.50～0.60	1.20～1.60	0.50～0.90	0.030 / 0.025	0.030 / 0.025	0.50～0.80	—	0.20 / 0.12

（4）力学性能（表6-64、表6-65）

表6-64 静态级、中疲劳级钢丝的力学性能

直径范围/mm	抗拉强度/MPa					断面收缩率/% ≥	
	FDC TDC	FDCrV-A TDCrV-A	FDCrV-B TDCrV-B	FDSiMn TDSiMn	FDCrSi TDCrSi	FD	TD
0.50～0.80	1 800～2 100	1 800～2 100	1 900～2 200	1 850～2 100	2 000～2 250	45	45
＞0.80～1.00	1 800～2 060	1 780～2 080	1 860～2 160	1 850～2 100	2 000～2 250	45	45
＞1.00～1.30	1 800～2 010	1 750～2 010	1 850～2 100	1 850～2 100	2 000～2 250	45	45
＞1.30～1.40	1 750～1 950	1 750～1 990	1 840～2 070	1 850～2 100	2 000～2 250	45	45
＞1.40～1.60	1 740～1 890	1 710～1 950	1 820～2 030	1 850～2 100	2 000～2 250	45	45

续表 6-64

直径范围/mm	抗拉强度/MPa					断面收缩率/% ≥	
	FDC TDC	FDCrV-A TDCrV-A	FDCrV-B TDCrV-B	FDSiMn TDSiMn	FDCrSi TDCrSi	FD	TD
>1.60~2.00	1 720~1 890	1 710~1 890	1 790~1 970	1 820~2 000	2 000~2 250	45	45
>2.00~2.50	1 670~1 820	1 670~1 830	1 750~1 900	1 800~1 950	1 970~2 140	45	45
>2.50~2.70	1 640~1 790	1 660~1 820	1 720~1 870	1 780~1 930	1 950~2 120	40	45
>2.70~3.00	1 620~1 770	1 630~1 780	1 700~1 850	1 760~1 910	1 930~2 100	40	45
>3.00~3.20	1 600~1 750	1 610~1 760	1 680~1 830	1 740~1 890	1 910~2 080	40	45
>3.20~3.50	1 580~1 730	1 600~1 750	1 660~1 810	1 720~1 870	1 900~2 060	40	45
>3.50~4.00	1 550~1 700	1 560~1 710	1 620~1 770	1 710~1 860	1 870~2 030	40	45
>4.00~4.20	1 540~1 690	1 540~1 690	1 610~1 760	1 700~1 850	1 860~2 020	40	45
>4.20~4.50	1 520~1 670	1 520~1 670	1 590~1 740	1 690~1 840	1 850~2 000	40	45
>4.50~4.70	1 510~1 660	1 510~1 660	1 580~1 730	1 680~1 830	1 840~1 990	40	45
>4.70~5.00	1 500~1 650	1 500~1 650	1 560~1 710	1 670~1 820	1 830~1 980	40	45
>5.00~5.60	1 470~1 620	1 460~1 610	1 540~1 690	1 660~1 810	1 800~1 950	35	40
>5.60~6.00	1 460~1 610	1 440~1 590	1 520~1 670	1 650~1 800	1 780~1 930	35	40
>6.00~6.50	1 440~1 590	1 420~1 570	1 510~1 660	1 640~1 790	1 760~1 910	35	40
>6.50~7.00	1 430~1 580	1 400~1 550	1 500~1 650	1 630~1 780	1 740~1 890	35	40
>7.00~8.00	1 400~1 550	1 380~1 530	1 480~1 630	1 620~1 770	1 710~1 860	35	40
>8.00~9.00	1 380~1 530	1 370~1 520	1 470~1 620	1 610~1 760	1 700~1 580	30	35
>9.00~10.00	1 360~1 510	1 350~1 500	1 450~1 600	1 600~1 750	1 660~1 810	30	35
>10.00~12.00	1 320~1 470	1 320~1 470	1 430~1 580	1 580~1 730	1 660~1 810	30	—
>12.00~14.00	1 280~1 430	1 300~1 450	1 420~1 570	1 560~1 710	1 620~1 770	30	—
>14.00~15.00	1 270~1 420	1 290~1 440	1 410~1 560	1 550~1 700	1 620~1 770	—	—
>15.00~17.00	1 250~1 400	1 270~1 420	1 400~1 550	1 540~1 690	1 580~1 730	—	—

表 6-65　高疲劳级钢丝的力学性能

直径范围/mm	抗拉强度/MPa				断面收缩率/% ≥
	VDC	VDCrV-A	VDCrV-B	VDCrSi	
0.50~0.80	1 700~2 000	1 750~1 950	1 910~2 060	2 030~2 230	45
>0.80~1.00	1 700~1 950	1 730~1 930	1 880~2 030	2 030~2 230	45
>1.00~1.30	1 700~1 900	1 700~1 900	1 860~2 010	2 030~2 230	45
>1.30~1.40	1 700~1 850	1 680~1 860	1 840~1 990	2 030~2 230	45
>1.40~1.60	1 670~1 820	1 660~1 860	1 820~1 970	2 000~2 180	45
>1.60~2.00	1 685~1 800	1 640~1 800	1 770~1 920	1 950~2 110	45
>2.00~2.50	1 630~1 780	1 620~1 770	1 720~1 860	1 900~2 060	45
>2.50~2.70	1 610~1 760	1 610~1 760	1 690~1 840	1 890~2 040	45
>2.70~3.00	1 590~1 740	1 600~1 750	1 660~1 810	1 880~2 030	45
>3.00~3.20	1 570~1 720	1 580~1 730	1 640~1 790	1 870~2 020	45
>3.20~3.50	1 550~1 700	1 560~1 710	1 620~1 770	1 860~2 010	45
>3.50~4.00	1 530~1 680	1 540~1 690	1 570~1 720	1 840~1 990	45

续表 6-65

| 直径范围/mm | 抗拉强度/MPa | | | | 断面收缩率/% ≥ |
	VDC	VDCrV-A	VDCrV-B	VDCrSi	
>4.20~4.50	1 510~1 660	1 520~1 670	1 540~1 690	1 810~1 960	45
>4.70~5.00	1 490~1 640	1 500~1 650	1 520~1 670	1 780~1 930	45
>5.00~5.60	1 470~1 620	1 480~1 630	1 490~1 640	1 750~1 900	40
>5.60~6.00	1 450~1 600	1 470~1 620	1 470~1 620	1 730~1 980	40
>6.00~6.50	1 420~1 570	1 440~1 590	1 440~1 590	1 710~1 860	40
>6.50~7.00	1 400~1 550	1 420~1 570	1 420~1 570	1 690~1 840	40
>7.00~8.00	1 370~1 520	1 410~1 560	1 390~1 540	1 660~1 810	40
>8.00~9.00	1 350~1 500	1 390~1 540	1 370~1 520	1 640~1 790	35
>9.00~10.00	1 340~1 490	1 370~1 520	1 340~1 490	1 620~1 770	35

6.4 工具用钢丝

6.4.1 碳素工具钢丝（YB/T 5322—2010）

（1）用途　碳素工具钢丝尺寸精度高，表面粗糙度低，内部组织均匀，随着钢丝碳含量的增加，耐磨性提高但塑性、韧性有所降低。经退火后的钢丝具有均匀的球状珠光体组织，硬度适中，便于加工成型；淬火后的钢丝有较高的硬度，用于制作麻花钻头、丝锥及耐磨零件如机床顶尖、轴承滚动体等。

（2）盘重（表 6-66）

表 6-66　碳素工具钢丝的盘重

钢丝公称直径/mm	每盘质量/kg≥	钢丝公称直径/mm	每盘质量/kg≥
1.00~1.50	1.50	>3.00~4.50	8.00
>1.50~3.00	5.00	>4.50	10.00

（3）牌号和化学成分　钢的牌号及化学成分应符合 GB/T 1298 的规定。

（4）硬度值（表 6-67）

表 6-67　碳素工具钢丝的硬度值

| 序　号 | 牌　号 | 试样热处理制度及淬火硬度 | | | 退火硬度 HBW≤ |
		淬火温度/℃	冷却剂	硬度值 HRC≥	
1	T7（A）	800~820			187
2	T8（A）	780~800			187
3	T8Mn（A）				187
4	T9（A）		水	62	192
5	T10（A）				197
6	T11（A）	760~780			207
7	T12（A）				207
8	T13（A）				217

（5）力学性能（表6-68）

表6-68 碳素工具钢丝的力学性能 （MPa）

牌　　号	抗拉强度 R_m		
	退　火		冷　拉
T7（A），T8（A），T8Mn（A），T9（A）	490～685		≤1 080
T10（A），T11（A），T12（A），T13（A）	540～735		

6.4.2 合金工具钢丝（YB/T 095—1997）

（1）用途　合金工具钢丝尺寸精度高，表面粗糙度低，内部组织均匀，有较高淬透性和回火稳定性。经退火后的钢丝具有均匀的球状珠光体组织，硬度适中，便于加工成型；淬火后的钢丝硬度高，并有一定的热硬性，用于制作工具及耐磨零件如轴承滚动体、喷油嘴针阀等。

（2）尺寸规格　钢丝直径范围为 1.5～8.0mm。

（3）牌号和化学成分　其应符合 GB/T 1299 的有关规定。

（4）硬度值（表6-69）

表6-69 合金工具钢丝的硬度值

牌　　号	退火硬度 HBW≤	试　样　淬　火	
		淬火温度/℃和冷却剂	硬度值 HRC≥
9SiCr	255	820～860 油	62
CrWMn	255	800～830 油	62
9CrWMn	255	800～830 油	62
Cr12MoV	255	950～1 000 油	58
3Cr2W8V	255	—	—
4Cr5MoSiV	255	—	—

6.4.3 高速工具钢丝（YB/T 5302—2010）

（1）用途　高速工具钢丝碳化物细小均匀，硬度适中，热塑性好，有良好的加工工艺性能，经淬火回火处理后硬度高，热硬性好，适于高速切削，用于制作麻花钻头、丝锥、高速切削刀具，也可用于制造柴油机油泵柱塞、喷雾器针阀、高温高速轴承等。

（2）尺寸规格　钢丝直径范围为 1～>10mm。

（3）盘重（表6-70）

表6-70 高速工具钢丝的最小盘重

钢丝公称直径/mm	盘重/kg≥	钢丝公称直径/mm	盘重/kg≥
<3.00	15	≥3.00	30

（4）牌号和化学成分　钢的牌号为 W3Mo3Cr4V2，W4Mo3Cr4VSi，W18Cr4V，W2Mo9Cr4V2，W6Mo5Cr4V2，CW6Mo5Cr4V2，W9Mo3Cr4V，W6Mo5Cr4V3，CW6Mo5Cr4V3，W6Mo5Cr4V2Al，W6Mo5Cr4V2Co5 和 W2Mo9Cr4VCo8。化学成分应符号 GB/T 9943 的规定。

（5）硬度值（表6-71）

表6-71 高速工具钢丝的硬度值

序号	牌 号	交货硬度（退火态）HBW	试样热处理制度及淬火-回火硬度				
			预热温度/℃	淬火温度/℃	淬火介质	回火温度/℃	硬度 HRC≥
1	W3Mo3Cr4V2	≤255		1 180～1 200		540～560	63
2	W4Mo3Cr4VSi	207～255		1 170～1 190		540～560	63
3	W18Cr4V	207～255		1 250～1 270		550～570	63
4	W2Mo9Cr4V2	≤255		1 190～1 210		540～560	64
5	W6Mo5Cr4V2	207～255		1 200～1 220		550～570	63
6	CW6Mo5Cr4V2	≤255	800～900	1 190～1 210	油	540～560	64
7	W9Mo3Cr4V	207～255		1 200～1 220		540～560	63
8	W6Mo5Cr4V3	≤262		1 190～1 210		540～560	64
9	CW6Mo5Cr4V3	≤262		1 180～1 200		540～560	64
10	W6Mo5Cr4V2Al	≤269		1 200～1 220		550～570	65
11	W6Mo5Cr4V2Co5	≤269		1 190～1 210		540～560	64
12	W2Mo9Cr4VCo8	≤269		1 170～1 190		540～560	66

（6）脱碳层（表6-72）

表6-72 退火钢丝一边的总脱碳层（铁素体＋过渡层）深度

牌 号	总脱碳层深度/mm≤
W18Cr4V	1.0%D
W4Mo3Cr4VSi，W6Mo5Cr4V2，W9Mo3Cr4V，W6Mo5Cr4V2Co5	1.3%D
W6Mo5Cr4V2Al，W2Mo9Cr4VCo8	1.5%D
其他牌号	供需双方协商

注：D为钢丝公称直径。

6.5 焊接用钢丝

6.5.1 熔化焊用钢丝（GB/T 14957—1994）

（1）用途 该钢丝尺寸精度和表面质量高，化学成分稳定，硫、磷及有害杂质少，有一定的强度和良好的塑性，便于矫直和切断，用于制作电弧焊、埋弧自动焊和半自动焊、电渣焊和气焊等的焊条和焊丝。

（2）捆重（表6-73）

表6-73 钢丝的捆重

公称直径/mm	捆（盘）的内径/mm≥	每捆（盘）的质量/kg≥			
		碳 素 结 构 钢		合 金 结 构 钢	
		一 般	最 小	一 般	最 小
1.6，2.0，2.5，3.0	350	30	15	10	5
3.2，4.0，5.0，6.0	400	40	20	15	8

（3）牌号和化学成分（表6-74）

表6-74 熔化焊用钢丝的牌号和化学成分 （%）

钢种	牌 号	化学成分（质量分数）								Cu	S	P
		C	Mn	Si	Cr	Ni	Mo	V	其他	≤		
碳素结构钢	H08A	≤0.10	0.30~0.55	≤0.03	≤0.20	≤0.30	—	—	—	0.20	0.030	0.030
	H08E	≤0.10	0.30~0.55	≤0.03	≤0.20	≤0.30	—	—	—	0.20	0.020	0.020
	H08C	≤0.10	0.30~0.55	≤0.03	≤0.10	≤0.10	—	—	—	0.20	0.015	0.015
	H08MnA	≤0.10	0.80~1.10	≤0.07	≤0.20	≤0.30	—	—	—	0.20	0.030	0.030
	H15A	0.11~0.15	0.35~0.65	≤0.03	≤0.20	≤0.30	—	—	—	0.20	0.030	0.030
	H15Mn	0.11~0.18	0.80~1.10	≤0.03	≤0.20	≤0.30	—	—	—	0.20	0.035	0.035
合金结构钢	H10Mn2	≤0.12	1.50~1.90	≤0.07	≤0.20	≤0.30	—	—	—	0.20	0.035	0.035
	H08Mn2Si	≤0.11	1.70~2.10	0.65~0.95	≤0.20	≤0.30	—	—	—	0.20	0.035	0.035
	H08Mn2SiA	≤0.11	1.80~2.10	0.65~0.95	≤0.20	≤0.30	—	—	—	0.20	0.035	0.035
	H10MnSi	≤0.14	0.80~1.10	0.60~0.90	≤0.20	≤0.30	—	—	—	0.20	0.035	0.035
	H10MnSiMo	≤0.14	0.90~1.20	0.70~1.10	≤0.20	≤0.30	0.15~0.25	—	—	0.20	0.030	0.030
	H10MnSiMoTiA	0.08~0.12	1.00~1.30	0.40~0.70	≤0.20	—	0.20~0.40	—	Ti0.05~0.15	0.20	0.025	0.030
	H08MnMoA	≤0.10	1.20~1.60	≤0.25	≤0.20	≤0.30	0.30~0.50	—	Ti0.15（加入量）	0.20	0.030	0.030
	H08Mn2MoA	0.06~0.11	1.60~1.90	≤0.25	≤0.20	≤0.30	0.50~0.70	—	Ti0.15（加入量）	0.20	0.030	0.030
	H10Mn2MoA	0.08~0.13	1.70~2.00	≤0.40	≤0.20	≤0.30	0.60~0.80	—	Ti0.15（加入量）	0.20	0.030	0.030
	H08Mn2MoVA	0.06~0.11	1.60~1.90	≤0.25	≤0.20	≤0.30	0.50~0.70	0.06~0.12	Ti0.15（加入量）	0.20	0.030	0.030
	H10Mn2MoVA	0.08~0.13	1.70~2.00	≤0.40	≤0.20	≤0.30	0.60~0.80	0.06~0.12	Ti0.15（加入量）	0.20	0.030	0.030
	H08CrMoA	≤0.10	0.40~0.70	0.15~0.35	0.80~1.10	≤0.30	0.40~0.60	—	—	0.20	0.030	0.030
	H13CrMoA	0.11~0.16	0.40~0.70	0.15~0.35	0.80~1.10	≤0.30	0.40~0.60	—	—	0.20	0.030	0.030
	H18CrMoA	0.15~0.22	0.40~0.70	0.15~0.35	0.80~1.10	≤0.30	0.15~0.25	—	—	0.20	0.025	0.030
	H08CrMoVA	≤0.10	0.40~0.70	0.15~0.35	1.00~1.30	≤0.30	0.50~0.70	0.15~0.35	—	0.20	0.030	0.030
	H08CrNi2MoA	0.05~0.10	0.50~0.85	0.10~0.30	0.70~1.00	1.40~1.80	0.20~0.40	—	—	0.20	0.025	0.030
	H30CrMnSiA	0.25~0.35	0.80~1.10	0.90~1.20	0.80~1.10	≤0.30	—	—	—	0.20	0.025	0.025
	H10MoCrA	≤0.12	0.40~0.70	0.15~0.35	0.45~0.65	≤0.30	0.40~0.60	—	—	0.20	0.030	0.030

6.5.2 焊接用不锈钢丝（YB/T 5092—2005）

（1）用途 该钢丝适用于制作电焊条焊芯及气体保护焊、埋弧焊、电渣焊等。

（2）分类和牌号（表6-75）

表6-75 焊接用不锈钢丝的分类和牌号

类 别	牌 号		
奥氏体型	H05Cr22Ni11Mn6Mo3VN	H12Cr24Ni13	H03Cr19Ni12Mo2Si1

续表6-75

类 别	牌 号		
	H10Cr17Ni8Mn8Si4N	H03Cr24Ni13Si	H03Cr19Ni12Mo2Cu2
	H05Cr20Ni6Mn9N	H03Cr24Ni13	H08Cr19Ni14Mo3
	H05Cr18Ni5Mn12N	H12Cr24Ni13Mo2	H03Cr19Ni14Mo3
	H10Cr12Ni10Mn6	H08Cr24Ni13Mo2	H08Cr19Ni12Mo2Nb
	H09Cr21Ni9Mn4Mo	H12Cr24Ni13Si1	H07Cr20Ni34Mo2Cu3Nb
	H08Cr21Ni10Si	H03Cr24Ni13Si1	H02Cr20Ni34Mo2Cu3Nb
	H08Cr21Ni10	H12Cr26Ni21Si	H08Cr19Ni10Ti
奥氏体型	H06Cr21Ni10	H12Cr26Ni21	H21Cr16Ni35
	H03Cr21Ni10Si	H08Cr26Ni21	H08Cr20Ni10Nb
	H03Cr21Ni10	H08Cr19Ni12Mo2Si	H08Cr20Ni10SiNb
	H08Cr20Ni11Mo2	H08Cr19Ni12Mo2	H02Cr27Ni32Mo3Cu
	H04Cr20Ni11Mo2	H06Cr19Ni12Mo2	H02Cr20Ni24Mo4Cu
	H08Cr21Ni10Si1	H03Cr19Ni12Mo2Si	H06Cr19Ni10TiNb
	H03Cr21Ni10Si1	H03Cr19Ni12Mo2	H10Cr16Ni8Mo2
	H12Cr24Ni13Si	H08Cr19Ni12Mo2Si1	—
奥氏体+铁素体（双相）型	H03Cr22Ni8Mo3N	H04Cr25Ni5Mo3Cu2N	H15Cr30Ni9
马氏体型	H12Cr13	H06Cr12Ni4Mo	H31Cr13
铁素体型	H06Cr14	H01Cr26Mo	H08Cr11Nb
	H10Cr17	H08Cr11Ti	
沉淀硬化型	H05Cr17Ni4Cu4Nb	—	—

（3）尺寸规格 钢丝的直径为0.6～10mm。

（4）牌号和化学成分（表6-76）

表6-76 焊接用不锈钢丝的牌号及化学成分 （%）

类型	序号	牌 号	化学成分（质量分数）										
			C	Si	Mn	P	S	Cr	Ni	Mo	Cu	N	其他
奥氏体	1	H05Cr22Ni11Mn6Mo3VN	≤0.05	≤0.90	4.00～7.00	≤0.030	≤0.030	20.50～24.00	9.50～12.00	1.50～3.00	≤0.75	0.10～0.30	V0.10～0.30
	2	H10Cr17Ni8Mn8Si4N	≤0.10	3.40～4.50	7.00～9.00	≤0.030	≤0.030	16.00～18.00	8.00～9.00	≤0.75	≤0.75	0.08～0.18	—
	3	H05Cr20Ni6Mn9N	≤0.05	≤1.00	8.00～10.0	≤0.030	≤0.030	19.00～21.50	5.50～7.00	≤0.75	≤0.75	0.10～0.30	—
	4	H05Cr18Ni5Mn12N	≤0.05	≤1.00	10.50～13.50	≤0.030	≤0.030	17.00～19.00	4.00～6.00	≤0.75	≤0.75	0.10～0.30	—
	5	H10Cr21Ni10Mn6	≤0.10	0.20～0.60	5.00～7.00	≤0.030	≤0.030	20.00～22.00	9.00～11.00	≤0.75	≤0.75	—	—
	6	H09Cr21Ni9Mn4Mo	0.04～0.14	0.30～0.65	3.30～4.75	≤0.030	≤0.030	19.50～22.00	8.00～10.70	0.50～1.50	≤0.75	—	—
	7	H08Cr21Ni10Si	≤0.08	0.30～0.65	1.00～2.50	≤0.030	≤0.030	19.50～22.00	9.00～11.00	≤0.75	≤0.75	—	—

续表 6-76

类型	序号	牌号	化学成分（质量分数）										
			C	Si	Mn	P	S	Cr	Ni	Mo	Cu	N	其他
奥氏体	8	H08Cr21Ni10	≤0.08	≤0.35	1.00～2.50	≤0.030	≤0.030	19.50～22.00	9.00～11.00	≤0.75	≤0.75	—	—
	9	H06Cr21Ni10	0.04～0.08	0.30～0.65	1.00～2.50	≤0.030	≤0.030	19.50～22.00	9.00～11.00	≤0.50	≤0.75	—	—
	10	H03Cr21Ni10Si	≤0.030	0.30～0.65	1.00～2.50	≤0.030	≤0.030	19.50～22.00	9.00～11.00	≤0.75	≤0.75	—	—
	11	H03Cr21Ni10	≤0.030	≤0.35	1.00～2.50	≤0.030	≤0.030	19.50～22.00	9.00～11.00	≤0.75	≤0.75	—	—
	12	H08Cr20Ni11Mo2	≤0.08	0.30～0.65	1.00～2.50	≤0.030	≤0.030	18.00～21.00	9.00～12.00	2.00～3.00	≤0.75	—	—
	13	H04Cr20Ni11Mo2	≤0.04	0.30～0.65	1.00～2.50	≤0.030	≤0.030	18.00～21.00	9.00～12.00	2.00～3.00	≤0.75	—	—
	14	H08Cr21Ni10Si1	≤0.08	0.65～1.00	1.00～2.50	≤0.030	≤0.030	19.50～22.00	9.00～11.00	≤0.75	≤0.75	—	—
	15	H03Cr21Ni10Si1	≤0.030	0.65～1.00	1.00～2.50	≤0.030	≤0.030	19.50～22.00	9.00～11.00	≤0.75	≤0.75	—	—
	16	H12Cr24Ni13Si	≤0.12	0.30～0.65	1.00～2.50	≤0.030	≤0.030	23.00～25.00	12.00～14.00	≤0.75	≤0.75	—	—
	17	H12Cr24Ni13	≤0.12	≤0.35	1.00～2.50	≤0.030	≤0.030	23.00～25.00	12.00～14.00	≤0.75	≤0.75	—	—
	18	H03Cr24Ni13Si	≤0.030	0.30～0.65	1.00～2.50	≤0.030	≤0.030	23.00～25.00	12.00～14.00	≤0.75	≤0.75	—	—
	19	H03Cr24Ni13	≤0.030	≤0.35	1.00～2.50	≤0.030	≤0.030	23.00～25.00	12.00～14.00	≤0.75	≤0.75	—	—
	20	H12Cr24Ni13Mo2	≤0.12	0.30～0.65	1.00～2.50	≤0.030	≤0.030	23.00～25.00	12.00～14.00	2.00～3.00	≤0.75	—	—
	21	H03Cr24Ni13Mo2	≤0.030	0.30～0.65	1.00～2.50	≤0.030	≤0.030	23.00～25.00	12.00～14.00	2.00～3.00	≤0.75	—	—
	22	H12Cr24Ni13Si1	≤0.12	0.65～1.00	1.00～2.50	≤0.030	≤0.030	23.00～25.00	12.00～14.00	≤0.75	≤0.75	—	—
	23	H03Cr24Ni13Si1	≤0.030	0.65～1.00	1.00～2.50	≤0.030	≤0.030	23.00～25.00	12.00～14.00	≤0.75	≤0.75	—	—
	24	H12Cr26Ni21Si	0.08～0.15	0.30～0.65	1.00～2.50	≤0.030	≤0.030	25.00～28.00	20.00～22.50	≤0.75	≤0.75	—	—
	25	H12Cr26Ni21	0.08～0.15	≤0.35	1.00～2.50	≤0.030	≤0.030	25.00～28.00	20.00～22.50	≤0.75	≤0.75	—	—
	26	H08Cr26Ni21	≤0.08	≤0.65	1.00～2.50	≤0.030	≤0.030	25.00～28.00	20.00～22.50	≤0.75	≤0.75	—	—
	27	H08Cr19Ni12Mo2Si	≤0.08	0.30～0.65	1.00～2.50	≤0.030	≤0.030	18.00～20.00	11.00～14.00	2.00～3.00	≤0.75	—	—
	28	H08Cr19Ni12Mo2	≤0.08	≤0.35	1.00～2.50	≤0.030	≤0.030	18.00～20.00	11.00～14.00	2.00～3.00	≤0.75	—	—
	29	H06Cr19Ni12Mo2	0.04～0.08	0.30～0.65	1.00～2.50	≤0.030	≤0.030	18.00～20.00	11.00～14.00	2.00～3.00	≤0.75	—	—

续表6-76

类型	序号	牌　号	化学成分（质量分数）										
			C	Si	Mn	P	S	Cr	Ni	Mo	Cu	N	其他
	30	H03Cr19Ni12Mo2Si	≤0.030	0.30~0.65	1.00~2.50	≤0.030	≤0.030	18.00~20.00	11.00~14.00	2.00~3.00	≤0.75	—	—
	31	H03Cr19Ni12Mo2	≤0.030	≤0.35	1.00~2.50	≤0.030	≤0.030	18.00~20.00	11.00~14.00	2.00~3.00	≤0.75	—	—
	32	H08Cr19Ni12Mo2Si1	≤0.08	0.65~1.00	1.00~2.50	≤0.030	≤0.030	18.00~20.00	11.00~14.00	2.00~3.00	≤0.75	—	—
	33	H03Cr19Ni12Mo2Si1	≤0.030	0.65~1.00	1.00~2.50	≤0.030	≤0.030	18.00~20.00	11.00~14.00	2.00~3.00	≤0.75	—	—
	34	H03Cr19Ni12Mo2Cu2	≤0.030	≤0.65	1.00~2.50	≤0.030	≤0.030	18.00~20.00	11.00~14.00	2.00~3.00	1.00~2.50	—	—
	35	H08Cr19Ni14Mo3	≤0.08	0.30~0.65	1.00~2.50	≤0.030	≤0.030	18.50~20.50	13.00~15.00	3.00~4.00	≤0.75	—	—
	36	H03Cr19Ni14Mo3	≤0.030	0.30~0.65	1.00~2.50	≤0.030	≤0.030	18.50~20.50	13.00~15.00	3.00~4.00	≤0.75	—	—
	37	H08Cr19Ni12Mo2Nb	≤0.08	0.30~0.65	1.00~2.50	≤0.030	≤0.030	18.00~20.00	11.00~14.00	2.00~3.00	≤0.75	—	Nb8×C%~1.00
奥氏体	38	H07Cr20Ni34Mo2Cu3Nb	≤0.07	≤0.60	≤2.50	≤0.030	≤0.030	19.00~21.00	32.00~36.00	2.00~3.00	3.00~400	—	Nb8×C%~1.00
	39	H02Cr20Ni34Mo2Cu3Nb	≤0.025	≤0.15	1.50~2.00	≤0.015	≤0.020	19.00~21.00	32.00~36.00	2.00~3.00	3.00~4.00	—	Nb8×C%~0.40
	40	H08Cr19Ni10Ti	≤0.08	0.30~0.65	1.00~2.50	≤0.030	≤0.030	18.50~20.50	9.00~10.50	≤0.75	≤0.75	—	Ti9×C%~1.00
	41	H21Cr16Ni35	0.18~0.25	0.30~0.65	1.00~2.50	≤0.030	≤0.030	15.00~17.00	34.00~37.00	≤0.75	≤0.75	—	—
	42	H08Cr20Ni10Nb	≤0.08	0.30~0.65	1.00~2.50	≤0.030	≤0.030	19.00~21.50	9.00~11.00	≤0.75	≤0.75	—	Nb10×C%~1.00
	43	H08Cr20Ni10SiNb	≤0.08	0.65~1.00	1.00~2.50	≤0.030	≤0.030	19.00~21.50	9.00~11.00	≤0.75	≤0.75	—	Nb10×C%~1.00
	44	H02Cr27Ni32Mo3Cu	≤0.025	≤0.50	1.00~2.50	≤0.020	≤0.030	26.50~28.50	30.00~33.00	3.20~4.20	0.70~1.50	—	—
	45	H02Cr20Ni25Mo4Cu	≤0.025	≤0.50	1.00~2.50	≤0.020	≤0.030	19.50~21.50	24.00~26.00	4.20~5.20	1.20~2.00	—	—
	46	H06Cr19Ni10TiNb	0.04~0.08	0.30~0.65	1.00~2.00	≤0.030	≤0.030	18.50~20.00	9.00~11.00	≤0.25	≤0.75	—	Ti≤0.05 Nb≤0.05
	47	H10Cr16Ni8Mo2	≤0.10	0.30~0.65	1.00~2.00	≤0.030	≤0.030	14.50~16.50	7.50~9.50	1.00~2.00	≤0.75	—	—
奥氏体＋铁素体	48	H03Cr22Ni8Mo3N	≤0.030	≤0.90	0.50~2.00	≤0.030	≤0.030	21.50~23.50	7.50~9.50	2.50~3.50	≤0.75	0.08~0.20	—
	49	H04Cr25Ni5Mo3Cu2N	≤0.04	≤1.00	≤1.50	≤0.040	≤0.030	24.00~27.00	4.50~6.50	2.90~3.90	1.50~2.50	0.10~0.25	—
	50	H15Cr30Ni9	≤0.15	0.30~0.65	1.00~2.50	≤0.030	≤0.030	28.00~32.00	8.00~10.50	≤0.75	≤0.75	—	—

续表 6-76

类型	序号	牌 号	化学成分（质量分数）										
			C	Si	Mn	P	S	Cr	Ni	Mo	Cu	N	其他
马氏体	51	H12Cr13	≤0.12	≤0.50	≤0.60	≤0.030	≤0.030	11.50~13.50	≤0.60	≤0.75	≤0.75	—	—
	52	H06Cr12Ni4Mo	≤0.06	≤0.50	≤0.60	≤0.030	≤0.030	11.00~12.50	4.00~5.00	0.40~0.70	≤0.75	—	—
	53	H31Cr13	0.25~0.40	≤0.50	≤0.60	≤0.030	≤0.030	12.00~14.00	≤0.60	≤0.75	≤0.75	—	—
铁素体	54	H06Cr14	≤0.06	0.30~0.70	0.30~0.70	≤0.030	≤0.030	13.00~15.00	≤0.60	≤0.75	≤0.75	—	—
	55	H10Cr17	≤0.10	≤0.50	≤0.60	≤0.030	≤0.030	15.50~17.00	≤0.60	≤0.75	≤0.75	—	—
	56	H01Cr26Mo	≤0.015	≤0.40	≤0.40	≤0.020	≤0.020	25.00~27.50	Ni+Cu≤0.50%	0.75~1.50	Ni+Cu≤0.50%	≤0.015	—
	57	H08Cr11Ti	≤0.08	≤0.80	≤0.80	≤0.030	≤0.030	10.50~13.50	≤0.60	≤0.50	≤0.75	—	Ti10×C%~1.50
	58	H08Cr11Nb	≤0.08	≤1.00	≤0.80	≤0.040	≤0.030	10.50~13.50	≤0.60	≤0.50	≤0.75	—	Nb10×C%~0.75
沉淀硬化	59	H05Cr17NirCu4Nb	≤0.05	≤0.75	0.25~0.75	≤0.030	≤0.030	16.00~16.75	4.50~5.00	≤0.75	3.25~4.00	—	Nb0.15~0.30

6.5.3 惰性气体保护焊接用不锈钢棒及钢丝（YB/T 5091—1993）

（1）用途 该钢棒及钢丝用于钨极惰性气体保护电弧焊及熔化极惰性气体保护电弧焊。

（2）分类（表 6-77）

表 6-77 不锈钢棒及钢丝的分类

类 别	牌 号
奥氏体型	H0Cr21Ni10，H00Cr21Ni10，H1Cr24Ni13，H0Cr26Ni21，H0Cr19Ni12Mo2，H00Cr19Ni12Mo2，H00Cr19Ni12Mo2Cu2，H0Cr20Ni14Mo3，H0Cr20Ni10Ti，H0Cr20Ni10Nb
铁素体型	H1Cr17
马氏体型	H1Cr13

（3）尺寸规格（表 6-78、表 6-79）

表 6-78 不锈钢棒及钢丝的直径   （mm）

名 称	直 径
不锈钢棒	1.0，1.2，1.6，2.0，2.4，2.6，3.2，4.0，5.0
不锈钢丝	0.8，1.0，1.2，1.6，2.0，2.4

表 6-79 钢丝盘内径   （mm）

钢丝直径	0.60~1.20	>1.20~2.00	>2.00~3.50	>3.50~6.00
钢丝盘内径≥	150	250	350	500

第7章 钢 丝 绳

钢丝绳又称钢索，是由优质钢丝经过打轴、捻股、合绳等工序制成的绳状制品。钢丝绳自重轻、强度高，挠性好，承受冲击力强，高速运行无噪音，使用安全方便，广泛用于张拉固定、运输牵引、提升起重等方面。

7.1 钢丝绳综合

7.1.1 钢丝绳的分类（表7-1）

表7-1 钢丝绳的分类

分 类 方 法	分 类 名 称
按结构分	单捻（股）、双捻（多股）和三捻钢丝绳
按直径分	细直径（<8.0mm）、粗直径（>60mm）、普通直径（8～60mm）
按用途分	一般用途、电梯用、航空用、探深井设备用、架空索道及缆车用、起重用、渔业用、矿井提升用、轮胎用、胶带用、预应力混凝土用钢丝绳
按捻制特性分	点接触、线接触、面接触钢丝绳
按表面状态分	光面、镀锌、涂塑钢丝绳
按股的断面形状分	圆股、异型股钢丝绳
按钢丝绳截面形状分	圆形、编织、扁形钢丝绳
按制绳钢性韧性分	为特，Ⅰ，Ⅱ三个型号
按绳芯材料分	天然纤维芯、合成纤维芯和金属芯
按捻向和捻法分	按捻向分右捻和左捻； 按捻法分右交互捻、右同向捻、左交互捻、左同向捻四种

7.1.2 钢丝绳的构件（表7-2）

表7-2 钢丝绳的构件

名 称		说 明
钢丝		由碳素钢或合金钢通过冷拉或冷轧而成的圆形（或异形）丝材，它是构成股的基本单元
股		由一定形状和大小的多根钢丝，拧成一层或多层螺旋状而形成的结构，是构成钢丝绳的基本元件
	股的形状	圆股：横截面近似圆形的股。
		三角股：横截面近似三角形的股。
		椭圆股：横截面近似椭圆形的股。
		扁股：横截面近似矩形或平行四边形的股
钢丝绳		由一定数量，一层或多层的股绕成螺旋状而形成的结构。在某些情况下，单股即为绳
	内应力和 应力平衡	钢丝绳的不松散性：采用降低捻制应力的方法（如预变形和后变形）制造的钢丝绳，这种钢丝绳具有较低的内应力，从而呈现不松散性。 钢丝绳的不旋转性：在钢丝绳中，钢丝和各层的股是以最小扭矩或最小旋转程度的方式排列。例如，在多层、相同结构的股构成多股钢丝绳以及围绕着一个独立的钢丝绳芯捻制的单层股钢丝绳中，钢丝和各层的股的捻制方向相反时，这种钢丝绳具有较低的扭转应力，从而呈现不旋转性或微旋转性

续表 7-2

名　称		说　明	
钢丝绳	捻制特性	层数	
		股的捻制类型：	
		点接触（非平行捻）：股中相邻两层钢丝具有近似相等的捻角，而捻距不同。因此相邻两层钢丝之间呈点接触状态；	
		线接触（平行捻）：股中所有钢丝具有相同的捻距，所有钢丝相互之间呈线接触状态。	
		捻制：钢丝捻成股和股捻成绳的工艺过程。	
		捻角：捻制时钢丝（或股）中心线与股（或绳）中心线的夹角。	
		1）钢丝捻角：股中钢丝的捻角；	
		2）股捻角：绳中股的捻角。	
		钢丝绳或股的捻向：	
		1）右向捻（或 Z）：股在绳中（或丝在股中）捻制的螺旋线方向是自左、向上，向右为右向捻；	
		2）左向捻（或 S）：股在绳中（或丝在股中）捻制的螺旋线方向是自右、向上，向左为左向捻。	
		捻法：	
		1）交互捻：丝在股中的捻向与股在绳中的捻向相反；	
		2）同向捻：丝在股中的捻向与股在绳中的捻向相同。	
		捻距：钢丝围绕股芯或股围绕绳芯旋转一周（360°）相应两点间的距离称为股或绳的捻距	
芯	天然纤维	硬纤维：质地较硬的天然纤维，如剑麻、蕉麻等。	
		软纤维：质地较软的天然纤维，如棉、黄麻等	
	合成纤维	由聚合物（合成高分子化合物）制成的纤维，如聚乙烯、聚丙烯等	
	金属芯	一般股的金属芯为单根钢丝，绳的金属芯为钢丝股或独立绳芯	
填充料		隔开同一层（或相邻的钢丝、股）的材料	
润滑剂		由矿物、植物、动物或合成物制成的液态（油）、油脂、固态或复合的润滑剂。这些润滑剂主要用于拉丝、浸渍芯绳（纤维芯）以及钢绳润滑、防腐等	
钢丝绳的包覆		塑料、橡胶	
圆钢丝绳	按结构分类	单捻（股）钢丝绳	普通单股钢丝绳：由一层或多层圆钢丝螺旋状缠绕在一根芯丝上捻制而成的钢丝绳
			半密封钢丝绳：中心钢丝周围螺旋状缠绕着一层或多层圆钢丝，在外层是由异形丝和圆形丝相间捻制而成的钢丝绳
			密封钢丝绳：中心钢丝周围螺旋状缠绕着一层或多层圆钢丝，其外面由一层或数层异形钢丝捻制而成的钢丝绳
		双捻（多股）钢丝绳：由一层或多层股绕着一根绳芯呈螺旋状捻制而成的单层多股或多层股钢丝绳	
		三捻钢丝绳（钢缆）：多根多股钢丝绳围绕着一根纤维芯或钢绳芯捻制而成的钢丝绳	
	按直径分类	细直径钢丝绳：直径小于 8.0mm 的钢丝绳	
		粗直径钢丝绳：直径大于 60mm 的钢丝绳	
		普通直径钢丝绳：直径大于或等于 8.0mm 到小于或等于 60mm 的钢丝绳	
	按用途分类	一般用途钢丝绳（含钢绞线）：除特殊用途钢丝绳外，用于一般用途，如机械、运输等的钢丝绳。	
		电梯用钢丝绳、航空用钢丝绳、钻深井设备用钢丝绳、架空索道及缆车用钢丝绳、起重用钢丝绳、预应力混凝土用钢绞线、渔业用钢丝绳、矿井提升用钢丝绳、轮胎用钢帘线、胶带用钢丝绳	

续表 7-2

名　　称	说　　明	
圆钢丝绳	按捻制特性分类	点接触钢丝绳、线接触钢丝绳、面接触钢丝绳
	按表面状态分类	光面钢丝绳、镀锌钢丝绳、涂塑钢丝绳
	按股的断面形状分类	圆股钢丝绳、异形股钢丝绳
编织钢丝绳		
扁钢丝绳：由一定数量的子绳（一般由四股双捻钢绳组成）呈扁平状排列，用缝线交错织成		

7.1.3　钢丝绳的标记代号（表 7-3）

表 7-3　钢丝绳的标记代号

标 记 项 目		代 号	名　　称	在标记中的位置
结构形式	钢丝绳绳（股）芯	FC	纤维芯（天然或合成）	后
		NF	天然纤维芯	中、后
		SF	合成纤维芯（天然或合成）	中
		IWR	金属丝绳芯	中、后
		IWS	金属丝股芯	中、后
	钢丝绳中钢丝的横截面	—	圆形钢丝	—
		V	三角形钢丝或股	中
		R	矩形（或扁形）钢丝或股	中
		T	梯形钢丝	中
			面接触钢丝绳	中
		Q	椭圆形钢丝或股	中
		H	半密封钢丝（或钢轨形）与圆形钢丝搭配	中
		Z	Z 形钢丝	中
		F	填充钢丝	中
	钢丝绳中股的横截面	—	圆形钢丝绳	—
		Y	编织钢丝绳	前
		P	扁形钢丝绳	前
		Fi	填充式钢丝绳	中、后
		S	西鲁式钢丝绳	中
		W	瓦林吞式钢丝绳	中
		WS	瓦林吞式与西鲁式混合钢丝绳	中
钢丝表面状态		NAT	光面钢丝	中
		ZAA	A 级镀锌钢丝	中
		ZAB	AB 级镀锌钢丝	中
		ZBB	B 级镀锌钢丝	中
捻法及捻向		Z	右向捻	中
		S	左向捻	中
		ZS	右交互捻	中
		ZZ	右同向捻	中
		SZ	左交互捻	中
		SS	左同向捻	中

续表 7-3

标记项目	代号	名　称	在标记中的位置
其他	F_0	最小破断拉力（kN）	—
	R_0	钢丝公称抗拉强度（MPa）	—
	M	单位长度质量（kg/100m）	—

注：钢丝绳全称标记和简化标记示例如下：

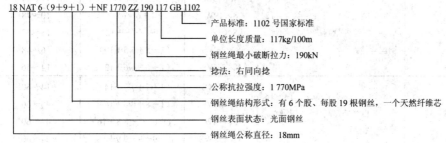

18 NAT 6（9+9+1）+NF 1770 ZZ 190 117 GB 1102

产品标准：1102 号国家标准
单位长度质量：117kg/100m
钢丝绳最小破断拉力：190kN
捻法：右同向捻
公称抗拉强度：1 770MPa
钢丝绳结构形式：有 6 个股、每股 19 根钢丝，一个天然纤维芯
钢丝表面状态：光面钢丝
钢丝绳公称直径：18mm

钢丝绳的简化标记是将其全称标记中股的总数与每股钢丝总数用符号"×"隔开，其后再用"+"与芯的代号隔开。其简化标记为：
18NAT6（9+9+1）+NF1770ZZ190。

7.2　常用钢丝绳

7.2.1　一般用途钢丝绳（GB/T 20118—2006）

（1）用途　一般用途钢丝绳适用于机械、建筑、船舶、渔业、林业、矿业、货运索道等行业。

（2）分类（表 7-4）

表 7-4　一般用途钢丝绳的分类

组　别	类　别	分类原则	典型结构		直径范围/mm
			钢丝绳	股	
1	单股钢丝绳	1 个圆股，每股外层丝可到 18 根，中心丝外捻制 1～3 层钢丝	1×7	（1+6）	0.6～12
			1×19	（1+6+12）	1～16
			1×37	（1+6+12+18）	1.4～22.5
2	6×7	6 个圆股，每股外层丝可到 7 根，中心丝（或无）外捻制 1～2 层钢丝，钢丝等捻距	6×7	（1+6）	1.8～36
			6×9W	（3+3/3）	14～36
3	6×19（a）	6 个圆股，每股外层丝 8～12 根，中心丝外捻制 2～3 层钢丝，钢丝等捻距	6×19S	（1+9+9）	6～36
			6×19W	（1+6+6/6）	6～40
			6×25Fi	（1+6+6F+12）	8～44
			6×26WS	（1+5+5/5+10）	13～40
			6×31WS	（1+6+6/6+12）	12～46
	6×19（b）	6 个圆股，每股外层丝 12 根，中心丝外捻制 2 层钢丝	6×19	（1+6+12）	3～46
4	6×37（a）	6 个圆股，每股外层丝 14～18 根，中心丝外捻制 2～4 层钢丝，钢丝等捻距	6×29Fi	（1+7+7F+14）	10～44
			6×36WS	（1+7+7/7+14）	12～60
			6×37S（点线接触）	（1+6+15+15）	10～60
			6×41WS	（1+8+8/8+16）	32～60
			6×49SWS	（1+8+8+8/8+16）	36～60
			6×55SWS	（1+9+9+9/9+18）	36～60
	6×37（b）	6 个圆股，每股外层丝 18 根，中心丝外捻制 3 层钢丝	6×37	（1+6+12+18）	5～60

续表 7-4

组　别	类　别	分 类 原 则	典 型 结 构		直径范围/mm
			钢 丝 绳	股	
5	6×61	6 个圆股，每股外层丝 24 根，中心丝外捻制 4 层钢丝	6×61	（1+6+12+18+24）	40~60
6	8×19	8 个圆股，每股外层丝 8~12 根，中心丝外捻制 2~3 层钢丝，钢丝等捻距	8×19S 8×19W 8×25Fi 8×26WS 8×31WS	（1+9+9） （1+6+6/6） （1+6+6F+12） （1+5+5/5+10） （1+6+6/6+12）	11~44 10~48 18~52 16~48 14~56
7	8×37	8 个圆股，每股外层丝 14~18 根，中心丝外捻制 3~4 层钢丝，钢丝等捻距	8×36WS 8×41WS 8×49SWS 8×55SWS	（1+7+7/7+14） （1+8+8/8+16） （1+8+8+8/8+16） （1+9+9+9/9+18）	14~60 40~60 44~60 44~60
8	18×7	钢丝绳中有 17 或 18 个圆股，在纤维芯或钢芯外捻制 2 层股，外层 10~12 个股，每股外层丝 4~7 根，中心丝外捻制一层钢丝	17×7 18×7	（1+6） （1+6）	6~44 6~44
9	18×19	钢丝绳中有 17 或 18 个圆股，在纤维芯或钢芯外捻制 2 层股，外层 10~12 个股，每股外层丝 8~12 根，中心丝外捻制 2~3 层钢丝	18×19W 18×19S 18×19	（1+6+6/6） （1+9+9） （1+6+12）	14~44 14~44 10~44
10	34×7	钢丝绳中有 34~36 个圆股，在纤维芯或钢芯外捻制 3 层股，外层 17~18 个股，每股外层丝 4~8 根，中心丝外捻制一层钢丝	34×7 36×7	（1+6） （1+6）	16~44 16~44
11	35W×7	钢丝绳中有 24~40 个圆股，在钢芯外捻制 2~3 层股，外层 12~18 个股，每股外层丝 4~8 根，中心丝外捻制一层钢丝	35W×7 24W×7	（1+6） （1+6）	12~50 12~50
12	6×12	6 个圆股，每股外层丝 12 根，股纤维芯外捻制一层钢丝	6×12	（FC+12）	8~32
13	6×24	6 个圆股，每股外层丝 12~16 根，股纤维芯外捻制 2 层钢丝	6×24 6×24S 6×24W	（FC+9+15） （FC+12+12） （FC+8+8/8）	8~40 10~44 10~44
14	6×15	6 个圆股，每股外层丝 15 根，股纤维芯外捻制一层钢丝	6×15	（FC+15）	10~32
15	4×19	4 个圆股，每股外层丝 8~12 根，中心丝外捻制 2~3 层钢丝，钢丝等捻距	4×19S 4×25Fi 4×26WS 4×31WS	（1+9+9） （1+6+6F+12） （1+5+5/5+10） （1+6+6/6+12）	8~28 12~34 12~31 12~36
16	4×37	4 个圆股，每股外层丝 14~18 根，中心丝外捻制 3~4 层钢丝，钢丝等捻距	4×36WS 4×41WS	（1+7+7/7+14） （1+8+8/8+16）	14~42 26~46

（3）力学性能（表7-5～表7-23）

表7-5　第1组单股绳1×7类钢丝绳的力学性能

钢丝绳结构：1×7

钢丝绳公称直径/mm	参考质量/（kg/100m）	钢丝绳最小破断拉力/kN				钢丝绳公称直径/mm	参考质量/（kg/100m）	钢丝绳最小破断拉力/kN			
		钢丝绳公称抗拉强度/MPa						钢丝绳公称抗拉强度/MPa			
		1 570	1 670	1 770	1 870			1 570	1 670	1 770	1 870
0.6	0.19	0.31	0.32	0.34	0.36	4.8	12.0	19.5	20.8	22.0	23.3
1.2	0.75	1.22	1.30	1.38	1.45	5.1	13.6	21.1	23.5	24.9	26.3
1.5	1.17	1.91	2.03	2.15	2.27	5.4	15.2	24.7	26.3	27.9	29.4
1.8	1.69	2.75	2.92	3.10	3.27	6	18.8	30.5	32.5	34.4	36.4
2.1	2.30	3.74	3.98	4.22	4.45	6.6	22.7	36.9	39.3	41.6	44.0
2.4	3.01	4.88	5.19	5.51	5.82	7.2	27.1	43.9	46.7	49.5	52.3
2.7	3.80	6.18	6.57	6.97	7.36	7.8	31.8	51.6	54.9	58.2	61.4
3	4.70	7.63	8.12	8.60	9.09	8.4	36.8	59.8	63.6	67.4	71.3
3.3	5.68	9.23	9.82	10.4	11.0	9	42.3	68.7	73.0	77.4	81.8
3.6	6.77	11.0	11.7	12.4	13.1	9.6	48.1	78.1	83.1	88.1	93.1
3.9	7.94	12.9	13.7	14.5	15.4	10.5	57.6	93.5	99.4	105	111
4.2	9.21	15.0	15.9	16.9	17.8	11.5	69.0	112	119	126	134
4.5	10.6	17.2	18.3	19.4	20.4	12	75.2	122	130	138	145

注：最小钢丝破断拉力总和＝钢丝绳最小破断拉力×1.111。

表7-6　第1组单股绳1×19类钢丝绳的力学性能

钢丝绳结构：1×19

钢丝绳公称直径/mm	参考质量/（kg/100m）	钢丝绳最小破断拉力/kN				钢丝绳公称直径/mm	参考质量/（kg/100m）	钢丝绳最小破断拉力/kN			
		钢丝绳公称抗拉强度/MPa						钢丝绳公称抗拉强度/MPa			
		1 570	1 670	1 770	1 870			1 570	1 670	1 770	1 870
1	0.51	0.83	0.89	0.94	0.99	5	12.7	20.8	22.1	23.5	24.8
1.5	1.14	1.87	1.99	2.11	2.23	5.5	15.3	25.2	26.8	28.4	30.0
2	2.03	3.33	3.54	3.75	3.96	6	18.3	30.0	31.9	33.8	35.7
2.5	3.17	5.20	5.53	5.86	6.19	6.5	21.4	35.2	37.4	39.6	41.9
3	4.56	7.49	7.97	8.44	8.92	7	24.8	40.8	43.4	46.0	48.6
3.5	6.21	10.2	10.8	11.5	12.1	7.5	28.5	46.8	49.8	52.8	55.7
4	8.11	13.3	14.2	15.0	15.9	8	32.4	56.6	56.6	60.0	63.4
4.5	10.3	16.9	17.9	19.0	20.1	8.5	36.6	60.1	63.9	67.8	71.6

续表 7-6

钢丝绳公称直径/mm	参考质量/(kg/100m)	钢丝绳最小破断拉力/kN				钢丝绳公称直径/mm	参考质量/(kg/100m)	钢丝绳最小破断拉力/kN			
		钢丝绳公称抗拉强度/MPa						钢丝绳公称抗拉强度/MPa			
		1 570	1 670	1 770	1 870			1 570	1 670	1 770	1 870
9	41.1	67.4	71.7	76.0	80.3	13	85.7	141	150	159	167
10	50.7	83.2	88.6	93.8	99.1	14	99.4	163	173	184	194
11	61.3	101	107	114	120	15	114	187	199	211	223
12	73.0	120	127	135	143	16	130	213	227	240	254

注：最小钢丝破断拉力总和＝钢丝绳最小破断拉力×1.111。

表 7-7　第 1 组单股绳 1×37 类钢丝绳的力学性能

钢丝绳结构：1×37

钢丝绳公称直径/mm	参考质量/(kg/100m)	钢丝绳最小破断拉力/kN				钢丝绳公称直径/mm	参考质量/(kg/100m)	钢丝绳最小破断拉力/kN			
		钢丝绳公称抗拉强度/MPa						钢丝绳公称抗拉强度/MPa			
		1 570	1 670	1 770	1 870			1 570	1 670	1 770	1 870
1.4	0.98	1.51	1.60	1.70	1.80	9.8	48.1	73.9	78.6	83.3	88.0
2.1	2.21	3.39	3.61	3.82	4.04	10.5	55.2	84.8	90.2	95.6	101
2.8	3.93	6.03	6.42	6.80	7.18	11	60.6	93.1	99.0	105	111
3.5	6.14	9.42	10.0	10.6	11.2	12	72.1	111	118	125	132
4.2	8.84	13.6	14.4	15.3	16.2	12.5	78.3	120	128	136	143
4.9	12.0	18.5	19.6	20.8	22.0	14	98.2	151	160	170	180
5.6	15.7	24.1	25.7	27.2	28.7	15.5	120	185	197	208	220
6.3	19.9	30.5	32.5	34.4	36.4	17	145	222	236	251	265
7	24.5	37.7	40.1	42.5	44.9	18	162	249	265	281	297
7.7	29.7	45.6	48.5	51.4	54.3	19.5	191	292	311	330	348
8.4	35.4	54.3	57.7	61.2	64.7	21	221	339	361	382	404
9.1	41.5	63.7	67.8	71.8	75.9	22.5	254	389	414	439	464

注：最小钢丝破断拉力总和＝钢丝绳最小破断拉力×1.176。

表 7-8　第 2 组 6×7 类钢丝绳的力学性能

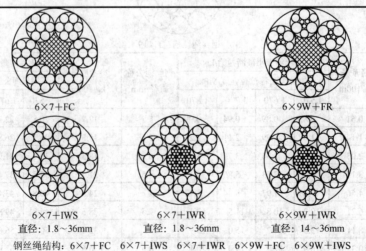

6×7＋FC　　　　　　　　　　　　6×9W＋FR

6×7＋IWS　　　　6×7＋IWR　　　　6×9W＋IWR
直径：1.8～36mm　　直径：1.8～36mm　　直径：14～36mm

钢丝绳结构：6×7＋FC　6×7＋IWS　6×7＋IWR　6×9W＋FC　6×9W＋IWS

续表7-8

钢丝绳公称直径/mm	参考质量/（kg/100m）			钢丝绳最小破断拉力/kN							
				钢丝绳公称抗拉强度/MPa							
				1 570		1 670		1 770		1 870	
	天然纤维芯钢丝绳	合成纤维芯钢丝绳	钢芯钢丝绳	纤维芯钢丝绳	钢芯钢丝绳	纤维芯钢丝绳	钢芯钢丝绳	纤维芯钢丝绳	钢芯钢丝绳	纤维芯钢丝绳	钢芯钢丝绳
1.8	1.14	1.11	1.25	1.69	1.83	1.80	1.94	1.90	2.06	2.01	2.18
2	1.40	1.38	1.55	2.08	2.25	2.22	2.40	2.35	2.54	2.48	2.69
3	3.16	3.10	3.48	4.69	5.07	4.99	5.40	5.29	5.72	5.59	6.04
4	5.62	5.50	6.19	8.34	9.02	8.87	9.59	9.40	10.2	9.93	10.7
5	8.78	8.60	9.68	13.0	14.1	13.9	15.0	14.7	15.9	15.5	16.8
6	12.6	12.4	13.9	18.8	20.3	20.0	21.6	21.2	22.9	22.4	24.2
7	17.2	16.9	19.0	25.5	27.6	27.2	29.4	28.8	31.1	30.4	32.9
8	22.5	22.0	24.8	33.2	36.1	35.5	38.4	37.6	40.7	39.7	43.0
9	28.4	27.9	31.3	42.2	45.7	44.9	48.6	47.6	51.5	50.3	54.4
10	35.1	34.4	38.7	52.1	56.4	55.4	60.0	58.8	63.5	62.1	67.1
11	42.5	41.6	46.8	63.1	68.2	67.1	72.5	71.1	76.9	75.1	81.2
12	50.5	49.5	55.7	75.1	81.2	79.8	86.3	84.6	91.5	89.4	96.7
13	59.3	58.1	65.4	88.1	95.3	93.7	101	99.3	107	105	113
14	68.8	67.4	75.9	102	110	109	118	115	125	122	132
16	89.9	88.1	99.1	133	144	142	153	150	163	159	172
18	114	111	125	169	183	180	194	190	206	201	218
20	140	138	155	208	225	222	240	235	254	248	269
22	170	166	187	252	273	268	290	284	308	300	325
24	202	198	223	300	325	319	345	338	366	358	387
26	237	233	262	352	381	375	405	397	430	420	454
28	275	270	303	409	442	435	470	461	498	487	526
30	316	310	348	469	507	499	540	529	572	559	604
32	359	352	396	534	577	568	614	602	651	636	687
34	406	398	447	603	652	641	693	679	735	718	776
36	455	446	502	676	730	719	777	762	824	805	870

注：最小钢丝破断拉力总和＝钢丝绳最小破断拉力×1.134（纤维芯）或1.214（钢芯）。

表7-9 第3组6×19（a）类钢丝绳的力学性能

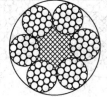
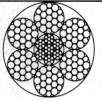

6×19S＋FC	6×19S＋IWR		6×19W＋FC	6×19W＋IWR
直径：6～36mm			直径：6～40mm	

钢丝绳结构：6×19S＋FC　6×19S＋IWS　6×19W＋FC　6×19W＋IWR

续表 7-9

钢丝绳公称直径/mm	参考质量 /（kg/100m）			钢丝绳最小破断拉力/kN											
				钢丝绳公称抗拉强度/MPa											
				1 570		1 670		1 770		1 870		1 960		2 160	
	天然纤维芯钢丝绳	合成纤维芯钢丝绳	钢芯钢丝绳	纤维芯钢丝绳	钢芯钢丝绳	纤维芯钢丝绳	钢芯钢丝绳	纤维芯钢丝绳	钢芯钢丝绳	纤维芯钢丝绳	钢芯钢丝绳	纤维芯钢丝绳	钢芯钢丝绳	纤维芯钢丝绳	钢芯钢丝绳
6	13.3	13.0	14.6	18.7	20.1	19.8	21.4	21.0	22.7	22.2	24.0	23.3	25.1	25.7	27.7
7	18.1	17.6	19.9	25.4	27.4	27.0	29.1	28.6	30.9	30.2	32.6	31.7	34.2	34.9	37.7
8	23.6	23.0	25.9	33.2	35.8	35.8	38.0	37.4	40.3	39.5	42.6	41.4	44.6	45.6	49.2
9	29.9	29.1	32.8	42.0	45.3	44.6	48.2	47.3	51.0	50.0	53.9	52.4	56.5	57.7	62.3
10	36.9	36.0	40.6	51.8	55.9	55.1	59.5	58.4	63.0	61.7	66.6	64.7	69.8	71.3	76.9
11	44.6	43.5	49.1	62.7	67.6	66.7	71.9	70.7	76.2	74.7	80.6	78.3	84.4	86.2	93.0
12	53.1	51.8	58.4	74.6	80.5	79.4	85.6	84.1	90.7	88.9	95.9	93.1	100	103	111
13	62.3	60.8	68.5	87.6	94.5	93.1	100	98.7	106	104	113	109	118	120	130
14	72.2	70.5	79.5	102	110	108	117	114	124	121	130	127	137	140	151
16	94.4	92.1	104	133	143	141	152	150	161	158	170	166	179	182	197
18	119	117	131	168	181	179	193	189	204	200	216	210	226	231	249
20	147	144	162	207	224	220	238	234	252	247	266	259	279	285	308
22	178	174	196	251	271	267	288	283	305	299	322	313	338	345	372
24	212	207	234	298	322	317	342	336	363	355	383	373	402	411	443
26	249	243	274	350	378	373	402	395	426	417	450	437	472	482	520
28	289	282	318	406	438	432	466	458	494	484	522	507	547	559	603
30	332	324	365	466	503	496	535	526	567	555	599	582	628	642	692
32	377	369	415	531	572	564	609	598	645	632	682	662	715	730	787
34	426	416	469	599	646	637	687	675	728	713	770	748	807	824	889
36	478	466	525	671	724	714	770	757	817	800	863	838	904	924	997
38	532	520	585	748	807	796	858	843	910	891	961	934	1 010	1 030	1 110
40	590	576	649	829	894	882	951	935	1 010	987	1 070	1 030	1 120	1 140	1 230

注：最小钢丝破断拉力总和＝钢丝绳最小破断拉力×1.214（纤维芯）或 1.308（钢芯）。

表 7-10　第 3 组 6×19（b）类钢丝绳的力学性能

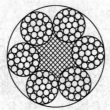 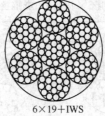 

6×19＋FC　　　　　　6×19＋IWS　　　　　　6×19＋IWR

直径：3～46mm

钢丝绳结构：6×19＋FC　6×19＋IWS　6×19＋IWR

续表 7-10

钢丝绳公称直径/mm	参考质量/（kg/100m）			钢丝绳最小破断拉力/kN							
				钢丝绳公称抗拉强度/MPa							
				1 570		1 670		1 770		1 870	
	天然纤维芯钢丝绳	合成纤维芯钢丝绳	钢芯钢丝绳	纤维芯钢丝绳	钢芯钢丝绳	纤维芯钢丝绳	钢芯钢丝绳	纤维芯钢丝绳	钢芯钢丝绳	纤维芯钢丝绳	钢芯钢丝绳
3	3.16	3.10	3.60	4.34	4.69	4.61	4.99	4.89	5.29	5.17	5.59
4	5.62	5.50	6.40	7.71	8.34	8.20	8.87	8.69	9.40	9.19	9.93
5	8.78	8.60	10.0	12.0	13.0	12.8	13.9	13.6	14.7	14.4	15.5
6	12.6	12.4	14.4	17.4	18.8	18.5	20.0	19.6	21.2	20.7	22.4
7	17.2	16.9	19.6	23.6	25.5	25.1	27.2	26.6	28.8	28.1	30.4
8	22.5	22.0	25.6	30.8	33.4	32.8	35.5	34.8	37.6	36.7	39.7
9	28.4	27.9	32.4	39.0	42.2	41.6	44.9	44.0	47.6	46.5	50.3
10	35.1	34.4	40.0	48.2	52.1	51.3	55.4	54.4	58.8	57.4	62.1
11	42.5	41.6	48.4	58.3	63.1	62.0	67.1	65.8	71.1	69.5	75.1
12	50.5	50.0	57.6	69.4	75.1	73.8	79.8	78.2	84.6	82.7	89.4
13	59.3	58.1	67.6	81.5	88.1	86.6	93.7	91.8	99.3	97.0	105
14	68.8	67.4	78.4	94.5	102	100	109	107	115	113	122
16	89.9	88.1	102	123	133	131	142	139	150	147	159
18	114	111	130	156	169	166	180	176	190	186	201
20	140	138	160	193	208	205	222	217	235	230	248
22	170	166	194	233	252	248	268	263	284	278	300
24	202	198	230	278	300	295	319	313	338	331	358
26	237	233	270	326	352	346	375	367	397	388	420
28	275	270	314	378	409	402	435	426	461	450	487
30	316	310	360	434	469	461	499	489	529	517	559
32	359	352	410	494	534	525	568	557	602	588	636
34	406	398	462	557	603	593	641	628	679	664	718
36	455	446	518	625	676	664	719	704	762	744	805
38	507	497	578	696	753	740	801	785	849	829	896
40	562	550	640	771	834	820	887	869	940	919	993
42	619	607	706	850	919	904	978	959	1 040	1 010	1 100
44	680	666	774	933	1 010	993	1 070	1 050	1 140	1 110	1 200
46	743	728	846	1 020	1 100	1 080	1 170	1 150	1 240	1 210	1 310

注：最小钢丝破断拉力总和＝钢丝绳最小破断拉力×1.226（纤维芯）或1.321（钢芯）。

表 7-11   第 3 组和第 4 组 6×19（a）和 6×37（b）类钢丝绳的力学性能

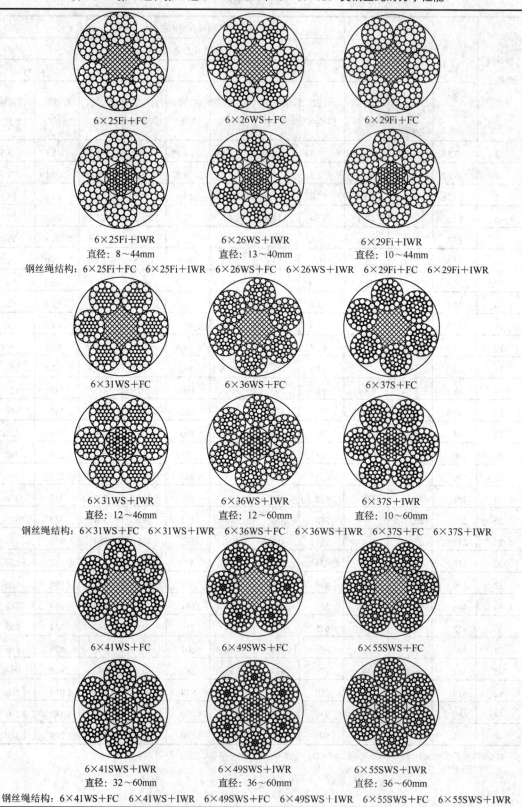

6×25Fi+FC　　　　6×26WS+FC　　　　6×29Fi+FC

6×25Fi+IWR　　　　6×26WS+IWR　　　　6×29Fi+IWR

直径：8～44mm　　　直径：13～40mm　　　直径：10～44mm

钢丝绳结构：6×25Fi+FC　6×25Fi+IWR　6×26WS+FC　6×26WS+IWR　6×29Fi+FC　6×29Fi+IWR

6×31WS+FC　　　　6×36WS+FC　　　　6×37S+FC

6×31WS+IWR　　　　6×36WS+IWR　　　　6×37S+IWR

直径：12～46mm　　　直径：12～60mm　　　直径：10～60mm

钢丝绳结构：6×31WS+FC　6×31WS+IWR　6×36WS+FC　6×36WS+IWR　6×37S+FC　6×37S+IWR

6×41WS+FC　　　　6×49SWS+FC　　　　6×55SWS+FC

6×41SWS+IWR　　　　6×49SWS+IWR　　　　6×55SWS+IWR

直径：32～60mm　　　直径：36～60mm　　　直径：36～60mm

钢丝绳结构：6×41WS+FC　6×41WS+IWR　6×49SWS+FC　6×49SWS+IWR　6×55SWS+FC　6×55SWS+IWR

续表 7-11

钢丝绳公称直径/mm	参考质量/(kg/100m)			钢丝绳最小破断拉力/kN										
				钢丝绳公称抗拉强度/MPa										
				1 570		1 670		1 770		1 870		1 960		2 160	
	天然纤维芯钢丝绳	合成纤维芯钢丝绳	钢芯钢丝绳	纤维芯钢丝绳	钢芯钢丝绳	纤维芯钢丝绳	钢芯钢丝绳	纤维芯钢丝绳	钢芯钢丝绳	纤维芯钢丝绳	钢芯钢丝绳	纤维芯钢丝绳	钢芯钢丝绳	纤维芯钢丝绳	钢芯钢丝绳
8	24.3	23.7	26.8	33.2	35.8	35.3	38.0	37.4	40.3	39.5	42.6	41.4	44.7	45.6	49.2
10	38.0	37.1	41.8	51.8	55.9	55.1	59.5	58.4	63.0	61.7	66.6	64.7	69.8	71.3	76.9
12	54.7	53.4	60.2	74.6	80.5	79.4	85.6	84.1	90.7	88.9	95.9	93.1	100	103	111
13	64.2	62.7	70.6	87.6	94.5	93.1	100	98.7	106	104	113	109	118	120	130
14	74.5	72.7	81.9	102	110	108	117	114	124	121	130	127	137	140	151
16	97.3	95.0	107	133	143	141	152	150	161	158	170	166	179	182	197
18	123	120	135	168	181	179	193	189	204	200	216	210	226	231	249
20	152	148	167	207	224	220	238	234	252	247	266	259	279	285	308
22	184	180	202	251	271	267	288	283	305	299	322	313	338	345	372
24	219	214	241	298	322	317	342	336	363	355	383	373	402	411	443
26	257	251	283	350	378	373	402	395	426	417	450	437	472	482	520
28	298	291	328	406	438	432	466	458	494	484	522	507	547	559	603
30	342	334	376	466	503	496	535	526	567	555	599	582	628	642	692
32	389	380	428	531	572	564	609	598	645	632	682	662	715	730	787
34	439	429	483	599	646	637	687	675	728	713	770	748	807	824	889
36	492	481	542	671	724	714	770	757	817	800	863	838	904	924	997
38	549	536	604	748	807	796	858	843	910	891	961	934	1 010	1 030	1 110
40	608	594	669	829	894	882	951	935	1 010	987	1 070	1 030	1 120	1 140	1 230
42	670	654	737	914	986	972	1 050	1 030	1 110	1 090	1 170	1 140	1 230	1 260	1 360
44	736	718	809	1 000	1 080	1 070	1 150	1 130	1 220	1 190	1 290	1 250	1 350	1 380	1 490
46	804	785	884	1 100	1 180	1 170	1 260	1 240	1 330	1 310	1 410	1 370	1 480	1 510	1 630
48	876	855	963	1 190	1 290	1 270	1 370	1 350	1 450	1 420	1 530	1 490	1 610	1 640	1 770
50	950	928	1 040	1 300	1 400	1 380	1 490	1 460	1 580	1 540	1 660	1 620	1 740	1 780	1 920
52	1 030	1 000	1 130	1 400	1 510	1 490	1 610	1 580	1 700	1 670	1 800	1 750	1 890	1 930	2 080
54	1 110	1 080	1 220	1 510	1 630	1 610	1 730	1 700	1 840	1 800	1 940	1 890	2 030	2 080	2 240
56	1 190	1 160	1 310	1 620	1 750	1 730	1 860	1 830	1 980	1 940	2 090	2 030	2 190	2 240	2 410
58	1 280	1 250	1 410	1 740	1 880	1 850	2 000	1 960	2 120	2 080	2 240	2 180	2 350	2 400	2 590
60	1 370	1 340	1 500	1 870	2 010	1 980	2 140	2 100	2 270	2 220	2 400	2 330	2 510	2 570	2 770

注：最小钢丝破断拉力总和=钢丝绳最小破断拉力×1.226（纤维芯）或 1.321（钢芯），其中 6×37S 纤维芯为 1.191，钢芯为 1.283。

表 7-12　第 4 组 6×37（b）类钢丝绳的力学性能

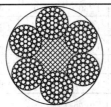 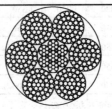

6×37＋FC　　　　6×37＋IWR

直径：5～60mm

钢丝绳结构：6×37＋FC 6×37＋IWR

续表 7-12

钢丝绳公称直径/mm	参考质量/（kg/100m）			钢丝绳最小破断拉力/kN							
				钢丝绳公称抗拉强度/MPa							
				1 570		1 670		1 770		1 870	
	天然纤维芯钢丝绳	合成纤维芯钢丝绳	钢芯钢丝绳	纤维芯钢丝绳	钢芯钢丝绳	纤维芯钢丝绳	钢芯钢丝绳	纤维芯钢丝绳	钢芯钢丝绳	纤维芯钢丝绳	钢芯钢丝绳
5	8.65	8.43	10.0	11.6	12.5	12.3	13.3	13.1	14.1	13.8	14.9
6	12.5	12.1	14.4	16.7	18.0	17.7	19.2	18.8	20.3	19.9	21.5
7	17.0	16.5	19.6	22.7	24.5	24.1	26.1	25.6	27.7	27.0	29.2
8	22.1	21.6	25.6	29.6	32.1	31.5	34.1	33.4	36.1	35.3	38.2
9	28.0	27.3	32.4	37.5	40.6	39.9	43.2	42.3	45.7	44.7	48.3
10	34.6	33.7	40.0	46.3	50.1	49.3	53.3	52.2	56.5	55.2	59.7
11	41.9	40.8	48.4	56.0	60.6	59.6	64.5	63.2	68.3	66.7	72.2
12	49.8	48.5	57.6	66.7	72.1	70.9	76.7	75.2	81.3	79.4	85.9
13	58.5	57.0	67.6	78.3	84.6	83.3	90.0	88.2	95.4	93.2	101
14	67.8	66.1	78.4	90.8	98.2	96.6	104	102	111	108	117
16	88.6	86.3	102	119	128	126	136	134	145	141	153
18	112	109	130	150	162	160	173	169	183	179	193
20	138	135	160	185	200	197	213	209	226	221	239
22	167	163	194	224	242	238	258	253	273	267	289
24	199	194	230	267	288	284	307	301	325	318	344
26	234	228	270	313	339	333	360	353	382	373	403
28	271	264	314	363	393	386	418	409	443	432	468
30	311	303	360	417	451	443	479	470	508	496	537
32	354	345	410	474	513	504	546	535	578	565	611
34	400	390	462	535	579	570	616	604	653	638	690
36	448	437	518	600	649	638	690	677	732	715	773
38	500	487	578	669	723	711	769	754	815	797	861
40	554	539	640	741	801	788	852	835	903	883	954
42	610	594	706	817	883	869	940	921	996	973	1 050
44	670	652	774	897	970	954	1 030	1 010	1 090	1 070	1 150
46	732	713	846	980	1 060	1 040	1 130	1 100	1 190	1 170	1 260
48	797	776	922	1 070	1 150	1 140	1 230	1 200	1 300	1 270	1 370
50	865	843	1 000	1 160	1 250	1 230	1 330	1 300	1 410	1 380	1 490
52	936	911	1 080	1 250	1 350	1 330	1 440	1 410	1 530	1 490	1 610
54	1 010	983	1 170	1 350	1 460	1 440	1 550	1 520	1 650	1 610	1 740
56	1 090	1 060	1 250	1 450	1 570	1 540	1 670	1 640	1 770	1 730	1 870
58	1 160	1 130	1 350	1 560	1 680	1 660	1 790	1 760	1 900	1 860	2 010
60	1 250	1 210	1 440	1 670	1 800	1 770	1 920	1 880	2 030	1 990	2 150

注：最小钢丝破断拉力总和＝钢丝绳最小破断拉力×1.249（纤维芯）或 1.336（钢芯）。

表 7-13　第 5 组 6×61 类钢丝绳的力学性能

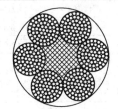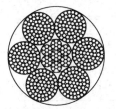

6×61+FC　　　　　6×61+IWR

钢丝绳结构：6×61+FC　8×61+IWR

钢丝绳公称直径/mm	参考质量/（kg/100m）			钢丝绳最小破断拉力/kN								
				钢丝绳公称抗拉强度/MPa							
				1 570		1 670		1 770		1 870	
	天然纤维芯钢丝绳	合成纤维芯钢丝绳	钢芯钢丝绳	纤维芯钢丝绳	钢芯钢丝绳	纤维芯钢丝绳	钢芯钢丝绳	纤维芯钢丝绳	钢芯钢丝绳	纤维芯钢丝绳	钢芯钢丝绳
40	578	566	637	711	769	756	818	801	867	847	916
42	637	624	702	748	847	834	901	884	955	934	1 010
44	699	685	771	860	930	915	989	970	1 050	1 020	1 110
46	764	749	842	940	1 020	1 000	1 080	1 060	1 150	1 120	1 210
48	832	816	917	1 020	1 110	1 090	1 180	1 150	1 250	1 220	1 320
50	903	885	995	1 110	1 200	1 180	1 280	1 250	1 350	1 320	1 430
52	976	957	1 080	1 200	1 300	1 280	1 380	1 350	1 460	1 430	1 550
54	1 050	1 030	1 160	1 300	1 400	1 380	1 490	1 460	1 580	1 540	1 670
56	1 130	1 110	1 250	1 390	1 510	1 480	1 600	1 570	1 700	1 660	1 790
58	1 210	1 190	1 340	1 490	1 620	1 590	1 720	1 690	1 820	1 780	1 920
60	1 300	1 270	1 430	1 600	1 730	1 700	1 840	1 800	1 950	1 910	2 060

注：最小钢丝破断拉力总和＝钢丝绳最小破断拉力×1.301（纤维芯）或 1.392（钢芯）。

表 7-14　第 6 组 8×19 类钢丝绳的力学性能

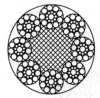　　　　

8×19S+FC　　8×19S+IWR　　　　8×19W+FC　　8×19W+IWR

直径：11～44mm　　　　　　　　　直径：10～48mm

钢丝绳结构：8×19S+FC　8×19S+IWR　8×19W+FC　8×19W+IWR

钢丝绳公称直径/mm	参考质量/（kg/100m）			钢丝绳最小破断拉力/kN											
				钢丝绳公称抗拉强度/MPa											
				1 570		1 670		1 770		1 870		1 960		2 160	
	天然纤维芯钢丝绳	合成纤维芯钢丝绳	钢芯钢丝绳	纤维芯钢丝绳	钢芯钢丝绳	纤维芯钢丝绳	钢芯钢丝绳	纤维芯钢丝绳	钢芯钢丝绳	纤维芯钢丝绳	钢芯钢丝绳	纤维芯钢丝绳	钢芯钢丝绳	纤维芯钢丝绳	钢芯钢丝绳
10	34.6	33.4	42.2	46.0	54.3	48.9	57.8	51.9	61.2	54.8	64.7	57.4	67.8	63.3	74.7

续表 7-14

钢丝绳公称直径/mm	参考质量/(kg/100m)			钢丝绳最小破断拉力/kN											
				钢丝绳公称抗拉强度/MPa											
				1 570		1 670		1 770		1 870		1 960		2 160	
	天然纤维芯钢丝绳	合成纤维芯钢丝绳	钢芯钢丝绳	纤维芯钢丝绳	钢芯钢丝绳	纤维芯钢丝绳	钢芯钢丝绳	纤维芯钢丝绳	钢芯钢丝绳	纤维芯钢丝绳	钢芯钢丝绳	纤维芯钢丝绳	钢芯钢丝绳	纤维芯钢丝绳	钢芯钢丝绳
11	41.9	40.4	51.1	55.7	65.7	59.2	69.9	62.8	74.1	66.3	78.3	69.5	82.1	76.6	90.4
12	49.9	48.0	60.8	66.2	78.2	70.5	83.2	74.7	88.2	78.9	93.2	82.7	97.7	91.1	108
13	58.5	56.4	71.3	77.7	91.8	82.7	97.7	87.6	103	92.6	109	97.1	115	107	126
14	67.9	65.4	82.7	90.2	106	95.9	113	102	120	107	127	113	133	124	146
16	88.7	85.4	108	118	139	125	148	133	157	140	166	147	174	162	191
18	112	108	137	149	176	159	187	168	198	178	210	186	220	205	242
20	139	133	169	184	217	196	231	207	245	219	259	230	271	253	299
22	168	162	204	223	263	237	280	251	296	265	313	278	328	306	362
24	199	192	243	265	313	282	333	299	353	316	373	331	391	365	430
26	234	226	285	311	367	331	391	351	414	370	437	388	458	428	505
28	271	262	331	361	426	384	453	407	480	430	507	450	532	496	586
30	312	300	380	414	489	440	520	467	551	493	582	517	610	570	673
32	355	342	432	471	556	501	592	531	627	561	663	588	694	648	765
34	400	386	488	532	628	566	668	600	708	633	748	664	784	732	864
36	449	432	547	596	704	634	749	672	794	710	839	744	879	820	969
38	500	482	609	664	784	707	834	749	884	791	934	829	979	914	1 080
40	554	534	675	736	869	783	925	830	980	877	1 040	919	1 090	1 010	1 200
42	611	589	744	811	958	863	1 020	915	1 080	967	1 140	1 010	1 200	1 120	1 320
44	670	646	817	891	1 050	947	1 120	1 000	1 190	1 060	1 250	1 110	1 310	1 230	1 450
46	733	706	893	973	1 150	1 040	1 220	1 100	1 300	1 160	1 370	1 220	1 430	1 340	1 580
48	798	769	972	1 060	1 250	1 130	1 330	1 190	1 410	1 260	1 490	1 320	1 560	1 460	1 720

注：最小钢丝破断拉力总和＝钢丝绳最小破断拉力×1.214（纤维芯）或 1.360（钢芯）。

表 7-15　第 6 组和第 7 组 8×19 类和 8×37 类钢丝绳的力学性能

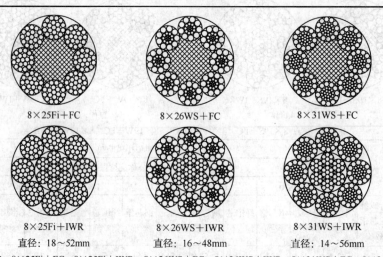

8×25Fi＋FC　　　8×26WS＋FC　　　8×31WS＋FC

8×25Fi＋IWR　　　8×26WS＋IWR　　　8×31WS＋IWR

直径：18～52mm　　　直径：16～48mm　　　直径：14～56mm

钢丝绳结构：8×25Fi＋FC　8×25Fi＋IWR　8×26WS＋FC　8×26WS＋IWR　8×31WS＋FC　8×31WS＋IWR

续表 7-15

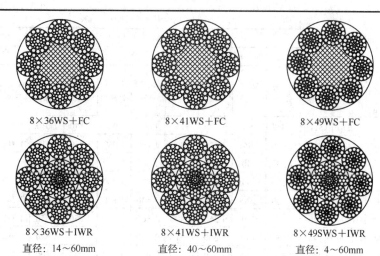

8×36WS+FC　　　8×41WS+FC　　　8×49WS+FC

8×36WS+IWR　　　8×41WS+IWR　　　8×49SWS+IWR

直径：14～60mm　　　直径：40～60mm　　　直径：4～60mm

钢丝绳结构：8×36WS+FC　8×36WS+IWR　8×41WS+FC　8×41WS+IWR　8×49SWS+FC　8×49SWS+IWR

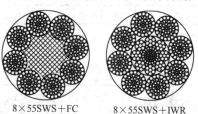

8×55SWS+FC　　　8×55SWS+IWR

直径：44～60mm

钢丝绳结构：8×55SWS+FC　8×55SWS+IWR

钢丝绳公称直径 /mm	参考质量/（kg/100m）			钢丝绳最小破断拉力/kN											
				钢丝绳公称抗拉强度/MPa											
				1 570		1 670		1 770		1 870		1 960		2 160	
	天然纤维芯钢丝绳	合成纤维芯钢丝绳	钢芯钢丝绳	纤维芯钢丝绳	钢芯钢丝绳	纤维芯钢丝绳	钢芯钢丝绳	纤维芯钢丝绳	钢芯钢丝绳	纤维芯钢丝绳	钢芯钢丝绳	纤维芯钢丝绳	钢芯钢丝绳	纤维芯钢丝绳	钢芯钢丝绳
14	70.0	67.4	85.3	90.2	106	95.9	113	102	120	107	127	113	133	124	146
16	91.4	88.1	111	118	139	125	148	133	157	140	166	147	174	162	191
18	116	111	141	149	176	159	187	168	198	178	210	186	220	205	242
20	143	138	174	184	217	196	231	207	245	219	259	230	271	253	299
22	173	166	211	223	263	237	280	251	296	265	313	278	328	306	362
24	206	198	251	265	313	282	333	299	353	316	373	331	391	365	430
26	241	233	294	311	367	331	391	351	414	370	437	388	458	428	505
28	280	270	341	361	426	384	453	407	480	430	507	450	532	496	586
30	321	310	392	414	489	440	520	467	551	493	582	517	610	570	673
32	366	352	445	471	556	501	592	531	627	561	663	588	694	648	765
34	413	398	503	532	628	566	668	600	708	633	748	664	784	732	864
36	463	446	564	596	704	634	749	672	794	710	839	744	879	820	969
38	516	497	628	664	784	707	834	749	884	791	934	829	979	914	1 080
40	571	550	696	736	869	783	925	830	980	877	1 040	919	1 090	1 010	1 230

续表 7-15

钢丝绳公称直径/mm	参考质量/（kg/100m）			钢丝绳最小破断拉力/kN											
				钢丝绳公称抗拉强度/MPa											
				1 570		1 670		1 770		1 870		1 960		2 160	
	天然纤维芯钢丝绳	合成纤维芯钢丝绳	钢芯钢丝绳	纤维芯钢丝绳	钢芯钢丝绳	纤维芯钢丝绳	钢芯钢丝绳	纤维芯钢丝绳	钢芯钢丝绳	纤维芯钢丝绳	钢芯钢丝绳	纤维芯钢丝绳	钢芯钢丝绳	纤维芯钢丝绳	钢芯钢丝绳
42	630	607	767	811	958	863	1 020	915	1 080	967	1 140	1 010	1 200	1 120	1 320
44	691	666	842	890	1 050	947	1 120	1 000	1 190	1 060	1 250	1 110	1 310	1 230	1 450
46	755	728	920	973	1 150	1 040	1 220	1 100	1 300	1 160	1 370	1 220	1 430	1 340	1 580
48	823	793	1 000	1 060	1 250	1 130	1 330	1 190	1 410	1 260	1 490	1 320	1 560	1 460	1 720
50	892	860	1 090	1 150	1 360	1 220	1 440	1 300	1 530	1 370	1 620	1 440	1 700	1 580	1 870
52	965	930	1 180	1 240	1 470	1 320	1 560	1 400	1 660	1 480	1 750	1 550	1 830	1 710	2 020
54	1 040	1 000	1 270	1 340	1 580	1 430	1 680	1 510	1 790	1 600	1 890	1 670	1 980	1 850	2 180
56	1 120	1 080	1 360	1 440	1 700	1 530	1 810	1 630	1 920	1 720	2 030	1 800	2 130	1 980	2 340
58	1 200	1 160	1 460	1 550	1 830	1 650	1 940	1 740	2 060	1 840	2 180	1 930	2 280	2 130	2 510
60	1 290	1 240	1 570	1 660	1 960	1 760	2 080	1 870	2 200	1 970	2 330	2 070	2 440	2 280	2 690

注：最小钢丝破断拉力总和＝钢丝绳最小破断拉力×1.226（纤维芯）或1.374（钢芯）。

表 7-16　第 8 组和第 9 组 18×7 和 18×19 类钢丝绳的力学性能

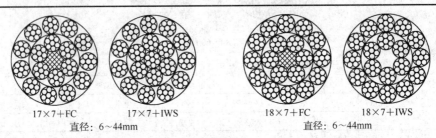

17×7+FC　　17×7+IWS　　　　18×7+FC　　18×7+IWS
直径：6～44mm　　　　　　　　直径：6～44mm

钢丝绳结构：17×7+FC　17×7+IWS　18×7+FC　17×7+IWS

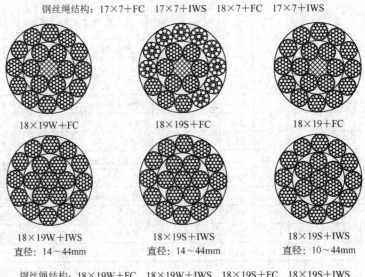

18×19W+FC　　　　18×19S+FC　　　　18×19+FC

18×19W+IWS　　　　18×19S+IWS　　　　18×19S+IWS
直径：14～44mm　　　直径：14～44mm　　　直径：10～44mm

钢丝绳结构：18×19W+FC　18×19W+IWS　18×19S+FC　18×19S+IWS
18×19+FC　18×19S+IWS

续表 7-16

钢丝绳公称直径/mm	参考质量/(kg/100m)		钢丝绳最小破断拉力/kN											
			钢丝绳公称抗拉强度/MPa											
			1 570		1 670		1 770		1 870		1 960		2 160	
	纤维芯钢丝绳	钢芯钢丝绳	纤维芯钢丝绳	钢芯钢丝绳	纤维芯钢丝绳	钢芯钢丝绳	纤维芯钢丝绳	钢芯钢丝绳	纤维芯钢丝绳	钢芯钢丝绳	纤维芯钢丝绳	钢芯钢丝绳	纤维芯钢丝绳	钢芯钢丝绳
6	14.0	15.5	17.5	18.5	18.6	19.7	19.8	20.9	20.9	22.1	21.9	23.1	24.1	25.5
7	19.1	21.1	23.8	25.2	25.4	26.8	26.9	28.4	28.4	30.1	29.8	31.5	32.8	34.7
8	25.0	27.5	31.1	33.0	33.1	35.1	35.1	37.2	37.1	39.3	38.9	41.1	42.9	45.3
9	31.6	34.8	39.4	41.7	41.9	44.4	44.4	47.0	47.0	49.7	49.2	52.1	54.2	57.4
10	39.0	43.0	48.7	51.5	51.8	54.8	54.9	58.1	58.0	61.3	60.8	64.3	67.0	70.8
11	47.2	52.0	58.9	62.3	62.6	66.3	66.4	70.2	70.1	74.2	73.5	77.8	81.0	85.7
12	56.2	61.9	70.1	74.2	74.5	78.9	79.0	83.6	83.5	88.3	87.5	92.6	96.4	102
13	65.9	72.7	82.3	87.0	87.5	92.6	92.7	98.1	98.0	104	103	109	113	120
14	76.4	84.3	95.4	101	101	107	108	114	114	120	119	126	131	139
16	99.8	110	125	132	133	140	140	149	148	157	156	165	171	181
18	126	139	158	167	168	177	178	188	188	199	197	208	217	230
20	156	172	195	206	207	219	219	232	232	245	243	257	268	283
22	189	208	236	249	251	265	266	281	281	297	294	311	324	343
24	225	248	280	297	298	316	316	334	334	353	350	370	386	408
26	264	291	329	348	350	370	371	392	392	415	411	435	453	479
28	306	337	382	404	406	429	430	455	454	481	476	504	525	555
30	351	387	438	463	466	493	494	523	522	552	547	579	603	638
32	399	440	498	527	530	561	562	594	594	628	622	658	686	725
34	451	497	563	595	598	633	634	671	670	709	702	743	774	819
36	505	557	631	667	671	710	711	752	751	795	787	833	868	918
38	563	621	703	744	748	791	792	838	837	886	877	928	967	1 020
40	624	688	779	824	828	876	878	929	928	981	972	1 030	1 070	1 130
42	688	759	859	908	913	966	968	1 020	1 020	1 080	1 070	1 130	1 180	1 250
44	755	832	942	997	1 000	1 060	1 060	1 120	1 120	1 190	1 180	1 240	1 300	1 370

注：最小钢丝破断拉力总和＝钢丝绳最小破断拉力×1.283，其中 17×7 为 1.250。

表 7-17　第 10 组 34×7 类钢丝绳的力学性能

34×7+FC

34×7+IWS
直径：16～44mm

36×7+FC　　　　36×7+IWS
直径：16～44mm

钢丝绳结构：34×7+FC　34×7+IWS　36×7+FC　36×7+IWS

续表 7-17

钢丝绳公称直径 /mm	参考质量 /（kg/100m）		钢丝绳最小破断拉力/kN							
			钢丝绳公称抗拉强度/MPa							
			1 570		1 670		1 770		1 870	
	纤维芯钢丝绳	钢芯钢丝绳	纤维芯钢丝绳	钢芯钢丝绳	纤维芯钢丝绳	钢芯钢丝绳	纤维芯钢丝绳	钢芯钢丝绳	纤维芯钢丝绳	钢芯钢丝绳
16	99.8	110	124	128	132	136	140	144	147	152
18	126	139	157	162	167	172	177	182	187	193
20	156	172	193	200	206	212	218	225	230	238
22	189	208	234	242	249	257	264	272	279	288
24	225	248	279	288	296	306	314	324	332	343
26	264	291	327	337	348	359	369	380	389	402
28	306	337	379	391	403	416	427	441	452	466
30	351	387	435	449	463	478	491	507	518	535
32	399	440	495	511	527	544	558	576	590	609
34	451	497	559	577	595	614	630	651	666	687
36	505	557	627	647	667	688	707	729	746	771
38	563	621	698	721	743	767	787	813	832	859
40	624	688	774	799	823	850	872	901	922	951
42	688	759	853	881	907	937	962	993	1 020	1 050
44	755	832	936	967	996	1 030	1 060	1 090	1 120	1 150

注：最小钢丝破断拉力总和＝钢丝绳最小破断拉力×1.334，其中 34×7 为 1.300。

表 7-18 第 11 组 35W×7 类钢丝绳的力学性能

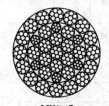

35W×7   24W×7

钢丝绳结构：35W×7 24W×7

钢丝绳公称直径/mm	参考质量 /（kg/100m）	钢丝绳最小破断拉力/kN					
		钢丝绳公称抗拉强度/MPa					
		1 570	1 670	1 770	1 870	1 960	2 160
12	66.2	81.4	86.6	91.8	96.9	102	112
14	90.2	111	118	125	132	138	152
16	118	145	154	163	172	181	199
18	149	183	195	206	218	229	252
20	184	226	240	255	269	282	311
22	223	274	291	308	326	342	376
24	265	326	346	367	388	406	448
26	311	382	406	431	455	477	526
28	361	443	471	500	528	553	610

续表 7-18

钢丝绳公称直径/mm	参考质量/ (kg/100m)	钢丝绳最小破断拉力/kN					
		钢丝绳公称抗拉强度/MPa					
		1 570	1 670	1 770	1 870	1 960	2 160
30	414	509	541	573	606	635	700
32	471	579	616	652	689	723	796
34	532	653	695	737	778	816	899
36	596	732	779	826	872	914	1 010
38	664	816	868	920	972	1 020	1 120
40	736	904	962	1 020	1 080	1 130	1 240
42	811	997	1 060	1 120	1 190	1 240	1 370
44	891	1 090	1 160	1 230	1 300	1 370	1 510
46	973	1 200	1 270	1 350	1 420	1 490	1 650
48	1 060	1 300	1 390	1 470	1 550	1 630	1 790
50	1 150	1 410	1 500	1 590	1 680	1 760	1 940

注：最小钢丝破断拉力总和＝钢丝绳最小破断拉力×1.287。

表 7-19　第 12 组 6×12 类钢丝绳的力学性能

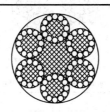

钢丝绳结构：6×12＋7FC

钢丝绳公称直径/mm	参考质量/ (kg/100m)		钢丝绳最小破断拉力/kN			
			钢丝绳公称抗拉强度/MPa			
	天然纤维芯钢丝绳	合成纤维芯钢丝绳	1 470	1 570	1 670	1 770
8	16.1	14.8	19.7	21.0	22.3	23.7
9	20.3	18.7	24.9	26.6	28.3	30.0
9.3	21.7	20.0	26.6	28.4	30.2	32.0
10	25.1	23.1	30.7	32.8	34.9	37.0
11	30.4	28.0	37.2	39.7	42.2	44.8
12	36.1	33.3	44.2	47.3	50.3	53.3
12.5	39.2	36.1	48.0	51.3	54.5	57.8
13	42.4	39.0	51.9	55.5	59.0	62.5
14	49.2	45.3	60.2	64.3	68.4	72.5
15.5	60.3	55.5	73.8	78.8	83.9	88.9
16	64.3	59.1	78.7	84.0	89.4	94.7
17	72.5	66.8	88.8	94.8	101	107
18	81.3	74.8	99.5	106	113	120
18.5	85.9	79.1	105	112	119	127
20	100	92.4	123	131	140	148

续表 7-19

钢丝绳公称直径 /mm	参考质量/（kg/100m）		钢丝绳最小破断拉力/kN			
			钢丝绳公称抗拉强度/MPa			
	天然纤维芯 钢丝绳	合成纤维芯 钢丝绳	1 470	1 570	1 670	1 770
21.5	116	107	142	152	161	171
22	121	112	149	159	169	179
24	145	133	177	189	201	213
24.5	151	139	184	197	210	222
26	170	156	208	222	236	250
28	197	181	241	257	274	290
32	257	237	315	336	357	379

注：最小钢丝破断拉力总和＝钢丝绳最小破断拉力×1.136。

表 7-20 第 13 组 6×24 类钢丝绳的力学性能（一）

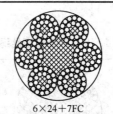

6×24＋7FC
直径：8～40mm
钢丝绳结构：6×24＋7FC

钢丝绳公称直径 /mm	参考质量/（kg/100m）		钢丝绳最小破断拉力/kN			
			钢丝绳公称抗拉强度/MPa			
	天然纤维芯 钢丝绳	合成纤维芯 钢丝绳	1 470	1 570	1 670	1 770
8	20.4	19.5	26.3	28.1	29.9	31.7
9	25.8	24.6	33.3	35.6	37.9	40.1
10	31.8	30.4	41.2	44.0	46.8	49.6
11	38.5	36.8	49.8	53.2	56.6	60.0
12	45.8	43.8	59.3	63.3	67.3	71.4
13	53.7	51.4	69.6	74.3	79.0	83.8
14	62.3	59.6	80.7	86.2	91.6	97.1
16	81.4	77.8	105	113	120	127
18	103	98.5	133	142	152	161
20	127	122	165	176	187	198
22	154	147	199	213	226	240
24	183	175	237	253	269	285
26	215	206	278	297	316	335
28	249	238	323	345	367	389
30	286	274	370	396	421	446
32	326	311	421	450	479	507
34	368	351	476	508	541	573

续表 7-20

钢丝绳公称直径 /mm	参考质量/（kg/100m）		钢丝绳最小破断拉力/kN			
			钢丝绳公称抗拉强度/MPa			
	天然纤维芯 钢丝绳	合成纤维芯 钢丝绳	1 470	1 570	1 670	1 770
36	412	394	533	570	606	642
38	459	439	594	635	675	716
40	509	486	659	703	748	793

注：最小钢丝破断拉力总和＝钢丝绳最小破断拉力×1.150（纤维芯）。

表 7-21 第 13 组 6×24 类钢丝绳的力学性能（二）

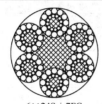

6×24S＋7FC　　　　6×24W＋7FC

直径：10～44mm

钢丝绳结构：6×24S＋7FC　6×24W＋7FC

钢丝绳公称直径 /mm	参考质量/（kg/100m）		钢丝绳最小破断拉力/kN			
			钢丝绳公称抗拉强度/MPa			
	天然纤维芯 钢丝绳	合成纤维芯 钢丝绳	1 470	1 570	1 670	1 770
10	33.1	31.6	42.8	45.7	48.6	51.5
11	40.0	38.2	51.8	55.3	58.8	62.3
12	47.7	45.5	61.6	65.8	70.0	74.2
13	55.9	53.4	72.3	77.2	82.1	87.0
14	64.9	61.9	83.8	90.0	95.3	101
16	84.7	80.9	110	117	124	132
18	107	102	139	148	157	167
20	132	126	171	183	194	206
22	160	153	207	221	235	249
24	191	182	246	263	280	297
26	224	214	289	309	329	348
28	260	248	335	358	381	404
30	298	284	385	411	437	464
32	339	324	438	468	498	527
34	383	365	495	528	562	595
36	429	410	554	592	630	668
38	478	456	618	660	702	744
40	530	506	684	731	778	824
42	584	557	755	806	857	909
44	641	612	828	885	941	997

注：最小钢丝破断拉力总和＝钢丝绳最小破断拉力×1.150（纤维芯）。

表7-22 第14组6×15类的力学性能

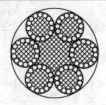

钢丝绳结构：6×15＋7FC

钢丝绳公称直径/mm	参考质量/（kg/100m）		钢丝绳最小破断拉力/kN			
			钢丝绳公称抗拉强度/MPa			
	天然纤维芯钢丝绳	合成纤维芯钢丝绳	1 470	1 570	1 670	1 770
10	20.0	18.5	26.5	28.3	30.1	31.9
12	28.8	26.6	38.1	40.7	43.3	45.9
14	39.2	36.3	51.9	55.4	58.9	62.4
16	51.2	47.4	67.7	72.3	77.0	81.6
18	64.8	59.9	85.7	91.6	97.4	103
20	80.0	74.0	106	113	120	127
22	96.8	89.5	128	137	145	154
24	115	107	152	163	173	184
26	135	125	179	191	203	215
28	157	145	207	222	236	250
30	180	166	238	254	271	287
32	205	189	271	289	308	326

注：最小钢丝破断拉力总和＝钢丝绳最小破断拉力×1.136。

表7-23 第15组和第16组4×19和4×37类钢丝绳的力学性能

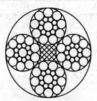

4×19S＋7FC
直径：8～28mm

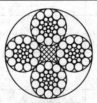

4×26WS＋7FC
直径：12～31mm

4×36WS＋7FC
直径：14～42mm

钢丝绳结构：4×19S＋FC　4×25Fi＋FC　4×26WS＋FC　4×31WS＋FC　4×36WS＋FC　4×41WS＋FC

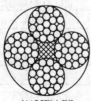

4×25Fi＋FC
直径：12～34mm

4×31WS＋FC
直径：12～36mm

4×41WS＋FC
直径：26～46mm

钢丝绳结构：4×19S＋FC　4×25Fi＋FC　4×26WS＋FC　4×31WS＋FC　4×36WS＋FC　4×41WS＋FC

续表 7-23

钢丝绳公称直径/mm	参考质量/ (kg/100m)	钢丝绳最小破断拉力/kN					
		钢丝绳公称抗拉强度/MPa					
		1 570	1 670	1 770	1 870	1 960	2 160
8	26.2	36.2	38.5	40.8	43.1	45.2	49.8
10	41.0	56.5	60.1	63.7	67.3	70.6	77.8
12	59.0	81.4	86.6	91.9	96.9	102	112
14	80.4	111	118	125	132	138	152
16	105	145	154	163	172	181	199
18	133	183	195	206	218	229	252
20	164	226	240	255	269	282	311
22	198	274	291	308	326	342	376
24	236	326	346	367	388	406	448
26	277	382	406	431	455	477	526
28	321	443	471	500	528	553	610
30	369	509	541	573	606	635	700
32	420	579	616	652	689	723	796
34	474	653	695	737	778	816	899
36	531	732	779	826	872	914	1 010
38	592	816	868	920	972	1 020	1 120
40	656	904	962	1 020	1 080	1 130	1 240
42	723	997	1 060	1 120	1 190	1 240	1 370
44	794	1 090	1 160	1 230	1 300	1 370	1 510
46	868	1 200	1 270	1 350	1 420	1 490	1 650

注：最小钢丝破断拉力总和＝钢丝绳最小破断拉力×1.191。

7.2.2　压实股钢丝绳（YB/T 5359—2010）

（1）用途　压实股钢丝绳系成绳之前，外层股经过模拔、轧制或锻打等压实加工的钢丝绳。适用于矿井提升、大型浇铸、石油钻井、大型吊装、船舶、海上设施、架空索道和起重运输等设备。

（2）力学性能（表 7-24～表 7-30）

表 7-24　第 1 组 6×K7 类钢丝绳的力学性能

钢丝绳结构：6×K7-FC

股结构：（1-6）　　直径：10～40mm

钢丝绳公称直径/mm	参考质量/ (kg/100m)	钢丝绳最小破断拉力/kN			
		钢丝绳公称抗拉强度级别/MPa			
		1 570	1 670	1 770	1 870
10	41.0	58.9	62.6	66.4	70.1

续表 7-24

钢丝绳公称直径 /mm	参考质量 / (kg/100m)	钢丝绳最小破断拉力/kN			
		钢丝绳公称抗拉强度级别/MPa			
		1 570	1 670	1 770	1 870
12	59.0	84.8	90.2	95.6	101
14	80.4	115	123	130	137
16	105	151	160	170	180
18	133	191	203	215	227
20	164	236	250	266	280
22	198	285	303	321	339
24	236	339	361	382	404
26	277	398	423	449	474
28	321	462	491	520	550
30	369	530	564	597	631
32	420	603	641	680	718
34	474	681	724	767	811
36	531	763	812	860	909
38	592	850	904	958	1 010
40	656	942	1 000	1 060	1 120

注：最小破断拉力总和＝最小破断拉力×1.134。

表 7-25　第 2 组和第 3 组 6×K19 和 6×K36 类钢丝绳的力学性能

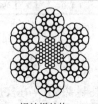

钢丝绳结构：6×K19S-IWRC

股结构：（1-9-9）

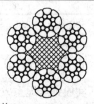

钢丝绳结构：6×K19SF-FC

直径：12～40mm

钢丝绳结构：6×K26WS-IWRC

股结构：（1-5-5＋5-10）

钢丝绳结构：6×K26WS-FC

直径：14～40mm

钢丝绳结构：6×K25F-IWRC

股结构：（1-6-6F-12）

钢丝绳结构：6×K25F-FC

直径 16～46mm

续表 7-25

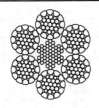

钢丝绳结构：6×K31WS-IWRC
股结构：(1-6-6＋6-12)

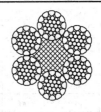

钢丝绳结构：6×K31WS-FC
直径：16～46mm

钢丝绳结构：6×K29F-IWRC
股结构：(1-7-7F-14)

钢丝绳结构：6×K29F-FC
直径：18～46mm

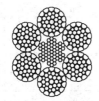

钢丝绳结构：6×K36WS-IWRC
股结构：(1-7-7＋7-14)

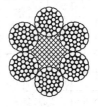

钢丝绳结构：6×K36WS-FC
直径：18～60mm

钢丝绳结构：6×K41WS-IWRC
股结构：(1-8-8＋8-16)

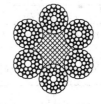

钢丝绳结构：6×K41WS-FC
直径：22～68mm

钢丝绳公称直径/mm	参考质量 /（kg/100m)		钢丝绳最小破断拉力/kN							
			钢丝绳公称抗拉强度级别/MPa							
			1 570		1 670		1 770		1 870	
	纤维芯	钢芯	纤维芯	钢芯	纤维芯	钢芯	纤维芯	钢芯	纤维芯	钢芯
12	61.2	68.7	84.3	92.7	89.7	98.6	95.1	105	100	110
14	83.3	93.5	115	126	122	134	129	142	137	150
16	109	122	150	165	159	175	169	186	179	196
18	138	155	190	209	202	222	214	235	226	248
20	170	191	234	257	249	274	264	290	279	307
22	206	231	283	312	301	331	320	351	338	371
24	245	275	337	371	359	394	380	418	402	442
26	287	322	396	435	421	463	446	491	472	518
28	333	374	459	505	488	537	518	569	547	601

续表 7-25

钢丝绳公称直径/mm	参考质量 /（kg/100m）		钢丝绳最小破断拉力/kN							
			钢丝绳公称抗拉强度级别/MPa							
			1 570		1 670		1 770		1 870	
	纤维芯	钢芯	纤维芯	钢芯	纤维芯	钢芯	纤维芯	钢芯	纤维芯	钢芯
30	382	429	527	579	561	616	594	653	628	690
32	435	488	600	659	638	701	676	743	714	785
34	491	551	677	744	720	792	763	839	806	886
36	551	618	759	834	807	887	856	941	904	994
38	614	689	846	930	899	989	953	1 050	1 010	1 110
40	680	763	937	1 030	997	1 100	1 060	1 160	1 120	1 230
42	750	841	1 030	1 140	1 100	1 210	1 160	1 280	1 230	1 350
44	823	923	1 130	1 250	1 210	1 330	1 280	1 400	1 350	1 480
46	899	1 010	1 240	1 360	1 320	1 450	1 400	1 540	1 480	1 620
48	979	1 100	1 350	1 480	1 440	1 580	1 520	1 670	1 610	1 770
50	1 060	1 190	1 460	1 610	1 560	1 710	1 650	1 810	1 740	1 920
52	1 150	1 290	1 580	1 740	1 680	1 850	1 790	1 960	1 890	2 070
54	1 240	1 390	1 710	1 880	1 820	2 000	1 930	2 120	2 030	2 240
56	1 330	1 500	1 840	2 020	1 950	2 150	2 070	2 280	2 190	2 400
58	1 430	1 600	1 970	2 170	2 100	2 300	2 220	2 440	2 350	2 580
60	1 530	1 720	2 110	2 320	2 240	2 460	2 380	2 610	2 510	2 760
62	1 630	1 830	2 250	2 470	2 390	2 630	2 540	2 790	2 680	2 950
64	1 740	1 950	2 400	2 640	2 550	2 800	2 700	2 970	2 860	3 140
66	1 850	2 080	2 550	2 800	2 710	2 980	2 880	3 160	3 040	3 340
68	1 970	2 210	2 710	2 980	2 880	3 170	3 050	3 360	3 230	3 550

注：最小破断拉力总和＝最小破断拉力×1.214（纤维芯）或 1.260（钢芯）。

表 7-26　第 4 组和第 5 组 8×K19 和 8×K36 类钢丝绳的力学性能

钢丝绳结构：8×K19S-IWRC
股结构：（1-9-9）

钢丝绳结构：8×K19S-FC
直径：16～48mm

钢丝绳结构：8×K26WS-IWRC
股结构：（1-5-5＋5-10）

钢丝绳结构：8×K26WS-FC
直径：18～48mm

续表 7-26

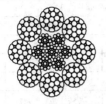

钢丝绳结构：8×K25F-IWRC
股结构：(1-6-6F-12)

钢丝绳结构：8×K25F-FC
直径：20～56mm

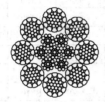

钢丝绳结构：8×K31WS-IWRC
股结构：(1-6-6＋6-12)

钢丝绳结构：8×K31WS-FC
直径：20～56mm

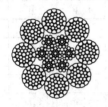

钢丝绳结构：8×K36WS-IWRC
股结构：(1-7-7＋7-14)

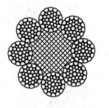

钢丝绳结构：8×K26WS-FC
直径：22～70mm

钢丝绳结构：8×K41WS-IWRC
股结构：(1-8-8＋8-16)

钢丝绳结构：8×K41WS-FC
直径：28～70mm

钢丝绳公称直径/mm	参考质量/(kg/100m)		钢丝绳最小破断拉力/kN							
			钢丝绳公称抗拉强度级别/MPa							
			1 570		1 670		1 770		1 870	
	纤维芯	钢芯	纤维芯	钢芯	纤维芯	钢芯	纤维芯	钢芯	纤维芯	钢芯
16	104	127	133	165	140	175	150	186	158	196
18	131	160	168	209	179	222	189	235	200	248
20	162	198	207	257	220	274	234	290	247	307
22	196	240	251	312	267	331	283	351	299	371
24	233	285	298	371	317	394	336	418	355	442
26	274	335	350	435	373	463	395	491	417	518
28	318	388	406	505	432	537	458	569	484	601
30	364	446	466	579	496	616	526	653	555	690
32	415	507	531	659	564	701	598	743	632	785

续表 7-26

钢丝绳公称直径/mm	参考质量 /（kg/100m）		钢丝绳最小破断拉力/kN							
			钢丝绳公称抗拉强度级别/MPa							
	纤维芯	钢芯	1 570		1 670		1 770		1 870	
			纤维芯	钢芯	纤维芯	钢芯	纤维芯	钢芯	纤维芯	钢芯
34	468	572	599	744	637	792	675	839	713	886
36	525	642	671	834	714	887	757	941	800	994
38	585	715	748	930	796	989	843	1 050	891	1 110
40	648	792	829	1 030	882	1 100	935	1 160	987	1 230
42	714	873	914	1 140	972	1 210	1 030	1 280	1 090	1 350
44	784	958	1 000	1 250	1 070	1 330	1 130	1 400	1 190	1 480
46	857	1 050	1 100	1 360	1 170	1 450	1 240	1 540	1 310	1 620
48	933	1 140	1 190	1 480	1 270	1 580	1 350	1 670	1 420	1 770
50	1 010	1 240	1 300	1 610	1 380	1 710	1 460	1 810	1 540	1 920
52	1 100	1 340	1 400	1 740	1 490	1 850	1 580	1 960	1 670	2 070
54	1 180	1 440	1 510	1 880	1 610	2 000	1 700	2 120	1 800	2 240
56	1 270	1 550	1 620	2 020	1 730	2 150	1 830	2 280	1 940	2 400
58	1 360	1 670	1 740	2 170	1 850	2 300	1 960	2 440	2 080	2 580
60	1 460	1 780	1 870	2 320	1 980	2 460	2 100	2 610	2 220	2 760
62	1 560	1 900	1 990	2 470	2 120	2 630	2 250	2 790	2 370	2 950
64	1 660	2 030	2 120	2 640	2 260	2 800	2 390	2 970	2 530	3 140
66	1 760	2 160	2 260	2 800	2 400	2 980	2 540	3 160	2 690	3 340
68	1 870	2 290	2 400	2 980	2 550	3 170	2 700	3 360	2 850	3 550
70	1 980	2 430	2 540	3 150	2 700	3 360	2 860	3 560	3 020	3 760

注：最小破断拉力总和＝最小破断拉力×1.214（纤维芯）或 1.260（钢芯）。

表 7-27   第 6 组和第 7 组 15×K7 和 16×K7 类钢丝绳的力学性能

钢丝绳结构：15×K7-IWRC   钢丝绳结构：16×K7-IWRC

股结构：（1-6）   直径：20～60mm

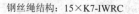

钢丝绳公称直径/mm	参考质量 /（kg/100m）	钢丝绳最小破断拉力/kN				
		钢丝绳公称抗拉强度级别/MPa				
		1 570	1 670	1 770	1 870	1 960
20	196	257	274	290	307	321
22	237	312	331	351	371	389
24	282	371	394	418	442	463
26	331	435	463	491	518	543
28	384	505	537	569	601	630
30	441	579	616	653	690	723

续表 7-27

钢丝绳公称直径/mm	参考质量 / (kg/100m)	钢丝绳最小破断拉力/kN				
		钢丝绳公称抗拉强度级别/MPa				
		1 570	1 670	1 770	1 870	1 960
32	502	659	701	743	785	823
34	566	744	792	839	886	929
36	635	834	887	941	994	1 040
38	708	930	989	1 050	1 110	1 160
40	784	1 030	1 100	1 160	1 230	1 290
42	864	1 140	1 210	1 280	1 350	1 420
44	949	1 250	1 330	1 400	1 480	1 560
46	1 040	1 360	1 450	1 540	1 620	1 700
48	1 130	1 480	1 580	1 670	1 770	1 850
50	1 220	1 610	1 710	1 810	1 920	2 010
52	1 320	1 740	1 850	1 960	2 070	2 170
54	1 430	1 880	2 000	2 120	2 240	2 340
56	1 540	2 020	2 150	2 280	2 400	2 520
58	1 650	2 170	2 300	2 440	2 580	2 700
60	1 760	2 320	2 460	2 610	2 760	2 890

注：最小破断拉力总和＝最小破断拉力×1.287。

表 7-28　第 8 组和第 9 组 18×K7 和 18×K19 类钢丝绳的力学性能

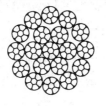

钢丝绳结构：18×K7-WSC
股结构：（1-6）　直径：14～50mm

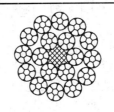

钢丝绳结构：18×K7-FC

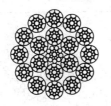

钢丝绳结构：18×K19S-WSC
股结构：（1-9-9）　直径：20～60mm

钢丝绳结构：18×K19S-FC

钢丝绳公称直径/mm	参考质量 / (kg/100m)		钢丝绳最小破断拉力/kN								
			钢丝绳公称抗拉强度级别/MPa								
	纤维芯	钢芯	1 570		1 670		1 770		1 870		1 960	
			纤维芯	钢芯	纤维芯	钢芯	纤维芯	钢芯	纤维芯	钢芯	纤维芯	钢芯
14	83.7	92.1	108	114	115	121	121	128	128	136	134	142
16	109	120	141	149	150	158	159	168	168	177	176	186

续表 7-28

钢丝绳公称直径/mm	参考质量/（kg/100m）		钢丝绳最小破断拉力/kN									
			钢丝绳公称抗拉强度级别/MPa									
	纤维芯	钢芯	1 570		1 670		1 770		1 870		1 960	
			纤维芯	钢芯	纤维芯	钢芯	纤维芯	钢芯	纤维芯	钢芯	纤维芯	钢芯
18	138	152	178	188	189	200	201	212	212	224	222	235
20	171	188	220	232	234	247	248	262	262	277	274	290
22	207	227	266	281	283	299	300	317	317	335	332	351
24	246	271	317	335	337	356	357	377	377	399	395	418
26	289	318	371	393	395	418	419	443	442	468	464	490
28	335	368	431	455	458	484	486	513	513	542	538	569
30	384	423	495	523	526	556	558	589	589	623	617	653
32	437	481	563	595	599	633	634	671	670	709	702	743
34	494	543	635	672	676	714	716	757	757	800	793	838
36	553	609	712	753	758	801	803	849	848	897	889	940
38	617	679	793	839	844	892	895	946	945	999	991	1 050
40	683	752	879	929	935	989	991	1 050	1 050	1 110	1 100	1 160
42	753	829	969	1 020	1 030	1 090	1 090	1 160	1 150	1 220	1 210	1 280
44	827	910	1 060	1 120	1 130	1 200	1 200	1 270	1 270	1 340	1 330	1 400
46	904	995	1 160	1 230	1 240	1 310	1 310	1 390	1 380	1 460	1 450	1 530
48	984	1 080	1 270	1 340	1 350	1 420	1 430	1 510	1 510	1 590	1 580	1 670
50	1 070	1 180	1 370	1 450	1 460	1 540	1 550	1 640	1 640	1 730	1 720	1 810
52	1 150	1 270	1 490	1 570	1 580	1 670	1 680	1 770	1 770	1 870	1 850	1 960
54	1 250	1 370	1 600	1 690	1 700	1 800	1 810	1 910	1 910	2 020	2 000	2 110
56	1 340	1 470	1 720	1 820	1 830	1 940	1 940	2 050	2 050	2 170	2 150	2 270
58	1 440	1 580	1 850	1 950	1 970	2 080	2 080	2 200	2 200	2 330	2 310	2 440
60	1 540	1 690	1 980	2 090	2 100	2 220	2 230	2 360	2 360	2 490	2 470	2 610

注：最小破断拉力总和＝最小破断拉力×1.283。

表 7-29　第 10 组 35（W）×K7 类钢丝绳的力学性能

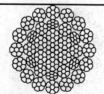

钢丝绳结构：35（W）×K7
股结构：（1-6）
直径：14～60mm

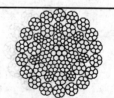

钢丝绳结构：40（W）×K7
股结构：（1-6）
直径：20～60mm

钢丝绳公称直径/mm	参考质量/（kg/100m）	钢丝绳最小破断拉力/kN				
		钢丝绳公称抗拉强度级别/MPa				
		1 570	1 670	1 770	1 870	1 960
14	100	126	134	142	150	158
16	131	165	175	186	196	206
18	165	209	222	235	248	260

续表 7-29

钢丝绳公称直径/mm	参考质量/（kg/100m）	钢丝绳最小破断拉力/kN				
		钢丝绳公称抗拉强度级别/MPa				
		1 570	1 670	1 770	1 870	1 960
20	204	257	274	290	307	321
22	247	312	331	351	371	389
24	294	371	394	418	442	463
26	345	435	463	491	518	543
28	400	505	537	569	601	630
30	459	579	616	653	690	723
32	522	659	701	743	785	823
34	590	744	792	839	886	929
36	661	834	887	941	994	1 040
38	736	930	989	1 050	1 110	1 160
40	816	1 030	1 100	1 160	1 230	1 290
42	900	1 140	1 210	1 280	1 350	1 420
44	987	1 250	1 330	1 400	1 480	1 560
46	1 080	1 360	1 450	1 540	1 620	1 700
48	1 180	1 480	1 580	1 670	1 770	1 850
50	1 280	1 610	1 710	1 810	1 920	2 010
52	1 380	1 740	1 850	1 960	2 070	2 170
54	1 490	1 880	2 000	2 120	2 240	2 340
56	1 600	2 020	2 150	2 280	2 400	2 520
58	1 720	2 170	2 300	2 440	2 580	2 700
60	1 840	2 320	2 460	2 610	2 760	2 890

注：最小破断拉力总和＝最小破断拉力×1.287。

表 7-30 第 11 组和第 12 组 8×K19-PWRC（K）和 8×K36-PWRC（K）类钢丝绳的力学性能

钢丝绳结构：8×K19S-PWRC（K）
股结构：（1-9-9）
直径：16～48mm

钢丝绳结构：8×K19S-PWRC（K）
股结构：（1-5-5＋5-10）
直径：10～48mm

钢丝绳结构：8×K31WS-PWRC（K）
股结构：（1-6-6＋6-12）
直径：20～56mm

钢丝绳结构：8×K36WS-PWRC（K）
股结构：（1-7-7＋7-14）
直径：22～60mm

续表 7-30

钢丝绳公称直径 /mm	参考质量 / (kg/100m)	钢丝绳最小破断拉力/kN			
		钢丝绳公称抗拉强度级别/MPa			
		1 570	1 670	1 770	1 870
10	51	69.1	73.5	77.9	82.3
12	73	99.0	106	112	118
14	100	135	144	153	161
16	131	177	188	199	211
18	165	224	238	252	267
20	204	276	294	312	329
22	247	334	356	377	398
24	294	398	423	449	474
26	345	467	497	526	556
28	400	542	576	611	645
30	459	622	661	701	741
32	522	707	752	797	843
34	590	799	849	900	951
36	661	895	952	1 010	1 070
38	736	998	1 060	1 120	1 190
40	816	1 110	1 180	1 250	1 320
42	900	1 220	1 300	1 370	1 450
44	987	1 340	1 420	1 510	1 590
46	1 080	1 460	1 550	1 650	1 740
48	1 180	1 590	1 690	1 790	1 900
50	1 280	1 730	1 840	1 950	2 060
52	1 380	1 870	1 990	2 110	2 220
54	1 490	2 010	2 140	2 270	2 400
56	1 600	2 170	2 300	2 440	2 580
58	1 720	2 320	2 470	2 620	2 770
60	1 840	2 490	2 650	2 800	2 960

注：最小破断拉力总和=最小破断拉力×1.250。

7.2.3   不锈钢丝绳（GB/T 9944—2002）

（1）用途   钢丝直径细小，十分柔软，具有优良的耐腐蚀性能，适于仪表控制、机械传动、减振器、医疗器械、拉索、吊索等使用。

（2）分类（表7-31）

表 7-31   不锈钢丝绳的结构及典型结构尺寸

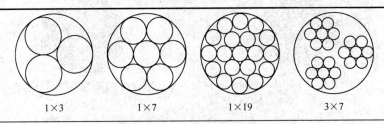

1×3   1×7   1×19   3×7

续表 7-31

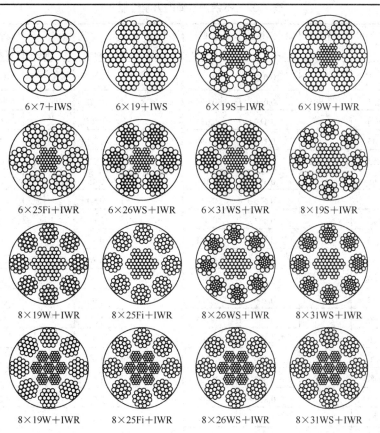

类 别	结 构		公称直径/mm
	钢丝绳	股绳	
1×3	1×3	3+0	0.15～0.65
1×7	1×7	6+1	0.15～1.2
1×19	1×19	12+6+1	0.6～6.0
3×7	3×7	6+1	0.7～1.2
6×7	6×7	6+1	0.45～8.0
6×19（a）	6×19S	9+9+1	6.0～28.0
	6×19W	6/6+6+1	
	6×25Fi	12+6F+6+1	
	6×26WS	10+5/5+5+1	
	6×31WS	12+6/6+6+1	
6×19（b）	6×19	12+6+1	1.6～28.5
8×19	8×19S	9+9+1	8.0～28.0
	8×19W	6/6+6+1	
	8×25Fi	12+6F+6+1	
	8×26WS	10+5/5+5+1	
	8×31WS	12+6/6+6+1	

（3）力学性能（表 7-32～表 7-34）

表 7-32 不锈钢丝绳的力学性能（1）

结构	公称直径/mm	允许偏差/mm	最小破断拉力/kN	参考质量/(kg/100m)	结构	公称直径/mm	允许偏差/mm	最小破断拉力/kN	参考质量/(kg/100m)
1×3	0.15	+0.030	0.022	0.012	1×19	6.0	+0.600	30.4	18.5
	0.25		0.056	0.029	3×7	0.70	+0.080	0.323	0.182
	0.35		0.113	0.055		0.80		0.488	0.238
	0.45		0.185	0.089		1.0	+0.120	0.686	0.375
	0.55	+0.060	0.284	0.135		1.2		0.931	0.540
	0.65		0.393	0.186		0.45		0.142	0.08
1×7	0.15	+0.030	0.025	0.011		0.50		0.176	0.12
	0.25		0.063	0.031		0.60	+0.090	0.253	0.15
	0.30		0.093	0.044		0.70		0.345	0.20
	0.35		0.127	0.061		0.80		0.461	0.26
	0.40		0.157	0.080		0.90		0.539	0.32
	0.45		0.200	0.100		1.0	+0.150	0.637	0.40
	0.50	+0.060	0.255	0.125		1.2		1.20	0.65
	0.60		0.382	0.180		1.5		1.67	0.93
	0.70		0.540	0.245	6×7+IWS	1.6	+0.200	2.15	1.20
	0.80		0.667	0.327		1.8		2.25	1.35
	0.90	+0.080	0.823	0.400		2.0		2.94	1.65
	1.0		1.00	0.500		2.4		4.10	2.40
	1.2	+0.100	1.32	0.700		3.0	+0.300	6.37	3.70
1×19	0.60	+0.080	0.343	0.175		3.2		7.15	4.20
	0.70		0.470	0.240		3.5		7.64	5.10
	0.80		0.617	0.310		4.0	+0.400	9.51	6.50
	0.90	+0.090	0.774	0.390		4.5		12.1	8.30
	1.0	+0.100	0.950	0.500		5.0	+0.500	14.7	10.5
	1.2	+0.120	1.27	0.700		6.0	+0.600	18.6	15.1
	1.5		2.25	1.10		8.0		40.6	26.6
	2.0	+0.200	3.82	2.00		1.6	+0.250	1.85	1.12
	2.5	+0.250	5.58	3.13		2.4	+0.300	4.10	2.60
	3.0	+0.300	8.03	4.50	6×19+IWS	3.2		7.85	4.30
	3.5	+0.350	10.6	6.13		4.0		10.7	6.70
	4.0	+0.400	13.9	8.19		4.8	+0.400	16.5	9.70
	5.0	+0.500	21.0	12.9		5.0		17.4	10.5

续表 7-32

结构	公称直径/mm	允许偏差/mm	最小破断拉力/kN	参考质量/(kg/100m)	结构	公称直径/mm	允许偏差/mm	最小破断拉力/kN	参考质量/(kg/100m)
6×19+IWS	5.6	+0.40 0	22.3	12.8	6×19+IWS	12.7	+0.84 0	101	68.2
	6.0		23.5	14.9		14.3	+0.91 0	127	87.8
	6.4		28.5	16.4		16.0	+0.99 0	156	106
	7.2	+0.50 0	34.7	20.8		19.0	+1.14 0	221	157
	8.0	+0.56 0	40.1	25.8		22.0	+1.22 0	295	213
	9.5	+0.66 0	53.4	36.2		25.4	+1.27 0	380	278
	11.0	+0.76 0	72.5	53.0		28.5	+1.37 0	474	357

表 7-33 不锈钢丝绳的力学性能（2）

结构	公称直径/mm	允许偏差/mm	最小破断拉力/kN	参考质量/(kg/100m)	结构	公称直径/mm	允许偏差/mm	最小破断拉力/kN	参考质量/(kg/100m)
6×19S 6×19W 6×25Fi 6×26WS 6×31WS	6.0	+0.42 0	23.9	15.4	8×19S 8×19W 8×25Fi 8×26WS 8×31WS	8.0		42.6	28.3
	7.0		32.6	20.7		8.75	+0.56 0	54.0	33.9
	8.0		42.6	27.0		9.0		54.0	35.8
	8.75	+0.56 0	54.0	32.4		10.0		61.2	44.2
	9.0		54.0	34.2		11.0	+0.66 0	74.0	53.5
	10.0		63.0	42.2		12.0		83.3	63.7
	11.0	+0.66 0	76.2	53.1		13.0		103	74.8
	12.0		85.6	60.8		14.0	+0.82 0	120	86.7
	13.0		106	71.4		16.0		156	113
	14.0	+0.82 0	123	82.8		18.0	+1.10 0	187	143
	16.0		161	108		20.0		231	176
	18.0	+1.10 0	192	137		22.0	+1.20 0	296	219
	20.0		237	168		24.0		332	252
	22.0	+1.20 0	304	216		26.0	+1.40 0	390	296
	24.0		342	241		28.0		453	343
	26.0	+1.40 0	401	282	—	—	—	—	—
	28.0		466	327	—	—	—	—	—

表 7-34 不锈钢丝绳的疲劳性能

结构	公称直径/mm	滑轮直径/mm	施加张力/N	疲劳次数/次	试验后破断拉力/kN≥
6×7+IWS	1.2	14.27	13.5	70 000	0.70
	1.6	19.05	22	70 000	1.28
	2.4	30.98	40	70 000	2.45

续表 7-34

结　　构	公称直径/mm	滑轮直径/mm	施加张力/N	疲劳次数/次	试验后破断拉力 /kN≥
	2.4	16.7	40	70 000	2.45
	3.2	22.2	80	70 000	4.70
	4.0	37.7	107	130 000	6.40
	4.8	45.2	165	130 000	9.90
6×19+IWS	5.6	52.8	225	130 000	13.4
	6.4	60.3	285	130 000	17.0
	7.2	67.8	350	130 000	20.8
	8.0	75.4	400	130 000	24.0
	9.5	90.5	535	130 000	32.0

注：根据需方要求，飞机操纵用和减振器用钢丝绳，可进行疲劳性能试验，试验结果应符合表中规定。

7.2.4　电梯用钢丝绳（GB 8903—2005）

（1）用途　电梯用钢丝绳绳径均匀、性能稳定，表面光洁平直、不易断丝起刺、无捻制内应力，不松散、不打结、不扭转、更换方便，电梯起落平稳，专用于乘客电梯、载货电梯、病床梯或汽车用梯的曳引用钢丝绳。但不适合于建筑工地升降机、矿井升降机以及不在永久性导轨中间运行的临时性升降机用钢丝绳。

（2）力学性能（表 7-35～表 7-39）

表 7-35　光面钢丝、纤维芯、结构为 6×19 类别的电梯用钢丝绳

截面结构实例	钢丝绳结构		股结构	
	项　目	数　量	项　目	数　量
	股数	6	钢丝	19～25
6×19S+FC	外股	6	外层钢丝	9～12
	股的层数	1	钢丝层数	2
	钢丝绳钢丝		114～150	

典型例子		外层钢丝的数量		外层钢丝系数
钢丝绳	股	总　数	每　股	a
6×19S	1+9+9	54	9	0.080
6×19W	1+6+6/6	72	12　6	0.073 8
			6	0.055 6
6×25Fi	1+6+6F+12	72	12	0.064

最小破断拉力系数 K_1=0.330

单位质量系数 W_1=0.359

金属截面积系数 C_1=0.384

续表 7-35

钢丝绳公称直径/mm	参考质量/(kg/100m)	最小破断拉力/kN						
		双强度/MPa				单强度/MPa		
		1 180/1 770 等级	1 320/1 620 等级	1 370/1 770 等级	1 570/1 770 等级	1 570 等级	1 520 等级	1 770 等级
6	12.9	16.3	16.8	17.8	19.5	18.7	19.2	21.0
6.3	14.2	17.9	—	—	21.5	—	21.2	23.2
6.5	15.2	19.1	19.7	20.9	22.9	21.9	22.6	24.7
8	23.0	28.9	29.8	31.7	34.6	33.2	34.2	37.4
9	29.1	36.6	37.7	40.1	43.8	42.0	43.3	47.3
9.5	32.4	40.8	42.0	44.7	48.8	46.8	48.2	52.7
10	35.9	45.2	46.5	49.5	54.1	51.8	53.5	58.4
11	43.4	54.7	54.3	59.9	65.5	62.7	64.7	70.7
12	51.7	65.1	67.0	71.3	77.9	74.6	77.0	84.1
12.7	57.9	72.9	75.0	79.8	87.3	83.6	86.2	94.2
13	60.7	76.4	78.6	83.7	91.5	87.6	90.3	98.7
14	70.4	88.6	91.2	97.0	106	102	105	114
14.3	73.4	98.4	—	—	111	—	—	119
15	80.8	102	—	111	122	117	—	131
16	91.9	116	119	127	139	133	137	150
17.5	110	138	—	—	166	—	—	179
18	116	146	151	160	175	168	173	189
19	130	163	168	179	195	187	193	211
20	144	181	186	198	216	207	214	234
20.6	152	192	—	—	230	—	—	248
22	174	219	225	240	262	251	259	283

表 7-36　光面钢丝、纤维芯、结构为 8×19 类别的电梯用钢丝绳

截面结构实例	钢丝绳结构		绳股结构	
	项目	数量	项目	数量
8×19S+FC	股数	8	钢丝	19~25
	外股	8	外层钢丝	9~12
	股的层数	1	钢丝层数	2
	钢丝绳钢丝	152~200		

	典型例子		外层钢丝的数量		外层钢丝系数
	钢丝绳	股	总数	每股	a
8×19W+FC	8×19S	1+9+9	72	9	0.065 5
	8×19W	1+6+6/6	96	12　6	0.060 6
				6	0.045 0
	8×25Fi	1+6+6F+12	96	12	0.052 5

最小破断拉力系数 K_1=0.293

单位质量系数 W_1=0.340

金属截面积系数 C_1=0.349

8×25Fi+FC

续表 7-36

钢丝绳公称直径 /mm	参考质量 / (kg/100m)	最小破断拉力/kN						
		双强度/MPa				单强度/MPa		
		1 180/1 770 等级	1 320/1 620 等级	1 370/1 770 等级	1 570/1 770 等级	1 570 等级	1 520 等级	1 770 等级
8	21.8	25.7	26.5	28.1	30.8	29.4	30.4	33.2
9	27.5	32.5	—	35.6	38.9	37.3	—	42.0
9.5	30.7	36.2	37.3	39.7	43.6	41.5	42.8	46.8
10	34.0	40.1	41.3	44.0	48.1	46.0	47.5	51.9
11	41.1	48.6	50.0	53.2	58.1	55.7	57.4	62.8
12	49.0	57.8	59.5	63.3	69.2	66.2	68.4	74.7
12.7	54.8	64.7	66.6	70.9	77.5	74.2	76.6	83.6
13	57.5	67.8	69.8	74.3	81.2	77.7	80.2	87.6
14	66.6	78.7	81.0	86.1	94.2	90.2	93.0	102
14.3	69.5	82.1	—	—	98.3	—	—	—
15	76.5	90.3	—	98.9	108	104	—	117
16	87.0	103	106	113	123	118	122	133
17.5	104	123	—	—	147	—	—	—
18	110	130	134	142	156	149	154	168
19	123	145	149	159	173	166	171	187
20	136	161	165	176	192	184	190	207
20.6	144	170	—	—	204	—	—	—
22	165	194	200	213	233	223	230	251

表 7-37 光面钢丝、钢芯、8×19 结构类别的电梯用钢丝绳

截面结构实例	钢 丝 绳 结 构		股 结 构	
	项 目	数 量	项 目	数 量
	股数	8	钢丝	19～25
	外股	8	外层钢丝	9～12
	股的层数	1	钢丝层数	2
	外股钢丝数		152～200	

8×19S＋IWR

8×19W＋IWR

	典型例子		外层钢丝的数量		外层钢丝系数
	钢丝绳	股	总 数	每 股	a
	8×19S	1+9+9	72	9	0.065 5
	8×19W	1+6+6/6	96	12	0.060 6
				6	0.045 0
	8×25Fi	1+6+6F+12	96	12	0.052 5

最小破断拉力系数 $K_2=0.356$

单位质量系数 $W_2=0.407$

金属截面积系数 $C_2=0.457$

8×25Fi＋IWR

续表 7-37

钢丝绳公称直径/mm	参考质量/（kg/100m）	最小破断拉力/kN				
		双强度/MPa			单强度/MPa	
		1 180/1 770等级	1 370/1 770等级	1 570/1 770等级	1 570等级	1 770等级
8	26.0	33.6	35.8	38.0	35.8	40.3
9	33.0	42.5	45.3	48.2	45.3	51.0
9.5	36.7	47.4	50.4	53.7	50.4	56.9
10	40.7	52.5	55.9	59.5	55.9	63.0
11	49.2	63.5	67.6	79.1	67.6	76.2
12	58.6	75.6	80.5	85.6	80.5	90.7
12.7	65.6	84.7	90.1	95.9	90.1	102
13	68.8	88.7	94.5	100	94.5	106
14	79.8	102	110	117	110	124
15	91.6	118	126	134	126	142
16	104	134	143	152	143	161
18	132	170	181	193	181	204
19	147	190	202	215	202	227
20	163	210	224	238	224	252
22	197	254	271	288	271	305

表 7-38　光面钢丝、钢芯、8×19 结构类别的钢丝绳

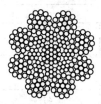

截面结构实例

8×19S＋IWR

8×19W＋IWR

钢丝绳结构		股结构		
项目	数量	项目	数量	
股数	8	钢丝	19～25	
外股	8	外层钢丝	9～12	
股的层数	1	钢丝层数	2	
外股钢丝绳		152～200		

典型例子		外层钢丝的数量		外层钢丝系数
钢丝绳	股	总数	每股	a
8×19S	1+9+9	72	9	0.065 5
8×19W	1+6+6/6	96	12　　6	0.060 6
			6	0.045 0
8×25Fi	1+6+6F+12	96	12	0.052 5

最小破断拉力系数 $K_2 = 0.405$

单位质量系数 $W_2 = 0.457$

金属截面积系数 $C_2 = 0.488$

钢丝绳公称直径/mm	参考质量/（kg/100m）	最小破断拉力/kN				
		双强度/MPa			单强度/MPa	
		1 180/1 770等级	1 370/1 770等级	1 570/1 770等级	1 570等级	1 770等级
8	29.2	38.2	40.7	43.3	40.7	45.9
9	37.0	48.4	51.5	54.8	51.5	58.1
9.5	41.2	53.9	57.4	61.0	57.4	64.7
10	45.7	89.7	63.6	67.6	63.6	71.7
11	55.3	72.3	76.9	81.8	76.9	86.7
12	65.8	86.0	91.6	97.4	91.6	103
12.7	73.7	96.4	103	109	103	116
13	77.2	101	107	114	107	121
14	89.6	117	125	133	125	141

续表 7-38

钢丝绳公称直径/mm	参考质量/(kg/100m)	最小破断拉力/kN				
		双强度/MPa			单强度/MPa	
		1 180/1 770 等级	1 370/1 770 等级	1 570/1 770 等级	1 570 等级	1 770 等级
15	103	134	143	152	143	161
16	117	153	163	173	163	184
18	148	194	206	219	206	232
19	165	216	230	244	230	259
20	183	239	254	271	254	287
22	221	289	308	327	308	347

表 7-39 光面钢丝、大直径的补偿用钢丝绳

截面结构实例	钢 丝 绳 结 构		股 结 构	
	项 目	数 量	项 目	数 量
 6×29Fi+FC	股数	6	钢丝	25～41
	外股	6	外层钢丝	12～26
	股的层数	1	钢丝层数	2～3
	钢丝绳钢丝数		150～246	
	典 型 例 子		外层钢丝的数量	外层钢丝系数 a

典 型 例 子		外层钢丝的数量		外层钢丝系数 a
钢丝绳	股	总 数	每 股	
6×29Fi	1+7+7F+14	84	14	0.056
6×36WS	1+7+7/7+14			

钢丝绳类别：6×36

最小破断拉力系数 $K_1=0.330$

单位质量系数 $W_1=0.367$

金属截面积系数 $C_1=0.393$

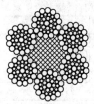
6×36WS+FC

钢丝绳公称直径/mm	参考质量/(kg/100m)	钢丝绳类别	最小破断拉力/kN		
			1 570MPa 等级	1 770MPa 等级	1 960MPa 等级
24	211		298	336	373
25	229		324	365	404
26	248		350	395	437
27	268		378	426	472
28	288		406	458	507
29	309		436	491	544
30	330	6×36 类别（包括 6×36WS 和 6×29Fi）	466	526	582
31	353		498	561	622
32	376		531	598	662
33	400		564	636	704
34	424		599	765	748
35	450		635	716	792
36	476		671	757	838
37	502		709	800	885
38	530		748	843	934

7.2.5 电梯门机用钢丝绳（YB/T 4251—2011）

（1）用途　适用于电梯门机用钢丝绳。

（2）力学性能（表7-40、表7-41）

表7-40　电梯门机用钢丝绳的破断拉力

钢丝绳结构	钢 丝 绳 直 径		最小破断拉力/kN	切割后直径最大值/mm	参考质量/（kg/100m）
	公称直径/mm	允许偏差/%			
6×7-WSC	1.2	+10 0	1.2	1.60	0.65
	1.6		2.2	2.10	1.2
	2.4	+8 0	4.1	2.95	2.4
6×19-WSC	2.4	+8 0	4.5	2.95	2.6
	3.0		7.3	3.65	4.2
	3.2		8.9	3.95	4.3
	3.6		9.1	4.35	6.0
	4.0		12.5	4.85	6.7
	4.2		13.7	5.05	8.2
	4.8		18.6	5.75	9.7
	5.6	+7 0	24.9	6.55	12.8
	6.4		31.2	7.40	16.4
	7.2		35.6	8.30	20.8
	8.0		43.6	9.15	25.8
	9.5		64.1	10.85	36.2

表7-41　电梯门机用钢丝绳的疲劳试验

钢丝绳结构	公称直径/mm	疲 劳 次 数	滑轮直径/mm	施加张力/N
6×7-WSC	1.2	70 000	14.27	13.5
	1.6		19.05	22.0
	2.4		30.98	40.0
6×19-WSC	2.4	70 000	16.57	40.0
	3.0		22.22	73.5
	3.2		22.22	80.0
	3.6	160 000	35.00	63.7
	4.0	130 000	37.69	107
	4.2		40.00	127
	4.8		45.24	165
	5.6		52.78	225
	6.4		60.32	285
	7.2		67.84	350
	8.0		75.40	400
	9.5		90.49	535

7.2.6 操纵用钢丝绳（GB/T 14451—2008）

（1）用途　该钢丝绳适用于操纵各种机械装置（航空装置除外），如汽车电动门窗升降器及各种耐疲劳精密机械装置用的柔性钢丝绳。

（2）力学性能（表7-42～表7-48）

表 7-42　1×7 钢丝绳的力学性能

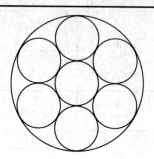

钢丝绳公称直径/mm	钢丝绳伸长率/%≤		钢丝绳最小破断拉力/kN	参考质量/(kg/100m)	钢丝绳公称直径/mm	钢丝绳伸长率/%≤		钢丝绳最小破断拉力/kN	参考质量/(kg/100m)
	弹性	永久				弹性	永久		
0.9			0.90	0.41	1.5			2.25	1.15
1.0			1.03	0.50	1.6			2.77	1.42
1.2	0.8	0.2	1.52	0.74	1.8	0.8	0.2	3.19	1.63
1.4			2.08	1.01	2.0			4.02	2.05

表 7-43　1×12 钢丝绳的力学性能

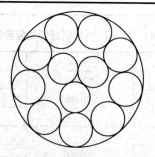

钢丝绳公称直径/mm	钢丝绳伸长率/%≤		钢丝绳最小破断拉力/kN	参考质量/(kg/100m)	钢丝绳公称直径/mm	钢丝绳伸长率/%≤		钢丝绳最小破断拉力/kN	参考质量/(kg/100m)
	弹性	永久				弹性	永久		
1.0			1.05	0.49	1.8			3.10	1.56
1.2			1.50	0.70	2.0			3.90	1.95
1.4	0.8	0.2	2.00	0.95	2.5	0.8	0.2	5.60	3.05
1.5			2.30	1.09	2.8			7.35	3.80
1.6			2.50	1.24	3.0			8.40	4.40

表 7-44 1×19 钢丝绳的力学性能

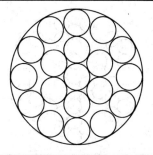

钢丝绳公称直径/mm	钢丝绳伸长率/%≤		钢丝绳最小破断拉力/kN	参考质量/(kg/100m)	钢丝绳公称直径/mm	钢丝绳伸长率/%≤		钢丝绳最小破断拉力/kN	参考质量/(kg/100m)
	弹性	永久				弹性	永久		
1.0			1.06	0.49	3.0			8.63	4.41
1.2			1.52	0.70	3.2			10.10	5.10
1.4			2.08	0.96	3.5			11.74	5.99
1.5			2.39	1.10	3.8			13.72	7.23
1.6	0.8	0.2	2.59	1.25	4.0	0.8	0.2	15.37	8.00
1.8			3.29	1.59	4.5			19.46	10.1
2.0			4.06	1.96	4.8			22.1	11.6
2.5			6.01	3.07	5.0			24.00	12.6
2.8			7.53	3.84	5.3			27.0	14.2

表 7-45 1×37 钢丝绳的力学性能

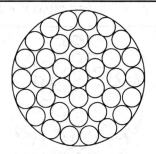

钢丝绳公称直径/mm	钢丝绳伸长率/%≤		钢丝绳最小破断拉力/kN	参考质量/(kg/100m)	钢丝绳公称直径/mm	钢丝绳伸长率/%≤		钢丝绳最小破断拉力/kN	参考质量/(kg/100m)
	弹性	永久				弹性	永久		
1.5			2.41	1.16	3.0			8.80	4.50
1.6			2.65	1.30	3.5			11.80	6.00
1.8			3.38	1.61	3.8			13.20	7.30
2.0	0.8	0.2	3.92	1.96	4.0	0.8	0.2	14.70	7.90
2.5			6.20	3.10	4.5			18.50	10.00
2.8			7.60	3.86	5.0			23.00	12.30

表 7-46   6×7-WSC 钢丝绳的力学性能

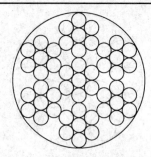

钢丝绳公称	钢丝绳伸长率/%≤		钢丝绳最小	参考质量/	钢丝绳公称	钢丝绳伸长率/%≤		钢丝绳最小	参考质量/
直径/mm	弹性	永久	破断拉力/kN	(kg/100m)	直径/mm	弹性	永久	破断拉力/kN	(kg/100m)
1.0			1.00	0.50	3.0	0.9	0.2	7.28	3.77
1.1			1.17	0.58	3.5			10.37	5.37
1.2			1.35	0.67	3.6			10.68	5.68
1.4			1.76	0.87	4.0			12.92	6.70
1.5			1.99	0.98	4.5			15.89	8.69
1.6	0.9	0.2	2.29	1.13	4.8	1.1	0.2	17.79	9.73
1.8			2.81	1.39	5.0			19.79	10.83
2.0			3.38	1.67	5.5			23.19	12.68
2.5			5.45	2.37	6.0			28.11	15.37
2.8			6.45	3.34	—	—	—	—	—

表 7-47   6×19-WSC 钢丝绳的力学性能

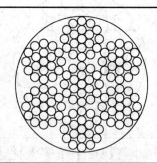

钢丝绳公称	钢丝绳伸长率/%≤		钢丝绳最小	参考质量/	钢丝绳公称	钢丝绳伸长率/%≤		钢丝绳最小	参考质量/
直径/mm	弹性	永久	破断拉力/kN	(kg/100m)	直径/mm	弹性	永久	破断拉力/kN	(kg/100m)
1.8			2.59	1.32	4.0			12.13	6.20
2.0			3.03	1.55	4.5			16.13	8.33
2.5	0.9	0.2	5.15	2.63	4.8	1.1	0.2	16.58	8.89
2.8			6.56	3.35	5.0			18.74	10.04
3.0			7.25	3.70	5.5			23.23	12.45
3.5	1.1	0.2	9.53	4.87	6.0			27.66	14.82

表 7-48　6×7-WSC，8×7-WSC 钢丝绳的力学性能

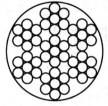
6×7-WSC

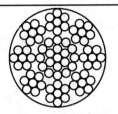
8×7-WSC

钢丝绳结构	公称直径 /mm	允许偏差 /mm	最小破断拉力/kN	伸长率/%		切断处直径允许增大值 /mm	参考质量 /(kg/100m)
				弹 性	永 久		
6×7-WSC	1.50	+0.15 0	1.80	≤0.9	≤0.1	0.22	0.96
	1.80	±0.08	3.00			0.25	1.34
8×7-WSC	1.50	±0.08	1.90			0.22	·0.99
	1.80	±0.08	3.00			0.25	1.36

7.2.7　航空用钢丝绳（YB/T 5197—2005）

（1）用途　钢丝绳绳径和钢丝直径细小、柔软坚韧、强度高、质量好，绳中心钢丝较粗、结构紧密不松散、使用安全可靠，镀锌层均匀牢固、耐腐蚀；除主要用于航空工业外，也用于军工、科研部门以及仪器仪表、机械操纵、制动、摩托车线闸、跳伞训练、杂技演出等方面。

（2）力学性能（表 7-49～表 7-56）

表 7-49　1×7 单股钢丝绳的力学性能

钢丝绳结构	钢 丝 绳 直 径		钢丝公称抗拉强度/MPa	钢丝绳最小破断拉力/kN	参考质量 /(kg/100m)
	公称直径/mm	允许偏差/%			
	0.7	+10 0	1 870	0.5	0.30
	1			1.1	0.60
	1.5			2.2	1.20
	1.8		1 770	3.2	1.80
	1.95			3.7	2.10

表 7-50　1×19 单股钢丝绳的力学性能

钢丝绳结构	钢 丝 绳 直 径		钢丝公称抗拉强度/MPa	钢丝绳最小破断拉力/kN	参考质量 /(kg/100m)
	公称直径/mm	允许偏差/%			
	1	+10 0	1 870	1.0	0.60
	1.2			1.4	0.90
	1.4			1.9	1.20
	1.7		1 770	2.7	1.70
	2			3.8	2.40
	2.5	+8 0		5.9	3.70
	3		1 670	8.1	5.40

表 7-51 6×7+IWS 金属股芯绳的力学性能

钢丝绳结构	钢 丝 绳 直 径		钢丝公称抗拉强度/MPa	钢丝绳最小破断拉力/kN	参考质量/（kg/100m）
	公称直径/mm	允许偏差/%			
	1.8	+10 0		2.5	1.50
	2.15			3.6	2.20
	2.5	+8 0	1 870	5.0	3.00
	3.05			7.3	4.40
	3.6			10.1	6.20
	4.5	+7 0	1 770	15.0	9.60
	5.4		1 670	20.4	13.80

表 7-52 6×7+IWS 金属股芯绳的力学性能

钢丝绳结构	钢 丝 绳 直 径		钢丝公称抗拉强度/MPa	钢丝绳最小破断拉力/kN	参考质量/（kg/100m）
	公称直径/mm	允许偏差/%			
	3	+8 0	2 060	7.3	4.20
	3.2		2 160	8.9	4.30
	3.6			9.1	6.00
	4.2	+7 0	1 770	12.3	8.20
	5.1			18.2	12.10
	6			23.7	16.70
	7.5			37.1	26.00
	8.25	+5 0	1 670	44.9	32.00
	9			53.4	37.60
	9.75			62.6	44.10

表 7-53 6×7+FC 纤维芯绳的力学性能

钢丝绳结构	钢 丝 绳 直 径		钢丝公称抗拉强度/MPa	钢丝绳最小破断拉力/kN	参考质量/（kg/100m）
	公称直径/mm	允许偏差/%			
	1.8	+10 0	1 960	2.3	1.40
	2.15		1 960	3.3	2.00
	2.5	+8 0		4.5	2.70
	3.05		1 870	6.3	4.00
	3.6			8.7	5.50
	4.1	+7 0	1 770	10.4	7.00
	4.5			12.8	8.70
	5.4		1 670	17.5	12.50

表 7-54　6×19+FC 纤维芯绳的力学性能

钢丝绳结构	钢 丝 绳 直 径		钢丝公称抗拉强度/MPa	钢丝绳最小破断拉力/kN	参考质量/（kg/100m）
	公称直径/mm	允许偏差/%			
	3	+8 0	2 060	6.3	3.80
	3.3		1 770	6.5	4.50
	3.6			7.8	5.40
	4.2			10.6	7.40
	4.8	+7 0		12.9	9.00
	5.1			15.6	10.90
	6.2		1 670	20.3	15.00

表 7-55　6×37+FC 纤维芯绳的力学性能

钢丝绳结构	钢 丝 绳 直 径		钢丝公称抗拉强度/MPa	钢丝绳最小破断拉力/kN	参考质量/（kg/100m）
	公称直径/mm	允许偏差/%			
	4.8	+7 0	1 960	14.6	8.27
	5.2			17.2	9.71
	6.7	+6 0	1 770	25.8	16.11
	7.4			31.4	19.65
	8.7	+5 0	1 670	41.0	27.17

表 7-56　钢丝绳的疲劳试验

钢丝绳结构	公称直径/mm	疲 劳 次 数	滑轮直径/mm	施加张力/N
6×7+IWS	1.8	70 000	22	25.3
	2.15	15 000		24.5
	2.5	10 000		34.0
	3.05	8 000		73.5
	3.6	10 000	35	103.0
	4.5		45	152.0
6×19+IWS	3	70 000	22	73.5
	3.2			80
	3.6	160 000	35	88.0
	4.2		40	127.0
	5.1	130 000	50	176.0
	6		55	240.0
6×19+FC	3	22 000	22	63.7
	3.6	100 000	35	78.0
	4.2	90 000	40	108.0
	5.1	80 000	50	157.0
	6.2	36 000	55	196.0

7.2.8 公路护栏用镀锌钢丝绳（GB/T 25833—2010）

（1）用途 适用于公路护栏用镀锌钢丝绳。

（2）分类（表 7-57）

表 7-57 钢丝绳的分类

组 别	类 别	分类原则	典 型 结 构		直径范围/mm
			钢丝绳	股	
1	3×7	3 个圆股，每股外层丝 6 根，中心丝外捻制 1 层钢丝，钢丝等捻距	3×7	(1-6)	16～24
2	3×19	3 个圆股，每股外层丝 12 根，中心丝外捻制 2 层钢丝	3×19	(1-6/12)	16～26
3	6×7	6 个圆股，每股外层丝 6 根，中心丝外捻制 1 层钢丝，钢丝等捻距	6×7＋WSC	(1-6)	26～28

（3）力学性能（表 7-58～表 7-62）

表 7-58 3×7 结构钢丝绳的力学性能

钢丝绳结构：3×7 股结构：(1-6)

钢丝绳直径/mm	钢丝绳近似质量 / (kg/100m)	钢丝绳最小破断拉力/kN			
		公称抗拉强度/MPa			
		1 270	1 370	1 470	1 570
16	95.2	109	118	126	135
18	120	138	149	160	170
20	149	170	184	197	210
22	180	206	222	238	254
24	214	245	264	284	303
26	251	288	310	333	355

注：最小钢丝破断拉力总和＝钢丝绳最小破断拉力×1.110。

表 7-59 3×19 结构钢丝绳的力学性能

钢丝绳结构：3×19 股结构：(1－6/12)

钢丝绳直径/mm	钢丝绳近似质量 / (kg/100m)	钢丝绳最小破断拉力/kN			
		公称抗拉强度/MPa			
		1 370	1 470	1 570	1 670
16	92.4	113	121	129	137
18	117	142	153	163	174

续表 7-59

钢丝绳直径/mm	钢丝绳近似质量 /（kg/100m）	钢丝绳最小破断拉力/kN			
		公称抗拉强度/MPa			
		1 370	1 470	1 570	1 670
20	144	176	189	202	214
22	175	213	228	244	259
24	208	253	272	290	309
26	244	297	319	341	362
28	283	345	370	395	420

注：最小钢丝破断拉力总和＝钢丝绳最小破断拉力×1.115。

表 7-60　6×7 结构钢丝绳的力学性能

钢丝绳结构：6×7　股结构：（1－6）

钢丝绳直径/mm	钢丝绳近似质量 /（kg/100m）	钢丝绳最小破断拉力/kN			
		公称抗拉强度/MPa			
		1 370	1 470	1 570	1 670
16	99.1	126	135	144	153
18	125	159	171	183	194
20	155	197	211	225	240
22	187	238	255	273	290
24	223	283	304	325	345
26	262	332	357	381	405
28	303	386	414	442	470

注：最小钢丝破断拉力总和＝钢丝绳最小破断拉力×1.214。

表 7-61　6×19（a）结构钢丝绳的力学性能

钢丝绳结构：6×19S＋IWS/IWRC　　股结构：（1－9－9）

6×19W＋IWS/IWRC　　　　　（1－6－6＋6）

6×25Fi＋WSC 或 IWRC　　　（1－6－6F－12）

钢丝绳直径/mm	钢丝绳近似质量 /（kg/100m）	钢丝绳最小破断拉力/kN			
		公称抗拉强度/MPa			
		1 370	1 470	1 570	1 670
18	135	158	170	181	193
20	167	195	209	224	238

续表 7-61

钢丝绳直径/mm	钢丝绳近似质量 / (kg/100m)	钢丝绳最小破断拉力/kN			
		公称抗拉强度/MPa			
		1 370	1 470	1 570	1 670
22	202	236	253	271	288
24	241	281	301	322	342
26	283	330	354	378	402
28	328	386	414	442	470

注：最小钢丝破断拉力总和＝钢丝绳最小破断拉力×1.308。

表 7-62　6×19（b）结构钢丝绳的力学性能

钢丝绳结构：6×19＋IWS/IWRC　股结构：（1－6/12）

钢丝绳直径/mm	钢丝绳近似质量 / (kg/100m)	钢丝绳最小破断拉力/kN			
		公称抗拉强度/MPa			
		1 370	1 470	1 570	1 670
18	130	147	158	169	180
20	160	182	195	208	222
22	194	220	236	252	268
24	230	262	281	300	319
26	270	307	330	352	375
28	314	357	383	409	435

注：最小钢丝破断拉力总和＝钢丝绳最小破断拉力×1.321。

7.3 钢 绞 线

　　钢绞线实际上就是单股钢丝绳，是由若干根钢丝经一次捻制而成的绳状制品。钢绞线均为右捻，在捻制过程中，充分消除捻制内应力，使钢绞线具有不松散性。与单股钢丝绳相比，其公称抗拉强度和弯曲性能指标略低，柔软性稍差，适于承受一般静载荷。其主要品种有镀锌钢绞线与预应力混凝土用钢绞线等。

7.3.1 镀锌钢绞线（YB/T 5004—2001）

　　（1）用途　镀锌钢绞线以镀锌钢丝为原料，采用预变形工艺捻制而成。钢绞线均为右捻，捻制过程充分消除了捻制应力，保证钢绞线不松散。钢丝表面锌层均匀牢固，有良好的耐蚀性。适用承受静载荷，用作吊架、悬挂、拴系、固定物件及通信电缆、架空地线等方面，如 110～500kV 高压和超高压输电线路架空地线及杆塔用拉线、邮电线杆架空拉线等。

（2）分类（表 7-63）

表 7-63 镀锌钢绞线的结构

结　构	1×3	1×7	1×19	1×37
断面				

（3）力学性能（表 7-64～表 7-67）

表 7-64　1×3 镀锌钢绞线的最小破断拉力

公称直径/mm		全部钢丝断面面积/mm²	参考质量/（kg/100m）	钢绞线最小破断拉力/kN			
				公称抗拉强度/MPa			
钢 绞 线	钢　丝			1 270	1 370	1 470	1 570
6.2	2.90	19.82	16.49	23.10	24.90	26.80	28.60
6.4	3.20	24.13	20.09	28.10	30.40	32.60	34.80
7.5	3.50	28.86	24.03	33.70	36.30	39.00	41.60
8.6	4.00	37.70	31.38	44.00	47.50	50.90	54.40

表 7-65　1×7 镀锌钢绞线的最小破断拉力

公称直径/mm		全部钢丝断面面积/mm²	参考质量/（kg/100m）	钢绞线最小破断拉力/kN			
				公称抗拉强度/MPa			
钢 绞 线	钢　丝			1 270	1 370	1 470	1 570
3.0	1.00	5.50	4.58	6.42	6.92	7.43	7.94
3.3	1.10	6.65	5.54	7.77	8.38	8.99	9.60
3.6	1.20	7.92	6.59	9.25	9.97	10.70	11.40
3.9	1.30	9.29	7.73	10.80	11.70	12.50	13.40
4.2	1.40	10.78	8.97	12.50	13.50	14.50	15.50
4.5	1.50	12.37	10.30	14.40	15.50	16.70	17.80
4.8	1.60	14.07	11.71	16.40	17.70	19.00	20.30
5.1	1.70	15.89	13.23	18.50	20.00	21.40	22.90
5.4	1.80	17.81	14.83	20.80	22.40	24.00	25.70
6.0	2.00	21.99	18.31	25.60	27.70	29.70	31.70
6.6	2.20	26.61	22.15	31.00	33.50	35.90	38.40
7.2	2.40	31.67	26.36	37.00	39.90	42.80	45.70
7.8	2.60	37.16	30.93	43.40	46.80	50.20	53.60
8.4	2.80	43.10	35.88	50.30	54.30	58.20	62.20
9.0	3.00	49.48	41.19	57.80	62.30	66.90	71.40
9.1	3.20	56.30	46.87	65.70	70.90	76.10	81.30
10.5	3.50	67.35	56.07	78.60	84.80	91.00	97.20

续表 7-65

公称直径/mm		全部钢丝断面面积/mm²	参考质量/（kg/100m）	钢绞线最小破断拉力/kN			
				公称抗拉强度/MPa			
钢绞线	钢丝			1 270	1 370	1 470	1 570
11.4	3.80	79.39	66.09	92.70	100.00	107.00	114.00
12.0	4.00	87.96	73.22	102.00	110.00	118.00	127.00

表 7-66   1×19 镀锌钢绞线的最小破断拉力

公称直径/mm		全部钢丝断面面积/mm²	参考质量/（kg/100m）	钢绞线最小破断拉力/kN			
				公称抗拉强度/MPa			
钢绞线	钢丝			1 270	1 370	1 470	1 570
5.0	1.00	14.92	12.42	17.00	18.40	19.70	21.00
5.5	1.10	18.06	15.03	20.60	22.20	23.80	25.50
6.0	1.20	21.49	17.89	24.50	26.50	28.40	30.30
6.5	1.30	25.22	20.99	28.80	31.00	33.30	35.60
7.0	1.40	29.25	24.35	33.40	36.00	38.60	41.30
8.0	1.60	38.20	31.80	43.60	47.10	50.50	53.90
9.0	1.80	48.35	40.25	55.20	59.60	63.90	68.30
10.0	2.00	59.69	49.69	68.20	73.60	78.90	84.30
11.0	2.20	72.22	60.12	82.50	89.00	95.50	102.00
12.0	2.40	85.95	71.55	98.20	105.00	113.00	121.00
12.5	2.50	93.27	77.64	106.00	114.00	123.00	131.00
13.0	2.60	100.88	83.98	115.00	124.00	133.00	142.00
14.0	2.80	116.99	97.39	133.00	144.00	154.00	165.00
15.0	3.00	134.30	118.80	153.00	165.00	177.00	189.00
16.0	3.20	152.81	127.21	174.00	188.00	202.00	215.00
17.5	3.50	182.80	152.17	208.00	225.00	241.00	258.00
20.0	4.00	238.76	198.76	272.00	294.00	315.00	337.00

表 7-67   1×37 镀锌钢绞线的最小破断拉力

公称直径/mm		全部钢丝断面面积/mm²	参考质量/（kg/100m）	钢绞线最小破断拉力/kN			
				公称抗拉强度/MPa			
钢绞线	钢丝			1 270	1 370	1 470	1 570
7.0	1.00	29.06	24.19	31.30	33.80	36.30	38.70
7.7	1.10	35.16	29.27	37.90	40.90	43.90	46.90
9.1	1.30	49.11	40.88	53.00	57.10	61.30	65.50
9.8	1.40	56.96	47.41	61.40	66.30	71.10	76.00
11.2	1.60	74.39	61.95	80.30	86.60	92.90	99.20
12.6	1.80	94.15	78.38	101.00	109.00	117.00	125.00
14.0	2.00	116.24	96.76	125.00	135.00	145.00	155.00
15.5	2.20	140.65	117.08	151.00	163.00	175.00	187.00
16.8	2.40	167.38	139.34	180.00	194.00	209.00	223.00
17.5	2.50	181.62	151.19	196.00	211.00	226.00	242.00

续表 7-67

公称直径/mm		全部钢丝断面面积/mm²	参考质量/（kg/100m）	钢绞线最小破断拉力/kN			
钢 绞 线	钢 丝			公称抗拉强度/MPa			
				1 270	1 370	1 470	1 570
18.2	2.60	196.44	163.53	212.00	228.00	245.00	262.00
19.6	2.80	227.83	189.66	245.00	265.00	284.00	304.00
21.0	3.00	261.54	217.72	282.00	304.00	326.00	349.00
22.4	3.20	297.57	247.72	321.00	346.00	371.00	397.00
24.5	3.50	355.95	296.34	384.00	414.00	444.00	475.00
28.0	4.00	464.95	387.06	501.00	541.00	580.00	620.00

（4）镀层质量（表 7-68）

表 7-68　钢丝锌层的质量

钢丝公称直径/mm	锌层质量/（g/m²）≥			缠绕试验芯杆直径为钢丝直径倍数
	特 A	A	B	
1.00	180	160	110	12
1.10				
1.20				
1.30				
1.40	200			
1.50			130	
1.60		180		
1.70	220			
1.80			160	
2.00	230	200		
2.20			180	
2.40	240	220	200	14
2.60	250			
2.80	270	250	230	
3.00				
3.20	280	260		
3.50	290	270	250	
3.80				
4.00				

（5）用途推荐（表 7-69）

表 7-69　镀锌钢绞线的主要用途推荐表

用　途	结　构	规格/mm	横截面积/mm²
110～150kV 高压和超高压输电线路 架空地线及杆塔用拉线	1×7	7.8	35
		9.0	50
		10.5	70
	1×19	11.0	

续表 7-69

用　　途	结　　构	规格/mm	横截面积/mm²
110～150kV 高压和超高压输电线路 架空地线及杆塔用拉线	1×19	13.0	100
		15.0	135
	1×37	15.5	150
		16.8	165
		17.5	180
邮电线杆架空拉线	1×7	5.4	18
		6.0	22
		6.6	27
		9.0	50

7.3.2　锌-5%铝-混合稀土合金镀层钢绞线（GB/T 20492—2006）

（1）用途　锌-5%铝-混合稀土合金镀层钢绞线是钢丝表面镀有锌、铝、混合稀土合金镀层的钢绞线，该产品适于要求耐腐蚀、抗拉变形等工作场合，常用于吊架、悬挂、通信电缆、架空电力线及固定物件、栓系等用途。

（2）分类（表 7-70）

表 7-70　钢绞线结构

断　　面				
结　　构	1×3	1×7	1×19	1×37

（3）力学性能（表 7-71）

表 7-71　钢绞线的公称直径和最小破断拉力

结构	钢绞线用钢丝公称直径/mm	钢绞线公称直径/mm	钢丝横截面积/mm²	钢绞线最小破断拉力（kN）≥ 公称抗拉强度/MPa								参考质量/（kg/km）
				420	670	750	1 170	1 270	1 370	1 470	1 570	
1×3	2.9	6.2	19.82	7.66	12.22	13.68	21.33	23.16	24.98	26.80	28.63	160
	3.2	6.4	24.13	9.32	14.87	16.65	25.97	28.19	30.41	32.63	34.85	195
	3.5	7.5	28.86	11.15	17.79	19.91	31.06	33.72	36.38	39.03	41.69	233
	4	8.6	37.70	14.57	23.24	26.01	40.58	44.05	47.52	50.99	54.45	304
1×7	1	3	5.50	2.13	3.39	3.80	5.92	6.43	6.93	7.44	7.94	43.7
	1.2	3.6	7.92	3.06	4.88	5.46	8.53	9.25	9.98	10.71	11.44	62.9
	1.4	4.2	10.78	4.17	6.64	7.44	11.60	12.60	13.59	14.58	15.57	85.6
	1.6	4.8	14.07	5.44	8.67	9.71	15.14	16.44	17.73	19.03	20.32	112
	1.8	5.4	17.81	6.88	10.98	12.29	19.17	20.81	22.45	24.09	25.72	141
	2	6	21.99	8.50	13.55	15.17	23.67	25.69	27.72	29.74	31.76	175

续表 7-71

结构	钢绞线用钢丝公称直径/mm	钢绞线公称直径/mm	钢丝横截面积/mm²	钢绞线最小破断拉力（kN）≥ 公称抗拉强度/MPa								参考质量/（kg/km）
				420	670	750	1 170	1 270	1 370	1 470	1 570	
1×7	2.2	6.6	26.61	10.28	16.40	18.36	28.65	31.10	33.55	36.00	38.45	210
	2.6	7.8	37.17	14.36	22.91	25.65	40.01	43.43	46.85	50.27	53.69	295
	3	9	49.50	19.14	30.53	34.17	53.31	57.86	62.42	66.98	71.54	390
	3.2	9.6	56.30	21.75	34.70	38.85	60.60	65.78	70.96	76.14	81.32	447
	3.5	10.5	67.35	26.02	41.51	46.47	72.50	78.69	84.89	91.08	97.28	535
	3.8	11.4	79.39	30.68	48.94	54.78	85.46	92.76	100.1	107.4	114.7	630
	4	12	87.96	33.99	54.22	60.69	94.68	102.8	110.9	119.0	127.0	698
1×19	1.6	8	38.20	14.44	23.03	25.78	40.22	43.66	47.10	50.54	53.98	304
	1.8	9	48.35	18.28	29.16	32.64	50.91	55.26	59.62	63.97	68.32	385
	2	10	59.69	22.56	35.99	40.29	62.85	68.23	73.60	78.97	84.34	475
	2.2	11	72.20	27.31	43.57	48.77	76.08	82.58	89.00	95.58	102.09	569
	2.3	11.5	78.94	29.84	47.60	53.28	83.12	90.23	97.33	104.4	111.5	628
	2.6	13	100.9	38.14	60.84	68.11	106.2	115.3	124.4	133.5	142.6	803
	2.9	14.5	125.5	47.44	75.68	84.71	132.2	143.4	154.7	166.0	177.3	999
	3.2	16	152.8	57.76	92.14	103.1	160.9	174.7	188.4	202.2	215.9	1 220
	3.5	17.5	182.8	69.10	110.2	123.4	192.5	208.9	225.4	241.8	258.3	1 460
	4	20	238.8	90.27	144.0	161.2	251.5	272.9	294.4	315.9	337.4	1 900
1×37	1.6	11.2	74.39	26.56	42.37	47.42	73.98	80.30	86.63	92.95	99.27	595
	1.8	12.6	94.15	33.61	53.62	60.02	93.63	101.6	109.6	117.6	125.6	753
	2	14	116.2	41.48	66.18	74.08	115.6	125.4	135.3	145.2	155.1	930
	2.3	16.1	153.7	54.87	87.53	97.98	152.9	165.9	179.0	192.0	205.1	1 230
	2.6	18.2	196.4	70.11	111.8	125.2	195.3	212.0	228.7	245.4	262.1	1 570
	2.9	20.3	244.4	87.25	139.2	155.8	243.1	263.8	284.6	305.4	326.2	1 950
	3.2	22.4	297.6	106.2	169.5	189.7	296.0	321.3	346.6	371.9	397.1	2 380
	3.5	24.5	365.0	127.1	202.7	227.0	354.0	384.3	414.6	444.8	475.1	2 050
	4	28	465.0	166.0	264.8	296.4	462.4	502.0	541.5	581.0	620.5	3 720

7.3.3　铝包钢绞线（YB/T 124—1997）

（1）用途　铝包钢绞线是由铝包钢丝捻制而成的钢绞线。其具有铝包钢丝的诸多优点：优良的导电性、高的强度、导线支撑跨度大、输电效率高，用作架空电力线路的地线和导线以及电气化铁路承力索等。

（2）分类（表 7-72）

表 7-72　铝包钢绞线按断面结构分

断　面				
结　构	1×3	1×7	1×19	1×37

注：铝包钢绞线按导电率分为 20AC，23AC，27AC，30AC，33AC，40AC 六个组别，其相应的导电率为 20.3%，23%，27%，30%，33% 和 40%IACS。

（3）结构类别的性能（表7-73）

表7-73　铝包钢绞线结构类别的性能

标称截面/mm²	结构根数单丝直径/mm	公称直径/mm	计算截面/mm²	最小计算破断拉力/kN						20℃直流电阻/（Ω/km）≤		
				20AC	23AC	27AC	30AC	33AC	40AC	20AC	23AC	27AC
16	3/2.60	5.60	15.93	20.28	18.16	16.04	13.47	11.95	10.44	5.376 0	4.737 6	4.032 0
18	3/2.75	5.93	17.82	22.68	20.31	17.94	15.07	13.37	11.68	4.804 8	4.233 6	3.628 8
20	3/2.85	6.14	19.14	24.36	21.82	19.27	16.18	14.36	12.55	4.468 8	3.964 8	3.360 0
20	3/2.90	6.25	19.82	25.23	22.59	19.95	16.75	14.87	12.99	4.300 8	3.830 4	3.259 2
20	3/3.00	6.47	21.21	26.99	24.17	21.35	17.93	15.91	13.90	4.032 0	3.561 6	3.024 0
25	3/3.15	6.79	24.13	29.76	26.65	23.54	19.77	17.55	15.33	3.662 4	3.225 6	2.755 2
30	3/3.50	7.54	28.86	35.92	32.63	28.24	23.86	21.39	18.65	2.956 8	2.620 8	2.217 6
35	3/3.75	8.08	33.13	39.66	36.51	32.11	26.44	23.92	21.09	2.587 2	2.284 8	1.948 8
20	7/2.00	6.00	21.99	11.37	10.18	8.99	7.55	6.70	5.85	3.895 7	3.448 9	2.929 0
30	7/2.30	6.90	29.08	35.07	31.41	27.75	23.30	20.68	18.06	2.943 4	2.611 2	2.222 0
35	7/2.60	7.80	37.17	44.82	40.14	35.46	29.77	26.42	23.08	2.308 6	2.034 4	1.731 4
40	7/2.75	8.25	41.58	50.14	44.90	39.66	33.30	29.56	25.82	2.063 3	1.818 0	1.558 3
45	7/2.90	8.70	46.24	55.76	49.94	44.11	37.04	32.87	28.71	1.846 9	1.645 0	1.399 6
50	7/3.00	9.00	49.48	59.67	53.44	47.20	39.63	35.18	30.73	1.731 4	1.529 4	1.298 6
55	7/3.20	9.60	56.30	67.89	60.80	53.71	45.09	40.03	34.96	1.515 0	1.341 9	1.139 9
65	7/3.50	10.50	67.35	79.40	72.13	60.43	52.73	47.28	41.22	1.269 7	1.125 4	0.952 3
75	7/3.75	11.25	77.31	87.67	80.71	70.97	58.45	52.88	46.62	1.111 0	0.981 1	0.836 9
70	19/2.20	11.00	72.23	87.10	78.00	68.90	57.85	51.35	44.85	1.190 1	1.051 4	0.896 6
80	19/2.30	11.50	78.94	95.20	85.26	75.31	63.23	56.13	49.02	1.088 7	0.966 0	0.821 9
100	19/2.60	13.00	100.88	121.66	108.95	96.24	80.80	71.72	62.64	0.853 9	0.752 5	0.640 4
115	19/2.75	13.75	112.85	136.10	121.88	107.66	90.39	80.24	70.08	0.763 2	0.672 4	0.576 4
120	19/2.85	14.25	121.21	146.18	130.91	115.63	97.07	86.18	75.27	0.709 8	0.629 7	0.533 7
125	19/2.90	14.50	125.50	151.35	135.54	119.73	100.52	89.23	77.93	0.683 1	0.608 4	0.517 7
150	19/3.15	15.75	148.07	178.57	159.91	141.26	118.60	105.28	91.95	0.581 7	0.512 3	0.437 6
180	19/3.50	17.50	182.80	215.52	195.78	169.46	143.13	128.33	111.87	0.469 6	0.416 3	0.352 2
210	19/3.75	18.75	209.85	237.97	219.08	192.64	158.65	143.54	126.54	0.410 9	0.362 9	0.309 5
240	19/4.00	20.00	238.76	260.01	214.88	191.25	156.87	141.82	124.63	0.357 2	0.320 2	0.272 2
195	37/2.60	18.20	196.44	236.91	212.16	187.41	157.35	139.67	121.99	0.441 1	0.388 7	0.330 8
245	37/2.90	20.30	244.39	294.74	263.94	233.15	195.76	173.76	151.77	0.352 9	0.314 3	0.267 4
295	37/3.20	22.40	297.57	358.87	321.38	283.88	238.35	211.57	184.79	0.289 5	0.256 4	0.217 8
350	37/3.50	24.50	355.98	419.70	381.26	330.00	278.73	249.90	217.86	0.242 6	0.215 0	0.181 9
420	37/3.80	26.60	419.62	468.30	415.43	377.66	309.68	279.47	249.26	0.206 8	0.181 9	0.154 4
465	37/4.00	28.00	464.72	506.34	456.12	405.91	330.58	301.29	276.18	0.184 7	0.165 4	0.140 6
510	37/4.20	29.40	512.61	544.40	493.65	438.28	364.47	327.56	304.49	0.168 2	0.148 9	0.126 8
590	37/4.50	31.50	588.46	598.46	540.21	487.24	402.51	365.43	323.06	0.146 1	0.129 6	0.110 3
670	37/4.80	33.60	669.54	662.84	602.58	536.30	439.89	397.70	349.50	1.129 6	0.113 0	0.096 5

续表 7-73

标称截面/mm²	结构根数单丝直径/mm	公称直径/mm	计算截面/mm²	20℃直流电阻/(Ω/km) ≤			计算质量/(kg/km)						交货长度/mm ≥
				30AC	33AC	40AC	20AC	23AC	27AC	30AC	33AC	40AC	
16	3/2.60	5.60	15.93	3.628 8	3.292 8	2.721 6	105.81	100.67	94.89	90.08	84.28	74.51	3 000
18	3/2.75	5.93	17.82	3.259 2	2.956 8	2.452 8	118.36	112.61	106.14	100.76	94.29	83.34	3 000
20	3/2.85	6.14	19.14	3.024 0	2.755 2	2.284 8	127.13	120.96	114.00	108.23	101.27	89.51	3 000
20	3/2.90	6.25	19.82	2.923 2	2.654 4	2.184 0	131.63	125.22	118.06	112.07	104.87	92.69	3 000
20	3/3.00	6.47	21.21	2.721 6	2.486 4	2.049 6	140.86	134.02	126.34	119.90	112.22	99.10	2 000
25	3/3.15	6.79	24.13	2.486 4	2.251 2	1.848 0	155.31	147.75	139.29	132.21	123.71	109.35	2 000
30	3/3.50	7.54	28.86	2.016 0	1.814 4	1.512 0	191.72	182.41	171.94	163.21	152.74	135.00	2 000
35	3/3.75	8.08	33.13	1.747 2	1.579 2	1.310 4	220.09	209.41	191.38	187.37	175.33	154.98	2 000
20	7/2.00	6.00	21.99	2.640 4	2.395 1	1.976 7	146.35	139.28	131.29	124.57	116.58	103.08	2 000
30	7/2.30	6.90	29.08	1.991 1	1.818 0	1.500 6	193.58	184.17	173.57	164.80	154.20	136.31	2 000
35	7/2.60	7.80	37.17	1.558 3	1.414 0	1.168 7	247.38	235.36	221.86	210.62	197.04	174.20	2 000
40	7/2.75	8.25	41.58	1.399 6	1.269 7	1.053 3	276.72	263.29	248.16	235.57	220.44	194.85	2 000
45	7/2.90	8.70	46.24	1.255 3	1.134 0	0.937 9	307.76	292.77	276.01	262.01	245.19	216.70	2 000
50	7/300	9.00	49.48	1.168 7	1.067 7	0.880 1	329.32	313.34	295.38	280.33	262.37	231.90	2 000
55	7/3.20	9.60	56.30	1.024 4	0.937 9	0.779 1	374.71	356.54	336.04	319.00	298.50	263.85	2 000
65	7/3.50	10.50	67.35	0.865 7	0.779 1	0.649 3	448.24	426.46	402.00	381.57	357.11	315.60	2 000
75	7/3.75	11.25	77.31	0.750 3	0.678 1	0.562 7	514.55	489.60	461.46	438.06	409.92	362.34	2 000
70	19/2.20	11.00	72.23	0.805 9	0.731 1	0.603 1	482.61	459.11	432.91	410.94	384.55	339.85	2 000
80	19/2.30	11.50	78.94	0.736 5	0.672 4	0.555 0	527.50	501.88	472.98	449.09	420.19	371.45	2 000
100	19/2.60	13.00	100.88	0.576 4	0.523 0	0.432 3	674.12	641.37	604.57	573.93	536.94	474.71	2 000
115	19/2.75	13.75	112.85	0.517 7	0.469 6	0.389 6	754.07	717.47	676.24	641.94	600.71	530.97	2 000
120	19/2.85	14.25	121.21	0.480 3	0.437 6	0.362 9	809.94	770.64	726.33	689.53	645.22	570.27	2 000
125	19/2.90	14.50	125.50	0.464 3	0.421 6	0.346 9	838.65	797.81	752.14	714.00	668.14	590.50	2 000
150	19/3.15	15.75	148.07	0.394 9	0.357 6	0.293 5	989.50	941.34	887.39	842.31	788.17	696.66	2 000
180	19/3.50	17.50	182.80	0.320 2	0.288 2	0.240 2	1 221.46	1 162.13	1 095.46	1 039.79	973.13	860.03	2 000
210	19/3.75	18.75	209.85	0.277 5	0.250 8	0.208 1	1 402.20	1 334.17	1 257.49	1 193.72	1 117.04	987.38	2 000
240	19/4.00	20.00	238.76	0.245 5	0.224 1	0.181 5	1 595.42	1 517.97	1 430.89	1 358.25	1 270.98	1 123.40	2 000
195	37/2.60	18.20	196.44	0.297 7	0.270 2	0.223 3	1 320.52	1 256.36	1 184.28	1 124.27	1 051.81	929.91	1 500
245	37/2.90	20.30	244.39	0.239 8	0.217 8	0.179 2	1 642.82	1 562.81	1 473.37	1 398.64	1 308.82	1 156.73	1 500
295	37/3.20	22.40	297.57	0.195 7	0.179 2	0.148 9	2 000.22	1 903.23	1 793.78	1 702.83	1 593.38	1 408.46	1 500
350	37/3.50	24.50	355.98	0.165 4	0.148 9	0.124 1	2 392.72	2 276.48	2 145.90	2 036.83	1 906.25	1 684.71	1 200
420	37/3.80	26.60	419.62	0.140 6	0.126 8	0.104 8	2 820.69	2 683.69	2 529.71	2 401.02	2 247.04	1 985.88	1 200
465	37/4.00	28.00	464.72	0.126 8	0.115 8	0.093 7	3 125.25	2 973.53	2 802.95	2 660.76	2 489.71	2 200.62	1 200
510	37/4.20	29.40	512.61	0.115 8	0.104 8	0.085 5	3 445.66	3 278.47	3 090.15	2 933.15	2 745.21	2 425.93	1 000
590	37/4.50	31.50	588.46	0.099 2	0.091 0	0.074 4	3 955.53	3 763.43	3 547.18	3 367.16	3 151.29	2 785.21	1 000
670	37/4.80	33.60	669.54	0.088 2	0.079 9	0.066 2	4 500.50	4 281.98	4 035.92	3 831.36	3 585.30	3 168.35	1 000

（4）导电率组别的性能（表7-74）

表7-74　铝包钢绞线的物理性能

组　　别	密度/（g/cm³）	综合弹性模量 （计算量）/MPa	综合线胀系数 （计算值）/（1/K）	电阻温度系数/（1/℃）
20AC	6.59	139 500	12.6×10	0.003 6
23AC	6.27	134 100	12.9×10	0.003 6
27AC	5.91	126 000	13.4×10	0.003 6
30AC	5.61	118 800	13.8×10	0.003 8
33AC	5.25	111 600	14.4×10	0.003 9
40AC	4.64	98 100	15.5×10	0.004 0

7.3.4　不锈钢钢绞线（GB/T 25821—2010）

（1）用途　不锈钢钢绞线主要用于吊架、悬挂、栓系、固定物件及地面架空线、建筑用拉索、缆索。

（2）分类（表7-75）

表7-75　不锈钢钢绞线的断面结构

结　构	1×3	1×7	1×19	1×37	1×61	1×91
断　面						

（3）力学性能（表7-76）

表7-76　不锈钢钢绞线的最小破断拉力

结　构	直径/mm	最小破断拉力/kN 公称抗拉强度/MPa				参考质量 /（kg/100m）
		1 180MPa	1 320MPa	1 420MPa	1 520MPa	
1×3	5.0	13.9	15.5	16.7	17.9	10.3
	5.5	16.8	18.8	20.2	21.6	12.4
	6.0	20.0	22.3	24.0	25.7	14.8
	6.5	23.4	26.2	28.2	30.2	17.3
	8.0	35.5	39.7	42.7	45.7	26.2
	9.5	50.1	56.0	60.2	64.5	37.0
1×7	5.5	19.6	22.0	23.6	25.3	15.1
	6.5	27.4	30.7	33.0	35.3	21.1
	7.0	31.8	35.6	38.2	41.0	24.5
	8.0	41.5	46.5	50.0	53.5	32.0
	9.5	58.6	65.5	70.5	75.4	45.1
1×19	6.0	22.5	25.2	27.1	29.0	17.6
	8.0	40.0	44.8	48.2	51.6	31.4
	9.5	56.4	63.1	68.0	72.7	44.2
	10.0	62.5	70.0	75.2	80.6	49.0
	11.0	75.7	84.7	91.0	97.4	59.3

续表 7-76

结　构	直径/mm	最小破断拉力/kN				参考质量 / (kg/100m)
		公称抗拉强度/MPa				
		1 180MPa	1 320MPa	1 420MPa	1 520MPa	
1×19	12.0	90.1	101	108	116	70.6
	12.5	97.7	109	117	126	76.6
	14.0	123	137	147	158	96.0
	16.0	160	179	193	206	125
	18.0	203	227	244	261	159
	19.0	226	253	272	291	177
	22.0	303	339	364	390	237
1×37	12	85.0	95.0	102	109	70.6
	12.5	92.2	103	111	119	76.6
	14	116	129	139	149	96.0
	16	151	169	182	195	125
	18	191	214	230	246	159
	19.5	224	251	270	289	186
	21	260	291	313	335	216
	22.5	299	334	359	385	248
	24	340	380	409	438	282
	26	399	446	480	514	331
	28	463	517	557	596	384
1×61	18	183	205	221	236	156
	20	227	253	273	292	192
	22	274	307	330	353	232
	24	326	365	393	420	276
	26	383	428	461	493	324
	28	444	497	534	572	376
	30	510	570	613	657	432
	32	580	649	698	747	492
	34	655	732	788	843	555
	36	734	821	883	945	622
1×91	30	478	535	575	—	441
	32	544	608	654	—	502
	34	614	686	739	—	566
	36	688	770	828	—	635
	38	766	858	922	—	707
	40	850	950	1 022	—	784
	42	937	1 048	1 127	—	864
	45	1 075	1 203	1 294	—	992
	48	1 223	1 368	1 472	—	1 129

7.3.5　防振锤用钢绞线（YB/T 4165—2007）

（1）用途　适用于防振锤用钢绞线。

（2）力学性能（表7-77、表7-78）

表7-77 防振锤用钢绞线内镀锌钢丝的尺寸及性能

钢丝公称直径 d/mm	直径允许偏差/mm	抗拉强度/MPa≥			扭转次数 ($L=100d$) ≤	钢丝公称直径 d/mm	直径允许偏差/mm	抗拉强度/MPa≥			扭转次数 ($L=100d$) ≤
		普通强度	高强度	特高强度				普通强度	高强度	特高强度	
1.50	±0.05				20	2.30	±0.06				19
1.60	±0.05				20	2.60	±0.08				18
1.80	±0.06	1 470	1 570	1 670	20	2.90	±0.08	1 470	1 570	1 670	18
2.00	±0.06				20	3.00	±0.08				17
2.20	±0.06				19	3.20	±0.08				17

表7-78 防振锤用钢绞线的破断拉力总和

结 构	钢丝公称直径/mm	钢绞线公称直径/mm	钢绞线断面积/mm²	破断拉力总和/kN≥			参考质量/（kg/100m）
				普通强度	高强度	特高强度	
1×19	1.50	7.5	33.58	49.36	52.72	56.08	26.73
	1.60	8.0	38.20	54.15	59.97	63.79	30.40
	1.80	9.0	48.35	71.03	75.91	80.74	38.49
	2.00	10.0	59.69	87.74	93.71	99.68	47.51
	2.20	11.0	72.22	106.16	113.39	120.61	57.49
	2.30	11.5	78.94	116.04	123.94	131.83	62.84
	2.60	13.0	100.88	148.29	158.38	168.47	80.30
	2.90	14.5	125.50	184.48	197.03	209.58	99.90
	3.00	15.0	134.30	197.42	210.85	224.28	106.91
	3.20	16.0	152.81	224.63	239.91	255.19	121.64

（3）镀层质量（表7-79）

表7-79 防振锤用钢绞线内钢丝的锌镀层质量

钢丝公称直径/mm	镀层质量/（g/m²）≥			缠绕试验芯杆直径为钢丝直径的倍数
	A	B	C	
1.50	240	200	160	
1.60	240	200	160	
1.80	260	220	180	
2.00	270	230	200	
2.20	270	230	200	
2.30	280	240	210	2
2.60	290	250	220	
2.90	290	250	230	
3.00	290	250	230	
3.20	300	260	230	

第8章 建筑用钢

8.1 建筑用型钢

8.1.1 热轧 H 型钢和剖分 T 型钢（GB/T 11263—2010）

（1）用途 热轧 H 型钢也称宽腿工字钢，是在带万能机架的 H 型钢轧机（或称万能钢梁轧机）上轧制的，翼缘内外表面相互平行，腿的内侧没有斜度，截面为 H 型的热轧型材。H 型钢截面形状经济合理，抗弯能力强，轧制时截面上各点延伸较均匀，内应力小，与普通工字钢相比，具有截面系数大、质量轻、节约金属，可减轻建筑结构质量 30%～40%；其腿内外侧平行，腿端是直角，拼装、组合方便，可节约焊接、铆接工作量达 25%；可加工再生型材，经再加工制成剖分 T 型钢及蜂窝梁等再生型材，这些型材在建筑、造船等方面均有较广泛的应用。H 型钢常用于要求承载能力大、截面稳定性好的大型建筑、工业构筑物的钢结构承重支架，地下工程的钢桩及支护结构，石油化工及电力等工业设备构架，大跨度钢桥构件以及机械制造、车辆和船舶制造、机械基础、支架、基础桩等。

（2）尺寸规格（表 8-1～表 8-3）

表 8-1 热轧 H 型钢的尺寸规格

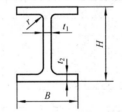

H——高度；B——宽度；t_1——腹板厚度；

t_2——翼缘厚度；r——圆角半径

类别	型号（高度×宽度）/（mm×mm）	截面尺寸/mm					截面面积/cm²	理论质量/（kg/m）
		H	B	t_1	t_2	r		
宽翼缘 HW	100×100	100	100	6	8	8	21.58	16.9
	125×125	125	125	6.5	9	8	30.00	23.6
	150×150	150	150	7	10	8	39.64	31.1
	175×175	175	175	7.5	11	13	51.42	40.4
	200×200	200	200	8	12	13	63.53	49.9
		*200	204	12	12	13	71.53	56.2
	250×250	*244	252	11	11	13	81.31	63.8
		250	250	9	14	13	91.43	71.8
		*250	255	14	14	13	103.9	81.6
	300×300	*294	302	12	12	13	106.3	83.5
		300	300	10	15	13	118.5	93.0
		*300	305	15	15	13	133.5	105

续表 8-1

类别	型号（高度×宽度）/（mm×mm）	截面尺寸/mm					截面面积/cm²	理论质量/（kg/m）
		H	B	t_1	t_2	r		
宽翼缘 HW	350×350	*338	351	13	13	13	133.3	105
		*344	348	10	16	13	144.0	113
		*344	354	16	16	13	164.7	129
		350	350	12	19	13	171.9	135
		*350	357	19	19	13	196.4	154
	400×400	*388	402	15	15	22	178.5	140
		*394	398	11	18	22	186.8	147
		*394	405	18	18	22	214.4	168
		400	400	13	21	22	218.7	172
		*400	408	21	21	22	250.7	197
		*414	405	18	28	22	295.4	232
		*428	407	20	35	22	360.7	283
		*458	417	30	50	22	528.6	415
		*498	432	45	70	22	770.1	604
	500×500	*492	465	15	20	22	258.0	202
		*502	465	15	25	22	304.5	239
		*502	470	20	25	22	329.6	259
中翼缘 HM	150×100	148	100	6	9	8	26.34	20.7
	200×150	194	150	6	9	8	38.10	29.9
	250×175	244	175	7	11	13	55.49	43.6
	300×200	294	200	8	12	13	71.05	55.8
		*298	201	9	14	13	82.03	64.4
	350×250	340	250	9	14	13	99.53	78.1
	400×300	390	300	10	16	13	133.3	105
	450×300	440	300	11	18	13	153.9	121
	500×300	*482	300	11	15	13	141.2	111
		488	300	11	18	13	159.2	125
	550×300	*544	300	11	15	13	148.0	116
		*550	300	11	18	13	166.0	130
	600×300	*582	300	12	17	13	169.2	133
		588	300	12	20	13	187.2	147
		*594	302	14	23	13	217.1	170
窄翼缘 HN	*100×50	100	50	5	7	8	11.84	9.30
	*125×60	125	60	6	8	8	16.68	13.1
	150×75	150	75	5	7	8	17.84	14.0
	175×90	175	90	5	8	8	22.89	18.0
	200×100	*198	99	4.5	7	8	22.68	17.8
		200	100	5.5	8	8	26.66	20.9
	250×125	*248	124	5	8	8	31.98	25.1
		250	125	6	9	8	36.96	29.0
	300×150	*298	149	5.5	8	13	40.80	32.0
		300	150	6.5	9	13	46.78	36.7

续表 8-1

类别	型号（高度×宽度）/（mm×mm）	截面尺寸/mm					截面面积/cm²	理论质量/（kg/m）
		H	B	t_1	t_2	r		
窄翼缘 HN	350×175	*346	174	6	9	13	52.45	41.2
		350	175	7	11	13	62.91	49.4
	400×150	400	150	8	13	13	70.37	55.2
	400×200	*396	199	7	11	13	71.41	56.1
		400	200	8	13	13	83.37	65.4
	450×150	*446	150	7	12	13	66.99	52.6
		450	151	8	14	13	77.49	60.8
	450×200	*446	199	8	12	13	82.97	65.1
		450	200	9	14	13	95.43	74.9
	475×150	*470	150	7	13	13	71.53	56.2
		*475	151.5	8.5	15.5	13	86.15	67.6
		482	153.5	10.5	19	13	106.4	83.5
	500×150	*492	150	7	12	13	70.21	55.1
		*500	152	9	16	13	92.21	72.4
		504	153	10	18	13	103.3	81.1
	500×200	*496	199	9	14	13	99.29	77.9
		500	200	10	16	13	112.3	88.1
		*506	201	11	19	13	129.3	102
	550×200	*546	199	9	14	13	103.8	81.5
		550	200	10	16	13	117.3	92.0
	600×200	*596	199	10	15	13	117.8	92.4
		600	200	11	17	13	131.7	103
		*606	201	12	20	13	149.8	118
	625×200	*625	198.5	13.5	17.5	13	150.6	118
		630	200	15	20	13	170.0	133
		*638	202	17	24	13	198.7	156
	625×300	*646	299	10	15	13	152.8	120
		*650	300	11	17	13	171.2	134
		*656	301	12	20	13	195.8	154
	700×300	*692	300	13	20	18	207.5	163
		700	300	13	24	18	231.5	182
	750×300	*734	299	12	16	18	182.7	143
		*742	300	13	20	18	214.0	168
		*750	300	13	24	18	238.0	187
		*758	303	16	28	18	284.8	224
	800×300	*792	300	14	22	18	239.5	188
		800	300	14	26	18	263.5	207
	850×300	*834	298	14	19	18	227.5	179
		*842	299	15	23	18	259.7	204
		*850	300	16	27	18	292.1	229
		*858	301	17	31	18	324.7	255

续表 8-1

类别	型号（高度×宽度）/（mm×mm）	截面尺寸/mm					截面面积/cm²	理论质量/（kg/m）
		H	B	t_1	t_2	r		
窄翼缘 HN	900×300	*890	299	15	23	18	266.9	210
		900	300	16	28	18	305.8	240
		*912	302	18	34	18	360.1	283
	1 000×300	*970	297	16	21	18	276.0	217
		*980	298	17	26	18	315.5	248
		*990	298	17	31	18	345.3	271
		*1 000	300	19	36	18	395.1	310
		*1 008	302	21	40	18	439.3	345
薄壁 HT	100×50	95	48	3.2	4.5	8	7.620	5.98
		97	49	4	5.5	8	9.370	7.36
	100×100	96	99	4.5	6	8	16.20	12.7
	125×60	118	58	3.2	4.5	8	9.250	7.26
		120	59	4	5.5	8	11.39	8.94
	125×125	119	123	4.5	6	8	20.12	15.8
	150×75	145	73	3.2	4.5	8	11.47	9.00
		147	74	4	5.5	8	14.12	11.1
	150×100	139	97	3.2	4.5	8	13.43	10.6
		142	99	4.5	6	8	18.27	14.3
	150×150	144	148	5	7	8	27.76	21.8
		147	149	6	8.5	8	33.67	26.4
	175×90	168	88	3.2	4.5	8	13.55	10.6
		171	89	4	6	8	17.58	13.8
	175×175	167	173	5	7	13	33.32	26.2
		172	175	6.5	9.5	13	44.64	35.0
	200×100	193	98	3.2	4.5	8	15.25	12.0
		196	99	4	6	8	19.78	15.5
	200×150	188	149	4.5	6	8	26.34	20.7
	200×200	192	198	6	8	13	43.69	34.3
	250×125	244	124	4.5	6	8	25.86	20.3
	250×175	238	173	4.5	8	13	39.12	30.7
	300×150	294	148	4.5	6	13	31.90	25.0
	300×200	286	198	6	8	13	49.33	38.7
	350×175	340	173	4.5	6	13	36.97	29.0
	400×150	390	148	6	8	13	47.57	37.3
	400×200	390	198	6	8	13	55.57	43.6

注：① "*" 表示的规格为市场非常用规格。

②同一型号的产品，其内侧尺寸高度一致。

③截面面积计算公式为 "$t_1(H-2t_2)+2Bt_2+0.858r^2$"。

表 8-2 热轧剖分型钢的尺寸规格

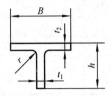

h——高度；B——宽度；t_1——腹板厚度；t_2——翼缘厚度；r——圆角半径

类型	型号（高度×宽度） / (mm×mm)	截面尺寸/mm					截面面积 /cm²	理论质量 / (kg/m)	对应 H 型钢 系列型号
		H	B	t_1	t_2	r			
宽翼缘 TW	50×100	50	100	6	8	8	10.79	8.47	100×100
	62.5×125	62.5	125	6.5	9	8	15.00	11.8	125×125
	75×150	75	150	7	10	8	19.82	15.6	150×150
	87.5×175	87.5	175	7.5	11	13	25.71	20.2	175×175
	100×200	100	200	8	12	13	31.76	24.9	200×200
		100	204	12	12	13	35.76	28.1	
	125×250	125	250	9	14	13	45.71	35.9	250×250
		125	255	14	14	13	51.96	40.8	
	150×300	147	302	12	12	13	53.16	41.7	300×300
		150	300	10	15	13	59.22	46.5	
		150	305	15	15	13	66.72	52.4	
	175×350	172	348	10	16	13	72.00	56.5	350×350
		175	350	12	19	13	85.94	67.5	
	200×400	194	402	15	15	22	89.22	70.0	400×400
		197	398	11	18	22	93.40	73.3	
		200	400	13	21	22	109.3	85.8	
		200	408	21	21	22	125.3	98.4	
		207	405	18	28	22	147.7	116	
		214	407	20	35	22	180.3	142	
中翼缘 TM	75×100	74	100	6	9	8	13.17	10.3	150×100
	100×150	97	150	6	9	8	19.05	15.0	200×150
	125×175	122	175	7	11	13	27.74	21.8	250×175
	150×200	147	200	8	12	13	35.52	27.9	300×200
		149	201	9	14	13	41.01	32.2	
	175×250	170	250	9	14	13	49.76	39.1	350×250
	200×300	195	300	10	16	13	66.62	52.3	400×300
	225×300	220	300	11	18	13	76.94	60.4	450×300
	250×300	241	300	11	15	13	70.58	55.4	500×300
		244	300	11	18	13	79.58	62.5	
	275×300	272	300	11	15	13	73.99	58.1	550×300
		275	300	11	18	13	82.99	65.2	
	300×300	291	300	12	17	13	84.60	66.4	600×300
		294	300	12	20	13	93.60	73.5	
		297	302	14	23	13	108.5	85.2	

续表 8-2

类型	型号（高度×宽度）/（mm×mm）	截面尺寸/mm					截面面积/cm²	理论质量/（kg/m）	对应 H 型钢系列型号
		H	B	t_1	t_2	r			
窄翼缘 TN	50×50	50	50	5	7	8	5.920	4.65	100×50
	62.5×60	62.5	60	6	8	8	8.340	6.55	125×60
	75×75	75	75	5	7	8	8.920	7.00	150×75
	87.5×90	85.5	89	4	6	8	8.790	6.90	175×90
		87.5	90	5	8	8	11.44	8.98	
	100×100	99	99	4.5	7	8	11.34	8.90	200×100
		100	100	5.5	8	8	13.33	10.5	
	125×125	124	124	5	8	8	15.99	12.6	250×125
		125	125	6	9	8	18.48	14.5	
	150×150	149	149	5.5	8	13	20.40	16.0	300×150
		150	150	6.5	9	13	23.39	18.4	
	175×175	173	174	6	9	13	26.22	20.6	350×175
		175	175	7	11	13	31.45	24.7	
	200×200	198	199	7	11	13	35.70	28.0	400×200
		200	200	8	13	13	41.68	32.7	
	225×150	223	150	7	12	13	33.49	26.3	450×150
		225	151	8	14	13	38.74	30.4	
	225×200	223	199	8	12	13	41.48	32.6	450×200
		225	200	9	14	13	47.71	37.5	
	237.5×150	235	150	7	13	13	35.76	28.1	475×150
		237.5	151.5	8.5	15.5	13	43.07	33.8	
		241	153.5	10.5	19	13	53.20	41.8	
	250×150	246	150	7	12	13	35.10	27.6	500×150
		250	152	9	16	13	46.10	36.2	
		252	153	10	18	13	51.66	40.6	
	250×200	248	199	9	14	13	49.64	39.0	500×200
		250	200	10	16	13	56.12	44.1	
		253	201	11	19	13	64.65	50.8	
	275×200	273	199	9	14	13	51.89	40.7	550×200
		275	200	10	16	13	58.62	46.0	
	300×200	298	199	10	15	13	58.87	46.2	600×200
		300	200	11	17	13	65.85	51.7	
		303	201	12	20	13	74.88	58.8	
	312.5×200	312.5	198.5	13.5	17.5	13	75.28	59.1	625×200
		315	200	15	20	13	84.97	66.7	
		319	202	17	24	13	99.35	78.0	
	325×300	323	299	10	15	12	76.26	59.9	650×300
		325	300	11	17	13	85.60	67.2	
		328	301	12	20	13	97.88	76.8	

续表 8-2

类型	型号（高度×宽度）/（mm×mm）	截面尺寸/mm					截面面积/cm²	理论质量/（kg/m）	对应 H 型钢系列型号
		H	B	t_1	t_2	r			
窄翼缘 TN	350×300	346	300	13	20	13	103.1	80.9	700×300
		350	300	13	24	13	115.1	90.4	
	400×300	396	300	14	22	18	119.8	94.0	800×300
		400	300	14	26	18	131.8	103	
	450×300	445	299	15	23	18	133.5	105	
		450	300	16	28	18	152.9	120	900×300
		456	302	18	34	18	180.0	141	

表 8-3 热轧超厚超重 H 型钢的尺寸规格

类别	型号（高度×宽度）/（in×in）	截面尺寸/mm					截面面积/cm²	理论质量/（kg/m）
		H	B	t_1	t_2	r		
W14	W14×16	375	394	17.3	27.7	15	275.5	216
		380	395	18.9	30.2	15	300.9	237
		387	398	21.1	33.3	15	334.6	262
		393	399	22.6	36.6	15	366.3	287
		399	401	24.9	39.6	15	399.2	314
		407	404	27.2	43.7	15	442.0	347
		416	406	29.8	48.0	15	487.1	382
		425	409	32.8	52.6	15	537.1	421
		435	412	35.8	57.4	15	589.5	463
		446	416	39.1	62.7	15	649.0	509
		455	418	42.0	67.6	15	701.4	551
		465	421	45.0	72.3	15	754.9	592
		474	424	47.6	77.1	15	808.0	634
		483	428	51.2	81.5	15	863.4	677
		498	432	55.6	88.9	15	948.1	744
		514	437	60.5	97.0	15	1 043	818
		531	442	65.9	106.0	15	1 149	900
		550	448	71.9	115.0	15	1 262	990
		569	454	78.0	125.0	15	1 386	1 086
W24	W24×12.75	635	329	17.1	31.0	13	303.4	241
		641	327	19.0	34.0	13	332.7	262
		647	329	20.6	37.1	13	363.6	285
		661	333	24.4	43.9	13	433.7	341
		679	338	29.5	53.1	13	529.4	415
		689	340	32.0	57.9	13	578.6	455
		699	343	35.1	63.0	13	634.8	498
		711	347	38.6	69.1	13	702.1	551

续表 8-3

类别	型号（高度×宽度）/（in×in）	截面尺寸/mm					截面面积/cm²	理论质量/（kg/m）
		H	B	t_1	t_2	r		
W36	W36×12	903	304	15.2	20.1	19	256.5	201
		911	304	15.9	23.9	19	285.7	223
		915	305	16.5	25.9	19	303.5	238
		919	306	17.3	27.9	19	323.2	253
		923	307	18.4	30.0	19	346.1	271
		927	308	19.4	32.0	19	367.6	289
		932	309	21.1	34.5	19	398.4	313
	W36×16.5	912	418	19.3	32.0	24	436.1	342
		916	419	20.3	34.3	24	464.4	365
		921	420	21.3	36.6	24	493.0	387
		928	422	22.5	39.9	24	532.5	417
		933	423	24.0	42.7	24	569.6	446
		942	422	25.9	47.0	24	621.3	488
		950	425	28.4	51.1	24	680.1	534
		960	427	31.0	55.9	24	745.3	585
		972	431	34.5	62.0	24	831.9	653
		996	437	40.9	73.9	24	997.7	784
		1 028	446	50.0	89.9	24	1 231	967
W40	W40×12	970	300	16.0	21.1	30	282.8	222
		980	300	16.5	26.0	30	316.8	249
		990	300	16.5	31.0	30	346.8	272
		1 000	300	19.1	35.9	30	400.4	314
		1 008	302	21.1	40.0	30	445.1	350
		1 016	303	24.4	43.9	30	500.2	393
		1 020	304	26.0	46.0	30	528.7	415
		1 036	309	31.0	54.0	30	629.1	494
		1 056	314	36.0	64.0	30	743.7	584
	W40×16	982	400	16.5	27.1	30	376.8	296
		990	400	16.5	31.0	30	408.8	321
		1 000	400	19.0	36.1	30	472.0	371
		1 008	402	21.1	40.0	30	524.2	412
		1 012	402	23.6	41.9	30	563.7	443
		1 020	404	25.4	46.0	30	615.1	483
		1 030	407	28.4	51.1	30	687.2	539
		1 040	409	31.0	55.9	30	752.7	591
		1 048	412	34.0	60.0	30	817.6	642
		1 068	417	39.0	70.0	30	953.4	748
		1 092	424	45.5	82.0	30	1 125.3	883
W44	W44×16	1 090	400	18.0	31.0	20	436.5	343
		1 100	400	20.0	36.0	20	497.0	390
		1 108	402	22.0	40.0	20	551.2	433
		1 118	405	26.0	45.0	20	635.2	499

8.1.2　耐火热轧 H 型钢（YB/T 4261—2011）

（1）用途　适用于具有耐火性能的结构用热轧 H 型钢。

（2）尺寸规格　耐火热轧 H 型钢的尺寸规格应符合 GB/T 11263—2010《热轧 H 型钢和剖分 T 型钢》的规定。

（3）牌号和化学成分（表 8-4、表 8-5）

表 8-4　耐火热轧 H 型钢的牌号和化学成分　　　　　　　　　　（%）

牌号	质量等级	化学成分（质量分数）									
		C	Si	Mn	P	S	Nb	Cr	Mo	V	Al_s
		≤									≥
Q235FR	B	0.20	0.50	1.40	0.035	0.035	0.20	0.75	0.50	0.15	—
	C				0.030	0.030					
	D	0.17			0.030	0.030					0.010
Q345FR	B	0.20	0.60	1.70	0.035	0.035	0.20	0.75	0.90	0.15	—
	C				0.030	0.030					
	D	0.18			0.030	0.025					0.010
	E				0.025	0.020					
Q390FR	B	0.20	0.60	1.70	0.035	0.035	0.20	0.75	0.90	0.15	—
	C				0.030	0.030					
	D				0.030	0.025					0.010
	E				0.025	0.020					
Q420FR	B	0.20	0.60	1.70	0.035	0.035	0.20	0.75	0.90	0.15	—
	C				0.030	0.030					
	D				0.030	0.025					0.010
	E				0.025	0.020					
Q460FR	B	0.20	0.60	1.70	0.035	0.035	0.20	0.75	0.90	0.15	—
	C				0.030	0.030					
	D				0.030	0.025					0.010
	E				0.025	0.020					

注：钢的牌号由"屈服强度"汉语拼音的首字母"Q"、屈服强度下限值、"耐火"两字英文的首字母"FR"、质量等级（B，C，D，E）等四部分组成，如 Q345FRC。

表 8-5　碳当量（CEV）及焊接裂纹敏感性指数（P_{cm}）

牌号	CEV	P_{cm}/%	牌号	CEV	P_{cm}/%
Q235FR	≤0.38	≤0.26	Q420FR	≤0.48	≤0.30
Q245FR	≤0.45	≤0.28	Q460FR	≤0.50	≤0.33
Q390FR	≤0.46	≤0.28	—	—	—

（4）力学性能（表8-6）

表8-6 耐火热轧H型钢的力学性能

| 牌　号 | 质量等级 | 下屈服强度 R_{eL}/MPa 公称厚度/mm | | 抗拉强度 R_m/MPa | 断后伸长率 A/% | 强屈比 (R_m/R_{eL}) |
		≤16	>16			
Q235FR	B	≥235	≥225	370～500	≥26	≥1.25
	C					
	D					
Q345FR	B	≥345	≥335	470～630	≥21	≥1.25
	C					
	D					
	E					
Q390FR	B	≥390	≥370	490～650	≥20	≥1.25
	C					
	D					
	E					
Q420FR	B	≥420	≥400	520～680	≥19	≥1.25
	C					
	D					
	E					
Q460FR	B	≥460	≥440	550～720	≥17	≥1.25
	C					
	D					
	E					

注：屈服点不明显时，屈服强度 R_{eL} 应采用规定非比例延伸强度 $R_{p0.2}$。

8.1.3 焊接H型钢（YB/T 3301—2005）

（1）用途 焊接H型钢属经济断面型材，壁薄、截面金属分配合理，截面系数和惯性矩较大，具有同样质量时较轧制工字钢有更大的承载能力，便于组合拼装，而且可生产特大尺寸型材，目前最大尺寸已达到 2 000mm×508mm×76mm。适用于钢结构厂房的柱、梁、桩、桁等构件，也可用于吊车梁等。

（2）尺寸规格（表8-7）

表8-7 焊接H型钢的尺寸规格

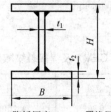

H——高度；B——宽度；t_1——腹板厚度；t_2——翼缘厚度；h_f——焊脚尺寸（高度）

| 型　号 | 尺寸/mm | | | | 截面面积 /cm² | 理论质量 /（kg/m） | 焊接尺寸 h_f/mm |
	H	B	t_1	t_2			
WH100×50	100	50	3.2	4.5	7.41	5.82	3
	100	50	4	5	8.60	6.75	4

续表 8-7

型 号	尺寸/mm				截面面积 /cm²	理论质量 / (kg/m)	焊接尺寸 h_f/mm
	H	B	t_1	t_2			
WH100×75	100	75	4	6	12.5	9.83	4
WH100×100	100	100	4	6	15.5	12.2	4
	100	100	6	8	21.0	16.5	5
WH125×75	125	75	4	6	13.5	10.6	4
WH125×125	125	125	4	6	19.5	15.3	4
WH150×75	150	75	3.2	4.5	11.2	8.8	3
	150	75	4	6	14.5	11.4	4
	150	75	5	8	18.7	14.7	5
WH150×100	150	100	3.2	4.5	13.5	10.6	3
	150	100	4	6	17.5	13.8	4
	150	100	5	8	22.7	17.8	5
WH150×150	150	150	4	6	23.5	18.5	4
	150	150	5	8	30.7	24.1	5
	150	150	6	8	32.0	25.2	5
WH200×100	200	100	3.2	4.5	15.1	11.9	3
	200	100	4	6	19.5	15.3	4
	200	100	5	8	25.2	19.8	5
WH200×150	200	150	4	6	25.5	20.0	4
	200	150	5	8	33.2	26.1	5
WH200×200	200	200	5	8	41.2	32.3	5
	200	200	6	10	50.8	39.9	5
WH250×125	250	125	4	6	24.5	19.2	4
	250	125	5	8	31.7	24.9	5
	250	125	6	10	38.8	30.5	5
WH250×150	250	150	4	6	27.5	21.6	4
	250	150	5	8	35.7	28.0	5
	250	150	6	10	43.8	34.4	5
WH250×200	250	200	5	8	43.7	34.3	5
	250	200	5	10	51.5	40.4	5
	250	200	6	10	53.8	42.2	5
	250	200	6	12	61.5	48.3	6
WH250×250	250	250	6	10	63.8	50.1	5
	250	250	6	12	73.5	57.7	6
	250	250	8	14	87.7	68.9	6
WH300×200	300	200	6	8	49.0	38.5	5
	300	200	6	10	56.8	44.6	5
	300	200	6	12	64.5	50.7	6
	300	200	8	14	77.7	61.0	6
	300	200	10	16	90.8	71.3	6
WH300×250	300	250	6	10	66.8	52.4	5
WH300×250	300	250	6	12	76.5	60.1	6
	300	250	8	14	91.7	72.0	6
	300	250	10	16	106	83.8	6

续表 8-7

型　号	尺寸/mm				截面面积 /cm²	理论质量 / (kg/m)	焊接尺寸 h_f/mm
	H	B	t_1	t_2			
WH300×300	300	300	6	10	76.8	60.3	5
	300	300	8	12	94.0	73.9	6
	300	300	8	14	105	83.0	6
	300	300	10	16	122	96.4	6
	300	300	10	18	134	106	7
	300	300	12	20	151	119	8
WH350×175	350	175	4.5	6	36.2	28.4	4
	350	175	4.5	8	43.0	33.8	4
	350	175	6	8	48.0	37.7	5
	350	175	6	10	54.8	43.0	5
	350	175	6	12	61.5	48.3	6
	350	175	8	12	68.0	53.4	6
	350	175	8	14	74.7	58.7	6
	350	175	10	16	87.8	68.9	6
WH350×200	350	200	6	8	52.0	40.9	5
	350	200	6	10	59.8	46.9	5
	350	200	6	12	67.5	53.0	6
	350	200	8	10	66.4	52.1	5
	350	200	8	12	74.0	58.2	6
	350	200	8	14	81.7	64.2	6
	350	200	10	16	95.8	75.2	6
WH350×250	350	250	6	10	69.8	54.8	5
	350	250	6	12	79.5	62.5	6
	350	250	8	12	86.0	67.6	6
	350	250	8	14	95.7	75.2	6
	350	250	10	16	111	87.8	6
WH350×300	350	300	6	10	79.8	62.6	5
	350	300	6	12	91.5	71.9	6
	350	300	8	14	109	86.2	6
	350	300	10	16	127	100	6
	350	300	10	18	139	109	7
WH350×350	350	350	6	12	103	81.3	6
	350	350	8	14	123	97.2	6
	350	350	8	16	137	108	6
	350	350	10	16	143	113	6
	350	350	10	18	157	124	7
	350	350	12	20	177	139	8
WH400×200	400	200	6	8	55.0	43.2	5
	400	200	6	10	62.8	49.3	5
	400	200	6	12	70.5	55.4	6
	400	200	8	12	78.0	61.3	6
	400	200	8	14	85.7	67.3	6

续表 8-7

型　号	尺寸/mm				截面面积 /cm²	理论质量 / (kg/m)	焊接尺寸 h_f/mm
	H	B	t_1	t_2			
WH400×200	400	200	8	16	93.4	73.4	6
	400	200	8	18	101	79.4	7
	400	200	10	16	100	79.1	6
	400	200	10	18	108	85.1	7
	400	200	10	20	116	91.1	7
WH400×250	400	250	6	10	72.8	57.1	5
	400	250	6	12	82.5	64.8	6
	400	250	8	14	99.7	78.3	6
	400	250	8	16	109	85.9	6
	400	250	8	18	119	93.5	7
	400	250	10	16	116	91.7	6
	400	250	10	18	126	99.2	7
	400	250	10	20	136	107	7
WH400×300	400	300	6	10	82.8	65.0	5
	400	300	6	12	94.5	74.2	6
	400	300	8	14	113	89.3	6
	400	300	10	16	132	104	6
	400	300	10	18	144	113	7
	400	300	10	20	156	122	7
	400	300	12	20	163	128	8
WH400×400	400	400	8	14	141	111	6
	400	400	8	18	173	136	7
	400	400	10	16	164	129	6
	400	400	10	18	180	142	7
	400	400	10	20	196	154	7
	400	400	12	22	218	172	8
	400	400	12	25	242	190	8
	400	400	16	25	256	201	10
	400	400	20	32	323	254	12
	400	400	20	40	384	301	12
WH450×250	450	250	8	12	94.0	73.9	6
	450	250	8	14	103	81.5	6
	450	250	10	16	121	95.6	6
	450	250	10	18	131	103	7
	450	250	10	20	141	111	7
	450	250	12	22	158	125	8
	450	250	12	25	173	136	8
WH450×300	450	300	8	12	106	83.3	6
	450	300	8	14	117	92.4	6
	450	300	10	16	137	108	6
	450	300	10	18	149	117	7
	450	300	10	20	161	126	7

续表 8-7

型　号	尺寸/mm				截面面积/cm²	理论质量/(kg/m)	焊接尺寸 h_f/mm
	H	B	t_1	t_2			
WH450×300	450	300	12	20	169	133	8
	450	300	12	22	180	142	8
	450	300	12	25	198	155	8
WH450×400	450	400	8	14	145	114	6
	450	400	10	16	169	133	6
	450	400	10	18	185	146	7
	450	400	10	20	201	158	7
	450	400	12	22	224	176	8
	450	400	12	25	248	195	8
WH500×250	500	250	8	12	98.0	77.0	6
	500	250	8	14	107	84.6	6
	500	250	8	16	117	92.2	6
	500	250	10	16	126	99.5	6
	500	250	10	18	136	107	7
	500	250	10	20	146	115	7
	500	250	12	22	164	129	8
	500	250	12	25	179	141	8
WH500×300	500	300	8	12	110	86.4	6
	500	300	8	14	121	95.6	6
	500	300	8	16	133	105	6
	500	300	10	16	142	112	6
	500	300	10	18	154	121	7
	500	300	10	20	166	130	7
	500	300	12	22	186	147	8
	500	300	12	25	204	160	8
WH500×400	500	400	8	14	149	118	6
	500	400	10	16	174	137	6
	500	400	10	18	190	149	7
	500	400	10	20	206	162	7
	500	400	12	22	230	181	8
	500	400	12	25	254	199	8
WH500×500	500	500	10	18	226	178	7
	500	500	10	20	246	193	7
	500	500	12	22	274	216	8
	500	500	12	25	304	239	8
	500	500	20	25	340	267	12
WH600×300	600	300	8	14	129	102	6
	600	300	10	16	152	120	6
	600	300	10	18	164	129	7
	600	300	10	20	176	138	7
	600	300	12	22	198	156	8
	600	300	12	25	216	170	8

续表 8-7

型 号	尺寸/mm				截面面积	理论质量	焊接尺寸
	H	B	t_1	t_2	/cm²	/（kg/m）	h_f/mm
	600	400	8	14	157	124	6
	600	400	10	16	184	145	6
	600	400	10	18	200	157	7
	600	400	10	20	216	170	7
WH600×400	600	400	10	25	255	200	8
	600	400	12	22	242	191	8
	600	400	12	28	289	227	8
	600	400	12	30	304	239	9
	600	400	14	32	331	260	9
	700	300	10	18	174	137	7
	700	300	10	20	186	146	7
	700	300	10	25	215	169	8
	700	300	12	22	210	165	8
WH700×300	700	300	12	25	228	179	8
	700	300	12	28	245	193	8
	700	300	12	30	256	202	9
	700	300	12	36	291	229	9
	700	300	14	32	281	221	9
	700	300	16	36	316	248	10
	700	350	10	18	192	151	7
	700	350	10	20	206	162	7
	700	350	10	25	240	188	8
	700	350	12	22	232	183	8
WH700×350	700	350	12	25	253	199	8
	700	350	12	28	273	215	8
	700	350	12	30	286	225	9
	700	350	12	36	327	257	9
	700	350	14	32	313	246	9
	700	350	16	36	352	277	10
	700	400	10	18	210	165	7
	700	400	10	20	226	177	7
	700	400	10	25	265	208	8
	700	400	12	22	254	200	8
WH700×400	700	400	12	25	278	218	8
	700	400	12	28	301	237	8
	700	400	12	30	316	249	9
	700	400	12	36	363	285	9
	700	400	14	32	345	271	9
	700	400	16	36	388	305	10
	800	300	10	18	184	145	7
WH800×300	800	300	10	20	196	154	7
	800	300	10	25	225	177	8

续表 8-7

型 号	尺寸/mm				截面面积 /cm²	理论质量 / (kg/m)	焊接尺寸 h_f/mm
	H	B	t_1	t_2			
WH800×300	800	300	12	22	222	175	8
	800	300	12	25	240	188	8
	800	300	12	28	257	202	8
	800	300	12	30	268	211	9
	800	300	12	36	303	238	9
	800	300	14	32	295	232	9
	800	300	16	36	332	261	10
WH800×350	800	350	10	18	202	159	7
	800	350	10	20	216	170	7
	800	350	10	25	250	196	8
	800	350	12	22	244	192	8
	800	350	12	25	265	208	8
	800	350	12	28	285	224	8
	800	350	12	30	298	235	9
	800	350	12	36	339	266	9
	800	350	14	32	327	257	9
	800	350	16	36	368	289	10
WH800×400	800	400	10	18	220	173	7
	800	400	10	20	236	185	7
	800	400	10	25	275	216	8
	800	400	10	28	298	234	8
	800	400	12	22	266	209	8
	800	400	12	25	290	228	8
	800	400	12	28	313	246	8
	800	400	12	32	344	270	9
	800	400	12	36	375	295	9
	800	400	14	32	359	282	9
	800	400	16	36	404	318	10
WH900×350	900	350	10	20	226	177	7
	900	350	12	20	243	191	8
	900	350	12	22	256	202	8
	900	350	12	25	277	217	8
	900	350	12	28	297	233	8
	900	350	14	32	341	268	9
	900	350	14	36	367	289	9
	900	350	16	36	384	302	10
WH900×400	900	400	10	20	246	193	7
	900	400	12	20	263	207	8
	900	400	12	22	278	219	8
	900	400	12	25	302	237	8
	900	400	12	28	325	255	8
	900	400	12	30	340	268	9

续表 8-7

型　号	尺寸/mm				截面面积 /cm²	理论质量 / (kg/m)	焊接尺寸 h_f/mm
	H	B	t_1	t_2			
WH900×400	900	400	14	32	373	293	9
	900	400	14	36	403	317	9
	900	400	14	40	434	341	10
	900	400	16	36	420	330	10
	900	400	16	40	451	354	10
WH1100×400	1 100	400	12	20	287	225	8
	1 100	400	12	22	302	238	8
	1 100	400	12	25	326	256	8
	1 100	400	12	28	349	274	8
	1 100	400	14	30	385	303	9
	1 100	400	14	32	401	315	9
	1 100	400	14	36	431	339	9
	1 100	400	16	40	483	379	10
WH1100×500	1 100	500	12	20	327	257	8
	1 100	500	12	22	346	272	8
	1 100	500	12	25	376	295	8
	1 100	500	12	28	405	318	8
	1 100	500	14	30	445	350	9
	1 100	500	14	32	465	365	9
	1 100	500	14	36	503	396	9
	1 100	500	16	40	563	442	10
WH1200×400	1 200	400	14	20	322	253	9
	1 200	400	14	22	337	265	9
	1 200	400	14	25	361	283	9
	1 200	400	14	28	384	302	9
	1 200	400	14	30	399	314	9
	1 200	400	14	32	415	326	9
	1 200	400	14	36	445	350	9
	1 200	400	16	40	499	392	10
WH1200×450	1 200	450	14	20	342	269	9
	1 200	450	14	22	359	282	9
	1 200	450	14	25	386	303	9
	1 200	450	14	28	412	324	9
	1 200	450	14	30	429	337	9
	1 200	450	14	32	447	351	9
	1 200	450	14	36	481	378	9
	1 200	450	16	36	504	396	10
	1 200	450	16	40	539	423	10
WH1200×500	1 200	500	14	20	362	284	9
	1 200	500	14	22	381	300	9
	1 200	500	14	25	411	323	9
	1 200	500	14	28	440	346	9

续表 8-7

型 号	尺寸/mm				截面面积 /cm²	理论质量 / (kg/m)	焊接尺寸 h_f/mm
	H	B	t_1	t_2			
	1 200	500	14	32	479	376	9
	1 200	500	14	36	517	407	9
WH1200×500	1 200	500	16	36	540	424	10
	1 200	500	16	40	579	455	10
	1 200	500	16	45	627	493	11
	1 200	600	14	30	519	408	9
WH1200×600	1 200	600	16	36	612	481	10
	1 200	600	16	40	659	517	10
	1 200	600	16	45	717	563	11
	1 300	450	16	25	425	334	10
	1 300	450	16	30	468	368	10
WH1300×450	1 300	450	16	36	520	409	10
	1 300	450	18	40	579	455	11
	1 300	450	18	45	622	489	11
	1 300	500	16	25	450	353	10
	1 300	500	16	30	498	391	10
WH1300×500	1 300	500	16	36	556	437	10
	1 300	500	18	40	619	486	11
	1 300	500	18	45	667	524	11
	13 00	600	16	30	558	438	10
	1 300	600	16	36	628	493	10
WH1300×600	1 300	600	18	40	699	549	11
	1 300	600	18	45	757	595	11
	1 300	600	20	50	840	659	12
	1 400	450	16	25	441	346	10
	1 400	450	16	30	484	380	10
WH1400×450	1 400	450	18	36	563	442	11
	1 400	450	18	40	597	469	11
	1 400	450	18	45	640	503	11
	1 400	500	16	25	466	366	10
	1 400	500	16	30	514	404	10
WH1400×500	1 400	500	18	36	599	470	11
	1 400	500	18	40	637	501	11
	1 400	500	18	45	685	538	11
	1 400	600	16	30	574	451	10
	1 400	600	16	36	644	506	10
WH1400×600	1 400	600	18	40	717	563	11
	1 400	600	18	45	775	609	11
	1 400	600	18	50	834	655	11
	1 500	500	18	25	511	401	11
WH1500×500	1 500	500	18	30	559	439	11
	1 500	500	18	36	617	484	11

续表 8-7

型 号	尺寸/mm				截面面积 /cm²	理论质量 / (kg/m)	焊接尺寸 h_f/mm
	H	B	t_1	t_2			
WH1500×500	1 500	500	18	40	655	515	11
	1 500	500	20	45	732	575	12
WH1500×550	1 500	550	18	30	589	463	11
	1 500	550	18	36	653	513	11
	1 500	550	18	40	695	546	11
	1 500	550	20	45	777	610	12
WH1500×600	1 500	600	18	30	619	486	11
	1 500	600	18	36	689	541	11
	1 500	600	18	40	735	577	11
	1 500	600	20	45	822	645	12
	1 500	600	20	50	880	691	12
WH1600×600	1 600	600	18	30	637	500	11
	1 600	600	18	36	707	555	11
	1 600	600	18	40	753	592	11
	1 600	600	20	45	842	661	12
	1 600	600	20	50	900	707	12
WH1600×650	1 600	650	18	30	667	524	11
	1 600	650	18	36	743	583	11
	1 600	650	18	40	793	623	11
	1 600	650	20	45	887	696	12
	1 600	650	20	50	950	746	12
WH1600×700	1 600	700	18	30	697	547	11
	1 600	700	18	36	779	612	11
	1 600	700	18	40	833	654	11
	1 600	700	20	45	932	732	12
	1 600	700	20	50	1 000	785	12
WH1700×600	1 700	600	18	30	655	514	11
	1 700	600	18	36	725	569	11
	1 700	600	18	40	771	606	11
	1 700	600	20	45	862	677	12
	1 700	600	20	50	920	722	12
WH1700×650	1 700	650	18	30	685	538	11
	1 700	650	18	36	761	597	11
	1 700	650	18	40	811	637	11
	1 700	650	20	45	907	712	12
	1 700	650	20	50	970	761	12
WH1700×700	1 700	700	18	32	742	583	11
	1 700	700	18	36	797	626	11
	1 700	700	18	40	851	669	11
	1 700	700	20	45	952	747	12
	1 700	700	20	50	1 020	801	12

续表 8-7

型 号	尺寸/mm				截面面积 /cm²	理论质量 /（kg/m）	焊接尺寸 h_f/mm
	H	B	t_1	t_2			
	1 700	750	18	32	774	608	11
	1 700	750	18	36	833	654	11
WH1700×750	1 700	750	18	40	891	700	11
	1 700	750	20	45	997	783	12
	1 700	750	20	50	1 070	840	12
	1 800	600	18	30	673	528	11
	1 800	600	18	36	743	583	11
WH1800×600	1 800	600	18	40	789	620	11
	1 800	600	20	45	882	692	12
	1 800	600	20	50	940	738	12
	1 800	650	18	30	703	552	11
	1 800	650	18	36	779	612	11
WH1800×650	1 800	650	18	40	829	651	11
	1 800	650	20	45	927	728	12
	1 800	650	20	50	990	777	12
	1 800	700	18	32	760	597	11
	1 800	700	18	36	815	640	11
WH1800×700	1 800	700	18	40	869	683	11
	1 800	700	20	45	972	763	12
	1 800	700	20	50	1 040	816	12
	1 800	750	18	32	792	622	11
	1 800	750	18	36	851	668	11
WH1800×750	1 800	750	18	40	909	714	11
	1 800	750	20	45	1 017	798	12
	1 800	750	20	50	1 090	856	12
	1 900	650	18	30	721	566	11
	1 900	650	18	36	797	626	11
WH1900×650	1 900	650	18	40	847	665	11
	1 900	650	20	45	947	743	12
	1 900	650	20	50	1 010	793	12
	1 900	700	18	32	778	611	11
	1 900	700	18	36	833	654	11
WH1900×700	1 900	700	18	40	887	697	11
	1 900	700	20	45	992	779	12
	1 900	700	20	50	1 060	832	12
	1 900	750	18	34	839	659	11
	1 900	750	18	36	869	682	11
WH1900×750	1 900	750	18	40	927	728	11
	1 900	750	20	45	1 037	814	12
	1 900	750	20	50	1 110	871	12

续表 8-7

型　号	尺寸/mm				截面面积 /cm²	理论质量 / (kg/m)	焊接尺寸 h_f/mm
	H	B	t_1	t_2			
WH1900×800	1 900	800	18	34	873	686	11
	1 900	800	18	36	905	710	11
	1 900	800	18	40	967	760	11
	1 900	800	20	45	1 082	849	12
	1 900	800	20	50	1 160	911	12
WH2000×650	2 000	650	18	30	739	580	11
	2 000	650	18	36	815	640	11
	2 000	650	18	40	865	679	11
	2 000	650	20	45	967	759	12
	2 000	650	20	50	1 030	809	12
WH2000×700	2 000	700	18	32	796	625	11
	2 000	700	18	36	851	668	11
	2 000	700	18	40	905	711	11
	2 000	700	20	45	1 012	794	12
	2 000	700	20	50	1 080	848	12
WH2000×750	2 000	750	18	34	857	673	11
	2 000	750	18	36	887	696	11
	2 000	750	18	40	945	742	11
	2 000	750	20	45	1 057	830	12
	2 000	750	20	50	1 130	887	12
WH2000×800	2 000	800	18	34	891	700	11
	2 000	800	18	36	923	725	11
	2 000	800	20	40	1 024	804	12
	2 000	800	20	45	1 102	865	12
	2 000	800	20	50	1 180	926	12
WH2000×850	2 000	850	18	36	959	753	11
	2 000	850	18	40	1 025	805	11
	2 000	850	20	45	1 147	900	12
	2 000	850	20	50	1 230	966	12
	2 000	850	20	55	1 313	1 031	12

注：理论质量未包括焊缝质量。

8.1.4　结构用高频焊接薄壁 H 型钢（JG/T 137—2007）

（1）用途　与 YB/T 3301 相比，薄壁 H 型钢增加了卷边高频焊接薄壁 H 型钢，翼缘厚度和腹板厚度都较薄（壁更薄），腹板宽度也较窄，在保证承载能力的条件下，更加节约金属。薄壁 H 型钢特别适用于工业与民用建筑和一般构筑物结构使用。

（2）尺寸规格（表8-8、表8-9）

表8-8　普通高频焊接薄壁H型钢的尺寸规格

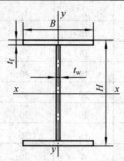

H——截面高度；B——翼缘宽度；t_w——腹板厚度；t_f——翼缘厚度

截面尺寸/mm				截面面积 /cm²	理论质量/ （kg/m）	截面尺寸/mm				截面面积 /cm²	理论质量/ （kg/m）
H	B	t_w	t_f			H	B	t_w	t_f		
100	50	2.3	3.2	5.35	4.20	250	150	3.2	4.5	21.21	16.65
		3.2	4.5	7.41	5.82			3.2	6.0	25.62	20.11
	100	4.5	6.0	15.96	12.53			4.5	6.0	28.71	22.54
		6.0	8.0	21.04	16.52			4.5	8.0	34.53	27.11
120	120	3.2	4.5	14.35	11.27			4.5	9.0	37.44	29.39
		4.5	6.0	19.26	15.12			6.0	8.0	38.04	29.86
150	75	3.2	4.5	11.26	8.84			6.0	9.0	40.92	32.12
		4.5	6.0	15.21	11.94		200	4.5	8.0	42.54	33.39
	100	3.2	4.5	13.51	10.61			4.5	9.0	46.45	36.46
		3.2	6.0	16.42	12.89			4.5	10.0	50.34	39.52
		4.5	6.0	18.21	14.29			6.0	8.0	46.04	36.14
	150	3.2	6.0	22.42	17.60			6.0	9.0	49.92	39.19
		4.5	6.0	24.21	19.00			6.0	10.0	53.80	42.23
		6.0	8.0	32.04	25.15		250	4.5	8.0	50.54	39.67
200	100	3.0	3.0	11.82	9.28			4.5	9.0	55.44	43.52
		3.2	4.5	15.11	11.86			4.5	10.0	60.34	47.37
		3.2	6.0	18.01	14.14			6.0	8.0	54.04	42.42
		4.5	6.0	20.46	16.06			6.0	9.0	58.92	46.25
		6.0	8.0	27.04	21.23			6.0	10.0	63.80	50.08
	150	3.2	4.5	19.61	15.40	300	150	3.2	4.5	22.81	17.91
		3.2	6.0	24.01	18.85				6.0	27.21	21.36
		4.5	6.0	26.46	20.77				6.0	30.96	24.30
		6.0	8.0	35.04	27.51				8.0	36.78	28.87
	200	6.0	8.0	43.04	33.79			4.5	9.0	39.69	31.16
250	125	3.0	3.0	14.82	11.63				10.0	42.60	33.44
		3.2	4.5	18.96	14.89				8.0	41.04	32.22
		3.2	6.0	22.61	17.75			6.0	9.0	43.92	34.48
		4.5	6.0	25.71	20.18				10.0	46.80	36.74
		4.5	8.0	30.53	23.97		200	4.5	8.0	44.78	35.15
		6.0	8.0	34.04	26.72				9.0	48.69	38.22

续表 8-8

截面尺寸/mm				截面面积 /cm²	理论质量/ (kg/m)	截面尺寸/mm				截面面积 /cm²	理论质量/ (kg/m)
H	B	t_w	t_f			H	B	t_w	t_f		
300	200	4.5	10.0	52.60	14.29	400	150	4.5	10.0	47.09	36.97
		6.0	8.0	49.04	38.50			6.0	8.0	88.28	36.93
			9.0	52.92	41.54				9.0	49.92	39.19
			10.0	56.80	44.59				10.0	52.80	41.45
	250	4.5	8.0	52.78	41.43		200	4.5	8.0	49.27	38.68
			9.0	57.69	45.29				9.0	53.19	41.75
			10.0	62.60	49.14				10.0	57.10	44.82
		6.0	8.0	57.04	44.78			6.0	8.0	55.04	43.21
			9.0	61.92	48.61				9.0	58.92	46.25
			10.0	66.80	52.44				10.0	62.80	49.30
350	150	3.2	4.5	24.41	19.16		250	4.5	8.0	57.27	44.96
			6.0	28.81	22.62				9.0	62.19	48.82
		4.5	6.0	33.21	26.07				10.0	67.09	52.67
			8.0	39.03	30.64			6.0	8.0	63.04	49.49
			9.0	41.94	32.92				9.0	67.92	53.32
			10.0	44.85	35.21				10.0	72.80	57.15
		6.0	8.0	44.04	34.57	450	200	4.5	8.0	51.53	40.45
			9.0	46.92	36.83				9.0	55.44	43.52
			10.0	49.79	39.09				10.0	59.35	46.59
	175	4.5	6.0	36.21	28.42			6.0	8.0	58.04	45.56
			8.0	43.03	33.78				9.0	61.92	48.61
			9.0	46.44	36.46				10.0	65.80	51.65
			10.0	49.85	39.13		250	4.5	8.0	59.53	46.73
		6.0	8.0	48.04	37.71				9.0	64.45	50.59
			9.0	51.41	40.36				10.0	69.35	54.44
			10.0	54.79	43.01			6.0	8.0	66.04	51.84
	200	4.5	8.0	47.03	36.92				9.0	70.92	55.67
			9.0	50.94	39.99				10.0	75.80	59.50
			10.0	54.85	43.06	500	200	4.5	8.0	53.78	42.22
		6.0	8.0	52.04	40.85				9.0	57.69	45.29
			9.0	55.92	43.90				10.0	61.61	48.36
			10.0	59.79	46.94			6.0	8.0	61.04	47.92
	250	4.5	8.0	55.03	43.20				9.0	64.92	50.96
			9.0	59.9	47.05				10.0	68.80	54.01
			10.0	64.85	50.91		250	4.5	8.0	61.78	48.50
		6.0	8.0	60.04	47.13				9.0	66.69	52.35
			9.0	64.92	50.96				10.0	71.61	56.21
			10.0	69.80	54.79			6.0	8.0	69.04	54.20
400	150	4.5	8.0	41.28	32.40				9.0	73.92	58.03
			9.0	44.19	34.69				10.0	78.80	61.86

表 8-9　卷边高频焊接薄壁 H 型钢的尺寸规格

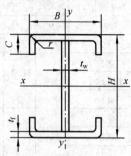

t_f——翼缘厚度；C——翼缘卷边高度；r——卷边弯曲半径

截面尺寸/mm					截面面积/cm²	理论质量/（kg/m）
H	B	C	t_w	t_f		
100	100	20	2.3	2.3	8.29	6.50
			3.0	3.0	10.63	8.34
			3.2	3.2	11.29	8.86
150	100	20	2.3	2.3	9.44	7.41
			3.0	3.0	12.13	9.52
			3.2	3.2	12.88	10.11
200	100	25	3.0	3.2	15.12	11.87
	200	40	4.5	6.0	39.69	31.16
250	125	25	3.2	3.2	18.32	14.38
	200	40	4.5	6.0	41.95	32.93
300	150	25	3.2	3.2	21.52	16.89
	200	40	4.5	6.0	44.19	34.69
350	200	40	4.5	6.0	46.45	36.46
	250	40	4.5	6.0	52.45	41.17
400	200	40	4.5	6.0	48.69	38.22
	250	40	4.5	6.0	54.69	42.93

8.1.5　护栏波形梁用冷弯型钢（YB/T 4081—2007）

（1）用途　该型钢用作高速公路的基本安全设施。护栏波形梁用冷弯型钢按截面型式分为 A 型和 B 型两种。与 B 型护栏相比，A 型护栏截面形状尺寸设计更加合理，有较大的截面模数和惯性矩，能更易有效地抵挡和吸收能量。

（2）尺寸规格（表 8-10）

表 8-10　护栏波形梁用冷弯型钢的尺寸规格

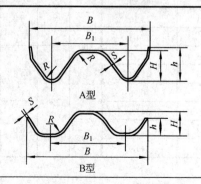

A型

B型

续表 8-10

分类	尺寸/mm						截面面积 /cm²	理论质量 /(kg/m)
	H	h	B	B_1	R	S		
A	83	85	310	192	24	3	14.5	11.4
B	75	55	350	214	25	4	18.6	14.6
	75	53	350	218	25	4	18.7	14.7
	79	42	350	227	14	4	17.8	14.0
	53	34	350	223	14	3.2	13.2	10.4
	52	33	350	224	14	2.3	9.4	7.4

8.1.6　电梯导轨用热轧型钢（YB/T 157—1999）

（1）用途　电梯导轨用热轧型钢是用于机械加工乘客电梯、服务电梯 T 形导轨的热轧型钢。导轨型钢的型号为 T75，T78，T82，T89，T90，T114，T125，T127-1，T127-2，T140-1，T140-2，T140-3。型号中的"T"字为 T 形导轨型钢的代号，"T"后数字为导轨型钢轨底宽度尺寸（单位：mm）；"-"后数字为导轨型钢的规格代号。

（2）尺寸规格（表 8-11、表 8-12）

表 8-11　截面尺寸　　　　　　　　　　　　（mm）

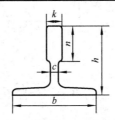

型号	尺　寸					型号	尺　寸				
	b	h	k	n	c		b	h	k	n	c
T75	75	64	14	32	7.5	T125	125	84	20	44	10
T78	78	58	14	28	7.5	T127-1	127	91	20	46.5	10
T82	82.5	70.5	13	27.5	7.5	T127-2	127	91	20	52.8	10
T89	89	64	20	35	10	T140-1	140	110	23	52.8	12.7
T90	90	77	20	44	10	T140-2	140	104	32.6	52.8	17.5
T114	114	91	20	40	10	T140-3	140	129	36	59.2	19

表 8-12　截面面积及理论质量

型号	T75	T78	T82	T89	T90	T114	T125	T127-1	T127-2	T140-1	T140-2	T140-3
截面面积 /cm²	13.000	11.752	12.994	17.873	20.453	24.312	25.452	25.442	31.735	38.200	46.826	61.500
理论质量 /（kg/m）	10.205	9.225	10.200	14.030	16.056	19.085	19.980	19.972	24.912	29.987	36.758	48.278

（3）牌号和化学成分　钢的牌号为 Q235A，一般为镇静钢，钢的化学成分应符合 GB/T 700 的规定，其硫、磷含量均不大于 0.045%。

（4）力学性能（表8-13）

表8-13　电梯导轨用热轧型钢的力学性能

牌　号	抗拉强度 R_m/MPa	断后伸长率 A_5/%
Q235A	≥375	≥24
Q255A 或其他牌号	≥410	

8.1.7　冷弯钢板桩（JG/T 196—2007）

（1）用途　冷弯钢板桩对钢带进行连续冷弯变形，形成截面为 Z 形、U 形或其他形状，可通过锁口交互连接的建筑基础用板材。适用于建筑地下工程支护结构、港口建设、水利工程用冷弯钢板桩等。

（2）尺寸规格（表8-14～表8-17）

表8-14　轻型冷弯钢板桩的尺寸规格

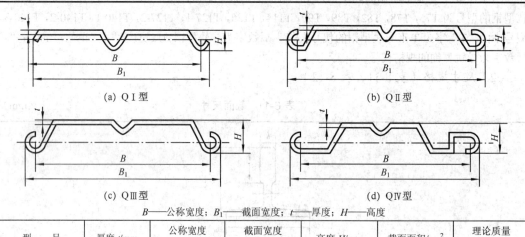

(a) QⅠ型　　(b) QⅡ型　　(c) QⅢ型　　(d) QⅣ型

B——公称宽度；B_1——截面宽度；t——厚度；H——高度

型　号	厚度 t/mm	公称宽度 B/mm	截面宽度 B_1/mm	高度 H/mm	截面面积/cm²	理论质量/（kg/m）
QⅠ250×5.0	5.0	250	266	36	16.21	12.7
QⅡ250×5.0	5.0	250	280	36	18.55	14.6
QⅢ250×5.0	5.0	250	280	70	20.19	15.9
QⅢ250×6.0	6.0	250	280	70	24.22	19.0
QⅣ333×5.0	5.0	333	370	74	27.10	21.3
QⅣ333×6.0	6.0	333	371	75	32.52	25.5
QⅣ500×5.0	5.0	500	533	160	43.13	33.9
QⅣ500×6.0	6.0	500	534	161	51.76	40.6
QⅣ500×7.0	7.0	500	535	162	60.38	47.4

表8-15　标准型冷弯钢板桩的尺寸规格

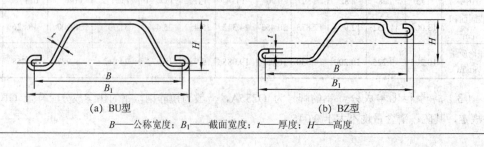

(a) BU型　　(b) BZ型

B——公称宽度；B_1——截面宽度；t——厚度；H——高度

续表 8-15

型　号	厚度 t/mm	公称宽度 B/mm	截面宽度 B_1/mm	高度 H/mm	截面面积/cm^2	理论质量 /（kg/m）
BU400×8.0	8.0	400	460	85	45.21	35.5
BU400×9.2	9.2	400	460	120	55.01	43.2
BU500×6.5	6.5	500	552	150	49.30	39.5
BU500×8.0	8.0	500	552	150	60.50	47.5
BU500×9.0	9.0	500	552	150	68.10	53.5
BU500×10.0	10.0	500	552	150	75.90	59.6
BU575×9.0	9.0	575	627	210	80.50	63.3
BU575×9.5	9.5	575	627	210	85.00	66.8
BU575×10.0	10.0	575	627	210	89.50	70.2
BZ550×6.5	6.5	550	598	200	53.89	42.9
BZ550×8.0	8.0	550	598	200	66.33	52.3
BZ550×9.0	9.0	550	598	200	74.62	58.9
BZ610×9.0	9.0	610	666	340	92.55	73.8
BZ610×10.0	10.0	610	666	340	102.90	81.7
BZ610×11.0	11.0	610	666	340	113.1	90.3

表 8-16　轻型钢板桩二根组合桩的尺寸规格

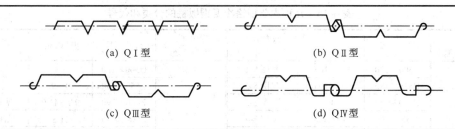

(a) Q I 型	(b) Q II 型
(c) Q III 型	(d) Q IV 型

型　号	厚度 t/mm	公称宽度 B/mm	高度 H/mm	截面面积/（cm^2/m）	理论质量/（kg/m^2）
Q I 250×5.0	5.0	250	36	65.88	52
Q II 250×5.0	5.0	250	36	75.40	59
QIII250×5.0	5.0	250	70	83.56	66
QIII250×6.0	6.0	250	70	106.00	83
QIV333×5.0	5.0	333	74	82.53	65
QIV333×6.0	6.0	333	75	99.03	78
QIV500×5.0	5.0	500	160	85.70	67
QIV500×6.0	6.0	500	161	102.80	81
QIV500×7.0	7.0	500	162	120.00	94

表 8-17　标准型钢板桩二根组合桩的尺寸规格

(a) BU型	(b) BZ型

型　号	厚度 t/mm	公称宽度 B/mm	高度 H/mm	截面面积/（cm^2/m）	理论质量/（kg/m^2）
BU400×8.0	8.0	400	85	113.0	89

续表 8-17

型　　号	厚度 t/mm	公称宽度 B/mm	高度 H/mm	截面面积/（cm^2/m）	理论质量/（kg/m^2）
BU400×9.2	9.2	400	120	137.5	108
BU500×6.5	6.5	500	150	98.7	79
BU500×8.0	8.0	500	150	121.0	95
BU500×9.0	9.0	500	150	136.2	107
BU500×10.0	10.0	500	150	151.8	119
BU575×9.0	9.0	575	210	140.0	110
BU575×9.5	9.5	575	210	148.0	116
BU575×10.0	10.0	575	210	155.0	122
BZ550×6.5	6.5	550	598	99.3	78
BZ550×8.0	8.0	550	598	121.0	95
BZ550×9.0	9.0	550	598	136.4	107
BZ610×9.0	9.0	610	666	154.0	121
BZ610×10.0	10.0	610	666	171.0	134
BZ610×11.0	11.0	610	666	188.0	148

8.1.8　冷弯钢板桩（YB/T 4180—2008）

（1）用途　冷弯钢板桩适用于固堤、截流围堰、挡土墙以及建筑基坑支护等结构基础工程。

（2）分类和代号（表 8-18 和图 8-1～图 8-11）

表 8-18　几种主要规格冷弯钢板桩的分类和代号

钢板桩型号分类	代　号	壁厚/mm	截面形状尺寸	钢板桩型号分类	代　号	壁厚/mm	截面形状尺寸
U 型	U500×120	8.0～10.0	见图 8-1	U 型	U500×130	6.5	见图 8-7
	U575×180	9.0～10.0	见图 8-2	Z 型	Z550×150	8.0～9.0	见图 8-8
	U610×240	11.5	见图 8-3		Z610×290	9.0～11.0	见图 8-9
	U550×75	4.5～6.0	见图 8-4		Z664×370	11.5	见图 8-10
	U333×60	4.0～5.5	见图 8-5		Z550×160	6.5	见图 8-11
	U700×130	5.5～7.0	见图 8-6	—	—	—	—

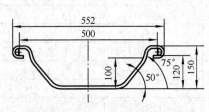

图 8-1　U500×120×8.0/9.0/10.0

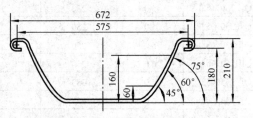

图 8-2　U575×180×8.0/9.0/10.0

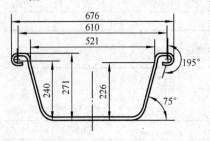

图 8-3　U610×240×11.5

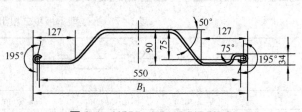

图 8-4　U550×75×4.5/5.5/6.0

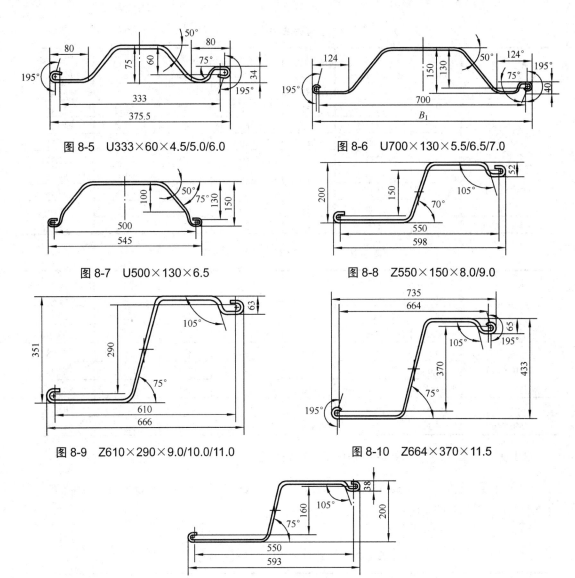

图 8-5　U333×60×4.5/5.0/6.0

图 8-6　U700×130×5.5/6.5/7.0

图 8-7　U500×130×6.5

图 8-8　Z550×150×8.0/9.0

图 8-9　Z610×290×9.0/10.0/11.0

图 8-10　Z664×370×11.5

图 8-11　Z550×160×6.5

（3）尺寸规格（表 8-19、表 8-20）

表 8-19　U 型冷弯钢板桩的尺寸规格

型　　号	厚度 t/mm	公称宽度 B/mm	宽度 B_1/mm	公称高度 H/mm	高度 H_1/mm	截面面积 /cm²	理论质量 /（kg/m）
U500×120	8.0	500	552	120	150	61.65	48.40
	9.0	500	552	120	150	70.06	55.0
	10.0	500	552	120	150	78.23	61.41
U575×180	9.0	575	627	180	210	83.44	65.50
	9.5	575	627	180	210	88.36	69.39
	10.0	575	627	180	210	93.07	73.06
U610×240	11.5	610	676	240	271	132.86	104.30
U550×75	4.5	550	586	75	90	32.31	25.36
	5.5	550	587	75	90	39.98	31.38

续表 8-19

型　号	厚度 t/mm	公称宽度 B/mm	宽度 B_1/mm	公称高度 H/mm	高度 H_1/mm	截面面积 /cm²	理论质量 /（kg/m）
U550×75	6.0	550	588	75	90	43.92	34.48
U333×60	4.0	333	372	60	75	22.71	17.46
	4.5	333	372	60	75	25.42	19.50
	5.0	333	372	60	75	27.97	21.51
	5.5	333	372	60	75	30.51	23.49
U700×130	5.5	700	733	130	150	50.92	39.97
	6.5	700	735	130	150	61.09	47.96
	7.0	700	741	130	150	66.38	52.11
U500×130	6.5	500	545	130	150	49.33	38.72

表 8-20　Z 型冷弯钢板桩的尺寸规格

型　号	厚度 t/mm	公称宽度 B/mm	宽度 B_1/mm	公称高度 H/mm	高度 H_1/mm	截面面积 /cm²	理论质量 /（kg/m）
Z550×150	8.0	550	598	150	200	66.42	52.14
	9.0	550	598	150	200	75.66	59.40
Z610×290	9.0	610	666	290	351	92.97	72.98
	10.0	610	666	290	351	103.16	80.98
	11.0	610	666	290	351	114.74	90.07
Z664×370	11.5	664	734.6	370	433	135.41	106.29
Z550×160	6.5	550	593	160	200	52.75	41.41

8.1.9　热轧 U 型钢板桩（GB/T 20933—2007）

（1）用途　热轧 U 型钢板桩适用于堤防加固、截流围堰等防渗止水工程以及挡土、挡水墙、建筑基坑支护等结构基础工程。

（2）尺寸规格（表 8-21）

表 8-21　热轧 U 型钢板桩的尺寸规格

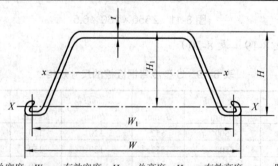

W——总宽度；W_1——有效宽度；H——总高度；H_1——有效高度；t——腹板厚度

型号（宽度 ×高度）	有效宽度 W_1/mm	有效高度 H_1/mm	腹板厚度 t/mm	单　根　材		每　米　板　面	
				截面面积/cm²	理论质量/（kg/m）	截面面积/cm²	理论质量/（kg/m²）
400×85	400	85	8.0	45.21	35.5	113.0	88.7
400×100	400	100	10.5	61.18	48.0	153.0	120.1
400×125	400	125	13.0	76.42	60.0	191.0	149.9

续表 8-21

型号（宽度×高度）	有效宽度 W_1/mm	有效高度 H_1/mm	腹板厚度 t/mm	单 根 材		每 米 板 面	
				截面面积/cm²	理论质量/（kg/m）	截面面积/cm²	理论质量/（kg/m²）
400×150	400	150	13.1	74.40	58.4	186.0	146.0
*400×160	400	160	16.0	96.9	76.1	242.0	190.0
400×170	400	170	15.5	96.99	76.1	242.5	190.4
500×200	500	200	24.3	133.8	105.0	267.6	210.1
500×225	500	225	27.6	153.0	120.1	306.0	240.2
600×130	600	130	10.3	78.70	61.8	131.2	103.0
600×180	600	180	13.4	103.9	81.6	173.2	136.0
600×210	600	210	18.0	135.3	106.2	225.5	177.0
750×205	750	204	10.0	99.2	77.9	132	103.8
	750	205.5	11.5	109.9	86.3	147	115.0
	750	206	12.0	113.4	89.0	151	118.7
750×220	750	220.5	10.5	112.7	88.5	150	118.0
	750	222	12.0	123.4	96.9	165	129.2
	750	222.5	12.5	127.0	99.7	169	132.9
750×225	750	223.5	13.0	130.1	102.1	173	136.1
	750	225	14.5	140.6	110.4	188	147.2
	750	225.5	15.0	144.2	113.2	192	150.9

注：根据市场需要，也可供应带"*"型号的产品。

8.1.10　预制高强混凝土薄壁钢管桩（JG/T 272—2010）

（1）用途　预制高强混凝土薄壁钢管桩系在采用牌号为 Q235B 或 Q345B 的钢板（钢带）经卷曲成型焊接制成的钢管内浇注混凝土，经离心成型，混凝土抗压强度不低于 80MPa，具有承受较大竖向荷载和水平荷载的新型基桩制品。其适用于工业与民用建筑、港口、市政、桥梁、铁路、公路、水利、电力等工程使用。

（2）尺寸规格（表 8-22）

表 8-22　预制高强度混凝土薄壁钢管桩的尺寸规格

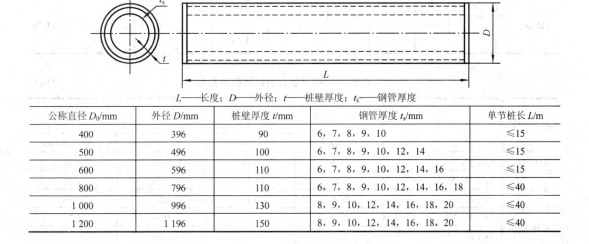

L——长度；D——外径；t——桩壁厚度；t_s——钢管厚度

公称直径 D_0/mm	外径 D/mm	桩壁厚度 t/mm	钢管厚度 t_s/mm	单节桩长 L/m
400	396	90	6，7，8，9，10	≤15
500	496	100	6，7，8，9，10，12，14	≤15
600	596	110	6，7，8，9，10，12，14，16	≤15
800	796	110	6，7，8，9，10，12，14，16，18	≤40
1 000	996	130	8，9，10，12，14，16，18，20	≤40
1 200	1 196	150	8，9，10，12，14，16，18，20	≤40

8.2 建筑用钢板

8.2.1 建筑结构用钢板（GB/T 19879—2005）

（1）用途 建筑结构用钢板是适用于制造高层建筑结构、大跨度结构及其他重要建筑结构的厚度为 6～100mm 的钢板。钢板钢质纯净，硫、磷及其他杂质含量低，并含有钒、铌、钛、铝等细化晶粒的元素，在保证钢板强度的同时，保持高的韧性和焊接性能，对于保证建筑物的安全、抗震及延长使用寿命都具有实际的意义。钢的牌号由代表屈服强度的汉语拼音（Q），屈服强度数值，代表高性能建筑结构用钢"高建"二字的汉语拼音字母（GJ），质量等级符号 B，C，D 或 E 组成，如 Q345GJC；对于厚度方向性能钢板，在质量等级后再加上厚度方向性能级别（Z15，Z25 或 Z35），如 Q345GJCZ25。

（2）牌号和化学成分（表 8-23、表 8-24）

表 8-23　建筑结构用钢板的牌号和化学成分　　　　　　　　（%）

牌　号	质量等级	化学成分（质量分数）											
		C	Si	Mn	P	S	V	Nb	Ti	Als	Cr	Cu	Ni
Q235GJ	B	≤0.20	≤0.35	0.60～1.20	≤0.025	≤0.015	—	—	—	≥0.015	≤0.30	≤0.30	≤0.30
	C												
	D	≤0.18	≤0.35	0.60～1.20	≤0.020	≤0.015	—	—	—	≥0.015	≤0.30	≤0.30	≤0.30
	E												
Q345GJ	B	≤0.20	≤0.55	≤1.60	≤0.025	≤0.015	0.020～0.150	0.015～0.060	0.010～0.030	≥0.015	≤0.30	≤0.30	≤0.30
	C												
	D	≤0.18			≤0.020								
	E												
Q390GJ	C	≤0.20	≤0.55	≤1.60	≤0.025	≤0.015	0.020～0.200	0.015～0.060	0.010～0.030	≥0.015	≤0.30	≤0.30	≤0.70
	D	≤0.18			≤0.020								
	E												
Q420GJ	C	≤0.20	≤0.55	≤1.60	≤0.025	≤0.015	0.020～0.200	0.015～0.060	0.010～0.030	≥0.015	≤0.40	≤0.30	≤0.70
	D	≤0.18			≤0.020								
	E												
Q460GJ	C	≤0.20	≤0.55	≤1.60	≤0.025	≤0.015	0.020～0.200	0.015～0.060	0.010～0.030	≥0.015	≤0.70	≤0.30	≤0.70
	D	≤0.18			≤0.020								
	E												

表 8-24　碳当量及裂纹敏感性指数　　　　　　　　（%）

牌　号	交货状态	规定厚度下的碳当量 C_{eq}≤		规定厚度下的焊接裂纹敏感性指数 P_{cm}≤	
		≤50mm	>50～100mm	≤50mm	>50～100mm
Q235GJ	AR, N, NR	0.36	0.36	0.26	0.26
Q345GJ	AR, N, NR, N+T	0.42	0.44	0.29	0.29
	TMCP	0.38	0.40	0.24	0.26
Q390GQ	AR, N, NR, N+T	0.45	0.47	0.29	0.30
	TMCP	0.40	0.43	0.26	0.27

续表 8-24

牌　号	交 货 状 态	规定厚度下的碳当量 C_{eq}≤		规定厚度下的焊接裂纹敏感性指数 P_{cm}≤	
		≤50mm	>50~100mm	≤50mm	>50~100mm
Q420GJ	AR，N，NR，N+T	0.48	0.50	0.31	0.33
	TMCP	0.43	供需双方协商	0.29	供需双方协商
Q460GJ	AR，N，NR，N+T，TMCP	供需双方协商			

注：AR表示热轧，N表示正火，NR表示正火轧制，T表示回火，Q表示淬火，TMCP表示温度-形变控轧控冷。

（3）力学和工艺性能（表8-25、表8-26）

表8-25　建筑结构用钢板的力学和工艺性能

牌号	质量等级	上屈服强度 R_{eH}/MPa				抗拉强度 R_m/MPa	断后伸长率 A/%	冲击功（纵向）A_{KV}		180°冷弯试验		屈强比 ≤
		钢板厚度/mm								钢板厚度/mm		
		6~16	>16~35	>35~50	>50~100			温度/℃	J≤	≤16	>16~100	
Q235GJ	B	≥235	235~355	225~345	215~335	400~510	≥23	20	34	d=2a	d=3a	0.80
	C							0				
	D							−20				
	E							−40				
Q345GJ	B	≥345	345~465	335~445	325~445	490~610	≥22	20	34	d=2a	d=3a	0.83
	C							0				
	D							−20				
	E							−40				
Q390GJ	C	≥390	390~510	380~500	370~490	490~650	≥20	0	34	d=2a	d=3a	0.85
	D							−20				
	E							−40				
Q420GJ	C	≥420	420~550	410~540	400~530	520~680	≥19	0	34	d=2a	d=3a	0.85
	D							−20				
	E							−40				
Q460GJ	C	≥460	460~600	450~590	440~580	550~720	≥17	0	34	d=2a	d=3a	0.85
	D							−20				
	E							−40				

注：d为弯心直径，a为试样厚度。

表8-26　厚度方向性能级别的硫含量和断面收缩率　（%）

厚度方向性能级别	硫含量	断面收缩率 Z	
		三个试样平均值	单个试样值
Z15	≤0.010	≥15	≥10
Z25	≤0.007	≥25	≥15
Z35	≤0.005	≥35	≥25

8.2.2　高层建筑结构用钢板（YB/T 4104—2000）

（1）用途　高层建筑结构用钢板是适用于制造高层建筑结构和其他重要建筑结构的厚度为6～100mm的钢板。钢板钢质纯净，硫、磷及其他杂质含量低，并含有钒、铌、钛、铝等细化晶粒的元素，在保证钢板强度的同时，保持高的韧性和焊接性能，对于保证建筑的安全、抗震及延长使用寿命都具有实际意义。

（2）牌号和化学成分（表8-27～表8-29）

表8-27　高层建筑结构用钢板的牌号和化学成分　　　　　　　　　　　（%）

牌　号	质量等级	厚度/mm	化学成分（质量分数）								
			C	Si	Mn	P	S	V	Nb	Ti	Als
Q235GJ	C	6～100	≤0.20	≤0.35	0.60～1.20	≤0.025	≤0.015	—	—	—	≥0.015
	D		≤0.18								
	E										
Q345GJ	C	6～100	≤0.20	≤0.55	≤0.60	≤0.25	≤0.015	0.02～0.15	0.015～0.060	0.01～0.10	≥0.015
	D		≤0.18								
	E										
Q235GJZ	C	>16～100	≤0.20	≤0.35	0.60～1.20	≤0.020	见表8-28	—	—	—	≥0.015
	D		≤0.18								
	E										
Q345GJZ	C	>16～100	≤0.20	≤0.55	≤1.60	≤0.020	见表2-28	0.02～0.15	0.015～0.060	0.01～0.10	≥0.015
	D		≤0.18								
	E										

注：GJ代表高层建筑的汉语拼音字母，Z为厚度方向性能级别。

表8-28　硫含量　　　　　　　　　　　（%）

厚度方向性能级别	硫含量≤
Z15	0.010
Z25	0.007
Z35	0.005

表8-29　碳当量和焊接裂纹敏感性指数　　　　　　　　　　　（%）

牌　号	交货状态	碳当量 C_{eq}		焊接裂纹敏感性指数 P_{cm}	
		≤50mm	>50～100mm	≤50mm	>50～100mm
Q235GJ Q235GJZ	热轧或正火	≤0.36	≤0.36	≤0.26	
Q345GJ	热轧或正火	≤0.42	≤0.44	≤0.29	
Q345GJZ	TMCP	≤0.38	≤0.40	≤0.24	≤0.26

（3）力学和工艺性能（表8-30、表8-31）

表8-30 高层建筑结构用钢板的力学和工艺性能

牌号	质量等级	下屈服强度 R_{et}/MPa				抗拉强度 R_m/MPa	断后伸长率 A_5/%≥	冲击功（纵向）A_{KV}		180°冷弯试验		屈强比≤
		钢板厚度/mm								钢板厚度/mm		
		6～16	>16～35	>35～50	>50～100			温度/℃	J≥	≤16	>16～100	
Q235GJ	C	≥235	235～345	225～235	215～325	400～510	23	0	34	$d=2a$	$d=3a$	0.80
	D							−20				
	E							−40				
Q345GJ	C	≥345	345～455	335～445	325～435	490～610	22	0	34	$d=2a$	$d=3a$	0.80
	D							−20				
	E							−40				
Q235GJZ	C	—	235～345	225～235	215～325	400～510	23	0	34	$d=2a$	$d=3a$	0.80
	D							−20				
	E							−40				
Q345GJZ	C	—	345～455	335～445	325～435	490～610	22	0	34	$d=2a$	$d=3a$	0.80
	D							−20				
	E							−40				

注：d 为弯心直径，a 为试样厚度。

表8-31 厚度方向性能级别的断面收缩率 （%）

厚度方向性能级别	断面收缩率 Z_z	
	三个试样平均值	单个试样值
Z15	≥15	≥10
Z25	≥25	≥15
Z35	≥35	≥25

8.2.3 建筑用压型钢板（GB/T 12775—2008）

（1）用途 用于建筑物围护结构（屋面、墙面）及组合楼盖并独立使用的压型钢板。

（2）板型与构造（表8-32和图8-12、图8-13）

表8-32 压型钢板板型的设计要求及适用条件

序 号	指 标
1	压型钢板的波高、波距应满足承重强度、稳定与刚度的要求，其板宽宜有较大的覆盖宽度并符合建筑模数的要求；屋面及墙面用压型钢板板型设计应满足防水、承载、抗风及整体连接等功能要求
2	屋面压型钢板宜采用坚固件隐藏的咬合板或扣合板；当采用紧固件外露的搭接板时，其搭接板边形状宜形成防水空腔式构造［图8-13（a）］
3	楼盖压型钢板宜采用闭口式板型
4	竖向墙面板宜采用紧固件外露式的搭接板，横向墙板宜采用紧固件隐藏式的搭接板

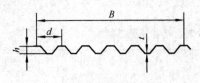

(a) 搭接型屋面板

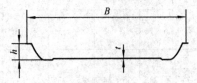

(b) 扣合型屋面板

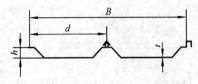

(c) 咬合型屋面板（180°）

(d) 咬合型屋面板（360°）

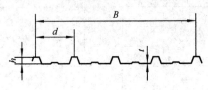

(e) 搭接型墙面板（紧固件外露）

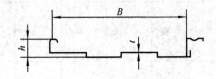

(f) 搭接型墙面板（紧固件隐藏）

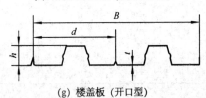

(g) 楼盖板（开口型）

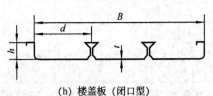

(h) 楼盖板（闭口型）

图 8-12　压型钢板典型板型

B——板宽；d——波距；h——波高；t——板厚

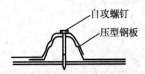

(a) 搭接板屋面连接构造（带防水空腔，紧固件外露）

(b) 搭接板墙面连接构造一（紧固件外露）

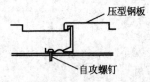

(c) 搭接板墙面连接构造二（紧固件隐藏）

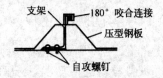

(d) 咬合板屋面连接构造一（180° 咬合）

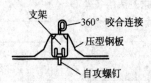

(e) 咬合板屋面连接构造二（360° 咬合）

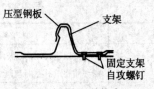

(f) 扣合板连接构造

图 8-13　压型钢板典型连接构造

（3）侵蚀作用分类（表8-33）

表8-33　外界条件对冷弯薄壁型钢结构的侵蚀作用分类

序号	地　区	相对湿度/%	对结构的侵蚀作用分类		
			室内（采暖房屋）	市内（非采暖房屋）	露　天
1	农村、一般城市的商业区住宅	干燥，<60	无侵蚀性	无侵蚀性	弱侵蚀性
2		普通，60～75	无侵蚀性	弱侵蚀性	中等侵蚀性
3		潮湿，>75	弱侵蚀性	弱侵蚀性	中等侵蚀性
4	工业区、沿海地区	干燥，<60	弱侵蚀性	中等侵蚀性	中等侵蚀性
5		普通，60～75	弱侵蚀性	中等侵蚀性	中等侵蚀性
6		潮湿，>75	中等侵蚀性	中等侵蚀性	中等侵蚀性

8.2.4　冷弯波形钢板（YB/T 5327—2006）

（1）用途　冷弯波形钢板用于屋面板、墙板、汽车和火车车厢板、装饰板、集装箱、船舶、电气工程、公路护栏等。

（2）尺寸规格（表8-34）

表8-34　冷弯波形钢板的尺寸规格

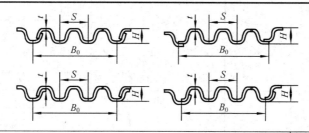

代　号	尺寸/mm					截面面积/cm²	理论质量/（kg/m）
	高度 H	宽　度		槽距 S	厚度 t		
		B	B_0				
AKA15	12	370		110	1.5	6.00	4.71
AKB12	14	488	—	120	1.2	6.20	4.95
AKC12		378				5.02	3.94
AKD12	15	488		100		6.58	5.17
AKD15		488			1.5	8.20	6.44
AKE05		830		90	0.5	5.87	4.61
AKE08					0.8	9.32	7.32
AKE10					1.0	11.57	9.08
AKE12	25		—		1.2	13.79	10.83
AKF05		650			0.5	4.58	3.60
AKF08					0.8	7.29	5.72
AKF10					1.0	9.05	7.10
AKF12					1.2	10.78	8.46
AKG10	30	690		96	1.0	9.69	7.54
AKG16					1.6	15.04	11.81
AKG20					2.0	18.60	14.60

续表 8-34

代 号	尺寸/mm					截面面积 /cm²	理论质量 / (kg/m)
	高度 H	宽 度		槽距 S	厚度 t		
		B	B₀				
ALA08					0.8	9.28	7.28
ALA10		—	840	200	1.0	11.56	9.07
ALA12					1.2	13.82	10.85
ALA16					1.6	18.3	14.37
ALB12				204.7	1.2	10.46	8.21
ALB16					1.6	13.86	10.88
ALC08					0.8	7.04	5.53
ALC10					1.0	8.76	6.88
ALC12					1.2	10.47	8.22
ALC16					1.6	13.87	10.89
ALD08	50				0.8	7.04	5.53
ALD10		—	614	205	1.0	8.76	6.88
ALD12					1.2	10.47	8.22
ALD16					1.6	13.87	10.89
ALE08					0.8	7.04	5.53
ALE10					1.0	8.76	6.88
ALE12					1.2	10.47	8.22
ALE16					1.6	13.87	10.89
ALF12				204.7	1.2	10.46	8.21
ALF16					1.6	13.86	10.88
ALL08					0.8	9.18	7.21
ALL10					1.0	10.44	8.20
ALL12					1.2	13.69	10.75
ALL16					1.6	18.14	14.24
ALM08					0.8	8.93	7.01
ALM10					1.0	11.12	8.73
ALM12	75	—	690	230	1.2	13.31	10.45
ALM16					1.6	17.65	13.86
ALM23					2.3	25.09	19.70
ALN08					0.8	8.74	6.86
ALN10					1.0	10.89	8.55
ALN12					1.2	13.03	10.23
ALN16					1.6	17.28	13.56
ALN23					2.3	24.60	19.31
ALO10					1.0	10.18	7.99
ALO12	80		600	200	1.2	12.19	9.57
ALO16					1.6	16.15	12.68
ANA05					0.5	2.64	2.07
ANA08		—			0.8	4.21	3.30
ANA10	25		360	90	1.0	5.23	4.11
ANA12					1.2	6.26	4.91
ANA16					1.6	8.29	6.51

续表 8-34

代　号	尺寸/mm					截面面积 /cm^2	理论质量 / (kg/m)
	高度 H	宽　度		槽距 S	厚度 t		
		B	B$_0$				
ALG08	60			200	0.8	7.49	5.88
ALG10					1.0	9.33	7.32
ALG12					1.2	11.17	8.77
ALG16					1.6	14.79	11.61
ALH08	75	—	600	200	0.8	8.42	6.61
ALH10					1.0	10.49	8.23
ALH12					1.2	12.55	9.85
ALH16					1.6	16.62	13.05
ALI08					0.8	8.38	6.58
ALI10					1.0	10.45	8.20
ALI12					1.2	12.52	9.83
ALI16					1.6	16.60	13.03
ALJ08	75	—	600	200	0.8	8.13	6.38
ALJ10					1.0	10.12	7.94
ALJ12					1.2	12.11	9.51
ALJ16					1.6	16.05	12.60
ALJ23					2.3	22.81	17.91
ALK08					0.8	8.06	6.33
ALK10					1.0	10.02	7.87
ALK12					1.2	11.95	9.38
ALK16					1.6	15.84	12.43
ALK23					2.3	22.53	17.69
ANB08	40		600	150	0.8	7.22	5.67
ANB10					1.0	8.99	7.06
ANB12					1.2	10.70	8.40
ANB16					1.6	14.17	11.12
ANB23					2.3	20.03	15.72
ARA08	50	—		205	0.8	7.04	5.53
ARA10					1.0	8.76	6.88
ARA12					1.2	10.47	8.22
ARA16					1.6	13.87	10.89
BLA05			614		0.5	4.69	3.68
BLA08					0.8	7.46	5.86
BLA10				204.7	1.0	9.29	7.29
BLA12					1.2	11.10	8.71
BLA15					1.5	13.78	10.82
BLB05	75	—	690	230	0.5	5.73	4.50
BLB08					0.8	9.13	7.17
BLB10					1.0	11.37	8.93
BLB12					1.2	13.61	10.68
BLB16					1.6	18.04	14.16

续表 8-34

代号	尺寸/mm					截面面积 /cm²	理论质量 /（kg/m）
	高度 H	宽度		槽距 S	厚度 t		
		B	B₀				
BLC05					0.5	5.05	3.96
BLC08					0.8	8.04	6.31
BLC10		600		200	1.0	10.02	7.87
BLC12					1.2	11.99	9.41
BLC16					1.6	15.89	12.47
BLC23	75	—			2.3	22.60	17.74
BLD05					0.5	5.50	4.32
BLD08					0.8	8.76	6.88
BLD10		690		230	1.0	10.92	8.57
BLD12					1.2	13.07	10.26
BLD16					1.6	17.33	13.60
BLD23					2.3	24.67	19.37

8.2.5 公路桥涵用波形钢板（JT/T 710—2008）

（1）用途　公路桥涵用波形钢板适用于公路通道、涵洞、小桥梁等工程结构用波形钢板构造物。铁路、水利、建筑、市政等行业用波形钢板构造物可参照执行。

（2）尺寸规格（图 8-14 和表 8-35、表 8-36）

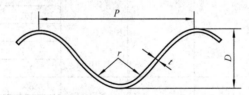

图 8-14　公路桥涵用波形钢板

表 8-35　产品规格系列

类　型	产　品　型　号　规　格			
A 波形	CSPA290	CSPA380	CSPA400	CSPA490
B 波形	CSPB290	CSPB380	CSPB400	CSPB490
C 波形	CSPC290	CSPC380	CSPC400	CSPC490
D 波形	CSPD290	CSPD380	CSPD400	CSPD490
E 波形	CSPE290	CSPE380	CSPE400	CSPE490
F 波形	CSPF290	CSPF380	CSPF400	CSPF490

表 8-36　波形钢板的波形尺寸　（mm）

类　型	厚度 t	波距 P	波深 D	半径 r	类　型	厚度 t	波距 P	波深 D	半径 r
A 波形	2.5～5.0	125	25	40	D 波形	3.0～7.0	300	110	70
B 波形	3.0～12.0	150	50	28	E 波形	3.0～12.0	380	140	76
C 波形	3.0～7.0	200	55	53	F 波形	3.0～7.0	400	180	90

注：钢板的厚度以表面附着防腐材料前的厚度为基准。

8.2.6　建筑装饰用搪瓷钢板（JG/T 234—2008）

（1）用途　搪瓷钢板系无机玻璃质材料熔凝于钢板上，并与钢板形成牢固结合的复合板材。其适用于建筑内、外装饰用搪瓷钢板。

（2）板的组合分类（图 8-15～图 8-19）

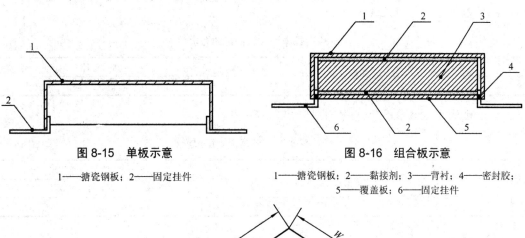

图 8-15　单板示意

1——搪瓷钢板；2——固定挂件

图 8-16　组合板示意

1——搪瓷钢板；2——黏接剂；3——背衬；4——密封胶；
5——覆盖板；6——固定挂件

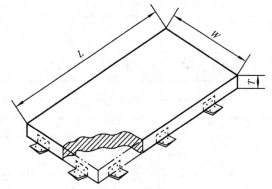

图 8-17　普型板示意

L——长度；W——宽度；T——折边高度

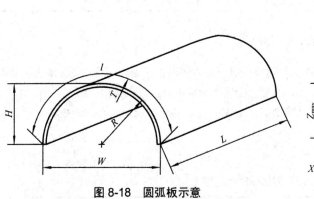

图 8-18　圆弧板示意

L——长度；l——弧长；W——弦长；R——曲率半径；
T——折边高度；H——拱高

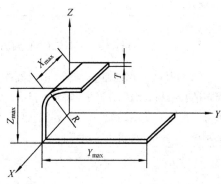

图 8-19　异型板示意

X_{max}——X轴的最大值；Y_{max}——Y轴的最大值；
Z_{max}——Z轴的最大值；T——折边高度；
R——曲率半径

（3）基板的化学成分（表 8-37）

表 8-37 基体钢板和钢带的化学成分 （%）

化学成分	C	Mn	P	S	Si
质量分数	≤0.008	≤0.40	≤0.020	≤0.030	≤0.030

（4）基板的力学性能（表 8-38）

表 8-38 基体钢板和钢带的力学性能

屈服强度/MPa	抗拉强度/MPa	断裂延伸率 A_{50}/%
130～210	270～350	>40

（5）表面质量（表 8-39）

表 8-39 外表面瓷层厚度 （mm）

瓷 层		瓷层厚度（总厚度）
底釉+面釉	干法涂搪	0.12～0.30
	湿法涂搪	0.20～0.45

（6）理化性能（表 8-40）

表 8-40 建筑装饰用搪瓷钢板的理化性能

项 目		规 定
耐盐水性		不生锈
耐酸性		2 级及以上
耐碱性	定性	不失光
光泽度		高光≥85，亚光 60～85
密着性		网状以上
耐磨性		无明显擦伤
耐硬物冲击性		瓷面无裂纹、无掉瓷
耐软重物体撞击性能		板面无明显变形、瓷面无裂纹
抗风压性能		瓷面无裂纹、板面无明显变形、背衬不折断或开裂、挂件不松动

8.2.7 钢格栅板（YB/T 4001.1—2007）

（1）用途 钢格栅板是一种由承载扁钢与横杆按照一定的间距正交组合，通过焊接或压锁加以固定的开敞板式钢构件。根据制作方法不同，主要分为压焊钢格板和压锁钢格板。用于石油、化工、冶金、轻工、造船、能源、市政等行业的工业建筑、公共设施、装置框架、平台、地板、走道、楼梯踏板、沟盖、围栏、吊顶等。

（2）产品构造（表 8-41）

表 8-41 钢格栅板产品构造

分 类	说 明
压焊钢格板	在承载扁钢和横杆的每个交点处，通过压力电阻焊固定的钢格板，称为压焊钢格板。压焊钢格板的横杆通常采用扭绞方钢，如下图所示

续表 8-41

压焊钢格板	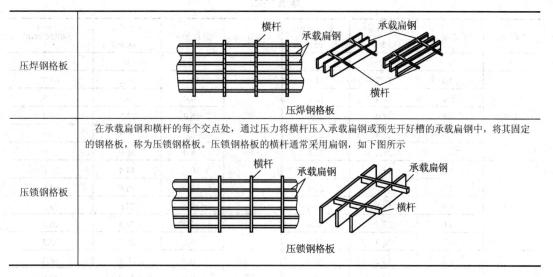
压锁钢格板	在承载扁钢和横杆的每个交点处，通过压力将横杆压入承载扁钢或预先开好槽的承载扁钢中，将其固定的钢格板，称为压锁钢格板。压锁钢格板的横杆通常采用扁钢，如下图所示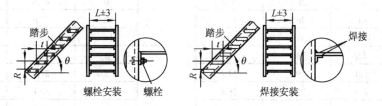

（3）产品举例（图 8-20）

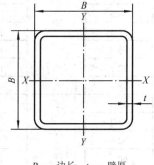

图 8-20　踏步板与梯梁的连接

8.3　建筑用钢管

8.3.1　建筑结构用冷弯矩形钢管（JG/T 178—2005）

（1）用途　本标准适用于建筑结构用冷弯焊接成型矩形钢管，也适用于桥梁等其他结构；Ⅰ级钢管适用于建筑、桥梁等结构中的主要构件及承受较大动荷载的场合，Ⅱ级钢管适用于建筑结构中一般承载能力的场合。

（2）尺寸规格（表 8-42、表 8-43）

表 8-42　冷弯正方形钢管的尺寸规格

B——边长；t——壁厚

续表 8-42

边长/mm	壁厚/mm	理论质量/ （kg/m）	截面面积 /cm²	边长/mm	壁厚/mm	理论质量 /（kg/m）	截面面积/cm²
B	t	M	A	B	t	M	A
	4.0	11.7	11.9	150	14	53.2	67.7
	5.0	14.4	18.4		4.0	19.3	24.5
100	6.0	17.0	21.6		5.0	23.8	30.4
	8.0	21.4	27.2		6.0	28.3	36.0
	10	25.5	32.6	160	8.0	36.9	47.0
	4.0	13.0	16.5		10	44.4	56.6
	5.0	16.0	20.4		12	50.9	64.8
110	6.0	18.8	24.0		14	57.6	73.3
	8.0	23.9	30.4		4.0	20.5	26.1
	10	28.7	36.5		5.0	25.4	32.3
	4.0	14.2	18.1		6.0	30.1	38.4
	5.0	17.5	22.4	170	8.0	38.9	49.6
120	6.0	20.7	26.4		10	47.5	60.5
	8.0	26.8	34.2		12	54.6	69.6
	10	31.8	40.6		14	62.6	78.9
	4.0	15.5	19.8		4.0	21.8	27.7
	5.0	19.1	24.4		5.0	27.0	34.4
	6.0	22.6	28.8		6.0	32.1	40.8
130	8.0	28.9	36.8	180	8.0	41.5	52.8
	10	35.0	44.6		10	50.7	64.6
	12	39.6	50.4		12	58.4	74.5
	4.0	16.1	20.5		14	66.4	84.5
	5.0	19.9	25.3		4.0	23.0	29.3
	6.0	23.6	30.0		5.0	28.5	36.4
135	8.0	30.2	38.4		6.0	33.9	43.2
	10	36.6	46.6	190	8.0	44.0	56.0
	12	41.5	52.8		10	53.8	68.6
	13	44.1	56.2		12	62.2	79.3
	4.0	16.7	21.3		14	70.8	90.2
	5.0	20.7	26.4		4.0	24.3	30.9
	6.0	24.5	31.2		5.0	30.1	38.4
140	8.0	31.8	40.6		6.0	35.8	45.6
	10	38.1	48.6	200	8.0	46.5	59.2
	12	43.4	55.3		10	57.0	72.6
	13	46.1	58.8		12	66.0	84.1
	4.0	18.0	22.9		14	75.2	95.7
	5.0	22.3	28.4		16	83.8	107
	6.0	26.4	33.6		5.0	33.2	42.4
150	8.0	33.9	43.2	220	6.0	39.6	50.4
	10	41.3	52.6		8.0	51.5	65.6
	12	47.1	60.1		10	63.2	80.6

续表 8-42

边长/mm	壁厚/mm	理论质量/(kg/m)	截面面积/cm²	边长/mm	壁厚/mm	理论质量/(kg/m)	截面面积/cm²
B	t	M	A	B	t	M	A
220	12	73.5	93.7	350	19	185	236
	14	83.9	107		8.0	91.7	117
	16	93.9	119		10	113	144
250	5.0	38.0	48.4	380	12	134	170
	6.0	45.2	57.6		14	154	197
	8.0	59.1	75.2		16	174	222
	10	72.7	92.6		19	203	259
	12	84.8	108		22	231	294
	14	97.1	124	400	8.0	96.5	123
	16	109	139		9.0	108	138
280	5.0	42.7	54.4		10	120	153
	6.0	50.9	64.8		12	141	180
	8.0	66.6	84.8		14	163	208
	10	82.1	104		16	184	235
	12	96.1	122		19	215	274
	14	110	140		22	245	312
	16	124	158	450	9.0	122	156
300	6.0	54.7	69.6		10	135	173
	8.0	71.6	91.2		12	160	204
	10	88.4	113		14	185	236
	12	104	132		16	209	267
	14	119	153		19	245	312
	16	135	172		22	279	355
	19	156	198	480	9.0	130	166
320	6.0	58.4	74.4		10	144	184
	8.0	76.6	97		12	171	218
	10	94.6	120		14	198	252
	12	111	141		16	224	285
	14	128	163		19	262	334
	16	144	183		22	300	382
	19	167	213	500	9.0	137	174
350	6.0	64.1	81.6		10	151	193
	7.0	74.1	94.4		12	179	228
	8.0	84.2	108		14	207	264
	10	104	133		16	235	299
	12	124	156		19	275	350
	14	141	180		22	314	400
	16	159	203	—	—	—	—

表8-43　冷弯长方形钢管的尺寸规格

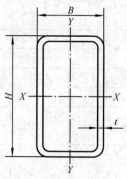

H——边长；B——短边；t——壁厚

边长/mm		壁厚/mm	理论质量/（kg/m）	截面面积/cm²	边长/mm		壁厚/mm	理论质量/（kg/m）	截面面积/cm²
H	B	t	M	A	H	B	t	M	A
120	80	4.0	11.7	11.9	200	100	8.0	34.4	43.8
		5.0	14.4	18.3			10	41.2	52.6
		6.0	16.9	21.6		120	6.0	28.3	36.0
		7.0	19.1	24.4			8.0	36.5	46.4
		8.0	21.4	27.2			10	44.4	56.6
140	80	4.0	13.0	16.5		150	4.0	21.2	26.9
		5.0	15.9	20.4			5.0	26.2	33.4
		6.0	18.8	24.0			6.0	31.1	39.6
		8.0	23.9	30.4			8.0	40.2	51.2
150	100	4.0	14.9	18.9			10	49.1	62.6
		5.0	18.3	23.3			12	56.6	72.1
		6.0	21.7	27.6			14	64.2	81.7
		8.0	28.1	35.8	220	140	4.0	21.8	27.7
		10	33.4	42.6			5.0	27.0	34.4
160	60	4.0	13.0	16.5			6.0	32.1	40.8
		4.5	14.5	18.5			8.0	41.5	52.8
		6.0	18.9	24.0			10	50.7	64.6
	80	4.0	14.2	18.1			12	58.8	74.5
		5.0	17.5	22.4			13	62.5	79.6
		6.0	20.7	26.4	250	150	4.0	24.3	30.9
		8.0	26.8	33.6			5.0	30.1	38.4
180	65	4.0	14.5	18.5			6.0	35.8	45.6
		4.5	16.3	20.7			8.0	46.5	59.2
		6.0	21.2	27.0			10	57.0	72.6
	100	4.0	16.7	21.3			12	66.0	84.1
		5.0	20.7	26.3			14	75.2	95.7
		6.0	24.5	31.2		180	5.0	33.2	42.4
		8.0	31.5	40.4			6.0	39.6	50.4
		10	38.1	48.5			8.0	51.5	65.6
200	100	4.0	18.0	22.9			10	63.2	80.6
		5.0	22.3	28.3			12	73.5	93.7
		6.0	26.1	33.6			14	84.0	107

续表 8-43

边长/mm H	B	壁厚/mm t	理论质量/(kg/m) M	截面面积/cm² A	边长/mm H	B	壁厚/mm t	理论质量/(kg/m) M	截面面积/cm² A
250	200	5.0	34.0	43.4	400	250	8.0	77.9	99.2
		6.0	40.5	51.6			10	96.2	122
		8.0	52.8	67.2			12	113	144
		10	64.8	82.6			14	130	166
		12	75.4	96.1			16	146	187
		14	86.1	110		300	7.0	74.1	94.4
		16	96.4	123			8.0	84.2	107
300	200	5.0	38.0	48.4			10	104	133
		6.0	45.2	57.6			12	122	156
		8.0	59.1	75.2			14	141	180
		10	72.7	92.6			16	159	203
		12	84.8	108			19	185	236
		14	97.1	124	450	250	6.0	64.1	81.6
		16	109	139			8.0	84.2	107
350	200	5.0	41.9	53.4			10	104	133
		6.0	49.9	63.6			12	123	156
		8.0	65.3	83.2			14	141	180
		10	80.5	102			16	159	203
		12	94.2	120		350	7.0	85.1	108
		14	108	138			8.0	96.7	123
		16	121	155			10	120	153
	250	5.0	45.8	58.4			12	141	180
		6.0	54.7	69.6			14	163	208
		8.0	71.6	91.2			16	184	235
		10	88.4	113			19	215	274
		12	104	132		400	9.0	115	147
		14	119	152			10	127	163
		16	134	171			12	151	192
	300	7.0	68.6	87.4			14	174	222
		8.0	77.9	99.2			16	197	251
		10	96.2	122			19	230	293
		12	113	144			22	262	334
		14	130	166	500	200	9.0	94.2	120
		16	146	187			10	104	133
		19	170	217			12	123	156
400	200	6.0	54.7	69.6			14	141	180
		8.0	71.6	91.2			16	159	203
		10	88.4	113		250	9.0	101	129
		12	104	132			10	112	143
		14	119	152			12	132	168
		16	134	171			14	152	194
	250	5.0	49.7	63.4			16	172	219
		6.0	59.4	75.6		300	10	120	153

续表 8-43

边长/mm		壁厚/mm	理论质量/(kg/m)	截面面积/cm²	边长/mm		壁厚/mm	理论质量/(kg/m)	截面面积/cm²
500	300	12	141	180	500	450	12	170	216
		14	163	208			14	196	250
		16	184	235			16	222	283
		19	215	274			19	260	331
	400	9.0	122	156			22	297	378
		10	135	173		480	10	148	189
		12	160	204			12	175	223
		14	185	236			14	203	258
		16	209	267			16	229	292
		19	245	312			19	269	342
		22	279	356			22	307	391
	450	10	143	183	—		—	—	—

（3）牌号和化学成分

①冷弯矩形钢管的原料牌号和化学成分应符合 GB/T 699，GB/T 700，GB/T 714，GB/T 1591，GB/T 4171 等相应标准的规定。

②本标准产品屈服强度等级与国内常用原料钢种标准牌号的对应关系应符合表 8-44 的规定。

表 8-44　原料对照表

产品屈服强度等级	对应国内原料牌号
235	Q235B，Q235C，Q235D，Q235qC，Q235qD
345	Q345A，Q345B，Q345C，Q345D，Q345qC，Q345qD，StE355，B480GNQR
390	Q390A，Q390B，Q390C

（4）力学性能（表 8-45、表 8-46）

表 8-45　Ⅰ级产品的力学性能

产品屈服强度等级	壁厚/mm	屈服强度/MPa	抗拉强度/MPa	伸长率/%	（常温）冲击吸收功/J
235	4～12	≥235	≥375	≥23	—
	>12～22				≥27
345	4～12	≥345	≥470	≥21	—
	>12～22				≥27
390	4～12	≥390	≥490	≥19	—
	>12～22				≥27

表 8-46　Ⅰ级产品的屈强比

产品屈服强度等级	外周长/mm	壁厚/mm	屈强比/%	
			直接成方	先圆后方
235	≥800	12～22	≤80	≤90
345				
390			≤85	≤90

8.3.2　双焊缝冷弯方形及矩形钢管（YB/T 4181—2008）

（1）用途　采用热轧钢带或钢板，经冷弯成型为方形或矩形，采用气体保护焊、埋弧焊等焊接方法而制成结构用钢管。

（2）尺寸规格（表8-47、表8-48）

表8-47　方形钢管的尺寸规格

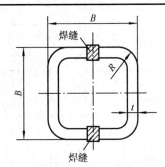

B——边长；t——壁厚；R——外圆弧半径

公称边长 B/mm	公称壁厚 t/mm	理论质量 M/（kg/m）	截面面积 A/cm²	公称边长 B/mm	公称壁厚 t/mm	理论质量 M/（kg/m）	截面面积 A/cm²
300	8	71	97	400	8	96	123
	10	88	113		9	108	138
	12	104	132		10	120	153
	14	119	152		12	141	180
	16	135	171		14	163	208
	19	156	198		16	184	235
320	8	76	97		19	215	274
	10	94	120		22	243	310
	12	111	141		25	271	346
	14	127	162		28	293	373
	16	144	183	450	9	122	156
	19	167	213		10	135	173
350	8	84	107		12	160	204
	10	104	133		14	185	236
	12	123	156		16	209	267
	14	141	180		19	245	312
	16	159	203		22	279	355
	19	185	236		25	311	396
	22	209	266		28	337	429
380	8	92	117		32	375	478
	10	113	145	500	9	137	174
	12	133	170		10	151	193
	14	154	197		12	179	228
	16	174	222		14	207	264
	19	203	259		16	235	299
	22	231	294		19	275	350

续表 8-47

公称边长 B/mm	公称壁厚 t/mm	理论质量 M/（kg/m）	截面面积 A/cm²	公称边长 B/mm	公称壁厚 t/mm	理论质量 M/（kg/m）	截面面积 A/cm²
500	22	310	395	750	16	358	457
	25	347	442		19	422	537
	32	428	546		25	544	693
550	9	150	191		32	680	688
	10	166	211		36	755	961
	12	197	251		40	827	1 054
	14	228	290	800	16	348	489
	16	258	329		19	451	575
	19	302	385		25	583	743
	25	387	492		32	730	930
	32	479	610		36	811	1 033
	36	529	673		40	890	1 134
	40	576	733	850	16	409	521
600	9	164	209		19	481	613
	10	182	232		25	622	793
	12	216	275		32	781	994
	14	250	318		36	868	1 105
	16	283	361		40	953	1 214
	19	332	423	900	16	434	553
	25	426	543		19	511	651
	36	585	745		25	662	843
	40	639	814		32	831	1 058
650	12	235	299		36	924	1 177
	16	308	393		40	1 016	1 294
	19	362	461	950	19	541	689
	25	465	593		25	701	893
	32	580	738		32	881	1 122
	36	642	817		36	981	1 249
	40	702	894		40	1 078	1 374
700	16	333	425	1 000	19	571	727
	19	392	499		25	740	943
	25	505	643		32	931	1 186
	32	630	802		36	1 037	1 320
	36	698	889		40	1 141	1 454
	40	764	974	—	—	—	—

表 8-48　矩形钢管的尺寸规格

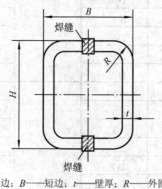

H —— 长边；*B* —— 短边；*t* —— 壁厚；*R* —— 外圆弧半径

续表 8-48

公称边长/mm		公称壁厚/mm	理论质量/(kg/m)	截面面积/cm²	公称边长/mm		公称壁厚/mm	理论质量/(kg/m)	截面面积/cm²
H	B	t	M	A	H	B	t	M	A
350	250	8	72	91.2	450	400	9	115	147
		10	88	113			10	128	163
		12	104	132			12	151	192
		14	119	152			14	174	222
		16	134	171			16	197	251
	300	8	78	99	500	300	10	120	153
		10	96	123			12	141	180
		12	113	144			14	163	208
		14	130	166			16	184	235
		16	147	187		400	9	122	156
400	200	8	72	91			10	135	173
		10	88	113			12	160	204
		12	104	132			14	185	236
		14	119	152			16	209	267
		16	134	171		450	9	129	165
	250	8	78	99			10	143	183
		10	96	122			12	170	216
		12	113	144			14	196	250
		14	130	166			16	222	283
		16	146	187	550	400	9	129	164
	300	8	84	107			10	143	182
		10	104	133			12	170	216
		12	123	156			14	217	277
		14	141	180			16	221	281
		16	159	203		500	10	158	202
450	250	8	84	107			12	188	239
		10	104	133			14	217	277
		12	123	156			16	246	313
		14	141	180	600	400	9	136	173
		16	159	203			10	151	192
	300	8	91	115			12	178	227
		10	112	142			14	206	263
		12	131	167			16	233	297
		14	151	193		450	9	143	182
		16	171	217			10	158	202
	350	8	97	123			12	188	239
		10	120	153			14	217	277
		12	141	180			16	246	313
		14	163	208		500	9	150	191
		16	184	235			10	166	212

续表 8-48

公称边长/mm		公称壁厚/mm	理论质量/(kg/m)	截面面积/cm²	公称边长/mm		公称壁厚/mm	理论质量/(kg/m)	截面面积/cm²
H	B	t	M	A	H	B	t	M	A
600	500	12	197	251	800	700	25	544	693
		14	228	291			32	680	866
		16	258	329			36	755	961
		19	305	388			40	827	1 054
		22	348	444	900	700	19	451	575
	550	9	157	200			25	583	743
		10	174	222			32	730	930
		12	207	263			36	811	1 033
		14	239	305			40	890	1 134
		16	271	345		800	19	481	613
		19	320	407			25	622	793
		22	366	466			32	781	994
		25	411	523			36	868	1 105
700	600	16	310	395			40	953	1 214
		19	362	461	1 000	850	19	526	670
		25	465	593			25	681	868
		32	580	738			32	856	1 090
		36	642	817			36	953	1 213
		40	702	894			40	1 047	1 334
800	600	19	392	499		900	19	541	689
		25	505	643			25	701	893
		32	630	802			32	881	1 122
		36	698	889			36	981	1 249
		40	764	974			40	1 078	1 347
800	700	19	422	537	—	—	—	—	—

8.3.3　结构用高强度耐候焊接钢管（YB/T 4112—2002）

（1）用途　该钢管有很强的耐大气腐蚀能力，适用于土木建筑中使用的脚手架、铁塔、支柱、网架结构及其他结构等。

（2）尺寸规格（表 8-49）

表 8-49　结构用高强度耐候焊接钢管的尺寸规格

外径/mm	壁厚/mm						
	2.0	2.2 (2.3)	2.5 (2.6)	2.8	3.0 (2.9)	3.2	3.5 (3.6)
	理论质量/（kg/m）						
21（21.3）	0.937	1.020	1.141	1.257	1.332	1.405	—
27（26.9）	1.233	1.345	1.510	1.671	1.775	1.878	—
34（33.7）	1.578	1.725	1.942	2.154	2.293	2.430	2.632
42（42.4）	1.973	2.159	2.435	2.707	2.885	3.062	3.323
48（48.3）	2.269	2.485	2.805	3.121	3.329	3.535	3.841

续表 8-49

外径/mm	壁厚/mm						
	2.0	2.2 (2.3)	2.5 (2.6)	2.8	3.0 (2.9)	3.2	3.5 (3.6)
	理论质量/（kg/m）						
60（60.3）	2.860	3.136	3.545	3.949	4.217	4.482	4.877
76（76.1）	3.650	4.004	4.532	5.055	5.401	5.745	6.258
89（88.9）	4.291	4.709	5.33	5.95	6.36	6.77	7.38
114（114.3）	5.52	6.07	6.87	7.68	8.21	8.74	9.54
140（139.7）	—	—	—	—	10.14	10.79	11.78
168（168.3）	—	—	—	—	—	—	14.20

外径/mm	壁厚/mm						
	4.0	4.5	5.0	5.5 (5.4)	6.0	6.5 (6.3)	7.0 (7.1)
	理论质量/（kg/m）						
21（21.3）	—	—	—	—	—	—	—
27（26.9）	—	—	—	—	—	—	—
34（33.7）	2.96	—	—	—	—	—	—
42（42.4）	3.75	—	—	—	—	—	—
48（48.3）	4.34	4.83	5.30	—	—	—	—
60（60.3）	5.52	6.16	6.78	—	—	—	—
76（76.1）	7.10	7.82	8.75	9.56	10.36	—	—
89（88.9）	8.38	9.38	10.36	11.33	12.28	—	—
114（114.3）	10.85	12.15	13.44	14.72	15.98	17.23	18.47
140（139.7）	13.42	15.04	16.65	18.24	19.83	21.40	22.96
168（168.3）	16.18	18.14	20.10	22.04	23.97	25.89	27.79

（3）牌号和化学成分（表 8-50）

表 8-50　结构用高强度耐候焊接钢管的牌号和化学成分　　　　　　　（%）

统一数字代号	牌　号	化学成分（质量分数）					
		C	Si	Mn	P	S	Cu
L53001	Q300GNH	≤0.12	0.20～0.40	0.20～0.60	0.06～0.12	≤0.035	0.20～0.50
L53251	Q325GNH	≤0.15	0.20～0.60	0.50～1.0	0.06～0.12	≤0.035	0.20～0.50
L53551	Q355GNH	≤0.18	0.30～0.60	≤1.40	0.06～0.12	≤0.035	0.20～0.50

注：G，N，H 分别为"高""耐""候"三字的汉语拼音首字母。

（4）力学性能（表 8-51）

表 8-51　结构用高强度耐候焊接钢管的力学性能

牌　号	抗拉强度σ_b/MPa	屈服点σ_s/MPa	断后伸长率δ_5/%
	≥		
Q300GNH	400	300	16
Q325GNH	450	325	16
Q355GNH	500	355	15

8.3.4   建筑脚手架用焊接钢管（YB/T 4202—2009）

（1）用途   用于建筑工程中脚手架用焊接钢管。

（2）尺寸规格（表8-52）

表 8-52   建筑脚手架用焊接钢管的尺寸规格

外径 D/mm	壁厚 S/mm				
	2.3[①]	3.25[②]	3.5	3.75	4.0
	理论质量/（kg/m）				
48.3	2.61	3.61	3.87	4.12	4.37

注：①适用于 Q345A，Q345B，Q390A，Q390B 牌号。

②适用于 Q275A，Q275B，Q295A，Q295B，Q345B，Q345A，Q390A，Q390B 牌号。

（3）牌号和化学成分   钢的牌号和化学成分应符合 GB/T 700 中的牌号 Q235A，Q235B，Q275A，Q275B 和 GB/T 1591 中的牌号 Q345A，Q345B，Q390A，Q390B 的规定。牌号 Q295A，Q295B 的化学成分应符合表8-53 的规定。

表 8-53   牌号 Q295A，Q295B 的化学成分   （%）

牌号	质量等级	化学成分（质量分数）							
		C	Mn	Si	P	S	V	Nb	Ti
Q295	A	≤0.16	0.80～1.50	≤0.55	≤0.045	≤0.045	0.02～0.15	0.015～0.060	0.02～0.20
	B	≤0.16	0.80～1.50	≤0.55	≤0.045	≤0.045	0.02～0.15	0.015～0.060	0.02～0.20

（4）力学性能（表8-54）

表 8-54   建筑脚手架用焊接钢管的力学性能

牌 号	下屈服强度 R_{eL}/MPa ≥	抗拉强度 R_m/MPa ≥	断后伸长率 A/% ≥
Q235A，Q235B	235	370	15
Q275A，Q275B	275	410	
Q295A，Q295B	295	390	13
Q345A，Q345B	345	470	
Q390A，Q390B	390	490	11

8.3.5   装饰用焊接不锈钢管（YB/T 5363—2006）

（1）用途   其耐蚀性高、焊接质量好，适用于市政设施、车船制造、道桥护栏、建筑装饰、钢结构网架、医疗器械、家具、一般机械结构部件等的装饰。

（2）尺寸规格（表8-55、表8-56）

表 8-55   装饰用焊接不锈钢管圆管的尺寸规格   （mm）

外径	总 壁 厚																	
	0.4	0.5	0.6	0.7	0.8	0.9	1.0	1.2	1.4	1.5	1.6	1.8	2.0	2.2	2.5	2.8	3.0	3.2	3.5
6	×	×	×																
8	×	×	×																
9	×	×	×	×	×														

续表 8-55

外径	总壁厚																		
	0.4	0.5	0.6	0.7	0.8	0.9	1.0	1.2	1.4	1.5	1.6	1.8	2.0	2.2	2.5	2.8	3.0	3.2	3.5
10	×	×	×	×	×	×	×	×											
12		×	×	×	×	×	×	×	×	×	×								
(12.7)			×	×	×	×	×	×	×	×	×								
15				×	×	×	×	×	×	×	×								
16			×	×	×	×	×	×	×	×	×								
18			×	×	×	×	×	×	×	×	×								
19			×	×	×	×	×	×	×	×	×								
20			×	×	×	×	×	×	×	×	×	×	○						
22					×	×	×	×	×	×	×	×	○	○					
25					×	×	×	×	×	×	×	×	○	○	○				
28					×	×	×	×	×	×	×	×	○	○	○	○			
30					×	×	×	×	×	×	×	×	○	○	○	○	○		
(31.8)					×	×	×	×	×	×	×	×	○	○	○	○	○		
32					×	×	×	×	×	×	×	×	○	○	○	○	○		
38					×	×	×	×	×	×	×	×	○	○	○	○	○	○	○
40					×	×	×	×	×	×	×	×	○	○	○	○	○	○	○
45					×	×	×	×	×	×	×	×	○	○	○	○	○	○	○
48						×	×	×	×	×	×	×	○	○	○	○	○	○	○
51						×	×	×	×	×	×	×	○	○	○	○	○	○	○
56						×	×	×	×	×	×	×	○	○	○	○	○	○	○
57						×	×	×	×	×	×	×	○	○	○	○	○	○	○
(63.5)						×	×	×	×	×	×	×	○	○	○	○	○	○	○
65						×	×	×	×	×	×	×	○	○	○	○	○	○	○
70						×	×	×	×	×	×	×	○	○	○	○	○	○	○
76.2						×	×	×	×	×	×	×	○	○	○	○	○	○	○
80						×	×	×	×	×	×	×	○	○	○	○	○	○	○
83							×	×	×	×	×	×	○	○	○	○	○	○	○
89							×	×	×	×	×	×	○	○	○	○	○	○	○
95							×	×	×	×	×	×	○	○	○	○	○	○	○
(101.6)							×	×	×	×	×	×	○	○	○	○	○	○	○
102								×	×	×	×	×	○	○	○	○	○	○	○
108									×	×	×	×	○	○	○	○	○	○	○
114										×	×	×	○	○	○	○	○	○	○
127										×	×	×	○	○	○	○	○	○	○
133													○	○	○	○	○	○	○
140														○	○	○	○	○	○
159															○	○	○	○	○
168.3																	○	○	○
180																		○	○
193.7																			○
219																			○

注：括号内的尺寸不推荐使用，"×"为采用冷轧板（带）制造，"○"为采用冷轧板（带）或热轧板（带）制造。

表 8-56　装饰用焊接不锈钢管方管、矩形管的尺寸规格

边长×边长/(mm×mm)	0.4	0.5	0.6	0.7	0.8	0.9	1.0	1.2	1.4	1.5	1.6	1.8	2.0	2.2	2.5	2.8	3.0	3.2	3.5
方管 15×15	×	×	×	×	×	×	×	×											
方管 20×20		×	×	×	×	×	×	×	×	×	×	×	○						
方管 25×25			×	×	×	×	×	×	×	×	×	×	○	○	○				
方管 30×30					×	×	×	×	×	×	×	×	○	○	○				
方管 40×40						×	×	×	×	×	×	×	○	○	○				
方管 50×50							×	×	×	×	×	×	○	○	○				
方管 60×60								×	×	×	×	×	○	○	○				
方管 70×70									×	×	×	×	○	○	○				
方管 80×80										×	×	×	○	○	○		○		
方管 85×85										×	×	×	○	○	○		○		
方管 90×90											×	×	○	○	○		○	○	
方管 100×100											×	×	○	○	○		○	○	
方管 110×110												×	○	○	○		○	○	
方管 125×125												×	○	○	○		○	○	
方管 130×130													○	○	○		○	○	
方管 140×140													○	○	○		○	○	
方管 170×170													○	○	○		○	○	
矩形管 20×10		×	×	×	×	×	×	×	×										
矩形管 25×15			×	×	×	×	×	×	×	×	×								
矩形管 40×20					×	×	×	×	×	×	×	×							
矩形管 50×30						×	×	×	×	×	×	×							
矩形管 70×30							×	×	×	×	×	×	○						
矩形管 80×40							×	×	×	×	×	×	○						
矩形管 90×30							×	×	×	×	×	×	○	○					
矩形管 100×40								×	×	×	×	×	○	○					
矩形管 110×50									×	×	×	×	○	○					
矩形管 120×40									×	×	×	×	○	○					
矩形管 120×60										×	×	×	○	○	○				
矩形管 130×50										×	×	×	○	○	○				
矩形管 130×70											×	×	○	○	○				
矩形管 140×60											×	×	○	○	○				
矩形管 140×80												×	○	○	○				
矩形管 150×50												×	○	○	○	○			
矩形管 150×70												×	○	○	○	○			
矩形管 160×40												×	○	○	○	○			
矩形管 160×60													○	○	○	○			
矩形管 160×90													○	○	○	○			
矩形管 170×50													○	○	○	○			
矩形管 170×80													○	○	○	○			
矩形管 180×70													○	○	○	○			
矩形管 180×80													○	○	○	○	○		
矩形管 180×100													○	○	○	○	○		

续表 8-56

边长×边长 /(mm×mm)		总壁厚/mm																	
		0.4	0.5	0.6	0.7	0.8	0.9	1.0	1.2	1.4	1.5	1.6	1.8	2.0	2.2	2.5	2.8	3.0	3.2	3.5
矩形管	190×60													○	○	○	○	○		
	190×70														○	○	○	○		
	190×90														○	○	○	○		
	200×60													○	○	○	○	○		
	200×80														○	○	○	○		
	200×140															○	○	○		

注："×"为采用冷轧板（带）制造，"○"为采用冷轧板（带）或热轧板（带）制造。

（3）牌号和化学成分（表 8-57）

表 8-57　装饰用焊接不锈钢管的牌号和化学成分　　　　　　　　　　（%）

牌　号	化学成分（质量分数）						
	C	Si	Mn	P	S	Ni	Cr
06Cr19Ni9	≤0.07	≤1.00	≤2.00	≤0.035	≤0.030	8.00～11.00	17.00～19.00
12Cr18Ni9	≤0.15	≤1.00	≤2.00	≤0.035	≤0.030	8.00～11.00	17.00～19.00

（4）力学性能（表 8-58）

表 8-58　装饰用焊接不锈钢管的力学性能

牌　号	推荐热处理制度	屈服强度 $\sigma_{p0.2}$/MPa≥	抗拉强度 σ_b/MPa ≥	断后伸长率 δ_5/%≥	硬度 HBW≤
06Cr19Ni9	1 010～1 150℃急冷	205	520	35	187
12Cr18Ni9	1 010～1 150℃急冷	205	520	35	187

8.3.6　建筑装饰用不锈钢焊接管材（JG/T 3030—1995）

（1）用途　适用于建筑装饰、家具、一般机械结构部件以及其他装饰用不锈钢焊管，三角形、变直径（压花）管等有关的等壁厚异形不锈钢焊接钢管亦可参照使用。

（2）尺寸规格（表 8-59、表 8-60）

表 8-59　建筑装饰用不锈钢焊接管材圆管的尺寸规格　　　　　　　　（mm）

外径 ＼ 壁厚	0.4	0.5	0.6	0.7	0.8	0.9	1.0	1.2	1.4	1.5	1.8	2.0	2.2	2.5	2.8	3.0
6	○	○	○													
7	○	○	○	○												
8	○	○	○	○	○											
9	○	○	○	○	○											
(9.53)	○	○	○	○	○	○										
10	○	○	○	○	○	○										
11	○	○	○	○	○	○	○									
12	○	○	○	○	○	○										
(12.7)	○	○	○	○	○	○										

续表 8-59

外径＼壁厚	0.4	0.5	0.6	0.7	0.8	0.9	1.0	1.2	1.4	1.5	1.8	2.0	2.2	2.5	2.8	3.0
13	○	○	○	○	○	○	○	○								
14	○	○	○	○	○	○	○	○								
15	○	○	○	○	○	○	○	○	○	○						
(15.9)		○	○	○	○	○	○	○	○	○						
16		○	○	○	○	○	○	○	○	○						
17		○	○	○	○	○	○	○	○	○						
18		○	○	○	○	○	○	○	○	○	○					
19		○	○	○	○	○	○	○	○	○	○					
20		○	○	○	○	○	○	○	○	○	○					
21			○	○	○	○	○	○	○	○	○	○				
22			○	○	○	○	○	○	○	○	○	○				
24			○	○	○	○	○	○	○	○	○	○				
25			○	○	○	○	○	○	○	○	○	○	○			
(25.4)			○	○	○	○	○	○	○	○	○	○	○			
26				○	○	○	○	○	○	○	○	○	○			
28				○	○	○	○	○	○	○	○	○	○			
30					○	○	○	○	○	○	○	○	○			
(31.8)					○	○	○	○	○	○	○	○	○	○		
32					○	○	○	○	○	○	○	○	○			
36					○	○	○	○	○	○	○	○	○	○	○	○
(38.1)					○	○	○	○	○	○	○	○	○	○	○	○
40					○	○	○	○	○	○	○	○	○	○	○	○
45						○	○	○	○	○	○	○	○	○	○	○
50						○	○	○	○	○	○	○	○	○	○	○
(50.8)						○	○	○	○	○	○	○	○	○	○	○
56						○	○	○	○	○	○	○	○	○	○	○
(57.1)						○	○	○	○	○	○	○	○	○	○	○
(60.3)						○	○	○	○	○	○	○	○	○	○	○
63							○	○	○	○	○	○	○	○	○	○
(63.5)							○	○	○	○	○	○	○	○	○	○
71								○	○	○	○	○	○	○	○	○
(76.2)								○	○	○	○	○	○	○	○	○
80								○	○	○	○	○	○	○	○	○
90									○	○	○	○	○	○	○	○
100								○	○	○	○	○	○	○	○	○
(101.6)									○	○	○	○	○	○	○	○
(108)										○	○	○	○	○	○	○
110										○	○	○	○	○	○	○
(114.3)											○	○	○	○	○	○
125											○	○	○	○	○	○
(140)											○	○	○	○	○	○
160											○	○	○	○	○	○

注：括号内的尺寸不推荐使用。

表 8-60　建筑装饰用不锈钢焊接管材方管和矩形管的尺寸规格　　　　　（mm）

	壁厚 / 边长	0.4	0.5	0.6	0.7	0.8	0.9	1.0	1.2	1.4	1.5	1.8	2.0	2.2	2.5	2.8	3.0
方管	10	O	O	O	O	O	O	O	O								
	(12.7)		O	O	O	O	O	O	O	O	O						
	(15.9)		O	O	O	O	O	O	O	O	O	O	O				
	16		O	O	O	O	O	O	O	O	O	O	O				
	20			O	O	O	O	O	O	O	O	O	O	O			
	25					O	O	O	O	O	O	O	O	O	O		
	(25.4)					O	O	O	O	O	O	O	O	O	O	O	
	30					O	O	O	O	O	O	O	O	O	O	O	O
	(31.8)					O	O	O	O	O	O	O	O	O	O	O	O
	(38.1)						O	O	O	O	O	O	O	O	O	O	O
	40						O	O	O	O	O	O	O	O	O	O	O
	50							O	O	O	O	O	O	O	O	O	O
	60							O	O	O	O	O	O	O	O	O	O
	70								O	O	O	O	O	O	O	O	O
	80								O	O	O	O	O	O	O	O	O
	90										O	O	O	O	O	O	O
	100												O	O	O	O	O
矩形管	20×10		O	O	O	O	O	O	O	O							
	25×13			O	O	O	O	O	O	O	O	O	O	O			
	(31.8×15.0)				O	O	O	O	O	O	O	O	O	O			
	(38.1×25.4)				O	O	O	O	O	O	O	O	O	O	O	O	O
	40×20						O	O	O	O	O	O	O	O	O	O	O
	50×25						O	O	O	O	O	O	O	O	O	O	O
	60×30							O	O	O	O	O	O	O	O	O	O
	70×30							O	O	O	O	O	O	O	O	O	O
	75×45								O	O	O	O	O	O	O	O	O
	80×45								O	O	O	O	O	O	O	O	O
	90×25								O	O	O	O	O	O	O	O	O
	90×45								O	O	O	O	O	O	O	O	O
	100×25								O	O	O	O	O	O	O	O	O
	100×45									O	O	O	O	O	O	O	O

注：括号内的尺寸不推荐使用。

8.4　建筑用钢筋

8.4.1　钢筋混凝土用热轧光圆钢筋（GB 1499.1—2008）

（1）用途　钢筋混凝土用热轧光圆钢筋是经热轧成型并自然冷却，横截面通常为圆形且表面光滑的钢筋混凝土配筋用钢材；用于中、小预应力混凝土结构件或普通钢筋混凝土结构件。

（2）尺寸规格（表8-61）

表 8-61　钢筋混凝土用热轧光圆钢筋的尺寸规格

d——钢筋公称直径

公称直径/mm	截面面积/mm²	理论质量（kg/m）	公称直径/mm	截面面积/mm²	理论质量（kg/m）
6（6.5）	28.27（33.18）	0.222（0.260）	16	201.1	1.58
8	50.27	0.395	18	254.5	2.00
10	78.54	0.614	20	314.2	2.47
12	113.1	0.888	22	380.1	2.98
14	153.9	1.21	—	—	—

注：热轧光圆钢筋的质量允许偏差

公称直径/mm	实际质量与理论质量的偏差/%
6～12	±7
14～22	±5

（3）牌号和化学成分（表8-62）

表 8-62　钢筋混凝土用热轧光圆钢筋的牌号和化学成分　　　　　　（%）

牌　号	化学成分（质量分数）				
	C	Si	Mn	P	S
				≤	
HPB235	0.22	0.30	0.65	0.045	0.050
HPB300	0.25	0.55	1.50	0.045	0.050

（4）力学和工艺性能（表8-63）

表 8-63　钢筋混凝土用热轧光圆钢筋的力学和工艺性能

牌　号	公称直径/mm	屈服强度 R_{eL}/MPa	抗拉强度 R_m/MPa	断后伸长率 A /%	最大力总伸长率 A_{gt}/%	冷弯试验 180°
		≥				
HPB235	8～20	235	370	25.0	10.0	$d=a$
HPB300		300	420			$d=a$

8.4.2　钢筋混凝土用热轧带肋钢筋（GB/T 1499.2—2007）

（1）用途　钢筋混凝土用热轧带肋钢筋是横截面通常为圆形，且表面通常带有两条纵肋和沿长度方向均匀分布的横肋的钢筋。钢筋在混凝土中主要承受拉应力，带肋钢筋由于表面肋的作用，和混凝土有较大的黏结能力（握裹力），因而能更好地承受外力的作用。热轧带肋钢筋广泛用于各种建筑结构，特别是大型、重型、轻型薄壁和高层建筑结构。

（2）尺寸规格（表8-64）

表 8-64　钢筋混凝土用热轧带肋钢筋的尺寸规格

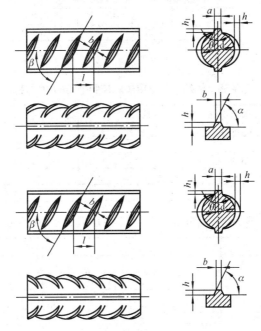

月牙肋钢筋

d——钢筋内径；α——横肋斜角；h——横肋高度；β——横肋与轴线夹角；h_1——纵肋高度；θ——纵肋斜角；

α——纵肋顶宽；l——横肋间距；b——横肋顶宽

公称直径/mm	截面面积/mm²	理论质量/（kg/m）	公称直径/mm	截面面积/mm²	理论质量/（kg/m）
6	28.27	0.222	22	380.1	2.98
8	50.27	0.395	25	490.9	3.85
10	78.54	0.617	28	615.8	4.83
12	113.1	0.888	32	804.2	6.31
14	153.9	1.21	36	1 018	7.99
16	201.1	1.58	40	1 257	9.87
18	254.5	2.00	50	1 964	15.42
20	314.2	2.47	—	—	—

注：带肋钢筋的质量允许偏差

公称直径/mm	实际质量与理论质量的偏差/%
6～12	±7
14～20	±5
22～50	±4

（3）牌号和化学成分（表8-65）

表 8-65　钢筋混凝土用热轧带肋钢筋的牌号和化学成分　　　　　　　　　　（%）

牌　号	化学成分（质量分数）					碳当量
	C	Si	Mn	P	S	C_{eq}
HRB335，HRBF335	0.25	0.80	1.60	0.045	0.045	0.52

续表 8-65

牌 号	化学成分（质量分数）					碳当量 C_{eq}
	C	Si	Mn	P	S	
HRB400，HRBF400						0.45
HRB500，HRBF500	0.25	0.80	1.60	0.045	0.045	0.55

（4）力学和工艺性能（表8-66、表8-67）

表 8-66   钢筋混凝土用热轧带肋钢筋的力学性能

牌 号	屈服强度 R_{eL}/MPa	抗拉强度 R_m/MPa	断后伸长率 A/%	最大力总伸长率 A_{gt}/%
		≥		
HRB335，HRBF335	335	455	17	
HRB400，HRBF400	400	540	16	7.5
HRB500，HRBF500	500	630	15	

表 8-67   钢筋混凝土用热轧带肋钢筋的弯曲性能

牌 号	公称直径/mm	180° 弯曲试验
HRB335 HRBF335	6～25	3d
	28～40	4d
	>40～50	5d
HRB400 HRBF400	6～25	4d
	28～40	5d
	>40～50	6d
HRB500 HRBF500	6～25	6d
	28～40	7d
	>40～50	8d

注：d 为弯心直径。

8.4.3   钢筋混凝土用余热处理钢筋（GB 13014—1991）

（1）用途   钢筋混凝土用余热处理钢筋是在钢筋热轧后立即穿水，进行表面控制冷却，然后利用芯部余热自身完成回火处理所得的成品钢筋。余热处理工艺简单，余热处理后钢筋全长性能均匀，晶粒细小，在保证良好塑性、焊接性能的条件下，屈服点约提高 10%。用它做钢筋混凝土结构的配筋，可节约材料并提高构件的安全可靠性，深受建筑设计与施工部门的欢迎。

（2）尺寸规格（表8-68）

表 8-68   钢筋混凝土用余热处理钢筋的尺寸规格

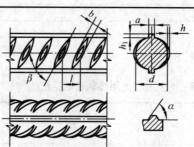

d——钢筋公称直径；h——横肋高度；h_1——纵肋高度；α——纵肋顶宽；b——横肋顶宽；a——横肋斜角；
β——横肋与轴线夹角；l——横肋间距

续表 8-68

公称直径/mm	截面面积/mm²	理论质量/（kg/m）	公称直径/mm	截面面积/mm²	理论质量/（kg/m）
8	50.27	0.395	22	380.1	2.98
10	78.54	0.617	25	490.9	3.85
12	113.1	0.888	28	615.8	4.83
14	153.9	1.21	32	804.2	6.31
16	201.1	1.58	36	1 018	7.99
18	254.5	2.00	40	1 257	9.87
20	314.2	2.47	—	—	—

注：实际质量与公称质量的允许偏差

公称直径/mm	实际质量与理论质量的偏差/%
8～12	±7
14～20	±5
22～40	±4

（3）牌号和化学成分（表 8-69）

表 8-69　钢筋混凝土用余热处理钢筋的牌号和化学成分　　　　（%）

表面形状	钢筋级别	强度代号	牌　号	化学成分（质量分数）				
				C	Si	Mn	P	S
月牙肋	III	KL400	20MnSi	0.17～0.25	0.40～0.80	1.20～1.60	≤0.045	≤0.045

（4）力学和工艺性能（表 8-70）

表 8-70　钢筋混凝土用余热处理钢筋的力学和工艺性能

表面形状	钢筋级别	强度等级代号	公称直径/mm	下屈服强度 R_{eL}/MPa	抗拉强度 R_m/MPa	断后伸长率 A_5/%	90°冷弯试验
月牙肋	III	KL400	8～25	≥440	≥600	≥14	$d+3a$
			28～40				$d+4a$

注：d 为弯心直径，a 为钢筋公称直径。

8.4.4　预应力混凝土用螺纹钢筋（GB/T 20065—2006）

（1）用途　预应力混凝土用螺纹钢筋是一种热轧成带有不连续的外螺纹的直条钢筋，该钢筋在任意截面处，均可用带有匹配形状的内螺纹的连接器或锚具进行连接或锚固。

（2）尺寸规格（表 8-71、表 8-72）

表 8-71　螺纹钢筋外形尺寸

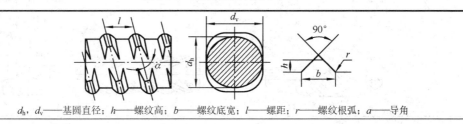

d_h、d_v——基圆直径；h——螺纹高；b——螺纹底宽；l——螺距；r——螺纹根弧；a——导角

续表 8-71

公称直径/mm	基圆直径/mm		螺纹高/mm	螺纹底宽/mm	螺距/mm	螺纹根弧 r/mm	导角 α
	d_h	d_v	h	b	l		
18	18.0	18.0	1.2	4.0	9.0	1.0	80° 42′
25	25.0	25.0	1.6	6.0	12.0	1.5	81° 19′
32	32.0	32.0	2.0	7.0	16.0	2.0	80° 40′
40	40.0	40.0	2.5	8.0	20.0	2.5	80° 29′
50	50.0	50.0	3.0	9.0	24.0	2.5	81° 19′

表 8-72　公称直径、截面面积及理论质量

公称直径/mm	公称截面面积/mm²	有效截面系数	理论截面面积/mm²	理论质量/(kg/m)
18	254.5	0.95	267.9	2.11
25	490.9	0.94	522.2	4.10
32	804.2	0.95	846.5	6.65
40	1 256.6	0.95	1 322.7	10.34
50	1 963.5	0.95	2 066.8	16.28

（3）力学性能（表8-73）

表 8-73　预应力混凝土用螺纹钢筋的力学性能

级　别	屈服强度 R_{eL}/MPa	抗拉强度 R_m/MPa	断后伸长率 A/%	最大力下总伸长率 A_{gt}/%	应力松弛性能	
					初始应力	1 000h 后应力松弛率 Vr/%
PSB785	785	930	7			
PSB830	830	1 030	6	3.5	0.8R_{eL}	≤3
PSB930	930	1 080	6			
PSB1080	1 080	1 230	6			

8.4.5　冷轧带肋钢筋（GB 13788—2008）

（1）用途　冷轧带肋钢筋是以热轧圆盘条为原料，经冷轧或冷拔减径后在其表面冷轧成三面有肋的钢筋。冷轧带肋钢筋适用于中、小预应力混凝土结构构件和普通钢筋混凝土结构构件，也适于制造焊接钢筋网，广泛用于高速公路、飞机场、水电输送及市政建设等工程中。

（2）尺寸规格（表8-74）

表 8-74　冷轧带肋钢筋的尺寸规格

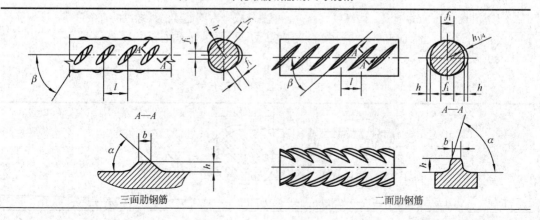

三面肋钢筋　　　　　　　　　　二面肋钢筋

续表 8-74

公称直径 d/mm	截面面积 /mm^2	理论质量 /（kg/m）	公称直径 d/mm	截面面积 /mm^2	理论质量 /（kg/m）	公称直径 d/mm	截面面积 /mm^2	理论质量 /（kg/m）
4	12.6	0.099	7	38.5	0.302	10	78.5	0.617
4.5	15.9	0.125	7.5	44.2	0.347	10.5	86.5	0.679
5	19.6	0.154	8	50.3	0.395	11	95.0	0.746
5.5	23.7	0.186	8.5	56.7	0.445	11.5	103.8	0.815
6	28.3	0.222	9	63.6	0.499	12	113.1	0.888
6.5	33.2	0.26	9.5	70.8	0.556	—	—	—

注：CRB550 钢筋的公称直径范围为 4～12mm，CRB650 及以上牌号钢筋公称直径为 4mm，5mm，6mm。

（3）牌号和化学成分（表 8-75）

表 8-75 冷轧带肋钢筋的牌号和化学成分 （%）

钢筋牌号	盘条牌号	化学成分（质量分数）					
		C	Si	Mn	V，Ti	S	P
CRB550	Q215	0.09～0.15	≤0.30	0.25～0.55	—	≤0.050	≤0.045
CRB650	Q235	0.14～0.22	≤0.30	0.30～0.65	—	≤0.050	≤0.045
CRB800	24MnTi	0.19～0.27	0.17～0.39	1.20～1.60	Ti0.01～0.05	≤0.045	≤0.045
	20MnSi	0.17～0.25	0.40～0.80	1.20～1.60		≤0.045	≤0.045
CRB970	41MnSiV	0.37～0.45	0.60～1.10	1.00～1.40	V0.05～0.12	≤0.045	≤0.045
	60	0.57～0.65	0.17～0.37	0.50～0.80	—	≤0.035	≤0.035

（4）力学和工艺性能（表 8-76）

表 8-76 冷轧带肋钢筋的力学和工艺性能

级别 代号	规定非比例延 伸强度 $R_{p0.2}$/MPa≥	抗拉强度 R_m/MPa ≥	断后伸长率/%≥		180°弯曲 试验	反复弯曲 次数	应力松弛初始应力应相当 于公称抗拉强度的70%
			$A_{11.3}$	A_{100}			1 000h 松弛率/%≤
CRB500	500	550	8.0		$D=3d$	—	—
CRB650	585	650	—	4.0	—	3	8
CRB800	720	800	—	4.0	—	3	8
CRB970	875	970	—	4.0	—	3	8

注：D 为弯心直径，d 为钢筋公称直径。

8.4.6 高延性冷轧带肋钢筋（YB/T 4260—2011）

（1）用途 高延性冷轧带钢筋系热轧圆盘条经过冷轧成型及回火热处理获得的具有较高延性的冷轧带钢筋。其适用于钢筋混凝土和预应力混凝土用较高延性冷轧带肋钢筋，也适用于制造焊接网用较高延性冷轧带肋钢筋。

（2）尺寸规格（表 8-77、表 8-78）

表 8-77　二面肋钢筋的尺寸规格

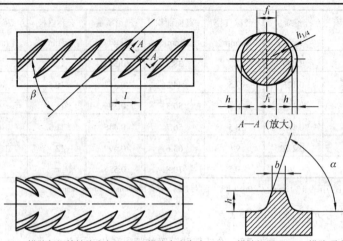

α——横肋斜角；β——横肋与钢筋轴线夹角；h——横肋中点高度；l——横肋间距；b——横肋顶宽；f_i——横肋间隙

公称直径 d/mm	公称横截面积/mm²	质量		横肋中点高		横肋 1/4 处高 $h_{1/4}$/mm	横肋顶宽 b/mm	横肋间距		相对肋面积 f_R
		理论质量/(kg/m)	允许偏差/%	h/mm	允许偏差/mm			l/mm	允许偏差/%	
5	19.6	0.154		0.32		0.26		4.0		0.039
5.5	23.7	0.186		0.40		0.32		5.0		0.039
6	28.3	0.222		0.40	+0.10	0.32		5.0		0.039
6.5	33.2	0.261		0.46	−0.05	0.37		5.0		0.045
7	38.5	0.302	±4	0.46		0.37	~0.2d	5.0	±15	0.045
8	50.3	0.395		0.55		0.44		6.0		0.045
9	63.6	0.499		0.75		0.60		7.0		0.052
10	78.5	0.617		0.75	±0.10	0.60		7.0		0.052
11	95.0	0.746		0.85		0.68		7.4		0.056
12	113.1	0.888		0.95		0.76		8.4		0.056

表 8-78　四面肋钢筋的尺寸规格

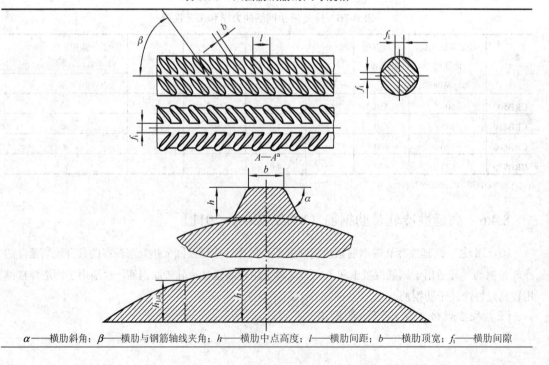

α——横肋斜角；β——横肋与钢筋轴线夹角；h——横肋中点高度；l——横肋间距；b——横肋顶宽；f_i——横肋间隙

续表 8-78

公称直径 d/mm	公称横截面积 /mm²	质量		横肋中心点		横肋 1/4 处高 h₁/₄/mm	横肋顶宽 b/mm	横肋间距		相对肋面积 f_R
		理论质量 / (kg/m)	允许偏差/%	h/mm	允许偏差/mm			l/mm	允许偏差/%	
6.0	28.3	0.222		0.39	+0.10 −0.05	0.28		5.0		0.039
7.0	38.5	0.302		0.45		0.32		5.3		0.045
8.0	50.3	0.395		0.52		0.36		5.7		0.045
9.0	63.6	0.499	±4	0.59		0.41	~0.2d	6.1	±15	0.052
10.0	78.5	0.617		0.65	±0.10	0.45		6.5		0.052
11.0	95.0	0.746		0.72		0.50		6.8		0.056
12.0	113	0.888		0.78		0.54		7.2		0.056

（3）牌号和化学成分（表 8-79）

表 8-79　高延性冷轧带肋钢筋用盘条的参考牌号和化学成分　　　　（%）

钢筋牌号	盘条牌号	化学成分（质量分数）					
		C	Si	Mn	Ti	S	P
CRB600H	Q215	0.09～0.15	≤0.30	0.25～0.55	—	≤0.050	≤0.045
CRB650H	Q235	0.14～0.22	≤0.30	0.30～0.65	—	≤0.050	≤0.045
CRB800H	45	0.45～0.50	0.17～0.37	0.05～0.80	—	≤0.035	≤0.035
	24MnTi	0.19～0.27	0.17～0.37	1.20～1.60	Ti0.01～0.05	≤0.045	≤0.045
	20MnSi	0.17～0.25	0.40～0.80	1.20～1.60	—	≤0.045	≤0.045

（4）力学和工艺性能（表 8-80）

表 8-80　高延性冷轧带肋钢筋的力学和工艺性能

牌　号	公称直径 /mm	$R_{p0.2}$/MPa	R_m/MPa	A/%	A_{100}/%	A_{gt}/%	弯曲试验 180°	反复弯曲次数	应力松弛初始应力相当于公称抗拉强度的70%
		≥							1 000h 松弛率/%
CRB600H	5～12	520	600	14	—	5.0	$D=3d$	—	—
CRB650H	5, 6	585	650	—	7	4.0		4	5
CRB800H	5	720	800	—	7	4.0		4	5

注：D 为弯心直径，d 为钢筋公称直径。反复弯曲试验的弯曲半径为15mm。

8.4.7　冷轧扭钢筋（JG 190—2006）

（1）用途　冷轧扭钢筋是低碳钢热轧圆盘条经专用钢筋冷轧扭机调直、冷轧并冷扭一次成型，具有规定截面形状和节距的连续螺旋状钢筋。冷轧扭钢筋具有材料综合性能优良、加工工艺简便、实用性强、节材省工等许多优点。

（2）尺寸规格（表 8-81、表 8-82）

表8-81 冷轧扭钢筋的截面控制尺寸和节距 (mm)

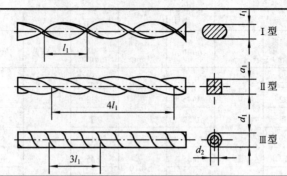

强度级别	型 号	标志直径 d	截面控制尺寸≥				节距 l_1≤
			轧扁厚度 t_1	正方形边长 a_1	外圆直径 d_1	内圆直径 d_2	
CTB550	I	6.5	3.7	—	—	—	75
		8	4.2				95
		10	5.3				110
		12	6.2				150
	II	6.5	—	5.40	—	—	30
		8		6.50			40
		10		8.10			50
		12		9.60			80
	III	6.5	—	—	6.17	5.67	40
		8			7.59	7.09	60
		10			9.49	8.89	70
CTB650	III	6.5			6.00	5.50	30
		8			7.38	6.88	50
		10			9.22	8.67	70

表8-82 冷轧扭钢筋的截面面积和理论质量

强度级别	型号	标志直径 d/mm	截面面积 A_s/mm²	理论质量/ (kg/m)	强度级别	型号	标志直径 d/mm	截面面积 A_s/mm²	理论质量/ (kg/m)
CTB550	I	6.5	29.50	0.232		II	12	92.74	0.728
		8	45.30	0.356	CTB550	III	6.5	29.86	0.234
		10	68.20	0.536			8	45.24	0.355
		12	96.14	0.755			10	70.69	0.555
	II	6.5	29.20	0.229	CTB650	III	6.5	28.20	0.221
		8	42.30	0.332			8	42.73	0.335
		10	66.10	0.519			10	66.76	0.524

（3）力学和工艺性能（表8-83）

表8-83 冷轧扭钢筋的力学和工艺性能

强度级别	型 号	抗拉强度 R_m/MPa	断后伸长率 A/%	180° 弯曲试验 （弯心直径＝3d）	应力松弛率（当σ_{con}＝0.7f_{ptk}）/%	
					10h	1 000h
CTB550	I	≥550	$A_{11.3}$≥4.5	受弯曲部位钢筋表面不得产生裂纹	—	—
	II	≥550	A≥10		—	—
	III	≥550	A≥12		—	—
CTB650	III	≥650	A_{100}≥4		≤5	≤8

注：σ_{con}为预应力钢筋张拉控制应力，f_{ptk}为预应力冷轧扭钢筋抗拉强度标准值。

8.4.8 混凝土结构用成型钢筋（JG/T 226—2008）

（1）用途 适用于混凝土结构用各种方式加工并满足设计和施工要求的成型钢筋。

（2）冷拉率（表8-84）

表8-84 混凝土结构用成型钢筋冷拉率允许值 （%）

项 目	允许冷拉率	项 目	允许冷拉率
HPB235 级钢筋	≤4	HRB335，HRB400 和 RRB400 级钢筋	≤1

（3）允许偏差（表8-85）

表8-85 混凝土结构用成型钢筋加工的允许偏差 （mm）

项 目	允许偏差	项 目		允许偏差
调直后每米弯曲度	≤4		主筋间距	±10
受力成型钢筋顺长度方向全长的净尺寸	±10	钢筋笼和钢筋骨架	箍筋间距	±10
成型钢筋弯折位置	±20		高度、宽度、直径	±10
箍筋内净尺寸	±5		总长度	±10

（4）弯曲内直径（表8-86）

表8-86 混凝土结构用成型钢筋弯曲和弯折的弯曲内直径 （mm）

成型钢筋用途	弯弧内直径 D
HPB235 级箍筋、拉筋	$D=5d$，且不小于主筋直径
HPB235 级主筋	$D≥2.5d$，且小于纵向受力成型钢筋直径
HRB335 级主筋	$D≥4d$
HRB400 级和 RRB400 级主筋	$D≥5d$
平法框架主筋直径≤25mm	$D=8d$
平法框架主筋直径>25mm	$D=12d$
平法框架顶层边节点主筋直径≤25mm	$D=12d$
平法框架顶层边节点主筋直径>25mm	$D=16d$
轻骨料混凝土结构构件 HPB235 级主筋	$D≥7d$

注：d 为钢筋原材公称直径。

（5）形状及代码（表8-87）

表8-87 混凝土结构用成型钢筋形状及代码

形状代码	形 状 示 意 图	形状代码	形 状 示 意 图
0000		1033	
1000		2010	
1011		2011	
1022		2020	

续表 8-87

形状代码	形 状 示 意 图	形状代码	形 状 示 意 图
2021		3020	
2030		3021	
2031		3022	
2040		3070	
2041		3071	
2050		4010	
2051		4011	
2060		4012	
2061		4013	
3010		4020	
3011		4021	
3012		4030	
3013		4031	

续表 8-87

形状代码	形 状 示 意 图	形状代码	形 状 示 意 图
5010		5072	
5011		5073	
5012		6010	
5013		6011	
5020		6012	
5021		6013	
5022		6020	
5023		6021	
5024		6022	
5025		6023	
5026		7010	
5070		7011	
5071		7012	

续表 8-87

形状代码	形 状 示 意 图	形状代码	形 状 示 意 图
7020	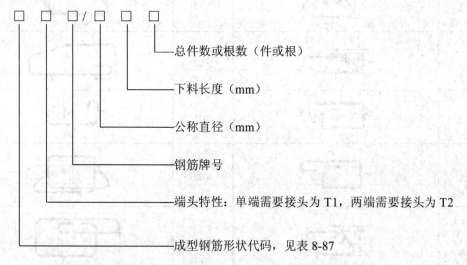	8021	
7021		8030	
8010		8031	
8020		—	—

注：1. 本表形状代码第一位数字 0～7 代表成型钢筋的弯折次数（不包含端头弯钩），8 代表圆弧状或螺旋状，9 代表所有非标准形状。

2. 本表形状代码第二位数字 0～2 代表成型钢筋端头弯钩特征：0——没有弯钩，1——一端有弯钩，2——两端有弯钩。

3. 本表形状代码第三、四位数字 00～99 代表成型钢筋形状。

（6）标记

成型钢筋标记由形状代码、端头特性、钢筋牌号、公称直径、下料长度、总件数或根数组成，如下表示：

□□□/□□□

- 总件数或根数（件或根）
- 下料长度（mm）
- 公称直径（mm）
- 钢筋牌号
- 端头特性：单端需要接头为 T1，两端需要接头为 T2
- 成型钢筋形状代码，见表 8-87

8.4.9 钢筋混凝土用加工成型钢筋（YB/T 4162—2007）

（1）用途 加工成型单件产品。

（2）尺寸规格（表 8-88）

表 8-88 推荐钢筋

公称直径/mm	截面面积/mm²	理论质量/（kg/m）	公称直径/mm	截面面积/mm²	理论质量/（kg/m）
6（6.5）	28.27（33.18）	0.222（0.260）	12	113.1	0.888
8	50.27	0.395	14	153.9	1.21
10	78.54	0.617	16	201.1	1.58

续表 8-88

公称直径/mm	截面面积/mm²	理论质量/（kg/m）	公称直径/mm	截面面积/mm²	理论质量/（kg/m）
18	254.5	2.00	32	804.2	6.31
20	314.2	2.47	36	1 018	7.99
22	380.1	2.98	40	1 257	9.87
25	490.9	3.85	50	1 964	15.42
28	615.8	4.83	—	—	—

注：公称直径为 6.5mm 的光圆钢筋为过渡性产品。

（3）单件产品（表 8-89～表 8-91）

表 8-89　箍筋　　　　　　　　　　　　　　　　　　（mm）

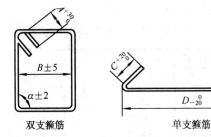

双支箍筋　　　　　　　　　　　　　单支箍筋

箍筋尺寸	允许偏差	箍筋尺寸	允许偏差
锚固直线段长度 A	+30 0	单支箍　锚固直线段长度 C	+20 0
箍筋内净尺寸 B	±5	纵向尺寸 D	0 −20
箍筋角度 α	±2°	—	—

表 8-90　受力钢筋　　　　　　　　　　　　　　　　（mm）

单件产品成型后长度 L	允许偏差	单件产品成型后长度 L	允许偏差
L≤2 000	0 −10	L>4 000	±10
2 000<L≤4 000	+5 −10	单件产品成型后组成长度 L	±10

注：钢筋接头处轴线偏移允许偏差为 2mm。

表 8-91　弯折钢筋

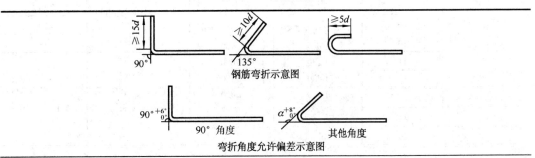

钢筋弯折示意图

弯折角度允许偏差示意图

续表 8-91

角　　度		允许偏差/（°）	长　　度	允许偏差/mm
弯折角度	90°	+6 0	弯钩平直段长度 L	20 0
	其他角度 α	+8 0	—	—

8.4.10　预应力混凝土用钢棒（GB/T 5223.3—2005）

（1）用途　预应力混凝土用钢棒是适用于预应力混凝土管桩、铁路轨枕等预应力混凝土构件的钢棒。

（2）尺寸规格（表 8-92）

表 8-92　预应力混凝土用钢棒的尺寸规格

类型	公称直径/mm	公称截面面积/mm²	截面面积/mm² 最小	截面面积/mm² 最大	理论质量/(g/m)	类型	公称直径/mm	公称截面面积/mm²	截面面积/mm² 最小	截面面积/mm² 最大	理论质量/(g/m)
光圆	6	28.3	26.8	29.0	222	螺旋肋	6	28.3	26.8	29.0	222
	7	38.5	36.3	39.5	302		7	38.5	36.3	39.5	302
	8	50.3	47.5	51.5	394		8	50.3	47.5	51.5	394
	10	78.5	74.1	80.4	616		10	78.5	74.1	80.4	616
	11	95.0	93.1	97.4	746		12	113	106.8	115.8	888
	12	113	106.8	115.8	887		14	154	145.6	157.8	1 209
	13	133	130.3	136.3	1 044	带肋	6	28.3	26.8	29.0	222
	14	154	145.6	157.8	1 209		8	50.3	47.5	51.5	394
	16	201	190.2	206.0	1 578		10	78.5	74.1	80.4	614
螺旋槽	7.1	3	39.0	41.7	314		12	113	106.8	115.8	888
	9.0	6	62.4	66.5	502		14	154	145.6	157.8	1 209
	10.7	6	87.5	93.6	707		16	201	190.2	206.0	1 578
	12.6	6	121.5	129.9	981	—	—	—	—	—	—

（3）力学和工艺性能（表 8-93）

表 8-93　预应力混凝土用钢棒的力学和工艺性能

类　　型	公称直径/mm	抗拉强度 R_m/MPa ≥	规定非比例延伸强度 $R_{p0.2}$/MPa≥	弯曲试验 性能要求	弯曲试验 弯曲半径/mm
光圆	6			180°反复弯曲≥4次	15
	7				20
	8	对所有规格钢棒 1 080	对所有规格钢棒 930		20
	10				25
	11	1 230	1 080	弯曲160°～180°后弯曲处无裂纹	弯心直径为钢棒公称直径的10倍
	12	1 420	1 280		
	13	1 570	1 420		
	14				
	16				

续表 8-93

类　型	公称直径/mm	抗拉强度 R_m/MPa ≥	规定非比例延伸强度 $R_{p0.2}$/MPa≥	弯　曲　试　验	
				性　能　要　求	弯曲半径/mm
螺旋槽	7.1～12.6			—	—
螺旋肋	6	对所有规格钢棒 1 080	对所有规格钢棒 930	180° 反复弯曲≥4 次	15
	7				20
	8	1 230	1 080		20
	10	1 420	1 280		25
	12	1 570	1 420	弯曲 160°～180° 后弯曲处无裂纹	弯心直径为钢棒公称直径的 10 倍
	14				
带肋	6～16			—	—

（4）钢棒类型（表 8-94～表 8-97）

表 8-94　螺旋槽钢棒　　　　　　　　　　　　　　　　　（mm）

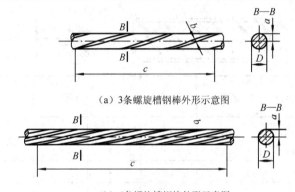

（a）3条螺旋槽钢棒外形示意图

（b）6条螺旋槽钢棒外形示意图

公称直径 D_n	螺旋槽数量/条	外轮廓直径 D	螺旋槽尺寸		导程 c	公称直径 D_n	螺旋槽数量/条	外轮廓直径 D	螺旋槽尺寸		导程 c
			深度 a	宽度 b					深度 a	宽度 b	
7.1	3	7.25	0.20	1.70	公称直径的 10 倍	10.7	6	11.10	0.30	2.00	公称直径的 10 倍
9	6	9.15	0.20	1.50		12.6	6	13.10	0.45	2.20	

表 8-95　螺旋肋钢棒　　　　　　　　　　　　　　　　　（mm）

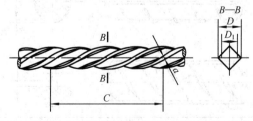

公称直径 D_n	螺旋肋数量/条	基圆直径 D_1	外轮廓直径 D	单肋宽度 a	螺旋肋导程 C
6	4	5.80	6.30	2.20～2.60	40～50
7		6.73	7.46	2.60～3.00	50～60

续表 8-95

公称直径 D_n	螺旋肋数量/条	基圆直径 D_1	外轮廓直径 D	单肋宽度 a	螺旋肋导程 C
8		7.75	8.45	3.00～3.40	60～70
10	4	9.75	10.45	3.60～4.20	70～85
12		11.70	12.50	4.20～5.00	85～100
14		13.75	14.40	5.00～5.80	100～115

表 8-96　有纵肋带肋钢棒　　　　　　　　（mm）

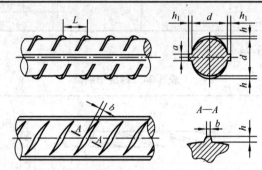

公称直径 D_n	内径 d	横肋高 h	纵肋高 h_1	横肋宽 b	纵肋宽 a	间距 L	横肋末端最大间隙（公称周长的10%弦长）
6	5.8	0.5	0.6	0.4	1.0	4	1.8
8	7.7	0.7	0.8	0.6	1.2	5.5	2.5
10	9.6	1.0	1	1.0	1.5	7	3.1
12	11.5	1.2	1.2	1.2	1.5	8	3.7
14	13.4	1.4	1.4	1.2	1.8	9	4.3
16	15.4	1.5	1.5	1.2	1.8	10	5.0

表 8-97　无纵肋带肋钢棒　　　　　　　　（mm）

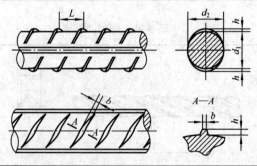

公称直径 D_n	垂直内径 d_1	水平内径 d_2	横肋高 h	横肋宽 b	间距 L
6	5.5	6.2	0.5	0.4	4
8	7.5	8.3	0.7	0.6	5.5
10	9.4	10.3	1.0	1.0	7

续表 8-97

公称直径 D_n	垂直内径 d_1	水平内径 d_2	横肋高 h	横肋宽 b	间距 L
12	11.3	12.3	1.2	1.2	8
14	13	14.3	1.4	1.2	9
16	15	16.3	1.5	1.2	10

8.4.11　钢筋混凝土用钢筋焊接网（GB/T 1499.3—2010）

（1）用途　钢筋焊接网是纵向钢筋和横向钢筋分别以一定间距排列且互成直角，全部交叉点均焊接在一起的网片。钢筋混凝土用钢筋焊接网是适用于在工厂制造，用冷轧带肋钢筋或（和）热轧带肋钢筋以电阻焊方式制造的钢筋焊接网。钢筋混凝土用钢筋焊接网，是一种良好、高效的混凝土配筋用材料。它的出现对提高建筑施工效率、结构质量及安全可靠性、改变传统的建筑施工方法都具有十分重要的意义，可用于钢筋混凝土结构的配筋和预应力混凝土结构的普通钢筋。

（2）尺寸规格（表 8-98～表 8-100）

表 8-98　定型钢筋焊接网型号

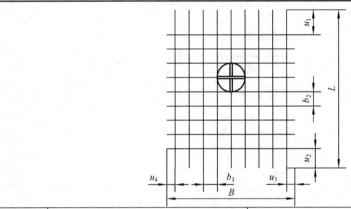

钢筋焊接网型号	纵 向 钢 筋			横 向 钢 筋			质量 /（kg/m²）
	公称直径 /mm	间距/mm	每延米面积 /（mm²/m）	公称直径 /mm	间距/mm	每延米面积 /（mm²/m）	
A18	18		1 273	12		566	14.43
A16	16		1 006	12		566	12.34
A14	14		770	12		566	10.49
A12	12		566	12		566	8.88
A11	11		475	11		475	7.46
A10	10	200	393	10	200	393	6.16
A9	9		318	9		318	4.99
A8	8		252	8		252	3.95
A7	7		193	7		193	3.02
A6	6		142	6		142	2.22
A5	5		98	5		98	1.54
B18	18		2 545	12		566	24.42
B16	16	100	2 011	10	200	393	18.89
B14	14		1 539	10		393	15.19
B12	12		1 131	8		252	10.90

续表 8-98

钢筋焊接网型号	纵向钢筋			横向钢筋			质量/（kg/m²）
	公称直径/mm	间距/mm	每延米面积/（mm²/m）	公称直径/mm	间距/mm	每延米面积/（mm²/m）	
B11	11		950	8		252	9.43
B10	10		758	8		252	8.14
B9	9		635	8		252	6.97
B8	8	100	503	8	200	252	5.93
B7	7		385	7		193	4.53
B6	6		283	7		193	3.73
B5	5		196	7		193	3.05
C18	18		1 697	12		566	17.77
C16	16		1 341	12		566	14.98
C14	14		1 027	12		566	12.51
C12	12		754	12		566	10.36
C11	11		634	11		475	8.70
C10	10	150	523	10	200	393	7.19
C9	9		423	9		318	5.82
C8	8		335	8		252	4.61
C7	7		257	7		193	3.53
C6	6		189	6		142	2.60
C5	5		131	5		98	1.80
D18	18		2 545	12		1 131	28.86
D16	16		2 011	12		1 131	24.68
D14	14		1 539	12		1 131	20.98
D12	12		1 131	12		1 131	17.75
D11	11		950	11		950	14.92
D10	10	100	785	10	100	785	12.33
D9	9		635	9		635	9.98
D8	8		503	8		503	7.90
D7	7		385	7		385	6.04
D6	6		283	6		283	4.44
D5	5		196	5		196	3.08
E18	18		1 697	12		1 131	19.25
E16	16		1 341	12		754	16.46
E14	14		1 027	12		754	13.99
E12	12		754	12		754	11.84
E11	11		634	11		634	9.95
E10	10	150	523	10	150	523	8.22
E9	9		423	9		423	6.66
E8	8		335	8		335	5.26
E7	7		257	7		257	4.03
E6	6		189	6		189	2.96
E5	5		131	5		131	2.05
F18	18		2 545	12		754	25.90
F16	16		2 011	12		754	21.70
F14	14	100	1 539	12	150	754	18.00
F12	12		1 131	12		754	14.80

续表 8-98

钢筋焊接网型号	纵向钢筋			横向钢筋			质量/（kg/m²）
	公称直径/mm	间距/mm	每延米面积/（mm²/m）	公称直径/mm	间距/mm	每延米面积/（mm²/m）	
F11	11		950	11		634	12.43
F10	10		785	10		523	10.28
F9	9		635	9		423	8.32
F8	8	100	503	8	150	335	6.58
F7	7		385	7		257	5.03
F6	6		283	6		189	3.70
F5	5		196	5		131	2.57

表 8-99　桥面用标准钢筋焊接网

序号	网片编号	网片型号/mm		网片尺寸/mm		伸出长度/mm				单片钢网		
		直径	间距	纵向	横向	纵向钢筋		横向钢筋		纵向钢筋根数	横向钢筋根数	质量/kg
						u_1	u_2	u_3	u_4			
1	QW-1	7	100	10 250	2 250	50	300	50	300	20	100	129.9
2	QW-2	6	100	10 300	2 300	50	350	50	350	20	100	172.2
3	QW-3	9	100	10 350	2 250	50	400	50	400	19	100	210.4
4	QW-4	10	100	10 350	2 250	50	400	50	400	19	100	260.2
5	QW-5	11	100	10 400	2 250	50	450	50	450	19	100	319.0

表 8-100　建筑用标准钢筋焊接网

序号	网片编号	网片型号/mm		网片尺寸/mm		伸出长度/mm				单片钢网		
		直径	间距	纵向	横向	纵向钢筋		横向钢筋		纵向钢筋根数	横向钢筋根数	质量/kg
						u_1	u_2	u_3	u_4			
1	JW-1a	6	150	6 000	2 300	75	75	25	25	16	40	41.7
2	JW-1b	6	150	5 950	2 350	25	375	25	375	14	38	38.3
3	JW-2a	7	150	6 000	2 300	75	75	25	25	16	40	56.8
4	JW-2b	7	150	5 950	2 350	25	375	25	375	14	38	52.1
5	JW-3a	8	150	6 000	2 300	75	75	25	25	16	40	74.3
6	JW-3b	8	150	5 950	2 350	25	375	25	375	14	38	68.2
7	JW-4a	9	150	6 000	2 300	75	75	25	25	16	40	93.8
8	JW-4b	9	150	5 950	2 350	25	375	25	375	14	38	86.1
9	JW-5a	10	150	6 000	2 300	75	75	25	25	16	40	116.0
10	JW-5b	10	150	5 950	2 350	25	375	25	375	14	38	106.5
11	JW-6a	12	150	6 000	2 300	75	75	25	25	16	40	166.9
12	JW-6b	12	150	5 950	2 350	25	375	25	375	14	38	153.3

8.4.12　钢筋混凝土用钢筋桁架（YB/T 4262—2011）

（1）用途　钢筋桁架系由一根上弦钢筋、两根下弦钢筋和两侧腹杆钢筋经电阻焊接成截面为倒"V"字形的钢筋焊接骨架。本标准适用于采用冷轧带肋钢筋、热轧带钢筋以电阻焊接方式制造的钢筋桁架，适用于工业与民用建筑及一般构筑物、高速铁路等领域。

（2）尺寸规格（图 8-21、图 8-22 和表 8-101）

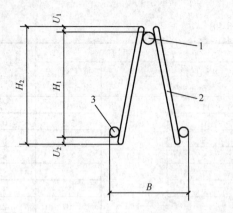
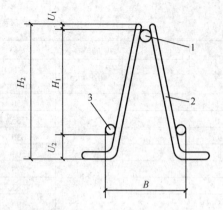

图 8-21 钢筋桁架截面示意图

1——上弦钢筋；2——腹杆钢筋；3——下弦钢筋

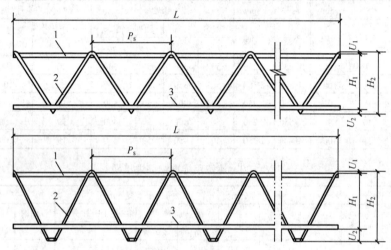

图 8-22 钢筋桁架示意图

1——上弦钢筋；2——腹杆钢筋；3——下弦钢筋

表 8-101 定型钢筋桁架的规格代号 （mm）

桁架规格代号	上弦钢筋公称直径	腹杆钢筋公称直径	下弦钢筋公称直径	桁架设计高度	桁架规格代号	上弦钢筋公称直径	腹杆钢筋公称直径	下弦钢筋公称直径	桁架设计高度
A70	8	4	6	70	B110	8	4.5	8	110
A80	8	4	6	80	B120	8	4.5	8	120
A90	8	4	6	90	B130	8	5	8	130
A100	8	4	6	100	B140	8	5	8	140
A110	8	4.5	6	110	B150	8	5	8	150
A120	8	4.5	6	120	B160	8	5	8	160
B70	8	4	8	70	B170	8	5.5	8	170
B80	8	4	8	80	C70	10	4.5	8	70
B90	8	4.5	8	90	C80	10	4.5	8	80
B100	8	4.5	8	100	C90	10	4.5	8	90

续表 8-101

桁架规格代号	上弦钢筋公称直径	腹杆钢筋公称直径	下弦钢筋公称直径	桁架设计高度	桁架规格代号	上弦钢筋公称直径	腹杆钢筋公称直径	下弦钢筋公称直径	桁架设计高度
C100	10	4.5	8	100	F80	12	4.5	10	80
C110	10	5	8	110	F90	12	5	10	90
C120	10	5	8	120	F100	12	5	10	100
C130	10	5	8	130	F110	12	5	10	110
C140	10	5	8	140	F120	12	5	10	120
C150	10	5.5	8	150	F130	12	5.5	10	130
C160	10	5.5	8	160	F140	12	5.5	10	140
C170	10	5.5	8	170	F150	12	5.5	10	150
D70	10	4.5	10	70	F160	12	6	10	160
D80	10	4.5	10	80	F170	12	6	10	170
D90	10	4.5	10	90	F180	12	6	10	180
D100	10	4.5	10	100	F190	12	6.5	10	190
D110	10	5	10	110	F200	12	6.5	10	200
D120	10	5	10	120	F210	12	6.5	10	210
D130	10	5	10	130	F220	12	7	10	220
D140	10	5	10	140	F230	12	7	10	230
D150	10	5.5	10	150	F240	12	7	10	240
D160	10	5.5	10	160	F250	12	7.5	10	250
D170	10	5.5	10	170	F260	12	7.5	10	260
D180	10	6	10	180	F270	12	7.5	10	270
D190	10	6	10	190	G70	12	4.5	12	70
D200	10	6	10	200	G80	12	4.5	12	80
D210	10	6.5	10	210	G90	12	4.5	12	90
D220	10	6.5	10	220	G100	12	5	12	100
D230	10	6.5	10	230	G110	12	5	12	110
D240	10	7	10	240	G120	12	5	12	120
D250	10	7	10	250	G130	12	5.5	12	130
D260	10	7	10	260	G140	12	5.5	12	140
D270	10	7	10	270	G150	12	5.5	12	150
E70	12	4.5	8	70	G160	12	6	12	160
E80	12	4.5	8	80	G170	12	6	12	170
E90	12	4.5	8	90	G180	12	6	12	180
E100	12	4.5	8	100	G190	12	6.5	12	190
E110	12	5	8	110	G200	12	6.5	12	200
E120	12	5	8	120	G210	12	6.5	12	210
E130	12	5	8	130	G220	12	7	12	220
E140	12	5.5	8	140	G230	12	7	12	230
E150	12	5.5	8	150	G240	12	7	12	240
E160	12	5.5	8	160	G250	12	7.5	12	250
E170	12	5.5	8	170	G260	12	7.5	12	260
F70	12	4.5	10	70	G270	12	7.5	12	270

8.5 建筑用钢丝、钢绞线

8.5.1 预应力混凝土用钢丝（GB/T 5223—2002）

（1）用途 钢丝的抗拉强度比热轧圆钢、热轧螺纹钢筋高 1～2 倍，在构件中采用预应力钢丝可收到节省钢材、减少构件截面和节省混凝土的效果，主要用作桥梁、吊车梁、电杆、管桩、楼板、轨枕、大口径管道等预应力混凝土构件中的预应力钢筋。

（2）尺寸规格（表 8-102～表 8-104）

表 8-102 预应力混凝土用光圆钢丝的尺寸规格

公称直径/mm	截面面积/mm²	理论质量/（g/m）	公称直径/mm	截面面积/mm²	理论质量/（g/m）
3.00	7.07	55.5	7.00	38.48	302
4.00	12.57	98.6	8.00	50.26	394
5.00	19.63	154	9.00	63.62	499
6.00	28.27	222	10.00	78.54	616
6.25	30.68	241	12.00	113.1	888

表 8-103 预应力混凝土用螺旋肋钢丝的尺寸规格　　　　　　　　　　（mm）

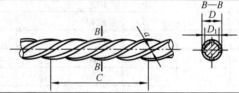

公称直径	螺旋肋数量/条	基圆直径 D_1	外轮廓直径 D	单肋宽度 a	螺旋肋导程 C
4.00	4	3.85	4.25	0.90～1.30	24～30
4.80	4	4.60	5.10	1.30～1.70	28～36
5.00	4	4.80	5.30		
6.00	4	5.80	6.30	1.60～2.00	30～38
6.25	4	6.00	6.70		30～40
7.00	4	6.73	7.46	1.80～2.20	35～45
8.00	4	7.75	8.45	2.00～2.40	40～50
9.00	4	8.75	9.45	2.10～2.70	42～52
10.00	4	9.75	10.45	2.50～3.00	45～58

表 8-104 预应力混凝土用三面刻痕钢丝的尺寸规格　　　　　　　　　　（mm）

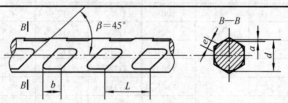

d—外接圆直径；$\Sigma e \approx 0.3\pi d$

公称直径	刻痕深度 a	刻痕长度 b	节距 L	公称直径	刻痕深度 a	刻痕长度 b	节距 L
≤5.00	0.12	3.5	5.5	>5.00	0.15	5.0	8.0

注：公称直径指横截面面积等同于光圆钢丝截面面积时所对应的直径。

（3）力学和工艺性能（表8-105～表8-107）

表8-105　冷拉钢丝的力学和工艺性能

公称直径/mm	抗拉强度 R_m/MPa≥	规定非比例延伸强度 $R_{p0.2}$/MPa≥	180°弯曲次数≥	弯曲半径 R/mm	断面收缩率 Z /%≥	每210mm扭矩的扭转次数≥
3.00	1 470	1 100	4	7.5	—	—
4.00	1 570	1 180	4	10		8
	1 670	1 250			35	
5.00	1 770	1 330	4	15		8
6.00	1 470	1 100	5	15		7
7.00	1 570	1 180	5	20	30	6
	1 670	1 250				
8.00	1 770	1 330	5	20		5

注：1. 最大力下总伸长率 A_{gt}（L_0=200mm）≥1.5%。

　　2. 初始应力相当于70%公称抗拉强度时，1 000h后的应力松弛率 r≤8%。

表8-106　消除应力光圆及螺旋肋钢丝的力学和工艺性能

公称直径 /mm	抗拉强度 R_m/MPa≥	规定非比例延伸强度 $R_{p0.2}$/MPa≥		180°弯曲次数≥	弯曲半径 R/mm	松　弛		
						初始应力相当于公称抗拉强度的百分数/%	1 000h后应力松弛率 r/%≤	
		WLR	WNR				WLR	WNR
							对所有规格	
4.00	1 470	1 290	1 250	3	10			
4.80	1 570	1 380	1 330	4	15			
	1 670	1 470	1 410					
5.00	1 770	1 560	1 500	4	15			
	1 860	1 640	1 580					
6.00	1 470	1 290	1 250	4	15	60	1.0	4.5
6.25	1 570	1 380	1 330	4	20	70	2.5	8
	1 670	1 470	1 410			80	4.5	12
7.00	1 770	1 560	1 500	4	20			
8.00	1 470	1 290	1 250	4	20			
9.00	1 570	1 380	1 330	4	25			
10.00	1 470	1 290	1 250	4	25			
12.00				4	30			

注：最大力下总伸长率 A_{gt}（L_0=200mm）≥3.5%。

表8-107　消除应力刻痕钢丝的力学和工艺性能

公称直径 /mm	抗拉强度 R_m/MPa≥	规定非比例延伸强度 $R_{p0.2}$/MPa≥		弯曲半径 R/mm	松　弛		
					初始应力相当于公称抗拉强度的百分数/%	1 000h后应力松弛率 r/%≤	
		WLR	WNR			WLR	WNR
						对所有规格	
≤5.00	1 470	1 290	1 250	15	60	1.0	4.5
	1 570	1 380	1 330		70	2.5	8
	1 670	1 470	1 410		80	4.5	12

续表 8-107

公称直径 /mm	抗拉强度 R_m/MPa≥	规定非比例延伸强度 $R_{p0.2}$/MPa≥		弯曲半径 R/mm	松弛		
		WLR	WNR		初始应力相当于公称抗拉强度的百分数/%	1 000h 后应力松弛率 r/%≤	
						WLR	WNR
						对所有规格	
≤5.00	1 770	1 560	1 500	15			
	1 860	1 640	1 580				
					60	1.0	4.5
					70	2.5	8
>5.00	1 470	1 290	1 250	20	80	4.5	12
	1 570	1 380	1 330				
	1 670	1 470	1 410				
	1 770	1 560	1 500				

注：1. 最大力下总伸长率 $A_{gt}(L_0=200mm)$≥3.5%。

　　2. 180° 弯曲次数≥3 次。

8.5.2　预应力混凝土用低合金钢丝（YB/T 038—1993）

（1）用途　该钢丝适用于中、小预应力混凝土构件。

（2）尺寸规格（表 8-108、表 8-109）

表 8-108　光面钢丝的尺寸规格

公称直径/mm	截面面积/mm²	理论质量/（g/m）	公称直径/mm	截面面积/mm²	理论质量/（g/m）
5.0	19.63	154.1	7.0	38.48	302.1

表 8-109　轧痕钢丝的尺寸规格

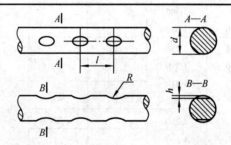

直径 d/mm	轧痕深度 h/mm	轧痕圆柱半径 R/mm	轧痕间距 l/mm	理论质量/（g/m）
7.0	0.30	8	7.0	302.1

（3）牌号和化学成分（表 8-110）

表 8-110　拔丝用盘条钢的牌号及化学成分　　　　　　　（%）

级别代号	牌号	化学分成（分量分数）					
		C	Mn	Si	V，Ti	S	P
YD800	21MnSi	0.17～0.24	1.20～1.65	0.30～0.70	—	≤0.045	≤0.045
	24MnTi	0.19～0.27	1.20～1.60	0.17～0.37	Ti0.01～0.05	≤0.045	≤0.045
YD1000	41MnSiV	0.37～0.45	1.00～1.40	0.60～1.10	V0.05～0.12	≤0.045	≤0.045
YD1200	70Ti	0.66～0.70	0.60～1.00	0.17～0.37	Ti0.01～0.05	≤0.045	≤0.045

（4）力学和工艺性能（表 8-111、表 8-112）

表 8-111　盘条的力学和工艺性能

公称直径/mm	级　别	抗拉强度 R_m/MPa	断后伸长率/%	冷弯试验
6.5	YD800	≥550	≥23	180°，$d=5a$
9.0	YD1000	≥750	≥15	90°，$d=5a$
10.0	YD1200	≥900	≥7	90°，$d=5a$

注：d 为弯心直径，a 为试样直径。

表 8-112　钢丝的力学和工艺性能

公称直径 /mm	级　别	抗拉强度 R_m/MPa	断后伸长率 A_{100}/%	反复弯曲		应力松弛	
				弯曲半径 R/mm	次数 N/次	张拉应力与公称强度比	应力松弛率最大值
5.0	YD800	800	4	15	4	0.70	8%，1 000h 或 5%，10h
7.0	YD1000	1 000	3.5	20	4		
7.0	YD1200	1 200	3.5	20	4		

8.5.3　中强度预应力混凝土用钢丝（YB/T 156—1999）

（1）用途　钢丝表面质量好，盘重一般在 80kg 以上，且不存在任何形式的接头，使用方便，强度级别为 800～1 370MPa，用于制造预应力混凝土构件。

（2）尺寸规格（表 8-113～表 8-115）

表 8-113　光面钢丝的尺寸规格

公称直径/mm	截面面积/mm²	理论质量/(kg/m)	公称直径/mm	截面面积/mm²	理论质量/(kg/m)
4.0	12.57	0.099	7.0	38.48	0.302
5.0	19.63	0.154	8.0	50.26	0.374
6.0	28.27	0.222	9.0	63.62	0.499

表 8-114　三面刻痕钢丝的尺寸规格　　　　　（mm）

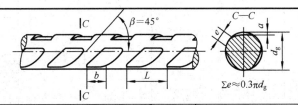

直径	刻痕尺寸				直径	刻痕尺寸			
	深度 a	长度 b≥	节距 L≥	b/L		深度 a	长度 b≥	节距 L≥	b/L
≤5.00	0.12	3.5	5.5	≥0.5	>5.00	0.15	5.0	8.0	≥0.5

表 8-115　螺旋肋钢丝的尺寸规格　　　　　（mm）

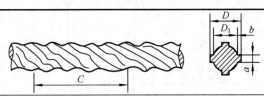

续表 8-115

公称直径	螺旋肋数量/条	螺旋肋公称尺寸				螺旋肋导程 C
		基圆直径 D_1	外轮廓直径 D	单肋尺寸		
				宽度 a	高度 b	
4.0	4	3.85	4.25	1.00~1.50	0.20	32~36
5.0	4	4.80	5.40	1.20~1.80	0.25	34~40
6.0	4	5.80	6.50	1.30~2.00	0.35	38~45
7.0	4	6.70	7.50	1.80~2.20	0.40	35~56
8.0	4	7.70	8.60	1.80~2.40	0.45	55~65
9.0	6	8.60	9.60	2.00~2.50	0.45	72~90

（3）牌号和化学成分　牌号为 60，60Mn 优质碳素结构钢丝，其化学成分应符合 GB/T 699 的规定。

（4）力学和工艺性能（表 8-116）

表 8-116　光面钢丝和变形钢丝的力学和工艺性能

种　类	公称直径 /mm	规定非比例延伸强度 $R_{p0.2}$/MPa≥	抗拉强度 R_n/MPa≥	断后伸长率 A_{100}/%≥	反复弯曲		1 000h 松弛率/%≤
					次数 N≥	弯曲半径 r	
620/800	4.0	620	800			10	
	5.0					15	
	6.0					20	
	7.0					20	
	8.0					20	
	9.0					25	
780/970	4.0	780	970			10	
	5.0					15	
	6.0					20	
	7.0					20	
	8.0					20	
	9.0					25	
980/1270	4.0	980	1 270	4	4	10	8
	5.0					15	
	6.0					20	
	7.0					20	
	8.0					20	
	9.0					25	
1080/1370	4.0	1 080	1 370			10	
	5.0					15	
	6.0					20	
	7.0					20	
	8.0					20	
	9.0					25	

注：根据需方要求，可用钢丝在最大力下的总伸长率 A_{gt} 代替 A_{100}，其值应不小于 2.5%。

8.5.4 混凝土制品用冷拔冷轧低碳钢丝（JC/T 540—2006）

（1）用途 混凝土制品用冷拔冷轧低碳钢丝是指普通低碳钢热轧圆盘条经一次或多次冷拔或冷轧减径并使其表面呈三列横肋的钢丝，一般用于钢筋混凝土制品。

（2）分类（表8-117）

表 8-117 混凝土制品用冷拔冷轧低碳钢丝的分类

类 别	用 途	代 号
甲级	预应力筋	CDW
乙级	焊接网、焊接骨架、箍筋和构造钢筋	

（3）尺寸规格（表8-118）

表 8-118 混凝土制品用冷拔冷轧低碳钢丝的尺寸规格

公称直径/mm	截面面积/mm²	理论质量/（kg/m）	公称直径/mm	截面面积/mm²	理论质量/（kg/m）
3.0	7.07	—	5.0	19.63	0.154
4.0	12.57	0.099	6.0	20.27	0.222

（4）力学和工艺性能（表8-119）

表 8-119 混凝土制品用冷拔冷轧低碳钢丝的力学和工艺性能

级 别	公称直径/mm	抗拉强度 R_m/MPa≥	断后伸长率 A_{100}/%≥	反复弯曲次数（次/180°）≥
甲级	5.0	650	3.0	4
		600		
	4.0	700	2.5	
		650		
乙级	3.0、4.0、5.0、6.0	350	2.0	

8.5.5 建筑缆索用钢丝（CJ 3077—1998）

（1）用途 钢丝钢质纯净，硫、磷及其他有害杂质低，有较高的强度和良好的塑性、韧性及使用的安全可靠性，镀锌钢丝还有很好的耐蚀性。建筑缆索用钢丝主要用于制作斜拉桥、悬索桥等桥梁及其他索结构工程中的缆索，也可用于其他土木工程。

（2）尺寸规格（表8-120）

表 8-120 建筑缆索用钢丝的尺寸规格

公称直径/mm	截面面积/mm²	理论质量/（kg/m）	公称直径/mm	截面面积/mm²	理论质量/（kg/m）
5.0	19.6	0.154	7.0	38.5	0.302

（3）力学和工艺性能（表8-121）

表 8-121 建筑缆索用钢丝的力学和工艺性能

公称直径/mm	公称抗拉强度 R_m/MPa	规定非比例延伸强度（屈服强度）$R_{p0.2}$/MPa		断后伸长率 $A(L_0=250\text{mm})$/%	弯曲次数		缠绕 $3d \times 8$ 圈	松弛率/%		
		I 级松弛	II 级松弛		次数（180°）	弯曲半径/mm		初始应力相当地公称强度的百分数	1 000h 应力损失	
									I 级松弛	II 级松弛
5.0	≥1 570	≥1 250	≥1 330	≥4	≥4	15	不断裂	70	≤8	≤2.5
	≥1 670	≥1 330	≥1 410							

续表 8-121

公称直径 /mm	公称抗拉强度 R_m/MPa	规定非比例延伸强度（屈服强度）$R_{p0.2}$/MPa		断后伸长率 A（$L_0=$250mm）/%	弯曲次数		缠绕 3d×8 圈	松弛率/%		
		I级松弛	II级松弛		次数（180°）	弯曲半径/mm		初始应力相当地公称强度的百分数	1 000h 应力损失	
									I级松弛	II级松弛
7.0	≥1 570	≥1 250	≥1 330	≥4	≥4	20	不断裂	70	≤8	≤2.5
	≥1 670	≥1 330	≥1 410							

8.5.6　缆索用环氧涂层钢丝（GB/T 25835—2010）

（1）用途　环氧涂层钢丝系表面均匀涂覆一层致密环氧涂层保护膜的钢丝。其适用于桥梁、建筑、岩土锚固等领域中防腐要求较高的缆索结构。

（2）力学性能（表8-122）

表 8-122　缆索用环氧涂层钢丝的力学性能

公称直径 d/mm	抗拉强度 R_m/MPa≥	规定非比例延伸强度 $R_{p0.2}$/MPa		断后伸长率 A（$L_0=$250mm）/%≥	应力松弛性能		
		无松弛或I级松弛≥	II级松弛≥		初始载荷（公称载荷）/%	1 000h 后应力松弛率 r/%≤	
					对所有钢丝	I级松弛	II级松弛
5.00	1 670	1 340	1 410	4.0	70	8	4.5
	1 770	1 420	1 500				
	1 860	1 490	1 580				
7.00	1 670		1 410	4.0	70	8	4.5
	1 770	—	1 500				
	1 860		1 580				

8.5.7　网围栏用镀锌钢丝（YB 4026—1991）

（1）用途　该镀锌钢丝适用于一般用途围栏、刺钢丝围栏、绞织网围栏以及草原编结网围栏。

（2）尺寸规格（表8-123）

表 8-123　网围栏用镀锌钢丝的尺寸规格

钢丝直径 /mm	一般用途围栏 G	刺钢丝围栏 B	绞织网围栏 C	草原编结围栏 F	钢丝直径 /mm	一般用途围栏 G	刺钢丝围栏 B	绞织网围栏 C	草原编结围栏 F
1.40		×			2.80	×			×
1.50	×	×			3.20	×		×	
1.60	×	×	×		3.50	×			
1.80	×	×			4.00	×			
2.00	×	×	×	×	5.00	×			
2.50	×		×	×					

注："×"表示选用此规格。

（3）力学性能（表8-124）

表8-124　网围栏用镀锌钢丝的力学性能

钢丝类别		公称直径/mm	抗拉强度/MPa	钢丝类别		公称直径/mm	抗拉强度/MPa
名　称	标记			名　称	标记		
一般围栏网用钢丝	GS	3.20～5.00	350～660	绞织网用钢丝	CS	2.00～5.00	350～660
	GM	2.50	750～1 050	草原编结网用钢丝	FS	1.90～4.00	350～660
	GH	1.50～3.20	1 000～1 700		FM	1.90～4.00	550～900
刺钢丝围栏用钢丝	BS	1.40～2.80	350～660		FH	2.50～4.00	900～1 250
	BH	1.50～1.80	900～1 500		—	—	—

（4）镀层质量（表8-125）

表8-125　网围栏用涂锌钢丝的镀层质量

钢丝直径/mm	锌层质量/（g/m²）≥					钢丝直径/mm	锌层质量/（g/m²）≥				
	镀　锌　层　级　别						镀　锌　层　级　别				
	A		B	C	D		A		B	C	D
	AS	AH					AS	AH			
1.40～1.90	230	180	100	70	30	＞3.60～4.00	280	250	135	100	60
＞1.90～2.50	240	205	110	80	40	＞4.00～4.50	290	260	135	110	60
＞2.50～3.20	260	230	125	90	45	＞4.50～5.00	290	270	150	110	70
＞3.20～3.60	270	250	135	100	50	—	—	—	—	—	—

8.5.8　预应力混凝土用钢绞线（GB/T 5224—2003）

（1）用途　预应力混凝土用钢绞线是由2～7根光圆钢丝及刻痕钢丝捻制的用于预应力混凝土结构的钢绞线。钢绞线强度高，与混凝土的结合强度和锚固强度也都很高，是预应力混凝土结构理想的骨架材料，主要用于预应力混凝土结构、岩土锚固等方面。

（2）尺寸规格（表8-126～表8-128）

表8-126　1×2结构钢绞线的尺寸规格

钢绞线结构	公　称　直　径		钢绞线直径允许偏差/mm	钢绞线参考截面积 S_n/mm²	每米钢绞线参考质量/（g/m）
	钢绞线直径 D_n/mm	钢丝直径 d/mm			
1×2	5.00	2.50	+0.15 −0.05	9.82	77.1
	5.80	2.90		13.2	104

续表 8-126

钢绞线结构	公 称 直 径		钢绞线直径允许偏差/mm	钢绞线参考截面积 S_n/mm²	每米钢绞线参考质量/(g/m)
	钢绞线直径 D_n/mm	钢丝直径 d/mm			
1×2	8.00	4.00	+0.25 −0.10	25.1	197
	10.00	5.00		39.3	309
	12.00	6.00		56.5	444

表 8-127　1×3 结构钢绞线的尺寸规格

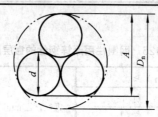

钢绞线结构	公 称 直 径		钢绞线测量尺寸 A/mm	测量尺寸 A 允许偏差/mm	钢绞线参考截面积 S_n/mm²	每米钢绞线参考质量/(g/m)
	钢绞线直径 D_n/mm	钢丝直径 d/mm				
1×3	6.20	2.90	5.41	+0.15 −0.05	19.8	155
	6.50	3.00	5.60		21.2	166
	8.60	4.00	7.46		37.7	296
	8.74	4.05	7.56		38.6	303
	10.80	5.00	9.33	+0.20 −0.10	58.9	462
	12.90	6.00	11.2		84.8	666
1×3 I	8.74	4.05	7.56		38.6	303

表 8-128　1×7 结构钢绞线的尺寸规格

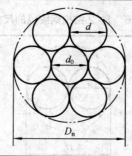

钢绞线结构	公称直径 D_n/mm	直径允许偏差/mm	钢绞线参考截面积 S_n/mm²	每米钢绞线参考质量/(g/m)	中心钢丝直径 d_0 加大范围/% ≥
1×7	9.50	+0.30 −0.15	54.8	430	2.5
	11.10		74.2	582	
	12.70	+0.40 −0.20	98.7	775	
	15.20		140	1 101	

续表 8-128

钢绞线结构	公称直径 D_n/mm	直径允许偏差 /mm	钢绞线参考截面积 S_n/mm²	每米钢绞线参考质量/（g/m）	中心钢丝直径 d_0 加大范围/%≥
1×7	15.70	+0.40 −0.20	150	1 178	
	17.80		191	1 500	
（1×7）C	12.70	+0.40 −0.20	112	890	2.5
	15.20		165	1 295	
	18.00		223	1 750	

（3）**牌号和化学成分** 制造钢绞线用钢由供方根据产品规格和力学性能确定。牌号和化学成分应符合 YB/T 146 或 YB/T 170 的规定，也可采用其他的牌号制造。成分不作为交货条件。

（4）**力学性能**（表 8-129～表 8-131）

表 8-129 1×2 结构钢绞线的力学性能

钢绞线结构	钢绞线公称直径 D_n/mm	抗拉强度 /MPa≥	整根钢绞线的最大力 F_m/kN≥	规定非比例延伸力 $F_{p0.2}$/kN≥	最大力总伸长率（L_0≥400mm）/% ≥	应力松弛性能	
						初始负荷相当于公称最大力的百分数/%	1 000h 后应力松弛率 r/%≤
1×2	5.00	1 570	15.4	13.9	对所有规格 3.5	对所有规格 60 70 80	对所有规格 1.0 2.5 4.5
		1 720	16.9	15.2			
		1 860	18.3	16.5			
		1 960	19.2	17.3			
	5.80	1 570	20.7	18.6			
		1 720	22.7	20.4			
		1 860	24.6	22.1			
		1 960	25.9	23.3			
	8.00	1 470	36.9	33.2			
		1 570	39.4	35.5			
		1 720	43.2	38.9			
		1 860	46.7	42.0			
		1 960	49.2	44.3			
	10.00	1 470	57.8	52.0			
		1 570	61.7	55.5			
		1 720	67.6	60.8			
		1 860	73.1	65.8			
		1 960	77.0	69.3			
	12.00	1 470	83.1	74.8			
		1 570	88.7	79.8			
		1 720	97.2	87.5			
		1 860	105	94.5			

注：规定非比例延伸力 $F_{p0.2}$ 值不小于整根钢绞线公称最大力 F_m 的 90%。

表 8-130　1×3 结构钢绞线的力学性能

钢绞线结构	钢绞线公称直径 D_n/mm	抗拉强度/MPa≥	整根钢绞线的最大力 F_m/kN≥	规定非比例延伸力 $F_{p0.2}$/kN≥	最大力总伸长率（L_0≥400mm）/%≥	应力松弛性能	
						初始负荷相当于公称最大力的百分数/%	1 000h 后应力松弛率 r/%≤
1×3	6.20	1 570	31.1	28.0			
		1 720	34.1	30.7			
		1 860	36.8	33.1			
		1 960	38.8	34.9			
	6.50	1 570	33.3	30.0			
		1 720	36.5	32.9			
		1 860	39.4	35.5			
		1 960	41.6	37.4			
	8.60	1 470	55.4	49.9			
		1 570	59.2	53.3			
		1 720	64.8	58.3			
		1 860	70.1	63.1			
		1 960	73.9	66.5	对所有规格 3.5	对所有规格 60 70 80	对所有规格 1.0 2.5 4.5
	8.74	1 570	60.6	54.5			
		1 670	64.5	58.1			
		1 860	71.8	64.6			
	10.80	1 470	86.6	77.9			
		1 570	92.5	83.3			
		1 720	101	90.9			
		1 860	110	99.0			
		1 960	115	104			
	12.90	1 470	125	113			
		1 570	133	120			
		1 720	146	131			
		1 860	158	142			
		1 960	166	149			
（1×3）Ⅰ	8.74	1 570	60.6	54.5			
		1 670	64.5	58.1			
		1 860	71.8	64.6			

注：规定非比例延伸力 $F_{p0.2}$ 值不小于整根钢绞线公称最大力 F_m 的 90%。

表 8-131　1×7 结构钢绞线的力学性能

钢绞线结构	钢绞线公称直径 D_n/mm	抗拉强度/MPa≥	整根钢绞线的最大力 F_m/kN≥	规定非比例延伸力 $F_{p0.2}$/kN≥	最大力总伸长率（L_0≥500mm）/%≥	应力松弛性能	
						初始负荷相当于公称最大力的百分数/%	1 000h 后应力松弛率 r/%≤
1×7	9.50	1 720	94.3	84.9	对所有规格 3.5	对所有规格 60 70 80	对所有规格 1.0 2.5 4.5
		1 860	102	91.8			
		1 960	107	96.3			
	11.10	1 720	128	115			
		1 860	138	124			
		1 960	145	131			
	12.70	1 720	170	153			
		1 860	184	166			
		1 960	193	174			
	15.20	1 470	206	185			
		1 570	220	198			
		1 670	234	211			
		1 720	241	217			
		1 860	260	234			
		1 960	274	247			
	15.70	1 770	266	239			
		1 860	279	251			
	17.80	1 720	327	294			
		1 860	353	318			
(1×7) C	12.70	1 860	208	187			
	15.20	1 820	300	270			
	18.00	1 720	384	346			

注：规定非比例延伸力 $F_{p0.2}$ 值不小于整根钢绞线公称最大力 F_m 的 90%。

8.5.9　无粘结预应力钢绞线（JG 161—2004）

（1）用途　无粘结预应力钢绞线系用防腐润滑脂和护套涂包的钢绞线，适于后张预应力混凝土结构中使用。

（2）规格及性能（表 8-132、表 8-133）

表 8-132　无粘结预应力钢绞线的规格及性能

钢绞线			防腐润滑脂质量 W_3/（g/m）≥	护套厚度/mm≥	μ[①]	κ[②]
公称直径/mm	公称截面积/mm²	公称强度/MPa				
9.50	54.8	1 720	32	0.8	0.04～0.10	0.003～0.004
		1 860				
		1 920				

续表 8-132

钢 绞 线			防腐润滑脂质量 W_3/（g/m）$\geqslant$	护套厚度/mm $\geqslant$	$\mu^{①}$	$\kappa^{②}$
公称直径/mm	公称截面积 /mm^2	公称强度/MPa				
12.70	98.7	1 720	43	1.0	0.04～0.10	0.003～0.004
		1 860				
		1 960				
15.20	140.0	1 570	50	1.0	0.04～0.10	0.003～0.004
		1 670				
		1 720				
		1 860				
		1 960				
15.70	150.0	1 770	53	1.0	0.04～0.10	0.003～0.004
		1 860				

注：① μ 为无粘结预应力筋中钢绞线与护套内壁之间的摩擦因数。
　　② κ 为考虑无粘结预应力筋每米长度局部偏差的摩擦因数。

表 8-133 护套性能

拉伸强度/MPa$\geqslant$	弯曲屈服强度/MPa$\geqslant$	断裂伸长率/%$\geqslant$
30	10	600

8.5.10 建筑用不锈钢绞线（JG/T 200—2007）

（1）用途　不锈钢绞线系由一定数量，一层或多层的圆形不锈钢丝螺旋绞合而成的钢丝束。本标准适用于玻璃幕墙用不锈钢绞线，其他用途的不锈钢绞线可参考使用。

（2）分类（表 8-134）

表 8-134 不锈钢绞线的公称直径及结构

公称直径/mm	6.0～10.0	6.0～16.0	16.0～24.0	26.0～34.0
截面图				
结构	1×7	1×19	1×37	1×61

（3）性能参数（表 8-135）

表 8-135 建筑用不锈钢绞线的结构和性能参数

绞线公称直径/mm	结　构	公称金属截面积/mm^2	钢丝公称直径/mm	绞线计算最小破断拉力		理论质量/（g/m）	交货长度/m $\geqslant$
				高强度级/kN	中强度级/kN		
6.0	1×7	22.0	2.00	28.6	22.0	173	600
7.0	1×7	30.4	2.35	39.5	30.4	239	600
8.0	1×7	38.6	2.65	50.2	38.6	304	600

续表 8-135

绞线公称直径/mm	结　　构	公称金属截面面积/mm²	钢丝公称直径/mm	绞线计算最小破断拉力		理论质量/（g/m）	交货长度/m ≥
				高强度级/kN	中强度级/kN		
10.0	1×7	61.7	3.35	80.2	61.7	486	600
6.0	1×19	21.5	1.20	28.0	21.5	170	500
8.0	1×19	38.2	1.60	49.7	38.2	302	500
10.0	1×19	59.7	2.00	77.6	59.7	472	500
12.0	1×19	86.0	2.40	112	86.0	680	500
14.0	1×19	117	2.80	152	117	925	500
16.0	1×19	153	3.20	199	153	1 209	500
16.0	1×37	154	2.30	200	154	1 223	400
18.0	1×37	196	2.60	255	196	1 563	400
20.0	1×37	236	2.85	307	236	1 878	400
22.0	1×37	288	3.15	375	288	2 294	400
24.0	1×37	336	3.40	437	336	2 673	400
26.0	1×61	403	2.90	524	403	3 228	300
28.0	1×61	460	3.10	598	460	3 688	300
30.0	1×61	538	3.35	699	538	4 307	300
32.0	1×61	604	3.55	785	604	4 837	300
34.0	1×61	692	3.80	899	692	5 542	300

第9章　汽车及农机用钢

9.1　汽车及农机用型钢和钢棒

9.1.1　汽车用冷弯型钢（GB/T 6726—2008）

（1）用途　本标准适用于制造客运汽车、货运汽车、挂车等车辆，采用冷加工变形的冷轧或热轧钢带在连续辊式冷弯机组上生产的冷弯型钢。

（2）尺寸规格（表 9-1～表 9-10）

表 9-1　方形空心型钢的尺寸规格

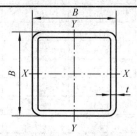

B——边长；t——壁厚

边长/mm	壁厚/mm	理论质量/(kg/m)	截面面积/cm²	边长/mm	壁厚/mm	理论质量/(kg/m)	截面面积/cm²
20	1.5	0.826	1.052	60	2.0	3.560	4.540
	1.75	0.941	1.199		2.5	4.387	5.589
	2.0	1.050	1.340		3.0	5.187	6.608
25	1.5	1.061	1.352		4.0	6.710	8.547
	1.75	1.215	1.548		5.0	8.129	10.356
	2.0	1.363	1.736	70	2.5	5.170	6.590
30	1.5	1.296	1.652		3.0	6.129	7.808
	1.75	1.490	1.898		4.0	7.966	10.147
	2.0	1.677	2.136		5.0	9.699	12.356
	2.5	2.032	2.589	80	3.0	7.071	9.008
	3.0	2.361	3.008		4.0	9.222	11.747
40	1.5	1.767	2.252		5.0	11.269	14.356
	1.75	2.039	2.598	90	3.0	8.013	10.208
	2.0	2.305	2.936		4.0	10.478	13.347
	2.5	2.817	3.589		5.0	12.839	16.356
	3.0	3.303	4.208		6.0	15.097	19.232
	4.0	4.198	5.347	100	4.0	11.734	11.947
50	1.5	2.238	2.852		5.0	14.409	18.356
	1.75	2.589	3.298		6.0	16.981	21.632
	2.0	2.933	3.736	120	4.0	14.246	18.147
	2.5	3.602	4.589		5.0	17.549	22.356
	3.0	4.245	5.408		6.0	20.749	26.432
	4.0	5.454	6.947	—	—	—	—

表 9-2　矩形空心型钢的尺寸规格

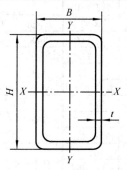

H——长边；B——短边；t——壁厚

边　长		壁厚/mm	理论质量/（kg/m）	截面面积/cm²	边　长		壁厚/mm	理论质量/（kg/m）	截面面积/cm²
H/mm	B/mm				H/mm	B/mm			
40	30	1.5	1.53	1.95	70	50	2.0	3.562	4.537
		1.75	1.77	2.25			3.0	5.187	6.608
		2.0	1.99	2.54			4.0	6.710	8.547
50	30	1.5	1.767	2.252			5.0	8.129	10.356
		1.75	2.039	2.598	80	40	2.0	3.561	4.536
		2.0	2.035	2.936			2.5	4.387	5.589
		2.5	2.817	3.589			3.0	5.187	6.608
		3.0	3.303	4.206			4.0	6.710	8.547
		4.0	4.198	5.347			5.0	8.129	10.356
50	40	1.5	2.003	2.552	80	60	3.0	6.129	7.808
		1.75	2.314	2.948			4.0	7.966	10.147
		2.0	2.619	3.336			5.0	9.699	12.356
		2.5	3.210	4.089	90	40	3.0	5.658	7.208
		3.0	3.775	4.808			4.0	7.338	9.347
		4.0	4.826	6.148			5.0	8.914	11.356
55	25	1.5	1.767	2.252	90	50	2.0	4.190	5.337
		1.75	2.039	2.598			2.5	5.172	6.589
		2.0	2.305	2.936			3.0	6.129	7.808
55	40	1.5	2.121	2.702			4.0	7.966	10.147
		1.75	2.452	3.123			5.0	9.699	12.356
		2.0	2.776	3.536	90	55	2.0	4.346	5.536
55	50	1.75	2.726	3.473			2.5	5.368	6.839
		2.0	3.090	3.936			3.0	6.600	8.408
60	30	2.0	2.620	3.337	90	60	4.0	8.594	10.947
		2.5	3.209	4.089			5.0	10.484	13.356
		3.0	3.774	4.808	100	50	3.0	6.690	8.408
		4.0	4.826	6.147			4.0	8.594	10.947
60	40	2.0	2.934	3.737			5.0	10.484	13.356
		2.5	3.602	4.589	120	50	2.5	6.350	8.089
		3.0	4.245	5.408			3.0	7.543	9.068
		4.0	5.451	6.947	120	60	3.0	8.013	10.208

续表 9-2

边 长		壁厚/mm	理论质量/（kg/m）	截面面积/cm²	边 长		壁厚/mm	理论质量/（kg/m）	截面面积/cm²
H/mm	B/mm				H/mm	B/mm			
120	60	4.0	10.478	13.347	140	80	6.0	18.865	24.032
		5.0	12.839	16.356	150	100	4.0	14.874	18.947
		6.0	15.097	19.232			5.0	18.334	23.356
120	80	3.0	8.955	11.408			6.0	21.691	27.632
		4.0	11.734	11.947	160	80	4.0	14.216	18.117
		5.0	14.409	18.356			5.0	17.519	22.356
		6.0	16.981	21.632			6.0	20.749	26.433
140	80	4.0	12.990	16.574	180	65	3.0	11.075	14.108
		5.0	15.979	20.356			4.5	16.264	20.719

表 9-3 异形 P 形空心型钢的尺寸规格

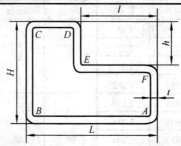

L，H——P 形管宽度、高度；l，h——缺口宽度、高度；t——壁厚

截面尺寸	边长/mm				壁厚/mm	理论质量/（kg/m）	截面面积/cm²
L×H×l×h	L	H	l	h	t		
50×50×25×10	50	50	25	10	1.5	2.238	2.852
					2.0	2.933	3.736
60×40×30×20	60	40	30	20	1.5	2.238	2.852
					2.0	2.933	3.736
65×50×25×20	65	50	25	20	1.5	2.592	3.302
					2.0	3.404	4.337
75×50×25×20	75	50	25	20	1.5	2.827	3.602
					2.0	3.718	4.737
120×50×40×25	120	50	40	25	2.5	6.349	8.809
					3.5	8.709	11.094

表 9-4 等边槽钢的尺寸规格

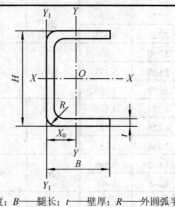

H——高度；B——腿长；t——壁厚；R——外圆弧半径

续表 9-4

截面尺寸/mm	边长/mm		壁厚/mm	理论质量/（kg/m）	截面面积/cm²
H×B	H	B	t		
100×50	100	50	3.0	4.433	5.647
			4.0	5.788	7.373
140×60	140	60	3.0	5.846	7.447
			4.0	7.672	9.773
			5.0	9.436	12.021
200×80	200	80	4.0	10.812	13.773
			5.0	13.361	17.021
			6.0	15.849	20.190
250×130	250	130	6.0	22.703	29.107
			8.0	29.755	38.147
300×150	300	150	6.0	26.915	34.507
			8.0	35.371	45.347

表 9-5　上边框的尺寸规格

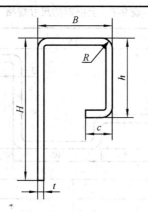

H——高度；h——小高度；B——宽度；C——筋宽；t——壁厚；R——外圆弧半径

截面尺寸/mm	边长/mm				壁厚/mm	理论质量/（kg/m）	截面面积/cm²
H×B×h×C	H	B	h	C	t		
65×40×40×12	65	40	40	12	2.5	2.75	3.526
	65	40	40	12	3.0	3.30	4.227
65×50×30×12	65	50	30	12	2.5	2.75	3.526
	65	50	30	12	3.0	3.30	4.227
65×50×40×12	65	50	40	12	2.5	2.86	3.667
	65	50	40	12	3.0	3.56	4.566
65×50×40×22	65	50	40	22	2.5	3.06	3.923

表 9-6 下边框的尺寸规格

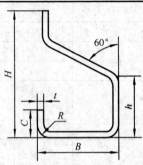

H——高度；*h*——小高度；*B*——宽度；*C*——筋宽；*t*——壁厚；*R*——外圆弧半径

截面尺寸/mm	边长/mm				壁厚/mm	理论质量/(kg/m)	截面面积/cm²
H×*B*×*h*×*C*	*H*	*B*	*h*	*C*	*t*		
65×28.5×30×10	65	28.5	30	10	2.5	2.01	2.557
65×36×30×15	65	36.0	30	15	2.5	2.37	3.039
75×38.5×40×15	75	38.5	40	15	3.0	3.22	4.128
95×50×50×20	95	50.0	50	20	3.0	4.45	5.705

表 9-7 上框架的尺寸规格

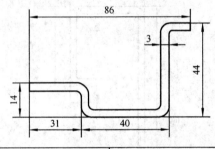

理论质量/(kg/m)	截面面积/cm²
2.99	3.81

表 9-8 下内框架的尺寸规格

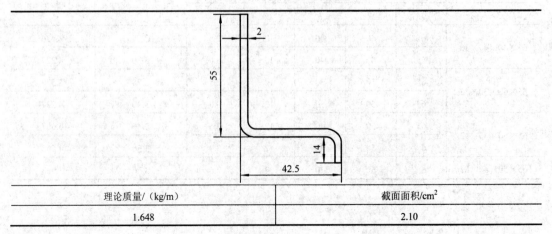

理论质量/(kg/m)	截面面积/cm²
1.648	2.10

表9-9　下外框架的尺寸规格

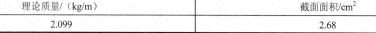

理论质量/（kg/m）	截面面积/cm²
2.099	2.68

表9-10　边框架的尺寸规格

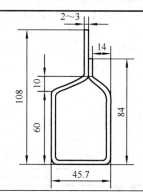

壁厚/mm	理论质量/（kg/m）	截面面积/cm²
2	3.965	5.04
2.5	4.956	6.30
3	5.948	7.56

9.1.2　汽车车轮轮辋用热轧型钢（YB/T 5227—2005）

（1）用途　汽车车轮轮辋用热轧型钢是用于制造汽车车轮轮辋（在车轮上安装和支撑轮胎部件用）的复杂截面热轧型钢。轮辋用热轧型钢截面形状复杂，沿中心线左右不对称，沿宽度方向的截面尺寸也不等厚，与汽车车轮挡圈、锁圈及轮胎配合组成汽车车轮，是制作汽车和工程机械车辆车轮的重要部件。其规格以型号，即其所适用的车轮轮辋的规格代号表示。轮辋规格代号以其名义宽度代号的英寸数值表示，在名义宽度代号之后，通常用一个或几个字母表示轮缘的轮廓。有些类型的轮辋（如平底宽轮辋），其名义宽度代号也代表了轮缘的轮廓，则不用字母表示。

（2）尺寸规格（表9-11、表9-12和图9-1～图9-12）

表9-11　汽车车轮轮辋用热轧型钢的尺寸规格

序号	型　号	理论质量/（kg/m）	截面面积/mm²	图　号	序号	型　号	理论质量/（kg/m）	截面面积/mm²	图　号
1	5.50F	6.95	885.35	图9-1	7	7.50VA	15.654	1 994.14	图9-7
2	6.00G	9.36	1 192.36	图9-2	8	7.50VB	15.71	2 001.27	图9-8
3	6.5A	10.812	1 377.32	图9-3	9	8.00VA	17.641	2 247.26	图9-9
4	6.5B	12.01	1 529.94	图9-4	10	8.00VB	17.52	2 231.85	图9-10
5	7.00TA	12.595	1 604.46	图9-5	11	8.5A	20.382	2 596.43	图9-11
6	7.00TB	12.99	1 654.78	图9-6	12	8.5B	20.62	2 626.75	图9-12

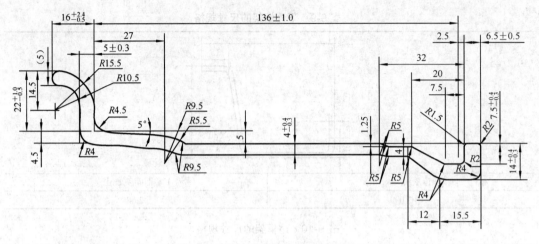

图 9-1　5.50F 轮辋

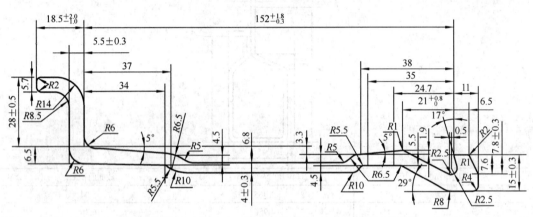

图 9-2　6.00G 轮辋

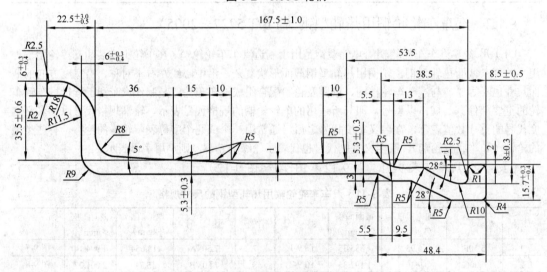

图 9-3　6.5A 轮辋

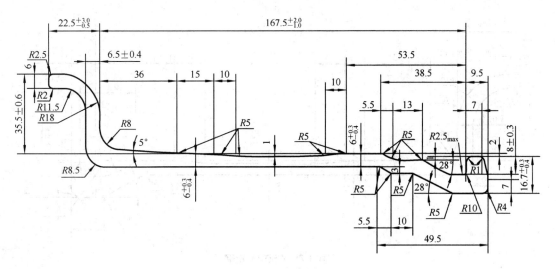

图 9-4　6.5B 轮辋

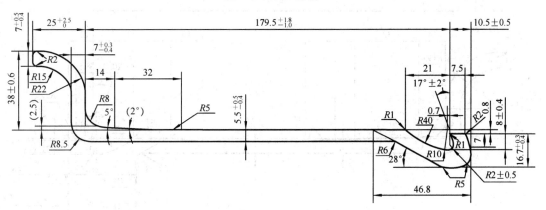

图 9-5　7.00TA 轮辋

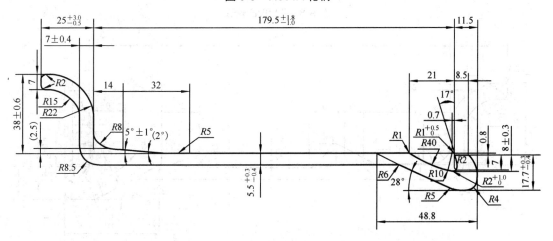

图 9-6　7.00TB 轮辋

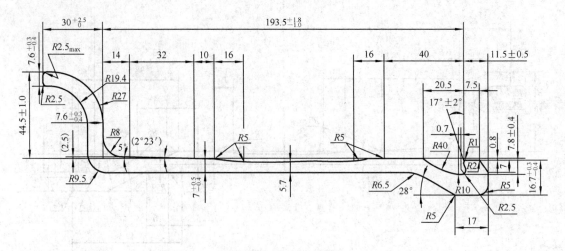

图 9-7   7.50VA 轮辋

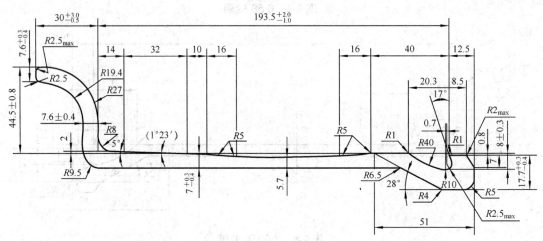

图 9-8   7.50VB 轮辋

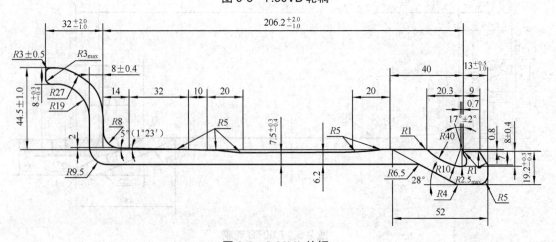

图 9-9   8.00VA 轮辋

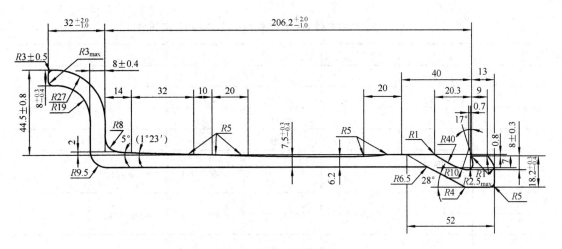

图 9-10　8.00VB 轮辋

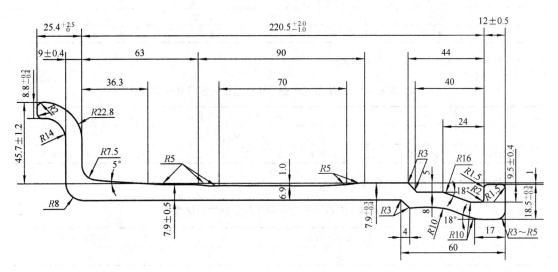

图 9-11　8.5A 轮辋

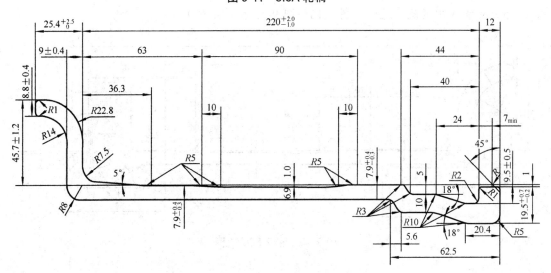

图 9-12　8.5B 轮辋

表 9-12　汽车车轮轮辋用热轧型钢的定尺和倍尺长度　　　　　　　　　（mm）

序　号	型　号	定　尺	2 倍 尺	3 倍 尺	4 倍 尺	5 倍 尺
1	5.50F	1 330	2 600	3 870	5 140	6 410
2	6.00G	1 360	2 650	4 000	5 300	6 600
3	6.5A	1 330	2 620	4 000	5 210	6 510
4	6.5B	1 750	3 350	5 000	6 620	—
5	7.00TA	1 670/1 750	3 310/3 350	4 950/5 000	6 590/6 650	—
6	7.00TB					
7	7.50VA	1 680/1 750	3 330/3 350	4 980/5 000	6 630/6 620	—
8	7.50VB					
9	8.00VA	1 670/1 750	3 310/3 350	4 950/5 000	6 590/6 650	—
10	8.00VB					
11	8.5A	1 670	3 310	4 950	6 590	—
12	8.5B	1 750	3 350	5 000	6 700	—

（3）牌号和化学成分（表 9-13）

表 9-13　汽车车轮轮辋用热轧型钢的牌号和化学成分　　　　　　　　　　（%）

牌　号	化学成分（质量分数）				
	C	Si	Mn	P	S
12LW	≤0.14	≤0.22	0.25～0.55	≤0.035	≤0.035

（4）力学和工艺性能（表 9-14）

表 9-14　汽车车轮轮辋用热轧型钢的力学性能

牌　号	抗拉强度 R_m/MPa	伸长率 A/%	冷弯试验 180°
12LW	355～470	≥30	$d=2a$

注：d 为弯心直径，a 为试样厚度（直径）。

（5）附录 A 中的尺寸规格（图 9-13～图 9-15 和表 9-15）

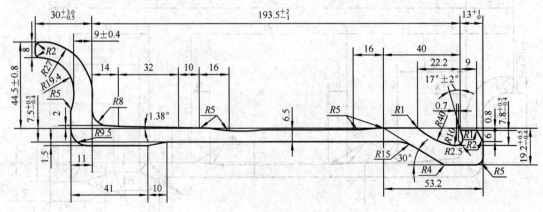

图 9-13　HY7.50V 轮辋

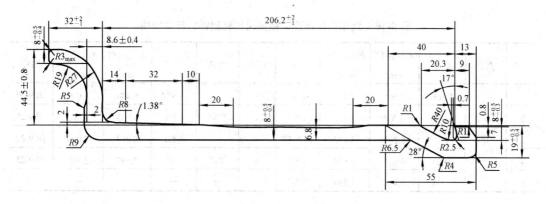

图 9-14　HY8.00V 轮辋

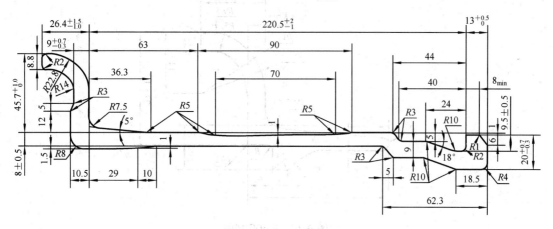

图 9-15　HY8.5 轮辋

表 9-15　轮辋型钢的定尺或倍尺长度 （mm）

序　号	型　号	定　尺	2 倍尺	3 倍尺	4 倍尺
1	HY7.50V	1 640	3 270	4 910	6 540
2	HY8.00V	1 640	3 270	4 910	6 540
3	HY8.5	1 640	3 270	4 910	6 540

9.1.3　汽车车轮挡圈、锁圈用热轧型钢（YB/T 039—2005）

（1）用途　汽车车轮挡圈和锁圈用热轧型钢是用于制造汽车车轮挡圈（可以从轮辋上拆卸下来的轮缘，能起锁圈作用的也称弹性挡圈）和锁圈（对挡圈或座起锁止作用的、坐落在锁圈槽内的弹性圈）的复杂截面热轧型钢。型钢截面形状复杂，沿中心线左右不对称，沿宽度方向的截面尺寸也不等厚，外形尺寸精确，表面质量好。该型钢用于制作汽车和工程机械车辆车轮的挡圈和锁圈。其规格以型号表示，型号为其所适用的车轮轮辋的规格代号。

（2）尺寸规格（表 9-16、表 9-17 和图 9-16～图 9-23）

表 9-16 汽车车轮挡圈、锁圈用热轧型钢的尺寸规格

序号	类别	型号	截面面积/cm²	理论质量/(kg/m)	图号	序号	类别	型号	截面面积/cm²	理论质量/(kg/m)	图号
1	挡圈	5.50F	3.165	2.485	图 9-16	6	挡圈	8.00V	6.408	5.030	图 9-20
2		6.00G	3.784	2.970	图 9-17	7		8.5A	9.939	7.802	图 9-21
3		6.5	5.261	4.130	图 9-18	8		8.5B	8.917	7.000	图 9-22
4		7.00T	4.841	3.800	图 9-19	9	锁圈	7.0	2.993	2.350	图 9-23
5		7.50V	6.408	5.030	图 9-20	—		—	—	—	—

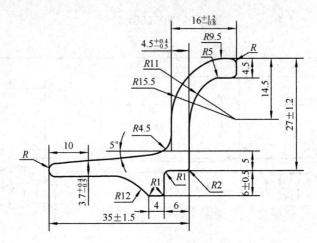

图 9-16 5.50F 挡圈

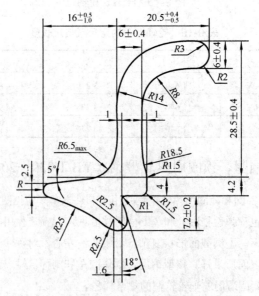

图 9-17 6.00G 挡圈

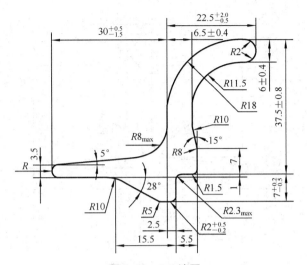

图 9-18 6.5 挡圈

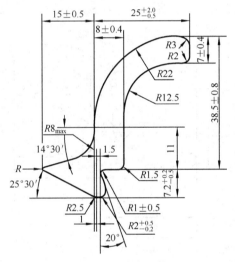

图 9-19 7.00T 挡圈

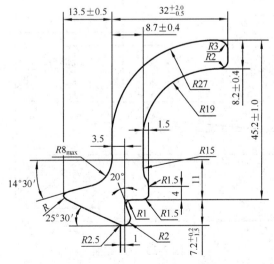

图 9-20 7.50V（8.00V）挡圈

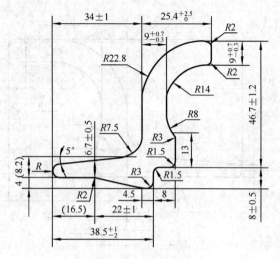

图 9-21   8.5A 挡圈

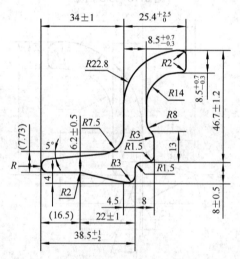

图 9-22   8.5B 挡圈

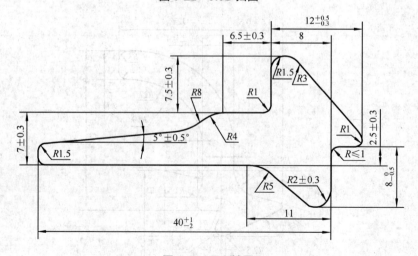

图 9-23   7.0 锁圈

表9-17 汽车车轮挡圈、锁圈用热轧型钢的倍尺 （mm）

类 别	型 号	1 倍 尺	2 倍 尺	3 倍 尺	4 倍 尺	5 倍 尺	6 倍 尺
挡 圈	5.50F	1 500	2 900	4 060	5 410	6 760	8 120
	6.00G	1 500	2 800	4 150	5 500	6 850	—
	6.5	1 800	3 460	5 200	6 900	8 500	—
	7.00T	1 850	3 600	5 400	7 100	8 750	—
	7.50V	2 000	3 710	5 415	7 200	—	—
	8.00V	2 000	3 710	5 415	7 200	—	—
	8.5A	2 000	3 810	5 500	7 150	—	—
	8.5B	2 000	3 810	5 500	7 150	—	—
锁 圈	7.0	1 760	3 360	4 960	6 560	—	—

（3）牌号和化学成分（表9-18）

表9-18 汽车车轮挡圈、锁圈用热轧型钢的牌号和化学成分 （%）

牌 号	化学成分（质量分数）				
	C	Mn	Si	S	P
Q345A	≤0.20	1.00～1.60	≤0.55	≤0.045	≤0.045
Q345B	≤0.20	1.00～1.60	≤0.55	≤0.040	≤0.040

（4）力学和工艺性能（表9-19）

表9-19 汽车车轮挡圈、锁圈用热轧型钢的力学和工艺性能

牌 号	屈服强度 R_{eL}/MPa	抗拉强度 R_m/MPa	断后伸长率 A/%	弯曲试验180°
		≥		
Q345A	345	510	21	$d=2a$
Q345B	345	510	21	$d=2a$

注：d 为弯心直径，a 为试样厚度（直径）。

9.1.4 拖拉机大梁用槽钢（YB/T 5048—2006）

（1）用途 本标准适用于拖拉机大梁用热轧槽钢。

（2）尺寸规格（表9-20、表9-21）

表9-20 拖拉机大梁用槽钢的尺寸规格

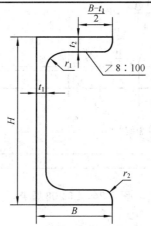

H——高度；B——腿宽；t_1——腰厚；t_2——平均腿厚；r_1——内圆弧半径；r_2——腿端圆弧半径

续表9-20

型号	尺寸/mm						截面面积/cm²	理论质量/(kg/m)
	H	B	t_1	t_2	r_1	r_2		
180c	180	100	9.0	10.5	10.5	5.25	35.31	27.72
180d	180	80	11.5	18.1	10.0	5.00	46.00	36.10

表9-21 拖拉机大梁用槽钢的供应长度   （mm）

型号	定尺长度		
18c	2 500	5 000	7 500
18d	5 100	10 200	—

（3）牌号和化学成分 槽钢用Q345牌号轧制，其化学成分应符合GB/T 1591的规定。

（4）力学性能 槽钢的力学性能应符合GB/T 1591的规定，其中屈服强度为下屈服强度（R_{eL}）。

9.1.5 履带用热轧型钢（YB/T 5034—2005）

（1）用途 用于制造拖拉机、推土机和挖掘机履带用热轧型钢。

（2）尺寸规格（表9-22和图9-24～图9-27）

表9-22 履带用热轧型钢的尺寸规格

型号	截面面积/cm²	理论质量/（kg/m）
LT-203	44.91	35.25
LT-216	56.05	44.00
LW-171	40.88	32.09
LW-203	56.81	44.60

注：L为"履"字、T为"堆"字、W为"挖"字的第一个汉语拼音字母。

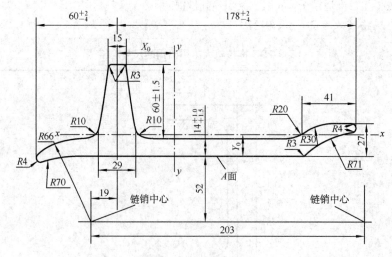

图9-24 LT-203 履带

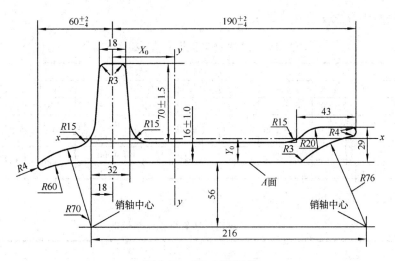

图 9-25　LT-216 履带

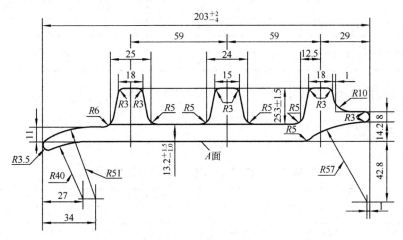

图 9-26　LW-171 履带

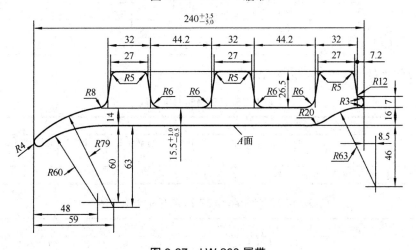

图 9-27　LW-203 履带

（3）牌号和化学成分（表9-23）

表9-23　履带用热轧型钢的牌号和化学成分 （%）

牌号	化学成分（质量分数）										
	C	Si	Mn	P	S	Ti	B	Cr	Ni	Cu	Mo
40SiMn2	0.37～0.44	0.60～1.00	1.40～1.80	≤0.035	≤0.035	—	—	≤0.30	≤0.30	≤0.30	≤0.15
30MnTiB	0.27～0.34	0.17～0.37	1.20～1.50	≤0.035	≤0.035	0.02～0.06	0.000 5～0.003 0	≤0.03	≤0.30	≤0.03	≤0.15
35MnTiB	0.32～0.39	0.17～0.37	0.09～1.30	≤0.035	≤0.035	0.02～0.06	0.000 5～0.003 0	≤0.30	≤0.30	≤0.30	≤0.15

（4）热处理（表9-24）

表9-24　履带用热轧型钢的热处理

牌号	热处理			
	淬火		回火	
	温度/℃	冷却剂	温度/℃	冷却剂
40SiMn2	880±20	水或油	550±30	水或油
30MnTiB	880±20	水	280±30	水
35MnTiB	880±20	水	400±30	水

9.1.6　汽车曲轴用调质钢棒（GB/T 24595—2009）

（1）用途　该钢棒适用于汽车曲轴。

（2）牌号和化学成分（表9-25）

表9-25　汽车曲轴用调质钢棒的化学成分 （%）

统一数字代号	牌号	化学成分（质量分数）								
		C	Si	Mn	P	S	Cr	Mo	Cu	Ni
U20452	45	0.42～0.50	0.17～0.37	0.50～0.80	≤0.025	≤0.025	≤0.25	≤0.10	≤0.20	≤0.30
A20402	40Cr	0.37～0.44	0.17～0.37	0.50～0.80	≤0.035	≤0.035	0.80～1.10	≤0.15	≤0.20	≤0.30
A20403	40CrA	0.37～0.44	0.17～0.37	0.50～0.80	≤0.025	≤0.025	0.80～1.10	≤0.15	≤0.20	≤0.30
A30422	42CrMo	0.38～0.45	0.17～0.37	0.50～0.80	≤0.035	≤0.035	0.90～1.20	0.15～0.25	≤0.20	≤0.30
A30423	42CrMoA	0.38～0.45	0.17～0.37	0.50～0.80	≤0.025	≤0.025	0.90～1.20	0.15～0.25	≤0.20	≤0.30

（3）力学性能（表9-26、表9-27）

表9-26　45钢的力学性能

牌号	推荐热处理制度/℃			力学性能				
	正火	淬火	回火	下屈服强度/MPa	抗拉强度/MPa	断后伸长率/%	断面收缩率/%	冲击吸收功 A_{KU2}/J
45	850±20 空气	840±20 油	600±20 油	≥355	≥600	≥16	≥40	≥39

表9-27　40CrA，42CrMoA钢的力学性能

牌号	推荐热处理制度/℃		力学性能				
	淬火	回火	规定非比例延伸强度/MPa	抗拉强度/MPa	断后伸长率/%	断面收缩率/%	冲击吸收功 A_{KU2}/J
40CrA	850±15 油	520±50 水、油	≥785	≥980	≥9	≥45	≥47
42CrMoA	850±15 油	560±50 水、油	≥930	≥1 080	≥12	≥45	≥63

9.2 汽车用钢板

9.2.1 汽车大梁用热轧钢板和钢带（GB/T 3273—2005）

（1）用途 汽车大梁用热轧钢板和钢带是由汽车大梁专用的低合金高强度结构钢板坯经热轧制成的钢板和钢带。汽车大梁用热轧钢板硫、磷含量低，钢质纯净，化学成分均匀、稳定，加工成型性能、抗冲击性能和焊接性能优良，主要用于制造汽车底盘的纵梁和横梁。

（2）尺寸规格（表9-28）

表9-28 汽车大梁用热轧钢板和钢带的尺寸规格 （mm）

钢板和钢带的厚度	钢板和钢带的宽度	钢板的长度
1.6～14.0	210～2 200	2 000～12 000

（3）牌号和化学成分（表9-29）

表9-29 汽车大梁用热轧钢板和钢带的牌号和化学成分 （%）

统一数字代号	牌 号	化学成分（质量分数）≤				
		C	Si	Mn	P	S
L11381	370L	0.12	0.50	0.60	0.030	0.030
L12431	420L	0.12	0.50	1.20	0.030	0.030
L13451	440L	0.18	0.50	1.40	0.030	0.030
L14521	510L	0.20	1.00	1.60	0.030	0.030
L15561	550L	0.20	1.00	1.60	0.030	0.030

（4）力学和工艺性能（表9-30）

表9-30 汽车大梁用热轧钢板和钢带的力学和工艺性能

牌 号	厚度规格/mm	下屈服强度 R_{eL}/MPa≥	抗拉强度 R_m/MPa	断后伸长率 A/%≥	180° 宽冷弯试验	
					厚度≤12.0mm	厚度>12.0mm
370L	1.6～14.0	245	370～480	28	$d=0.5a$	$d=a$
420L	1.6～14.0	280	420～520	26	$d=0.5a$	$d=a$
440L	1.6～14.0	305	440～540	26	$d=0.5a$	$d=a$
510L	1.6～14.0	355	510～630	24	$d=a$	$d=2.0a$
550L	1.6～8.0	400	550～670	23	$d=a$	—

注：d 为弯心直径，a 为试样厚度，试样宽度 $b=35$mm。

9.2.2 汽车车轮用热轧钢板和钢带（YB/T 4151—2006）

（1）用途 汽车车轮用热轧钢板和钢带是用于制造汽车车轮轮辋、辐板等部件的钢板，钢板强度高，并有良好的塑性、韧性和冷弯性能。

（2）牌号和化学成分（表9-31）

表 9-31   汽车车轮用热轧钢板和钢带的牌号和化学成分   （%）

牌号	化学成分（质量分数）≤					牌号	化学成分（质量分数）≤				
	C	Si	Mn	P	S		C	Si	Mn	P	S
330CL	0.12	0.05	0.50	0.030	0.025	490CL	0.16	0.55	1.70	0.030	0.025
380CL	0.16	0.30	1.20	0.030	0.025	540CL	0.16	0.55	1.70	0.030	0.025
440CL	0.16	0.35	1.50	0.030	0.025	590CL	0.16	0.55	1.70	0.030	0.025

（3）力学性能（表9-32）

表 9-32   汽车车轮用热轧钢板和钢带的力学性能

牌　号	抗拉强度 R_m/MPa	上屈服强度 R_{eH}/MPa	断后伸长率 A/%
		≥	
330CL	330～430	225	33
380CL	380～480	235	28
440CL	440～550	290	26
490CL	490～600	325	24
540CL	540～660	355	22
590CL	590～710	420	20

9.2.3   汽车用高强度热连轧钢板和钢带：冷成形用高屈服强度钢（GB/T 20887.1—2007）

（1）用途   汽车用高强度热连轧钢板及钢带是通过热轧方式生产的专用于汽车外壳、箱体和其他结构件的钢板及钢带。冷成形用高屈服强度钢是在低碳钢或超低碳钢中通过添加钒、钛、铌、铝等微合金元素，形成碳、氮化合物弥散析出，以获得高强度的钢。

（2）尺寸规格   厚度不大于20mm。

（3）牌号和化学成分（表9-33）

表 9-33   冷成形用高屈服强度钢的牌号和化学成分   （%）

牌　号	化学成分（质量分数）										
	C	Si	Mn	P	S	Alt	Nb	V	Ti	Mo	B
	≤				≥				≤		
HR270F	0.12	0.50	1.30	0.025	0.020	0.015	0.09	0.20	0.15	—	—
HR315F											
HR355F	0.12	0.50	1.50	0.025	0.015	0.015	0.09	0.20	0.15	—	—
HR380F											
HR420F	0.12	0.50	1.60	0.025	0.015	0.015	0.09	0.20	0.15	—	—
HR460F											
HR500F	0.12	0.50	1.70	0.025	0.015	0.015	0.09	0.20	0.15	—	—
HR550F	0.12	0.50	1.80	0.025	0.015	0.015	0.09	0.20	0.15	—	—
HR600F	0.12	0.50	1.90	0.025	0.015	0.015	0.09	0.20	0.22	0.50	0.005
HR650F	0.12	0.60	2.00	0.025	0.015	0.015	0.09	0.20	0.22	0.50	0.005
HR700F	0.12	0.60	2.10	0.025	0.015	0.015	0.09	0.20	0.22	0.50	0.005

注：HR×××F牌号中 HR 为英文热轧（Hot Rolled）的字头，×××为上屈服强度×××MPa，F 为英文成形（Forming）的字头。

（4）力学和工艺性能（表9-34）

表9-34 冷成形用高屈服强度钢的力学和工艺性能

牌　号	拉　伸　试　验				180° 弯曲试验
	最小屈服强度 R_{eH}/MPa	抗拉强度 R_m/MPa	最小断后伸长率/%		
			$L_0=80mm$ $b=20mm$	$L_0=5.65\sqrt{S_0}$	
			公称厚度/mm		
			<3.0	≥3.0	
HR270F	270	350～470	23	28	$d=0a$
HR315F	315	390～510	20	26	$d=0a$
HR355F	355	430～550	19	25	$d=0.5a$
HR380F	380	450～590	18	23	$d=0.5a$
HR420F	420	480～620	16	21	$d=0.5a$
HR460F	460	520～670	14	19	$d=1.0a$
HR500F	500	550～700	12	16	$d=1.0a$
HR550F	550	600～760	12	16	$d=1.5a$
HR600F	600	650～820	11	15	$d=1.5a$
HR650F	650	700～880	10	14	$d=2.0a$
HR700F	700	750～950	10	13	$d=2.0a$

注：d 为弯心直径，a 为试样厚度。

9.2.4　汽车用高强度热连轧钢板及钢带：高扩孔钢（GB/T 20887.2—2010）

（1）概述　该钢为具有高扩孔性能热连轧钢带以及由此横切成的钢板及纵切成的纵切钢带。高扩孔钢具有较高的抗拉强度、较高的成型性能和良好的凸缘翻边成型性能；显微组织主要为铁素体和贝氏体组织，或主要为强化的铁素体单相组织或贝氏体单相组织等。

（2）尺寸规格　厚度不大于6mm。

（3）牌号和化学成分（表9-35）

表9-35　高扩孔钢的牌号和化学成分（参考值）　　　　　　　　（%）

牌　号	化学成分（质量分数）					
	C ≤	Si ≤	Mn ≤	P ≤	S ≤	Alt ≥
HR300/450HE						
HR440/580HE	0.18	1.2	2.0	0.050	0.010	0.015
HR600/780HE						

（4）力学和工艺性能（表9-36）

表9-36　高扩孔钢的力学和工艺性能

牌　号	拉　伸　试　验[①]			扩孔率/%
	下屈服强度[②]R_{eL}/MPa	抗拉强度 R_m/MPa	断后伸长率 A_{80mm}（$L_0=$80mm，$b=20mm$）/%	
HR300/450HE	300～400	≥450	≥24	≥80
HR440/580HE	440～620	≥580	≥14	≥75
HR600/780HE	600～800	≥780	≥12	≥55

注：①拉伸试验试样方向为纵向。
　　②无明显屈服时采用 $R_{P0.2}$。

9.2.5 汽车用高强度热连轧钢板及钢带：双相钢（GB/T 20887.3—2010）

（1）概述 双相钢为热连轧钢带以及由此横切成的钢板及纵切成的纵切钢带，显微组织主要为铁素体和马氏体，马氏体组织以岛状弥散分布在铁素体基体上。双相钢无时效，具有低的屈强比和较高的加工硬化指数以及烘烤硬化值。

（2）尺寸规格 厚度不大于6mm。

（3）牌号和化学成分（表9-37）

表9-37 双相钢的牌号和化学成分（参考值）　　　　　　　　　　（%）

牌　号	化学成分（质量分数）							
	C ≤	Si ≤	Mn ≤	P ≤	S ≤	Alt ≥	Cu ≤	B ≤
HR330/580DP	0.23	2.00	3.30	0.090	0.015	0.015	0.40	0.006
HR450/780DP								

（4）力学和工艺性能（表9-38）

表9-38 双相钢的力学和工艺性能

牌　号	拉　伸　试　验[①]			应变硬化指数 n 值
	下屈服强度[②] R_{eL}/MPa	抗拉强度 R_m/MPa	断后伸长率 A_{80mm} （$L_0=80mm$，$b=20mm$）/%	
HR330/580DP	330～470	≥580	≥19	≥0.14
HR450/780DP	450～610	≥780	≥14	≥0.11

注：①拉伸试验试样方向为纵向（n值的试样方向问题，或改为试样方向为纵向）。

　　②无明显屈服时采用 $R_{p0.2}$。

9.2.6 汽车用高强度热连轧钢板及钢带：相变诱导塑性钢（GB/T 20887.4—2010）

（1）概述 相变诱导塑性钢为热连轧钢带以及由此横切成的钢板及纵切成的纵切钢带，显微组织为铁素体、贝氏体和残余奥氏体；在成型过程中，残余奥氏体可相变为马氏体组织。该钢具有较高的加工硬化率、均匀伸长率和抗拉强度；与同等抗拉强度的双相钢相比，具有更高的延伸率。

（2）尺寸规格 厚度不大于6mm。

（3）牌号和化学成分（表9-39）

表9-39 相变诱导塑性钢的牌号和化学成分（参考值）　　　　　（%）

牌　号	化学成分（质量分数）						
	C ≤	Si ≤	Mn ≤	P ≤	S ≤	Alt ≥	Cu ≤
HR400/590TR	0.30	2.20	2.50	0.090	0.015	0.015	0.20
HR450/780TR							

（4）力学和工艺性能（表9-40）

表9-40 相变诱导塑性钢的力学和工艺性能

牌　号	拉　伸　试　验[①]			应变硬化指数 n 值（10%～20%）
	下屈服强度[②]R_{eL}/MPa	抗拉强度 R_m/MPa	断后伸长率 A_{80mm}（$L_0=80mm$，$b=20mm$）/%	
HR400/590TR	≥400	≥590	≥24	≥0.19
HR450/780TR	≥450	≥780	≥20	≥0.15

注：①拉伸试验试样为纵向试样。

　　②无明显屈服时采用 $R_{P0.2}$。

9.2.7　汽车用高强度热连轧钢板及钢带：马氏体钢（GB/T 20887.5—2010）

（1）概述　马氏体钢为热连轧钢带以及由此横切成的钢板及纵切成的纵切钢带，显微组织几乎全部为马氏体组织。马氏体钢具有较高的强度和一定的成型性能。

（2）尺寸规格　厚度不大于6mm。

（3）牌号和化学成分（表9-41）

表9-41　马氏体钢的牌号和化学成分（参考值）　　　　　　（%）

牌　号	化学成分（质量分数）						
	C ≤	Si ≤	Mn ≤	P ≤	S ≤	Alt ≥	Cu ≤
HR900/1200MS	0.30	2.20	3.00	0.020	0.025	0.015	0.30
HR1050/1400MS							

（4）力学和工艺性能（表9-42）

表9-42　马氏体钢的力学和工艺性能

牌　号	拉　伸　试　验[①]			180°弯曲试验
	下屈服强度[②]R_{eL}/MPa	抗拉强度 R_m/MPa	断后伸长率 A_{80mm}（$L_0=80mm$，$b=20mm$）/%	
HR900/1200MS	900～1 150	≥1 200	≥5	$d=8a$
HR1050/1400MS	1 050～1 250	≥1 400	≥4	$d=8a$

注：①拉伸试验试样方向为纵向。

　　②无明显屈服时采用 $R_{p0.2}$。

　　d 为弯心直径，a 为试样厚度。

9.2.8　汽车用高强度冷连轧钢板及钢带：烘烤硬化钢（GB/T 20564.1—2007）

（1）用途　汽车用高强度冷连轧钢板及钢带是通过冷连轧方式生产的，并借助于冷变形以获得高强度、专用于汽车外壳、箱体和其他结构件的钢板及钢带。烘烤硬化钢是在低碳钢或超低碳钢中保留一定量的碳、氮原子，同时，可通过添加磷、锰等固溶强化元素来提高强度；加工成型后，在一定温度下烘烤，由于时效硬化，使钢的强度进一步升高。

（2）分类和代号（表9-43）

表9-43　烘烤硬化钢的分类和代号

	牌　号	推荐用途
按用途分	CR140BH	深冲压用
	CR180BH	冲压用或深冲压用

续表 9-43

按用途分	牌号	推荐用途
	CR220BH	一般用或冲压用
	CR260BH	结构用或一般用
	CR300BH	结构用
按表面质量级别分	级别	代号
	较高级表面	FB
	高级表面	FC
	超高级表面	FD
按表面结构分	表面结构	代号
	麻面	D
	光亮表面	B

（3）尺寸规格 钢板及钢带的厚度为 0.60～2.5mm。

（4）牌号和化学成分（表 9-44）

表 9-44 烘烤硬化钢的牌号和化学成分 （%）

牌号	化学成分（质量分数）≤						
	C	Si	Mn	P	S	Alt	Nb
CR140BH	0.02	0.05	0.50	0.04	0.025	0.010	0.10
CR180BH	0.04	0.10	0.80	0.08	0.025	0.010	—
CR220BH	0.06	0.30	1.00	0.10	0.025	0.010	—
CR260BH	0.08	0.50	1.20	0.12	0.025	0.010	—
CR300BH	0.10	0.50	1.50	0.12	0.025	0.010	—

注：CR×××BH 牌号中，CR 为英文冷轧（Cold Rolled）的首字母，×××为上屈服强度×××MPa，BH 为英文烘烤硬化（Bake Hardening）的首字母。

（5）力学性能（表 9-45）

表 9-45 烘烤硬化钢的力学性能

牌号	上屈服强度 R_{eH}/MPa	抗拉强度 R_m/MPa	断后伸长率 A_{80mm}/%	塑性应变比 r_{90}	应变硬化指数 n_{90}	烘烤硬化值 BH_2/MPa
				≥		
CR140BH	140～220	270	36	1.8	0.20	30
CR180BH	180～240	300	32	1.6	0.18	30
CR220BH	220～280	320	30	1.4	0.16	30
CR260BH	260～320	360	28	—	—	30
CR300BH	300～360	400	26	—	—	30

9.2.9 汽车用高强度冷连轧钢板及钢带：双相钢（GB/T 20564.2—2007）

（1）用途 汽车用高强度冷连轧钢板及钢带是通过冷连轧方式生产的、并借助于冷变形以获得高强度、专用于汽车外壳、箱体和其他结构件的钢板及钢带。双相钢是指钢的显微组织为铁素体和马氏体，马氏体组织以岛状弥散分布在铁素体基体上。该钢具有低的屈强比和较高的加工硬化性能，与同等屈服强度的低合金高强度钢相比，具有更高的抗拉强度。

（2）尺寸规格 钢板及钢带的厚度为 0.60~2.5mm。

（3）牌号和化学成分（表 9-46）

表 9-46 双相钢的牌号和化学成分 （%）

牌 号	化学成分（质量分数）≤					
	C	Si	Mn	P	S	Alt
CR260/450DP	0.12	0.40	1.20	0.035	0.030	0.020
CR300/500DP	0.14	0.60	1.60	0.035	0.030	0.020
CR340/590DP	0.16	0.80	2.20	0.035	0.030	0.020
CR420/780DP	0.18	1.20	2.50	0.035	0.030	0.020
CR550/980DP	0.20	1.60	2.80	0.035	0.030	0.020

注：CR×××DP 牌号中 CR 为英文冷轧（Cold Rolled）的首字母，××× 为上屈服强度×××MPa，DP 为英文双相钢（Dual Phase Steels）的首字母。

（4）力学性能（表 9-47）

表 9-47 双相钢的力学性能

牌 号	上屈服强度 R_{eH}/MPa	抗拉强度 R_m/MPa	断后伸长率 A/%
		≥	
CR260/450DP	260~340	450	27
CR300/500DP	300~400	500	24
CR340/590DP	340~460	590	18
CR420/780DP	420~560	780	13
CR550/980DP	550~730	980	9

9.2.10 汽车用高强度冷连轧钢板及钢带：高强度无间隙原子钢（GB/T 20564.3—2007）

（1）用途 汽车用高强度冷连轧钢板及钢带是通过冷连轧方式生产的、并借助于冷变形以获得高强度、专用于汽车外壳、箱体和其他结构件的钢板及钢带。无间隙原子钢是指间隙杂质元素（碳和氮）含量很低（C+N 总含量小于 $50×10^{-6}$）的钢。这种钢具有非常优良的可塑性，低的屈服强度，高的延展性和良好的深冲性。

（2）分类和代号（表 9-48）

表 9-48 高强度无间隙原子钢的分类和代号

	牌 号	推 荐 用 途
按用途分	CR180IF	冲压用或深冲压用
	CR220IF	一般用或冲压用
	CR260IF	结构用或一般用
	级 别	代 号
按表面质量分	较高级表面	FB
	高级表面	FC
	超高级表面	FD
	表 面 结 构	代 号
按表面结构分	麻面	D
	光亮表面	B

（3）尺寸规格　钢板及钢带的厚度为 0.60～2.5mm。

（4）牌号和化学成分（表9-49）

表 9-49　高强度无间隙原子钢的牌号和化学成分　　　　　　（%）

牌　　号	化学成分（质量分数）≤						
	C	Si	Mn	P	S	Alt	Ti
CR180IF	0.01	0.30	0.80	0.08	0.025	0.010	0.12
CR220IF	0.01	0.50	1.40	0.10	0.025	0.010	0.12
CR260IF	0.01	0.80	2.00	0.12	0.025	0.010	0.12

注：CR×××IF 牌号中 CR 为英文冷轧（Cold Rolled）的首字母，×××为上屈服强度×××MPa，IF 为英文无间隙原子（Interstitial Free）的首字母。

（5）力学性能（表9-50）

表 9-50　高强度无间隙原子钢的力学性能

牌　　号	上屈服强度 R_{eH}/MPa	抗拉强度 R_m/MPa	断后伸长率 A_{80mm}/%
		≥	
CR180IF	180～240	340	34
CR220IF	220～280	360	32
CR260IF	260～320	380	28

9.2.11　汽车用高强度冷连轧钢板及钢带：低合金高强度钢（GB/T 20564.4—2010）

（1）用途　低合金高强度钢系在低碳钢中，通过单一或复合添加铌、钛、钒等微合金元素，形成碳氮化合物粒子析出进行强化，同时通过微合金元素的细化晶粒作用，以获得较高的强度。其主要用于制作汽车结构件和加强件的钢板及钢带。

（2）分类和代号（表9-51）

表 9-51　低合金高强度钢的分类和代号

	牌　　号	用　　途
按用途及特点分	CR260LA	结构件
	CR300LA	
	CR340LA	
	CR380LA	结构件、加强件
	CR420LA	
	级　　别	代　　号
按表面质量分	较高级的精整表面	FB
	高级的精整表面	FC
	超高级的精整表面	FD
	表　面　结　构	代　　号
按表面结构分	麻面	D
	光亮表面	B

（3）尺寸规格　厚度不大于 3.0mm。

（4）牌号和化学成分（表9-52）

表9-52 低合金高强度钢的牌号和化学成分（参考值） （%）

牌 号	化学成分（质量分数）							
	C	Si	Mn	P	S	Alt	Ti	Nb
CR260LA	≤0.10	≤0.50	≤0.60	≤0.025	≤0.025	≥0.015	≤0.15	—
CR300LA	≤0.10	≤0.50	≤1.00	≤0.025	≤0.025	≥0.015	≤0.15	≤0.09
CR340LA	≤0.10	≤0.50	≤1.10	≤0.025	≤0.025	≥0.015	≤0.15	≤0.09
CR380LA	≤0.10	≤0.50	≤1.60	≤0.025	≤0.025	≥0.015	≤0.15	≤0.09
CR420LA	≤0.10	≤0.50	≤1.60	≤0.025	≤0.025	≥0.015	≤0.15	≤0.09

注：牌号由冷轧的英文"Cold Rolled"的首位英文字母"CR"、规定的最小屈服强度值、低合金的英文"Low Alloy"的前二位字母"LA"三个部分组成。

（5）力学性能（表9-53）

表9-53 低合金高强度钢的力学性能

牌 号	拉 伸 试 验		
	规定塑性延伸强度[①] $R_{p0.2}$/MPa	抗拉强度 R_m/MPa	断后伸长率 A_{80mm}/% ≥
CR260LA	260～330	350～430	26
CR300LA	300～380	380～480	23
CR340LA	340～420	410～510	21
CR380LA	380～480	440～560	19
CR420LA	420～520	470～590	17

注：①屈服明显时采用 R_{eL}。

9.2.12 汽车用高强度冷连轧钢板及钢带：各向同性钢（GB/T 20564.5—2010）

（1）用途 各向同性钢是对塑性应变比（r值）进行限定的钢，主要用于制作汽车外覆盖件、结构件的钢板及钢带。

（2）尺寸规格 厚度不大于2.5mm。

（3）牌号和化学成分（表9-54）

表9-54 各向同性钢的牌号和化学成分（参考值） （%）

牌 号	化学成分（质量分数）						
	C	Si	Mn	P	S	Alt	Ti
CR220IS	≤0.07	≤0.50	≤0.50	≤0.05	≤0.025	≥0.015	≤0.05
CR260IS	≤0.07	≤0.50	≤0.50	≤0.05	≤0.025	≥0.015	≤0.05
CR300IS	≤0.08	≤0.50	≤0.70	≤0.08	≤0.025	≥0.015	≤0.05

注：牌号由冷轧的英文"Cold Rolled"的首位英文字母"CR"、规定的最小屈服强度值、各向同性的英文"Isotropic"的前二位字母"IS"三个部分组成。

（4）力学性能（表9-55）

表9-55 各向同性钢的力学性能

牌　　号	拉　伸　试　验			塑性应变比 r_{90} ≤	应变硬化指数 n_{90} ≥
	规定塑性延伸强度[①] $R_{p0.2}$/MPa	抗拉强度 R_m/MPa	断后伸长率 A_{80mm} /%≥		
CR220IS	220～270	300～420	34	1.4	0.18
CR260IS	260～310	320～440	32	1.4	0.17
CR300IS	300～350	340～460	30	1.4	0.16

注：①屈服明显时采用 R_{eL}。

9.2.13　汽车用高强度冷连轧钢板及钢带：相变诱导塑性钢（GB/T 20564.6—2010）

（1）用途　相变诱导塑性钢的显微组织为铁素体、贝氏体和残余奥氏体。在成型过程中，残余奥氏体可相变为马氏体组织，具有较高的加工硬化率、均匀伸长率和抗拉强度。与同等抗拉强度的双相钢水平相比，具有更高的延伸率。其主要用于制作汽车的结构件和加强件的钢板及钢带。

（2）尺寸规格　厚度为 0.50～2.5mm。

（3）牌号和化学成分（表9-56）

表9-56 相变诱导塑性钢的牌号和化学成分（参考值）　　　　（%）

牌　　号	化学成分（质量分数）					
	C ≤	Si ≤	Mn ≤	P ≤	S ≤	Alt
CR380/590TR						
CR400/690TR						
CR420/780TR	0.30	2.2	2.5	0.12	0.015	0.015～2.0
CR450/980TR						

注：牌号由冷轧的英文"Cold Rolled"的首位英文字母"CR"、规定的最小屈服强度值/规定的最小抗拉强度值、相变诱导塑性的英文"Transformation Induced Plasticity"的第一个单词的首两位英文字母"TR"三个部分组成。

（4）力学性能（表9-57）

表9-57 相变诱导塑性钢的力学性能

牌　　号	拉　伸　试　验[①]			应变硬化指数 n_{90} ≥
	规定塑性延伸强度 $R_{p0.2}$/MPa	抗拉强度 R_m/MPa≥	断后伸长率 A_{80mm} /%≥	
CR380/590TR	380～480	590	26	0.20
CR400/690TR	400～520	690	24	0.19
CR420/780TR	420～580	780	20	0.15
CR450/980TR	450～700	980	14	0.14

注：①明显屈服时采用 R_{eL}。

9.2.14　汽车用高强度冷连轧钢板及钢带：马氏体钢（GB/T 20564.7—2010）

（1）用途　马氏体钢的显微组织几乎全部为马氏体组织，马氏体钢具有较高的强度和一定的成型性能。其主要用于制作汽车的结构体、加强件的钢板及钢带。

（2）尺寸规格 厚度为 0.50~2.1mm。

（3）牌号和化学成分（表 9-58）

表 9-58 马氏体钢的牌号和化学成分（参考值） （%）

牌　　号	化学成分（质量分数）					
	C≤	Si≤	Mn≤	P≤	S≤	Alt≥
CR500/780MS，CR700/900MS，CR700/980MS CR860/1100MS，CR950/1180MS，CR1030/1300MS CR1150/1400MS，CR1200/1500MS	0.30	2.2	3.0	0.020	0.025	0.010

注：牌号由冷轧的英文"Cold Rolled"的首位英文字母"CR"、规定的最小屈服强度值/规定的最小抗拉强度值、马氏体钢的英文"Martensitic Steels"的首位英文字母"MS"三个部分组成。

（4）力学性能（表 9-59）

表 9-59 马氏体钢的力学性能

牌　　号	拉　伸　试　验[①]		
	规定塑性延伸强度 $R_{p0.2}$/MPa	抗拉强度 R_m/MPa≥	断后伸长率 A_{80mm}/%≥
CR500/780MS	500~700	780	3
CR700/900MS	700~1 000	900	2
CR700/980MS	700~960	980	2
CR860/1100MS	860~1 100	1 100	2
CR950/1180MS	950~1 200	1 180	2
CR1030/1300MS	1 030~1 300	1 300	2
CR1150/1400MS	1 150~1 400	1 400	2
CR1200/1500MS	1 200~1 500	1 500	2

注：①屈服明显时采用 R_{eL}。

9.2.15 工程机械用高强度耐磨钢板（GB/T 24186—2009）

（1）用途 该钢板适用于矿山、建筑、农业等工程机械耐磨损结构部件，也适用于其他领域。

（2）尺寸规格 厚度不大于 80mm。

（3）牌号和化学成分（表 9-60）

表 9-60 工程机械用高强度耐磨钢板的牌号和化学成分 （%）

牌号	化学成分（质量分数）										
	C	Si	Mn	P	S	Cr	Ni	Mo	Ti	B	Als
	≤									范围	≥
NM300	0.23	0.70	1.60	0.025	0.015	0.70	0.50	0.40	0.050	0.000 5~0.006	0.010
NM360	0.25	0.70	1.60	0.025	0.015	0.80	0.50	0.50	0.050	0.000 5~0.006	0.010
NM400	0.30	0.70	1.60	0.025	0.010	1.00	0.70	0.50	0.050	0.000 5~0.006	0.010
NM450	0.35	0.70	1.70	0.025	0.010	1.10	0.80	0.55	0.050	0.000 5~0.006	0.010

续表 9-60

牌号	化学成分（质量分数）										
	C	Si	Mn	P	S	Cr	Ni	Mo	Ti	B	Als
	≤									范围	≥
NM500	0.38	0.70	1.70	0.020	0.010	1.20	1.00	0.65	0.050	0.000 5～0.006	0.010
NM550	0.38	0.70	1.70	0.020	0.010	1.20	1.00	0.70	0.050	0.000 5～0.006	0.010
NM600	0.45	0.70	1.90	0.020	0.010	1.50	1.00	0.80	0.050	0.000 5～0.006	0.010

（4）力学性能（表 9-61）

表 9-61　工程机械用高强度耐磨钢板的力学性能

牌　　号	厚度/mm	抗拉强度 R_m/MPa	断后伸长率 A_{50mm}/%	−20℃冲击吸收功（纵向）A_{KV2}/J	表面布氏硬度 HBW
NM300	≤80	≥1 000	≥14	≥24	270～330
NM360	≤80	≥1 100	≥12	≥24	330～390
NM400	≤80	≥1 200	≥10	≥24	370～430
NM450	≤80	≥1 250	≥7	≥24	420～480
NM500	≤70	—	—	—	≥470
NM550	≤70	—	—	—	≥530
NM600	≤60	—	—	—	≥570

9.3　汽车用钢管和钢丝

9.3.1　汽车半轴套管用无缝钢管（YB/T 5035—2010）

（1）用途　钢管综合力学性能好，用于制造汽车半轴套管及驱动桥壳轴管。

（2）尺寸规格（表 9-62）

表 9-62　汽车半轴套管用无缝钢管的尺寸规格

公称外径 D/mm	公称壁厚 S/mm	理论质量/（kg/m）	公称外径 D/mm	公称壁厚 S/mm	理论质量/（kg/m）
72	12	17.76	96	12	24.86
76	7	11.91	96	15	29.96
76	9	14.87	98	18	35.51
77	10	16.52	98	22	41.23
77	12	19.23	102	12	26.63
80	10	17.26	102	13.5	29.46
80	11.5	19.43	108	15	34.40
83	11	19.53	114	16	38.67
89	16	28.80	114	20	46.36
92	12	23.67	114	26	56.42
95	12	24.56	114	28.5	60.09
95	13	26.29	121	20.5	50.81
95	16	31.17	—	—	—

（3）牌号和化学成分　钢管由 45，45Mn2，40MnB，40Cr 和 20CrNi3A 牌号的钢制造，其化学成分应符合 GB/T 699 和 GB/T 3077 的规定。

（4）力学性能（表 9-63）

表 9-63　汽车半轴套管用无缝钢管的力学性能

序　号	牌　号	力　学　性　能			
		抗拉强度 R_m/MPa	屈服强度[1] R_{eL} （或 $R_{p0.2}$）/MPa	断后伸长率 A/%	布氏硬度 HBW
1	45	≥590	≥335	≥14	—
2	45Mn2	—	—	—	217～269
3	40MnB	—	—	—	217～269
4	40Cr	—	—	—	217～269
5	20CrNi3A	—	—	—	217～269

注：①当屈服现象不明显时采用 $R_{p0.2}$。

9.3.2　柴油机用高压无缝钢管（GB/T 3093—2002）

（1）用途　该钢管钢质纯净，具有良好的塑性、韧性和焊接性能，热处理后能获得较好的切削加工性，用于制作柴油机喷射系统的高压油管及受力不大而要求韧性高的机械零部件。

（2）尺寸规格（表 9-64）

表 9-64　柴油机用高压无缝钢管的尺寸规格　　　　　（mm）

内　径 d	外　径 D			
	6.0	7.0	8.0	10.0
1.5	×			
1.6	×			
1.8	×			
2.0	×	×	×	
2.2	×	×	×	
2.5		×	×	
2.8		×	×	×
3.0			×	×
3.5				×
4.0				×
建议最小弯曲半径	18	21	25	30

注："×"表示钢管规格为外径 D×内径 d。

（3）牌号和化学成分（表 9-65）

表 9-65　柴油机用高压无缝钢管的牌号和化学成分　　　　　（%）

牌　号	化学成分（质量分数）							
	C	Si	Mn	P	S	Cr	Ni	Cu
						≤		
10A	0.07～0.13	0.17～0.37	0.35～0.65	0.030	0.030	0.15	0.30	0.20
20A	0.17～0.23	0.17～0.37	0.35～0.65	0.030	0.030	0.25	0.30	0.20
Q345A	≤0.20	≤0.55	1.00～1.60	0.030	0.030	0.30	0.30	0.20

（4）力学性能（表9-66）

表9-66 柴油机用高压无缝钢管的力学性能

牌 号	抗拉强度 R_m/MPa	下屈服强度 R_{eL}/MPa	断后伸长率 A_5/%
		≥	
10A	335～470	205	30
20A	390～540	245	25
Q345A	470～630	345	22

9.3.3 传动轴用电焊钢管（YB/T 5209—2010）

（1）用途 钢管内径及壁厚尺寸精度高，管壁厚度均匀光滑，有良好的力学性能和工艺性能，对传动轴工作的稳定性和使用安全性提供了很好的保证，用于制造汽车传动轴及其他机械动力传动轴。

（2）尺寸规格（表9-67、表9-68）

表9-67 传动轴用电焊钢管的尺寸规格 （mm）

公称外径 D	公称壁厚 S	内径 d	内径允许偏差	公称外径 D	公称壁厚 S	内径 d	内径允许偏差
36	3.5	29.0	±0.20	103	7.5	88.0	±0.30
38	2.5	33.0	±0.14	108	7.0	94.0	±0.30
50	2.5	45.0	±0.14	109.8	6.0	97.8	±0.30
51	1.8	47.4	±0.14	109.8	7.0	95.8	±0.30
63.5	1.6	60.3	±0.18	114	5.0	104.0	±0.30
63.5	2.5	58.5	±0.18	114	6.0	102.0	±0.30
68.9	2.5	63.9	±0.20	114	7.0	100.0	±0.30
76	2.5	71.0	±0.20	120	4.0	112.0	±0.40
85	5.0	75.0	±0.30	120	6.0	108.0	±0.40
89	2.5	84.0	±0.25	120	8.0	104.0	±0.40
89	4.0	81.0	±0.25	127	6.0	115.0	±0.40
89	5.0	79.0	±0.30	127	7.0	113.0	±0.40
90	3.0	84.0	±0.25	130	7.0	115.0	±0.40
92	6.5	79.0	±0.30	139	7.5	124.0	±0.50
93	7.0	79.0	±0.30	140	6.0	128.0	±0.50
100	4.0	92.0	±0.30	140	8.0	124.0	±0.50
100	6.0	88.0	±0.30	159	7.0	145.0	±0.60
102	6.0	90.0	±0.30	159	8.0	143.0	±0.60
102	7.0	88.0	±0.30	180	7.0	166.0	±0.60

表9-68 钢管的弯曲度 （mm/m）

类 别	弯 曲 度
Ⅰ，Ⅱ	≤0.4
Ⅲ	≤0.6

（3）牌号和化学成分（表9-69）

表9-69　传动轴用电焊钢管的牌号和化学成分　　（%）

牌号	化学成分（质量分数）													
	C	Si	Mn	P ≤	S ≤	Nb ≤	V ≤	Ti	Cr ≤	Cu ≤	Ni ≤	Als ≥	N ≤	B ≤	Mo ≤
CZ300	0.05～0.12	≤0.37	0.35～0.65	0.035	0.035	—	—	0.06～0.14	0.10	0.25	0.25	—	—	—	—
CZ350	0.17～0.24	0.17～0.37	0.35～0.65	0.035	0.035	—	—	—	0.25	0.25	0.25	—	—	—	—
CZ420	≤0.20	≤0.50	0.80～1.70	0.030	0.030	0.07	0.20	≤0.20	0.30	0.25	0.80	0.015	0.015	—	0.20
CZ460	≤0.20	≤0.50	1.0～1.80	0.030	0.030	0.11	0.20	≤0.20	0.30	0.25	0.80	0.015	0.015	0.004	0.20
CZ500	≤0.18	≤0.50	1.0～1.80	0.030	0.030	0.11	0.12	≤0.20	0.60	0.25	0.80	0.015	0.015	0.004	0.20
CZ550	≤0.18	≤0.50	1.0～2.0	0.030	0.030	0.11	0.12	≤0.20	0.80	0.25	0.80	0.015	0.015	0.004	0.20

注：CZ 为传动轴用钢"传轴"汉语拼音首位大写字母。

（4）力学性能（表9-70）

表9-70　传动轴用电焊钢管的力学性能

类　别	牌　号	抗拉强度 R_m/MPa	屈服强度[①]R_{eL}/MPa	断后伸长率 A/%
I，II	CZ300	450～570	≥300	≥15
	CZ420	520～680	≥420	≥15
	CZ460	550～720	≥460	≥15
	CZ500	610～770	≥500	≥15
	CZ550	670～830	≥550	≥14
III	CZ350	460～590	≥350	≥10

注：①当屈服不明显时，可测量 $R_{p0.2}$ 代替下屈服强度。

9.3.4　汽车附件、内燃机、软轴用异型钢丝（YB/T 5183—2006）

（1）用途　该钢丝分别为汽车制造等行业制造玻璃升降器、挡圈、刮水器、车门、滑块、锁、座椅用调角器等汽车附件用的异型钢丝，制造内燃机活塞环、卡环、组合油环和软轴用的扁钢丝。

（2）分类和代号（表9-71、图9-28）

表9-71　汽车附件、内燃机、软轴用异型钢丝的分类和代号

分 类 方 法	分 类 和 代 号
按交货状态分	冷拉（轧）：L
	退火（＋轻拉）：T
	油淬火-回火：Zh
按截面形状分	直边扁钢丝：Zb［图9-28（a）］
	弧边扁钢丝：Hb［图9-28（b）］
	拱顶扁钢丝：Gb［图9-28（c）］
	方形钢丝：Fs［图9-28（d）］
按用途分	汽车附件用异型钢丝：Qf
	内燃机用异型钢丝：Nr
	软轴用异型钢丝：Rz

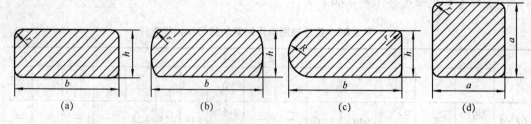

图 9-28　汽车附件、内燃机、软轴用异型钢丝

b——扁钢丝宽度；*h*——扁钢丝厚度；*a*——方钢丝边长；*R*——圆弧半径；*r*——圆角半径

（3）尺寸规格（表 9-72、表 9-73）

表 9-72　汽车附件和软轴用异型钢丝的尺寸允许偏差及波动范围　　　　　（mm）

尺寸范围(b, h, a)	允　许　偏　差		同一盘（轴）内波动范围	尺寸范围(b, h, a)	允　许　偏　差		同一盘（轴）内波动范围
	h 或 a	b	b		H 或 a	b	b
0.60～1.00	0 −0.07	0 −0.10	0.08	>6.00～8.00	—	0 −0.16	0.12
>1.00～3.00	0 −0.10	0 −0.12	0.08	>8.00～12.00		0 −0.20	0.15
>3.00～6.00	0 −0.12	0 −0.14	0.10	>12.00～20.00		0 −0.25	0.15

表 9-73　内燃机用异型钢丝尺寸允许偏差　　　　　（mm）

卡环、活塞环用直边扁钢丝			组合油环用弧边扁钢丝		
尺　寸　范　围		允许偏差	尺　寸　范　围		允许偏差
厚度 h	1.00～3.00	±0.03	厚度 h	1.00～3.00	0 −0.03
	>3.00～6.00	±0.04		1.00～3.00	0 −0.08
宽度 b	6.00～8.00	±0.06	宽度 b	>3.00～6.00	0 −0.10

（4）牌号和化学成分（表 9-74）

表 9-74　汽车附件、内燃机、软轴用异型钢丝的牌号和化学成分

种　类		牌　号	化　学　成　分
汽车附件用	玻璃升降器及座椅调角器用	65Mn，50CrVA，60Si2Mn	符合 GB/T 1222 的规定
	挡圈、门锁、滑块	15，25，45	符合 GB/T 699 的规定
	刮水器	1Cr18Ni9	符合 GB/T 1220 的规定
		70	符合 GB/T 699 的规定
内燃机用		70，65Mn	符合 GB/T 1222 的规定
软轴用		45	符合 GB/T 699 的规定

（5）力学性能（表 9-75）

表 9-75　汽车附件、内燃机、软轴用异型钢丝的抗拉强度　　　　　（MPa）

用　　途		牌　号	抗　拉　强　度
汽车附件用	玻璃升降器及座椅用调角器	65Mn，50CrVA	≥785
		60Si2Mn	≥850

续表 9-75

用　途		牌　号	抗 拉 强 度		
汽车附件用	挡圈、车门滑块、门锁	15，25，45	≥835		
	刮水器	1Cr18Ni9	1 080～1 280		
		70	1 080～1 220		
内燃机用	内燃机卡环、活塞环用	70，65Mn	A 组	785～980	
			B 组	980～1 180	
			C 组	1 180～1 370	
	内燃机组合油环用	70，65Mn	A 组	1 280～1 470	
			B 组	1 420～1 620	
			C 组	1 570～1 760	
	软轴用	45	1 100～1 300		

第 10 章　锅炉和压力容器用钢

10.1　锅炉和压力容器用钢板

10.1.1　锅炉和压力容器用普通钢板（GB 713—2008）

（1）用途　现代锅炉实际上是一个庞大的热交换器，借助金属传热的作用，利用燃料燃烧或化学反应生成的热把水加热成具有一定温度和压力的蒸汽，以得到新的热能或动力。根据用途，锅炉可分为工业锅炉和电站锅炉两大类。通常各工矿企业供热用的锅炉均属工业锅炉，体积比较小，用的钢材均为碳素结构钢和低合金高强度结构钢。电站锅炉是大、中型锅炉，不但对钢材质量有特殊要求，而且用量相当大；同时，为提高热效率，电站锅炉逐步趋向高参数、大容量方向发展，一般都要求用具有优良综合性能的合金钢或高合金钢来制造。不论是工业锅炉还是电站锅炉，因都是受压设备，都要受国家劳动部门的监督。钢材生产厂必须保证钢材质量，符合有关标准规定，并提供质量证明书。锅炉用钢板主要用于制造锅炉的锅壳、火箱、锅筒、汽包、大梁及护墙板等部件。

压力容器用钢板是适用于中常温压力容器受压元件，专用于制造石油、化工、气体分离、气体储运的容器或其他类似设备，如各种塔器、换热器、储罐、罐车等。

锅炉本身也是受压设备，其所用钢板与其他压力容器用钢板在性能上是相通的，新标准将原锅炉用钢板和压力容器用钢板的标准合并为一个标准，即 GB 713—2008《锅炉和压力容器用钢板》。

（2）尺寸规格　用于锅炉及其附件和中常温压力容器的受压元件，厚度为 3～200mm 的钢板。

（3）牌号和化学成分（表 10-1）

表 10-1　锅炉和压力容器用钢板的牌号和化学成分　　　　　　　　　（%）

牌　号	化学成分（质量分数）										
	C	Si	Mn	Cr	Ni	Mo	Nb	V	P	S	Alt
Q245R	≤0.20	≤0.35	0.50～1.00	—	—	—	—	—	≤0.025	≤0.015	≥0.020
Q345R	≤0.20	≤0.55	1.20～1.60	—	—	—	—	—	≤0.025	≤0.015	≥0.020
Q370R	≤0.18	≤0.55	1.20～1.60	—	—	—	0.015～0.050	—	≤0.025	≤0.015	—
18MnMoNbR	≤0.22	0.15～0.50	1.20～1.60	—	—	0.45～0.65	0.025～0.050	—	≤0.020	≤0.010	—
13MnNiMoR	≤0.15	0.15～0.50	1.20～1.60	0.20～0.40	0.60～1.00	0.20～0.40	0.005～0.020	—	≤0.020	≤0.010	—
15CrMoR	0.12～0.18	0.15～0.40	0.40～0.70	0.80～1.20	—	0.45～0.60	—	—	≤0.025	≤0.015	—
14CrlMoR	0.05～0.17	0.50～0.80	0.40～0.65	1.15～1.50	—	0.45～0.65	—	—	≤0.020	≤0.010	—
12Cr2Mo1R	0.08～0.15	≤0.50	0.30～0.60	2.00～2.50	—	0.90～1.10	—	—	≤0.020	≤0.010	—
12CrlMoVR	0.08～0.15	0.15～0.40	0.40～0.70	0.90～1.20	—	0.25～0.35	—	0.15～0.30	≤0.025	≤0.010	—

（4）力学和工艺性能（表10-2、表10-3）

表10-2　锅炉和压力容器用钢板的力学和工艺性能

牌　号	交货状态	钢板厚度/mm	拉　伸　试　验			冲　击　试　验		弯　曲　试　验
			抗拉强度R_m/MPa	屈服强度①R_{eL}/Mpa	伸长率A/%	温度/℃	V型冲击吸收功A_{KV}/J	180° $b=2a$
				≥			≥	
Q245R	热轧控轧或正火	3～16	400～520	245	25	0	31	$d=1.5a$
		>16～36		235				
		>36～60	400～520	225	25	0	31	$d=1.5a$
		>60～100	390～510	205	24			$d=2a$
		>100～150	380～500	185				
Q345R		3～16	510～640	345	21	0	34	$d=2a$
		>16～36	500～630	325				$d=3a$
		>36～60	490～620	315				
		>60～100	490～620	305	20			
		>100～150	480～610	285				
		>150～200	470～600	265				
Q370R	正火	10～16	530～630	370	20	−20	34	$d=2a$
		>16～36		360				$d=3a$
		>36～60	520～620	340				
18MnMoNbR	正火加回火	30～60	570～720	400	17	0	41	$d=3a$
		>60～100		390				
13MnNiMoR		30～100	570～720	390	18	0	41	$d=3a$
		>100～150		380				
15CrMoR		6～60	450～590	295	19	20	31	$d=3a$
		>60～100		275				
		>100～150	440～580	255				
14Cr1MoR		6～100	520～680	310	19	20	34	$d=3a$
		>100～150	510～670	300				
12Cr2Mo1R		6～150	520～680	310	19	20	34	$d=3a$
12Cr1MoVR		6～60	440～590	245	19	20	34	$d=3a$
		>60～100	430～580	235				

注：①如屈服现象不明显，屈服强度取$R_{p0.2}$。

表10-3　锅炉和压力容器用钢板的高温力学性能

牌　号	厚　度/mm	屈服强度①R_{eL} 或 $R_{p0.2}$/MPa ≥						
		试验温度/℃						
		200	250	300	350	400	450	500
Q245R	>20～36	186	167	153	139	129	121	—
	>36～60	178	161	147	133	123	116	—
	>60～100	164	147	135	123	113	106	—
	>100～150	150	135	120	110	105	95	—
Q345R	>20～36	255	235	215	200	190	180	—
	>36～60	240	220	200	185	175	165	—
	>60～100	225	205	185	175	165	155	—

续表 10-3

牌　号	厚　度/mm	屈服强度[①]R_{eL} 或 $R_{p0.2}$/MPa ≥						
		试验温度/℃						
		200	250	300	350	400	450	500
Q345R	>100～150	220	200	180	170	160	150	—
	>150～200	215	195	175	165	155	145	—
Q370R	>20～36	290	275	260	245	230	—	—
	>36～60	280	270	255	240	225	—	—
18MnMoNbR	30～60	360	355	350	340	310	275	—
	>60～100	355	350	345	335	305	270	—
13MnNiMoR	30～100	355	350	345	335	305	—	—
	>100～150	345	340	335	325	300	—	—
15CrMoR	>20～60	240	225	210	200	189	179	174
	>60～100	220	210	196	186	176	167	162
	>100～150	210	199	185	175	165	156	150
14Cr1MoR	>20～150	255	245	230	220	210	195	176
12Cr2Mo1R	>20～150	260	255	250	245	240	230	215
12Cr1MoVR	>20～100	200	190	176	167	157	150	142

注：①如屈服现象不明显，屈服强度取 $R_{p0.2}$。

10.1.2　压力容器用调质高强度钢板（GB 19189—2011）

（1）用途　钢板经调质热处理，有较高的综合力学性能，强度高，塑性、韧性好，主要用于制造对综合力学性能要求较高的压力容器。

（2）尺寸规格　厚度为 10～60mm。

（3）牌号和化学成分（表 10-4）

表 10-4　压力容器用调质高强度钢板的牌号和化学成分　　　　　　（%）

牌　号	化学成分（质量分数）											
	C	Si	Mn	P	S	Cu	Ni	Cr	Mo	V	B	Pcm[①]
07MnMoVR	≤0.09	0.15～0.40	1.20～1.60	≤0.020	≤0.010	≤0.25	≤0.40	≤0.30	0.10～0.30	0.02～0.06	≤0.002 0	≤0.20
07MnNiVDR	≤0.09	0.15～0.40	1.20～1.60	≤0.018	≤0.008	≤0.25	0.20～0.50	≤0.30	≤0.30	0.02～0.06	≤0.002 0	≤0.21
07MnNiMoDR	≤0.09	0.15～0.40	1.20～1.60	≤0.015	≤0.005	≤0.25	0.30～0.60	≤0.30	0.10～0.30	≤0.06	≤0.002 0	≤0.21
12MnNiVR	≤0.15	0.15～0.40	1.20～1.60	≤0.020	≤0.010	≤0.25	0.15～0.40	≤0.30	≤0.30	0.02～0.06	≤0.002 0	≤0.25

注：①Pcm 为焊接裂纹敏感性组成，按如下公式计算：

Pcm＝C＋Si/30＋（Mn＋Cu＋Cr）/20＋Ni/60＋Mo/15＋V/10＋5B（%）。

（4）力学和工艺性能（表10-5）

表 10-5　压力容器用调质高强度钢板的力学和工艺性能

牌　号	钢板厚度/mm	拉 伸 试 验			冲 击 试 验		弯 曲 试 验
		屈服强度[①]R_{eL}/Mpa	抗拉强度R_m/Mpa	断后伸长率A/%	温度/℃	冲击吸收功A_{KV2}/J	180° $b=2a$
07MnMoVR	10～60	≥490	610～730	≥17	−20	≥80	$d=3a$
07MnNiVDR	10～60	≥490	610～730	≥17	−40	≥80	$d=3a$
07MnNiMoDR	10～50	≥490	610～730	≥17	−50	≥80	$d=3a$
12MnNiVR	10～60	≥490	610～730	≥17	−20	≥80	$d=3a$

注：①当屈服现象不明显时，采用$R_{p0.2}$。

10.1.3　低温压力容器用低合金钢钢板（GB 3531—2008）

（1）用途　钢板厚度均匀、平整洁净，钢的碳含量低，通过多种合金元素的配合，在保证强度的前提下，有良好的低温韧性。主要用于制造−20～−70℃低温压力容器。

（2）尺寸规格　厚度为6～120mm。

（3）牌号和化学成分（表10-6）

表 10-6　低温压力容器用低合金钢钢板的牌号和化学成分　　　　　（%）

牌　号	化学成分（质量分数）								
	C	Si	Mn	Ni	V	Nb	Alt	P	S
								≤	
16MnDR	≤0.20	0.15～0.50	1.20～1.60	—	—	—	≥0.020	0.025	0.012
15MnNiDR	≤0.18	0.15～0.50	1.20～1.60	0.20～0.60	≤0.06	—	≥0.020	0.025	0.012
09MnNiDR	≤0.12	0.15～0.50	1.20～1.60	0.30～0.80	—	≤0.04	≥0.020	0.020	0.012

注：牌号后缀"D"和"R"分别是指低温压力容器"低"和"容"的汉语拼音的首字母。

（4）力学和工艺性能（表10-7）

表 10-7　低温压力容器用低合金钢钢板的力学和工艺性能

牌　号	钢板公称厚度/mm	拉 伸 试 验[①]			冲 击 试 验		180° 弯曲试验弯心直径（$b≥35mm$）
		抗拉强度R_m/MPa	屈服强度R_{eL}/MPa	伸长率A/%	温度/℃	冲击吸收功A_{KV2}/J	
			≥			≥	
16MnDR	6～16	490～620	315	21	−40	34	$d=2a$
	>16～36	470～600	295				
	>36～60	460～590	285				$d=3a$
	>60～100	450～580	275		−30	34	
	>100～120	440～570	265				
15MnNiDR	6～16	490～620	325	20	−45	34	$d=3a$
	>16～36	480～610	315				
	>36～60	470～600	305				
09MnNiDR	6～16	440～570	300	23	−70	34	$d=2a$
	>16～36	430～560	280				
	>36～60	430～560	270				
	>60～120	420～550	260				

注：① 当屈服现象不明显时，采用$R_{p0.2}$。
　　a为钢材厚度。

10.1.4　低温压力容器用 9%Ni 钢板（GB 24510—2009）

（1）用途　该钢板适用于制造液化天然气（LNG）储罐、液化天然气（LNG）船舶等低温压力容器。

（2）尺寸规格　厚度不大于 50mm。

（3）牌号和化学成分（表 10-8）

表 10-8　低温压力容器用 9%Ni 钢板的牌号和化学成分　　　　　　　（%）

牌　号	化学成分（质量分数）									
	C	Si	Mn	P	S	Ni	Cr	Cu	V	Mo
				≤						
9Ni490	≤0.10	≤0.35	0.30～0.80	0.015	0.010	8.50～10.0	≤0.25	≤0.35	≤0.05	≤0.10
9Ni590A				0.015	0.010				≤0.05	
9Ni590B				0.010	0.005				≤0.01	

（4）力学性能（表 10-9）

表 10-9　低温压力容器用 9%Ni 钢板的力学性能

牌　　号	钢板厚度 t/mm	拉　伸　试　验[①]			V 形冲击试验	
		屈服强度 R_{eH}/MPa	抗拉强度 R_m/MPa	断后伸长率 A /%	冲击吸收功 A_{KV2}/J	
					试验温度/℃	横向试样
9Ni490	$t \leqslant 30$	≥490	640～830	≥18	−196	≥40
	$30 < t \leqslant 50$	≥480				
9Ni590A	$t \leqslant 30$	≥590	680～820	≥18	−196	≥50
	$30 < t \leqslant 50$	≥575				
9Ni590B	$t \leqslant 30$	≥590	680～820	≥18	−196	≥80
	$30 < t \leqslant 50$	≥575				

注：①当屈服不明显时，可测量 $R_{p0.2}$ 代替上屈服强度。

10.1.5　压力容器用爆炸不锈钢复合板（NB/T 47002.1—2009）

（1）用途　该不锈钢复合板适用于制作压力容器。

（2）级别（表 10-10）

表 10-10　压力容器用爆炸不锈钢复合板的级别　　　　　　　（%）

级　别	代　号	结　合　率	级　别	代　号	结　合　率
1 级	B1	100	3 级	B3	≥95
2 级	B2	≥98	—	—	—

（3）材料（表 10-11）

表 10-11　压力容器用爆炸不锈钢复合板的材料

复　材	基　材
GB/T 3280《不锈钢冷轧钢板和钢带》、GB/T 4237《不锈钢热轧钢板和钢带》中的钢材	GB/T 3274《碳素结构钢和低合金结构钢热轧厚钢板和钢带》、GB 3531《低温压力容器用低合金钢钢板》、JB 4726《压力容器用碳素钢和低合金钢锻件》、JB 4727《低温压力容器用碳素钢和低合金钢锻件》中的钢材

（4）结合状态（表 10-12）

表 10-12   压力容器用爆炸不锈钢复合板的结合状态

级 别 代 号	检 测 范 围	结 合 状 态
B1	全面积范围	不允许未结合区存在，结合率为100%
B2		单个未结合区长度不大于50mm、面积不大于20cm², 结合率不小于98%
B3	在沿钢板宽度方向、间距为50mm的平行线上，以及在距钢板边缘50mm以内的范围	单个未结合区长度不大于75mm、面积不大于45cm², 结合率不小于95%

（5）结合抗剪强度（表 10-13）

表 10-13   压力容器用爆炸不锈钢复合板的结合抗剪强度   （MPa）

级 别 代 号	结合抗剪强度 τ_b	级 别 代 号	结合抗剪强度 τ_b
B1, B2	≥210	B3	≥200

10.1.6   压力容器用镍及镍基合金爆炸复合钢板（JB/T 4748—2002）

（1）用途   该复合钢板适用于制作压力容器。

（2）级别（表 10-14）

表 10-14   压力容器用镍及镍基合金爆炸复合钢板的级别   （%）

级 别	代 号	结合率	级 别	代 号	结合率
1级	B1	100	3级	B3	≥95
2级	B2	≥98	—	—	—

（3）复材和基材（表 10-15）

表 10-15   压力容器用镍及镍基合金爆炸复合钢板的复材和基材

复 材		基 材	
标 准 号	牌 号	标 准 号	牌 号
GB/T 5235—2007 JB 4741—2000	N6 NCu30	GB 150—1998	14Cr1MoR, 12Cr2Mo1R
		GB/T 3274—2007	Q235-B, Q235-C
		GB 3531—2008	16MnDR
		GB 713—2008	20R, 16MnR, 15MnNbR, 15CrMoR
		JB 4726—2000	16Mn, 20MnMo, 15CrMo
		JB 4727—2000	16MnD, 20MnMoD

（4）结合状态（表 10-16）

表 10-16   压力容器用镍及镍基合金爆炸复合钢板的结合状态

级 别 代 号	检 测 范 围	结 合 状 态
B1	全面积范围	不允许未结合区存在，结合率为100%
B2		单个未结合区长度不大于50mm、面积不大于20cm², 结合率不小于98%
B3	在沿钢板宽度方向、间距为50mm的平行线上，以及在距钢板边缘50mm以内的范围	单个未结合区长度不大于75mm、面积不大于45cm², 结合率不小于95%

（5）力学和工艺性能（表 10-17、表 10-18）

表 10-17 压力容器用镍及镍基合金爆炸复合钢板的力学性能

屈服强度 R_{eLj}/MPa	抗拉强度 R_{mj}/MPa	断后伸长率 A/%
$$R_{eLj}=\dfrac{R_{eL_1}\delta_1+R_{eL_2}\delta_2}{\delta_1+\delta_2}$$	$$R_{mj}=\dfrac{R_{m1}\delta_1+R_{m2}\delta_2}{\delta_1+\delta_2}$$ 且不大于基材标准的上限值$+35N/mm^2$	不小于基材标准值

注：R_{eL_1} 为复材屈服强度值（MPa）；N6，$R_{eL}\geq100MPa$；NCu30，$R_{eL}\geq195MPa$。R_{eL_2} 为基材屈服强度值（MPa）。R_{m1} 为复材抗拉强度最小值（MPa）；N6，$R_m\geq380MPa$；NCu30，$R_m\geq460MPa$。R_{m2} 为基材抗拉强度最小值（MPa）。δ_1 为复材厚度（mm）。δ_2 为基材厚度（mm）。

表 10-18 压力容器用镍及镍基合金爆炸复合钢板的弯曲性能

弯 曲 角 度	弯 心 直 径	试 验 结 果
180°	内弯曲按基材标准的规定，外弯曲 $d=4a$（d 为弯心直径，a 为试样厚度）	在弯曲部分的外侧不得有裂纹，复合界面不得有分层

10.1.7 压力容器用锆及锆合金板材（YS/T 753—2011）

（1）用途 该合金板材适用于制作压力容器。

（2）牌号和规格（表 10-19）

表 10-19 压力容器用锆及锆合金板材的牌号和规格 （mm）

牌 号	供货状态	规 格			表面处理方法
		厚 度	宽 度	长 度	
Zr-1 Zr-3 Zr-5	退火态（M）	0.30～4.75	400～1 000	1 000～3 050	砂光、酸洗或喷砂
		>4.75～60.0	400～3 000	1 000～7 000	

注：板材的化学成分应符合 GB/T 26314 的规定。

（3）力学和工艺性能（表 10-20、表 10-21）

表 10-20 压力容器用锆及锆合金板材的力学和工艺性能

牌 号	室 温 力 学 性 能			弯芯半径 r/mm
	抗拉强度 R_m/MPa	规定非比例延伸强度 $R_{p0.2}$/MPa	断后伸长率 A_{50mm}/%	
Zr-1	≤380	≤305	≥20	≥5T[①]
Zr-3	≥380	≥205	≥16	≥5T[①]
Zr-5	≥550	≥380	≥16	≥3T[①]

注：①T 为板材名义厚度。

表 10-21 Zr-3 的高温力学性能

力 学 性 能	温度/℃												
	75	100	125	150	175	200	225	250	275	300	325	350	375
抗拉强度 R_m/MPa	345	323	296	268	242	216	197	177	172	166	159	152	145
规定非比例延伸强度 $R_{p0.2}$/MPa	172	155	138	123	111	99	88	79	73	66	61	57	54

10.1.8　焊接气瓶用钢板和钢带（GB 6653—2008）

（1）用途　焊接气瓶用钢板和钢带厚度均匀、平整洁净，钢的碳含量低，通过细化晶粒，在获得较高强度的同时，使钢保持良好的塑性、韧性和加工成型性能，为焊接气瓶的生产和安全使用创造了必要的条件。其主要用于制造液化石油气瓶和乙炔气瓶。

（2）尺寸规格　厚度为 2.0～14.0mm 的热轧钢板和钢带及厚度为 1.5～4.0mm 的冷轧钢板和钢带。

（3）牌号和化学成分（表 10-22）

表 10-22　焊接气瓶用钢板和钢带的牌号和化学成分（GB 6653—2008）　（%）

牌　号	化学成分（质量分数）					
	C	Si	Mn	P	S	Als
	≤					≥
HP235	0.16	0.10	0.80	0.025	0.015	0.015
HP265	0.18	0.10	0.80	0.025	0.015	0.015
HP295	0.18	0.10	1.00	0.025	0.015	0.015
HP325	0.20	0.35	1.50	0.025	0.015	0.015
HP345	0.20	0.35	1.50	0.025	0.015	0.015

注：HP 为焊接气瓶中"焊瓶"的汉语拼音首字母。

（4）力学和工艺性能（表 10-23、表 10-24）

表 10-23　焊接气瓶用钢板和钢带的力学和工艺性能

牌　号	拉　伸　试　验				弯　曲　试　验
	下屈服强度 R_{eL}/MPa	抗拉强度 R_m/MPa	断后伸长率/%		180° 弯心直径（$b \geqslant 35mm$）
			A_{80mm} <3mm	A ≥3mm	
HP235	≥235	380～500	≥23	≥29	1.5a
HP265	≥265	410～520	≥21	≥27	1.5a
HP295	≥295	440～560	≥20	≥26	2.0a
HP325	≥325	490～600	≥18	≥22	2.0a
HP345	≥345	510～620	≥17	≥21	2.0a

注：a 为试样厚度，b 为试样宽度。

表 10-24　焊接气瓶用钢板和钢带的冲击吸收功

牌　号	V　形　冲　击　试　验					
	试样方向	试样尺寸/mm	试验温度/℃	冲击吸收功 A_{KV2}/J≥	试验温度/℃	冲击吸收功 A_{KV2}/J≥
HP235 HP265	横向	10×5×55	常温	18	−40	14
HP295 HP325		10×7.5×55		23		17
HP345		10×10×55		27		20

10.2 锅炉、压力容器用钢管

10.2.1 高压锅炉用无缝钢管（GB 5310—2008）

（1）用途 高压锅炉用无缝钢管有一定的强度，良好的塑性、韧性、焊接性能和冷弯性能；不锈耐热钢钢管还具有高的持久强度，良好的抗氧化、耐腐蚀能力以及良好的组织稳定性。适于制作各种高压（工作压力在 10MPa 以上的锅炉称为高压锅炉）及其以上压力的蒸汽锅炉管道，如过热器管、再热器管、导气管和主蒸汽管等。

（2）尺寸规格

①钢管的公称外径和壁厚应符合 GB/T 17395 的规定。

②钢管的一般长度为 4 000～12 000mm。

（3）牌号和化学成分（表 10-25、表 10-26）

表 10-25 高压锅炉用无缝钢管的牌号和化学成分 （%）

钢类	序号	牌 号	化学成分（质量分数）							
			C	Si	Mn	Cr	Mo	V	Ti	B
优质碳素结构钢	1	20G	0.17～0.23	0.17～0.37	0.35～0.65	—	—	—	—	—
	2	20MnG	0.17～0.23	0.17～0.37	0.70～1.00	—	—	—	—	—
	3	25MnG	0.22～0.27	0.17～0.37	0.70～1.00	—	—	—	—	—
合金结构钢	4	15MoG	0.12～0.20	0.17～0.37	0.40～0.80	—	0.25～0.35	—	—	—
	5	20MoG	0.15～0.25	0.17～0.37	0.40～0.80	—	0.44～0.65	—	—	—
	6	12CrMoG	0.08～0.15	0.17～0.37	0.40～0.70	0.40～0.70	0.40～0.55	—	—	—
	7	15CrMoG	0.12～0.18	0.17～0.37	0.40～0.70	0.80～1.10	0.40～0.55	—	—	—
	8	12Cr2MoG	0.08～0.15	≤0.50	0.40～0.60	2.00～2.50	0.90～1.13	—	—	—
	9	12Cr1MoVG	0.08～0.15	0.17～0.37	0.40～0.70	0.90～1.20	0.25～0.35	0.15～0.30	—	—
	10	12Cr2MoWVTiB	0.08～0.15	0.45～0.75	0.45～0.65	1.60～2.10	0.50～0.65	0.28～0.42	0.08～0.18	0.002 0～0.008 0
	11	07Cr2MoW2VNbB	0.04～0.10	≤0.50	0.10～0.60	1.90～2.60	0.05～0.30	0.20～0.30	—	0.000 5～0.006 0
	12	12Cr3MoVSiTiB	0.09～0.15	0.60～0.90	0.50～0.80	2.50～3.00	1.00～1.20	0.25～0.35	0.22～0.38	0.005 0～0.011 0
	13	15Ni1MnMoNbCu	0.10～0.17	0.25～0.50	0.80～1.20	—	0.25～0.50	—	—	—

续表 10-25

钢类	序号	牌　号	化学成分（质量分数）							
			C	Si	Mn	Cr	Mo	V	Ti	B
合金结构钢	14	10Cr9Mo1VNbN	0.08～0.12	0.20～0.50	0.30～0.60	8.00～9.50	0.85～1.05	0.18～0.25	—	—
	15	10Cr9MoW2VNbBN	0.07～0.13	≤0.50	0.30～0.60	8.50～9.50	0.30～0.60	0.15～0.25	—	0.0010～0.0060
	16	10Cr11MoW2VNbCu1BN	0.07～0.14	≤0.50	≤0.70	10.00～11.50	0.25～0.60	0.15～0.30	—	0.0005～0.0050
	17	11Cr9Mo1W1VNbBN	0.09～0.13	0.10～0.50	0.30～0.60	8.50～9.50	0.90～1.10	0.18～0.25	—	0.0003～0.0060
不锈（耐热）钢	18	07Cr19Ni10	0.04～0.10	≤0.75	≤2.00	18.00～20.00	—	—	—	—
	19	10Cr18Ni9NbCu3BN	0.07～0.13	≤0.30	≤1.00	17.00～19.00	—	—	—	0.0010～0.0100
	20	07Cr25Ni21NbN	0.04～0.10	≤0.75	≤2.00	24.00～26.00	—	—	—	—
	21	07Cr19Ni11Ti	0.04～0.10	≤0.75	≤2.00	17.00～20.00	—	—	4C～0.60	—
	22	07Cr18Ni11Nb	0.04～0.10	≤0.75	≤2.00	17.00～19.00	—	—	—	—
	23	08Cr18Ni11NbFG	0.06～0.10	≤0.75	≤2.00	17.00～19.00	—	—	—	—

钢类	序号	牌　号	化学成分（质量分数）							
			Ni	Alt	Cu	Nb	N	W	P	S
									≤	
优质碳素结构钢	1	20G	—	①	—	—	—	—	0.025	0.015
	2	20MnG	—	—	—	—	—	—	0.025	0.015
	3	25MnG	—	—	—	—	—	—	0.025	0.015
合金结构钢	4	15MoG	—	—	—	—	—	—	0.025	0.015
	5	20MoG	—	—	—	—	—	—	0.025	0.015
	6	12CrMoG	—	—	—	—	—	—	0.025	0.015
	7	15CrMoG	—	—	—	—	—	—	0.025	0.015
	8	12Cr2MoG	—	—	—	—	—	—	0.025	0.015
	9	12Cr1MoVG	—	—	—	—	—	—	0.025	0.010
	10	12Cr2MoWVTiB	—	—	—	—	—	0.30～0.55	0.025	0.015
	11	07Cr2MoW2VNbB	—	≤0.030	—	0.02～0.08	≤0.030	1.45～1.75	0.025	0.010
	12	12Cr3MoVSiTiB	—	—	—	—	—	—	0.025	0.015
	13	15Ni1MnMoNbCu	1.00～1.30	≤0.050	0.50～0.80	0.015～0.045	≤0.020	—	0.025	0.015

续表 10-25

钢类	序号	牌号	化学成分（质量分数）							
			Ni	Alt	Cu	Nb	N	W	P	S
									≤	
合金结构钢	14	10Cr9Mo1VNbN	≤0.40	≤0.020	—	0.06~0.10	0.030~0.070	—	0.020	0.010
	15	10Cr9MoW2VNbBN	≤0.40	≤0.020	—	0.04~0.09	0.030~0.070	1.50~2.00	0.020	0.010
	16	10Cr11MoW2VNbCu1BN	≤0.50	≤0.020	0.30~1.70	0.04~0.10	0.040~0.100	1.50~2.50	0.020	0.010
	17	11Cr9Mo1W1VNbBN	≤0.40	≤0.020	—	0.06~0.10	0.040~0.090	0.90~1.10	0.020	0.010
不锈（耐热）钢	18	07Cr19Ni10	8.00~11.00	—	—	—	—	—	0.030	0.015
	19	10Cr18Ni9NbCu3BN	7.50~10.50	0.003~0.030	2.50~3.50	0.30~0.60	0.050~0.120	—	0.030	0.010
	20	07Cr25Ni21NbN	19.00~22.00	—	—	0.20~0.60	0.150~0.350	—	0.030	0.015
	21	07Cr19Ni11Ti	9.00~13.00	—	—	—	—	—	0.030	0.015
	22	07Cr18Ni11Nb	9.00~13.00	—	—	8C~1.10	—	—	0.030	0.015
	23	08Cr18Ni11NbFG	9.00~12.00	—	—	8C~1.10	—	—	0.030	0.015

注：①20G 中 Alt 不大于 0.015%，不做交货要求，但应填入质量证明书中。

表 10-26　钢中残余元素含量　　　　　　　　　（%）

钢类	残余元素（质量分数）						
	Cu	Cr	Ni	Mo	V[①]	Ti	Zr
	≤						
优质碳素结构钢	0.20	0.25	0.25	0.15	0.08	—	—
合金结构钢	0.20	0.30	0.30	—	0.08	[②]	[②]
不锈（耐热）钢	0.25	—	—	—	—	—	—

注：①15Ni1MnMoNbCu 的残余 V 含量应不超过 0.02%。

　　②10Cr9Mo1VNb，10Cr9MoW2VNbBN，10Cr11MoW2VNbCu1BN 和 11Cr9Mo1W1VNbBN 的残余 Ti 含量应不超过 0.01%，残余 Zr 含量应不超过 0.01%。

（4）力学性能（表 10-27、表 10-28）

表 10-27　高压锅炉用无缝钢管的高温规定非比例延伸强度　　（MPa）

序号	牌号	高温规定非比例延伸强度 $R_{p0.2}$≥										
		温度/℃										
		100	150	200	250	300	350	400	450	500	550	600
1	20G	—	—	215	196	177	157	137	98	49	—	—
2	20MnG	219	214	208	197	183	175	168	156	151	—	—
3	25MnG	252	245	237	226	210	201	192	179	172	—	—

续表 10-27

序号	牌　号	高温规定非比例延伸强度 $R_{p0.2}\geqslant$										
		温度/℃										
		100	150	200	250	300	350	400	450	500	550	600
4	15MoG	—	—	225	205	180	170	160	155	150	—	—
5	20MoG	207	202	199	187	182	177	169	160	150	—	—
6	12CrMoG	193	187	181	175	170	165	159	150	140	—	—
7	15CrMoG	—	—	269	256	242	228	216	205	198	—	—
8	12Cr2MoG	192	188	186	185	185	185	185	181	173	159	—
9	12Cr1MoVG	—	—	—	—	230	225	219	211	201	187	—
10	12Cr2MoWVTiB	—	—	—	—	360	357	352	343	328	305	274
11	07Cr2MoW2NbB	379	371	363	361	359	352	345	338	330	299	266
12	12Cr3MoVSiTiB	—	—	—	—	403	397	390	379	364	342	—
13	15Ni1MnMoNbCu	422	412	402	392	382	373	343	304	—	—	—
14	10Cr9Mo1VNbN	384	378	377	377	376	371	358	337	306	260	198
15	10Cr9MoW2VNbBN①	619	610	593	577	564	548	528	504	471	428	367
16	10Cr11MoW2NbCu1BN①	618	603	586	574	562	550	533	511	478	433	371
17	11Cr9Mo1W1VNbBN	413	396	384	377	373	368	362	348	326	295	256
18	07Cr19Ni10	170	154	144	135	129	123	119	114	110	105	101
19	10Cr18Ni9NbCu3BN	203	189	179	170	164	159	155	150	146	142	138
20	07Cr25Ni21NbN①	573	523	490	468	451	440	429	421	410	397	374
21	07Cr19Ni11Ti	184	171	160	150	142	136	132	128	126	123	122
22	07Cr18Ni11Nb	189	177	166	158	150	145	141	139	139	133	130
23	08Cr18Ni11NbFG	185	174	166	159	153	148	144	141	138	135	132

注：①中的数据为材料在该温度下的抗拉强度。

表 10-28　高压锅炉用无缝钢管的 100 000h 持久强度推荐数据　　　　　（MPa）

序号	牌　号	100 000h 持久强度推荐数据≥																	
		温度/℃																	
		400	410	420	430	440	450	460	470	480	490	500	510	520	530	540	550	560	570
1	20G	128	116	104	93	83	74	65	58	51	45	39	—	—	—	—	—	—	—
2	20MnG	—	—	—	110	100	87	75	64	55	46	39	31	—	—	—	—	—	—
3	25MnG	—	—	—	120	103	88	75	64	55	46	39	31	—	—	—	—	—	—
4	15MoG	—	—	—	—	—	245	209	174	143	117	93	74	59	47	38	31	—	—
5	20MoG	—	—	—	—	—	—	145	124	105	85	71	59	50	40	—	—	—	—
6	12CrMoG	—	—	—	—	—	—	144	130	113	95	83	71	—	—	—	—	—	—
7	15CrMoG	—	—	—	—	—	—	—	168	145	124	106	91	75	61	—	—	—	—
8	12Cr2MoG	—	—	—	—	—	172	165	154	143	133	122	112	101	91	81	72	64	56
9	12Cr1MoVG	—	—	—	—	—	—	—	—	—	—	184	169	153	138	124	110	98	85
10	12Cr2MoWVTiB	—	—	—	—	—	—	—	—	—	—	—	—	—	—	176	162	147	132
11	07Cr2MoW2NbB	—	—	—	—	—	—	—	—	—	—	—	184	171	158	145	134	122	111
12	12Cr3MoVSiTiB	—	—	—	—	—	—	—	—	—	—	—	—	—	—	148	135	122	110
13	15Ni1MnMoNbCu	373	349	325	300	273	245	210	175	139	104	69	—	—	—	—	—	—	—
14	10Cr9Mo1VNbN	—	—	—	—	—	—	—	—	—	—	—	—	—	—	166	153	140	128
15	10Cr9MoW2VNbBN	—	—	—	—	—	—	—	—	—	—	—	—	—	—	—	—	171	160

续表 10-28

序号	牌号	100 000h 持久强度推荐数据≥																
		温度/℃																
		400	410	420	430	440	450	460	470	480	490	500	510	520	530	540	550	560	570
16	10Cr11MoW2VNbCu1BN											—	—	—	—	—	—	157	143
17	11Cr9Mo1W1VNbBN											—	—	—	187	181	170	160	148
18	07Cr19Ni10											—	—	—	—	—	—	—	—
19	10Crl8Ni9NbCu3BN											—	—	—	—	—	—	—	—
20	07Cr25Ni21NbN											—	—	—	—	—	—	—	—
21	07Cr19Ni11Ti											—	—	—	—	—	—	123	118
22	07Cr18Ni11Nb											—	—	—	—	—	—	—	—
23	08Cr18Ni11NbFG											—	—	—	—	—	—	—	—

序号	牌号	100 000h 持久强度推荐数据≥																
		温度/℃																
		580	590	600	610	620	630	640	650	660	670	680	690	700	710	720	730	740	750
1	20G	—	—	—	—	—	—	—	—	—	—	—	—	—					
2	20MnG	—	—	—	—	—	—	—	—	—	—	—	—	—					
3	25MnG	—	—	—	—	—	—	—	—	—	—	—	—	—					
4	15MoG	—	—	—	—	—	—	—	—	—	—	—	—	—					
5	20MoG	—	—	—	—	—	—	—	—	—	—	—	—	—					
6	12CrMoG	—	—	—	—	—	—	—	—	—	—	—	—	—					
7	15CrMoG	—	—	—	—	—	—	—	—	—	—	—	—	—					
8	12Cr2MoG	49	42	36	31	25	22	18	—	—	—	—	—	—					
9	12Cr1MoVG	75	64	55	—	—	—	—	—	—	—	—	—	—					
10	12Cr2MoWVTiB	118	105	92	80	69	59	50	—	—	—	—	—	—					
11	07Cr2MoW2VNbB	101	90	80	69	58	43	28	14	—	—	—	—	—					
12	12Cr3MoVSiTiB	98	88	78	69	61	54	47	—	—	—	—	—	—					
13	15Ni1MnMoNbCu	—	—	—	—	—	—	—	—	—	—	—	—	—					
14	10Cr9Mo1VNbN	116	103	93	83	73	63	53	44	—	—	—	—	—					
15	10Cr9MoW2VNbBN	146	132	119	106	93	82	71	61										
16	10Cr11MoW2VNbCu1BN	128	114	101	89	76	66	55	47	—	—	—	—	—	—	—	—		
17	11Cr9Mo1W1VNbBN	135	122	106	89	71	—	—	—	—	—	—	—	—					
18	07Cr19Ni10	—	—	96	88	81	74	68	63	57	52	47	44	40	37	34	31	28	26
19	10Crl8Ni9NbCu3BN	—	—	—	137	131	124	117	107	97	87	79	71	64	57	50	45	39	
20	07Cr25Ni21NbN	—	—	160	151	142	129	116	103	94	85	76	69	62	56	51	46	—	—
21	07Cr19Ni11Ti	108	98	89	80	72	66	61	55	50	46	41	38	35	32	29	26	24	22
22	07Cr18Ni11Nb	—	—	132	121	110	100	91	82	74	66	60	54	48	43	38	34	31	28
23	08Cr18Ni11NbFG	—	—	—	—	132	122	111	99	90	81	73	66	59	53	48	43	—	—

10.2.2 高压锅炉用内螺纹无缝钢管（GB/T 20409—2006）

（1）用途　本标准适用于制造高压及其以上压力的锅炉用优质碳素结构钢、合金结构钢冷拔内螺纹无缝钢管。

（2）分类及代号　内螺纹管按齿型分为 A 型和 B 型两类，其形状和尺寸代号分别见图 10-1 和图 10-2。

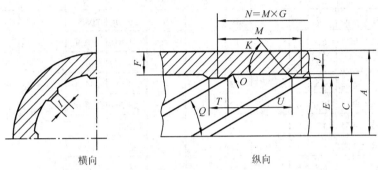

图 10-1　A 型齿型

A——A 型齿内螺纹管外径；*C*——螺纹根部内径；*E*——最小内径；*F*——最小壁厚；*G*——螺纹头数；*I*——螺纹顶宽（周向）；
J——螺纹高度；*K*——螺纹侧边角度；*O*——螺纹根部圆角半径；*M*——螺纹节距；*N*——螺纹导程；
Q——螺旋升角；*T*——螺纹顶宽（轴向）；*U*——螺纹顶部（轴向）槽宽

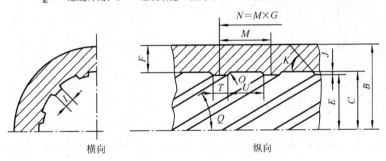

图 10-2　B 型齿型

B——B 型齿内螺纹管外径；*C*——螺纹根部内径；*E*——最小内径；*F*——最小壁厚；*G*——螺纹头数；*I*——螺纹顶宽（周向）；
J——螺纹高度；*K*——螺纹侧边角度；*O*——螺纹根部圆角半径；*M*——螺纹节距；*N*——螺纹导程；
Q——螺旋升角；*T*——螺纹顶宽（轴向）；*U*——螺纹顶部（轴向）槽宽

（3）尺寸规格（表 10-29～表 10-31）

表 10-29　A 型齿型内螺纹管的尺寸规格及螺纹参数　　　　　　　　　　（mm）

公称外径	螺纹根部内径	最小内径	公称壁厚	最小壁厚	螺纹头数	螺纹顶宽（周向）	螺纹高度	螺纹侧边角度/（°）	螺纹根部圆角半径	螺纹节距	螺纹导程	螺旋升角/（°）	螺纹顶宽（轴向）	螺纹顶部（轴向）槽宽
A	*C*	*E*	*S*	*F*	*G*	*I*	*J*	*K*	*O*	*M*	*N*	*Q*	*T*	*U*
28.6	15.84	13.39	6.38	5.8	4		0.85			21.55	86.19			13.27
44.5	33.18	30.34	5.66	5.1	6	4.78	1.01	55°	0.13～1.27	30.08	180.49	30°	8.28	21.80
45	33	30.20	6	5.4	6		1.01			30	180			21.70
50.8	37.92	34.93	6.44	5.8	8		1.06			25.79	206.29			17.51

续表 10-29

公称外径	螺纹根部内径	最小内径	公称壁厚	最小壁厚	螺纹头数	螺纹顶宽（周向）	螺纹高度	螺纹侧边角/（°）	螺纹根部圆角半径	螺纹节距	螺纹导程	螺旋升角/（°）	螺纹顶宽（轴向）	螺纹顶部（轴向）槽宽
A	C	E	S	F	G	I	J	K	O	M	N	Q	T	U
51	38.35	35.35	6.33	5.7	8		1.10			26.10	208.80			17.80
60	46	42.92	7	6.3	8		1.10			31.30	250.40			23
60	44	41	8	7.2	8		1.10			30	240			21.70
60.3	43.40	40.32	8.33	7.5	8		1.12			29.52	236.16			21.24
60.3	42.30	39.10	9	8.1	8		1.12			28.76	230.10			20.49
60.3	31.44	28.55	14.43	13	8		1.02			21.38	171.07			13.11
63.5	48.80	45.64	7.33	6.6	8		1.16			33.19	265.54			24.91
63.5	48.50	45.30	7.50	6.7	8		1.16			33	264			24.70
63.5	47.72	44.53	7.89	7.1	8	4.78	1.17	55°	0.13～1.27	32.49	259.89	30°	8.28	24.21
63.5	47.52	44.29	7.99	7.2	8		1.15			32.31	258.51			24.03
63.5	39.24	36.19	12.13	10.9	8		1.07			26.70	213.49			18.42
63.5	39.09	36.10	12.21	11	8		1.04			26.59	212.70			18.31
63.5	35.30	32.32	14.10	12.7	8		1.04			24	192			15.72
63.5	34.64	31.66	14.43	13	8		1.04			23.56	188.49			15.28
69.8	37.77	34.72	16.04	14.4	8		1.07			25.68	205.46			17.40
70	50	46.72	10	9	8		1.20			34	272			25.72
70	52	48.70	9	8.1	8		1.20			35.37	282.95			21.09
76.2	39.55	36.47	18.33	16.5	8		1.07			26.99	215.19			18.62

表 10-30　B 型齿型内螺纹管的尺寸规格及螺纹参数　　　　　　　（mm）

公称外径	螺纹根部内径	最小内径	公称壁厚	最小壁厚	螺纹头数	螺纹顶宽（周向）	螺纹高度	螺纹侧边角/（°）	螺纹根部圆角半径	螺纹节距	螺纹导程	螺旋升角/（°）	螺纹顶宽（轴向）	螺纹顶部（轴向）槽宽
B	C	E	S	F	G	I	J	K	O	M	N	Q	T	U
35	20.60	18.10	7.20	6.5	6		0.95			18.67	112			13.07
38	23.60	20.80	7.20	6.5	6		0.99			21.39	128.20			15.79
38.1	23.23	20.49	7.44	6.7	6	3.23	0.99			21.06	126.40		5.60	15.46
60	45.60	42.20	7.20	6.5	12		1.23	50°	0.4～2	20.70	247.90	30°		15.10
60	44.50	41.20	7.75	7	12		1.22			20.18	242.10			14.56
60	43.40	40.10	8.30	7.5	12		1.21			19.68	236.15			14.08
66.7	50.70	—	8	7.2	12	3.83	1.24			23	276		6.64	16.36
66.7	49.60	—	8.55	7.7	12		1.24			22.50	270			15.86

表 10-31 高压锅炉用内螺纹无缝钢管的参考理论质量

序号	齿型	外径/mm	公称壁厚/mm	最小壁厚/mm	参考理论质量/（kg/m）	序号	齿型	外径/mm	公称壁厚/mm	最小壁厚/mm	参考理论质量/（kg/m）
1		28.6	6.38	5.8	3.66	16		63.5	12.21	11	15.76
2		44.5	5.66	5.1	5.66	17		63.5	14.10	12.7	17.50
3		45	6	5.4	6.01	18		63.5	14.43	13	17.78
4		50.8	6.44	5.8	7.37	19	A 型	69.8	16.04	14.4	21.58
5		51	6.33	5.7	7.30	20		70	10	9	15.12
6		60	7	6.3	9.47	21		70	9	8.1	13.86
7		60	8	7.2	10.58	22		76.2	18.33	16.5	26.47
8	A 型	60.3	8.33	7.5	11.00	23		35	7.20	6.5	5.10
9		60.3	9	8.1	11.71	24		38	7.20	6.5	5.64
10		60.3	14.43	13	16.64	25		38.1	7.44	6.7	5.79
11		63.5	7.33	6.6	10.48	26	B 型	60	7.20	6.5	9.72
12		63.5	7.50	6.7	10.68	27		60	7.75	7	10.33
13		63.5	7.89	7.1	11.14	28		60	8.30	7.5	10.93
14		63.5	7.99	7.2	11.26	29		66.7	8	7.2	10.80
15		63.5	12.13	10.9	15.69	30		66.7	8.55	7.7	11.40

注：内螺纹管的一般长度为 8 000～12 000mm。

（4）牌号和化学成分（表 10-32、表 10-33）

表 10-32 高压锅炉用内螺纹无缝钢管的牌号和化学成分   （%）

序　号	牌　号	化学成分（质量分数）						
		C	Mn	Si	Cr	Mo	S	P
1	20G	0.17～0.23	0.35～0.65	0.17～0.37	—	—	≤0.020	≤0.025
2	20MnG	0.17～0.23	0.70～1.00	0.17～0.37	—	—	≤0.020	≤0.025
3	25MnG	0.22～0.29	0.70～1.00	0.17～0.37	—	—	≤0.020	≤0.025
4	12CrMoG	0.08～0.15	0.40～0.70	0.17～0.37	0.40～0.70	0.40～0.55	≤0.020	≤0.025
5	15CrMoG	0.12～0.18	0.40～0.70	0.17～0.37	0.80～1.10	0.40～0.55	≤0.020	≤0.025

表 10-33 高压锅炉用内螺纹无缝钢管的推荐牌号及化学成分   （%）

序号	牌　号	标　准　号	化学成分（质量分数）						
			C	Mn	Si	Cr	Mo	S	P
1	SA-210A1	ASME SA210/SA210M	≤0.27	≤0.93	≥0.10	—	—	≤0.035	≤0.035
2	SA-210 C	ASME SA210/SA210M	≤0.35	0.29～1.06	≥0.10	—	—	≤0.035	≤0.035
3	SA-213T2	ASME SA213/SA213M	0.10～0.20	0.30～0.61	0.10～0.30	0.50～0.81	0.44～0.65	≤0.025	≤0.025
4	SA-213T12	ASME SA213/SA213M	0.05～0.15	0.30～0.61	≤0.50	0.80～1.25	0.44～0.65	≤0.025	≤0.025

（5）力学性能（表 10-34、表 10-35）

表 10-34　内螺纹管的室温纵向力学性能

序　号	牌　号	抗拉强度 R_m/MPa	下屈服强度 R_{eL}/MPa	断后伸长率 A/%	冲击吸收功 A_{KV}/J
				≥	
1	20G	410～550	245	24	35
2	20MnG	≥415	240	22	35
3	25MnG	≥485	275	20	35
4	12CrMoG	410～560	205	21	35
5	15CrMoG	440～640	235	21	35

表 10-35　推荐牌号的参考力学性能

序号	牌　号	标　准　号	抗拉强度 R_m/MPa	下屈服强度 R_{eL}/MPa	断后伸长率 $A_{50.8mm}$/%	硬　度 HRB	硬　度 HBW
					≥	≤	≤
1	SA-210 Al	ASME SA210/SA210M	≥415	255	30	79	143
2	SA-210 C	ASME SA210/SA210M	≥485	275	30	89	179
3	SA-213 T2	ASME SA213/SA213M	≥415	205	30	85	163
4	SA-213 T12	ASME SA213/SA213M	≥415	220	30	85	163

10.2.3　低中压锅炉用无缝钢管（GB 3087—2008）

（1）用途　低中压锅炉用无缝钢管有一定的强度，塑性、韧性高，焊接性能和加工性能良好，适于制作各种结构低中压锅炉（工作压力不大于 6MPa）的过热蒸汽管、沸水管及机车锅炉用过热蒸汽管、大烟管、小烟管和拱砖管。

（2）尺寸规格

①钢管的外径 D 和壁厚 S 应符合 GB/T 17395 的规定。

②钢管的一般长度为 4 000～12 500mm。

（3）牌号和化学成分　钢管由 10 钢，20 钢制造，其化学成分应符合 GB/T 699 的规定。

（4）力学性能（表 10-36、表 10-37）

表 10-36　低中压锅炉用无缝钢管的力学性能

牌　号	抗拉强度 R_m/MPa	下屈服强度 R_{eL}/MPa≥ 壁厚/mm ≤16	下屈服强度 R_{eL}/MPa≥ 壁厚/mm >16	断后伸长率 A/%≥
10	335～475	205	195	24
20	410～550	245	235	20

表 10-37　在高温下的规定非比例延伸强度最小值　　　　（MPa）

牌　号	试样状态	规定非比例延伸强度最小值 $R_{p0.2}$ 试验温度/℃ 200	250	300	350	400	450
10	供货状态	165	145	122	111	109	107
20		188	170	149	137	134	132

10.2.4 低中压锅炉用电焊钢管（YB 4102—2000）

（1）用途 该钢管有一定的强度，塑性、韧性、焊接性能和加工性能良好，适于制作各种结构低压和低中压锅炉及机车锅炉用的管道。

（2）尺寸规格（表10-38）

表 10-38 低中压锅炉用电焊钢管的尺寸规格

公称外径/mm	公称壁厚/mm								
	1.5	2.0	2.5	3.0	3.5	4.0	4.5	5.0	6.0
	理论质量/（kg/m）								
10	0.314	0.395	0.462						
12	0.388	0.493	0.586						
14		0.592	0.709	0.814					
16		0.691	0.832	0.962					
17		0.740	0.894	1.04					
18		0.789	0.956	1.11					
19		0.838	1.02	1.18					
20		0.888	1.08	1.26					
22		0.986	1.20	1.41	1.60	1.78			
25		1.13	1.39	1.63	1.86	2.07			
30		1.38	1.70	2.00	2.29	2.56			
32			1.82	2.15	2.46	2.76			
35			2.00	2.37	2.72	3.06			
38			2.19	2.59	2.98	3.35			
40			2.31	2.74	3.15	3.55			
42			2.44	2.89	3.32	3.75	4.16	4.56	
45			2.62	3.11	3.58	4.04	4.49	4.93	
48			2.81	3.33	3.84	4.34	4.83	5.30	
51			2.99	3.55	4.10	4.64	5.16	5.67	
57				4.00	4.62	5.23	5.83	6.41	
60				4.22	4.88	5.52	6.16	6.78	
63.5				4.44	5.14	5.82	6.49	7.15	
70				4.96	5.74	6.51	7.27	8.01	9.47
76					6.26	7.10	7.93	8.75	10.36
83					6.86	7.79	8.71	9.62	11.39
89						8.38	9.38	10.36	12.38
102						9.67	10.82	11.96	14.21
108						10.26	11.49	12.70	15.09
114						10.85	12.12	13.44	15.98

（3）牌号和化学成分（表10-39）

表 10-39 低中压锅炉用电焊钢管的牌号和化学成分 （%）

牌 号	化学成分（质量分数）					残 余 元 素		
	C	Mn	Si	P	S	Ni	Cr	Cu
10	0.07～0.14	0.35～0.65	0.17～0.37	≤0.035	≤0.035	≤0.25	≤0.15	≤0.25
20	0.17～0.24	0.35～0.65	0.17～0.37	≤0.035	≤0.035	≤0.25	≤0.25	≤0.25

（4）力学性能（表 10-40、表 10-41）

表 10-40　低中压锅炉用电焊钢管的纵向力学性能

牌　　号	抗拉强度 σ_b/MPa	屈服点 σ_s/MPa	断后伸长率 δ_5/%
10	335～475	≥195	≥28
20	410～550	≥245	≥24

表 10-41　在高温下的屈服强度 $\sigma_{p0.2}$ 最小值　　　　　（MPa）

牌　号	试样状态	屈服强度 $\sigma_{p0.2}$ 温度/℃					
		200	250	300	350	400	450
10	供货状态	165	145	122	111	109	107
20		188	170	149	137	134	132

10.2.5　锅炉、热交换器用不锈钢无缝钢管（GB/T 13296—2007）

（1）用途　该钢管有一定的强度，良好的塑性、韧性和焊接性能，耐蚀能力强，用于制造锅炉过热器、热交换器、冷凝器、催化管等。

（2）尺寸规格　钢管外径 6～159mm，壁厚 1.0～14mm，其尺寸规格应符合 GB/T 17395 中表 3 的规定。

（3）牌号和化学成分（表 10-42）

表 10-42　锅炉、热交换器用不锈钢无缝钢管的牌号和化学成分　　　　（%）

组织类型	序号	牌　　号	化学成分（质量分数）									
			C	Si	Mn	P	S	Ni	Cr	Mo	Ti	其他
奥氏体型	1	0Cr18Ni9	≤0.07	≤1.00	≤2.00	≤0.035	≤0.030	8.00～11.00	17.00～19.00	—	—	—
	2	1Cr18Ni9	≤0.15	≤1.00	≤2.00	≤0.035	≤0.030	8.00～10.00	17.00～19.00	—	—	—
	3	1Cr19Ni9	0.04～0.10	≤1.00	≤2.00	≤0.035	≤0.030	8.00～11.00	18.00～20.00	—	—	—
	4	00Cr19Ni10	≤0.030	≤1.00	≤2.00	≤0.035	≤0.030	8.00～12.00	18.00～20.00	—	—	—
	5	0Cr18Ni10Ti	≤0.08	≤1.00	≤2.00	≤0.035	≤0.030	9.00～12.00	17.00～19.00	—	≥5C	—
	6	1Cr18Ni11Ti	0.04～0.10	≤0.75	≤2.00	≤0.030	≤0.030	9.00～13.00	17.00～20.00	—	4×C～0.60	—
	7	0Cr18Ni11Nb	≤0.08	≤1.00	≤2.00	≤0.035	≤0.030	9.00～13.00	17.00～19.00	—	—	(Nb+Ta)10×C～1.00
	8	1Cr19Ni11Nb	0.04～0.10	≤1.00	≤2.00	≤0.035	≤0.030	9.00～13.00	17.00～20.00	—	—	(Nb+Ta) 8×C～1.00
	9	0Cr17Ni12Mo2	≤0.08	≤1.00	≤2.00	≤0.035	≤0.030	11.00～14.00	16.00～18.00	2.00～3.00	—	—

续表 10-42

组织类型	序号	牌号	化学成分（质量分数）									
			C	Si	Mn	P	S	Ni	Cr	Mo	Ti	其他
奥氏体型	10	1Cr17Ni12Mo2	0.04~0.10	≤0.75	≤2.00	≤0.030	≤0.030	11.00~14.00	16.00~18.00	2.00~3.00	—	—
	11	00Cr17Ni14Mo2	≤0.030	≤1.00	≤2.00	≤0.035	≤0.030	12.00~15.00	16.00~18.00	2.00~3.00	—	—
	12	0Cr18Ni12Mo2Ti	≤0.08	≤1.00	≤2.00	≤0.035	≤0.030	11.00~14.00	16.00~19.00	1.80~2.50	5C~0.70	—
	13	1Cr18Ni12Mo2Ti	≤0.12	≤1.00	≤2.00	≤0.035	≤0.030	11.00~14.00	16.00~19.00	1.80~2.50	5（C－0.02）~0.80	—
	14	0Cr18Ni12Mo3Ti	≤0.08	≤1.00	≤2.00	≤0.035	≤0.030	11.00~14.00	16.00~19.00	2.50~3.50	5C~0.70	—
	15	1Cr18Ni12Mo3Ti	≤0.12	≤1.00	≤2.00	≤0.035	≤0.30	11.00~14.00	16.00~19.00	2.50~3.50	5（C－0.02）~0.80	—
	16	1Cr18Ni9Ti	≤0.12	≤1.00	≤2.00	≤0.035	≤0.030	8.00~11.00	17.00~19.00		5（C－0.02）~0.80	—
	17	0Cr19Ni13Mo3	≤0.08	≤1.00	≤2.00	≤0.035	≤0.030	11.00~15.00	18.00~20.00	3.00~4.00	—	—
	18	00Cr19Ni13Mo3	≤0.030	≤1.00	≤2.00	≤0.035	≤0.030	11.00~15.00	18.00~20.00	3.00~4.00	—	—
	19	00Cr18Ni10N	≤0.030	≤1.00	≤2.00	≤0.035	≤0.030	8.50~11.50	17.00~19.00	—	—	N0.10~0.16
	20	0Cr19Ni9N	≤0.08	≤1.00	≤2.00	≤0.035	≤0.030	7.00~10.50	18.00~20.00	—	—	N0.10~0.16
	21	0Cr23Ni13	≤0.08	≤1.00	≤2.00	≤0.035	≤0.030	12.00~15.00	22.00~24.00	—	—	—
	22	2Cr23Ni13	≤0.20	≤1.00	≤2.00	≤0.035	≤0.030	12.00~15.00	22.00~24.00	—	—	—
	23	0Cr25Ni20	≤0.08	≤1.00	≤2.00	≤0.035	≤0.030	19.00~22.00	24.00~26.00	—	—	—
	24	2Cr25Ni20	≤0.25	≤1.50	≤2.00	≤0.035	≤0.030	19.00~22.00	24.00~26.00	—	—	—
	25	0Cr18Ni13Si4	≤0.08	3.00~5.00	≤2.00	≤0.035	≤0.030	11.50~15.00	15.00~20.00	—	—	—
	26	00Cr17Ni13Mo2N	≤0.030	≤1.00	≤2.00	≤0.035	≤0.030	10.50~14.50	16.00~18.50	2.0~3.0	—	N0.12~0.22
	27	0Cr17Ni12Mo2N	≤0.08	≤1.00	≤2.00	≤0.035	≤0.030	10.00~14.00	16.00~18.00	2.0~3.0	—	N0.10~0.22
	28	0Cr18Ni12Mo2Cu2	≤0.08	≤1.00	≤2.00	≤0.035	≤0.030	10.00~14.50	17.00~19.00	1.20~2.75	—	Cu1.00~2.50
	29	00Cr18Ni14Mo2Cu2	≤0.030	≤1.00	≤2.00	≤0.035	≤0.030	12.00~16.00	17.00~19.00	1.20~2.75	—	Cu1.00~2.50

续表 10-42

组织类型	序号	牌　号	化学成分（质量分数）									
			C	Si	Mn	P	S	Ni	Cr	Mo	Ti	其他
铁素体型	30	1Cr17	≤0.12	≤0.75	≤1.00	≤0.035	≤0.030	—	16.00~18.00	—	—	—
	31	00Cr27Mo	≤0.010	≤0.40	≤0.40	≤0.030	≤0.020	—	25.00~27.50	0.75~1.50	—	N≤0.015

注：1Cr18Ni9Ti 为不推荐使用钢种。

（4）力学性能（表 10-43～表 10-46）

表 10-43　推荐热处理制度及钢管力学性能

组织类型	序号	牌　号	推荐热处理制度	力 学 性 能			密度ρ/(kg/cm³)
				抗拉强度 R_m/MPa	规定非比例延伸强度 $R_{p0.2}$/MPa	断后伸长率 A/%	
				≥			
奥氏体型	1	0Cr18Ni9	1 010~1 150℃	520	205	35	7.93
	2	1Cr18Ni9	1 010~1 150℃	520	205	35	7.90
	3	1Cr19Ni9	1 010~1 150℃	520	205	35	7.93
	4	00Cr19Ni10	1 010~1 150℃	480	175	35	7.93
	5	0Cr18Ni10Ti	920~1 150℃	520	205	35	7.95
	6	1Cr18Ni11Ti	冷轧≥1 095℃ 热轧≥1 050℃	520	205	35	7.93
	7	0Cr18Ni11Nb	980~1 150℃	520	205	35	7.98
	8	1Cr19Ni11Nb	冷轧≥1 095℃ 热轧≥1 050℃	520	205	35	8.00
	9	0Cr17Ni12Mo2	1 010~1 150℃	520	205	35	7.98
	10	1Cr17Ni12Mo2	≥1 040℃	520	205	35	7.98
	11	00Cr17Ni14Mo2	1 010~1 150℃	480	175	40	7.98
	12	0Cr18Ni12Mo2Ti	1 000~1 100℃	530	205	35	8.00
	13	1Cr18Ni12Mo2Ti	1 000~1 100℃	540	215	35	8.00
	14	0Cr18Ni12Mo3Ti	1 000~1 100℃	530	205	35	8.10
	15	1Cr18Ni12Mo3Ti	1 000~1 100℃	540	215	35	8.10
	16	1Cr18Ni9Ti	920~1 150℃	520	205	40	7.90
	17	0Cr19Ni13Mo3	1 010~1 150℃	520	205	35	7.98
	18	00Cr19Ni13Mo3	1 010~1 150℃	480	175	35	7.98
	19	00Cr18Ni10N	1 010~1 150℃	515	205	35	7.90
	20	0Cr19Ni9N	1 010~1 150℃	550	240	35	7.90
	21	0Cr23Ni13	1 030~1 150℃	520	205	35	7.98
	22	2Cr23Ni13	1 030~1 150℃	520	205	35	7.98
	23	0Cr25Ni20	1 030~1 180℃	520	205	35	7.98
	24	2Cr25Ni20	1 030~1 180℃	520	205	35	7.98
	25	0Cr18Ni13Si4	1 010~1 150℃	520	205	35	7.98
	26	00Cr17Ni13Mo2N	1 010~1 150℃	515	205	35	8.00

注：推荐热处理制度栏中，序号1～7为"急冷"；序号8～26为"急冷"。

续表 10-43

组织类型	序号	牌　号	推荐热处理制度		力 学 性 能			密度ρ/（kg/cm³）
					抗拉强度 R_m/MPa	规定非比例延伸强度 $R_{p0.2}$/MPa	断后伸长率 A/%	
					≥			
奥氏体型	27	0Cr17Ni12Mo2N	1 010～1 150℃		550	240	35	7.80
	28	0Cr18Ni12Mo2Cu2	1 010～1 150℃		520	205	35	7.98
	29	00Cr18Ni14Mo2Cu2	1 010～1 150℃		480	180	35	7.98
铁素体型	30	1Cr17	780～850℃	空冷或缓冷	410	245	20	7.70
	31	00Cr27Mo	900～1 050℃	急冷	410	245	20	7.70

表 10-44　硬度

组织类型	牌　号	硬　度		
		HBW	HRB	HV
奥氏体型	00Cr18Ni10N, 0Cr19Ni9N, 00Cr17Ni13Mo2N, 0Cr17Ni12Mo2N	≤217	≤95	≤220
	0Cr18Ni13Si4	≤207	≤95	≤218
	其他	≤187	≤90	≤200
铁素体型	1Cr17	≤183	—	—
	00Cr27Mo	≤219	—	—

表 10-45　高温规定非比例延伸强度 $R_{p0.2}$ 最小值　　　（MPa）

序号	牌　号	非比例延伸强度 $R_{p0.2}$										
		温度/℃										
		100	150	200	250	300	350	400	450	500	550	600
1	1Cr18Ni9	171	155	144	136	128	124	119	115	111	106	—
2	1Cr19Ni11Nb	239	227	216	207	200	195	191	190	189	188	—

表 10-46　100 000h 持久强度推荐数据　　　（MPa）

序号	牌　号	100 000h 持久强度															
		试验温度/℃															
		600	610	620	630	640	650	660	670	680	690	700	710	720	730	740	750
1	1Cr18Ni9	95	88	81	74	68	63	57	52	48	43	40	36	33	31	28	26
2	1Cr19Ni11Nb	132	121	110	100	91	82	74	66	60	54	48	43	38	34	31	28

10.2.6　换热器用焊接钢管（YB 4103—2000）

（1）用途　该钢管有一定的强度，塑性、韧性、焊接性能和加工性能良好，适于制作温度在 −19～475℃，设计压力不大于 6.4MPa 的换热器、冷凝器及类似传热设备。

（2）尺寸规格（表 10-47）

表 10-47　换热器用焊接钢管的尺寸规格

公称外径 /mm	公称壁厚/mm					公称外径 /mm	公称壁厚/mm				
	2	2.5	3	3.5	4		2	2.5	3	3.5	4
	理论质量/（kg/mm）						理论质量/（kg/mm）				
19	0.838	1.02	—	—	—	38	—	—	2.59	2.98	3.35
25	1.13	1.39	1.63	—	—	45	—	—	3.11	3.58	4.04
32	—	1.82	2.15	2.46	—	57	—	—	—	4.62	5.23

（3）牌号和化学成分（表 10-48）

表 10-48　换热器用焊接钢管的牌号和化学成分　　　　　　　　　　（%）

牌　号	化学成分（质量分数）							
	C	Mn	Si	P	S	Ni	Cr	Cu
				≤				
10	0.07～0.14	0.35～0.65	0.17～0.37	0.035	0.035	0.25	0.15	0.25

（4）力学性能（表 10-49）

表 10-49　换热器用焊接钢管的力学性能

牌　号	抗拉强度 R_m/MPa	下屈服强度 R_{eL}/MPa	断后伸长率 A_5/%
		≥	
10	335～475	195	28

10.2.7　电站冷凝器和热交换器用钛-钢复合管板（YS/T 749—2011）

（1）概述　本标准适用于总厚度等于或大于 24mm 的冷凝器和热交换器用爆炸焊接钛-钢复合管板。

（2）复材和基材（表 10-50）

表 10-50　复合板的复材和基材

复　材	基　材
GB/T 3621 中的 TA1，TA2，TA3，TA9，TA10	GB/T 700，GB 713

（3）力学和工艺性能（表 10-51、表 10-52）

表 10-51　复合板的拉伸性能和剪切强度

抗拉强度 R_m/MPa	伸长率 A/%	剪切强度 τ/MPa
≥R_{mj}	≥基材或复材标准中较低一方的规定值	≥165

注：$R_{mj} = \dfrac{t_1 R_{m1} + t_2 R_{m2}}{t_1 + t_2}$

式中　R_{mj}——复合管板抗拉强度下限值（MPa）；

　　　R_{m1}——复材抗拉强度下限值（MPa）；

　　　R_{m2}——基材抗拉强度下限值（MPa）；

　　　t_1——复材板厚度（mm）；

　　　t_2——基材板厚度（mm）。

表 10-52　复合板的弯曲性能

名　　　称	内 弯 性 能	外 弯 性 能	侧 弯 性 能
弯曲角 α /（°）	180	105	180
弯曲直径 d /mm	1.5a	3a	40
评定	无裂纹，结合处无开裂		

注：a 为复合板的总厚度。

10.2.8　高效换热器用特型管（GB/T 24590—2009）

（1）用途　特型管是指通过特殊冷加工工艺在光管管壁上加工出强化传热的各种形状凹槽或波纹的换热管，换热管两端各保留一定长度光管段与管板连接。本标准特型管包括 T 形槽管、波纹管、内波外螺纹管及内槽管。

本标准适用于制造高效换热器用优质碳素结构钢、奥氏体不锈钢、镍及镍合金、钛及钛合金、铜及铜合金特型管。

（2）尺寸规格

①T 形槽管是基管外壁冷加工成密集的螺旋状 T 形凹槽的特型管。T 形槽管按结构型式分为：Ⅰ型，管外壁呈 T 形槽道，管内表面光滑；Ⅱ型，管外壁呈 T 形槽道，管内表面呈波纹。其尺寸规格见表 10-53。

表 10-53　T 形槽管的尺寸规格　　　　　　　　　　（mm）

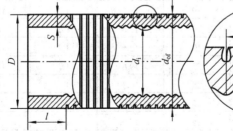
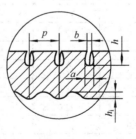

Ⅰ型

Ⅱ型

a——槽道宽度；b——平均开口宽度；D——基管公称外径；d_i——T 形槽管最小内径；d_{of}——T 形槽管外径；h——T 形槽深度；h_i——T 形槽管内波纹高度；l——光管长度；n——每米槽数；p——槽距（相邻两槽的中心距离）；S——基管公称壁厚

D	S	p	d_{of}	d_i	a	b	h	h_i	n /（槽/m）
16	2.0	1.6	15.6	9.7	0.6	0.30	1.0	0.30	625
16	2.0	2.0	15.6	9.7	0.6	0.35	1.0	0.30	500
19	2.0	1.6	18.6	12.5	0.6	0.30	1.1	0.45	625
19	2.0	2.0	18.6	12.5	0.6	0.35	1.1	0.45	500

续表 10-53

D	S	p	d_{of}	d_i	a	b	h	h_i	n/（槽/m）
19	2.5	1.6	18.6	11.5	0.6	0.30	1.1	0.45	625
19	2.5	2.0	18.6	11.5	0.6	0.35	1.1	0.45	500
25	2.5	1.6	24.6	17.5	0.6	0.30	1.1	0.45	625
25	2.5	2.0	24.6	17.5	0.6	0.35	1.1	0.45	500
25	3.0	1.6	24.6	16.5	0.6	0.30	1.1	0.45	625
25	3.0	2.0	24.6	16.5	0.6	0.35	1.1	0.45	500
32	2.5	1.6	31.6	24.5	0.6	0.30	1.2	0.50	625
32	2.5	2.0	31.6	24.5	0.6	0.35	1.2	0.50	500
32	3.0	1.6	31.6	23.5	0.6	0.30	1.2	0.50	625
32	3.0	2.0	31.6	23.5	0.6	0.35	1.2	0.50	500

②波纹管是基管冷加工成管内外表面均呈波纹的特型管，其尺寸规格见表 10-54。

表 10-54　波纹管的尺寸规格　　　　　　　　　　　　　　　　（mm）

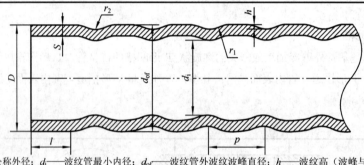

D——基管公称外径；d_i——波纹管最小内径；d_{of}——波纹管外波纹波峰直径；h——波纹高（波峰与波谷之差）；l——光管长度；p——波距（相邻两波峰或波谷之间距离）；r_1、r_2——波纹圆弧半径；S——基管壁厚

D	S	p	d_{of}	d_i	h	r_1	r_2
16	1.5	10.0	16	11.0	1.0	6.0	2.5
16	1.5	12.0	16	10.8	1.1	10.0	2.5
16	2.0	10.0	16	10.0	1.0	6.0	2.5
16	2.0	12.0	16	9.8	1.1	10.0	2.5
19	1.5	12.0	19	13.8	1.1	10.0	2.5
19	1.5	14.0	19	13.6	1.2	12.0	3.0
19	2.0	12.0	19	12.6	1.2	8.0	2.5
19	2.0	14.0	19	12.6	1.2	12.0	3.0
25	1.5	14.0	25	19.6	1.2	12.0	3.0
25	1.5	18.0	25	19.3	1.4	16.0	3.0
25	1.5	22.0	25	19.0	1.6	24.0	3.0
25	2.0	14.0	25	18.6	1.2	12.0	3.0
25	2.0	18.0	25	18.3	1.4	16.0	3.0
25	2.0	18.0	25	18.0	1.6	14.0	3.0
25	2.0	22.0	25	18.0	1.6	24.0	3.0
25	2.5	14.0	25	17.6	1.2	12.0	3.0
25	2.5	18.0	25	17.3	1.4	16.0	3.0
25	2.5	18.0	25	17.0	1.6	14.0	3.0
25	2.5	22.0	25	17.0	1.6	24.0	3.0

续表 10-54

D	S	p	d_{of}	d_i	h	r_1	r_2
32	2.0	18.0	32	25.2	1.4	16.0	3.0
32	2.0	22.0	32	25.0	1.6	24.0	3.0
32	2.5	18.0	32	24.2	1.4	16.0	3.0
32	2.5	22.0	32	24.0	1.6	24.0	3.0
38	2.0	22.0	38	31.2	1.4	28.0	3.0
38	2.0	26.0	38	31.0	1.6	38.0	3.0
38	2.5	22.0	38	30.2	1.4	28.0	3.0
38	2.5	26.0	38	30.0	1.6	38.0	3.0

③内波外螺纹管是基管冷加工成管外壁呈螺纹,管内壁呈波纹的特型管,其尺寸规格见表10-55。

表 10-55　内波外螺纹管的尺寸规格　　　　　　　　（mm）

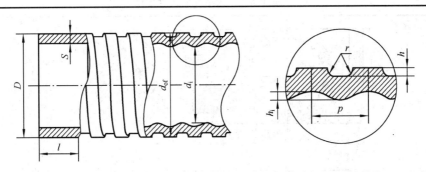

D——基管公称外径；d_i——内波外螺纹管最小内径；d_{of}——内波外螺纹管螺纹外径；h——外螺纹高；h_i——内波纹高；

l——光管长度；n——每米槽数；p——槽距（相邻两槽的中心距离）；r——外螺纹槽根圆弧半径；S——基管公称壁厚

D	S	p	d_{of}	d_i	h	h_i	r	$n/$（槽/m）
16	1.5	4.0	15.8	12.3	0.5	0.3	0.4	250
16	1.5	6.0	15.8	12.0	0.6	0.4	0.5	166
16	1.5	8.0	15.8	12.0	0.6	0.4	0.5	125
16	2.0	4.0	15.8	11.0	0.6	0.5	0.5	250
16	2.0	6.0	15.8	11.0	0.7	0.5	0.5	166
16	2.0	8.0	15.8	11.0	0.7	0.5	0.6	125
19	1.5	4.0	18.8	15.2	0.6	0.4	0.5	250
19	1.5	6.0	18.8	15.0	0.7	0.5	0.6	166
19	1.5	8.0	18.8	15.0	0.7	0.5	0.6	125
19	2.0	4.0	18.8	14.4	0.6	0.4	0.5	250
19	2.0	6.0	18.8	14.2	0.7	0.5	0.6	166
19	2.0	8.0	18.8	14.0	0.8	0.6	0.7	125
25	1.5	4.0	24.8	21.0	0.7	0.5	0.6	250
25	1.5	6.0	24.8	20.8	0.8	0.6	0.7	166
25	1.5	8.0	24.8	20.8	0.8	0.6	0.7	125
25	2.0	4.0	24.8	19.8	0.8	0.6	0.7	250
25	2.0	6.0	24.8	19.8	0.9	0.6	0.8	166
25	2.0	8.0	24.8	19.8	0.9	0.6	0.8	125
25	2.5	4.0	24.8	18.8	0.8	0.6	0.8	250

续表 10-55

D	S	p	d_{of}	d_i	h	h_i	r	n/（槽/m）
25	2.5	6.0	24.8	18.8	0.9	0.6	0.8	166
25	2.5	8.0	24.8	18.8	0.9	0.6	0.8	125
32	2.0	6.0	31.8	26.5	1.1	0.8	1.0	166
32	2.0	8.0	31.8	26.5	1.1	0.8	1.0	125
32	2.0	10.0	31.8	26.5	1.1	0.8	1.0	100
32	2.5	6.0	31.8	26.5	1.1	0.8	1.0	166
32	2.5	8.0	31.8	26.5	1.1	0.8	1.0	125
32	2.5	10.0	31.8	26.5	1.1	0.8	1.0	100

④内槽管是基管内壁冷加工成凹槽的特型管。内槽管按结构形式分为：Ⅰ型，轴向凹槽；Ⅱ型，螺旋状凹槽。其尺寸规格见表 10-56。

表 10-56　内槽管的尺寸规格　　　　　　　　（mm）

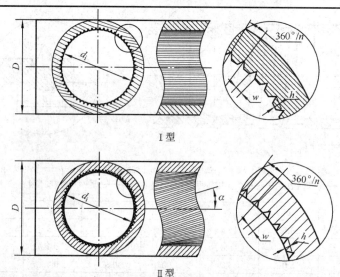

Ⅰ型

Ⅱ型

D——基管公称外径；d_i——内槽管最小内径；h——内槽槽深；n——内槽槽数；S——基管公称壁厚；w——内槽槽宽；α——螺旋角

D	S	n/（槽/m）	d_i	h	w	α/（°）
16	1.5	68	12.8	0.30	0.35	15～30
16	1.5	51	12.8	0.30	0.40	15～30
16	2.0	50	11.8	0.40	0.40	15～30
16	2.0	38	11.8	0.40	0.45	15～30
19	2.0	63	14.8	0.40	0.40	15～30
19	2.0	47	14.8	0.40	0.45	15～30
19	2.0	38	14.8	0.40	0.50	15～30
19	2.5	49	13.8	0.50	0.45	15～30
19	2.5	37	13.8	0.50	0.50	15～30
19	2.5	29	13.8	0.50	0.60	15～30
25	2.5	70	19.8	0.50	0.45	15～30
25	2.5	52	19.8	0.50	0.55	15～30
25	2.5	42	19.8	0.50	0.60	15～30

续表 10-56

D	S	$n/$（槽/m）	d_i	h	w	$\alpha/$（°）
25	3.0	50	18.8	0.60	0.55	15～30
25	3.0	37	18.8	0.60	0.60	15～30
25	3.0	30	18.8	0.70	0.70	15～30
32	2.5	94	26.8	0.50	0.45	15～30
32	2.5	71	26.8	0.50	0.55	15～30
32	2.5	57	26.8	0.50	0.60	15～30
32	3.0	68	25.8	0.60	0.55	15～30
32	3.0	51	25.8	0.70	0.65	15～30
32	3.0	41	25.8	0.70	0.75	15～30

10.2.9　高温用锻造镗孔厚壁无缝钢管（YB/T 4173—2008）

（1）用途　高温用锻造镗孔厚壁无缝钢管适用于制造高压及其以上压力的蒸汽锅炉和管道。

（2）尺寸规格　钢管的公称外径应大于或等于 219mm，公称壁厚应大于或等于 20mm。

（3）牌号和化学成分（表 10-57）

表 10-57　高温用锻造镗孔厚壁无缝钢管的牌号和化学成分　　　　　　　　　　（%）

序号	牌号	化学成分（质量分数）							
		C	Si	Mn	Cr	Mo	V	Cu	Ni
1	20G	0.17～0.23	0.17～0.37	0.35～0.65	≤0.25	≤0.15	≤0.08	≤0.20	≤0.25
2	20MnG	0.17～0.23	0.17～0.37	0.70～1.00	≤0.25	≤0.15	≤0.08	≤0.20	≤0.25
3	25MnG	0.22～0.27	0.17～0.37	0.70～1.00	≤0.25	≤0.15	≤0.08	≤0.20	≤0.25
4	12CrMoG	0.08～0.15	0.17～0.37	0.40～0.70	0.40～0.70	0.40～0.55	≤0.08	≤0.20	≤0.30
5	15CrMoG	0.12～0.18	0.17～0.37	0.40～0.70	0.80～1.10	0.40～0.55	≤0.08	≤0.20	≤0.30
6	12Cr2MoG	0.08～0.15	≤0.50	0.40～0.60	2.00～2.50	0.90～1.13	≤0.08	≤0.20	≤0.30
7	12Cr1MoVG	0.08～0.15	0.17～0.37	0.40～0.70	0.90～1.20	0.25～0.35	0.15～0.30	≤0.20	≤0.30
8	07Cr2MoW2VNbB	0.04～0.10	≤0.50	0.10～0.60	1.90～2.60	0.05～0.30	0.20～0.30	≤0.20	≤0.30
9	15Ni1MnMoNbCu	0.10～0.17	0.25～0.50	0.80～1.20	≤0.30	0.25～0.50	≤0.02	0.50～0.80	1.00～1.30
10	10Cr9Mo1VNbN	0.08～0.12	0.20～0.50	0.30～0.60	8.00～9.50	0.85～1.05	0.18～0.25	≤0.20	≤0.40
11	10Cr9MoW2VNbBN	0.07～0.13	≤0.50	0.30～0.60	8.50～9.50	0.30～0.60	0.15～0.30	≤0.20	≤0.40
12	10Cr11MoW2VNbCuBN	0.07～0.14	≤0.50	≤0.70	10.00～11.50	0.25～0.60	0.15～0.30	0.30～1.70	≤0.50
13	11Cr9Mo1W1VNbBN	0.09～0.13	0.10～0.50	0.30～0.60	8.50～9.50	0.90～1.10	0.18～0.25	≤0.20	≤0.40

序号	牌号	化学成分（质量分数）						S	P
		Al_{tot}	Nb	N	W	B	其他	≤	≤
1	20G	≤0.015	—	—	—	—	—	0.015	0.025
2	20MnG	—	—	—	—	—	—	0.015	0.025
3	25MnG	—	—	—	—	—	—	0.015	0.025
4	12CrMoG	—	—	—	—	—	—	0.015	0.025

续表 10-57

序号	牌号	化学成分（质量分数）							
		Al$_{tot}$	Nb	N	W	B	其他	S	P
								≤	
5	15CrMoG	—	—	—	—	—	—	0.015	0.025
6	12Cr2MoG	—	—	—	—	—	—	0.015	0.025
7	12Cr1MoVG	—	—	—	—	—	—	0.010	0.025
8	07Cr2MoW2VNbB	≤0.030	0.020~0.080	≤0.030	1.45~1.75	0.000 5~0.006 0	—	0.010	0.025
9	15Ni1MnMoNbCu	≤0.050	0.015~0.045	≤0.020	—	—	—	0.015	0.025
10	10Cr9Mo1VNbN	≤0.015	0.060~0.10	0.030~0.070	—	—	Ti≤0.01 Zr≤0.01	0.010	0.020
11	10Cr9MoW2VNbBN	≤0.015	0.040~0.090	0.030~0.070	1.50~2.00	0.001 0~0.006 0	Ti≤0.01 Zr≤0.01	0.010	0.020
12	10Cr11MoW2VNbCuBN	≤0.015	0.040~0.100	0.040~0.100	1.50~2.50	0.000 5~0.005 0	Ti≤0.01 Zr≤0.01	0.010	0.020
13	11Cr9Mo1W1VNbBN	≤0.015	0.060~0.100	0.040~0.090	0.90~1.10	0.000 3~0.006 0	Ti≤0.01 Zr≤0.01	0.010	0.020

（4）力学性能（表 10-58）

表 10-58　高温用锻造镗孔厚壁无缝钢管的力学性能

序号	牌号	纵 向 力 学 性 能				横 向 力 学 性 能			
		抗拉强度 R_m/MPa	规定非比例延伸强度 $R_{p0.2}$/MPa	断后伸长率 A/%	冲击吸收功 A_{KV2}/J	抗拉强度 R_m/MPa	规定非比例延伸强度 $R_{p0.2}$/MPa	断后伸长率 A/%	冲击吸收功 A_{KV2}/J
1	20G	410~550	≥245	≥24	≥40	410~550	≥245	≥22	≥27
2	20MnG	415~560	≥240	≥22	≥40	415~560	≥240	≥20	≥27
3	25MnG	485~640	≥275	≥20	≥40	485~640	≥275	≥18	≥27
4	12CrMoG	410~560	≥205	≥21	≥40	410~560	≥205	≥19	≥27
5	15CrMoG	440~640	≥295	≥21	≥40	440~640	≥295	≥19	≥27
6	12Cr2MoG	450~600	≥280	≥21	≥40	450~600	≥280	≥20	≥27
7	12Cr1MoVG	470~640	≥255	≥21	≥40	470~640	≥255	≥19	≥27
8	07Cr2MoW2VNbB	≥510	≥400	≥22	≥40	≥510	≥400	≥18	≥27
9	15Ni1MnMoNbCu	620~780	≥440	≥19	≥40	620~780	≥440	≥17	≥27
10	10Cr9Mo1VNbN	≥585	≥415	≥20	≥40	≥585	≥415	≥16	≥27
11	10Cr9MoW2VNbBN	≥620	≥440	≥20	≥40	≥620	≥440	≥16	≥27
12	10Cr11MoW2VNbCu1BN	≥620	≥400	≥20	≥40	≥620	≥400	≥16	≥27
13	11Cr9Mo1W1VNbBN	≥620	≥440	≥20	≥40	≥620	≥440	≥16	≥27

注：优先采用横向力学性能试验。

10.2.10　高压给水加热器用无缝钢管（GB/T 24591—2009）

（1）用途　适用于高压给水加热器用直管及 U 形无缝钢管。

（2）尺寸规格（图 10-3、表 10-59）

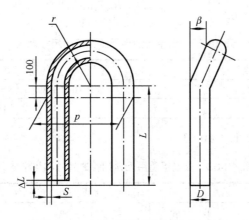

图 10-3 U 形管外形和尺寸代号

D——钢管的公称外径；S——钢管公称壁厚；L——从弯曲切点到管端的直管部分长度；ΔL——两直管部分长度差；
p——直管部分间距，p 的理论值为 $2r+D$；r——弯曲半径；β——弯头平面度

表 10-59 钢管外径的允许偏差 （mm）

钢管公称外径 D	允 许 偏 差	钢管公称外径 D	允 许 偏 差
$D<25$	±0.10	$D\geqslant25$	±0.15

注：1. 钢管的外径通常为 12~32mm。

2. 钢管的壁厚（S）通常为 1.5~4.0mm。

（3）牌号和化学成分（表 10-60）

表 10-60 高压给水加热器用无缝钢管的牌号和化学成分 （%）

序号	牌号	化学成分（质量分数）								P	S
		C	Si	Mn	Cr	Mo	V	Ni	Cu	≤	
1	20GJ	0.17~0.23	0.17~0.37	0.35~0.65	≤0.25	≤0.15	≤0.08	≤0.25	≤0.20	0.025	0.020
2	20MnGJ	0.17~0.25	0.17~0.37	0.70~1.06	≤0.25	≤0.15	≤0.08	≤0.25	≤0.20	0.025	0.020
3	15MoGJ	0.12~0.20	0.17~0.37	0.40~0.80	≤0.30	0.25~0.35	—	≤0.30	≤0.20	0.025	0.020

（4）力学性能（表 10-61）

表 10-61 高压给水加热器用无缝钢管的力学性能

序　号	牌　号	拉 伸 性 能			硬　度	
		抗拉强度 R_m/MPa	下屈服强度 R_{eL}/MPa	断后伸长率 A_{50}/%	HRB	HV
		≥			≤	
1	20GJ	410	245	30	85	163
2	20MnGJ	480	280	30	89	178
3	15MoGJ	450	270	30	89	178

10.2.11 低温管道用无缝钢管（GB/T 18984—2003）

（1）用途　低温管道用无缝钢管由含锰、钒、镍、钼等元素的低合金高强度结构钢制成，有良好的低温韧性，适于制造 -100~-45℃ 级低温压力容器管道以及低温热交换器管道管。

（2）尺寸规格（表 10-62）

表 10-62　低温管道用无缝钢管的尺寸规格

名　　称	数　　据
外径和壁厚	应符合 GB/T 17395《无缝钢管》的规定（壁厚≤25mm）
一般长度	4～12m

（3）牌号和化学成分（表 10-63）

表 10-63　低温管道用无缝钢管的牌号和化学成分　　　　　　　　　（%）

牌　号	化学成分（质量分数）							
	C	Si	Mn	S	P	Ni	Mo	V
16MnDG	0.12～0.20	0.20～0.55	1.20～1.60	≤0.025	≤0.025	—	—	—
10MnDG	≤0.13	0.17～0.37	≤1.35	≤0.025	≤0.025	—	—	≤0.07
09DG	≤0.12	0.17～0.37	≤0.95	≤0.025	≤0.025	—	—	≤0.07
09Mn2VDG	≤0.12	0.17～0.37	≤1.85	≤0.025	≤0.025	—	—	≤0.12
06Ni3MoDG	≤0.08	0.17～0.37	≤0.85	≤0.025	≤0.025	2.5～3.7	0.15～0.30	≤0.05

（4）力学性能（表 10-64、表 10-65）

表 10-64　低温管道用无缝钢管的纵向力学性能

牌　　号	抗拉强度 σ_b/MPa	下屈服强度 $\sigma_{0.2}$/MPa		断后伸长率 δ_5/%		
		壁厚≤16mm	壁厚＞16mm	1 号试样	2 号试样	3 号试样
16MnDG	490～665	≥325	≥315		≥30	
10MnDG	≥400	≥240			≥35	
09DG	≥385	≥210			≥35	
09Mn2VDG	≥450	≥300			≥30	
06Ni3MoDG	≥455	≥250			≥30	

表 10-65　低温管道用无缝钢管的纵向低温冲击性能

试样尺寸/mm	冲击吸收功 A_{KV}/J		
	一组（3 个）的平均值	2 个的各自值	1 个的最低值
10×10×55	≥21	≥21	≥15
7.5×10×55	≥18	≥18	≥13
5×10×55	≥14	≥14	≥10
2.5×10×55	≥7	≥7	≥5

10.2.12　气瓶用无缝钢管（GB 18248—2008）

（1）用途　交货状态钢管有良好的加工性能，经调质处理有很高的综合力学性能，专用于制造各种气瓶和蓄能器壳体。

（2）尺寸规格（表 10-66）

表 10-66　气瓶用无缝钢管公称外径和公称壁厚的允许偏差

钢管制造方式	尺寸范围/mm	外径允许偏差/%	壁厚允许偏差/%	
			普 通 级	高 级
热轧（扩）	$D<339.7$	± 1	+12.5 −10	± 10
	$D\geqslant 339.7$		+15 −12.5	+12.5 −10
冷轧（拔）	全部	± 0.75	± 10	± 7.5

注：1. 钢管的外径和壁厚应符合 GB/T 17395 的规定。

2. 钢管的一般长度为 4 000～12 000mm。

（3）牌号和化学成分（表 10-67）

表 10-67　气瓶用无缝钢管的牌号和化学成分　　　　　　　　　　（%）

序号	牌　号	化学成分（质量分数）										
		C	Si	Mn	P	S	P+S	Cr	Mo	V	Ni	Cu
1	37Mn	0.34～ 0.40	0.10～ 0.30	1.35～ 1.75	≤0.020	≤0.020	≤0.030	≤0.30	—	—	≤0.30	≤0.20
2	34Mn2V	0.30～ 0.37	0.17～ 0.37	1.40～ 1.75	≤0.020	≤0.020	≤0.030	≤0.30	—	0.07～ 0.12	≤0.30	≤0.20
3	30CrMo	0.26～ 0.34	0.17～ 0.37	0.40～ 0.70	≤0.020	≤0.020	≤0.030	0.80～ 1.10	0.15～ 0.25	—	≤0.30	≤0.20
4	35CrMo	0.32～ 0.40	0.17～ 0.37	0.40～ 0.70	≤0.020	≤0.020	≤0.030	0.80～ 1.10	0.15～ 0.25	—	≤0.30	≤0.20
5	34CrMo	0.30～ 0.37	≤0.40	0.60～ 0.90	≤0.020	≤0.020	≤0.030	0.90～ 1.20	0.15～ 0.30	—	≤0.30	≤0.20
6	30CrMnSiA	0.28～ 0.34	0.90～ 1.20	0.80～ 1.10	≤0.020	≤0.020	≤0.030	0.80～ 1.10	≤0.10	—	≤0.30	≤0.20

（4）力学性能（表 10-68）

表 10-68　气瓶用无缝钢管的力学性能

序　号	牌　号	推荐的热处理制度				纵向力学性能				
		淬火（正火）		回　火		抗拉强度 R_m/MPa	屈服强度 R_{eL}[①]/MPa	断后伸长 率 A/%	冲击吸收功	
		温度/℃	冷却剂	温度/℃	冷却剂	≥	≥	≥	试验温 度/℃	A_{KV}/J ≥
1	37Mn	820～860	水	550～650	空	750	630	16	−50	27
2	34Mn2V	850～890	空	—	—	745	530	16	−20	27
3	30CrMo	860～900	水、油	490～590	水、油	930	785	12	−50	27
4	35CrMo	830～870	油	500～600	水、油	980	835	12	−50	27
5	34CrMo4	830～870	油	530～630	水、油	980	835	12	−50	27
6	30CrMnSiA	860～900	油	470～570	水、油	1080	885	10	室温	27

注：①当屈服现象不明显时，取 $R_{p0.2}$。

第 11 章 电 工 用 钢

11.1 电工用钢板、钢带

11.1.1 电工用热轧硅钢薄钢板（GB/T 5212—1985）

（1）用途　电工用热轧硅钢薄钢板是由碳含量极低的硅铁软磁合金热轧制成的薄钢板，也称热轧硅钢片。其适用于电机、变压器、电器、电工仪表等电力工业。一般采用约 900℃低温一次快速热轧和氢气保护下成垛退火方法制成，成材率高，成品表面质量和磁性都较好。

（2）尺寸规格（表 11-1）

表 11-1　电工用热轧硅钢薄钢板的牌号和公称尺寸　　　　　　　　　　（mm）

分　类	检验条件	牌　号	钢板厚度	钢板宽度×钢板长度
低硅钢	强磁场	DR510—50	0.50	600×1 200 670×1 340 750×1 500 810×1 620 860×1 720 900×1 800 1 000×2 000
		DR490—50	0.50	
		DR450—50	0.50	
		DR420—50	0.50	
		DR400—50	0.50	
高硅钢	强磁场	DR440—50	0.50	600×1 200 670×1 340 750×1 500 810×1 620 860×1 720 900×1 800 1 000×2 000
		DR405—50	0.50	
		DR360—50	0.50	
		DR315—50	0.50	
		DR290—50	0.50	
		DR265—50	0.50	
		DR360—35	0.35	
		DR325—35	0.35	
		DR320—35	0.35	
		DR280—35	0.35	
		DR255—35	0.35	
		DR225—35	0.35	
	高频率	DR1750G—35	0.35	双方协议
		DR1250G—20	0.20	
		DR1100G—10	0.10	

注：硅钢按铁损值、厚度和检验条件不同，区分为不同牌号。其牌号的符号意义：DR 表示电工用热轧硅钢板；G 表示频率为 400Hz 时在强磁场下检验的钢板；不含 G 的牌号表示频率为 50Hz 时在强磁场下检验的钢板；字母 DR 后，横线以前的数字为铁损值的 100 倍，横线以后的数字为厚度值的 100 倍。

（3）电磁和工艺性能（表11-2、表11-3）

表 11-2　强磁场检验条件下的电磁和工艺性能

| 牌　号 | 厚度 /mm | 最小磁感应强度/T | | | 最大铁损/（W/kg） | | 最低弯曲次数 ≥ | 理论密度 $D2$/（g/cm³） | | 叠装系数 |
		B_{25}	B_{50}	B_{100}	$P_{10/50}$	$P_{15/50}$		酸洗钢板	未酸洗钢板	
DR510—50	0.50	1.54	1.64	1.76	2.10	5.10	—	7.75	7.70	提供数据
DR490—50	0.50	1.56	1.66	1.77	2.00	4.90				
DR450—50	0.50	1.54	1.64	1.76	1.85	4.50				
DR420—50	0.50	1.54	1.64	1.76	1.80	4.20				
DR400—50	0.50	1.54	1.64	1.76	1.65	4.00				
DR440—50	0.50	1.46	1.57	1.71	2.00	4.40	4	7.65	—	
DR405—50	0.50	1.50	1.61	1.74	1.80	4.05				
DR360—50	0.50	1.45	1.56	1.68	1.60	3.60	1.0	7.55	—	
DR315—50	0.50	1.45	1.56	1.68	1.35	3.15				
DR290—50	0.50	1.44	1.55	1.67	1.20	2.90				
DR265—50	0.50	1.44	1.55	1.67	1.10	2.65				
DR360—35	0.35	1.46	1.57	1.71	1.60	3.60	5.0	7.65		
DR325—35	0.35	1.50	1.61	1.74	1.40	3.25				
DR320—35	0.35	1.45	1.56	1.68	1.35	3.20	1.0	7.55		
DR280—35	0.35	1.45	1.56	1.68	1.15	2.80				
DR255—35	0.35	1.44	1.54	1.66	1.05	2.55				
DR225—35	0.35	1.44	1.54	1.66	0.90	2.25				

注：$P_{10/50}$、$P_{15/50}$ 表示当用 50Hz 反复磁化和按正弦形变化的磁感应强度最大值为 1.0T 和 1.5T 时的总单位铁损（W/kg）。

表 11-3　高频率检验条件下的电磁和工艺性能

| 牌　号 | 厚度/mm | 最小磁感应强度/T | | | 最大铁损/（W/kg） | | 电阻率ρ/（$10^{-6}\Omega\cdot m$） ≥ | 最低弯曲次数 ≥ |
		B_5	B_{10}	B_{25}	$P_{7.5/400}$	$P_{10/400}$		
DR1750G—35	0.35	1.23	1.32	1.44	10.00	17.50	0.57	1
DR1250G—20	0.20	1.21	1.30	1.42	7.20	12.50	0.57	2
DR1100G—10	0.10	1.20	1.29	1.40	6.30	11.00	0.57	3

注：1. B_5、B_{10}、B_{25} 表示当磁场强度（A/cm）等于字母后相应数值时，基本换向磁化曲线上磁感应强度（T）。

2. $P_{7.5/400}$、$P_{10/400}$ 表示当用 400Hz 反复磁化和按正弦形变化的磁感应强度最大值 0.75T，1.00T 时的总单位铁损（W/kg）。

11.1.2　家用电器用热轧硅钢薄钢板（YB/T 5287—1999）

（1）用途　家用电器用热轧硅钢薄钢板是适用于各种电扇、洗衣机、吸尘器、脱排油烟机等家用电器产品微分电动机用的热轧硅钢薄板。与电工用热轧硅钢薄钢板相比，家用电器用热轧硅钢薄钢板对电磁性能的要求可稍低，铁损值 $P_{15/50}$ 最低为 5.10W/kg，并增加了 JDR580—50，JDR540—50 两个牌号。但牌号数值相同时，电磁性能并无差别。家用电器用热轧硅钢薄钢板只有 0.50mm 一种厚度，一般不经酸洗交货，以降低造价，更好地满足家用电器的需要。此外，家用电器用热轧硅钢薄钢板的平面度要求较严，弯曲试验次数较多，对家用电器的生产十分有利。

（2）尺寸规格（表11-4）

表 11-4　家用电器用热轧硅钢薄钢板的尺寸规格　　　　　　　　　　　（mm）

厚　度	宽　度	长　度	厚　度	宽　度	长　度	厚　度	宽　度	长　度
0.5	600	1 200	0.5	810	1 620	0.5	1 000	2 000
	670	1 340		860	1 720	—	—	—
	750	1 500		900	1 800	—	—	—

（3）电磁和工艺性能（表11-5）

表 11-5 家用电器用热硅钢薄钢板的电磁和工艺性能

牌　　号	检验条件	最小磁感应强度/T		最大铁损/（W/kg）			最低弯曲次数 ≥	理论密度/（g/cm³）	叠装系数/% ≥
		B_{25}	B_{50}	B_{100}	$P_{10/50}$	$P_{15/50}$			
JDR580—50	强磁场	1.55	1.65	1.76	2.50	5.80	10	7.70	95
JDR540—50		1.53	1.63	1.74	2.30	5.40			
JDR525—50		1.52	1.62	1.74	2.20	5.25			
JDR510—50		1.54	1.64	1.76	2.10	5.10			

注：JDR 表示家用电器热轧硅钢薄钢板的"家""电""热"汉语拼音首字母的组合。字母 JDR 后，横线以前的数字为铁损值 $P_{15/50}$ 的 100 倍，横线以后的数字为厚度值的 100 倍。

11.1.3 中频用电工钢薄带（YB/T 5224—2006）

（1）用途 中频用电工钢薄带是厚度为 0.03～0.20mm，并以退火状态和卷状供货的晶粒取向和无取向电工钢带。主要适于频率不小于 100Hz 的磁路结构中使用，如制作各种电源变压器、脉冲变压器、磁放大器、变换器等的铁心。

（2）尺寸规格（表11-6）

表 11-6 中频用电工钢薄带的尺寸规格　　　　　　　　　　　（mm）

无　取　向　钢　带		取　向　钢　带	
公称厚度	公称宽度	公称厚度	公称宽度
0.05，0.10，0.15，0.20	≤150～1 250	0.03，0.05，0.10，0.15，0.20	≤150～1 250

（3）电磁和工艺性能（表11-7、表11-8）

表 11-7 晶粒取向钢带的磁性和工艺特性

牌号	公称厚度/mm	最大比总损耗 P/（W/kg）				最小磁极化强度 $B(H=800A/m)$		最小叠装系数	最小弯曲次数
		$P_{1.0/400}$	$P_{1.5/400}$	$P_{1.0/1000}$	$P_{1.5/3000}$	T	频率/Hz		
3Q3000	0.03	—	—	—	30	1.70	3 000	0.87	3
5Q1700	0.05	—	17.0	24.0	—	1.60	1 000	0.88	3
5Q1600		—	16.0	22.0	—	1.64			
5Q1500		—	15.0	20.0	—	1.70			
5Q1450		—	14.5	19.0	—	1.70			
10Q1700	0.10	—	17.0			1.64	400	0.91	3
10Q1600		—	16.0			1.68			
10Q1500		—	15.0			1.73			
10Q1450		—	14.5			1.78			
15Q1800	0.15	—	18.0			1.73	400	0.92	3
15Q1700		—	17.0			1.73			
15Q1650		—	16.5			1.73			
15Q1600		—	16.0			1.70			
20Q1000	0.20	10.0	—			1.64	400	0.93	3
20Q900		9.0	—			1.68			
20Q820		8.2	—			1.72			
20Q760		7.6	17.8			1.73			

表 11-8　晶粒无取向钢带的磁性和工艺特性

牌　号	公称厚度/mm	最大比总损耗 P/（W/kg）		最小叠装系数	最小弯曲次数
		1.0T	频率/Hz		
5W4500	0.05	45	1 000	0.88	2
10W1300	0.10	13	400	0.91	2
15W1400	0.15	14	400	0.92	2
20W1500	0.20	15	400	0.93	2
20W1700	0.20	17	400	0.93	2

11.1.4　冷轧取向和无取向电工钢带（片）（GB/T 2521—2008）

（1）用途　冷轧取向和无取向电工钢带（片）按内部晶粒组织的特点分为晶粒取向和无取向两种，简称冷轧电工钢带，也称冷轧硅钢片。冷轧电工钢带表面平整，厚度均匀，叠装系数高，冲片性好，并且比热轧电工钢带磁感高，比总损耗低。用冷轧电工钢带代替热轧电工钢带制造电机、变压器，其质量和体积可减少 10%～25%，并节约大量电力能源。晶粒无取向冷轧电工钢带主要用作电机或焊接变压器的铁芯。晶粒取向冷轧电工钢带的晶粒位向基本一致，比晶粒无取向冷轧电工钢带性能更为优越，可减少变压器电能损耗 45%～50%，主要用作电源变压器、脉冲变压器、磁放大器等的铁芯。

（2）尺寸规格（表 11-9）

表 11-9　冷轧电工钢带（片）的尺寸规格　　　　　　　　（mm）

取　向　钢　带（片）		无　取　向　钢　带（片）	
公 称 厚 度	公 称 宽 度	公 称 厚 度	公 称 宽 度
0.23，0.27，0.30，0.35	≤1 000	0.35，0.50，0.65	≤1 300

（3）磁特性和工艺特性（表 11-10～表 11-12）

表 11-10　普通级取向电工钢带（片）的磁特性和工艺特性

牌号	公称厚度/mm	最大比总损耗 $P_{1.5}$/（W/kg）		最大比总损耗 $P_{1.7}$/（W/kg）		最小磁极化强度（$H=800A/m$）/T	最小叠装系数
		50Hz	60Hz	50Hz	60Hz	50Hz	
23Q110	0.23	0.73	0.96	1.10	1.45	1.78	0.950
23Q120	0.23	0.77	1.01	1.20	1.57	1.78	0.950
23Q130	0.23	0.80	1.06	1.30	1.65	1.75	0.950
27Q110	0.27	0.73	0.97	1.10	1.45	1.78	0.950
27Q120	0.27	0.80	1.07	1.20	1.58	1.78	0.950
27Q130	0.27	0.85	1.12	1.30	1.68	1.78	0.950
27Q140	0.27	0.89	1.17	1.40	1.85	1.75	0.950
30Q120	0.30	0.79	1.06	1.20	1.58	1.78	0.960
30Q130	0.30	0.85	1.15	1.30	1.71	1.78	0.960
30Q140	0.30	0.92	1.21	1.40	1.83	1.78	0.960
30Q150	0.30	0.97	1.28	1.50	1.98	1.75	0.960
35Q135	0.35	1.00	1.32	1.35	1.80	1.78	0.960
35Q145	0.35	1.03	1.36	1.45	1.91	1.78	0.960
35Q155	0.35	1.07	1.41	1.55	2.04	1.78	0.960

表 11-11　高磁导率级取向电工钢带（片）的磁特性和工艺特性

牌　号	公称厚度/mm	最大比总损耗 $P_{1.7}/$（W/kg）		最小磁极化强度（$H=800A/m$）/T	最小叠装系数
		50Hz	60Hz	50Hz	
23QG085	0.23	0.85	1.12	1.85	0.950
23QG090	0.23	0.90	1.19	1.85	0.950
23QG095	0.23	0.95	1.25	1.85	0.950
23QG100	0.23	1.00	1.32	1.85	0.950
27QG090	0.27	0.90	1.19	1.85	0.950
27QG095	0.27	0.95	1.25	1.85	0.950
27QG100	0.27	1.00	1.32	1.88	0.950
27QG105	0.27	1.05	1.36	1.88	0.950
27QG110	0.27	1.10	1.45	1.88	0.950
30QG105	0.30	1.05	1.38	1.88	0.960
30QG110	0.30	1.10	1.46	1.88	0.960
30QG120	0.30	1.20	1.58	1.85	0.960
35QG115	0.35	1.15	1.51	1.88	0.960
35QG125	0.35	1.25	1.64	1.88	0.960
35QG135	0.35	1.35	1.77	1.88	0.960

表 11-12　无取向电工钢带（片）的磁特性和工艺性能

牌号	公称厚度/mm	理论密度/（kg/dm³）	最大比总损耗 $P_{1.5}/$（W/kg）		最小磁极化强度/T 50Hz			最小弯曲次数	最小叠装系数
			50Hz	60Hz	$H=$ 2 500A/m	$H=$ 5 000A/m	$H=$ 10 000A/m		
35W230		7.60	2.30	2.90	1.49	1.60	1.70	2	
35W250		7.60	2.50	3.14	1.49	1.60	1.70	2	
35W270		7.65	2.70	3.36	1.49	1.60	1.70	2	
35W300	0.35	7.65	3.00	3.74	1.49	1.60	1.70	3	0.950
35W330		7.65	3.30	4.12	1.50	1.61	1.71	3	
35W360		7.65	3.60	4.55	1.51	1.62	1.72	5	
35W400		7.65	4.00	5.10	1.53	1.64	1.74	5	
35W440		7.70	4.40	5.60	1.53	1.64	1.74	5	
50W230		7.60	2.30	3.00	1.49	1.60	1.70	2	
50W250		7.60	2.50	3.21	1.49	1.60	1.70	2	
50W270		7.60	2.70	3.47	1.49	1.60	1.70	2	
50W290		7.60	2.90	3.71	1.49	1.60	1.70	2	
50W310		7.65	3.10	3.95	1.49	1.60	1.70	3	
50W330	0.50	7.65	3.30	4.20	1.49	1.60	1.70	3	0.970
50W350		7.65	3.50	4.45	1.50	1.60	1.70	5	
50W400		7.70	4.00	5.10	1.53	1.63	1.73	5	
50W470		7.70	4.70	5.90	1.54	1.64	1.74	10	
50W530		7.70	5.30	6.66	1.56	1.65	1.75	10	
50W600		7.75	6.00	7.55	1.57	1.66	1.76	10	

续表 11-12

牌号	公称厚度/mm	理论密度/（kg/dm³）	最大比总损耗/$P_{1.5}$（W/kg）		最小磁极化强度/T			最小弯曲次数	最小叠装系数
					50Hz				
			50Hz	60Hz	$H=$2 500A/m	$H=$5 000A/m	$H=$10 000A/m		
50W700	0.50	7.80	7.00	8.80	1.60	1.69	1.77	10	0.970
50W800		7.80	8.00	10.10	1.60	1.70	1.78	10	
50W1000		7.85	10.00	12.60	1.62	1.72	1.81	10	
50W1300		7.85	13.00	16.40	1.62	1.74	1.81	10	
65W600	0.65	7.75	6.00	7.71	1.56	1.66	1.76	10	
65W700		7.75	7.00	8.98	1.57	1.67	1.76	10	
65W800		7.80	8.00	10.26	1.60	1.70	1.78	10	
65W1000		7.80	10.00	12.77	1.61	1.71	1.80	10	
65W1300		7.85	13.00	16.60	1.61	1.71	1.80	10	
65W1600		7.85	16.00	20.40	1.61	1.71	1.80	10	

（4）力学性能（表 11-13）

表 11-13　无取向钢电工钢带（片）的力学性能

牌　　号	抗拉强度 R_m/MPa≥	伸长率 A/%≥	牌　　号	抗拉强度 R_m/MPa≥	伸长率 A/%≥
35W230	450	10	50W230	450	10
35W250	440		50W250	450	
35W270	430	11	50W270	450	
35W300	420		50W290	440	
35W330	410	14	50W310	430	11
35W360	400		50W330	425	
35W400	390	16	50W350	420	
35W440	380		50W400	400	14
50W470	380	16	65W600	340	22
50W530	360		65W700	320	
50W600	340	21	65W800	300	
50W700	320	22	65W1000	290	
50W800	300		65W1300	290	
50W1000	290		65W1600	290	
50W1300	290		—	—	—

11.1.5　半工艺冷轧无取向电工钢带（片）（GB/T 17951.2—2002）

（1）用途　半工艺指生产厂没有进行最终退火而必须由用户完成的退火工艺状态。该钢带（片）适用于无涂层的、冲片后需要进行热处理的磁路结构中。

（2）尺寸规格（表 11-14）

表 11-14　半工艺冷轧无取向电工钢带的尺寸规格　　　　　　（mm）

公 称 宽 度	宽 度 偏 差	公 称 宽 度	宽 度 偏 差	公 称 宽 度	宽 度 偏 差
$l \leqslant 150$	$+0.2$ 0	$300 < l \leqslant 600$	$+0.5$ 0	$1\,000 < l \leqslant 1\,250$	$+1.5$ 0
$150 < l \leqslant 300$	$+0.3$ 0	$600 < l \leqslant 1\,000$	$+1.0$ 0	—	—

注：1. 钢带（片）的公称厚度为 0.50mm 和 0.65mm。
　　2. 叠装系数应不小于 97%。

（3）磁特性（表 11-15）

表 11-15　半工艺冷轧无取向电工钢带的磁特性

牌　　号	公称厚度/mm	参考热处理温度（±10℃）/℃	1.5T 时的最大规定总损耗值/（W/kg）		交变磁场强度下的最小磁感值/T			常规密度/（kg/dm³）
			50Hz	60Hz	2 500A/m	5 000A/m	10 000A/m	
50WB340		840	3.40	4.32	1.54	1.62	1.72	7.65
50WB390		840	3.90	4.97	1.56	1.64	1.74	7.70
50WB450		790	4.50	5.67	1.57	1.65	1.75	7.75
50WB500		790	5.00	6.58	1.58	1.67	1.77	7.80
50WB530		790	5.30	6.97	1.58	1.67	1.75	7.75
50WB560	0.50	790	5.60	7.03	1.57	1.66	1.76	7.80
50WB600		790	6.00	7.90	1.57	1.68	1.77	
50WB660		790	6.60	8.38	1.62	1.70	1.79	
50WB700		790	7.0	9.21	1.62	1.70	1.79	
50WB800		790	8.0	10.53	1.62	1.70	1.79	7.85
50WB890		790	8.90	11.30	1.60	1.68	1.78	
50WB1050		790	10.5	13.34	1.57	1.65	1.77	
65WB390		840	3.90	5.07	1.54	1.62	1.72	7.65
65WB450		840	4.50	5.86	1.56	1.64	1.74	7.70
65WB520		790	5.20	6.72	1.57	1.65	1.75	7.75
65WB630	0.65	790	6.30	8.09	1.58	1.66	1.76	7.80
65WB800		790	8.00	10.16	1.62	1.70	1.79	
65WB1000		790	10.00	12.70	1.60	1.68	1.78	7.85
65WB1200		790	12.00	15.24	1.57	1.65	1.77	

11.1.6　高磁感冷轧无取向电工钢带（片）（GB/T 25046—2010）

（1）用途　适用于磁路结构中使用的全工艺高磁感冷轧无取向电工钢带（片）。

（2）尺寸规格　公称厚度为 0.35mm 和 0.50mm。

（3）磁特性和工艺特性（表 11-16）

表 11-16 高磁感冷轧无取向电工钢带（片）的磁特性和工艺特性

牌　号	公称厚度/mm	理论密度/(kg/dm³)	最大比总损耗 $P_{1.5/50}$/(W/kg)	最小磁极化强度 B_{5000}/T	最小弯曲次数	最小叠装系数	硬度 HV_5
35WG230	0.35	7.65	2.30	1.66	2	0.95	—
35WG250		7.65	2.50	1.67	2		
35WG300		7.70	3.00	1.69	3		
35WG360		7.70	3.60	1.70	5		
35WG400		7.75	4.00	1.71	5		
35WG440		7.75	4.40	1.71	5		
50WG250	0.50	7.65	2.50	1.67	2	0.97	—
50WG270		7.65	2.70	1.67	2		
50WG300		7.65	3.00	1.67	3		
50WG350		7.70	3.50	1.70	5		
50WG400		7.70	4.00	1.70	5		
50WG470		7.75	4.70	1.72	10		≥120
50WG530		7.75	5.30	1.72	10		≥105
50WG600		7.75	6.00	1.72	10		
50WG700		7.80	7.00	1.73	10		≥100
50WG800		7.80	8.00	1.74	10		
50WG1000		7.85	10.00	1.75	10		≥100
50WG1300		7.85	13.00	1.76	10		

注：钢的牌号是按照下列给出的次序组成：

1. 以 mm 为单位，材料公称厚度的 100 倍；

2. 特征字符：W 表示无取向电工钢，G 表示高磁感；

3. 磁极化强度在 1.5T 和频率在 50Hz，以 W/kg 为单位及相应厚度产品的最大比总损耗值的 100 倍。

示例：50WG400 表示公称厚度为 0.50mm、最大比总损耗 $P_{1.5/50}$ 为 4.0W/kg 的高磁感冷轧无取向电工钢。

（4）力学性能（表 11-17）

表 11-17 高磁感冷轧无取向电工钢带（片）的力学性能

牌　号	抗拉强度 R_m/MPa	断后伸长率 A/%	牌　号	抗拉强度 R_m/MPa	断后伸长率 A/%
35WG230	≥450	≥14	50WG300	≥425	≥15
35WG250	≥445		50WG350	≥410	
35WG300	≥410		50WG400	≥400	≥18
35WG360	≥405	≥16	50WG470	≥370	
			50WG530	≥370	≥20
35WG400	≥395	≥18	50WG600	≥350	
35WG440	≥370		50WG700	≥330	≥25
50WG250	≥450	≥12	50WG800	≥310	
			50WG1000	≥300	≥25
50WG270	≥445	≥14	50WG1300	≥300	

11.1.7 同轴电缆用电镀锡钢带（YB/T 5088—2007）

（1）用途 该钢带用于制作同轴电缆。

（2）尺寸规格（表11-18）

表 11-18　同轴电缆用电镀锡钢带的尺寸规格　　　　　　　　　　　　（mm）

公称厚度	允许偏差	公称宽度	允许偏差	公称厚度	允许偏差	公称宽度	允许偏差
0.10	±0.012	165	+3.0 0	0.15	±0.015	200	+3.0 0
0.10	±0.012	200	+3.0 0	0.20	±0.015	200	+3.0 0

（3）镀层质量（表11-19）

表 11-19　同轴电缆用电镀锡钢带双面镀锡量　　　　　　　　　　　　（g/m²）

符　　号	公称镀锡量	最小镀锡量	符　　号	公称镀锡量	最小镀锡量
E_1	5.6	4.9	E_3	16.8	15.7
E_2	11.2	10.5	E_4	22.4	20.2

11.1.8　铠装电缆用钢带（YB/T 024—2008）

（1）用途　该钢带用于制作铠装电缆。

（2）尺寸规格（表11-20）

表 11-20　铠装电缆用钢带的尺寸规格　　　　　　　　　　　　　　（mm）

公称厚度	允许偏差	公称厚度	允许偏差	公称厚度	允许偏差	公称厚度	允许偏差
≤0.20	±0.02	0.30	+0.02 −0.03	0.50	+0.03 −0.05	0.80	+0.04 −0.06

注：钢带厚度不包括镀锌层、涂漆层的厚度。

（3）力学性能（表11-21、表11-22）

表 11-21　铠装电缆用钢带的力学性能

钢带公称厚度/mm	抗拉强度 R_m/MPa	断后伸长率 A/%	断后伸长率试样标距/mm
	≥		
≤0.20	295	17	50
0.20～0.30	295	20	50
>0.30	295	20	80

表 11-22　铠装电缆用涂漆钢带的冲击试验

厚度/mm	冲击吸收功/J	冲击半径/mm	厚度/mm	冲击吸收功/J	冲击半径/mm
≤0.50	1.00	4.0±0.1	>0.50	2.95	4.0±0.1

（4）耐腐蚀试验（表11-23）

表 11-23　铠装电缆用涂漆钢带的耐腐蚀试验

试液（质量分数）	试　验　要　求
5%盐酸溶液	漆膜完整，允许有不大于试样总面积30%的漆膜剥落（表面小气泡不计）
5%氢氧化钠溶液	漆膜完整，允许有距试样剪切边不大于 5mm 的漆膜剥落
5%氯化钠溶液	

11.2 电工用钢丝、钢绞线

11.2.1 通信线用镀锌低碳钢丝（GB 346—1984）

（1）用途　该钢丝适用于电报、电话、有线广播及信号传递等传输线路。

（2）尺寸规格和性能（表 11-24）

表 11-24　通信线用镀锌低碳钢丝的尺寸规格和性能

钢丝直径		力学性能		物理性能		
公称直径/mm	允许偏差/mm	抗拉强度 σ_l/MPa	伸长率 δ（L_0=200mm）/%	20℃时的电阻率/（$10^{-6}\Omega \cdot m$）		
					普通钢丝	含铜钢丝
1.2	$+0.06$ -0.04	355～540	≥12		≤0.132	≤0.146
1.5	$+0.08$ -0.04					
2.0						
2.5		355～490				
3.0						
4.0	$+0.10$ -0.06	355～490	≥12		≤0.132	≤0.146
5.0						
6.0						

（3）捆重（表 11-25）

表 11-25　通信线用镀锌低碳钢丝的捆重

50kg 标准捆捆重			非标准捆捆重	
每捆钢丝根数≤		配捆单根钢丝质量/kg	单根钢丝质量/kg≥	
正常的	配捆的	≥	正常的	最低质量
1	4	2	10	3
1	3	3	10	5
1	3	5	20	8
1	2	5	20	10
1	2	10	25	12
1	2	10	40	15
1	2	15	50	20
1	2	15	50	20

（4）镀层质量（表 11-26）

表 11-26　通信线用镀锌低碳钢丝的锌层质量

钢丝直径 /mm	Ⅰ组			Ⅱ组			缠绕试验	
	锌层质量/ （g/m²）≥	浸入硫酸铜溶液次数≥		锌层质量/ （g/m²）≥	浸入硫酸铜溶液次数≥		芯棒直径为钢丝直径的倍数	缠绕圈数≥
		60s	30s		60s	30s		
1.2	120	2	—				4	6
1.5	150	2	—	230	2	1		

续表 11-26

钢丝直径 /mm	I组			II组			缠绕试验	
	锌层质量/ (g/m²) ≥	浸入硫酸铜溶液次数≥		锌层质量/ (g/m²) ≥	浸入硫酸铜溶液次数≥		芯棒直径为钢丝直径的倍数	缠绕圈数≥
		60s	30s		60s	30s		
2.0	190	2	—	240	3	—	4	6
2.5	210	2	—	260	3	—		
3.0	230	3	—	275	3	1		
4.0	245	3	—	290	3	1		
5.0	245	3	—	290	3	1	5	
6.0	245	3	—	290	3	1		

11.2.2 铠装电缆用热镀锌或热镀锌-5%铝-混合稀土合金镀层低碳钢丝（GB/T 3082—2008）

（1）用途　本标准适用于通信、自控或电力用的海底和地下电缆防损害的铠装电缆用热镀锌低碳钢丝或为提高镀层耐蚀性而采用热镀锌-5%铝-混合稀土合金镀层钢丝。

（2）力学和工艺性能（表 11-27）

表 11-27　钢丝的力学和工艺性能

公称直径/mm	抗拉强度 R_m/MPa	断后伸长率		扭　转		缠　绕	
		%≥	标距/mm	次数（360°）≥	标距/mm	芯棒直径与钢丝公称直径之比	缠绕圈数
>0.8~1.2		10		24		—	—
>1.2~1.6		10		22			
>1.6~2.5		10		20			
>2.5~3.2	345~495	10	250	19	150	1	8
>3.2~4.2		10		15			
>4.2~6.0		10		10			
>6.0~8.0		9		7			

（3）镀层质量及缠绕试验（表 11-28）

表 11-28　钢丝的镀层质量及缠绕试验

公称直径 mm	I组			II组		
	镀层质量/（g/m²）≥	缠绕试验		镀层质量/（g/m²）≥	缠绕试验	
		芯棒直径为钢丝直径的倍数	缠绕圈数		芯棒直径为钢丝公称直径的倍数	缠绕圈数
0.9	112	2		150	2	
1.2	150			200		
1.6	150		6	220		6
2.0	190	4		240	4	
2.5	210			260		
3.2	240			275		

续表 11-28

公称直径 mm	Ⅰ组			Ⅱ组		
	镀层质量/（g/m²） ≥	缠 绕 试 验		镀层质量/（g/m²） ≥	缠 绕 试 验	
		芯棒直径为钢丝直径的倍数	缠绕圈数		芯棒直径为钢丝公称直径的倍数	缠绕圈数
4.0	270	5	6	290	5	6
5.0						
6.0						
7.0	280			300		
8.0						

11.2.3　光缆用镀锌碳素钢丝（YB/T 125—1997）

（1）用途　该钢丝适用于光纤光缆用加强件等类似用途。

（2）尺寸规格（表 11-29）

表 11-29　光缆用镀锌碳素钢丝的尺寸规格　　　　　　　　　　（mm）

公称直径	实测直径允许偏差	公称直径	实测直径允许偏差	公称直径	实测直径允许偏差	公称直径	实测直径允许偏差
0.43	±0.01	1.10	±0.03	1.80	±0.03	2.50	±0.03
0.50		1.20		1.90		2.60	
0.60		1.30		2.00		2.70	
0.70		1.40		2.10		2.80	
0.80		1.50		2.20		2.90	
0.90	±0.02	1.60		2.30		3.00	
1.00		1.70		2.40		—	—

（3）力学和工艺性能（表 11-30～表 11-32）

表 11-30　光缆用镀锌碳素钢丝的抗拉强度

公称直径 d/mm	抗拉强度 σ_b/MPa	公称直径 d/mm	抗拉强度 σ_b/MPa
0.43≤d≤0.60	1 960	1.10＜d≤1.90	1 570
0.60＜d≤0.80	1 770	1.90＜d≤2.50	1 470
0.80＜d≤1.10	1 670	2.50＜d≤3.00	1 320

注：1. 钢丝的弹性模量不小于 190GPa。

　　2. 钢丝的永久伸长率不得大于 0.1%。

表 11-31　光缆用镀锌碳素钢丝的扭转次数

公称直径 d/mm	试样长度（钳口距离）/mm	最 小 扭 转 次 数					
		抗拉强度 σ_b/MPa					
		1 320	1 470	1 570	1 670	1 770	1 960
0.50≤d＜1.00	100×d	—	—	—	28	27	24
1.00≤d＜1.30		—	—	28	27	—	—
1.30≤d＜1.80		—	—	27	—	—	—
1.80≤d＜2.30		—	25	25	—	—	—
2.30≤d≤3.00		24	23	—	—	—	—

表 11-32　光缆用镀锌碳素钢丝的反复弯曲

公称直径 /mm	弯曲圆柱 半径/mm	最　小　反　复　弯　曲　次　数 抗拉强度 σ_b/MPa					
		1 320	1 470	1 570	1 670	1 770	1 960
0.50	1.25	—	—	—	—	—	5
0.60	1.75	—	—	—	—	—	9
0.70		—	—	—	—	7	—
0.80		—	—	—	—	13	—
0.90	2.50	—	—	—	11	—	—
1.00		—	—	—	9	—	—
1.10		—	—	—	16	—	—
1.20		—	—	15	—	—	—
1.30	3.75	—	—	13	—	—	—
1.40		—	—	11	—	—	—
1.50		—	—	10	—	—	—
1.60		—	—	13	—	—	—
1.70		—	—	12	—	—	—
1.80	5.00	—	—	11	—	—	—
1.90		—	—	10	—	—	—
2.00		—	10	—	—	—	—
2.10		—	14	—	—	—	—
2.20		—	13	—	—	—	—
2.30		—	12	—	—	—	—
2.40		—	11	—	—	—	—
2.50		—	10	—	—	—	—
2.60	7.50	10	—	—	—	—	—
2.70		9	—	—	—	—	—
2.80		9	—	—	—	—	—
2.90		8	—	—	—	—	—
3.00		8	—	—	—	—	—

11.2.4　光缆增强用碳素钢丝（GB/T 24202—2009）

（1）用途　本标准适用于光纤光缆用加强件等类似用途的镀锌和磷化圆形碳素钢丝。磷化钢丝是经磷化处理且表面带有磷化膜的成品钢丝。

（2）尺寸规格（表 11-33）

表 11-33　光缆增强用碳素钢丝的直径　　　　　　　　　　　（mm）

钢丝公称直径 d	允许偏差	钢丝公称直径 d	允许偏差	钢丝公称直径 d	允许偏差
0.50≤d<0.80	±0.01	0.80≤d<1.60	±0.02	1.60≤d≤3.00	±0.03

（3）力学和工艺性能（表 11-34～表 11-37）

表 11-34 钢丝各抗拉强度级的适用直径范围 （mm）

公称抗拉强度级	适用钢丝公称直径	公称抗拉强度级	适用钢丝公称直径	公称抗拉强度级	适用钢丝公称直径
1 370	0.50～3.00	1 770	0.50～3.00	2 160	0.50～2.10
1 570	0.50～3.00	1 960	0.50～2.50	2 350	0.50～1.90

注：1. 钢丝的弹性模量不小于 1.90×10^5 MPa。

2. 钢丝的残余延伸率应不大于 0.1%。

表 11-35 钢丝强度波动范围

公称直径范围/mm	强度波动范围/MPa	公称直径范围/mm	强度波动范围/MPa
$0.50 \leq d < 1.00$	350	$1.50 \leq d < 2.00$	290
$1.00 \leq d < 1.50$	320	$2.00 \leq d \leq 3.00$	260

表 11-36 最小扭转次数

钢丝公称直径 d/mm	试验长度（钳口距离）/mm	最 小 扭 转 次 数					
		公 称 抗 拉 强 度 级					
		1 370	1 570	1 770	1 960	2 160	2 350
$0.50 \leq d < 1.00$		33	30	28	25	23	20
$1.00 \leq d < 1.30$		31	29	26	23	21	18
$1.30 \leq d < 1.80$	$100 \times d$	30	28	25	22	20	17
$1.80 \leq d < 2.30$		28	26	24	21	19	16
$2.30 \leq d \leq 3.00$		26	24	22	19	—	—

表 11-37 最小反复弯曲次数

钢丝公称直径 d/mm	圆柱支座半径/mm	最 小 反 复 弯 曲 次 数					
		公 称 抗 拉 强 度 级					
		1 370	1 570	1 770	1 960	2 160	2 350
$0.50 \leq d < 0.55$		18	16	15	14	12	11
$0.55 \leq d < 0.60$		17	15	14	13	11	10
$0.60 \leq d < 0.65$	1.75	15	13	12	11	9	8
$0.65 \leq d < 0.70$		14	12	11	10	8	7
$0.70 \leq d < 0.75$		18	16	15	14	12	11
$0.75 \leq d < 0.80$		17	15	14	13	11	10
$0.80 \leq d < 0.85$		16	14	13	12	10	9
$0.85 \leq d < 0.90$	2.50	14	12	11	10	9	8
$0.90 \leq d < 0.95$		13	11	10	9	8	7
$0.95 \leq d < 1.00$		13	11	10	9	8	7
$1.00 \leq d < 1.10$		18	16	15	14	12	11
$1.10 \leq d < 1.20$		16	14	13	12	10	9
$1.20 \leq d < 1.30$	3.75	15	13	12	11	9	8
$1.30 \leq d < 1.40$		12	11	10	9	8	7
$1.40 \leq d < 1.50$		11	10	9	8	7	7

续表 11-37

钢丝公称直径 d/mm	圆柱支座半径/mm	最 小 反 复 弯 曲 次 数					
		公 称 抗 拉 强 度 级					
		1 370	1 570	1 770	1 960	2 160	2 350
1.50≤d<1.60	5.00	15	13	12	11	10	9
1.60≤d<1.70		14	12	11	10	9	8
1.70≤d<1.80		13	11	10	9	8	7
1.80≤d<1.90		12	10	9	8	7	6
1.90≤d<2.00		11	9	8	7	6	5
2.00≤d<2.10	7.50	17	14	13	12	11	—
2.10≤d<2.20		15	13	12	11	10	—
2.20≤d<2.30		14	12	11	10	—	—
2.30≤d<2.40		14	12	11	10	—	—
2.40≤d<2.50		13	11	10	9	—	—
2.50≤d<2.60		12	10	9	8	—	—
2.60≤d<2.70		11	9	8	—	—	—
2.70≤d<2.80		10	8	7	—	—	—
2.80≤d<2.90		10	8	7	—	—	—
2.90≤d≤3.00		10	8	7	—	—	—

（4）镀层质量（表 11-38）

表 11-38　磷化钢丝的表面磷化膜质量

公称直径/mm	最小磷化膜质量/（g/m²）	公称直径/mm	最小磷化膜质量/（g/m²）
0.50≤d<1.00	0.6	2.00≤d≤3.00	1.5
1.00≤d<2.00	1.0	—	—

注：镀锌钢丝的锌层质量为 10～60g/m²。

11.2.5　光缆用镀锌钢绞线（YB/T 098—2012）

（1）用途　该钢绞线用于光缆用加强芯自承式电缆拉索等类似用途。

（2）分类（表 11-39）

表 11-39　钢绞线按结构和断面分类

结 构 标 记	1×7	1×19
断面		

（3）力学性能（表 11-40、表 11-41）

表 11-40　光缆用镀锌 1×7 钢绞线的最小破断拉力

钢绞线 公称直径/mm	允许偏差/%	钢绞线断面积/mm²	钢绞线最小破断拉力/kN≥ 抗拉强度/MPa					参考质量/(kg/100m)
			1 370	1 470	1 570	1 670	1 770	
0.9		0.49					0.80	0.40
1.0		0.60					0.98	0.49
1.1		0.75					1.22	0.61
1.2		0.88				—	1.43	0.71
1.3		1.02					1.66	0.83
1.4		1.21					1.97	0.98
1.5		1.37					2.23	1.11
1.6	+2 −3	1.54			—	2.37		1.25
1.7		1.79				2.75		1.45
1.8		1.98				3.04		1.60
1.9		2.18			—	3.35		1.76
2.0		2.47				3.79		2.00
2.1		2.69		—		4.13		2.18
2.2		2.93				4.50		2.37
2.3		3.26				5.00		2.64
2.4		3.52				5.41	—	2.85
2.5		3.79			5.47			3.06
2.6		4.16			6.01			3.36
2.7		4.45			6.43			3.60
2.8		4.76			6.88			3.85
2.9	±3	5.17		—	7.47	—		4.18
3.0		5.50			7.99			4.45
3.3		6.65		8.99				5.38
3.6		7.92		10.71	—			6.40
3.9		9.29		12.56				7.51
4.2		10.78		14.58				8.72
4.5		12.37		16.73				10.00
4.8		14.07	17.73					11.38
5.1		15.89	20.03					12.85
5.4		17.87	22.45					14.40
5.7	±3	19.85	24.05	—	—	—	—	16.05
6.0		21.99	27.72	—				17.78
6.2		23.33	29.40					18.86
6.3		24.25	30.56					19.61
6.6		26.61	33.54					21.52
6.9		29.08	36.65					23.51

表 11-41 光缆用镀锌 1×9 钢绞线的最小破断拉力

钢 绞 线		钢绞线断面积 /mm²	钢绞线最小破断拉力/kN≥					参考质量/（kg/100m）
公称直径 /mm	允许偏差/%		抗拉强度/MPa					
			1 370	1 470	1 570	1 670	1 770	
1.5		1.34					2.13	1.08
1.6		1.53					2.44	1.25
1.8		1.93					3.07	1.56
2.0		2.39					3.81	1.93
2.2	+2 −3	2.89					4.60	2.34
2.5		3.73			—		5.94	3.02
2.8		4.68		—		7.03		3.78
3.0		5.37				8.07		4.34
3.2		6.11				9.18		4.94
3.5		7.31				10.97		5.91
4.0		9.55				14.35		7.22
4.5		12.09			17.08			9.78
5.0		14.92			19.74			12.06
5.5		18.06		23.89				14.60
6.0		21.49		28.43				17.38
6.5		25.22		33.37				20.39
7.0	±3	29.25		38.70			—	23.65
7.5		33.58		44.43				27.15
8.0		38.20	47.10					30.89
8.5		43.13	53.18					34.87
9.0		48.35	59.62	—				39.09
9.5		53.87	66.42					43.56
10.0		59.69	73.60					48.26
10.3		63.32	78.07					51.49
10.5	±3	65.81	81.14		—	—	—	53.21
11.0		72.22	89.05					58.39
11.5		78.94	97.33					63.83

注：1. 钢绞线在受力为最小破断拉力的60%之后，永久伸长率不得大于0.1%。

2. 钢绞线的弹性模量不得小于170GPa。

11.2.6 架空绞线用镀锌钢线（GB/T 3428—2012）

（1）用途 本标准适用于架空绞线结构用和（或）加强用镀锌钢线。

（2）性能（表 11-42～表 11-44）

表 11-42 普通强度架空绞线用镀锌钢线的性能

标称直径 D/mm		直径公差 /mm	1%伸长时的应力 /MPa≥	抗拉强度/MPa ≥	断后伸长率/% ≥	卷绕试验芯轴直径 /mm	扭转试验扭转 次数≥
＞	≤						
A 级镀锌层							
1.24	2.25	±0.03	1 170	1 340	3.0	1D	18
2.25	2.75	±0.04	1 140	1 310	3.0	1D	16
2.75	3.00	±0.05	1 140	1 310	3.5	1D	16
3.00	3.50	±0.05	1 100	1 290	3.5	1D	14
3.50	4.25	±0.06	1 100	1 290	4.0	1D	12

续表 11-42

标称直径 D/mm		直径公差	1%伸长时的应力	抗拉强度/MPa	断后伸长率/%	卷绕试验芯轴直径	扭转试验扭转
>	≤	/mm	/MPa≥	≥	≥	/mm	次数≥
A 级镀锌层							
4.25	4.75	±0.06	1 100	1 290	4.0	1D	12
4.75	5.50	±0.07	1 100	1 290	4.0	1D	12
B 级镀锌层							
1.24	2.25	±0.05	1 100	1 240	4.0	1D	—
2.25	2.75	±0.06	1 070	1 210	4.0	1D	—
2.75	3.00	±0.06	1 070	1 210	4.0	1D	—
3.00	3.50	±0.07	1 000	1 190	4.0	1D	—
3.50	4.25	±0.09	1 000	1 190	4.0	1D	—
4.25	4.75	±0.10	1 000	1 190	4.0	1D	—
4.75	5.50	±0.11	1 000	1 190	4.0	1D	—

表 11-43 高强度架空绞线用镀锌钢线的性能

标称直径 D/mm		直径公差	1%伸长时的应力	抗拉强度/MPa	断后伸长率/%	卷绕试验芯轴直径	扭转试验扭转
>	≤	/mm	/MPa≥	≥	≥	/mm	次数≥
A 级镀锌层							
1.24	2.25	±0.03	1 310	1 450	2.5	3D	16
2.25	2.75	±0.04	1 280	1 410	2.5	3D	16
2.75	3.00	±0.05	1 280	1 410	3.0	4D	16
3.00	3.50	±0.05	1 240	1 410	3.0	4D	14
3.50	4.25	±0.06	1 170	1 380	3.0	4D	12
4.25	4.75	±0.06	1 170	1 380	3.0	4D	12
4.75	5.50	±0.07	1 170	1 380	3.0	4D	12
B 级镀锌层							
1.24	2.25	±0.05	1 240	1 380	2.5	3D	—
2.25	2.75	±0.06	1 210	1 340	2.5	3D	—
2.75	3.00	±0.06	1 210	1 340	3.0	4D	—
3.00	3.50	±0.07	1 170	1 340	3.0	4D	—
3.50	4.25	±0.09	1 100	1 280	3.0	4D	—
4.25	4.75	±0.10	1 100	1 280	3.0	4D	—
4.75	5.50	±0.11	1 100	1 280	3.0	4D	—

表 11-44 特高强度架空绞线用镀锌钢线的性能

标称直径 D/mm		直径公差	1%伸长时的应力	抗拉强度/MPa	断后伸长率/%	卷绕试验芯轴直径	扭转试验扭转
>	≤	/mm	/MPa≥	≥	≥	/mm	次数≥
A 级镀锌层							
1.24	2.25	±0.03	1 450	1 620	2.0	4D	14
2.25	2.75	±0.04	1 410	1 590	2.0	4D	14
2.75	3.00	±0.05	1 410	1 590	2.5	5D	12
3.00	3.50	±0.05	1 380	1 550	2.5	5D	12

续表 11-44

标称直径 D/mm		直径公差	1%伸长时的应力	抗拉强度/MPa	断后伸长率/%	卷绕试验芯轴直径	扭转试验扭转
>	≤	/mm	/MPa≥	≥	≥	/mm	次数≥
A 级镀锌层							
3.50	4.25	±0.06	1 340	1 520	2.5	5D	10
4.25	4.75	±0.06	1 340	1 520	2.5	5D	10
4.75	5.50	±0.07	1 270	1 500	2.5	5D	10

（3）镀层质量（表 11-45）

表 11-45 架空绞线用镀锌钢线的镀锌层要求

标称直径 D/mm		镀锌层单位面积质量最小值/（g/m²）		标称直径 D/mm		镀锌层单位面积质量最小值/（g/m²）	
>	≤	A 级	B 级	>	≤	A 级	B 级
1.24	1.50	185	370	3.00	3.50	245	490
1.50	1.75	200	400	3.50	4.25	260	520
1.75	2.25	215	430	4.25	4.75	275	550
2.25	3.00	230	460	4.75	5.50	290	580

11.3 电工用型钢、套管及纯铁

11.3.1 输电铁塔用冷弯型钢（YB/T 4206—2009）

（1）用途 本标准适用于输电铁塔用冷弯等边角钢和冷弯圆形空心型钢（简称焊接圆管），以下简称冷弯型钢。其他塔桅结构也可参考使用本标准。

（2）尺寸规格（表 11-46、表 11-47）

表 11-46 冷弯等边角钢的尺寸规格

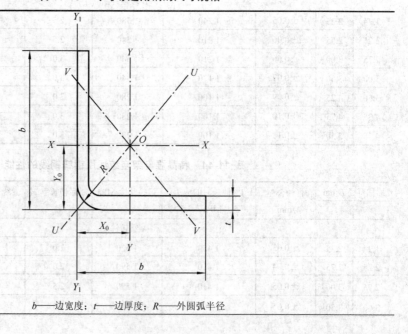

b——边宽度；t——边厚度；R——外圆弧半径

续表 11-46

尺寸/mm		理论质量	截面面积 A/cm²	尺寸/mm		理论质量	截面面积 A/cm²
边宽度 b	边厚度 t	G/（kg/m）		边宽度 b	边厚度 t	G/（kg/m）	
40	3	1.746	2.224	70	6	6.041	7.695
	4	2.266	2.887		7	6.940	8.841
	5	2.756	3.511		8	7.808	9.947
43	3	1.887	2.404	73	4	4.339	5.527
	4	2.455	3.127		5	5.347	6.811
	5	2.992	3.811		6	6.323	8.055
45	3	1.981	2.524		7	7.270	9.261
	4	2.580	3.287		8	8.185	10.427
	5	3.149	4.011	75	5	5.504	7.011
	6	3.686	4.695		6	6.512	8.295
48	3	2.123	2.704		7	7.490	9.541
	4	2.769	3.527		8	8.436	10.747
	5	3.384	4.311	78	5	5.739	7.311
	6	3.968	5.055		6	6.794	8.655
50	3	2.217	2.824		7	7.819	9.961
	4	2.894	3.687		8	8.813	11.227
	5	3.541	4.511	80	5	5.896	7.511
	6	4.157	5.295		6	6.983	8.895
53	3	2.358	3.004		7	8.039	10.241
	4	3.083	3.927		8	9.064	11.547
	5	3.777	4.811	85	5	6.289	8.011
	6	4.439	5.655		6	7.454	9.495
56	3	2.499	3.184		7	8.589	10.941
	4	3.271	4.167		8	9.692	12.347
	5	4.012	5.111	90	6	7.925	10.095
	6	4.722	6.015		7	9.138	11.641
	7	5.402	6.881		8	10.320	13.147
	8	6.050	7.707		9	11.472	14.614
60	3	2.688	3.424	95	6	8.396	10.695
	4	3.522	4.487		7	9.688	12.341
	5	4.326	5.511		8	10.948	13.947
	6	5.099	6.495		9	12.178	15.514
63	4	3.711	4.727		10	13.378	17.042
	5	4.562	5.811	100	6	8.867	11.295
	6	5.381	6.855		7	10.237	13.041
67	4	3.962	5.047		8	11.576	14.747
	5	4.876	6.211		9	12.885	16.414
	6	5.758	7.335		10	14.164	18.042
	7	6.610	8.421		12	16.627	21.181
70	4	4.150	5.287		14	18.967	24.162
	5	5.111	6.511	105	6	9.338	11.895

续表 11-46

尺寸/mm		理论质量 G/（kg/m）	截面面积 A/cm²	尺寸/mm		理论质量 G/（kg/m）	截面面积 A/cm²
边宽度 b	边厚度 t			边宽度 b	边厚度 t		
105	7	10.787	13.741	145	10	21.228	27.042
	8	12.204	15.547		12	25.105	31.981
	9	13.591	17.314		14	28.858	36.762
	10	14.948	19.042		16	32.490	41.388
	12	17.569	22.381	150	10	22.013	28.042
	14	20.066	25.562		12	26.047	33.181
110	7	11.336	14.441		14	29.957	38.162
	8	12.832	16.347		16	33.746	42.988
	9	14.298	18.214	155	10	22.798	29.042
	10	15.733	20.042		12	26.989	34.381
	12	18.511	23.581		14	31.056	39.562
	14	21.165	26.962		16	35.002	44.588
115	7	11.886	15.141	160	10	23.583	30.042
	8	13.460	17.147		12	27.931	35.581
	9	15.004	19.114		14	32.155	40.962
	10	16.518	21.042		16	36.258	46.188
	12	19.453	24.781	170	10	25.153	32.042
	14	22.264	28.362		12	29.815	37.981
120	7	12.435	15.841		14	34.353	43.762
	8	14.088	17.947		16	38.770	49.388
	9	15.711	20.014	180	10	26.723	34.042
	10	17.303	22.042		12	31.699	40.381
	12	20.395	25.981		14	36.551	46.562
	14	23.363	29.762		16	41.282	52.588
125	8	14.716	18.747	190	10	28.293	36.042
	9	16.417	20.914		12	33.583	42.781
	10	18.088	23.042		14	38.749	49.362
	12	21.337	27.181		16	43.794	55.788
	14	24.462	31.162	200	14	40.947	52.162
130	8	15.344	19.547		16	46.306	58.988
	9	17.124	21.814		18	51.540	65.656
	10	18.873	24.042		20	56.652	72.168
	12	22.279	28.381		22	61.641	78.523
	14	25.561	32.562		24	66.507	84.722
135	8	15.972	20.347	210	14	43.145	54.962
	9	17.830	22.714		16	48.818	62.188
	10	19.658	25.042		18	54.366	69.256
	12	23.221	29.581		20	59.792	76.168
	14	26.660	33.962		22	65.095	82.923
140	10	20.443	26.042		24	70.275	89.522
	12	24.163	30.781	220	14	45.343	57.762
	14	27.759	35.362		16	51.330	65.388
	16	31.234	39.788		18	57.192	72.856

续表 11-46

尺寸/mm		理论质量	截面面积 A/cm²	尺寸/mm		理论质量	截面面积 A/cm²
边宽度 b	边厚度 t	G/（kg/m）		边宽度 b	边厚度 t	G/（kg/m）	
220	20	62.932	80.168	230	20	66.072	84.168
	22	68.549	87.323		22	72.003	91.723
	24	74.043	94.322		24	77.811	99.122
230	18	60.018	76.456	—	—	—	—

表 11-47　冷弯圆形空心型钢的尺寸规格

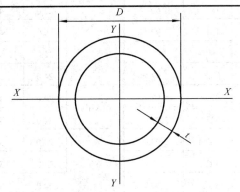

D——外圆直径；t——壁厚

公称外径 D/mm	公称壁厚 t/mm	理论质量 M/（kg/m）	截面面积 A/cm²	单位长度表面积 A_s/（m²/m）	公称外径 D/mm	公称壁厚 t/mm	理论质量 M/（kg/m）	截面面积 A/cm²	单位长度表面积 A_s/（m²/m）
75.5（76.1）	2.5	4.50	5.73	0.237	219.1（219.1）	8.0	41.6	53.10	0.688
	3.0	5.36	6.83	0.237		10.0	51.6	65.70	0.688
	4.0	7.05	8.98	0.237	273（273）	5.0	33.0	42.1	0.858
	5.0	8.69	11.07	0.237		6.0	39.5	50.3	0.858
88.5（88.9）	3.0	6.33	8.06	0.278		8.0	52.3	66.6	0.858
	4.0	8.34	10.62	0.278		10.0	64.9	82.6	0.858
	5.0	10.3	13.12	0.278	325（323.9）	5.0	39.5	50.3	1.20
	6.0	12.210	15.55	0.278		6.0	47.2	60.1	1.20
114（114.3）	4.0	10.85	13.82	0.358		8.0	62.5	79.7	1.20
	5.0	13.44	17.12	0.358		10.0	77.7	99.0	1.20
	6.0	15.98	20.36	0.358		12.0	92.6	118.0	1.20
140（139.7）	4.0	13.42	17.09	0.440	355.6（355.6）	6.0	51.7	65.9	1.12
	5.0	16.65	21.12	0.440		8.0	68.6	87.4	1.12
	6.0	19.83	25.26	0.440		10.0	85.2	109.0	1.12
165（168.3）	4.0	15.88	20.23	0.518		12.0	101.2	130.0	1.12
	5.0	19.73	25.13	0.518	406.4（406.4）	8.0	78.6	100	1.28
	6.0	23.53	29.97	0.518		10.0	97.8	125	1.28
	8.0	30.97	39.46	0.518		12.0	116.7	149	1.28
219.1（219.1）	5.0	26.4	33.60	0.688	457（457）	8.0	88.6	113	1.44
	6.0	31.53	40.17	0.688		10.0	110.0	140	1.44

续表 11-47

公称外径 D/mm	公称壁厚 t/mm	理论质量 M/（kg/m）	截面面积 A/cm²	单位长度表面积 A/（m²/m）	公称外径 D/mm	公称壁厚 t/mm	理论质量 M/（kg/m）	截面面积 A/cm²	单位长度表面积 A/（m²/m）
457（457）	12.0	131.7	168	1.44	863.6	20.0	416	530.1	2.713
508（508）	8.0	98.6	126	1.60	914.4	18.0	398	506.9	2.873
	10.0	123.0	156	1.60		20.0	441	562.0	2.873
	12.0	146.8	187	1.60		22.0	484	616.8	2.873
610	8.0	118.8	151	1.92	965.2	20.0	466	593.9	3.032
	10.0	148.0	189	1.92		22.0	512	651.9	3.032
	12.5	184.2	235	1.92		24.0	557	709.6	3.032
	16.0	234.4	299	1.92	1 016.0	20.0	491	625.8	3.192
660.4	16.0	254	323.9	2.075		24.0	587	748.0	3.192
	18.0	285	363.3	2.075	1 066.8	20.0	516	657.7	3.351
711.2	18.0	308	392.0	2.234		22.0	567	722.1	3.351
762	18.0	330	420.7	2.394		24.0	567	786.3	3.351
812.8	18.0	353	449.4	2.553	1 117.6	22.0	594	757.2	3.511
	20.0	391	498.1	2.553		24.0	647	824.6	3.511
863.6	18.0	375	478.2	2.713		—	—	—	—

注：括号内为 ISO 4019 所列规格。

（3）牌号和化学成分　其应符合 GB/T 700，GB/T 1591，GB/T 4171 等标准的规定。

（4）力学性能（表 11-48）

表 11-48　输电铁塔用冷弯型钢的力学性能

产品屈服强度等级	屈服强度 R_{eL}/MPa		抗拉强度 R_m/MPa	断后伸长率 A/%	
	t≤16mm	t>16mm		冷弯角钢	焊接圆管
235	235	225	370～500	≥24	
345	345	325	470～630	≥20	
390	390	370	490～650	≥17	供需双方协商确定
420	420	400	520～680	供需双方协商确定	
460	460	440	550～720		

11.3.2　铁塔用热轧角钢（YB/T 4163—2007）

（1）用途　铁塔用热轧角钢是专用于制造高压输电铁塔的角钢，角钢不仅有较高的强度，而且细分为多个质量等级，以适应输电负荷的增加以及温度不同地区架设铁塔的需要。

（2）尺寸规格（表 11-49）

表 11-49 铁塔用热轧角钢的尺寸规格

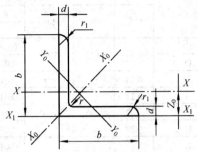

b—边宽度；d—边厚度；r—内圆弧半径；r_1—边端内圆弧半径；Z_0—重心距离

型 号	尺寸/mm			截面面积/cm²	理论质量/（kg/m）	外表面积/（m²/m）
	b	d	r			
5.6	56	6	6	6.420	5.040	0.220
		7		7.404	5.812	0.219
6.3	63	7	7	8.412	6.603	0.247
7.5	75	9	9	12.825	10.068	0.294
8	80	9	9	13.725	10.774	0.314
9	90	9	10	15.566	12.219	0.353
12.5	125	16	14	37.739	29.625	0.489
15	150	10	14	29.373	23.058	0.591
		12		34.912	27.406	0.591
		14		40.367	31.688	0.590
		15		43.063	33.804	0.590
		16		45.739	35.905	0.589
22	220	16	21	68.664	53.901	0.866
		18		76.752	60.250	0.866
		20		84.756	66.533	0.865
		22		92.676	72.751	0.865
		24		100.512	78.902	0.864
		26		108.264	84.987	0.864
25	250	18	24	87.842	68.956	0.985
		20		97.045	76.180	0.984
		24		115.201	90.433	0.983
		26		124.154	97.461	0.982
		28		133.022	104.422	0.982
		30		141.807	111.318	0.981
		32		150.508	118.149	0.981
		35		163.402	128.271	0.980

注：Q345T 推荐使用 6.3 以上型号的角钢；Q420T，Q460T 推荐使用 8 以上型号的角钢。

（3）牌号和化学成分（表 11-50）

表 11-50 铁塔用热轧角钢的牌号和化学成分　　　　　（%）

牌 号	统一数字代号	质量等级	化学成分（质量分数）							
			C≤	Si≤	Mn≤	P	S	V	Nb	Ti
						≤				
Q235T	L92351	A	0.22	—	—	0.045	0.050	—	—	—
	L92352	B	0.20	0.35	1.40	0.045	0.045	—	—	—

续表 11-50

牌　号	统一数字代号	质 量 等 级	化学成分（质量分数）							
			C≤	Si≤	Mn≤	P	S	V	Nb	Ti
						≤				
Q235T	L92353	C	0.17	0.35	1.40	0.040	0.040	—	—	—
	L92354	D				0.035	0.035			
Q275T	L92751	A	0.24	—	—	0.045	0.050	—	—	—
	L92752	B	0.21			0.045	0.045			
	L92753	C	0.22	0.35	1.50	0.040	0.040			
	L92754	D	0.20			0.035	0.035			
Q345T	L93451	A				0.045	0.045	0.01 ~ 0.15	0.005 ~ 0.060	0.01 ~ 0.20
	L93452	B	0.20			0.040	0.040			
	L93453	C		0.55	1.70	0.035	0.035			
	L93454	D	0.18			0.030	0.030			
Q420T	L94201	A				0.045	0.045	0.02 ~ 0.15	0.005 ~ 0.060	0.01 ~ 0.20
	L94202	B				0.040	0.040			
	L94203	C	0.20	0.55	1.70	0.035	0.035			
	L94204	D				0.030	0.030			
	L94205	E				0.025	0.025			
Q460T	L94601	A				0.045	0.045	0.02 ~ 0.15	0.005 ~ 0.060	0.01 ~ 0.20
	L94602	B				0.040	0.040			
	L94603	C	0.20	0.55	1.70	0.035	0.035			
	L94604	D				0.030	0.030			
	L94605	E				0.025	0.025			

（4）力学和工艺性能（表 11-51）

表 11-51　铁塔用热轧角钢的力学和工艺性能

牌号	质量等级	拉 伸 试 验				冲 击 试 验				180° 弯曲试验	
		上屈服强度 R_{eH}[①]/MPa		抗拉强度 R_m/MPa	断后伸长率 A/%≥	+20℃	0℃	−20℃	−40℃	厚度/mm	
		厚度/mm				冲击吸收功 A_{kv}/J≥					
		≤16	>16~35							≤16	>16~35
		≥									
Q235T	A	235	225	370~500	26					$d=t$	
	B				26	27					
	C				26		27				
	D				26			27			
Q275T	A	275	265	410~540	26					$d=t$	
	B				26	27					
	C				26		27				
	D				26			27			
Q345T	A	345	325	470~630	21					$d=2t$	$d=3t$
	B				21	34					
	C				22		34				
	D				22			34			
Q420T	A	420	400	520~680	18					$d=2t$	$d=3t$
	B				18	34					
	C				19		34				
	D				19			34			
	E				19				27		

续表 11-51

牌号	质量等级	拉 伸 试 验				冲 击 试 验				180° 弯曲试验	
		上屈服强度 R_{eH}[①]/MPa		抗拉强度 R_m/MPa	断后伸长率 A/%≥	+20℃	0℃	−20℃	−40℃	厚度/mm	
		厚度/mm				冲击吸收功 A_{kv}/J ≥					
		≤16	>16～35							≤16	>16～35
		≥									
Q460T	A	460	440	550～720	17					$d=2t$	$d=3t$
	B				17	34					
	C				17		34				
	D				17			34			
	E				17				27		

注：①当屈服现象不明显时，采用 $R_{p0.2}$。

　　d 为弯心直径，t 为试样厚度。

11.3.3　碳素结构钢电线套管（YB/T 5305—2008）

（1）用途　电线套管具有良好的塑性变形能力，可以满足和适应使用时弯曲成型的需要；经镀锌处理或涂黑凡立水，两端车有圆柱形螺纹。其规格以公称口径 mm 表示，它是外径的近似值；习惯上，还常用英寸表示其规格。电线套管主要在工业与民用建筑、安装机器设备等电气安装工程中用作保护电线的管子，分为两种：一种是厚壁管，壁厚为 2.25～4.0mm，称一分管，主要用于大型混凝土建筑掩蔽式配电工程；另一种为薄壁管，壁厚为 1.6～2.0mm，称五厘管，适用于木建筑掩蔽式配电工程和露出式配电工程。

（2）尺寸规格和质量　钢管的外径（D）和壁厚（t）应符合 GB/T 21835 的规定，其中外径（D）范围为 12.7～168.3mm，壁厚（t）范围为 0.5～3.2mm，一般长度为 3 000～12 000mm。钢管按理论质量交货，也可按实际质量交货。非镀锌钢管理论质量按式 11-1 计算（钢的密度为 7.85kg/dm³）：

$$W=0.024\ 661\ 5(D-t)t \qquad\qquad （式 11-1）$$

式中　W——钢管的单位长度理论质量（kg/m）；

　　　　D——钢管的外径（mm）；

　　　　t——钢管的壁厚（mm）。

钢管镀锌后的单位长度理论质量按式 11-2 计算：

$$W'=cW \qquad\qquad （式 11-2）$$

式中　W'——钢管镀锌后的单位长度理论质量（kg/m）；

　　　　c——镀锌钢管的质量系数，见表 11-52；

　　　　W——钢管镀锌前的单位长度理论质量（kg/m）。

表 11-52　镀锌钢管的质量系数

公称壁厚/mm	0.5	0.6	0.8	1.0	1.2	1.4	1.6	1.8	2.0	2.3
系数 c	1.255	1.112	1.159	1.127	1.106	1.091	1.080	1.071	1.064	1.055
公称壁厚/mm	2.6	2.9	3.2	3.6	4.0	4.5	5.0	5.4	5.6	6.3
系数 c	1.049	1.044	1.040	1.035	1.032	1.028	1.025	1.024	1.023	1.020
公称壁厚/mm	7.1	8.0	8.8	10	11	12.5	14.2	16	17.5	20
系数 c	1.018	1.016	1.014	1.013	1.012	1.010	1.009	1.008	1.007	1.006

（3）牌号和化学成分　钢的牌号和化学成分应符合 GB/T 700 中牌号 Q195，Q215A，Q215B，Q235A，Q235B，Q235C，Q275A，Q275B，Q275C 的规定。

（4）力学性能　钢管的力学性能不作为交货条件，公称外径不大于 60.3mm 的钢管应做弯曲试验，公称外径大于 60.3mm 的钢管应做压扁试验。

11.3.4 原料纯铁（GB/T 9971—2004）

（1）用途 原料纯铁是一种碳和其他杂质含量极低（碳含量不大于 0.010%）、质地纯净的铁。由于其质地纯净，能大大减少碳和其他杂质元素对纯铁性能的影响，主要用作电热合金、精密合金、粉末冶金、低碳及超低碳不锈钢等的原料。

（2）牌号和化学成分（表 11-53）

表 11-53 原料纯铁的牌号和化学成分   （%）

牌　号	化学成分（质量分数）≤								
	C	Si	Mn	P	S	Al	Ni	Cr	Cu
YT1	0.010	0.06	0.20	0.015	0.012	0.50	0.02	0.02	0.10
YT2	0.008	0.03	0.12	0.012	0.009	0.05	0.02	0.02	0.08
YT3	0.005	0.01	0.07	0.009	0.007	0.03	0.02	0.02	0.05

11.3.5 电磁纯铁（GB/T 6983—2008）

（1）用途 电磁纯铁是由碳含量小于 0.04% 的电工纯铁钢锭或钢坯经热轧、锻制、冷拉和冷轧制成的棒材和板（带）材。电磁纯铁有良好的电磁性能，适于制造直流磁场中使用的各种电磁元件。

（2）牌号和化学成分（表 11-54）

表 11-54 电磁纯铁的牌号和化学成分   （%）

牌　号	化学成分（质量分数）≤								
	C	Si	Mn	P	S	Al	Ti	Cr	Ni	Cu
DT4，DT4A DT4E，DT4C	0.010	0.10	0.25	0.015	0.010	0.20～0.80	0.02	0.10	0.05	0.05

（3）电磁性能（表 11-55）

表 11-55 电磁纯铁的电磁性能

磁性等级	牌号	矫顽力 H_C/（A/m）≤	矫顽力时效增值 ΔH_C/（A/m）≤	最大磁导率 μ_m/（H/m）≥	磁感应强度 B/T≥						
					B_{200}	B_{300}	B_{500}	B_{1000}	B_{2500}	B_{5000}	B_{10000}
普通级	DT4	96.0	9.6	0.007 5							
高级	DT4A	72.0	7.2	0.008 8							
特级	DT4E	48.0	4.8	0.011 3	1.20	1.30	1.40	1.50	1.62	1.71	1.80
超级	DT4C	32.0	4.0	0.015 1							

（4）力学和工艺性能（表 11-56）

表 11-56 电磁纯铁的力学和工艺性能

钢材品种	力学性能		表面硬度	180° 冷弯试验	
	抗拉强度 R_m/MPa	断后伸长率 A/%	维氏硬度 HV5	纯铁板厚度 a/mm	弯心直径 d
热轧圆棒、锻制圆棒、热轧板材	≥265	≥25	≤195		
软化退火态冷轧薄板（带）材	—	—	85～140		
热轧板（带）材	—	—	—	<8	a
退火态冷轧薄板（带）	—	—	—	8～20	2a

第12章 其他专业用钢

12.1 铁道用钢

12.1.1 铁路用热轧钢轨（GB 2585—2007）

（1）用途　钢轨综合力学性能好，尺寸精度高，适合承受复杂应力。U74碳素钢钢轨抗疲劳性能好，适合铺设铁路直线轨道，或制成全长淬火钢轨。U71Mn中锰低合金钢钢轨耐磨、耐压、耐疲劳性能比碳素钢钢轨好，使用寿命可提高一倍以上，并具有良好的焊接性能，适合铺设大半径曲线轨道，或焊接成长钢轨铺设无缝线路，也可制成全长淬火钢轨。U70MnSi，U71MnSiCu高硅钢轨比中锰钢轨具有更好的耐磨、耐压性能；U75V，U75NbRE钢轨组织细化，具有高的强度和韧性，耐磨、耐压性能良好；这些钢轨适合铺设大坡道和小半径曲线轨道。含铜钢轨耐腐蚀性能好，适合潮湿隧道轨道使用。

50kg/m，60kg/m，75kg/m钢轨主要用于铺设运量大、车速高的繁忙铁路正线和无缝线路。43kg/m钢轨用于一般铁路正线、站支线和专用线。38kg/m钢轨不能用于正线，一般用于矿山、竖井罐道等。

（2）尺寸规格（表12-1）

表12-1　铁路用热轧钢轨的尺寸规格

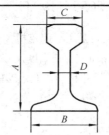

A——轨高；*B*——底宽；*C*——头宽；*D*——腰厚

型　号	截面尺寸/mm				截面面积/cm²	理论质量/（kg/m）
	A	*B*	*C*	*D*		
75	192	150	75	20.0	95.0	74.41
60	176	150	73	16.5	77.4	60.759
50	152	132	70	15.5	65.8	51.514
43	140	114	70	14.5	57.0	44.653
38	134	114	68	13.0	49.5	38.733

（3）牌号和化学成分（表12-2）

表12-2　铁路用热轧钢轨的牌号和化学成分　　　　　　　　　（%）

牌　号	化学成分（质量分数）							
	C	Si	Mn	P	S	V	Nb	RE
				≤				
U74	0.68～0.79	0.13～0.28	0.70～1.00	0.030	0.030	—	—	—
U71Mn	0.65～0.76	0.15～0.35	1.10～1.50	0.030	0.030	0.030	—	—
U70MnSi	0.66～0.74	0.85～1.15	0.85～1.15	0.030	0.030	—	0.010	—

续表 12-2

牌　　号	化学成分（质量分数）							
	C	Si	Mn	P	S	V	Nb	RE
				≤				
U71MnSiCu	0.64～0.76	0.70～1.10	0.85～1.20	0.030	0.030	—	—	—
U75V	0.71～0.80	0.50～0.80	0.70～1.05	0.030	0.030	0.40～0.12	—	—
U76NbRE	0.72～0.80	0.60～0.90	1.00～1.30	0.030	0.030	—	0.02～0.05	0.02～0.05
U70Mn	0.61～0.79	0.10～0.50	0.85～1.25	0.030	0.030	0.030	0.010	—

（4）力学性能（表 12-3）

表 12-3　铁路用热轧钢轨的力学性能

牌　　号	抗拉强度 R_m/MPa	断后伸长率 A/%	牌　　号	抗拉强度 R_m/MPa	断后伸长率 A/%
	≥			≥	
U74	780	10	U75V	980	9
U71Mn	880	9	U76NbRE	980	9
U70MnSi	880	9	U70Mn	880	9
U71MnSiCu	880	9	—	—	—

12.1.2　起重机钢轨（YB/T 5055—1993）

（1）用途　起重机钢轨俗称吊车轨，是用于起重机大车及小车轨道的特种截面钢轨。它与铁路用每米 30kg 以上的钢轨同属重轨，相比而言，其高度尺寸较小，而头宽、腰厚尺寸较大，每米质量更大。起重机钢轨截面参数设计合理、尺寸精确，有足够的强度、硬度、韧性和较好的耐磨、耐压性能，用作起重机的轨道，起重机运行平稳，安全可靠，并且使用寿命长。

（2）尺寸规格（表 12-4）

表 12-4　起重机钢轨的尺寸规格

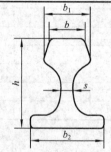

h——轨高；b——顶宽；b_1——顶下宽；b_2——底宽；s——腰厚

型　　号	截面尺寸/mm					截面面积 /cm²	理论质量 / (kg/m)
	h	b	b_1	b_2	s		
QU70	120	70	76.5	120	28	67.30	52.8
QU80	130	80	87	130	32	81.13	63.69
QU100	150	100	108	150	38	113.32	88.96
QU120	170	120	129	170	44	150.44	118.10

注：起重机钢轨的规格以 QU 及轨顶宽度的毫米数表示。

（3）牌号和化学成分及力学性能（表 12-5）

表 12-5 起重机钢轨的牌号和化学成分及力学性能 （%）

牌　号	化学成分（质量分数）					抗拉强度 R_m/MPa
	C	Si	Mn	P	S	
U71Mn	0.65～0.77	0.15～0.35	1.10～1.50	≤0.040	≤0.040	≥885

12.1.3　热轧轻轨（GB/T 11264—2012）

（1）用途　轻轨是每米公称质量不大于 30kg 的钢轨。按材质分为碳素结构钢轻轨和低合金高强度结构钢轻轨两类，有 50Q，55Q，45SiMnP，50SiMnP，36CuCrP 五个牌号。以 50Q，45SiMnP 制成的 9kg/m，12kg/m 轻轨比较轻便，易于搬动，一般用作港口、建筑工地轻便车运输轨道或施工机具；以 55Q，50SiMnP，36CuCrP 制成的 15kg/m，22kg/m，30kg/m 轻轨强度较高，耐磨性较好，性能稳定，一般用作矿山、工厂、森林及城市交通小型机车车辆行驶的轨道；45SiMnP，50SiMnP，36CuCrP 制成的轻轨耐蚀性好，常用作矿井、港口等潮湿、侵蚀严重的轨道。

（2）尺寸规格（表 12-6）

表 12-6　轻轨的尺寸规格

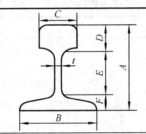

型　号	截面尺寸/mm							截面面积 /cm²	理论质量 /（kg/m）
	轨高 A	底宽 B	头宽 C	头高 D	腰高 E	底高 F	腰厚 t		
9	63.50	63.50	32.10	17.48	35.72	10.30	5.90	11.30	8.94
12	69.85	69.85	38.10	19.85	37.70	12.30	7.54	15.54	12.20
15	79.37	79.37	42.86	22.22	43.65	13.50	8.33	19.33	15.20
22	93.66	93.66	50.80	26.99	50.00	16.67	10.72	28.39	22.30
30	107.95	107.95	60.33	30.95	57.55	19.45	12.30	38.32	30.10

（3）牌号和化学成分（表 12-7）

表 12-7　轻轨的牌号和化学成分 （%）

钢类	牌号	型号 /（kg/m）	化学成分（质量分数）						
			C	Si	Mn	P	S≤	Cu	Cr
碳素钢	50Q	≤12	0.35～0.60	0.15～0.35	≥0.40	≤0.045	0.050	≤0.40	—
	55Q	≤30	0.50～0.60	0.15～0.35	0.60～0.90	≤0.045	0.050	≤0.40	—
低合金钢	45SiMnP	≤12	0.35～0.55	0.50～0.80	0.60～1.00	≤0.12	0.050	≤0.40	—
	50SiMnP	≤30	0.45～0.58	0.50～0.80	0.60～1.00	≤0.12	0.050	≤0.40	—
	36CuCrP	15～30	0.31～0.42	0.50～0.80	0.60～1.00	0.02～0.06	0.040	0.10～0.30	0.80～1.20

（4）力学和工艺性能（表12-8）

表12-8　轻轨的力学和工艺性能

牌　　号	型号/（kg/m）	抗拉强度 R_m/MPa	布氏硬度 HBW	落锤试验
50Q	≤12	—	—	—
55Q	≤12	—	—	—
	15～30	≥685	≥197	不断不裂
45SiMnP	≤12	—	—	—
50SiMnP	≤12	—	—	—
	15～30	≥685	≥197	不断不裂
36CuCrP	15～30	≥785	≥220	不断不裂

12.1.4　铁路轨距挡板用热轧型钢（YB/T 2010—2003）

（1）用途　该型钢适用于 50kg/m，60kg/m 钢轨弹条Ⅰ型、Ⅱ型扣件用热轧轨距挡板。

（2）尺寸规格（表12-9、表12-10）

表12-9　铁路轨距挡板用热轧型钢的尺寸偏差　　　　　　　　　　（mm）

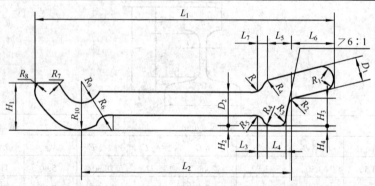

尺寸名称		型　　号											
		60kg/m				50kg/m							
		中间、接头通用				中　间				接　头			
		6 号		10 号		14 号		20 号		14 号		20 号	
		公称尺寸	允许偏差	公称尺寸	允许偏差	公称尺寸	允许偏差	公称尺寸	允许偏差	公称尺寸	允许偏差	公称尺寸	允许偏差
头部	H_3	8.0	+0.5	8.0	+0.5	8.0	+0.5	8.0	+0.5	8.0	+0.5	8.0	+0.5
	D_2	8.0	—	8.0	—	8.0	—	8.0	—	8.0	—	8.0	—
	R_1	2.0	—	2.0	—	2.0	—	2.0	—	2.0	—	2.0	—
	R_2	3.0	—	3.0	—	3.0	—	3.0	—	3.0	—	3.0	—
	L_6	15.0	+1.0 −2.0	15.0	+1.0 −2.0	15.0	+1.0 −2.0	15.0	+1.0 −2.0	6.0	+1.0 −1.0	6.0	+1.0 −1.0
腰部	L_7	2.5	—	2.5	—	2.5	—	2.5	—	2.5	—	2.5	—
	L_5	6.5	—	6.5	—	8.0	—	8.0	—	8.0	—	8.0	—
	L_4	5.0	—	5.0	—	6.5	—	6.5	—	6.5	—	6.5	—

续表 12-9

尺寸名称		60kg/m 中间、接头通用				50kg/m 中间				50kg/m 接头			
		6 号		10 号		14 号		20 号		14 号		20 号	
		公称尺寸	允许偏差	公称尺寸	允许偏差	公称尺寸	允许偏差	公称尺寸	允许偏差	公称尺寸	允许偏差	公称尺寸	允许偏差
腰部	L_3	3.0	—	3.0	—	3.0	—	3.0	—	3.0	—	3.0	—
	L_2	62.7	±1.0	66.7	±1.0	70.7	±1.0	76.7	±1.0	70.7	±1.0	76.7	±1.0
	D_1	8.0	+0.4 −0.5	8.0	+0.4 −0.5	8.0	+0.4 −0.5	8.0	+0.4 −0.5	8.0	+0.4 −0.5	8.0	+0.4 −0.5
	H_2	2.5	±0.5	2.5	±0.5	2.5	±0.5	2.5	±0.5	2.5	±0.5	2.5	±0.5
	H_4	1.5	—	1.5	—	1.5	—	1.5	—	1.5	—	1.5	—
	R_3	2.0	—	2.0	—	2.0	—	2.0	—	2.0	—	2.0	—
	R_4	4.0	—	4.0	—	4.0	—	4.0	—	4.0	—	4.0	—
	R_5	6.0	—	6.0	—	6.0	—	6.0	—	6.0	—	6.0	—
尾部	R_6	12.0	—	12.0	—	12.0	—	12.0	—	12.0	—	12.0	—
	R_7	2.0	—	2.0	—	2.0	—	2.0	—	2.0	—	2.0	—
	R_8	3.0	—	3.0	—	3.0	—	3.0	—	3.0	—	3.0	—
	R_9	7.0	−0.5	7.0	−0.5	7.0	−0.5	7.0	−0.5	7.0	−0.5	7.0	−0.5
	R_{10}	15.0	−0.5	15.0	−0.5	15.0	−0.5	15.0	−0.5	15.0	−0.5	15.0	−0.5
	H_1	15.0	+1.5 −0.5	15.0	+1.5 −0.5	15.0	+1.5 −0.5	15.0	+1.5 −0.5	15.0	+1.5 −0.5	15.0	+1.5 −0.5
宽	L_1	92.7	—	96.7	—	100.7	—	106.7	—	91.7	—	97.7	—

表 12.10　铁路轨距挡板用热轧型钢的横截面面积及理论质量

型　号			横截面面积/mm^2	理论质量/（kg/m）
60kg/m	中间、接头通用	6	814.4	6.393
		10	846.4	6.644
50kg/m	接头	14	809.1	6.351
		20	857.1	6.728
	中间	14	883.3	6.934
		20	931.3	7.311

12.1.5　33kg/m 护轨用槽型钢（TB/T 3110—2005）

（1）用途　该槽型钢适用于铁路道岔用护轨。

（2）尺寸规格（表 12-11、表 12-12）

表 12-11　33kg/m 护轨用槽型钢的尺寸规格　　　　　　　　（mm）

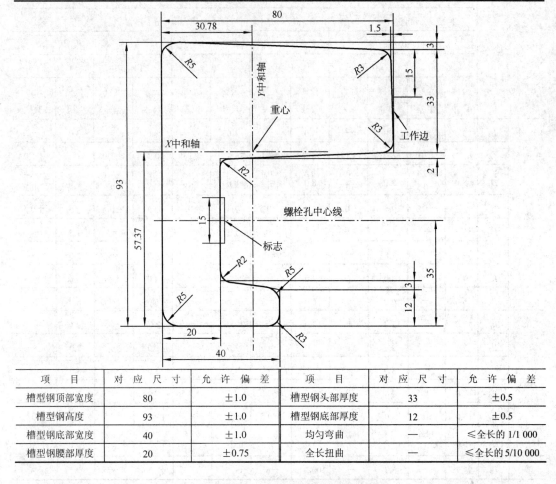

项　　目	对 应 尺 寸	允 许 偏 差	项　　目	对 应 尺 寸	允 许 偏 差
槽型钢顶部宽度	80	±1.0	槽型钢头部厚度	33	±0.5
槽型钢高度	93	±1.0	槽型钢底部厚度	12	±0.5
槽型钢底部宽度	40	±1.0	均匀弯曲	—	≤全长的 1/1 000
槽型钢腰部厚度	20	±0.75	全长扭曲	—	≤全长的 5/10 000

表 12-12　槽型钢的理论质量及金属分配

理论质量/（kg/m）	槽型钢的金属分配/%		
	头　部	腰　部	底　部
32.89	67.61	19.03	13.36

注：槽型钢的理论质量按钢的密度为 7.83g/cm³ 计算。

（3）牌号和化学成分　钢牌号为 U75V 或 U76NbRE，其化学成分应符合 TB/T 2344 的规定。

（4）硬度（表 12-13）

表 12-13　槽型钢的工作边表面硬度

种　　类	热处理槽型钢	热轧槽型钢
布氏硬度值（HBW 10/3000）	341～401	280～320

12.1.6　铁路机车、车辆车轴用钢（GB 5068—1999）

（1）用途　该钢用于制造铁路机车、车辆的车轴。

（2）尺寸规格（表12-14～表12-16）

表 12-14 方钢的截面尺寸及允许偏差

类别	代号	方钢截面尺寸 高度×宽度/（mm×mm）	允许偏差/mm 高度	允许偏差/mm 宽度	类别	代号	方钢截面尺寸 高度×宽度/（mm×mm）	允许偏差/mm 高度	允许偏差/mm 宽度
车辆车轴用钢	LZ	220×220	±4.0	+6.0 −4.0	机车车轴用钢	JZ	250×250	±4.0	+8.0 −5.0
		230×230	±4.0	+8.0 −4.0			280×280	±5.0	+8.0 −6.0
		240×240	±4.0	+8.0 −5.0			300×300 320×320 350×350	±6.0	+9.0 −6.0

表 12-15 圆钢的截面尺寸及允许偏差 （mm）

类 别	代 号	圆钢直径	允许偏差
车辆、机车车轴用钢	LZ	φ230	±3.0
		φ240	±4.0
	JZ	φ270	±5.0

表 12-16 铁路机车、车辆车轴用钢的理论质量

截面尺寸/mm	理论质量/（kg/m）	截面尺寸/mm	理论质量/（kg/m）	截面尺寸/mm	理论质量/（kg/m）
220×220	372.7	280×280	603.7	φ230	326.1
230×230	407.3	300×300	693.1	φ240	355.1
240×240	443.6	320×320	788.6	φ270	449.4
250×250	481.3	350×350	943.4	—	—

（3）牌号和化学成分（表12-17）

表 12-17 铁路机车、车辆车轴用钢的牌号和化学成分 （%）

代号	牌号	化学成分（质量分数） C	Mn	Si	P ≤	S ≤	Cr ≤	Ni ≤	Cu ≤
LZ，JZ	LZ40	0.37～0.45	0.50～0.80	0.17～0.37	0.030	0.030	0.30	0.30	0.25
	JZ40								
	LZ45	0.40～0.48	0.55～0.85	0.17～0.37	0.030	0.030	0.30	0.30	0.25
	JZ45								
LZ，JZ	LZ50	0.47～0.57	0.60～0.90	0.17～0.37	0.030	0.030	0.30	0.30	0.25
	JZ50								

（4）力学性能（表12-18、表12-19）

表 12-18 第一类铁路机车、车辆车轴用钢的力学性能

牌 号	抗拉强度 R_m/MPa	断后伸长率 A/% ≥	冲击吸收功 A_{KU}（常温）/J 4个试样平均值 ≥	冲击吸收功 A_{KU}（常温）/J 其中试样最小值 ≥
LZ40	550～570	22	47.0	31.0
	>570～600	21	39.0	27.0

续表 12-18

牌　　号	抗拉强度 R_m/MPa	断后伸长率 A/（%）	冲击吸收功 A_{KU}（常温）/J	
			4 个试样平均值	其中试样最小值
			≥	
LZ45	>600	20	31.0	23.0
JZ40	570～590	21	39.0	27.0
JZ45	>590～620	20	31.0	23.0
	>620	19	27.0	23.0

表 12-19　第二类铁路机车、车辆车轴用钢的力学性能

牌　　号	规定非比例延伸强度 $R_{p0.2}$/MPa	抗拉强度 R_m/MPa	断后伸长率 A/%	断面收缩率 Z/%
LZ50	≥345	≥610	≥19	≥35
JZ50				

（5）低倍组织（表 12-20）

表 12-20　铁路机车、车辆车轴用钢的酸浸低倍组织级别

截面尺寸/mm	一 般 疏 松	中 心 疏 松	锭 型 偏 析	点 状 偏 析
	级别/级≤			
≤250×250，ϕ230，ϕ240	2.5	2.5	2.5	2.0
>250×250，ϕ270	3.0	3.0	3.0	2.5

12.1.7　铁路机车、车辆用车轴（YB 4061—1991）

（1）用途　铁路机车、车辆用车轴是各种铁路机车、车辆，包括客车、货车、内燃机车、电动机车、煤水车及油罐车等用的火车轴。

（2）代号和化学成分（表 12-21）

表 12-21　铁路机车、车辆用车轴的代号和化学成分　　　　　　　　（%）

代　号	化学成分（质量分数）							
	C	Mn	Si	P	S	Cr	Ni	Cu
				≤				
LZ	0.37～0.45	0.50～0.80	0.15～0.35	0.040	0.045	0.30	0.30	0.25
JZ	0.40～0.48	0.55～0.85	0.15～0.35	0.040	0.045	0.30	0.30	0.25

（3）力学和工艺性能（表 12-22）

表 12-22　铁路机车、车辆用车轴的力学和工艺性能

代号	抗拉强度 σ_b/MPa	屈服强度 σ_s/MPa	伸长率 δ/%	冲击吸收功 A_{KU}/J		冷弯
				3 个试样平均值	个别试样最小值	
				≥		
LZ	≥550～570	不低于实测的 50%σ_b	22	47	31	180°
	>570～600		21	39	28	
	>600		20	31	23	

续表 12-22

代号	抗拉强度σ$_b$/MPa	屈服强度σ$_s$/MPa	伸长率δ/%	冲击吸收功 A$_{KU}$/J		冷弯
				3个试样平均值	个别试样最小值	
				≥		
JZ	≥570~590	不低于实测的50%σ$_b$	21	39	28	180°
	>590~620		20	31	23	
	>620		19	28	23	

（4）低倍组织（表 12-23）

表 12-23   酸洗低倍组织级别

钢坯尺寸/(mm×mm)	一 般 疏 松	中 心 疏 松	方 形 偏 析	点 状 偏 析
	级别≤			
≤250×250	2.5	2.5	2.5	2.0
>250×250	3.0	3.0	3.0	2.5

12.1.8 车轴用异型及圆形无缝钢管（GB/T 25822—2010）

（1）用途   本标准适用于车轴用异型无缝钢管，同时适用于车轴用圆形无缝钢管。

（2）尺寸规格（表 12-24～表 12-29）

表 12-24   方形车轴管的尺寸规格   （mm）

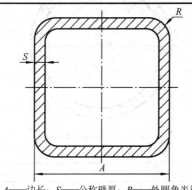

A——边长；S——公称壁厚；R——外圆角半径

边长 A	壁厚 S	外圆角 R
100~178	8~20	≤2.5S

表 12-25   矩形车轴管的尺寸规格   （mm）

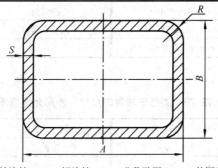

A——长边长；B——短边长；S——公称壁厚；R——外圆角半径

长边长 A	短边长 B	壁厚 S	外圆角 R
120~180	100~160	12~18	≤2.5S

表 12-26　三角花轴车轴管的尺寸规格　　　　　　　　　　（mm）

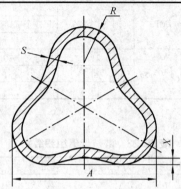

A——边长；S——公称壁厚；R——外圆角半径；X——间距

边长 A	壁厚 S	外圆角 R	间距 X
40~100	4~10	10~22	2.7~4

表 12-27　圆形车轴管的尺寸规格　　　　　　　　　　　　（mm）

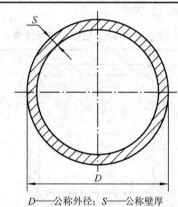

D——公称外径；S——公称壁厚

外径 D	壁厚 S
100~178	6~20

表 12-28　异型车轴管的外形允许偏差　　　　　　　　　　（mm）

外　形	允 许 偏 差	外　形	允 许 偏 差
边凹凸度 A	≤0.6%A	扭转值	≤1.5mm/m
边凹凸度 B	≤0.6%B	端面直角度	±1°
弯曲度	≤1.5mm/m，全长≤0.1%L[1]	—	—

注：[1]L 为车轴管管长度（mm）。

表 12-29　圆形车轴管的尺寸、外形允许偏差　　　　　　　（mm）

尺寸、外形	允 许 偏 差	尺寸、外形	允 许 偏 差
公称外径 D	±0.5%D	弯曲度	≤1.5mm/m，全长≤0.1%L[1]
公称壁厚 S	±7.5%S	—	—

注：[1]为车轴长度（mm）。

（3）牌号和化学成分（表 12-30）

表 12-30　车轴用异型及圆形无缝钢管的牌号和化学成分　（%）

牌号	化学成分（质量分数）									碳当量
	C	Si	Mn	S	P	Al	Nb	Ti	V	CEV
LZ320E	≤0.18	≤0.50	≤1.70	≤0.020	≤0.025	≥0.015	≤0.07	≤0.20	≤0.15	≤0.45
LZ355E	≤0.18	≤0.50	≤1.70	≤0.020	≤0.025	≥0.015	≤0.07	≤0.20	≤0.15	≤0.45
LZ460E	≤0.18	≤0.50	≤1.70	≤0.020	≤0.025	≥0.015	≤0.07	≤0.20	≤0.15	≤0.45
LZ500E	≤0.18	≤0.50	≤1.70	≤0.020	≤0.025	≥0.015	≤0.07	≤0.20	≤0.15	≤0.45
LZ590E	≤0.24	≤0.50	≤1.80	≤0.020	≤0.025	≥0.015	≤0.07	≤0.20	≤0.15	≤0.50

（4）力学性能（表 12-31）

表 12-31　车轴用异型及圆形无缝钢管的力学性能

牌　号	热处理状态	抗拉强度 R_m/MPa	下屈服强度或规定塑性延伸强度 R_{eL} 或 $R_{p0.2}$/MPa	断后伸长率 A/%	冲击吸收功 A_{KV2}/J
			≥		
LZ320E	退火	460	320	25	34
LZ320E	正火+回火	460	320	25	80
LZ355E	正火	470	355	22	80
LZ460E	淬火+回火	510	450	20	80
LZ500E	淬火+回火	560	500	19	80
LZ590E	淬火+回火	660	590	18	80

12.1.9　电气化铁道铝包钢绞线（TB/T 2938—1998）

（1）用途　为工频单相交流 25kV 电气化铁道接触网用铝包钢绞线。

（2）技术要求（表 12-32、表 12-33）

表 12-32　电气化铁道铝包钢绞线的力学及物理性能

型　号		LBGJ70（19）	LBGJ90（19）	LBGJ50（7）	LBGJ70（7）	LBGJ90（7）
断面结构根数及直径		19　2.05	19　2.41	7　2.89	7　3.45	7　3.97
外径/mm		10.25	12.05	8.67	10.35	11.91
计算截面积 /mm	铝	15.96	22.80	11.83	16.94	22.75
	钢	46.74	64.03	34.09	48.51	63.91
	总计	62.70	86.83	45.92	65.45	86.66
计算拉断力*/kN		75.62	104.72	55.38	77.17	94.37
弹性模量±3 000*/MPa		154 519	153 519	154 218	153 987	153 527
线性膨涨系数*/（1/℃）		$12.64×10^{-6}$	$12.64×10^{-6}$	$12.64×10^{-6}$	$12.64×10^{-6}$	$12.64×10^{-6}$
20℃直流电阻*/（Ω/km）		1.393	1.006	1.893	1.326	1.003
持续载流量*/A		150	180	120	155	178
20min 过载载流量*/A		159	191	127	159	189
允许温度/℃		100	100	100	100	100
参考质量*/（kg/km）		419.06	579.16	305.6	435.54	576.73

注：*表示仅供设计参考。

表 12-33　铝包钢单线主要技术指标

标称直径 /mm	允许偏差 /mm	标称截面积/mm²			铝层单面厚度/mm		最小抗拉强度/MPa	最小伸长率 L=250mm 断裂后/%	360° L=100d 扭转不断裂不起皮圈数	20℃直流电阻 /（Ω/m）
		钢	铝	总面积	标称	最小				
2.05	±0.04	2.46	0.84	3.30	0.14	0.10	1 340	1.0	20	0.025 70
2.41	±0.04	3.39	1.18	4.57	0.17	0.12	1 340	1.0	20	0.018 56
2.89	±0.04	4.87	1.69	6.56	0.20	0.14	1 340	1.0	20	0.012 93
3.45	±0.05	6.93	2.42	9.35	0.24	0.17	1 310	1.0	20	0.009 07
3.97	±0.06	9.13	3.25	12.38	0.28	0.20	1 210	1.0	20	0.006 85

12.2　船舶、桥梁用钢

12.2.1　船舶及海洋工程用结构钢（GB/T 12—2011）

（1）用途　本标准适用于制造远洋、沿海和内河航区航行船舶、渔船及海洋工程结构用厚度不大于 150mm 的钢板、厚度不大于 25.4mm 的钢带及剪切板和厚度或直径不大于 50mm 的型钢。

对船体用钢最关键性的性能要求是必须有良好的韧性及低温冲击韧性，此外，还要求具有较高强度，良好的耐蚀性能、焊接性能、加工成型性能以及良好的表面质量。所有船体结构用钢材，均应由中华人民共和国船舶检验局或中国船级社认可的钢厂生产。

（2）分类及牌号（表 12-34）

表 12-34　船舶及海洋工程用结构钢的分类及牌号

牌　号	Z 向钢	用　途
A，B，D，E		一般强度船舶及海洋工程用结构钢
AH32，DH32，EH32，FH32，AH36，DH36，EH36，FH36 AH40，DH40，EH40，FH40	Z25，Z35	高强度船舶及海洋工程用结构钢
AH420，DH420，EH420，FH420，AH460，DH460，EH460，FH460 AH500，DH500，EH500，FH500，AH550，DH550，EH550，FH550 AH620，DH620，EH620，FH620，AH690，DH690，EH690，FH690		超高强度船舶及海洋工程用结构钢

（3）牌号和化学成分（表 12-35～表 12-37）

表 12-35　一般强度级、高强度级钢材的牌号和化学成分　　　　　　　　　　（%）

牌号	化学成分（质量分数）												
	C	Si	Mn	P	S	Cu	Cr	Ni	Nb	V	Ti	Mo	N	Als
A	≤0.21	≤0.50	≥0.50	≤0.035	≤0.035	≤0.35	≤0.30	≤0.30	—	—	—	—		—
B	≤0.21		≥0.80	≤0.035	≤0.035	≤0.35	≤0.30	≤0.30	—	—	—	—		—
D	≤0.21	≤0.35	≥0.60	≤0.030	≤0.030	≤0.35	≤0.30	≤0.30	—	—	—	—		≥0.015
E	≤0.18	≤0.35	≥0.70	≤0.025	≤0.025	≤0.35	≤0.30	≤0.30	—	—	—	—		≥0.015
AH32	≤0.18	≤0.50	0.90～1.60	≤0.030	≤0.030	≤0.35	≤0.20	≤0.40	0.02～0.05	0.05～0.10	≤0.02	≤0.08	—	≥0.015
AH36	≤0.18	≤0.50	0.90～1.60	≤0.030	≤0.030	≤0.35	≤0.20	≤0.40	0.02～0.05	0.05～0.10	≤0.02	≤0.08	—	≥0.015
AH40	≤0.18	≤0.50	0.90～1.60	≤0.030	≤0.030	≤0.35	≤0.20	≤0.40	0.02～0.05	0.05～0.10	≤0.02	≤0.08	—	≥0.015

续表 12-35

牌号	化学成分（质量分数）												
	C	Si	Mn	P	S	Cu	Cr	Ni	Nb	V	Ti	Mo	N	Als
DH32	≤0.18	≤0.50	0.90~1.60	≤0.025	≤0.025	≤0.35	≤0.20	≤0.40	0.02~0.05	0.05~0.10	≤0.02	≤0.08	—	≥0.015
DH36														
DH40														
EH32														
EH36														
EH40														
FH32	≤0.16			≤0.020	≤0.020			≤0.80					≤0.009	
FH36														
FH40														

表 12-36　高强度级钢材的碳当量　　　　　　　　　　　（%）

牌　　号	碳当量[①②]		
	钢材厚度≤50mm	50mm<钢材厚度≤100mm	100mm<钢材厚度≤150mm
AH32，DH32，EH32，FH32	≤0.36	≤0.38	≤0.40
AH36，DH36，EH36，FH36	≤0.38	≤0.40	≤0.42
AH40，DH40，EH40，FH40	≤0.40	≤0.42	≤0.45

注：①碳当量计算公式：$Ceq=C+Mn/6+(Cr+Mo+V)/5+(Ni+Cu)/15$。

②根据需要，可用裂纹敏感系数 Pcm 代替碳当量，其值应符合船级社接受的有关标准。裂纹敏感系数计算公式：$Pcm=C+Si/30+Mn/20+Cu/20+Ni/60+Cr/20+Mo/15+V/10+5B$。

表 12-37　超高强度级钢材的牌号和化学成分　　　　　（%）

牌　　号	化学成分（质量分数）[①②]					
	C	Si	Mn	P	S	N
AH420	≤0.21	≤0.55	≤1.70	≤0.030	≤0.030	≤0.020
AH460						
AH500						
AH550						
AH620						
AH690						
DH420	≤0.20	≤0.55	≤1.70	≤0.025	≤0.025	
DH460						
DH500						
DH550						
DH620						
DH690						
EH420	≤0.20	≤0.55	≤1.70	≤0.025	≤0.025	
EH460						
EH500						
EH550						
EH620						
EH690						

续表 12-37

牌　　号	化学成分（质量分数）[①②]					
	C	Si	Mn	P	S	N
FH420	≤0.18	≤0.55	≤1.60	≤0.020	≤0.020	≤0.020
FH460						
FH500						
FH550						
FH620						
FH690						

注：①添加的合金化元素及细化晶粒元素 Al, Nb, V, Ti 应符合船级社认可或公认的有关标准规定。
②应采用表中公式计算裂纹敏感系数 Pcm 代替碳当量，其值应符合船级社认可的标准。

（4）力学性能（表 12-38～表 12-40）

表 12-38　一般强度级、高强度级钢材的力学性能

牌号	拉伸试验[①]			V 形冲击试验					
	上屈服强度 R_{eH}/MPa	抗拉强度 R_m/MPa	断后伸长率 A/%	试验温度/℃	以下厚度（mm）冲击吸收功 A_{KV2}/J				
					≤50		>50～70		>70～150
					纵向	横向	纵向	横向	纵向	横向
					≥					
A	≥235	400～520	≥22	20	—	—	34	24	41	27
B				0	27	20	34	24	41	27
D				−20						
E				−40						
AH32	≥315	450～570		0	31	22	38	26	46	31
DH32				−20						
EH32				−40						
FH32				−60						
AH36	≥355	490～630	≥21	0	34	24	41	27	50	34
DH36				−20						
EH36				−40						
FH36				−60						
AH40	≥390	510～660	≥20	0	41	27	46	31	55	37
DH40				−20						
EH40				−40						
FH40				−60						

注：①当屈服不明显时，可测量 $R_{p0.2}$ 代替上屈服强度。

表 12-39　超高强度级钢材的力学性能

钢　级	拉伸试验[①]			V 形冲击试验		
	上屈服强度 R_{eH}/MPa	抗拉强度 R_m/MPa	断后伸长率 A/%	试验温度/℃	冲击吸收能量 A_{KV2}/J	
					纵　　向	横　　向
					≥	
AH420	≥420	530～680	≥18	0	42	28
DH420				−20		

续表 12-39

钢 级	拉 伸 试 验①			V 形 冲 击 试 验		
	上屈服强度 R_{eH}/MPa	抗拉强度 R_m/MPa	断后伸长率 A/%	试验温度/℃	冲击吸收能量 A_{KV2}/J	
					纵 向	横 向
					≥	
EH420	≥420	530～680	≥18	−40	42	28
FH420				−60		
AH460	≥460	570～720	≥17	0	46	31
DH460				−20		
EH460				−40		
FH460				−60		
AH500	≥500	610～770	≥16	0	50	33
DH500				−20		
EH500				−40		
FH500				−60		
AH550	≥550	670～830	≥16	0	55	37
DH550				−20		
EH550				−40		
FH550				−60		
AH620	≥620	720～890	≥15	0	62	41
DH620				−20		
EH620				−40		
FH620				−60		
AH690	≥690	770～940	≥14	0	69	46
DH690				−20		
EH690				−40		
FH690				−60		

注：①当屈服不明显时，可测量 $R_{p0.2}$ 代替上屈服强度。

表 12-40 Z 向钢厚度方向断面收缩率 （%）

厚度方向断面收缩率	Z 向 性 能 级 别	
	Z25	Z35
3 个试样平均值	≥25	≥35
单个试样值	≥15	≥25

12.2.2　热轧 L 型钢（GB/T 706—2008）

（1）用途　L 型钢也称不等边不等厚角钢。它是适应大型船舶建造的需要而产生的新型型材，在型钢高度与腹部厚度相等的情况下，L 型钢比球扁钢的截面系数和刚度都要大，在同样截面系数的情况下可以增加船舶的仓容，增加船舶的经济效益。L 型钢除用于大型船舶外，也可用于海洋工程结构和一般建筑结构。

（2）尺寸规格（表 12-41）

表 12-41　热轧 L 型钢的尺寸规格

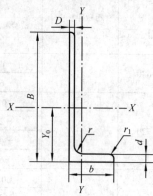

B——长边宽度；b——短边宽度；D——长边厚度；d——短边厚度；
r——内圆弧半径；r_1——边端圆弧半径；Y_0——重心距离

型　号	截面尺寸/mm						截面面积/cm²	理论质量/（kg/m）
	B	b	D	d	r	r_1		
L250×90×9×13			9	13			33.4	26.2
L250×90×10.5×15	250	90	10.5	15			38.5	30.3
L250×90×11.5×16			11.5	16	15	7.5	41.7	32.7
L300×100×10.5×15	300	100	10.5	15			45.3	35.6
L300×100×11.5×16			11.5	16			49.0	38.5
L350×120×10.5×16	.350	120	10.5	16			54.9	43.1
L350×120×11.5×18			11.5	18			60.4	47.4
L400×120×11.5×23	400	120	11.5	23			71.6	56.2
L450×120×11.5×25	450	120	11.5	25	20	10	79.5	62.4
L500×120×12.5×33	500	120	12.5	33			98.6	77.4
L500×120×13.5×35			13.5	35			105.0	82.8

12.2.3　船用锚链圆钢（GB/T 18669—2012）

（1）用途　船用锚链圆钢是用于制造直径 13.0～190.0mm 的船用电焊锚链的圆钢。船用锚链圆钢有足够的强度和良好的塑性、韧性，承受冲击能力强，焊接性能好，主要用于制造船用电焊锚链的链环、转环、卸扣或中间链等零件。

（2）尺寸规格（表 12-42）

表 12-42　船用锚链圆钢的尺寸规格

公称直径 d/mm	理论质量/（kg/m）	公称直径 d/mm	理论质量/（kg/m）	公称直径 d/mm	理论质量/（kg/m）
13.0	1.04	22.0	2.98	38.0	8.90
14.5	1.30	23.0	3.26	40.0	9.86
17.0	1.78	25.0	3.85	42.0	10.90
18.0	2.00	32.0	6.31	44.0	11.94
20.0	2.47	34.0	7.13	46.0	13.05
21.0	2.72	36.0	7.99	48.0	14.20

续表 12-42

公称直径 d/mm	理论质量/（kg/m）	公称直径 d/mm	理论质量/（kg/m）	公称直径 d/mm	理论质量/（kg/m）
50.0	15.40	72.0	31.96	102.0	64.14
52.0	16.67	75.0	34.70	105.0	68.00
54.0	17.98	78.0	37.51	108.0	71.91
56.0	19.30	80.0	39.50	110.0	74.60
58.0	20.70	83.0	42.47	114.0	80.13
60.0	22.20	86.0	45.60	117.0	84.40
62.0	23.70	89.0	48.84	120.0	88.80
64.0	25.25	92.0	52.18	125.0	96.30
66.0	28.86	94.0	54.48	130.0	104.0
68.0	28.50	97.0	58.01	≥131.0	—
70.0	30.20	99.0	60.43	—	—

（3）牌号和化学成分（表 12-43）

表 12-43　船用锚链圆钢的牌号和化学成分　　　　　　　　（%）

牌　　号	化学成分（质量分数）					
	C	Mn	Si	P	S	Als
				≤		≥
CM370	≤0.16	0.40～0.70	0.15～0.35	0.040	0.040	—
CM490	≤0.24	1.10～1.60	0.15～0.55	0.035	0.035	0.015
CM690	≤0.33	1.30～1.90	0.15～0.55	0.035	0.035	0.015

（4）力学和工艺性能（表 12-44）

表 12-44　船用锚链圆钢的力学和工艺性能

牌　　号	力　学　性　能					180°冷弯试验	试样状态
	拉　力　试　验				冲击功 A_{KV}/J ≥		
	下屈服强度 R_{eL}/MPa	抗拉强度 R_m/MPa	断后伸长率 A_5/%≥	断面收缩率 Z/%≥			
CM370	—	270～490	30	—	—	$d=a$	热轧
CM490	295	490～690	22	—	27（0℃）	$d=1.5a$	热轧
CM690	410	≥690	17	40	60（0℃）	$d=1.5a$	热处理
					35（20℃）		

注：d 为弯心直径，a 为试样直径。

12.2.4　热轧球扁钢（GB/T 9945—2001）

（1）用途　热轧球扁钢是用于制造船体结构的热轧单面球扁钢。其横截面类似矩形，沿较宽表面的一端，有一个贯穿全长的球头，球头的宽度一般不小于 430mm。球扁钢截面比较合理，抗弯能力强，金属利用率及工艺适应性好，广泛用于船舶制造、海洋工程及钢结构。

（2）尺寸规格（表 12-45、表 12-46）

表 12-45 热轧球扁钢的尺寸规格（1）

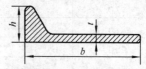

（欧洲标准 EN10067:1996 系列规格）

型　号	尺寸/mm			截面面积 /cm²	理论质量 /（kg/m）	型　号	尺寸/mm			截面面积 /cm²	理论质量/（kg/m）
	b	t	h				b	t	h		
80×5	80	5	19	5.41	4.25	260×10	260	10	47	36.11	28.35
80×6	80	6	20	6.21	4.88	260×11	260	11	48	38.71	30.39
						260×12	260	12	49	41.31	32.43
100×7	100	7	22.5	8.74	6.86	280×11	280	10	51	42.68	33.50
100×8	100	8	23.5	9.74	7.65	280×12	280	12	52	45.48	35.70
						280×13	280	13	53	48.28	37.90
120×6	120	6	23	9.32	7.32	300×11	300	11	54	46.78	36.70
120×7	120	7	24	10.52	8.26	300×12	300	12	55	49.79	39.09
120×8	120	8	25	11.72	9.20	300×13	300	13	56	52.79	41.44
140×7	140	7	26	12.43	9.75	320×12	320	12	58	54.25	42.60
140×8	140	8	27	13.83	10.85	320×13	320	13	59	57.25	45.09
140×10	140	10	29	16.63	13.05	320×14	320	14	60	60.85	47.60
160×7	160	7	29	14.60	11.46						
160×8	160	8	30	16.20	12.72	340×12	340	12	61	58.84	46.20
160×9	160	9	31	17.80	13.97	340×13	340	13	62	62.24	48.86
160×11	160	11	33	21.00	16.49	340×14	340	14	63	65.54	51.50
180×8	180	8	33	18.86	14.80						
180×9	180	9	34	20.66	16.22	370×13	370	13	66.5	69.70	54.70
180×10	180	10	35	22.46	17.63	370×14	370	14	67.5	73.40	57.60
180×11	180	11	36	24.26	19.04	370×15	370	15	68.5	77.10	60.50
200×9	200	9	37	23.66	18.57						
200×10	200	10	38	25.66	20.14	400×14	400	14	72	81.48	63.96
200×11	200	11	39	27.66	21.71	400×15	400	15	73	85.48	67.10
200×12	200	12	40	29.66	23.28	400×16	400	16	74	89.48	70.20
220×10	220	10	41	29.00	22.77						
220×11	220	11	42	31.20	24.50	430×14	430	14	76.5	89.70	70.60
220×12	220	12	43	33.40	26.22	430×15	430	15	77.5	94.19	73.90
240×10	240	10	44	32.49	25.50	430×17	430	17	79.5	102.79	80.70
240×11	240	11	45	34.89	27.39	430×19	430	19	81.5	111.39	87.40
240×12	240	12	46	37.29	29.27	430×20	430	20	82.5	115.00	90.80

表 12-46 热轧球扁钢的尺寸规格（2）

型　号	尺寸/mm			截面面积 /cm²	理论质量/（kg/m）	型　号	尺寸/mm			截面面积 /cm²	理论质量/（kg/m）
	b	t	h				b	t	h		
40×3.5	40	3.5	14	2.03	1.59	70×5	70	5	21	5.09	4.00
50×4	50	4	16	2.87	2.26	80×5	80	5	22	5.87	4.61
60×5	60	5	19	4.31	3.38	90×5.5	90	5.5	24	7.07	5.55

续表 12-46

型　号	尺寸/mm			截面面积 /cm²	理论质量/ (kg/m)	型　　号	尺寸/mm			截面面积 /cm²	理论质量/ (kg/m)
	b	t	h				b	t	h		
100×6	100	6	26	8.67	6.81	200×10	200	10	44	27.47	21.58
120×6.5	120	6.5	30	11.19	8.78	200×12	200	12	46	31.47	24.72
140×7	140	7	33	14.13	11.10	220×11	220	11	48	32.94	25.87
140×9	140	9	35	16.93	13.30	220×13	220	13	50	37.34	29.33
160×8	160	8	36	18.04	14.17	240×12	240	12	52	38.91	30.55
160×10	160	10	38	21.24	16.68	240×14	240	14	54	43.71	34.52
180×9	180	9	40	22.28	17.50	270×12	270	12	55	43.92	34.53
180×11	180	11	42	25.88	20.32	270×14	270	14	57	49.37	38.77

注：原标准 GB/T 9945—1988 中 5～27 号及增加的 4 号规格。

（3）牌号和化学成分（表 12-47）

表 12-47　热轧球扁钢的牌号和化学成分　　　　　　　　　　　　（%）

钢类	钢等级	化学成分（质量分数）								
		C	Mn	Si	P	S	Als	Nb	V	Ti
				≤						
一般强度钢	A	≤0.21	≥2.5C	0.50	0.035	0.035	—	—	—	—
	B		0.60～1.20	0.35	0.035	0.035				
	D			0.35	0.035	0.035	≥0.015			
	E	≤0.18	0.70～1.20	0.35	0.035	0.035				
高强度钢	A32	≤0.18	0.90～1.60	0.50	0.035	0.035	≥0.015	0.02～0.05	0.05～0.10	≤0.02
	D32				0.035	0.035				
	E32				0.035	0.035				
	A36				0.035	0.035				
	D36				0.035	0.035				
	E36				0.035	0.035				
	A40				0.035	0.035				
	D40				0.035	0.035				

（4）力学和工艺性能（表 12-48）

表 12-48　热轧球扁钢的力学和工艺性能

钢　类	钢等级	下屈服强度 R_{eL}/MPa	抗拉强度 R_m/MPa	断后伸长率 A_5/%	冲击功 A_{KV}/J			180° 冷弯试验
					试验温度/℃	纵向	横向	
一般强度钢	A	≥235	400～520	≥22	—	≥27	≥20	d=2t
	B				0			
	D				−20			
	E				−40			
高强度钢	A32	≥315	440～570	≥22	0	≥31	≥22	d=2t
	D32				−20			
	E32				−40			

续表 12-48

钢　类	钢等级	下屈服强度 R_{eL}/MPa	抗拉强度 R_m/MPa	断后伸长率 A_5/%	冲击功 A_{KV}/J			180° 冷弯试验
					试验温度/℃	纵向	横向	
高强度钢	A36	≥355	490～620	≥21	0	≥34	≥24	$d=2t$
	D36				−20			
	E36				−40			
	A40	≥390	510～660	≥20	0	≥41	≥27	
	D40				−20			

注：d 为弯心直径，t 为球扁钢厚度。

12.2.5　船舶用碳钢和碳锰钢无缝钢管（GB/T 5312—2009）

（1）用途　本标准适用于制造船舶用的 I 级承压管系、II 级承压管系、锅炉及过热器用的碳钢和碳锰钢无缝钢管。

（2）分类　钢管按用途分为承压管系用无缝钢管和锅炉及过热器用无缝钢管。

①承压管系用无缝钢管按设计压力和设计温度分为 3 级，见表 12-49。

表 12-49　管系等级

等　级	I 级		II 级		III 级	
介　质	设计压力/MPa	设计温度/℃	设计压力/MPa	设计温度/℃	设计压力/MPa	设计温度/℃
	>		—		≤	
蒸汽和热油	1.6	300	0.7～1.6	170～300	0.7	170
燃油	1.6	150	0.7～1.6	60～150	0.7	60
其他介质	4.0	300	1.6～4.0	200～300	1.6	200

注：1. 当管系的设计压力和设计温度其中一个参数达到表中 I 级规定时，即定为 I 级管；当管系的设计压力和设计温度两个参数均满足表中 II 级规定时，即定为 II 级管。

　　2. 其他介质是指空气、水、润滑油和液压油等。

　　3. III级管系用无缝钢管可根据船检部门认可的国家标准制造。

②锅炉及过热器用无缝钢管管壁的工作温度应不超过 450℃。

（3）尺寸规格　钢管应优先选用 GB/T 17395—2008 中的尺寸。

（4）钢级和化学成分（表 12-50）

表 12-50　船舶用碳钢和碳锰钢无缝钢管的钢级和化学成分　　　　　　　（%）

钢级	化学成分（质量分数）									
	C	Si	Mn	S	P	残余元素				
						Cr	Mo	Ni	Cu	总量
320	≤0.16	—	0.40～0.70	≤0.020	≤0.025	≤0.25	≤0.10	≤0.30	≤0.30	≤0.70
360	≤0.17	≤0.35	0.40～0.80							
410	≤0.21	≤0.35	0.40～1.20							
460	≤0.22	≤0.35	0.80～1.20							
490	≤0.23	≤0.35	0.80～1.50							

（5）力学性能（表12-51、表12-52）

表 12-51 船舶用碳钢和碳锰钢无缝钢管的室温纵向力学性能

钢　级	抗拉强度 R_m/MPa	下屈服强度 R_{eL}/MPa	断后伸长率 A/%
320	320～440	≥195	≥25
360	360～480	≥215	≥24
410	410～530	≥235	≥22
460	460～580	≥265	≥21
490	490～610	≥285	≥21

表 12-52 船舶用碳钢和碳锰钢无缝钢管的高温力学性能

钢　级	高温规定非比例延伸强度 $R_{P0.2}$/MPa≥								
	50℃	100℃	150℃	200℃	250℃	300℃	350℃	400℃	450℃
320	172	168	158	147	125	100	91	88	87
360	192	187	176	165	145	122	111	109	107
410	217	210	199	188	170	149	137	134	132
460	241	234	223	212	195	177	162	159	156
490	256	249	237	226	210	193	177	174	171

12.2.6 桥梁用结构钢（GB/T 714—2008）

（1）用途　桥梁用结构钢是用于制造桥梁建筑结构件的专用钢种。钢质纯净，质量等级高，有较高的强度、韧性、耐疲劳、抗冲击性好，并有一定的低温韧性和耐大气腐蚀能力，有良好的焊接性能和加工工艺性能。

（2）尺寸规格　厚度不大于100mm的桥梁用结构钢板、钢带和厚度不大于40mm的桥梁用结构型钢。

（3）牌号和化学成分（表12-53～表12-57）

表 12-53 桥梁用结构钢的牌号和化学成分 （%）

牌号	质量等级	化学成分（质量分数）													
		C	Si	Mn	P	S	Nb	V	Ti	Cr	Ni	Cu	Mo	B	N	Als
					≤											≥
Q235q	C	≤0.17	≤0.35	≤1.40	0.030	0.030	—	—	—	0.30	0.30	0.30	—	—	0.012	0.015
	D				0.025	0.025										
	E				0.020	0.010										
Q345q	C	≤0.20	≤0.55	0.90～1.70	0.030	0.025	0.06	0.08	0.03	0.80	0.50	0.55	0.20	—	0.012	0.015
	D	≤0.18			0.025	0.020										
	E				0.020	0.010										
Q370q	C	≤0.18	≤0.55	1.00～1.70	0.030	0.025	0.06	0.08	0.03	0.80	0.50	0.55	0.20	0.004	0.012	0.015
	D				0.025	0.020										
	E				0.020	0.010										
Q420q	C	≤0.18	≤0.55	1.00～1.70	0.030	0.025	0.06	0.08	0.03	0.80	0.70	0.55	0.35	0.004	0.012	0.015
	D				0.025	0.020										
	E				0.020	0.010										

续表 12-53

牌号	质量等级	化学成分（质量分数）														
		C	Si	Mn	P	S	Nb	V	Ti	Cr	Ni	Cu	Mo	B	N	Als
					≤											≥
Q460q	C	≤0.18	≤0.55	1.00～1.80	0.030	0.020	0.06	0.08	0.03	0.80	0.70	0.55	0.35	0.004	0.012	0.015
	D				0.025	0.015										
	E				0.020	0.010										

注：牌号表示方法。钢的牌号由代表屈服强度的汉语拼音字母、屈服强度数值、桥字的汉语拼音字母、质量等级符号等几个部分组成。例如，Q420qD，其中：

Q——桥梁用钢屈服强度的"屈"字汉语拼音的首位字母；

420——屈服强度数值（MPa）；

q——桥梁用钢的"桥"字汉语拼音的首位字母；

D——质量等级为 D 级。

当要求钢板具有耐候性能或厚度方向性能时，则在上述规定的牌号后分别加上代表耐候的汉语拼音字母"NH"或厚度方向（Z 向）性能级别的符号，如 Q420qDNH 或 Q420qDZ15。

表 12-54   推荐使用桥梁用结构钢的牌号和化学成分 （%）

牌号	质量等级	化学成分（质量分数）														
		C	Si	Mn	P	S	Nb	V	Ti	Cr	Ni	Cu	Mo	B	N	Als
										≤						
Q500q	D	≤0.18	≤0.55	1.00～1.70	0.025	0.015	0.06	0.08	0.03	0.08	1.00	0.55	0.40	0.004	0.012	0.015
	E				0.020	0.010										
Q550q	D	≤0.18	≤0.55	1.00～1.70	0.025	0.015	0.06	0.08	0.03	0.80	1.00	0.55	0.40	0.004	0.012	0.015
	E				0.020	0.010										
Q620q	D	≤0.18	≤0.55	1.00～1.70	0.025	0.015	0.06	0.08	0.03	0.80	1.10	0.55	0.60	0.004	0.012	0.015
	E				0.020	0.010										
Q690q	D	≤0.18	≤0.55	1.00～1.70	0.025	0.015	0.09	0.08	0.03	0.80	1.10	0.55	0.60	0.004	0.012	0.015
	E				0.020	0.010										

表 12-55   S 元素含量（质量分数） （%）

Z 向性能级别	Z15	Z25	Z35
S	≤0.010	≤0.007	≤0.005

表 12-56   各牌号钢的碳当量（CEV） （%）

牌 号	交货状态	碳当量 CEV	
		厚度≤50mm	厚度>50～100mm
Q345q	热轧、控轧、正火/正火轧制	≤0.42	≤0.43
Q370q		≤0.43	≤0.44
Q420q		≤0.44	≤0.45
Q460q		≤0.46	≤0.50

注：碳当量应由熔炼分析成分并采用下式计算：CEV＝C＋Mn/6＋(Cr＋Mo＋V)/5＋(Ni＋Cu)/15。

表 12-57　焊接裂纹敏感性指数（Pcm）　　　　　（%）

牌　号	Pcm	牌　号	Pcm	牌　号	Pcm
Q420q	≤0.20	Q500q	≤0.23	Q620q	≤0.25
Q460q	≤0.23	Q550q	≤0.25	Q690q	≤0.27

注：当各牌号钢的碳含量不大于0.12%时，采用焊接裂纹敏感性指数（Pcm）代替碳当量评估钢材的焊接性，Pcm应采用下式由熔炼分析计算，其值应符合表中的规定：Pcm＝C＋Si/30＋Mn/20＋Cu/20＋Ni/60＋Cr/20＋Mo/15＋V/10＋5B。

（4）力学和工艺性能（表 12-58～表 12-61）

表 12-58　桥梁用结构钢的力学性能

牌　号	质量等级	拉 伸 试 验[①]				V 形冲击试验	
		下屈服强度 R_{eL}/MPa 厚度/mm		抗拉强度 R_m/MPa	断后伸长率 A/%	试验温度/℃	冲击吸收功 A_{KV2}/J
		≤50	>50～100				
		≥					≥
Q235q	C	235	225	400	26	0	34
	D					−20	
	E					−40	
Q345q	C	345	335	490	20	0	47
	D					−20	
	E					−40	
Q370q	C	370	360	510	20	0	47
	D					−20	
	E					−40	
Q420q	C	420	410	540	19	0	47
	D					−20	
	E					−40	
Q460q	C	460	450	570	17	0	47
	D					−20	
	E					−40	

注：①当屈服不明显时，可测量 $R_{p0.2}$ 代替下屈服强度。

表 12-59　推荐使用桥梁用结构钢的力学性能

牌号	质量等级	拉 伸 试 验[①]				V 形冲击试验	
		下屈服强度 R_{eL}/MPa 厚度/mm		抗拉强度 R_m/MPa	断后伸长率 A/（%）	试验温度/℃	冲击吸收功 A_{KV2}/J
		≤50	>50～100				
		≥					≥
Q500q	D	500	480	600	16	−20	47
	E					−40	
Q550q	D	550	530	600	16	−20	47
	E					−40	
Q620q	D	620	580	720	15	−20	47
	E					−40	
Q690q	D	690	650	770	14	−20	47
	E					−40	

注：①当屈服不明显时，可测量 $R_{p0.2}$ 代替下屈服强度。

表12-60 Z向钢厚度方向断面收缩率 （%）

项 目	Z向钢断面收缩率 Z			项 目	Z向钢断面收缩率 Z		
	Z向性能级别				Z向性能级别		
	Z15	Z25	Z35		Z15	Z25	Z35
3个试样平均值	≥15	≥25	≥35	单个试样值	≥10	≥15	≥25

表12-61 钢材的弯曲试验 （mm）

180°弯曲试验	
厚度≤16	厚度>16
d=2a	d=3a

注：d为弯心直径，a为试样厚度。

12.2.7 组合结构桥梁用波形钢腹板（JT/T 784—2010）

（1）用途 波形钢腹板系指被加工成波折或波纹形状的用于桥梁腹板构造的钢板。本标准适用于腹板采用波形钢腹板的组合结构桥梁。铁路、市政、水利、建筑等行业用波形钢腹板构造物可参照执行。

（2）尺寸规格（表12-62、表12-63）

表12-62 常用波形钢腹板的几何尺寸 （mm）

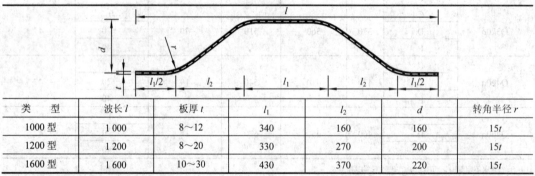

类 型	波长 l	板厚 t	l₁	l₂	d	转角半径 r
1000型	1 000	8～12	340	160	160	15t
1200型	1 200	8～20	330	270	200	15t
1600型	1 600	10～30	430	370	220	15t

注：波形钢腹板几何尺寸的选择，应考虑加工、运输、安装、节段长度、腹板厚度的变化及节段间的连接等因素；钢板冲击韧性——吸收功（J）达到一定标准时，可调整转角半径。

表12-63 波形钢腹板的制作精度

编号	项 目	精度/mm	测 定 位 置
1	翼缘板宽及开孔锚固板高 b	±2	
2	波形钢腹板高度 h	±2	

续表 12-63

编号	项 目	精度/mm	测 定 位 置
3	节段长 L 和节段对角线长 L_1	±3	
4	翼缘板的平整度 Δ	±l/1 000	
5	腹板高方向平整度 e	±h/750	
6	波高 d	±3	
7	波长 l	±5	
8	平面挠曲量（带翼缘板的波形钢腹板单个节段）a	±3	
9	翼缘板的垂直度 k	±b/200	

（3）外观质量（表 12-64）

表 12-64 波形钢腹板的外观质量

序 号	项 目	要 求
1	转角处	转角处圆弧平滑，不产生裂纹，无纤维状暗筋出现
2	切口	平直，无明显锯齿
3	颜色	表面色泽均匀，无明显缺损和色泽灰暗现象
4	锈蚀、麻点或划痕	深度不得大于该钢材厚度允许偏差值的1/2
5	其他外观质量	表面顺滑平整

12.2.8   桥梁缆索用热镀锌钢丝（GB/T 17101—2008）

（1）用途   该钢丝适用于桥梁的缆（拉）索、锚固拉力构件、提升和固定用拉力构件的建筑物、土木工程中的其他场合。

（2）尺寸规格（表 12-65）

表 12-65   桥梁缆索用热镀锌钢丝的尺寸规格

钢丝公称直径 d_n/mm	直径允许偏差/mm	圆度/mm	公称截面积 S_n/mm²	每米参考质量/（g/m）
5.00	±0.06	≤0.06	19.6	153
7.00	±0.07	≤0.07	38.5	301

注：镀锌钢丝的参考密度取 7.81g/mm³。

（3）力学性能（表 12-66）

表 12-66   桥梁缆索用热镀锌钢丝的力学性能

公称直径 d_n/mm	强度级别 R_m/MPa	规定非比例延伸强度 $R_{p0.2}$/MPa		断后伸长率（L_0=250mm）A/%≥	应力松弛性能		
		无松弛或Ⅰ级松弛要求 ≥	Ⅱ级松弛要求 ≥		初始载荷（公称载荷）/%	1 000h 后应力松弛率 r/%≥	
					对所有钢丝	Ⅰ级松弛	Ⅱ级松弛
5.00	1 670	1 340	1 490	4.0	70	7.5	2.5
	1 770	1 420	1 580				
	1 860	1 490	1 660				
7.00	1 670	—	1 490	4.0	70	7.5	2.5
	1 770	—	1 580				

12.3   矿   用   钢

12.3.1   矿用高强度圆环链用钢（GB/T 10560—2008）

（1）用途   具有高的强度和良好的综合力学性能，冷弯性能好，硬度较高，耐磨性能好，具有较好的抗大气腐蚀能力。用于制造煤矿刮板输送机、刨煤机等拖运链条的高强度圆环链。

（2）尺寸规格   冷拉圆钢的外形、质量及尺寸允许偏差应符合 GB/T 905 的规定。圆钢的一般交货长度为 3～10m。

（3）牌号和化学成分（表 12-67）

表 12-67   矿用高强度圆环链用钢的牌号和化学成分   （%）

牌 号	化学成分（质量分数）									
	C	Si	Mn	P	S	V	Cr	Ni	Mo	Al
				≤						
20Mn2A	0.17～0.24	0.17～0.37	1.40～1.80	0.035	0.035	—	—	—	—	0.020～0.050
20MnV	0.17～0.23	0.17～0.37	1.20～1.60	0.035	0.035	0.10～0.20	—	—	—	—
25MnV	0.21～0.28	0.17～0.37	1.20～1.60	0.035	0.035	0.10～0.20	—	—	—	—

续表 12-67

牌 号	化学成分（质量分数）									
	C	Si	Mn	P	S	V	Cr	Ni	Mo	Al
				≤						
25MnVB	0.21～0.28	0.17～0.37	1.20～1.60	0.035	0.035	0.10～0.20	—	—	B0.000 5～0.003 5	
25MnSiMoVA	0.21～0.28	0.80～1.10	1.20～1.60	0.025	0.025	0.10～0.20	—	—	0.15～0.25	
25MnSiNiMoA	0.21～0.28	0.60～0.90	1.10～1.40	0.020	0.020	—	—	0.80～1.10	0.10～0.20	0.020～0.050
20NiCrMoA	0.17～0.23	≤0.25	0.60～0.90	0.020	0.020	—	0.35～0.65	0.40～0.70	0.15～0.25	0.020～0.050
23MnNiCrMoA	0.20～0.26	≤0.25	1.10～1.40	0.020	0.020	—	0.40～0.60	0.40～0.70	0.20～0.30	0.020～0.050
23MnNiMoCrA	0.20～0.26	≤0.25	1.10～1.40	0.020	0.020	—	0.40～0.60	0.90～1.10	0.50～0.60	0.020～0.050

（4）力学和工艺性能（表 12-68、表 12-69）

表 12-68　矿用高强度圆环链用钢的力学和工艺性能

牌 号	试样毛坯尺寸/mm	热 处 理				力 学 性 能					冷弯试验180°	钢材布氏硬度 HBW	
		淬 火		回 火		下屈服强度 R_{eL}/MPa	抗拉强度 R_m/MPa	断后伸长率 A /%	断面收缩率 Z /%	冲击吸收功 A_{KU}/J		退火状态	热轧状态
		温度/℃	冷却剂	温度/℃	冷却剂	≥						≤	
20Mn2A	15	850	水、油	200	水、空	785	590	10	40	47	d=a（热轧材）	—	—
		880	水、油	440	水、空								
20MnV	15	880	水	300	水、空	885	1 080	9	—	—	d=a（热轧材）	—	—
				370				10					
25MnV	15	880	水	370	水、空	930	1 130	9	—	—	d=a（热轧材）	—	—
25MnVB	15	880	水	370	水、空	930	1 130	9	—	—	d=a（热轧材）	—	—
25MnSiMoVA	15	900	水	350	水、空	1 080	1 275	9	—	—	d=a（退火材）	217	260
25MnSiNiMoA	15	900	水	300	水、空	1 175	1 470	10	50	35	d=a（退火材）	207	260
20NiCrMoA	15	880	水	430	水、油	980	1 180	10	50	40	—	220	260
23MnNiCrMoA	15	880	水	430	水、油	980	1 180	10	50	40	—	220	260
23MnNiMoCrA	15	880	水	430	水、油	980	1 180	10	50	40	—	220	260

注：表中 d 为弯芯直径，a 为钢材直径。

表 12-69　矿用高强度圆环链用钢的末端淬透性

牌 号	端淬热处理		淬透性带范围	离开淬火端下列距离（mm）处的 HRC		
	正火/℃	淬火/℃		1.5	5	9
20NiCrMoA	880～920	900±5	最高	48	44	35
			最低	40	32	23
23MnNiCrMoA	860～900	880±5	最高	52	50	46
			最低	40	38	33
23MnNiMoCrA	860～900	880±5	最高	52	51	50
			最低	44	41	38

12.3.2 矿用热轧型钢（YB/T 5047—2000）

（1）用途 矿用热轧型钢是用于矿山支护、顶梁结构件的热轧异型型钢。有一定的强度和良好的耐蚀性，截面形状合理，抗弯、承压能力强。

（2）尺寸规格（表12-70～表12-72）

表 12-70 矿用工字钢的尺寸规格

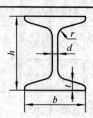

型 号	h	b	d	t	截面面积 /cm²	理论质量 / (kg/m)
		mm				
9	90	76	8	10.9	22.54	17.69
11	110	90	9	14.1	33.18	26.05
12	120	95	11	15.3	39.72	31.18

表 12-71 矿用周期扁钢的尺寸规格

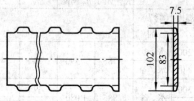

名 称	截面面积/cm²	理论质量/ (kg/m)
矿用周期扁钢	6.62	5.20

表 12-72 花边钢的尺寸规格

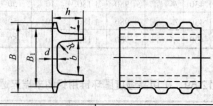

型号	腿高度/mm				腿宽度/mm		内腰厚度	截面面积	理论质量
	h	t	b	R	齿根距 B_1	齿顶距 B	d/mm	/cm²	/ (kg/m)
7π	45	7.5	47	8	83	100	7.5	13	10.2
8π	35	6	47	7			7	10.15	7.97

（3）化学成分和力学性能（表12-73）

表 12-73 矿用热轧型钢的化学成分和力学性能

项　　目	指　　　　　标
牌号和化学成分	经供需双方协议，型钢的牌号和化学成分应符合 GB/T 700，GB/T 1591 及 GB/T 3077 的规定；也可供应其他牌号和化学成分的型钢
力学性能	型钢的力学性能应符合 GB/T 700，GB/T 1591 或 GB/T 3077 的规定

12.3.3 矿山巷道支护用热轧 U 型钢（GB/T 4697—2008）

（1）用途　该型钢具有较高强度，塑性、冷弯和冲击韧性较好，冷脆倾向、缺口和时效敏感性低，焊接性能良好，且具有好的耐大气腐蚀性能；用于制造矿山巷道支架。

（2）分类（表12-74）

表 12-74 U 型钢的规格分类

分 类 方 法	分 类 规 格
腰定位	18UY，25UY
耳定位	25U，29U，36U，40U

（3）尺寸规格（图 12-1～图 12-6 及表 12-75～表 12-77）

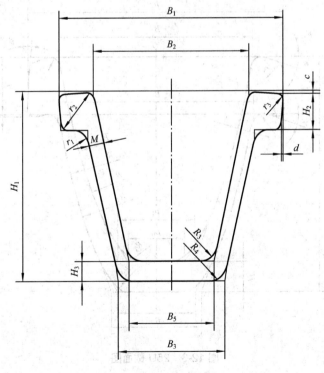

图 12-1 18UY 截面图

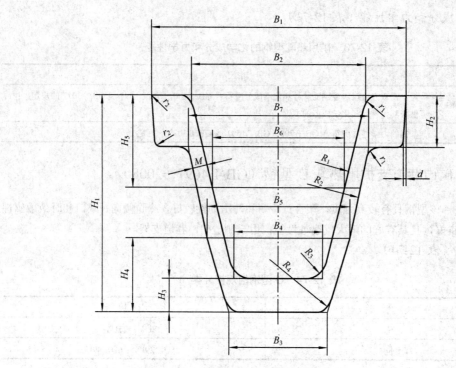

图 12-2 25UY 截面图

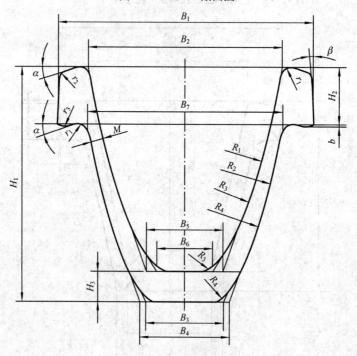

图 12-3 25U 截面图

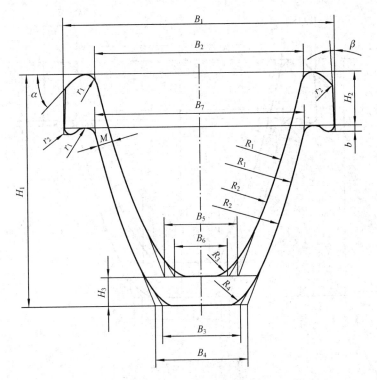

图 12-4　29U 截面图

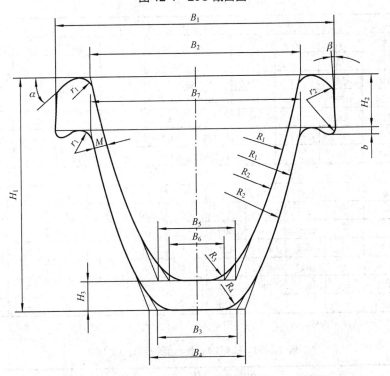

图 12-5　36U 截面图

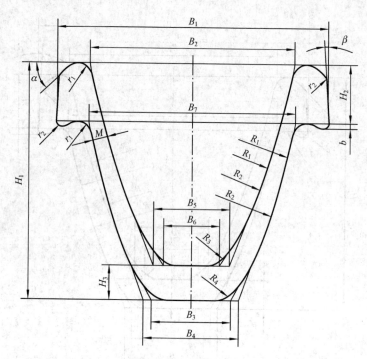

图 12-6   40U 截面图

表 12-75   U 型钢的截面尺寸   （mm）

规格	截面尺寸										
	H_1	H_2	H_3	B_1	B_2	B_3	B_4	B_5	B_6	B_7	M
18UY	99	18	10	122	84	57	—	—	46.2	—	7.5
25UY	110	26	17	134	92	50.8	45	73.8	45	94.1	6.6
25U	120	29	15	135	101.5	40	47	39	29	102.3	6.3
29U	124	28.5	16	150.5	116	44	53	42	30	116.6	7.2
36U	138	31.5	17	171	128	50.5	60.5	48.5	35	129.3	7.8
40U	141.9	34.7	202	171	128.5	50.5	60.5	48.5	35	129.3	8.5

规格	截面尺寸										
	b	c	d	R_1	R_2	R_3	R_4	r_1	r_2	r_3	α	β
18UY	—	2	2	—	—	9	9	8	4	2	—	—
25UY	—	—	2.5	400	400	12	10	7	2	—	—	—
25U	1.3	—	0	450	175	14	12	6	4	10	18°	2°
29U	3	—	0	450	185	15	16	7	4	—	40°	3°
36U	4	—	0	500	200	20	20	9	4	—	40°	3°
40U	3.5	—	0	500	200	20	20	9	4	—	40°	3°

注：25UY：H_4 为 37.7mm，H_5 为 46.6mm。

表 12-76   U 型钢的截面面积和理论质量

规格	截面面积/cm²	理论质量/（kg/m）	规格	截面面积/cm²	理论质量/（kg/m）
18UY	24.15	18.96	29U	37.00	29.00
25UY	31.54	24.76	36U	45.69	35.87
25U	31.79	24.95	40U	51.02	40.05

表 12-77 U 型钢的截面尺寸允许偏差 （mm）

规 格	高度 H_1	底厚 H_3	外开口宽度 B_1	立腿厚（最薄处）M
18UY	$99^{+1.0}_{-1.5}$	$10^{+0.5}_{-1.0}$	$122^{+1.0}_{-2.0}$	$7.5^{+0.8}_{-0.5}$
25UY	$110^{+1.0}_{-1.5}$	$17^{+0.5}_{-1.1}$	$134^{+1.0}_{-3.0}$	$6.6^{+0.8}_{-0.5}$
25U	$120^{+1.0}_{-1.5}$	$15^{+0.6}_{-1.0}$	$135^{+1.0}_{-3.0}$	$6.3^{+0.8}_{-0.5}$
29U	$124^{+1.0}_{-1.5}$	$16^{+0.5}_{-1.2}$	$150.5^{+1.0}_{-3.0}$	$7.2^{+0.8}_{-0.5}$
36U	$138^{+1.5}_{-1.5}$	$17^{+1.0}_{-1.0}$	$171^{+2.0}_{-3.0}$	$7.8^{+0.8}_{-0.5}$
40U	$141.9^{+2.5}_{-2.5}$	$20.2^{+1.0}_{-1.0}$	$171^{+2.0}_{-3.0}$	$8.5^{+0.8}_{-0.5}$

（4）牌号和化学成分（表 12-78）

表 12-78 U 型钢的牌号和化学成分 （%）

牌 号	化学成分（质量分数）						
	C	Si	Mn	V	Al_t	P	S
20MnK	0.15～0.26	0.20～0.60	1.20～1.60	—	≥0.015	≤0.045	≤0.045
25MnK	0.21～0.31	0.20～0.60	1.20～1.60	—	≥0.015	≤0.045	≤0.045
20MnVK	0.17～0.24	0.17～0.37	1.20～1.60	0.07～0.17	—	≤0.045	≤0.045

（5）力学和工艺性能（表 12-79）

表 12-79 U 型钢的力学和工艺性能

牌 号	规 格	拉伸试验			冲击试验		弯曲试验
		抗拉强度 R_m/MPa	屈服强度[1] R_{eH}/MPa	断后伸长率 A/%	温度	V 型缺口 A_{KV}/J	180°
		≥	≥			≥	
20MnK	18UY	490	335	20			
20MnVK	25UY 25U	570	390	20	—	—	$d=3a$
25MnK	29U	530	335	20			
20MnK	36U	530	350	20	20℃	27	$d=3a$
20MnVK	40U	580	390	20	20℃	27	$d=3a$

注：[1]当屈服现象不明显时，采用 $R_{p0.2}$。

d 为弯心直径（mm），a 为试样厚度（mm）。

12.3.4 煤机用热轧异型钢（GB/T 3414—1994）

（1）用途 煤机用热轧异型钢是用于制造煤机刮板输送机的刮板结构件和槽帮结构件的热轧异型钢。它有较高的强度和韧性，耐冲击、耐磨损，截面形状合理，抗弯、承压能力强。

（2）尺寸规格（表 12-80、表 12-81 和图 12-7～图 12-16）

表 12-80 煤机用热轧异型钢的尺寸规格

品 种	型 号	截面面积/m²	理论质量/（kg/m）	平均腿厚 t/mm	图 号
刮板钢	5 号	8.56	6.72	—	图 12-7
刮板钢	6.5 号	12.59	9.89	—	图 12-8

续表 12-80

品　　种	型　　号	截面面积/m²	理论质量/(kg/m)	平均腿厚 t/mm	图　　号
槽帮钢	D12.5	13.42	10.54	7.50	图 12-9
槽帮钢	D15	24.28	19.06	9.24	图 12-10
槽帮钢	M15	27.74	22.00	9.00	图 12-11
槽帮钢	E15	45.88	36.00	11.00	图 12-12
槽帮钢	M18	36.63	28.80	10.00	图 12-13
槽帮钢	E19	67.53	53.00	14.00	图 12-14
槽帮钢	M22	77.01	60.45	—	图 12-15
槽帮钢	E22	90.54	71.08	—	图 12-16

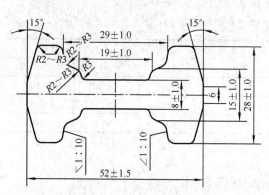

图 12-7　5 号刮板钢　　　　　　图 12-8　6.5 号刮板钢

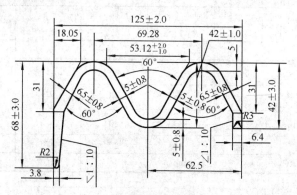

未标注处圆弧均为 R9。

图 12-9　D12.5 号槽帮钢

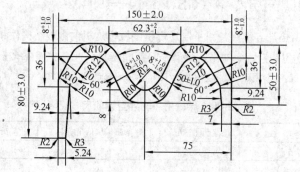

图 12-10　D15 号槽帮钢

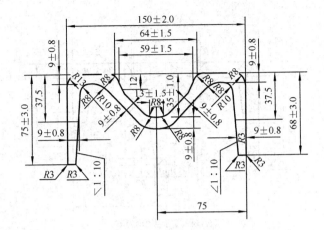

图 12-11 M15 槽帮钢

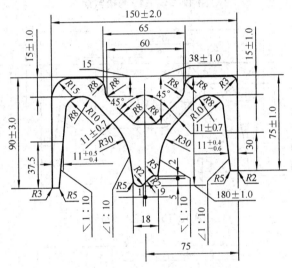

图 12-12 E15 槽帮钢

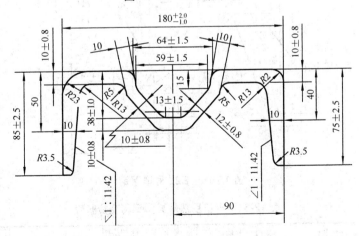

未标注的圆角半径均为 R8。

图 12-13 M18 号槽帮钢

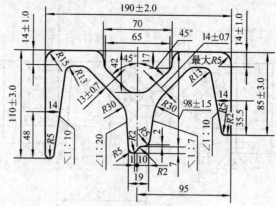

未标注的圆角半径均为*R*9。

图 12-14　E19 号槽帮钢

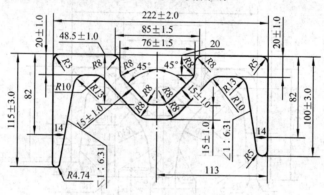

图 12-15　M22 槽帮钢

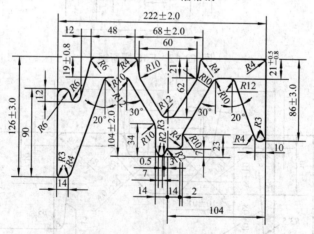

图 12-16　E22 号槽帮钢

表 12-81　煤机用热轧异型钢的交货长度　　　　　（mm）

型　　号	定倍尺长度	长度允许偏差	型　　号	定倍尺长度	长度允许偏差
5 号	$n \times 332$[①]		D15	$n \times 1\,210$	
6.5 号	$n \times 444$	+100	M15	$n \times 1\,210$	+100
D12.5	$n \times 1\,215$		E15	$n \times 1\,510$	

续表 12-81

型　号	定倍尺长度	长度允许偏差	型　号	定倍尺长度	长度允许偏差
M18	$n×1\,510$	+100	M22	$n×1\,210$	+100
E19	$n×1\,510$		E22	$n×1\,510$	

注：①n 为倍尺数。

（3）牌号和化学成分（表 12-82）

表 12-82　煤机用热轧异型钢的牌号和化学成分　　　　　（%）

牌　号	化学成分（质量分数）			P≤	S≤
	C	Si	Mn		
M510	0.20～0.27	0.20～0.60	1.20～1.60	0.045	0.045
M540	0.20～0.29	0.17～0.37	1.30～1.80		
M565	0.25～0.33	0.17～0.37	1.30～1.80	0.045	0.045

注：牌号采用汉语拼音字母和抗拉强度数值组成。如 M510，M540，M565，M 为"煤"字汉语拼音首位字母；510，540，565 为刮板钢和槽帮钢的抗拉强度值。

（4）力学性能（表 12-83）

表 12-83　煤机用热轧异型钢的力学性能

牌　号	试　样	屈服点 σ_s/MPa≥	抗拉强度 σ_b/MPa≥	伸长率 δ_5/%≥
M510	热轧	355	510	20
M540	热轧	355	540	18
M540	热处理	590	785	9
M565	热轧	365	565	16
M565	热处理	625	820	9

12.3.5　矿山流体输送用电焊钢管（GB/T 14291—2006）

（1）用途　该电焊钢管的塑性、韧性、弯曲性能和焊接性能良好，耐流体压力，主要用于矿山压风、排水、抽放瓦斯和矿浆输送的管道以及其他用途。

（2）尺寸规格（表 12-84）

表 12-84　矿山流体输送用电焊钢管的尺寸规格

公称外径 D/mm	公称壁厚 S/mm	理论质量/（kg/m）	试验压力/MPa		
			Q235A，Q235B	Q295A，Q295B	Q345A，Q345B
21.3	2.5	1.16	15.0	15.0	15.0
21.3	3.0	1.35	15.0	15.0	15.0
21.3	3.5	1.54	15.0	15.0	15.0
25	2.5	1.39	15.0	15.0	15.0
25	3.0	1.63	15.0	15.0	15.0
25	3.5	1.86	15.0	15.0	15.0
25	4.0	2.07	15.0	15.0	15.0
26.9	2.5	1.50	15.0	15.0	15.0

续表 12-84

公称外径 D/mm	公称壁厚 S/mm	理论质量/（kg/m)	试验压力/MPa		
			Q235A，Q235B	Q295A，Q295B	Q345A，Q345B
26.9	3.0	1.77	15.0	15.0	15.0
26.9	3.5	2.02	15.0	15.0	15.0
26.9	4.0	2.26	15.0	15.0	15.0
31.8	2.5	1.81	15.0	15.0	15.0
31.8	3.0	2.13	15.0	15.0	15.0
31.8	3.5	2.44	15.0	15.0	15.0
31.8	4.0	2.74	15.0	15.0	15.0
33.7	2.5	1.92	15.0	15.0	15.0
33.7	3.0	2.27	15.0	15.0	15.0
33.7	3.5	2.61	15.0	15.0	15.0
33.7	4.0	2.93	15.0	15.0	15.0
38	2.5	2.19	15.0	15.0	15.0
38	3.0	2.59	15.0	15.0	15.0
38	3.5	2.98	15.0	15.0	15.0
38	4.0	3.35	15.0	15.0	15.0
40	2.5	2.31	15.0	15.0	15.0
40	3.0	2.74	15.0	15.0	15.0
40	3.5	3.15	15.0	15.0	15.0
40	4.0	3.55	15.0	15.0	15.0
42.4	2.5	2.46	15.0	15.0	15.0
42.4	3.0	2.91	15.0	15.0	15.0
42.4	3.5	3.36	15.0	15.0	15.0
42.4	4.0	3.79	15.0	15.0	15.0
48.3	2.5	2.82	14.6	15.0	15.0
48.3	3.0	3.35	15.0	15.0	15.0
48.3	3.5	3.87	15.0	15.0	15.0
48.3	4.0	4.37	15.0	15.0	15.0
51	2.5	2.99	13.8	15.0	15.0
51	3.0	3.55	15.0	15.0	15.0
51	3.5	4.10	15.0	15.0	15.0
51	4.0	4.64	15.0	15.0	15.0
51	4.5	5.16	15.0	15.0	15.0
57	2.5	3.36	12.4	15.0	15.0
57	3.0	4.00	14.8	15.0	15.0
57	3.5	4.62	15.0	15.0	15.0
57	4.0	5.23	15.0	15.0	15.0
57	4.5	5.83	15.0	15.0	15.0
60.3	2.5	3.56	11.7	14.7	15.0
60.3	3.0	4.24	14.0	15.0	15.0
60.3	3.5	4.90	15.0	15.0	15.0
60.3	4.0	5.55	15.0	15.0	15.0

续表 12-84

公称外径 D/mm	公称壁厚 S/mm	理论质量/（kg/m）	试验压力/MPa		
			Q235A，Q235B	Q295A，Q295B	Q345A，Q345B
60.3	4.5	6.19	15.0	15.0	15.0
63.5	2.5	3.76	11.1	13.9	15.0
63.5	3.0	4.48	13.3	15.0	15.0
63.5	3.5	5.18	15.0	15.0	15.0
63.5	4.0	5.87	15.0	15.0	15.0
63.5	4.5	6.55	15.0	15.0	15.0
70	2.5	4.16	10.1	12.6	14.8
70	3.0	4.96	12.1	15.0	15.0
70	3.5	5.74	14.1	15.0	15.0
70	4.0	6.51	15.0	15.0	15.0
70	4.5	7.27	15.0	15.0	15.0
76.1	2.5	4.54	9.3	11.6	13.6
76.1	3.0	5.41	11.1	14.0	15.0
76.1	3.5	6.27	13.0	15.0	15.0
76.1	4.0	7.11	14.8	15.0	15.0
76.1	4.5	7.95	15.0	15.0	15.0
88.9	3.0	6.36	9.5	11.9	14.0
88.9	3.5	7.37	11.1	13.9	15.0
88.9	4.0	8.38	12.7	15.0	15.0
88.9	4.5	9.37	14.3	15.0	15.0
88.9	5.0	10.35	15.0	15.0	15.0
101.6	3.0	7.29	8.3	10.5	12.2
101.6	3.5	8.47	9.7	12.2	14.3
101.6	4.0	9.63	11.1	13.9	15.0
101.6	4.5	10.78	12.5	15.0	15.0
101.6	5.0	11.91	13.9	15.0	15.0
101.6	5.5	13.03	15.0	15.0	15.0
101.6	6.0	14.15	15.0	15.0	15.0
108	3.0	7.77	7.8	9.8	11.5
108	3.5	9.02	9.1	11.5	13.4
108	4.0	10.26	10.4	13.1	15.0
108	4.5	11.49	11.8	14.8	15.0
108	5.0	12.70	13.1	15.0	15.0
108	5.5	13.90	14.4	15.0	15.0
108	6.0	15.09	15.0	15.0	15.0
108	6.5	16.27	15.0	15.0	15.0
114.3	3.5	9.65	8.6	10.8	12.7
114.3	4.0	10.88	9.9	12.4	14.5
114.3	4.5	12.19	11.1	13.9	15.0
114.3	5.0	13.48	12.3	15.0	15.0
114.3	5.5	14.76	13.6	15.0	15.0

续表 12-84

公称外径 D/mm	公称壁厚 S/mm	理论质量/（kg/m）	试验压力/MPa		
			Q235A，Q235B	Q295A，Q295B	Q345A，Q345B
114.3	6.0	16.03	14.8	15.0	15.0
114.3	6.5	17.28	15.0	15.0	15.0
127	3.5	10.66	7.8	9.8	11.4
127	4.0	12.13	8.9	11.1	13.0
127	4.5	13.59	10.0	12.5	14.7
127	5.0	15.04	11.1	13.9	15.0
127	5.5	16.48	12.2	15.0	15.0
127	6.0	17.90	13.3	15.0	15.0
127	6.5	19.32	14.4	15.0	15.0
133	3.5	11.18	7.4	9.3	10.9
133	4.0	12.73	8.5	10.6	12.5
133	4.5	14.26	9.5	12.0	14.0
133	5.0	15.78	10.6	13.3	15.0
133	5.5	17.29	11.7	14.6	15.0
133	6.0	18.79	12.7	15.0	15.0
133	6.5	20.28	13.8	15.0	15.0
139.7	4.0	13.39	8.1	10.1	11.9
139.7	4.5	15.00	9.1	11.4	13.3
139.7	5.0	16.61	10.1	12.7	14.8
139.7	5.5	18.20	11.1	13.9	15.0
139.7	6.0	19.78	12.1	15.0	15.0
139.7	6.5	21.35	13.1	15.0	15.0
139.7	7.0	22.91	14.1	15.0	15.0
141.3	4.0	13.54	8.0	10.0	11.7
141.3	4.5	15.18	9.0	11.3	13.2
141.3	5.0	16.81	10.0	12.5	14.6
141.3	5.5	18.42	11.0	13.8	15.0
141.3	6.0	20.02	12.0	15.0	15.0
141.3	6.5	21.61	13.0	15.0	15.0
141.3	7.0	23.18	14.0	15.0	15.0
152.4	4.0	14.64	7.4	9.3	10.9
152.4	4.5	16.41	8.3	10.5	12.2
152.4	5.0	18.18	9.3	11.6	13.6
152.4	5.5	19.93	10.2	12.8	14.9
152.4	6.0	21.66	11.1	13.9	15.0
152.4	6.5	23.39	12.0	15.0	15.0
152.4	7.0	25.10	13.0	15.0	15.0
159	4.0	15.29	7.1	8.9	10.4
159	4.5	17.15	8.0	10.0	11.7
159	5.0	18.99	8.9	11.1	13.0
159	5.5	20.82	9.8	12.2	14.3

续表 12-84

公称外径 D/mm	公称壁厚 S/mm	理论质量/（kg/m）	试验压力/MPa		
			Q235A，Q235B	Q295A，Q295B	Q345A，Q345B
159	6.0	22.64	10.6	13.4	15.0
159	6.5	24.45	11.5	14.5	15.0
159	7.0	26.24	12.4	15.0	15.0
159	8.0	29.79	14.2	15.0	15.0
159	9.0	33.29	15.0	15.0	15.0
168.3	4.5	18.18	7.5	9.5	11.1
168.3	5.0	20.14	8.4	10.5	12.3
168.3	5.5	22.08	9.2	11.6	13.5
168.3	6.0	24.02	10.1	12.6	14.8
168.3	6.5	25.94	10.9	13.7	15.0
168.3	7.0	27.85	11.7	14.7	15.0
168.3	8.0	31.63	13.4	15.0	15.0
168.3	9.0	35.36	15.0	15.0	15.0
177.8	4.5	19.23	7.1	9.0	10.5
177.8	5.0	21.31	7.9	10.0	11.6
177.8	5.5	23.37	8.7	11.0	12.8
177.8	6.0	25.42	9.5	11.9	14.0
177.8	6.5	27.46	10.3	12.9	15.0
177.8	7.0	29.49	11.1	13.9	15.0
177.8	8.0	33.50	12.7	15.0	15.0
177.8	9.0	37.47	14.3	15.0	15.0
193.7	5.0	23.27	7.3	9.1	10.7
193.7	5.5	25.53	8.0	10.1	11.8
193.7	6.0	27.77	8.7	11.0	12.8
193.7	6.5	30.01	9.5	11.9	13.9
193.7	7.0	32.23	10.2	12.8	15.0
193.7	8.0	36.64	11.6	14.6	15.0
193.7	9.0	40.99	13.1	15.0	15.0
219.1	5.0	26.40	6.4	8.1	9.4
219.1	5.5	28.97	7.1	8.9	10.4
219.1	6.0	31.53	7.7	9.7	11.3
219.1	6.5	34.08	8.4	10.5	12.3
219.1	7.0	36.61	9.0	11.3	13.2
219.1	8.0	41.65	10.3	12.9	15.0
219.1	9.0	46.63	11.6	14.5	15.0
244.5	5.0	29.53	5.8	7.2	8.5
244.5	5.5	32.42	6.3	8.0	9.3
244.5	6.0	35.29	6.9	8.7	10.2
244.5	6.5	38.15	7.5	9.4	11.0
244.5	7.0	41.00	8.1	10.1	11.9
244.5	8.0	46.66	9.2	11.6	13.5

续表 12-84

公称外径 D/mm	公称壁厚 S/mm	理论质量/（kg/m）	试验压力/MPa		
			Q235A，Q235B	Q295A，Q295B	Q345A，Q345B
244.5	9.0	52.27	10.4	13.0	15.0
244.5	10.0	57.83	11.5	14.5	15.0
273	5.0	33.05	5.2	6.5	7.6
273	5.5	36.28	5.7	7.1	8.3
273	6.0	39.51	6.2	7.8	9.1
273	6.5	42.72	6.7	8.4	9.9
273	7.0	45.92	7.2	9.1	10.6
273	8.0	52.28	8.3	10.4	12.1
273	9.0	58.60	9.3	11.7	13.6
273	10.0	64.86	10.3	13.0	15.0
323.9	6.0	47.04	5.2	6.6	7.7
323.9	6.5	50.88	5.7	7.1	8.3
323.9	7.0	54.71	6.1	7.7	8.9
323.9	8.0	62.32	7.0	8.7	10.2
323.9	9.0	69.89	7.8	9.8	11.5
323.9	10.0	77.41	8.7	10.9	12.8
323.9	11.0	84.88	9.6	12.0	14.1
355.6	6.0	51.73	4.8	6.0	7.0
355.6	6.5	55.96	5.2	6.5	7.6
355.6	7.0	60.18	5.6	7.0	8.1
355.6	8.0	68.58	6.3	8.0	9.3
355.6	9.0	76.93	7.1	9.0	10.5
355.6	10.0	85.23	7.9	10.0	11.6
355.6	11.0	93.48	8.7	11.0	12.8
355.6	12.5	105.77	9.9	12.41	14.6
377	6.0	54.90	4.5	5.6	6.6
377	6.5	59.39	4.9	6.1	7.1
377	7.0	63.87	5.2	6.6	7.7
377	8.0	72.80	6.0	7.5	8.8
377	9.0	81.68	6.7	8.5	9.9
377	10.0	90.51	7.5	9.4	11.0
377	11.0	99.29	8.2	10.3	12.1
377	12.5	112.36	9.4	11.7	13.7
406.4	6.0	59.25	4.2	5.2	6.1
406.4	6.5	64.10	4.5	5.7	6.6
406.4	7.0	68.95	4.9	6.1	7.1
406.4	8.0	78.60	5.6	7.0	8.1
406.4	9.0	88.20	6.2	7.8	9.2
406.4	10.0	97.76	6.9	8.7	10.2
406.4	11.0	107.26	7.6	9.6	11.2
406.4	12.5	121.43	8.7	10.9	12.7

续表 12-84

公称外径 D/mm	公称壁厚 S/mm	理论质量/（kg/m）	试验压力/MPa		
			Q235A，Q235B	Q295A，Q295B	Q345A，Q345B
426	6.0	62.15	4.0	5.0	5.8
426	6.5	67.25	4.3	5.4	6.3
426	7.0	72.33	4.6	5.8	6.8
426	8.0	82.47	5.3	6.6	7.8
426	9.0	92.55	6.0	7.5	8.7
426	10.0	102.59	6.6	8.3	9.7
426	11.0	112.58	7.3	9.1	10.7
426	12.5	127.47	8.3	10.4	12.1
457	6.0	66.73	3.7	4.6	5.4
457	6.5	72.22	4.0	5.0	5.9
457	7.0	77.68	4.3	5.4	6.3
457	8.0	88.58	4.9	6.2	7.2
457	9.0	99.44	5.6	7.0	8.2
457	10.0	110.24	6.2	7.7	9.1
457	11.0	120.99	6.8	8.5	10.0
457	12.5	137.03	7.7	9.7	11.3
508	6.0	74.28	3.3	4.2	4.9
508	6.5	80.39	3.6	4.5	5.3
508	7.0	86.49	3.9	4.9	5.7
508	8.0	98.65	4.4	5.6	6.5
508	9.0	110.75	5.0	6.3	7.3
508	10.0	122.81	5.6	7.0	8.1
508	11.0	134.82	6.1	7.7	9.0
508	12.5	152.75	6.9	8.7	10.2
559	6.0	81.83	3.0	3.8	4.4
559	6.5	88.57	3.3	4.1	4.8
559	7.0	95.29	3.5	4.4	5.2
559	8.0	108.71	4.0	5.1	5.9
559	9.0	122.07	4.5	5.7	6.7
559	10.0	135.39	5.0	6.3	7.4
559	11.0	148.66	5.5	7.0	8.1
559	12.5	168.47	6.3	7.9	9.3
559	14.0	188.17	7.1	8.9	10.4
610	6.0	89.37	2.8	3.5	4.1
610	6.5	96.74	3.0	3.8	4.4
610	7.0	104.10	3.2	4.1	4.8
610	8.0	118.77	3.7	4.6	5.4
610	9.0	133.39	4.2	5.2	6.1
610	10.0	147.97	4.6	5.8	6.8
610	11.0	162.49	5.1	6.4	7.5
610	12.5	184.19	5.8	7.3	8.5

续表 12-84

公称外径 D/mm	公称壁厚 S/mm	理论质量/（kg/m）	试验压力/MPa		
			Q235A，Q235B	Q295A，Q295B	Q345A，Q345B
610	14.0	205.78	6.5	8.1	9.5
660	6.0	96.77	2.6	3.2	3.8
660	6.5	104.76	2.8	3.5	4.1
660	7.0	112.73	3.0	3.8	4.4
660	8.0	128.63	3.4	4.3	5.0
660	9.0	144.49	3.8	4.8	5.6
660	10.0	160.30	4.3	5.4	6.3
660	11.0	176.06	4.7	5.9	6.9
660	12.5	199.60	5.3	6.7	7.8
660	14.0	223.04	6.0	7.5	8.8

（3）牌号和化学成分   钢的牌号和化学成分应符合 GB/T 700 中牌号 Q235A，Q235B 和 GB/T 1591 中牌号 Q295A，Q295B，Q345A，Q345B 的规定。

（4）力学性能（表 12-85）

表 12-85   矿山流体输送用电焊钢管的力学性能

牌 号	抗拉强度 R_m/MPa≥	下屈服强度 R_{eL}/MPa ≥	断后伸长率 A/%≥	
			D≤168.3	D＞168.3
Q235A，Q235B	375	235	15	20
Q295A，Q295B	390	295	13	18
Q345A，Q345B	470	345	13	18

12.3.6   液压支柱用热轧无缝钢管（GB/T 17396—2009）

（1）用途   适用于制造煤矿液压支架和支柱的缸、柱用的热轧无缝钢管。

（2）尺寸规格   钢管的外径和壁厚应符合 GB/T 17395 的规定。钢管的通常长度为 3 000～12 000mm。

（3）牌号和化学成分（表 12-86）

表 12-86   液压支柱用热轧无缝钢管的牌号和化学成分   （%）

牌 号	化学成分（质量分数）										
	C	Si	Mn	Nb	RE	Cr	Ni	Cu	Mo	P	S
20	0.17～0.23	0.17～0.37	0.35～0.65	—		≤0.25	≤0.25	≤0.20	—	≤0.035	≤0.035
35	0.32～0.39	0.17～0.37	0.50～0.80	—		≤0.25	≤0.25	≤0.20	—	≤0.035	≤0.035
45	0.42～0.50	0.17～0.37	0.50～0.80	—		≤0.25	≤0.25	≤0.20	—	≤0.035	≤0.035
27SiMn	0.24～0.32	1.10～1.40	1.10～1.40			≤0.30	≤0.30	≤0.20	≤0.15	≤0.035	≤0.035
30MnNbRE	0.27～0.36	0.20～0.60	1.20～1.60	0.020～0.050	0.02～0.04	≤0.30	≤0.30	≤0.20	≤0.15	≤0.035	≤0.035

（4）力学性能（表12-87）

表12-87 液压支柱用热轧无缝钢管的力学性能

牌号	试样热处理规范	抗拉强度 R_m/MPa	下屈服强度 R_{eL} 或规定非比例延伸强度 $R_{p0.2}$/MPa			断后伸长率 A/%	断面收缩率 Z/%	冲击吸收功 A_{KV2}/J	钢管退火状态布氏硬度 HBW
			钢管壁厚 S/mm						
			≤16	>16~30	>30	≥			≤
20	—	410	245	235	225	20	—	—	—
30	—	510	305	295	285	17	—	—	—
45	—	590	335	325	315	14	—	—	—
27SiMn	920±20℃水淬 450±50℃回火 冷却剂:油或水	980	835			12	40	39	217
30MnNbRE	880±20℃水淬 450±50℃回火 冷却剂:空冷	850	720			13	45	48	—

12.4 石油天然气用钢

12.4.1 抽油杆用圆钢（GB/T 26075—2010）

（1）用途 本标准适用于公称直径不大于70mm的抽油杆用圆钢。

（2）尺寸规格（表12-88）

表12-88 抽油杆用圆钢的尺寸规格 （mm）

公称直径	公称直径允许偏差		圆度≤	公称直径	公称直径允许偏差		圆度≤
	A	B			A	B	
16	+0.16 −0.38	+0.40 −0.10	0.27	28	+0.93 +0.17	+0.50 −0.10	0.38
19	+0.35 −0.26		0.30	32	+0.15 −0.76	+0.60 −0.20	0.45
22	+0.53 −0.08	+0.50 −0.10	0.31	其他规格	执行 GB/T 702 中的 2 组允许偏差相关要求		不大于其直径公差的50%
25	+0.73 +0.04		0.34				

注：公称直径允许偏差，B组要求为合同默认要求，A组要求需在合同中注明。

（3）牌号和化学成分（表12-89）

表12-89 抽油杆用圆钢的牌号和化学成分 （%）

序号	参考级别	牌号	化学成分（质量分数）										
			C	Si	Mn	Cr	Ni	Mo	V	Ti	B	Nb	Cu	P, S
1	C	45	0.42~0.50	0.17~0.37	0.50~0.80	≤0.25	≤0.30	—	—	—	—	—	≤0.20	≤0.025

续表 12-89

序号	参考级别	牌号	化学成分（质量分数）											
			C	Si	Mn	Cr	Ni	Mo	V	Ti	B	Nb	Cu	P、S
2	C	35Mn2A	0.32~0.39	0.17~0.37	1.40~1.80	≤0.35	≤0.30	≤0.10	—				≤0.20	≤0.025
3	D	25MnVA	0.21~0.30	0.17~0.37	1.30~1.70	≤0.35	≤0.30	≤0.10	0.05~0.15	—		—	≤0.20	≤0.025
4	D	25CrMnVA	0.21~0.30	0.17~0.37	0.80~1.10	0.80~1.10	≤0.30	≤0.10	0.04~0.08	—		—	≤0.20	≤0.025
5	D	20CrMoA	0.17~0.24	0.17~0.37	0.40~0.70	0.80~1.10	≤0.30	0.15~0.25	—	—		—	≤0.20	≤0.025
6	D	25CrMoA	0.21~0.30	0.17~0.37	0.40~0.70	0.80~1.10	≤0.30	0.15~0.25	—	—		—	≤0.20	≤0.025
7	D	30CrMoA	0.26~0.33	0.17~0.37	0.40~0.70	0.80~1.10	≤0.30	0.15~0.25	—	—		—	≤0.20	≤0.025
8	D	35CrMoA	0.32~0.40	0.17~0.37	0.40~0.70	0.80~1.10	≤0.30	0.15~0.25	—	—		—	≤0.20	≤0.025
9	D	42CrMoA	0.38~0.45	0.17~0.37	0.50~0.80	0.90~1.20	≤0.30	0.15~0.25	—	—		—	≤0.20	≤0.025
10	K	20Ni2MoA	0.18~0.23	0.17~0.37	0.70~0.90	≤0.35	1.65~2.00	0.20~0.30	—	—		—	≤0.20	≤0.025
11	D	40CrMnMoA	0.37~0.45	0.17~0.37	0.90~1.20	0.90~1.20	≤0.30	0.20~0.30	—	—		—	≤0.20	≤0.025
12	D	40CrMnMoVA	0.38~0.45	0.15~0.35	0.70~1.10	0.80~1.10	≤0.45	0.15~0.25	0.03~0.07	—		—	≤0.20	≤0.025
13	KD	20Cr2MoNiA	0.18~0.23	0.15~0.30	0.40~0.60	1.80~2.00	0.15~0.25	0.15~0.25	—	—		—	≤0.20	≤0.025
14	KD	20NiCrMnCuMoVA	0.19~0.23	0.15~0.35	0.85~1.05	0.80~1.05	0.90~1.20	0.22~0.30	0.02~0.05	—		—	0.40~0.60	≤0.025
15	KD	23NiCrMoVA	0.21~0.28	0.17~0.37	0.60~0.90	0.80~1.10	0.90~1.20	0.15~0.30	0.05~0.20	—		—	≤0.20	≤0.025
16	KD HL	25NiMnCrMoA	0.22~0.29	0.15~0.35	0.71~1.00	0.42~0.65	0.72~1.00	0.01~0.06	—	—		—	≤0.20	≤0.025
17	KD HL	30Ni2CrMnMoVA	0.30~0.35	0.15~0.35	0.80~1.10	0.80~1.10	1.65~2.00	0.20~0.30	0.05~0.10	—		—	≤0.20	≤0.025
18	HL	11Mn2SiCrMoA	0.08~0.15	1.20~1.40	2.00~2.40	0.50~0.90	≤0.30	0.20~0.30	—	—		—	≤0.20	≤0.025
19	HL	12Mn2CrSiA	0.10~0.18	0.50~1.00	1.60~2.10	0.80~1.10							≤0.20	≤0.025
20	HL	15Mn2SiCrTiBA	0.12~0.20	0.80~1.20	1.50~2.00	0.70~1.35	—			0.04~0.10	0.0010~0.0030	—	≤0.20	≤0.025
21	HL	15Cr2SiMnMoNbA	0.12~0.20	0.80~1.40	0.80~1.10	1.50~2.00	—	0.05~0.15				0.03~0.06	≤0.20	≤0.025
22	HL	16Mn2SiCrMoVTiA	0.12~0.22	0.50~1.50	1.90~2.40	0.50~0.90	≤0.30	0.15~0.30	0.05~0.20	0.005~0.03		—	≤0.20	≤0.025

（4）力学性能（表 12-90）

表 12-90 抽油杆用圆钢的力学性能

序号	牌　号	试样毛坯尺寸/mm	热处理制度				力学性能				
			淬　火		回　火		屈服强度[①] R_{eL}/MPa	抗拉强度 R_m/MPa	断后伸长率 A /%	断面收缩率 Z /%	冲击吸收功 A_{KU2}/J
			温度 /℃	介质	温度 /℃	介质	≥				
1	45	25	840	水	600	水	355	600	16	40	39
			850℃正火								
2	35Mn2A	25	840	水	500	水	735	885	12	45	55
3	25MnVA	15	880	水，油	500	水，油	735	885	12	50	65
4	25CrMnVA	15	880	水，油	500	水，油	735	885	12	50	65
5	20CrMoA	15	880	水，油	500	水，油	735	930	12	50	78
6	25CrMoA	15	880	水，油	500	水，油	735	930	12	50	78
7	30CrMoA	15	880	水，油	540	水，油	735	930	12	50	71
8	35CrMoA	25	850	水，油	550	水，油	885	1 030	12	45	63
9	42CrMoA	25	850	水，油	560	水，油	980	1 130	12	45	63
10	20Ni2MoA	15	880	水，油	630	水，油	440	600	18	60	71
11	40CrMnMoA	25	850	水，油	600	水，油	785	980	10	45	63
12	40CrMnMoVA	25	850	水，油	600	水，油	785	980	10	45	63
13	20Cr2MoNiA	15	880	水，油	560	水．油	800	880	12	50	70
14	20NiCrMnCuMoVA	15	885	水，油	520	水，油	795	865	15	55	60
15	23NiCrMoVA	15	880	水，油	560	水，油	795	865	12	45	60
16	25NiMnCrMoA	15	885	水，油	520	水，油	795	865	15	55	60
17	30Ni2CrMnMoVA	15	880	水，油	580	水，油	795	965	10	45	60
18	11Mn2SiCrMoA	15	由供方提供参考热处理制度				795	965	12	45	60
19	12Mn2CrSiA	15					795	965	12	45	60
20	15Mn2SiCrTiBA	15					795	965	12	45	60
21	15Cr2SiMnMoNbA	15					795	965	12	45	60
22	16Mn2SiCrMoVTiA	15	热轧状态				795	965	12	50	60
							795	965	10	40	47

注：①没有明显屈服的钢，屈服强度特征值 R_{eL} 可采用钢的规定非比例延伸强度 $R_{p0.2}$。

12.4.2　凿岩钎杆用中空钢（GB/T 1301—2008）

（1）用途　凿岩钎杆用中空钢是用于制造凿岩钎杆用六角形和圆形热轧中空钢材。

（2）尺寸规格（表 12-91、表 12-92）

表 12-91　六角形中空钢的尺寸和理论质量

规格代号	截面形状	公称尺寸 H/mm	芯孔直径 d/mm	理论质量/（kg/m）
H19		19.0	6.0	2.21
H22		22.2	6.7	3.05
H25		25.3	7.6	3.97
H28		28.6	8.8	5.05
H32		32.0	9.5	6.36
H35		35.3	9.5	7.86

表 12-92　圆形中空钢的尺寸和理论质量

规 格 代 号	截 面 形 状	公称尺寸 D/mm	芯孔直径 d/mm	理论质量/（kg/m）
D32		32.2	9.2	5.83
D39—		39.0	13.0	8.27
D39		39.0	14.5	8.02
D46—		45.8	15.0	11.46
D46		45.8	17.0	11.07
D52—		52.0	19.0	14.35
D52		52.0	21.5	13.72

注：牌号后"—"表示公称尺寸相同，但芯孔直径较小的规格。

（3）牌号和化学成分（表 12-93）

表 12-93　凿岩钎杆用中空钢的牌号和化学成分　　　　　　　　（%）

牌　　号	化学成分（质量分数）									
	C	Si	Mn	Cr	Mo	Ni	V	P	S	Cu
								≤		
ZK95CrMo	0.90～1.00	0.15～0.40	0.15～0.40	0.80～1.20	0.15～0.30	—	—	0.025	0.025	0.25
ZK55SiMnMo	0.50～0.60	1.10～1.40	0.60～0.90	—	0.40～0.55	—	—	0.025	0.025	0.25
ZK40SiMnCrNiMo	0.36～0.45	1.30～1.60	0.60～1.20	0.60～0.90	0.20～0.40	0.40～0.70	—	0.025	0.025	0.25
ZK35SiMnMoV	0.29～0.41	0.60～0.90	1.30～1.60	—	0.40～0.60	—	0.07～0.15	0.025	0.035	0.25
ZK23CrNi3Mo	0.19～0.27	0.15～0.40	0.50～0.80	1.15～1.45	0.15～0.40	2.70～3.10	—	0.025	0.025	0.25
ZK22SiMnCrNi2Mo	0.18～0.26	1.30～1.70	1.20～1.50	0.15～0.40	0.20～0.45	1.65～2.00	—	0.025	0.025	0.25

（4）硬度（表 12-94）

表 12-94　凿岩钎杆用中空钢的硬度

牌　　号	交货状态	硬度 HRC	牌　　号	交货状态	硬度 HRC
ZK95CrMo		34～44	ZK35SiMnMoV		26～44
ZK55SiMnMo	热轧	26～44	ZK23CrNi3Mo	热轧	26～44
ZK40SiMnCrNiMo		26～44	ZK22SiMnCrNi2Mo		26～44

12.4.3　凿岩用锥体连接中空六角形钎杆（GB/T 6481—2002）

（1）用途　本标准适用于凿岩用锥体连接中空六角形 19～25mm 钎杆。

（2）规格代号（表 12-95）

表 12-95　钢材的规格代号　　　　　　　　（mm）

规 格 代 号	H19	H22	H25
尾柄对边公称尺寸	19	22	25

注：钢材的规格代号由 H 和钎杆尾柄对边公称尺寸组成，H 为六角（Hexagonal）的英文首字母。

（3）尺寸规格（表12-96～表12-99）

表 12-96 钎杆的长度 （mm）

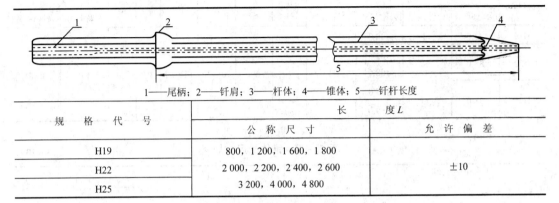

1—尾柄；2—钎肩；3—杆体；4—锥体；5—钎杆长度

规 格 代 号	长 度 L	
	公 称 尺 寸	允 许 偏 差
H19	800，1 200，1 600，1 800	
H22	2 000，2 200，2 400，2 600	±10
H25	3 200，4 000，4 800	

表 12-97 钎肩与尾柄的尺寸规格 （mm）

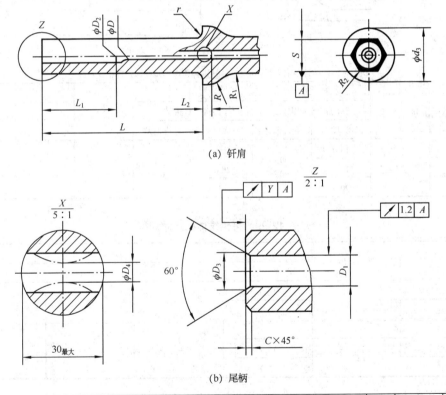

(a) 钎肩

(b) 尾柄

规格代号	S			D_1			D_3		D_2	D	D_4
	公称尺寸	允许偏差		公称尺寸	允许偏差		公称尺寸	允许偏差	≥		
		I 组	II 组		I 组	II 组					
H19	19.2	0 −0.4	0 −0.5	7.0	±0.3	±0.5	8.4	±0.4	6.4	5.0	3.0
H22	22.4			8.0			9.4		7.4	5.5	
H25	25.6	0 −0.6	0 −0.7	9.0			10.4		8.4	6.5	4.0

续表 12-97

规格代号	d_3		l		l_1 ≥	l_2 ≤	R	R_1	r ≤	R_2	C	
	公称尺寸	允许偏差	公称尺寸	允许偏差							公称尺寸	允许偏差
H19	33.0		108.0									
H22	35.0	±1.0	82.5	±1.0	50	6.5	10~20	15~30	4.5	2.0	1.0	±2.0
			108.0									
H25	38.0		108.0									
			159.0		80							

表 12-98　锥体的尺寸规格　　　　　　　　　　　　　　　　　（mm）

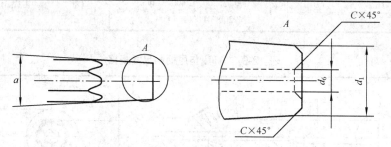

d_1——钎杆锥体小端直径；a——钎杆锥体锥度；d_6——钎杆锥体水孔

规格代号	锥　度	d_1				d_6 ≥	C	
		机加工钎杆锥体		锻造钎杆锥体				
		公称尺寸	允许偏差	公称尺寸	允许偏差		公称尺寸	允许偏差
H19		15.0		—				
H22	7°	18.0	0 −0.2	20.0	+0.2 −0.4	3.0	1.0	±0.2
H25		20.0		—				

表 12-99　可供锥体的尺寸规格　　　　　　　　　　　　　　　　（mm）

规格代号	锥　度	d_1		C	
		公称尺寸	允许偏差	公称尺寸	允许偏差
H19		16.0			
H22	4.8°	19.1			
H25			0 −0.2	1.0	±0.2
H22	12°	14.9			
H25		17.9			

（4）牌号和化学成分　制钎用中空钢钢材应符合 GB/T 1301 的规定。

（5）硬度　钎杆的尾柄端部 30mm 内硬度为 49~57HRC。

12.4.4　凿岩用螺纹连接钎杆（GB/T 6482—2007）

（1）概述　螺纹钎杆是钎杆一端或两端采用波形螺纹或梯形螺纹，通过螺纹连接组合为钎具组的凿岩钎杆。本标准适用于直径为 22~51mm 的凿岩用螺纹波形和梯形螺纹连接钎杆及连接套。

（2）分类及代号（表 12-100、表 12-101）

表 12-100 钎杆的分类及代号　　　　　　　　　　（mm）

分　类	代　号	螺纹名义直径	中空钢杆体	
			形　状	尺寸 H 或 D
接杆钎杆	JH22-22	22	六角	22
	JH25-25	25		25
	JH28-28	28		28
	JH32-32	32		32
	JD32-32		圆	
	JD38-38	38		38
	JD38-38T	38		
	JD45-45T	45		45
	JD51-51T	51		51
轻型接杆钎杆	QJ22-25	25		22
	QJ25-28	28		25
	QJ25-32	32		
	QJ28-32			28
	QJ32-38	38		32
尾钎杆	JW22-22	22	六角	22
	JW25-25	25		25
	JW28-28	28		28
	QJW22-25	25		22
	QJW25-28	28		25
	QJW25-32	32		
	QJW28-32			28
掘进钻车钎杆	ZC25-25/32	25/32	六角	25
	ZC28-25/32			
	ZC28-28/32	28/32		28
	ZC28-28/32	28/38		
	ZC32-28/38			32
	ZC32-32/38	32/38		
	ZC35-32/38			35
快接钎杆（MF 钎杆）	KJH28-28	28/28	圆	28
	KJH32-32	32/32		32
	KJD32-32			
	KJD38-38	38/38		38
	KJD38-38T			
	KJD45-45T	45/45		45
	KJD51-51T	51/51		51

注：T 代表梯形螺纹，无 T 代表波形螺纹。

表 12-101 连接套的代号　　　　　　　　　　（mm）

代　号	螺纹公称直径	配用钎杆代号示例
LJ22 LJZ22	22	JH22-22　JW22-22
LJ25 LJZ25	25	JH25-25　JW25-25 QJ22-25　QJW22-25

续表 12-101

代　　号	螺纹公称直径	配用钎杆代号示例
LJ28 LJZ28	28	JH28-28　JW28-28 QJ25-28　QJW25-28
LJ32 LJZ32	32	JH32-32　JD32-32　QJ25-32　QJ28-32 QJW25-32　QJW28-32 ZC25-25/32　ZC28-25/32　ZC28-28/32
LJZ38	38	JD38-38　QJ32-38 ZC28-28/38　ZC32-28/38　ZC32-32/38　ZC35-32/38
LJZ38T		JD38-38T　KJD38-38T
LJZ45T	45	JD45-45T　KJD45-45T
LJZ51T	51	JD51-51T　KJD51-51T

注：T代表梯形螺纹，无T代表波形螺纹。

（3）尺寸规格（表 12-102）

表 12-102　钎杆的长度　　　　　　　　　　　　　　　（mm）

代　　号	长度 L	
	基 本 尺 寸	允 许 偏 差
JW22-22　JW25-25　JW28-28 QJW22-25　QJW25-28　QJW25-32　QJW28-32	1 000　1 200　1 600　1 800 2 400　3 200　4 000	
JH22-22　JH25-25　JH28-28　JH32-32 JD32-32　JD38-38　JD38-38T　JD45-45T　JD51-51T QJ22-25　QJ25-28　QJ25-32　QJ28-32　QJ32-38	800　1 000　1 100　1 200　1 530 1 830　2 440　3 050　3 660	±10
ZC25-25/32　ZC28-25/32　ZC28-28/32　ZC28-28/38 ZC32-28/38　ZC32-32/38　ZC35-32/38	3 050　3 700　4 300　4 700　4 900 5 525	
KJH28-28　KJH32-32　KJD32-32 KJD38-38　KJD38-38T　KJD45-45T　KJD51-51T	1 220　1 530　1 830　3 050　3 660	

注：T代表梯形螺纹，无T代表波形螺纹。

（4）硬度

①钎杆螺纹部分热处理表面硬度应不小于42HRC。

②连接套热处理表面硬度应不小于40HRC。

12.4.5　钻探用无缝钢管（GB/T 9808—2008）

（1）用途　本标准适用于地质岩心钻探、水井钻探、水文地质钻探、工程钻探的套管料、岩心管料及套管接箍料用无缝钢管，普通钻杆料及钻杆接头料用无缝钢管，钢粒钻头料用无缝钢管，绳索取心钻杆料及钻杆接头料用无缝钢管，钻铤料及钻铤锁接头料用无缝钢管。

（2）尺寸规格（表 12-103）

表 12-103　钻探用无缝钢管的尺寸规格

产 品 名 称	公称外径 D/mm	公称壁厚 S/mm	理论质量/ （kg/m）	产 品 名 称	公称外径 D/mm	公称壁厚 S/mm	理论质量/ （kg/m）
普通钻杆料	33	6.0	3.99	普通钻杆料	50	5.6	6.13
	42	5.0	4.56		50	6.5	6.97
	42	7.0	6.04		60.3	7.1	9.31

续表 12-103

产品名称	公称外径 D/mm	公称壁厚 S/mm	理论质量/ (kg/m)	产品名称	公称外径 D/mm	公称壁厚 S/mm	理论质量/ (kg/m)
普通钻杆料	60.3	7.5	9.77	套管料、岩心管料	60（60.32）	4.8	6.53
	73	9.0	14.20		60（60.32）	6.5	8.58
	73	9.19	14.46		62	2.75	4.02
	89	9.35	18.36		73（73.02）	3.0	5.18
	89	10.0	19.48		73（73.02）	4.5	7.60
	114	9.19	23.75		73（73.02）	5.5	9.16
	114	10.0	25.65		73（73.02）	7.0	11.39
	127	9.19	26.70		75	5.0	8.63
	127	10.0	28.85		76	5.5	9.56
普通钻杆接头料、钢粒钻头料	75	9.0	14.65		89（88.90）	4.5	9.38
	76	8.0	13.42		89（88.90）	5.5	11.33
	91	8.0	16.37		89（88.90）	6.5	13.22
	91	10.0	19.97		95	5.0	11.10
	110	8.0	20.12		102（101.6）	5.7	13.54
	110	10.0	24.66		102（101.6）	6.7	15.75
	130	8.0	24.07		108	4.5	11.49
	130	10.0	29.59		114（114.3）	5.21	13.98
	150	8.0	28.01		114（114.3）	5.69	15.20
	150	10.0	34.52		114（114.3）	6.35	16.86
	171	12.0	47.05		114（114.3）	6.9	18.22
	174	12.0	47.94		114（114.3）	8.6	22.35
绳索取心钻杆料	43.5	4.75	4.54		127	4.5	13.59
	55.5	4.75	5.94		127	5.6	16.77
	70	5.0	8.01		127	6.4	19.03
	71	5.0	8.14		140（139.7）	6.2	20.46
	89	5.5	11.33		140（139.7）	7.0	22.96
	114.3	6.4	17.03		140（139.7）	7.7	25.12
绳索取心钻杆接头料	45	6.25	5.97		140（139.7）	9.2	29.68
	57	6.0	7.55		146	5.0	17.39
	70	10.0	14.80		168（168.28）	6.5	25.89
	73	6.5	10.66		168（168.28）	7.3	17.10
	76	8.0	13.42		168（168.28）	8.0	31.56
	95	10.0	20.96		168（168.28）	8.9	34.92
	120	10.0	27.13		177.8	5.9	25.01
套管料、岩心管料	35	2.0	1.63		177.8	6.9	29.08
	44	3.0	3.03		177.8	8.1	33.90
	45	3.5	3.58		177.8	9.2	38.25
	47.5	2.0	2.24		194（193.68）	7.0	32.28
	54	3.0	3.77		194（193.68）	7.6	34.94
	58	3.5	4.70		194（193.68）	8.3	38.01
	60（60.32）	4.2	5.78		194（193.68）	9.5	43.23

续表 12-103

产 品 名 称	公称外径 D/mm	公称壁厚 S/mm	理论质量/ (kg/m)	产 品 名 称	公称外径 D/mm	公称壁厚 S/mm	理论质量/ (kg/m)
	194（193.68）	11.0	49.64	套管料、 岩心管料	340（339.72）	13.0	104.84
	219（219.08）	6.7	35.08		73	5.5	9.16
	219（219.08）	7.7	40.12		73	6.5	10.66
	219（219.08）	8.9	46.11		89	6.5	13.22
	219（219.08）	10	51.54		89	8.0	15.98
	245（244.48）	7.9	46.19	套管接箍料	108	6.5	16.27
	245（244.48）	8.9	51.82		108	8.0	19.73
	245（244.48）	10.0	57.95		127	6.5	19.31
	245（244.48）	11.0	63.48		146	6.5	22.36
	245（244.48）	12.0	68.95		168	8.0	31.56
套管料、 岩心管料	273（273.05）	7.1	46.56		68	20.0	23.67
	273（273.05）	8.9	57.97		68	16.0	20.52
	273（273.05）	10.0	64.86		76	19.0	26.71
	273（273.05）	11.0	71.07		76	20.0	27.62
	299（298.45）	8.5	60.89	钻铤、 锁接头料	83	25.0	35.76
	299（298.45）	9.5	67.82		86	21.0	33.66
	299（298.45）	11.0	78.13		89	25.0	39.46
	340（339.72）	8.4	68.69		105	25.0	49.32
	340（339.72）	9.7	81.57		105	25.5	49.99
	340（339.72）	11.0	89.25		121	26.5	61.75
	340（339.72）	12.0	97.07		121	28.0	64.21

注：1. 括号内尺寸表示由相应的英制规格换算成的规格。

2. 钢管的一般长度为 4 000～12 500mm。

（3）牌号和化学成分

①钢管由钢级为 ZT380，ZT490，ZT520，ZT540，ZT590，ZT640 和 ZT740 的钢制造。

②钢的化学成分应符合：P≤0.030%，S≤0.030%。

（4）力学性能（表 12-104）

表 12-104　钻探用无缝钢管的力学性能

序　号	钢　级	抗拉强度 R_m/MPa	规定非比例延伸强度 $R_{p0.2}$/MPa	断后伸长率 A/%
			≥	
1	ZT380	640	380	14
2	ZT490	690	490	12
3	ZT520	780	520	15
4	ZT540	740	540	12
5	ZT590	770	590	12
6	ZT640	790	640	12
7	ZT740	840	740	10

注：钻探用无缝钢管钢牌号由钻探汉语拼音首位大写字母和规定非比例延伸强度最小值组成。例如，ZT380，其中 ZT 表示钻探，380 表示规定非比例延伸强度。

12.4.6 石油裂化用无缝钢管（GB/T 9948—2006）

（1）用途 该钢管适用于石油化工用的炉管、热交换器管和压力管道。

（2）尺寸规格（表12-105）

表 12-105 石油裂化用无缝钢管的尺寸规格 （mm）

分类代号	制造方式	钢管公称尺寸		允许偏差	
				普通级	高级
WH	热轧（挤压）钢管	外径 D	≤50	±0.50	±0.30
			>50～159	±1%D	±0.75%D
			>159	±1%D	±0.9%D
		壁厚 S	≤20	+15%S −10%S	±10%S
			>20	+12.5%S −10%S	±10%S
	热扩钢管	外径 D	全部	±1%D	
		壁厚 S	全部	±15%S	
WC	冷拔（轧）钢管	外径 D	14～30	±0.20	±0.15
			>30～50	±0.30	±0.25
			>50	±0.75%D	±0.6%D
		壁厚 S	≤3.0	+12.5%S −10%S	±10%S
			>3.0	±10%S	±7.5%S

（3）牌号和化学成分（表12-106）

表 12-106 石油裂化用无缝钢管的牌号和化学成分 （%）

牌 号	化学成分（质量分数）							P	S
	C	Si	Mn	Cr	Mo	Ni	Nb	≤	
10	0.07～0.13	0.17～0.37	0.35～0.65	—	—	—	—	0.030	0.020
20	0.17～0.23	0.17～0.37	0.35～0.65	—	—	—	—	0.030	0.020
12CrMo	0.08～0.15	0.17～0.37	0.40～0.70	0.40～0.70	0.40～0.55	—	—	0.030	0.020
15CrMo	0.12～0.18	0.17～0.37	0.40～0.70	0.80～1.10	0.40～0.55	—	—	0.030	0.020
lCr5Mo	≤0.15	≤0.50	≤0.60	4.00～6.00	0.45～0.60	≤0.60	—	0.030	0.020
lCr19Ni9	0.04～0.10	≤1.00	≤2.00	18.00～20.00	—	8.00～11.00	—	0.030	0.020
lCr19Ni11Nb	0.04～0.10	≤1.00	≤2.00	17.00～20.00	—	9.00～13.00	8C～1.00	0.030	0.020

注：不锈钢新旧牌号对照见附录D，后同。

（4）力学性能（表12-107）

表 12-107 石油裂化用无缝钢管的力学性能

牌 号	抗拉强度 R_m/MPa	下屈服强度 R_{eL}/MPa			断后伸长率 A/%	冲击吸收功 A_{KV}/J	布氏硬度值 HBW
		钢管壁厚/mm					
		≤16	>16～30	>30			
				≥		≤	
10	335～475	205	195	185	25	35	—

续表 12-107

牌　　号	抗拉强度 R_m/MPa	下屈服强度 R_{el}/MPa			断后伸长率 A/%	冲击吸收功 A_{KV}/J	布氏硬度值 HBW
		钢管壁厚/mm					
		≤16	>16~30	>30			
		≥				≤	
20	410~550	245	235	225	24	35	—
12CrMo	410~560	205	195	185	21	35	156
15CrMo	440~640	235	225	215	21	35	170
1Cr5Mo	390~590	195	185	175	22	35	187
1Cr19Ni9	≥520	205	195	185	35	—	—
1Cr19Ni11Nb	≥520	205	195	185	35	—	—

12.5　模 具 用 钢

12.5.1　塑料模具用扁钢〔YB/T 094—1997（2006）〕

（1）用途　塑料模具用扁钢是以塑料模具专用钢坯为原料，经热轧或锻制的扁钢。按成分可分为非合金塑料模具钢和合金塑料模具钢两类，按制造方法分为热轧塑料模具扁钢和锻造塑料模具扁钢两类。它有一定的强度和良好的耐磨性，适用于制造不同加工条件和使用环境的塑料模具。

（2）尺寸规格（表 12-108）

表 12-108　塑料模具用扁钢的尺寸规格

宽度/mm	厚度/mm										
	25	30	37	40	45	55	68	75	85	95	105
	理论质量/（kg/m）										
170	33.36	40.04	49.38	53.38	60.05	73.40	90.75	100.09	113.43	126.78	140.12
190	37.28	44.75	55.19	59.66	67.12	82.03	101.42	111.86	126.78	141.69	156.60
210	41.21	49.46	60.99	65.94	74.18	90.67	112.10	123.64	140.12	156.61	173.09
230	45.14	54.17	66.80	72.22	81.25	99.30	122.77	135.41	153.47	171.52	189.58
260	51.03	61.23	75.52	81.64	91.85	112.26	138.79	153.08	173.49	193.89	214.31
280	54.95	65.94	81.33	87.92	98.91	120.89	149.46	164.85	186.83	208.81	230.79
300	58.88	70.65	87.14	94.20	105.98	129.53	160.14	176.63	200.18	223.72	247.28
325	63.78	76.54	94.40	102.05	114.81	140.32	173.49	191.34	216.86	242.37	267.88
365	71.63	85.96	106.01	114.61	128.94	157.59	194.84	214.89	243.55	272.20	300.85
390	76.54	91.85	113.28	122.46	137.77	168.38	208.18	229.61	260.23	290.84	321.46
410	80.46	96.56	119.08	128.74	144.83	177.02	218.86	241.39	272.57	305.76	337.94

（3）牌号和化学成分（表 12-109）

表 12-109　塑料模具用扁钢的牌号和化学成分　　　　　　　　　（%）

钢　类	牌　号[①]	化学成分（质量分数）				
		C	Si	Mn	P	S
					≤	
非合金钢	SM45	0.42~0.48	0.17~0.37	0.50~080	0.030	0.030

续表 12-109

钢 类	牌 号[①]	化学成分（质量分数）				
		C	Si	Mn	P	S
					≤	
非合金钢	SM50	0.47～0.53	0.17～0.37	0.50～0.80	0.030	0.030
	SM55	0.52～0.58	0.17～0.37	0.50～0.80	0.030	0.030
合金钢	SM1CrNi3	0.05～0.15	0.10～0.40	0.35～0.75	0.030	0.030
	SM3Cr2Mo	0.28～0.40	0.20～0.80	0.60～1.00	0.030	0.030
	SM3Cr2NiMo	0.32～0.42	0.20～0.80	1.00～1.50	0.030	0.030
	SM2CrNi3MoAl1S	0.20～0.30	0.20～0.50	0.50～0.80	0.030	0.100
	SM4Cr5MoSiV	0.33～0.43	0.80～1.25	0.20～0.60	0.030	0.030
	SM4Cr5MoSiV1	0.32～0.45	0.80～1.25	0.20～0.60	0.030	0.030
	SMCr12Mo1V1	1.40～1.60	0.10～0.60	0.10～0.60	0.030	0.030
	SM2Cr13	0.16～0.25	≤1.00	≤1.00	0.030	0.030
	SM3Cr17Mo	0.28～0.35	≤0.80	≤1.00	0.030	0.030
	SM4Cr13	0.35～0.45	≤0.60	≤0.80	0.030	0.030

钢 类	牌 号[①]	化学成分（质量分数）			
		Cr	Ni	Mo	其他
非合金钢	SM45	—	—	—	—
	SM50	—	—	—	—
	SM55	—	—	—	—
合金钢	SM1CrNi3	1.25～1.75	3.25～3.75	—	—
	SM3Cr2Mo	1.40～2.00	—	0.30～0.55	—
	SM3Cr2NiMo	1.40～2.00	0.80～1.20	0.30～0.55	—
	SM2CrNi3MoAl1	1.2～1.8	3.0～4.0	0.20～0.40	Al1.0～1.6
	SM4Cr5MoSiV	4.75～5.50	—	1.10～1.60	V0.30～0.60
	SM4Cr5MoSiV1	4.75～5.50	—	1.10～1.75	V0.80～1.20
	SMCr12Mo1V1	11.00～13.00	—	0.70～1.20	V0.50～1.10
	SM2Cr13	12.00～14.00	[②]	—	—
	SM3Cr17Mo	16.00～18.00	[②]	0.75～1.25	—
	SM4Cr13	12.00～14.00	[②]	—	—

注：① "SM" 代表塑料模具中 "塑模" 汉语拼音首字母。

　　②允许含有≤0.60%Ni。

（4）力学性能（表 12-110、表 12-111）

表 12-110　塑料模具用扁钢的硬度

牌 号	退火硬度 HBW≤	淬回火硬度			
		淬 火	回 火	硬度≥	
				HRC	HBW
SM45		一般以热轧状态交货，布氏硬度为 155～215HBW			
SM50		一般以热轧状态交货，布氏硬度为 165～225HBW			
SM55		一般以热轧状态交货，布氏硬度为 170～230HBW			
SM1CrNi3	212	①	①	①	①
SM3Cr2Mo	235	850～880℃油冷	550～600℃空冷	30	—

续表 12-110

牌　号	退火硬度 HBW≤	淬回火硬度			
		淬　火	回　火	硬度≥	
				HRC	HBW
SM3Cr2Ni1Mo	250	850～880℃油冷	550～650℃空冷	32	—
SM2CrNi3MoAl1	235	850～900℃油冷	510～530℃空冷	40	—
SM4Cr5MoSiV	235	1 000～1 200℃空冷	540～560℃空冷	53	—
SM4Cr5MoSiV1	235	1 000～1 200℃空冷	540～560℃空冷	53	—
SMCr12Mo1V1	255	1 000～1 200℃空冷	190～210℃空冷	59	—
SM2Cr13	223	920～980℃油冷	600～750℃空冷	—	192
SM3Cr17Mo	223	1 000～1 050℃油冷	200～300℃空冷	43	—
SM4Cr13	201	1 050～1 100℃油冷	200～300℃空冷	50	—

注：①渗碳钢不做淬回火硬度试验。

表 12-111　塑料模具用扁钢的力学性能

牌　号	推荐热处理制度	抗拉强度 σ_b/MPa	屈服点 σ_s/MPa	伸长率 δ_5/%	断面收缩率 ψ/%	冲击吸收功 A_{KV}/J
		≥				
SM45	820～870℃空冷	600	355	16	40	—
SM50	810～860℃空冷	630	375	14	40	—
SM55	800～850℃空冷	645	380	13	35	—
SM3Cr2M0	850～880℃ 550～650℃ 油冷＋空冷	960	800	10	35	40
SM3Cr2Ni1Mo	850～880℃ 550～650℃ 油冷＋空冷	980	800	10	35	45
SM2Cr13	920～980℃ 600～750℃ 油冷＋空冷	635	440	20	50	63

（5）特性和用途（表 12-112）

表 12-112　塑料模具钢的特性和用途

牌　号	特性和用途
SM45	价格低廉、机械加工性能好，用于日用杂品、玩具等塑料制品的模具
SM50	硬度比 SM45 高，用于性能要求一般的塑料模具
SM55	淬透性、强度比 SM50 高，用于较大型的、性能要求一般的塑料模具
SM1CrNi3	塑性好，用于需冷挤压印法压出型腔的塑料模具制作
SM3Cr2Mo	预硬化钢，用于型腔复杂，要求镜面抛光的模具
SM3Cr2Ni1Mo	预硬化钢，淬透性比 SM3Cr2Mo 高，用于大型精密塑料模具
SM2CrNi3MoAl1	析出硬化钢，用于型腔复杂的精密塑料模具
SM4Cr5MoSiV	强度高、韧性好，用于玻璃纤维、金属粉末等复合强化塑料成型用模具
SM4Cr5MoSiV1	热稳定性、耐磨性比 SM4Cr5MoSiV 高，用于工程塑料、键盘等的模具制作
SMCr12Mo1V1	硬度高、耐磨，用于齿轮、微型开关等精密模具
SM2Cr13	耐磨蚀，用于耐蚀母模、托板、安装板等模具
SM3Cr17Mo	耐腐蚀，用于 PVC 等腐蚀性较强的塑料成型模具
SM4Cr13	耐腐蚀、耐磨、抛光性好，用于唱片、透明罩等精密模具

12.5.2　塑料模具用热轧厚钢板（YB/T 107—1997）

（1）用途　塑料模具用热轧厚钢板是塑料模具专用钢种。钢板钢质纯净，硫、磷及其他杂质含量低，有一定的强度、塑性和韧性，能较好地满足塑料模具制造的需要。

（2）尺寸规格　热轧制成的厚度为 20～240mm、宽度为 1 000～2 400mm、长度为 2 600～9 000mm 的厚钢板。

（3）牌号和化学成分（表 12-113）

表 12-113　塑料模具用热轧厚钢板的牌号和化学成分　　　　　　　　（%）

牌　号	化学成分（质量分数）							
	C	Si	Mn	P	S	Cr	Mo	Ni
				≤				
SM45	0.42～0.48	0.17～0.37	0.50～0.80	0.030	0.035	—	—	—
SM48	0.45～0.51	0.17～0.37	0.50～0.80	0.030	0.035	—	—	—
SM50	0.47～0.53	0.17～0.37	0.50～0.80	0.030	0.035	—	—	—
SM53	0.50～0.56	0.17～0.37	0.50～0.80	0.030	0.035	—	—	—
SM55	0.52～0.58	0.17～0.37	0.50～0.80	0.030	0.035	—	—	—
SM3Cr2Mo	0.28～0.40	0.30～0.70	0.60～1.00	0.030	0.030	1.40～2.00	0.30～0.55	—
SM3Cr2NilMo	0.30～0.40	0.30～0.70	1.00～1.50	0.030	0.030	1.40～2.00	0.30～0.55	0.80～1.20

（4）力学性能（表 12-114、表 12-115）

表 12-114　钢板交货状态时的硬度

牌　　号	SM45	SM48	SM50	SM53	SM55	SM3Cr2Mo	SM3Cr2Nil Mo
硬度 HBW	155～210	160～215	165～220	170～225	175～230	≤230	≤250

表 12-115　塑料模具用热轧厚钢板的力学性能

牌　号	试样推荐热处理制度	屈服点 σ_s/MPa	抗拉强度 σ_b/MPa	伸长率 δ_5/%	纵向冲击吸收功 A_{KV}/J
				≥	
SM45		355	600	16	
SM48		365	610	14	
SM50	850℃油冷 +560℃回火	375	630	14	（常温）35
SM53		380	640	13	
SM55		385	610	13	
SM3Cr2Mo		660	960	15	（常温）45
SM3Cr2NilMo		680	980	15	

12.5.3　塑料模具钢模块（YB/T 129—1997）

（1）用途　塑料模具钢模块用于制作塑料模具。

（2）尺寸规格（表12-116）

表 12-116　热加工模块的尺寸规格　（mm）

分　类	高　度	长度、宽度		分　类	高　度	长度、宽度	
	允许偏差	尺　寸	允许偏差		允许偏差	尺　寸	允许偏差
不经超声波探伤	+4 −1%	<600	+4 −1%	经超声波探伤	+5 −0	≥600	+3 −1%

（3）牌号和化学成分（表12-117）

表 12-117　塑料模具钢模块的牌号和化学成分　（%）

牌　号	化学成分（质量分数）								
	C	Si	Mn	Cr	Mo	Ni	P	S	Cu
SM45	0.42～0.48	0.17～0.37	0.50～0.80	≤0.25	—	≤0.25	≤0.030	≤0.030	≤0.25
SM50	0.47～0.53	0.17～0.37	0.50～0.80	≤0.25	—	≤0.25	≤0.030	≤0.030	≤0.25
SM55	0.52～0.58	0.17～0.37	0.50～0.80	≤0.25	—	≤0.25	≤0.030	≤0.030	≤0.25
SM3Cr2Mo	0.28～0.40	0.20～0.80	0.60～1.00	1.40～2.00	0.30～0.55	≤0.25	≤0.030	≤0.030	≤0.25
SM3Cr2Ni1Mo	0.32～0.42	0.20～0.80	1.00～1.50	1.40～2.00	0.30～0.55	0.80～1.20	≤0.030	≤0.030	≤0.25

（4）硬度　退火状态交货模块，布氏硬度不大于241HBW10/3 000。

12.5.4　电渣熔铸合金工具钢模块（YB/T 155—1999）

（1）用途　适用于制造模锻锤和机械锻压机用的模块。各牌号推荐的使用范围为：

①5CrNiMo 适用于 3～10t 锤以下的浅槽型（<30mm）模块；

②5CrMnMo 适用于 3t 锤以下的浅槽型（<30mm）模块；

③4SiMnMoV 适用于高度尺寸小于 375mm 型槽复杂的模块。

（2）尺寸规格（表12-118）

表 12-118　电渣熔铸模块的截面尺寸系列　（mm）

高度 H	宽度 B														
	250	300	350	400	450	500	550	600	650	700	750	800	850	900	950	1000
250	×	×	×	×	×										
275		×	×	×	×	×									
300		×	×	×	×	×									
325		×	×	×	×	×	×								
350			×	×	×	×	×	×	×						
375				×	×	×	×	×	×						
400					×	×	×	×	×	×					
425							×	×	×	×	×	×		×	
450								×	×	×	×				
475									×	×		×		×		×

注：×表示有此规格。

（3）牌号和化学成分（表12-119）

表 12-119　电渣熔铸模块的牌号和化学成分　　　　（%）

牌　号	化学成分（质量分数）								
	C	Mn	Si	Cr	Ni	Mo	V	P	S
5CrNiMo	0.50～0.60	0.50～0.80	≤0.40	0.50～0.80	1.40～1.80	0.15～0.30	—	≤0.030	≤0.030
5CrMnMo	0.50～0.60	1.20～1.60	0.25～0.60	0.60～0.90	—	0.15～0.30	—	≤0.030	≤0.030
4CrMnSiMoV	0.35～0.45	0.80～1.10	0.80～1.10	1.30～1.50	—	0.40～0.60	0.20～0.40	≤0.030	≤0.030
4SiMnMoV	0.40～0.50	0.80～1.10	0.80～1.10	—	—	0.40～0.60	0.20～0.40	≤0.030	≤0.030

（4）硬度　交货状态的模块的布氏硬度为197～241HBW。

12.6　钟　表　用　钢

12.6.1　手表用不锈钢扁钢（YB/T 5134—2007）

（1）用途　手表用不锈钢扁钢适用于制作手表壳用。

（2）尺寸规格（表12-120）

表 12-120　手表用不锈钢扁钢的尺寸规格　　　　（mm）

钢　种	厚　度	允许偏差	宽　度	允许偏差
热轧扁钢	6～9	±0.2	60～85	±1.0
冷轧扁钢	4～6	+0.3	30～60	+1.0

注：扁钢以直条交货，一般长度为1.0～2.0m。

（3）牌号和化学成分（表12-121）

表 12-121　手表用不锈钢扁钢的牌号和化学成分　　　　（%）

统一数字代号	新　牌　号	旧　牌　号	化学成分（质量分数）						
			C	Si	Mn	P	S	Ni	Cr
S30408	06Cr19Ni10	0Cr18Ni9	≤0.08	≤1.00	≤2.00	≤0.045	≤0.030	8.00～11.00	18.00～20.00

（4）硬度　经固溶处理的扁钢，其硬度值应为140～200HBW。

12.6.2　手表用碳素工具钢冷轧钢带（YB/T 5061—2007）

（1）用途　该钢带用于制造手表机芯零件及其工具。

（2）尺寸规格　厚度不大于1.20mm。

（3）化学成分和力学性能（表12-122）

表 12-122　手表用碳素工具钢冷轧钢带的化学成分和力学性能

牌　号	化学成分	性能组别	抗拉强度 R_m/MPa	断后伸长率 A_{xmm}/%≥
T10A，T12A	符合 GB/T 1298 的有关规定	I	800～1 000	—
		II	700～900	
		III	650～800	
		IV	≤680	12

12.6.3 手表用不锈钢冷轧钢带（YB/T 5133—2007）

（1）用途 钢带硬度适中、有很好的耐蚀性和冷冲压性，适于用冷冲压方法制造手表的表壳后盖、防尘罩等零件。

（2）尺寸规格 厚度不大于 1.20mm。

（3）牌号和化学成分（表 12-123）

表 12-123 手表用不锈钢冷轧钢带的牌号和化学成分 （%）

牌　号	化学成分（质量分数）								
	C	Mn	Si	P	S	Ni	Cr	Mo	其他元素
06Cr19Ni10	≤0.08	≤2.00	≤1.00	≤0.045	≤0.030	8.00～11.00	18.00～20.00	—	
12Cr18Ni9	≤0.15	≤2.00	≤1.00	≤0.045	≤0.030	8.00～10.00	17.00～19.00		
019Cr19Mo2NbTi	≤0.025	≤1.00	≤1.00	≤0.40	≤0.030	≤1.00	17.50～19.50	1.75～2.50	N≤0.035 (Ti+Nb) 0.20+4（C+N）～0.80

（4）硬度（表 12-124）

表 12-124 交货状态的硬度

交货状态	硬度 HV	交货状态	硬度 HV
软态	150～200	冷作硬化	310～<370
半冷作硬化	250～<310	特殊冷作硬化	≥370

12.6.4 表用 Y100Pb 易切削高碳钢棒（QB/T 2272—2007）

（1）用途 本标准适用于制造手表零件用易切削高碳钢棒，其他精密机械零件亦可参照使用。

（2）尺寸规格（表 12-125）

表 12-125 表用 Y100Pb 易切削高碳钢棒的尺寸规格 （mm）

直　径	长　度		
	直　径	定　尺	不 定 尺
0.80，1.00，1.20，1.30，1.40，1.50，1.80，2.00，2.10，2.50，2.70，3.00，3.50，4.00，4.20，4.50，5.00，5.50，6.00，6.50，7.00，7.50，8.00，9.00，10.00	<1.00	1 500	≥1 000
	≥1.00	2 000	≥1 500

（3）化学成分（表 12-126）

表 12-126 表用 Y100Pb 易切削高碳钢棒的化学成分（质量分数） （%）

C	Si	Mn	S	P	Pb
0.95～1.04	≤0.3	0.35～0.65	0.04～0.08	≤0.03	0.15～0.30

（4）力学性能（表 12-127）

表 12-127　表用 Y100Pb 易切削高碳钢棒的力学性能

直径/mm	维氏硬度 HV	抗拉强度 σ_b/MPa	伸长率 δ/%	直径/mm	维氏硬度 HV	抗拉强度 σ_b/MPa	伸长率 δ/%
0.80～1.00	≥290	≥930	≤3	>4.00～6.00	≥250	≥660	≤14
>1.00～3.00	≥280	≥850	≤6	>6.00～10.00	≥240	≥590	≤16
>3.00～4.00	≥260	≥730	≤9	—	—	—	—

12.6.5　钟用钢棒与钢丝（QB/T 1541—2005）

（1）用途　本标准适用于制造钟表零件用钢棒、丝，仪器仪表等，日用机械行业亦可参照使用。

（2）尺寸规格（表 12-128、表 12-129）

表 12-128　钟用钢棒与钢丝的尺寸规格　　　　　　　　　　　（mm）

直　径	长　度	
	钢　丝	钢　棒
0.35，0.40，0.45，0.50，0.55，0.60，0.70，0.80，0.90，1.00，1.20 1.30，1.40，1.50，1.60，1.70，1.80，2.00，2.20，2.50，2.80，3.00 3.20，3.50，4.00，4.50，5.00，5.50，6.00，6.50，7.00，7.50，8.00	>8 000	1 800～2 200

表 12-129　钟用钢棒与钢丝的直径与偏差

牌　号	直径范围	极限偏差/mm			钢　棒	圆度/mm≤	钢棒直线度 /（mm/m）≤
		钢　丝					
		A 级	B 级	C 级			
70，T9A	0.35～0.60	0 −0.010	0 −0.014	0 −0.025	上偏差供需双方商定，下偏差同钢丝	直径极限偏差的50%	2
	0.70～1.60						
15，Q235	1.00～3.00	0 −0.012	0 −0.018	0 −0.048			
	>3.00～3.50						
	>3.50～4.00	0 −0.018	0 −0.030				
	>4.00～6.00						
	>6.00	0 −0.058	0 −0.090	0 −0.150			
65Mn	≤3.00	0 −0.014	0 −0.025	0 −0.040			

（3）化学成分（表 12-130）

表 12-130　钟用钢棒与钢丝的化学成分（质量分数）　　　　　（%）

合金牌号	级别	C	Mn	Si	杂质成分≤				
					S	P	Cr	Ni	Cu
15	—	0.12～0.19	0.35～0.65	0.17～0.37	0.035	0.035	0.25	0.25	0.25
Q235	A	0.14～0.22	0.30～0.65	0.30	0.05	0.045	—	—	—
	B	0.12～0.20	0.30～0.70		0.045				

续表 12-130

合金牌号	级别	C	Mn	Si	杂质成分≤				
					S	P	Cr	Ni	Cu
70	—	0.67~0.75	0.50~0.80	0.17~0.37	0.035	0.035	0.25	0.25	0.25
65Mn	—	0.62~0.70	0.90~1.20		0.035	0.035	0.25	0.25	0.25
T9A		0.85~0.94	≤0.40	≤0.35	0.03	0.02	—	—	—

（4）力学性能（表 12-131）

表 12-131　钟用钢棒与钢丝的力学性能

牌　　号	直径/mm	状　　态	维氏硬度 HV	抗拉强度σ_b/MPa		
				I 组	II 组	III 组
T9A, 70, 65Mn	≤3		>280	>2 600	2 000~2 600	<2 000
15, Q235	≤2	硬（Y）	>250	—		
	>2~4		>200	—		
	>4~7		>170	—		
	>7		>150	—		

12.7　其 他 用 钢

12.7.1　核电站用无缝钢管：碳素钢无缝钢管（GB 24512.1—2009）

（1）用途　适用于制造核电站 1，2，3 级和非核级设备承压部件用碳素钢（包括碳锰钢）无缝钢管。

（2）尺寸规格（表 12-132）

表 12-132　核电站用碳素钢无缝钢管的尺寸规格　　　　　　　（mm）

分类代号	制造方式	钢管尺寸		允许偏差	
				普通级（PA）	高级（PC）
W-H	热轧（挤、顶、锻）钢管	公称外径 D	≤54	±0.40	±0.30
			>54	±1%D	±0.75%D
		公称壁厚 δ	≤4.0	±0.45	±0.35
			>4.0~20	+12.5%δ −10%δ	±10%δ
			>20　D<219	±10%δ	±7.5%δ
			>20　D≥219	+12.5%δ −10%δ	±10%δ
W-H	热扩钢管	公称外径 D	全部	±1%D	±0.75%δ
		公称壁厚 δ	全部	+18%δ −10%δ	+12.5%D −10%δ
W-C	冷拔（轧）钢管	公称外径 D	≤25.4	±0.15	—
			>25.4~40	±0.20	—
			>40~50	±0.25	—
			>50~60	±0.30	—
			>60	±0.5%D	—
		公称壁厚 δ	≤3.0	±0.3	±0.2
			>3.0	±10%δ	±7.5%δ

（3）牌号和化学成分（表 12-133）

表 12-133　核电站用碳素钢无缝钢管的牌号和化学成分

化学成分（质量分数）　　　　　　　　　（%）

序号	牌号	取样	C	Si	Mn	Cr	Mo	Ni	Alt	Cu	Sn	C_{eq}	其他	P ≤	S ≤
1	HD245	熔炼成分	≤0.20	0.17~0.37	≤1.00	≤0.25	≤0.15	≤0.25	①	≤0.20	≤0.030	—	V≤0.08	0.020	0.015
2	HD245	成品成分	≤0.22	0.15~0.39	≤1.04	≤0.25	≤0.15	≤0.25	①	≤0.20	≤0.030	—	V≤0.08	0.025	0.020
3	HD245Cr	熔炼成分	≤0.20	0.17~0.37	≤1.00	0.20~0.30	≤0.15	≤0.25	①	≤0.20	≤0.030	—	V≤0.08	0.020	0.015
4	HD245Cr	成品成分	≤0.22	0.15~0.39	≤1.04	0.18~0.33	≤0.15	≤0.25	①	≤0.20	≤0.030	—	V≤0.08	0.025	0.020
5	HD265	熔炼成分	≤0.20	≤0.40	≤1.40	≤0.30	≤0.08	≤0.30	0.020~0.050	≤0.20	≤0.030	—	V≤0.02, Ti≤0.040, Nb≤0.010	0.020	0.015
6	HD265	成品成分	≤0.22	≤0.44	≤1.44	≤0.30	≤0.08	≤0.30	0.020~0.050	≤0.20	≤0.030	—	V≤0.03, Ti≤0.050, Nb≤0.015	0.025	0.020
7	HD265Cr	熔炼成分	≤0.20	≤0.40	≤1.40	0.15~0.30	≤0.08	≤0.30	0.020~0.050	≤0.20	≤0.030	—	V≤0.02, Ti≤0.040, Nb≤0.010	0.020	0.015
8	HD265Cr	成品成分	≤0.22	≤0.44	≤1.44	0.15~0.33	≤0.08	≤0.30	0.020~0.050	≤0.20	≤0.030	—	V≤0.03, Ti≤0.050, Nb≤0.015	0.025	0.020
9	HD280	熔炼成分	≤0.20	0.10~0.35	0.80~1.60	≤0.25	≤0.10	≤0.50	0.020~0.050	≤0.20	≤0.030	≤0.48	—	0.020	0.015
10	HD280	成品成分	≤0.22	0.10~0.40	0.80~1.60	≤0.25	≤0.10	≤0.50	0.020~0.050	≤0.20	≤0.030	≤0.48	—	0.025	0.020
11	HD280Cr	熔炼成分	≤0.20	0.10~0.35	1.00~1.60	0.15~0.30	≤0.10	≤0.50	0.020~0.050	≤0.20	≤0.030	≤0.48	—	0.020	0.015
12	HD280Cr	成品成分	≤0.22	0.10~0.40	1.00~1.60	0.15~0.33	≤0.10	≤0.50	0.020~0.050	≤0.20	≤0.030	≤0.48	—	0.025	0.020

注：①HD245 和 HD245Cr 钢中⑩（Alt）不大于 0.015%，不做交货要求，但应填入化学成分分析报告中。

（4）力学性能（表 12-134～表 12-136）

表 12-134　核电站用碳素钢无缝钢管的室温拉伸性能

序　号	牌　号	抗拉强度 R_m/MPa	下屈服强度或规定非比例延伸强度 R_{eL} 或 $R_{p0.2}$/MPa≥	断后伸长率 A/%≥	
				纵　向	横　向
1	HD245	410～550	245	24	22
2	HD245Cr	410～550	245	24	22
3	HD265	410～570	265	23	21
4	HD265Cr	410～570	265	23	21
5	HD280	470～590	275	21	21
6	HD280Cr	470～590	275	21	21

表 12-135　核电站用碳素钢无缝钢管的高温拉伸性能

序号	牌　号	试验温度/℃	抗拉强度 R_m/MPa≥	规定非比例延伸强度 $R_{p0.2}$/MPa≥	序号	牌　号	试验温度/℃	抗拉强度 R_m/MPa≥	规定非比例延伸强度 $R_{p0.2}$/MPa≥
1	HD245	250	—	170	3	HD265	300	369	154
		300	—	149	4	HD265Cr	300	369	154
2	HD245Cr	250	—	170	5	HD280	300	423	186
		300	—	149	6	HD280Cr	300	423	186

表 12-136　核电站用碳素钢无缝钢管的夏比 V 形缺口冲击吸收功

序号	牌　号	冲击吸收功 A_{kv}/J≥				序号	牌　号	冲击吸收功 A_{kv}/J≥			
		0℃		−20℃				0℃		−20℃	
		纵向	横向	纵向	横向			纵向	横向	纵向	横向
1	HD245	40	28	—	—	4	HD265Cr	40	28	—	—
2	HD245Cr	40	28	—	—	5	HD280	60	60	60	60
3	HD265	40	28	—	—	6	HD280Cr	60	60	60	60

12.7.2　自行车用热轧碳素钢和低合金钢宽钢带及钢板（YB/T 5066—1993）

（1）用途　该钢带及钢板主要用于制造自行车车架。

（2）尺寸规格（表 12-137）

表 12-137　钢带及钢板的尺寸规格　　　　　　　　　　　　　　　（mm）

名　称		公　称　尺　寸	
厚度	钢带	2.0，2.2，2.5，2.6，2.75，2.8，3.0，3.2，3.5，3.8，4.0，4.5，5.0，5.5，6.0	
	钢板	7.0，8.0	
宽度	沸腾钢	≤1 300（2.0～6.0）	
	镇静钢	≤1 250（a≤3.0）	≤1 300（a>3.0）
长度	钢卷	内径为 760	
	钢板	4 000～6 000	

（3）牌号和化学成分（表 12-138）

表 12-138　钢带及钢板的牌号和化学成分　　　　　　（%）

牌　号	化学成分（质量分数）					
	C	Si	Mn	P	S	Als
ZQ195	≤0.10	0.12～0.30	0.25～0.50	≤0.040	≤0.040	—
ZQ195F	≤0.10	≤0.05	0.25～0.50	≤0.040	≤0.040	—
ZQ215	0.10～0.15	0.12～0.30	0.30～0.55	≤0.040	≤0.040	—
ZQ215Al	0.10～0.15	≤0.06	0.30～0.55	≤0.040	≤0.040	≥0.015
ZQ215F	0.10～0.15	≤0.07	0.25～0.55	≤0.040	≤0.040	—
ZQ235	0.15～0.21	0.12～0.30	0.35～0.65	≤0.040	≤0.040	—
ZQ235Al	0.15～0.21	≤0.05	0.35～0.65	≤0.040	≤0.040	≥0.015
ZQ235F	0.15～0.21	≤0.07	0.35～0.60	≤0.040	≤0.040	—
Z06Al	≤0.06	≤0.05	≤0.40	≤0.030	≤0.030	≥0.015
Z09Al	0.05～0.12	≤0.05	0.20～0.50	≤0.030	≤0.030	≥0.015
Z09Mn	0.05～0.12	≤0.10	0.50～0.90	≤0.040	≤0.040	≥0.015
Z13Mn	0.10～0.16	0.10～0.30	0.70～1.10	≤0.040	≤0.040	≥0.015
Z17Mn	0.14～0.20	0.10～0.30	0.70～1.20	≤0.040	≤0.040	≥0.015
Z21Mn	0.18～0.25	0.30～0.60	1.20～1.60	≤0.040	≤0.040	—

注：牌号中的"Z"为"自"字汉语拼音的首字母，表示自行车用钢。

（4）力学和工艺性能（表 12-139）

表 12-139　钢带及钢板的力学和工艺性能

牌　号	屈服强度 R_{eL}/MPa	抗拉强度 R_m/MPa	断后伸长率 A/%	180℃冷弯试验	牌　号	屈服强度 R_{eL}/MPa	抗拉强度 R_m/MPa	断后伸长率 A/%	180℃冷弯试验
ZQ195 ZQ195F	—	—	—	d=0.5a	Z09Mn	—	≥315	≥32	d=0.5a
ZQ215 ZQ215Al ZQ215F	—	—	—	d=a	Z13Mn	255	≥420	≥28	d=a
ZQ235 ZQ235Al ZQ235F	—	—	—	d=1.5a	Z17Mn	275	≥440	≥26	d=1.5a
Z06Al	—	≥275	≥33	d=0	Z21Mn	—	540～635	≥20	—
Z09Al	—	≥295	≥32	d=0	—	—	—	—	—

注：d 为弯心直径，a 为试样厚度。

12.7.3　自行车链条用冷轧钢带（YB/T 5064—1993）

（1）用途　该钢带用于制造各种型号自行车链条内、外片。

（2）尺寸规格　厚度为 1.00～1.30mm 的钢带。

（3）牌号和化学成分（表 12-140）

表 12-140　自行车链条用冷轧钢带的牌号和化学成分　　　　（%）

牌　号	化学成分（质量分数）				
	C	Si	Mn	P	S
				≤	
20MnSi	0.17～0.25	0.40～0.80	1.20～1.60	0.045	0.050

续表 12-140

牌　号	化学成分（质量分数）				
	C	Si	Mn	P	S
				≤	
19Mn	0.16～0.22	0.20～0.40	0.70～1.00	0.045	0.050
16Mn	0.12～0.20	0.20～0.60	1.20～1.60	0.045	0.050
Q275	0.28～0.38	0.15～0.35	0.50～0.80	0.045	0.050

（4）力学性能（表 12-141）

表 12-141　自行车链条用冷轧钢带的力学性能

抗拉强度组别	Ⅰ 组钢带	Ⅱ 组钢带
抗拉强度 σ_b/MPa	785～980	835

12.7.4　搪瓷用热轧钢板和钢带（GB/T 25832—2010）

（1）用途　适用于轻工、家电、冶金、建筑、化工设备、水处理工业等行业使用。

（2）分类（表 12-142）

表 12-142　搪瓷用热轧钢板和钢带的分类

类　别	类别代号	牌　号	用　途
日用	TC	TCDS	厨具、卫具、建筑面板、电烤箱、炉具等
	TC1	Q210TC1，Q245TC1，Q300TC1 Q330TC1，Q360TC1	热水器内胆等
化工设备用	TC2	Q245TC2B，Q245TC2C，Q245TC2D Q295TC2B，Q295TC2C，Q295TC2D Q345TC2B，Q345TC2C，Q345TC2D	化工容器换热器及塔类设备等
环保设备用	TC3	Q245TC3，Q295TC3，Q345TC3	拼装型储罐、环保行业罐体、环保水处理工程、自来水工程等

注：搪瓷用超低碳钢的牌号由代表搪瓷用钢的符号 TC 和代表冲压钢 Drawing Steel 的首位英文字母 DS 组成，即 TCDS。其他钢的牌号由代表屈服强度的字母、屈服强度数值、搪瓷用钢的类别等三个部分按顺序组成；对于 TC2 类别增加质量等级符号（B，C，D），质量等级符号省略时按 B 级供货。

（3）尺寸规格　厚度不大于 40mm。

（4）牌号和化学成分（表 12-143～表 12-145）

表 12-143　日用搪瓷钢的牌号和化学成分　　　　　　　（%）

牌　号		化学成分（质量分数）					
强度级别	类　别	C	Si	Mn	P	S	Als
TCDS		≤0.008	≤0.03	≤0.40	≤0.020	≤0.025	≥0.015
Q210	TC1	≤0.12	≤0.05	≤0.70	≤0.020	≤0.025	≥0.015
Q245	TC1	≤0.12	≤0.05	≤1.20	≤0.020	≤0.025	≥0.015
Q300	TC1	≤0.12	≤0.05	≤1.40	≤0.020	≤0.025	≥0.015
Q330	TC1	≤0.16	≤0.05	≤1.50	≤0.020	≤0.025	≥0.015
Q360	TC1	≤0.16	≤0.05	≤1.60	≤0.020	≤0.025	≥0.015

表 12-144 化工设备用搪瓷钢的牌号和化学成分　　　　　　　　　　　　　（%）

牌　号			化学成分（质量分数）							
强度级别	类别	质量等级	C	Si	Mn	P	S	Als	Ti	Ti/C
Q245	TC2	B	≤0.12	≤0.30	≤1.20	≤0.020	≤0.015	≥0.015	0.06~0.20	≥1.0
		C					≤0.015			
		D					≤0.012			
Q295	TC2	B	≤0.12	≤0.30	≤1.40	≤0.020	≤0.015	≥0.015	0.06~0.20	≥1.0
		C					≤0.015			
		D					≤0.012			
Q345	TC2	B	≤0.16	≤0.30	≤1.50	≤0.020	≤0.015	≥0.015	0.06~0.20	≥1.0
		C					≤0.015			
		D					≤0.012			

表 12-145 环保设备用搪瓷钢的牌号和化学成分　　　　　　　　　　　　（%）

牌　号		化学成分（质量分数）							
强度级别	类别	C	Si	Mn	P	S	Als	Ti	Ti/C
Q245	TC3	≤0.08	≤0.30	≤1.20	≤0.020	≤0.020	≥0.015	0.06~0.20	≥2.1
Q295	TC3	≤0.08	≤0.30	≤1.40	≤0.020	≤0.020	≥0.015	0.06~0.20	≥2.1
Q345	TC3	≤0.08	≤0.30	≤1.50	≤0.020	≤0.020	≥0.015	0.06~0.20	≥2.1

（5）力学和工艺性能（表 12-146～表 12-148）

表 12-146 日用搪瓷钢的力学性能

牌　号		拉伸试验[①]		
强度级别	类别	下屈服强度 R_{eL}/MPa	抗拉强度 R_m/MPa	断后伸长率 A_{50mm}/%
TCDS		130~240	270~380	≥33
Q210	TC1	≥210	300~420	≥28
Q245	TC1	≥245	340~460	≥26
Q300	TC1	≥300	370~490	≥24
Q330	TC1	≥330	400~520	≥22
Q360	TC1	≥360	440~560	≥22

注：①当屈服不明显时，可测量 $R_{p0.2}$ 代替下屈服强度。

表 12-147 化工设备用搪瓷钢的力学及工艺性能

牌　号			拉伸试验[①]			180°弯曲试验弯心直径/mm		冲击试验	
强度级别	类别	质量等级	下屈服强度 R_{eL}/MPa	抗拉强度 R_m/MPa	断后伸长率 A/%	厚度/mm		试验温度 /℃	吸收功 A_{kv2}/J
						<16	≥16		
Q245	TC2	B	≥245	400~520	≥26	1.5a	2a	20	≥31
		C						0	
		D						−20	
Q295	TC2	B	≥295	460~580	≥24	2a	3a	20	≥34
		C						0	
		D						−20	

续表 12-147

牌　号			拉 伸 试 验①			180°弯曲试验弯心直径/mm		冲 击 试 验	
强度级别	类别	质量等级	下屈服强度 R_{eL}/MPa	抗拉强度 R_m/MPa	断后伸长率 A/%	厚度/mm		试验温度 /℃	吸收功 A_{kv2}/J
						<16	≥16		
Q345	TC2	B	≥345	510～630	≥22	2a	3a	20	≥34
		C						0	
		D						−20	

注：①当屈服不明显时，可测量 $R_{p0.2}$ 代替下屈服强度。
　　a 为试样厚度。

表 12-148　环保设备用搪瓷钢的力学及工艺性能

牌　号		拉 伸 试 验①			180°弯曲试验弯心直径/mm	
强 度 级 别	类　别	下屈服强度 R_{eL}/MPa	抗拉强度 R_m/MPa	断后伸长率 A/%	厚度/mm	
					<16	≥16
Q245	TC3	≥245	400～520	≥26	1.5a	2a
Q295	TC3	≥295	460～580	≥24	2a	3a
Q345	TC3	≥345	510～630	≥22	2a	3a

注：①当屈服不明显时，可测量 $R_{p0.2}$ 代替下屈服强度。
　　a 为试样厚度。

12.7.5　搪瓷用冷轧低碳钢板及钢带（GB/T 13790—2008）

（1）用途　钢板厚度均匀，尺寸精度高，冲压性能好，有均匀细致的粗糙表面，易于搪瓷粘合，专用于制造食具、卫生洁具、家电等日用搪瓷制品。

（2）分类和代号（表 12-149）

表 12-149　钢板及钢带的分类和代号

分 类 方 法	分 类 名 称	
	牌　号	用　途
按用途分	DC01EK	一般用
	DC03EK	冲压用
	DC05EK	特深冲压用
	级　别	代　号
按表面质量分	较高级的精整表面	FB
	高级的精整表面	FC
	表 面 结 构	代　号
按表面结构分	麻面	D
	粗糙表面	R

注：1. 钢板及钢带的牌号由四部分组成：第一部分为字母"D"，代表冷成形用钢板及钢带；第二部分为字母"C"，代表轧制条件为冷轧；第三部分为两位数字序列号，即 01、03、05 等代表冲压成形级别；第四部分为搪瓷加工类型代号。
　　2. 当钢板及钢带按其后续搪瓷加工用途，采用湿粉一层或多层以及干粉搪瓷加工工艺时，称之为普通搪瓷用途，其代号为"EK"。

（3）尺寸规格　厚度为 0.30～3.0mm，宽度不小于 600mm 的冷轧低碳钢板及钢带。

（4）牌号和化学成分（表 12-150）

表 12-150 钢板及钢带的牌号和化学成分 （%）

牌　号	化学成分（质量分数）					
	C	Mn	P	S	Als	Ti
DC01EK	≤0.08	≤0.60	≤0.045	≤0.045	≥0.015	—
DC03EK	≤0.06	≤0.40	≤0.025	≤0.030	≥0.015	—
DC05EK	≤0.008	≤0.25	≤0.020	≤0.050	≥0.010	≤0.3

（5）力学性能（表 12-151）

表 12-151 钢板及钢带的力学性能

牌　号	下屈服强度 R_{eL}/MPa≤	抗拉强度 R_m/MPa	断后伸长率 A_{50mm}/%≥	塑性应变比 r_{90}≥	应变硬化指数 n_{90}≥
DC01EK	280	270～410	30	—	—
DC03EK	240	270～370	34	1.3	—
DC05EK	200	270～350	38	1.6	0.18

（6）拉伸应变痕（表 12-152）

表 12-152 钢板及钢带的拉伸应变痕

牌　号	拉 伸 应 变 痕
DC01EK	室温储存条件下，钢板及钢带自生产完成之日起 3 个月内使用时不应出现拉伸应变痕
DC03EK	室温储存条件下，钢板及钢带自生产完成之日起 6 个月内使用时不应出现拉伸应变痕
DC05EK	室温储存条件下，使用时不应出现拉伸应变痕

（7）表面质量（表 12-153）

表 12-153 钢板及钢带的表面质量

级　别	代　号	特　征
较高级表面	FB	表面允许有少量不影响成型性及涂、镀附着力的缺陷，如轻微的划伤、压痕、麻点、辊印及氧化色等
高级表面	FC	产品两面中较好的一面无肉眼可见的明显缺陷，另一面至少应达到 FB 的要求

12.7.6　200L 油桶用冷轧薄钢板和热镀锌薄钢板（YB/T 055—2005）

（1）用途　钢板厚度均匀、尺寸精度高，平整洁净、表面质量好，具有良好的塑性和加工成型性能；镀锌薄钢板还具有良好的耐腐蚀性能。专用于制造容量为 200L 油桶的桶身、桶盖和底件。

（2）尺寸规格（表 12-154）

表 12-154 200L 油桶用冷轧薄钢板和热镀锌薄钢板的尺寸规格 （mm）

用　途	尺　寸　规　格		
	厚　度	宽　度	长　度
桶盖用	1.0	660	1 980
	1.2	1 320	
桶身用	1.5	930	1 800

（3）牌号和化学成分（表 12-155）

表 12-155 200L 油桶用冷轧薄钢板和热镀锌薄钢板的牌号和化学成分 （%）

牌 号	化学成分（质量分数）					
	C	S	Mn	P	S	Als≥
	≤			≤		
LT	0.10	0.07	0.20~0.55	0.035	0.035	0.015
XT1	由供方选择，需方有要求时，可提供化学成分					
XT2						

注：钢的牌号用"冷轧油桶钢板"和"冷轧镀锌钢板"的汉语拼音缩写字母 LT 和 XT 表示，镀锌板按锌层质量分为 XT1、XT2 两个牌号。

（4）力学和工艺性能（表 12-156、表 12-157）

表 12-156 200L 油桶用冷轧薄钢板和热镀锌薄钢板的力学性能

牌 号	抗拉强度 σ_b/MPa	伸长率 δ/%	备 注 试样尺寸/mm
LT	295~410	≥30	$L_0 = 11.3\sqrt{F}$ $b_0 = 20$
XT1	295~450	≥27	$L_0 = 80$ $b_0 = 20$
XT2			

表 12-157 桶盖用钢板（带）的杯突试验及镀锌板（带）180°锌层弯曲试验 （mm）

公 称 厚 度	桶盖用钢板（带）杯突试验冲压深度≥		镀锌板（带）180° 锌层弯曲试验，$d=0$
	冷轧板（带）	镀锌板（带）	
1.0	10.1	9.0	弯曲后距试样边部 5mm 以外不允许出现 锌层脱落
1.2	10.6	9.4	
1.5	11.2	9.9	

（5）镀层质量（表 12-158）

表 12-158 镀锌板（带）的镀层质量 （g/m²）

牌 号	表 面 结 构	锌 层 质 量	三点试验平均值（双面）≥	三点试验最小值	
				双 面	单 面
XT1	正常锌花	200	200	170	68
XT2		275	275	235	94

附　录

附录A　金属材料常用量的符号（附表1）

附表1　金属材料常用量的符号

量 的 符 号	量 的 名 称	单 位 符 号	量 的 符 号	量 的 名 称	单 位 符 号
A_K	冲击吸收功	J	μ	磁导率	H/m
A_{KU}	U型缺口试样冲击吸收功	J		摩擦因数	—
A_{KV}	V型缺口试样冲击吸收功	J	ν	泊松比	—
a_K	冲击韧度	J/cm²	ρ	电阻率	$10^{-6}\Omega \cdot m$
a_{KU}	U型缺口试样冲击韧度	J/cm²	γ	密度	g/cm³
a_{KV}	V型缺口试样冲击韧度	J/cm²	σ_b	抗拉强度	MPa
B	磁感应强度	T	σ_{bb}	抗弯强度	MPa
c	比热容	J/(kg·K)	σ_{bc}	抗压强度	MPa
E	弹性模量	GPa	σ_D	疲劳极限	MPa
G	切变模量	GPa	σ_e	弹性极限	MPa
H	磁场强度	A/m	σ_N	疲劳强度	MPa
HBW	布氏硬度	—	σ_p	比例极限	MPa
H_C	矫顽力	A/m	σ_s	屈服点	MPa
HRA，HRB、HRC	洛氏硬度	—	σ_{100}^1	高温持久（100h）强度极限	MPa
HS	肖氏硬度	—	σ_{-1}	对称循环疲劳极限	MPa
HV	维氏硬度	—	$\sigma_{0.2}$	屈服强度	MPa
P	铁损	W/kg	$\sigma_{0.1}$	弯曲疲劳极限	MPa
R	腐蚀率	mm/a	τ_b	抗剪强度	MPa
$\omega(B)$	B的质量分数	%	$\sigma_{r0.2}$	规定残余伸长应力	MPa
α_1	线胀系数	10^{-6}/K	$\sigma_{p0.2}$	规定非比例伸长应力	MPa
α_p	电阻温度系数	1/℃	τ_m	抗扭强度	MPa
δ	断后伸长率	%	$\tau_{0.3}$	扭转屈服强度	MPa
ε	相对耐磨系数	—	τ_{-1}	扭转疲劳强度	MPa
κ	电导率	S/m 或 %IACS			
λ	热导率	W/(m·K)	ψ	断面收缩率	%

附录B　金属材料常用性能名称和符号新旧标准对照（附表2）

附表2　金属材料常用性能名称和符号折旧标准对照

新标准（GB/T 10623—2008）		旧标准（GB/T 10623—1989）	
性 能 名 称	符 号	性 能 名 称	符 号
断面收缩率	Z	断面收缩率	ψ

续附表 2

新标准（GB/T 10623—2008）		旧标准（GB/T 10623—1989）	
性 能 名 称	符 号	性 能 名 称	符 号
断后伸长率	A $A_{11.3}$ A_{xmm}	断后伸长率	δ_5 δ_{10} δ_{xmm}
断裂总伸长率	A_t	—	—
最大力总伸长率	A_{gt}	最大力下的总伸长率	δ_{gt}
最大力非比例伸长率	A_g	最大力下的非比例伸长率	δ_g
屈服点延伸率	A_e	屈服点伸长率	δ_s
屈服强度	—	屈服点	σ_s
上屈服强度	R_{eH}	上屈服点	σ_{sU}
下屈服强度	R_{eL}	下屈服点	σ_{sL}
规定非比例延伸强度	R_p 如 $R_{p0.2}$	规定非比例伸长应力	σ_p 如 $\sigma_{p0.2}$
规定总延伸强度	R_t 如 $R_{t0.5}$	规定总伸长应力	σ_t 如 $\sigma_{t0.5}$
规定残余延伸强度	R_r 如 $R_{r0.2}$	规定残余伸长应力	σ_r 如 $\sigma_{r0.2}$
抗拉强度	R_m	抗拉强度	σ_b

附录 C　常用计量单位法定与废除单位对照与换算（附表 3）

附表 3　常用计量单位法定与废除单位对照与换算

量 的 名 称	量 的 符 号	法定单位的名称与符号	废除单位的名称与符号	法定与废除单位的换算关系
力、重力	F, W	牛〔顿〕N 千牛〔顿〕kN	公斤力 kgf 吨力 tf	$1\text{kgf} \approx 9.8\text{N}$ $1\text{tf} \approx 9.8\text{kN}$
压力、压强、应力	P	帕〔斯卡〕Pa 千帕〔斯卡〕kPa 兆帕〔斯卡〕MPa	公斤力/米^2 kgf/m^2 公斤力/厘米^2 kgf/cm^2 公斤力/毫米^2 kgf/mm^2	$1\text{kgf/m}^2 = 9.8\text{Pa}$ $\approx 10\text{Pa}$ $1\text{kgf/cm}^2 \approx 0.098\text{MPa}$ $1\text{kgf/mm}^2 \approx 9.8\text{MPa}$ $1\text{MPa} = 10.197\ 2\text{kgf/cm}^2$ $1\text{Pa} = 1\text{N/m}^2$ $1\text{MPa} = 1\text{N/mm}^2$
功、能	W, E	焦〔耳〕J	公斤力·米 kgf·m	$1\text{kgf} \cdot \text{m} \approx 9.8\text{J}$ $1\text{J} = 1\text{N} \cdot \text{m}$
热量	Q	焦〔耳〕J	热化学卡 cal$_{th}$ 15℃卡 cal15 国际蒸汽表卡	$1\text{cal}_{th} = 4.184\text{J}$ $1\text{cal15} = 4.185\ 5\text{J}$ $1\text{cal1T} = 4.186\ 8\text{J}$
热导率	λ	瓦〔特〕每米开〔尔文〕W/(m·K)	千卡/（米·时·度）kcal/(m·h·℃) 卡/（厘米·秒·开）cal/(cm·s·K)	$1\text{kcal/(m} \cdot \text{h} \cdot ℃) = 1.163\text{W/(m} \cdot \text{K)}$ $1\text{cal/(cm} \cdot \text{s} \cdot \text{K)} = 418.68\text{W/(m} \cdot \text{K)}$
比热容	c	焦〔耳〕每千克开〔尔文〕J/(kg·K)	卡/（克·度）cal/(g·℃)	$1\text{cal/(g} \cdot \text{K)} = 4\ 186.8\text{J/(kg} \cdot \text{K)}$

续附表3

量 的 名 称	量 的 符 号	法定单位的名称与符号	废除单位的名称与符号	法定与废除单位的换算关系
电阻率	ρ	微欧[姆]米 $\mu\Omega \cdot m$	欧姆·毫米^2/米 $\Omega \cdot mm^2/m$	$1\Omega \cdot mm^2/m = 1\mu\Omega \cdot m$
电导率	κ	西[门子]每米 S/m	1/（欧姆·米） $1/(\Omega \cdot m)$	$1S/m = 1/(\Omega \cdot m)$
磁导率	μ	毫亨[利]每米 mH/m	高[斯]每奥[斯特]Gs/Oe	$1mH/m = 800Gs/Oe$ $1Gs/Oe = 1.25\mu H/m$
磁通量密度、磁感应强度	B	特[斯拉]T	高斯 Gs	$1Gs = 10^{-4}T$ $1T = 10\,000Gs$
磁场强度	H	安[培]每米 A/m	奥斯特 Oe	$1Oe = 79.6A/m$ $1A/m = 0.012\,5Oe$
矫顽力	H_c	安[培]每米 A/m	奥斯特 Oe	$1Oe = 79.6A/m$ $1A/m = 0.012\,5Oe$
冲击韧度	a_k	焦[耳]每二次方米 J/m^2	公斤力·米/厘米^2 kgf·m/cm^2	$1kgf \cdot m/cm^2 = 9.806\,7J/cm^2$ $1J/cm^2 = 0.102kgf \cdot m/cm^2$
冲击吸收功	A_K	焦[耳]J	公斤力·米 kgf·m	$1kgf \cdot m = 9.806\,7J$ $1J = 0.109kgf \cdot m$

附录 D　不锈钢和耐热钢新旧牌号对照（附表4~附表8）

附表4　奥氏体型不锈钢和耐热钢

序　号	统一数字代号	新　牌　号	旧　牌　号
1	S35350	12Cr17Mn6Ni5N	1Cr17Mn6Ni5N
2	S35950	10Cr17Mn9Ni4N	—
3	S35450	12Cr18Mn9Ni5N	1Cr18Mn8Ni5N
4	S35020	20Cr13Mn9Ni4	2Cr13Mn9Ni4
5	S35550	20Cr15Mn15Ni2N	2Cr15Mn15Ni2N
6	S35650	53Cr21Mn9Ni4N	5Cr21Mn9Ni4N
7	S35750	26Cr18Mn12Si2N	3Cr18Mn12Si2N
8	S35850	22Cr20Mn10Ni2Si2N	2Cr20Mn9Ni2Si2N
9	S30110	12Cr17Ni7	1Cr17Ni7
10	S30103	022Cr17Ni7	—
11	S30153	022Cr17Ni7N	—
12	S30220	17Cr18Ni9	2Cr18Ni9
13	S30210	12Cr18Ni9	1Cr18Ni9
14	S30240	12Cr18Ni9Si3	1Cr18Ni9Si3
15	S30317	Y12Cr18Ni9	Y1Cr18Ni9
16	S30327	Y12Cr18Ni9Se	Y1Cr18Ni9Se
17	S30408	06Cr19Ni10	0Cr18Ni9
18	S30403	022Cr19Ni10	00Cr19Ni10
19	S30409	07Cr19Ni10	—

续附表 4

序 号	统一数字代号	新 牌 号	旧 牌 号
20	S30450	05Cr19Ni10Si2CeN	—
21	S30480	06Cr18Ni9Cu2	0Cr18Ni9Cu2
22	S30488	06Cr18Ni9Cu3	0Cr18Ni9Cu3
23	S30458	06Cr19Ni10N	0Cr19Ni9N
24	S30478	06Cr19Ni9NbN	0Cr19Ni10NbN
25	S30453	022Cr19Ni10N	00Cr18Ni10N
26	S30510	10Cr18Ni12	1Cr18Ni12
27	S30508	06Cr18Ni12	0Cr18Ni12
28	S30608	06Cr16Ni18	0Cr16Ni18
29	S30808	06Cr20Ni11	—
30	S30850	22Cr21Ni12N	2Cr21Ni12N
31	S30920	16Cr23Ni13	2Cr23Ni13
32	S30908	06Cr23Ni13	0Cr23Ni13
33	S31010	14Cr23Ni18	1Cr23Ni18
34	S31020	20Cr25Ni20	2Cr25Ni20
35	S31008	06Cr25Ni20	0Cr25Ni20
36	S31053	022Cr25Ni22Mo2N	—
37	S31252	015Cr20Ni18Mo6CuN	—
38	S31608	06Cr17Ni12Mo2	0Cr17Ni12Mo2
39	S31603	022Cr17Ni12Mo2	00Cr17Ni14Mo2
40	S31609	07Cr17Ni12Mo2	1Cr17Ni12Mo2
41	S31668	06Cr17Ni12Mo2Ti	0Cr18Ni12Mo3Ti
42	S31678	06Cr17Ni12Mo2Nb	—
43	S31658	06Cr17Ni12Mo2N	0Cr17Ni12Mo2N
44	S31653	022Cr17Ni12Mo2N	00Cr17Ni13Mo2N
45	S31688	06Cr18Ni12Mo2Cu2	0Cr18Ni12Mo2Cu2
46	S31683	022Cr18Ni14Mo2Cu2	00Cr18Ni14Mo2Cu2
47	S31693	022Cr18Ni15Mo3N	00Cr18Ni15Mo3N
48	S31782	015Cr21Ni26Mo5Cu2	—
49	S31708	06Cr19Ni13Mo3	0Cr19Ni13Mo3
50	S31703	022Cr19Ni13Mo3	00Cr19Ni13Mo3
51	S31793	022Cr18Ni14Mo3	00Cr18Ni14Mo3
52	S31794	03Cr18Ni16Mo5	0Cr18Ni16Mo5
53	S31723	022Cr19Ni16Mo5N	—
54	S31753	022Cr19Ni13Mo4N	—
55	S32168	06Cr18Ni11Ti	0Cr18Ni10Ti
56	S32169	07Cr19Ni11Ti	1Cr18Ni11Ti
57	S32590	45Cr14Ni14W2Mo	4Cr14Ni14W2Mo
58	S32652	015Cr24Ni22Mo8Mn3CuN	—
59	S32720	24Cr18Ni8W2	2Cr18Ni8W2

续附表4

序　号	统一数字代号	新　牌　号	旧　牌　号
60	S33010	12Cr16Ni35	1Cr16Ni35
61	S34553	022Cr24Ni17Mo5Mn6NbN	—
62	S34778	06Cr18Ni11Nb	0Cr18Ni11Nb
63	S34779	07Cr18Ni11Nb	1Cr19Ni11Nb
64	S38148	06Cr18Ni13Si4	0Cr18Ni13Si4
65	S38240	16Cr20Ni14Si2	1Cr20Ni14Si2
66	S38340	16Cr25Ni20Si2	1Cr25Ni20Si2

附表5　奥氏体＋铁素体型不锈钢和耐热钢

序　号	统一数字代号	新　牌　号	旧　牌　号
67	S21860	14Cr18Ni11Si4AlTi	1Cr18Ni11Si4AlTi
68	S21953	022Cr19Ni5Mo3Si2N	00Cr18Ni5Mo3Si2
69	S22160	12Cr21Ni5Ti	1Cr21Ni5Ti
70	S22253	022Cr22Ni5Mo3N	—
71	S22053	022Cr23Ni5Mo3N	—
72	S23043	022Cr23Ni4MoCuN	—
73	S22553	022Cr25Ni6Mo2N	—
74	S22583	022Cr25Ni7Mo3WCuN	—
75	S25554	03Cr25Ni6Mo3Cu2N	—
76	S25073	022Cr25Ni7Mo4N	—
77	S27603	022Cr25Ni7Mo4WCuN	—

附表6　铁素体型不锈钢和耐热钢

序　号	统一数字代号	新　牌　号	旧　牌　号
78	S11348	06Cr13Al	0Cr13Al
79	S11168	06Cr11Ti	0Cr11Ti
80	S11163	022Cr11Ti	—
81	S11173	022Cr11NbTi	—
82	S11213	022Cr12Ni	—
83	S11203	022Cr12	00Cr12
84	S11510	10Cr15	1Cr15
85	S11710	10Cr17	1Cr17
86	S11717	Y10Cr17	Y1Cr17
87	S11863	022Cr18Ti	00Cr17
88	S11790	10Cr17Mo	1Cr17Mo
89	S11770	10Cr17MoNb	—
90	S11862	019Cr18MoTi	—
91	S11873	022Cr18NbTi	—
92	S11972	019Cr19Mo2NbTi	00Cr18Mo2
93	S12550	16Cr25N	2Cr25N
94	S12791	008Cr27Mo	00Cr27Mo
95	S13091	008Cr30Mo2	00Cr30Mo2

附表7 马氏体型不锈钢和耐热钢

序 号	统一数字代号	新牌号	旧牌号
96	S40310	12Cr12	1Cr12
97	S41008	06Cr13	0Cr13
98	S41010	12Cr13	1Cr13
99	S41595	04Cr13Ni5Mo	—
100	S41617	Y12Cr13	Y1Cr13
101	S42020	20Cr13	2Cr13
102	S42030	30Cr13	3Cr13
103	S42037	Y30Cr13	Y3Cr13
104	S42040	40Cr13	4Cr13
105	S41427	Y25Cr13Ni2	Y2Cr13Ni2
106	S43110	14Cr17Ni2	1Cr17Ni2
107	S43120	17Cr16Ni2	—
108	S44070	68Cr17	7Cr17
109	S44080	85Cr17	8Cr17
110	S44096	108Cr17	11Cr17
111	S44097	Y108Cr17	Y11Cr17
112	S44090	95Cr18	9Cr18
113	S45110	12Cr5Mo	1Cr5Mo
114	S45610	12Cr12Mo	1Cr12Mo
115	S45710	13Cr13Mo	1Cr13Mo
116	S45830	32Cr13Mo	3Cr13Mo
117	S45990	102Cr17Mo	9Cr18Mo
118	S46990	90Cr18MoV	9Cr18MoV
119	S46010	14Cr11MoV	1Cr11MoV
120	S46110	158Cr12MoV	1Cr12MoV
121	S46020	21Cr12MoV	2Cr12MoV
122	S46250	18Cr12MoVNbN	2Cr12MoVNbN
123	S47010	15Cr12WMoV	1Cr12WMoV
124	S47220	22Cr12NiWMoV	2Cr12NiMoWV
125	S47310	13Cr11Ni2W2MoV	1Cr11Ni2W2MoV
126	S47410	14Cr12Ni2WMoVNb	1Cr12Ni2WMoVNb
127	S47250	10Cr12Ni3Mo2VN	—
128	S47450	18Cr11NiMoNbVN	2Cr11NiMoNbVN
129	S47710	13Cr14Ni3W2VB	1Cr14Ni3W2VB
130	S48040	42Cr9Si2	4Cr9Si2
131	S48045	45Cr9Si3	—
132	S48140	40Cr10Si2Mo	4Cr10Si2Mo
133	S48380	80Cr20Si2Ni	8Cr20Si2Ni

附表8 沉淀硬化型不锈钢和耐热钢

序 号	统一数字代号	新牌号	旧牌号
134	S51380	04Cr13Ni8Mo2Al	—

续附表 8

序　号	统一数字代号	新　牌　号	旧　牌　号
135	S51290	022Cr12Ni9Cu2NbTi	—
136	S51550	05Cr15Ni5Cu4Nb	—
137	S51740	05Cr17Ni4Cu4Nb	0Cr17Ni4Cu4Nb
138	S51770	07Cr17Ni7Al	0Cr17Ni7Al
139	S51570	07Cr15Ni7Mo2Al	0Cr15Ni7Mo2Al
140	S51240	07Cr12Ni4Mn5Mo3Al	0Cr12Ni4Mn5Mo3Al
141	S51750	09Cr17Ni5Mo3N	—
142	S51778	06Cr17Ni7AlTi	—
143	S51525	06Cr15Ni25Ti2MoAlVB	0Cr15Ni25Ti2MoAlVB

参 考 文 献

[1] 机械工程手册、电机工程手册编辑委员会. 机械工程手册：工程材料卷[M]. 2版. 北京：机械工业出版社，1997.

[2] 于勇，田志凌，董瀚等. 钢铁材料手册（上册）[M]. 北京：化学工业出版社，2009.

[3] 钢铁材料手册总编辑委员会. 钢铁材料手册[M]. 北京：中国标准出版社，2001.

[4] 陆明炯. 实用机械工程材料手册[M]. 沈阳：辽宁科学技术出版社，2004.

[5] 熊中实. 中国钢铁产品大全[M]. 北京：中国物资出版社，1995.

[6] 熊中实. 常用钢铁材料手册[M]. 2版. 上海：上海科学技术出版社，2011.

[7] 曾正明. 机械工程材料手册：金属材料[M]. 7版. 北京：机械工业出版社，2010.

[8] 曾正明. 实用金属材料选用手册[M]. 北京：机械工业出版社，2012.

[9] 曾正明. 实用钢铁材料手册[M]. 2版. 北京：机械工业出版社，2007.

[10] 李春胜. 钢材材料手册[M]. 南昌：江西科学技术出版社，2004.

[11] 机械工业材料选用手册编写组. 机械工业材料选用手册[M]. 北京：机械工业出版社，2009.

[12] 方昆凡. 工程材料手册：黑色金属材料卷[M]. 北京：北京出版社，2002.

[13] 安继儒，田龙刚. 金属材料手册[M]. 北京：化学工业出版社，2008.

[14] 刘胜新. 实用金属材料手册[M]. 北京：机械工业出版社，2011.

[15] 张京山，张灏. 金属及合金材料手册[M]. 北京：金盾出版社，2005.

[16] 伍千思. 中国钢及合金实用标准牌号 1000 种[M]. 2版. 北京：中国标准出版社，2007.

[17] 温秉权，黄勇. 金属材料手册[M]. 北京：电子工业出版社，2009.